# HANDBUCH DER NORMALEN UND PATHOLOGISCHEN PHYSIOLOGIE

MIT BERÜCKSICHTIGUNG DER EXPERIMENTELLEN PHARMAKOLOGIE

HERAUSGEGEBEN VON

A. BETHE · G. v. BERGMANN

G. EMBDEN · A. ELLINGER†

FRANKFURT A. M.

ACHTER BAND / ERSTE HÄLFTE

## ENERGIEUMSATZ

ERSTER TEIL

MECHANISCHE ENERGIE

(D/I. PROTOPLASMABEWEGUNG UND MUSKELPHYSIOLOGIE)

SPRINGER-VERLAG BERLIN HEIDELBERG GMBH

1925

# ENERGIEUMSATZ

ERSTER TEIL

## MECHANISCHE ENERGIE

### PROTOPLASMABEWEGUNG UND MUSKELPHYSIOLOGIE

BEARBEITET VON

F. ALVERDES · H. J. DEUTICKE · G. EMBDEN · W. O. FENN
E. FISCHER · H. FÜHNER · E. GELLHORN · H. HENTSCHEL
K. HÜRTHLE · F. JAMIN · H. JOST · F. KRAMER · F. KÜLZ
E. LEHNARTZ · O. MEYERHOF · S. M. NEUSCHLOSZ
O. RIESSER · H. SIERP · E. SIMONSON · J. SPEK
W. STEINHAUSEN · K. STERN · K. WACHHOLDER

MIT 136 ABBILDUNGEN

SPRINGER-VERLAG BERLIN HEIDELBERG GMBH

1925

ISBN 978-3-540-01022-7 ISBN 978-3-662-21876-1 (eBook)
DOI 10.1007/978-3-662-21876-1


URSPRÜNGLICH ERSCHIENEN BEI JULIUS SPRINGER 1925
SOFTCOVER REPRINT OF THE HARDCOVER 1ST EDITION 1925

# Inhaltsverzeichnis.



## Muskelphysiologie.

# Die Protoplasmabewegung,
## ihre Haupttypen, ihre experimentelle Beeinflussung und ihre theoretische Erklärung.

Von

**Josef Spek**

Heidelberg.

Mit 15 Abbildungen.

### Zusammenfassende Darstellungen[1]).

(Arbeiten allgemeineren Inhalts.)

Berthold, G.: Studien über Protoplasmamechanik. Leipzig 1886. — Bütschli, O.: Untersuchungen über mikroskopische Schäume und das Protoplasma. Leipzig 1892*). — Chambers, R.: The microvivisection method. Biol. bull. of the marine biol. laborat. Bd. 4. 1918. — Dellinger, O. P.: Locomotion of amoebae and allied forms. Journ. of exp. zool. Bd. 13. 1906. — Hyman, L. H.: Metabolic gradients in ameba and their relation to the mechanism of amoeboid movement. Journ. of exp. zool. Bd. 24. 1917. — Jennings, H. S.: Contributions to the study of the behavior of lower organisms. Washington 1904*). — Jensen, P.: Die Protoplasmabewegung. Ergebn. d. Physiol. Bd. 1. 1902. — Jensen, P.: Zur Theorie der Protoplasmabewegung und über die Auffassung des Protoplasmas als chemisches System. Anat. Hefte Bd. 27. 1905. — Kühne, W.: Untersuchungen über das Protoplasma und die Contractilität. Leipzig 1864. — Quincke, G.: Über Protoplasmabewegung und verwandte Erscheinungen. Tagebl. d. 62. Vers. dtsch. Naturf. u. Ärzte Heidelberg. 1890. — Rhumbler, L.: Physikalische Analyse von Lebenserscheinungen der Zelle. Arch. f. Entwicklungsmech. u. Organismen Bd. 7. 1898*). — Rhumbler, L.: Zur Theorie der Oberflächenkräfte der Amöben. Zeitschr. f. wiss. Zool. Bd. 83. 1905*). — Schaeffer, A. A.: Ameboid movement, Princeton Univers. Press. Princeton. 1920. Konnte leider nicht berücksichtigt werden. — Schneider, K. C.: Plasmastruktur und Bewegung bei Protozoen und Pflanzenzellen. Wien 1905. — Seifriz, W.: Viscosity values of protoplasm as determined by microdissection. Botan. gaz. Bd. 70. 1920. — Seifriz, W.: Observations on some physical properties of protoplasm by aid of microdissection. Ann. of botany Bd. 35. 1921. — Arbeiten über die amöboide Bewegung von Eizellen, Mesenchymzellen und Pigmentzellen sind im Texte einzeln angeführt.

Die Protoplasmabewegungen äußern sich in Gestaltsveränderungen und in gerichteten Strömungen des Zellinnern, welche man an Verlagerungen der Einschlüsse erkennt. Da die Protoplasmabewegungen am eingehendsten an Protozoen- (Rhizopoden-) Zellen studiert worden sind, müssen wir die Verhältnisse an diesen Zellen in unsern Erörterungen auch voranstellen.

Die Protoplasmabewegungen der verschiedenen *Rhizopodenzellen* bieten ein Bild außerordentlicher Mannigfaltigkeit dar. Diese Mannigfaltigkeit ist aber nicht einfach Regellosigkeit. Trotz der Fülle der Variationen läßt sich doch eine Anzahl charakteristischer Typen von Formveränderungen und Strömungserscheinungen herausschälen. Einige Bilder aus der deskriptiven und experimentellen

[1]) Die mit *) bezeichneten Arbeiten enthalten ausführliche Verzeichnisse der älteren Literatur.

Morphologie müssen daher der Ausgangspunkt unserer Betrachtungen werden. Sie sollen uns zeigen, wieweit die erwähnten Erscheinungen bei ein und derselben Zellart variieren, wieweit man von Bewegungstypen bestimmter Zellen sprechen kann, ob man gleiche Typen auch bei ganz verschiedenen Zellen vorfindet und ob sich die Bewegungserscheinungen in bestimmtem Sinne experimentell beeinflussen lassen.

Abb. 1a zeigt uns ein Tier der kleinen Amöbenspezies *Amoeba polypodia* (M. SCHULTZE). Hunderte von Tieren, die man in einem kleinen Aquarium mit Algen- und Flagellatennahrung hält, können wochenlang alle diese selbe charakteristische Form zeigen, den kugligen scharf abgesetzten Körper mit einer ganz feinen Bläschenstruktur, evtl. auch stärker lichtbrechenden Tröpfchen, mit dem Kern und den Vakuolen und den radiären langen, leicht geschlungenen, am Ende etwas verdickten Pseudopodien mit ihrem glashellen, meist völlig homo-

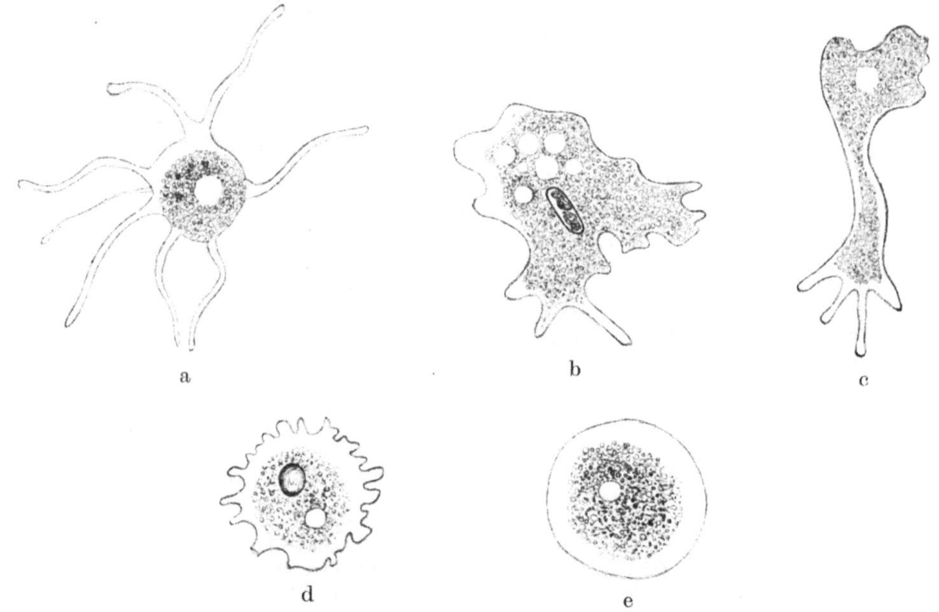


Abb. 1. Bewegungstypen der *Amoeba polypodia*. Original.

genen Plasma. Die Pseudopodien führen vielfach eigenartige, kreisende Bewegungen wie ein tastender Finger aus, können eingezogen werden und aus dem Zellkörper wieder herauswachsen. Ihre Zahl kann sich bis auf 25 und noch mehr erhöhen. — Diese markante Erscheinungsform der *A. polypodia* kann dann auch wieder völlig aufgegeben werden: die Ausbildung eines kugligen zentralen Körpers kann unterbleiben, d. h. die Bewegungen und Veränderungen können auch die zentrale Plasmamasse mehr in Mitleidenschaft ziehen, so daß jetzt die Pseudopodien in ganz unregelmäßiger Verteilung am vielgestaltigen Zelleib erscheinen (Abb. 1b und c). Sowie aber ein Pseudopodium eine gewisse Länge erreicht, wird daran wieder ein charakteristisches Detail der Erscheinungsform der Abb. 1a erkennbar, das leicht angeschwollene Ende und die schwache subterminale Krümmung. Ein homogener Saum kommt auch jetzt peripher und besonders auch an den vorfließenden Pseudopodien zur Ausbildung.

Erscheinen an einem Amöbenkörper, der sich vorher ganz abgekugelt hatte, auf einmal eine große Anzahl Pseudopodien, so entsteht die Erscheinungsform der „Papillenkugel“ (Abb. 1d). — Weniger häufig findet man schließlich bei dieser Amöbe eine Ruheform ganz ohne oder mit nur wenigen Pseudopodien vor, die eine große Tendenz hat, dem Boden zu adhärieren; in letzterem Falle wird der homogene Außensaum zu einer äußerst dünnen Lamelle, deren Außenkonturen kaum noch zu erkennen sind, ausgezogen — Ob bei *Amoeba polypodia* die sog. „Wanderform“, welche wir bei andern Formen noch genauer kennenlernen werden, auch vorkommt, konnte ich nicht mit Sicherheit ermitteln. Für andere kleine Amöben ist sie sogar sehr typisch.

Sehr lehrreich ist auch eine Serie von Erscheinungsformen der großen *Amoeba terricola* (Greef). Wäscht man altes, feuchtes Moos in Wasser aus, so findet man

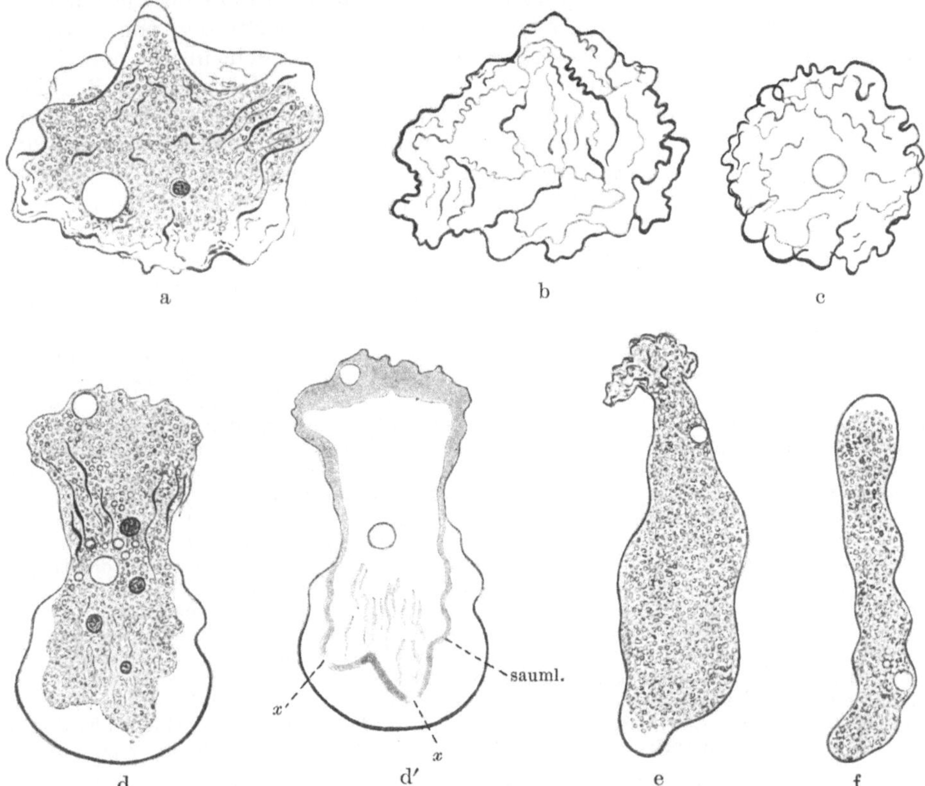


Abb. 2. Bewegungstypen der *Amoeba terricola.* 2 d′ sauml. = feste Saumlinie (Gitterbarriere), in der die Bläschen unbeweglich sind; $x$ = Durchbruchstellen derselben. Original.

im Wasser einige Amöben vor, die fast durchweg das Aussehen haben, welches Abb. 2a und b wiedergibt. Es sind Formen mit vielen ganz scharfen Faltenzügen, von sehr charakteristischem Verlauf, die sich als dunkle, entweder nur leicht gewellte, oder aber außerordentlich stark gekräuselte Schattenlinien auf dem sonst sehr hellen Zellkörpern auffällig abheben. Diese Falten der Außenschicht der *A. terricola* sind außerordentlich formbeständig. Stärkste Pipettenströme vermögen sie nicht im geringsten zu alterieren. Trotz dieser Zähigkeit des Plasmas sind aber auch an diesen Zellen immer Strömungen und leichte Formveränderungen zu beobachten; es entstehen immer wieder neue Vorwölbungen, in welche erst homogenes Plasma vorfließt; erst allmählich dringen auch die Bläschen des Entoplasmas in die homogenen Kuppen vor. Entstehen viele kleine Plasmakuppen zu gleicher Zeit, so erlangt auch diese Amöbe ungefähr das Aussehen einer „*Papillenkugel*" (Abb. 2c). — Viel leichtflüssiger ist ein zweiter Typus der *A. terricola*, es ist die mit breitem Vorderende unentwegt vorwärtsströmende „*Wanderform*" der Abb. 2d. Ektoplasmafalten sind in diesem Falle nur ganz leicht in dem zäher erscheinenden hinteren Teil der Amöbe ausgebildet. Sie verlaufen ungefähr in der allgemeinen Strömungsrichtung. Was die Strömungen des Plasmas betrifft, können wir auch hier immer wieder zunächst ein rasches Vorfließen des homogenen Hyaloplasmas allein beobachten: nachträglich erst setzt sich auch die Masse der Plasmabläschen[1]) in Bewegung. Häufig sieht man dabei, daß einzelne Gruppen oder Streifen von Bläschen, deren dichte Plasmahüllen offenbar miteinander verkittet sind, als ruhende Inseln im Plasmastrom erhalten bleiben. Liegen mehrere solcher unbeweglicher Streifen von Bläschen nebeneinander, dann schlängeln sich schmale Plasmabächlein in raschem Strom zwischen ihnen nach vorne durch. Ein solcher festerer Verband der Bläschen kann auch überall an den periphersten Regionen des bläschenhaltigen Innenplasmas ausgebildet sein, und zwar nicht nur, wenn die Bläschen bis unmittelbar unter die Zelloberfläche herantreten, sondern auch dann, wenn sie — wie fast immer am Vorderende — durch einen breiteren homogenen Hyaloplasmasaum von der Oberfläche getrennt sind.

Im ersten Fall äußert sich die Erscheinung darin, daß z. B. an den Seitenrändern beim allgemeinen Vorwärtsfließen des Plasmas die periphersten Bläschen und Granula nicht mitströmen. Im zweiten Fall — etwa am Vorderrand — sieht man, wie schon erwähnt, zunächst das Hyaloplasma allein rasch vorfließen; der Abstand von der alten Grenzlinie des Entoplasmas vergrößert sich also. Dann setzt sich fast die ganze Masse des bläschenhaltigen Entoplasmas in Bewegung, hierbei sieht man nun aber, daß die vorströmenden Bläschen und Körnchen vorne nur bis an die unbeweglich bleibende äußerste Saumlinie des Entoplasmas gelangen, anprallen und liegenbleiben; die Flut des vorströmenden Plasmas kann dann aber plötzlich den Zusammenschluß der Bläschen des peripheren Entoplasmasaumes lokal durchreißen. Explosionsartig sieht man dann mit einem Male die Entoplasmaeinlagerungen (die Wasserbläschen und Eiweißtröpfchen) durch die entstandene Bresche schießen und in das klare Hyaloplasma hineinperlen. Die Saumlinie kann sich aber auch ganz auflösen, so daß dann die Entoplasmaeinlagerungen bis an die Pellicula gelangen und der Hyaloplasmasaum verschwindet. Die topographische Verteilung der Partien des Plasmas, welche im optischen Querschnitt des Tieres der Abb. 2d einen festeren Verband der Einlagerungen aufwiesen und an der allgemeinen Plasmabewegung nicht teilnahmen, zeigt Abb. 2d′ im Schema, $x$ und $y$ sind Durchbruchsstellen. — Die Tatsache, daß durch solche verdichtete Außenhüllen des Plasmas das homogene Hyaloplasma bei einem neueinsetzenden Vorstrom glatt durchfließt, alle auch noch so feinen Einlagerungen dagegen zurückgehalten werden, zwingt uns direkt zur Annahme einer Art Gitterstruktur dieser Zonen, die man, wenn man sich die oben beschriebene Emulsionsstruktur des Entoplasmas und die Existenz der dichteren Oberflächenhäutchen all der emulgierten Plasmabläschen vor Augen hält, am leichtesten so erklären kann, daß das

---

[1]) Es ist für die hier behandelten Fragen von Interesse, daß neue eigene Untersuchungen über Plasmastrukturen*) für *Amoeba terricola* und *polypodia* mit voller Bestimmtheit ergeben haben, daß die Alveolen des Entoplasma feine kuglige Bläschen mit wässerigem Inhalt sind, die eine zähere Plasmahülle besitzen, sich meistens *nicht* gegenseitig abplatten, sondern sogar in lebhafter BROWNscher Molekularbewegung durcheinandertanzen können. Perlen sie gelegentlich in das homogene „Ektoplasma" vor, so sind sie auch hier ohne weiteres sichtbar. Die Homogenität des Ektoplasmas wird also nicht etwa nur durch ungünstige Lichtbrechungsverhältnisse zwischen Bläschen und Grundsubstanz vorgetäuscht, wie häufig angenommen wurde. Sie kann auch, so wie nun einmal die Lichtbrechnungsverhältnisse sind, nicht bloß daher rühren, daß vielleicht die Größenordnung der Bläschen im Ektoplasma jenseits der mikroskopischen Wahrnehmbarkeit ist, da auch das Ultramikroskop im Ektoplasma keine Bläschen aufweist. — Man kann durch physiologische Salzwirkungen die Bläschen des Plasmas ineinanderplatzen lassen und damit die Struktur soweit vergröbern, daß sie nun ohne weiteres auch bei schwächeren Vergrößerungen erkennbar wird. Das Ektoplasma bleibt dabei homogen, das Entoplasma eine typische Emulsion runder Wasserbläschen im Hyaloplasma, nur gelegentlich legen sich die Bläschen zu einem richtigen Wabenwerk zusammen.

*) SPEK, J.: Zeitschr. f. Zellen- u. Gewebelehre Bd. 1, S. 278–326. 1924.

Plasma der Außenschicht der Amöbe überhaupt etwas dichter wird, und daß dabei diese Gelierung von den Verdichtungshüllen der Bläschen ausgeht, so daß die Bläschen, die sonst frei durcheinander beweglich sind, jetzt zum Teil miteinander verkittet werden. — Beobachtungen über diese Erscheinung teilt schon JENNINGS (1904, S. 160 ff.) mit. Der Autor erklärte sich allerdings die Phänomene anders. Er nahm an, daß die Verdichtung der Basalfläche und des Vorderrandes der Amöbe größer ist als die der oberen Fläche. Beim Vorfließen soll nun jeweils die alte Verdichtungsmembran (*memb*), wie das JENNINGSsche Schema Abb. 3 zeigt, überflossen werden. Da sie aber im Innern noch eine Zeitlang erhalten bleibt, so gibt sie vorne eine „Barriere“ ab, welche die Einlagerungen zurückhält. Der angenommene Unterschied zwischen dem Verdichtungsgrad der oberen und unteren Fläche existiert nun, wie ein Abtasten mit den feinen Glasnadeln des Mikromanipulators lehrt, nicht. Außerdem kommt die Ausbildung des festen Saumgitters nach meinen Erfahrungen auch an nicht adhärierten, frei im Wasser vorströmenden Amöben vor. Man müßte dann also schon annehmen, daß die *ganze* Außenschicht den Verdichtungsprozeß erleidet, dann lokal an der Spitze durchbrochen und überflossen wird und im Innern noch eine Zeitlang erhalten bleibt. Dieser Fall läßt sich nun an andern Amöben und gewissen Eizellen auch wirklich beobachten, er führt aber stets zu einem ganz anderen Zustand als dem, den wir an *A. terricola* beobachtet haben. Es entstehen dann nämlich sog. *Bruchsackpseudopodien*. Es fließt nicht der ganze Vorderrand der Amoeba in breiter Linie vor, sondern nur aus der einen Durchbruchstelle quillt eine Kuppe flüssigeren Innenplasmas wie ein Bruchsack hervor und greift allmählich immer weiter über die alte Außenfläche über, wobei das überflossene alte Ektoplasma wegen seiner dichteren Konsistenz und stärkeren Lichtbrechung noch eine Zeitlang sichtbar bleibt. Durch den Ektoplasmadurchbruch strömen nun aber stets sofort auch alle Granula in den Bruchsack. Es entsteht eben auf diese Weise niemals eine *innere*, so feinporige Gitterbarriere, wie wir sie oben unbedingt postulieren mußten. Wir müssen daher die JENNINGSsche Hypothese verwerfen.

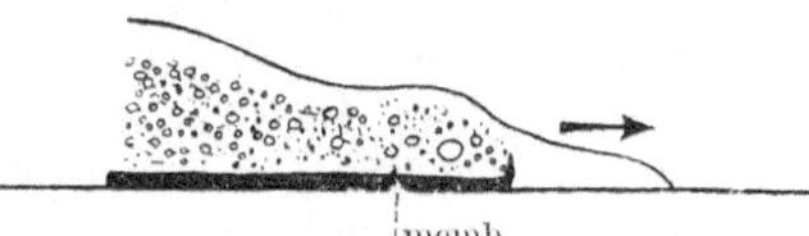


Abb. 3. Schema der „Barrieren“-bildung nach JENNINGS. Eine festere Oberflächenmembran (memb) soll sich nur an der Unterseite bilden. Läßt sich nicht aufrechterhalten.

Kehren wir nun nochmals zu der Amöbe der Abb. 2d zurück! Es muß noch erwähnt werden, daß bei solchen raschströmenden Wanderformen häufig auch alle peripheren Partien direkt unter dem Oberflächenhäutchen überall in Strömung begriffen sind. Die Strömungsrichtung ist dann immer mit dem allgemeinen Vorstrom gleichsinnig, also nach vorne gerichtet. Wir kommen auf diesen wichtigen Punkt noch später auf S. 22ff. zu sprechen.

„Wanderformen“ der *A. terricola* können auch ein etwas anderes Aussehen annehmen. Der zähere hintere Abschnitt kann (wenigstens zeitweilig) einen runzligen Schopf bilden wie in Abb. 2e, oder aber das ganze Tier macht einen sehr leichtflüssigen Eindruck, ist fast wurmförmig langgestreckt und hat gar keine Falten (wie etwa in Abb. 2f). Auf Agarplatten (2%), die mit alkalischer Knop-Lösung angesetzt werden, nehmen die Amöben meist die Gestalt der Wanderformen an.

Eine weitere Serie von charakteristischen Bewegungstypen können wir leicht auch von der großen *Amoeba proteus* zusammenstellen. Die einzelnen Bilder werden wohl jedem Zoologen bekannt sein, wichtig und neu ist an den hier vorzuführenden Fällen dagegen, daß sich die weit divergierenden Typen der Formveränderungen bei *A. proteus* relativ leicht und in theoretisch übersichtlicher Form künstlich herbeiführen lassen. Auch an den oben besprochenen Fällen lehrte eigentlich schon der Augenschein, daß die Faktoren, welche den jeweiligen Bewegungstypus der Zelle bedingen, in verschiedenen physikalischen Zuständen des Plasmas zu suchen sind, in seiner Leichtflüssigkeit oder Zähigkeit, in Differenzen des Zustandes des zäheren Oberflächenplasmas und des raschfließenden Zellinnern, in lokalen Änderungen des Verhaltens des Außenplasmas bei der Bildung der Pseudopodien usw. Besonders die Salzphysiologie gibt uns nun vielfach Mittel, diese Zustandsänderungen des Plasmas auch experimentell herbeizuführen oder zu beeinflussen[1]). Die Ionen der Salze, Säuren und Basen wirken nämlich auf tote wie auf lebende Kolloide in ganz ähnlichem Sinn in spezifischer Weise ein. Quellungsfördernde Ionen können z. B. die Verflüssigung des Plasmas steigern, quellungshemmende eine weitgehende Verfestigung desselben verursachen[2]). Auch durch eine feine reversible Fällung (Dispersitätsverminderung) der Kolloide kann je nach den Bedingungen eine Verdichtung des Oberflächen- oder auch des Innenplasmas herbeifeführt werden[3]).

Von spezifischen Ionenwirkungen auf die Formgestaltung der *Amoeba proteus* seien nun folgende erwähnt: Sehr salzarme Kulturmedien (wie etwa 100 ccm dest. Wasser + 0,5 ccm 0,3 m-NaCl + 0,25 $CaCl_2$ ebenso stark + 0,25 KCl + Spuren von $NaHPO_4$ und KOH) machen das Plasma der Amöben, sei es durch endosmotische Aufnahme von $H_2O$, sei es durch eine zu geringe „Abdichtung" der Zelloberfläche und *dadurch* erleichterte Wasserzufuhr, sehr bald sehr leichtflüssig. Die Amöben bieten dann alle ein Bild dar, wie es etwa in Abb. 4a festgehalten ist. Der ganze Zellkörper ist in einer ständigen stark wallenden Bewegung begriffen, an allen Seiten fließen breite lappenförmige Pseudopodien rasch vor, ohne sich aber gegen die Umgebung scharf abheben zu können, da die benachbarten Vorwölbungen sogleich wieder zusammenschmelzen. Längere schlauchförmige Pseudopodien kommen überhaupt nicht zustande. Die Umrißlinien sind alle sanft gerundet. Die Tiere bleiben tagelang in ununterbrochener Bewegung. Die Strömungen lassen stets einen starken *axialen Vorstrom* nach dem Scheitel der Kuppen erkennen, der sich *vorne etwas verbreitert* und dann zum Stillstand kommt. Erhöhen wir nun den Salzzusatz, etwa auf 5,0 ccm der 0,3 m-NaCl + 0,5 $CaCl_2$ + 0,25 KCl + $NaHPO_4$ + KOH pro 100 ccm dest. Wasser, so ergibt sich schon ein deutlicher Unterschied: Pseudopodien, die eingezogen werden, erscheinen spitzig oder runzlig, die Zellappen setzen sich schon mit scharfen Winkeln gegeneinander ab, und neben den bei weitem überwiegenden breitgelappten Tieren treten nun auch solche mit langen schlauchförmigen Pseudopodien auf (vgl. Abb. 4b und c). Auch diese Tiere sind aber noch außerordentlich veränderlich. Die langen Schlauchpseudopodien halten sich kaum 2 Minuten, sowie der Vorstrom des Plasmas in ihnen zum Stillstand kommt, fließen sie — oft zu ganz großen kugligen Blasen — zusammen. Sie sind also gewissermaßen nur eine dynamische Formbildung.

Die verdichtende Wirkung der Salze können wir nun dadurch ganz außerordentlich steigern, daß wir zu einem Kulturmedium, wie dem an zweiter Stelle erwähnten, noch einzelne physiologische Salze zusetzen, deren spezifische Wirkung (auch sonst) gerade eine starke (mehr oder weniger oberflächliche) Verdichtung ist. Wir erzielen eine solche Wirkung z. B. bei einer Kombination von 10 ccm der konzentrierten Kulturflüssigkeit mit 1,2 ccm 0,3 m-**$CaCl_2$**. Nach 2 Tagen zeigen hierin alle Tiere das eigenartige Aussehen der Abb. 4d und e: Es sind starre Geweihformen mit extrem langen verbogenen oder knorrigen, sich winklig gegeneinander absetzenden oder verzweigenden Schlauchpseudopodien, die sich, auch wenn die Strömung in ihnen aufhört, noch stundenlang so erhalten können[4]). Geweihformen von ganz besonders bizarrer starrer Form habe ich auch durch

[1]) An Arbeiten, welche die Probleme der spezifischen Ionenwirkungen auf die lebenden Plasmakolloide und die Parallelität zwischen den Wirkungen der Ionen auf lebende und der auf tote Kolloide behandeln, seien z. B. erwähnt: SPEK, J.: Kolloidchem. Beih. Bd. 9. 1918; und Bd. 12. 1920; Acta zoologica, Stockholm 1921; Arch. f. Protistenkunde Bd. 46. 1923.

[2]) Siehe hierüber auch GIERSBERG: Arch. f. Entwicklungsmech. d. Organismen Bd. 51. 1922.

[3]) SPEK, J.: Arch. f. Protistenkunde Bd. 46. 1923.

[4]) Es ist, als ob jedes Pseudopodium so, wie es nun gerade gebildet wird, in seiner zufälligen, oft sehr absonderlichen Gestalt durch Erstarrung seiner Oberfläche fixiert würde.

einen Zusatz von 1,2 ccm 0,3 m-**$Na_2SO$** + einer Spur von $MgCl_2$ zu der oben erwähnten konzentrierteren Kulturflüssigkeit erhalten. Eine davon ist in Abb. 4f dargestellt.

Auch in all diesen starren, eigenartig verästelten Formen ist in den noch im Vorwachsen begriffenen langen Pseudopodien ein ziemlich starker axialer Vor-

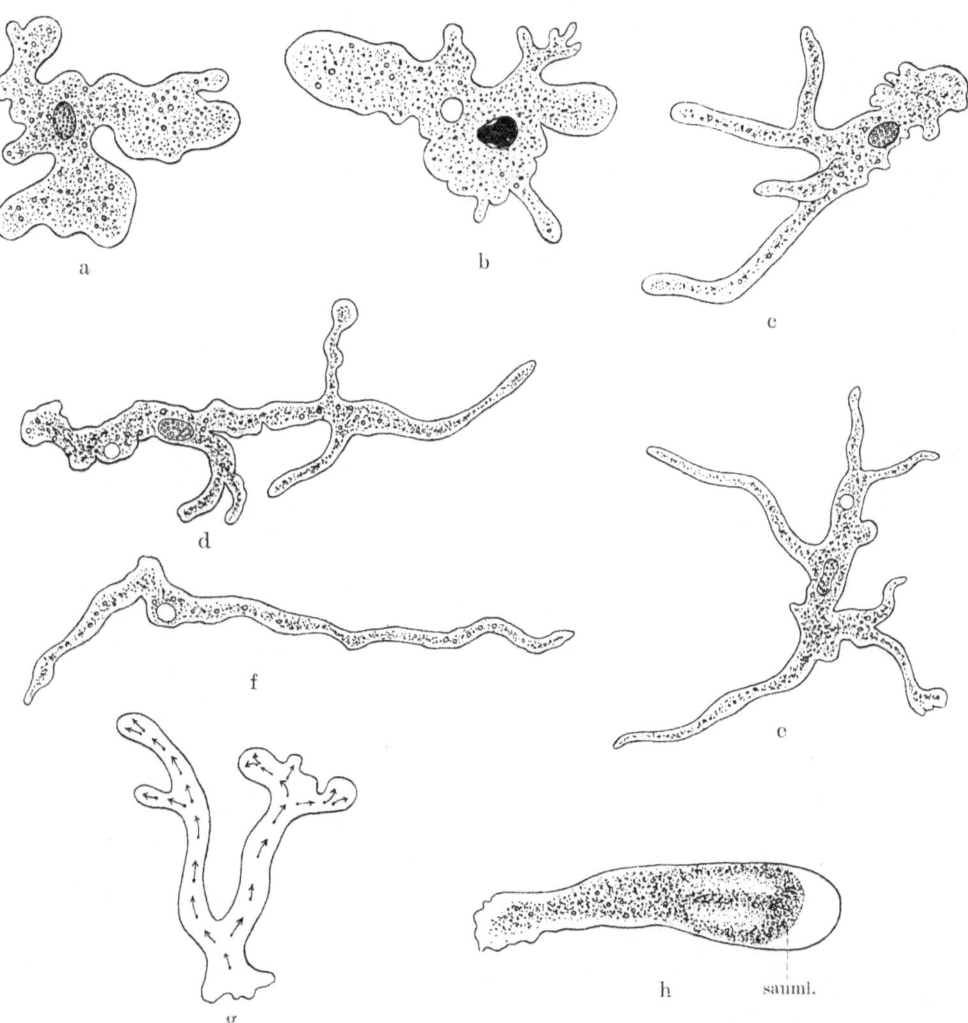


Abb. 4. Bewegungstypen der *Amoeba proteus*. a Tier aus wasserreicher salzarmer Kultur. b und c aus salzreicherer Kultur. d und e „Geweihformen" mit starren Schlauchpseudopodien aus $CaCl_2$-Kultur. f dasselbe aus $Na_2SO_4$-Kultur. g ganz leichtflüssige „dynamische" Gabelform aus hyperalkalischer Kultur. h „Keulentier" aus Milchsäure-Kultur. Original.

strom der Einlagerungen zu sehen, der bis zum vordersten Ende vorschreitet und die Tröpfchen und Körnchen ringsum unter der Spitze ablagert, wo sie unbeweglich liegenbleiben. In den Wandpartien der Pseudopodien sind die Körnchen stets unbewegt. Man hat den Eindruck, als ob die peripheren Teile der Pseudopodien einen festen Schlauch bilden, in dem ein flüssiger Inhalt nach vorne fließt.

Alle derartigen Betrachtungen über den jeweiligen Zustand des Proteusplasmas können auf viel sicherere Basis gestellt werden. Auch in diesem Fall gibt uns nämlich über den Zustand des Plasmas der verschiedenen Zellbezirke die Untersuchung mit der Mikrodissektionsnadel bestimmte Auskunft. Diesbezügliche Untersuchungen von KITE (1913), CHAMBERS (1917) und SEIFRIZ (1920 und 1921) ergaben übereinstimmend, daß wir an der *A. proteus* eine ganz dünne scharf begrenzte Membran von recht dichter Konsistenz, darunter eine dickere nach außen, nach der erwähnten Membran scharf abgegrenzte, nach innen ohne scharfe Grenzen aufhörende Schicht von auch noch ziemlich dichtem Außenplasma unterscheiden müssen. Innerhalb derselben liegt schließlich das leichter flüssige Innenplasma. Nach der Seifriz schen Viscositätsskala hat ruhendes Entoplasma den Viscositätsgrad 5 oder 6 (wie etwa Paraffinöl oder 0,5—0,6proz. Gelatine), strömendes Entoplasma den Viscositätsgrad 4 (entsprechend 0,4proz. Gelatine), ruhendes Ektoplasma Viscosität 8 (entsprechend 0,8proz. Gelatine oder Brotteig), die Membran hat die Beschaffenheit eines steifen Geles. Lokale Änderungen der Viscosität bei der Pseudopodienbildung werden wir noch später S. 16 kennenlernen. — Wir sehen aus all diesem, daß die Bezeichnung „Schlauchpseudopodium" für ein langes, steifes, aber im Innern strömendes Pseudopodium wirklich das Wesen der Erscheinung trifft.

Theoretisch sind noch folgende Punkte an den beschriebenen Reaktionen von Interesse. Bei der verdichtenden Wirkung der Salze scheint es sich auch hier wie bei anderen Zellen vorwiegend um eine Oberflächenwirkung zu handeln. Jede Salzlösung oder Salzkombination, welche nach anderweitigen Erfahrungen relativ leicht in die Zellen eindringt, wie etwa *Kaliumchlorid* (auch bei Gegenwart anderer Salze) oder manche reine Salzlösungen, verursachen vorübergehend eine große Beweglichkeit der Amöben, der aber dann bald eine fast vollständige Abkugelung folgt. Es werden nur noch hier und da einige breite Pseudopodien ausgebildet, nur gelegentlich gerät der Zellkörper noch in Strömungen, schließlich verharrt er tagelang in völliger Ruhe. Meist tritt eine starke Vermehrung der Krystalle und Tröpfchen ein, und das Plasma weist eine leichte Trübung auf. In KSCN-, KBr- *oder* KCl-haltigen Medien treten diese Veränderungen schon nach kurzer Zeit ein. Sulfate sind ja nun im allgemeinen schwereindringende Salze. Es genügt aber, in unsern obigen Versuchen den kleinen Zusatz von $MgCl_2$ wegzulassen (der auch bei andern Zellen die Abdichtung der Zelloberfläche ganz ideal gestaltet), um die extrem verästelte Geweihform nach einiger Zeit in die völlig abgekugelte, trübe und krystallreiche Gestalt der KCl-Tiere umschlagen zu lassen, in denen also die Salzwirkungen offenbar auch das Innere ergriffen haben. Auch bei Kombination von $Na_2SO_4$ und NaCl allein stellt sich die bizarr verästelte Form nicht ein, ja in 0,5 ccm einer 0,3 m-$Na_2SO_4$-Lösung auf 10 ccm dest. Wasser (absoluter Salzgehalt recht gering!) erhält man zunächst immer beweglicher und breitlappiger werdende Tiere, bei längerer Einwirkung oder Erhöhung der Konzentration Abkugelung und Krystallvermehrung. Diese tritt auch bei Zusätzen von dem ja immer rascher als $Na_2SO_4$ eindringenden 0,3 m-$K_2SO_4$ bis 1,2 ccm auf 10 ccm gemischter Salzlösungen sehr bald ein. — $CaCl_2$ ist eines der am schwersten eindringenden Salze. — All dies spricht, wenn man auch mit analogen Befunden an anderem Zellmaterial vergleicht, ganz dafür, daß zur Produktion der steifen, stark verästelten Geweihformen eine beträchtliche Verdichtung und Verfestigung *der Oberfläche* notwendig ist, daß es aber nicht zu einer Anreicherung der Salze *im Zellinnern* kommen darf. Die Verdichtung der Zellen in den entquellend und relativ stark fällend wirkenden Sulfaten und Kalksalzen, die sich sonst nur physiologisch in einer Verringerung der Permeabilität äußert, wird uns an unsern starren Amöbentypen ad oculos demonstriert.

Serien von Salzversuchen an Amöben in der Art, wie sie beschrieben wurden, habe ich zu andern Zwecken in großer Anzahl ausgeführt. Bei dem Material, von welchem auch die hier abgebildeten Tiere stammten, fielen die durch das Eindringen von Salzen einerseits, durch die Oberflächenverfestigung andrerseits verursachten Veränderungen alle völlig gleich aus. Es muß aber bei solchen Versuchen der Zustand der Amöben vor der Behandlung beachtet werden. Ist z. B. das ganze Plasma der Tiere — wie das bei sämtlichen Exemplaren einer andern Stammkultur, die ich hielt, der Fall war — sehr zähe und die Bewegungen sehr träge, so werden die Äste der Geweihformen nicht so extrem lang, weil eben das Vorfließen der Schlauchpseudopodien immer sehr bald zum Stillstand kommt. Andrerseits gelingt auch eine künstliche Verflüssigung nur mit relativ starken Mitteln und in unvollkommener Weise (siehe hierüber auch weiter unten). Andrerseits können alle Tiere aus manchen Kulturen gegen die leichter eindringenden Salze ganz besonders empfindlich sein, so daß dann die oben beschriebenen Wirkungen z. B. schon bei ganz minimalen Zusätzen von KCl eintreten und in ähnlicher Weise stets auch noch beim $Na_2SO_4$ zu beobachten sind. An solchem Material lassen sich die starren, stark verästelten Geweihformen nur im $CaCl_2$ erzielen.

Im Anschluß an die Versuche mit Sulfaten und mit $CaCl_2$ will ich noch das Ergebnis einiger **LiCl**-*Versuche* kurz erwähnen. Auch in diesem Salze stellte sich nämlich, wenn 1.2 ccm einer 0,3 m-Lösung zu 20 ccm eines physiologischen Salzgemisches zugefügt wurden, eine ziemlich typische Ausbildung von Schlauchpseudopodien ein. Dann wird aber das Plasma von Tag zu Tag leichtflüssiger, und es bilden sich an vielen Stellen der Geweihtiere eigenartige stark strömende Knollen aus, die mit breiten Lappen leicht über die Umgebung überwallen. Zur Aufklärung dieser Erscheinungen möchte ich nur darauf verweisen, daß dem Lithiumion einerseits eine ziemlich starke fällende und damit eine gute membranabdichtende Wirkung zukommt, andrerseits kann es aber die Quellung des Plasmas enorm steigern[1]). Diese Wirkung tritt meist erst nach einiger Zeit ein.

In dieser Richtung sich bewegende Versuche im Verein mit Mikrodissektionsstudien werden uns genügende Anhaltspunkte liefern zur genaueren Beurteilung all der eigenartigen Gestaltungs- und Bewegungsformen, die auch schon früher [z. B. von K. GRUBER 1911 und 1912[2])] an *Amoeba proteus* beschrieben worden sind und zum Teil sehr an die durch die Salzwirkungen experimentell erzeugten erinnern[3]).

Von großem Interesse für unsere weiter unten folgenden theoretischen Betrachtungen ist ein Bewegungstypus der *Amoeba proteus*, der sich auch leicht experimentell erzeugen läßt, und zwar ist es die Form, welche diese Amöben bei stärkerer *Erhöhung des Hydroxylionengehaltes* einerseits, andererseits aber auch gerade bei einer *Steigerung der Wasserstoffionenkonzentration* annehmen. Ich führte diese Versuche in der Weise aus, daß ich zu 20 ccm des künstlichen Salzgemisches 1 bis mehrere Tropfen 0,1 n-KOH oder aber 0,018 n-HCl oder schließlich mehrere Tropfen $^1/_{20}$ proz. Milchsäure zusetzte. In allen Versuchen war das Endresultat das gleiche und auch die ersten Veränderungen ganz ähnlich, so daß wir die Versuche summarisch behandeln können.

Am ersten Tage äußert sich die Wirkung in einem Leichtflüssigwerden, welches insofern einen noch höheren Grad erreicht als bei den Tieren aus dem salzarmen Medium (Abb. 4a), als die Ströme mit noch viel größerer Vehemenz das Plasma in Bewegung setzen und dementsprechend die Pseudopodien im Augenblick ganz weit vorschießen. Wenn diese aber, wie Abb. 4g zeigt, auch lang und schlank ausfallen, so unterscheiden sie sich von den starren Schlauchpseudopodien stets ohne weiteres durch ihre Leichtbeweglichkeit, durch ihre große Veränderlichkeit, durch ihre Tendenz, am Vorderende immer wieder breitere Kuppen und auch sonst überall lappenförmige Ausbuchtungen entstehen zu lassen. Die Tiere repräsentieren kurz gesagt den Typus mit dem am stärksten verflüssigten Plasma, den wir bisher an *A. proteus* kennengelernt haben. Am zweiten oder dritten Tag wird nun dieser Bewegungstypus vollständig verlassen, und es entstehen die seltsamen keulenförmigen Formen, wie sie Abb. 4h zeigt.

[1]) SPEK, J: Kolloidchem. Beihefte Bd. 19. 1918.

[2]) GRUBER, K.: Arch. f. Protistenkunde Bd. 23. 1911; und Bd. 25. 1912.

[3]) Neuerdings hat noch J. G. EDWARDS hierzu neues Beobachtungsmaterial geliefert.

Sie sind im Querschnitt kreisrund, also nicht abgeplattet, das breite Vorderende ist eine wohlgerundete Kuppe, das schmälere Hinterende meist etwas unregelmäßig bis schopfförmig. Sie adhärieren dem Boden nur leicht oder — in der Mehrzahl der Fälle — gar nicht und sind im Innern nur von einem einzigen System von Strömungen beherrscht, und zwar bewegt sich stundenlang ein ununterbrochener Strom in der Achse nach vorne, der das Vorderende fast stets in einer breiten hyalinen Kuppe vortreibt, hinter der die Einlagerungen folgen. Sie erreichen das Vorderende nicht, sondern prallen an einer scharf begrenzten Saumlinie an, die also offenbar auch eine „Gitterbarriere" (s. S. 4) ist. Hier weichen sie nach rechts und links aus und kommen an den Flanken der Saumlinie zum Stillstand; hie und da werden sie bei einem besonders starken Vorstrom eine Zeitlang an den Flanken auch noch weiter nach hinten geschoben. Die Einlagerungen des Entoplasmas ordnen sich regelmäßig in diese Strömungslinien ein, und zwar in der Weise, daß die vorströmende Achse allseitig von ruhendem, hellem, krystallfreiem Plasma umgeben ist, während die Flanken wieder einen dunkleren, Krystalle und Tröpfchen führenden Saum darstellen, der allerdings nur gelegentlich in Bewegung ist. Die auch hier vorhandene, wie es scheint, recht zähe Zellmembran scheint dem allgemeinen Vorwärtsstrom zu folgen. Wie man an angepappten Kohlenteilchen sehen kann, wird sie jedenfalls nicht nach hinten zusammengeschoben.

Der beschriebene Bewegungstypus hat eine gewisse Ähnlichkeit mit allerdings mehr wurmförmigen „Wanderformen", die nach Angaben RHUMBLERS und GRUBERS auch bei *A. proteus* vorkommen. Da die „Wanderformen" aber meist mehr adhärieren und die charakteristische Verteilung der Partikel nicht aufweisen, möchte ich den zuletzt beschriebenen Formtypus der *A. proteus* doch besonders benennen. Wir wollen ihn „*Keulenform*" heißen. Eine Wanderform der *A. proteus*, die fast ganz der der *A. terricola* (Abb. 2d) glich, sogar einige Längsfalten der Membran hatte und auch das hyaline Vorderende, das schopfartige Hinterende und die Abplattung aufwies, habe ich einmal in einer etwas faulig gewordenen Kultur beobachtet.

Indem ich mich nun noch der Besprechung der Formtypen von einigen andern strömenden Zellformen zuwende, möchte ich zunächst auf den außerordentlich vielgestaltigen, stark strömenden Plasmakörper der *Schleimpilze* (*Myxomyceten*) hinweisen, die bald in breitgelappten, „gekröseartigen" Formen erscheinen, bald auch zu allseits ausstrahlenden und vielfach anastomosierenden oder sich verzweigenden Fadenpseudopodien ausgezogen sind. Prinzipiell anderes als bei den tierischen Plasmakörpern ist an der Bewegung und Formveränderung der Myxomyceten nicht beschrieben worden. Manche Details schließen sich an die besprochenen Vorgänge an den großen Amöben an.

Besonderer Erwähnung und genauer Erörterung bedarf dann noch der Bewegungstypus der großen Schlammamöbe *Pelomyxa*. Hier ist wieder fast stets der ganze Amöbenkörper von einer einzigen Strömung beherrscht, die dem Tier eine etwas polar gestreckte, ungefähr ovale Gestalt verleiht. Was die häufigste Form der Protoplasmabewegung der *Pelomyxa* besonders auszeichnet, ist das, daß es sich um eine *ideale in sich geschlossene Wirbelbewegung* handelt (Abb. 5a). In der längeren Achse des Zellkörpers führt ein *breiter, starker Strom nach vorne* zum vorderen Pole hin, breitet sich hier unmittelbar unter der Oberfläche — vom Pole gesehen radiär — aus und zieht als sog. *oberflächlicher Ausbreitungsstrom* nach hinten. Am hinteren Ende biegt er wieder in das Innere ein und geht kontinuierlich in den axialen Vorstrom über. Im Gegensatz zu all den bisher besprochenen Bewegungstypen hat man hier den Eindruck, als ob oberflächliches und mehr zentral gelegenes Plasma in keiner Weise physikalisch verschieden seien, ebenso leichtflüssig wie das Innenplasma bewegt sich hier auch das oberflächlichste in starkem Strome mit, der oberflächliche Ausbreitungsstrom ist auch nicht langsamer als der axiale Vorstrom. Von Runzeln, Falten oder Schopfbildungen ist niemals etwas zu sehen. — Ein Strömungssystem mit rückläufigem Ausbreitungsstrom hat man auch *Fontänenströmung* genannt.

Die Wirbelbewegung geht nicht lange Zeit im gleichen Sinne weiter wie etwa die Bewegung der Säuretiere der *A. proteus*. Sie kommt immer wieder zum Stillstand, um sogleich von einer neuen, ganz ruckweise einsetzenden abgelöst zu werden, die an einer anderen Stelle einen neuen Ausbreitungspol entstehen läßt. Eine Ausbildung mehrerer Ausbreitungspole auf einmal ist nicht häufig zu beobachten. In solchen Fällen geht der Ausbreitungsstrom nicht sehr weit zurück.

Die beschriebene Bewegungsform der *Pelomyxen* kann nun auch wieder aufgegeben und von einer ganz andern abgelöst werden. Man beobachtet z. B., daß an einem Tier, welches eine Zeitlang heftige Wirbelströme gezeigt hat, zunächst völlige Ruhe eintritt. Bald wird dann eine Veränderung des Oberflächenhäutchens bemerkbar. Es tritt schärfer hervor, sieht stärker lichtbrechend, dichter aus. Die Plasmaalveolen treten von der Oberfläche zurück, so daß ein

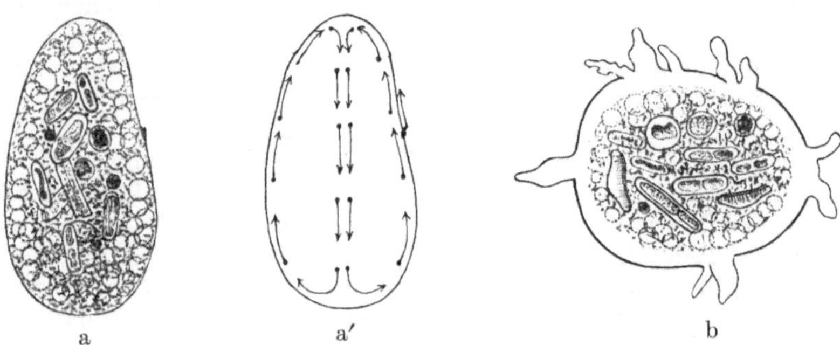


Abb. 5. Bewegungstypen der *Pelomyxa*. Original.

homogener Saum entsteht. Aus diesem wachsen nun bald klare fingerförmige Fortsätze hervor, die an die Pseudopodien einer *Difflugia* erinnern und beim Erschlaffen runzlig werden, also jedenfalls auch eine ziemlich dichte Außenschicht besitzen (Abb. 5b). Ein dichteres Häutchen muß bei den *Pelomyxen* auch bei der Bildung sog. „*Bruchsackpseudopodien*" vorhanden sein. Denn man sieht das Innenplasma plötzlich eruptiv wie durch eine enge Durchbruchsstelle nach außen strömen und dabei meist einseitig über die alte Oberfläche überfließen. Das überflossene Stück des Oberflächenhäutchens bleibt dabei noch eine Zeitlang deutlich zu sehen und zeichnet sich durch eine stärkere Lichtbrechung aus, ist also von einer andern Konsistenz als das Innenplasma[1]). Bei Pelomyxen mit deutlich abgesetztem, dichterem Oberflächenhäutchen habe ich keine Fontänenströmung beobachtet.

Zum Schluß muß ich noch auf einen bei *Foraminiferen* und *Heliozoen* weit verbreiteten Typus der Pseudopodienbildung hinweisen, nämlich auf die außerordentlich langwerdenden, oft äußerst dünnen Fadenpseudopodien, die in großer Anzahl allseits aus dem Zellkörper herausstrahlen und miteinander anastomosieren können.

Schon M. Schultze[2]) hat von den z. T. sehr reizvollen Einzelerscheinungen der Bewegung dieser Filipodien der *Polythalamien* eine anschauliche Schilderung

---

[1]) Siehe auch L. Rhumbler: Zeitschr. f. wiss. Zool. Bd. 83. 1905.

[2]) Schultze, M.: Das Protoplasma der Rhizopoden- und Pflanzenzellen. Leipzig 1863.

gegeben. Hiernach erscheint z. B. bei Miliola das Ende all der schnell und in gerader Linie sich verlängernden Fäden abgerundet oder mit einer kolbenförmigen Anschwellung versehen. Manchmal ragt aus derselben noch eine feine Spitze hervor, welche an ihrem Ende auch wieder angeschwollen sein kann. Das Plasma der feinen Pseudopodien sowie auch der Endanschwellung ist reich an Körnchen, die in lebhafter Bewegung sind. „Während das Fadenende im Vorrücken wie tastend hin und herschwankt, fließen von der Basis des Fadens her stets neue Körnchen zu und gehen z. T., an dem Ende des Fadens umkehrend, in die rückläufige Bewegung über. Hat sich ein solcher Faden auf eine ansehnliche Länge ausgedehnt, ohne auf einen andern Faden oder ein Hindernis gestoßen zu sein, so biegt er sich oft unter einem ziemlich genau rechten Winkel um und bewegt sich jetzt in der neuen Richtung vorwärts" (M. Schultze 1863, S. 24). Sich berührende Fäden können miteinander ruckweise verschmelzen. Dem Seewasser beigemengte Karminpartikelchen werden von den Pseudopodien reichlich aufgenommen und machen die Strömungen der Fadensubstanz mit. „Einige gleiten dem peripheren Ende des Fadens zu, andere und zwar der größere Teil, werden in entgegengesetzter Richtung fortgeführt und in das Innere des Tierkörpers aufgenommen. Oft stockt die Bewegung eines Hörnchens plötzlich, und erst, wie nach kurzem Besinnen, geht sie fort oder in die entgegengesetzte über." Die Karminkörnchen sind in zitternder Molekularbewegung begriffen. Bisweilen überholt ein Körnchen das andere, „von zwei sich begegnenden kehrt eins mit dem andern um. Endlich sieht man an Anastomosen die Farbstoffkörnchen so gut wie die andern aus einem Faden in den andern hinüberlaufen" (l. c. S. 26ff.).

Bekanntlich ist in vielen Filipodien ein festerer Achsenfaden beschrieben worden. Für den Mechanismus der Entstehung solcher Pseudopodien könnte das Vorwachsen des Achsenfadens ausschlaggebend sein. Die Erscheinung ist ein interessantes Problem für sich. Versucht man es als Kolloidphänomen zu deuten, so muß man bei einem Gebilde von so ausgesprochen polaren Eigenschaften zweifellos zunächst an einen Aufbau aus lauter ganz gesetzmäßig geordneten Ultrateilchen denken, die selbst streng polare Eigenschaften haben. Es würde sich dann in erster Linie fragen, was die gesetzmäßige Zusammenfügung derselben bedingt.

Wer sich von all den vielen Gestaltungs- und Bewegungstypen der amöboid beweglichen Protozoenzellen ein einigermaßen abgerundetes Bild verschaffen will, darf es nicht unterlassen, auch die oft endlose Kette von Einzelerscheinungen detailliert zu studieren, die sich uns mit immer neuen Variationen darbietet, wenn die Tiere auf der Jagd nach irgend einer Beute sind. Es würde zu viele Worte kosten, wollten wir hier eine Serie solcher Fangbewegungen genauer beschreiben. Es sei daher nur auf Jennings (1904) verwiesen und im übrigen nur noch hervorgehoben, zu wie sonderbaren Ergebnissen es führen kann, wenn an großen Amöben, die einem Beutetier nachjagen, um das ganze Vorderende herum ein Kranz nach innen gekrümmter Pseudopodien oder gar ein geschlossener hoher Plasmakragen entsteht. Es wird dann das Beutetier entweder in einer Höhle ganz eingeschlossen, oder — wenn es sich etwa um ein großes Infusor handelt — wird es in der Mitte seines Zelleibes umfaßt und häufig sogar durchgeschnürt [Mast und Root[1]) sowie Beers[2])].

Wir müssen uns nun die Frage vorlegen, **wie man all die verschiedenen Typen von Formveränderungen und Protoplasmabewegungen der amöboiden Zellkörper evtl. erklären könnte.**

---

[1]) Mast, S. O. und F. M. Root: Journ. of exp. Zool. Bd. 21. 1916.
[2]) Beers, C. D.: Brit. journ. of exp. biol. Bd. 1. 1924.

Wir wollen da zunächst auf eine der ältesten Deutungen zurückgreifen, und zwar die „*Contractilitätstheorie*" (soweit man bei den älteren Fassungen überhaupt von einer „Theorie" reden konnte). Dabei muß gleich klargestellt werden, daß das, was mit dem Namen „Contractilitätstheorie" belegt wurde, zu verschiedenen Zeiten ein sehr verschiedenes Gesicht hatte. In der ältesten Fassung, die noch auf Brücke (1861), Haeckel (1862), Reichert (1862/63), de Bary (1862 und 1864), Kühne (1864) und andere zurückgeht, aber auch noch in den neuesten Auflagen zoologischer Lehrbücher wiederkehrt, ist der Kernpunkt der, daß *Contractilität eine generelle Eigenschaft jedes lebenden Plasmas sei*, und daß auch die Formveränderungen der strömenden amöboiden Zellen nur eine Äußerung dieser Eigenschaft sind. Der Begriff der Contractilität war dabei ganz problematisch, er kam nur zustande durch eine verschwommene Übertragung der Eigenschaften hochdifferenzierter contractiler Organe auf jedes undifferenzierte Plasma. Man suchte also m. a. W. durch eine komplexe Erscheinung, deren Wesen wir bis heute nicht eindeutig definieren können, wesentlich einfachere Prozesse zu „erklären", statt den umgekehrten Weg zu gehen. Soweit man dann überhaupt noch einen Versuch machte, sich das Zustandekommen der Contractilität des Amöbenplasmas im einzelnen klarzumachen, appelierte man an hypothetische Plasmafibrillen, die ein contractiles, festeres Gerüstwerk bilden sollten und ähnliches mehr. Über dieses Stadium hat sich die ältere Contractilitätstheorie nicht weiterentwickelt, und es ist begreiflich, daß zu einer Zeit, da schon ein großes Tatsachenmaterial immer wieder auf einen flüssigen Aggregatzustand des lebenden Plasmas hindeutete, ein physikalisch so klar denkender Forscher wie Bütschli sich mit großer Entrüstung gegen „das völlig unbewiesene Dogma der Contractilität des lebenden Plasmas" wandte.

Die Frage nach dem Aggregatzustand des Plasmas schien in der Tat für alle diese Vorstellungen von entscheidender Bedeutung zu sein. Auch diese Frage hat aber seit Bütschlis Zeiten eine wesentliche Wandlung durchgemacht. Man erkannte, daß das Plasma kolloide Natur hat. Sobald man sich nun das heterogene Wesen solcher disperser Systeme wie der Kolloide klargemacht hatte, sah man auch ein, daß die ursprüngliche Formulierung der Frage nach dem Aggregatzustand des Plasmas, die Alternativfrage: „Ist das Plasma flüssig oder fest", zu scharf gefaßt war, daß es zunächst überhaupt nur noch in beschränktem Maße einen Sinn hat, vom Aggregatzustand des *ganzen* Kolloids zu sprechen, und daß zwischen dem „Solzustand" eines Kolloids, in dem diesem noch ziemlich die Eigenschaften einer Flüssigkeit zukommen, und dem „Gelzustand", in dem die dispersen Partikel sich nicht mehr ungehindert aneinander vorbeibewegen können, so daß eine mehr feste Formart resultiert, alle Übergänge vorhanden sind. Wir können also auch die Frage nach der Konsistenz des Plasmas nur in relativem Sinne stellen und nur fragen, wieweit ihm jeweils noch der Sol- oder schon der Gelzustand zugesprochen werden muß, oder können im besten Fall nach verschiedenen Kriterien aus praktischen Gründen *willkürliche* Grenzen zwischen den beiden Zuständen festsetzen.

Es genügt uns nun zunächst, im Prinzipiellen zu erfahren, daß der Stand der Untersuchung dieser Frage, die sich schon auf das verschiedenste Zellenmaterial erstreckt, der ist, *daß verschiedene Plasmaarten sehr verschiedene Konsistenz haben können*, daß, wie wir ja gerade auch an den großen Amöben schon vorweg genommen haben, *sogar verschiedene Regionen ein und derselben Zelle in der Sol-Gelskala weit auseinanderstehen*, und schließlich werden wir auch noch Fälle kennenlernen, wo auch an unserm Material *ein Zustand in den andern übergehen kann*.

Sobald wir nun einmal wissen, daß das Plasma einer Zelle wenigstens teilweise im Gelzustand ist, müssen wir auch mit der Möglichkeit einer Volumverminderung und damit mit einer „Contraction", „Contractilität" dieser Partien rechnen. Dies freilich in ganz anderm Sinne als oben. Denn unter Contraction eines Geles versteht man nichts anderes als eine Volumverminderung infolge einer Entquellung, also einer Wasserabgabe oder evtl. noch eine absolute „Volumcontraction", die bei dem Übergang aus einem Zustand in einen andern eintreten könnte. In diese kolloidchemischen Vorstellungen ist nun auch die Contractionstheorie der Plasmabewegung — zum Teil unbewußt und unbemerkt — allmählich hineingeglitten. Nur einzelne Forscher, wie besonders RHUMBLER und HYMAN, haben ihre Auffassung über Contractionen des Protoplasmas eindeutig in diesem Sinne klargestellt. — Ob eine etwaige Volumcontraction eines Plasmageles Wesensbeziehungen zur physiologischen Contraction einer Muskelfibrille hat, ist eine zweite, scharf zu trennende Frage.

Es fragt sich nun, welche Beweise wir für oder gegen *aktive Contractionen des Amöbenplasmas* anführen können. Am stärksten wird der Geltungsbereich der Contractilitätstheorie von vornherein eingeengt durch eine Erkenntnis, die noch auf WALLICH [1863[1])] zurückgeht. Sie besagt, daß die *neueinsetzenden Plasmabewegungen nicht von den zusammenschrumpfenden, „sich contrahierenden" Partien der Amöbe ausgehen, sondern an der Spitze der neuentstehenden Pseudopodien einsetzen,* um von hier immer weiter auf den Zellkörper überzugreifen, um schließlich auch alte Pseudopodien auszuleeren. Schärfer präzisiert wäre also die Frage die, ob es überhaupt Fälle gibt, in denen die Einziehung eines langen Pseudopodiums oder die Entstehung eines zusammenschrumpfenden Schopfes einigermaßen als ein Vorgang für sich betrachtet werden kann, der zum Stillstand kommt, ohne daß der Abstrom des Plasmas sich in eine andere neuentstehende Vorwölbung ergießt, ohne daß der Abstrom überhaupt in irgendeine Beziehung zu einem neuentstehenden Pseudopodium gebracht werden muß, so daß also die Möglichkeit ausgeschlossen ist, daß das Movens eben in der neuen Pseudopodienbildung liegt. Ich habe selbst Hunderte diesbezüglicher Beobachtungen an allen Typen der *Amoeba proteus* und *terricola* gemacht und dabei immer wieder gefunden, daß die Rückströme stets in kontinuierlichem Zusammenhang stehen mit irgendeinem oft weit entfernten vorwachsenden Pseudopodium. An deren Spitze beginnt die Bewegung und zieht dann eine immer länger werdende, oft eigentümlich geschlängelte Straße im Zellkörper hinter sich her, die schließlich auf ein altes Pseudopodium oder das schmale Hinterende übergreift. Wenn ich gelegentlich glaubte, doch auch einmal den Rückstrom eines verschwindenden Pseudopodiums kurz proximal hinter der Basis des Pseudopodiums aufhören zu sehen, stellte es sich regelmäßig heraus, daß doch eine neue kleine unansehnliche Vorwölbung irgendwo an der Basis des alten Pseudopodiums die Ursache des Rückstromes war. — Selbst in ganz auffälligen Fällen, in denen man zunächst an gar nichts anders als an eine aktive Contraction des Pseudopodiums denkt, ergibt sich nach den Beschreibungen anderer Autoren, daß sich *Schlauchpseudopodien doch immer bloß verkürzen, weil sie durch neue Fortsätze ausgepumpt werden.* So strecken nach DELLINGER (1907) *Difflugien* lange, fingerförmige Fortsätze, die sich mit der Spitze am Substrat festheften, aus; dann verkürzt sich der Fortsatz und zieht dabei die Schale so weit nach, daß die Mündung derselben über die Anheftungsstelle des Pseudopodiums zu liegen. Auch diese „Contractionserscheinung" geht immer Hand in Hand mit der Ausstreckung eines zweiten Fortsatzes *b* an der Basis des ersten *a*. In dem Maße, als *b* vorfließt und an Länge zunimmt, wird *a* geleert. — Selbst bei den eigentümlichen Contractionserscheinungen, die E. SCHULTZ[2]) an *Astrorhiza* beschreibt, wird

[1]) WALLICH, G. C.: Ann. Magaz. Nat. Hist. Bd. 11. 1863.
[2]) SCHULTZ, E.: Arch. f. Entwicklungsmech. d. Organismen Bd. 41. 1915.

ein exakter Beweis für wirkliche Contractilität und etwaige Beziehungen derselben zu den vergänglichen Fibrillenbildungen oder auch nur die erforderlichen Kontrollversuche nicht geliefert. Schließlich möchte ich noch hervorheben, daß bei wirklicher Contraction eines Schlauchpseudopodiums im physiologischen oder kolloidchemischen Sinn doch eigentlich nur eine Verkürzung, keineswegs aber eine völlige Einschmelzung erwartet werden müßte. — Es bleibt abzuwarten, ob die Argumente, die JENNINGS in seinem ausführlichen Werke von 1904, S. 157ff., für die Contractionstheorie anführt, noch aufrechterhalten werden können. Auf die gleichzeitig mit einem Rückstrom irgendwo in der Nähe zur Ausbildung gelangenden neuen aktiven Vorstülpungen hat er leider, wie es scheint, wenig geachtet. Auch bei der Einziehung sämtlicher Strahlenpseudopodien einer Amöbe nach mechanischer Reizung entstehen fast durchwegs seitlich gleich neue Höcker. Vielleicht handelt es sich auch in JENNINGS Abb. 50 (loc. cit. S. 158) um nichts andres.

Nun noch einige Worte über die *Schopfbildung am Hinterende.* Die Runzeln und Falten sprechen dafür, daß es sich um eine Leerung eines Schlauches oder Sackes durch irgendeine Saugwirkung und nicht um eine Contraction

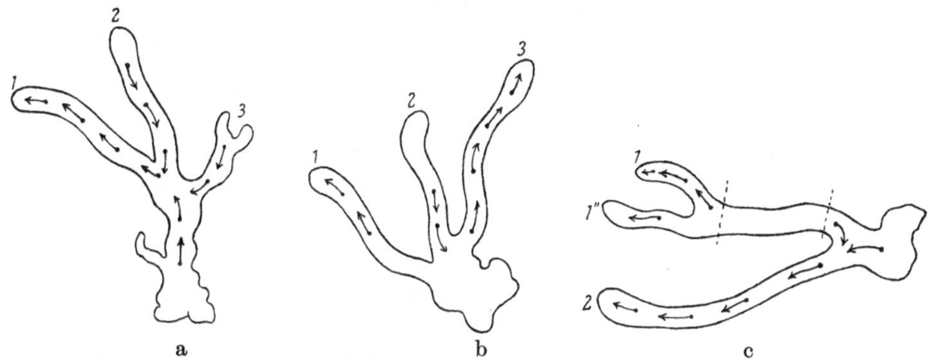


Abb. 6. Dynamische Gabelformen aus hyperalkalischem Medium. Original.

der Oberfläche handelt, d. h. es ist jedenfalls nicht möglich, daß die Membran sich aktiv contrahiert, es könnte höchstens sein, daß sich das dichtere Ektoplasma zusammenzieht. Bei der Schrumpfung des Schopfes werden nun oft so erstaunlich weit entfernte Punkte der Oberfläche ganz zusammengeführt, daß es sich schon um eine außerordentlich starke Contraction handeln müßte, wollten wir die ganze Veränderung auf sie zurückführen.

Besitzt eine *A. proteus* drei nach vorne gerichtete lange Pseudopodien und eine Schopfbildung am Hinterende, so müßte man vom Standpunkt der Contractionstheorie annehmen, daß die große, sich contrahierende hintere Partie das flüssige Innenplasma gleichmäßig in alle drei Schläuche treibt. Das Gegenteil ist meist der Fall. Im Stadium a der Abb. 6 sehen wir z. B. im Pseudopodium 1 einen kräftigen Vorstrom, in 2 und 3 einen Rückstrom. Dann aber entsteht in 3 (Abb. 6 b) von der Spitze beginnend auch ein Vorstrom, aber auch jetzt ist die Strömungsrichtung in den drei Arten nicht gleich. Nun könnte man ja sagen, daß da außer der Contraction des Schopfes auch noch eine Contraction der Pseudopodien mit Rückstrom anzunehmen ist; aber auch mit dieser Annahme kommt man nicht weit. Man sieht nämlich häufig an solchen Gabeltieren, daß das Plasma in einem Ast 1 überhaupt ruht, und daß der Vorstrom des andern Astes 2 höchstens an der Basis von 1 die Körnchen mitreißt. Dann setzen plötzlich neue Vorströme an der Spitze von 1 ein, wie es Abb. 6 c zeigt.

Der Mittelteil von 1 ist in Ruhe. Die Contractionstheorie müßte also annehmen, daß sich dieser Mittelteil zwischen den Linien kontrahiert und das Entoplasma nach rechts und nach links treibt, und daß die Bewegung zum Stillstand kommt, wenn der Mittelteil ganz zusammengeschnürt ist. Was geschah, war, daß der Vorstrom von 1′ und 1″ über den ganzen Mittelteil hinübergriff und auch noch die Basis von 2 zurückströmen ließ.

Wenn wir nun auch die Frage nach der Existenz wirklicher Contractionen des amöboid beweglichen Zellkörpers nach dem Gesagten nicht von vorneherein für alle Fälle verneinen wollen, so geht aus allem zur Genüge hervor, daß sie nicht von allgemeinerer Bedeutung sein kann, und *daß wir unter keinen Umständen um die Existenz einer Kraftwirkung herumkommen, die jeweils von dem Vorderende der Vorstülpungen ausgeht.* Diese Schlußfolgerung wird noch dadurch außerordentlich gestützt, daß nach Untersuchungen mit der Mikronadel und nach chemischen Versuchen von L. H. Hyman (1917) *die Stelle des Amöbenkörpers, welche sich vorwölbt, kurz vor und während der Vorstülpung einen besondern Zustand aufweist.* Es äußert sich dies vor allem in einer starken Änderung der Viscosität des Ektoplasmas. Seifriz berichtet (1920, S. 371), daß das Ektoplasma, das ja, wie wir sahen, sonst den Viscositätsgrad 8 hat, in der Partie, die an der Pseudopodienbildung beteiligt ist, in begrenzter Ausdehnung ganz flüssig wird. Die Verflüssigung ist nur vorübergehend und von kurzer Dauer. Inaktives Plasma wird wieder fester. — Aus den Versuchen von L. H. Hyman (1917) geht zwar das Wesen der Zustandsänderung der sich vorwölbenden Stelle nicht eindeutig hervor, doch sind sie in ihrer Art doch auch sehr instruktiv. Brachte er nämlich Amöben in $^1/_3$- oder $^1/_4$ m-Cyankaliumlösung, so wurden sie zunächst für einige Augenblicke bewegungslos, um dann an der dem vorherigen Vorstrom abgewandten Seite ein neues Pseudopodium auszubilden. Sobald dieses nun erscheint, löst es sich an der Spitze auf, und das Entoplasma ergießt sich nach außen. Im weiteren Verlauf platzt dann auch von den alten Pseudopodien, die noch am Zellkörper vorhanden sind, eins nach dem andern, und zwar das jüngste zuerst, das älteste zuletzt, und durch die geborstene Spitze explodiert in gleicher Weise überall das flüssige Entoplasma nach außen. Wendet man stärkere Lösungen an, so kann das Pseudopodium an der dem letzten Vorstrom abgewandten Seite nicht mehr entstehen, trotzdem explodiert aber stets zuerst diese Stelle, an der es sonst regelmäßig entstehen würde, und dann erst in der gleichen Weise wie im ersten Versuch die ältesten Pseudopodien. Offensichtlich ist also der *besondere Zustand* der Vorwölbungszone *schon kurz vor der Pseudopodienbildung ausgebildet.*

---

Wir müssen uns nun die Frage vorlegen, *welche Kräfte das Vorderende einer Amöbe beherrschen und seine Vorwärtsbewegung verursachen könnten.* Es liegt ganz nahe, da zunächst an die *Flüssigkeitsmechanik* zu appellieren. Es gilt daher, zunächst ihren Geltungsbereich abzustecken.

Der Ausgangspunkt physikalischer Erörterungen über diese Frage müssen natürlich zunächst die Verhältnisse an einem einfachen, unkomplizierten physikalischen System sein, welches eventuell noch als Modell der lebenden amöboid beweglichen Zelle gelten kann. Als solches können wir einen Flüssigkeitstropfen ansehen, der in einer zweiten mit der andern nicht mischbaren Flüssigkeit von gleichem spezifischen Gewicht frei schwebt. Ein solcher Tropfen ist dem Einfluß der Schwere entzogen und nimmt eine Gestalt an, die ausschließlich durch die molekularen Kräfte bedingt wird. Die molekularen Kräfte befinden sich im Gleichgewicht, wenn die Krümmung der ganzen Tropfenoberfläche gleich ist.

Dies ist erreicht, wenn der Tropfen Kugelgestalt hat. Jede Änderung der Krümmung — etwa durch äußeren mechanischen Eingriff — gleicht sich sofort wieder aus, es stellt sich wieder die Gleichgewichtsform mit der gleichen Krümmung und der kleinsten Oberfläche her. Die molekularen Kräfte haben also das Bestreben, ein Minimum an Oberflächenausdehnung herbeizuführen. Man führt dies auf die gegenseitige Anziehung der Moleküle der Tropfenoberfläche, auf die sog. Oberflächenspannung $\alpha$ zurück, welche wir genauer als die Kraft definieren können, welche auf die Längeneinheit einer beliebigen auf der Flüssigkeitsoberfläche gelegenen Linie senkrecht zu dieser und in jeder Tangentialebene zur Flüssigkeitsoberfläche gleichmäßig nach allen Richtungen wirkt. An gekrümmten Flüssigkeitsoberflächen resultiert aus der Oberflächenspannung der nach der konkaven Seite gerichtete Krümmungsdruck, der um so größer ist, je stärker die Krümmung ist. Die Ausgleichung der Krümmung der Oberfläche des schwebenden Tropfens beruht also auf der Ausgleichung des Krümmungsdruckes.

Ausschlaggebend ist nun für uns an diesen Dingen die Frage, wie in ein solches physikalisches System, wie wir es eben beschrieben haben, durch Änderung der molekularen Kräfte eine gesetzmäßige Bewegung kommen kann. Die Möglichkeiten lassen sich an Hand des Schemas der Abb. 7 leicht darstellen. Nehmen wir zunächst an, die Oberflächenspannung $\alpha$ an der Grenzfläche Tropfen/äußeres Medium würde sich — etwa durch eine örtlich begrenzte chemische Änderung der Tropfensubstanz — lokal vermindern. Die Folge hiervon wäre, daß jetzt die Anziehung der Moleküle der Grenzfläche um den Punkt der Oberflächenspannungsverminderung herum in jeder von dem Punkte abgewandten Richtung überwiegen würde und die Moleküle der Grenzschicht von diesem Punkte allseits zurückgerissen werden müßten. Es müßte also eine von diesem Punkte radiär ausstrahlende rückläufige Bewegung der Oberflächenteilchen, ein *oberflächlicher „Ausbreitungsstrom"* zustande kommen. Die lokale Verminderung von $\alpha$ bringt außerdem auch noch eine Herabsetzung des Krümmungsdruckes der Stelle mit sich. Der Krümmungsdruck aller andern Partien der Kugeloberfläche ist also jetzt stärker und muß die ganze Masse des Tropfens nach der Stelle verminderter Spannung treiben. Außerdem muß auch die Anziehung der Moleküle des äußeren Mediums auf die Stelle der Oberfläche mit vermindertem $\alpha$ jetzt relativ überwiegen über die nach innen gerichteten und natürlich auch geringer gewordenen Anziehungskräfte. Hieraus wird eine gewisse Saugwirkung des Außenmediums auf die Tropfenmasse an der Stelle verminderter Spannung resultieren, welche die Tropfenmasse in gleichem Sinne in Bewegung setzen muß wie die erörterte lokale Verminderung des Krümmungsdruckes. Aus allem folgt eine Bewegung und Formveränderung des Tropfens, wie sie in Abb. 7 dargestellt ist: Nach der Stelle verminderter Oberflächenspannung (—) bewegt sich ein breiter *„axialer Vorstrom"*, der den Tropfen vorwärts treibt und, am Vorderpole angelangt, sich in Form eines *„oberflächlichen Ausbreitungsstromes"* rückläufig nach dem Hinterende bewegt. Erreicht der Ausbreitungsstrom das Hinterende, so kann er kontinuierlich wieder in den axialen Vorstrom übergehen, so daß wir dann eine geschlossene Wirbelbewegung vor uns haben. Eine lokale Erhöhung der Oberflächenspannung muß das genau entgegengesetzte Strömungsbild verursachen. Die Stelle mit erhöhtem $\alpha$ muß sich verhalten wie das mit + bezeichnete Hinterende des Tropfens der Abb. 7.

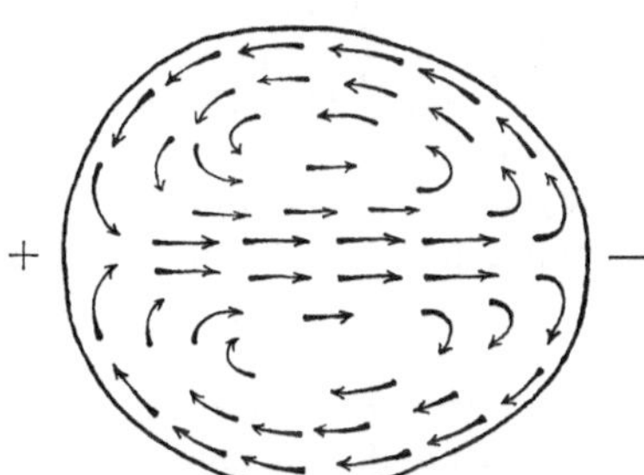

Abb. 7. Strömungsbild eines freischwebenden Öltropfens mit lokal bei — verminderter Oberflächenspannung.

Wir können das theoretisch Erörterte auch im Experiment leicht realisieren. Am besten verwendet man hierzu in Wasser schwebende Öl-Chloroformtropfen. Der Versuch wird folgendermaßen ausgeführt: Man gießt in ein hohes, großes Becherglas etwas konzentrierte Kochsalzlösung. Auf diese schichtet man vorsichtig reines Wasser auf, und zwar so, daß sich die beiden Flüssigkeiten möglichst wenig mischen. Dann mischt man Olivenöl mit Rüböl (etwa käuflichem „Nachtlichteröl") zu gleichen Teilen, färbt das Öl durch Zusatz von etwas Scharlach und fügt so viel Chloroform zu, bis Tropfen dieses Chloroformöls in Wasser gerade untersinken. Im obigen Becherglas sinken die Ölkugeln nur so tief, bis sie in eine Kochsalzzone von gleichem spezifischen Gewicht kommen. Die Chloroformzusätze zum Öl so zu treffen, daß die Tropfen auch in reinem Wasser ohne weiteres schweben, erfordert zu große Mühe. Bringt man nun mit einer Pinzette einen kleinen Sodakrystall in die Nähe einer schwebenden Ölkugel, so bildet das entstehende Alkali mit der Ölsäure der Ölkugel an der Berührungsstelle etwas Seife. Dies bewirkt eine ganz erhebliche Verminderung der Oberflächenspannung, und der Tropfen gerät in lebhafte Bewegung.

Besonders an eingestreuten kleinen Wassertröpfchen läßt sich in der Ölkugel der axiale Vorstrom und der oberflächliche Ausbreitungsstrom leicht erkennen. Rückt man mit dem Sodakrystall immer weiter ab, so wandert die Ölkugel mit vorgewölbtem Vorderende dem Krystalle durch das ganze Gefäß nach. Seine Oberfläche bedeckt sich dabei mit einem immer dicker und zäher werdenden Seifenhäutchen. Das Movens bei der Wanderung der völlig frei im Wasser schwebenden Ölkugel sind ausschließlich die sich immer wieder herstellenden Oberflächenspannungsdifferenzen.

An einem dem Boden des Glasgefäßes aufliegenden Flüssigkeitstropfen (etwa wieder einem Öl-Chloroformtropfen) gestalten sich die durch Oberflächenspannungsverminderung (in unserm Versuch also durch lokale Verseifung) verursachten Bewegungen im Prinzip gleich. Auch dieser Tropfen strömt nach dem Pole mit vermindertem $\alpha$ vor. Es kriecht also auch ein aufliegender Öl-Chloroformtropfen dem Sodakrystall nach und zeigt einen axialen Vorstrom und einen oberflächlichen Ausbreitungsstrom. Einer besonderen Erörterung bedarf nur die Randwinkelbildung. Der Randwinkel, d. i. der Winkel, den die Grenzfläche Öl/Wasser mit der Grenzfläche Öl/Glas am Tropfenrande bildet, ist abhängig vom spezifischen Gewicht und dem Krümmungsdruck des Tropfens. Die Schwere sucht den Öltropfen plattzudrücken, die Spannung der Oberfläche dagegen sucht ihn möglichst abzukugeln und seinen Rand möglichst zurückzuziehen. Ruft man an einem adhärierenden Öltropfen durch Verseifung eine Verminderung von $\alpha$ hervor, so tritt daher durch die beschriebenen Veränderungen auch noch eine starke Abplattung (wenigstens der einen Seite) des Tropfens und eine Verkleinerung des Randwinkels ein. Wir können uns vorstellen, daß auf ein Molekül am Rande des Tropfens, wie Abb. 8 zeigt, folgende Kräfte einwirken: In der Richtung des oberen Pfeiles die Grenzflächenspannung Öl/Wasser $\alpha$ und nach dem Glase zu Anziehungskräfte der Moleküle des festen Substrates. Diese können wir jeweils zerlegen in eine Komponente senkrecht auf die Oberfläche des Glases und eine zweite parallel zur Glasfläche, und zwar entweder nach innen oder nach außen. Die erste Komponente bleibt unwirksam, die Komponenten $\beta$ und $\gamma$ suchen den Tropfenrand vorzuschieben oder zurückzuziehen. Die Kraft, mit der der Tropfenrand in der Richtung von $\beta$ nach außen vorgezogen wird, nennt man auch die *Benetzungskraft*. $\alpha$ und die Benetzungskraft (also eigentlich $\beta-\gamma$)

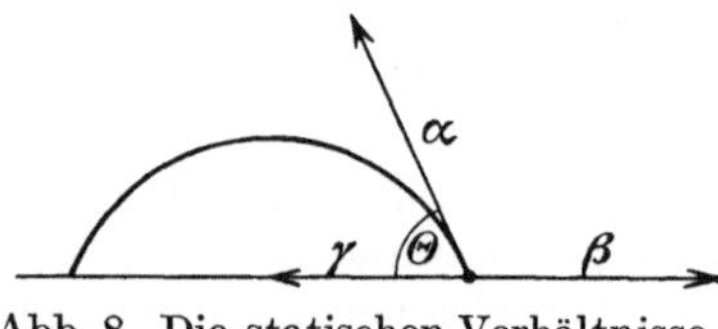

Abb. 8. Die statischen Verhältnisse eines aufliegenden Tropfens.

können auch gemessen werden[1]). Eine Verringerung von $\alpha$ muß eine Verkleinerung des Randwinkels $\Theta$ zur Folge haben.

An adhärierenden Tropfen kann der Versuch mit der lokalen Verminderung der Oberflächenspannung nach BERNSTEIN (1900)[2]) auch in der Weise ausgeführt werden, daß man Quecksilbertropfen in etwa 5% Salpetersäure setzt und ihnen ein Kryställchen von $K_2Cr_2O_7$ vorhält. Das Kaliumbichromat läßt lokal an der Quecksilberoberfläche HgO entstehen, welches eine geringere Oberflächenspannung hat. Vorstrom und Ausbreitungsstrom des Quecksilbertropfens sind außerordentlich heftig.

Durch Oberflächenspannungsdifferenzen verursachte *Bewegungs- und Strömungserscheinungen* lassen sich auch *an Tropfen von mikroskopischen Dimensionen* unter dem Mikroskop schön beobachten. Es können dazu z. B. wieder Tröpfchen unseres Öl-Chloroformgemisches verwendet werden, die man auf den Objektträger in einen Tropfen Wasser setzt und mit einem Deckglas abdeckt. Die Sodalösung läßt man vom Rande allmählich einwirken. Eigenartig nimmt sich im mikroskopischen Bilde solcher Tropfen die gelbliche Seifenhülle aus, die auch an stark strömenden Tropfen kontinuierlich über die ganze Oberfläche derselben läuft, aber an den aktiven Vorwölbungen, wo sie gerade neu gebildet wird, äußerst dünn ist. Sie scheint grob heterogener Natur zu sein, und zwar aus vielen dicht zusammengedrängten Tröpfchen oder Körnchen zu bestehen. Im Außenmedium aufgeschwemmte Kohlenteilchen werden von diesen Öltropfen, auch wenn sie stark strömen, nicht in konforme Strömungen versetzt. Dies ist von Interesse, da von BÜTSCHLI (1892) bei etwas anderer Versuchsanordnung gelegentlich solche konforme Strömungen gesehen, und hieraus von manchen Autoren zu weitgehende verallgemeinernde Schlüsse gezogen wurden (s. später S. 19).

Besonders interessant ist schließlich das Bild der nach BÜTSCHLIS Methoden (1892) hergestellten *mikroskopischen Ölseifenschäume*, die — vielleicht durch das Platzen einzelner Bläschen — von selbst immer wieder in Bewegung geraten und tagelang weiterströmen. Es können an solchen Schaumtropfen eine ganze Anzahl von Vorstülpungen auf einmal entstehen, die dann durchwegs den Charakter von Ausbreitungspolen mit verminderter Oberflächenspannung haben. Das Außenmedium macht an den Ausbreitungspolen, wie die Bewegung suspendierter Partikel zeigt, konforme Strömungen mit.

Bei all diesen Versuchen drängen sich einem nun Analogien mit der amöboiden Plasmabewegung in der Tat unwillkürlich auf. Es ist das Verdienst von BÜTSCHLI, QUINCKE und RHUMBLER, alle Einzelheiten der physikalischen „Modelle" genau studiert und zu einer *Oberflächenspannungstheorie der Plasmabewegung* verarbeitet zu haben. Bevor wir aber darangehen, Analogien und Differenzen zwischen den beiden Erscheinungen kritisch zu sichten, wollen wir uns zuerst ganz allgemein fragen, wieweit wir denn auf Grund unserer heutigen Kenntnisse vom physikalischen Zustand des Amöbenplasmas überhaupt noch erwarten dürfen, daß an dessen Oberfläche Oberflächenspannungskräfte zur Wirkung kommen. Es muß nochmals erinnert werden an den sehr viscosen Zustand des Ektoplasmas der *Amoeba proteus und terricola* und die noch festere Beschaffenheit der Oberflächenmembran. Zu diesen Befunden der Mikrodissektion müssen wir noch sehr bemerkenswerte Ergebnisse von älteren Untersuchungen RHUMBLERS über den „Aggregatszustand" der Amöben hinzufügen. RHUMBLERS Untersuchungsmethode baut sich auf Erscheinungen an den Grenzflächen von Wasser/Luft auf, auf die man Tropfen einer zweiten Flüssigkeit bringt. Schwimmen diese Tropfen auf der Wasserfläche, so müssen wir an ihnen folgende statische

[1]) DALLWITZ-WEGENER, R. VON: Zeitschr. f. techn. Physik. 1924.
[2]) BERNSTEIN, F.: Arch. f. d. ges. Physiol. Bd. 53. 1900.

Verhältnisse annehmen. Auf das Randmolekül *o* (Abb. 9) wirken drei Grenzflächenspannungen ein. $\alpha_{1,3}$, $\alpha_{2,3}$ und $\alpha_{1,2}$. Diese Kräfte müssen ins Gleichgewicht kommen und werden dabei die Größe des Winkels $\varphi$ bestimmen. Überwiegt nun aber $\alpha_{1,3}$ der Grenzfläche Wasser/Luft über die Resultante von $\alpha_{2,3}$ und $\alpha_{1,2}$, wie dies z. B. der Fall ist, wenn *II* ein Öltropfen ist, so muß der Tropfen *II* von $\alpha_{1,3}$ nach allen Seiten völlig auseinandergerissen werden und sich zu einem dünnen Häutchen auf der Wasserfläche ausbreiten. — Eiweißkörper und Lipoide haben, wie überhaupt die emulsoiden Kolloide, eine geringere Oberflächenspannung gegen Luft als Wasser. Dementsprechend breiten sich nun auch lebende Zellen, die ja aus solchen Substanzen bestehen, auf einer freien Wasserfläche sofort aus, sofern sie nur flüssigen Aggregatszustand haben. Sie werden mit großer Vehemenz auseinandergerissen und verschwinden förmlich in einem Augenblick vor den Augen des Beobachters. Ist ihr Plasma freilich ein Gel, so widersteht es den Oberflächenkräften. Zwischen den beiden Extremen sind entsprechend dem auf S. 13 Gesagten allmähliche Übergänge vorhanden. Schon RHUMBLER fand nun, daß, wie man sich leicht überzeugen kann, *A. proteus* und *terricola* an der freien Wasserfläche *nicht* zerrissen werden. Nur für eine Form der *A. limicola* stellte er gelegentlich flüssigen Aggregatszustand fest. Nach meinen Erfahrungen werden auch noch *Pelomyxen* an der Wasserfläche außerordentlich leicht zerrissen. *Pelomyxen* sind sogar Objekte, die sich zur Demonstration dieser Erscheinung ganz besonders eignen. Ob dies allerdings für alle Zustände derselben gilt, muß ich noch offen lassen. Man kann sich kaum eine stärkere Äußerung der Oberflächenkräfte denken als die bei der RHUMBLERschen Reaktion, durch die auch ganz große Zellen im Augenblick in Atome zerrissen werden. Sind diese Kräfte der freien Wasserfläche an einer Zellart machtlos, können sie die Moleküle der Zelloberfläche nicht mehr in Bewegung setzen, weil die Verschiebbarkeit der Oberflächenpartikel wegen des Gelzustandes schon zu gering geworden ist, *dann können wir auch nicht erwarten, daß an diesem Zellmaterial etwaige Oberflächenspannungsdifferenzen so ohne weiteres wie an einem Öltropfen die Zellmasse und Zelloberfläche in Bewegung versetzen können.* Ohne weiteres können wir analoge Erscheinungen wie an unsern Öltropfen hiernach jedenfalls nur an den *Pelomyxen* und der A. limicola für möglich halten. An ihnen *müssen* etwaige Oberflächenspannungsdifferenzen sich sogleich bemerkbar machen.

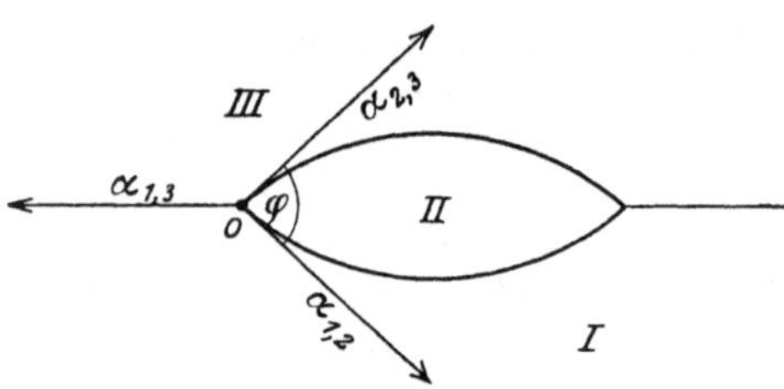

Abb. 9. Die statischen Verhältnisse an einem schwimmenden Tropfen.

Es ist nun jedenfalls kein Zufall, daß die Kriterien für eine durch Oberflächenspannungsdifferenzen verursachte Bewegung eines Flüssigkeitstropfens an strömenden *Pelomyxen* des Typus der Abb. 5 in der Tat durchwegs zu finden sind. Hier wie dort eine völlig übereinstimmende Fontänenströmung. Wir brauchen uns nur den in Abb. 5a′ dargestellten Verlauf der Strömung mit dem des Öltropfens der Abb. 7 zu vergleichen und müssen zu dem Ergebnis kommen: *Die Pelomyxa bewegt sich so, als ob ihr Vorderpol eine Stelle verminderter Oberflächenspannung wäre,* nach dem sich ein breiter axialer Vorstrom hinbewegt, und von dem die Oberflächenteile nach hinten zurückgezogen werden. Nach Erfahrungen an andern Amöben ist man gegen die Existenz des oberflächlichen Ausbreitungsstromes besonders kritisch geworden. JENNINGS (1904) hat auch eine Methode ersonnen, durch welche man die Bewegung der Oberflächenteilchen besonders sicher objektiv feststellen kann. Man suspendiert nämlich Kohle- oder

Carminteilchen im Wasser, die dann mehr oder weniger leicht an der klebrigen Oberfläche der Amöben festpappen und die Bewegung der Oberflächenschicht mitmachen, wobei sie leicht verfolgt werden können. Sehr geeignet ist für diesen Versuch nach meinen Erfahrungen auch das kolloidale Kohlepräparat Karkolid (BÖHRINGER), von dem Aufschwemmungen, in dest. Wasser hergestellt, gründlich abzentrifugiert und filtriert, die Kohlepartikel in sehr gleichmäßiger, aber nicht nur kolloidaler Form enthalten. Bei tropfenweisem Zusatz zum Amöbenwasser bilden sich dann auch gröbere Kohlenflöckchen, die dann besonders leicht an den Amöben hängenbleiben.

An der Oberfläche der *Pelomyxen* pappten die Kohlenteilchen nur gelegentlich und meist nur lose an. Stets sieht man sie dann an Tieren vom Bewegungstypus der Abb. 5a *von vorne nach hinten wandern.* Außerdem gucken übrigens auch die Spitzen von ungefähr tangential unmittelbar unter der Oberfläche liegenden kurzen Algenfäden oder Diatomeen häufig über die Oberfläche heraus. Auch diese sieht man stets nach hinten wandern. Gesetzmäßige Strömungen der feinen suspendierten, in BROWNscher Molekularbewegung hin und her tanzenden Karkolidteilchen im Außenmedium sah ich ebensowenig wie beim mikroskopischen Öltropfen. Die Angaben von BÜTSCHLI (1892, S. 219), daß er am Vorderende von strömenden Pelomyxen schwache Strömungen des Außenmediums im entgegengesetzten Sinne des Ausbreitungsstromes gesehen hätte, sind mir hiernach schwer verständlich, doch muß die Frage, wie sich Oberflächenströme auf das Außenmedium übertragen, als Frage zweiter Ordnung angesehen und scharf gesondert für sich betrachtet werden. Wie auch immer die Antwort ausfällt, ändert sie nichts an der Existenz und Art der Oberflächenströme selbst. Offenbar kann die verschiedene Beschaffenheit der Oberfläche und die jeweiligen Reibungen zwischen den beiden Medien sowohl im Modellversuch als auch an verschiedenen Zellen zu verschiedenen Endresultaten führen. Wir dürften da noch nicht alle Faktoren übersehen und können aus diesen unsicheren Begleiterscheinungen einstweilen auch unmöglich Kriterien für oder gegen eine durch Oberflächenspannungsdifferenzen verursachte Bewegung konstruieren. Von den Modellversuchen scheiden übrigens die Fälle, in denen im Außenmedium selbst Seifenlösung um den Tropfen herumläuft, wie z. B. wenn man Seifenlösung einseitig an einen in Wasser liegenden Tropfen von Paraffinöl fließen läßt (BÜTSCHLI 1892, S. 44), von vornherein aus der Diskussion über die passive Bewegung des Außenmediums aus. (Unglücklicherweise haben gerade solche Fälle die ganze Diskussion über die Frage veranlaßt.) Die andern auf S. 11 noch beschriebenen Bewegungstypen der *Pelomyxen* müssen bez. der Bewegungsrichtung der Oberflächenteilchen gesondert betrachtet werden. Wahrscheinlich schließen sie sich wegen ihres dichten Oberflächenhäutchens den eben besprochenen Typen *nicht* an.

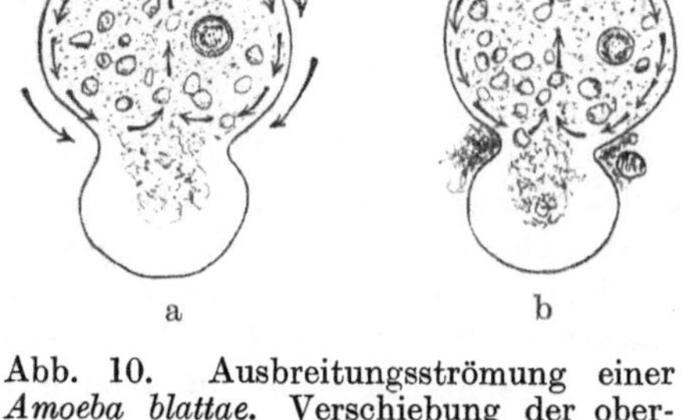

a b

Abb. 10. Ausbreitungsströmung einer *Amoeba blattae*. Verschiebung der oberflächlich angepappten Partikel nach hinten! (Nach L. RHUMBLER.)

Geschlossene Wirbelströmungen mit Vorstrom und rückläufigem Ausbreitungsstrom sind von BÜTSCHLI noch an *A. limax*, *A. guttula* und an *A. blattae* beschrieben worden. Von der Fontänenströmung der *A. blattae* berichtet dann noch RHUMBLER (1905) einige besonders überzeugende Fälle, die, wie auch z. B. der in Abb. 10 wiedergegebene, über den rückläufigen Oberflächenstrom gar keinen Zweifel lassen. Der in Abb. 10a der Amöbe an ihrem Vorderende adhärierende Fremdkörper wird nach rechts und nach links auseinandergezogen und nach hinten geführt. — Versuche über die Ausbreitung *dieser* Amöben auf der freien Wasseroberfläche liegen noch nicht vor.

Wir haben im ersten Abschnitt schon gesehen, daß sich die Bewegungserscheinungen der *Amoeba proteus* und *terricola* wesentlich anders gestalten. Es unterliegt nun gar keinem Zweifel, daß alle die Partien der Oberfläche dieser Amöben, welche in sehr viscosem Gelzustand sind, Oberflächenkräfte nicht zur Geltung kommen lassen können. *Einzig und allein die vorströmende Spitze dürfte noch den Flüssigkeitsgesetzen gehorchen.* Wie sich nun hier an der lokal verflüssigten Oberflächenpartie durch etwaige Oberflächenspannungsdifferenzen verursachte Bewegungen äußern müssen, läßt sich besonders auch deswegen noch nicht ganz eindeutig beantworten, weil die bisherigen physikalischen Modellversuche durch die neueren Befunde über die Zustandsänderungen der Zellen selbst ganz überholt sind. Wir sind jetzt mit der Analyse der amöboiden Bewegung so weit, daß wir uns sagen müssen: *Die alten physikalischen Modelle der Plasmabewegung und die daran geknüpften Überlegungen ermöglichen uns ein mechanisches Verständnis der Plasmabewegung der Pelomyxen und der A. blattae und guttula, mehr aber nicht; weitergehende Analysenversuche erfordern vor allem neue Modelle mit Membranen, die außerdem einer gewissen Veränderlichkeit fähig sind.* (Das Seifenhäutchen der Öltropfen ist sehr fraglicher Natur.) Vielleicht erhalten wir dann durch solche Experimente eine genauere Antwort auf die Frage, ob unter Bedingungen, unter denen die Bewegung einer *A. proteus* erfolgt, z. B. ein tangentialer Ausbreitungsstrom überhaupt noch entstehen kann, da doch rund um die Zone einer etwaigen Oberflächenspannungsverminderung die Flüssigkeitsoberfläche mit steifer Gallerte bedeckt ist, oder ob in solchen Fällen nur die oben erörterte „Saugwirkung" der stärkeren Anziehungskräfte des Außenmediums zur Geltung kommen kann und mehr oder weniger nur einen Axialstrom entstehen läßt, und ob schließlich Oberflächenspannungsdifferenzen an einer Grenzfläche Innenplasma/Außenplasma zur Auswirkung kommen können. Solche Gedanken drängen sich einem auf, wenn man sich die Einzelheiten der Strömungserscheinungen der *A. proteus* und *verrucosa* alle vor Augen hält. Wir haben schon S. 7 gesehen, daß sich bei diesen Amöben der axiale Vorstrom am Vorderende höchstens schwach fächerförmig verbreitert, daß er aber dann sogleich zur Ruhe kommt. Ein tangentialer Ausbreitungsstrom läßt sich direkt optisch nicht nachweisen, und auch die JENNINGSsche Methode ergibt, daß er nicht vorhanden ist. Angepappte Kohlen- oder Carminpartikel wandern nach den Erfahrungen von DELLINGER (1907), die ich bestätigen kann, wenn in der Nähe ein Pseudopodium entsteht, bei *A. proteus* an der Oberfläche unregelmäßig hin und her, bald eine Strecke nach vorne, offenbar wenn die feste Pellicula durch den Vorstrom etwas nach vorne gezogen *wird*, bald bleiben sie wieder stehen, trotzdem das Pseudopodium vorschreitet, oder wandern gar wieder zurück durch Einwirkung irgendwelcher Veränderungen am Hinterende des Tieres. Dicht hinter der Pseudopodienspitze wandern sie auf der Pseudopodienoberfläche meist eine Strecke nach vorne, ohne jedoch die Spitze selbst zu erreichen (JENNINGS 1904, S. 153ff). Bei *A. terricola* oder *verrucosa* sind die Verhältnisse, soweit es sich um nicht adhärierte Formen handelt, ganz entsprechend, auch hier finden wir ein Hin- und Hergezogenwerden der Oberfläche. Bei adhärierenden Wanderformen freilich wird diese Verschiebung des Oberflächenhäutchens zu einer kontinuierlichen Vorwärtsbewegung derselben. Wenn man die bei dieser Amöbe außerordentlich leicht anklebenden Kohleteilchen verfolgt, bekommt man ein außerordentlich imponierendes Bild zu sehen, welches zum ersten Male JENNINGS (1904) als *„rolling movement"* beschrieben hat. Die Partikel wandern an der ganzen oberen Fläche der Amöbe nach vorne, erreichen die Spitze, kommen auf den Boden und bleiben hier liegen. Die Amöbe fließt über sie hinüber, so daß sie schließlich wieder am Hinterende des Tieres liegen, von wo sie wieder auf die obere Fläche emporsteigen und die gleiche „Rollbewegung“ nach vorne ausführen. Man hat den Eindruck, als ob die Amöbe in einem geschlossenen Sack nach vorne rollt. Das vollständige Bild dieser Plasmabewegung ist in der Seitenansicht in Abb. 11 dargestellt. An Strömungen des flüssigen Plasmas ist nur der ganz breite axiale Vorstrom zu sehen. Die Bewegung der Oberflächenhaut ist nicht durch Pfeile markiert, damit nicht wie im alten JENNINGSschen Schema der Eindruck erweckt wird, als wäre der axiale Vorstrom und die vorwärts gerichtete Bewegung der Oberflächenteilchen zusammen ein einheitliches *Strömungs*system, das dem der *Pelomyxa* oder des Öltropfens an die Seite gestellt und mit der *Flüssigkeits*mechanik erklärt werden könnte. Die Rollbewegung der Oberflächenteilchen ist keine Strömung, sondern sie ist ein Nachgezogenwerden der festen Oberflächenhaut, die, solange die Amöbe vorwärts strömt und dabei an einzelnen Punkten ihrer unteren Fläche fixiert ist, ja überhaupt kaum anders denkbar ist, und die sich sofort ändert, sowie sich das Tier gelegentlich vorne aufrichtet und die Adhäsion aufgibt; von da ab wird die Pellicula wieder, wie oben beschrieben wurde, bald oben, bald unten, bald auf beiden Flächen in unregelmäßigem Wechsel vorgezogen. Wenn man einmal gesehen hat, wie die Oberflächenhaut der *A. terricola* mit Mikronadeln gedehnt und gezerrt werden kann, muß man sich sagen, daß es schlechterdings unmöglich ist, noch von *Strömungen* in diesem Medium zu sprechen. Übrigens ändert sich für gewöhnlich auch die Lage mehrerer Kohlepartikel der Oberfläche zueinander bei der Rollbeweung nicht, wenn also z. B. am Hinterende vier Kohleteilchen wie die Eckpunkte eines Rhomboeders zueinanderlagen, gelangt dieses Rhomboeder unverändert bis an das Vorderende. Gelegentlich sieht man aber freilich auch ein Sichüberholen der Teilchen und ein „Überspringen“ von Falten, so wie es JENNINGS beschrieben hat, also wenigstens eine partielle Verschiebbarkeit der Teile der Oberfläche. Die Rollbewegung ist ausschließlich auf adhärierende Amöben beschränkt, kommt aber nicht einmal bei diesen überall in typischer Weise vor. Ist z. B. bei adhärierenden kleinen Amöben das Vorderende sehr leichtflüssig, so wandern zwar die Kohlenteilchen in der hinteren Hälfte oben nach vorwärts, bleiben aber dann irgendwo in der Mitte liegen und erreichen das rasch voreilende Vorderende nicht, weil der axiale Vorstrom stets rascher nach vorne eilt, das Vorderende rascher erreicht. Zum Unterschied von der *Terricola* können hier offenbar Teilchen aus dem Innern zwischen die Teilchen der hier stärker verflüssigten Oberfläche eintreten.

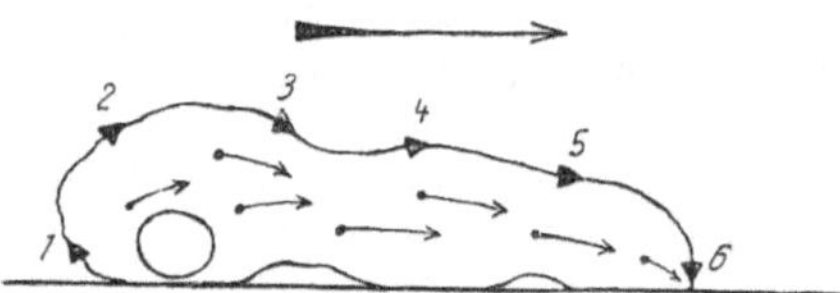

Abb. 11. Schema einer „Rollbewegung“ einer adhärierenden Amoeba im Sinne DELLINGERS. *1—5* aufeinanderfolgende Position eines oberflächlich angepappten Kohleteilchens.

Aus allem ergibt sich, daß die Rollbewegung nur durch die zufällige besondere Konstellation der Verhältnisse an den adhärierenden Amöben bedingt ist, daß sie ihr Entstehen jedenfalls nicht besonderen Kräften verdankt, und daß sie, wenn die Amöbe die Unterlage verläßt, kontinuierlich in die Bewegungsart der A. proteus übergeht.

Man hat auch versucht, die Rollbewegung im Modell nachzuahmen. Verwendet wurden dazu von JENNINGS (1904) adhärierende Glycerintropfen in Öl, von RHUMBLER (1905) Chloroformtropfen in Wasser. Im ersten Versuch wird das Öl auf einem Blatt Kartonpapier aufgeschichtet, auf welchem vorher ein wasserdurchtränkter, feuchter Fleck hergestellt wird. Der Glycerintropfen wird auf das im übrigen vom Öl benetzte Kartonpapier gesetzt und bildet einen ziemlich hohen Randwinkel. Kommt er aber auf einer Seite mit dem Wasserfleck in Berührung, so breitet er sich nach diesem hin sofort aus und kriecht ganz auf den Wasserfleck. Er führt dabei ganz ähnliche Bewegungen aus wie die rollende Amöbe, d. h. Innenmasse und Oberflächenteile bewegen sich von hinten nach vorne. Im RHUMBLERschen Versuch wird auf den Glasboden des Gefäßes ein Fleck oder besser ein langer geschlungener Streifen von Schellack[1]) aufgestrichen und vorsichtig mit Wasser überschichtet. Auch die Chloroformtropfen bilden nun auf dem reinen Glasboden im Wasser einen hohen Randwinkel, breiten sich dagegen sofort in der Richtung des Lackstreifens aus, sowie sie mit diesem einseitig in Berührung kommen, und wandern ohne alles Zutun immer weiter über diesen hin, wobei sie den Lack auflösen und blanken Glasboden hinter sich lassen. Die Erklärung der beiden Versuche erscheint sehr einfach. Sowie der Glycerin- oder der Chloroformtropfen mit einer durch die besondere Versuchsanordnung dünn ausgezogenen Schicht einer Flüssigkeit, mit der sie mischbar sind (Glycerin mit Wasser, Chloroform mit Lack), in Berührung gekommen sind, ist, sobald die Vermischung eingetreten ist, der Rand des Tropfens jetzt gewissermaßen so weit ausgezogen, als der Wasser- bzw. der Lackstreifen reicht. Die Masse des Tropfens muß infolge der Schwere dem vorgezogenen Vorderrande folgen. Der hierdurch gestörte Randwinkel des Hinterendes stellt sich aktiv immer wieder her, d. h. der Hinterrand wird durch die Oberflächenspannung nachgezogen. Zwischen Glycerin und Wasser oder Chloroform und Schellack bildet sich natürlich kein Randwinkel aus. Setzen wir den Glycerintropfen direkt auf den Wasserfleck (oder den Chloroformtropfen auf einen Lackfleck), so breitet er sich so wie Öl auf fettigem Glas oder Metall vollständig aus. Der Öltropfen bildet auch nur auf peinlichst gesäuberten Flächen einen bestimmten Randwinkel. Nach den Begriffen eines Physikers werden in den beiden Versuchen gewissermaßen experimentell unreine Flächen hergestellt. Auf Grund solcher Versuche beweisen zu wollen, daß an beiden Tropfen am Vorderrand die Adhäsion derselben zum Glas (sic!) jetzt vergrößert sei, und daß *sie* den Tropfen vorziehe, ist natürlich unmöglich. Weder wird gezeigt, daß der Randwinkel des wässerigen Glycerins wesentlich geringer ist als des reinen Glycerins, noch daß Chloroform + Schellack einen wesentlich andern Randwinkel hat als reines Chloroform.

Die Möglichkeit, daß auch an adhärierenden Amöben eine Verminderung der Oberflächenspannung am Vorderende, die eo ipso ein relatives Stärkerwerden der Benetzungskraft mit sich bringen würde, die bewegende Kraft ist, bleibt natürlich durch diese verfehlten Modellversuche unberührt. Eine Untersuchung der Frage, wieweit Änderungen der Oberflächenspannung am Vorderrande der adhärierenden stattfinden und auch wirklich wirksam werden, müßte vor allem von einer genaueren Feststellung der Randwinkelverhältnisse (etwaigen Änderungen des Randwinkels des Vorderendes beim Einsetzen oder Aufhören eines Vorstromes usw.) ausgehen, der man bis jetzt leider keine Beachtung geschenkt hat.

Wir müssen uns zum Schluß noch mit dem Gedanken befreunden, ob nicht doch auch noch andere Kräfte als die bisher erörterten am aktiven Vorströmen der Amöben beteiligt sein könnten. Schon die Tatsache, daß das Vorderende der Pseudopodien, das vorher noch mehr oder weniger ein Gel war, verflüssigt wird,

[1]) Dasselbe tut jede chloroformlösliche Substanz, die vom Wasser nicht weggespült wird, wie Schutzleistenkitt, Terpentinlack, dünner Canadabalsam usw.

zwingt uns ja eigentlich schon, auch noch zu untersuchen, wieweit *lokale Quellungserscheinungen* die jeweilige Formenbildung der Amöben mitbedingen könnten, und dies um so mehr, als im Falle der Bildung sog. *Myelinformen* eine plötzliche Aufquellung von Gallerten Formationen entstehen läßt, die mit vorwachsenden Pseudopodien großer Amöben außerordentliche Ähnlichkeit haben können. Solche „Myelinfiguren" kann man sehr schön entstehen sehen, wenn man etwas reines Lecithin oder ölsaures Heptylamin oder schließlich etwas „Saprosol" (ein Desinfektionsmittel) auf einen Objektträger aufträgt, einen Tropfen Wasser daraufbringt und unter dem Mikroskop beobachtet. Dann schießen sofort an der ganzen Peripherie wasserhelle, stark lichtbrechende, lange, wurstförmige Fortsätze hervor, die durch Quellung immer weiter vorwachsen und sich zum Schluß in phantastischer Weise schlängeln und spiralig einrollen können. Offenbar erfolgt die Aufquellung der Gallertteilchen nicht nach allen Seiten gleich rasch oder gleich stark. Man sieht jedenfalls, daß aus diesen Gallertsubstanzen „Pseudopodien" ausschließlich durch Quellung in kürzester Zeit entstehen können. Die Frage ist nur die, wieweit zu dieser Myelinbildung der Gelzustand notwendig ist, wieweit auch bei strömenden Solen Myelinbildung erfolgen kann, ob die notwendigerweise damit verbundene Volumzunahme bei Amöben überhaupt stattfindet und, wenn ja, wie sie anderweitig wieder rückgängig gemacht werden kann, da doch auch Amöben, die den ganzen Tag strömen, trotzdem stets ungefähr die gleiche Größe aufweisen. Eine genauere Untersuchung dieser Fragen, etwa speziell von kolloidchemischen Gesichtspunkten aus, liegt noch nicht vor.

In der Erkenntnis der Probleme, ob und in welchem Umfang Oberflächenspannungsdifferenzen, lokal gesteigerte Wasseraufnahme (Myelinbildung) oder Entquellung (Kontraktion) die Protoplasmabewegung beherrschen, werden wir wahrscheinlich noch um einige Schritte weiter kommen, wenn wir systematisch zu ermitteln suchen, wiefern eine experimentell erzeugte lokale Einwirkung von Stoffen oder Faktoren, welche die Oberflächenspannung oder den Quellungszustand in bestimmtem Sinne beeinflussen, gesetzmäßige Veränderungen der amöboid beweglichen Zellen verursachen können. Auf diesem Gebiete hat man allerdings nur noch die ersten schüchternen Gehversuche gemacht. Eins ist dabei aber immerhin schon festgestellt worden, und zwar, daß die lokale Einwirkung von gelösten Substanzen, die man aus feinen Capillaren gegen die Amöben (A. proteus) diffundieren läßt, sehr verschiedene und dabei ganz charakteristische Reaktionen der Amöbe verursacht. Nach einigen älteren Vorversuchen von JENNINGS (1904) hat uns neuerdings besonders J. G. EDWARDS (1923)[1]) ein umfangreiches Tatsachenmaterial hierüber geliefert, Beobachtungen über Reaktionen der Amöben auf eine lokale Einwirkung von Salzen, Säuren, Basen und Alkaloiden. Auf eine genauere Wiedergabe der Daten müssen wir hier verzichten, da die Untersuchungen noch zu sehr in Entwicklung begriffen sind. Eine Kausalanalyse des Materials, etwa auch nur eine Sichtung nach den oben erwähnten Gesichtspunkten, ist vom Autor nicht einmal versucht worden. Vieles deutet aber schon mit Bestimmtheit darauf hin, daß kein Erklärungsversuch von Erfolg sein wird, der nicht die durch die angewandten Salze, Säuren, Basen und Alkaloide verursachten Zustandsänderungen der Zellkolloide berücksichtigt. Diese Zustandsänderungen nehmen zweifellos auch an der Gestaltung der Oberflächen teil, und diese gleichen Zustandsänderungen, die im einen Fall durch Wechselwirkung mit Stoffen des Außenmediums hervorgerufen werden, können auch unabhängig vom Außenmedium durch Stoffwechselvorgänge im Innern herbei-

---

[1]) EDWARDS, J. G.: Journ. of exp. zool. Bd. 38. 1923.

geführt werden, so daß von zwei unmittelbar nebeneinanderliegenden Amöben die eine in heftigster Strömung begriffen ist, während die andere in Ruhe verharrt.

Die Abb. 12a—d zeigt, in welcher Weise die künstlich hervorgerufenen Formveränderungen der *Amoeba proteus* ungefähr erfolgen. Es erfolgen, bei direkter lokaler Einwirkung der verschiedenen Substanzen auf den Amöbenkörper im Grunde genommen die gleichen Typen von Reaktionen, welche die Amöben auch sonst ausführen, wenn irgendwelche Beutetiere oder andere Fremdkörper in ihre Nähe kommen: ein geradliniges Vorfließen oder Zurückweichen,

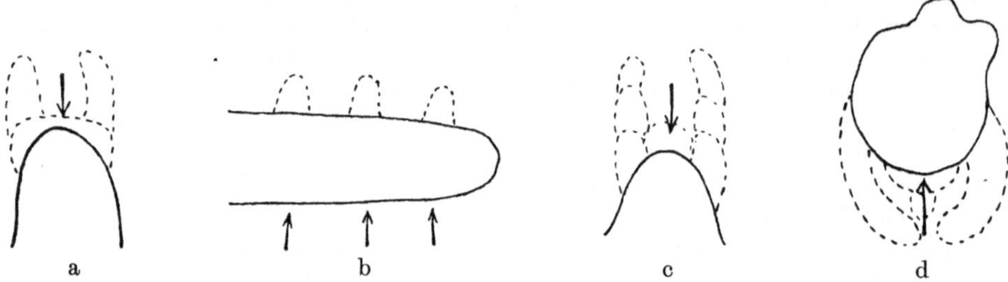


Abb. 12. Fortsatzbildungen von *Amoeba proteus*, auf die in der Richtung des Pfeiles in a 0,01 $n$-NaCl in 0,002 $n$-KCl, in b 1,0 $n$-NaCl in 0,002 $n$-KCl, in c $^1/_{2000}$ $n$-HCl in 0,002 $n$-KCl und in d $^1/_{10000}$ $n$-HCl in $^1/_{4000}$ $n$-KOH lokal einwirken. (Nach J. G. Edwards.)

ein seitliches Ausweichen oder gar eine Ausbildung von Pseudopodien am entgegengesetzten Pol und schließlich auch der komplizierteste Fall — die Entstehung eines Kranzes von Pseudopodien um die gereizte Stelle herum, die sich alle nach vorne zusammenneigen und sich eventuell vorne vereinigen. — Erwähnt seien hier noch Befunde von A. A. Schaeffer[1]) über ein Zuwandern der Amöben auf Brocken von Eiweißkörpern wie Globulin, Lactalbumin, Keratin, Fibrin, Aleuronat und Weizengluten, die von den Tieren als Nahrung aufgenommen werden.

---

Wir müssen jetzt noch Umschau halten, wie weit die amöboide Bewegung bei andern Zellformen verbreitet ist, ob ihr eine allgemeinere biologisch-medizinische Bedeutung zukommt, und ob wir die Resultate der Amöbenarbeiten, die wir besprochen haben, auch auf andern Gebieten physiologischer Zellforschung anwenden können.

Am direktesten schließen sich den Amöben in ihrem ganzen Verhalten die frei im Serum flottierenden, amöboid beweglichen Zellelemente, die *Leukocyten* und *Lymphocyten* an. Detailiertere Untersuchungen über das Wesen ihrer Formveränderungen und Strömungserscheinungen liegen zwar nicht vor, doch ergeben auch flüchtigere Beobachtungen, die an frischen Blutproben, an Zellkulturen und schließlich auch im Tierkörper selbst, bei Wirbeltieren z. B. an durchsichtigen dünnen Körperteilen, wie den Flossensäumen kleiner Fische oder dem Schwanz von Salamanderlarven oder Kaulquappen, ausgeführt werden können, daß sich auch an den Leukocyten analoge Bewegungstypen zusammenstellen lassen wie bei den Amöben: eine ovale glattrandige Wanderform, Formen mit bald hier, bald dort vorfließenden breiten Kuppenpseudopodien und schließlich auch ziemlich stark verästelte Typen. Sehr häufig findet man sie auch in völlig bewegungslosem Zustand vor. Vielleicht ist dann das Außenmedium nicht von sehr günstiger Beschaffenheit. Rasch bewegliche eosinophile Leukocyten aus frisch entnommenem menschlichem Blut weisen außerordentlich viele Analogien mit kleinen Wanderformen von *A. terricola* auf: Ein breites Vorderende,

[1]) Schaeffer, A. A.: Journ. of exp. zool. Bd. 22. 1917.

an diesem ein breiter Rand von reinem Hyaloplasma, welches durch eine scharfe Linie getrennt ist von dem von vielen feinen Bläschen durchsetzten Entoplasma, ein faltigeres Hinterende u. a. m. Es wäre sehr interessant, wenn man in Anlehnung an die entsprechenden Amöbenversuche lernen würde, aus dem jeweiligen Zustand der Leukocyten Rückschlüsse auf die Beschaffenheit der Blutflüssigkeit zu machen.

Das wichtigste Problem der Physiologie der Leukocyten ist wohl das ihrer Wanderung nach Stoffen hin, die auf die Leukocyten eine „positiv chemotropische Wirkung" ausüben. Welches diese Stoffe sind, die bei Entzündungsprozessen oder bei einer Infektion mit pathogenen Organismen von den alterierten Geweben und von den eingedrungenen Fremdkörpern ausgeschieden werden, wissen wir nicht. Bei der außerordentlichen Bedeutung dieser Fragen müssen wir aber mit allen Mitteln versuchen, vielleicht auch hier wieder zunächst durch die entsprechenden Amöbenversuche wenigstens bestimmtere Gesichtspunkte zu erlangen.

Amöboide Beweglichkeit können nur Zellen entfalten, deren Plasma wenigstens zum Teil noch im Solzustand ist. Schon während der ersten Entwicklung verschiebt sich der Zustand der Zellen immer mehr vom Sol- zum Gelzustand[1]. Je weniger die Zellen differenziert sind, um so flüssiger und um so beweglicher sind sie auch. Eine oft ganz überraschend starke und dabei eigenartige amöboide Beweglichkeit kommt da zunächst den *Eizellen* selbst vielfach zu. Als Beispiel möchte ich die Eier der kleinen Nematoden anführen. Die Analyse der *Plasmabewegungen des Nematodeneies* hat nämlich zu einigen sehr interessanten Ergebnissen geführt[2], die wir in ihren wichtigsten Punkten kennenlernen müssen.

Am stärksten ist die amöboide Beweglichkeit solcher kleiner Nematodeneier nach der Ausscheidung der Richtungskörper. Dann wird das Eiplasma bei manchen Formen von heftigen Wirbelbewegungen erfaßt, daß bisweilen sogar die Eihülle, welche den Saftraum umgibt (Befruchtungsmembran), vorgestoßen wird. Bei diesen Formen (z. B. *Rhabditis dolichura*) wird das ganze Ei jeweils nur von einem Strömungssystem beherrscht, und die Plasmaströmungen erfolgen ganz nach dem Bewegungstypus der *Pelomyxen* oder der freischwebenden Öltropfen (s. S. 11), d. h. sie sind *typische Ausbreitungsströmungen* mit axialem Vorstrom und rückläufigem Oberflächenstrom. Die in Abb. 13 abgebildeten schönen Ausbreitungsströme wurden an Eiern eines unbestimmt gebliebenen Nematoden beobachtet. In andern Fällen ist das Plasma der Nematodeneier zäher und die Bewegungen schwächer und meistens auf einen kleinen Bezirk der Oberfläche beschränkt, so daß die Oberflächenumrisse sehr unregelmäßig werden, indem immer wieder neue kleine Kuppen und Höcker vorfließen und wieder verschwinden. Auch hierbei finden wir eine ganze Reihe von Analogien mit den Verhältnissen bei den Amöben vor, wie Kuppen, die zunächst nur aus homogenem Hyaloplasma bestehen, Eruptivpseudopodien, die häufig nur einseitig über das alte Ektoplasma fließen u. a. m.

Lange Zeit geht dieses regellose Spiel der Oberflächenkräfte, die jeweils, wie sie gerade durch den Zufall zur Wirkung kommen, die Konfiguration der Oberfläche bestimmen, weiter. Dann aber sehen wir mit einem Male, daß immer wieder gewisse innere Veränderungen, welche jetzt das Ei bei seiner Weiterentwicklung durchmacht, auch auf die Oberflächengestaltung Einfluß bekommen und über die zufälligen Oberflächenveränderungen die Oberhand gewinnen. Zum ersten Male ist dies am Nematodenei der Fall, wenn der meist ganz oberflächlich liegende Spermakern eine gewisse Größe erreicht. Wahrscheinlich diffundieren dann bestimmte Stoffe von ihm aus, welche die Oberflächenspannung

---

[1] Siehe Referat J. Spek: Verhandl. d. dtsch. zool. Ges. Bd. 28. 1923.

[2] Spek, J.: Arch. f. Entwicklungsmech. d. Organismen Bd. 44, S. 5—113 und S. 217 bis 255. 1918.

verändern, denn wir sehen, daß mit einem Male *die Stelle der Eioberfläche, unter der der Spermakern liegt, zu einem Ausbreitungspol wird*, zu dem ein lange anhaltender, breiter, axialer Vorstrom hinströmt, während der oberflächliche Ausbreitungsstrom von hier immer weiter nach hinten übergreift und alle kleinen Kuppen der Oberfläche wegfegt (Abb. 14a). Dabei entsteht zum Schlusse meist eine typische „Schopfbildung" am hinteren Ende des Eies (Abb. 14b). Der axiale Vorstrom führt in diesem Fall den Eikern zum Spermakern hin. Liegt der Spermakern nicht von vornherein in Oberflächennähe, so muß er erst durch eine zufällige Strömung irgendwo an die Oberfläche geführt werden. Dann aber entsteht auch hier ausnahmslos an der Stelle über dem Spermakern die gleiche Ausbreitungsströmung. — Während der Ausbildung der ersten Furchungsspindel des Eies bleibt die Oberfläche ziemlich ausgeglichen. Sobald aber dann die Spindel ihre volle Länge erlangt, gewinnen die inneren Vorgänge wieder bestimmenden Einfluß auf die Formgestaltung: Sie bedingen die äquatoriale Einkerbung und Durchschnürung des Eies. Physikalisch betrachtet ist die Zellteilung in der Tat nichts anderes als ein besonders genau regulierter Spezialfall einer Formveränderung eines Zellkörpers, welche, wie die genauere Untersuchung ergeben hat[1]), von ganz gesetzmäßigen Plasmaströmungen und Verlagerungen des Zellinhaltes begleitet ist. Diese verlaufen so, als ob sie durch eine äquatoriale Erhöhung der Oberflächenspannung verursacht würden. Es bewegt sich also bei einseitiger Einkerbung ein oberflächlicher Zustrom einseitig nur nach dieser Seite (Abb. 15a), um nach der entgegengesetzten Richtung umzukehren, wenn die Einschnürung auch auf der andern Seite anfängt. Bei gleichmäßiger Einschnürung des ganzen Äquators geht die Oberflächenströmung von den beiden Polen aus (Abb. 15b), die also jetzt als Pole relativ oder absolut verminderter Oberflächenspannung erscheinen. — Die Axialströme können wegen der Spindel nicht recht zur Ausbreitung kommen. — Auch an schwebenden Öltropfen können wir durch Verminderung von $\alpha$ an den Polen eine Durchschnürung und entsprechende Strömungserscheinungen erzeugen. — Wichtig ist

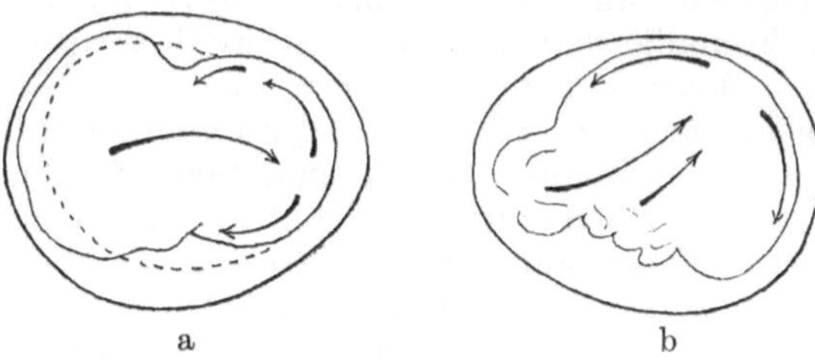


Abb. 13. Starke Fontänenströme in Nematodeneiern. (Aus J. SPEK. 1918.)

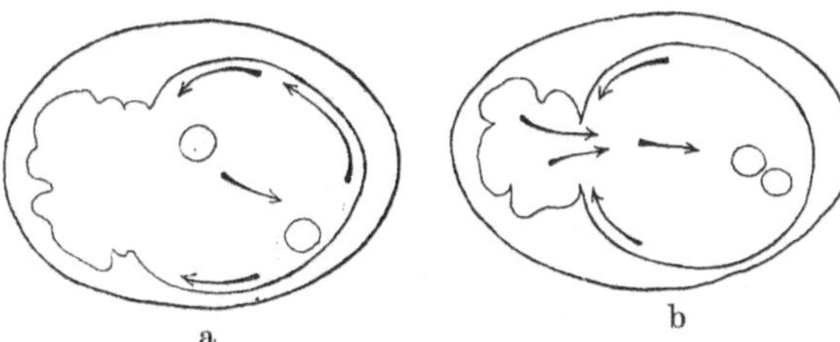


Abb. 14. Strömungen während der Kopulation der Vorkerne im Ei von *Diplogaster longicauda*. Spermakern rechts unten. (Aus J. SPEK. 1918.)

Abb. 15. Strömungen während der ersten Teilung des Eies von *Rhabditis dolichura*. (Aus J. SPEK. 1918.)

[1]) SPEK, J.: Arch. f. Entwicklungsmech. d. Organismen Bd. 44, S. 5—113. 1918.

noch, daß vor der Zellteilung jeweils eine Verflüssigung des Zelleibes stattfindet[1]), so daß also die Oberflächenkräfte in Wirkung treten können. Eine Zugwirkung der Astrosphärenstrahlen kommt kaum noch in Frage.

Auch Zellen von etwas älteren Entwicklungsstadien sind vielfach in weitem Maße amöboid beweglich. Wir wollen auch da wieder einige Fälle herausgreifen, in welchen die amöboide Beweglichkeit — jetzt in ganz anderm Sinne — entwicklungsmechanisch von entscheidender Bedeutung wird. Es ist dies nämlich stets dort der Fall, wo lose Zellelemente, die noch Protoplasmabewegungen ausführen können, eine gesetzmäßige Ortsveränderung durchmachen und dann an bestimmte Stellen zu liegen kommen. Solche Bewegungen vollführen z. B. die *Mesenchymzellen* in der *Seeigellarve*, die, auch wenn sie gewaltsam verlagert werden, sich doch immer wieder in ganz bestimmter Art um den Urdarm herumgruppieren. Diese Anordnung hat dann auch eine gesetzmäßige Anordnung der Skelettstäbe zur Folge, welche von diesen Zellen gebildet werden. Bei den *Wirbeltieren* sammeln sich bewegliche Bindegewebszellen an der Augenblase an und liefern die bindegewebige Umhüllung derselben, d. h. die Chorioidea und Sclera. Die um das Hörbläschen sich ansammelnden Zellen liefern die Knorpelkapsel der Ohranlage. Auffällige Ortsveränderungen von pigmentführenden Zellen wurden vielfach bei Larven von Crustaceen und Fischen beschrieben. Das Grundproblem aller dieser Erscheinungen ist immer wieder die Frage: Was veranlaßt die gerichtete Bewegung der wandernden Zellen?

Die erwähnte Ortsveränderung der Pigmentzellen, d. h. ihr Verschwinden von einem Ort und ihre Anreicherung an andern Stellen, führt uns zu dem vielumstrittenen Kapitel der *amöboiden Beweglichkeit der Pigmentzellen* ausgewachsener Tiere. Hier handelt es sich jetzt nicht darum, eine Ortsveränderung dieser Zellen zu erklären, sondern die „Expansion" und „Kontraktion" oder „Ballung" derselben. Die Frage ist nämlich die, ob die zahlreichen mehr oder weniger feinen und oft vielfach verästelten pigmentführenden Fortsätze, welche eine Pigmentzelle im Stadium der Expansion aufweist, als Pseudopodien aufgefaßt werden können, welche bei der Ballung wieder eingezogen werden, um bei einer neuen Expansion wieder ausgestreckt zu werden, oder ob die Zellfortsätze vielleicht gar nicht beweglich sind und überhaupt nur das Pigment innerhalb der Zelle wandert. Wir müssen uns hier darauf beschränken, das Prinzipielle dieser Streitfrage herauszuarbeiten.

Der Punkt, auf den sich die Anhänger der ersten und älteren Ansicht stützten bzw. den sie fordern mußten, war der, daß die kontrahierte Pigmentzelle keine Fortsätze mehr aufweist. Nun stehen aber diesbezüglichen negativen Befunden positive gegenüber, die besagen, daß die Fortsätze nur pigmentleer und farblos werden und in diesem Zustand sehr schwer sichtbar seien, zum mindesten aber durch besondere Methoden, wie z. B. nach Ballowitz[2]) an den Pigmentzellen des Hechtes durch die Golgi-Methode, oder nach Schuberg[3]) an denen des Axolotls durch Dahliafärbung, doch zur Darstellung gebracht werden können. In einzelnen Fällen konnten übrigens sowohl bei Krebsen als auch bei Fischen, Amphibien und Reptilien auch ohne besondere Methoden, evtl. sogar am lebenden Tiere, unpigmentierte Fortsätze, die z. T. sogar die Ausdehnung der ganz expandierten pigmentführenden Fortsätze hatten, oder doch wenigstens pigmentfreie Stücke von Fortsätzen gesehen werden. — Können die Fortsätze der Pigmentzellen immer wieder völlig eingezogen und wieder ausgestreckt werden, so müßte das Bild der Fortsätze derselben Pigmentzelle bei wiederholten Expansionen zweifellos immer wieder ein anderes sein. Sowohl Zeichnungen mit dem Zeichen-

[1]) Siehe auch J. Spek: Kolloidchem. Beih. Bd. 12. 1920.
[2]) Ballowitz, E.: Biol. Zentralbl. Bd. 13. 1893.
[3]) Schuberg, A.: Zeitschr. f. wiss. Zool. Bd. 74. 1903.

apparat[1]) als auch dann besonders Photographien von der gleichen Pigmentzelle in aufeinanderfolgenden Expansionen[2]) ergaben jedoch, daß das Aussehen der kompliziert verzweigten Fortsätze in erstaunlicher Weise immer wieder in gleicher Form wiederkehrt. — Gegen die Veränderlichkeit der Fortsätze hat man noch das Vorhandensein starr aussehender, streifiger, „fibrillärer" Differenzierungen geltend gemacht[3]). Man sprach sogar ohne weiteres von „Stützskeletten". Die wirkliche Konsistenz dieser Differenzierungen ist jedoch sehr problematisch. Das einzige Anzeichen dafür, daß sie ziemlich fest sind, ist das, daß strömende Pigmentkörnchen sie nicht quer passieren können. Wenn es sich aber auch um gallertige Streifen des Plasmas handeln sollte, so könnten sie ja vergänglicher Natur sein.

Aus dem Streit scheint mir zunächst nur hervorzugehen, daß ein großer Teil der Fortsätze der Pigmentzellen wenig veränderlich und in den Wandpartien wahrscheinlich gallertig ist. Damit ist natürlich noch absolut nicht jede amöboide Plasmabewegung der Fortsätze schlechthin in Frage gestellt. Man hat ja eigentlich während des ganzen Streites immer nur ein einziges grobes Schema einer amöboiden Bewegung vor Augen gehabt und widerlegt, nämlich die plötzliche Ausstreckung und Zurückziehung vieler langer Pseudopodien. Sind die Fortsätze tatsächlich mehr oder weniger starre Schläuche, dann müssen wir uns erinnern, daß solche Schlauchpseudopodien beim Vorfließen ja auch immer nur an der äußersten Spitze aktiv veränderlich sind und tagelang ungefähr die gleiche Form aufweisen können, wenn auch ihr Innenplasma bald vor-, bald zurückfließt. Daß die Fortsätze ganz pigmentleer werden können, beweist auch nicht, daß *nur* das Pigment wandert, sondern nur, daß die Pigmentkörnchen *rascher* zurückströmen. Auch bei den Plasmaströmungen während der Zellteilung der Eizellen kommen auf diese Weise oft große dotter- oder pigmentfreie Partien des Zelleibes zustande, ohne daß man behaupten könnte, daß nur die Granula gewandert seien. Die Granula wandern auch hier passiv ganz im Sinne der allgemeinen Plasmaströmung und werden von ihr vorwärtsgetragen, trotzdem sie eine hin und her tanzende Eigenbewegung ausführen. Auch die Gegner der amöboiden Beweglichkeit der Pigmentzellen müssen zur Erklärung der „reinen Pigmentwanderung" ja doch wieder an Plasmaströmungen appellieren, für die sie dann bloß keine Ursache anführen können. So scheint mir denn beim heutigen Stande unserer Kenntnisse die wahrscheinlichste Erklärung die zu sein, daß die Pigmentzellen der alten Tiere eine geringere amöboide Beweglichkeit haben als die der Embryonen, daß ihre Fortsätze steife Schlauchpseudopodien sind, in denen die Pigmentkörnchen hin und her wandern, und daß das Movens wie bei den Amöben in erster Linie in Vorgängen an der Spitze der Schläuche zu suchen ist. Man könnte sich höchstens noch vorstellen, daß das Hinundherfluten des Plasmas in den Fortsätzen durch eine Pump- und Saugwirkung des zentralen Zelleibes verursacht wird, indem sich die Zellmembran erweitert oder kontrahiert. Doch haben wir gar keine Anhaltspunkte für diese Interpretation.

Mit den angeführten Beispielen ist die Reihe der Zellformen mit amöboider Beweglichkeit keineswegs abgeschlossen. Besonders wenn wir bedenken, daß wenigstens vorübergehend auch höher differenzierte festere Zellformen in geeigneten Bedingungen doch immer wieder beweglich werden können, werden wir die Grenzen noch viel weiter ziehen müssen. Es gehört eben unter Umständen herzlich wenig zur Erlangung amöboider Beweglichkeit, manchmal vielleicht nicht mehr als ein kleines Stückchen flüssiger Oberfläche!

---

[1]) KEEBLE, F. W. and F. W. GAMBLE: Philos. Transact. Royal Soc. London. Ser. B. Bd. 196. 1904. — DEGNER, E.: Zeitschr. f. wiss. Zool. Bd. 102. 1912.

[2]) KAHN, R. H. und S. LIEBEN: Arch. f. Anat. Physiol., physiol. Abt. 1907.

[3]) FRANZ, V.: Biol. Zentralbl. Bd. 30. 1910.

# Die Myoide.

Von

**JOSEF SPEK**

Heidelberg.

Mit 2 Abbildungen.

## Zusammenfassende Darstellungen.

Ausführliche Besprechung der älteren Literatur in O. BÜTSCHLI: Protozoa, 1 Bd., von H. G. BRONNS Klassen und Ordnungen des Tierreichs.

Es ist gewiß eine reizvolle Aufgabe, nach dem ersten Beginn der Herausdifferenzierung von Gebilden in der lebenden Zelle zu suchen, denen wir schon die Eigenschaften der physiologischen Contractilität zuschreiben können. Wir finden schon bei vielen Protozoen sehr typische, konstant zur Ausbildung gelangende fibrilläre Bildungen der Zelle, die in vieler Hinsicht den Muskelfibrillen gleichen und die daher als Myoide bezeichnet werden können, aber es fragt sich eben, ob das der erste Anfang ist, ob das Wesen der physiologischen Contractilität nicht vielleicht schon durch noch weniger differenzierte Zustände der Zellkolloide gegeben ist. Wir haben schon S. 14 gesehen, daß wir so gut wie nichts in der Hand haben, womit wir die Hypothese, daß überhaupt jedes lebende Plasma contractil sei, aufrechterhalten könnten. Ist aber nicht solchen vergänglichen Fibrillengebilden, wie sie E. SCHULTZ[1]) in dem Plasma der *Astrorhiza* beschrieben hat, die vielleicht nur um einen Schritt über die sonst im Ektoplasma von Rhizopoden sich immer wieder einstellenden Zustandsformen der Zellkolloide hinausgehen, schon manche Eigenschaft der richtigen Muskelfibrille zuzuschreiben? Und wenn ja, was bedingt den Wesensunterschied zwischen diesen und den offenbar gar nicht contractilen Gebilden ähnlicher Art, die wie Achsenstäbe von *Heliozoen* und *Radiolarien*, Stützstäbe von Pigmentzellen u. a. m. morphologisch auch als nicht viel andres erscheinen als eben als dichtere Stränge von geliertem Plasma. Diese Fragen sind für das ganze Wesen der Contractilität so bedeutend, daß sie eine neue kritische und systematische Analyse unbedingt erwünscht erscheinen lassen.

Die ersten wohldifferenzierten und dabei sehr eigenartigen Myoide finden wir bei einer Gruppe der *Radiolarien*, nämlich den *Acantharien* vor[2]). Der kuglige Zellkörper dieser planktonisch lebenden Meeresorganismen ist durchsetzt von 20 gesetzmäßig angeordneten zierlichen Skelettnadeln und besteht aus dem zentralen Entoplasma, welches die sog. Zentralkapsel erfüllt, und dem außerhalb der Zentralkapsel gelegenen, diese umhüllenden Belag von Ektoplasma. Von

[1]) SCHULTZ, E.: Arch. f. Entwicklungsmech. d. Organismen Bd. 41. 1915.

[2]) Siehe bes. W. SCHEWIAKOFF: Mémoires de l'acad. imp. des sciences de St. Petersbourg Bd. 12. 1901.

diesem strahlt nun ein reiches Maschenwerk von Plasmasträngen nach außen (Abb. 16 Ektopl. Netzw.), ist aber hier noch nicht vom Außenmedium umspült, sondern in eine wasserreiche, homogene Gallertmasse eingebettet, deren an sich ganz scharfe äußere Begrenzung man wegen des geringen Brechungsunterschiedes nur undeutlich sieht. Auch außerhalb der Gallerthülle kann sich noch ein Geflecht von Ektoplasma bilden. An den Strahlen ist die Außenfläche des kugligen Zellkörpers in Zipfeln emporgezogen. Die Plasmastränge ziehen sich an den Strahlen hinauf. Wie Abb. 16 zeigt, sind nun gewissermaßen in den

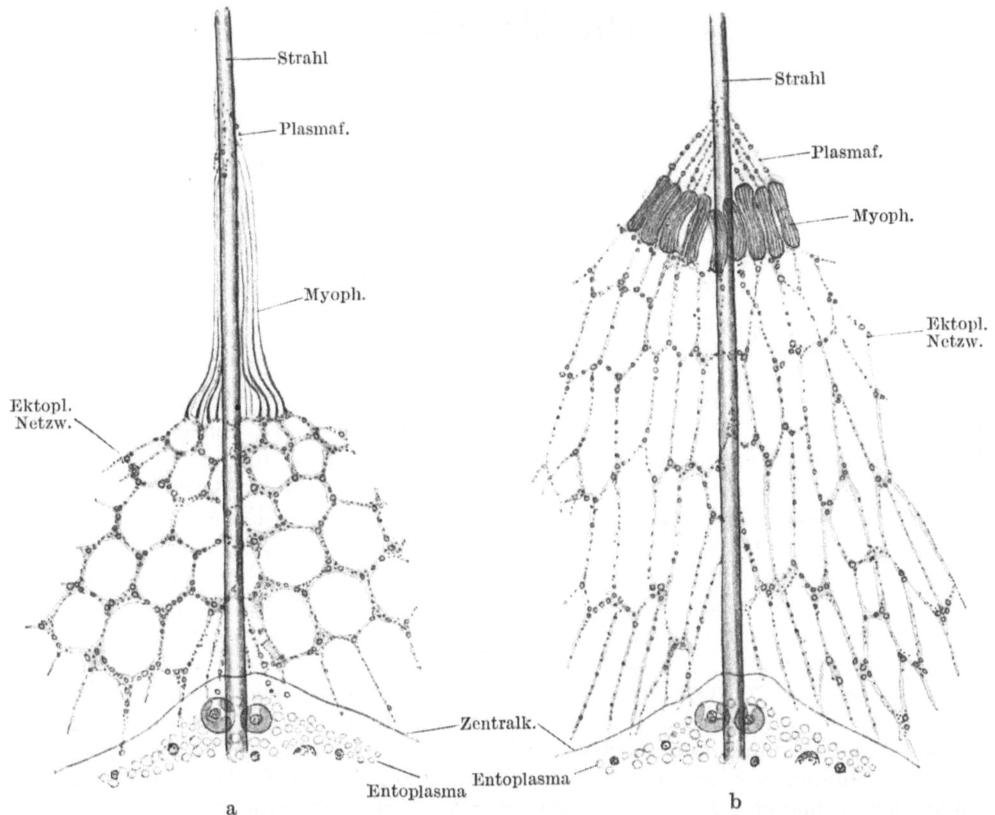


Abb. 16. Myophanfibrillen von *Acanthometron pellucidum*. a im nichtkontrahierten und b im kontrahierten Zustand. Myoph. = Myophane; Ektopl. Netzw. = Ektoplasmatisches Maschenwerk; Plasmaf. = am Skelettstrahl befestigte Plasmafäden; Zentralk. = Zentralkapsel. (Nach W. SCHWIAKOFF.)

Verlauf der hier an den Strahlen befestigten Plasmastränge ringsum in zierlichem Kranze dickere, stark lichtbrechende, gallertig aussehende Fadengebilde eingeschaltet, die Myoide, die man hier auch Myophane oder Myophrisken nennt (Abb. 16, Myoph.). Man sieht von ihnen noch ein Bündel von Plasmafäden bis zum Strahle ziehen (Abb. 16, Plasmaf.) und an der Insertionsstelle noch in feine Pseudopodien auslaufen. Die Myoide sind also nicht direkt am Strahle befestigt. Man konnte nun direkt beobachten, wie sich die Myoide kontrahierten, dabei sehr erheblich, nämlich auf $^1/_5$ ihrer Länge oder noch mehr, zusammenschnurrten und dick wurden (Abb. 16b). Während sie im schlaffen Zustand meist völlig homogen erscheinen, sind sie im verkürzten fein längsstreifig. Im polarisierten Lichte erweisen sie sich als doppeltbrechend. Bei manchen Formen zeigen die Myophane im lebenden und im gefärbten Zustand sowie im polarisierten Licht eine Querbänderung.

Durch die Kontraktion werden die Maschen des Ektoplasmas weiter peripheriewärts vorgezogen. In der Umgebung der Myoide erscheinen die Maschen nach der Kontraktion ganz in die Länge gestreckt, während sie vorher ziemlich regelmäßige Sechsecke bildeten. Offenbar ist die Oberfläche der Plasmastränge sehr viscos oder ein richtiges Gel. Im Innern derselben sind aber Strömungen zu beobachten.

Die Kontraktion der Myophane erfolgt auf äußere Reize. Interessant ist besonders das Verhalten gegen elektrischen Strom. Bei Einwirkung von Induktionsstrom erfolgt (je nach der Stärke des Stromes) in 0,3—2,3 Sekunden nach Schließung des Stromes Kontraktion. Nach Öffnung des Stromes erfolgt in 20 Sekunden bis zu 1 Minute 6 Sekunden Streckung. Konstanter Strom ist weniger wirkungsvoll als Induktionsstrom. Es werden auch nur die Myophane an den der Anode oder Kathode zugekehrten Strahlen erregt. Die Kontraktion ist nicht so stark und erfolgt nicht so rasch, dafür erfolgt nach Öffnung des Stromes die Streckung der Myophane bedeutend schneller.

Der Zweck der ganzen Einrichtung der Myophansysteme der Acantharier wird in anderem Zusammmenhang auf S. 71 erörtert.

Außerordentlich mannigfaltige Bilder bietet die Morphologie der *Myoide* (Myoneme) *der Infusorien,* bei denen die Fibrillensysteme unter der Körperoberfläche verlaufen. Wer sich von der Tätigkeit dieser Fibrillensysteme ein anschauliches Bild machen will, braucht nur einmal zu verfolgen, unter was für Windungen und Biegungen des Körpers etwa ein so langes wurmförmiges Infusor wie *Spirostomum* sich durch einen Wald von Algenfäden durchschlängelt, oder wie die langen rüsselförmigen Fortsätze, in die das Vorderende mancher Infusorien ausgezogen ist, in unaufhörlicher züngelnder Bewegung sind, oder endlich wie die Zellkörper vieler *Heterotricher* oder *Peritricher* blitzschnell zusammenzucken und sich wieder entfalten können. Überall da wird den kontractilen Fibrillen durch die Pellicula, welche als festes Gelhäutchen den Körper überzieht und jedenfalls eine nicht geringe Elastizität besitzt, der nötige Widerhalt geboten.

Von einem Gesamtüberblick über das rein Morphologische müssen wir hier absehen. Wir müssen uns darauf beschränken, besonders Typisches herauszugreifen. Von der Kompliziertheit der Fibrillensysteme mag zunächst Abb. 17, welche die Myome des glockenförmigen Köpfchens des peritrichen Infusors *Campanella umbellaria* darstellt, eine Vorstellung geben[1]). Wir haben nämlich hier 5 Systeme zu unterscheiden: 1. Ein dichtes Ringsystem im basalen Körperabschnitt bis zum Wimperring (Wimprg.); 2. Längsmyoneme der äußeren Körperwand. Sie beginnen unten an einem Kragen des Stielendes, verästeln sich weiter oben und bilden Anastomosen. Sie enden oben am Peristomsaum; 3. 5—6 Ringmyoneme des Peristomsaumes, welche beim Zurückziehen der Wimperscheibe den Rand derselben sphincterartig zusammenziehen; 4. im Peristomwulst verlaufende Spiralmyoneme; 5. die Retractoren der Wimperscheibe. Hier und bei andern Formen lassen die Myoneme bei gewissen Färbungen eine Art von Querstreifung erkennen. Für *Holophrya, Epistylis plicatilis* und *Stentor* wird angegeben, daß die Myoneme in Kanälen verlaufen. Besonders an den starken, eigentlich bandförmigen (im Querschnitt gestreckt elliptischen) Längsmyonemen der *Stentoren* ist dies sehr deutlich.

[1]) SCHRÖDER, O.: Arch. f. Protistenk. Bd. 7 (1906) u. Bd. 8 (1907).

Die auffälligste Form eines Myoidsystems bei Infusorien ist der sog. *Stielmuskel* der gestielten *Peritrichen.* Er stellt die direkte Fortsetzung der Längsmyoneme des Köpfchens, welche gegen die Ansatzstelle des Stieles in einem Kegel zusammenlaufen und in den dicken Stielmuskel eintreten, dar. Meistens ist an diesem von einer Zusammensetzung aus vielen Fibrillen nichts zu sehen, doch ist es wahrscheinlich, daß sich die vielen feinen Myoneme nur sehr enge aneinanderschmiegen. Am Stielmuskel mancher *Zoothamnien* sind ohne weiteres eine Anzahl gröberer ineinander geflochtener Fibrillen zu erkennen. Diese sind jedenfalls selbst noch Bündel mehrerer Fibrillen, da ja die Gesamtzahl der den Stielmuskel durchziehenden Fibrillen eine viel größere sein muß, dies um so mehr, als sich auch die schrägen Anastomosen der Fibrillen möglicherweise auch im Stielmuskel erhalten. An den Stielfäden anderer Formen konnten fibrilläre Differenzierungen nur in gewissen Fällen, wenn die Stielfäden etwas gepreßt wurden oder in Auflösung begriffen waren, wahrgenommen werden, doch ist ja ihre Deutung hier unsicher. Der Stielfaden ist von einer (nach manchen Angaben sogar doppelten) Plasmahülle, der *Fadenscheide*, umhüllt, die viele feine Körnchen enthält und in hypotonischem Medium oder in leichter eindringenden Salzlösungen ganz vakuolig wird und zu dicken Tropfen zusammenfließt[1]). Der Stiel selbst ist eine feste elastische Röhre, die aus einem Eiweißkörper besteht und vom unteren Körperende ausgeschieden wird; der Stiel ist also nicht etwa einfach eine Fortsetzung der Pellicula des Köpfchens. Der Hohlraum des Stielzylinders ist wahrscheinlich von einer homogenen wasserhellen Gallerte erfüllt, in die der Faden eingebettet ist.

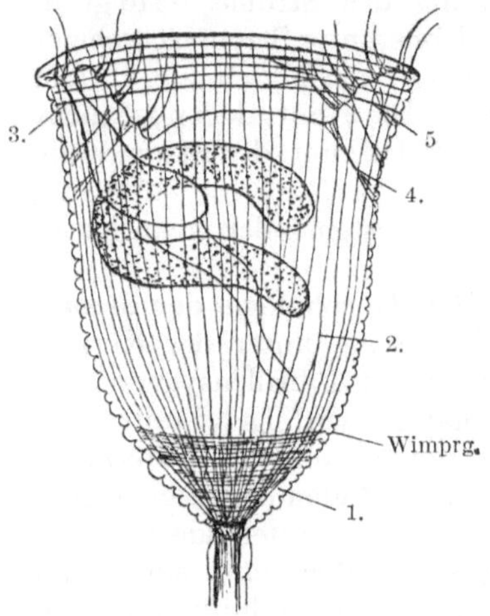


Abb. 17. Myonemesysteme des peritrichen Influsors *Campanella umbrellaris.* Nach O. Schroeder. Zahlenerklärung im Text.

Der Stielmuskel ist etwas über dem unteren Ende des Stieles an dessen Wandung befestigt. Im Stiel nimmt er im Ruhezustand einen sanft spiralig geschlängelten Verlauf an. Die Zahl der Windungen beträgt meist 4—8. Bei manchen kurzgestielten Vorticelliden ist nur $^1/_2$—1 Windung zu sehen. Im Stiel der *Zoothamnien* verläuft der Stielmuskel axial und gerade (nicht spiralig). Bei den übrigen Formen verlaufen die Spiraltouren des Stielfadens an der Wand des Zylinders. Sie sind möglicherweise mit ihm verwachsen.

Eigenartige Myonemesysteme wurden auch bei *Heterotrichen*[2]) beschrieben. — Bei *Sporozoen* sind dicht nebeneinander verlaufende Ring- (oder Spiral-) Myoneme ausgebildet. Bei einer Kontraktionswelle macht daher die Zelle eigenartige peristaltische Bewegngen.

Physiologisch bedeutsame Daten beziehen sich meist auf die Myoide der *Peritrichen,* insbesondere den Stielmuskel. Bei der Kontraktion des Stielmuskels rollt sich der Stiel selbst auch in mehreren ziemlich engen Spiralen auf, wobei das Köpfchen einige Drehungen beschreibt. Dies kann besser verfolgt werden, wenn sich das Tier wieder aufrollt. Stiel und Köpfchen beschreiben dann viel langsamer dieselben Bewegungen im umgekehrten Sinne. Bei der Kontraktion verläuft der Stielfaden immer an der Seite stärkster Krümmung. Das Köpfchen kugelt sich völlig ab und wird dem terminalen Stielende genähert.

[1]) Koltzoff, N. K.: Arch. f. Protistenk. Bd. 7. 1911.
[2]) Provazek, S.: Physiologie der Einzell. Leipzig 1911.

Wenn nun die spirale Kontraktion des Stielfadens eine Erscheinung wäre, die irgendwie in der Struktur der kontractilen Elemente selbst begründet ist, würde sie damit für die Muskelphysiologie zweifellos eine hervorragende Bedeutung erlangen. Läßt sich dagegen zeigen, daß die spirale Aufrollung nur durch die besondere Konstellation, durch den Einschluß des oben und unten fixierten Fadens in dem Hohlzylinder des Stieles bedingt ist, wird die spirale Kontraktion zu einer Erscheinung von durchaus sekundärer Bedeutung. Alles spricht ganz für die zweite Deutung. Es läßt sich durch einfache Modellversuche zeigen, daß sich ein elastischer Zylinder spiral aufrollen muß, wenn ein in ihm verlaufender Faden sich verkürzt. Dabei ist es ganz gleich, ob der Faden an der Innenwand des Zylinders befestigt ist oder ob er im Zylinder frei verläuft, also nur fixierte Enden hat. BÜTSCHLI und BLOCHMANN[1]) stellten einen Leimzylinder her, in dessen Wand ein Gummiband schraubig verlief; sobald dessen Kontraktion sich geltend machen konnte, ging der Zylinder in eine Schraube von gleicher Richtung wie die des schraubigen Bandes über. — Einen sehr einfachen, aber außerordentlich instruktiven Modellversuch kann man in der Weise ausführen, daß man durch einen Gasschlauch von mittlerer Weite einen Bindfaden oder weichen Draht zieht, an dessen einem Ende ein großer Kork befestigt ist. Läßt man nun den Schlauch nach unten hängen und zieht den Faden (Draht) an, indem man das obere Ende des Schlauches in der Hand hält, so rollt sich der Schlauch in schönen Spiralen auf, wobei der große Kork, das „Köpfchen", mehrere Drehungen beschreibt. Das erste schwache Anziehen des Fadens bedingt eine einfache Krümmung des Schlauches, bei der der Faden der stärker gekrümmten Seite anliegt. Indem er nun bei fortschreitender Verkürzung bestrebt ist, zur Sehne des Krümmungsbogens zu werden, drückt er offenbar zunächst die Mitte des Bogens in entgegengesetzter Richtung zurück. Bei immer weitergehender Verkürzung des Fadens entstehen immer mehr Spiraltouren.

Die Übereinstimmung aller Einzelheiten mit den Verhältnissen am Vorticellenstiel lehrt, daß dieser sich zweifellos auch spiralig aufrollen muß, sowie sich der Stielfaden in seiner Längsrichtung verkürzt. Es sei noch betont, daß sich auch die Stiele der *Zoothamnien*, deren Stielfäden, wie erwähnt, axial verlaufen, spiralig aufrollen. — Die erste spiralige Aufrollung des ruhenden Stielfadens im Stiel dürfte daher rühren, daß der Faden die Konsistenz eines biegsamen elastischen Stabes hat. Ist ein solcher kürzer als die ihn einschließende Röhre und an seinen Enden fixiert, so ist für ihn die Spirale der einzige Gleichgewichtszustand mit überall gleicher Krümmung.

Daß die Fibrillensysteme wirklich das Kontractile sind und nicht etwa bloß Stütz- oder elastische Elemente darstellen, geht schon aus den alten Beobachtungstatsachen hervor, daß sie bei der Kontraktion dicker werden und dabei stets gerade gestreckt bleiben, während sie gerade beim Erschlaffen häufig geschlängelt erscheinen. KÜHNE (1864) und in neuerer Zeit KOLTZOFF [1907 und später[2])] wollten die Kontraktionskräfte beim Stielfaden in die Plasmascheide verlegen, ohne jedoch überzeugende Argumente hierfür vorbringen zu können. — Schon von den älteren Beobachtern wurde festgestellt, daß im polarisierten Licht die Stielfäden besonders bei *Zoothamnium* deutlich, bei *Vorticella* und *Carchesium* etwas schwächer *doppeltbrechend* sind. Die Fadenscheide bei Zoothamnium ist isotrop. —

Magnesiumfreie Salzlösungen (auch Salzgemische) verursachen rasch sich wiederholende spontane Zuckungen der *Zoothamnien* und zum Schluß irreversible

[1]) BÜTSCHLI, O.: Protozoa, BRONNS Klassen u. Ordn. Bd. I, S. 1318 (1887).
[2]) KOLTZOFF, N. K.: Arch. f. Protistenk. Bd. 7. 1911.

Schädigungen [KOLTZOFF[1])]. Nach dem gleichen Autor rufen Sulfate eine völlige Lähmung hervor. Ein sehr hübsches salzphysiologisches Experiment läßt sich auch am *Stentor* ausführen. Es läßt sich nämlich hier nach unveröffentlichten Erfahrungen von H. MERTON durch Kaliumsalze eine völlige Erschlaffung der Myonemen herbeiführen. Die Tiere strecken sich schon nach kurzer Zeit ganz enorm in die Länge. Eine ähnliche Wirkung konnte ich auch durch Milchsäure erzielen. — An reizphysiologischen Daten ist noch von Interesse, daß man durch mechanische Reize, wie durch Klopfen auf das Präparat, die Zuckungsfrequenz bestimmen kann. Für *Spirostomum* beträgt sie 18,2—27,3. Hält der Reiz an, so tritt Ermüdung ein, und die Zuckungsfrequenz nimmt ab. Nach längerer tetanischer Reizung erfolgt mehr oder weniger vollständige Streckung (S. PROVAZEK, 1910).

---

[1]) KOLTZOFF, N. K.: Arch. f. Protistenkunde Bd. 7. 1911.

# Flimmer- und Geißelbewegung.

## Allgemeine Physiologie.

Von

**Ernst Gellhorn**
Halle a. S.

Mit 3 Abbildungen.

### Zusammenfassende Darstellungen.

Purkinje et Valentin: De phaenomeno generali et fundamentali motus vibrationis etc. Vratislaviae 1835. — Valentin, G.: Die Flimmerbewegung. Wagners Handwörterbuch der Physiologie Bd. I, S. 484. 1842. — Engelmann, Th. W.: Flimmerbewegung. Hermanns Handbuch der Physiologie Bd. I, S. 380. 1879. — Weiss, O.: Flimmerbewegung. Nagels Handbuch der Physiologie Bd. IV, S. 666. 1909. — Pütter, A.: Die Flimmerbewegung. Ergebn. d. Physiol. (Asher u. Spiro) Bd. 2 (2), S. 1. 1903. — Engelmann, Th. W.: Cils vibratils. Dictonnaire de Physiologie (Richet) Bd. 3, S. 785. 1898.

## I. Erscheinungsweise der Flimmerbewegung.

Flimmer- und Geißelbewegung sind in Tier- und Pflanzenreich weitverbreitet. Zahlreiche Infusorien bewegen sich durch Flimmerhaare fort, und auch der Organismus der Metazoen zeigt in verschiedenen Teilen einen Saum von Flimmerhärchen. Hinzu kommt noch die große Verbreitung der Geißelbewegung der Spermatozoen. In physiologischer Hinsicht nimmt die Flimmerbewegung eine Mittelstellung zwischen der ungeordneten Protoplasma- und der geordneten Muskelbewegung ein [Verworn[1])]. Ihre Verwandtschaft mit der Muskelbewegung zeigt sich darin, daß ebenso wie die Muskelfibrillen auch die Flimmerhaare „als dauernde Differenzierungen des Zellprotoplasmas entwickelt sind". An dem Flimmerepithel der Metazoen ist leicht festzustellen, daß die Flimmerbewegung eine geordnete Bewegung ist. Wenn die Schwimmbahn eines Infusors nach den Untersuchungen von Przibram[2]) als ungeordnete Bewegung imponiert, so ist dabei zu bedenken, daß sie die Resultante der Interferenz zahlreicher äußerer und innerer Reize darstellt und deshalb kaum als Beleg für den Charakter der Flimmerbewegung als einer ungeordneten Bewegung angesehen werden kann. Außerdem haben neuere, mit verbesserter Methodik ausgeführte Untersuchungen von Fürth[3]) gezeigt, daß der Grad der „Persistenz der Bewegungsrichtung"

---

[1]) Verworn, M.: Allgemeine Physiologie. 7. Aufl., S. 303 ff. Jena 1922.

[2]) Przibram, K.: Über die ungeordnete Bewegung niederer Tiere. Pflügers Arch. f. d. ges. Physiol. Bd. 153, S. 401. 1913.

[3]) Fürth, R.: Über die Anwendung der Theorie der Brownschen Bewegung auf die ungeordnete Bewegung niederer Lebewesen. Pflügers Arch. f. d. ges. Physiol. Bd. 184, S. 294. 1920.

bei verschiedenen Infusorien ein sehr unterschiedlicher ist, so daß von einer weiteren Untersuchung die mannigfachsten Übergänge von ungeordneter zu geordneter Bewegung nachgewiesen werden dürften. Die Beziehungen zwischen Protoplasma und Flimmerbewegung werden dadurch evident, daß zahlreiche Übergänge zwischen Geißel- und Pseudopodienbewegung bekannt sind. Bereits Engelmann[1]) machte darauf aufmerksam, daß echte Flimmerhärchen bei der Teilung von Infusorien aus pseudopodienartigen Fortsätzen entstehen (Vorticella, Stylonychia, Epistylis, Opercularia u. a.), und andererseits ist bei zahlreichen Protisten die Rückbildung der Geißel und ihr Ersatz durch Pseudopodienbewegung aufgedeckt worden [Erhard[2])]. Heidenhain[3]) beobachtete an Dactylosphaerium radiosum die Umwandlung von Pseudopodien in hakenförmig gekrümmte Geißeln[4]).

Bezüglich des Vorkommens der Flimmerbewegung vgl. Engelmann in Hermanns Handbuch Bd. I, S. 381. Zum Studium der Flimmerbewegung sind neben dem Rachenepithel des Frosches das Kiemen- und Darmendothel der Muscheln, Larven von Meeresschnecken sowie ciliate Infusorien geeignet; für die Geißelbewegung die verschiedenen Spermatozoen, ferner Flagellaten, Spirillen und Spirochäten.

Wie mannigfaltig die Formen der Geißel- und Wimperbewegung sind, zeigt die folgende, von Erhard (l. c.) gegebene Einteilung:

1. Unbewegliche Wimpern oder Geißeln (Schwanzborsten von Stylonychia),
2. hakenförmige Bewegung derselben (Dactylosphaerium),
3. trichterförmige Bewegung (Geißel von Mastigamöben),
4. schwankende Bewegung (Geißel von Mastigamöben),
5. wellenförmige Bewegung (die gewöhnlichen Wimpern aller Ciliaten und der Wimperzellen der Metazoen),
6. schreitende Bewegung (Bauch- und Laufzirren von Stylonychia),
7. knickende Bewegung (Afterzirren oder Springborsten von Stylonychia),
8. schraubenförmige Bewegung (Spirochäten),
9. Propellerbewegung (Geißel der Flagellaten).

Die Bewegung der Cilien an den zahlreiche Wimpern tragenden Zellen der Metazoen erfolgt in parallelen, senkrecht zur Oberfläche der Zellen stehenden Ebenen. Bei reihenartiger Anordnung der Zellen kann die Wimperbewegung parallel zu diesen Reihen (z. B. Epithel des Darm-, Respirations- und Urogenitaltraktus) oder senkrecht zu ihnen (z. B. an den Flimmerorganen der Rotatorien) gerichtet sein.

Man unterscheidet an der im allgemeinen rhythmisch erfolgenden Schwingungsperiode eine progressive, durch die Richtung des wirksamen Schlages gekennzeichnete und eine regressive Phase. Sie gehen von einer Ruhelage der Cilie aus, die durch Narkose der Flimmerbewegung ermittelt werden kann. Diese ist am Flimmerepithel des Frosches 25—30° nach der Richtung des wirksamen Schlages geneigt (Engelmann); dabei sind die Cilien gerade oder konkav, während die Schwimmplättchen der Rippenquallen (z. B. Beroe ovata) in der Ruhelage eine doppelte Krümmung erkennen lassen. Wichtig ist, daß auch die Ruhestellung der Wimper veränderlich ist und auf diese Weise die Kraft des Wimperschlages in weiten Grenzen variiert werden kann.

Die Vorschwingung ist im allgemeinen schnell und von der langsamen Rückschwingung gefolgt. Ihre Richtung ist bei dem Flimmerepithel der Metazoen

[1]) Engelmann, Th. W.: Über Flimmerbewegung. Jenaische Zeitschr. f. Naturwiss. Bd. 4, S. 321. 1868.

[2]) Erhard, H.: Studien über Flimmerzellen. Arch. f. Zellforschung Bd. 4, S. 309. 1910.

[3]) Heidenhain, M.: Plasma und Zelle. Bd. I. Jena 1911.

[4]) Vgl. bezüglich der Literatur Erhard: Methoden zur Untersuchung der Flimmer-, Geißel- und Spermatozoenbewegung. Abderhaldens Handbuch der biologischen Arbeitsmethoden Abt. V, Teil II, H. 3.

meistens konstant; doch zeigen Muscheln und Infusorien auch einen Wechsel in der Richtung des wirksamen Schlages. So beobachteten PURKINJE und VALENTIN an den Nebenkiemen der Muscheln ein ruckweises Umschlagen der Richtung der Flimmerbewegung, die nach einiger Zeit wieder plötzlich die normale Richtung annahm. Doch hebt ENGELMANN hervor, daß dieser Wechsel am Flimmerepithel der Wirbeltiere nicht vorkommt.

Die Schwingungsamplitude beträgt meistens 25—30°; kann aber sogar 90° überschreiten.

Sofern die äußeren Bedingungen konstant bleiben, ist die Periodizität der Flimmerbewegung sehr regelmäßig. Die Dauer einer Periode ist aber bei den verschiedenen Geißel- und Wimperzellen recht ungleich. Die Schnelligkeit der Geißelbewegung einiger Protisten ist aus der folgenden Tabelle ersichtlich (vgl. DOFLEIN: Protozoenkunde 4. Aufl.).

*Frequenz der Geißelbewegung in der Minute bei verschiedenen Tierarten.*

| | | |
|---|---|---|
| Monas sp. { große Geißel | 78 | PROWAZEK |
| Monas sp. { kleine Geißel | 94 | PROWAZEK |
| Polytoma noella (bei 18°) | 29 | PROWAZEK |
| Euglena viridis | 67 | PROWAZEK |
| Oikomonas vic. termo | 14 | PROWAZEK |
| Noctiluca miliaris (Bandgeißel) | 5 | VIGNAL |

Bedeutend größer ist die Zahl der Cilienschwingungen an dem Flimmerepithel der Metazoen. Auf stroboskopischem Wege ermittelte MARTINS[1]) für das Rachenepithel des Frosches eine Frequenz von 10—17 pro Sekunde.

Die Spermatozoenbewegung ist durch eine sehr ungleichmäßige Periodendauer gekennzeichnet. Längeren Pausen folgen häufig Gruppen von regelmäßigen Perioden. Dies findet man auch bei der Wimperbewegung von Ciliaten, Ctenophoren und den Ruderorganen der Rotatorien.

Daß die Wimperbewegung imstande ist, der eigenen Lokomotion zu dienen oder Fremdkörper, die auf das Flimmerepithel gelangen, zu entfernen, ist im wesentlichen durch die ungleiche Geschwindigkeit der pro- und regressiven Phase bedingt. Erstere vollzieht sich nach KRAFT 5—6 mal so schnell wie die Rückschwingung. Die Geschwindigkeit der Eigenbewegungen von Spermatozoen hat ADOLPHI[2]) gemessen und gleichzeitig festgestellt, wie schnell sie sich noch gegen eine Strömung von bekannter Geschwindigkeit fortbewegen können. Seine Ergebnisse sind aus der folgenden Tabelle ersichtlich:

*Geschwindigkeit von Spermatozoen verschiedener Tierarten in der Sekunde.*

| | I. Ohne Strömung | II. Gegen eine Strömung von | | | | |
|---|---|---|---|---|---|---|
| | | 3—4 $\mu$ | 14—25 $\mu$ | 25 $\mu$ | 9—33 $\mu$ | 100 $\mu$ |
| Maus | 70 $\mu$ | | 50—59 $\mu$ | | | passiv mitgerissen; Kopf gegen die Strömung gerichtet |
| Hahn | keine deutliche Vorwärtsbewegung | 17—18 $\mu$ | | | | |
| Frosch | 33 $\mu$ | | | | 33 $\mu$ | |
| Mensch | 25 $\mu$ | 25 $\mu$ | | keine Vorwärtsbewegung | | |

[1]) MARTINS: Methode zur absoluten Frequenzbestimmung der Flimmerbewegung auf stroboskopischem Wege. Arch. f. Physiol. 1884, S. 456.

[2]) ADOLPHI, A.: Die Spermatozoen der Säugetiere schwimmen gegen den Strom. Anat. Anz. Bd. 26. 1905. — Derselbe: Über das Verhalten von Wirbeltierspermatozoen in strömenden Flüssigkeiten. Anat. Anz. Bd. 28. 1906. — Derselbe: Über das Verhalten von Schlangenspermien in strömenden Flüssigkeiten. Anat. Anz. Bd. 29. 1907.

Die Frequenz des Cilienschlages ein und desselben Epithels pflegt gleich zu sein, aber die Wimpern schlagen in bestimmter Folge (Metachronie), während die Cilien derselben Zelle im allgemeinen isochron tätig sind. Im ersten Falle kommt es hierdurch zu einer wellenförmigen Ausbreitung der Wimperbewegung, die nicht allein am Flimmerepithel des Frosches, sondern auch an den Wimpern von Ciliaten und besonders von Ctenophoren (Verworn) studiert werden konnte. An Beroe konnte nun Verworn[1]) zeigen, daß der regelmäßige Ablauf der Bewegung, indem die aboralen Plättchen früher als die adoralen schlagen, auch ohne äußere Berührung der Plättchen erfolgt. Wird aber ein Plättchen vollkommen an seiner Bewegung gehindert, so vermag die Reizwelle dies Plättchen nicht zu überschreiten, und die oralen Plättchen verharren in Ruhe, bis die Fixierung des kleinen Plättchens beendet ist. Durch Reize gelingt es, wie auch Kraft[2]) am Flimmerepithel des Frosches nachgewiesen hat, eine rückläufige, zum aboralen Pol gerichtete Reizwelle hervorzurufen. Diese verläuft aber langsamer und meistens nur über eine kurze Strecke, so daß das Ende der Rippe nicht erreicht wird. Nach Durchschneidung der Rippe laufen von der Schnittstelle aus die Reizwellen nach beiden Körperenden und schlagen danach in einem voneinander unabhängigen Rhythmus weiter. Wenn durch die Kontinuitätstrennung nur eine kleine Wunde gesetzt ist, so kommt es nach kurzer Zeit durch Kontraktionen des Tieres wieder zu einer Annäherung der getrennten Plättchen. Sobald sich diese nun berühren, erfährt der Ablauf der vom Sinnespol herkommenden Erregungswellen keine Störung mehr.

Führten diese Versuche zu der Annahme einer inneren Reizleitung als Ursache der Metachronie der Flimmerbewegung, so weisen Erfahrungen von Kraft und Engelmann darauf hin, daß die gleichen Verhältnisse auch für das Flimmerepithel der Wirbeltiere Geltung besitzen. Kraft konnte nämlich am Rachenepithel des Frosches durch regionäre Abkühlung eines Teiles des Präparates erzielen, daß in diesem die Flimmerbewegung sistierte. Die Anwendung mechanischer Reize auf die oberhalb dieser Zone gelegenen Zellen führte aber zu einer heftigen Erregung der unterhalb der Abkühlungszone gelegenen Flimmerzellen, obwohl in dieser selbst die Wimpern in Ruhe blieben. Es sind also an sich unbewegliche Zellen zur Leitung des Reizes befähigt. Auch die Tatsache, daß die Reizwelle sich senkrecht zur Schlagrichtung fortpflanzt, so daß also keine äußere Leitung vorhanden ist, spricht für das Vorhandensein einer inneren Leitfähigkeit der Wimperzellen.

Vignon[3]) konnte den interessanten Nachweis führen, daß unter Umständen die metachrone Flimmerbewegung in eine synchrone umgewandelt werden kann. Durch mechanische Reizung läßt sich nämlich eine synchrone Bewegung der Kiemenwimperzellen von Anodonta auslösen.

Eine unregelmäßige Bewegung findet man unter physiologischen Bedingungen bei den Mastigamöben. Beim Absterben kommt sie auch am Flimmerepithel (z. B. des Frosches) vor. Sie kommt auch dann zustande, wenn man die mit-

soviel und an den Ruderplättchen der Ctenophoren sogar mehrere Millimeter in der Sekunde. Ihre Größe ist von äußeren und inneren Bedingungen in hohem Maße abhängig und ändert sich gleichsinnig wie die Frequenz des Wimperschlages.

Wird ein rechteckiges Stück des Flimmerepithels der Mundhöhle des Frosches excidiert und nach Drehung um 180° wieder implantiert, so ist in günstigen Fällen, in denen das Implantat dauernd erhalten blieb, auch nach 49 Tagen die ursprüngliche, jetzt oralwärts gerichtete Flimmerbewegung erhalten geblieben [v. BRÜCKE[1]), vgl. auch MERTON[2])]. Nur wenn das Transplantat zugrunde geht und von den Rändern her regeneriert wird, wird an der Stelle des Implantats eine caudalwärts gerichtete Flimmerbewegung beobachtet.

Diese Befunde wurden kürzlich von WOERDEMAN[3]) durch Untersuchung des Zeitpunktes der Determination der Flimmerbewegung erweitert. Er konnte nämlich durch Transplantationsversuche zeigen, daß bei Amphibien die Flimmerrichtung zu Beginn der Gastrulation festgelegt wird. Vorher unter Drehung des Ektoderms um 180° ausgeführte Transplantationen führen zu keiner Änderung der Flimmerrichtung.

## II. Energieproduktion der Wimperzelle.

Wenn auch eine exakte mechanische Analyse der Wimperbewegung noch nicht gelungen ist [für die Spermatozoenbewegung ist sie von HENSEN[4]) versucht worden], so kann man unter gewissen Annahmen sich doch eine Vorstellung von dem Nutzeffekt der Cilienbewegung machen [WEISS[5])]. Wenn die Wimperbewegung in einer Ebene erfolgt, das Haar gerade ist und die halbe Schwingung mit konstanter Geschwindigkeit vor sich geht, so ist in Wasser der Widerstand $p$ eines mittleren Punktes des Flimmerhaares dem Quadrate der Geschwindigkeit proportional:

$$p = k \cdot v^2;$$

hierin bedeutet $k$ eine Konstante.

Die bei einer halben Schwingung geleistete Energie $E$ beträgt, wenn die Amplitude $s$ ist:

$$E = p \cdot s = k \cdot s \cdot v^2.$$

Wird die Amplitude in der Zeit $t$ zurückgelegt, so ist der Nutzeffekt $N$

$$N = \frac{p \cdot s}{t} = k \cdot v^3.$$

Der Nutzeffekt ist also proportional der dritten Potenz der Geschwindigkeit, und hieraus folgt, da die Geschwindigkeit der progressiven Periode etwa 5mal so schnell wie die der regressiven ist, daß der Nutzeffekt der Vorschwingung 125mal größer als der der Rückschwingung ist. So wird die Fortbewegung von Partikelchen, die auf das Flimmerepithel aufgelegt werden, in der Richtung der progressiven Phase ebenso wie die Tatsache verständlich, daß die mittels Wimperschlages sich bewegenden Zellen entgegen der Richtung der schnellen

---

[1]) v. BRÜCKE: Versuche an ausgeschnittnen, reimplantierten Flimmerschleimhautstücken. Pflügers Arch. f. d. ges. Physiol. Bd. 166, S. 45. 1913.

[2]) MERTON: Studien über Flimmerbewegung. Pflügers Arch. f. d. ges. Physiol. Bd. 188, S. 1. 1923.

[3]) WOERDEMAN, M. W.: Üb. d. Determinisierung der Polarität bei der epidermalen Flimmerhaarzelle. Verslagen d. Afdeeling Natuurkunde. Kgl. Akad. d. Wiss. Amsterdam Tl. 32, S. 726. 1923.

[4]) HENSEN: Hermanns Handbuch der Physiologie Bd. IV. 1881.

[5]) WEISS, O.: Nagels Handbuch der Physiologie Bd. IV, S. 679. 1909.

Phase vorwärtsschreiten. An den Metazoen findet man die wirksame Bewegung des Flimmerschlages des Respirations- und Urogenitaltraktus nach außen, des Verdauungstraktus nach innen gerichtet. An der Mundöffnung der Rotatorien und Infusorien wird durch die Flimmerbewegung ein zum Körperinnern gerichteter Flüssigkeitsstrom hervorgerufen. Interessant ist, daß in den Lebergängen von HELIX sich nebeneinander in entgegengesetzter Richtung wirksame Flimmerströme finden. Die Flimmerbewegung der Wülste ist nämlich leberwärts gerichtet, so daß die Nahrung zu den Leberacini gelangt, während zwischen den Wülsten der Flimmerstrom die festen Teilchen nach dem Darm schafft (MERTON).

Mittels der Flimmeruhr oder Flimmermühle hat ENGELMANN[1]) eine Methode geschaffen, um die Energie der Flimmerbewegung unter verschiedenen Bedingungen zu messen. Das Prinzip der Apparate beruht darauf, daß durch die Flimmerhaare eine Achse in Rotation versetzt wird, die einen Zeiger trägt, der in regelmäßigen Winkelabständen von einer Metallspitze Funken überspringen läßt. Diese werden graphisch registriert und aus ihrem Abstand die Winkelgeschwindigkeit der Achse berechnet. Für die fördernde Wirkung steigender Temperatur sowie elektrischer Reizung seien zwei Kurven als Beispiele wiedergegeben (Abb. 18 und 19).

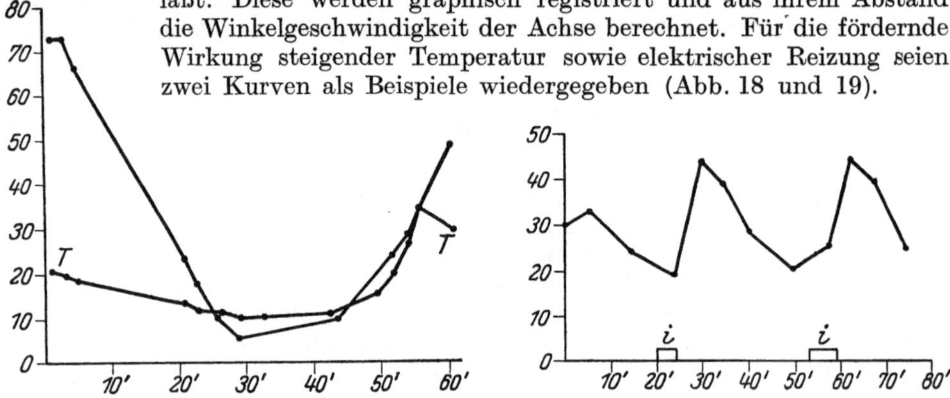


Abb. 18 und 19. Versuche mit der Flimmermühle. Abszisse: Zeit. Ordinate: Geschwindigkeit der Flimmerbewegung (Rachenepithel des Frosches). Abb. 18. Der Einfluß der Temperatur auf die Energie der Flimmerbewegung. $T$ = Temperaturkurve. Ab. 19. Der Einfluß elektrischer Reizung auf die Energie der Flimmerbewegung. $i$ = elektrische Reizung.

Die Größe der mechanischen Arbeit erreicht bei der Flimmerbewegung recht hohe Werte. BOWDITCH[2]) gibt als Maximalwert 6,805 g-mm pro Min. für den Quadratzentimeter Schleimhaut an. Dieser wurde erreicht, als durch die Flimmerbewegung ein Gewicht von 20,534 g in einer 1:10 ansteigenden Ebene heraufbefördert wurde. Aber auch bei Vertikalbewegung wurden hohe Werte (5,868 g-mm) festgestellt. Nach der Berechnung von BOWDITCH leistet die einzelne Zelle eine Arbeit, die genügt, ihr eigenes Gewicht um 4,253 m zu heben. Nach WYMANNS[3]) vermag 1 qcm Rachenschleimhaut des Frosches 336 g noch fortzubewegen.

Die absolute Kraft des Wimperapparates eines Paramaecium suchte JENSEN[4]) durch Ermittlung der Größe der Zentrifugalkraft festzustellen, der das Paramaecium gerade noch das Gleichgewicht zu halten imstande ist. In diesem Falle ist die absolute Kraft des Wimperschlages $a = k + p$, worin $k$ die Zentrifugal-

---

[1]) ENGELMANN, TH. W.: Flimmeruhr und Flimmermühle. Pflügers Arch. f. d. ges. Physiol. Bd. 15, S. 493. 1879.

[2]) BOWDITCH, H. P.: Force of ciliary motion. Boston med. a. surg. journ. 1876.

[3]) WYMANS, J.: Americ. Naturalist. Ebendort (zitiert nach ENGELMANN).

[4]) JENSEN, P.: Die absolute Kraft einer Flimmerzelle. Pflügers Arch. f. d. ges. Physiol. Bd. 54, S. 543. 1893.

kraft und $p$ das Gewicht des Paramaecium in Wasser bedeutet. Die nun der Bestimmung von $p$ zugrunde gelegte Größe des spez. Gewichts ist, wie BRESSLAU[1]) zeigte, mit einem erheblichen Fehler behaftet, da JENSEN das spez. Gewicht zu 1,25 annimmt, während es nach neueren Versuchen von BRESSLAU zwischen 1,02 und 1,055 liegt. Wenn man aber $a = p\left(\frac{4\pi^2 r}{g t^2} + 1\right)$ durch $p$ dividiert, so erhält man die Zahl, die angibt, das Wievielfache seines Körpergewichts ein Paramaecium in Wasser zu heben imstande ist. Da in diesem Quotienten die Größe $p$ nicht vorkommt, so behält seine Ermittlung auch unabhängig von der Größe des spez. Gewichts Gültigkeit. $W = \frac{a}{p}$ ist nun etwas größer als 9. Das Paramaecium vermag also in Wasser das Neunfache seines Körpergewichts durch Wimperkraft emporzuheben, eine Zahl, für deren Richtigkeit auch gewisse Tatsachen der vergleichenden Physiologie sprechen (vgl. BRESSLAU).

Die Kraft der Geißelbewegung von Bakterien suchte HOFSTÄTTER[2]) durch die Größe des Druckes festzustellen, der notwendig ist, um Geißelbakterien in Glascapillaren von 0,5 $\mu$ Durchmesser zu pressen. Genauere Versuche stellte VON ANGERER[3]) an, der seinen Berechnungen die Größe der Sedimentärgeschwindigkeit und der Eigenbewegung zugrunde legte (vgl. hierzu die folgende Tabelle).

(*Gekürzt.*)

| | Choleravibrio | Typhusbacillus | Bacillus subtilis |
|---|---|---|---|
| Eigenbewegung in mm/sec . . . . . . | 0,03 | 0,018 | 0,010 |
| Sedimentärgeschwindigkeit in cm/sec . | $2{,}66 \cdot 10^{-6}$ | $3{,}3 \cdot 10^{-6}$ | $6{,}5 \cdot 10^{-6}$ |
| Kraft der Eigenbewegung in g . . . . | $8{,}6 \cdot 10^{-11}$ | $6{,}5 \cdot 10^{-12}$ | $3{,}0 \cdot 10^{-11}$ |
| Leistung in gcm pro Sekunde. . . . . | $2{,}6 \cdot 10^{-13}$ | $1{,}2 \cdot 10^{-14}$ | $3{,}0 \cdot 10^{-14}$ |
| 1 g Bacterium leistet pro Sekunde gcm | $7{,}9 \cdot 10^{-1}$ | $1{,}3 \cdot 10^{-2}$ | $1{,}6 \cdot 10^{-2}$ |

Über die Beziehung der Cilienbewegung zur Oberflächenentwicklung vergleiche man die Übersicht von PÜTTER.

Die Produktion von elektrischer Energie kann an Flimmerepithel wie an anderen Schleimhäuten nachgewiesen werden. Da aber die Intensität der Flimmerbewegung durchaus nicht der Größe der elektromotorischen Wirkung parallel geht, erscheint es naheliegender, die letztere mit der Schleimproduktion der Becherzellen in Verbindung zu bringen. Die Frage der Elektrizitätsproduktion der Flimmerzelle ist also noch unentschieden.

Eine Messung der Größe des Sauerstoffverbrauches und der Wärmeproduktion von Flimmerepithel liegt nicht vor. Dagegen hat O. MEYERHOF[4]) die Wärmeproduktion und den Sauerstoffverbrauch von Spermatozoen (Strongylocentrotus lividus) gemessen. Er gibt an, daß 10 Milliarden Spermatozoen 4,65 cal pro Stunde produzieren. Dieser Höchstwert sinkt erheblich, wenn der Versuch erst mehrere Stunden nach der Entnahme aus den Hoden stattfindet (z. B. 3,15 cal pro Stunde nach $4^1/_2$ Stunden). Der kalorische Quotient der Sauerstoffatmung betrug im Mittel 3,24.

[1]) BRESSLAU, E.: Über das spezifische Gewicht des Protoplasmas und die Wimperkraft der Turbellarien und Infusorien. Verhandl. d. Dtsch. Zool. Ges. 1913.

[2]) HOFSTÄTTER, E.: Über das Eindringen von Bakterien in feinste Capillaren. Arch. f. Hyg. Bd. 53. 1905.

[3]) v. ANGERER: Über die Arbeitsleistung eigenbeweglicher Bakterien. Arch. f. Hyg. Bd. 88, S. 139. 1919.

[4]) MEYERHOF, O.: Untersuchungen über die Wärmeströmung der vitalen Oxydationsvorgänge in Eiern. III. Bioch. Zeitschr. Bd. 35, S. 316. 1911.

## III. Automatie und Nervensystem.

Wir haben nunmehr die Frage nach dem Sitze der Automatie und ihrer Abhängigkeit von nervösen Einflüssen zu beantworten.

Wenn auch aus der Tatsache, daß die Wimpern einer Zelle isochron schlagen, mit großer Wahrscheinlichkeit gefolgert werden kann, daß der Sitz der Erregung in dem Zellkörper gelegen ist, so zeigen doch sehr zahlreiche Erfahrungen, daß auch die isolierten Cilien nicht nur contractil sind, wenn Reize auf sie einwirken, sondern auch spontane Automatie aufweisen. Bei einer Reihe von Flimmerzellen besteht das Flimmerelement, womit Verworn die kleinste zu spontaner Schlagtätigkeit befähigte Einheit einer Flimmerzelle bezeichnet, aus der Cilie und einem kleinen an ihrer Basis haftenden Protoplasmaklümpchen, dem sog. Basalkörper. Dies gilt z. B. für die Schwimmplättchen der Ctenophoren (Verworn) und für Anodonta [Peter[1])]. Der Zellkern hat also keine Bedeutung für die Flimmerbewegung. Andererseits gibt es eine Reihe von Flimmer- und Geißelzellen, die sogar ohne Basalkörper die Automatie nicht verlieren. Hier sind u. a. die Bewegungen isolierter Spermatozoenschwänze [Ankermann[2]) und Köllicker[3])], ferner der Cilien von Paramaecium, Euglena und Bakteriengeißeln [Fischer[4])] zu nennen. Schon diese Befunde zeigen, daß die Basalkörperchen nicht für alle Flimmerzellen zur Erhaltung der Automatie notwendig sind. Ein strikter Beweis dafür, daß in ihnen das Zentrum der Flimmerbewegung gesehen werden muß, besteht nicht, wie die eingehende Diskussion bei Pütter zeigt, auf dessen Darstellung bezüglich der Details verwiesen werden muß. Interessant ist noch der Befund, daß an Infusorien, deren lebendige Substanz in der Reihenfolge: Innenprotoplasma, Zellsaum und zuletzt Cilien durch Sauerstoffmangel in körnigen Zerfall geraten, die Wimperbewegung erst dann erlischt, wenn der körnige Zerfall die Cilien selbst ergriffen hat [Pütter[5])].

Da einerseits Automatie des isolierten Flimmerhaares, andererseits auch die Koordination der Bewegungen im Cilienverbande nachgewiesen ist, so nimmt Verworn an, daß für diesen ein basaler Hemmungsmechanismus existiert, der die Automatie des Flimmerelementes unterdrückt und dafür sorgt, daß eine Cilie sich erst kontrahiert, wenn dies stromaufwärts gelegene Flimmerhaar sich geneigt hat.

Die Bedeutung des Nervensystems ist für das Flimmerepithel der Wirbeltiere einerseits, die Cilien der Wirbellosen und Einzelligen andererseits völlig verschieden. Daß die Tätigkeit der Wimperhaare bei ersteren unter dem Einfluß des Nervensystems steht, ist weder bewiesen noch wahrscheinlich. In diesem Sinne sprechen auch die Befunde, daß die Wimpertätigkeit post mortem die Erregbarkeit von Nerv und Muskel bedeutend überdauert. Andererseits liegen an Wirbellosen und Einzelligen Beobachtungen vor, die unzweifelhaft den Einfluß des Nervensystems dartun. Hierher gehören speziell die „willkürlich" tätigen Flimmerepithelien, die z. B. von Merton an den Mundlappenrändern von Süßwasserschnecken festgestellt wurden, weiterhin auch die Wimperhaare von Vorticellen und Rotiferen. An dem Flimmerepithel von Physa machte Merton[6])

---

1) Peter, K.: Das Zentrum für die Flimmer- und Geißelbewegung. Anat. Anz. Bd. 15, S. 271. 1899.

2) Ankermann: Zeitschr. f. wiss. Zool. Bd. 8, S. 129. 1856.

3) Köllicker: Zeitschr. f. wiss. Zool. Bd. 7, S. 201. 1856.

4) Fischer, A.: Über die Geißeln einiger Flagellaten. Jahrb. f. wiss. Botanik Bd. 26, S. 187. 1894.

5) Pütter, A.: Die Wirkung erhöhter Sauerstoffspannung auf die lebendige Substanz. Zeitschr. f. allg. Physiol. Bd. 3, S. 363. 1904.

6) Merton: Studien über Flimmerbewegung. Pflügers Arch. f. d. ges. Physiol. Bd. 198, S. 1. 1923.

eine Hemmungswirkung des Nervensystems sehr wahrscheinlich. GOETHLIN[1]) untersuchte neuerdings die Wirkung des Nervensystems auf die Wimperplättchen der Rippenqualle Beroe cucumis und zeigte den hemmenden Einfluß des konstanten Stromes und seine Aufhebung durch Atropin. Besonders deutlich tritt die Rolle des Nervensystems in Versuchen von TAYLOR an Euplotes patella hervor, der in Durchschneidungsversuchen zeigen konnte, daß die Erhaltung der normalen Koordination der Flimmerbewegungen die Integrität des „Neuromotorsystems" erfordert[2]).

## IV. Reizphysiologie der Flimmer- und Geißelzelle.

Die Annahme ENGELMANNS[3]), daß die Anregung der Flimmerbewegung durch mechanische Reize (Berührung) nur auf die Beseitigung des Schleimes, der als Hindernis auf die Cilien einwirkt, zurückzuführen sei, konnte KRAFT[4]) am Flimmerepithel des Fisches dadurch entkräften, daß er untätige Cilien durch 10—12 maliges Berühren mit dem Pinsel immer wieder für einige Minuten oder Sekunden zu regelmäßiger Flimmerbewegung bringen konnte. Besonders beweiskräftig ist der an einem 40 Stunden alten Präparat ausgeführte Versuch, in dem bei Berührung in der Richtung der normalen Flimmerwelle die Cilien unerregbar blieben, während die mechanische Reizung „gegen den Strich" eine koordinierte Flimmerbewegung auslöste. Dabei zeigte sich, daß die Reizwirkung sich nicht auf die direkt berührten Cilien beschränkt, sondern sich in typischer Weise ausbreitet, da die Erregung sehr leicht in der Stromrichtung, aber viel schwerer und auf eine wesentlich kürzere Strecke im entgegengesetzten Sinne (auf die „Oberzellen") weitergeleitet wird. Bei dauernder lokaler mechanischer Reizung konnte KRAFT feststellen, daß die Cilienbewegung sofort und dauernd in stromabwärts gelegenen Partien ausgelöst wird, während sie in entgegengesetzter Richtung sich nur anfangs auf einen etwas weiteren Bezirk, dann aber nur auf die nächstgelegenen Cilienreihen erstreckt. Die geringste Ausbreitung erfährt der Reiz in seitlicher Richtung, da hier nur die durch direkte mechanische Einwirkung betroffenen Zellen in Tätigkeit geraten.

Hatten die Versuche KRAFTS für das Flimmerepithel der Metazoen die erregende Wirkung mechanischer Reize dargetan, so konnte durch SCHWALBE[5]) und VIGNON[6]) auch die Flimmerbewegung mit der gleichen Reizqualität gelähmt werden. Mechanische Erschütterung ruft nämlich am Kiemenepithel der Ascidie Perophora für einige Sekunden Stillstand hervor und das gleiche gilt auch für die Cirren und Cilien von Aplysia. Die Bedeutung innerer Bedingungen für den Erfolg mechanischer Reizung geht aus dem interessanten Befunde SCHWALBES hervor, daß er trotz erhaltener Flimmertätigkeit an längere Zeit in Gefangenschaft befindlichen Ascidien die beschriebene Hemmungswirkung nicht mehr auslösen konnte.

---

[1]) GOETHLIN, FR.: Experim. studies on primary inhibition on the ciliary movement in Beroe cucumis. Journ. of exp. zool. Bd. 31, S. 403. 1920.

[2]) TAYLOR, CH.: Demonstration of the function of the neuromotor apparatus in Euplotes by the method of microdissection. Publ. in zoology. Univers. of California Bd. 19, S. 403. 1920; vgl. auch G. H. PARKER, The elementary nervous system. Monogr. on exp. biol. 1918; und FR. ALVERDES, Spezielle Physiologie der Flimmer- und Geißelbewegung. Dies. Handb.

[3]) ENGELMANN: Flimmerbewegung. Hermanns Handb. d. Physiol. Bd. I. 1879.

[4]) KRAFT, H.: Zur Physiologie des Flimmerepithels bei Wirbeltieren. Pflügers Arch. f. d. ges. Physiol. Bd. 47, S. 196. 1890.

[5]) SCHWALBE: Kleinere Mitteilungen zur Histologie wirbelloser Tiere. Arch. f. mikroskop. Anat. Bd. 5, S. 248. 1869.

[6]) VIGNON: Recherches de Cytologie générale sur les Epithéliums. Arch. de zool. exp. et gén. Bd. 9, S. 371. 1899.

Die erregende Wirkung mechanischer Reize auf die Spermatozoen konnte KRAFT dadurch zeigen, daß er schwach bewegliche Spermatozoen eines Kaninchens mit dem tätigen Flimmerepithel des Eileiters einer Kuh in Kontakt brachte. Hierbei stellte er eine bedeutende Zunahme der Beweglichkeit der Spermatozoen fest, denen es jetzt sogar gelang, gegen den Flimmerstrom sich weiterzubewegen. Man wird auf Grund dieses Versuches die Bedeutung der mechanischen Erregbarkeit der Spermatozoen für die Erhaltung ihrer Beweglichkeit im weiblichen Genitaltraktus nicht gering veranschlagen dürfen, muß aber berücksichtigen, daß, wie später erörtert werden wird, dem Chemismus des Milieus wohl die wichtigste Rolle zufällt.

Andererseits zeigen die Spermatozoen nach den Untersuchungen von DEWITZ[1]) und MASSART[2]) eine Kontaktreizbarkeit, die sich in dem Haften an Flächen äußert und dem Thigmotropismus, den VERWORN[3]) an Protozoen studierte, analog ist[4]). Für das Vorkommen thigmotaktischer Reaktionen an den Spermatozoen von Echiniden und Asteriden sind auch die Untersuchungen von v. DUNGERN[5]), GODLEWSKI[6]) und BULLER[7]) zu vergleichen.

Für die erregende Wirkung mechanischer Reize findet man in VERWORNS Protistenstudien zahlreiche Beispiele.

An dem Flagellat Anisonema grande, das zwei Geißeln besitzt, von denen die eine nach rückwärts gerichtet ruhig am Boden liegt, während die andere nach vorn ausgestreckt ist und regelmäßige Bewegungen ausführt, beobachtete er, daß auf mechanische Reizung der vorderen Geißel das Tier durch Kontraktion der hinteren Geißel sich sofort vom Reizorte wegbewegte und dann wieder in derselben Stellung wie vor dem Reize liegen blieb. Bei Paramaecium sieht man auf einen Berührungsreiz eine rückläufige Bewegung des Tieres eintreten, der durch eine Kontraktion der Cilien in entgegengesetzter Richtung bedingt ist. Ähnliche Reaktionen finden sich auch bei anderen Ciliaten.

Die hemmende Wirkung schwacher mechanischer Reize ist besonders durch PÜTTER[8]) und JENNINGS[9]) erforscht worden. An Paramaecium sieht man nicht allein die den festen Körper direkt berührenden Cilien senkrecht zur Körperoberfläche völlig in Ruhe stehen, sondern bemerkt gleichzeitig auch eine Herabsetzung der Bewegung der übrigen Wimpern, mit Ausnahme der am Peristom befindlichen. Die hemmende Wirkung von Berührungsreizen hängt auch von der Intensität des Wimperschlages stark ab und schlägt bei kräftiger Wimperbewegung gelegentlich in das Gegenteil um, in dem sich das Paramaecium von dem festen Körper schnell fortbewegt (negative Thigmotaxis). PÜTTER hat nicht allein das Vorkommen der Thigmotaxis bei den Protisten eingehend geschildert, sondern

---

[1]) DEWITZ: Über Gesetzmäßigkeit in der Ortsveränderung der Spermatozoen. Pflügers Arch. f. d. ges. Physiol. Bd. 38, S. 358.

[2]) MASSERT: Sur l'irritabilité des spermatozoides de la grenouille. Académ. roy. de Belgique Bd. 15. 1889.

[3]) VERWORN, M.: Psycho-physiologische Protistenstudien. Jena 1889.

[4]) Vgl. auch PFEFFER: Untersuchungen aus dem botanischen Institut zu Tübingen. Bd. II, S. 582. 1888.

[5]) v. DUNGERN: Neue Versuche zur Physiologie der Befruchtung. Zeitschr. f. allg. Physiol. Bd. 1, S. 34. 1902.

[6]) GODLEWSKI: Wintersteins Handbuch Bd. III, 2, S. 587.

[7]) BULLER: Contributions to our knowledge of the physiology of the spermatozoa of Terns. Ann. of botany Bd. 14. 1900.

[8]) PÜTTER, A.: Studien über Thigmotaxis bei Protisten. Arch. f. Physiol. Suppl. 1900, S. 243.

[9]) JENNINGS: Studies on reactions to stimuli in unicellar organisms. I. Journ. of physiol. Bd. 21, S. 258. 1897. — Derselbe: Das Verhalten niederer Organismen. Leipzig und Berlin 1910.

auch die Kraft, mit der die Cilien der Unterlage anhaften dadurch anschaulich gemacht, daß er auf die thigmotaktischen Tiere Wärmereize einwirken ließ. So gibt er an, daß z. B. bei 36° die frei schwimmenden Colpidien sehr schnell umherschwimmen, während von den thigmotaktischen Individuen nur wenige sich loszulösen imstande sind. Andererseits zeigt sich besonders deutlich am Colpidium, daß Kältereiz die Thigmotaxis verstärkt.

Außerordentlich groß ist die Widerstandsfähigkeit des Flimmerepithels gegenüber hohen hydrostatischen Drucken. REGNARD[1]) gibt an, daß Colpoda, Vorticella, Paramaecium und andere Wimperinfusorien bei einem Druck von 600 Atmosphären innerhalb 10 Minuten die Cilienbewegung einstellen, aber bei gewöhnlichem Druck sich noch innerhalb einer Stunde erholen können. 300 Atmosphären Druck ändern selbst während sieben Stunden die Bewegung der Cilien von Chlamydococcus pluvialis in keiner Weise; bei 500 Atmosphären tritt der Tod ein.

Kurz erwähnt seien hier auch die Erscheinungen der Rheotaxis an Spermatozoen, da die Strömungen in der Suspensionsflüssigkeit der Spermatozoen eine kontinuierliche Reihe mechanischer Reize auslösen. Der Reizerfolg besteht, sofern die Strömung nicht zu groß ist, in einer Bewegung der Spermatozoen entgegen der Stromrichtung. Quantitative Versuche hat hierüber ADOLPHI veröffentlicht (vgl. oben S. 39).

Während noch PÜTTER in seiner Darstellung der Physiologie der Flimmerbewegung bezüglich der Wirkung chemischer Reize von einem Notizenwissen, dem das innere geistige Band fehlt, sprechen konnte, haben die Forschungen der letzten Zeit nicht nur eine Erweiterung, sondern auch eine Vertiefung unseres Wissens gebracht. Das gilt in erster Linie von dem Studium der Salzwirkungen auf die Flimmer- und Geißelzelle. Um die Bedeutung der Anionen festzustellen, wurde an den verschiedensten Substraten (Kiemenepithel von Mytilus edulis, den bewimperten Larven von Arenicola [LILLIE[2])] sowie dem Rachenepithel des Frosches [WEINLAND[3]), HÖBER[4])] der Einfluß verschiedener Natrium-, Kalium- und Ammoniumsalze auf die Flimmerbewegung untersucht. Nach dem Grade der Giftigkeit geordnet, erhält man folgende Reihen:

$SCN > J > Br > NO_3 > Cl >$ Phosphat $>$ Tartrat $> SO_4 >$ Acetat (LILLIE)

$J > Br > Cl$ (WEINLAND)

$J, Br > NO_3 > Cl, SO_4$ (HÖBER)

Nach HÖBER bestehen zwischen Kalium- und Natriumsalzen insofern Unterschiede, als bei ersteren Cl stärker als $SO_4$ schädigt, während bei letzteren Unterschiede überhaupt fehlen oder sogar das umgekehrte Verhalten beobachtet wird[5]). Zeigten bereits diese Arbeiten, daß hinsichtlich der Giftigkeit der Anionenreihe für die Flimmerbewegung der Metazoen nahezu dieselbe Reihe gilt, so wird durch die Versuche GELLHORNS[6]) der Nachweis erbracht, daß auch die

[1]) REGNARD, P.: Recherches expérimentales sur les conditions physiques de la vie dans les eaux. Paris 1891.

[2]) LILLIE: Die Beziehung der Ionen zur Flimmerbewegung. Americ. journ. of physiol. Bd. 10, S. 419. 1904; Bd. 17, S. 89. 1906; Bd. 24, S. 459. 1909.

[3]) WEINLAND, G.: Über die chemische Reizung des Flimmerepithels. Pflügers Arch. f. d. ges. Physiol. Bd. 58, S. 105. 1894.

[4]) HÖBER, R.: Einwirkung von Alkalisalzen auf das Flimmerepithel. Biochem. Zeitschr. Bd. 17, S. 518. 1909.

[5]) Vgl. hierzu J. GRAY (Proc. of the roy. soc. Bd. 93, S 122. 1921), der am Kiemenepithel von Mytilus edulis die Anionenreihe vermißt, sobald die normale Wasserstoffionenkonzentration und das Kationengleichgewicht erhalten bleibt. Nach GRAY ist die Anionenreihe durch Aufhebung der normalen Semipermeabilität der Zelle bedingt.

[6]) GELLHORN, E.: Beiträge zur vergleichenden Physiologie der Spermatozoen. II. Pflügers Arch. f. d. ges. Physiol. Bd. 193, S. 555. 1922.

Spermatozoen verschiedener Tierklassen im wesentlichen im gleichen Sinne reagieren. Beobachtet man nämlich die Lebensdauer und Intensität der Beweglichkeit der Spermatozoen in zahlreichen Natriumsalzlösungen, so erhält man die folgenden Reihen:

$$\underbrace{\text{Tartrat} \leqq \text{Sulfat} \geqq \text{Phosphat} \leqq \text{Acetat}} < \underbrace{NO_3 < \text{Br} < \text{Cl}} < \underbrace{\text{J} \gtrless \text{Citrat}} < \underbrace{\text{F} < \text{SCN}}$$

(Rana temporaria)

$$\text{Phosphat} < \underbrace{NO_3, \text{Acetat} \geqq \text{Tartrat, Sulfat}} < \underbrace{Br_2 < \text{Cl}} < \underbrace{\text{Citrat} < \text{J}} < \text{F} < \text{SCN}$$

(Rana esculenta)

$$\underbrace{\text{Tartrat} \leqq \text{Acetat} \leqq \text{Phosphat} \leqq \text{Sulfat}} < \underbrace{\text{Br} \gtrless NO_3 < \text{Cl}} < \underbrace{\text{J} < \text{Citrat}} < \underbrace{\text{F, SCN}}$$

(Meerschweinchen).

Diese Reihen versinnbildlichen die Tatsache, daß bestimmte Ionen sich nur wenig voneinander unterscheiden, durch eine gruppenartige Zusammenfassung. Innerhalb jeder Gruppe kommt eine leichte Umstellung der einzelnen Glieder in den verschiedenen Versuchen vor, während die Stellung der einzelnen Gruppen selbst eine konstante ist. Es ergibt sich aus diesen Versuchen, daß die Beweglichkeit der Flimmerzellen und der Spermatozoen am längsten in Natriumsalzen der Essig-, Schwefel- und Weinsäure erhalten bleibt und die Cl- und Br-Salze eine Mittelstellung einnehmen. Wesentlich giftiger ist schon NaJ und Natriumcitrat, und die stärkste Giftigkeit wird durch Fluor- und Rhodansalze hervorgerufen, die die Beweglichkeit der Spermatozoen fast momentan hemmen. Nicht so einheitlich ist die Wirkung der Alkalichloride auf die Flimmerbewegung. Wählt man aber mit Höber nicht den Zeitpunkt der eingetretenen vollständigen Lähmung, sondern unter Berücksichtigung der Tatsache, daß Li und Na die Flimmerbewegung zuerst sehr gut erhalten und dann plötzlich lähmen, während die übrigen Kationen allmählich unter zunehmender Verminderung der Intensität des Flimmerschlages auf die Zellen einwirken, die Größe der Gesamtschädigung als Maß, so erhält man wiederum nahezu identische Reihen:

$\text{K} < \text{Rb} < NH_4 < \text{Na} < \text{Cs} < \text{Li}$ (Lillie [Mytilus edulis])

$\text{K} < \text{Rb} < NH_4, \text{Cs} < \text{Na} < \text{Li}$ (Lillie [arenicola])

$\text{K, Rb} < \text{Cs} < NH_4 < \text{Na} < \text{Li}$ (Höber [Rachenepithel des Frosches]).

Leichte Unstimmigkeiten ergaben sich lediglich bezüglich der gegenseitigen Stellung von Na und Cs. In allen Versuchen erweist sich Na und Li als am giftigsten, $NH_4$ nimmt eine Mittelstellung ein, und Rb und K erhalten die Flimmerbewegung am längsten. Entsprechende, an Warm- und Kaltblüterspermatozoen ausgeführte Versuche lassen sich durch die folgenden Reihen wiedergeben:

$\underbrace{\text{Li} \leqq \text{Cs} < \text{Na}} < \underbrace{NH_4 < \text{K} < \text{Rb}}$ (Rana temporaria)

$\underbrace{\text{Li} \leqq \text{Cs}} < \text{K} \lesseqgtr \text{Rb} < \underbrace{\text{Na} < NH_4}$ (Rana esculenta) Gellhorn

$\text{K} \gtrless \text{Rb} < \text{Na} < NH_4 < \text{Cs} \leqq \text{Li}$ (Meerschweinchen)

$\text{K} \leqq \text{Na} < NH_4 < \text{Li}$ (Ratte) Hirokawa[1]).

Vergleicht man die Reihen mit den Ergebnissen der Versuche am Flimmerepithel, so erkennt man, daß diese im wesentlichen mit der am Meerschweinchensperma erhaltenen Reihe übereinstimmen. Die Stellung der einzelnen Ionen

[1]) Hirokawa: Über den Einfluß des Prostatasekretes und der Samenflüssigkeit auf die Vitalität der Spermatozoen. Bioch. Zeitschr. Bd. 19, S. 291. 1909. Vgl. hierzu auch Scheuring: Untersuch. an Forellensperma. Stuttgart 1924.

in der Reihe ist auch in den Versuchen an dem Sperma von Rana temporaria dieselbe, nur die Richtung der Reihe ist verschieden, da Li die Beweglichkeit der Spermatozoen von Rana temporaria am längsten erhält, während es die Flimmerbewegung am schnellsten lähmt.

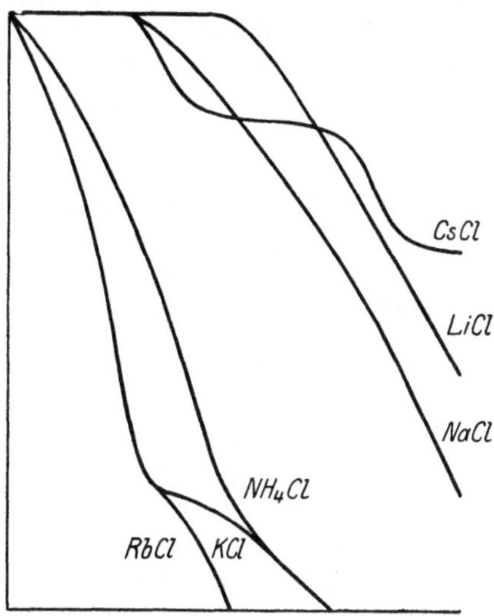


Abb. 20. Lebensdauer und Beweglichkeit von Spermatozoen (Ran. tompor.) in $^n/_{40}$-Lösungen der Alkalichloride. Abszisse: Zeit; Ordinate: Intensität der Beweglichkeit.

Aus der graphischen Darstellung der Versuche über die Kationenwirkung an Spermatozoen (Abb. 20) erhellt, daß auch hier eine Gruppenbildung vorliegt, indem die Beweglichkeit in Li, Na und Cs sehr lange erhalten bleibt, während sie in $NH_4$, Rb und K rasch gehemmt wird. Dies Ergebnis läßt sich ebenso wie die Richtigkeit der oben angeführten Anionenreihe auch durch den Befruchtungsversuch erweisen, indem mit verschiedenen Neutralsalzen vorbehandelte Spermatozoen zur Besamung normaler Eier verwendet werden und die Größe der Befruchtungsziffer (Zahl der entwickelten Eier) festgestellt wird[1]). So betrug z. B. in einem Versuch die Befruchtungsziffer für LiCl, NaCl und CsCl 73 bis 83%, während die mit $NH_4Cl$, RbCl und KCl behandelten Spermatozoen kein Ei zur Entwicklung bringen konnten. Die Anionenwirkung wird durch die folgenden Durchschnittszahlen der Befruchtungsziffer illustriert:

| | | | | | |
|---|---|---|---|---|---|
| Phosphat . . . | 86% } | Sulfat . . | 73% } | Citrat . . . | 39% } |
| Tartrat . . . . | 82% } | Chlorid . . | 70% } | Jodid . . . | 25% } |
| Acetat . . . . . | 81% } | Bromid . . | 65% } | | |
| | | Nitrat . . | 53% } | | |

Da die Anionenreihe mit der von FRANZ HOFMEISTER[2]) gefundenen lyotropen Reihe übereinstimmt, die dieser Autor in seinen Studien über die Fällbarkeit von Eiweißkörpern zuerst erhielt und die bei zahlreichen anderen physikochemischen Prozessen — Fällung von Lecithin [HÖBER[3]), PORGES[4]) und NEUBAUER], Hitzekoagulation der Eiweißkörper [PAULI[5])] — immer wieder gefunden wurde und auch die Kationenreihe mit Rücksicht auf HÖBERS Untersuchungen über die Fällbarkeit von *neutralem* Hühnereiweiß als Übergangsreihe aufzufassen ist, die durch Einwirkung der Ionen auf die annähernd neutralen Kolloide der Zellgrenzschichten zustande kommt, so ist auch eine einheitliche kolloidchemische Erklärung der Salzwirkungen auf die Flimmer- und Geißelbewegung gegeben und läßt diese Versuche zusammen mit den an anderen Substraten (Blutkörperchen, Muskel, Nerv) erhaltenen Ergebnissen als wichtigen Baustein zu der Theorie der Salzwirkungen erscheinen. In diesem Zusammenhang hat auch die Umkehrung der Kationenreihe bei den Spermatozoen von Rana temporaria im

[1]) GELLHORN: Befruchtungsstudien. I. Pflügers Arch. f. d. ges. Physiol.

[2]) HOFMEISTER, FR.: Zur Lehre von der Wirkung der Salze. Arch. f. exp. Pathol. u. Pharmakol. Bd. 28, S. 210. 1891.

[3]) HÖBER: Zur Kenntnis der Neutralsalzwirkungen. Hofmeisters Beitr. Bd. 11, S. 35. 1907. Vgl. auch HÖBER: Physikalische Chemie der Zelle und Gewebe. 4. Aufl. Leipzig 1914.

[4]) PORGES u. NEUBAUER: Biochem. Zeitschr. Bd. 7, S. 152. 1907.

[5]) PAULI, W.: Die physikalischen Zustandsänderungen der Eiweißkörper. Pflügers Arch. f. d. ges. Physiol. Bd. 78, S. 315. 1899.

Gegensatz zu der von Warmblüterspermatozoen nichts Befremdendes mehr, da wir ja diese Erscheinung auch aus den Hämolyseversuchen von Miculicich[1]) kennen. Diese können wir mit Rücksicht auf Höbers Versuche, die bei Untersuchung des Einflusses der Salze auf die Koagulationstemperatur der Eiweißkörper bei verschiedenem Salzgehalt umgekehrte Ionenreihen ergaben, auf eine verschiedene Salzempfindlichkeit der Kolloide zurückführen. Für die kolloidchemische Auffassung der Ionenreihe ist auch Lillies Befund zu verwerten, daß die Cilien von Arenicola in Na- und Lithiumsalzen verflüssigt werden. Dieser Befund kann auch zur Grundlage der kolloidchemischen Auffassung des Ionenantagonismus gemacht werden, der hinsichtlich der Flimmer- und Geißelbewegung genau studiert ist. Denn Lillie fand, daß durch Hinzufügung mehrwertiger Kationen die Cilienbewegung deshalb länger erhalten bleibt, weil diese vor der Verflüssigung geschützt werden. Zwar zeigen in reinen Lösungen der Chloride von Ca, Mg und Ba die Cilien eine Schwellung; aber sie tritt langsamer als in den Alkalichloriden ein. In den Schwermetallösungen kommt es hingegen gerade zu der entgegengesetzten Veränderung des Kolloidzustandes der Zellen, der Koagulation. Da aber die Erhaltung der Funktion an einen bestimmten Kolloidzustand der Zelle gebunden ist, so ist es verständlich, daß die Cilienbewegung in einem bestimmten Gemisch von Alkalimetallen und mehrwertigen Kationen am besten erhalten bleibt. Im einzelnen ist hierzu noch folgendes zu erwähnen: Die Giftwirkung der reinen Kochsalzlösung auf die Flimmerbewegung der Arenicolalarven wird durch die folgenden Kationen gehemmt: Mg, Ba, Ca, Sr, Mn, Fe, Co, Ni, Cd, Pb, Zn, Cu und $UO_2$, wobei die Ionen nach dem Grade ihrer Wirksamkeit geordnet sind. Neben diesen zweiwertigen Kationen, deren Wirksamkeit der Größe ihres elektrolytischen Lösungsdruckes parallel geht, sind auch die dreiwertigen Elemente Al, Cr, Fe sowie das vierwertige Thor zur Entgiftung geeignet, und zwar bedarf es zur Entgiftung um so geringerer Ionenkonzentration, je größer ihre Wertigkeit ist. Gegenüber einer $\frac{m}{1}$ NaCl-Lösung sind die optimalen Konzentrationen für

| | |
|---|---|
| Erdalkalien . . . . . . . . . . . . . . | $\frac{m}{400}$ |
| Zweiwertige Schwermetalle. . . . . . . | $\frac{m}{1600}$ |
| Dreiwertige Kationen . . . . . . . . . | $\frac{m}{25\,000}$ |
| Vierwertige Kationen . . . . . . . . . | $\frac{m}{100\,000}$. |

Es sind aber zur Entgiftung der Kochsalzlösung die Erdalkalien am besten geeignet, wenn auch die drei- und vierwertigen Kationen schon in geringeren Konzentrationen wirksam sind.

Diese Verhältnisse gelten im wesentlichen auch für das Kiemenepithel von Mytilus. Nach der Stärke ihrer antagonistischen Wirkung ordnen sich die zweiwertigen Kationen zu der Reihe: Mg, Ba, Ca, Sr, Be, Mn, Fe, Co, Ni, Zn, Cd, Pb und auch die oben genannten mehrwertigen Kationen sind in dem gleichen Sinne wirksam. Es zeigt sich aber, daß von einem generellen Antagonismus zwischen Alkalimetallen und mehrwertigen Kationen deshalb nicht gesprochen werden kann, da z. B. die K- und $NH_4$-Wirkung auf diese Weise nicht aufgehoben werden kann (Lillie).

[1]) Miculicich, M.: Über den Einfluß von Elektrolyten und Anelektrolyten auf die Permeabilität der roten Blutkörper. Zentralbl. f. Physiol. Bd. 24, S. 523. 1910.

Der Ionenantagonismus für die Spermatozoenbewegung konnte sowohl innerhalb der Kationen wie der Anionenreihe gezeigt werden [GELLHORN[1])]. So läßt sich z. B. die stark lähmende Wirkung von KCl durch Li, Na und Cs ebenso aufheben wie durch Verwendung mehrwertiger Kationen (Versuche an Froschspermatozoen). Und bei ausschließlicher Verwertung von Natriumsalzen läßt sich z. B. die relativ giftige Wirkung von NaJ durch Phosphat, Tartrat, Acetat und Sulfat aufheben. Reine Lösungen mehrwertiger Kationen schädigen die Spermatozoenwirkung nach Maßgabe der Reihe:

$$Mg < Ca \leqq Ba \leqq Sr < Co < Cd \leqq Zn < Pb, Fe\,.$$

Mit Ausnahme von Cd und Zn, die auch in LILLIES Reihen nicht der Größe ihres elektrolytischen Lösungsdruckes entsprechend stehen, sind alle diese Ionen zur Entgiftung der Alkalimetalle geeignet. Der antagonistische Effekt dieser Kationen läßt sich nicht allein durch die Feststellung der Beweglichkeit, sondern auch durch die Größe der Befruchtungsziffer bei vorbehandelten Spermatozoen erbringen. Auffallenderweise sind aber hierzu relativ hohe Konzentrationen der mehrwertigen Kationen erforderlich[2]).

Geht schon aus diesem Befunde die relative Unwirksamkeit der mehrwertigen Kationen hervor, so zeigt sich dies in noch stärkerem Maße an Warmblüterspermatozoen. An Meerschweinchenspermatozoen wird nämlich die Lebensdauer in NaCl-Lösung durch Zufügung von KCl oder $CaCl_2$ oder beiden Salzen in dem der Zusammensetzung der RINGERschen Lösung entsprechenden Verhältnisse nicht verlängert[3]). Wohl aber gelingt dies durch Zugabe von $NaHCO_3$ oder $Na_2CO_3$. Diese Salze üben bei einem $p_H$ von 7,5—10,5 eine optimale Wirkung aus, während die Hydroxylionen in diesem Bereich ziemlich unwirksam sind und erst bei $p_H = 11$ ein Optimum zeigen. Interessant ist auch die verschiedene Wirkung von Salzen auf die Spermatozoen verschiedener Tierklassen. Wählt man als Grundlösung für Warmblüterspermatozoen die RINGERsche Lösung, für Froschsperma das Brunnenwasser und für die Spermatozoen von Echinus miliaris das Meerwasser, so läßt sich durch Zugabe von $CaCl_2$, $SrCl_2$ und KCl die Beweglichkeit und Lebensdauer von Seeigelspermatozoen fördern; an Froschspermatozoen wirken KCl und $SrCl_2$ lähmend, $CaCl_2$ erregend, und am Warmblutsperma schädigen alle drei Salze die Beweglichkeit des Spermas, Befunde, die durch die Anpassung des Spermas an das mehr oder minder salzreiche Milieu, in dem die Spermatozoen ihre physiologische Aufgabe zu vollziehen haben, erklärt werden können.

Die Wirkung der Ionen ist auch bei derselben Tierart abhängig von dem chemischen Milieu. Es wurde oben auf die außerordentliche deletäre Wirkung von KCl auf die Beweglichkeit der Froschspermatozoen hingewiesen. Sie ist auch dadurch besonders charakterisiert, daß sich morphologische Änderungen vollziehen, indem unter dem Einfluß von Kaliumchlorid die Spermatozoen sich sehr rasch zu Ringen einrollen und dann zerfallen. Läßt man aber die gleiche KCl-Konzentration nicht in Leitungs- oder destilliertem Wasser, sondern einer schwachen Zuckerlösung auf das Sperma einwirken, so beobachtet man eine sehr starke Verzögerung der Kaliwirkung. Es wird unter diesen Umständen offenbar das Eindringen der Spermatozoen gehemmt, eine Tatsache, die einen

[1]) GELLHORN, E.: Beiträge zur vergleichenden Physiologie der Spermatozoen. III. Bd. 193, S. 576. 1921.

[2]) GELLHORN, E.: Befruchtungsstudien. I. Pflügers Arch. f. d. ges. Physiol. Bd. 196, S. 358. 1922. II. Ebenda Bd. 196, S. 374. 1922. III. Ebenda Bd. 200, S. 552. 1923.

[3]) GELLHORN, E.: Beiträge zur vergleichenden Physiologie der Spermatozoen. I. Pflügers Arch. f. d. ges. Physiol. Bd. 185, S. 262. 1920.

weiteren Beleg für die a. a. O. hervorgehobene Bedeutung des Chemismus des Milieus für die Größe der Permeabilität der Zellgrenzschichten bildet[1]).

Durch die Änderung der Wasserstoffionenkonzentration, gleichviel ob es sich um eine Vermehrung oder Verminderung handelt, wird die Flimmerbewegung vorübergehend verstärkt [Virchow, Kölliker, Engelmann[2])]. Genaue Untersuchungen über die Säurewirkung auf die Wimperbewegung an den Kiemen von Mytilus edulis hat Gray[3]) angestellt und dabei ihre Reversibilität durch Alkali betont. Dies gilt auch für die Spermatozoen des Frosches, während Warmblüter und Seeigelspermatozoen nur durch alkalische Reaktion des Mediums eine Anregung erfahren, in entsprechend sauren Lösungen aber gelähmt werden. Die typische Wirkung der Narkotica, die erst ein Erregungsstadium, dann eineLähmung hervorrufen, konnte für das Flimmerepithel durch Engelmann nachgewiesen werden. Innerhalb gewisser Grenzen war auch hier die Narkose reversibel. Dagegen muß der Angabe von Engelmann, daß es keine Gifte für die Flimmer- und Geißelbewegung gäbe, wenigstens für die Spermatozoen widersprochen werden, da z. B. Atropin noch in einer Verdünnung von 1 : 100 000 eine Herabsetzung der Beweglichkeit der Froschspermatozoen bewirkte und ferner gewisse Farbstoffe (z. B. Neutralrot), weiter Kupfersulfat noch in großer Verdünnung lähmend wirken. Andererseits war eine erregende Wirkung durch Pilocarpin nicht zu verkennen.

Die Giftwirkung fluorescierender Stoffe wird für die Flimmerbewegung der Paramaecien [Raab[4])], des Froschrachenepithels [Jacobsohn[5])], sowie für die Spermatozoenbewegung [Gellhorn[6])] durch Belichtung sehr stark vermehrt. Die eingehende Analyse dieser Erscheinung durch Jacobsohn zeigte, daß ungiftige fluorescierende Stoffe wie Äsculin auch durch Belichtung keine Giftwirkung entfalten, während andererseits die Giftwirkung nicht fluorescierender Stoffe durch Belichtung keine Änderung erfährt.

Neben diesen indirekten sind auch direkte Lichtwirkungen auf die Flimmerbewegung festgestellt worden. Die Geißelbewegung des Bacterium photometricum kommt nur im Hellen vor und erlischt in der Dunkelheit. Als speziell wirksam konnte Engelmann[7]) die Strahlen des Orange und des Ultrarots ermitteln. An Pleuronema chrysalis wird durch Belichtung nach einer Latenz von 1 bis 2 Sekunden eine lebhafte Sprungbewegung durch Schlag der Wimpern ausgelöst, zu der gerade der blaue und violette Teil des Spektrums am meisten geeignet ist[8]). Nach den Untersuchungen von Hertel[9]) werden die Wimperbewegungen zahlreicher Infusorien durch ultraviolette Strahlen nach anfänglicher Erregung, die dann in Störungen der Koordination übergeht, gelähmt. Über den lähmenden Einfluß von Röntgenstrahlen auf die Flimmerbewegung von Infusorien hat Schaudinn[10]) berichtet.

---

[1]) Gellhorn, Ernst: Beiträge zur allgemeinen Zellphysiologie. II. Pflügers Arch. f. d. ges. Physiol. Bd. 200, S. 583. 1923.

[2]) Vgl. Engelmann: Hermanns Handbuch der Physiologie. I.

[3]) Gray, J.: The mechanism of ciliary movement. Proc. of the Cambridge philos. soc. Bd. 20, S. 352. 1921.

[4]) Raab, O.: Über die Wirkung fluorescierender Stoffe auf Infusorien. Zeitschr. f. Biol. Bd. 39, S. 537. 1904.

[5]) Jacobsohn, R.: Die Wirkung fluorescierender Stoffe auf Flimmerepithel. Zeitschr. f. Biol. Bd. 41, S. 444. 1901.

[6]) Gellhorn, Ernst: Pflügers Arch. f. d. ges. Physiol. Bd. 206, S. 250. 1924.

[7]) Engelmann: Bacterium photometricum. Ein Beitrag zur vergleichenden Physiologie des Licht- und Farbensinnes. Pflügers Arch. f. d. ges. Physiol. Bd. 30, S. 95. 1883.

[8]) Verworn: Psycho-physiologische Protistenstudien. Jena 1889.

[9]) Hertel: Über Beeinflussung des Organismus durch Licht. Zeitschr. f. allg. Physiol. Bd. 4—6. 1904—1907.

[10]) Schaudinn: Über den Einfluß von Röntgenstrahlen auf Protozoen. Pflügers Arch. f. d. ges. Physiol. Bd. 77, S. 29. 1899.

Die Änderung des Wassergehaltes der Flimmerzellen durch anisotonische Lösungen zeigt typische Reizwirkungen auf die Flimmerbewegung. Flimmerepithel- und Spermatozoenbewegung werden durch stark hypotonische Lösungen zuerst verstärkt und (bei Verwendung von Aq. dest.) dann gelähmt. Immerhin ist die Resistenz der Spermatozoen gegenüber Änderungen des osmotischen Druckes der Lösungen recht groß, wenn auch eine Sonderstellung der Spermatozoen von Tieren mit äußerer gegenüber denen mit innerer Befruchtung nicht bestätigt werden konnte, da z. B. auch Meerschweinchenspermatozoen keine Beeinträchtigung der normalen Beweglichkeit aufweisen, wenn der osmotische Druck auf $^1/_3$ herabgesetzt ist. Dabei liegen offenbar bei den Spermatozoen verschiedener Tierklassen recht ungleiche Verhältnisse vor. So wird z. B. die Beweglichkeit von Froschspermatozoen in hypotonischen Lösungen erhöht (GELLHORN), von Seeigelspermatozoen dagegen herabgesetzt [KONOPACKI[1])]. Dies zeigt sich auch in Befruchtungsversuchen, da bei Vorbehandlung von Froschspermatozoen mit anisotonischen Lösungen die Befruchtungsziffer mit Zunahme der Hypotonie steigt, an Seeigelsperma aber das Gegenteil beobachtet wird, eine Erscheinung, die wohl als Ausdruck einer Anpassung des Spermas an das chemische Milieu, in dem die Befruchtung normalerweise stattfindet, gedeutet werden muß.

Die Verstärkung der Flimmerbewegung durch Hypotonie kann so groß sein, daß durch Erhöhung der Temperatur eine weitere Steigerung der Energieproduktion nicht stattfindet. Durch starke hypotonische Lösungen wird die Wasserstarre, durch Hypertonie die Trockenstarre hervorgerufen. Beide Zustände sind bei kurzer Dauer durch Herstellung normaler osmotischer Verhältnisse reversibel; zur Lösung der Trockenstarre sind auch Wärme und elektrische Reize geeignet. Auch für das Flimmerepithel bestehen ähnlich wie für die Spermatozoen weitgehende Unterschiede zwischen den verschiedenen Tierklassen hinsichtlich ihrer osmotischen Resistenz [SHARPEY[2])].

Die Permeabilität der Spermatozoen für verschiedene Ionen und Farbstoffe hat GELLHORN[3]) untersucht. Das Befruchtungsexperiment sowie Beobachtungen an Warmblüterspermatozoen erbrachten den Nachweis, daß Nichtelektrolyte einen bedeutenden Einfluß auf die Permeabilität der Grenzschichten der Spermatozoen besitzen. An Froschspermatozoen wird durch Aminosäuren und Kohlenhydrate die Durchlässigkeit für $K^+$, $Rb^+$ und $NH_4^+$ sowie Citrat$^-$ erheblich herabgesetzt; in gleichem Sinne wirken auch die genannten Nichtleiter auf die Durchlässigkeit der Samenfäden für Methylenblau, fluorescierende Farbstoffe, Chinin und Chinidin. Daß trotz des bedeutenden Unterschiedes in der Größe des Befruchtungserfolges mit und ohne Nichtleiter auch in letzterem Falle die Permeabilität für Methylenblau nicht völlig gehemmt wird, zeigt die weitere Entwicklung der aus den Befruchtungsversuchen hervorgegangenen Embryonen. Sie weisen nämlich die für die Einwirkung von Methylenblau auf das Idioplasma der Spermatozoen typischen Entwicklungsstörungen auf. Harnstoff ist für die Permeabilität der Spermatozoen für die genannten Ionen indifferent, hemmt aber die Permeabilität fluorescierender Farbstoffe an den Warmblüterspermatozoen, während er an den Froschspermatozoen gerade umgekehrt wirkt. Die Versuche führen zu der Schlußfolgerung, daß den Nichtleitern ebenso wie

[1]) KONOPACKI: Untersuchungen über die Einwirkung verd. Seewassers auf verschiedene Entwicklungsstadien der Echinodermen. Arch. f. Entwicklungsmech. d. Organismen Bd. 44, S. 337. 1918.

[2]) SHARPEY: zitiert nach ENGELMANN: Hermanns Handbuch der Physiologie Bd. 1, S. 398.

[3]) GELLHORN, E.: Befruchtungsstudien. IV. Mitt. Pflügers Arch. f. d. ges. Physiol. Bd. 206, S. 250. 1924.

den Elektrolyten ein wichtiger Einfluß auf die chemische Regulation der Permeabilität zukommt, ohne daß ihnen eine allgemeine, von der Zellart und der Natur der permeierenden Stoffe unabhängige Wirkung auf die zelluläre Permeabilität zugesprochen werden kann.

Die Temperaturgrenzen der Flimmerbewegung sind etwa 0° und 45°; dabei ist die obere Grenze für den Warmblüter höher als für den Frosch (45° bzw. 40°) und die untere Grenze für diesen niedriger als für jenen (0° bzw. 6—12°) (PURKINJE und VALENTIN l. c.). Im allgemeinen wird durch Erhöhung der Temperatur die Frequenz beschleunigt und durch Abkühlung verlangsamt. Während aber durch Hypotonie Frequenz und Amplitude des Wimperschlages vergrößert werden, beeinflußt die Temperaturänderung im wesentlichen nur die Frequenz. Wenige Grade unterhalb des Temperaturmaximums liegt das Optimum, das nicht allein durch hohe Frequenz und Energieproduktion, sondern auch durch die lange Dauer des Wimperschlages charakterisiert ist. Bei weiterer Erhöhung der Temperatur nimmt zwar die Frequenz noch zu; die Schlagtätigkeit erlischt aber bald (reversible Wärmestarre), ein Zustand, der sich bereits durch Verkleinerung der Amplitude ankündigt. Bei weiterer Erhöhung geht er in die dauernde Wärmestarre über (48°). Nach Messungen von CALLIBURCÈS[1]) ist die durch die Flimmerbewegung erzeugte Strömungsgeschwindigkeit bei 28° sechsmal größer als bei 12—19°. Messungen von GRAY[2]) an Mytilus edulis ergaben für $Q_{10}$ für 0°—32,5° ein Sinken von 3,1—1,92. Zwischen 0 und 30° nimmt der Sauerstoffverbrauch des Kiemenepithels proportional der Geschwindigkeit der Wimperbewegung zu.

Auch die durch Abkühlung erzeugte Kältestarre ist noch reversibel, sofern das Ultraminimum, das z. B. für Anodonta bei — 6° [ROTH[3])], für Infusorien bei — 8° bis — 9° [SPALLANZANI[4])] und für das Rachenepithel des Frosches bei — 90° [PICTET[5])] liegt, nicht unterschritten wurde.

MENDELSSOHN[6]) hat das Temperaturoptimum genauer untersucht und als die Temperatur der maximalen Energieproduktion charakterisiert. Diese Temperatur ist auch für die Tiere der gleichen Spezies verschieden, je nachdem ob sie bei hoher oder niedriger Temperatur gezüchtet werden. Für Stylonychia mytilus gelten nach PÜTTER[7]) zwei Temperaturoptima, da sowohl Erniedrigung wie Erhöhung der Temperatur zu einer Steigerung der Energieproduktion führen, wenn man von einer Temperatur von 15—20° ausgeht. Dabei erregt die Temperaturerniedrigung sogar stärker; denn sie ist imstande, die Thigmotaxis aufzuheben, während dies durch Temperaturerhöhung nicht gelingt. Erwähnt sei auch, daß bei Stylonychia an Stelle der Kälte bzw. Wärmestarre körniger Zerfall (bei 4° bzw. 34°) eintritt.

Ausführliche Angaben liegen über die Temperaturresistenz des Spermas vor. Sehen wir von älteren Angaben ab, nach denen menschliche Spermatozoen noch nach Abkühlung auf —17° beweglich bleiben [MANTEGAZZA[8])] — nach Beobachtungen von IWANOW[9]) bleiben Hundespermatozoen bei +2° acht Tage

[1]) CALLIBURCÈS: Cpt. rend. des séances de la soc. de biol. Bd. 2, S. 639. 1858.

[2]) GRAY, J.: The mechanism of ciliary movement. III. Proc. of the roy. soc. Bd. 95, S. 6. 1923.

[3]) ROTH: Virchows Arch. f. pathol. Anat. u. Physiol. Bd. 37, S. 184. 1867.

[4]) SPALLANZANI: zitiert nach ENGELMANN. [5]) PICTET: zitiert nach PÜTTER.

[6]) MENDELSSOHN, M.: Recherches sur l'interférence de la thermotoxie avec d'autres tartismes. Journ. de physiol. et de pathol. gén. 1902, S. 475.

[7]) PÜTTER, A.: Studien über Stigmotaxis bei Protisten. Arch. f. Anat. u. Physiol., Physiol. Abt. Suppl.-Bd. 243. 1900.

[8]) MANTEGAZZA: Sullo sperma umano. Classe di science matemat. e natw. Bd. 3, S. 183. 1866. Adunanza. — Derselbe: Sur la vitalite des zoospermes de la grenouille. Bruxelles 1859.

[9]) IWANOW: Über die physiol. Rolle d. akzessor. Geschlechtsdrüsen usw. Arch. f. mikr. Anat. Bd. 77. 1911.

am Leben —, so sind die ausführlichen Untersuchungen STIGLERS[1]) an menschlichem Sperma hervorzuheben. Hierbei zeigte sich, daß auch unter 48° Wärmestarre eintritt, sobald die Spermatozoen längere Zeit (z. B. 4 Stunden bei 40,2°) erwärmt werden. Die Dauer der Erwärmung bis zum Eintritt der Wärmestarre ist um so geringer, je höher die Temperatur ist. Der Versuch, die Lage des reversiblen Wärmestillstandes durch Änderung des chemischen Milieus zu beeinflussen, wie dies z. B. für die automatischen Kontraktionen des Herzstreifens gelingt, verlief negativ (GELLHORN). Spermatozoen vom Frosch, die auf 45° erwärmt bzw. auf —13° abgekühlt werden, können nach Übertragung in eine Lösung von Zimmertemperatur ihre volle Beweglichkeit so wiedererlangen, daß sie Eier in ganz normaler Weise zur Entwicklung bringen können.

Die Wirkung des elektrischen Stroms auf die Flimmerbewegung (untersucht an der Rachenschleimhaut des Frosches) ist bald erregend, bald hemmend. Ersteres wird hauptsächlich in hypertonischen Lösungen, die zu einer Verlangsamung der Cilienbewegung geführt hatten, beobachtet; letzteres sieht man in hypotonischen Lösungen und beobachtet gleichzeitig eine Zunahme der Quellung unter dem Einflusse der Reizung. Im allgemeinen wird der Rhythmus der Flimmerbewegung nicht geändert. Erregung und Lähmung erstrecken sich im wesentlichen auf eine Beeinflussung der Amplitudengröße und dadurch des Nutzeffektes. An den Flimmerhaaren der Kiemenleisten von Bivalven konnte aber ENGELMANN durch elektrische Reizung an Stelle der wellenförmigen Fortpflanzung der Flimmerbewegung eine simultane Kontraktion hervorrufen. Im übrigen gelten die Gesetze der am Muskel studierten Erscheinungen der elektrischen Erregbarkeit im wesentlichen auch für das Flimmerepithel[2]). Die Latenzzeit beträgt 1—3 Sekunden, ist aber weitgehend von der Stärke des Reizes abhängig. Die Erregung ist im wesentlichen eine polare und tritt bei Schließung des konstanten Stromes sowohl an der Anode wie an der Kathode auf [KRAFT[3])]. Nach längerer Einwirkung des konstanten Stromes wird die Flimmerbewegung in der intrapolaren Strecke vermindert bzw. vollständig gehemmt und tritt erst einige Zeit nach Öffnung des Stromes wieder von neuem auf. Je stärker der Strom ist, um so geringer die zur Auslösung einer Erregung notwendige Schließungsdauer. „Mit der Schnelligkeit und dem Umfang der Dichtigkeitsschwankung wächst innerhalb gewisser Grenzen der Effekt. Beim Einschleichen in einen Strom beliebiger Stärke bleibt derselbe aus“ (ENGELMANN). Folgen mehrere, an sich unwirksame Reize in einer Sekunde aufeinander, so kommt eine Erregung zustande. Durch sehr starke Induktionsschläge werden die Flimmerzellen unter Trübung des Protoplasmas getötet.

An Ciliaten beobachtete VERWORN als Wirkung der galvanischen Reizung eine Beschleunigung der Wimperbewegung mit Verkleinerung der Amplitude. An Paramaecien fand LUDLOFF[4]) bei schwachen Strömen bei Schließung eine Änderung der Wimperbewegung an der Kathode, bei stärkeren auch an der Anode. An der ersteren werden die Wimpern nach dem vorderen, an der letzteren nach dem hinteren Körperpol umgebogen. Außerdem wird die Wimperbewegung beschleunigt. Es wird also durch den galvanischen Strom eine kontraktorische

---

[1]) STIGLER, R.: Wärmelähmung und Wärmestarre der menschlichen Spermatozoen. Pflügers Arch. f. d. ges. Physiol. Bd. 155, S. 201. 1914.

[2]) ENGELMANN: Hermanns Handbuch der Physiologie. I. [3]) KRAFT: l. c.

[4]) LUDLOFF: Untersuchungen über den Galvanotropismus. Pflügers Arch. f. d. ges. Physiol. Bd. 59, S. 525. 1895.

Erregung an der Anode und eine expansorische an der Kathode hervorgerufen. Öffnung des Stromes bewirkt, daß die Wimperbewegung rasch zur Norm zurückkehrt[1]).

Ging aus den bisherigen Ausführungen neben der Wirkung verschiedener Reize auch die Bedeutung der Temperatur und des Wassergehaltes für die Integrität der Flimmerbewegung hervor, so bleibt jetzt noch die Bedeutung des Sauerstoffs zu erörtern. Wenn auch allmählich unter dem Einfluß völligen Sauerstoffmangels die Tätigkeit der Flimmerzellen allmählich immer mehr abnimmt, schließlich aufhört und erst durch erneute Sauerstoffzufuhr wieder angeregt werden kann, so erweisen sich die Flimmerzellen doch weitgehend vom Sauerstoffgehalt des Mediums unabhängig. Zwar konnte Engelmann[2]) die Angabe Claude Bernards, daß die Flimmerbewegung der Speiseröhrenschleimhaut des Frosches in einer N- oder $CO_2$-Atmosphäre genau so gut erhalten bleibe wie an der Luft, nicht bestätigen; aber Kühnes[3]) Untersuchungen zeigten den außerordentlich geringen Sauerstoffbedarf der Flimmerzellen. Flimmerzellen, die in einer Oxyhämoglobinlösung lagen, stellten ihre Tätigkeit erst dann ein, als das gesamte Oxyhämoglobin reduziert war.

Erhöhung der Sauerstoffspannung wirkt schädigend. Anfangs wird die Flimmerbewegung beschleunigt. In reinem Sauerstoff erlischt sie früher als in gewöhnlicher Luft. An den Wimpern von Austerkeimen sowie an Samenfäden, die sich unter einem Druck von 8 Atmosphären Sauerstoff befinden, verlangsamt sich die Flimmerbewegung und erlischt, um bei Erniedrigung der Sauerstoffspannung wieder aufzutreten [van Overbeek de Meyer[4])]. Nach Tarchanoff[5]) wird die Flimmerbewegung am Epithel des Frosches durch 3—6 Atmosphären Sauerstoffspannung nicht gehemmt.

Wenn Spermatozoen durch völlige Entziehung von Sauerstoff gelähmt sind, so gelingt es, durch Hinzufügung einer sauerstofffreien Suspension von m-Dinitrobenzol die Beweglichkeit des Spermas wiederherzustellen. Hertwig und Lipschitz[6]) fassen dies als Folge der dehydrierenden Wirkung des Wasserstoffacceptors auf, der die Rolle des freien Sauerstoffs übernimmt. Wenn auch die Versuchsergebnisse durch Winterstein[7]) bestätigt werden konnten, so scheint doch ein Beweis für die Anschauung von Hertwig und Lipschitz[8]) deswegen nicht vorzuliegen, weil auch nach Lähmung durch reinen Sauerstoff durch m-Dinitrobenzol die Spermatozoen wiederbelebt werden können und somit eine spezifische Reizwirkung des Nitrokörpers vorliegen dürfte (Winterstein).

---

[1]) Über die Beziehungen zum Pflügerschen Erregungsgesetz vgl. Loeb u. Maxwell: Zur Theorie des Galvanotropismus. Pflügers Archiv f. d. ges. Physiol. Bd. 63, S. 121. 1896; Loeb u. Budgett: Tur Theorie des Galvanotropismus. Ebenda Bd. 65, S. 518. 1896. — Schenck, Fr.: Kritische und experimentelle Beiträge zur Lehre von der Protoplasmabewegung und Kontraktion. Ebenda Bd. 66, S. 241. 1897.

[2]) Engelmann: Über Flimmerbewegung. Jenaische Zeitschr. f. Naturwiss. Bd. 4.

[3]) Kühne, W.: Über den Einfluß der Gase auf die Flimmerbewegung. Arch. f. unterr. Anat., S. 372. 1867.

[4]) van Overbeek de Meyer: zitiert nach Engelmann.

[5]) Tarchanoff: zitiert nach Engelmann.

[6]) Hertwig u. Lipschitz: Erhaltung der Funktionen aerober Zellen bei Ersatz der freien Sauerstoffs durch chemisch gebundenen: „Pseudoanoxybiose". Pflügers Arch. f. d. ges. Physiol. Bd. 191, S. 51. 1921.

[7]) Winterstein, H.: Zur Kenntnis der biologischen Bedeutung von Wasserstoffacceptoren. Pflügers Arch. f. d. ges. Physiol. Bd. 198, S. 504. 1923.

[8]) Lipschitz, W.: Bemerkungen zu der Abhandlung von Winterstein. Pflügers Arch. f. d. ges. Physiol. Bd. 198, S. 648. 1923.

# Spezielle Physiologie der Flimmer- und Geißelbewegung.

Von

**Friedrich Alverdes**

Halle a. S.

## Zusammenfassende Darstellungen.

Engelmann, Th. W.: Physiologie der Protoplasma- und Flimmerbewegung. L. Hermanns Handbuch der Physiologie Bd. I, Teil 1. Leipzig 1879. — Erhard, H.: Methoden zur Untersuchung der Flimmer-, Geißel- und Spermatozoenbewegung. E. Abderhaldens Handbuch der biol. Arbeitsmethoden Abt. 5, Teil 2. Berlin und Leipzig 1922. — Merton, H., Die verschiedenen Arten der Flimmerbewegung bei Metazoen. Naturwissenschaften Jg. 12. 1924. — Metzner, P.: Studien über die Bewegungsphysiologie niederer Organismen. Naturwissenschaften Jg. 11. 1923. — Pütter, A.: Die Flimmerbewegung. Ergebn. d. Physiol. Jg. 2, 2. Abt. 1903. — Valentin, G.: Flimmerbewegung. R. Wagners Handwörterbuch der Physiologie. Braunschweig 1842.

Man kann im Organismenreich unterscheiden zwischen *regulierbarer* („willkürlicher") und *unregulierbarer* („unwillkürlicher") *Flimmer-* und *Geißelbewegung.* Bei Metazoen wird die „willkürliche" Flimmerbewegung reguliert durch Impulse, die vom Zentralnervensystem ausgehen; die „unwillkürliche" Flimmerbewegung vollzieht sich dagegen „autonom", d. h. sie ist einer solchen Beeinflussung entrückt. Bei den Protozoen besteht der gesamte Organismus nur aus einer einzigen Zelle; hier fehlt [entgegen der Ansicht von Rees[1])] ein nervöses Zentrum. Infolgedessen muß die Protistenzelle als Ganzes selbst ihr eigenes Zentralorgan darstellen; Reize werden unter natürlichen Verhältnissen nicht direkt von den Zellorganellen (speziell den Geißeln und Cilien) selbst beantwortet, sondern nehmen den Umweg über das Ganze, von dessen jeweiligem physiologischen Zustand die Art und Weise der Reaktion abhängt [Alverdes[2])]. Daher ist es nur von morphologischen, aber keinesfalls von physiologischen Gesichtspunkten aus gerechtfertigt, wenn Verworn[3]) die Ciliaten als „freischwimmende Flimmerzellen" bezeichnet; denn das Infusor ist ein vollständiger Organismus, die Metazoenflimmerzelle aber nur ein winziger Baustein; Schlüsse vom Verhalten des einen Objekts auf dasjenige des anderen sind also nur sehr bedingt zulässig. Daß „zentrale" Impulse bei den Protisten die Flimmer- und Geißelbewegung regulieren, ist aus der strengen Koordination derselben und aus ihrer weitgehenden Modifizierbarkeit und Anpassungsfähigkeit an die jeweilige Lage zu schließen. Alverdes[4]) nennt diejenigen Organismen, bei welchen der Cilienschlag zentral kontrolliert wird, *Cilioregulatoren,* diejenigen, bei welchen eine derartige Ein-

---

[1]) Rees, Ch. W.: Univ. of California publ. in zool. Bd. 20. 1922.

[2]) Alverdes, F.: Studien an Infusorien. Berlin, Gebr. Bornträger 1922. S. 59.

[3]) Verworn, M.: Allgemeine Physiologie 6. Aufl., S. 448. Jena 1915.

[4]) Alverdes, F.: Neue Bahnen in der Lehre vom Verhalten der niederen Organismen. Berlin 1923.

wirkung fehlt, *Cilioirregulatoren.* MERTON[1]) hat bald darauf gezeigt, daß bei Gastropoden nebeneinander Cilienbezirke bestehen, von denen die einen dem Zentralnervensystem gehorchen, die anderen nicht. Mit anderen Worten nehmen die betreffenden Schnecken eine Mittelstellung zwischen den Cilioregulatoren und -irregulatoren ein (Weiteres siehe unten).

Die BÜTSCHLIsche Theorie[2]) der Geißelbewegung bei Flagellaten besagt, daß die Geißeln infolge einer in ihnen spiralig verlaufenden „Kontraktionslinie" schraubig gekrümmt seien; dadurch, daß diese letztere die Geißel umwandert, gerate die „Geißelschraube" in Rotation. Die Geißel selbst ändert dabei ihre Orientierung zum Körper natürlich nicht. Diese Theorie, die allgemeine Zustimmung fand, ist nach BUDER[3]) und METZNER[4]) nur für wenige Sonderfälle gültig, nämlich bei einigen Bakterien (Vibrionen und Chromatien).

METZNER studierte die Mechanik der Geißelbewegung bei Bakterien und Flagellaten. Die äußere Mechanik läßt sich rein physikalisch analysieren und ist weitgehend dem Experiment und der Beobachtung zugänglich; die innere Mechanik ist uns dagegen noch ein durchaus verschlossenes Gebiet. Für die Beurteilung der Bewegungsformen wichtig ist die Tatsache, daß die Gestalt der Geißel während der Bewegung nicht nur durch die in ihr wirkenden Kräfte bedingt ist, sondern auch von dem Wasserwiderstand beeinflußt wird, und zwar um so stärker, je rascher die Bewegung verläuft. Ebenso ist die Form des Körpers für die Bewegung von großer Bedeutung. METZNER ließ, um die Geißelbewegung am Modell nachzuahmen, Drähte in Wasser rotieren; es ergab sich dabei, daß bei einer reinen Kegelschwingung eine Zugkraft auftritt, die den größten Wert erreicht, wenn die Mantellinie gegen die Rotationsachse einen Winkel von 20—25° bildet. Mit schraubenförmig gewundenen Drähten wird eine maximale Wirkung bei einer Steigung von 45—54° erzielt. Elastische rotierende Körper zeigen bei rascher Rotation das Bestreben, ihren Schwingungsraum entgegen der Zentrifugalkraft zu verschmälern. Sehr biegsame Objekte nehmen während der Rotation passiv Schraubengestalt an, wobei die Rotationsgeschwindigkeit den Steigungswinkel und den Durchmesser des Schwingungsraumes bestimmt. Bei nicht drehrunden schwingenden Drähten erhält auch der Schwingungsraum elliptischen Querschnitt.

Den Geißeln der Bakterien und Flagellaten kommt die Fähigkeit zu, sich an jedem beliebigen Punkt ihrer Oberfläche zu kontrahieren; eine Zone nahe der Ansatzstelle zeichnet sich im allgemeinen durch besondere Biegsamkeit und Energieentwicklung aus. Die Geißeln können, wenn sie als Einzelgeißel und nicht als Schopf vereinigt schwingen, sehr komplizierte Bewegungen ausführen. Die reine Kegelschwingung herrscht vor; das Individuum saugt sich also mit Hilfe der Geißel gleichsam in das Wasser hinein. Der Schwingungsraum kann dabei drehrund und elliptisch oder fast flächenförmig sein.

Die Lokomotion erfolgt im allgemeinen in der Weise, daß die Geißel vorangeht und den Körper nach sich zieht; dabei rotiert der ganze Organismus um seine Achse. Nur in seltenen Fällen ist die Schwimmgeißel nach Spermatozoenart nach hinten gerichtet. Bei mehrgeißeligen Objekten (Peridineen, Distomataceen) scheinen die nach rückwärts gerichteten, bisher als Steuer gedeuteten Schleppgeißeln die Bewegung wenigstens unterstützen zu können (METZNER).

---

[1]) MERTON, H.: Pflügers Arch. f. d. ges. Physiol. Bd. 198. 1923.

[2]) BÜTSCHLI, O.: *Protozoa,* Abt. 2, in H. G. BRONN: Klassen und Ordnungen des Tierreichs. Leipzig 1883—1887.

[3]) BUDER, J.: Jahrb. f. wiss. Botanik Bd. 56 u. 58. 1915 u. 1919.

[4]) METZNER, P.: Biol. Zentralbl. Bd. 40. 1920; Jahrb. f. wiss. Botanik Bd. 59. 1920; Naturwissenschaften Jg. 11. 1923.

*Chromatium Okeni* stellt einen der wenigen Fälle dar, wo das Vorliegen einer „aktiven Geißelschraube“ gesichert erscheint. Diese Art ist unipolar begeißelt und schwimmt im allgemeinen mit der Geißel am „hinteren“ Pol. Auf Reize hin schaltet der Organismus den Drehungssinn der Geißel um und schwimmt dadurch allein in genau entgegengesetzter Richtung, ohne daß der Schwingungsraum der Geißel gegen früher wesentlich verschieden ist. Die Geißeln der Chromatien und Spirillen sind aus zahlreichen contractilen, wahrscheinlich metachron arbeitenden Einzelgeißeln zusammengesetzt; bei den Chromatien sind dieselben nach BUDER fest miteinander verklebt, bei den Spirillen dagegen nur locker untereinander verbunden; im letzteren Falle können sie zum Schopf entfaltet werden. Die Spirillen tragen im allgemeinen an beiden Körperpolen je einen solchen Geißelschopf. Gewöhnlich arbeiten beide Büschel im gleichen Sinne; der jeweils vordere Schwingungsraum bildet eine nach hinten geöffnete breite Glocke, der hintere besitzt breite oder schlanke Kelchform. Reize werden mit Bewegungsumkehr durch gleichzeitiges Umklappen beider Schwingungsräume beantwortet. Bei den Spirillen tragen nach METZNER die Geißeln nur mittelbar durch Unterhaltung der Körperdrehung zur Fortbewegung bei.

BANCROFT[1]) vermochte zu zeigen, daß bei *Euglena* (entgegen älteren Anschauungen) die Geißel während des Schwimmens nicht nach vorwärts gestreckt, sondern auf der „Ventralseite“ nach rückwärts gekrümmt wird; im eingedickten Medium, welches die Bewegungen verlangsamt, sieht man, daß während der Fortbewegung des Individuums durch lokale Kontraktionen hervorgerufene Schleifen sehr rasch von der Geißelbasis zur Spitze dahineilen. Alle Angaben der Autoren deuten darauf hin, daß die Geißelbewegung der Bakterien und Flagellaten von „zentralen“ Impulsen geregelt wird [vgl. JENNINGS[2]) und andere].

Die Ciliaten sind typische Cilioregulatoren. Während der Lokomotion rotieren sie im allgemeinen über die linke Seite (von vorn her gesehen im Sinne des Uhrzeigers). Dies geschieht bei Holotrichen (z. B. *Paramaecium*), weil der wirksame Schlag der Cilien (auf der dem Beobachter zugewandten Seite) schräg nach rechts hinten gerichtet ist. Bei der Vorwärtsbewegung ohne Rotation schlagen die Cilien caudalwärts (ALVERDES gegen JENNINGS); bei schwacher Rotation ist der Cilienschlag mäßig schräg, bei stärkerem Rotieren in höherem Maße schräg gerichtet. Führt das Tier eine Fluchtbewegung rückwärts unter Rotation über die linke Seite aus, dann arbeiten die Flimmerhaare (auf der Seite des Beobachters) schräg nach rechts vorn; rotiert ein *Paramaecium* vorwärts über die rechte Seite (was sich durch Eindickung des Mediums erreichen läßt), dann schlagen die Cilien nach links hinten. Es vermag also eine jede Cilie nach jeder beliebigen Richtung zu schlagen. Die Rotation der Angehörigen der übrigen Ciliatenordnungen steht vor allem in Zusammenhang mit der besonderen Konfiguration der zum Munde hinleitenden adoralen Wimperspirale; bei den Heterotrichen und Hypotrichen wird diese gebildet durch Membranellen, deren jede sich aus untereinander verklebten Einzelcilien zusammensetzt.

Die Flimmerbewegung geschieht bei den Wimperinfusorien allermeist in metachronen Wellen, d. h. Cilien, die (bezogen auf die Fortpflanzungsrichtung dieser Wellen) hintereinanderstehen, schlagen nacheinander, Flimmerhaare, die in diesem Sinne nebeneinanderstehen, schlagen gleichzeitig. Selten ist ein zeitweiliges synchrones Arbeiten hintereinander befindlicher Cilien oder Membranellen beobachtet worden [z. B. PÜTTER[3])]. Die Übermittlung des Impulses zur koordinierten Tätigkeit vom einen Flimmerhaar zum anderen geschieht auf protoplasmatischem Wege; schneidet man in das Infusor tief hinein, dann arbeiten die Cilien in ungestörtem Rhythmus wie zuvor, sowie die Wunde sich geschlossen hat [ALVERDES[4]) gegen VERWORN[5])].

[1]) BANCROFT, F. W.: Journ. of exp. zool. Bd. 15. 1913.
[2]) JENNINGS, H. S.: Das Verhalten der niederen Organismen. Übers. v. E. MANGOLD. Leipzig und Berlin 1910.
[3]) PÜTTER, A.: Zeitschr. f. allg. Physiol. Bd. 3. 1904.
[4]) ALVERDES, F.: Studien an Infusorien. S. 99 u. 101.
[5]) VERWORN, M.: Psycho-physiologische Protistenstudien. Jena 1889.

Wie viele und welche Cilien am Infusor arbeiten und welche ruhen, hängt von den Impulsen ab, die das Tier an die Cilien ergehen läßt; auch der Grad der Bewegtheit ist weitgehend regulierbar. Bei Berührung kann das Tier die betreffenden Flimmerhaare thigmotaktisch mehr oder weniger stillhalten, muß es aber nicht. NUSSBAUM[1]), GRUBER[2]), VERWORN[3]), PÜTTER[4]) und andere zeigten an künstlich zerteilten Infusorien, daß das Vorhandensein des Kerns für das Zustandekommen einer koordinierten Flimmerung nicht notwendig ist.

Die isolierte Cilie schlägt noch eine Zeitlang, wofern sie im Zusammenhang mit ihrem Basalkörperchen belassen wurde; zu Unrecht werden FABRE-DOMERGUE[5]) und KÖLSCH[6]) als Kronzeugen dafür herangezogen, daß auch Flimmerhaare ohne Basalkörper noch eine Tätigkeit ausüben können. Denn als diese beiden Autoren ihre Arbeiten veröffentlichten, war es noch unbekannt, daß auch bei ihrem Objekt, *Paramaecium*, die Cilien mit Basalkörperchen versehen sind; sie unterschieden also, wenn sie von „völlig isolierten Cilien“ sprachen, nicht zwischen solchen mit und solchen ohne Basalkörperchen.

Bei einem infolge Deckglasdruck zerfließenden *Paramaecium* können sich an der Körperoberfläche (ihrer Natur nach unbekannte) „hyaline Tropfen“ bilden; auf diese geraten unter Umständen isolierte Cilien, indem sie sich vermittels ihres Basalkörpers in dieselben einpflanzen. Die Cilien wandern dort einzeln oder in Gruppen umher, wobei sie sich zu Büscheln zusammenfinden und auch wieder trennen können (KÖLSCH). Sie arbeiten — da sie vom Protoplasma keine Impulse mehr empfangen — völlig gleichförmig, zunächst äußerst rasch, dann immer langsamer, bis sie stillstehen und zerfließen. Das „Flimmerelement“ [wie VERWORN[7]) denjenigen kleinsten Teil lebender Substanz nennt, welcher noch eine Cilienbewegung hervorzubringen vermag] trägt also für kurze Zeit die benötigte Energie in sich. PARKER[8]) vermutet im Anschluß an seine Untersuchungen über Ctenophoren, Flimmertätigkeit ergebe sich auf Reizung, Ruhe trete infolge Fehlens von Reizen ein. Dies trifft zu, wenn man intakte Tiere betrachtet, aber keinesfalls im Hinblick auf das isolierte Flimmerelement.

Beim büscheligen Zusammentreten auf den hyalinen Tropfen des zerfließenden *Paramaecium* können Flimmerhaare, die zuvor in verschiedenem Tempo schlugen, in einen gemeinsamen Rhythmus verfallen; ein solcher tritt manchmal bereits ein, bevor sich die Partner einander völlig genähert haben; der übereinstimmende Schlag muß also rein mechanisch durch die im Wasser hervorgerufene Druck- und Saugwirkung und vielleicht auch durch die leichte Erschütterung der Tropfenoberfläche hergestellt werden und den Kompromiß bilden zwischen den beteiligten Einzelkräften [ALVERDES[9])]. Ähnliches beobachtete BALLOWITZ[10]) an den Spermatozoen des Wasserkäfers *Colymbetes*. Diese werden im Vas deferens durch eine Klebmasse zu großen Walzen vereinigt, und bei ihnen wird ein einheitliches rhythmisches Schlagen auch nur rein mechanisch hervorgerufen.

Während der Galvanotaxis entzieht der elektrische Strom das Cilienkleid der Einflußnahme des Infusors; auf Grund einer „lokalen Wirkung“ läßt er

[1]) NUSSBAUM, M.: Sitzungsber. d. Niederrhein. Ges. Bonn. 1884.
[2]) GRUBER, A.: Biol. Zentralbl. Bd. 5. 1886.
[3]) VERWORN, M.: Pflügers Arch. f. d. ges. Physiol. Bd. 48. 1891.
[4]) PÜTTER, A.: Zeitschr. f. allg. Physiol. Bd. 5, S. 608. 1905.
[5]) FABRE-DOMERGUE: Ann. de la science nat. 7. Sér., Zool. T. 5. 1888.
[6]) KÖLSCH, K.: Zool. Jahrb., Abt. f. Anat. Bd. 16. 1902.
[7]) VERWORN, M.: Pflügers Arch. f. d. ges. Physiol. Bd. 48, S. 155. 1891.
[8]) PARKER, G. H.: Journ. of exp. zool. Bd. 2. 1905.
[9]) ALVERDES, F.: Studien an Infusorien. S. 50.
[10]) BALLOWITZ, E.: Zeitschr. f. wiss. Zool. Bd. 60. 1895.

die Flimmerhaare ganz automatenhaft und stereotyp schlagen, und zwar in gewöhnlichem Wasser die kathodischen Cilien apikalwärts, die anodischen caudalwärts. Bei Anwesenheit von $BaCl_2$ und anderen Salzen arbeiten dagegen nach BANCROFT[1]) die anodischen Cilien apikalwärts und die kathosischen caudalwärts. [Die sehr ausgedehnte Literatur über Galvanotaxis siehe bei JENNINGS[2]) und ALVERDES[3]).] Bei *Paramaecium caudatum* bringt 0,1proz. Chloralhydratlösung innerhalb 48 Stunden sämtliche Cilien zum Verschwinden; nach Übertragung der Tiere in frisches Wasser sprossen neue Cilien im Verlauf von wenigen Stunden hervor [ALVERDES[4])]. Der Versuch gelingt am selben Individuum auch ein zweites Mal; bemerkenswerterweise büßen die mit den Paramäcien im gleichen Infusorienwasser befindlichen Rotatorien ihre Flimmerhaare durch die Einwirkung des Chloralhydrates nicht ein.

Typische Cilioregulatoren sind die Ctenophoren; schwimmende Individuen zeigen im Flimmerspiel ihrer 8 Plattenreihen äußerste Koordination und Anpassungsfähigkeit an die jeweilige Lage. BAUER[5]) vermochte den Nachweis zu führen, daß ein anscheinend nervöser Regulationsapparat für den Flimmerschlag vorliegt, der mit allen Eigenschaften eines nervösen Zentralorganes ausgestattet ist. Als solches Organ spricht er das diffuse Nervensystem und nicht den apikalen Sinnespol an, da bei *Beroë* sich nach Abtragung dieses Pols die koordinierte Lokomotion innerhalb weniger Minuten wiederherstellt. GÖTHLIN[6]) erklärt die Annahme cilio-inhibitorischer Nerven für notwendig. Er unterscheidet eine primäre Hemmung des Wimperschlages, welche durch schwächere mechanische, chemische oder elektrische Reizung erfolgt, und eine sekundäre Hemmung durch stärkere derartige Reize. Die letztere Art der Hemmung geschieht vermittels Muskeln, welche die einzelnen Platten ins Körperinnere zurückziehen, wodurch sie zur Ruhe gelangen. Nervengifte (Chloralhydrat und Atropin) lassen die primäre Hemmung verschwinden; alsdann beschleunigt sich nach einer schwächeren Reizung sogar der Flimmerschlag. GÖTHLIN stellt einen innigen Zusammenhang zwischen dem primären und dem sekundären (muskulären) Hemmungsmechanismus fest; wahrscheinlich bedienen sich beide der gleichen Receptoren, die vermutlich an der Körperoberfläche gelegen sind.

Meist beginnt bei den Ctenophoren die Metachronie des Schlages am aboralen Pol. Nach PARKER[7]) läuft jedoch bei *Mnemiopsis* die Reizwelle selten, bei *Pleurobrachia* öfter in umgekehrter Richtung; niemals findet aber eine Umkehr der Wirksamkeit des Schlages statt (was nicht miteinander verwechselt werden darf). VERWORN, dessen klassische Untersuchungen[8]) vor allem an herausgeschnittenen Flimmerreihen angestellt wurden, gibt für *Beroë* an, daß nie ein Plättchen schlägt, wenn das nächstobere in Ruhe bleibt; hält der Experimentator ein der Mitte der Reihe angehöriges Plättchen fest, so läuft die Bewegung nur bis hierhin, während die abwärtsgelegenen Plättchen in Ruhe bleiben[9]). Bei *Mnemiopsis* leitet sich dagegen nach PARKER die Erregung fort, selbst wenn ein Teil der Plättchen am Schlagen gehindert oder gar entfernt wird. Lokale Abkühlung auf 5° hindert an der betreffenden Stelle das Schlagen, aber nicht die

---

[1]) BANCROFT, F. W.: Journ. of physiol. Bd. 34. 1906.
[2]) Zitiert S. 59.
[3]) ALVERDES, F.: Biol. Zentralbl. Bd. 43. 1923; Pflügers Arch. f. d. ges. Physiol. Bd. 198. 1923.
[4]) ALVERDES, F.: Studien an Infusorien. S. 29.
[5]) BAUER, V.: Zeitschr. f. allg. Physiol. Bd. 10. 1910.
[6]) GÖTHLIN, G. F.: Journ. of exp. zool. Bd. 31. 1920.
[7]) PARKER, G. H.: Journ. of exp. zool. Bd. 2. 1905.
[8]) VERWORN, M.: Pflügers Arch. f. d. ges. Physiol. Bd. 48. 1891.
[9]) VERWORN, M.: Allgemeine Physiologie 6. Aufl., S. 729. Jena 1915.

Weiterleitung des Reizes. An *Cestus* beobachtete allerdings auch VERWORN[1]), daß man ein Plättchen mit seinen Basalzellen ausreißen kann, ohne daß dadurch die Fortpflanzung der Erregung unterbrochen wird.

PARKER hält (im Gegensatz zu VERWORN) die Annahme einer in der Tiefe gelegenen Leitung für notwendig. Diese letztere ist nach PARKER einer nervösen ähnlich zu denken, wobei der Reiz von einer Körperzelle zur anderen fortschreitet. Daß das mechanische Prinzip durchaus nicht bedeutungslos ist, zeigte VERWORN[2]). Zerteilt man eine Rippe der Quere nach, so verfällt jede der beiden Hälften in ihren eigenen Rhythmus; das oberste Plättchen übernimmt jeweils die Führung. Bringt man die beiden Teile der Rippe in der ursprünglichen Anordnung wieder aneinander, so stellt sich ein gemeinsames metachrones Schlagen rein mechanisch erneut her; werden bei breiten Wundflächen die Plättchen der Teilstücke durch Schleim- oder Baumwollfäden verbunden, so führt schon dies zu einem metachronen Schlag; auf diese Weise vermag man auch den oberen und unteren Abschnitt verschiedener Rippen in Beziehung zueinander zu setzen. Selbst eine isolierte Platte schlägt noch rhythmisch, wofern die dazugehörigen Basalzellen ihr noch anhaften; allerdings geschieht dieser Schlag in durchaus stereotyper und unmodifizierbarer Weise (vgl. hierzu die isolierten Cilien von *Paramaecium* auf den „hyalinen Tropfen"). Die isolierte Schwimmplatte ohne Basalzellen ist noch nicht tot, sondern lebt eventuell $^1/_2$ Stunde lang [PÜTTER[3]), PARKER]; sie ist aber bewegungsunfähig, da ihr der vom Basalprotoplasma ausgehende Impuls fehlt.

Bei der Seeanemone *Metridium* beschreibt PARKER[4]) Schlagumkehr am Mundbezirk, die im Zusammenhang mit der Nahrungsaufnahme eintritt. Gewöhnlich geschieht die Flimmerung nach außen, bei Anwesenheit von Nahrung jedoch nach innen. Diese Erscheinung kann durch KCl-Lösung, Creatin, Pepton, Deuteroalbumose und Asparaginsäure hervorgerufen werden. Die Flimmerung behält jedoch die Richtung nach außen bei, wenn Creatinin und verschiedene Zuckerarten gereicht werden. Ob die Schlagumkehr mehr auf Grund einer „lokalen Wirkung" oder mehr indirekt im Gefolge eines receptorischen Reizes („Empfindungsreizes") und eines durch diesen hervorgerufenen „zentralen" Impulses geschieht, ist bisher ununtersucht geblieben.

Unter den Turbellarien gehören (ohne Rücksicht auf die systematische Stellung) die kriechenden Arten zu den Cilioirregulatoren, die vermittels Cilienschlages frei schwimmenden Arten dagegen zu den Cilioregulatoren [ALVERDES[5])]. Die Planarien und andere kriechende Formen bewegen sich durch Cilienschlag in einem selbstproduzierten Schleimband vorwärts [PEARL[6])]; diese Flimmerung ist eine durchaus stereotype, nach rückwärts gerichtete. (Daneben spielen für die Lokomotion unter Umständen Muskelkontraktionen eine Rolle.) Das betreffende Tier mag ruhen oder geradeaus kriechen, in einer Wendung begriffen sein oder sein Vorderende zurückziehen, niemals variiert sich die Richtung des unmittelbar an der Körperwand verlaufenden Wasserstroms. Änderungen der Lokomotion gehen also nicht auf die Flimmerung zurück, vielmehr bedient sich vermutlich das Tier des (auf nervösen Einfluß hin) selbstproduzierten Schleimes, um seine Bewegungsform zu regulieren; solange Schleim strömt, gleitet das Tier in diesem vorwärts; hört die Sekretion auf, dann endet die Lokomotion. Auch bei den von OLMSTED[7]) untersuchten marinen Polycladen ist

---

1) 1891, S. 173. 2) 1891, S. 168.
3) PÜTTER, A.: Ergebn. d. Physiol. Jg. 2, 2. Abt. 1903.
4) PARKER, G. H.: Americ. journ. of physiol. Bd. 14. 1905.
5) ALVERDES, F.: Neue Bahnen. S. 31.
6) PEARL, R.: Quart. journ. of microscop. science N. S. Bd. 46. 1903.
7) OLMSTED, J.: Journ. of exp. zool. Bd. 36. 1922.

die Cilienbewegung vom Nervensystem unabhängig; sie hat übrigens dort für die Lokomotion praktisch keine Bedeutung, sondern hier besorgen vor allem die Muskeln die Ortsbewegung.

Bei Narkotisierung Angehöriger kriechender Turbellarienarten (*Vortex, Dendrocoelum*) schlagen die Cilien genau wie zuvor konstant nach rückwärts; die Flimmerhaare bleiben also von der Ausschaltung des Zentralnervensystems völlig unbeeinflußt und lassen sich durch das Narkoticum nicht zu einem reversiblen Stillstand bringen. Das Versuchstier gibt bald das Kriechen auf und schwimmt dann, wenn sein Körper geradegestreckt ist, in völlig stereotyper Weise vorwärts durch das Wasser dahin; ist der Körper gekrümmt, so rotiert das Tier, mit dem Kopf voran, im Sinne dieser Krümmung. Wo die narkotisierten Turbellarien gegen ein Hindernis rennen, dort bleiben sie stecken, ohne daß der Cilienschlag sich verändert. In frischem Wasser erwachen die Versuchsobjekte bald, was sich durch das Einsetzen von Muskelkontraktionen kundgibt [Alverdes[1])].

Bei den mit Hilfe der Flimmerbewegung frei schwimmenden Turbellarien (z. B. *Stenostomum*) ist der Cilienschlag kein stereotyper, vielmehr vermag das Tier denselben den Erfordernissen der Lage jeweils anzupassen; die Cilien schlagen je nachdem vorwärts oder rückwärts, und zwar bald stärker, bald weniger kräftig, oder sie ruhen. Es ließ sich nachweisen, daß die Cilien offenbar direkt dem Zentralnervensystem unterstehen; über den morphologischen Zusammenhang zwischen dem letzteren und den Flimmerzellen fehlen allerdings bisher noch Untersuchungen. Die Cilien werden aber nicht etwa indirekt durch den Kontraktionszustand der daruntergelegenen Muskulatur beeinflußt, wie Mayer[2]) dies (irrtümlich) für Ctenophoren und marine Flimmerlarven beschreibt. Vielmehr besteht bei *Stenostomum* vollständige Unabhängigkeit zwischen Flimmer- und Muskeltätigkeit, wenn natürlich auch beim Zustandekommen der Ortsbewegungen Cilien und Muskeln in durchaus koordinierter Weise zusammenarbeiten.

Durch Narkose wird bei *Stenostomum* das Zentralnervensystem, welches die Impulse an die Cilien abgibt, ausgeschaltet [Alverdes[3])]. Die Cilien sind dann sich selbst überlassen und beginnen im ersten, reversiblen Stadium der Narkose auf ganz stereotype Weise schräg nach rückwärts zu schlagen. Infolgedessen wird das betäubte Tier (nach Infusorienart) in eine Lokomotion unter Rotation über die linke Seite versetzt. Gerät es dabei gegen irgendein Hindernis, so wird es durch dieses aufgehalten, ohne daß der Cilienschlag irgendeine Abänderung erfährt. Klarer als bei nicht betäubten Tieren sieht man bei narkotisierten Individuen das thigmotaktische Verhalten berührter Cilien, denn hier fehlen infolge Ausschaltung des Zentralnervensystems alle Impulse zu irgendwelchen besonderen Tätigkeiten der Flimmerhaare. In dem Maße, wie das Versuchstier aus der Betäubung erwacht, treten Modifikationen des Cilienschlages und Muskelkontraktionen auf.

Nach Pearl[4]) verhält sich *Stenostomum* hinsichtlich seiner Cilientätigkeit unter Einfluß des elektrischen Stromes wie ein Infusor. Alverdes[5]) konnte dies nicht bestätigen, vielmehr bewahrt sich nach letzterem das (nicht narkotisierte) *Stenostomum* die Herrschaft über seine Cilien. Auch im ersten (reversiblen) Stadium der Narkose gibt es kein galvanotaktisches Verhalten der Cilien, sondern

---

1) Alverdes, F.: Neue Bahnen. S. 31.
2) Mayer, A. G.: Carnegie Inst. Washington Publ. Bd. 132. 1911.
3) Alverdes, F.: Neue Bahnen. S. 32.
4) Pearl, R.: Quart. journ. of microscop. science N. S. Bd. 46. 1903.
5) Alverdes, F.: Pflügers Arch. f. d. ges. Physiol. Bd. 198, S. 530. 1923.

es bleibt nach Schließung des Stromes die Flimmerbewegung stereotyp und caudalwärts gerichtet. Im zweiten (irreversiblen) Stadium der Narkose schreitet der Körper des Tieres einer unaufhaltsamen Auflösung entgegen, und der Cilienschlag wird dabei unwirksam; läßt man in diesem Zustand den elektrischen Strom einwirken, dann verhalten sich die Cilien in typisch galvanotaktischer Weise. Bei cilioirregulatorischen Turbellarien (*Dendrocoelum*) ließ sich bisher in keinem Falle nachweisen, daß der elektrische Strom Einfluß auf die Flimmertätigkeit zu gewinnen vermag.

Bei den Rotatorien, deren Kopfende eine kräftige Bewimperung trägt, hat das Individuum keinen direkten (nervösen) Einfluß auf die Cilientätigkeit. Die Flimmerhaare arbeiten ganz stereotyp; hierdurch strudelt sich das Tier Nahrung herbei, wenn es sich mit Hilfe seines Hinterendes festhält; es schwimmt dagegen vorwärts, sowie es sich losläßt. Die Flimmerung wird in geringerem oder höherem Grade sistiert oder ganz aufgehoben, je nachdem das Tier durch Muskelzug das Vorderende teilweise oder vollständig einzieht. Narkotisierte Individuen, bei denen die Cilien hinreichend weit ausgestülpt liegen, bewegen sich in völlig stereotyper Weise im Wasser vorwärts, bis die Betäubung weicht [ALVERDES[1])].

An Polychätenlarven (*Polydora*) konnte MERTON[2]) zeigen, daß die Cilien des präoralen und des perianalen Wimperkranzes offenbar ganz „willkürlich" einzeln und auch koordiniert in Tätigkeit gesetzt werden können. Die Wimpern hängen in ihrer Tätigkeit nicht vom Kontraktionszustand der daruntergelegenen Muskeln ab [wie MAYER[3]) will]. Durch Curare konnte MERTON es erreichen, daß die beiden Wimperkränze hemmungslos schlugen; durch Strychnin brachte er sie dagegen zu vollständigem Stillstand. Wahrscheinlich wirken die Gifte nicht direkt auf die Cilien, sondern auf die Nerven, unter deren Einwirkung sie stehen. Durch Ausschaltung dieses Nerveneinflusses vermittels Curare tritt der autonome Mechanismus der Flimmerzellen ungehemmt in Tätigkeit; durch Strychnin wird der Einfluß der Nerven möglicherweise noch verstärkt. Über den morphologischen Zusammenhang zwischen den Elementen des Nervensystems und den Flimmerzellen bei der Trochophora siehe WOLTERECK[4]).

Bei Veligerlarven fand MERTON entsprechend, daß die sonst intermittierend und „willkürlich" tätigen Cilien des Velums nach Ausschaltung des Nervensystems durch Curare unentwegt schlagen. An Süßwasserpulmonaten wies MERTON[5]) neben den „unwillkürlich" arbeitenden Wimperepithelien einen cilioregulatorischen Flimmerbezirk nach. Derselbe liegt an der Peripherie der Mundlappen und leitet sich bezeichnenderweise wahrscheinlich vom Velum her. Die genannten Cilien stehen im allgemeinen still, können aber auf äußere Reize hin oder durch Impulse der Schnecke in Tätigkeit treten. Ebenso gelingt es, an den abgeschnittenen Mundlappen durch künstliche äußere Reize oder durch Reizung der zugehörigen Nerven mit einem konstanten galvanischen Strom die Tätigkeit des Flimmerepithels auszulösen.

COPELAND[6]) zeigte, daß bei der Gastropodengattung *Polinices* ebenso wie bei *Alectrion* die Lokomotion nicht allein auf die Tätigkeit von Muskeln, sondern auch auf diejenige von Cilien zurückgeht. Diese Flimmerbewegung wird vom Nervensystem reguliert, entweder direkt oder auf dem Umweg über die Schleim- und Muskelzellen, die den Flimmerzellen benachbart liegen; die alleinige Annahme einer intraepithelialen Reizübertragung reicht nach COPELAND zur Erklärung der Variierbarkeit der Flimmerbewegung nicht aus.

---

1) ALVERDES, F.: Biol. Zentralbl. Bd. 43. 1923.
2) MERTON, H.: Biol. Zentralbl. Bd. 43. 1923.
3) MAYER, A. G.: Carnegie Inst. Washington Publ. Bd. 132. 1911.
4) WOLTERECK, R.: Biblioth. Zool. 1902.
5) MERTON, H.: Pflügers Arch. f. d. ges. Physiol. Bd. 198. 1923.
6) COPELAND, M.: Biol. bull. of the marine biol. laborat. Bd. 42. 1922.

Ob am Mundlappen der Muscheln Schlagumkehr der Cilien vorkommt, ist ungewiß [JORDAN [1])]; vielleicht besteht dort dauernd nebeneinander eine Flimmerbewegung, die zum Munde hinführt, und eine, die von dort fortleitet. Den Verlauf der Flimmerströme im Mantelraum von *Anodonta* hat SIEBERT [2]) eingehend beschrieben. Die Flimmerbewegung bei *Mytilus* untersuchte GRAY [3]).

SEGERDAHL [4]) prüfte den Einfluß des elektrischen Stromes auf die Cilienbewegung der *Anodonta*kiemen. Stehen im Präparat die isolierten Kiemenfilamente senkrecht zur Stromrichtung, so hört bei einer Stromstärke von 0,01—0,25 MA die Wimperbewegung auf derjenigen Seite auf, an welcher der Strom die Flimmerzellen von der Zellbasis zu ihrem freien Ende hin durchläuft; an der Gegenseite wird die Flimmerbewegung nicht herabgesetzt, sondern höchstens beschleunigt. Mit anderen Worten: auf der kathodischen Seite wird die Flimmerbewegung sistiert, auf der anodischen Seite bleibt die Flimmerrichtung erhalten. [Ein ähnliches Bild sieht man nach ALVERDES [5]) an *Stenostomum* beim Übergang vom ersten zum zweiten Stadium der Narkose.] Unter Anwendung eines Stromes von 1 MA und darüber tritt kein Stillstand bei Schließung, sondern erst bei Öffnung ein, und zwar an den der anodischen Seite des Kiemenfilaments zugehörigen Zellen.

Als Objekt für das Studium der Flimmerbewegung bei Metazoen haben bisher außer den Kiemen-, Mantel- und Darmzellen der Muscheln vor allem die Lebergangzellen der Schnecken und die Zellen des Froschrachens gedient. Es handelt sich hier jedesmal um Flimmerepithelien, die autonom, d. h. unabhängig vom Zentralnervensystem arbeiten; äußere Faktoren vermögen auf Grund einer „lokalen Wirkung" die Flimmertätigkeit mehr oder minder zu variieren. Wird ein flimmernder Bezirk von seiner Ansatzstelle loßgerissen, so arbeiten die Cilien wie zuvor rhythmisch weiter und versetzen den betreffenden Epithelfetzen unter Umständen in eine gleichförmige rotierende Bewegung (z. B. beim Frosch). Wie bei den Infusorien, so ist bei den Metazoen das Fehlen des Zellkernes für das Zustandekommen der Flimmerbewegung ohne Bedeutung [ENGELMANN [6]), VERWORN [7]), PETER [8]), BERGEL [9]) u. a.].

Unter den *Arthropoden* wurde bis vor kurzem nur bei *Peripatus* der Besitz von Flimmerzellen mit Sicherheit nachgewiesen [GAFFRON [10]) und SEDGWICK [11])]; die Mitteilung von VIGNON [12]) über das Vorkommen von Flimmerzellen im Darm der *Chironomus*larve wird jetzt wohl von den meisten Autoren auf einen Irrtum zurückgeführt. Vielleicht aber erscheint diese Angabe in einem neuen Lichte durch Untersuchungen von FARKAS [13]) an *Cyclops*. Dieser fand bei Individuen, die im Aquarium ungenügend ernährt worden waren, im fixierten und gefärbten Präparat stets Flimmerzellen, und zwar „am Anfange des cellulären Magenabschnittes, im Dünndarme, am Anfangs- und Endteile des Dickdarmes". Im lebenden Zustande sah FARKAS Flimmerzellen nur bei einer Gelegenheit im Dick-

---

1) JORDAN, H.: Vergleichende Physiologie wirbelloser Tiere. Bd. 1, S. 335. Jena 1913.
2) SIEBERT, W.: Zeitschr. f. wiss. Zool. Bd. 106. 1913.
3) GRAY, J.: Proc. of the roy. soc. of London, Biol. Ser., Bd. 93 u. 95. 1922 u. 1923.
4) SEGERDAHL, E.: Skandinav. Arch. f. Physiol. Bd. 42. 1922.
5) ALVERDES, F.: Pflügers Arch. f. d. ges. Physiol. Bd. 198, S. 533. 1923.
6) ENGELMANN, TH. W.: L. Hermanns Handbuch der Physiologie Bd. I, Teil 1. Leipzig 1879.
7) VERWORN, M.: Psycho-physiologische Protistenstudien. Jena 1889.
8) PETER, K.: Anat. Anz. Bd. 15. 1899.
9) BERGEL: Pflügers Arch. f. d. ges. Physiol. Bd. 78. 1900.
10) GAFFRON, E.: SCHNEIDER: Zool. Beitr. Bd. 1. Breslau 1883, 1885.
11) SEDGWICK, A.: Quart. journ. of microscop. science 1888.
12) VIGNON, P.: Arch. de zool. exp. et gén. 3. Sér., T. 9. 1901.
13) FARKAS, B.: Acta litt. ac scient. univ. Szeged. T. 1. 1923.

darm; die Bewegung der Cilien war keine rhythmische, sondern eine unregelmäßig schlagende. An gut genährten Individuen finden sich statt der Flimmerzellen solche mit fransiger Oberfläche. Nicht eigentlich „Cilien" sind die Fortsätze, die NUSBAUM[1]) während der Absorptionstätigkeit an den Mitteldarmdrüsenzellen ausgehungerter Exemplare von *Oniscus* sah; dieser Autor bezeichnet sie zwar wegen ihres cilienähnlichen Aufbaues (Wimper und Basalkorn) als solche; sie sind jedoch unbeweglich.

Die Spermatozoen vieler Tierspezies sind flagellatenförmig gebaut, so diejenigen der Wirbeltiere, vieler Arthropoden (speziell Insekten) sowie der Tunikaten, Mollusken, Echinodermen, mancher Würmer u. a.[2]). Morphologisch sind derartige Spermatozoen auf recht verschiedene Weise gestaltet; sie schwimmen stets mit dem Kopf voran. Der letztere kann zu einer vollkommenen Schraube gedreht erscheinen (Vögel), was für die Sicherung der spiraligen Fortbewegung von Bedeutung ist. Ein grundlegender Unterschied zwischen Flagellaten und Spermatozoen muß darin erblickt werden, daß bei den ersteren die Geißelbewegung „zentral" regulierbar ist und demgemäß von seiten des Individuums den jeweiligen Erfordernissen des Milieus angepaßt wird; bei den Spermatozoen hingegen verläuft die Geißelbewegung stets in einer durchaus stereotypen und irregulatorischen Weise. WEIL[3]) brachte eine Aufschwemmung von Spermatozoen des Menschen in RINGERscher Lösung mit weiblichen Genitalsekreten zusammen, die entweder pathologisch verändert waren oder von Frauen stammten, die in kinderloser Ehe lebten; er beobachtete dann eine Abnahme der Spermatozoenbeweglichkeit. Veränderungen in der chemischen Zusammensetzung des Sekretes der Vaginal- und Cervicalschleimhaut vermögen also wahrscheinlich auch Ursache einer Sterilität zu sein, indem die Beweglichkeit der Spermatozoen durch sie vollständig gehemmt werden kann.

Ein Cilienbesatz des Körpers kommt den Larven von *Amphioxus* zu; ebenso tritt ein solcher in sehr frühen Entwicklungsstadien mancher Teleostier auf und ruft hier sogar ein Rotieren des gefurchten Eies hervor. Unter Amphibien ist die Bewimperung bei jungen Larven von Salamandrinen eine allgemeine[4]). ASSHETON[5]) studierte die Flimmerströme an der Körperoberfläche der Embryonen und Larven von *Rana* und *Triton*. Dieselben differieren an den verschiedenen Körperstellen hinsichtlich ihrer Intensität erheblich; im Laufe der Ontogenese geschehen Änderungen in der Strömungsrichtung. An Regeneraten treten Flimmerströme auf, die in ihrer Richtung von der Norm abweichen; denn es entstehen in solchen Fällen Flimmerzellen an Stellen, wo normalerweise keine solchen sich befinden, und diese ordnen sich zunächst noch nicht dem allgemeinen Flimmerstrom unter. Bei Verwachsungsversuchen an jungen Amphibienlarven hat man nach BORN[6]) mit dem Wimperkleid zu rechnen.

Das Magen- und Darmepithel wimpert bei Säugern und Vögeln nie, auch nicht im embryonalen Zustand; bei Batrachiern indessen sowie bei den Selachiern ist es im Fötalleben ein flimmerndes und bei einigen der niedersten Wirbeltiere, *Amphioxus* und *Petromyzon*, behält es zeitlebens das Cilienspiel[7]). Von solchen

---

[1]) NUSBAUM, J.: Biol. Zentralbl. Bd. 37, S. 52. 1917.

[2]) KORSCHELT, E. u. K. HEIDER: Lehrbuch der vergleichenden Entwicklungsgeschichte. Allg. Teil, S. 397. Jena 1902.

[3]) WEIL, A.: Arch. f. Frauenkunde u. Eugenik Bd. 7, S. 238. 1921.

[4]) GEGENBAUR, C.: Vergleichende Anatomie der Wirbeltiere Bd. 1, S. 86. Leipzig 1898.

[5]) ASSHETON, R.: Quart. journ. of microscop. science N. S. Bd. 38, S. 465. 1896.

[6]) BORN, G.: Arch. f. Entwicklungsmech. d. Organismen Bd. 4, S. 349. 1897.

[7]) OPPEL, A.: Lehrbuch der vergleichenden Anatomie. 1. Teil, S. 12. Jena 1896. Über das sonstige Vorkommen von Flimmerepithelien bei Wirbeltieren muß ich auf OPPEL, Teil 1—8, verweisen.

niederen phylogenetischen Zuständen her leitet sich die Cilienbekleidung am Epithel des Magens bei *Amia* und bei manchen Teleostiern (z. B. *Esox, Perca*) ab; bei letzteren ist dieselbe jedoch nicht mehr ganz so gleichmäßig, wie sie noch ihr Oesophagus zeigt. Bei den Amphibien ist das Wimperepithel der Mundhöhle bis in den Anfangsteil des Magens verfolgbar [1]); bei pflanzenfressenden Amphibienlarven findet sich Flimmerepithel im Oesophagus, Magen, einem Teil des Darmes und — in einigen Stadien — in der Kloake [2]).

Viele wichtige Befunde über die Physiologie der Flimmerbewegung sind am Rachenepithel des Frosches erhoben worden. Engelmann [3]) führte seine klassischen Versuche über die Flimmerbewegung außer an Mollusken an diesem Objekt aus. Es konstruierte zu diesem Behufe die Gaskammer für mikroskopische Untersuchungen. [Auf die Engelmannschen Ergebnisse hat Gellhorn [4]) ausführlich Bezug genommen.] Kraft [5]) fand am gleichen Objekt, daß sich die Flimmerbewegung in Form einer in der Richtung des wirksamen Schlages fortschreitenden longitudinalen Welle vollzieht. Das Flimmerepithel besitzt eine ausgesprochene mechanische Erregbarkeit, wie dies seiner physiologischen Aufgabe mechanischer Arbeit entspricht [6]). Die Koordination beruht nicht bloß auf einer äußeren, sondern wesentlich auch auf einer inneren, von „Oberzelle" zu „Unterzelle" stattfindenden Reizübertragung. Denn die Fortleitung geht auch über ruhig bleibende (z. B. abgekühlte) Strecken hinweg. Bei denjenigen Kaltblütern, bei denen auf der mit Flimmerepithel besetzten Rachenschleimhaut die wirksame Strömung zum Magen führt, sind die der Mundöffnung nähergelegenen Zellen die Oberzellen, die dem Magen näher befindlichen die Unterzellen; umgekehrt sind beim Flimmerbelag der Luftwege der Warmblüter, bei dem die Strömung nasenwärts nach außen führt, die in den kleinsten Bronchien gelegenen Zellen die Oberzellen im Vergleich zu den weiter aufwärts gegen den Nasenrachenraum befindlichen [7]). Im Gewebe der Rachenschleimhaut des Frosches liegt die Polarität im Sinne eines „Vorne-Hinten" ein für allemal fest; die Richtung des wirksamen Schlages kehrt sich nach v. Brücke [8]) auch dann nicht um, wenn man ein rechteckiges Stück aus der Flimmerschleimhaut des Mundhöhlendaches excidiert und nach einer Drehung um 180° wieder zur Verheilung mit seiner Umgebung bringt.

Merton [9]) zeigte mit Hilfe von Carminkörnchen, daß die einzelnen Flimmerströme der Rachenschleimhaut bei *Rana esculenta* mit sehr verschiedener Geschwindigkeit dem Schlunde zueilen. Lebhaft ist die Strömung an den Stellen, wo die Schleimhaut des Mundhöhlendaches an die Oberkieferschleimhaut grenzt und mit ihr eine Rinne bildet, und unmittelbar darüber auf der Kante der inneren Schleimhautfalte des Oberkiefers; die äußere Grenze des Stromes bildet die Zahnreihe. Ebenso ist in der Mittellinie der Rachenschleimhaut, d. h. in einem Streifen, der von den Gaumenzähnen über das Parasphenoid nach hinten verläuft, eine lebhaftere Strömung zu beobachten. Die ganzen dazwischenliegenden Felder, so vor allem die Partien, über denen die Orbitae liegen, zeigen sehr viel trägere Flimmerbewegung. Sehr deutlich wird diese verschieden lebhafte Cilientätigkeit, wenn man bei Versuchsbeginn die erste nach hinten ziehende Carminschleimwelle beobachtet; sie zeigt auf den Orbitalfeldern eine starke Einbuchtung.

[1]) Gegenbaur: Bd. 2, S. 134, 135. [2]) Oppel: Teil 1, S. 91.
[3]) Engelmann, Th. W.: Jenaische Zeitschr. f. Naturwiss. Bd. 4, S. 321. 1868.
[4]) Gellhorn, E.: Dies. Handbuch.
[5]) Kraft, H.: Pflügers Arch. f. d. ges. Physiol. Bd. 47, S. 196. 1890.
[6]) Peterfi, T. u. M. W. Woerdeman: Biol. Zentralbl. Bd. 44. 1924.
[7]) Kraft: S. 198.
[8]) Brücke, E. v.: Pflügers Arch. f. d. ges. Physiol. Bd. 166, S. 45. 1916.
[9]) Merton, H.: Pflügers Arch. f. d. ges. Physiol. Bd. 198, S. 7. 1923.

Das Ursprungsgebiet fast aller Flimmerströme der Rachenschleimhaut des Frosches liegt in der Nähe der Intermaxillardrüsen. Dasselbe besteht aus einer 1,5 mm langen Linie, von der aus nach allen Seiten, auch nach der Schnauzenspitze zu und in der Richtung nach den Gaumenzähnen, Flimmerströme entspringen. Der nach der Schnauzenspitze gerichtete Strom wandert auf die Intermaxillarwülste und gabelt sich hier in einen jederseits nach hinten ziehenden Strom. Kompliziert sind noch die Verhältnisse unmittelbar vor den Gaumenzähnen und den Choanen, wo schmale, unmittelbar nebeneinanderliegende Ströme in entgegengesetzter Richtung verlaufen. Aus den Choanen treten kräftige Flimmerströme hervor, die sich mit den von weiter vorn kommenden, seitlich gelegenen Rinnenströmen vereinigen. Außerordentlich lebhaft ist die Flimmerbewegung in den Flimmerrinnen, welche an den Gaumenzähnen belegen sind. Einen Ausdruck findet die sehr verschiedene Intensität, mit der die einzelnen Partien der Rachenschleimhaut flimmern, in der verschiedenen Ausgestaltung der entsprechenden Flimmerepithelien. Die Epithelzellen der Orbitalregion haben kürzere und gedrungenere Wimpern von nur 6 $\mu$ Länge, wohingegen die Zellen dort, wo die Strömung schneller fließt, Cilien von 9—11 $\mu$ Länge besitzen.

Beim erwachsenen weiblichen Frosch finden sich im Epithel der Pleuroperitonealhöhle außer den nackten Serosazellen auch Flimmerzellen[1]). Diese letzteren sind in Flimmerstraßen angeordnet, welche zu den Eileiteröffnungen hinführen. Besonders reichlich mit Flimmerzellen ist die ventrale Bauchwand in und neben der Mittellinie besetzt. Auch der Bauchfellüberzug der Leber besitzt eine Bekleidung von Flimmerepithel. Die Flimmerung ist zu jeder Jahreszeit in Tätigkeit. Die Flimmerzellen finden sich erst bei geschlechtsreifen Tieren, während bei jungen unentwickelten Weibchen sich ebenso wie beim Männchen der ganze Epithelbelag der Bauchhöhle aus gleichmäßig gestalteten glatten, nackten Epithelzellen zusammensetzt, von denen noch keine irgendeine Besonderheit aufweist. Die funktionelle Bedeutung der Flimmerzellen liegt darin, daß sie den Transport der in die Bauchhöhle entleerten Eier zum Ostium abdominale tubae besorgen. In funktionellem Zusammenhang damit steht eine Beflimmerung des Lumens der Tube.

Gegenstand einer — allerdings mehr morphologisch gerichteten — Untersuchung waren beim Frosch mehrfach die mit Flimmerepithel versehenen Nephrostome, welche in beträchtlicher Anzahl die ventrale Nierenoberfläche durchsetzen und in die Leibeshöhle münden[2]). Sie führen bei der Larve in die Harnkanälchen; während der Metamorphose schließt sich diese Verbindung, und die Wimpertrichter gewinnen dafür eine solche mit den Wurzeln der Vena cava posterior innerhalb der Niere. In den Nierenkanälchen ist unter den 5 Abschnitten, die die Autoren an einem jeden derselben unterscheiden, der 1. und 3. beflimmert.

Beim Menschen[3]) sind Flimmerzellen zu finden in der Schleimhaut der inneren Genitalien, und zwar beim Manne in den Vasa efferentia des Nebenhodens, beim Weibe meist im Epoophoron, stets in den Eileitern und zeitweilig im Uterus. Durch die in den Tuben erzeugte Strömung wird wahrscheinlich das

---

[1]) Ecker, A., R. Wiedersheim u. E. Gaupp: Anatomie des Frosches. 3. Abt. 2. Aufl. S. 372. Braunschweig 1904.

[2]) Ecker-Wiedersheim-Gaupp: 3. Abt., S. 224. — Spengel, J. W.: Arb. a. d. Zool. Inst. Würzburg Bd. 3, S. 1. 1876. — Nussbaum, M.: Arch. f. mikroskop. Anat. Bd. 27, S. 442. 1886.

[3]) Hermann, L.: Lehrbuch der Physiologie. 14. Aufl. Berlin 1910. — Rauber, A. u. F. Kopsch: Lehrbuch der Anatomie des Menschen. 12. Aufl. Leipzig 1923.

Ei vaginawärts getrieben; die von seiten der Spermatozoen gezeigte positive Rheotaxis [1]) läßt diese ihrerseits stromaufwärts wandern. Flimmerbewegung besteht beim Menschen weiterhin in den Bronchien und Bronchiolen (bis an die Alveolen), in der Luftröhre, dem Kehlkopf (mit Ausnahme der wahren Stimmbänder und einiger anderer Stellen), im Cavum pharyngonasale, auf der Nasenschleimhaut (mit Ausnahme der Regio olfactoria) sowie in den Nebenhöhlen der Nase, in der Tuba auditiva und der Paukenhöhle, inkonstant im Tränenkanal und Tränensack. Eine besondere, umstrittene Abart stellt das Ependym der Gehirnventrikel und des Zentralkanals im Rückenmark dar [2]). Die Bedeutung der im respiratorischen Trakt stets nach der Nasenöffnung gerichteten Flimmerung besteht darin, Schleim und in diesen eingeschlossene Fremdkörper fortzuschaffen.

---

[1]) Roth, A.: Arch. f. Anat. u. Physiol., Abt. Physiol. 1904, S. 366. — Adolphi, H.: Anat. Anz. Bd. 26, S. 549. 1905.

[2]) Schaffer, J.: Vorlesungen über Histologie und Histogenese. Leipzig 1920. S. 79.

# Bewegungserscheinungen durch Veränderungen des spezifischen Gewichtes.

Von

JOSEF SPEK

Heidelberg.

Wenn wir die durch Veränderung des spezifischen Gewichtes verursachten Bewegungserscheinungen den Bewegungen, die auf Formveränderungen der Zellen oder auf Kontraktionserscheinungen beruhen, zur Seite stellen wollen, so können wir das nur in dem Falle mit einem gewissen Rechte tun, wenn die Veränderung des spezifischen Gewichtes auf spezifischen elementaren cellulären Prozessen beruht. Dies gilt am ehesten noch für die Bewegungen der *Radiolarien*.

An vielen *Radiolarien* läßt sich auch in Glasröhren beobachten, daß sie auffällige, geradlinige, aufsteigende und absinkende Bewegungen ausführen, während entsprechende seitliche Bewegungen nicht vorkommen. Es läßt sich nun nachweisen, daß diese Bewegungen darauf beruhen, daß die Zellen Substanzen produzieren, welche spezifisch leichter sind als das Seewasser. K. BRANDT[1]) untersuchte schon im Jahre 1885 einen solchen Fall, und zwar die Bewegungen der koloniebildenden Formen genauer. Bei diesen Formen sind stets eine Anzahl Individuen in eine gemeinsame Gallerte eingebettet. In diese und durch diese senden die Zellen ihre dünnen Plasmafortsätze aus. Durch eine noch nicht geklärte Tätigkeit dieser Fortsätze entstehen nun in der Gallerte überall große vergängliche Vakuolen, deren Inhalt leichter ist als das Seewasser. Die Zellkörper allein ohne Gallerte sinken trotz ihres Gehaltes an Ölkugeln im Seewasser sofort unter. Die Gallerte ist leichter, aber auch mit der Gallerte sinken die Kolonien noch unter, wenn sie keine Vakuolen aufweisen oder wenn man die Vakuolen durch Anstechen mit einer Nadel zum Ausfließen bringt. Sticht man die Vakuolen bloß am einen Ende einer wurstförmigen Kolonie auf, so senkt sich dieses. Auf mechanische Alterationen werden die vielen Plasmafortsätze eingezogen. Daraufhin verschwinden bald auch die Vakuolen, und die Tiere sinken unter. Eine Neubildung von Vakuolen erfolgt nur, wenn die Fortsätze wieder da sind. Offenbar enthalten die Vakuolen mehr Wasser bzw. weniger Salze als das Seewasser. Ihre Entstehung kann man sich meiner Ansicht nach in Analogie zu den hüllenbildenden Substanzen (Tektinen) der Infusorien, die E. BRESSLAU beschrieben hat, vielleicht so vorstellen, daß von den Plasmaausläufern Spuren (etwa Tröpfchen) stark quellender Kolloide ausgeschieden werden, die im Moment stark aufquellen und dabei zunächst nur Wasser aufnehmen. Das Verschwinden der Vakuolen beruht vielleicht nur auf einem allmählichen Eindringen der Meeressalze und einer Dehydrierung des Kolloides. Vielleicht werden sie dabei einfach zur Gallerte, sind also von gleicher Substanz wie diese. Neue Untersuchungen wären am Platze.

Auch die *Acantharier*[2]) führen auf- und absteigende Bewegungen dieser Art aus, die man auch im Aquarium oder im Glasrohr beobachten kann. Hier erfolgt

[1]) BRANDT, K.: Fauna und Flora des Golfes von Neapel. S. 97—102. 1885.

[2]) SCHEWIAKOFF, W.: Memoir. de l'academie d. scienc. St. Petersburg 1901. Hier auch die ältere Literatur.

nun das Aufsteigen immer auf eine *Kontraktion der Myophane* hin, welche auf S. 32ff. genauer beschrieben und abgebildet worden sind. Wir sahen, daß die Myophane das Geflecht der Ektoplasmaausläufer, welches die Gallerthülle auch hier durchsetzt, weiter herausziehen, gewissermaßen ausspannen. Der Gedanke scheint mir nahezuliegen, daß auch hier *die neuentstehenden Plasmaflächen Spuren einer stark quellbaren Gallertsubstanz ausscheiden*, die sofort aufquillt und dabei zunächst nur Wasser aufnimmt. Die Dicke der Gallerthülle nimmt ja in der Tat bedeutend zu. Man suchte aber dies bisher so zu erklären, daß die Kontraktion der Myophane von einer *plötzlichen Steigerung des Quellungszustandes der Gallerte* begleitet sei. Die starke Wasseraufnahme sollte möglicherweise durch den mechanischen Zug der Fibrillen (??) erfolgen. Eine starke Quellungssteigerung ließe sich nun auch durch Entstehung quellungfördernder Stoffe bei der Kontraktion der Myophane erklären. Erstaunlich wäre dabei immerhin, wenn solche Stoffe von den Myophanen aus sofort die ganze Gallertmasse beeinflussen könnten. Nimmt man andererseits an, daß sie primär in dem ganzen Zelleib und der Gallerte entstehen und daß somit ihre Entstehung die primäre Ursache der Aufwärtsbewegung ist, so sieht man nicht mehr ein, was für einen Zweck die Myophane noch haben sollen. — Sollte sich eine chemische Quellungssteigerung als Begleiterscheinung der Kontraktion exakter nachweisen lassen, so wäre das mit Hinblick auf die chemische Muskelphysiologie von hohem Interesse. — Meine Hypothese hat den Vorteil, daß sie für alle Radiolarien im Prinzip den gleichen Vorgang der aktiven Verminderung des spezifischen Gewichtes zugrunde legt, nämlich Sekretion eines stark quellenden Kolloides durch die Pseudopodien. Das Zurückweichen des Plasmageflechtes bei der Erschlaffung der Myophane müßte die Gallerte wieder wasserärmer machen. Ein mechanisches *Auspressen* von Wasser aus Gallerten ist immerhin auch in der Kolloidchemie bekannt.

Über den Rahmen unserer cellularphysiologischen Disposition hinaus wollen wir der Vollständigkeit halber auch noch auf die Bewegungen durch Veränderung des spezifischen Gewichtes bei Metazoen eingehen. Solche sind z. B. noch bei der Meduse *Aegineta flavescens* von A. BETHE[1]) und bei *Ctenophoren* von M. VERWORN[2]) beschrieben worden.

Die *Ägineten* sind bald leichter, bald schwerer als das Seewasser. Auch in der Gefangenschaft kann ihr spezifisches Gewicht im Laufe von 6—12 Stunden umschlagen. Dies hat interessante Änderungen der Bewegungsreaktionen der Tiere zur Folge, deren Erörterung aber hier zu weit führen würde. Sowohl die *Scheiben-* als auch die *Rippenquallen* haben einen außerordentlich wasserreichen Körper. So dürfte die Änderung des spezifischen Gewichtes auf einer Änderung des Wassergehaltes beruhen.

In der *Schwimmblase der Fische* haben wir bekanntlich ein mit Gas gefülltes Organ vor uns, das zur Regulation des spezifischen Gewichtes der Tiere dient. Bezüglich der vielen interessanten Einzelprozesse (Gassekretion, Gasresorption, Kontraktionszustand der Muskulatur usw.), aus denen sich die Gesamtfunktion der Schwimmblase zusammensetzt, wie auch wegen der Reizphysiologie derselben muß auf die entsprechenden Abschnitte des Handbuches verwiesen werden.

Die so außerordentlich verbreiteten Einrichtungen der Organismen, die dazu dienen, diesen das *passive* Schweben im Wasser durch Verminderung des spezifischen Gewichtes (Produktion von leichteren Substanzen, Gasen, Öltropfen usw.) zu erleichtern, können hier auch nur dem Namen nach angeführt werden. Eine ausführlichere Zusammenstellung derselben findet sich in HESSE-DOFLEIN[3]).

---

1) BETHE, A.: Festschrift f. RICH. HERTWIG Bd. 3. S. 87ff. Jena 1910.
2) VERWORN, M.: Pflügers Arch. f. ges. Physiol. Bd. 50, S. 436. 1891.
3) HESSE-DOFLEIN, Tierbau u. Tierleben. Bd. 1. Leipzig: B. G. Teubner.

# Die Wachstumsbewegungen bei Pflanzen.

Von

**Hermann Sierp**

München.

Mit 14 Abbildungen.

### Zusammenfassende Darstellungen.

Pfeffer: Pflanzenphysiologie. 2. Aufl. Bd. II. Leipzig 1904. — Benecke-Jost: Pflanzenphysiologie. 4. Aufl. Bd. II. Jena 1923.

## A. Die verschiedenen Phasen und Arten des Wachstums und dessen Verteilung an der Pflanze.

Wenn ein Same unter günstige Bedingungen kommt, so wächst der in ihm enthaltene Embryo aus. Das Würzelchen durchbricht die Samenschale und dringt in die Erde ein, während der junge Sproß nach oben wächst. Untersuchen wir die Spitzen dieser beiden Organe, so finden wir an ihnen zumeist kegelförmige Gebilde, die Vegetationspunkte. Die Zellen sind an diesem klein und im embryonalen Zustande, d. h. sie sind dicht mit Protoplasma angefüllt und haben vor allem die Fähigkeit, sich zu teilen. Wir nennen dieses vorwiegend auf die Vegetationspunkte beschränkte, durch Vermehrung der Zellen bewirkte Wachstum dessen *embryonale Phase*.

In einiger Entfernung vom Vegetationspunkt bekommen die Zellen ein ganz anderes Aussehen. Sie nehmen nun reichlich Wasser auf, das in Vakuolen abgesondert wird, die immer zahlreicher im Innern der Zellen auftreten, immer größer und größer werden und schließlich miteinander verschmelzen, so daß eine große zentrale Vakuole vorhanden ist, während das Protoplasma, das zu Anfang die ganze Zelle ausfüllte, nunmehr nur noch einen dünnen schwachen Wandbelag bildet. Während dieser Wasseraufnahme sind die Zellen stark gewachsen, sie haben sich bedeutend in die Länge gestreckt. Wir nennen dieses Stadium des Wachstums *die Phase der Streckung*. Dieses ist es, welches wir vorwiegend wahrnehmen, wenn wir von wachsenden Pflanzen sprechen. Das embryonale Wachstum, das nur in einer Vermehrung der kleinen, am Vegetationspunkt befindlichen Zellen besteht, gibt nicht solche Ausmaße, daß wir es in der gleichen Weise äußerlich wahrnehmen könnten.

Außer diesen beiden Stadien unterscheidet man noch ein weiteres, das des *Differenzierungswachstums*. In diesem nehmen die Zellen ihre definitive Gestalt an. Allerdings finden sich die ersten Stadien der Gewebedifferenzierung schon viel früher, vielfach schon im embryonalen Wachstumszustande und werden deutlicher bei der Streckung, aber die endgültige Fertigstellung der charakteristischen Verschiedenheiten der einzelnen Gewebe setzt zumeist erst nach der

Streckung ein. Dieses letzte Wachstumsstadium läßt sich äußerlich nicht wahrnehmen, bei den Wachstumsbewegungen spielt es deshalb keine Rolle, so daß wir es hier vernachlässigen können.

Die Abb. 21 kann uns ein gutes Bild einer wachsenden Pflanze geben und uns zeigen, wo wir an ihr die verschiedenen Phasen zu suchen haben. Das Gewebe, das sich im embryonalen Zustand befindet, ist schwarz, das, welches im Stadium der Streckung ist, schraffiert eingezeichnet, während die Gewebe, welche in der Phase der Differenzierung stehen resp. ausgewachsen sind, weiß gelassen sind. Die Abb. 21, Fig. *I* gibt uns den ersten Beginn der Entwicklung einer Pflanze schematisch wieder. Die Anlagen für den Sproß (*v*) und die Wurzel (*w*) liegen zwischen den der Ernährung dienenden Kotyledonen. Zwischen diese beiden Vegetationspunkte schiebt sich nun sehr bald (Abb. 21, Fig. *II*) ein Gewebe ein, das im Zustand der Streckung sich befindet. Dieses Stadium ist immer in einiger Entfernung von dem Vegetationspunkt anzutreffen, wie dies die Abb. 21, Fig. *III* nun deutlicher erkennen läßt, die eine junge Pflanze darstellt. Die Ausdehnung dieses Stadiums kann ein verschieden großes sein. Bei den Wurzeln ist es auf ein kleines Stück hinter dem Vegetationspunkt beschränkt, während es beim Sproß eine viel größere Ausdehnung erfahren hat. Erst unterhalb des Blattes *b* ist das äußere Wachstum des Stengels ganz abgeschlossen. Etwas Ähnliches gilt auch von den Blättern. Oben ist der Vegetationspunkt von den jüngsten Blattanlagen bedeckt, von denen jede nach unten folgende größer und älter ist. Jedes ältere Blatt ist in einem weiteren Stadium der Streckung, und erst das Blatt *b* ist vollkommen ausgewachsen. Oben am Vegetationspunkt stehen die Blätter noch dicht übereinander, sie rücken dann aber infolge der Streckung des Stengels immer mehr auseinander, es entstehen die zwischen den Blättern liegenden Internodien des Stengels, deren Ausdehnung um so größer ist, je stärker die Streckung war.

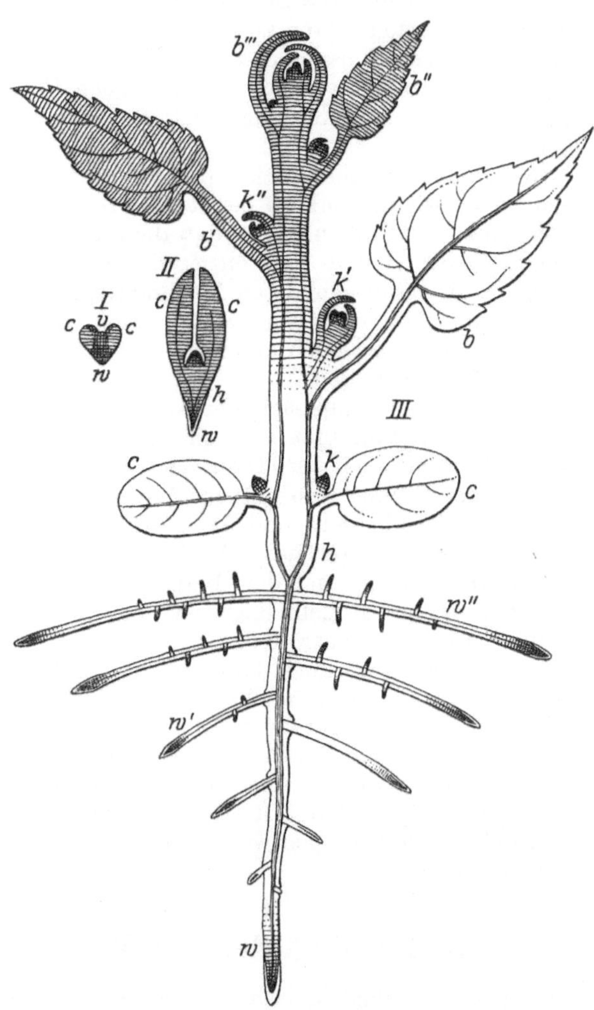


Abb. 21. Schema der Verteilung der verschiedenen Wachstumsstadien an einer dikotylen Pflanze. (Nach SACHS.)

Die am Vegetationspunkt seitlich angelegten Knospen brauchen sich nicht gleich weiterzuentwickeln, sondern können im embryonalen Zustand eine Zeitlang verbleiben, um erst viel später auszutreiben und sich zu entfalten. Besonders deutlich tritt uns dieses bei der jährlichen Lauberneuerung der Sträucher und Bäume entgegen. Hier werden im Laufe der Vegetationsperiode junge Sprosse mit ihren Anlagen für die Blätter in den Knospen durch embryonales Wachstum angelegt. Die Streckung und Entfaltung findet jedesmal im Frühjahr statt und erfolgt dann zumeist sehr rasch. Es brauchen die Knospen nicht immer am Vegetationspunkt zu entstehen, sondern die Pflanze hat auch die Fähigkeit, adventiv an älteren Stellen neue Vegetationspunkte zu bilden, die in gleicher Weise den Ausgangspunkt für bestimmte Organe (Sprosse, Wurzeln) bilden.

Das Pflanzenwachstum ist also ein ganz anderes wie das der Tiere. Bei diesen finden wir im Embryo bereits alle Teile vor, und die weitere Entwicklung besteht einzig und allein darin, daß diese embryonal angelegten Teile sich entfalten, vergrößern und differenzieren. Am erwachsenen Tier sind sämtliche Teile im fertigen ausgebildeten Zustande vorhanden. Ganz anders dagegen die höhere Pflanze, die niemals ganz auswächst. Bei ihr sind stets neben vollständig fertiggestellten Teilen noch unfertige im embryonalen Zustande oder im Wachstum begriffene zu finden.

Außer diesem hauptsächlich von den Spitzen ausgehendem sogenannten *terminalen* Wachstum gibt es noch andere Wachstumsarten. Es kann das embryonale Gewebe auch *interkalar* oder *basal* erhalten bleiben, so daß wir am Grunde dieser Organe eine teilungsfähige Zone haben, während der übrige Teil in Dauergewebe übergeht und dann die Spitze des Organs der älteste Teil ist. Solche interkalare resp. basale Vegetationszonen finden wir bei vielen Blütenschäften, Internodien und den Blättern verwirklicht. Sehr schön ist es z. B. bei den Grashalmen ausgebildet, wo wir an der Basis jedes einzelnen Internodiums eine Wachstumszone antreffen.

Weiter müssen wir auch daran denken, daß ein Sproß nicht nur in die Länge, sondern auch in die Dicke wächst. Allerdings ist dieses Wachstum nicht so stark und darum auch weniger auffällig. Es kann aber dann größere Dimensionen annehmen, wenn nicht dieses am jungen Sproß oder Wurzel vorliegende *primäre Dickenwachstum* vorliegt, sondern das von diesem unterschiedene *sekundäre*, das von einem besonderen Meristem in der Pflanze, dem sog. *Cambium*, ausgeht, durch welches beispielsweise unsere Bäume ihre oft so beträchtliche Dicke erreichen können.

## B. Die Methoden, das Wachstum zu messen.

Über die Methoden, wie das Wachstum gemessen wird, geben die gebräuchlichsten Lehrbücher Aufschluß. Eine zusammenfassende Darstellung hat zudem letzthin Vouk[1]) gegeben, die alles Wesentliche enthält. Seit dieser Veröffentlichung sind noch als weitere erwähnenswerte Apparate hinzugekommen: für das Längenwachstum ein von Konigsberger[2]) auch für die Beobachtungen kleinster Wachstumsschwankungen verwendbarer selbstregistrierender Auxanometer und ein allerdings noch wenig ausgeprobter, von

[1]) Vouk: Methoden zur Physiologie des Pflanzenwachstums. Abderhaldens Handb. d. biochem. Arbeitsmeth. Bd. 8, S. 222—258.

[2]) Konigsberger, V. J.: Tropismus und Wachstum. Recueil trav. bot. néerland. Bd. 19, S. 9—24. 1922.

SEELIGER[1]) konstruierter, sehr empfindlicher Spiegelauxanometer, für das Dickenwachstum dürfte der von MACDOUGAL[2]) für seine Studien benutzte sog. Dendrograph gute Dienste leisten.

## C. Die Wachstumsbewegungen bei konstanten Bedingungen.

### a) Das embryonale Wachstum.

Die Wachstumsbewegungen des embryonalen Wachstums sind äußerlich nicht leicht wahrnehmbar, die Vergrößerung ist zu gering. Wenn wir untersuchen wollen, wie dieses unter Konstanz der äußeren Bedingungen verläuft, so bleibt nichts anderes übrig, als die Zahl der Zellteilungen an den Vegetationspunkten zu den verschiedenen Stunden des Tages zu bestimmen. Man zieht zu diesem Zwecke eine Anzahl Pflanzen unter ganz konstanten Außenbedingungen auf und nimmt in bestimmten Zeiträumen die Vegetationspunkte ab, fixiert sie, schneidet und färbt sie und zählt die Schnitte auf die vorhandenen Kernteilungen aus. Die recht mühsamen Untersuchungen, besonders von KARSTEN[3]) und STÅLFELT[4]) ausgeführt, ergaben das Ergebnis, daß das embryonale Gewebe in seiner Entwicklung eine Rhythmik zeigt. Die Kernteilungen im Sproß ließen in der Nacht eine Steigerung erkennen, die, um 12 Uhr beginnend, 4 Uhr morgens ihr Maximum erreichte und dann wieder auf den Tageswert herabfiel. Auch bei den Wurzeln finden wir unter konstanten Bedingungen tagesperiodische Schwankungen in der Zellproduktion mit einem Maximum ungefähr um 9—11 Uhr vormittags und einem Minimum um 9—11 Uhr nachmittags.

Diese Rhythmen erfolgen unter gleichen Bedingungen im Dunkeln sowie im Licht. Wenn auch äußere Faktoren, wie wir später noch sehen werden, auf das Zustandekommen der Zellteilungen an den Vegetationspunkten eine Rolle spielen, so konnte doch bisher die äußere Ursache nicht erkannt werden, welche für das Auftreten dieser eigenen Rhythmik verantwortlich zu machen ist. Sie müssen also zu jenen noch völlig dunklen rhythmischen Erscheinungen gerechnet werden, deren wir des öfteren bei Pflanzen (z. B. Schlafbewegungen) begegnen.

Schon seit langer Zeit kennt man eine Periodizität der Zellteilung in der Entwicklung der Algen, die auch hier erwähnt werden muß. Die Teilungen beispielsweise einer Spirogyrazelle erfolgt stets in der Nacht und nicht am Tage. Diese Teilungen sind aber in viel größerem Maße von den äußeren Faktoren, im besonderen dem Lichte abhängig, was durch eine viel leichtere Unterdrückung der Peridiozität zum Ausdruck kommt.

### b) Das Streckungswachstum.

Um ein Bild des Streckungswachstums zu bekommen, wollen wir zunächst in der Wachstumsregion einer Wurzel von der dicken Bohne (Vicia Faba) eine

---

[1]) SEELIGER: Ein Spiegelauxanometer für Keimwurzeln. I u. II. Ber. d. Dtsch. Bot. Ges. Bd. 39, S. 31—41. 1921.

[2]) MACDOUGAL, D. P.: Growth in trees. Proc. of the am. phil. soc. Bd. 60, S. 1—14. 1921.

[3]) KARSTEN, G.: Über embryonales Wachstum und seine Tagesperiode. Zeitschr. f. Bot. Bd. 7, S. 1—34. — KARSTEN, G.: Über die Tagesperiode der Kern- und Zellteilungen. Ebenda Bd. 10, S. 1—20. 1918.

[4]) STÅLFELT, M. G.: Studien über die Periodizität der Zellteilung. Kungl. Svenska Vetenskapsakad. Handlingar Bd. 62, S. 1—114. 1921.

kleine Zone von 1 mm Länge mit einem feinen Haarpinsel durch zwei Tuschestriche abtrennen. Wir entfernen uns dabei nicht allzuweit von dem Vegetationspunkt, um wirklich eine solche von Anfang an beobachten zu können. Wenn wir nun diese Zone alle 24 Stunden messen, so finden wir, daß sie in den einzelnen Tagen um folgende Größen gewachsen ist:

| 1. | 2. | 3. | 4. | 5. | 6. | 7. Tag |
|---|---|---|---|---|---|---|
| 1,3 | 5,7 | 12,5 | 10,5 | 9,0 | 3,0 | 0,0 mm. |

Wir sehen, daß die Werte erst klein sind, dann größer und größer würden, ein Maximum erreichen, um dann wieder zu fallen. Würden wir uns diese Werte graphisch aufzeichnen, so bekämen wir, wenn auf der Abszissenachse die Zeiten, auf der Ordinaten die Zuwachswerte an den einzelnen Tagen aufgetragen würden, das nebenstehende Bild (Abb. 22).

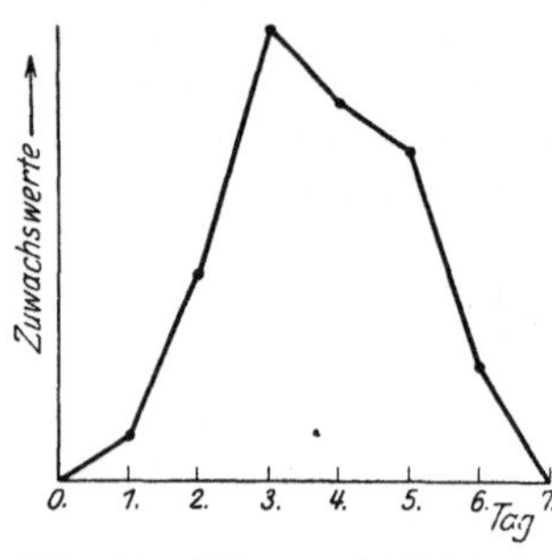

Abb. 22. Die große Periode des Wachstums.

Man nennt diese Kurve „*die große Periode des Wachstums*". Wir würden natürlich ganz das gleiche Bild bekommen, wenn wir die auf der Wurzel abgetragene Zone kleiner und kleiner gewählt hätten. Ja wir würden auch dann noch die große Periode des Wachstums erkennen, wenn wir schließlich zu der Größe herabgingen, welche die am Vegetationspunkt befindliche Zelle hat, die in das Streckungswachstum übergeht. Wir können also sagen, daß jede Zelle während der Streckung die große Periode des Wachstums durchmacht.

Wir wollen nunmehr nicht eine solche Zone auf der Wurzel von Vicia Faba auftragen, sondern mehrere, etwa 10 von der gleichen Größe von 1 mm, die wir der Reihe nach am Vegetationspunkt beginnend aufzeichnen und I, II, III, . . . X nennen wollen. Wenn wir unsere Wurzel dann nach 24 Stunden ansehen, so sind die einzelnen Striche ganz ungleich weit auseinandergerückt. Wenn wir sie der Reihe nach von der Spitze aufwärts messen, so finden wir, daß sie, die vorher 1 mm groß waren, nunmehr folgende Größe besitzen:

| I | II | III | IV | V | VI | VII | VIII | IX | X |
|---|---|---|---|---|---|---|---|---|---|
| 1,0 | 2,3 | 6,0 | 8,0 | 3,5 | 2,0 | 1,5 | 1,4 | 1,0 | 1,0 |

Die einzelnen Zonen sind also in den 24 Stunden um die folgenden Werte gewachsen:

| I | II | III | IV | V | VI | VII | VIII | IX | X |
|---|---|---|---|---|---|---|---|---|---|
| 0,0 | 1,3 | 5,0 | 7,0 | 2,5 | 1,0 | 0,5 | 0,4 | 0,0 | 0,0 mm |

Wir sehen, daß nur die Zonen II—VIII gewachsen sind. Die erste Zone über dem Vegetationspunkt ist nicht wahrnehmbar verändert, und ebensowenig haben sich die Zonen IX und X vergrößert. Die erste Zone hatte ihr Streckungswachstum noch nicht aufgenommen, die nächsten befinden sich in einem bestimmten Stadium der großen Periode, während die beiden letzten bereits ganz ausgewachsen sind. Die Zone IV ist gerade im oder ganz nahe am Maximum der großen Periode, die Zonen II und III, die näher am Vegetationspunkt liegen, sind im aufsteigenden Ast und die nach IV folgenden im absteigenden Ast der großen Periode. Daß dies tatsächlich so ist, erkennen wir sofort, wenn wir nicht nur nach einem Tage messen, sondern die Zuwachswerte zu verschiedenen Zeiten feststellen, wie dies in dem nächsten Beispiel (nach JOST) geschehen ist, dem die gleiche Pflanze *Vicia Faba* zugrunde liegt:

| Faba | Zuwachse in mm | | | | | | | | | |
|---|---|---|---|---|---|---|---|---|---|---|
| | I | II | III | IV | V | VI | VII | VIII | IX | X |
| In den ersten 6 Stunden . . . | 0,0 | 0,0 | 0,3 | 0,4 | 0,5 | 1,0 | 1,0 | 0,5 | 0,1 | 0,1 |
| In weiteren 17 Stunden . . . . . . | 0,1 | 2,0 | 3,7 | 4,1 | 2,5 | 1,5 | 0,5 | 0,3 | 0,2 | 0,1 |
| nach 24 Stunden . | 1,8 | 4,5 | 5,6 | 3,0 | 1,5 | 0,5 | 0,4 | 0,0 | 0,0 | 0,0 |
| „ 2×24 „ . | 5,0 | 15,0 | 6,6 | 3,0 | 1,5 | 0,5 | 0,4 | 0,0 | 0,0 | 0,0 |
| „ 3×24 „ . | 23,0 | 17,0 | 6,6 | 3,0 | 1,5 | 0,5 | 0,4 | 0,0 | 0,0 | 0,0 |

Das Beispiel lehrt uns deutlich, daß die Wachstumszone bei einer Wurzel nur eine verhältnismäßig geringe Ausdehnung hat und direkt hinter dem Vegetationspunkt liegt.

Bei einem Sproß hat die Zone, die sich im Streckungswachstum befindet, eine größere Ausdehnung, wie dies ja bereits uns die Abb. 21, Fig. III gezeigt hat.

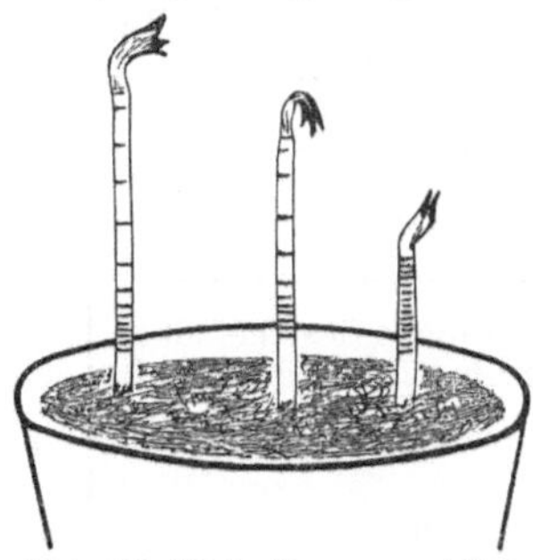
Abb. 23. Keimlinge von Vicia faba, die zu verschiedenen Zeiten mit Marken versehen wurden. (Nach NATHANSOHN.)

Im wesentlichen sind aber auch hier die Verhältnisse ganz die gleichen wie bei der Wurzel. Wenn wir z. B. auf dem wachsenden Epikotyl einer Bohne in ganz der gleichen Weise, wie wir es bei den Wurzeln getan haben, gleiche Teilzonen abtragen, wie dies in dem linken Keimling der Abb. 23 geschehen ist, so werden wir, wenn das Epikotyl etwas gewachsen ist, das gleiche feststellen wie bei der Wurzel, wie dies ein Blick auf das mittlere und rechte Epikotyl der Abb. 23 zeigt, die beide älter als das linke sind und im gleichen Entwicklungsstadium wie dieses gestrichelt wurden. Diese letzteren sind in den unteren Zonen bereits ausgewachsen, die Teilstriche sind hier nicht mehr auseinandergerückt. Das Wachstum ist auch hier am stärksten in einer Entfernung von der Spitze, was durch ein besonders starkes Auseinanderweichen der Teilstriche zu erkennen ist.

Wir haben bisher gesehen, daß die einzelnen Teilzonen, wenn sie noch wachsen, die große Periode des Wachstums zeigen. Wir wollen uns nun die Frage vorlegen, wie das Gesamtwachstum eines Organs und auch einer Pflanze verläuft. Am einfachsten liegen die Verhältnisse für das erstere, weshalb wir mit ihm beginnen.

Die meisten der gemessenen Organe zeigen während ihrer Entwicklung die große Periode des Wachstums. Wie diese hier entsteht, ist leicht zu verstehen. Bei einem werdenden Organ ist natürlich zunächst alles im embryonalen Zustande. Das Gebilde selbst ist sehr klein, so daß wir, wenn wir das Wachstum in gleicher Weise wie vorher verfolgen wollen, nur eine ganz geringe Zahl von Teilstrichen auf dasselbe auftragen können. Irgendwo beginnt dann die Streckung, dabei kann das embryonale Gewebe sich noch eine Zeitlang weiterentwickeln. Bei einem Gebilde, das in seiner Entwicklung begrenzt ist, wird aber die Tätigkeit des embryonalen Wachstums mehr und mehr aufhören. Wir wollen uns das Wachstum eines Organs in einem Schema vorführen und gehen dabei von einem ganz kleinen, noch unentwickelten Organ aus, auf das wir etwa 3 Zonen von einer bestimmten Größe, sagen wir von der Größe $x$, auftragen. Die Gesamtgröße unseres Organs bei Beginn der Messung wird also $3x$ sein. Wir messen die markierten Zonen nun alle 12 Stunden. Nach den ersten 12 Stunden soll etwa eine der zunächst abgetragenen Zonen in die Streckung übergegangen sein. Gleichzeitig bleibt aber das embryonale Gewebe in Tätigkeit. Es wird je nach der Stärke seiner Tätigkeit eine mehr oder weniger große Zone im Laufe der einzelnen Zeitabschnitte absondern. In unserem Beispiel, das nur einen beliebigen herausgegriffenen Fall darstellt, soll etwa die Tätigkeit des embryonalen Gewebes noch zu Beginn des Versuches eine sehr ergiebige sein, dann aber schwächer und schwächer werden. Nach den ersten 12 Stunden soll das embryonale Gewebe sich noch so vergrößert haben, daß wir nunmehr eine weitere Zone von der Größe $x$ auf unserem Organ abtragen können. Nach weiteren 12 Stunden soll sie aber bereits bedeutend nachgelassen haben, so daß nunmehr nur noch eine Zone von $\frac{x}{2}$ abgezeichnet werden könnte. In den nächsten Zeitabschnitten hört die Zellteilungsenergie weiter auf. Wir lassen der Einfachheit halber die Zone sich in den beiden nächsten Zeitabschnitten nur noch um den vierten Teil von $x$ vergrößern, so daß nach 48 Stunden eine volle Zone von der Größe $x$ erreicht ist, die dann nicht weiter sich vergrößert, sondern wie die übrigen in das Streckungswachstum übergeht. Von den übrigen Zonen sind nun die einzelnen der Reihe nach in die Streckung übergegangen. Wir bekommen danach folgendes Bild:

| | Größe der Zonen | | | | | Gesamtgröße des Organs | Zuwachsgröße an den einzelnen Halbtagen |
|---|---|---|---|---|---|---|---|
| | 1 | 2 | 3 | 4 | 5 | | |
| Zu Anfang des Versuches | $x$ | $x$ | $x$ | | | 3,0 $x$ | 0,0 $x$ |
| Nach 12 Stunden . . . | $2x$ | $x$ | $x$ | $x$ | | 5,0 $x$ | 2,0 $x$ |
| „ 24 „ . . . | $4x$ | $2x$ | $x$ | $x$ | $\frac{x}{2}$ | 8,5 $x$ | 3,5 $x$ |
| „ 36 „ . . . | $9x$ | $4x$ | $2x$ | $x$ | $\frac{3x}{4}$ | 16,75 $x$ | 8,25 $x$ |
| „ 48 „ . . . | $15x$ | $9x$ | $4x$ | $2x$ | $x$ | 31,00 $x$ | 14,25 $x$ |
| „ 60 „ . . . | $17x$ | $15x$ | $9x$ | $4x$ | $2x$ | 47,00 $x$ | **16,00** $x$ |
| „ 72 „ . . . | $18x$ | $17x$ | $15x$ | $9x$ | $4x$ | 63,00 $x$ | **16,00** $x$ |
| „ 84 „ . . . | $18x$ | $18x$ | $17x$ | $15x$ | $9x$ | 77,00 $x$ | 14,00 $x$ |
| „ 96 „ . . . | $18x$ | $18x$ | $18x$ | $17x$ | $15x$ | 86,00 $x$ | 9,00 $x$ |
| „ 108 „ . . . | $18x$ | $18x$ | $18x$ | $18x$ | $17x$ | 89,00 $x$ | 3,00 $x$ |
| „ 120 „ . . . | $18x$ | $18x$ | $18x$ | $18x$ | $18x$ | 90,00 $x$ | 1,00 $x$ |

Die Gesamtgröße des Organs wird natürlich durch die jeweilige Summation der Größen der einzelnen Zonen gewonnen. Die Zuwachsgröße erhalten wir, wenn wir von der an dem betreffenden Halbtag festgestellten Gesamtgröße die des vorigen abziehen. Wir sehen, daß diese Zuwachsgrößen das Bild der großen Periode ergeben. Im einzelnen werden die Dinge in jedem Falle etwas verschieden sein, aber im Grunde kommt doch immer wieder das Bild heraus, welches unser Schema wiedergibt. Wir können sagen, daß, wenn das Wachstum ein begrenztes ist und die einzelnen Zonen die große Periode zeigen, wie das bisher immer gefunden worden ist, auch das Gesamtwachstum des betreffenden Organs die große Periode des Wachstums zeigt.

Die Wurzeln und auch das Wachstum von Algen und einigen Pilzen scheint hiervon eine Ausnahme zu machen. Wenn wir beispielsweise das Wachstum einer schon etwas entwickelten Wurzel an verschiedenen Tagen messend verfolgen, so scheint dieses in einer geraden Linie zu erfolgen. So erfolgt nach ASKENASY[1])

---

[1]) ASKENASY: Über einige Beziehungen zwischen Wachstum und Temperatur. Dtsch. Bot. Ges. Bd. 8, S. 61. 1890.

das Wachstum der Wurzel von Zea Mays, dem Mais, ungefähr in einer geraden Linie, wie die folgenden Zahlen zeigen:

| | Zuwachse in Mikrometerskalenteilen (1 = ½ mm) in Stunden | | | | | | | | |
|---|---|---|---|---|---|---|---|---|---|
| | 1 | 2 | 3 | 4 | 5 | 6 | 7 | 8 | 9 |
| Wurzel 1 . . . . . . . | 34,0 | 27,0 | 30,0 | 29,5 | 36,0 | 35,0 | 38,0 | 31,0 | 33,5 |
| Wurzel 2 . . . . . . . | 32,5 | 34,5 | 37,9 | 34,5 | 33,0 | 33,6 | 33,0 | — | — |

Der Grund für diese Art des Wachstums liegt darin, daß bei den Wurzeln das embryonale Gewebe lange erhalten bleibt und daß es sich immer wieder neu ergänzt. Ein solches Gebilde muß zunächst zu einem bestimmten Wert ansteigen und wird dann, wenn einmal ein gewisser Wert erreicht ist, ganz gleichmäßig wachsen, um erst dann, wenn eine Erschöpfung des embryonalen Gewebes erfolgt, wieder in den Zuwachswerten herabzusinken. Wir können uns dieses in derselben Weise wie oben durch ein Schema verwirklichen.

Wir gehen dabei wieder von einer ganz kleinen Wurzel aus, die es nur zuläßt, daß wir zwei Zonen, sagen wir wieder von der Größe $x$, auf ihr abtragen können. Wir beobachten alle 24 Stunden. Nach einem Tag ist eine der abgetragenen Zonen in das Streckungswachstum eingetreten, gleichzeitig hat sich aber eine neue embryonale Zone gebildet, sagen wir wieder der Einfachheit halber von der Größe $x$. Am 3. Tag ist die erste Zone in ein weiteres Stadium der großen Periode eingetreten, während die zweite Zone in das erste Stadium der großen Periode gekommen ist, aber auch an diesem Tage finden wir eine neue embryonale Zone von der Größe $x$ wieder vor. So geht das nun weiter. Wir erhalten demnach das folgende Schema für das Wachstum einer Wurzel, bis zu den Tagen, wo das Wachstum ein gleichmäßiges geworden ist:

| | Größe der Zonen | | | | | | | | | | Gesamtgröße der Wurzel | Zuwachs an den einzelnen Tagen |
|---|---|---|---|---|---|---|---|---|---|---|---|---|
| | 1 | 2 | 3 | 4 | 5 | 6 | 7 | 8 | 9 | 10 | | |
| Zu Beginn d. Versuches | $x$ | $x$ | — | — | — | — | — | — | — | — | $2x$ | $0x$ |
| Nach 1 Tag . | $2x$ | $x$ | $x$ | — | — | — | — | — | — | — | $4x$ | $2x$ |
| „ 2 Tagen | $4x$ | $2x$ | $x$ | $x$ | — | — | — | — | — | — | $8x$ | $4x$ |
| „ 3 „ | $9x$ | $4x$ | $2x$ | $x$ | $x$ | — | — | — | — | — | $17x$ | $9x$ |
| „ 4 „ | $15x$ | $9x$ | $4x$ | $2x$ | $x$ | $x$ | — | — | — | — | $32x$ | $15x$ |
| „ 5 „ | $17x$ | $15x$ | $9x$ | $4x$ | $2x$ | $x$ | $x$ | — | — | — | $49x$ | $17x$ |
| „ 6 „ | $18x$ | $17x$ | $15x$ | $9x$ | $4x$ | $2x$ | $x$ | $x$ | — | — | $67x$ | $18x$ |
| „ 7 „ | $18x$ | $18x$ | $17x$ | $15x$ | $9x$ | $4x$ | $2x$ | $x$ | $x$ | — | $85x$ | $18x$ |
| „ 8 „ | $18x$ | $18x$ | $18x$ | $17x$ | $15x$ | $9x$ | $4x$ | $2x$ | $x$ | $x$ | $103x$ | $18x$ |

usw.

Wenn keine Neubildung des embryonalen Wachstums mehr erfolgt, müssen natürlich die Zuwachswerte wieder abnehmen, in der gleichen Weise, wie das in dem vorigen Schema erfolgte.

Wenn wir nicht Spitzenwachstum haben, sondern interkalares, so gelten die gleichen Gesetzmäßigkeiten. Zumeist wird für dieses das erste der beiden gegebenen Schemen zur Anwendung kommen.

Wir werfen schließlich auch noch einen Blick auf das Wachstum einer ganzen Pflanze. Sehr oft ist diese aus einer großen Anzahl Internodien aufgebaut, die einzeln ihre Streckung durchmachen. Ist die Entwicklung so, daß das untere Internodium seine Streckung zuerst aufnimmt, daß dann bald darauf auch das zweite, dritte und so weiter folgt, so wird die Gesamtzunahme in derselben Weise erfolgen wie dies in dem ersten Schema gegeben ist. In diesem Falle bedeutet die Größe $x$ ein junges noch unentwickeltes Internodium und das Gesamtwachstum der Pflanze müßte wieder die große Periode sein. Es ist aber auch der Fall zu denken, daß das Wachstum einer aus vielen Internodien aufgebauten Pflanze so vor sich geht, wie es die Wurzel uns zeigte. Ja schließlich ist auch folgendes möglich und beobachtet worden. Wenn ein junges Internodium erst dann in die Streckung eingeht, wenn das vorhergehende sein Wachstum bereits vollendet hat, so muß das Gesamtwachstum wellenförmig erfolgen.

Wir wollen hier auch noch den Fall erwähnen, daß die große Periode des Wachstums durch die Anlage des Befruchtungsvorgangs gestört wird. Wenn wir den Blütenschaft von Taraxacum officinale messend verfolgen, so steigt dieser zunächst normal zu einer gewissen Höhe an, dann aber tritt ein Fallen ein. Diese Wachstumshemmung fällt immer mit der Blütezeit zusammen. Ist diese vorbei, so setzt ein erneutes Steigen ein bis zur Erreichung des Maximums, auf das dann naturgemäß wieder ein Abfallen erfolgt. Die Kurve des Blütenschaftes von Taraxacum hat also zwei Maxima in ihrer Entwicklung. Ganz das gleiche wurde auch für den Sporalgienträger von Phycomyces nitens festgestellt. Hier fiel die Wachstumsretardation zusammen mit der Bildung des Sporangiums.

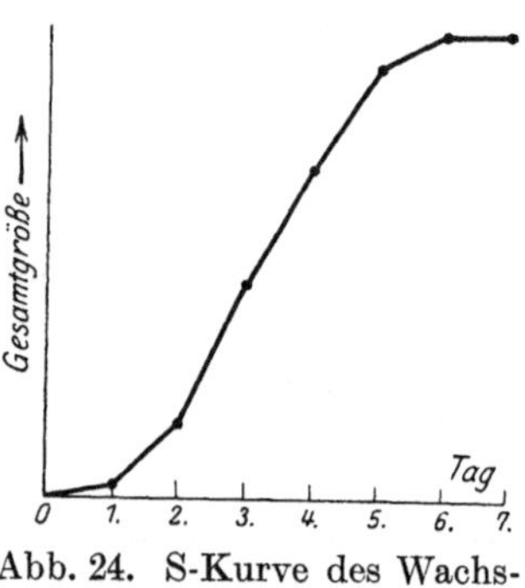

Abb. 24. S-Kurve des Wachstums.

Wir haben die große Periode des Wachstums, die die Grundlage der gesamten Wachstumsbewegungen bildet, als eine sog. Optimumkurve kennengelernt. Man kann den gleichen Wachstumsverlauf auch anders darstellen. Statt die Zuwachswerte in den einzelnen Zeitabschnitten zugrunde zu legen, kann man auch die jeweils festgestellte Gesamtgröße benutzen, um den Wachstumsverlauf deutlich zu machen. Das auf S. 76 gewählte und graphisch wiedergegebene Beispiel würde in dieser Darstellungsweise die folgende Gestalt einer S-Kurve annehmen (Abb. 24).

In dieser Form lassen sich die Wachstumsvorgänge leichter formelmäßig fassen, weshalb man in neuerer Zeit diese Darstellungsweise der vorigen vorzieht. Es sind mehrere derartige Formeln aufgestellt worden, die alle auf dasselbe hinauskommen. Ich gebe nur die allgemeinste Darstellung, wie sie in der Formulierung von ROBERTSON zum Ausdruck kommt, hier wieder. Danach läßt sich der Wachstumsverlauf durch die Formel ausdrücken:

$$\log \frac{y}{A - y} = k(x - x_1).$$

In diesem Ausdruck bedeutet $A$ die Endlänge des Organs, dessen Wachstum wiedergegeben werden soll, $y$ ist die Länge dieses zur Zeit $x$, $x_1$ gibt den Zeitpunkt an, in welchen das Organ die Hälfte des Wertes $A$ erreicht hat, schließlich $k$ ist eine Konstante, die durch Einsetzen von verschiedenen empirisch gefundenen Werten in die obige Formel gewonnen wird.

Die Gültigkeit dieser Formel zeigt uns, daß das Wachstum mit den autokatalytischen Reaktionen zu vergleichen ist, bei denen stets auch $S$-Kurven auftreten. In diesen Reaktionen haben wir solche Prozesse vor uns, in dessen Verlauf ein den Prozeß beschleunigendes Produkt auftritt, das den Schenkel der $S$-Kurve in die Höhe treibt. Im weiteren Verlauf tritt immer mehr eine Abnahme der Reaktionsgeschwindigkeit auf, die in der Erschöpfung der zur Verfügung stehenden Stoffmenge ihren Grund hat. Allerdings ist dies nur ein Vergleich. Das Wachstum ist sicherlich nicht nur ein chemischer Vorgang, sondern bei ihm spielen alle möglichen anderen Faktoren mit hinein. Der mehr neutralere Ausdruck autokatakinetischer Vorgang, den Wo. OSWADD an die Stelle der autokatalytischen für solche Prozesse, wie sie das Wachstum auch darstellt, vorschlägt, ist weit charakteristischer, will aber auch bei den so komplizierten Wachstumserscheinungen mit großer Vorsicht angewandt sein.

Um das Wachstum verschiedener Pflanzen miteinander vergleichen zu können, ist es notwendig, sich einen Begriff von dessen *Geschwindigkeit* zu machen. Die Größe des Zuwachses ist bei den verschiedenen Pflanzen eine ganz verschiedene, wie dies aus der folgenden von JOST zusammengesetzten Tabelle sich ergibt, die von einer Anzahl Pflanzen die maximalen Zuwachse in einer Minute geben:

| | |
|---|---|
| Dictyophora (Pilz) . . . . . . . . | 5 mm |
| Staubgefäße von Gramineen . . . . | 1,8 „ |
| Bambusa . . . . . . . . . . . . . | 0,4 „ |
| Coprinus (Pilz) . . . . . . . . . . | 0,225 „ |
| Botrytis (Pilz) . . . . . . . . . . | 0,0345 „ |

So wertvoll solche Zahlen auf den ersten Blick sein mögen, so können sie uns doch nicht das rechte Bild von der Geschwindigkeit des Wachstums geben; denn die Zunahme der Längeneinheit in der Zeiteinheit kommt durch diese Zahlen nicht zum Ausdruck. Das aber muß verlangt werden, wenn wir vergleichbare Werte haben wollen. Es kann doch sein, wie beispielsweise beim Bambusstengel, daß hier eine große Strecke sich am Wachstum beteiligt, während anderseits bei einem so kleinen Pilz, wie etwa Botrytis, die Wachstumszone ganz gering ist. Wir müssen also mit andern Worten das Wachstum in Prozenten der Länge der Streckungszone angeben. Dann wird aber das Bild ein ganz anderes, wie die folgende ebenfalls JOST entnommene Tabelle zeigt:

| | |
|---|---|
| Pollenschläuche von Impatiens Hawkeri . . . . . . | 220 % |
| Pollenschläuche von Impatiens Balsamina . . . . . | 100 % |
| Mucor stolonifer Hyphen . . . . . . . . . . . . | 118 % |
| Botrytis . . . . . . . . . . . . . . . . . . . | 83 % |
| Gramineenstaubgefäße . . . . . . . . . . . . . . | 60 % |
| Bambusasproß . . . . . . . . . . . . . . . . . | 1,7 % |
| Bryoniasproß . . . . . . . . . . . . . . . . . | 0,58% |

Der Pilz Botrytis stand in der vorigen Tabelle an letzter Stelle und ist nun vor dem Gramineenstaubgefäß und dem Bambusasproß gerückt. Während nach der obigen Tabelle der Bambusasproß nur 4,5 mal geringer wuchs wie die Gramineenstaubgefäße, ist der Unterschied jetzt wie 47,2 zu 1.

## D. Der Einfluß äußerer Faktoren auf die Wachstumsbewegungen.

### a) Embryonales Wachstum.

Die Untersuchungen über den Einfluß der äußeren Faktoren auf die Zellteilungsenergie sind nicht sehr zahlreich, aber sie genügen, um uns ein ungefähres Bild von ihnen geben zu können.

Oben wurde gezeigt, daß die Zellteilungen unter konstanten Bedingungen nicht gleichmäßig erfolgen, sondern einen bestimmten Rhythmus erkennen lassen. Die Ursache für diese Periode konnte nicht ermittelt werden. Das Licht, an das man zunächst denken wird, kann sie nicht erklären. Andererseits läßt sich aber zeigen, daß es einen ganz bestimmten Einfluß auf die Bildung neuer Zellen ausübt; denn wenn künstlich die Belichtung auf die Tageszeit und die Verdunkelung auf die Nachtzeit verlegt wird, so tritt nunmehr auch am Tage, also in der Dunkelheit ein zweites Maximum auf. Das Licht wirkt danach auf die Zellteilungen hemmend ein.

Stalfeld[1]) hat noch eine Reihe anderer Faktoren auf die Zellteilungsenergie der Zellen am Vegetationspunkt von Wurzeln untersucht. Er findet, daß nur der galvanische Strom imstande ist, eine lebhaftere Zellteilung herbeizuführen, während bei den andern untersuchten Faktoren, wie Temperatur, Verweilen in Sauerstoff, Stickstoff oder Ätherdämpfen die Zellteilungsfrequenz unverändert bleibt oder, was das gewöhnlichste war, herabgesetzt wird.

In weit stärkerem Maße haben sich die Zellteilungen von Algen als abhängig vom Licht erwiesen. Man weiß seit langer Zeit, daß die Vermehrung der Algenzellen zumeist in den Nachtstunden eintritt. Hier läßt sich die Tagesperiode viel leichter und vollständiger durch Veränderung der Beleuchtung abändern. Wenn bei solchen Kulturen die Zellen tagsüber dunkel gehalten werden und nachts intensiv beleuchtet wurden, so treten, nachdem die Pflanzen sich an die neue Periode gewöhnt haben, die Zellteilungen nun in den Tagesstunden auf. Die bisher gemachten Untersuchungen haben ergeben, daß hier der Rhythmus ohne Zweifel in gewisser Abhängigkeit von der Kohlensäurebildung steht. Lapicque[2]) hat beispielsweise gezeigt, daß Spirogyrenkulturen am Licht und im Dunkeln gezogen starke Schwankungen in der Wasserstoffionenkonzentration zeigen und daß diese als Folge des Antagonismus von säurebildender Atmung und säurebindender Assimilation abhängen.

### b) Das Streckungswachstum.

Wenn beim embryonalen Wachstum der Einfluß der äußeren Faktoren weniger deutlich äußerlich in die Erscheinung tritt, so ist aber doch der ganze Wachstumsprozeß in seinem weiteren Verlauf von diesen stark beeinflußt. Dies fällt jedem auf, der aufmerksam durch die Natur geht. Die im Schatten stehende Pflanze ist größer als die im Licht gewachsene, der feuchte Standort wirkt anders auf das Wachstum ein wie der trockene, ein gut gedünkter Boden läßt die Pflanzen zu kräftig entwickelten Exemplaren werden, während die, welche während ihrer Entwicklung eine schlechte Ernährung hatten, nur kleine, oft winzige Kümmerlinge wurden. Jeder weiß, daß das Wachstum bei der Kälte ein geringeres ist als in der Wärme.

Wir wollen im folgenden nun versuchen, die Wachstumsbewegungen unter dem Einfluß einiger der wichtigsten äußeren Faktoren kennen lernen. Ein genaues Studium des Einflusses dieser läßt sich in der Natur nicht vornehmen; solche Untersuchungen sind nur im Laboratorium anzustellen, wo man dafür sorgen kann, daß alle Faktoren, die Einfluß auf die Entwicklung haben, möglichst konstant bleiben, während wir den zu untersuchenden Faktor variieren.

#### 1. Das Licht.

Das Licht ist bei dem Streckungswachstum der meisten Pflanzen von ausschlaggebender Bedeutung. Den großen Einfluß des Lichtes auf das Wachstum der Pflanzen kennt ja jeder, der einmal im Frühjahr in seinem Keller die langen Triebe der auswachsenden Kartoffelknollen gesehen hat, die sich im Dunkeln oder Halbdunkel hier entwickeln. Man sieht an diesem allbekannten Beispiel, daß das Licht das Wachstum der einzelnen Internodien hemmt, während die Dunkelheit es fördert. Neuere Untersuchungen haben uns eine Anzahl weiterer wichtiger Erkenntnisse in der Frage gegeben, wie der Einfluß von verschieden starkem Licht auf das Wachstum einwirkt.

---

[1]) Auf S. 75 zitiert.

[2]) Cpt. rend. des séances de la soc. de biol. Bd. 87. 1923.

*Die Lichtwachstumsreaktion.* Wir fragen uns zunächst, was geschieht, wenn ein Organ, daß längere Zeit im Dunkeln stand und hier ein gleichmäßiges Wachstum erreicht hat, in einem gewissen Zeitpunkt mit einer bestimmten Lichtmenge beleuchtet wird. Während man früher annahm, daß eine solch plötzlich einsetzende Belichtung auf das Wachstum der Pflanze nicht unmittelbar einwirke, weiß man heute, daß sie eine ganz charakteristische Reaktion des Wachstums hervorruft, die man die Lichtwachstumsreaktion nennt. Wir wollen sie zunächst bei dem Objekt kennen lernen, bei dem BLAAUW[1]) diese zuerst fand, bei dem Sporangienträger von Phycomyces nitens. Wir ziehen uns solche im Dunkeln auf und warten, bis sie eine bestimmte Größe erreicht haben. Dann beleuchten wir sie mit einer bestimmten Lichtmenge. Wir haben das Wachstum eine Zeitlang im Dunkeln beobachtet und verfolgen nun ebenso den Wachstumsverlauf nach der Belichtung. Um diesen bei verschieden starken Lichtmengen hervorgerufenen Wachstumsverlauf besser übersehen zu können, wollen wir uns ihn graphisch aufzeichnen. Die Abb. 25 gibt uns diesen schematisch nach den gemachten Beobachtungen wieder.

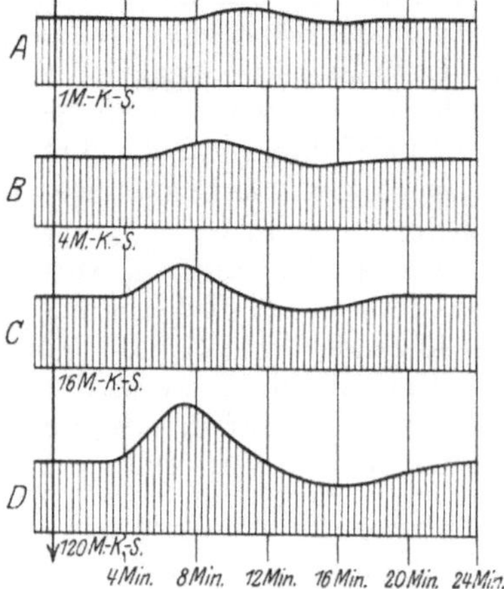

Abb. 25. Lichtwachstumsreaktion bei dem Sporangienträger von Phycomyces nitens. (Nach BLAAUW.)

Auf der Abszissenachse ist die Zeit abgetragen, die für alle Kurven durch vertikale Linien deutlich gemacht ist. Die Entfernung dieser vertikalen Linien bedeutet einen Zeitraum von 4 Minuten. Auf den Ordinaten wurde der jeweils mit dem Horizontalmikroskop festgestellte Zuwachs aufgetragen. Die einzelnen Kurven geben den Wachstumsverlauf von Sporangienträger wieder, die in dem Zeitpunkt, der durch die dick ausgezogene vertikale Linie deutlich gemacht ist, mit der Lichtmenge beleuchtet wurden, die unter den einzelnen Kurven angegeben ist.

Die Kurven zeigen uns, daß jede Lichtmenge, selbst eine so geringe wie 1 M.-K.-S. (Meter-Kerzen-Sekunden), wie sie in dem ersten Versuch gebraucht

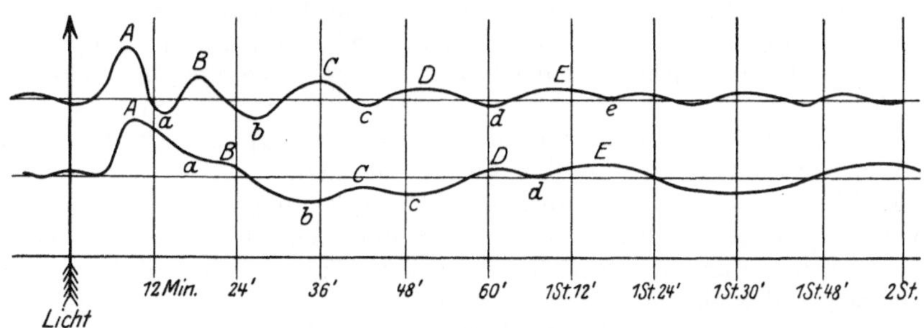

Abb. 26. Wellenförmiger Wachstumsverlauf von zwei Sporangienträgern von Phycomyces nitens. (Nach BLAAUW.)

wurde, imstande ist, das bis dahin mehr oder weniger geradlinig verlaufende Wachstum abzuändern, also eine charakteristische Wachstumsreaktion hervorzurufen. Eine gewisse Zeit nach der Belichtung wird das Wachstum gefördert und steigt bis zu einem Maximum an, um dann wieder zu fallen und zwar auf einen Wert, der unter dem liegt, wie er vor der Belichtung gefunden wurde.

[1]) BLAAUW, A. H.: Licht und Wachstum. I. Zeitschr. f. Bot. Bd. 6.

Von diesem Wert steigt er aber bald wieder zu dem normalen Wert an. Die Reaktion nimmt, wie wir sehen, mit der Steigerung der Lichtmenge an Stärke zu, d. h. die Erhebungen und Einsenkungen werden höher resp. tiefer. Bei weiterer Steigerung der Lichtmenge und vor allem dann, wenn wir nicht nur vorübergehend beleuchten, sondern den Sporangienträger von einem bestimmten Augenblick an mit Licht einer bestimmten Stärke dauernd beleuchten, so treten ganz charakteristische Wellen auf, wie sie die folgende Abb. 26 zeigt, die uns die Lichtwachstumsreaktion von zwei Sporangienträgern wiedergibt, die an der Stelle, wo der nach oben gerichtete Pfeil steht, mit einer Beleuchtungsstärke von 64 MK dauernd beleuchtet wurden. Hier ist das Wachstum in Schwingungen übergegangen, die Erhebungen und Einsenkungen sind zuerst stark und flachen sich immer mehr ab.

Gleichzeitig mit BLAAUW fand VOGT die Lichtwachstumsreaktion bei der Koleoptile des Haferkeimlings. Hier ist das Bild der Reaktion ein anderes, wie die folgende Abb. 27, die VOGTS Versuchen entnommen ist, lehrt.

Die Abbildung ist in derselben Weise zu verstehen, wie dies oben für den Wachstumsverlauf des Sporangienträgers von Phycomyces nitens auseinandergesetzt worden ist. Die Abszisse ist diesmal in Abschnitte von je 3 Minuten eingeteilt. In dem Teil der Abbildung, der schraffiert worden ist, war die Pflanze im Dunkeln, während sie in dem unschraffierten, also in einer Zeit von 15 Minuten senkrecht von oben mit einer Beleuchtungsstärke von 100 MK belichtet wurde. Wir sehen, daß die Kurve ungefähr 15 Minuten nach der Belichtung anfängt zu fallen, daß sie 24 Minuten nach dieser ein Minimum erreicht hat, um dann zu einem recht kräftigen Maximum anzusteigen und darauf wieder zu fallen. VOGT hat nur in diesem Zeitraum untersucht. Hätte er weiter beobachtet, so hätte er festgestellt, daß die Kurve in der gleichen Weise, wie dies oben für den Sporangienträger von Phycomyces gezeigt wurde, wellenförmig weiter verläuft, um in ganz ähnlicher Weise wie dort langsam sich wieder der geraden Linie zu nähern. Die Reaktion verläuft, wie wir sehen, gerade umgekehrt wie bei dem Sporangienträger von Phycomyces.

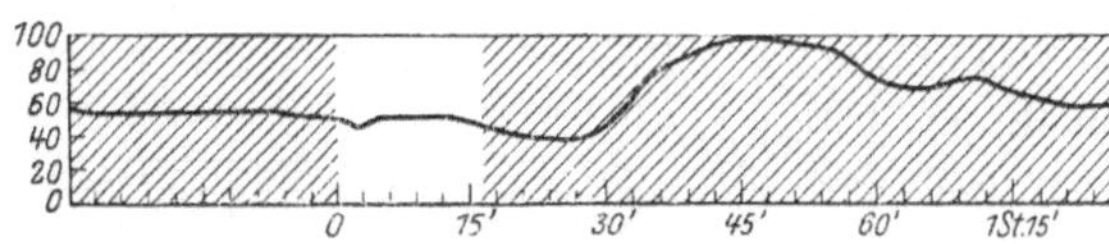

Abb. 27. Lichtwachstumsreaktion bei der Koleoptile von Avena sativa. (Nach VOGT.)

Die bisher untersuchten Pflanzen zeigen, daß jedes einzelne Organ seine eigene Lichtwachstumsreaktion hatte. Dabei gibt es einige, die überhaupt keine solche haben. So konnte bei Wurzeln eine solche nur bei Sinapis alba gefunden werden, während andere, wie die von Avena, Raphanus und Lepidium, nicht in der gleichen Weise auf das Licht reagieren.

Die Lichtwachstumsreaktion ändert sich, wie wir oben bei dem Sporangienträger von Phycomyces gesehen haben, mit der Lichtmenge, mit welcher er beleuchtet wurde. Für die ebenfalls weitgehenst untersuchte Koleoptile von Avena sativa gilt das gleiche. Auch hier wird durch eine Lichtmenge eine ganz charakteristische, durch ihre Größe bestimmte Lichtwachstumsreaktion ausgelöst. Man wird also natürlich innerhalb bestimmter Grenzen mit einer kurzen Belichtung von höherer Intensität dieselbe Reaktion erzielen wie mit einer Lichtquelle, die an Intensität schwächer ist, aber dafür entsprechend länger brennt.

Nach neueren Untersuchungen von KONIGSBERGER[1]) sind aber diese Reaktionen, die bei einer bestimmten Lichtmenge auftreten, nur unvollkommene, nicht ganz zur Auswirkung gelangende Reaktionen, nur die Vorstufen zu der

[1]) KONIGSBERGER, V. J.: Lichtintensität und Lichtempfindlichkeit. Rec. travaux bot. Neérlandais Bd. 20, S. 257—312. 1923.

„vollkommenen“ Lichtwachstumsreaktion. Diese tritt nur bei einer Dauerbeleuchtung ein. Für die Größe dieser Reaktionen ist nicht mehr die Lichtmenge maßgebend, sondern die Beleuchtungsintensität. So nimmt beispielsweise das erste Minimum, das bei der Koleoptile von Avena stets zunächst eintritt, an Tiefe um so mehr zu, je höher die Beleuchtungsstärke der betreffenden Lichtquelle ist, mit der von einem bestimmten Zeitpunkt an die Pflanzen ständig beleuchtet werden. Diese Tiefe wird, was für die Frage der Lichtempfindlichkeit von besonderem Interesse ist, auch immer dann erreicht, wenn die Pflanzen vorher mit einer Lichtquelle von geringerer Intensität vorbeleuchtet waren. Es reagieren mit anderen Worten vorbeleuchtete Pflanzen genau so stark und kräftig, wie solche, die vorher im Dunkeln standen. Die Beleuchtungsstärke der Vorbelichtung ist immer „begrenzender“ Faktor für die Lichtwachstumsreaktion.

Eine andere Frage ist, wie sich die Pflanze einer Verdunkelung resp. einer Herabsetzung der Beleuchtungsstärke anpaßt. Gibt es dann eine der Lichtwachstumsreaktion entsprechende Dunkelwachstumsreaktion? Diese Frage ist heute noch umstritten. Während auf der einen Seite [Sierp[1]), Blaauw und Tollenaar[2]), Btrauner[3])] eine solche angenommen wurde, wird von anderen [Konigsberger[4]), Erman[5])] eine solche geleugnet. Die bisher beobachtete Dunkelwachstumsreaktion soll genau umgekehrt verlaufen wie die Lichtwachstumsreaktion, wo hier eine Einsenkung ist, soll dort eine Erhebung sein und umgekehrt.

In diesem Zusammenhang muß noch ein anderes sehr beachtenswertes Ergebnis der Untersuchungen von Konigsberger[6]) hier angeführt werden, das uns einen weiteren wichtigen Einblick in das Wesen der Lichtwachstumsreaktion geben kann. Konigsberger konnte den Nachweis erbringen, daß die in der Lichtwachstumsreaktion der Wachstumshemmung folgende Förderung nicht direkt durch das Licht verursacht wird, sondern in der vorausgehenden Wachstumsverzögerung ihre Ursache hat, so daß also diese nicht eigentlich zu der Lichtwachstumsreaktion gehört, sondern eine durch die Wachstumshemmung hervorgerufene Antireaktion ist.

*Einfluß des Lichtes auf die große Periode.* Mit der Lichtwachstumsreaktion ist der Einfluß des Lichtes auf das Wachstum nicht erschöpft. Die in dieser auftretenden Wellen sind vielleicht nur Übergangserscheinungen, die das Wachstum dem neuen durch das Licht geschaffenen Zustand anpassen. Das Gesamtwachstum wird durch das Licht in wesentlicher Weise beeinflußt. Bisher nahm man an, daß die meisten pflanzlichen Objekte, wie Blätter, Stengel und Wurzeln, durch das Licht resp. die Dunkelheit in der gleichen Weise beeinflußt werden; das Licht soll die Wachstumsgeschwindigkeit herabsetzen, während eine Verdunkelung es fördern soll. Neuere Erfahrungen haben uns aber gezeigt, daß die Wirkung des Lichtes und der Dunkelheit nicht immer so gleichsinnig ist, wie man dies bisher angenommen hat. Dieses sollen uns Untersuchungen über

---

[1]) Sierp, H.: Beitrag zur Kenntnis des Einflusses und Lichtes auf das Wachstum der Koleoptile von Avena sativa. Zeitschr. f. Bot. Bd. 10. 1918. — Sierp, H.: Untersuchungen über die durch Licht und Dunkelheit hervorgerufenen Wachstumsreaktionen. Ebenda Bd. 13. 1921.

[2]) Tollenaar, D. u. H. Blaauw: Light- and dark-adaptien of a plant cell. Konigl. Akad. v. Wetenschappen Bd. 24. 1921. — Tollenaar, D.: Dark Growth responses. Ebenda Bd. 26. 1923.

[3]) Brauner, L.: Lichtkrümmung und Lichtwachstumsreaktion. Zeitschr. f. Bot. Bd 14, S. 497—547. 1922.

[4]) Zitiert auf S. 74.

[5]) Erman, C.: Ein Beitrag zu den Untersuchungen über die Dunkelwachstumsreaktion bei der Koleoptile von Avena sativa. Botaniska Notiser S. 331—351. Lund 1923.

[6]) Zitiert auf S. 84.

den Wachstumsverlauf der Koleoptile von Avena sativa bei verschiedenen Beleuchtungsstärken zeigen.

Das Gesamtwachstum verläuft, wie wir gesehen haben, in der Form der großen Periode. Wir verfolgen nun den Wachstumsverlauf bei verschiedenen Beleuchtungsstärken und stellen uns das Ergebnis für eine Anzahl von untersuchten Beleuchtungsstärken in der Form der folgenden graphischen Kurven dar (Abb. 28).

Die Abszissenachse gibt die Zeiten in Halbtagen, die Ordinaten die Zuwachse an diesen wieder. Die einzelnen Kurven entsprechen den verschiedenen zur Anwendung kommenden Beleuchtungsstärken, und zwar so, daß Kurve *a* den Wachstumsverlauf im Dunkeln, Kurve *b* den bei der geringsten zur Anwendung kommenden Beleuchtungsstärke, Kurve *c* den bei der nächsthöheren usf. darstellt. Wir sehen, daß das Wachstum in dem aufsteigenden Ast zunächst gefördert wird, und zwar um so mehr, je höher die zur Anwendung kommende Beleuchtungsstärke war. Diese Förderung geht aber sehr bald in eine Hemmung über. Dies zeigt sich einmal darin, daß das Maximum um so tiefer liegt, je höher die angewendete Beleuchtungsstärke war, und dann auch daran, daß der Abschluß des Wachstums um so früher erfolgt, eine je höhere Stärke die angewandte Beleuchtung hatte.

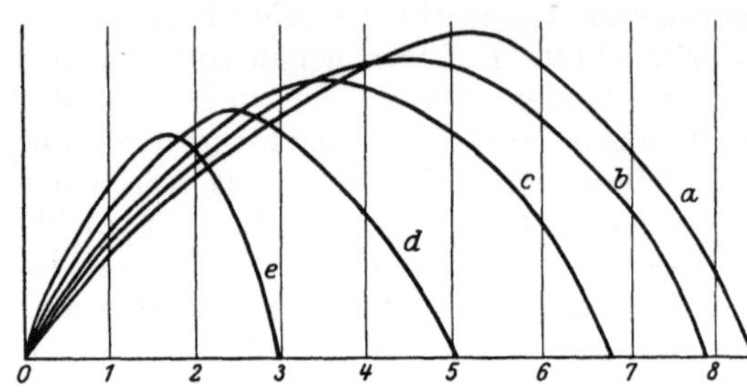

Abb. 28. Die große Periode bei verschiedenen Beleuchtungsstärken. (Nach SIERP.)

In den hier wiedergegebenen Versuchen wurden die Keimlinge senkrecht von oben mit einer elektrischen Lampe beleuchtet. Wir wissen, daß so den Keimlingen verhältnismäßig wenig Licht zugeführt wird. Bei einer weiteren Steigerung der Beleuchtung wird die Hemmung weiter zur Wirkung kommen und sich auch auf die Förderung in dem aufsteigenden Ast erstrecken und diese mehr und mehr zum Verschwinden bringen. Von einer bestimmten Beleuchtungsstärke an muß die Kurve auch am Anfang unter dem Ast liegen, die der höheren Beleuchtung entspricht. Bei anderen Objekten tritt dieser Fall anscheinend unmittelbar auf, hier ist dann von einer Förderung, wie sie bei der Koleoptile von Avena zu Anfang gefunden wird, überhaupt nichts zu sehen, die Kurve verläuft gleich von Anfang unter der Kurve, die bei einer geringeren Beleuchtungsstärke festgestellt wurde.

Die gleichen Gesetzmäßigkeiten ergeben sich auch, wenn Koleoptilen in verschiedenen Zeiten ihrer Entwicklung einer höheren Beleuchtungsstärke ausgesetzt werden. Auch dann macht sich, wie dies die Abb. 29 zeigt, zunächst eine Steigerung des Wachstums bemerkbar, die um so stärker ist und um so länger anhält, je früher im Laufe der Entwicklung die Zunahme der Beleuchtung erfolgte. In der gleichen Weise macht sich auch die Hemmung bemerkbar.

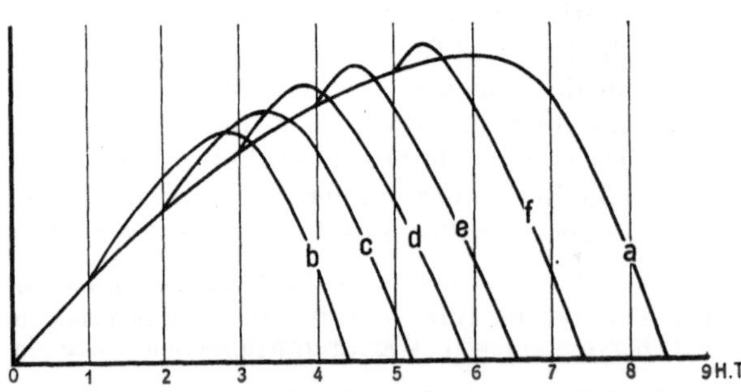

Abb. 29. Der Einfluß der Vergrößerung der Beleuchtungsstärke zu verschiedenen Zeiten der Entwicklung. (Nach SIERP.)

Gleiche Gesetzmäßigkeiten zeigen sich auch, wenn in einem bestimmten Punkt der Entwicklung eine Beleuchtungsstärke in eine Anzahl höhere umgewandelt wird, wie dies ein Blick auf die Abb. 30 ergibt, die in der gleichen Weise wie die vorigen aufzufassen ist.

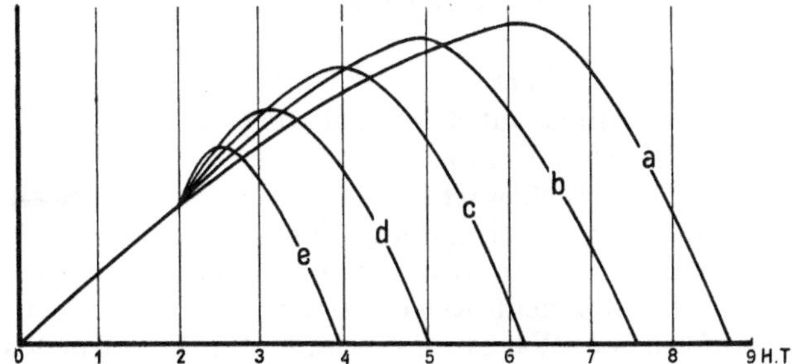


Abb. 30. Der Einfluß der Heraufsetzung der Beleuchtungsstärke auf die große Periode des Wachstums. (Nach SIERP.)

Wird umgekehrt die Beleuchtungsstärke in einem bestimmten Zeitpunkt der Entwicklung herabgesetzt, so gilt in allem das Umgekehrte. Das Wachstum wird nun zunächst gehemmt, und zwar um so stärker, je geringer die nachfolgende Beleuchtung ist. Hierauf folgt eine Förderung, die ebenfalls um so stärker ausfällt, je geringer die nun zur Anwendung kommende Beleuchtungsintensität ist. Abb. 31 kann uns dies erläutern. Wenn die Pflanzen in der Lichtintensität weitergewachsen wären, in der sie zunächst standen, so hätte das Wachstum einen Verlauf genommen, wie es die Kurve *a* zeigt. Am Ende des ersten Halbtages wird nun die Beleuchtungsintensität in eine solche von geringerer Intensität übergeführt. In der Kurve *b* wurde die Koleoptile am Ende des ersten Halbtages ganz verdunkelt, in Kurve *c* wurde die Beleuchtungsstärke in eine solche von geringerer Intensität übergeführt, in der Kurve *d* schließlich war diese größer als in dem Versuch, der durch die Kurve *c* dargestellt ist.

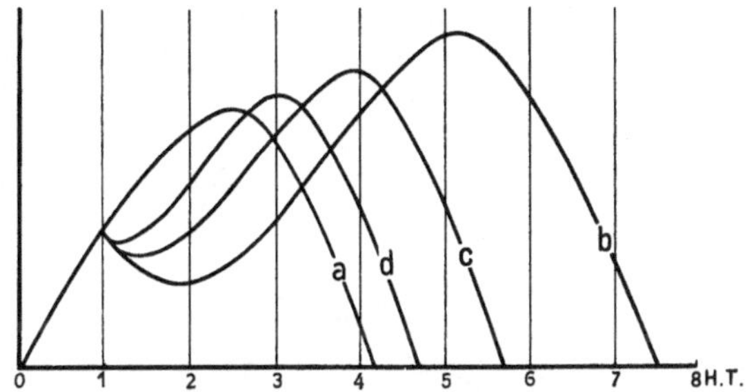


Abb. 31. Der Einfluß der Herabsetzung der Beleuchtungsstärke. (Nach SIERP.)

Ganz Entsprechendes gilt, wenn die Herabsetzung der Beleuchtungsintensität in verschiedenen Punkten der Entwicklung vorgenommen wird (Abb. 32).

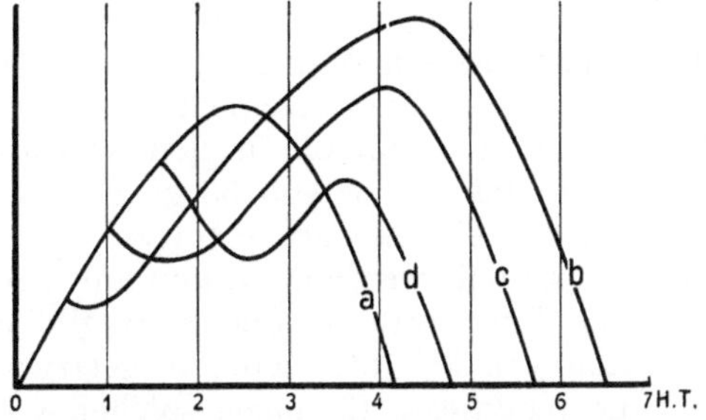


Abb. 32. Der Einfluß der Herabsetzung der Beleuchtungsstärke zu verschiedenen Entwicklungszeiten. (Nach SIERP.)

Wir fragen uns schließlich noch, wie groß denn die verschiedenen Koleoptilen unter der Einwirkung verschiedener Beleuchtungsstärken werden müssen. Die Endlänge eines Organs ergibt sich natürlich aus seiner Wachstumsgeschwindigkeit und der Wachstumsdauer. Bei dem Einfluß des Lichtes liegt die Frage sehr einfach, weil die hemmende Komponente des Lichts hier immer den Ausschlag gibt. Es hat immer die Koleoptile die größte Endlänge, welche während ihrer Entwicklung die geringste Menge Licht empfangen hat. Die nach einer Erhöhung einer Beleuchtung zunächst auftretende Förderung ist gegenüber der dann folgenden Hemmung so gering, daß sie bei der Beurteilung dieser Frage nicht mit in Betracht gezogen werden braucht. Ebenso vermag auch die Einsenkung der Wachstumskurve nach einer Verringerung der Beleuchtung nicht ausschlaggebend ins Gewicht zu fallen.

## 2. Die Temperatur.

Neben dem Licht ist es vor allem die Temperatur, welche einen ausschlaggebenden Einfluß auf den Wachstumsverlauf und damit auch auf die Endlänge des betreffenden Organs hat.

Eine der Lichtwachstumsreaktion entsprechende Reaktion, die nach einer Erhöhung resp. Verringerung der Temperatur eintritt, scheint auch hier vorhanden zu sein. Die Koleoptile von Avena sativa, die von VOGT[1]) nach dieser Richtung untersucht worden ist, zeigte nach einer Temperaturerhöhung einen wellenförmigen Wachstumsverlauf, durch welchen sich das Wachstum an das der erhöhten Temperatur entsprechende anpaßt. Nach einer kurzen Wachstumssteigerung fiel der Wert unter den vor der Temperaturerhöhung festgestellten Wert, um dann aber zu steigen und ungefähr 45 Minuten nach der Erhöhung der Temperatur ein Maximum zu erreichen. Nach einer Temperaturherabsetzung trat das Umgekehrte ein, nach einer momentanen Verringerung des Wachstums stieg der Wert des Wachstums an. Auch gewisse Erfahrungen, die GRASER[2]) bei dem Sporangienträger von Phycomyces nitens machte, sprechen dafür, daß auch hier ein Temperaturwechsel mit Wachstumsschwankungen von der Pflanze beantwortet wird. Alle diese Erscheinungen sind aber bisher noch wenig untersucht.

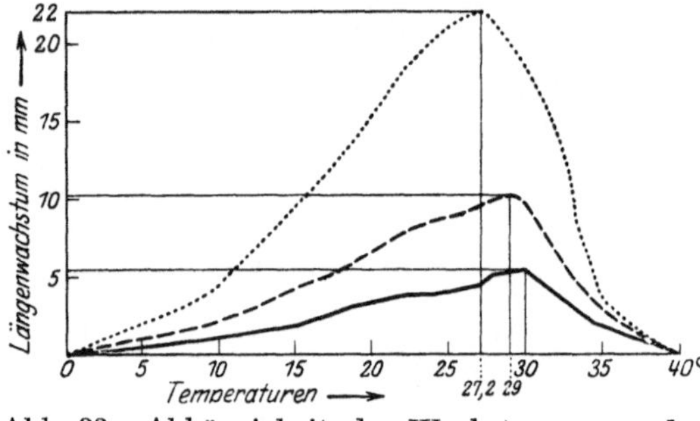

Abb. 33. Abhängigkeit des Wachstums von der Temperatur. (Nach TALMA.)

Besser unterrichtet sind wir über den Einfluß der Temperatur auf den weiteren Wachstumsverlauf der Pflanzen[3]). Um zu sehen, wie die Temperatur das Wachstum beeinflußt, wollen wir folgenden Versuch machen: Wir ziehen kleine Keimlinge von Lepidium sativum, dessen Wurzeln wir zu unseren Betrachtungen benutzen, bei einer Temperatur von 20° auf. Wenn die Wurzeln eine gewisse Größe erreicht haben, bringen wir sie eine bestimmte Zeit in die zu untersuchende Temperatur und stellen nachher den Zuwachs in dieser Temperatur und in der betreffenden Zeit fest. Wir lassen die verschiedenen zu diesem Zwecke hergerichteten Kulturen $3^1/_2$, 7 und 14 Stunden in den verschiedenen Temperaturen. Das Ergebnis stellen wir uns in der Abb. 33 graphisch dar.

Auf der Abszissenachse tragen wir die Temperaturen, in die die Keimlinge jedesmal gestellt werden, auf und auf den zugehörenden Ordinaten die Zuwachse in diesen Temperaturen, und zwar gibt die ausgezogene Kurve diese für einen Zeitraum von $3^1/_2$ Stunden, die gestrichelte für einen solchen von 7 Stunden und die punktierte für einen solchen von 14 Stunden wieder.

Wir sehen, daß die Wurzeln in allen Temperaturen um so stärker gewachsen sind, je länger sie in diesen sich befanden, die punktierte Linie liegt in allen

[1]) VOGT, E.: Über den Einfluß des Lichts auf das Wachstum der Koleoptile von Avena sativa. Zeitschr. f. Bot. Bd. 7, S. 193—270. 1915.

[2]) GRASER, M.: Untersuchungen über das Wachstum und die Reizbarkeit der Sporangienträger von Phycomyces nitens. Beih. z. Botan. Zentralbl. Bd. 36, 1. Abt., S. 414—493. 1919.

[3]) Siehe außer den beiden vorigen Arbeiten auch die Arbeit LEITCH: Some Experiments on the Influence of Temperature on the Rute of Growth in Pisum sativum. Ann. of botany Bd. 30, S. 25—47. 1916.

Punkten über der gestrichelten, diese über der ausgezogenen. Alle drei Kurven steigen bis zu einer bestimmten Temperatur an, um dann zu fallen. Die punktierte Kurve, die den Zuwachs bei der längsten Versuchszeit zeigt, steigt nur bis zu einer Temperatur von 27,2° an, während bei der gestrichelten Kurve, deren Pflanzen nur halb so lange in der betreffenden Temperatur blieben, dieses Ansteigen bis 29° andauert und schließlich das der ausgezogenen Kurve, der eine nur $3^1/_2$ stündige Wirkungszeit zukam, bis 30° fortgesetzt wurde, um dann erst abzufallen. Das Wachstumsoptimum liegt also bei keiner bestimmt festliegenden Temperatur, es ist ein Punkt, der sich mit der Länge der Versuchszeit ändert.

Solche Kurven müssen aus zwei Komponenten zusammengesetzt gedacht werden[1]; sie bestehen aus einer anscheinend gleichmäßig wirkenden Förderung und einer gleichzeitig und zunächst langsam, dann aber immer stärker einsetzenden Hemmung. Die hemmende Komponente macht sich um so mehr bemerkbar, je höher die zur Anwendung kommende Temperatur ist, und wird hier um so stärker ins Gewicht fallen, je länger die Einwirkungszeit der betreffenden Temperatur ist. Dies muß dann ein früheres Umbiegen bei der höheren Temperatur und allgemein das Abfallen der Kurve bewirken.

Wir wollen nun auch das Gesamtwachstum unter verschiedenen Temperaturen beobachten. Wenn die Temperatur einen so großen Einfluß hat, daß bereits eine kürzere Einwirkung, wie wir sie in den vorigen Versuchen kennenlernten, sich deutlich in seinem Wachstum ausprägt, so muß auch das Gesamtwachstum, das in der Form der großen Periode erfolgt, in den verschiedenen Temperaturen ein verschiedenes Bild ergeben. Wir wollen diesen Einfluß an demselben Objekt, an dem wir den Einfluß der verschiedenen Beleuchtungsstärken studierten, an der Koleoptile von Avena sativa hier studieren und genau so verfahren, wie wir es dort taten und uns den Wachstumsverlauf wieder in Kurven darstellen. Auf der Abszisse sind die Zeiten in Form von Tagen aufgetragen, auf den zugehörenden Ordinaten die Zuwachswerte an diesen, wie sie bei den verschiedenen Temperaturen für unser Objekt gefunden werden.

Diese Abb. **34** zeigt ein ganz anderes Bild, wie wir es bei den verschiedenen Beleuchtungsstärken fanden. Bei der höchsten verwandten Temperatur steigt die Kurve gleich steil an, erreicht aber schon bald das Maximum und fällt dann steil herab. Verringern wir nun die Temperaturen, so wird der Aufstieg mehr und mehr geringer, das Maximum steigt, und die Wachstumsdauer nimmt zu. In dieser Weise geht es bis zu einer bestimmten Temperatur, in unserem Beispiel bis zu der Kurve, dessen Pflanze bei einer Temperatur von 25° aufwuchs. Gehen wir über diese Temperatur hinaus, so sinkt das Maximum wieder, während die Wachstumsdauer eine längere und längere wird. Schließlich, bei der niedrigsten Temperatur, haben wir eine ganz flache, aber weit ausgezogene Kurve.

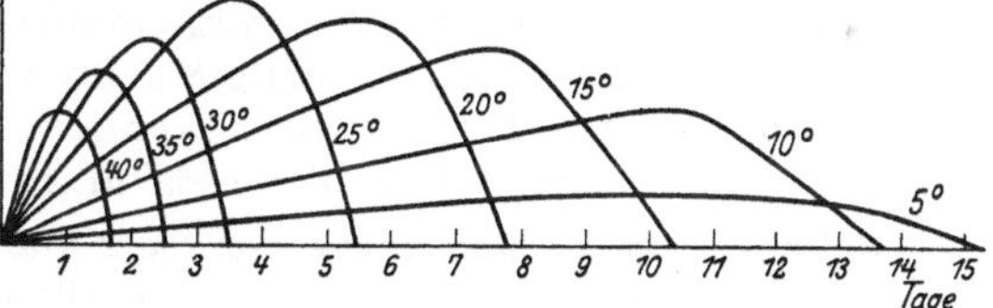


Abb. 34. Temperaturwachstumskurven bei der Koleoptile von Avena sativa. (Nach SIERP.)

Auch in der Endlänge muß sich der Einfluß der verschiedenen Temperaturen natürlich zeigen. Da diese Kurven aber nicht so einheitlich verlaufen, wie dieses bei den Kurven mit einer verschiedenen Beleuchtungsstärke der Fall war, ist es so ohne weiteres nicht klar, wie die Endlänge bei den verschiedenen Temperaturen ist. Für die Koleoptile von Avena sativa, deren Wachstumsverlauf durch die

[1] SIERP, H.: Untersuchungen über die große Wachstumsperiode. Biol. Zentralbl. Bd. 10, S. 433—457. 1920. — RIPPEL, A.: Über die Wachstumskurve der Pflanzen. Die landwirtschaftl. Versuchs-Stationen 1921, S. 357—380.

oberen Kurven dargestellt ist, fand VOGT[1]) bei den verschiedenen Temperaturen im Dunkeln aufgezogener Keimlinge folgende Werte:

| Temperatur: | 7,5 | 8,4 | 10,2 | 12,8 | 14,0 | 20,1 | 20,2 | 25,5 | 29,8 | 33,3 | 35,1° C |
|---|---|---|---|---|---|---|---|---|---|---|---|
| Endlänge: | 117,1 | 120,8 | 131,4 | 150,3 | 122,0 | 99,4 | 94,6 | 75,6 | 59,7 | 45,8 | 35,7 mm |

Wir finden also nicht bei einer Temperatur von 27—30°, bei der wir nach den oben wiedergegebenen Versuchen mit kürzerer Einwirkungszeit das Wachstumsoptimum liegend fanden, die größte Endlänge. Für diese ist allem Anschein nach ausschlaggebend die Dauer des Wachstums, und diese nimmt ja mit abnehmender Temperatur ständig zu. Bei Avena liegt das Maximum der Endlänge bei einer verhältnismäßig niedrigen Temperatur von nur ca. 13°. Die optimale Wachstumstemperatur bedeutet also keineswegs eine optimale Temperatur für die Endlänge. Nehmen wir ein anderes Beispiel, den Sporangienträger von Phycomyces nitens, so zeigt dieser ebenfalls bei den verschiedenen Temperaturen einen ganz verschiedenen Wachstumsverlauf, und trotzdem ist hier das Ergebnis des Gesamtwachstums, die Endlänge, bei den verschiedenen Temperaturen die gleiche. Wir müssen annehmen, daß hier die durch eine Erhöhung der Temperatur eingetretene Hemmung durch eine längere Wachstumsdauer immer gerade ausgeglichen wird, so daß ein Unterschied in der Endlänge bei den verschiedenen Temperaturen nicht eintreten kann. Wir sehen daraus, daß die Einwirkung der verschiedenen Temperaturen eine ganz verschiedene sein kann und daß eigentlich bei jedem Objekt eine eigens darauf gehende Analyse notwendig ist.

### 3. Die Schwerkraft.

Auch die Schwerkraft wirkt auf die Wachstumsgeschwindigkeit ein. Das zeigen deutlich Erfahrungen, die mit invers gestellten Pflanzen gemacht wurden. Stellt man Pflanzen umgekehrt auf, so daß das Sprossende nach unten und das Wurzelende nach oben gerichtet ist, so wird das Wachstum gehemmt. Die Verkürzung der Organe betrug in Versuchen von HERING[2]) bei Sprossen und Wurzeln wohl 20—30%. VÖCHTING[3]) hat sehr genaue Messungen an den Holzkörperzellen von invers gewachsenen Pflanzen vorgenommen und gefunden, daß diese kleiner sind als die gleichwertigen normalgewachsenen, wie die folgenden seinen Versuchen entnommenen Zahlen zeigen können, die angeben, um wieviel Prozent die inversgewachsenen Zellen kleiner sind als die entsprechenden normalen:

| | |
|---|---|
| Holzzellen des 3. Jahresringes von Salix vitellina pendula . . . . | 6,9 % |
| „ „ 5. „ „ „ elegantissima . . . . . . | 2,7 % |
| „ von Solanum flavum . . . . . . . . . . . . . . . . | 6,6 % |
| Tracheiden von Auracaria excelsa . . . . . . . . . . . . . . . | 13,58% |
| Fasern von Nicotiana colosola . . . . . . . . . . . . . . . . | 7,2 % |

Das Längenwachstum der Holzzellen ist in den verkehrten Achsen also durchwegs geringer als in den aufrechtstehenden. Allerdings zeigen die einzelnen Arten, wie wir erkennen, recht verschiedene Werte. Wir dürfen aber doch sagen, daß der Einfluß der Schwerkraft an den verkehrten Achsen eine Verringerung des Längenwachstums der Holzzellen von durchschnittlich 10% bewirkt.

Auch in der vertikal aufgerichteten Pflanze wirkt die Schwerkraft ein. M. M. RISS[4]) erbrachte für Wurzeln und Grasknoten den Nachweis, daß solche

[1]) VOGT, E.: S. 88 zitiert.

[2]) HERING, G.: Untersuchungen über das Wachstum inversgestellter Pflanzenorgane. Jahrb. f. wiss. Botanik Bd. 40, S. 499—561. 1904.

[3]) VÖCHTING, H.: Experimentelle Anatomie und Pathologie des Pflanzenkörpers. II. Tübingen 1918.

[4]) RISS, M. M.: Über den Einfluß allseitig und in der Längsrichtung wirkender Schwerkraft auf Wurzeln. Jahrb. f. wiss. Botanik Bd. 53, S. 157—209. 1914; und: Über den Geotropismus der Grasknoten. Zeitschr. f. wiss. Botanik Bd. 7, S. 145—170. 1915.

Pflanzen sich gegenüber der Schwerkraft in Reizlage befinden. Die Schwerkraft macht sich auch hier als eine Hemmung geltend.

Daß die normal aufgerichtete Pflanze eine Wirkung der Schwerkraft zeigt, lehren vor allem neueste Untersuchungen. Durch ZOLLIKOFER[1]) wurde erstmals der Beweis erbracht, daß ebenso wie das Licht auch jeder Massenimpuls imstande ist, eine typische Wachstumsreaktion auszulösen, die mit der Lichtwachstumsreaktion große Ähnlichkeit hat. Diese Schwerewachstumsreaktion zeigte sich, wenn die Schwerkraft das Untersuchungsobjekt (Koleoptile von Avena sativa) quer (allseitige Reizung am Klinostaten) oder längs (Inversstellung oder inversangreifende Zentrifugalkraft) angriff. Das bis zur Einwirkung dieser Kräfte gleichmäßige Wachstum wurde wellenförmig und zeigte eine Zunahme der durchschnittlichen Wachstumsgeschwindigkeit, der aber später eine Hemmung folgte.

Nach den Untersuchungen von ZOLLIKOFER soll auch eine Rotation an der horizontalen Achse des Klinostaten ebenso wie in der Längsachse angreifende Massenimpulse eine Wachstumsreaktion auslösen. Dies will KONIGSBERGER[2]), der die gleiche Frage untersuchte, nicht bestätigen. Nach ihm soll eine Schwerewachstumsreaktion nur dann ausgelöst werden, wenn ein bisher horizontaler Sproß aufgerichtet wird. Er findet, daß für die Sprosse also genau das Gegenteil gelten soll, was M. M. RISS für Wurzeln gefunden hatte, bei denen in der Vertikallage das Wachstum gehemmt wird, während es bei der horizontalen Rotation auf den Klinostaten gefördert gefunden wurde. Neuerdings konnte ERMAN[3]) den Nachweis führen, daß Keimlinge, welche längere Zeit bereits auf den Klinostaten in der horizontalen Lage rotierten, selbst nach 24 Stunden und mehr statt des gradlinigen Wachstums ein wellenförmiges hatten. Alle diese Untersuchungen zeigen, daß hier noch sehr vieles geklärt werden muß. Wir wissen heute sicher, daß die lange herrschende Ansicht, daß die Wachstumsgeschwindigkeit in der normalen Lage, auch wenn die wirkende Kraft durch Benutzung von Zentrifugalkräften erheblich verstärkt oder abgeschwächt ward, keine Änderung erfahre, nicht richtig ist.

### 4. Chemische Einflüsse.

Das Wachstum hängt von dem Vorhandensein einer ganzen Anzahl von chemischen Stoffen ab. Das Wasser spielt unter diesen eine besonders wichtige Rolle. Die reichliche Versorgung resp. der Mangel an Wasser prägt sich in dem Wachstum sehr scharf aus. Der Wassergehalt der Pflanzen hängt aber von einem doppelten ab, einmal von der Menge des im Boden vorhandenen Wassers, sodann aber auch von der Transpiration und damit von dem Feuchtigkeitsgehalt der Luft. Beide Faktoren haben auf die Wachstumsgeschwindigkeit einen großen Einfluß.

Die Bedeutung des Wassergehalts der Luft auf die Zuwachsbewegungen geht deutlich aus Versuchen hervor, die WALTER[4]) mit dem Sporangienträger von Phycomyces nitens vornahm. In diesen Untersuchungen wurde das Wachstum alle 5 Minuten messend verfolgt und in einem bestimmten Zeitabschnitt

[1]) ZOLLIKOFER, C.: Über den Einfluß des Schwerereizes auf das Wachstum der Koleoptile von Avena sativa. Rec. travaux bot. néerl. Bd. 18, S. 237—322. 1921.

[2]) KONIGSBERGER, V. J.: Tropismus und Wachstum. Rec. travaux bot. néerl. Bd. 19, S. 1—138. 1922.

[3]) ERMAN, C.: Über die Zuwachsreaktionen bei in der Horizontalebene rotierenden Avenakeimlingen. Botaniska Notiser S. 417—433. Lund 1923.

[4]) WALTER, H.: Wachstumsschwankungen und hydotropische Krümmungen bei Phycomyces nitens. Versuch einer Analyse der Reizerscheinungen. Zeitschr. f. Botanik. Bd. 13, S. 673—718. 1921.

die Luftfeuchtigkeit möglichst plötzlich verändert. Es trat sowohl bei einer Steigerung als auch bei einer Senkung dieser eine deutliche Wachstumsreaktion auf. Bei einer Steigerung des Feuchtigkeitsgehaltes der Luft steigt die zuvor konstante Wachstumsintensität rasch an, erreicht ein Maximum und fällt ebenso schnell auf ein Minimum herab. Diese Schwankungen wiederholen sich mehrere Male, bis ein neues, dem jetzigen Feuchtigkeitsgehalt entsprechendes Gleichgewicht zustande gekommen ist. Die endgültige Wachstumsintensität ist dabei durchwegs gefördert. Die Kurven beginnen immer mit einem Maximum, dabei variiert allerdings ihre Form sehr. Der Anstieg begann zumeist sofort nach der Änderung der Luftfeuchtigkeit, dauerte aber bei den verschiedenen Sporangienträgern ganz verschieden lange Zeit, so daß in bezug auf das Maximum nicht die geringste Regelmäßigkeit zu erkennen war. Ebenso konnten die Zeiten von einem Maximum bis zum nächsten 10—25 Minuten betragen. Wird umgekehrt die Feuchtigkeit der Luft plötzlich stark vermindert, so treten als Übergangsreaktion auch Wellen auf. Diese verlaufen nun aber umgekehrt. Es tritt zunächst eine Einsenkung der Kurve auf, dem dann weiter ein Maximum folgt. Diese Schwankungen sind aber nicht so deutlich wie die, welche nach einer Erhöhung der Feuchtigkeit gefunden wurden. Wie das Wachstum durch die ersteren Kurven gefördert wurde, so wird es durch diese, die mit einer Einsenkung beginnen, gehemmt. WALTER spricht aus diesem Grunde von „Förderungs"- und „Hemmungskurven", eine Bezeichnung, die hier sehr gut paßt, die sich leider allgemein nicht anwenden läßt. Eine Zunahme des Feuchtigkeitsgehaltes der Luft, was gleich kommt einer Verringerung der Transpiration, läßt also die Pflanze größer werden, während umgekehrt eine Abnahme der Feuchtigkeit die Transpiration vergrößert und das Wachstum geringer werden läßt.

Dieselben Erfahrungen hat man nun auch gemacht, wenn der Wassergehalt der Pflanzen durch einen verschiedenen Gehalt des Bodens an Wasser verändert wird. In diesen Versuchen, die vor kurzem RIPPEL[1]) in exakter Weise durchführte, wurde allerdings nur der Gesamterfolg berücksichtigt. Als Versuchspflanze benutzte er unter anderen Sinapis alba, die in Erde von verschiedenen Wassergehalt, angegeben in Prozenten der Bodenkapazität, aufgezogen wurden. Die Transpiration war bei allen Vergleichsversuchen gleich. Der Einfluß des Wassergehaltes des Bodens auf das Wachstum kommt in den folgenden Zahlen deutlich zum Ausdruck:

| | Bei der Wasserkapazität | | |
|---|---|---|---|
| | 25 % | 40 % | 55 % |
| Höhe der Pflanze . . . . | 16 cm | 28 cm | 34 cm |
| Größe der Blattlänge. . . | 7 bis 8 cm | 10 bis 12 cm | 14 bis 15 cm |

Daß auch die Nährsalze des Bodens bei den Wachstumsvorgängen einen großen Einfluß haben, ist seit langem bekannt. Wenn auch nur einer der notwendigen Nährstoffe fehlt, so wirkt er auf das Wachstum hemmend ein. Es entstehen so oft „Kümmerzwerge", die in der Natur auf schlechten Boden direkt in die Augen fallen. Umgekehrt, wenn die Pflanze durch eine reichliche Düngung Überfluß hat an den nötigen Nährstoffen, so ist die Entwicklung eine gute. Daß ein zuviel an solchen Stoffen schließlich auch schädigend wirken muß, ist selbstverständlich.

In diesem Zusammenhang muß auch der Konzentration des Sauerstoffes gedacht werden, der die Wachstumsenergie wesentlich beeinflussen kann. Man

[1]) RIPPEL, A.: Der Einfluß der Bodentrockenheit auf den anatomischen Bau der Pflanzen. Beih. z. Bot. Zentralbl. Bd. 36, Abt. I, S. 187—259.

hat gefunden, daß eine Abnahme dieses unter dem normalen Druck zunächst eine Beschleunigung des Wachstums bewirkt, bei weiterer Abnahme des O-Gehaltes tritt aber Hemmung ein, bis schließlich bei einer gewissen Konzentration das Wachstum ganz zum Stillstand kommt. Das gleiche Bild bekommen wir, wenn der O-Gehalt künstlich gesteigert wird. Nach einer zunächst eintretenden Förderung des Wachstums tritt eine Hemmung auf, die schließlich bei einer bestimmten Konzentration den Stillstand des Wachstums ergibt. Im einzelnen verhalten sich die Pflanzen, was die Punkte angeht, in denen eine solche Änderung vor sich geht, sehr verschieden.

Ein besonderes Interesse könnte der $CO_2$-Gehalt der Luft haben, weil wir wissen, daß die Assimilation bei einer Zunahme dieses bis zu einem gewissen Grade eine Förderung erfährt. Für das Wachstum ist eine fördernde Wirkung bisher nicht fesgestellt. Man weiß dagegen bestimmt, daß es bei einem gewissen $CO_2$-Gehalt gehemmt wird. Im einzelnen ist der Prozentsatz, bei dem die Hemmung eintritt, verschieden. Während beispielsweise Wurzeln schon durch einen 5% $CO_2$-Gehalt in ihrem Wachstum wesentlich gehemmt werden, tritt diese bei den Sprossen viel später ein. Diese zeigen erst bei einem Gehalt von 15% eine Hemmung. Wurzeln stellen ihr Wachstum bei einem $CO_2$-Gehalt von 25—30% vollständig ein, während hier die Sprosse sich empfindlicher zeigen, die bereits bei einem Gehalt von 20—25% ihr Wachstum beenden.

Sehr viele Stoffe wirken auf die Pflanzen selbst in geringsten Konzentrationen hemmend ein, weil sie gefährliche Gifte für sie sind. Das Vorhandensein anderer Stoffe[1]) hingegen scheint umgekehrt sehr fördernd auf gewisse Lebensprozesse und deshalb auch für das Wachstum zu sein, so daß man neuerdings dazu übergeht, solche Stoffe dem Boden zuzusetzen, damit sie als Stimulantia wirken und den Ernteertrag erhöhen. Unter den für den Pflanzenkörper giftigen Stoffen verlangen die Narkotica ein besonderes Interesse. Diese regen zunächst je nach der Menge kürzer oder länger das Wachstum an, um dann aber einer durchgreifenden Hemmung Platz zu machen. Wenn man Pflanzen, die im Wachsen begriffen sind, plötzlich in einen Raum stellte, in denen Dämpfe solcher Narkotica sich befinden, so läßt sich auch hier eine deutliche Wachstumsreaktion erkennen, die mit einem kräftigen Wellenberg beginnt und unter lebhaften Schwingungen sich dem geförderten Wachstumswert anpaßt.

### 5. Mechanische Einflüsse.

Außer den bisher aufgezählten Einflüssen gibt es sicherlich noch andere, welche auf die Wachstumsbewegungen einwirken. Es wären vor allem hier auch die mechanischen Einwirkungen zu erwähnen. Es wird z. B. jeder, der genaue Wachstumsuntersuchungen machen will, sehr bald die Erfahrung machen, daß die Pflanzen vor jeder Erschütterung bewahrt werden müssen. Eine solche kann in der Pflanze eine sehr deutliche Wachstumsreaktion auslösen. Wir brauchen aber hierbei nicht länger zu verweilen, weil der Einfluß sonst noch zu wenig untersucht worden ist, um schon jetzt etwas Bestimmtes aussagen zu können.

---

[1]) Siehe besonders O. Loew, Aso u. Sawa Flora. Ergänzungsband 1902, ebenso Landw. Jahrbücher 1903. Beiträge zur Pflanzenzüchtung. Heft 7. 1924. O. Loew: Biologische Möglichkeiten zur Hebung des Ernteertrages. Biol. Zentralbl. Bd. 44. 1924. Dort weitere Literatur. Popoff: Biol. Zentralbl. Bd. 43, Landw. Versuchsst. S. 101, 1923.

# Bewegungen contractiler Organe an Pflanzen.

Von

**KURT STERN**

Frankfurt a. M.

Mit 8 Abbildungen.

### Zusammenfassende Darstellungen.

BENECKE-JOST, L.: Pflanzenphysiologie. II. T. Jena 1923. — BOSE, CH.: Comparative Electrophysiology. London 1907. — BOSE, CH.: Researches on Plants Irritability. London 1913. — GOEBEL, K.: Organographie der Pflanzen. 2. A. Jena 1913/23. — HABERLANDT, G.: Physiologische Pflanzenanatomie. 6. A. Leipzig 1924. — PFEFFER, W.: Pflanzenphysiologie. II. Leipzig 1904.

Contractile Organe finden sich an Pflanzen in größter Mannigfaltigkeit sowohl hinsichtlich des Baues und der Funktion wie des Mechanismus der Kontraktion. Im folgenden sollen zunächst diejenigen contractilen Organe behandelt werden, an deren Mechanismus Plasmawirkung nicht oder nicht wesentlich beteiligt ist, und die demnach vielfach aus abgestorbenen Zellen bestehen, sodann diejenigen, für deren Funktionieren der lebende Protoplast notwendig ist.

## I. Contractile Organe, deren Mechanismus nicht auf Plasmawirkung beruht.

Diese Organe unterscheidet man nach der Art ihres Mechanismus als Schrumpfungs- und Kohäsionsmechanismen.

### 1. Schrumpfungsmechanismen[1]).

Schrumpfungsmechanismen beruhen auf Entquellung der mehr oder weniger verholzten oder sonstwie durch Einlagerung oder Umwandlung veränderten Cellulosemembranen von in der Regel abgestorbenen Zellen. Dabei kann es zu einer ohne oder mit Krümmung einhergehenden Kontraktion kommen, je nachdem die gegenüberliegenden Flanken des Organs um gleiche oder ungleiche Beträge schrumpfen. Letzteres ist bei den biologisch wichtigen Schrumpfungsmechanismen, die vielfach der Sporen- und Samenverbreitung und -befestigung dienen, die Regel. Die ungleiche Schrumpfung gegenüberliegender Flanken kann auf verschiedene Weisen zustande kommen, von denen einige hier genannt seien.

a) Die gegenüberliegenden Schichten einer Membran zeigen verschiedene, z. B. gekreuzte, Lagen ihrer Schrumpfungsachsen. Liegt die Achse der größten Schrumpfung in der äußeren Schicht vertikal, in der inneren horizontal, so muß

[1]) STEINBRINCK, C.: Biol. Cbl. Bd. 26, S. 657. 1906. — STEINBRINCK, C. u. SCHINZ: Flora Bd. 98, S. 471. 1908.

bei Austrocknung die betreffende Membran sich nach außen krümmen. Einen derartigen Mechanismus haben wir in den Peristomzähnen mancher Laubmoose vor uns, die am oberen Rande der Kapsel sitzen und den Weg für die Sporenentleerung bei trockenem Wetter durch Auswärtskrümmung freimachen, bei feuchtem durch Einwärtskrümmung infolge Quellung verschließen.

b) Die Schichten verschiedener Schrumpfung liegen in verschiedenen Membranen. Dies ist z. B. bei den Ästen der sog. „Rose von Jericho“ (Anastatica hierochuntica) der Fall, die sich beim Eintrocknen unter Kontraktion nach einwärts krümmen. Die faserförmigen, den Schrumpfungsmechanismus bedingenden Zellen der Oberseite sind quergetüpfelt, die Tüpfel der Unterseite sind steilschief zu denen der Oberseite gekreuzt. Da, wie die Erfahrung ergeben hat, ganz allgemein in der Richtung der Tüpfel die Schrumpfung am geringsten ist, so muß sich die Unterseite bei Schrumpfung in der Längsrichtung weniger kontrahieren als die Oberseite und dadurch die Einwärtskrümmung zustande kommen. Während bei Anastatica die Lagerung der Zellen auf Ober- und Unterseite die gleiche ist, also die Längsachsen der Zellen parallel sind, und der Mechanismus auf der verschiedenen Richtung der Schrumpfungsachsen von Zellen der Ober- und Unterseite beruht, ist in anderen Fällen der micellare Bau der Zellen der antagonistischen Flanken gleich, aber die Lagerung der Zellen antagonistisch, sind also die Längsachsen nicht parallel, sondern gekreuzt. Dies Prinzip zeigen z. B. die Klappen der Papilionaceenhülsen.

Daß durch solche und ähnliche, vielfach miteinander kombinierte Prinzipien im Bau der Schrumpfungsmechanismen auch schraubige Kontraktionen erreicht werden können, wie wir sie bei manchen Geraniaceen und Grasgrannen finden, liegt auf der Hand. Schrumpfungskontraktionen an Zellen mit lebendem Inhalt finden sich vor allem an Moosen und bei Selaginella.

## 2. Kohäsionsmechanismen.

Als Kohäsionsmechanismen bezeichnet man diejenigen contractilen Organe, deren Kontraktion wesentlich durch die Kohäsion des Wassers bedingt wird. Das typische Schulbeispiel für sie ist das Sporangium der Polypodiaceen. Es ist dies, wie die Abb. 35 zeigt, ein gestielter linsenförmiger Sporenbehälter, dessen Wand nur aus einer dünnwandigen Zellschicht besteht. Nur die Randzellen vom Stiel bis über die Hälfte der Peripherie sind sowohl auf den Radialwänden wie der inneren Tangentialwand stark verdickt, während ihre äußere Tangentialwand zartwandig ist. Diese Zellreihe nennt man den „Anulus“. Die Zellen des Anulus sind am nichtgeöffneten Sporangium wassergefüllt. Wird ihnen durch Verdunstung Wasser entzogen, so nehmen sie infolge des Wasserverlustes die Gestalt ein, die Abb. 38 zeigt. Die Kohäsion des Füll-

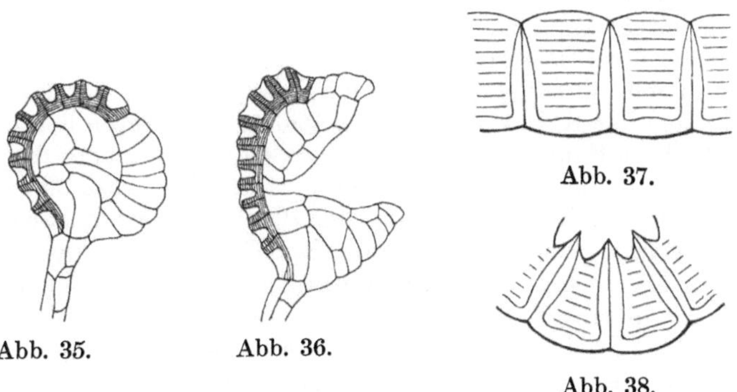

Abb. 35. Abb. 36. Abb. 37. Abb. 38.

Abb. 35—38. Polypodiaceen-Sporangium nach BENECKE-JOST, Pflanzenphysiologie. Abb. 35. Sporangium geschlossen. Abb. 36. Gesprungen. Abb. 37. Anuluszellen wassergefüllt. Abb. 38. Nach teilweiser Verdunstung des Füllwassers.

wassers und seine Adhäsion an der Membran bewirken, daß es nicht zerreißt und etwa eine Gasblase sich in der Zelle bildet, sondern, daß bei zunehmendem Wasserverlust das Wasser in Zugspannung gerät und die Membran dort, wo sie den geringsten Widerstand bietet, also an der tangentialen Außenwand, deformiert. Diese Kontraktion der Außenwand des Anulus bewirkt ein Aufspringen des Sporangiums an dem dünnwandigen Teile seines Randes und ermöglicht damit die Sporenentleerung. Die Zugspannung, unter die das Wasser der Anuluszellen geraten kann, wurde von RENNER[1]) und URSPRUNG[2]) zu etwa 350 Atm. bestimmt. Beim Reißen des Sporangiums biegt sich der Anulus derart, daß seine Außenwand konkav, seine Innenwand konvex gekrümmt ist. Wird durch noch weiteres Austrocknen die elastische Spannung der Membranen so groß, daß sie die Kohäsion des Füllwassers überwindet, so kommt es zu einer plötzlichen Entspannung der Membranen, indem sich in den Anuluszellen unter Zerreißen des Füllwassers eine Gasblase bildet. Mit einem Ruck wird der Anulus wieder zurückgebogen, so daß die Außenseite wieder konvex wird. Man nennt diesen Vorgang das Springen des Anulus.

Einen Kohäsionsmechanismus, bei dem es freilich nur zur Entstehung sehr geringer Zugspannungen kommt, stellen auch die insektenfangenden Blasen von *Utricularia* dar. Es sind linsenförmige hohle umgewandelte Blätter, deren Eingang durch eine sich nur nach innen öffnende Klappe verschlossen wird. Diese Klappe trägt außen Borsten. Stößt ein kleiner Körper, z. B. ein Wasserfloh, gegen die Borsten, so öffnet sich die Klappe und saugt ihn in einer Schluckbewegung mit einem Wasserstrom in die sich ausbauchende Blase. Die Schluckbewegung erfolgt momentan auf die mechanische Beanspruchung der Borste. Nach dem Schlucken bleibt die Blase mehrere Minuten in einem nicht reaktionsfähigen Zustande, ist jedoch nach einer Viertelstunde wieder vollkommen reaktionsfähig.

Im reaktionsfähigen Zustande sind die Seitenwände der Blase nach innen eingedrückt. Dies kommt nach CZAJA[3]) dadurch zustande, daß bei geschlossener Klappe Haare an der inneren Blasenwandung aus der Blase Wasser absaugen. Da Wasser von außen nur in ungenügendem Maße nachdringen könne, werde ein Unterdruck, also eine Zugspannung des Wassers in der Blase erzeugt, wodurch die Seitenwände nach innen gezogen werden. Die Klappe wird durch ein Gewebepolster am Blasenrande und durch den Druck der Seitenwände der Blase am Öffnen nach innen gehindert. Sobald jedoch ein Fremdkörper durch Stoßen an die Borsten der Klappe eine Deformation der letzteren hervorruft, die den Verschluß aufhebt, strömt Wasser in die Blase, da sich nunmehr der Unterdruck ausgleichen kann und die entspannten Seitenwände der Blase sich gleichzeitig nach außen vorwölben. Nach Aufhebung der die Deformation bewirkenden Ursache nimmt die Klappe jedoch wieder ihre Ruhelage ein, in welcher sie die Blase wasserdicht abschließt. Letztere ist freilich noch nicht sogleich wieder reaktionsfähig, aber bald saugen die Haare aus der nunmehr verschlossenen Blase wieder Wasser ab und die Spannung und damit die Reaktionsfähigkeit ist nach einigen Minuten wieder hergestellt, da die Wasserpermeabilität der Blasenwand nicht ausreicht, um alles abgesaugte Wasser zu ersetzen; zum vollen Verständnis des Mechanismus müssen noch verschiedene Fragen geklärt werden, insbesonders die, wohin das von den Blasenhaaren aufgesaugte Wasser kommt.

Das Funktionieren und die Empfindlichkeit des Blasenmechanismus ist in hohem Maße abhängig von der Zusammensetzung des Mediums, in dem sich

---

[1]) RENNER, O.: Jahrb. f. wiss. Botanik Bd. 56, S. 617. 1915.

[2]) URSPRUNG: Ber. d. Bot. Ges. Bd. 33, S. 153. 1915.

[3]) CZAJA, A. TH.: Zeitschr. f. Botanik Bd. 14, S. 705. 1922; Pflügers Arch. f. d. ges. Physiol. Bd. 206, S. 554. 1924.

die Blase befindet. In destilliertem Wasser ist die Empfindlichkeit erhöht gegenüber der in gewöhnlichem Wasser, in Lösungen von Elektrolyten und capillaraktiven Nichtelektrolyten je nach deren Konzentration reversibel oder irreversibel vermindert. Auch capillarinaktive Nichtleiter wie Zucker können in genügend hoher Konzentration die Blase außer Funktion setzen. Nach CZAJA handelt es sich in letzterem Falle um eine rein osmotische Wirkung infolge der Semipermeabilität der Blasenwand, während in den anderen Fällen eine Zustandsänderung der Kolloide der Blasenwand, vor allem der Cuticula, und eine damit einhergehende Veränderung ihrer Wasserpermeabilität die beobachteten Wirkungen hervorrufen.

Ein Kohäsionsmechanismus ist auch der Pollenentleerungsmechanismus bei den höheren Pflanzen[1]). Jedes Fach der die Pollenkörner enthaltenden Antheren besitzt eine Wand, die bei der Reife zerreißt und sich nach außen öffnet. Die den Öffnungsmechanismus bedingenden Zellen besitzen charakteristisch angeordnete Verdickungsleisten. Die Abb. 39 zeigt, wie diese auf den Radialwänden etwa parallel verlaufen, um dann auf der hinteren Tangentialwand sternförmig zusammenzustoßen und sie dadurch zu versteifen, während die vordere Tangentialwand wie bei den Anuluszellen unverdickt ist. Auch hier bewirkt bei Wasserverlust die Kohäsion und Adhäsion des Wassers eine Einstülpung der vorderen Tangentialwand, begleitet von einer tütenförmigen Zuspitzung der Zellen nach vorn. Der Zug der sich kontrahierenden Zellen verursacht Aufplatzen der Antherenfächer und ermöglicht dadurch Entleerung des Pollens. Die biologische Bedeutung dieses Mechanismus wird vielfach darin erblickt, daß gerade trockenes Wetter, das ja für die Pollenverbreitung günstig ist, die Ausstäubung bewirkt. Doch sind auch Fälle bekannt, bei denen durch feuchtes Wetter die Pollenentleerung herbeigeführt wird. Andere Kohäsionsmechanismen sind die Elateren der Lebermooskapsel, langgestreckte, dünnwandige, aber spiralig verdickte Zellen, die das Ausschleudern der Sporen aus der Kapsel bewirken, zahlreiche wasserspeichernde Gewebe, wie die Haare der Bromeliaceen u. a. mehr. Daß Kohäsions- und Schrumpfungsmechanismen vielfach miteinander verkoppelt werden können, braucht keiner besonderen Hervorhebung.

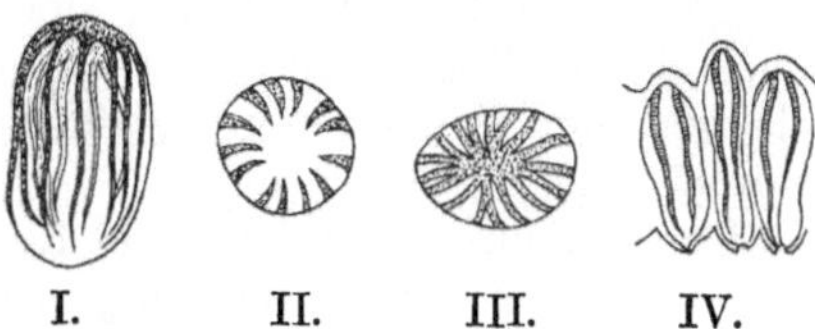


Abb. 39. Lilium-candidum-Antherenzellen nach BENECKE-JOST: Pflanzenphysiologie. I. Isolierte feuchte Faserzellen radial, II. tangential von vorn, III. tangential von hinten gesehen, IV. Faserzellen eines ausgetrockneten Antherenquerschnittes.

## II. Contractile Organe, an deren Mechanismus Plasmawirkung beteiligt ist.

Das einfachste contractile Organ der Pflanze, an dessen Mechanismus Plasmawirkung beteiligt ist, ist die einzelne Zelle. Deren Inhalt übt auf die Zellmembran (Cellulosemembran) einen Druck aus (osmotischer Druck, Quellungsdruck) und dehnt sie dadurch so lange, bis ihr elastischer Gegendruck so stark geworden ist, daß er dem Druck des Zellinhalts das Gleichgewicht hält. Der auf die Zellmembran vom Zellinhalt ausgeübte Druck heißt der Turgordruck, der Gegendruck der Zellmembranen Wanddruck. Zu einer Kontraktion kann es kommen entweder durch Steigerung der elastischen Spannung der Zellmembran

[1]) STEINBRINCK, C.: Ber. d. bot. Ges. Bd. 31, S. 448. 1913; Bd. 32, S. 367. 1914; Bd. 33, S. 66. 1914.

oder durch eine Abnahme des vom Zellinhalt auf die Zellmembran ausgeübten Druckes. Erstere kann zustande kommen durch irgendeine Veränderung in der Zellmembran oder durch Aufhebung einer auf sie wirkenden Zugspannung. Letztere kann zustande kommen durch eine Abnahme des osmotischen oder des Quellungsdruckes des Zellinhaltes. Während in diesen Fällen die Kontraktion mit Arbeitsgewinn verknüpft ist, wird sie in anderen Fällen durch Arbeitsaufwand in Wachstumsprozessen erzielt.

## A. Kontraktionen unter Arbeitsgewinn.

### 1. Die Kontraktion ist die Wirkung einer Turgorabnahme, also einer Abnahme des Innendruckes.

Die Turgorabnahme kann primär bedingt sein durch eine Abnahme des osmotischen Druckes oder eine Abnahme des Quellungsdruckes. Sekundär muß dann ein neuer Zustand sich ausbilden, dei dem in der kontrahierten Zelle die geringer gewordene Spannung der Zellmembran dem geringeren osmotischen Druck des Zellsaftes und dem mit ihm im Gleichgewicht stehenden, also ebenfalls geringer gewordenen Quellungsdruck des Plasmaschlauches das Gleichgewicht hält[1]).

Ein einfaches Beispiel bietet der Sporenschlauch (Ascus) der Ascomyceten[2]). Die Asci dieser Pilze sind langgestreckte Zellen mit dünnem Plasmabelag und großem Zellsaftraum und enthalten 8 Sporen. Durch Steigerung des osmotischen Druckes dehnen sie sich bei der Sporenreife nach Länge und Breite wohl um das Doppelte, schließlich sprengt der Turgordruck die Zellmembran an der Spitze des Schlauches. In diesem Augenblicke kommt es zu einer plötzlichen Aufhebung des auf die Membran ausgeübten Druckes. Die Membran kontrahiert sich nunmehr elastisch, und dadurch schleudert sie den Schlauchinhalt mit den Sporen in die Luft.

Auf Volumenkontraktion infolge Turgorabnahme beruht auch das Schließen der *Spaltöffnungen*[3]). Es sind dies in typischen Fällen zwei langgestreckte Zellen, Schließzellen, die zwischen sich einen Spalt freilassen, der die Intercellularen der Pflanze mit der Luft verbindet. Durch bestimmte Anordnung von Verdickungsleisten an ihren Membranen, oft auch durch Mithilfe angrenzender Zellen, der sogenannten Nebenzellen, wird bewirkt, daß die mit Turgorsteigerung bzw. -senkung verbundene Volumenvergrößerung bzw. -verkleinerung mit einer Gestaltsveränderung einhergeht, die ein Öffnen bzw. Schließen des Spaltes bewirkt, wie dies am besten Abb. 40 erläutert.

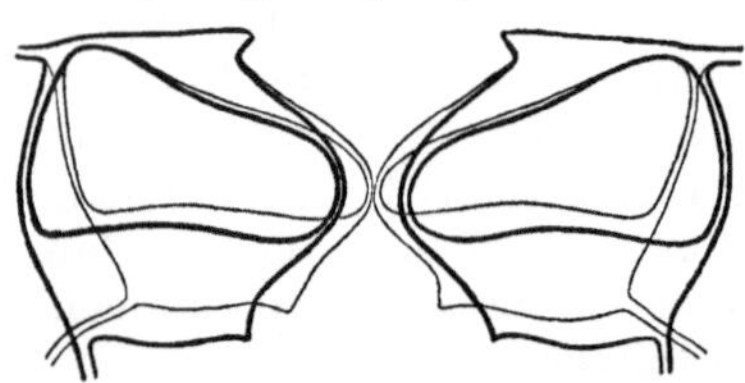

Abb. 40. Spaltöffnung von Helleborus (Nieswurz) im offenen und geschlossenen Zustande. Querschnitt vergrößert. (Nach Schwendener.)

Spaltenschluß erfolgt vor allem bei Wasserentzug und Verdunklung, Spaltenöffnung bei guter Beleuchtung und Wasserversorgung, wie dies der Aufgabe der Spaltöffnungen als Regulatoren des Gasaustausches, der Transpiration und $CO_2$-Aufnahme entspricht. Auch thermische, chemische, elektrische Reizung bewirkt bei geeigneter Dosierung Schließen bzw. Öffnen.

---

[1]) Walter, H.: Jahrb. f. wiss. Botanik Bd. 62, S. 145. 1923.

[2]) De Bary: Morphologie u. Biologie d. Pilze. Leipzig 1884.

[3]) Lloyd, F. E.: Publ. Carneg. Inst. of Washington 1908, Nr. 42. — Iljin, W. S.: Beih. z. botan. Zentralbl., 1. Abt., Bd. 32, S. 15. 1915; Biochem. Zeitschr. Bd. 132, S. 494, 511, 526. 1922. — Steinberger, A. L.: Biol. Zentralbl. Bd. 42, S. 405. 1922. — Weber, F.: Naturwissenschaften Bd. 11, S. 309. 1923.

Die Turgorabnahme bzw. -zunahme beruht auf einer Abnahme bzw. Zunahme des osmotischen Druckes des Zellsaftes, die durch eine Verminderung bzw. Vermehrung osmotisch wirksamer Substanz erzielt wird. Der osmotische Wert des Zellsaftes offener Schließzellen beträgt oft 90 Atm. und sinkt bei Spaltenschluß auf etwa 10 Atm. Aus zahlreichen Beobachtungen und Versuchen geht hervor, daß die Regulierung des Turgordruckes der Schließzellen vor allem durch die umkehrbare enzymatische Verwandlung von osmotisch wirksamem Zucker in osmotisch unwirksame Stärke erfolgt. So sind geschlossene Spaltöffnungen stärkereich, geöffnete stärkearm. Werden geöffnete stärkefreie Spaltöffnungen durch Wasserentzug zum Schließen gebracht, so läßt sich binnen kurzer Zeit reichlich Stärke in ihnen nachweisen. Die Umwandlung hängt in hohem Maße vom Salzgehalt und der $[H^+]$ der Schließzellen ab, so bewirkt Säure raschen Abbau der Stärke, Alkali hemmt ihn.

Während bei den Spaltöffnungen und den oben erwähnten Asci der Kontraktionsmechanismus sich zwischen zwei Schichten einer Zelle, dem Zellinhalt und der Zellmembran, abspielt, bewirkt ein prinzipiell ähnlicher Mechanismus zwischen zwei Schichten eines Gewebekomplexes die Samenausschleuderung aus der Frucht der Spritzgurke (Ecballium elaterium). Die reife olivenförmige Frucht hängt an dem senkrecht nach unten gebogenen Ende des Fruchtstiels herab, ist also mit ihrer Spitze nach unten gerichtet. Bei der Reife wird plötzlich der Fruchtstiel „wie der Pfropfen aus dem Hals einer Sektflasche" ausgestoßen. Aus der entstandenen Öffnung spritzen die Samen mit großer Gewalt heraus, indem eine starke Kontraktion der Frucht nach Länge und Dicke eintritt. Nach den Untersuchungen v. GUTTENBERGS[1]) wird eine derbwandige Schicht der Fruchtwand, das Kontraktionsgewebe, durch den osmotischen Druck der Zellen im Fruchtinnern gedehnt und elastisch gespannt. Bei der Fruchtreife lockert sich das an den Fruchtstiel ansetzende Gewebe der Fruchtwand, und in dem Augenblick, wo der Innendruck die Ablösung des Fruchtstiels daselbst bewirkt, sinkt der vom Inhalt auf die Fruchtwand ausgeübte Druck, so daß diese sich unter Auspressen des Fruchtinhalts entspannen kann.

Eine andere Gruppe von contractilen Organen mit Turgorvariationsmechanismus bilden zahlreiche Staubfäden, Narbenlappen, Griffel. Wir wählen als Beispiel die contractilen Staubfäden von Centaurea[2]). Die 5 nach außen ausgebuchteten Staubblätter sind mit ihren Staubbeuteln zu einer Antherenröhre verwachsen. Werden die Staubblätter mechanisch, elektrisch, chemisch usw. gereizt, so kontrahieren sie sich in der Längsrichtung um bisweilen mehr als 20%. Dabei strecken sie sich gerade und ziehen die Antherenröhre am Griffel herab, dessen Fegehaare den ausstäubenden Pollen aufnehmen. Dadurch ist die Möglichkeit geschaffen, daß ein den Kontraktionsreiz ausübendes Insekt sich mit dem ausgestäubten Pollen belädt und ihn weiter überträgt. Die Einrichtung dient also der Fremdbestäubung. Die anatomische Untersuchung zeigt, daß die contractilen Zellen langgestreckt sind mit verdickten Längswänden und zartwandigen Querwänden und einen stark entwickelten Plasmabelag führen. Zwischen den Zellen finden sich gut ausgebildete lufthaltige Intercellularen. Bei der Kontraktion der Zellen findet ein Flüssigkeitsaustritt aus ihnen in die Intercellularen statt, so daß trotz der erheblichen Kontraktion eine beträchtliche Verdickung des Staubfadens nicht stattfindet.

Die Staubblätter von Berberis und Mahonia bieten ein Beispiel eines dorsiventral gebauten contractilen Organs. Hier ist das reizempfängliche und con-

---

[1]) v. GUTTENBERG: Ber. d. bot. Ges. Bd. 33, S. 20. 1915.

[2]) PFEFFER, W.: Physiologische Untersuchungen. 1. Untersuchungen über die Reizbarkeit der Pflanzen. Leipzig 1873.

tractile Gewebe wesentlich auf das basale Ende der inneren, dem Fruchtknoten zugekehrten Seite des Staubblattes lokalisiert. Infolge seiner Kontraktion klappen die Staubblätter auf beliebigen Reiz hin nach dem Fruchtknoten zusammen und entstäuben dabei an diesem. Kontraktive Narbengewebe finden sich bei manchen Scrophulariaceen (Mimulus) und Bignoniaceen[1]). Die Einkrümmung der Ranken von Sapindaceen kommt durch Kontraktion langgestreckter Zellen ihrer Unterseite zustande. Da jedoch die Krümmungsmechanik all dieser Organe noch wenig erforscht ist, mag der Hinweis auf sie genügen. Eingehende Untersuchungen liegen dagegen über die *Blattgelenke* vor.

Blattgelenke finden sich in zahlreichen Pflanzenfamilien, sei es am Blattgrund, sei es am Übergang von einer Blattspreite zum Blattstiel oder an anderen Stellen. Sie sind funktionell dadurch charakterisiert, daß sie den Drehpunkt und Bewegungsmechanismus des mit ihnen versehenen Organs bilden, morphologisch durch eine knotige Schwellung des Gewebes und anatomisch durch ihren Aufbau aus turgescenten Zellen mit dehnbaren Zellwänden, wobei oft eine charakteristische gegenseitige Lagerung dünnwandiger und verdicktwandiger Zellen zu beobachten ist. Die Bewegungen, die durch Kontraktionen bzw. Expansionen dieser Gelenke zustande kommen, verlaufen entweder langsam wie die in 24stündigem Rhythmus sich abspielenden Schlafbewegungen oder schnell wie die den Muskelzuckungen und rhythmischen Herzbewegungen vergleichbaren Zuckungen der Mimosengelenke und Pulsationen der Desmodiumblättchen. Da die ersteren im Artikel „Periodische Tageswechsel bei Pflanzen"[2]) besprochen werden, beschränken wir uns hier auf die letzteren. Diese können, jedenfalls in augenfälligem Ausmaße, keineswegs von allen Pflanzengelenken ausgeführt werden, sondern nur von denen einiger als Sensitiven bezeichneter Pflanzen. Deren bekanntester Vertreter ist die Mimosa pudica[3]), die deshalb auch im folgenden als Beispiel dienen soll.

Der Blattstiel der Mimosa pudica ist durch ein Blattgelenk mit der Sproßachse verbunden (Abb. 41). An seiner Spitze trägt er 4 Fiedern, zwischen je zwei von ihnen befindet sich ein Fiedergelenk. Jede Fieder trägt rechts und links eine Reihe von Fiederblättchen, die mit Blättchengelenken ansitzen. Wird ein solches Mimosenblatt stark gereizt, so klappen die Fiederblättchen nach oben und vorn zusammen, die 4 Fiedern legen sich durch eine Kontraktion der Fiedergelenke aneinander, der Blattstiel klappt nach unten, indem die Unterseite des Blattgelenkes sich kontrahiert, ebenso wie es die Innenseiten der Fieder- und Blättchengelenke zur Erzielung der Schließbewegungen tun. Dieselbe Bewegung tritt ein bei mechanischer, chemischer, elektrischer oder sonstiger Reizung [Seismonastie[4]), Chemonastie, Elektronastie usw.].

Die Reaktion des Blattgelenkes beruht im wesentlichen auf einer Turgescenzabnahme der Parenchymzellen der unteren Gelenkhälfte, die mit Ausscheidung wässeriger Flüssigkeit in die Intercellularen verbunden ist. An abgeschnittenen Gelenken kommt es dabei zu einem Tropfenaustritt an der Schnittfläche nach Reizung, bei Gelenken an der Pflanze zu einer Dunkelfärbung des Gelenkes, die durch den Ersatz der Luft in den Intercellularen durch die ausgeschiedene Flüssigkeit bedingt ist. Die Biegungsfähigkeit der Gelenke nimmt nach Reizung um ein Mehrfaches zu. Zur Verhinderung der Senkbewegung des Blattes bedarf es nach PFEFFER einer Gegenkraft von $2^1/_2$—5 Atm. Überstarke Reizung verursacht Starrezustände.

---

[1]) LUTZ, C.: Zeitschr. f. Botanik. Bd. 3, S. 289. 1911.

[2]) Vgl. Artikel STOPPEL: Dieses Handbuch Bd. 17.

[3]) BRÜCKE, E.: Arch. f. Anat. u. Phys. 1848, S. 452. — PFEFFER, W.: Abh. Sächs. Ges. d. Wissensch. Bd. 16, S. 326. 1890.

[4]) Vgl. Artikel STARK: Dieses Handbuch Bd. 11.

Die Latenzzeit der Reaktion[1]) ist bei verschiedenen Gelenkpflanzen auch unter normalen Lebensbedingungen recht verschieden. Sie beträgt für Mimosa pudica etwa 0,1 Sek., Biophytum sensitivum etwa 0,4 Sek., Neptunia oleracea etwa 0,6 Sek. Steigen der Temperatur verkürzt die Latenzzeit. Niedrige Erregbarkeit, wie sie z. B. im Winter oder infolge Ermüdung herrscht, verlängert sie. Wenn bei Mimosa ein Zeitraum von etwa 25 Min. zwischen zwei Reizungen liegt — im Sommer —, so bleibt ihre Latenzzeit konstant. Wird in kürzeren Zwischenräumen gereizt, z. B. solchen von 15 Min., so tritt Verlängerung der Latenz-

Abb. 41. Mimosa pudica nach PFEFFER: Pflanzenphysiologie.

zeit auf als Zeichen der noch nicht völligen Wiederherstellung der ursprünglichen Reizbarkeit nach 15 Min. In einem gewissen Intervall der Reizstärke nimmt die Latenzzeit mit zunehmender Reizintensität ab, bei weiterer Steigerung jedoch zu. Wenn die Pflanze in optimalen Verhältnissen sich befindet, sind aber die Differenzen in den Latenzzeiten bei schwacher und starker Reizung sehr klein.

Die Reaktionsdauer von Mimosa beträgt einige Sekunden. Bei stärkeren Reizen ist manchmal die Geschwindigkeit und Amplitude der Bewegung größer als bei schwachen, die Zuckung der Mimosa also keine reine „Alles-oder-Nichts-Reaktion". Im Winter bei herabgesetzter Erregbarkeit ist auch die Amplitude der Fallbewegung verkleinert. Ist die Pflanze sehr reizbar, so ist der Unterschied zwischen

[1]) BRUNN, J.: Cohns Beiträge z. Biol. Bd. 9, S. 307. 1908.

der Amplitude an der Reizschwelle und der maximal erreichbaren Amplitude nur sehr gering, ist sie wenig reizbar, so kann der Unterschied beträchtlich werden. Die Reaktionsgeschwindigkeit, also die Geschwindigkeit der Senkbewegung des Blattes, sinkt mit der Ermüdung, z. B. nach vorheriger Reizung, und steigt mit der Temperatur. Die Geschwindigkeit der Erholungsreaktion, durch die das Mimosenblatt nach der Reaktion in etwa 10—15 Min. wieder in den Ausgangszustand zurückkehrt, beträgt durchschnittlich 0,045 mm/Sek., am Anfang der Erholungsreaktion ist die Geschwindigkeit am größten, etwa 0,9 mm/Sek. Stärkere Reize verursachen längere Erholungsdauer als schwächere.

Reizsummation unterschwelliger Reize findet leicht statt, die Einzelreize müssen aber eine gewisse Mindestintensität haben und der Abstand zweier aufeinanderfolgender Reize darf etwa 6 Sek. nicht überschreiten[1]). Je höher die Intensität der einzelnen Reize, desto geringer kann ihre Zahl und desto größer ihr zeitlicher Abstand sein. Innerhalb gewisser Grenzen gilt für derartig summierte Reize das Reizmengengesetz. Unterschwellige elektrische und mechanische Reize summieren sich. Eine Reizsummation kommt auch bei überschwelligen Reizen vor; denn folgt einem schwachen Reiz, der eine submaximale Reaktion auslöste, einer oder mehrere gleiche in geringem Intervall, so kommt es zur Verstärkung der Reaktion evtl. bis zur Maximalreaktion. War aber die durch einen Reiz ausgelöste Reaktion maximal, so bleibt nunmehr ein kurz darauf oder bis etwa 2 Minuten darauffolgender wirkungslos („Refraktärstadium" der Tierphysiologen). Dies ist auch bei den elektronastischen Reaktionen von Berberisstaubblättern der Fall[2]).

Bose[3]) hat aus der Größe der Reaktion auf bestimmten Reiz (Induktionsschlag) Einblicke in die wechselnden Erregbarkeitsverhältnisse der Mimosengelenke zu erhalten versucht. Er findet bei Verdunklung Rückgang der Erregbarkeit, ebenso auch beim Übergang vom Dunkeln zum Hellen. Bei fortgesetzter Beleuchtung erfolgt Zunahme der Erregbarkeit. Bei 19° liegt das Temperaturminimum, bei 22° C erzielte der gleiche Reiz Ausschläge von 2,5 mm, der bei 27° solche von 22 mm verursachte. Die höchste Erregbarkeit findet Bose in der Zeit von 1 Uhr mittags bis gegen Abend. Dann findet Abnahme statt bis gegen Morgen und dann wieder Zunahme. In der Änderung der Erregbarkeit besteht eine interessante Ähnlichkeit mit den Verhältnissen der Nervenerregbarkeit am Nervmuskelpräparat. Gotch und Macdonald haben nämlich gezeigt, daß bei indirekter, d. h. vom Nerven ausgehender Muskelreizung die Erregbarkeit des Nerven durch Temperaturerniedrigung erhöht wird für konstanten Strom, erniedrigt für Induktionsschläge. Dasselbe Verhalten zeigen nach Bose auch Mimosen. Die wichtigsten Parallelerscheinungen in der Reaktion von Muskeln und Pflanzengelenken, auf elektrischen Reiz hin, zeigen sich aber beim Vergleich der polaren Reaktionen. Wie für das Nerv-Muskelpräparat gilt nämlich auch für den Bereich Stengel-Gelenk der Pflanze das Pflügersche Gesetz. Bose hat dies für Biophytum sensitivum demonstriert. An dessen Blattstiel sitzen mit Gelenken die Fiederblättchen, die bei horizontaler Lage des Stengels im ungereizten Zustande horizontal liegen, im gereizten durch Turgorabnahme der unteren Gelenkhälfte nach unten klappen. Der Blattstiel entspricht als das Reizleitende dem Nerv, die Gelenke als das Zuckende dem Muskel und zwar, wenn man an zwei Stellen des Blattstiels Elektroden anlegt, die jenseits der Elektroden gelegenen Gelenke, während die längs des Blattstiels zwischen den Elektroden liegenden nur als Indicatoren für den Reizzustand der intrapolaren

---

[1]) Steinach, E.: Pflügers Arch. f. d. ges. Physiol. Bd. 125, S. 239. 1908.
[2]) Stern, K.: Zeitschr. f. Botanik Bd. 14, S. 529. 1922.
[3]) Bose, Ch.: Ann. of botany Bd. 27, S. 759. 1913.

Strecke zu betrachten sind, wie sie dem Nerven fehlen. Als auf- bzw. absteigend ist ein Strom im Hinblick auf ein Gelenk zu bezeichnen, wenn die Richtung des positiven Stromes von ihm weg- bzw. auf es zugerichtet ist. Die folgende Tabelle demonstriert die Übereinstimmung mit dem PFLÜGERschen Gesetz, die auch durch die beigegebene Abb. 42 für das dritte Stadium noch besonders demonstriert sei ($S$ = Schließung, $Ö$ = Öffnung, $Z$ = Zuckung, $R$ = Ruhe).

| Stromstärke in Amp. | Aufsteigender Strom | | Absteigender Strom | |
|---|---|---|---|---|
| | *S* | *Ö* | *S* | *Ö* |
| 1. Stadium 0,5 · $10^{-6}$ . . | *Z* | *R* | *Z* | *R* |
| 2. „ 10,0 · $10^{-6}$ . . | *Z* | *Z* | *Z* | *Z* |
| 3. „ ? . . . | *R* | *Z* | *Z* | *R* |

Handelt es sich beim PFLÜGERschen Gesetz um die Erfolge extrapolarer, also indirekter Reizung, so zeigen andere Erfahrungen, daß auch bei direkter Reizung, bei der also die zu beobachtenden Gelenke intrapolar liegen, polare Reaktionen auftreten. Ohne hier auf Einzelheiten eingehen zu können, seien die Ergebnisse, die an den Blattgelenken verschiedener Pflanzen, aber auch den Staubblättern von Berberis gewonnen wurden, in folgende Sätze zusammengefaßt:

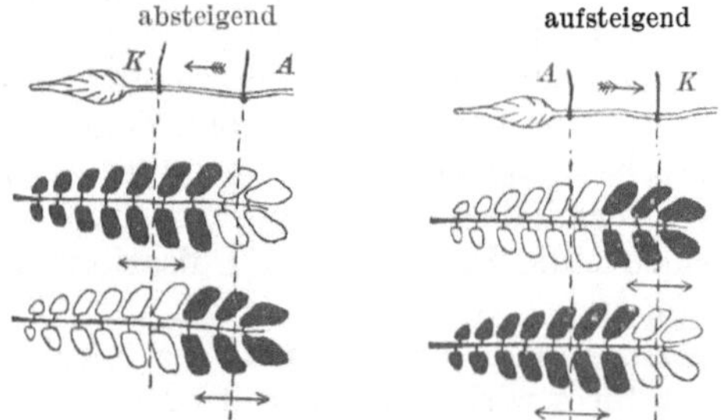

Abb. 42. III. Stadium des PFLÜGERschen Gesetzes demonstriert am Blatt von Biophytum sensitivum. Nach BOSE: Researches.

Im allgemeinen tritt bei schwacher elektrischer Reizung unipolare Reaktion auf, und zwar in den meisten Fällen an der Kathode, in anderen auch an der Anode oder an beiden Polen. Dies gilt sowohl für die scheinbaren wie für die physiologischen Elektroden. Bei stärkerer Reizung erfolgt entweder Reaktion an beiden Polen oder durch das ganze Gewebe. Bei noch stärkeren Reizen kommt es unter Umständen zur Umstimmung, so daß wieder unipolare Reizung auftritt, aber am entgegengesetzten Pole wie bei schwacher Reizung. Ob bei unipolarer Reizung Reaktion an Anode oder Kathode auftritt, hängt in hohem Maße von den inneren Bedingungen, z. B. dem Alter oder vorangegangener Reizung ab, so daß nicht nur Gelenke nahe verwandter Arten, sondern auch derselben Pflanze oben und unten verschiedene Polarität aufweisen können. Daß wie an tierischen Geweben Anode und Kathode die Erregbarkeit und Leitfähigkeit erhöhen bzw. erniedrigen können, ist teils sichergestellt, teils sehr wahrscheinlich gemacht.

Die expansiven und kontraktiven Wirkungen der Anode bzw. Kathode werden demonstriert durch Versuche BOSES am Gelenk von Erythrina indica, einer Sensitive von geringerer Empfindlichkeit als Mimosa, aber großem Blattgelenk. Er legte eine Elektrode direkt auf die Oberseite des Gelenkes, eine andere in beträchtlicher Entfernung an die Sproßachse. Auf diese Weise kommt deutlicher als bei den sonstigen Versuchsanordnungen die Wirkung der einen Gelenkhälfte, in unserem Falle der oberen, zum Ausdruck. Es zeigte sich, daß Anodenschließung Expansion der oberen Hälfte und dadurch Senkung des Blattes hervorruft, Anodenöffnung die entgegengesetzte Wirkung, die allerdings von der eintretenden Erholungshebung nicht deutlich getrennt werden kann. Kathodenschließung und -öffnung rufen genau die entgegengesetzten Effekte hervor.

Im Zusammenhang mit den Blattgelenkkontraktionen durch Turgorabnahme dürfte auch die insektenfressende Wasserpflanze Aldrovandia zu nennen sein, deren zwei Blatthälften um ein gelenkartiges Scharnier auf die verschiedensten direkten und zugeleiteten Reize hin gegeneinander zusammenklappen. Jedenfalls spricht die von CZAJA[1]) ermittelte Latenzzeit von bisweilen nur 0,1 Sek. dafür, daß wir es nicht mit einem Wachstumskontraktionsmechanismus zu tun haben wie bei der später erwähnten Dionaea. Bis zur Wiederöffnung der Blätter verstreicht freilich ein Zeitraum von 6—12 Stunden.

Während bei den bisher besprochenen Gelenkkontraktionen die Kontraktion auf einen äußeren Reiz hin erfolgt, haben wir in den Gelenken der Seitenblättchen von Desmodium gyrans rhythmisch auf innere Reize hin sich kontrahierende bzw. expandierende Organe vor uns, die damit zunächst äußerlich etwa dem Herzmuskel entsprechen. Der Blattstiel dieser Leguminose trägt außer einem relativ großen Endblättchen zwei kleinere mit besagten Gelenken ansitzende Seitenblättchen. Diese sind unter günstigen Bedingungen in ständiger Bewegung. Bei niederer Temperatur ist die Bewegung mehr auf und ab gerichtet, bei höherer mehr elliptisch. Die Dauer einer solchen elliptischen Bewegung beträgt je nach den Bedingungen zwischen $^1/_2$—3 Min., die Abwärtsbewegung pflegt schneller als die Aufwärtsbewegung zu verlaufen. Nach BOSE soll die Bewegung wesentlich durch die Expansion bzw. Kontraktion der unteren Gelenkhälfte bedingt sein und demzufolge sucht er die gesenkte Stellung der Blättchen der Systole, die gehobene der Diastole des Herzmuskels zu parallelisieren. Er glaubt gefunden zu haben, daß ein Schnitt oder eine Klemmung in der Nähe des Gelenkes die Bewegung in der gehobenen Stellung hemme und hält diesen Befund für entsprechend dem Stillstand des Herzens nach der sog. STANNIUSschen Ligatur. Erniedrigung bzw. Erhöhung für Temperatur vermehrt bzw. vermindert wie beim Froschherzen die Amplitude und vermindert bzw. vermehrt die Frequenz der Pulsationen. Die Wirkung chemischer Reize ist abhängig vom tonischen Zustand der Gelenke und der Stärke des Reizes. $CO_2$ in geringen Konzentrationen vergrößert die Amplitude und Dauer jeder Pulsation, Chloroform wirkt zunächst stimulierend, dann führt es Stillstand der Bewegung herbei. Wie beim Herzmuskel wirken Säure und Alkali antagonistisch, Säuren führen den Stillstand in dem der Diastole entsprechenden gehobenen Zustand des Blättchens, also expandierten der unteren Gelenkhälfte, herbei, Alkalien im gesenkten. Kommen die Blättchen unter ungünstigen Bedingungen zum Stillstand, so kann durch verschiedene Reize (Licht, Elektrizität) die Bewegung wieder in Gang gebracht werden. Im allgemeinen erfolgt jedoch auf Reiz in dem Zustand des Stillstehens nur eine einzelne Reaktion. Auch hier haben wir wie bei Mimosa und Berberis ein Refraktärstadium, innerhalb dessen eine zweite Reizung wirkungslos bleibt.

BOSE legte an das Blättchengelenk entweder eine Anode oder Kathode, während der andere Pol einem indifferenten Punkt weiter unten am Blattstiel anlag, und beobachtete als Wirkung der Anode eine Verringerung der Kontraktion, als Wirkung der Kathode eine Verringerung der Expansion, die in günstigen Fällen zu einer völligen Sistierung der Abwärts- bzw. Aufwärtsbewegung führte. Er schließt daraus, und dies ist wohl der naheliegendste Schluß, daß die Anode eine expansive, die Kathode eine kontraktive Wirkung hervorruft. Es ist dies ein Verhalten, das übereinstimmt mit dem am Herzmuskel beobachteten und dem Befunde BIEDERMANNS, daß glatte oder quergestreifte, teilweise kontrahierte Muskeln sich bei Anodenschluß lokal expandieren. Wie der Herzmuskel keinen Tetanus gibt, so bringen auch starke tetanische Induktionsschläge keine Dauerkontraktion, sondern nur Verringerung und Unregelmäßigkeit der Bewegungsamplitude bei Desmodium hervor. Wie beim Herzmuskel ein elektrischer Reiz zu Beginn der Systole kaum eine merkliche Wirkung hervorruft,

[1]) CZAJA, A. TH.: Pflügers Arch. f. d. ges. Physiol. Bd. 206, S. 635. 1924.

so auch bei Desmodium. Wie dagegen beim Herzmuskel ein in der Diastole gegebener Reiz eine Extrasystole hervorruft, so auch bei Desmodium. Es liegen also hier offenbar sehr interessante Ähnlichkeiten vor und es entsteht die Frage, ob es sich wirklich nur um äußere Ähnlichkeit handelt. Bei zwei so verschiedenartigen Mechanismen, wie rhythmisch pulsierendem Pflanzengelenk und Herzmuskel wird man dies zunächst annehmen, aber ob nicht genaueres Eindringen in die Ursachen dieser Ähnlichkeiten tiefere Verbindungen aufdecken wird (Quellung?), bleibt abzuwarten[1]).

Haben wir bis jetzt im wesentlichen die Beobachtungstatsachen über die Kontraktionen der Gelenke und Staubblätter angeführt, so bleibt uns noch die Erörterung der Erklärungsversuche. Die Kontraktion könnte, wie bereits früher erwähnt, auf Abnahme der Dehnbarkeit der Zellmembranen beruhen. Experimentell untersucht ist diese Möglichkeit nur bei den Staubfäden der Centaureen. Eine Änderung der Dehnbarkeit der Zellmembranen bei der Reizung findet hier nicht statt, so daß für dieses Objekt diese Erklärungsmöglichkeit ausscheidet. Dies braucht aber keineswegs bei allen in Frage kommenden Objekten der Fall zu sein.

Die Kontraktion könnte ferner zustande kommen durch Abnahme des Turgors der Zellen. Letztere kann beruhen auf Plasmakontraktion oder auf Abnahme des osmotischen Druckes des Zellsaftes, sei es infolge Permeabilitätserhöhung des Plasmas, sei es infolge Bindung oder Umwandlung osmotisch wirksamer Teilchen im Zellsaft in osmotisch unwirksame. Die Annahme einer Plasmakontraktion etwa beruhend auf Koagulation oder Entquellung des ganzen Plasmas oder seiner Hautschicht zur Erklärung der beobachteten Erscheinungen, speziell der rasch verlaufenden Kontraktionen, hat PFEFFER[2]) auf Grund folgender Überlegungen abgelehnt: „Wenn die Bewegungen — sc. der Centaureastaubfäden — durch aktive Kontraktion des Protoplasmas zustande kommen sollen, so muß dieses den Druck auf den Zellsaft jedenfalls um einige Atmosphären steigern, also umgekehrt auch solche Spannung ohne Zerreißen und ohne Verschiebung der aufbauenden Teilchen aushalten können.“ Eine so hohe Zerreißfestigkeit des Plasmas, wie sie dazu erforderlich sei — bei Centaurea z. B. mindestens 8 Atm. —, hält er für ausgeschlossen und begründet dies mit Versuchsergebnissen, bei denen Plasmodiumstränge bereits bei einem Zug von 0,3 g/qmm zerrissen. Nachdem wir durch neuere Untersuchungen wissen, wie außerordentlich stark die theoretisch auf Tausende Atm. zu berechnende Zerreißfähigkeit des Wassers von den Bedingungen abhängt, unter denen der Zug ausgeübt wird, insbesondere der Möglichkeit des Luftzutrittes, kann dieses Argument jedoch nicht mehr als stichhaltig angesehen werden. Wird doch das Wasser in einem Glas durch Umrühren bereits mit kleinster Kraft zerrissen, während es in den eingangs geschilderten Anuli der Farnsporangien einem Zug von über 300 Atm. standhält. Nach dieser Richtung müssen also neue Untersuchungen einsetzen.

Die Annahme, daß es durch Zunahme der Permeabilität zu einer Verringerung des osmotischen Druckes und damit des Turgors und zur Kontraktion käme, ist für Mimosa von BLACKMANN und PAINE[3]) untersucht worden durch Messungen der Zunahme der Leitfähigkeit des Wassers in einem kleinen Trog, in dem ein abgeschnittenes Gelenk gereizt wurde. Es trat zwar eine Zunahme ein, diese entsprach jedoch in manchen Fällen nur einer Konzentrationszunahme

[1]) Vgl. K. SÜSSENGUTH: Untersuchungen über Variationsbewegungen. Jena 1922, wo versucht wird, die Schlafbewegungen auf Quellungserscheinungen des Plasmas zurückzuführen.

[2]) PFEFFER, W.: Abh. Sächs. Akad. d. Wiss. Bd. 16, S. 187. 1890.

[3]) BLACKMANN and PAINE: Ann. of botany Bd. 32, S. 69. 1918.

um 0,1 Millimol eines in zwei Ionen zerfallenden Salzes im Leitfähigkeitsgefäß. Dieser Zunahme entspricht nach den Autoren eine Permeabilitätszunahme, die viel zu gering sei, um die Reaktion bewirken zu können. Jedoch wird der Betrag, um den der osmotische Wert bei einer derartigen Permeabilitätserhöhung in den Zellen des unteren Gelenkparenchyms abnehmen muß, auch nicht näherungsweise unter Zugrundelegung der Versuchsbedingungen geschätzt, zumal schon die Möglichkeit zahlreicher Wiederholungen der Reaktion des abgeschnittenen Gelenkes wegen der Schädigung, die durch stärkere Exosmose eintreten müßte, den Autoren als Gegenbeweis gegen die Permeabilitätshypothese genügend erscheint.

Eine dritte Erklärungsmöglichkeit, die PFEFFER für die wahrscheinlichste hielt, liegt im Unwirksamwerden von vor der Reizung osmotisch wirksamer Substanz. Man kann hier an Kondensation von Zucker zu Stärke denken oder an Absorption von Zellsaftsalzen durch Plasma- oder Zellsaftkolloide, sei es, daß diese selbst bei der Reizung koaguliert oder sonstwie verändert werden, sei es ohne solche Veränderung. Experimentelle Erfahrungen hierüber liegen m. W. nicht vor.

So muß denn die Frage nach dem physikalisch-chemischen Mechanismus der Kontraktionen mittels Turgorvariation als zur Zeit ungelöst angesprochen werden, jedoch scheinen die Voraussetzungen für ihre Lösung durchaus gegeben zu sein.

### 2. Die Kontraktion ist Wirkung der Aufhebung von Gewebsspannungen.

Benachbarte Gewebe in Pflanzen haben oft verschiedenes Ausdehnungsbestreben. Da sie durch den Gewebeverband gehindert werden, diesem Bestreben frei zu folgen, so kommt es zur Ausbildung von Gewebespannungen, bei denen das Gewebe mit dem stärkeren Ausdehnungsbestreben durch das angrenzende mit dem geringeren komprimiert wird, letzteres dagegen durch ersteres gedehnt wird. Kommt es nun zu einer Trennung der antagonistischen Gewebe oder sonstwie zu einer Lage, in der sich die antagonistischen Spannungen in Bewegungen umsetzen können, so kontrahiert sich infolge Aufhebung der Zugspannung das gedehnte Gewebe, während das komprimierte sich expandiert.

Die Kontraktionen bzw. Expansionen können solche des Volumens sein oder lediglich der Form bei im wesentlichen konstantem Volumen. Volumenveränderungen können eintreten:

1. wenn in den gespannten Geweben Intercellularen vorhanden sind,
2. wenn durch Zugspannung gedehnte Gewebe bei Aufhebung der Zugspannung Zellflüssigkeit austreten lassen,
3. wenn durch Druck komprimierte Gewebe bei Aufhebung des Druckes die Möglichkeit zur Wasseraufnahme haben.

Je mehr diese Möglichkeiten gegen Null konvergieren, desto mehr werden nach Aufhebung von Gewebespannungen erzielte Kontraktionen auf bloßen Gestaltsveränderungen beruhen, also lediglich darauf, daß vorher deformierte Gewebe nunmehr ihre undeformierte Gestalt wiederzuerlangen streben. Letzteres ist nach OVERBECK[1]) der Fall bei einer Reihe von Schleudermechanismen, die der Samenverbreitung dienen (Dorstenia, Biophytum, Oxalis, Lathraea). Als Beispiel seien die Fruchtklappen des Springkrautes (Impatiens) genannt. Bei der Reife genügt eine leise Berührung dazu, daß die miteinander verwachsenen fünf Klappen der Fruchtwand sich trennen und vom unteren Ende aus spiralig nach innen einrollen, wobei sie an die Samen stoßen und sie fortschleudern.

---

[1]) OVERBECK, F.: Jahrb. f. wiss. Botanik Bd. 63, S. 467. 1924.

Der Mechanismus dieser Kontraktion beruht auf dem Gegeneinanderwirken einer Schwellschicht und einer Widerlage. Die Schwellschicht liegt unterhalb der Epidermis, die Widerlage weiter nach innen. Beide Schichten bestehen aus langgestreckten Zellen, deren größte Achsen aufeinander senkrecht stehen, und zwar fallen die der Widerlage mit der Längsrichtung der Frucht zusammen. Sie sind tangential verdicktwandig, während die Zellen der Schwellschicht allseitig dünnwandig sind. Bei der Fruchtreife erhöht sich durch Verzuckerung von Stärke der osmotische Wert und offenbar auch Druck in den Zellen der Schwellschicht beträchtlich, dadurch erhöhen sich auch die Spannungen zwischen Schwellschicht und Widerlage, auf diese wirkt in der Längsrichtung der Frucht ein Zug, auf jene ein Druck. Kommt es durch Reißen eines Trennungsgewebes zur Aufhebung der Spannungen, so suchen die gedrückten Zellen der Schwellschicht sich abzurunden, wobei sich ihr in die Längsrichtung der Frucht fallender Durchmesser vergrößert. Die Außenseite der Fruchtklappe verlängert sich also, und die dadurch bedingte Einrollung der Klappe wird noch verstärkt durch die Kontraktion der vorher gedehnten Widerlage in der Längsrichtung. Eine gewisse Flüssigkeitsaufnahme — teils ausgepreßtes Wasser aus den sich kontrahierenden Zellen, teils osmotisch angesaugtes aus Gefäßen und zerrissenen Zellen — erfolgt wohl zweifellos auch in die Schwellschicht im Augenblicke des Zerreißens, aber der Anteil dieser Flüssigkeitsaufnahme an der Verlängerung der Schwellschicht scheint gegenüber der Formänderung durch das Abrundungsbestreben im entspannten Zustand zurückzutreten.

## B. Kontraktionen, die unter Arbeitsaufwand verlaufen.

Während die durch Turgorabnahme oder Aufhebung von Gewebespannung verlaufenden Kontraktionen mit Arbeitsgewinn einhergehen, erfordern die durch Wachstumsbewegungen erzielten Kontraktionen Arbeitsaufwand. Als typisches Beispiel sei das Blatt der Dionaea muscipula genannt, dessen Bewegung und elektrische Reaktion eingehend im Abschnitt „Ruhe-“ und „Aktionsströme bei Pflanzen“ geschildert ist. Hier ist für uns wesentlich, daß das Zusammenklappen der Blatthälften um die Mittelrippe als Scharnier durch schnelles stärkeres Wachstum der Unterseite der letzteren zustande kommt. Wachstumskontraktionen haben wir auch in den Wurzelkontraktionen vor uns, die die feste Verankerung der Pflanzen im Boden bewirken. Wachstumskrümmungen sind auch die Reizkrümmungen der Droseratentakel und der Ranken. Ein Hinweis auf das Kapitel „Wachstumsbewegungen bei Pflanzen“ möge hier genügen.

# Muskelphysiologie.

## Histologische Struktur und optische Eigenschaften der Muskeln.

Von

K. Hürthle und K. Wachholder

Breslau.

Mit 1 Abbildung.

### Zusammenfassende Darstellungen.

Brücke, E.: Denkschr. d. Akad. Wien, Mathem.-naturw. Klasse Bd. 15, S. 69. 1858. — Ebner, v.: Untersuchungen über die Anisotropie organischer Substanzen. Leipzig 1892. — Engelmann: Pflügers Arch. f. d. ges. Physiol. Bd. 7, S. 33 u. 155. 1873; Bd. 11, S. 432. 1875; Bd. 18, S. 1. 1878; Bd. 23, S. 571. 1880. — v. Fürth: Ergebn. d. Physiol. Bd. 17, S. 363. 1919. — Heidenhain, M.: Ergebn. d. Anat. u. Entwicklungsgesch. Bd. 8, S. 1. 1898; Bd. 10, S. 115. 1900. Daselbst Übersicht über die ältere Literatur. — Heidenhain, M.: Plasma und Zelle. 5. Abschnitt. Jena 1911. — Hürthle: Pflügers Arch. f. d. ges. Physiol. Bd. 125, S. 1. 1909. — Rollett: Denkschr. d. Akad. Wien, Mathem.-naturw. Klasse III, IIb, I Bd. 49, S. 81. 1885; Bd. 51, S. 23. 1886; Bd. 58, S. 41. 1891. — Stübel: Histophysiologie. Jahresber. ü. d. ges. Physiol. Bd. 1. 1920. Daselbst die neuere Literatur. — Stübel: Pflügers Arch. f. d. ges. Physiol. Bd. 201, S. 629. 1923.

Wenn in diesem der Physiologie gewidmeten Handbuche ein morphologisches Kapitel behandelt wird, so kann dies nur unter dem Gesichtspunkte geschehen, daß vorzugsweise diejenigen morphologischen Tatsachen, welche an der Entscheidung physiologischer Probleme wesentlich beteiligt sind, eingehender erörtert werden, während die große Menge rein morphologischer und entwicklungsgeschichtlicher Befunde, die der Förderung dieser Probleme nicht unmittelbar zu dienen scheinen, mehr oder weniger unberücksichtigt bleibt.

Die Bedeutung der Muskelhistologie für die Physiologie liegt vor allem darin, daß jede theoretische Vorstellung von dem Wesen des Kontraktionsvorganges ihre Grundlage im histologischen Bilde des Muskels finden muß, insofern als zum mindesten gefordert werden muß, daß die betreffende Theorie nicht im Widerspruche zu den Ergebnissen der Histologie steht. Wenn hierüber hinaus von einer Muskelhistologie erwartet wird, daß sie selbst positive Grundlagen für eine Kontraktionstheorie liefert, so muß man zunächst im klaren darüber sein, daß man hiermit von der Histologie möglicherweise etwas verlangt, was außerhalb der Grenzen ihrer Leistungsfähigkeit liegt; denn wir können vorläufig noch nicht sagen, ob sich die für die Muskelkontraktion verantwortlichen Energie- und Formwandlungen an mikroskopisch sichtbaren Komplexen im ganzen vollziehen oder an submikroskopischen Gebilden, die sich erst mit anderen zu den mikroskopisch unterscheidbaren Bestandteilen des Muskels verbinden. Letzteres wird sogar mehr und mehr wahrscheinlich. In diesem Falle stellen dann die mikroskopisch unterscheidbaren Teile des Muskels noch verwickelt gebaute Einzelmaschinen dar.

Innerhalb der einer Muskelhistologie durch das Auflösungsvermögen des Mikroskops gezogenen Grenzen haben sich aber doch eine genügende Anzahl von Tatsachen ergeben, die eine kritische Beleuchtung der verschiedenen Kontraktionstheorien vom histologischen Standpunkt aus nicht nur möglich, sondern auch unbedingt erforderlich erscheinen lassen.

Um dieser Aufgabe zu genügen, ist es nötig, das histologische Bild eines Muskels in den Zuständen der Ruhe und Kontraktion messend zu vergleichen. Hier ergibt sich nun gleich eine Schwierigkeit in der Frage nach dem Material, welches den Beobachtungen und Messungen zugrunde gelegt werden soll, ob lebende oder fixierte Muskelfasern. Zwar erscheint es als eine fast selbstverständliche Forderung, daß „die mikroskopische Untersuchung des Baues der ruhenden Muskelsubstanz — nach der für alle verwandten Aufgaben geltenden Regel — von der Betrachtung des völlig normalen lebenden Gewebes auszugehen hat“[1]). Diese Forderung erscheint um so dringlicher, als es wohl kein anderes tierisches Gewebe gibt, bei welchem so große Unterschiede in der Struktur des lebenden und des fixierten Materials beobachtet werden, als bei der Muskelsubstanz.

Andererseits sind der Untersuchung lebender Objekte mit unseren heutigen mikroskopischen Hilfsmitteln verhältnismäßig enge Grenzen gezogen, weil infolge der Dimensionen der lebenden Muskelfasern Objektive mit großem Auflösungsvermögen kaum anwendbar sind. Daher ist es begreiflich, wenn sich die Mehrzahl der neueren Histologen, bewaffnet mit dem ganzen Rüstzeug der Fixierungs- und Färbetechnik, bemüht, über diese Grenzen hinauszukommen und am abgetöteten und künstlich gespaltenen Material tiefer in die Feinheiten der Muskelstruktur einzudringen. Es ist zuzugeben, daß wir auf einige wesentliche Fragen der Muskelhistologie, z. B. über das Querschnittsbild des kontrahierten Muskels, bisher nur am fixierten Präparat haben Aufschluß bekommen können (vgl. S. 113), so daß es falsch wäre, die Heranziehung des fixierten Materials gänzlich abzulehnen. Es darf aber nicht vergessen werden, daß die Physiologie „in jeder fixierten Zelle und in jeder Färbung ein Kunstprodukt zu sehen“ und „diese als solche zu behandeln hat“. Wir könnten zwar, wie STÜBEL[2]) weiterhin ausführt, „ein solches Kunstprodukt mit derselben Berechtigung für die physiologische Forschung verwerten wie etwa der chemische Physiologe irgendein unter bestimmten Bedingungen aus einem Organ hergestelltes chemisches Präparat“, wenn wir „das lebende Objekt soviel wie möglich zum Vergleich heranziehen und uns in jedem Falle Rechenschaft darüber geben, auf Grund welcher physikalischer und chemischer Bedingungen das Kunstprodukt entstanden ist“. Leider sind wir aber bei der fast rein empirischen Methode der Fixierungs- und Färbungstechnik bisher so gut wie nie imstande, letztere Forderung zu erfüllen[3]), so daß man in der Deutung der am fixierten Objekt erhobenen Befunde und zumal bei ihrer quantitativen Verwertung nicht kritisch genug verfahren kann. Das Mißtrauen wird noch verstärkt durch die von verschiedenen Seiten gemachte Feststellung, daß bei der Labilität des Protoplasmas im allgemeinen und der irritablen Substanzen im besonderen häufig schon durch den Zusatz sonst als

[1]) ENGELMANN: Pflügers Arch. f. d. ges. Physiol. Bd. 7, S. 33. 1875.

[2]) STÜBEL: Histophysiologie. Jahresber. ü. d. ges. Physiol. Bd. 1. 1920.

[3]) Methodische Untersuchungen über den Einfluß von Zusatzflüssigkeiten und Fixierungsmitteln auf Quer- und Längsstreifung hat neuerdings STÜBEL: Pflügers Arch. f. d. ges. Physiol. Bd. 180, S. 222 ff. 1921, veröffentlicht.

indifferent betrachteter Flüssigkeiten starke Veränderungen der Struktur hervorgerufen werden.

In der folgenden Darstellung sind darum die am lebenden bzw. überlebenden Objekt gemachten Beobachtungen zum Ausgangspunkt der Betrachtungen genommen und die an fixierten Präparaten gewonnenen Ergebnisse nur so weit herangezogen worden, als dies zur Konstruktion eines Gesamtbildes notwendig erschien. Bei etwaigen Widersprüchen wurde das an der lebenden Faser Gesehene als maßgebend betrachtet. Nur so erscheint es möglich, ein Bild von der Struktur der Muskelfasern zu erhalten, das den theoretischen Vorstellungen über die bei der Kontraktion sich abspielenden Vorgänge als Prüfstein oder als Grundlage dienen kann.

## Mikroskopische Struktur der Muskeln.

### Quergestreifte Muskeln.

Die histologische Untersuchung von quergestreiften Muskeln im lebenden Tiere selbst ist bisher nur an der bekannten Corethralarve ausgeführt worden[1]). Aber auch dieses Objekt ist aus den obengenannten Gründen nur schwachen oder mittleren Vergrößerungen zugänglich und darum wegen seiner außerordentlich schmalen Querstreifung für feinere Beobachtungen und Messungen nicht geeignet[2]). Die meisten Untersuchungen sind darum an frisch aus dem Körper entnommenen, also überlebenden Muskeln, welche noch Zeichen von Lebenstätigkeit erkennen ließen, ausgeführt worden. Überwiegend sind hierzu Muskeln von Arthropoden benutzt worden; einmal wegen ihrer relativ breiten Querstreifung, dann auch wegen des spontanen Auftretens wellenförmig über die Faser verlaufender Kontraktionen.

Auf optischen „*Längsschnitten*" *überlebender ruhender Muskelfasern* fallen schon bei schwacher Vergrößerung die regelmäßig abwechselnden dunkleren und helleren, quer zur Faserrichtung laufenden Bänder auf, denen die Muskeln den Namen der quergestreiften verdanken. Die dunkleren Streifen werden nach der meist gebräuchlichen, von Rollett eingeführten Buchstabenbezeichnung mit $Q$ benannt, die helleren mit $J$. Die Breite der Querstreifung $Q + J$, auch als Fachhöhe bezeichnet, ist bei den einzelnen Tierklassen verschieden. Sie beträgt bei den Wirbeltieren im allgemeinen $3\,\mu$, bei den Arthropoden mehr; z. B. bei den viel untersuchten Beinmuskeln von Hydrophilus $5-6\,\mu$, bei den Kopfmuskeln desselben Tieres sogar $10-12\,\mu$. Während das Verhältnis $\frac{J}{Q+J}$ bei den Wirbeltieren (Froschmuskeln) etwa 0,5 beträgt, d. h. $Q$ und $J$ etwa gleichhoch sind, ist derselbe Quotient bei Hydrophilus kleiner als 0,2 (Hürthle). Neben diesen beiden Schichten $Q$ und $J$ ist bei der Beobachtung im natürlichen Licht häufig noch ein dritter äußerst schmaler Streifen zu sehen, welcher bei der gebräuchlichen tiefen Einstellung des Mikroskops in der Mitte von $J$ als schmale starkbrechende Linie erscheint und $Z$ genannt wird. Viele Autoren, besonders Rollett[3]) treten dafür ein, daß $Z$ an der erschlafften lebenden Muskelfaser nie fehlt und daß es durch eine dauernd vorhandene Struktureigentümlichkeit bedingt sei. Von anderer Seite wird dies bestritten und der $Z$-Streifen als optischer Effekt gedeutet. In fixierten Präparaten sind neben den beiden Schichten $Q$ und $J$ noch mehrere andere beschrieben, so eine Körnerschicht $N$ in $J$ und eine Aufhellungszone $Q_h$ in der Mitte von $Q$. Besonders aber tritt der

---

[1]) Wagener: Arch. f. mikroskop. Anat. Bd. 10, S. 293. 1874.
[2]) Hürthle: l. c. S. 8.
[3]) Rollett: Denkschr. d. Akad. Wien, Mathem.-naturw. Klasse Bd. 58, S. 61. 1891.

$Z$-Streifen im fixierten Präparat regelmäßig hervor, zumal bei Anwendung elektiver Färbemittel [M. HEIDENHAIN[1])]. Gerade diese elektive Färbbarkeit wird als Beweis für die reale Existenz einer $Z$-Schicht herangezogen. Vom überlebenden Muskel sagt dagegen schon v. BRÜCKE[2]) in seiner grundlegenden Arbeit, daß er neben den beiden Schichten $Q$ und $J$ kompliziertere Strukturen an noch kontraktionsfähigen Fasern niemals deutlich gesehen habe. Ähnlich äußert sich EXNER[3]), und HÜRTHLE[4]) faßt nach seinen photographischen Aufnahmen überlebender Hydrophilusmuskeln die zweischichtige Form der Querstreifung als die typische, d. h. dem lebenden, kontraktionsfähigen Objekt eigentümliche, auf. Er bringt eine Reihe von Gründen vor, daß alle komplizierteren Formen als atypische zu betrachten sind, welche sich erst nach der Entfernung der Fasern aus ihrer normalen Umgebung bilden. Bei der Beobachtung lebender Fasern im *polarisierten Licht* erweist sich $Q$ als doppelt- und $J$ als einfachbrechend bei annähernd gleichem Höhenverhältnis dieser beiden Schichten wie im natürlichen Licht.

Weit weniger auffällig als die Querstreifung des Muskels ist eine viel feinere *Längsstreifung*, die besonders im Streifen $Q$ sowohl im natürlichen als auch im polarisierten Lichte sichtbar ist. Hierdurch erscheint $Q$ aus einer Reihe paralleler Stäbchen zusammengesetzt; ihre Dicke beträgt bei Hydrophilus etwa 1 $\mu$, diejenige des zwischen ihnen befindlichen Raumes etwa die Hälfte. Es fragt sich nun, ob die Stäbchen der einzelnen $Q$-Schichten Abschnitte einer durchgehenden Längsgliederung sind, d. h. ob ein faseriger, sog. fibrillärer Bau, wie er in fixierten Präparaten mit großer Deutlichkeit hervortritt bzw. leicht darzustellen ist, schon im lebenden Muskel besteht. Die gewöhnlichen Bilder lebender Muskeln lassen eine sichere Entscheidung dieser Frage nicht zu. Zwar ist in den Schichten $J$ sowohl im natürlichen als auch im polarisierten Lichte von einer Längsstreifung nichts zu erkennen. Das läßt aber nicht den sicheren Schluß zu, daß eine solche darum auch nicht existiert; denn wie schon ROLLETT[5]) in dieser Frage hervorhebt, ist zu bedenken, daß zwei an sich verschiedene Substanzen, welche sich weder durch ihr Lichtabsorptions- noch durch ihr -brechungsvermögen merklich voneinander unterscheiden, uns auch nicht optisch getrennt erscheinen. Eine Homogenität kann also eine scheinbare sein, was auch bei allen anderen Untersuchungen am lebenden Objekt und besonders beim Vergleich mit den Befunden fixierter Objekte zu berücksichtigen ist. Das verschiedentlich beobachtete Fehlen von Längsstreifung an ganz frischen Muskeln (ENGELMANN, STÜBEL) beweist demnach nichts gegen den fibrillären Bau des lebenden Muskels.

Es lassen sich aber gelegentlich zwei Erscheinungen beobachten, welche die Präexistenz der Fibrillen in der lebenden Faser und die Ansicht, daß die Stäbchen der Schicht $Q$ Teile dieser Fibrillen sind, in höchstem Grade wahrscheinlich machen. Es ist dies einmal die von WAGENER[6]) an den Muskelfasern der lebenden Corethralarve beschriebene Erscheinung, daß die Fibrillen sich gelegentlich, anscheinend durch ungleichmäßige Verkürzung, gegeneinander bis um eine halbe Fachhöhe verschieben, so daß auch die $J$-Schicht unterbrochen ist.

Weiter läßt sich in nicht seltenen Fällen am überlebenden und auch am fixierten Muskel die Beobachtung machen, daß die Querstreifung undeutlich und die Längsstreifung im selben Maße deutlicher wird. Im polarisierten Licht

[1]) HEIDENHAIN, M.: Anat. Anz. Bd. 20. 1902.
[2]) v. BRÜCKE: Denkschr. d. Akad. Wien, Mathem.-naturw. Klasse Bd. 15, S. 69. 1858.
[3]) EXNER: Pflügers Arch. f. d. ges. Physiol. Bd. 40, S. 360. 1887.
[4]) HÜRTHLE: l. c. S. 25.
[5]) ROLLETT: Denkschr. d. Akad. Wien, Mathem.-naturw. Klasse Bd. 51, S. 52. 1886.
[6]) WAGENER: l. c. S. 301.

lassen sich in diesem Fall helle, homogene Fäden durch eine größere Anzahl von Schichten hindurch verfolgen, was sich am einfachsten durch die Annahme erklären läßt, daß die Stäbchen der einzelnen Schichten $Q$ im normalen Muskel Abschnitte der Fibrillen bilden, deren Masse in kurzen regelmäßigen Abständen einfachbrechend ist, und daß unter abnormen Bedingungen diese schmalen Zonen gleichfalls doppeltbrechend werden und damit die Fibrillen im polarisierten Licht als homogene helle Fäden erscheinen[1]). Auch ohne die Gründe, welche aus Beobachtungen an fixierten Fasern und aus der vergleichenden Anatomie beigebracht worden sind (Engelmann, M. Heidenhain), erscheint die Ansicht vom fibrillären Bau der quergestreiften Muskeln durch die genannten Erscheinungen hinreichend begründet.

Die zweite der besprochenen Erscheinungen, der Verlust der Querstreifung unter Totaldoppeltbrechung der Fibrillen, kann an einer uud derselben Stelle der Faser auftreten und wieder verschwinden, ohne daß hierbei die Kontraktionsfähigkeit verlorengeht. Allerdings zeigen die Kontraktionswellen solcher Fasern häufig Unregelmäßigkeiten der Form und Fortpflanzung. Diese *Labilität der Querstreifung* kann wohl nur so verstanden werden, daß die Querstreifung, d. h. die regelmäßige Folge von doppelt- und einfachbrechenden Fibrillenabschnitten *nicht an anatomisch unveränderliche Glieder gebunden ist, sondern nur funktionell* durch uns unbekannte Kräfte oder Vorgänge *erhalten wird.*

Bei dieser Auffassung von der Labilität der Fibrillenglieder wird die Beantwortung der Frage recht schwierig, wodurch die gleichnamigen Abschnitte der Fibrillen auf gleicher Höhe gehalten werden. Am leichtesten ließe sich die geradlinige *Querstreifung* der Faser aus dem Bestehen fester Querverbindungen zwischen den Fibrillengliedern erklären, welche man auch an fixierten Präparaten, besonders in der Schicht $Z$ [Grundmembran M. Heidenhains[2])] gefunden haben will. Diese Ansicht scheint darin eine Stütze zu finden, daß der $Z$-Streifen eine Reaktion wie Kollagen gibt [Häggquist[3])]. Eine ähnliche schwächere Zwischenmembran $M$ soll in der Mitte von $Q$ vorhanden sein. Im Zusammenhange mit diesen Membranen ist von mehreren Autoren [Marcus[4])] ein kompliziertes Gerüstwerk zwischen den Fibrillen beschrieben worden. Es bestehen aber noch mancherlei Widersprüche, z. B. ob die beschriebenen Gerüste die Fibrillen nur umfassen und so die $Z$-Schichten derselben vortäuschen oder sie wirklich durchkreuzen. Bei der mangelnden Einsicht in die Wirkungen, welche die Fixierungsmittel auf die labile Muskelsubstanz ausüben, läßt sich zur Zeit kein Urteil fällen, was von allem schon in der lebenden Faser besteht und was erst bei der Fixierung abgeschieden wird. Jedenfalls haben sich am lebenden Muskel derartige Quermembranen nicht nachweisen lassen; denn auch Rollett, der den $Z$-Streifen an der lebenden Faser nie vermißte, betont ausdrücklich, daß es nur $Z$-Glieder der Fibrillen gäbe, nicht eine durchgehende Querschicht $Z$. Außerdem müßte man aus der Parallelverschiebung der Fibrillen schließen, daß derartige Querverbindungen, wenn sie existieren, leicht zerreißlich sind und sich immer wieder neu bilden. Wenn demnach keinerlei überzeugende Tatsachen für das Bestehen fester Querverbindungen beigebracht worden sind, so muß andererseits zugegeben werden, daß ohne die Annahme solcher Querverbindungen das Verständnis der Querstreifung große Schwierigkeiten bereitet und dann nur durch die *Annahme funktioneller Querverbindungen* erklärt werden kann. Eine solche Annahme wird durch eine Erfahrung am kontrahierten Muskel gestützt oder gar notwendig gemacht: während sich nämlich erschlaffte fixierte Fasern leicht in

---

[1]) Hürthle: l. c. S. 35. [2]) Heidenhain, M.: Anat. Anz. Bd. 20. 1902.
[3]) Häggquist: Anat. Anz. Bd. 53, Ergänzungsheft S. 71. 1920.
[4]) Marcus: Anat. Anz. Bd. 52, S. 410. 1920.

Fibrillen spalten lassen, hört die Spaltbarkeit auf an den Kontraktionswellen, die sich häufig in fixierten Fasern finden. Dieser Unterschied wird durch die Annahme verständlich, daß beim Kontraktionsprozeß eine starke Festigung der funktionellen Querverbindungen eintritt, die sich bei der Erschlaffung wieder löst.

Für viele der strittigen Fragen, wie die nach dem Vorkommen von Querverbindungen, vor allem die Frage nach der Einbettung der Fibrillen in das Sarkoplasma, d. h. derjenigen Substanz, von welcher nach unserer schematischen Deutung der Bilder der zwischen den Fibrillen befindliche Raum ausgefüllt wird, wäre es nun von größtem Werte, zuverlässige *Querschnittsbilder*, wenn möglich von lebendem Material, zu bekommen. Diese Forderung stößt aber auf große Schwierigkeiten. Die einzige Methode, welche es gestattet, den Querschnitt an einwandfrei lebenden und ungeschädigten Fasern zu beobachten, scheint diejenige zu sein, an gebogenen Fasern auf einen optischen Querschnitt einzustellen. Aber auch diese Methode ist nur in beschränktem Maße anwendbar, weil das Querschnittsbild durch die übergelagerten gebogenen Fasern leicht verschleiert und verzerrt wird. Das so gewonnene Querschnittsbild zeigt ein polygonales feines Maschenwerk, welches in meist geradliniger Begrenzung hellere homogene Felder, die sog. COHNHEIMschen Felder, einschließt, die einen durchschnittlichen Durchmesser von 3—4 $\mu$ haben. Da der kleinste Durchmesser nicht unter 2 $\mu$ beträgt, so bildet er stets ein Vielfaches der an Längsschnitten gemessenen Fibrillendicke. Man kann zwar annehmen — und die Befunde an fixierten Fasern sprechen dafür —, daß jedes Feld den Querschnitt mehrerer der im Längsschnitte unterscheidbaren Fibrillen umfaßt, aber es erhebt sich dann die Frage, warum im Längsschnitt von einer derartigen Zusammenfassung der Fibrillen zu Muskelsäulchen [KÖLLIKER[1])] nichts zu sehen ist. Dieser Widerspruch muß um so mehr zur Vorsicht mahnen, die COHNHEIMschen Felder als etwas Präformiertes aufzufassen, als ENGELMANN[2]) aufs schärfste betont, daß der Querschnitt des ganz frischen Muskels durchaus homogen sei und daß sich aus diesem erst nach einiger Zeit entweder die erwähnten größeren Felder oder kleinere, dem Querschnitt der Fibrillen entsprechende, differenzieren. Auch GUTHERZ[3]) beobachtete mitunter völliges Fehlen der COHNHEIMschen Felderung. Diese ist demnach möglicherweise als erstes Zeichen des Absterbens des Muskels zu betrachten. Allerdings ist sie auch an Fasern beobachtet worden, die noch von Kontraktionswellen durchlaufen wurden (ROLLETT, GUTHERZ); dadurch wird aber diese Möglichkeit nicht widerlegt, da nach HÜRTHLE Kontraktionswellen auch in Fasern auftreten, deren Struktur von der typischen schon stark abweicht.

Läuft über eine im Längsschnitt untersuchte lebende Faser eine *Kontraktionswelle* ab, so sieht man, wie die betroffenen Faserabschnitte im ganzen dicker, ihre Querstreifung enger und bedeutend schärfer wird und sowohl im natürlichen wie im polarisierten Licht stets nur 2 Schichten zeigt. Auch die fixierte Kontraktionswelle läßt nur zwei Schichten erkennen und die zahlreichen Strukturunterschiede und Widersprüche zwischen den Befunden am lebenden und am fixierten Präparat verschwinden; ein Beweis, daß die labile Struktur der ruhenden Faser bei der Kontraktion eine festere wird. Da die Querstreifung beim Übergange vom ruhenden zum kontrahierten Zustande gewöhnlich nicht verschwindet, lassen sich die Veränderungen, welche die Schichten der ruhenden Faser während der Kontraktion erleiden, verfolgen. Es ergibt sich dabei, daß die gegenseitige Anordnung der Schichten $Q$ und $J$ bei der Kontraktion erhalten bleibt und daß — wenigstens an Insektenmuskeln — *die gesamte Verkürzung bei der Kontraktion*

[1]) KÖLLIKER: Zeitschr. f. wiss. Zoologie Bd. 16, S. 374. 1866.
[2]) ENGELMANN: Pflügers Arch. f. d. ges. Physiol. Bd. 7, S. 62. 1873.
[3]) GUTHERZ: Arch. f. mikroskop. Anat. Bd. 75, S. 209. 1909.

*auf die doppeltbrechende Schicht Q entfällt*, während *J* sogar noch etwas an Höhe zunimmt (Abb. 43). Aus den an Hydrophilus angestellten Messungen HÜRTHLES[1]) ergibt sich ferner, daß das Volumen der ganzen Schicht *Q*, also doppeltbrechende Stäbchen + Sarkoplasma, bei der Kontraktion um 15% abnimmt, während die *Volumina der doppeltbrechenden Glieder der Fibrillen bei der Kontraktion unverändert bleiben.* Die Volumabnahme der ganzen Schicht *Q* um 15% muß demnach auf eine Abnahme der Sarkoplasmamasse der Schicht *Q* zurückgeführt werden. Da die Schicht *J* bei der Kontraktion außer an Dicke auch an Höhe, also an Volumen zunimmt, so kann die Änderung nur so gedeutet werden, daß *bei der Kontraktion Sarkoplasma aus der Schicht Q nach J übertritt.*

In diesen am lebenden Objekt gewonnenen Messungsergebnissen finden die an fixierten Fasern von Arthropodenmuskeln angestellten Messungen von ENGELMANN[2]), nach welchen bei der Kontraktion umgekehrt eine Volumzunahme der doppelt- auf Kosten der einfachbrechenden Schichten stattfinden soll, keine Bestätigung. Der Widerspruch entsteht hauptsächlich durch die von ENGELMANN am ruhenden Muskel gemessenen Schichtenhöhen, die von den am lebenden Objekt gewonnenen sehr stark abweichen.

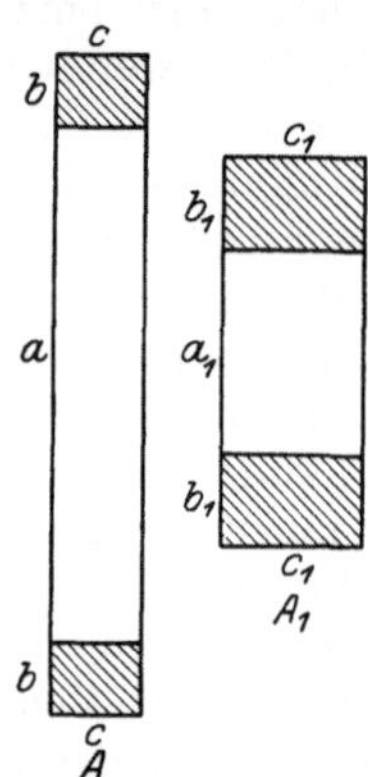


Abb. 43. Schema eines Fibrillenabschnittes von Hydrophilus im ruhenden und kontrahierten Zustande. $A$ = Erschlaffung, $A_1$ = Kontraktion; $a$ = doppelt brechende, $b$ = einfach brechende Schicht; $a > a_1$, $b < b_1$; Volumen $a\left(\frac{c}{2}\right)^2\pi$ = Volumen $a_1\left(\frac{c_1}{2}\right)^2\pi$.

Bisher war nur von den Fibrillen die Rede. Von den übrigen Bestandteilen der Faser: Sarkoplasma, Kerne und Sarkolemm, d. h. die Scheide, welche die ganze Muskelfaser umhüllt, können die beiden letzteren hier unberücksichtigt bleiben, da sie wahrscheinlich nicht aktiv am Verkürzungsprozeß beteiligt sind[3]).

Unter *Sarkoplasma* versteht man, wie schon erwähnt, die Füllmasse zwischen den Fibrillen. Seine Form ist histologisch nicht mit Bestimmtheit festzustellen; denn einmal ist in den optisch homogenen *J*-Schichten lebender Fasern vor allem bei der Kontraktion keine Unterscheidung von Fibrillen und Sarkoplasma möglich; dann bestehen, wie S. 112 ausgeführt worden ist, über die Art der Verteilung der Fibrillen im Sarkoplasma Widersprüche zwischen dem Längs- und Querschnittsbild. Das Sarkoplasma ist also mehr eine schematische Abstraktion als ein histologisch darstellbares Gebilde.

Über die relative Menge von Sarkoplasma und Fibrillen besitzen wir ausgedehnte, an den verschiedensten Tierklassen ausgeführte Untersuchungen von KNOLL[4]), die sich hauptsächlich auf die Betrachtung der Querschnitte gründen; sie haben, wenn man sich auf die an fixiertem Material erhobenen Befunde verlassen darf, zu dem Ergebnisse geführt, daß die verschiedenen Muskeln sehr große Unterschiede im Verhältnis von Fibrillen und Sarkoplasma aufweisen, so daß man die Muskeln in sarkoplasmareiche und -arme einteilen kann.

Ferner hat man im Sarkoplasma fixierter Muskeln mehr oder weniger reichliche körnige Einlagerungen gefunden, die man als interstitielle oder Sarkoplasmakörner bezeichnet. Sie sind nicht einheitlicher Art; denn neben Glykogen

---

[1]) HÜRTHLE: l. c. S. 52.

[2]) ENGELMANN: Pflügers Arch. f. d. ges. Physiol. Bd. 23, S. 571. 1880.

[3]) Über die Faktoren, von denen Größe und Reichtum der Kerne abhängt, hat SCHIEFFERDECKER (Pflügers Arch. f. d. ges. Physiol. Bd. 173, S. 265. 1919) umfassende Untersuchungen angestellt.

[4]) KNOLL: Denkschr. d. Akad. Wien, Mathem.-naturw. Klasse Bd. 58, S. 633. 1891.

[ARNOLD[1])] haben sich u. a. Lipoide und eiweißartige Substanzen nachweisen lassen[2]). Diese Körnchen sollen nun teilweise eine charakteristische Verteilung in bezug auf die Fibrillen haben, ja es ist sogar von mehreren Autoren die Ansicht vertreten worden, daß die Querstreifung gar nicht der Fibrille selber angehöre, sondern durch Auflagerung der Körner auf die Fibrille zustande komme [MARCUS[3]), v. EBNER[4])]. Weiterhin hat HOLMGREN[5]) auf Wechselbeziehungen in der Färbbarkeit zwischen Fibrillen und den Sarkoplasmakörnern aufmerksam gemacht, die später von MARCUS bestätigt worden sind. Keine Bestätigung hat dagegen die weitere Angabe von HOLMGREN gefunden, daß diese Wechselbeziehungen in engem Zusammenhange mit den Phasen der Kontraktion und Erschlaffung stehen sollen. Die Folgerung, welche HOLMGREN aus seinen Beobachtungen zog, daß nämlich dem Sarkoplasma und zumal seinen körnigen Einschlüssen eine besondere Bedeutung für den Stoffwechsel und die Ernährung beim Kontraktionsvorgange zukommt, bedarf demnach erst noch weiterer histologischer Stützung. Diese ist besonders darum nötig, weil alle die genannten Untersuchungen ausschließlich an fixiertem Material angestellt worden sind, und weil sich auch bezüglich der Körner wieder ein wesentlicher Unterschied zwischen überlebendem und fixiertem Material ergeben hat. Körner sind zwar auch auf Querschnittsbildern lebender Fasern mehrfach beschrieben worden [GUTHERZ[6])], dagegen ist auf Längsschnitten lebender Fasern so gut wie nichts von ihnen zu sehen, auch nicht an Herzmuskeln [HÜRTHLE und WACHHOLDER[7])], welche besonders reich an Körnern sein sollen.

Zu den quergestreiften Muskeln gehören noch die *Flügelmuskelfasern vieler Insekten* (Fliegen, Hymenopteren), welche aber einen in mancher Beziehung abweichenden Bau haben. Hier liegen die verhältnismäßig dicken Fibrillen lebender Fasern einzeln in größere Sarkoplasmamengen eingebettet. Infolge dieser isolierten Lage der Fibrillen ist ihre Beobachtung bei Dunkelfeldbeleuchtung möglich [STÜBEL[8])]. Hier zeigt sich die Fibrille von einem stark lichtbrechenden Kontur umgeben. STÜBEL konnte gewichtige Gründe vorbringen, daß dieser Kontur nicht durch einen optischen Effekt bedingt, sondern der optische Ausdruck einer Hülle ist, welche die Fibrille umgibt. Diese Deutung steht in Übereinstimmung mit neueren Befunden an fixierten Präparaten von Flügelmuskel- und Herzmuskelfasern, die beim großen Auflösungsvermögen des ultravioletten Lichts gewonnen worden sind [MARCUS[9])]. Im übrigen erscheint die Fibrille bei Dunkelfeldbeleuchtung nicht selten völlig homogen, oder es ist an Querstreifung nur der $Z$-Streifen zu beobachten, der im Zusammenhang mit der Hülle steht und häufig von ringförmigen Verdickungen derselben ausgeht. $Q$ und $J$ sind im Dunkelfeld selten zu unterscheiden. Wenn $Q$ überhaupt von dem optisch leeren $J$ unterscheidbar ist, dann ist dies nur als minimal getrübte, ganz schwach leuchtende Zone, die seitlich nicht bis an die Fibrillenwand reicht.

## Herzmuskeln.

Die Herzmuskulatur steht in ihrem feineren histologischen Bau der übrigen quergestreiften Muskulatur so nahe, daß das dort vom physiologischen Stand-

---

1) ARNOLD: Arch. f. mikroskop. Anat. Bd. 7, S. 265 u. 726. 1909.
2) KNOCHE: Anat. Anz. Bd. 34, S. 165. 1909.
3) MARCUS: Arch. f. Zellforsch. Bd. 15, S. 394. 1920.
4) v. EBNER: Sitzungsber. d. Akad. d. Wiss. Wien Bd. 129, S. 94. 1920.
5) HOLMGREN: Arch. f. mikroskop. Anat. Bd. 75, S. 240. 1909.
6) GUTHERZ: Arch. f. mikroskop. Anat. Bd. 75, S. 209. 1909.
7) HÜRTHLE u. WACHHOLDER: Pflügers Arch. f. d. ges. Physiol. Bd. 194, S. 333. 1922.
8) STÜBEL: Pflügers Arch. f. d. ges. Physiol. Bd. 180, S. 240 ff. 1922.
9) MARCUS: Arch. f. Zellforsch. Bd. 15, S. 394. 1920.

punkt aus Gesagte auch hier von Gültigkeit ist. Es bestehen hier dieselben Widersprüche zwischen den am überlebenden Objekt und den an fixierten Präparaten erhobenen Befunden wie bei den Skelettmuskeln. Die Querstreifung des lebenden Herzmuskels ist die typisch zweischichtige, nur aus $Q$ und $J$ bestehende, während beim fixierten Präparat außerdem noch die $Z$-Schicht ganz besonders deutlich hervortritt. An manchen gefärbten Präparaten scheinen die $Z$-Schichten die Fibrillen strickleiterartig zu verbinden, was von M. Heidenhain als Stütze für seine Ansicht von der Existenz fester Querverbindungen (Grundmembranen) betrachtet wird. An der lebenden Faser ist von derartigen Querverbindungen nichts zu sehen.

Nach einer von v. Skramlik[1]) angegebenen Präparationsmethode ist es möglich, Sinus und Vorhof des Froschherzens so auszubreiten, daß die mikroskopische Betrachtung der Muskelschicht ohne Aufhebung der Automatie möglich ist. Mit Benutzung dieser Methode gelang es Hürthle und Wachholder[2]), einzelne sich automatisch kontrahierende Muskelfasern vom Bindegewebe zu befreien und während der Diastole zu photographieren. Aufnahmen während der Systole sind wegen der Schnelligkeit der Herzkontraktion bisher noch nicht geglückt.

Als eine Besonderheit sind die sog. Kittlinien des Herzens zu erwähnen, welche früher als Zellgrenzen angesprochen wurden. Nach M. Heidenhain[3]) sind sie aber als in Bildung begriffene ganze Muskelfächer, also als Wachstumszonen, aufzufassen. Hiergegen hat v. Ebner[4]) geltend gemacht, daß sie dann im embryonalen Herzen besonders zahlreich vorhanden sein müßten, hier aber vielfach gar nicht anzutreffen sind. v. Ebner selbst hält die Kittlinien, oder Glanzstreifen, wie er sie nennt, in Übereinstimmung mit seiner S. 115 skizzierten Ansicht von der Natur der Querstreifung für feste Aneinanderlagerungen von Sarkoplasmakörnern, durch welche eine „Verstärkung“ des „Zusammenschlusses der Fibrillen“ bei der Kontraktion bewirkt werden soll.

## Glatte Muskeln.

Unsere Kenntnisse von dem histologischen Bau der glatten Muskeln sind noch lückenhafter als die der quergestreiften Muskulatur. Dies rührt daher, daß lebensfrische Objekte von glatten Muskelzellen homogen erscheinen und kein weiteres Eindringen in die Struktur ermöglichen. Erst bei Zusatz von Reagenzien tritt eine feine Längsstreifung hervor, die so gedeutet wird, daß die glatte Muskelzelle ebenso wie die quergestreifte Muskelfaser aus Fibrillen zusammengesetzt sei, die in eine Grundsubstanz eingebettet sind. In fixierten Präparaten treten zarte, dicht beieinanderliegende Fibrillen deutlicher hervor. Diese Fibrillen besitzen in ihrer ganzen Ausdehnung eine schwache, aber deutliche Doppelbrechung.

Ganz unzulänglich sind unsere Kenntnisse über die im glatten Muskel bei der Kontraktion sich vollziehenden Veränderungen. An durchsichtigen Muskeln mancher wirbelloser Tiere (Würmer, Mollusken, Holothurien) wurde an kontrahierten Stellen eine weißliche Verfärbung und Trübung gesehen[5]). Ihre Deutung durch Ausfällung von Eiweißstoffen nach der Aggregationstheorie von Hermann und Lillie[6]) ist nicht haltbar, da eine derartige Ausfällung nach v. Fürth[7])

[1]) v. Skramlik: Pflügers Arch. f. d. ges. Physiol. Bd. 180, S. 25. 1920.

[2]) Hürthle u. Wachholder: Pflügers Arch. f. d. ges. Physiol. Bd. 194, S. 333. 1922.

[3]) Heidenhain, M.: Plasma und Zelle. 5. Abschnitt. Jena 1911. Ebenso deutet M. Heidenhain (Anat. Hefte Bd. 56, H. 3. 1919) gewisse, von ihm als Noniusfelder beschriebene regelmäßige Abweichungen von der gleichmäßigen Querstreifung.

[4]) v. Ebner: Sitzungsber. d. Akad. Wien, Mathem.-naturw. Klasse Bd. 129. 1920. 2 Teile.

[5]) Biedermann: Pflügers Arch. f. d. ges. Physiol. Bd. 107, S. 15. 1905.

[6]) Lillie: Americ. journ. of physiol. Bd. 16, S. 147. 1906.

[7]) v. Fürth: Ergebn. d. Physiol. Bd. 17, S. 363. 1919.

mit einer Änderung der Brechungsverhältnisse einhergehen müßte und eine solche von STÜBEL[1]) bei seinen ultramikroskopischen Beobachtungen an verschiedenen glatten Muskelfasern nicht festgestellt werden konnte.

MEIGS[2]) hat nach vergleichenden Messungen der Volumina von Muskelzellen, die teils im ruhenden, teils im kontrahierten Zustande fixiert wurden, die Ansicht vertreten, daß der Kontraktionsvorgang der glatten Muskeln mit einem Auspressen von Flüssigkeit aus den Muskelzellen verbunden sei. Gegen diese Schlußfolgerung lassen sich, wie MEIGS selbst anerkennt, gewichtige methodische Einwände machen, die MEIGS freilich später durch Untersuchungen an frischen Objekten[3]) zu entkräften versucht. Aber auch gegen diese Untersuchungen lassen sich Einwände machen, so vor allem der, daß MEIGS nur aus einem Vergleich mit dem histologischen Bilde fixierter Objekte auf den Kontraktionszustand der ihm vorliegenden frischen Objekte geschlossen, also keine einwandfrei kontrahierten Zellen vor sich gehabt hat. Seine Ansicht erscheint demnach noch nicht hinreichend begründet. Eine ausreichende Begründung wird man aber um so mehr fordern müssen, als die Ansicht von MEIGS den Kontraktionsvorgang der glatten Muskelzelle in direkten Gegensatz zur quergestreiften stellt, mithin von vornherein nicht sehr wahrscheinlich ist.

## Doppelt-schräggestreifte Muskelfasern.

Eine Sonderstellung nehmen die sog. doppelt-schräggestreiften Muskelfasern ein, welche bei zahlreichen Wirbellosen (Muscheln, Schnecken, Cephalopoden) vorkommen[4]). Diese Muskeln bestehen nach BALLOWITZ[5]) aus einer sarkoplasmatischen Achse und einer Rinde, in welcher glatte Fibrillen zu flachen Bändern vereinigt in Spiraltouren um die Achse verlaufen. Auf der Längenansicht kreuzen sich nun die an der Vorder- und an der Hinterseite laufenden Fibrillen und erwecken so den Eindruck der „doppelten Schrägstreifung“. ENGELMANN[6]) fixierte Schließmuskeln von Muscheln teils in gedehntem, teils in kontrahiertem Zustande und fand, daß die Spiraltouren um so flacher verlaufen, je stärker die Fasern kontrahiert sind. Weiter fand ENGELMANN an demselben Objekte, daß die Fibrillen positiv einachsig doppeltbrechend sind, daß aber die Richtung der optischen Achse nicht mit der Fibrillenrichtung, sondern mit der Achse der gesamten Faser zusammenfällt. Diese merkwürdigen Befunde werden von ENGELMANN so gedeutet, daß die Fibrillen sich nicht als Ganzes in ihrer eigenen Längsrichtung kontrahieren, sondern daß der Kontraktionsprozeß sich innerhalb der Fibrillen an submikroskopischen, in der Richtung der Gesamtfaser liegenden Teilchen abspielt. Eine klare Vorstellung über das Zustandekommen der Verkürzung kann man sich auf Grund dieser Darstellung allerdings nicht machen; denn es muß, um eine Verkürzung verständlich zu machen, wenigstens eine Verbindung der submikroskopischen Teilchen in der Richtung der Gesamtfaser angenommen werden. In diesem Falle bleibt aber die physiologische Bedeutung des spiraligen Verlaufes der Fibrillen verborgen. Besondere Untersuchungen über eine derartige physiologische Bedeutung sind bisher nicht angestellt worden. Soweit sich ohne solche übersehen läßt, haben die doppelt-schräggestreiften Muskeln keine einheitliche physiologische Funktion; denn einzelne der Muskeln, z. B. die Schließmuskeln der Muscheln,

---

[1]) STÜBEL: Pflügers Arch. f. d. ges. Physiol. Bd. 151, S. 115. 1913.
[2]) MEIGS: Americ. journ. of physiol. Bd. 22, S. 477. 1908.
[3]) MEIGS: Ebenda Bd. 29, S. 317. 1912.
[4]) SCHWALBE: Arch. f. mikroskop. Anat. Bd. 5, S. 205. 1869.
[5]) BALLOWITZ: Arch. f. mikroskop. Anat. Bd. 39, S. 291. 1892.
[6]) ENGELMANN: Pflügers Arch. f. d. ges. Physiol. Bd. 25, S. 551 ff. 1881.

sind nach v. Uexküll[1]) als Sperrmuskeln und nicht als Verkürzungsmuskeln zu betrachten, während andere bei der Verkürzung Arbeit leisten, z. B. die Kaumuskeln von Schnecken.

Die vielen Unklarheiten und Widersprüche, die über diese Muskeln bestehen, werden dadurch noch vermehrt, daß nach neueren Untersuchern [Merton[2]), Plenk[3])] die Spiraltouren gar nicht als Fibrillen selbst anzusehen sind, sondern als eine schräge, verzerrte Querstreifung, die als Kunstprodukt bei der Fixierung auftritt, während die wirklichen Fibrillen genau so wie bei allen anderen Muskeln in der Richtung der Gesamtfaser oder annähernd in derselben verlaufen und nur wegen ihrer Feinheit wenig oder gar nicht hervortreten sollen. Diese widersprechenden Darstellungen, die übrigens nur an fixierten Objekten gewonnen worden sind, geben uns noch kein klares Bild von den wirklichen Verhältnissen, so daß eine gründliche Neubearbeitung dieser Muskelart in histologischer und funktioneller Hinsicht sehr zu wünschen wäre.

## Submikroskopische optische Struktur.

Da dem Auflösungsvermögen der Mikroskope eine bestimmte Grenze gezogen ist, die sich etwa um 0,1 $\mu$ bewegt, hat man sich bemüht, mit anderen optischen Hilfsmitteln (Ultramikroskop, Untersuchung der Doppelbrechung, Röntgenspektroskopie) tiefer in die optische Feinstruktur der Muskeln einzudringen.

Zu diesen Bemühungen gehören erstens die Untersuchungen des Preßsaftes frischer Muskeln im Ultramikroskop [Bottazzi und Quagliarello[4])]. In diesem zeigen sich große Mengen feinster Partikelchen, deren Größe außerhalb der Sichtbarkeitsgrenze des Mikroskops liegt. Wenn auch festzustellen bleibt, ob diese Partikelchen im lebenden Muskel präformiert sind, zeigen sie doch die Möglichkeit, daß die Muskelsubstanz für den Kontraktionsvorgang möglicherweise bedeutungsvolle Teilchen besitzt, deren Größe unterhalb des Auflösungsvermögens des Mikroskops liegt.

Von noch größerer Bedeutung sind die Untersuchungen über die *Natur der Doppelbrechung*[5]). In einer Reihe von Untersuchungen hat Ambronn[6]) an verschiedenen organischen Gebilden nachweisen können, daß deren Doppelbrechung durch die Spannungstheorie v. Ebners[7]) nicht zu erklären ist, sondern nur durch die Annahme kleinster, regelmäßig orientierter, krystallinischer Teilchen, die eine *Eigendoppelbrechung* besitzen, der Micellen Naegelis[8]). Diese Eigendoppelbrechung ist aber noch überlagert von einer *Stäbchendoppelbrechung* im Sinne von O. Wiener[9]), d. h. einer Doppelbrechung, welche dadurch entsteht, daß an und für sich einfachbrechende, mit ihren Längsachsen parallelliegende Stäbchen in ein Medium eingebettet sind, dessen Brechungsexponent von dem der Stäbchen verschieden ist. Fußend auf diesen Arbeiten von Ambronn hat nun neuerdings

---

1) v. Uexküll: Zeitschr. f. Biol. Bd. 58, S. 305. 1912.

2) Merton: Sitzungsber. d. Heidelberg. Akad. d. Wiss., Mathem.-naturw. Kl., Abt. B. 1918. 2. Abhandl.

3) Plenk: Anat. Anz. Bd. 55, Erg.-H. 1922. — Zeitschr. f. wiss. Zool. Bd. 122, S. 1. 1924.

4) Bottazzi u. Quagliarello: Arch. intern. de physiol. Bd. 12, S. 234, 289 u. 409. 1912.

5) Eine übersichtliche Darstellung der neueren Anschauungen vom Wesen der fibrillären Doppelbrechung gibt W. J. Schmidt: Über den Feinbau tierischer Fibrillen. Naturwissenschaften Jg. 12, H. 15 u. 16. 1924.

6) Ambronn: Kolloid-Zeitschr. Bd. 18, S. 90 u. 273. 1916; Bd. 20, S. 90. 1917.

7) v. Ebner: Untersuchungen über die Anisotropie organischer Substanzen. Leipzig 1892.

8) Naegeli: Stärkekörner. 1858. Theorie der Gärung. München. 1879.

9) Wiener, O.: Ber. d. sächs. Ges. d. Wiss., Mathem.-naturw. Klasse Bd. 61. 1909; Abh. d. sächs. Ges. d. Wiss. Bd. 32. 1912.

STÜBEL[1]) nachgewiesen, daß auch die Doppelbrechung des quergestreiften Muskels neben einer Stäbchendoppelbrechung auf einer Eigendoppelbrechung beruht. Diese ist aber wiederum zweifacher Natur; sie besteht nämlich aus einer schwächeren negativen Doppelbrechung von Lipoidteilchen und einer stärkeren positiven Doppelbrechung anderer Teilchen (Eiweißteilchen? STÜBEL). Der Kontraktionsvorgang ist nach den Untersuchungen von ROLLETT und v. EBNER mit einer Abschwächung der Doppelbrechung verbunden. Durch welchen oder welche der beteiligten Faktoren diese bedingt ist, ist noch nicht untersucht.

Die Ergebnisse von STÜBEL stehen in voller Übereinstimmung mit Untersuchungen von HERZOG und JANCKE[2]), die durch *Röntgenspektroskopie* das Vorhandensein kleinster krystallinischer Teilchen in einer ganzen Reihe faseriger Gebilde organischen Ursprungs, u. a. auch in einem glatten Muskel, nämlich im Schließmuskel der Teichmuschel, nachweisen konnten. An quergestreiften Muskeln scheinen röntgenspektroskopische Untersuchungen bisher noch nicht angestellt worden zu sein.

Nach allen diesen gut übereinstimmenden Beobachtungen kann es als erwiesen gelten, daß *die Muskelfasern als wesentliche Bestandteile submikroskopisch kleine, krystallinische, doppeltbrechende Teilchen enthalten.* Wieweit wir in solchen Teilchen relativ selbständige Träger des Verkürzungsprozesses zu erblicken haben, wird im folgenden Abschnitt erörtert.

## Kritische Besprechung der Kontraktionstheorien vom histologischen Standpunkt aus.

Versucht man, gestützt auf die vorliegenden histologischen Ergebnisse, eine kritische Besprechung der bestehenden Kontraktionstheorien, so kommen hierfür nur diejenigen in Betracht, welche überhaupt auf den histologischen Bau des Muskels Rücksicht nehmen, nämlich die Oberflächenspannungstheorie und die Quellungstheorie in ihren verschiedenen Modifikationen. Bei der Prüfung dieser Theorien sind folgende zwei Fragen auseinanderzuhalten:

1. Bringt die Theorie unter der Annahme, daß die mikroskopisch sichtbaren Strukturen die Elementarmaschinen sind, an welchen sich die Vorgänge bei der Kontraktion abspielen, eine Erklärung für letztere, oder steht sie unter dieser Annahme in Widerspruch zu den histologischen Befunden? 2. Ist sie in letzterem Falle mit diesen in Einklang zu bringen, wenn man die Vorgänge in submikroskopische Elementarteilchen der mikroskopisch sichtbaren Strukturen verlegt, und vermag sie dann alle mikroskopischen Beobachtungen als eine Summation der an den submikroskopischen Teilchen angenommenen Veränderungen zu erklären?

Prüft man nach diesen Gesichtspunkten die *Oberflächenspannungstheorie*, so wäre sie — unter der Annahme, daß bei der Kontraktion eine Veränderung der Oberflächenspannung zwischen den Stäbchen $Q$ der Fibrillen und dem Sarkoplasma auftritt, infolge deren die Stäbchen der Kugelform zustreben — an und für sich imstande, eine Erklärung für die mikroskopischen Vorgänge zu geben, ohne mit den mikroskopischen Messungen in Widerspruch zu geraten. Allein BERNSTEIN[3]) hat durch Vergleich der Muskelkraft mit den zur Erzielung einer solchen notwendigen Änderungen der Oberflächenspannung gezeigt, daß diese Annahme quantitativ unmöglich ist, indem sie Änderungen der Oberflächenspannung von einer Höhe voraussetzen muß, welche für die Bestandteile der

[1]) STÜBEL: Pflügers Arch. f. d. ges. Physiol. Bd. 201, S. 629. 1923.
[2]) HERZOG u. JANCKE: Festschr. d. Kaiser-Wilhelm-Ges. Berlin 1921.
[3]) BERNSTEIN: Pflügers Arch. f. d. ges. Physiol. Bd. 85, S. 271. 1901.

Faser äußerst unwahrscheinlich sind. Dagegen genügt die Theorie auch den quantitativen und damit allen Anforderungen, wenn man annimmt, daß der Kontraktionsvorgang sich an der viel größeren Oberfläche submikroskopischer Teilchen abspielt.

Die Grundlage aller *Quellungstheorien* bildet die Angabe von ENGELMANN[1]), daß alle optisch einachsigen Körper sich unter dem Einfluß von Wärme oder Säure durch Quellung verkürzen. Nachdem FICK gezeigt hat, daß der Muskel keine thermodynamische Maschine sein kann, kommt für eine Kontraktionstheorie nur noch die Quellung durch Säurebildung in Frage. Im besonderen glaubt nun ENGELMANN auf Grund seiner an fixierten Präparaten gemachten Messungen, daß die anisotrope Schicht $Q$ bei der Kontraktion auf Kosten der isotropen $J$ an Volumen zunehme, quelle. Die Messungen an lebenden Fasern haben jedoch, wie oben ausgeführt worden ist, das direkte Gegenteil ergeben und damit dieser speziellen Formulierung der Quellungstheorie den Boden entzogen.

Eine andere Form der Quellungstheorie hat McDOUGALL[2]) aufgestellt. Er nimmt an, daß die Fibrillen aus durch die $Z$-Scheiben getrennten Bläschen mit elastischen Wänden bestehen. Bei der Kontraktion sollen diese durch Vermehrung des osmotischen Druckes oder durch Quellungsvorgänge infolge Milchsäurebildung Flüssigkeit aus dem Sarkoplasma aufnehmen und der Kugelform zustreben, wodurch sich die ganze Faser verkürzt. Die Voraussetzung der Theorie ist also Volumvermehrung der Fibrille bei der Kontraktion. Da die Schicht $J$ im Kontraktionszustande keine optische Auflösung erlaubt, ist ein endgültiges Urteil über die Richtigkeit dieser Voraussetzung zur Zeit nicht möglich. Es sprechen aber eine Reihe anderer Gründe gegen diese Theorie. So hat v. FÜRTH[3]) hervorgehoben, daß wenigstens bei den als sarkoplasmaarm geltenden Skelettmuskeln der Wirbeltiere die Menge an Sarkoplasma eine derartig kleine ist, daß die Aufnahme einer so großen Menge von Sarkoplasma in die Fibrillen, wie sie die Theorie erfordert, nicht möglich erscheint.

Um der histologischen Beobachtung HÜRTHLES, daß das Volumen der sich bei der Kontraktion verkürzenden doppeltbrechenden Stäbchen konstant bleibt, gerecht zu werden, nimmt PÜTTER[4]) an, daß diese sich während der Ruhe des Muskels im Zustande der Zugspannung befinden und durch einen Sperrmechanismus darin festgehalten werden. Dieser soll bei der Kontraktion dadurch gelöst werden, daß die isotropen Schichten quellen und so den $Q$-Stäbchen ermöglichen, sich bis zur Gleichgewichtslage zusammenzuziehen. Diese Theorie berücksichtigt aber nicht die bei den Arthropoden sehr geringe Höhe der $J$-Schichten. Es bleibt unverständlich, wie hier durch eine Erhöhung der $J$-Schichten um 0,2 $\mu$ eine Verkürzung der $Q$-Stäbchen um mehr als 2 $\mu$ möglich sein soll.

Alle vorliegenden Theorien, welche den Kontraktionsvorgang durch eine Quellung der mikroskopisch sichtbaren Teilchen erklären wollen, werden somit den histologischen Befunden nicht gerecht. Eine Beibehaltung der Quellungstheorie bleibt daher nur unter der Annahme möglich, daß die Quellung sich innerhalb der mikroskopisch unterscheidbaren Teile an submikroskopischen Formelementen abspielt [v. FÜRTH[3])]. Da aber Verkürzung in einer Richtung nur bei anisodiametrischer Quellung möglich und eine derartige Quellung nur bei

[1]) ENGELMANN: Pflügers Arch. f. d. ges. Physiol. Bd. 7, S. 176. 1873.

[2]) McDOUGALL: Journ. of anat. a. physiol. Bd. 32, S. 187. 1898; Quart. journ. of exp. Physiol. Bd. 3, S. 33. 1910.

[3]) v. FÜRTH: Ergebn. d. Physiol. Bd. 17, S. 363. 1919.

[4]) PÜTTER: Naturwissenschaften Bd. 2, S. 31. 1917.

optisch einachsigen Körpern bekannt ist, so kommen von solchen Formelementen für die Quellungstheorie nur optisch einachsige, doppeltbrechende Teilchen in Frage [STÜBEL[1])], deren Vorhandensein im Muskel nach den S. 119 besprochenen neuesten Untersuchungen ja auch als feststehend betrachtet werden darf.

Demnach wäre, wenn man an der Quellungstheorie festhalten will, die Contractilität an das Vorhandensein submikroskopischer, doppeltbrechender Teilchen gebunden zu denken, was schon ENGELMANN[2]) angenommen hat. Hierzu stimmt auch, daß, wenigstens nach den an Hydrophilus ausgeführten Messungen, die gesamte Verkürzung allein auf die doppeltbrechende Schicht entfällt. Gegen eine solche enge *Bindung der Contractilität an die Doppelbrechung*, derart, daß Contractilität ohne Doppelbrechung nicht vorkommt, sind nun mehrfach Einwände erhoben worden. So hat VON TSCHERMAK[3]) geltend gemacht, daß auch nicht doppelbrechende Gebilde (Pseudopodien von Radiolarien, embryonale Herzmuskelfasern) Kontraktionserscheinungen bieten. Gegen diesen Einwand läßt sich aber anführen, daß auch diese Gebilde möglicherweise submikroskopische, doppeltbrechende Teilchen besitzen und daß deren Doppelbrechung nur darum nicht optisch sichtbar ist, weil sie von einer entgegengesetzten, z. B. Stäbchendoppelbrechung, kompensiert wird. Schwerwiegender ist ein von BERNSTEIN[4]) gemachter Einwand, daß bei obiger Annahme nicht verständlich sei, wie der Wirbeltiermuskel, bei dem die doppeltbrechende Schicht nur etwa die Hälfte der Fachhöhe ausmacht, sich um mehr als die Hälfte seiner Länge verkürzen kann. Für die Arthropodenmuskeln gilt dieser Einwand allerdings nicht, da bei ihnen die doppeltbrechenden Stäbchen etwa $^4/_5$ der gesamten Fachhöhe ausmachen. Gerade dieser Einwand zeigt, wie bedenklich es ist, daß die histologischen Grundlagen, welche wir für eine Kontraktionstheorie besitzen, sich bisher nur auf Beobachtungen an einem einzigen Objekt, dem Arthropoden Hydrophilus, stützen, und wie dringend es zu wünschen ist, daß weitere Objekte zur histologischen Untersuchung des Kontraktionsvorganges, womöglich unter den Wirbeltiermuskeln, gefunden werden.

Eine weitere Schwierigkeit erwächst der Quellungstheorie noch aus folgendem: Nach den kritischen Darlegungen und Berechnungen BERNSTEINS[5]) können die für die Theorie grundlegenden Beobachtungen von ENGELMANN über die Verkürzung quellender Darmsaiten nicht, wie ENGELMANN es tat, durch anisodiametrische Quellung erklärt werden, sondern sie beruhen darauf, daß die Saiten aus mehreren spiralig gewundenen Strängen zusammengedreht sind, die sich bei der Quellung wohl verdicken, aber nicht verkürzen. Ferner konnte SCHIMPER[6]) bei anisodiametrischer Quellung von Eiweißkrystalloiden keine Verkürzung beobachten. Hiernach muß sogar die Grundlage aller Quellungstheorien, daß anisodiametrisch quellende Körper sich in einer Richtung verkürzen, als nicht experimentell gesichert, ja vielleicht sogar als zweifelhaft bezeichnet werden.

Zusammenfassend ist zu sagen, daß sowohl die Oberflächenspannungstheorie als auch die Quellungstheorie zu der Annahme gezwungen ist, daß die Kontraktion sich an submikroskopischen Gebilden, die als Elementarmaschinen aufzufassen sind, abspielt. Unter dieser Annahme kommen beide Theorien mit den histologischen Tatsachen nicht in Widerspruch. Sie treten aber auch in gar keine näheren Beziehungen zu diesen, bringen z. B. keine Erklärung für die physiologische

---

[1]) STÜBEL: Pflügers Arch. f. d. ges. Physiol. Bd. 201, S. 629. 1923.
[2]) ENGELMANN: Pflügers Arch. f. d. ges. Physiol. Bd. 7, S. 176. 1873.
[3]) v. TSCHERMAK: Allgemeiner Physiologie Bd. 1, S. 288. Berlin 1924.
[4]) BERNSTEIN: Pflügers Arch. f. d. ges. Physiol. Bd. 162, S. 36. 1915.
[5]) BERNSTEIN: Pflügers Arch. f. d. ges. Physiol. Bd. 162, S. 1. 1915.
[6]) SCHIMPER: Zeitschr. f. Krystall. u. Mineral. Bd. 5, S. 130. 1881.

Bedeutung der Querstreifung. Eine Entscheidung zugunsten einer der beiden Theorien kann nach rein histologischen Gesichtspunkten nicht getroffen werden, wenn auch betont werden muß, daß der Quellungstheorie aus den angeführten Gründen erhebliche Schwierigkeiten erwachsen.

Die besprochenen Kontraktionstheorien leiden noch an der Einseitigkeit, daß sie nur die Fibrillen als die aktiv tätigen Teile der Faser betrachten und dem Sarkoplasma keine oder nur eine passive Rolle zuschreiben. Von gewissen Tatsachen und Fragestellungen ausgehend hat man aber auch dem Sarkoplasma bestimmte Aufgaben zugeschrieben und betrachtet es als Substrat für besondere Teilfunktionen.

Einmal pflegt man dem Sarkoplasma die Funktion der *Erregungszuleitung* zu den Fibrillen zuzuschreiben und sieht eine Stütze hierfür darin, daß die motorische Endplatte nicht direkt mit den Fibrillen in Verbindung tritt, sondern erst durch Vermittlung des Sarkoplasmas. Man ist weiter geneigt, das Sarkoplasma nicht nur für die Erregungszuleitung, sondern auch für die *Erregbarkeit* selbst verantwortlich zu machen. Untersuchungen von Embden[1]) und seinen Mitarbeitern haben nämlich gezeigt, daß die Erregbarkeit eines Muskels gebunden zu denken ist an Veränderungen in der Durchlässigkeit membranartiger Grenzschichten, die sich in ihm befinden. Bei den makroskopisch dunkler aussehenden sog. roten Muskelfasern müssen nun, ihrem chemischen und physikalisch-chemischen Verhalten entsprechend, viel dickere „Muskelfasergrenzschichten" angenommen werden als bei den sog. hellen oder weißen Muskeln. Da nach den vergleichenden Untersuchungen von Knoll[2]) die roten Muskeln, z. B. das Herz, die sich durch besondere Ausdauer auszeichnen, im allgemeinen die sarkoplasmareicheren sind, so ist Embden geneigt, die genannten „Grenzschichten" mit dem Sarkoplasma zu identifizieren, d. h. er lokalisiert den Erregungsprozeß nicht in eine Grenzfläche im physikalisch-chemischen Sinne des Wortes, also z. B. in diejenige zwischen Fibrillen und Sarkoplasma, sondern in die ganze die Fibrillen umgebende Sarkoplasmaschicht. Diese Hypothese scheint aber histologisch nicht zureichend gestützt; denn einmal führt Knoll nicht wenige Beispiele an, in denen rote Farbe der Muskeln und Sarkoplasmareichtum nicht parallel gehen; ferner sind alle Untersuchungen über die relativen Mengen von Sarkoplasma und Fibrillen in einem Muskel bisher nur an fixierten Präparaten angestellt worden, deren Zuverlässigkeit nicht erwiesen ist. Neue histologische Untersuchungen zu dieser Frage, die sich nach Möglichkeit auch auf lebende Muskeln zu erstrecken hätten, erscheinen demnach wünschenswert.

Endlich ist das Sarkoplasma von mehreren Seiten als das Substrat für den sog. *Tonus der quergestreiften Muskeln* in Anspruch genommen worden. Eine Erörterung des Tonusproblems[3]) vom histologischen Standpunkte aus wird dadurch erschwert, daß unter dem Begriff des Tonus zwei ganz verschiedene Fragen zusammengefaßt werden. Einmal versteht man hierunter eine besondere durch ihre Trägheit charakterisierte Art der Verkürzungsfähigkeit, die sog. tonische Kontraktion der Muskeln, also eine Bewegungserscheinung, und lokalisiert diese in das Sarkoplasma, d. h. man schreibt dem Sarkoplasma eine besondere, unabhängig von den Fibrillen bestehende Kontraktionsfähigkeit zu. Hierzu muß vom histologischen Standpunkte aus gesagt werden, daß, wie die schon mehrfach angeführten Untersuchungen von Knoll ergaben, träger Kontraktionsverlauf und Sarkoplasmareichtum durchaus nicht immer parallel laufen. Im

---

[1]) Embden u. Lange: Klin. Wochenschr. Bd. 3, S. 129. 1924. Daselbst Zusammenstellung der Literatur.

[2]) Knoll: Denkschr. d. Akad. Wien, Mathem.-naturw. Klasse Bd. 58, S. 633. 1891.

[3]) Siehe den Bericht von Riesser: Klin. Wochenschr. IV, Nr. 1 u. 2. 1925.

übrigen fehlen histologische Untersuchungen darüber, ob und wieweit an diesen sog. tonischen Kontraktionen Sarkoplasma bzw. Fibrillen tatsächlich beteiligt sind, vollkommen. Die Annahme, daß das Sarkoplasma das Substrat für derartige Kontraktionen darstelle, entbehrt demnach jeglicher histologischer Stütze. Es läßt sich auch kaum vorstellen, wie das Sarkoplasma, ohne einseitig gerichtete Strukturelemente zu besitzen, die Verkürzung des Muskels bedingen soll. Damit ist aber nicht ausgeschlossen, daß auch dem Sarkoplasma ein wesentlicher Anteil am Kontraktionsvorgange zukommt; vielmehr muß man sich vorstellen, daß Sarkoplasma und Fibrillen einander gegenseitig beeinflussen, wenn ein grob mechanischer Vergleich erlaubt ist, etwa wie zwei Zahnräder, die ineinandergreifen. Andererseits wird unter dem Tonus eines Muskels eine ganz unabhängig von seiner Länge erfolgende Änderung seiner elastischen Eigenschaften im Sinne einer Versteifung verstanden, also eine besondere Sperrfunktion des Muskels. Manche halten es für möglich, daß eine solche Zustandsänderung unabhängig von den Fibrillen allein durch eine Änderung der physikalisch-chemischen Eigenschaften des Sarkoplasmas zustande komme. Die Möglichkeit einer solchen Zustandsänderung des Muskels ist zwar denkbar und wird auch durch Erfahrungen der Pharmakologie und Pathologie (z. B. die Flexibilitas cerea) wahrscheinlich gemacht; histologische Untersuchungen darüber, wieweit an solchen Zustandsänderungen das Sarkoplasma und wieweit die Fibrillen beteiligt sind, fehlen jedoch ebenfalls vollkommen.

Wenn wir es als die Aufgabe der Histophysiologie betrachten, die Funktion eines Organs aus seiner Struktur abzuleiten, so müssen wir zugeben, daß wir bei den Muskeln noch ganz in den Anfängen der Aufgabe stecken. Es ist auch vorläufig nicht einzusehen, wie bei den glatten Muskeln, welche wenigstens im frischen Zustande vollkommen strukturlos erscheinen, mit mikroskopischen Mitteln eine Zurückführung der Funktion auf die Struktur erzielt werden könnte. Ein Fortschritt ist dagegen denkbar, wenn es gelänge, die ultramikroskopisch und röntgenspektroskopisch in den glatten Muskeln nachgewiesenen Teilchen für den Kontraktionsprozeß verantwortlich zu machen. Bei den quergestreiften Muskeln besteht freilich eine Struktur von außerordentlicher Regelmäßigkeit, die geradezu herausfordert, die Funktion dieser Muskeln auf ihre Struktur zurückzuführen. Die oben besprochenen Kontraktionstheorien suchen zwar dieser Aufgabe gerecht zu werden, aber wie schon hervorgehoben wurde, müssen sie sich damit begnügen, zu den histologischen Befunden nicht in Widerspruch zu geraten, vermögen es dagegen nicht, die Beziehungen zwischen Struktur und Funktion aufzudecken. Den Sinn der Querstreifung klarzulegen, ist uns noch nicht gelungen. Da die Kraftleistung der Größenordnung nach bei beiden Muskelarten gleich ist, so scheint der wesentliche Unterschied in der Funktion der glatten und quergestreiften Muskeln, der durch den Unterschied der Struktur bedingt ist, nicht in einem Unterschiede der Kraftleistung, sondern in den Verschiedenheiten der zeitlichen Gestaltung des Kontraktionsablaufes zu bestehen. Ob der Querstreifung neben ihrem Einfluß auf die zeitlichen Verhältnisse der Kontraktion noch eine andere funktionelle Bedeutung zukommt, ist bei unseren jetzigen Kenntnissen nicht zu sagen.

# Die physikalische Chemie des Muskels.

Von

**S. M. Neuschlosz**

Rosario de Santa Fé.

**Zusammenfassende Darstellungen.**

v. Fürth: „Die Kolloidchemie des Muskels und ihre Beziehungen zu den Problemen der Kontraktion und der Starre“ in Asher-Spiro: Ergebn. d. Physiol. Bd. 17, S. 363—572. 1919. Neuere Angaben finden sich ferner in den Beiträgen von E. Gellhorn: „Austausch der Nährstoffe und Zellstoffe“ (Bd. II, S. 315—432) und von O. v. Fürth: „Chemie des Muskelgewebes (Bd. IV, S. 297—303) in Oppenheimers Handbuch der Biochemie. II. Aufl. Jena 1924.

In diesem Abschnitte sollen die wichtigsten physiko-chemischen Eigenschaften des Muskelgewebes besprochen werden. Auf die biologische Funktion desselben wird hierbei keine Rücksicht genommen. Es soll vielmehr das Muskelgewebe lediglich als physikalisches System angesehen werden. Aus praktischen Gründen erscheint es wünschenswert, zuerst die Eigenschaften der im Inneren der Muskeln enthaltenen kolloidalen Systeme zu erörtern, dann die Frage zu untersuchen, in welchem Zustande sich diese Systeme im lebenden Muskel befinden, und schließlich die Eigenschaften des Muskelgewebes an und für sich zu besprechen.

Bei den Untersuchungen über den *Inhalt der Muskeln* bedienten sich die Autoren im allgemeinen eines Preßsaftes, welcher je nach Umständen mit Hilfe verschiedener Methoden gewonnen wurde. An diesen Preßsäften wurden dann die üblichen physikalischen, chemischen und physiko-chemischen Untersuchungen vorgenommen. Dann wurde des weiteren untersucht, wieweit die an den Preßsäften gewonnenen Ergebnisse auf die Zustände im lebenden Muskel angewendet werden können. Bei Untersuchungen an ganzen Muskeln ist die Zahl der verwendbaren Methoden natürlicherweise nur eine beschränkte. Die meisten Autoren beschäftigten sich mit den osmotischen Eigenschaften der Muskeln oder, korrekter ausgedrückt, mit der Wasseraufnahme und -abgabe derselben unter verschiedenen Bedingungen. Die auf diese Weise erhaltenen Beobachtungen haben ein gewisses Interesse in bezug auf die Kontraktionstheorien erlangt und sollen daher etwas ausführlicher dargestellt werden.

## I. Physiko-chemische Eigenschaften des Muskelpreßsaftes.

Die wesentlichsten physiko-chemischen Eigenschaften des Muskelpreßsaftes werden einerseits durch die in ihm enthaltenen Eiweißkörper, andererseits durch Elektrolyte, wie namentlich Kalium- und Natriumsalze, Chloride und Phosphate, und ferner durch freie Säuren, nämlich Milch- und Phosphorsäure bedingt. Der erste, der einen Preßsaft aus Muskeln darstellte und denselben auf seine

Eigenschaften untersuchte, war KUHNE[1]). Eine erste Charakterisierung der *Eiweißkörper des Muskels* ist von HALLIBURTON[2]) vorgenommen worden. Unsere heutigen Kenntnisse über die physikalische Chemie des Muskelpreßsaftes verdanken wir jedoch in erster Reihe den Arbeiten v. FÜRTHS[3]), BOTTAZZIS[4]) und ihren Mitarbeitern.

Nach v. FÜRTH enthält der Muskel hauptsächlich zwei verschiedene Proteine, die von ihm *Myogen* und *Myosin* genannt werden. Seinen allgemeinen Eigenschaften nach gehört das Myogen in die Gruppe der Albumine, das Myosin in die der Globuline. Dies letztere kann demnach durch Halbsättigung mit $(H_4N)_2SO_4$ gefällt werden. Ebenso fällt es aus bei Dialyse und Säurezusatz. Es gerinnt bei 51°. Die Gerinnungstemperatur des Myogens beträgt 55—65°. Wird der Muskelpreßsaft längere Zeit hindurch sich selbst überlassen, so gerinnt er, indem beide genannten Eiweißkörper sich in solche umwandeln, die der Fibringruppe angehören. Die so entstandenen Stoffe wurden von v. FÜRTH Myogen- bzw. Myosinfibrin genannt. Bei der Umwandlung des Myogens in das Myogenfibrin soll nach diesem Autor übrigens noch eine Stufe passiert werden, welche als „lösliches Myogenfibrin" bezeichnet worden ist. Dieses letztere gehört der Globulingruppe an, ist also dem Myosin ähnlich. Der wichtigste Unterschied zwischen beiden ist, daß das lösliche Myogenfibrin bereits bei 35° gerinnt, also bei einer merklich geringeren Temperatur als das Myosin. Immerhin wird von v. FÜRTH neuerdings die Möglichkeit zugegeben, daß die beiden Substanzen identisch wären und der genannte Unterschied nur durch die in der Lösung vorherrschenden physiko-chemischen Bedingungen verursacht sei. Als vorgebildetes Protein soll das lösliche Myogenfibrin in den Muskeln gewisser Kaltblüter vorkommen [H. PRZIBRAM[5])].

BOTTAZZI und QUAGLIARIELLO[6]) führten eine eingehende Untersuchung des Muskelpreßsaftes mit Hilfe der *ultramikroskopischen* Methode aus. Ihre Befunde stellen im wesentlichen eine Bestätigung der Ergebnisse v. FÜRTHS dar. Auch sie unterscheiden zwei native Eiweißkörper im Muskelpreßsaft, nämlich das Myoprotein, welches identisch mit dem Myogen v. FÜRTHS sein dürfte, und das Myosin. Dieser letztere Stoff erscheint unter dem Ultramikroskop in Form feinster Körnchen. Sie werden von den italienischen Autoren als Zerfallsprodukte der Muskelfibrillen angesehen und die Doppelbrechung dieser letzteren mit ihnen in Zusammenhang gebracht. An und für sich sind jedoch die Myosinkörnchen nicht doppelbrechend. Sich selbst überlassen, erfolgt die Abscheidung des Myosins nur äußerst langsam, was auf die hohe Viscosität des Preßsaftes zurückgeführt wird. Durch Verdünnung der Flüssigkeit, durch Dialyse oder Säurezusatz wird dieser Vorgang merklich beschleunigt, bei Erhitzung der Flüssigkeit auf 45—55° erfolgt er augenblicklich. Einer elektrischen Kataphorese unterworfen, erweisen sich die Myosinkörnchen negativ geladen. Eine Fällung des Myoproteins erfolgt bei gewöhnlicher Temperatur nur nach Monaten.

Unter den sonstigen von den Eiweißkörpern abhängenden Eigenschaften der Muskelpreßsäfte wurden von BOTTAZZI und QUAGLIARIELLO in erster Reihe die *Viscosität und die Oberflächenspannung* derselben untersucht. Die auf Wasser

[1]) KÜHNE: Untersuchungen über das Protoplasma. Leipzig 1864.

[2]) HALLIBURTON: Journ. of physiol. Bd. 8, S. 133. 1888.

[3]) v. FÜRTH: Arch. f. exp. Pathol. u. Pharmakol. Bd. 36, S. 231. 1895; Bd. 37, S. 390. 1896; Zeitschr. f. physikal. Chem. Bd. 31, S. 338. 1900; Hofmeisters Beitr. Bd. 3, S. 543. 1903.

[4]) BOTTAZZI und Mitarbeiter: Arch. ital. de biol. Bd. 28, S. 395; Bd. 29, S. 126. 1899; Arch. d. Fis. Bd. 3, S. 547. 1906; Arch. internat. de physiol. Bd. 12, S. 234. 1912; Biochem. Bull. Bd. 2, S. 379. 1913.

[5]) PRZIBRAM: Beitr. z. chem. Physiol. u. Pathol. Bd. 2, S. 143. 1902.

[6]) BOTTAZZI u. QUAGLIARIELLO: Arch. internat. de physiol. Bd. 12, S. 234. 1912.

bezogene relative Viscosität der Preßsäfte quergestreifter Muskeln bewegte sich bei gewöhnlicher Temperatur zwischen 1,70 und 4,0. Durch Erhöhung der Temperatur nahm die Viscosität bis ungefähr 35° ab, um dann vor der eintretenden Gerinnung wieder anzusteigen. Das Viscositätsminimum betrug annähernd 60% des Ausgangswertes. Sich selbst überlassen, nahm die Viscosität im Laufe einiger Stunden merklich zu. Im Preßsafte glatter Muskeln erfolgte hingegen merkwürdigerweise eine Abnahme der Viscosität mit der Zeit. Die Oberflächenspannung des Muskelpreßsaftes erwies sich stets etwas höher als die des entsprechenden Blutserums (bei Hunden z. B. 68,9 Dyn gegenüber 67,0 Dyn).

Das *spezifische Gewicht* der Muskelpreßsäfte bewegt sich nach BOTTAZZI und QUAGLIARIELLO bei den verschiedenen Muskeln zwischen 1,02 und 1,05. Nach denselben Autoren hat sein $\Delta$ einen Wert zwischen 0,75 und 2,42. Für frische Muskeln von Fröschen fand hingegen URANO[1]) $\Delta = 0{,}64$. Ähnliche Werte fanden auch DELREZ[2]) und JAPPELLI[3]). Dieser letztere konnte ferner feststellen, daß des Muskelpreßsaftes nach Injektion hypotonischer Lösungen ab-, nach Injektion hypertonischer Lösungen dagegen zunnahm. Nach BUGLIA[4]) nimmt der osmotische Druck der Muskeln durch ermüdende Arbeit ab.

Über die *elektrische Leitfähigkeit* des Muskelpreßsaftes liegen namentlich die Angaben von BOTTAZZI und QUAGLIARIELLO vor. Nach ihnen hat K bei 18° einen Wert zwischen 0,0107 und 0,1050. Nach BUGLIA ist die Leitfähigkeit des Muskelpreßsaftes im Gegensatz zu seinem osmotischen Drucke dem des Serums ungefähr gleich. Durch Ermüdung des Muskels nimmt auch dieser Wert ab.

Über die *Reaktion* des Muskelpreßsaftes sind die ersten Untersuchungen mit der elektrometrischen Methode von MICHAELIS und KRAMSZTYK[5]) ausgeführt worden. Sie fanden bei sofort gekochten Muskeln $p_H = 6{,}91$, bei roh zerkleinerten $p_H = 6{,}02$. Nach verschiedener Vorbehandlung der Muskeln liegen exakte Angaben namentlich von PECHSTEIN[6]) vor. Die geringste H-Ionenkonzentration haben die Muskeln durch Curare gelähmter Frösche: $p_H = 7{,}43$. Wird der Muskel in Ruhe gelassen, jedoch das Tier nicht curarisiert, so fand sich ein $p_H = 7{,}23$. Die verschiedenen Muskeln desselben Frosches haben immer die gleiche Wasserstoffzahl. Bei durch elektrische Reizung erschöpften Muskeln war $p_H = 6{,}84$. Bei einem Tiere mit Strychnintetanus 6,98. Am sauersten reagierten die Preßsäfte der Muskeln, wenn sie zuerst in Wärmestarre versetzt worden sind. In diesem Falle bewegten sich die Werte für $p_H$ zwischen 6,3 und 6,4. Die Angaben BOTTAZZIS und QUAGLIARIELLOS[7]), welche sich auf Muskeln von Hund, Stier und auch noch anderen Tieren beziehen, zeigen im allgemeinen höhere Werte für die H-Ionenkonzentration. Bei den Preßsäften frischer Muskeln bewegen sie sich zwischen $p_H = 5{,}96$ und $p_H = 4{,}50$, bei einigen Stunden abgestandenen Muskeln zwischen 5,92 und 4,45. Da die Untersuchungen von PECHSTEIN unter viel strengeren Kautelen ausgeführt worden sind als die der italienischen Autoren und auf Grund unserer übrigen Kenntnisse über die H-Ionenkonzentration in den Geweben, müssen wir schließen, daß die Angaben PECHSTEINS eher die Verhältnisse in lebenden Muskeln widerspiegeln. Auch die von GOLDBERGER[8]) angegebenen Zahlen für die H-Ionenkonzentration des Muskels sind offenbar

---

1) URANO: Zeitschr. f. Biol. Bd. 50, S. 212. 1907.
2) DELREZ: Arch. internat. de physiol. Bd. 1, S. 159. 1904.
3) JAPPELLI: Arch. internat. de physiol. Bd. 4, S. 369. 1906.
4) BUGLIA: Biochem. Zeitschr. Bd. 6, S. 158. 1907.
5) MICHAELIS u. KRAMSZTYK: Biochem. Zeitschr. Bd. 62, S. 180. 1914.
6) PECHSTEIN: Biochem. Zeitschr. Bd. 68, S. 140. 1914.
7) BOTTAZZI u. QUAGLIARIELLO: Arch. internat. de physiol. Bd. 12, S. 234. 1912.
8) GOLDBERGER: Biochem. Zeitschr. Bd. 84, S. 261. 1917.

viel zu hoch und sind wohl dadurch verursacht, daß die Muskeln mittels einer Fleischhackmaschine zu einem Brei verarbeitet worden sind. Durch diese Behandlung wird aber, wie bekannt, eine starke Säurebildung im Muskel hervorgerufen. Neuerlich ist es SCHADE, NEUKIRCH und HALPERT[1]) gelungen, $p_H$ des Muskels auf elektrometrischem Wege in vivo zu messen. Sie fanden bei ruhenden Muskeln 7,3 $p_H$, nach ermüdender Arbeit 6,7 $p_H$ und 3 Stunden später 7,1 $p_H$.

## II. Der Zustand der Elektrolyte im Muskelinnern und die Durchlässigkeit der Fasergrenzschichten für Ionen.

Es ist seit langer Zeit bekannt, daß im Muskel die Konzentration und namentlich das Verhältnis der verschiedenen anorganischen Ionen zueinander ganz wesentlich anders sind als im Blutplasma. In diesem letzteren überwiegen, wie bekannt, in hohem Maße die Ionen $Na^{\cdot}$ und $Cl'$. Im Muskelgewebe findet sich aber hauptsächlich $K^{\cdot}$ und $HPO_4''$. Diese Tatsache wurde für eine große Reihe verschiedener Muskelarten zum erstenmal eingehend von KATZ[2]) festgestellt. Es erhebt sich daher die Frage, wie es möglich ist, daß dieser Unterschied im Elektrolytgehalt des Muskels und der kreisenden Flüssigkeit während des ganzen Lebens aufrechterhalten wird. OVERTON[3]) und auch manche spätere Autoren versuchten diese Tatsache einfach dadurch zu erklären, daß sie eine für Salze undurchlässige Membran annahmen, welche die Muskelfasern umgeben solle.

URANO[4]) und FAHR[5]) (unter FREY) haben die interessante Tatsache festgestellt, daß durch Behandlung von Froschmuskeln mit isotonischer Rohrzuckerlösung ihr Na-Gehalt vollkommen ausgewaschen wird, während das K bis über 90% seiner ursprünglichen Menge im Muskel verbleibt. Diese Autoren ziehen aus ihren Versuchen den Schluß, daß das Na gar nicht in den Muskelfasern selbst enthalten sei, sondern lediglich in den Zwischenräumen, welche dieselben voneinander trennt. Das K soll dagegen ein wirklicher Bestandteil der Muskelfaser sein und demnach nicht die Membranen derselben passieren können.

Alle diese Folgerungen beruhen also auf der Annahme, daß die Muskelfasergrenzschichten für anorganische Ionen im allgemeinen undurchlässig seien. Es ist daher wichtig, einmal die Frage zu untersuchen, wieweit diese Annahme durch Tatsachen gestützt erscheint und welche Beweise für die Impermeabilität der Fasergrenzschichten vorliegen. Als die wichtigsten Argumente in diesem Sinne werden von vielen Forschern noch heute die Versuche OVERTONS angesehen. Die tatsächlichen Befunde dieses Forschers werden im folgenden Abschnitt ausführlich dargestellt. In diesem Zusammenhange dürfte es genügen, darauf hinzuweisen, daß sämtliche in Wasser lösliche Stoffe im wesentlichen in zwei Gruppen geteilt werden können, von denen die ersten sich in Lipoiden leicht, die anderen schwer oder gar nicht lösen. In Lösungen von Substanzen der ersten Gruppe nehmen die Muskeln rasch an Gewicht zu, und zwar ziemlich unabhängig von der Konzentration der Lösung. In verdünnten Lösungen von Substanzen der zweiten Gruppe erfolgt ebenfalls eine Gewichtszunahme, die im allgemeinen jedoch langsamer ist als in destilliertem Wasser und mit Zunahme der Konzentration an Geschwindigkeit und Intensität abnimmt. In höheren Konzentrationen hört schließlich die Gewichtszunahme auf, und es gibt für jede Substanz

---

[1]) SCHADE, NEUKIRCH u. HALPERT: Zeitschr. f. d. ges. exp. Med. Bd. 24, S. 11. 1914.
[2]) KATZ: Pflügers Arch. f. d. ges. Physiol. Bd. 63, S. 1. 1896.
[3]) OVERTON: Pflügers Arch. f. d. ges. Physiol. Bd. 92, S. 115. 1902; Bd. 105, S. 176. 1904.
[4]) URANO: Zeitschr. f. Biol. Bd. 50, S. 212. 1907; Bd. 51, S. 483. 1908.
[5]) FAHR: Zeitschr. f. Biol. Bd. 52, S. 77. 1908.

eine gewisse Konzentration, bei welcher die Muskeln ihr ursprüngliches Gewicht mindestens eine Zeitlang unverändert beibehalten. In noch höheren Konzentrationen erfolgt eine Gewichtsabnahme des Muskels, die ebenfalls längere oder kürzere Zeit hindurch bestehen kann. Es ist ferner von OVERTON gezeigt worden, daß die Lösungen, in welchen zumindest anfänglich die Muskeln ihr ursprüngliches Gewicht beibehalten, unter sich isotonisch sind und etwa die gleiche osmotische Konzentration haben wie die Körperflüssigkeiten des betreffenden Tieres. Es lag unter diesen Umständen natürlich nahe anzunehmen, daß es sich hierbei um rein osmotische Erscheinungen handle, und daß die Muskelfasergrenzschichten sich im wesentlichen wie semipermeable Membranen verhielten.

Nun müssen wir uns aber die Frage stellen, ob die Tatsache, daß ein Muskel in einer gewissen Lösung sein ursprüngliches Gewicht eine Zeitlang unverändert beibehält, auch tatsächlich als ein Beweis dafür angesehen werden kann, daß die betreffende Substanz nicht in die Muskelfasern einzudringen vermag, und daß Gewichtsveränderungen in anderen Lösungen desselben Stoffes lediglich in dem Sinne zu deuten sind, daß die Fasergrenzschichten als semipermeable Membranen fungieren und den Ausgleich von Unterschieden im osmotischen Drucke zwischen dem Faserinneren und der Außenlösung ausschließlich durch Wasserverschiebungen zulassen. Die Gewichtskonstanz der Muskel in sog. isotonischen Lösungen könnte ja schließlich auch auf Grund der Annahme erklärt werden, daß die Salze des Muskels mit derselben Geschwindigkeit aus dem Faserinneren herausdiffundieren, wie die Substanzen der Außenlösung hineindringen, und die Wasserverschiebungen in anisotonischen Lösungen ließen sich dadurch erklären, daß das Wasser sich durch die Grenzmembranen schneller bewege als die gelösten Stoffe und demzufolge osmotische Druckgefälle zuerst eine Wasserverschiebung verursachen, während die Diffusion der gelösten Substanz nachhinke.

Diese Hypothese fordert allerdings, daß die oben beschriebenen Regeln, die Gewichtskonstanz bzw. die Gewichtsab- oder -zunahme des Muskels betreffend, nur zu Anfang Gültigkeit haben dürften, denn mit zunehmender Diffusion müßte der osmotische Unterschied zwischen Innen- und Außenlösung verschwinden und damit die Wasserverschiebungen wieder rückgängig werden. Nun besteht ja tatsächlich kein Zweifel darüber, daß die beschriebenen Gesetzmäßigkeiten nur am Anfang eines Versuches Gültigkeit haben und dann Erscheinungen ganz anderer Art weichen, die offenkundig nichts mehr mit den osmotischen Drucken der verwendeten Lösungen zu tun haben. Bereits LOEB[1]) konnte feststellen, daß die Gewichtsänderungen, welche Muskeln in isotonischen Lösungen von NaCl, KCl und $CaCl_2$ schon nach 18 Stunden erfahren, ganz wesentlich voneinander verschieden sind. Es spielen hierbei, wie weiter unten noch ausführlich dargetan werden soll, ganz andere Wirkungen, nämlich *Quellungs-* und *Entquellungserscheinungen an Kolloiden*, eine ausschlaggebende Rolle.

Daß die Erscheinungen, welche sich im weiteren Verlaufe der Wasseraufnahme bzw. -abgabe des Muskels in verschiedenen Lösungen beobachten lassen, nicht mehr auf Grund der rein osmotischen Theorie erklärt werden können, ist schon den ältesten Autoren klar geworden, welche sich mit diesen Fragen beschäftigt haben. Die Tatsache, daß Muskeln nach längerem Aufenthalt auch aus isotonischen und sogar hypertonischen Lösungen Wasser aufnehmen, versuchte LOEB[2]) mit der Annahme zu erklären, daß durch die portmortal gebildeten Säuren im Muskel eine hydrolytische Spaltung großer Moleküle erfolge und hierdurch

---

[1]) LOEB, J.: Pflügers Arch. f. d. ges. Physiol. Bd. 75, S. 303. 1898.
[2]) LOEB, J.: Pflügers Arch. f. d. ges. Physiol. Bd. 71, S. 457. 1898.

der osmotische Druck im Muskelinneren zunehme. Die Unhaltbarkeit dieser Auffassung wurde schon durch OVERTON[1]) nachgewiesen, indem er einerseits zeigte, daß Muskeln unter Umständen auch aus einer 5proz. NaCl-Lösung Wasser aufnehmen können, andererseits berechnete, daß der osmotische Druck im Muskelinneren auch dann noch weit hinter dem der genannten Lösung zurückbleiben müßte, wenn sämtliches Glykogen in Traubenzucker und sämtliches Eiweiß in Aminosäuren umgewandelt würde, was natürlich unmöglich ist.

OVERTON selbst versuchte die Wasseraufnahme des Muskels aus hypertonischen NaCl-Lösungen damit zu erklären, daß die abgestorbenen Muskelfasern früher und leichter für das NaCl der Außenlösung durchlässig würden als für die im Muskelinneren enthaltenen Salze wie $Na_2HPO_4$. Das Wesentliche dieser Anschauung besteht also darin, daß die Fasergrenzschichten erst dann für Ionen durchlässig würden, wenn sie absterben. Ein wichtiges Argument für diese Annahme erblickt OVERTON[2]) im Verhalten von Muskeln in den isotonischen Lösungen verschiedener Kalilösungen. Eine eingehendere Darstellung dieser Verhältnisse erfolgt an einer anderen Stelle dieses Handbuches. Hier wollen wir nur erwähnen, daß man nach OVERTON im wesentlichen zwei Gruppen von Kalisalzen unterscheiden kann. In isotonischen Lösungen der ersten Gruppe schwellen die Muskeln bereits nach kurzer Zeit stark auf, während sie in Gegenwart von Salzen der anderen Gruppe tagelang ihr Gewicht fast unverändert beibehalten können. Ihre Erregbarkeit verlieren sie nach kurzer Zeit in allen Kalilösungen, doch fand OVERTON, daß der Verlust der Erregbarkeit bei der ersten Gruppe irreversibel sei, also mit Absterben des Muskels einherginge, im zweiten Falle hingegen die Lähmung eine reversible ist. Hieraus schließt er, daß das Aufschwellen der Muskeln erst dann einsetze, wenn sie abgestorben seien, ihre Membranen also ihre ursprüngliche Semipermeabilität durch den Tod eingebüßt hätten.

Nun haben aber SIEBECK[3]) einerseits, MEIGS und ATWOOD[4]) andererseits nachgewiesen, daß die Muskellähmung und die Wasseraufnahme, auch in den Lösungen der ersten Gruppe von Kalisalzen, bis zu einem gewissen Grade reversibel sind, eine Aufschwellung in einer isotonischen Lösung von KCl z. B. also auch während des Lebens des Muskels erfolgen kann. Durch diese Feststellung wird jedoch der OVERTONschen Anschauung, daß die Muskelfasergrenzschichten erst durch den Tod für Ionen durchlässig werden sollen, der Boden entrissen. Wir müssen demgegenüber annehmen, daß eine gewisse Permeabilität für anorganische Ionen seitens der Fasergrenzschichten von Anfang an vorhanden ist.

Hingegen scheint OVERTON insoweit Recht gehabt zu haben, daß diese Permeabilität für verschiedene Ionen eine verschiedene sein kann. Dies ist aber keine spezifische Eigentümlichkeit der Muskelfasergrenzschichten: sie läßt sich vielmehr in mehr oder weniger ausgesprochener Form bei jeder tierischen Membran feststellen. Ob es sich um eine Fischblase, Goldschlägerhaut oder Darmwand handelt, in jedem Falle ist die Diffusibilität gewisser Ionen wie $Na^{\cdot}$, $K^{\cdot}$, $Cl'$, $NO_3'$ usw. eine größere als die anderer, wie $Ca^{\cdot\cdot}$, $SO_4''$, $PO_4'''$ usw. Daß für die tatsächliche Diffusionsgeschwindigkeit eines Salzes stets die Diffusibilität seiner beiden oder mehrerer Ionen maßgebend ist, ist selbstverständlich. Das schneller wandernde Ion kann nur in dem Maße vorangehen, wie es die elektrostatische Spannung zuläßt.

Beim Muskel ist nun die Diffusibilität seiner Binnensalze eine gegebene, die der Außenlösung eine mit der qualitativen Zusammensetzung derselben

[1]) OVERTON: Pflügers Arch. f. d. ges. Physiol. Bd. 92, S. 115. 1902.
[2]) OVERTON: Pflügers Arch. f. d. ges. Physiol. Bd. 105, S. 176. 1904.
[3]) SIEBECK: Pflügers Arch. f. d. ges. Physiol. Bd. 150, S. 316. 1913.
[4]) MEIGS u. ATWOOD: Americ. journ. of physiol. Bd. 40, S. 30. 1916.

veränderliche Größe. Beide sind jedoch geringer als die des Wassers. Ist die Diffusibilität der Außensubstanzen größer als die der Binnensalze, so erfolgt zunächst — eine isotonische Außenlösung vorausgesetzt — Zunahme des osmotischen Druckes im Muskelinneren und infolgedessen Wasseraufnahme. Im entgegengesetzten Falle gibt der Muskel Salze und damit auch Wasser ab. Sein ursprüngliches Gewicht behält der Muskel — zumindest anfänglich — dann bei, wenn die Diffusion in beiden Richtungen mit gleicher Geschwindigkeit erfolgt. Dies ist offenbar z. B. bei einer isotonischen Rohrzuckerlösung und bei der zweiten OVERTONschen Gruppe der Kalisalze der Fall. Hingegen geht die Diffusion nach innen zu schneller vor sich bei der ersten Gruppe der Kalisalze, langsamer vielleicht bei Lösungen von $CaCl_2$, in denen der Muskel schnell an Gewicht verliert. Daß diese Erscheinungen namentlich im späteren Verlaufe der Versuche noch durch kolloidchemische Phänomene wie Quellung und Entquellung kompliziert werden können, wurde schon erwähnt und soll später noch eingehend erörtert werden. Die vorangehenden Ausführungen sollten lediglich den Nachweis erbringen, daß die osmotischen Erscheinungen am Muskel uns keineswegs dazu zwingen, die Muskelfasergrenzschichten als für anorganische Ionen impermeabel anzunehmen, wie dies OVERTON dachte.

Daß die Fasergrenzschichten für K tatsächlich durchlässig sind, haben neuerdings MITCHEL und WILSON[1]) direkt nachweisen können.

Sie durchspülten nämlich das eine Bein eines Frosches mit K-freier Ringerlösung von der Aorta aus und stellten fest, daß die Muskeln des so behandelten Beines 8—15% ihres K-Gehaltes einbüßten. Der Rest wurde hingegen mit Hartnäckigkeit zurückgehalten. Bei Muskeln, die früher Arbeit geleistet hatten, war der K-Verlust noch wesentlich größer. In gleichem Sinne verhält sich auch die Permeabilität der Muskelfasern gegenüber Rb- und Cs-Ionen, die von außen hinzugefügt werden. NEUSCHLOSZ[2]) konnte ferner zeigen, daß im Laufe der in isotonischen KCl-Lösungen auftretenden Contractur — und zwar schon zu einer Zeit, wo der Muskel noch gut erregbar ist — sein Kaliumgehalt nachweisbar ist.

Für $PO_4'''$-Ionen ist eine gewisse, wenn auch beschränkte Permeabilität seitens der Muskelfasergrenzschichten von EMBDEN[3]) und seinen Mitarbeitern nachgewiesen worden. Bei ruhenden unversehrten Froschmuskeln ist diese Permeabilität unter normalen Bedingungen außerordentlich gering. Durch Ermüdung, Sauerstoffmangel, namentlich aber, wenn die Muskeln in eine isotonische Rohrzuckerlösung gebracht werden, nimmt dieselbe jedoch stark zu. Nun behält aber — wie wir seit OVERTONS Arbeiten wissen — ein Muskel sein ursprüngliches Gewicht in einer isotonischen Rohrzuckerlösung außerordentlich lange Zeit hindurch unverändert bei, so daß wir die erwähnte Tatsache geradezu als einen Beweis dafür ansehen können, daß eine Erhöhung der Grenzschichtendurchlässigkeit nicht notwendigerweise mit Änderungen im osmotischen Verhalten des Muskels einhergehen muß, daß also OVERTONS diesbezügliche Schlußfolgerungen nicht stichhaltig sind.

Auch für die oben erwähnten Beobachtungen von URANO und FAHR ergibt sich im Lichte neuerer Forschungen eine andere Erklärungsmöglichkeit. Denn wie erwähnt wurde, verursacht die Behandlung eines Muskels mit Rohrzuckerlösung eine starke Erhöhung der Permeabilität seiner Fasergrenzschichten. Es ist also durchaus möglich und sogar wahrscheinlich, daß das von URANO und FAHR ausgewaschene Na nicht, wie sie annahmen, ausschließlich den Zwischenräumen entstammte, sondern vielmehr auch aus den Muskelfasern selbst. Es muß also für die Tatsache, daß unter den von ihnen gewählten Bedingungen ein merkliches Austreten von K aus dem Muskel nicht zu beobachten war, eine

[1]) MITCHEL u. WILSON: Journ. of gen. physiol. Bd. 4, S. 45. 1922.
[2]) NEUSCHLOSZ: Pflügers Arch. f. d. ges. Physiol. Bd. 207, S. 37. 1925.
[3]) EMBDEN u. Mitarbeiter: Zeitschr. f. physiol. Chem. Bd. 118, S. 2. 1922.

andere Erklärung gesucht werden. Schließlich müssen noch die Versuche von ABDERHALDEN und GELLHORN[1]) erwähnt werden, welche auch für Ca nachgewiesen haben, daß es von Muskeln unter Beibehaltung ihrer Erregbarkeit in merklichen Mengen aufgenommen werden kann. In Gegenwart von Rohrzucker wird die Permeabilität für Calcium ebenso wie für Phosphationen erhöht, in Gegenwart von NaCl und noch mehr in der von $MgCl_2$ herabgesetzt. GELLHORN[2]) zeigte dann in weiteren Versuchen, daß die Permeabilität für verschiedene Ionen sich keineswegs parallel verändert und unter Umständen gute Permeabilität für Ca mit geringer Chloraufnahme und umgekehrt beträchtliche Chloraufnahme mit Impermeabilität für Ca vergesellschaftet sein kann. Entscheidend für diese Verhältnisse ist vor allem das Ionenmilieu, in welchem sich der Muskel befindet. Nach einer neueren Arbeit von EMBDEN und LANGE[3]) besitzt der Muskel auch eine von seinem funktionellen Zustande abhängige variable Permeabilität für Cl-Ionen. Diese scheinen in dem Maße vom Muskel aufgenommen werden zu können, indem er $PO_4$-Ionen abgibt.

*Alle diese Tatsachen beweisen, daß die lebende Muskelfaser eine, wenn auch nur geringe Durchlässigkeit für Ionen besitzt,* und es müssen andere Erklärungsmöglichkeiten für die eigenartige Verteilung der Muskelsalze ins Auge gefaßt werden. Die erste Möglichkeit, an die hierbei gedacht werden mußte, war die, daß die Salze des Muskels im Inneren der Muskelfasern nicht in Form freier Ionen, sondern irgendwie gebunden enthalten seien. Wie in einem späteren Abschnitte noch besprochen werden wird, hat namentlich LOEB[4]) lange Zeit hindurch die Anschauung vertreten, daß die verschiedenen anorganischen Ionen in den Muskeln an Eiweiß gebunden wären.

Die freie Beweglichkeit von Ionen kann außer ihrer Diffusibilität bekanntlich namentlich aus ihrem Verhalten dem elektrischen Strome gegenüber beurteilt werden. Nun ist es wiederholt gezeigt worden, daß die Leitfähigkeit von Muskeln ganz beträchtlich hinter der einer mit ihnen isotonischen Salzlösung zurückbleibt. Nach einer Angabe HÖBERS[5]) ist die direkt bestimmte Leitfähigkeit von Muskeln ungefähr der einer 0,02—0,04proz. NaCl-Lösung gleich. In neueren Untersuchungen fanden HARTREE und HILL[6]) für diese bei Anwendung starker Ströme allerdings einen ganz wesentlich höheren Wert, der etwa der Leitfähigkeit einer 0,36% NaCl-Lösung gleich kam. Diese Autoren stellten auch die interessante Tatsache fest, daß mit Zunahme der zur Messung verwendeten Stromstärke der Widerstand der Muskeln abnimmt, und zwar bei einer Zunahme der Stromstärke um die Hälfte, um 10%. Wie ersichtlich, ist auch der von HARTREE und HILL gefundene Leitfähigkeitswert noch immer merklich geringer, als sich aus den Ascheanalysen des Muskels ergeben würde. Dieser letztere ist doch bei Froschmuskeln ungefähr dem einer 0,6proz. NaCl-Lösung gleich. HÖBER, so gut wie die englischen Autoren, erklären diesen Unterschied mit dem Vorhandensein von Membranen, die die Ionen verhindern, sich im elektrischen Gefälle frei zu bewegen.

Nun hat HÖBER[7]) auf recht geistreiche Weise Methoden ausgearbeitet, um die *innere Leitfähigkeit des Muskels* messen zu können. Unter diesem Begriffe versteht er die Leitfähigkeit der Flüssigkeit, die sich innerhalb der einzelnen

---

[1]) ABDERHALDEN u. GELLHORN: Pflügers Arch. f. d. ges. Physiol. Bd. 196, S. 584. 1922.
[2]) GELLHORN: Pflügers Arch. f. d. ges. Physiol. Bd. 200, S. 583. 1923.
[3]) EMBDEN u. LANGE: Hoppe-Seylers Zeitschr. f. physiol. Chem. Bd. 130, S. 350. 1923.
[4]) LOEB, J.: Dynamik der Lebenserscheinungen. Leipzig 1906.
[5]) HÖBER: Pflügers Arch. f. d. ges. Physiol. Bd. 150, S. 15. 1913.
[6]) HARTREE u. HILL: Biochem. Journ. Bd. 15, S. 379. 1921.
[7]) HÖBER: Pflügers Arch. f. d. ges. Physiol. Bd. 148, S. 189. 1912.

Muskelfasern befindet und die demnach von den genannten Membranen unabhängig ist. Zur Bestimmung der inneren Leitfähigkeit von Muskeln verwendete HÖBER das von ihm als „Dämpfungsmethode“ bezeichnete Verfahren. Nach dieser Methode fand HÖBER[1]), daß die innere Leitfähigkeit des Muskels der einer 0,1—0,2proz. NaCl-Lösung entspricht. Dieser Wert befindet sich demnach zwischen der von demselben Autor als Gesamtleitfähigkeit des Muskels gefundenen und der aus den Ascheanalysen berechneten Leitfähigkeit. HÖBER schließt aus dieser Tatsache, daß es wohl möglich sei, daß ein Teil der Muskelsalze in gebundener Form vorhanden sei, aber ein beträchtlicher Teil derselben immerhin frei sein müsse. Der letztgenannte Anteil der Salze würde daher lediglich deshalb nicht bei der Bestimmung der Gesamtleitfähigkeit des Muskels voll zur Geltung kommen, weil die Membranen die Bewegung der Ionen verhindern. Mit Hilfe dieser Annahme könnte der Unterschied zwischen der inneren und der Gesamtleitfähigkeit des Muskels erklärt werden, und HÖBER scheint diesen Unterschied geradezu als Beweis für das Vorhandensein freier Ionen im Muskel anzusehen.

Vergleichen wir aber die Werte HÖBERS mit den erwähnten Angaben von HARTREE und HILL, so verliert die Überlegung HÖBERS ihre Beweiskraft. In erster Reihe haben doch die englischen Autoren einen höheren Wert für die Gesamtleitungsfähigkeit des Muskels gefunden, als HÖBER für die innere Leitfähigkeit angibt. Ferner aber, und dies scheint noch wichtiger zu sein, zeigten sie, daß der elektrische Widerstand des Muskels keine konstante Größe ist, sondern von den Bedingungen des Versuches abhängt. Unter diesen Umständen ist es demnach möglich, daß für die Leitfähigkeit des Muskels mit verschiedenen Methoden verschiedene Werte erhalten werden, ohne daß aus diesen etwas über die physiko-chemische Struktur des Muskels geschlossen werden könnte. In diesem Zusammenhange dürfte ein gewisses Interesse auch der Beobachtung MCCLENDONS[2]) zukommen, nach welcher während der Kontraktion die Leitfähigkeit des Muskels eine Erhöhung erfährt. Diese Beobachtung wird vom Autor in dem Sinne gedeutet, daß die Permeabilität der Fasergrenzschichten während des Kontraktionsaktes erhöht würden. Obwohl an der Richtigkeit dieser Annahme kaum gezweifelt werden kann, ist es natürlich durchaus möglich, daß während der Kontraktion auch im Inneren der Faser gewisse Veränderungen vorgehen, welche eine Erhöhung der Leitfähigkeit des Muskels bedingen können. Es könnten doch z. B. im Momente der Muskelzuckung gewisse Ionen aus ihren Verbindungen mit Kolloiden frei werden. *Wir kommen also zu dem Schluß, daß die bisher besprochenen Tatsachen keineswegs die Möglichkeit ausschließen, daß die unmittelbare Ursache der eigenartigen Verteilung der Muskelsalze durch ihre Bindung an Kolloide innerhalb der Muskelfaser bedingt sei.* Daß nicht nur die gelösten Stoffe, sondern auch ein Teil des Wassers im Muskel im gebundenen Zustand zugegen ist, geht mit großer Wahrscheinlichkeit aus den Arbeiten von JENSEN und FISCHER[3]) hervor. Diese Autoren stellten nämlich fest, daß die Gefrierpunktserniedrigung der Muskeln merklich größer ist als die isotonischer Salzlösungen, und daß namentlich ein Teil des Muskelwassers später zu gefrieren anfängt als das übrige. Die Menge dieses „Quellungswassers“ schwankt zwischen etwa 4 und 30% und hängt von der Vorbehandlung des Muskels ab. Die Bedeutung dieses Quellungswassers für den Kontraktionsakt ist neuerdings von RUBNER[4]) dargetan worden.

---

[1]) HÖBER: Pflügers Arch. f. d. ges. Physiol. Bd. 150, S. 15. 1913.

[2]) MCCLENDON: Americ. journ. of physiol. Bd. 29, S. 302. 1912.

[3]) JENSEN u. FISCHER: Biochem. Zeitschr. Bd. 20, S. 143. 1909; Zeitschr. f. allg. Physiol. Bd. 11, S. 23. 1910; Bd. 14, S. 321. 1913.

[4]) RUBNER: Abh. d. preuß. Akad. d. Wiss. 1922, S. 3.

Ein direkter Beweis für die Bindung von Ionen an Kolloide im Muskel scheint aus neueren Versuchen von NEUSCHLOSZ und TRELLES[1]) hervorzugehen. Dieselben wurden an Kaninchen- und Krötenmuskeln ausgeführt. Es zeigte sich hierbei, daß der Gesamtgehalt verschiedener Muskeln an Kalium sich zwischen recht weiten Grenzen bewegen kann (0,985 und 3,305% auf Trockensubstanz berechnet). Wurden die Muskeln jedoch fein zerschnitten und auf einige Stunden (mindestens drei) in physiologische Kochsalzlösung gelegt, so blieb eine ganz bestimmte und für jede Muskelart konstante Menge Kalium im Muskelgewebe zurück, während das übrige in die umgebende Lösung hinausdiffundierte.

Die Menge des gebundenen Kaliums ist von der Gesamtmenge desselben durchaus unabhängig und bewegte sich bei weißen Kaninchenmuskeln zwischen 0,36 und 0,406, bei roten Muskeln zwischen 0,54 und 0,63%, bei Krötengastrocnemien zwischen 0,07 und 0,12% der Trockensubstanz. Das Gleichgewicht ist etwa nach 3 Stunden Aufenthalt in der Kochsalzlösung erreicht und ändert sich dann nicht mehr, solange nicht bakterielle oder autolytische Eiweißspaltungen auftreten.

NEUSCHLOSZ und TRELLES konnten ferner zeigen, daß die Menge des gebundenen Kaliums im Muskel durch das Nervensystem geregelt wird.

Wurde der Ischiadicus der einen Seite durchtrennt, so fand sich im zugehörigen Gastrocnemius nach 8—10 Tagen im Durchschnitt bloß 0,103% K in gebundenem Zustand gegenüber 0,380% im Gastrocnemius der anderen Seite. Die betreffenden Werte für die Gesamtkaliummenge waren kaum verschieden in den beiden Muskeln, nämlich im Durchschnitt 2,25 bzw. 2,40%.

Lokale Tetanusstarre des einen Beines verursachte hingegen eine Zunahme des gebundenen Kaliums von 0,36 % auf 0,74 %. Bei $Na^{\cdot}$ und $Ca^{\cdot\cdot}$ konnten derartige Tatsachen nicht beobachtet werden. Sie scheinen daher im Muskel in freiem, diffusiblem Zustand vorhanden zu sein.

Diese Beobachtungen beweisen jedenfalls zu Genüge, daß der Zustand, in welchem sich die Salze im Inneren der Muskelfasern — und wohl in den Zellen überhaupt — befinden, von vielen Umständen abhängt und ein außerordentlich kompliziertes Problem darstellt. Wir befinden uns erst im Anfange der Erforschung dieses Gebietes und sind weit entfernt davon, einen auch nur einigermaßen klaren Überblick über die herrschenden Verhältnisse geben zu können. Eine Bereicherung unserer Kenntnisse und eine Klärung unserer Anschauungen können wir einerseits von Untersuchungen an leblosen Kolloiden erwarten, wie sie vor kurzem von LOEB[2]) in Angriff genommen worden sind, namentlich wenn dieselben auch auf Gele ausgedehnt werden, andererseits von einer genauen Verfolgung der Diffusion anorganischer Ionen aus dem Muskel und in denselben hinein unter verschiedenen Bedingungen.

## III. Gewichtsaufnahme und -abgabe des Muskels in verschiedenen Lösungen.

Daß die Muskeln in reinem Wasser sehr schnell zugrunde gehen, dürfte wohl eine recht lange bekannte Tatsache sein. Es ist ebenfalls eine alte Erfahrung, daß die Muskeln in destilliertem Wasser stark an Gewicht zunehmen und anschwellen. Die erste wissenschaftliche Untersuchung dieser Verhältnisse ist von NASSE[3]) ausgeführt worden. Bereits dieser Forscher machte die Beobachtung, daß die Gewichtszunahme des Muskels durch Salzzusatz zum Wasser vermindert werden kann. Von ihm stammt auch die Angabe, daß, um das Muskelgewicht längere Zeit hindurch unverändert zu erhalten, ungefähr eine Konzentration von 0,6% NaCl in der Lösung erforderlich ist.

[1]) NEUSCHLOSZ u. TRELLES: Pflügers Arch. f. d. ges. Physiol. Bd. 204, S. 374. 1924.
[2]) LOEB, J.: Die Eiweißkörper und die Theorie der kolloidalen Erscheinungen. Berlin 1924.
[3]) NASSE: Hermanns Handbuch der Physiologie Bd. I. 1879.

Als dann durch die grundlegenden Arbeiten von PFEFFER und VAN 'T HOFF die Theorie vom osmotischen Drucke entwickelt wurde und ihre Bedeutung auch für den tierischen Organismus Anerkennung fand, so wurden die neuen Lehren bald auch zur Erklärung der Tatsachen, die am Muskel beobachtet werden können, herangezogen. Die ersten Arbeiten auf diesem Gebiete stammten von LOEB[1]) und seinen Schülern und von OVERTON[2]). Bereits diese Autoren erkannten jedoch, daß die Tatsachen der Muskelschwellung und -entschwellung mit Hilfe der Vorstellungen der VAN 'T HOFFschen Theorie unter Umständen nur schwer zu deuten sind, hielten aber prinzipiell daran fest, daß die Wasseraufnahme und -abgabe lediglich auf Grund osmotischer Erscheinungen erfolge. Erst mit dem Aufschwunge der Kolloidchemie schien eine andere Erklärungsweise für die genannten Beobachtungen in den Vordergrund zu treten. So glaubte namentlich M. H. FISCHER[3]) die Wasseraufnahme durch Muskeln lediglich auf Grund von Quellungserscheinungen erklären zu können. Die Ausführungen FISCHERS sind jedoch nicht unbestritten geblieben und erfuhren namentlich durch HÖBER[4]), MEIGS[5]), BEUTNER[6]) und WINTERSTEIN[7]) eine scharfe Kritik. Andererseits halten gewisse Autoren, wie namentlich v. FÜRTH[8]), daran fest, daß im Muskel in erster Reihe kolloidale und nicht osmotische Faktoren vorherrschend seien. Die Diskussion über diesen Gegenstand ist zwar noch nicht abgeschlossen, doch dürfte es bereits möglich sein, die Verhältnisse in ihren wesentlichsten Punkten zu überblicken.

Im folgenden sollen zuerst die wichtigsten Tatsachen, die durch die einzelnen experimentellen Arbeiten zutage gefördert wurden, besprochen und es wird dann am Schlusse versucht werden, die theoretischen Folgerungen zu ziehen, welche bereits heute als genügend gesichert erscheinen.

Die Tatsachen über die Wasseraufnahme und -abgabe des Muskels sollen in folgender Ordnung abgehandelt werden: 1. Verhalten des Muskels in destilliertem Wasser, 2. Verhalten in Lösungen von Neutralsalzen, 3. Verhalten in sauren und alkalischen Lösungen, 4. Verhalten in Lösungen von Anelektrolyten, 5. die Bedeutung des Zustandes des Muskels für die Wasseraufnahme und -abgabe.

### 1. Verhalten des Muskels in destilliertem Wasser.

Bereits WEBSTER[9]) (ein Schüler LOEBS) konnte feststellen, daß der Muskel in destilliertem Wasser zuerst an Gewicht zunimmt, dann aber nach Erreichung eines Maximums wieder leichter wird. Eine systematische Untersuchung über das Verhalten des Muskels in destilliertem Wasser ist namentlich von MEIGS[10]) ausgeführt worden. Dieser Autor arbeitete hauptsächlich mit Froschsartorien, welche er auf die Dauer von 24 bis 48 Stunden in destilliertes Wasser legte und deren Gewicht er während dieser Zeit wiederholt bestimmte. Im wesentlichen unterscheidet MEIGS vier Stadien im Verhalten des Muskels. Das erste Stadium, welches etwa 20 Minuten dauert, ist durch ein schnelles Ansteigen des Muskelgewichtes gekennzeichnet. Während des zweiten Stadiums, von ungefähr

---

[1]) LOEB, J.: Pflügers Arch. f. d. ges. Physiol. Bd. 69, S. 1. 1898; Bd. 71, S. 457. 1898.
[2]) OVERTON: Pflügers Arch. f. d. ges. Physiol. Bd. 102, S. 145. 1902; Bd. 105, S. 176. 1904.
[3]) FISCHER, M. H.: Pflügers Arch. f. d. ges. Physiol. Bd. 124, S. 69. 1908. — Das Ödem. Dresden 1910.
[4]) HÖBER: Biol. Zentralbl. Bd. 31, S. 575. 1911.
[5]) MEIGS: Americ. journ. of physiol. Bd. 28, S. 191. 1910.
[6]) BEUTNER: Biochem. Zeitschr. Bd. 39, S. 280. 1912; Bd. 48, S. 217. 1913.
[7]) WINTERSTEIN: Biochem. Zeitschr. Bd. 75, S. 48. 1916.
[8]) v. FÜRTH: Ergebn. d. Physiol. Bd. 17, S. 363. 1919.
[9]) WEBSTER: The publications of the Univ. of Chicago Bd. 10, S. 105. 1902.
[10]) MEIGS: Americ. journ. of physiol. Bd. 26, S. 191. 1910.

2 Stunden Dauer, nimmt der Muskel langsam an Gewicht ab, um im dritten Stadium wieder zuzunehmen und in der 6. Stunde des Versuches ein zweites Maximum zu erreichen, welches jedoch dem ersten etwas nachsteht. Von diesem Zeitpunkte an nimmt der Muskel langsam und allmählich an Gewicht wieder ab. Bereits nach Ablauf der ersten raschen Gewichtszunahme hat der Muskel seine Erregbarkeit vollkommen und unwiderruflich eingebüßt. Die drei letzten Phasen der Muskelschwellung bzw. Entschwellung spielen sich demnach bereits an totem Gewebe ab.

Um den Unterschied zwischen dem lebenden und dem toten Muskel noch deutlicher zu demonstrieren, führte MEIGS folgenden Versuch aus. Von den beiden Sartorien eines Frosches wurde mit dem einen der Versuch wie oben beschrieben ausgeführt, während der andere nach den ersten 20 Minuten in destilliertem Wasser in Ringerlösung gebracht wurde. Hier gewann der Muskel sein ursprüngliches Gewicht bald wieder zurück, blieb jedoch nach wie vor unerregbar. Der tote Muskel wurde nun wieder in destilliertes Wasser gebracht, wobei er langsam und stetig an Wasser zunahm, um nach einigen Stunden zu einem Maximum zu gelangen. Am toten Muskel waren also nur die beiden letzten Stadien der Muskelschwellung zu beobachten, während die ersten beiden weggefallen waren. In weiteren Versuchen verglich MEIGS den *Einfluß der Temperatur* auf die besprochenen Erscheinungen. Obige Beschreibung bezieht sich auf Zimmertemperatur von etwa 20°. Bei 0° erscheint die Wasseraufnahme des lebenden Muskels anfänglich zwar etwas verlangsamt, so daß das erste Maximum später erreicht wird, doch ist dieses merklich höher und von längerer Dauer. Die Wasseraufnahme des toten Muskels hingegen wird durch Herabsetzung der Temperatur auf 0° verzögert.

Nach LANGIER und BÉNARD[1]) kann durch die Belastung des Muskels mit 550 g die Wasseraufnahme des Muskels merklich herabgesetzt werden. Das Maximum wird unter solchen Umständen auch früher erreicht. Die Einwirkung der Temperatur betreffend, fanden diese Autoren, daß die Wasseraufnahme durch Erhöhung derselben beschleunigt wird. Das Maximum wird früher und bei einem wesentlich geringeren Gewicht erreicht, und die Wasserabgabe ist ebenfalls beschleunigt.

## 2. Verhalten des Muskels in Lösungen von Neutralsalzen.

Die Grundtatsachen über das Verhalten in Lösungen von Neutralsalzen sind bereits in den oben erwähnten Arbeiten von NASSE niedergelegt worden. Diese wurden dann von E. COOKE[2]) (unter LOEB) im wesentlichen bestätigt. LOEB[3]) konnte feststellen, daß mit steigender Hypotonie der Lösungen die Wasseraufnahme schneller zunimmt, als der osmotische Druck sinkt. In hypertonischen Lösungen ist hingegen die Wasserabgabe geringer, als nach der Konzentration zu erwarten wäre. Das Verhalten des Muskels in sog. isotonischen Lösungen betreffend, fand LOEB[4]), daß nach längerer Versuchszeit eine Gewichtsänderung auch in diesen erfolgen kann. In einer 0,7 proz. NaCl-Lösung beträgt die Gewichtszunahme nach 18 Stunden nur wenige Prozente, in einer isotonischen KCl-Lösung hingegen 40%. — In einer isotonischen $CaCl_2$-Lösung nimmt der Muskel in 18 Stunden um 20% seines ursprünglichen Gewichtes ab. Sein Schüler WEBSTER[5]) dehnte diese Versuche auch auf andere Salze aus. Er fand, daß die Kationen in $^n/_8$-Lösungen verwendet nach folgender Reihe zunehmend günstig auf die Gewichtszunahme des Muskels wirken: $Mg < Na < H_4N < K$, daß hingegen Ca und Ba bereits in $^n/_{20}$-Lösungen vermindernd auf das Gewicht der Muskeln wirken. Die Anionen wirken nach folgender Reihe begünstigend auf die Wasseraufnahme: $SO_4 <$ Oxalat $<$ Citrat $< NO_3 < Cl < F < CO_3$.

1) LANGIER et BÉNARD: Journ. de physiol. et de pathol. gén. Bd. 13, S. 497. 1911.
2) COOKE, E.: Journ. of physiol. Bd. 23, S. 137. 1898
3) LOEB, J.: Pflügers Arch. f. d. ges. Physiol. Bd. 69, S. 1. 1898.
4) LOEB, J.: Pflügers Arch. f. d. ges. Physiol. Bd. 75, S. 303. 1899.
5) WEBSTER: Publications of the Univ. of Chicago Bd. 10, S. 105. 1902.

Eine eingehende Untersuchung dieser Verhältnisse verdanken wir dann OVERTON[1]). Die Ergebnisse seiner diesbezüglichen Versuche waren kurz die folgenden. Wenn ein lebender Muskel aus einer Salzlösung von höherem in eine solche von niedrigerem osmotischem Drucke übertragen wird, so nimmt er Wasser auf. Die Wasseraufnahme erweist sich jedoch nicht proportional dem Unterschied zwischen den osmotischen Drucken der beiden Lösungen. Bei gleichem absolutem Unterschiede zwischen den zwei Lösungen ist die Wasseraufnahme um so größer, je verdünnter die Lösungen sind. In verdünnten Lösungen werden die Muskeln weißlich und undurchsichtig. Wenn die Muskeln absterben, nimmt ihr Gewicht wieder langsam ab. Bei der Überführung eines Muskels aus einer Salzlösung von niedrigem in eine solche von höherem osmotischen Drucke gibt er Wasser ab. Nach einiger Zeit beginnt jedoch der Muskel wieder an Gewicht zuzunehmen. Hierbei ist er jedoch bereits abgestorben.

Die Beobachtungen OVERTONS erfuhren dann eine Erweiterung durch FLETCHER[2]). Dieser Autor fand, daß die Muskeln auch in sog. isotonischen Lösungen ihr Gewicht nicht unbegrenzte Zeit hindurch beibehalten. Nach 6—12 Stunden beginnen sie Wasser aufzunehmen. Nach 26 Stunden erreicht das Muskelgewicht ein Maximum und fällt dann langsam ab. Aus hypotonischen Lösungen nimmt der Muskel erst schneller, dann langsamer Wasser auf; der Höhepunkt wird nach 6—9 Stunden erreicht, um dann ebenfalls langsam abzufallen. LANGIER und BÉNARD[3]) stellten fest, daß, wenn das Gewicht des Muskels in einer schwach hypotonischen Salzlösung das Maximum bereits erreicht hat und wieder im Abnehmen begriffen ist, dasselbe neuerdings ansteigt, wenn der Muskel in destilliertes Wasser gebracht wird. Über analoge Befunde hat auch BELÁK[4]) berichtet. LANGIER und BÉNARD untersuchten ferner das Schicksal der Elektrolyten im Laufe des Versuches. Diesbezüglich fanden sie, daß die Ausströmung von Salzen aus dem Muskel während des ganzen Versuches stetig abnimmt und demzufolge die Leitfähigkeit der stündlich gewechselten Außenflüssigkeit jedesmal kleiner wird. In einer Lösung mit stärkerer Hypotonie (0,2% NaCl) wird das Maximum früher erreicht, nichtsdestoweniger ist die Gewichtszunahme größer als in einer konzentrierten Lösung (0,4%).

KÖRÖSY[5]) hat in Fortsetzung der Untersuchungen von LOEB feststellen können, daß die Kurve der Gewichtsveränderungen mit der Zeit bei den verschiedenen Substanzen ähnlich verläuft, daß also das AVOGADROsche Gesetz nicht nur für die sog. isotonischen Lösungen, sondern für alle Konzentrationen gültig ist. Bleibt der Muskel jedoch längere Zeit (17 Stunden) in den Lösungen, so verliert das AVOGADROsche Gesetz seine Gültigkeit, indem die Wasseraufnahme des Muskels immer mehr der von Leimplatten ähnlich wird. Nach DE SOUZA[6]) ist die Wirkung isotonischer Lösungen bei allen Temperaturen gleich, während die Gewichtsab- bzw. -zunahme in anisotonischen Lösungen um so schneller erfolgt, je höher die Temperatur ist.

Mit einer ganz neuartigen Methode versuchte WINTERSTEIN[7]) dem Wesen der Wasseraufnahme durch den Muskel näherzukommen. Er zerschnitt Muskeln in kleine Stückchen, nähte sie in Gazesäckchen ein und bestimmte die Gewichtsveränderungen, die diese nach verschiedenen Zeiten erfuhren. Die so vorbe-

---

[1]) OVERTON: Pflügers Arch. f. d. ges. Physiol. Bd. 92, S. 115. 1902.
[2]) FLETCHER: Journ. of physiol. Bd. 30, S. 414. 1904.
[3]) LANGIER et BÉNARD: Journ. de physiol. et de pathol. gén. Bd. 13, S. 497. 1911.
[4]) BELÁK: Biochem. Zeitschr. Bd. 83, S. 165. 1917.
[5]) KÖRÖSY: Hoppe-Seylers Zeitschr. f. physiol. Chem. Bd. 93, S. 154. 1914.
[6]) DE SOUZA: Quart. journ. of exp. physiol. Bd. 2, S. 3. 1910.
[7]) WINTERSTEIN: Biochem. Zeitschr. Bd. 75, S. 48. 1916.

handelten Muskelstückchen nahmen nun in hypotonischen Salzlösungen nur sehr wenig an Gewicht zu, und wenn man sie erst mit Hilfe von Quarzsand verrieb, blieb so gut wie jede Wasseraufnahme aus.

ABDERHALDEN und GELLHORN[1]) untersuchten die Gewichtsveränderungen, welche Muskeln in isotonischen Gemischen von $CaCl_2$ und NaCl bzw. $CaCl_2$ und $MgCl_2$ oder $CaCl_2$ und Rohrzucker erfahren. Sie fanden, daß das Gemisch $CaCl_2$ und Rohrzucker am stärksten, $CaCl_2$ und $MgCl_2$ am wenigsten entquellend wirkt. In Gemischen von $CaCl_2 + MgCl_2$ kann sogar eine nicht unbedeutende Wasseraufnahme durch den Muskel erfolgen. Die Aufnahme von Calcium aus der Außenlösung war immer dann am höchsten, wenn dieses mit Rohrzucker vergesellschaftet war, obwohl auch in Gegenwart von NaCl merkliche Mengen Calcium aus der Lösung aufgenommen wurden. Zusatz von $^n/_{32}$-KCl hatte keinen Einfluß auf die Calciumaufnahme. In einer neueren Arbeit nahm dann GELLHORN[2]) eine Nachprüfung der alten Angaben der Loebschen Schule vor, welche von ihm im wesentlichen bestätigt wurden, indem er feststellte, daß die Alkalichloride in isotonischer Lösung die Gewichtszunahme des Muskels nach folgender Reihe begünstigen: $Li < Na < Cs < Rb < K$. Bedeutungsvoll ist die Feststellung GELLHORNS, daß die genannten Gewichtsveränderungen bei lebenden und gut erregbaren Muskeln auftreten können.

### 3. Verhalten des Muskels in sauren und alkalischen Lösungen.

Der erste Forscher, der die Beobachtung machte, daß Muskeln in sauren Lösungen außerordentlich stark an Gewicht zunehmen, war LOEB[3]). Der Säurezusatz erfolgte in seinen Versuchen zu physiologischer Kochsalzlösung. Er stellte fest, das Gastrocnemien unter diesen Umständen in Gegenwart von anorganischen Säuren um so stärker quellen, je höher die H-Ionenkonzentration der Lösung ist. Bei organischen Säuren trifft jedoch dies nicht zu, indem sie im allgemeinen wesentlich wirksamer sind, als nach der H-Ionenkonzentration der Lösung zu erwarten wäre. Irgendwelche Gesetzmäßigkeit wurde jedoch in dieser Hinsicht nicht beobachtet. Auch in alkalischen Lösungen quellen die Muskeln stark an, und die Wirksamkeit der Basen ist eine Funktion ihrer OH-Konzentration. Basen sind im allgemeinen noch wirksamer als Säuren. Nach ARNOLD[4]) lassen sich von verschiedenen Muskelarten vom Menschen zwei Typen von Quellungskurven in Säuren erhalten. Die eine steigt steil an und zeigt innerhalb 24 Stunden keinen Abfall, die andere Kurvenart zeigt einen wesentlich langsameren Anstieg und raschen Abfall. Nach dem ersten Typus quellen z. B. der Pectoralis, nach dem zweiten der Herzmuskel.

Von M. H. FISCHER[5]) stammt die Feststellung, daß *Neutralsalze* die durch Säuren verursachte *Quellung* weitgehend *vermindern* können. Am wirksamsten fand FISCHER die zweiwertigen Ionen, wie das Calcium. Unter den Alkalikationen erwies sich Kalium in geringerem Maße entquellend als Natrium. Ein Muskel, welcher bis zur Erreichung des Quellungsmaximums in einer reinen Säurelösung gehalten wurde, nimmt noch mehr Wasser auf, wenn er in destilliertes Wasser gebracht wird. Die Wasseraufnahme und -abgabe des Muskels ist nach FISCHER völlig reversibel. Anelektrolyten wie Harnstoff, Rohrzucker oder Glycerin beeinflussen die Säurequellung kaum. BUGLIA[6])

---

[1]) ABDERHALDEN u. GELLHORN: Pflügers Arch. f. d. ges. Physiol. Bd. 196, S. 584. 1922.
[2]) GELLHORN: Pflügers Arch. f. d. ges. Physiol. Bd. 200, S. 583. 1923.
[3]) LOEB, J.: Pflügers Arch. f. d. ges. Physiol. Bd. 69, S. 1. 1898.
[4]) ARNOLD: Kolloidchem. Beih. Bd. 5, S. 141. 1914.
[5]) FISCHER, M. H.: Das Ödem. Dresden 1910.
[6]) BUGLIA: Arch. internat. de physiol. Bd. 8, S. 273. 1909.

fand, daß Alkalien viel stärker fördernd auf die Wasseraufnahme wirken als Säuren und, selbst zu einer hypertonischen Salzlösung hinzugefügt, eine Gewichtszunahme herbeiführen können, während er bei Säurezusatz eine derartige Wirkung nie beobachtete.

Der Einfluß der Salze auf die Säurequellung des Muskels wurde dann von Beutner[1]) weiter untersucht. Nach ihm ist die Salzmenge, die erforderlich ist, um das Gewicht des Muskels etwa nach 24 Stunden unverändert zu gestalten, nicht der Säurekonzentration proportional, sondern ihre Konzentration steigt langsamer an als die der Säure. In der ersten Zeit ihrer Einwirkung erfolgt eine Wasseraufnahme auch in solchen Säure-Salzgemischen, in welchen das ursprüngliche Gewicht des Muskels später wiederhergestellt wird. Gelöste Eiweißstoffe beeinflussen den Wasseraustausch zwischen dem Muskel und der umgebenden Lösung nicht. Durch m/2-Traubenzuckerlösung kann man aber selbst nach einigen Stunden aus dem durch Säure unerregbar gemachten Muskel Wasser entziehen. Bei hitzestarren Muskeln ist dies jedoch nicht möglich. Nach Spiegel[2]) geht die Entquellung der Muskeln bei nachträglicher Behandlung derselben mit 30 proz. Traubenzuckerlösung um so schneller vor sich, je höher die zur Quellung verwendete Säurekonzentration war.

Bei der Fortführung der oben erwähnten Versuche Wintersteins konnte sein Schüler Weber[3]) die Feststellung machen, daß auch zerstückelte Muskeln und Muskelbrei stark quellen, wenn die die Gazesäckchen umgebende Lösung eine geringe Menge Säure enthält.

## 4. Verhalten des Muskels in den Lösungen von Anelektrolyten.

Webster[4]) verglich das Verhalten von Muskeln in verschieden konzentrierten Lösungen von Rohrzucker und Harnstoff. Er beobachtete in isotonischen Lösungen des ersteren keine, in denen des letzteren hingegen eine bedeutende Gewichtszunahme. In hypertonischen Lösungen wirkte Rohrzucker gewichtsvermindernd, Harnstoff hingegen nicht. Nach Overton[5]) hängt der Einfluß der Anelektrolyten auf die Wasseraufnahme des Muskels in erster Reihe von ihrer Lipoidlöslichkeit ab. Stoffe, die in Lipoiden unlöslich sind, wie die verschiedenen Zucker, verhalten sich im wesentlichen wie die Neutralsalze, d. h. die Wasseraufnahme bzw. -abgabe des Muskels hängt vom osmotischen Drucke der Lösung ab. Körösy[6]) bestätigte dies und beobachtete, daß bei einer kurzen Versuchsdauer das Avogadrosche Gesetz die Wasseraufnahme in Gegenwart von Anelektrolyten ebenso beherrscht wie bei den Salzen. Wesentlich anders verhält sich jedoch der Muskel in den Lösungen lipoidlöslicher Substanzen, wie z. B. die verschiedenen Alkohole (Overton). In diesen schwillt der Muskel an, als ob er sich in destilliertem Wasser befände. Auch in Gegenwart von Salzen sind die Alkohole vollkommen unwirksam, und der Muskel nimmt Wasser auf oder gibt welches ab, ausschließlich nach dem Maßstabe der jeweiligen Salzkonzentration. Gegenüber abgestorbenen Muskeln ist auch die erste Gruppe der Anelektrolyte unwirksam, indem ein mit destilliertem Wasser vorbehandelter Muskel selbst aus hypertonischen Rohrzuckerlösungen Wasser aufnimmt [Meigs[7])].

---

1) Beutner: Biochem. Zeitschr. Bd. 39, S. 280. 1912; Bd. 48, S. 217. 1913.
2) Spiegel: Zeitschr. f. d. ges. Neurol. u. Psychiatrie Bd. 81, S. 517. 1923.
3) Weber: Pflügers Arch. f. d. ges. Physiol. Bd. 187, S. 165; Bd. 191, S. 186. 1921.
4) Webster: Publ. of the Univ. of Chicago Bd. 10, S. 105. 1902.
5) Overton: Pflügers Arch. f. d. ges. Physiol. Bd. 92, S. 115. 1902.
6) Körösy: Zeitschr. f. physikal. Chem. Bd. 93, S. 154. 1914.
7) Meigs: Americ. journ. of physiol. Bd. 26, S. 191. 1910.

## 5. Die Bedeutung des Zustandes der Muskeln für ihre Wasseraufnahme und -abgabe.

Daß der Muskel durch ermüdende Arbeit in einen Zustand versetzt wird, in welchem seine Wasseraufnahmefähigkeit erhöht ist, ist bereits von RANKE[1]) festgestellt worden. E. COOKE[2]) fand, daß schon mäßige Arbeitsleistungen genügen, um die Schwellung des Muskels ganz wesentlich zu erhöhen. Die Wasseraufnahme steigt zu Beginn der Arbeitsleistung schnell, um dann immer langsamer zuzunehmen. FLETCHER[3]) verglich die Zeitkurven der Wasseraufnahme bei normalen und ermüdeten Muskeln miteinander. Über den Verlauf dieser Kurven an frischen Muskeln war bereits weiter oben die Rede. Beim ermüdeten Muskel beginnt der Anstieg in physiologischer Kochsalzlösung sehr bald und erreicht bereits nach 4 Stunden ein Maximum. In hypotonischen Lösungen scheinen die Unterschiede zwischen dem Verhalten frischer und ermüdeter Muskeln nicht so ausgesprochen zu sein, wenn sie auch hier in einzelnen Versuchen deutlich nachgewiesen werden konnten. Durch Aufenthalt der ermüdeten Muskeln in einer Sauerstoffatmosphäre können gleichzeitig mit den übrigen Ermüdungserscheinungen auch die osmotischen Unterschiede gegenüber frischen Muskeln behoben werden.

Eine eingehende Studie über die Wasseraufnahme ermüdeter Muskeln ist von SCHWARZ[4]) veröffentlicht worden. Auch er bestätigt die Tatsache, daß ermüdete Muskeln in einer isotonischen Kochsalzlösung schneller zu schwellen beginnen und früher ihr Maximum erreichen als frische Muskeln. Zwischen der Höhe der Wasseraufnahme in beiden Fällen konnte er jedoch keine nennenswerten Unterschiede feststellen. Ermüdete Muskeln können auch aus hypertonischen Lösungen Wasser aufnehmen. In hypotonischen Lösungen ist ihre Wasseraufnahme größer als die normaler Muskeln. Temperaturerhöhung auf etwa 28° beschleunigt die Wasseraufnahme frischer Muskeln in solchem Maße, daß der Unterschied zwischen den osmotischen Kurven frischer und ermüdeter Muskeln bei dieser Temperatur verschwindet. In Übereinstimmung mit FLETCHERS Feststellungen beobachtete auch SCHWARZ, daß durch eine Erhöhung des Sauerstoffdruckes erreicht werden kann, daß ein ermüdeter Muskel aus physiologischer Kochsalzlösung, selbst im Laufe von 24 Stunden, kaum nennenswerte Mengen von Wasser aufnehme.

In diesem Zusammenhange müssen auch die Beobachtungen erwähnt werden, welche sich auf die Wasseraufnahme bzw. -abgabe starrer Muskeln beziehen. RANKE[1]) hat schon beobachtet, daß *totenstarre Muskeln* kein Wasser mehr aufzunehmen imstande sind. FLETCHER[5]) hat die gleiche Beobachtung bei Muskeln erhoben, die durch Wärme, durch Chloroformdämpfe und durch Milchsäure in Starre versetzt worden sind. An wärmestarren Muskeln wurde diese Tatsache von WEBSTER[6]), BUGLIA[7]) und auch von BEUTNER[8]) bestätigt. v. FÜRTH und LENK[9]) beobachteten hingegen, daß der Verlust der Fähigkeit, Wasser aufzunehmen, nicht an den Zustand der Starre selbst gebunden ist, vielmehr erst mit der Lösung der Starre eintritt. Sie fanden z. B., daß totenstarre Katzenmuskeln bis zu 44% ihres Gewichts

---

1) RANKE: Tetanus. Leipzig 1865.
2) COOKE, E.: Journ. of physiol. Bd. 23, S. 137. 1898.
3) FLETCHER: Journ. of physiol. Bd. 30, S. 414. 1904.
4) SCHWARZ: Biochem. Zeitschr. Bd. 37, S. 34. 1911.
5) FLETCHER: Journ. of physiol. Bd. 30, S. 414. 1904.
6) WEBSTER: Publ. of the Univ. of Chicago Bd. 10, S. 105. 1902.
7) BUGLIA: Arch. internat. de physiol. Bd. 8, S. 273. 1909.
8) BEUTNER: Biochem. Zeitschr. Bd. 39, S. 280. 1912; Bd. 48, S. 217. 1913.
9) v. FÜRTH u. LENK: Biochem. Zeitschr. Bd. 33, S. 341. 1911.

an Wasser aufnehmen können. Muskeln hingegen, welche kurze Zeit nach Lösung der Starre untersucht worden sind, nahmen nur wenig oder gar kein Wasser auf. Die Lösung der Starre geht vielmehr mit einer Gewichtsabnahme des Muskels einher. Wird dagegen die Wasseraufnahme erst mehrere Tage nach Ablauf der Totenstarre bestimmt, so zeigen die Muskeln wiederum eine hochgradige Quellbarkeit. v. Fürth und Lenk[1]) schnitten aus solchen Muskeln kleine Würfel heraus und bestimmten die Kochsalzkonzentration, die ausreichte, um die Quellung dieser Würfel zu verhindern. Nach fünftägigem Stehen in der Kälte waren hierzu 15% NaCl notwendig, bei lange Zeit hindurch gefroren gehaltenem Fleisch sogar 20—30%.

Weber[2]) (unter Winterstein) konnte eine Wasserabgabe während der Starrelösung nicht feststellen. Nach ihm ist die Gewichtsabnahme in diesem Zeitpunkte dadurch bedingt, daß der Muskel „zerquillt" und gelöstes Eiweiß an die umgebende Flüssigkeit abgibt. Außer der Totenstarre beobachtete Weber ähnlich wie vor ihm schon Buglia[3]) diese Tatsache auch bei der Hitzegerinnung des Muskels.

Über die Bedeutung des anfänglichen Wassergehaltes der Muskeln, für seine Wasseraufnahme und -abgabe, haben kürzlich Dux und Löw[4]) (unter v. Fürth) interessante Beobachtungen mitgeteilt. Muskeln von Fröschen, die durch Austrocknung einen Wasserverlust von etwa 20% erlitten hatten, quellen und entquellen wesentlich rascher als normale Muskeln. Bei den Muskeln mit Glycerin vergifteter Frösche geht die Wasseraufnahme und -abgabe noch viel schneller vor sich.

## 6. Zusammenfassende Betrachtung über die osmotischen Eigenschaften des Muskels.

In den vorhergehenden Abschnitten sind die Versuchsergebnisse der verschiedenen Autoren, die sich mit diesem Problem beschäftigt haben, rein beschreibend wiedergegeben, ohne die Schlußfolgerungen zu besprechen, welche sie aus ihren Experimenten ziehen. Dies soll nun in diesem Abschnitte erfolgen, wobei namentlich die Frage erörtert werden soll, welche bereits in den einleitenden Zeilen dieses Kapitels erwähnt wurde, nämlich die Frage nach dem Wesen der Kräfte, welche die Wasseraufnahme und -abgabe des Muskels beherrschen.

Von den Theorien von Loeb und Overton, welche die Erscheinungen ausschließlich auf Grund der Annahme semipermeabler Membrane zu erklären versuchten, war schon im vorigen Abschnitte die Rede. Dort wurde auch dargetan, daß es im Lichte neuerer Untersuchungen unmöglich erscheint, diese Lehren zumindest in ihrer ursprünglichen Gestalt auch weiterhin aufrechtzuerhalten.

Die Möglichkeit, daß kolloidale Quellungskräfte bei der Wasseraufnahme des Muskels eine Rolle spielen könnten, hat zwar Overton[5]) bereits erwogen, aber diesem Faktor nur eine untergeordnete Rolle zuerkannt. Das Verdienst, auf die große Bedeutung der Quellungsvorgänge bei der Wasseraufnahme des Muskels zuerst mit allem Nachdrucke hingewiesen zu haben, gebührt zweifellos M. H. Fischer[6]).

---

[1]) v. Fürth u. Lenk: Zeitschr. f. Unters. d. Nahr.- u. Genußm. Bd. 24, S. 189. 1912.
[2]) Weber: Pflügers Arch. f. d. ges. Physiol. Bd. 187, S. 165; Bd. 191, S. 186. 1921.
[3]) Buglia: Arch. internat. de physiol. Bd. 8, S. 273. 1909.
[4]) Dux u. Löw: Biochem. Zeitschr. Bd. 125, S. 222. 1921.
[5]) Overton: Pflügers Arch. f. d. ges. Physiol. Bd. 92, S. 115. 1902.
[6]) Fischer, M. H.: Pflügers Arch. f. d. ges. Physiol. Bd. 124, S. 69. 1908. — Das Ödem. Dresden 1910.

Dieser Autor vertritt die Ansicht, daß die Wasseraufnahme und -abgabe des Muskels unter allen Umständen lediglich auf Quellung bzw. Entquellung des Gewebes zurückzuführen ist. Die Annahme semipermeabler Membranen, wie sie die osmotische Theorie erfordert, hält FISCHER für überflüssig und unbegründet. Nach ihm kommen in erster Reihe drei Faktoren für die Wasseraufnahme des Muskels in Betracht: 1. die Säurebildung innerhalb des Muskels, welche eine Quellung der Muskeleiweißkörper verursacht; 2. die entquellende Wirkung der im Muskel enthaltenen Salze und 3. das Hinausdiffundieren dieser Salze in die umgebende Lösung. Die wichtigsten Stützen, die FISCHER für seine Auffassung anführt, sind Versuche, die gar nicht an Muskeln, sondern an leblosen Kolloiden, wie Fibrin und Gelatine, ausgeführt worden sind. Es ist allgemein bekannt, daß Eiweißgele in Säuren quellen und daß Neutralsalze ihre Quellbarkeit mehr oder weniger herabsetzen. Da dies im wesentlichen auch für den Muskel gilt, so zieht FISCHER den Schluß, daß beide Erscheinungsgruppen auch ihrem Wesen nach identisch seien. Ein weiteres Argument im Sinne seiner Theorie leitet FISCHER aus der Tatsache ab, daß Anelektrolyte die Quellung lebloser Kolloide im allgemeinen nicht beeinflussen und daß manche Anelektrolyten auch die Wasseraufnahme des Muskels nicht zu verhindern imstande sind.

Doch gerade in diesem Punkte können den FISCHERschen Anschauungen schwerwiegende Bedenken entgegengehalten werden, auf die namentlich von HÖBER[1]) hingewiesen worden ist. Es gibt nämlich eine Anzahl Anelektrolyte, wie die verschiedenen Zuckerarten, welche die Quellung lebloser Gele nicht beeinflussen, während der Muskel sein Gewicht in ihren isotonischen Lösungen lange Zeit hindurch unverändert beibehält (OVERTON). Überhaupt begeht FISCHER den offenkundigen Fehler, daß er die Wasseraufnahme des Muskels zu schematisch betrachtet und gar nicht berücksichtigt, ob die von ihm beobachteten Tatsachen sich auf lebendes oder totes Gewebe beziehen. Hierauf wurde namentlich von BEUTNER[2]) und von MEIGS[3]) hingewiesen. Nach diesen Autoren besitzen die von FISCHER beobachteten Gesetzmäßigkeiten nur dann Gültigkeit, wenn die Versuchszeiten lang gewählt werden und der Muskel demzufolge bereits abgestorben ist. In der ersten Zeit, solange der Muskel noch am Leben ist, wird seine Wasseraufnahme durch ganz andere Regeln beherrscht.

Auf Grund der oben dargestellten Tatsache können wir uns die Gesamtheit der Wasserverschiebungen im Muskel am besten wohl folgendermaßen vorstellen. Im Hinblick auf die von LOEB, OVERTON, FLETCHER, BEUTNER und MEIGS zutage geförderten Tatsachen kann es kaum mehr bezweifelt werden, daß die Wasseraufnahme bzw. -abgabe des Muskels zumindest am Anfang überwiegend osmotischer Natur ist. Die genannten Autoren nehmen zwar im allgemeinen an, daß die Fasergrenzschichten des Muskels, mindestens für Salze im strengsten Sinne, semipermeabel wären, doch wurde bereits weiter oben gezeigt, daß diese Annahme mit einer Anzahl von Tatsachen in offenkundigem Widerspruche steht und daher fallen gelassen werden muß. Um vorübergehend Wasserverschiebungen osmotischer Natur hervorzurufen, ist es aber gar nicht notwendig, daß die betreffenden Membranen strenggenommen semipermeabel seien, es genügt hierzu vielmehr, daß sie Wasser leichter und schneller durchlassen, als die Moleküle oder Ionen der gelösten Substanz. Diese Forderung erfüllen aber tierische Membranen fast ausnahmslos.

Wir können uns also vorstellen, daß zwischen den Muskelfasern einerseits und der Außenlösung andererseits nebeneinander zwei Austauschvorgänge her-

[1]) HÖBER: Biol. Zentralbl. Bd. 31, S. 575. 1911.
[2]) BEUTNER: Biochem. Zeitschr. Bd. 39, S. 280. 1912; Bd. 48, S. 217. 1913.
[3]) MEIGS: Americ. journ. of physiol. Bd. 26, S. 191. 1910.

laufen, nämlich eine Bewegung des Wassers zum Orte des jeweils höheren osmotischen Druckes und, unabhängig von dieser Wasserbewegung, die sich langsamer abspielende Diffusion der gelösten Stoffe. Betrachten wir nun getrennt die Vorgänge, die sich hiernach abspielen müssen, wenn ein Muskel 1. in eine isotonische, 2. in eine hypotonische, 3. in eine hypertonische Lösung gebracht wird.

In einer *isotonischen* Lösung einer in Lipoiden unlöslichen Substanz behält ein Muskel sein ursprüngliches Gewicht mehr oder weniger lange Zeit hindurch bei. Da der osmotische Druck im Muskelinneren und in der Außenlösung in diesem Falle am Anfange des Versuches gleich sind, erfolgt zunächst keine Wasserverschiebung. Doch bleibt dieser Zustand nicht lange Zeit bestehen. Da die Außenlösung niemals genau dieselbe Zusammensetzung haben wird als die Flüssigkeit in den Muskelfasern, so muß nach dem oben Gesagten ein steter langsamer Austausch zwischen beiden erfolgen. Die Diffusion der im Muskel enthaltenen Ionen, namentlich die der Phosphate, geht äußerst langsam vor sich, so daß in den meisten Fällen die Ionen der Außenlösung schneller eindringen werden, als die der Muskelfasern hinausgelangen. Infolgedessen erhöht sich der osmotische Druck in den Muskelfasern, und es kommt zu einer Wasseraufnahme seitens des Muskels. Beispiele für derartige Vorgänge haben wir im Verhalten der Muskeln in gewissen Kalisalzen (die erste Gruppe OVERTONS), ferner, wenn auch in geringerem Grade, in der sog. physiologischen Kochsalzlösung. Demgegenüber scheint die Diffusion der übrigen Kalisalze (zweite Gruppe OVERTONS) derjenigen der Muskelsalze ungefähr gleich schnell zu verlaufen; ähnlich verhält sich auch Rohrzucker. Noch langsamer, als die Muskelsalze herausdiffundieren, scheinen z. B. die Calciumsalze in das Muskelinnere zu dringen, daher erfolgt in diesen eine Abnahme des osmotischen Druckes im Faserinneren und eine Wasserabgabe seitens der Muskeln.

*In hypotonischen* Lösungen entsteht zunächst natürlicherweise ein Wasserstrom von außen nach dem Inneren der Muskelfasern. Gleichzeitig bewegen sich jedoch die Salze nach beiden Richtungen zu, und diese Bewegung führt allmählich zum Verschwinden der Konzentrationsdifferenz zwischen Außenlösung und Faserinneren. Ist dieser Zustand einmal erreicht, so hört der Wasserstrom nach innen auf und es kommt zum Stillstande und mit der Zeit sogar zu einer Umkehr des Stromes. Das durch das Wegdiffundieren der Binnensalze überschüssig gewordene Wasser strömt nunmehr aus den Muskelfasern in die Außenlösung. Auf die erste Phase der Gewichtszunahme folgt also eine zweite mit Gewichtsabnahme und zwischen beiden erreicht das Gewicht des Muskels ein Maximum. Diese Tatsache war schon FLETCHER[1]) bekannt. Er versuchte sie damit zu erklären, daß er annahm, daß die bishin streng semipermeablen Fasergrenzschichten nun plötzlich für gelöste Ionen durchlässig würden und demzufolge ein Ausströmen von Salzen und Wasser einsetzte. Daß wir jedoch keine Urasche haben anzunehmen, daß die Fasergrenzschichten für Ionen von Anfang an undurchlässig seien, wie dies FLETCHER tut, ist schon öfters hervorgehoben worden. Nichtsdestoweniger könnte es aber möglich sein, daß diese Permeabilität zu einem gegebenen Zeitpunkte plötzlich stark zunähme. Daß dies aber nicht der Fall ist, zeigen Versuche von LANGIER und BÉNARD[2]). Diese Autoren konnten nämlich feststellen, daß eine plötzliche Zunahme im Elektrolytgehalte der Außenlösung im erwähnten Momente nicht erfolgt, sondern die Ausströmung der Muskelsalze vielmehr von Anfang an mit einer gleichmäßig abnehmenden Geschwindigkeit vor sich geht. Dieses Verhalten entspricht aber durchaus der von uns vertretenen Anschauung, daß eine gewisse Permeabilität für Salze seitens

[1]) FLETCHER: Journ. of physiol. Bd. 30, S. 414. 1904.

[2]) LANGIER et BÉNARD: Journ. de physiol. et de pathol. gén. Bd. 13, S. 497. 1911.

der Fasergrenzschichten von Anfang an bestehe und zunächst auch keine nennenswerten Veränderungen erfahre.

Die französischen Autoren beobachteten jedoch noch eine weitere interessante Tatsache, nämlich, daß Muskeln, welche sich in einer Lösung von verhältnismäßig geringer Hypotonie befanden und in dieser das Maximum der Wasseraufnahme bereits hinter sich hatten, so daß ihr Gewicht schon im Abnehmen begriffen war, wieder Wasser aufnehmen und anschwellen, wenn sie in eine noch verdünntere Lösung oder in destilliertes Wasser gebracht worden. Um nun diese Tatsache erklären zu können, sehen sich LANGIER und BÉNARD genötigt, noch eine weitere Annahme zu machen. Sie stellen sich vor, daß die Muskelfasern von einer elastischen Membran umgeben wäre, deren Spannung der osmotischen Wasseraufnahme ein Ziel setzt. Der Punkt der maximalen Wasseraufnahme wäre daher nach dieser Hypothese dadurch charakterisiert, daß sich hier der osmotische Druck im Inneren der Fasern und die Spannung der erwähnten elastischen Membran sich gerade die Wage hielten. Durch diese Annahme würde es zwar verständlich, daß die Überführung des Muskels in eine verdünntere Lösung oder in destilliertes Wasser eine neuerliche Wasseraufnahme zur Folge hat, da hierdurch der Unterschied zwischen dem osmotischen Drucke des Muskelinneren und der Außenflüssigkeit erhöht wird. Auch sonst scheinen die bekannten Tatsachen sich gut mit der Auffassung der französischen Autoren zu vertragen. Immerhin ist es doch nicht ganz unbedenklich, eine derartige Hilfshypothese, für die jeder Beweis einstweilen fehlt, aufzustellen, um so mehr, als die beobachteten Erscheinungen auch ohne dieselbe erklärt werden können. Befindet sich nämlich ein Muskel in osmotischem Gleichgewichte mit einer gewissen hypotonischen Salzlösung, so heißt dies nach den obigen Auseinandersetzungen, daß der osmotische Druck der Außenlösung mit dem in den Muskelfasern gleich geworden ist. Wird jetzt die Außenlösung gegen eine verdünntere gewechselt, so entsteht wiederum ein Unterschied zwischen den beiden osmotischen Drucken und dieser wird naturgemäß ebenfalls zuerst durch eine Wasserverschiebung in die Richtung der Muskelfasern ausgeglichen. Also wird der Muskel neuerdings anschwellen.

In *hypertonischen Lösungen* nehmen die Muskeln zunächst an Gewicht ab. Die Erklärung dieser Tatsache ergibt sich aus obigen Erörterungen von selbst. Die in die Faser eindringenden gelösten Stoffe setzen dieser Wasserabgabe aber bald ein Ziel, und zwar auf zweifache Weise. Einmal erhöhen sie den osmotischen Druck im Muskelinneren, dann schädigen sie aber auch recht bald die Grenzschichten, welche hierdurch ihre Empfindlichkeit für osmotische Unterschiede verlieren.

Sämtliche bisher besprochenen Tatsachen lassen sich also ohne Schwierigkeit als osmotische Erscheinungen deuten und sind als solche an die Unversehrtheit der Fasergrenzschichten gebunden, welche zwar für Ionen nicht undurchlässig sind, wie dies frühere Forscher gemeint haben, aber Wasser jedenfalls ganz wesentlich leichter und schneller durchlassen als gelöste Stoffe. MEIGS[1]) hat nun gezeigt, daß Muskeln, die einmal mit destilliertem Wasser behandelt worden waren und dann, in Ringerlösung gebracht, wieder ihr ursprüngliches Gewicht zurückgewannen, ein zweites Mal in destilliertes Wasser gelegt, sich wesentlich anders verhalten als das erstemal. Von den beiden ersten Perioden der Wasseraufnahme bzw. -abgabe ist bei solchen Muskeln nichts mehr zu merken. Sie überspringen diese vielmehr und zeigen sofort jene langsame und verhältnismäßig anhaltende Gewichtszunahme, welche von MEIGS als drittes Stadium der Muskel-

[1]) MEIGS: Americ. journ. of physiol. Bd. 26, S. 191. 1910.

schwellung bezeichnet wurde. Zu dieser Zeit sind bereits die Membranen des Muskels vollkommen zerstört, und das Gewebe verhält sich im wesentlichen wie irgendein lebloses Kolloid. Die Wasseraufnahme in dieser Periode muß also als Quellung eines Eiweißgeles angesehen werden. Das Charakteristische für die Vorgänge im Muskel während dieser Periode ist die Säurebildung, welche nach Absterben desselben an Intensität ganz bedeutend zunimmt. Die gebildeten Säuren (Milchsäure und Phosphorsäure) erhöhen die Quellbarkeit der Eiweißkörper im Sinne der allgemein gültigen Gesetzmäßigkeiten der Kolloidchemie. Diese Auffassung wird in neuerer Zeit von fast sämtlichen Autoren vertreten, und nur WINTERSTEIN[1]) versuchte sie in einer Arbeit zu widerlegen.

In seiner Beweisführung stützte sich dieser Forscher im wesentlichen auf seine Versuche mit zerstückelten Muskeln und Muskelbrei. Das wichtigste Ergebnis dieser Versuche wäre die Tatsache gewesen, daß zerschnittene Muskeln keine oder doch nur eine ganz unbeträchtliche Wasseraufnahme in hypotonischen Lösungen aufweisen sollten. Der Unterschied zwischen dem Verhalten ganzer und zerschnittener Muskeln wurde von WINTERSTEIN auf das Fehlen semipermeabler Membrane in den letzteren zurückgeführt. Er schloß demnach aus seinen Versuchen, daß die Wasseraufnahme des Muskels in hypotonischen Lösungen durchweg nur osmotischer und nicht etwa kolloidchemischer Natur seien. Durch die unter WINTERSTEINS eigener Leitung ausgeführten Versuche WEBERS[2]) ist jedoch gezeigt worden, daß diese Schlußfolgerung eine falsche war. Die Ergebnisse WINTERSTEINS wurden lediglich dadurch verursacht, daß die im Muskel gebildete Milchsäure aus den Gazesäckchen in die umgebende Flüssigkeit diffundierte. Wurde dies dadurch verhindert, daß zur Außenlösung etwas Milchsäure hinzugefügt wurde, so quollen die zerstückelten Muskeln im selben Grade wie unversehrte. Demzufolge schließt sich WEBER — und wohl auch WINTERSTEIN — der v. FÜRTHschen Auffassung an, daß die Wasseraufnahme des toten Muskels eine Eiweißquellung darstellt.

Weniger geklärt erscheinen die Vorgänge während der vierten Phase, welche mit einer neuerlichen Gewichtsabnahme des Muskels einhergeht. MEIGS erklärt diese dadurch, daß die Wegdiffusion der Milchsäure während dieser Periode die Neubildung derselben bereits übertrifft und demzufolge eine stufenweise Entsäuerung des Muskelinneren erfolgt. Damit vermindert sich der Quellungsgrad der Muskelproteine, und diese geben einen Teil ihres Quellungswassers ab. v. FÜRTH und LENK[3]) meinen hingegen, daß die Wasserabgabe eine direkte Folge der andauernden Milchsäurewirkung sei. Der Säurequellung des dritten Stadiums folgt nach diesen Autoren eine Gerinnung der betreffenden Eiweißkörper, welche mit einer Entquellung verbunden sei. Auch die Gerinnung durch Wärmezufuhr und gewisse Gifte geht mit einer Gewichtsabnahme des Muskels einher, welche ebenfalls als eine Entquellung angesprochen wird.

Diesen Anschauungen steht nun die WEBERS[2]) gegenüber, nach welcher es sich bei der in Rede stehenden Gewichtsabnahme überhaupt nicht um eine Wasserabgabe, sondern um eine solche gelösten Eiweißes handeln sollte. Dieser Autor beobachtete, daß, wenn Muskelstückchen mit einer für Salz und Wasser leicht durchgängigen, für Eiweiß hingegen undurchlässigen Membran umgeben wurden, die so entstandenen künstlichen Zellen während der in Frage stehenden Zeit keine Gewichtsabnahme aufwiesen, sondern die Wasseraufnahme vielmehr ununterbrochen fortdauerte. Wurde die für Eiweiß undurchlässige Membran mit einer durchlässigen ersetzt, so erfolgte eine deutliche Gewichtsabnahme der Zellen, während die Außenlösung nachweisbar gelöstes Eiweiß enthielt. WEBER folgert daher, daß unter der andauernden Einwirkung der Milchsäure es schließlich zu einer Zerquellung der Muskeleiweißkörper käme, durch welche diese in Lösung gingen und die Muskeln hierdurch an Gewicht abnehmen. Die von v. FÜRTH an-

---

[1]) WINTERSTEIN: Biochem. Zeitschr. Bd. 75, S. 48. 1916.

[2]) WEBER: Pflügers Arch. f. d. ges. Physiol. Bd. 187, S. 165; Bd. 191, S. 186. 1921.

[3]) v. FÜRTH u. LENK: Biochem. Zeitschr. Bd. 33, S. 341. 1911.

genommene entquellende Wirkung höherer Milchsäurekonzentrationen wurde von WEBER überhaupt geleugnet. Demgegenüber haben neuerdings DUX und LÖW[1]) (unter v. FÜRTH) eindeutig nachgewiesen, daß Milchsäure, ähnlich wie auch andere Säuren, in höheren Konzentrationen wieder entquellend wirken kann. Den von WEBER beobachteten Eiweißverlust des Muskels während der Gewichtsabnahme konnten sie allerdings auch bestätigen, doch fanden sie, daß dieser nur etwa 20% des genannten Gewichtsverlustes des Muskels gleichkommt. Auch sind die Anschauungen WEBERS schwer mit der Beobachtung von v. FÜRTH und LENK in Einklang zu bringen, nach welcher in einem fünften Stadium es wieder zu einer Gewichtszunahme kommt. v. FÜRTH und LENK erklären diese Tatsache mit einer Quellung der geronnenen Muskeleiweißkörper. Daß geronnene Proteine quellen können, steht außer Zweifel, und so wäre es nicht weiter verwunderlich, wenn auch die Muskeleiweißkörper nach Ablauf der mit der Gerinnung einhergehenden Entquellung neuerdings zu quellen beginnen würden. Viel schwerer erscheint die Erklärung dieser Erscheinung auf Grund der WEBERschen Anschauung. Nach diesem Autor befände sich ja der Muskel zu diesem Zeitpunkte bereits im Zustande einer weitgehenden Verflüssigung. Es ist also unerklärlich, wie unter diesen Umständen eine neuerliche Gewichtszunahme des Muskels erfolgen könnte.

Eine Entscheidung zwischen den beiden genannten Auffassungen ist derzeit wohl noch nicht möglich. Für beide scheinen Tatsachen zu sprechen, welche mit Hilfe der anderen Theorie nicht zu erklären sind. Eine einheitliche Deutung sämtlicher Tatsachen steht also einstweilen noch aus.

## IV. Physikalische Chemie glatter Muskeln.

Über die physikalische Chemie glatter Muskeln sind Untersuchungen bisher nur von MEIGS ausgeführt worden. Sie beziehen sich auf die Muskulatur des Froschmagens einerseits[2]) und auf den Adductor der Muschel Venus mercenaria andererseits[3]). Aus diesen Untersuchungen geht hervor, daß membranartige Gebilde, welche für Moleküle oder Ionen ein Diffusionshindernis darstellen würden, bei glatten Muskeln nicht vorhanden sind. Im wesentlichen verhalten diese sich demnach in Lösungen wie einfache Gallerten. Wasseraufnahme und -abgabe erfolgt bei ihnen ausschließlich infolge von Quellung bzw. Entquellung.

Quellung, Gewichts- und auch Längenzunahme verursachen Ringerlösung (unabhängig vom osmotischen Drucke), ferner isotonische Lösungen von NaCl, Rohrzucker, Traubenzucker und Alanin. Gewichtsabnahme, Entquellung und Verkürzung verursachen Säuren und KCl-Lösungen.

Auch chemische Analysen zeigen, daß die Grenzschichten glatter Muskelfasern kein Diffusionshindernis für gelöste Substanzen darstellen. So geben glatte Muskeln in einer Rohrzuckerlösung erhebliche Na, K und Cl an die Außenlösung ab und nehmen dafür Rohrzucker und Wasser auf. Dies zeigt z. B. folgender Versuch MEIGS':

Der glasige Teil eines Adductors von Venus mercenaria enthielt ursprünglich: 25,5% Trockensubstanz, 0,326% K und 0,184% Na; nach 41 Stunden in 30% Rohrzucker bei 11—12°: 27% Trockensubstanz, 0,08% K und 0,029% Na. Hierbei blieb der Muskel gut erregbar.

[1]) DUX u. LÖW: Biochem. Zeitschr. Bd. 125, S. 222. 1921.
[2]) MEIGS: Journ. of exp. zool. Bd. 13, S. 497. 1912.
[3]) MEIGS: Journ. of biol. chem. Bd. 17, S. 81. 1914; Bd. 22, S. 493. 1915.

# Die mechanischen Eigenschaften des Muskels.

Von

**Wallace O. Fenn**[1])

Rochester, N. Y., U. S. A.

Mit 3 Abbildungen.

### Zusammenfassende Darstellungen.

Biedermann, W.: Elektrophysiologie Bd. I. Jena 1895. — Burdon-Sanderson, J.: The mechanical, thermal and electrical properties of striped muscle. E. A. Schafers Text Book of Physiology Bd. 2, S. 352—450. 1898. — Dittler: Abderhaldens Handbuch der biol. Arbeitsmethoden, Abt. V, Teil Va. — Fick, A.: Mechanische Arbeit und Wärmeentwicklung. Leipzig 1882. — Frey, M. von: Allgemeine Physiologie der quergestreiften Muskeln. Nagels Handb. d. Physiol. Bd. 4, S. 427—541. Braunschweig 1909. — Frey, M. von: Tigerstedts Handbuch, Bd. II, S. 87—119. Leipzig 1911. — Grützner, P.: Die glatten Muskeln. Ergebn. d. Physiol. Bd. 3, S. 12. 1904. — Hermann, L.: Allgemeine Muskelphysik. Handbuch der Physiol. Bd. I, S. 1—260. Leipzig 1879. — Hill, A. V., und O. Meyerhof: Über die Vorgänge bei der Muskelkontraktion. Ergebn. d. Physiol. Bd. 22, S. 299. 1923. — Hill, A. V.: Die Beziehung zwischen der Wärmebildung und den im Muskel stattfindenden Prozessen. Ergebn. d. Physiol. Bd. 15, S. 340. 1916. — Hill, A. V.: The mechanism of muscular contraction. Physiol. Reviews Bd. 2, S. 310. 1922. — Joteyko, J.: La fonction musculaire. Paris 1909. — Luciani, Luigi: General Physiology of Muscle. In: Human Physiology, Bd. III, S. 1—95. London 1915. Translated by F. A. Welby. — Dasselbe Deutsch, übersetzt von S. Baglioni und H. Winterstein Bd. 3, S. 3—105. Jena 1907. — Du Bois-Reymond, R.: Die glatten Muskeln. Nagels Handbuch der Physiol. Bd. IV, S. 544—562. Braunschweig 1909. — Richet, C.: La Physiologie des Muscles et des Nerfs. Paris 1882.

## I. Das Längen-Spannungs-Diagramm.

Tragen wir in einem Koordinatensystem die verschiedenen Längen des Muskels auf der Abszisse und die zugehörigen vom Muskel ausgeübten Spannungen als Ordinaten auf, so erhalten wir eine Längen-Spannungs-Kurve. Die Längen-Spannungs-Kurve des ruhenden Muskels und die Längen-Spannungs-Kurve des tätigen Muskels ergeben zusammen das sog. Längen-Spannungs-Diagramm. — An der Hand dieses Diagramms läßt sich eine Reihe von Tatsachen aus der Muskelmechanik erörtern, denn es zeigt uns die verschiedenen Veränderungen von Länge und Spannung, die bei all den verschiedenen Formen der Muskelkontraktion vorkommen.

### 1. Die Längen-Spannungs-Kurve des ruhenden Muskels.

Die Veränderung der Muskellänge bei wechselnder Belastung wurde von Weber[2]) im Jahre 1846 untersucht. Er zeigte, daß ein bestimmter Zuwachs der Belastung den Muskel um so weniger verlängert, je stärker er schon gedehnt

---

[1]) Übersetzt von E. Brücke.

[2]) Weber, E.: Muskelbewegung. Handwörterbuch der Physiologie, Bd. III, Teil 2, S. 110. Braunschweig 1846.

ist, bis er schließlich reißt. Der ruhende Muskel folgt also nicht dem HOOKEschen Gesetz, demzufolge der Längenzuwachs proportional mit der Last wächst, und das im allgemeinen für anorganisches Material gilt. Spätere Untersucher [MAREY[1]), BRODIE[2]), HAYCRAFT[3]) und andere] haben, abgesehen von technischen Verfeinerungen, zu WEBERS originellem und höchst einfachem Versuche wenig Neues hinzugefügt. WERTHEIM[4]) versuchte den Nachweis zu erbringen, daß die Kurve eine Hyperbel sei, wenn sie aber wirklich einmal hyperbolisch verläuft, so ist dies nur ein Zufall. Die theoretische Bedeutung der Kurve ist vor kurzem von CHRISTEN[5]) erörtert worden. Ihr Verlauf hängt sehr von dem zeitlichen Verlauf der Belastung ab; mit dem der Entlastungskurve stimmt er nicht überein.

Der Muskel kehrt nicht zu seiner Ausgangslänge zurück und ist auch bei gleicher Belastung länger, wenn er vorher gedehnt und vor allem, wenn er weit über seine physiologische Länge gedehnt worden war. Der Verlauf der Kurve kann jedenfalls nur eine empirische Bedeutung haben, denn er entspricht nur der komplexen Resultante aus den verschiedenen Dehnungskurven der einzelnen Fibrillen, des Sarkoplasmas und des Bindegewebes, die sich alle am Aufbau des Muskels beteiligen.

Daß die Dehnung auch einen chemischen Einfluß auf den Muskel ausübt, geht aus den Versuchen von EDDY und DOWNS[6]) hervor, die vorher gedehnte Muskeln rascher ermüden sahen und während der Dehnung eine gesteigerte $CO_2$-Ausscheidung fanden. Andererseits fand BRODIE[2]) den Verlauf der Kurve abhängig von der $O_2$-Zufuhr zum Muskel. Auch die Ermüdung ändert die Kurvenform, und zwar ist der ermüdete Muskel im allgemeinen länger, wie WEBER[7]) als erster festgestellt hat.

Die Dehnbarkeit des Muskels im Tiere wird durch das Tonusproblem kompliziert. So bewirkt die Nervendurchschneidung eine weitere Dehnung des Muskels. Ähnliche Schwierigkeiten ergeben sich beim Studium der Dehnbarkeit der glatten und der Herzmuskulatur, die Längenänderungen ohne entsprechende Spannungsänderungen zeigen.

## 2. Die Längen-Spannungs-Kurve des tätigen Muskels.

Eine ähnliche Kurve kann für den tätigen Muskel auf zweierlei Wegen bestimmt werden: a) Wir können den Muskel, ausgehend von verschiedenen Anfangslängen, in einen dauernden Tetanus versetzen und mit einem geeigneten Spannungshebel das Maximum der Spannung verzeichnen, das er ohne Längenänderung erreicht. Wir nennen solche Kontraktionen „isometrisch", sie werden in Abb. 44 durch die vertikalen Strecken *AC, GD, HL, PM* dargestellt, und die Kurve *MLDC* bildet die Längen-Spannungs-Kurve des tätigen Muskels. b) Ausgehend vom ruhenden Muskel, der mit verschiedenen Gewichten im

---

[1]) MAREY: Du Mouvement etc. Paris 1868.

[2]) BRODIE, T. G.: Extensibility of Muscle. Journ. of anat. a. physiol. Bd. 29, S. 367. 1895.

[3]) HAYCRAFT, B.: Extensibility of Animal Tissues. Journ. of physiol. Bd. 31, S. 392. 1904.

[4]) WERTHEIM, M. G.: Mémoire sur l'élasticite. Ann. de chim. et de physique, 3. Ser., Bd. 31, S. 385. 1847.

[5]) CHRISTEN, T.: Theoretischer Essay über Muskelmechanik. Pflügers Arch. f. d. ges. Physiol. Bd. 142, S. 15. 1911.

[6]) EDDY, N. B. and A. W. DOWNS: Extensibility of Muscle. Americ. journ. of physiol. Bd. 56, S. 182 u. 188. 1921.

[7]) Zit. auf S. 146.

Spannungsgleichgewicht steht, können wir den Muskel sich bei konstanter, durch die Belastung gegebener Spannung durch eine länger dauernde Kontraktion verkürzen lassen. In diesem Falle nennen wir die Kontraktionen isotonisch, und sie werden in Abb. 44 durch die Strecken $GT$, $AM$ und $SL$ versinnbildlicht. Vermutlich liegen bei einem prolongierten Tetanus die Punkte der stärksten Verkürzung auf der gleichen Kurve wie die Punkte größter Spannung, doch ist diese Frage bisher nicht systematisch untersucht worden. Wenigstens annähernd gelangte BLIX[1]) mit beiden Methoden zu der gleichen Kurve.

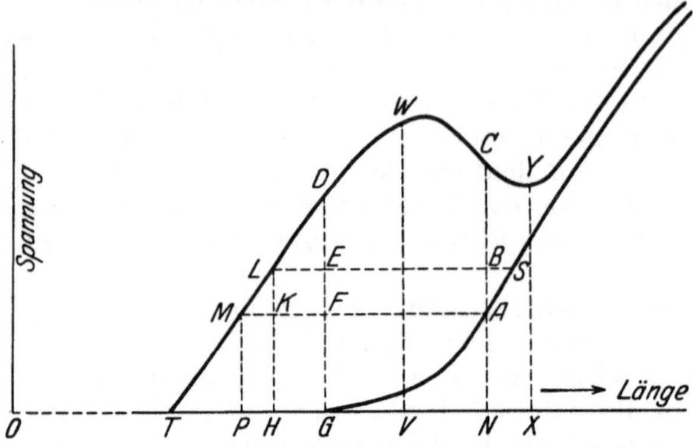


Abb. 44. Längen-Spannungs-Diagramm nach den Untersuchungen BECKS am tetanisch kontrahierten Froschgastrocnemius. Der physiologische Bereich liegt zwischen den Linien $GD$ und $VW$.

## 3. Verschiedene Kontraktionsformen können in folgender Weise klassifiziert und anschaulich gemacht werden.

1. *Isometrische Kontraktionen* sind nach dem oben Ausgeführten solche, bei denen die Länge des Muskels annähernd konstant bleibt. Sie können als ein Spezialfall der auxotonischen Kontraktionen angesehen werden, d. h. solcher, bei denen die Spannung nicht konstant bleibt, sondern zunimmt. — Die Kontraktion gegen irgendeine Feder, mag die Verkürzung groß oder klein sein, ist also stets auxotonisch [SANTESSON[2])].

2. *Isotonische Kontraktionen* sind nach dem oben Ausgeführten solche, bei denen die Spannung des Muskels konstant ist, während seine Länge sich ändert. Praktisch können sie nur durch möglichste Verkleinerung des Trägheitsmomentes des Hebels erreicht werden, andernfalls wird der Muskel dadurch, daß er den Hebel beschleunigen kann, eine zu hohe Spannung entwickeln können. Wegen der praktischen Schwierigkeiten, solche Kontraktionen streng isotonisch ablaufen zu lassen, ist es besser, sie als Längenkurven zu bezeichnen.

3. Bei *Überlastungskontraktionen* bleibt das Gewicht bis zum Momente der Reizung unterstützt und kann erst dann gehoben werden, wenn die Spannung des tätigen Muskels ebenso groß wird, wie die entgegengesetzt wirkende Kraft des Gewichtes. Solche Kontraktionen werden durch die Linien $ABL$ und $GFM$ (Abb. 44) dargestellt. Der Muskel entwickelt zuerst Spannung längs der Strecke $AB$, dann verkürzt er sich längs der Strecke $BL$. Die dabei geleistete Arbeit entspricht dem Rechteck $NBLH$. Eine Überlastungskontraktion gegen ein Gewicht, das zu schwer ist, um vom Muskel gehoben zu werden, ist isometrisch, z. B. $AC$. Wenn eine Reizung nicht lange genug anhält, verkürzt sich der Muskel natürlich nicht bis zur Kurve des tätigen Muskels $MLDC$, sondern nur bis zu einem unter ihr gelegenen Punkt, z. B. bis $F$. Wird nun das Gewicht, z. B. bei einer Muskellänge $OG$, unterstützt und der Muskel erneut und in gleicher Weise gereizt, so kann er sich z. B. entlang dem Wege $GFK$ bis zur Länge $OH$ verkürzen.

[1]) BLIX, M.: Die Länge und Spannung des Muskels. III. Skandinav. Arch. f. Physiol. Bd. 5, S. 150. 1895.

[2]) SANTESSON: Über die mechanische Leistung des Muskels. Skandinav. Arch. f. Physiol. Bd. 1, S. 1. 1889; ferner ibid. Bd. 3, S. 381. 1892; Bd. 4, S. 46—193. 1893.

Wird er bei der Länge $OH$ wieder gereizt, so kann die Langen-Spannungs-Kurve des tätigen Muskels $TMLDC$ erreicht werden. Dies illustriert drei Tatsachen: a) Je höher das Niveau der Unterstützung liegt, um so kürzer wird der Muskel bei einer gegebenen Reizung, d. h. $OP < OH < OG < ON$ [v. KRIES[1]), BLIX[2])]. Gewisse Ausnahmen, die MÜLLER[3]) beschrieben hat, müssen auf der Trägheit und der durch sie bedingten Schleuderung seines Hebels beruhen. b) Je höher das Unterstützungsniveau, desto kürzer wird die Strecke, durch die das Gewicht gehoben wird, i. e. $MK < KF < AF$. In gewissen Fällen scheint dies für die glatte Muskulatur nicht zuzutreffen [SCHULZ[4])]. c) Der gleiche Vorgang liegt der als Zuckungssummation bezeichneten Erscheinung zugrunde, und er veranschaulicht die Entstehung des Tetanus.

4. *Anschlagszuckungen* entsprechen in Abb. 44 den Wegen $AFD$, $SBC$ und $GPM$. Der Muskel verkürzt sich zunächst entlang der Strecke $AF$, an diesem Punkt stößt er auf einen Widerstand, gegen den er die Spannung $FD$ entwickelt. Solche Zuckungen wurden von KRIES, SCHENK[5]), BLIX und KAISER[6]) untersucht.

5. Bei *Kontraktionen mit Anfangshemmung* [FICK[7])] ist die Verkürzung so lange verhindert, bis der Muskel seine volle Spannung entwickelt, worauf er sich plötzlich verkürzen kann (WURF).

6. Einen komplizierteren Typus stellen die *Schleuderzuckungen* dar, bei denen der Muskel gegen einen Hebel mit sehr hohem Trägheitsmoment arbeitet. Die Spannung steigt während der Beschleunigung des Hebels steil an, sinkt aber dann auf Null, wenn sich der Hebel infolge seines Trägheitsmomentes vom Muskel abhebt.

Gleichzeitige Veränderungen von Spannung und Länge können auf dreierlei Wegen untersucht werden: a) Wir können die Längenänderung verzeichnen und die zugehörigen Spannungen entweder aus der Beschleunigung berechnen, wenn die Äquivalentmasse bekannt ist, oder aus der Last, wenn das Trägheitsmoment genügend klein ist, um vernachlässigt zu werden; b) wir können das eine Ende des Muskels mit einem Spannungshebel, das andere mit einem Längenhebel verbinden [SCHENK[8]), BLIX[2]), v. KRIES[1])]; c) wir können zur Registrierung Apparate verwenden, wie z. B. das Myographion von BLIX[9]).

Bei gleichzeitiger Beobachtung der Längen- und Spannungsunterschiede kann der Weg verfolgt werden, den der Muskel im Längen-Spannungs-Diagramm nimmt. Solche „Wege" hat BLIX für eine Reihe verschiedenartiger Kontraktionen beschrieben.

## 4. Gewisse Eigentümlichkeiten des Längen-Spannungs-Diagramms.

1. Wir haben Anhaltspunkte dafür, daß die Längen-Spannungs-Kurve des tätigen Muskels bei hoher Spannung die des ruhenden Muskels schneidet. Wir

---

[1]) KRIES, J. v.: Untersuchungen zur Mechanik des quergestreiften Muskels. Arch. f. Anat. u. Physiol., Physiol. Abt., 1880, S. 348 u. 1892, S. 1.

[2]) BLIX: zitiert auf S. 148.

[3]) MÜLLER, R.: Untersuchungen über Muskelkont. I. Pflügers Arch. f. d. ges. Physiol. Bd. 107, S. 133. 1905.

[4]) SCHULZ, P.: Arch. f. Anat. u. Physiol., Suppl.-Bd., 1903, S. 1—130.

[5]) SCHENK, F.: Über Anschlagzuckungen. Pflügers Arch. f. d. ges. Physiol. Bd. 57, S. 106. 1894.

[6]) KAISER, K.: Zur Analyse der Zuckungskurve des quergestreiften Muskels. Zeitschr. f. Biol. Bd. 33, S. 157. 1896.

[7]) FICK, A.: Verhandl. d. phys.-med. Ges. zu Würzburg, N. F. Bd. 18. 1884; ferner: Gesam. Schriften Bd. II, S. 329.

[8]) SCHENK, F.: Weitere Untersuchungen über den Einfluß der Spannung auf den Zuckungsverlauf. Pflügers Arch. f. d. ges. Physiol. Bd. 61, S. 77. 1895.

[9]) BLIX: Die Länge und die Spannung des Muskels. I. Skandinav. Arch. f. Physiol. Bd. 3, S. 295. 1892.

müßten also erwarten, daß der schwer belastete Muskel sich bei der Reizung verlängert. Daß dies wirklich der Fall ist, wurde zuerst von WEBER[1]) gezeigt („*Webersches Paradoxon*"). Diese Beobachtung ist von RICHET[2]) und anderen bestätigt worden, und zwar speziell bei Reizung der Muskeln mit konstantem Strom. JOTEYKO[3]) hält das WEBERsche Paradoxon für eine Ermüdungserscheinung. Jedenfalls findet es sich nur oberhalb der physiologischen Belastungsgrenze. BLIX[4]) leugnet es, BECK[5]) erörtert es nicht.

2. Die Längen-Spannungs-Kurve des tätigen Muskels verläuft bei niedriger Spannung steiler als das entsprechende Kurvenstück des ruhenden Muskels ($AM > GT$). Hieraus können wir den Schluß ziehen, daß innerhalb gewisser Grenzen *eine größere (nicht unterstützte) Last durch eine größere Strecke gehoben werden kann als eine kleinere*, eine Tatsache, die wiederholt bestätigt worden ist. Ihre Erklärung schien Schwierigkeiten zu machen [INOUYE[6])], aber aus dem Verlauf der Kurven scheint sie mir ohne weiteres hervorzugehen. Bei der Belastung Null wird beim tätigen Muskel die Spannung des contractilen Apparates zur Deformation (Verkürzung) des Muskelbindegewebes verwendet. Eine kleine Belastung hat im Vergleich zu dieser „inneren Spannung" eine geringe Wirkung und erhöht daher die Länge des kontrahierten Muskels nur wenig. Der ruhende Muskel wird auch durch kleine Lasten gedehnt. Daher wird eine etwas größere Last von einem wesentlich tieferen Niveau aus gehoben, dabei aber (absolut) fast ebenso hoch emporgehoben wie eine kleinere Last.

3. *Die Kurve geht durch ein Maximum und ein Minimum.* — Diese Tatsache wurde zuerst von BLIX[7]) beobachtet, und BECK[5]) hat sie bestätigt. BLIX stellte das Minimum ($Y$ in Abb. 44) auf eine originelle Art fest, indem er den Muskel bei verschiedener Länge und konstanter Belastung unterstützte Kontraktionen ausführen ließ. Bei Längen, die nur wenig kleiner oder größer waren als $OX$, wurde diese Last gehoben, während bei der Länge $OX$ die Last nicht mehr gehoben wurde. Ähnlich fand KOZAWA[8]), daß der systolische Druck, den das Schildkrötenherz entwickelt, durch ein Maximum hindurchgeht, wenn das Volumen des Herzens zunimmt. Dabei müßte aber noch untersucht werden, ob auch die Spannung der Herzmuskelfasern durch ein Maximum geht, denn die Spannung ist nicht proportional dem Druck, sondern eher dem Produkt aus Druck (Tension) und Radius, wie in einer Seifenblase. Überdies bedeutet eine „isometrische" Kontraktion des Herzens praktisch nur eine Kontraktion ohne Volumänderung; ist nun der Hohlraum des Herzens anfangs irgendwie elliptisch, so könnten die Fasern bei der Kontraktion sich beträchtlich verkürzen, ohne daß das Volumen sich zu ändern brauchte. SCHULZ[9]) hat an glatten Muskeln kein derartiges Maximum beobachtet.

4. Der *Spannungszuwachs*, d. i. die Endspannung minus der Anfangsspannung, geht durch ein Maximum, das mit der Länge des Muskels wächst und dann sinkt

---

[1]) WEBER: zitiert auf S. 146.

[2]) RICHET, C.: Physiol. des muscles et des nerts. Paris 1882. S. 162.

[3]) JOTEYKO, J.: La Fonction Musculaire, S. 218.

[4]) BLIX, M.: Die Länge und die Spannung des Muskels. IV. Der tetanisierte Muskel. Skandinav. Arch. f. Physiol. Bd. 5, S. 173. 1895.

[5]) BECK, O.: Die gesamte Kraftkurve des tetanisierten Froschgastrocnemius und ihr physiologisch ausgenutzter Anteil. Pflügers Arch. f. d. ges. Physiol. Bd. 193, S. 495. 1921—1922.

[6]) INOUYE, T.: Wachsen der Hubhöhe bei steigender Last ist eine Eigenschaft der Muskelelemente und nicht ihrer anatomischen Anordnung. Verhandl. d. phys.-med. Ges. Bd. 41, S. 45. 1911.

[7]) BLIX: zitiert auf S. 148.

[8]) KOZAWA, S.: The mechanical regulation of the heart beat in the tortoise. Journ. of physiol. Bd. 49, S. 233. 1915.

[9]) SCHULZ: zitiert auf S. 149.

es wieder auf Null ab. Angaben hierüber finden sich in den Arbeiten von Blix[1]), Evans und Hill[2]), Doi[3]) und Beck[4]).

5. *Der praktisch (im lebenden Tiere) in Betracht kommende Abschnitt des Längen-Spannungs-Diagramms* erstreckt sich beim Frosch nach Beck[1]) von einer Länge, die beim ruhenden Muskel der Spannung Null entspricht, bis zu einer Länge, bei der der kontrahierte Muskel noch nicht ganz maximale Spannung entwickelt. (Also die Fläche *GDWV* in Abb. 44.) Dabei verkürzt sich der Muskel um etwa 3,5 mm oder etwa um 10%. Im allgemeinen kann man sagen, daß der größte Spannungszuwachs bei einer Muskellänge erfolgt, die der stärksten Dehnung des Muskels in vivo entspricht. Evans und Hill[2]) fanden die optimale Länge etwas kleiner, Beck etwas größer als die maximale Muskellänge *in vivo*; dabei untersuchten jene Zuckungen des Sartorius, dieser Tetani des Gastrocnemius. Franke[5]) fand an menschlichen Armmuskeln das Maximum der Spannung, wenn der Arm leicht gebeugt war.

6. *Die absolute Muskelkraft.* Diese Größe wird nach Beck[4]) am besten definiert als der „maximale Spannungszuwachs, bezogen auf die Einheit des Muskelquerschnitts, welcher bei maximaler Erregung und günstigster Anfangslage erreicht wird“. Am Froschgastrocnemius fand er die absolute Muskelkraft unter Zugrundelegung dieser Definition gleich 1,83 kg pro qcm. Diese Definition läßt sich bei menschlichen Muskeln vielleicht schwer anwenden, und es sei deshalb für sie die Definition von Franke[5]) zitiert; nach ihm ist die absolute Muskelkraft die „maximale Kraft (Spannung) pro Quadratzentimeter der physiologischen Querschnittsfläche, welche der Muskel bei maximaler Innervation und günstiger Länge auszuüben imstande ist“. Bei dieser Definition findet er bei menschlichen Muskeln den auffallend hohen Durchschnittswert von 11,1 kg pro qcm [vgl. auch Reys'[6]) Angaben für menschliche Muskeln]. Marceau[7]) fand bei den Muskeln der Mollusken Pecten, Solen und Mactra 1,5—3,6 kg pro qcm und Kahn[8]) bei Insektenmuskeln 4,7 kg pro qcm [vgl. auch Lee, Gunther und Meleneys[9]) Angaben für verschiedene Muskeln der Katze].

Jansen[10]) hat die Beziehung zwischen der Anordnung der Muskelfasern und der Kraft, die sie zu entwickeln haben, untersucht. Der physiologische Querschnitt eines Muskels wird definiert als die Summe der senkrecht durch sämtliche Fasern gelegten Querschnitte.

---

[1]) Blix: zitiert auf S. 148.

[2]) Evans, C. L. and A. V. Hill: Journ. of physiol. Bd. 49, S. 10. 1914—1915.

[3]) Doi, Y.: Journ. of physiol. Bd. 54, S. 218. 1920.

[4]) Beck: zitiert auf S. 150.

[5]) Franke, F.: Die Kraftkurve menschlicher Muskeln bei willkürlicher Innervation und die Frage der absoluten Muskelkraft. Pflügers Arch. f. d. ges. Physiol. Bd. 184, S. 300. 1920.

[6]) Reys, I. H. O.: Über die absolute Kraft der Muskeln im menschlichen Körper. Pflügers Arch. f. d. ges. Physiol. Bd. 160, S. 183—204. 1915. — Derselbe: Over de absolute Kracht van spieren in het menschelijk lichaam. Nederl. Tijdschr. v. Geneesk. Bd. 11, S. 1121—1129. Amsterdam 1912. (Zitiert von Franke.)

[7]) Marceau, F.: Recherches sur la morphol., l'histologie et la physiol. comparée des muscles adducteurs des mollusques acephales. Arch. de zool. exp. et gén., 5. Ser., Bd. 2, S. 295—469 (399). 1909.

[8]) Kahn, R. H.: Zur Physiologie der Insektmuskeln. Pflügers Arch. f. d. ges. Physiol. Bd. 165, S. 285. 1916.

[9]) Lee, Gunther and Meleney: Some of the general physiol. properties of diaphragm muscle as compared with certain other mammalian muscles. Americ. journ. of physiol. Bd. 40, S. 446. 1916.

[10]) Jansen, J.: On the length of muscle fibre and its meaning in physiology and pathology. Journ. of anat. a. physiol. Bd. 47, S. 319. 1912—1913.

### 5. Die allgemeine Bedeutung des Längen-Spannungs-Diagramms

erhellt aus der Tatsache, daß es eine Theorie der Muskelmechanik darstellt, die von der Arbeit WEBERS[1]) datiert und die man die Theorie des elastischen Körpers nennen kann. Allgemein gesagt, stellt die Theorie fest, daß die mechanischen Veränderungen des tätigen Muskels sämtlich als elastische Formänderungen eines *neuen* elastischen Körpers angesehen werden können, des tätigen Muskels, der plötzlich aus dem alten elastischen Körper, dem ruhenden Muskel, im Augenblick der Erregung entstanden ist, und in den er sich im Momente der Erschlaffung wieder verwandelt. Diese Theorie hat früher ein großes Ansehen genossen, aber — wie dies bei so manchen anziehenden Theorien gegangen ist — ihre Anwendung ist auf um so größere Schwierigkeiten gestoßen, je mehr Tatsachen bekannt wurden; dies zeigen die folgenden Erörterungen.

1. Beim Studium der Überlastungskontraktionen fand HELMHOLTZ[2]), daß die Spannung *allmählich* zunimmt, was auch aus den isometrischen Kontraktionen ohne weiteres hervorgeht. *Der neue elastische Körper entsteht also bei der Erregung nicht plötzlich, sondern relativ langsam.* Folglich sah man sich veranlaßt, eine ganze Reihe von hypothetischen, elastischen Körpern anzunehmen, die den einzelnen Zuständen des Muskels zu bestimmten Zeiten nach Beginn der Reizung entsprächen und für jede Reizdauer müßte ein bestimmter, letzter elastischer Körper existieren. So nahm man an, daß, wenn ein Muskel in je einer Serie isometrischer und isotonischer Kontraktionen gleiche Längen und Spannungen erreicht und die korrespondierenden Punkte in ein Längen-Spannungs-Diagramm eingetragen werden, die Punkte der beiden Serien auf der gleichen, glatten Kurve liegen müßten, die den elastischen Eigenschaften jenes speziellen elastischen Zustandes entspräche, den der Muskel bei einer Zuckung erreicht hat.

2. Versuche von FICK[3]) haben ergeben, daß die so gefundenen Punkte nicht auf ein und derselben Kurve liegen; die Punkte, die bei isotonischen Kontraktionen (Zuckungen) gefunden wurden, lagen immer unter (geringere Spannung bei gleicher Länge!) denen, die bei isometrischer Tätigkeit erreicht wurden. Speziell zeigte er mit geistreicher Methodik, daß in einem bestimmten Moment nach Beginn der Reizung und bei einer gegebenen Muskellänge die Spannung um so geringer war, je stärker sich der Muskel verkürzt hatte, ehe er jene Länge erreicht hatte. Kurz gesagt bedeutet dies, daß die Verkürzung die Spannung herabsetzt. Daher mußte man annehmen, daß ein Muskel sich bei geringer Belastung so rasch verkürzen kann, daß dabei nicht die ganze Kontraktionsenergie zur Entwicklung kommt. Diese Vorstellung wird durch die Tatsache unterstützt, daß — wenigstens beim M. gastrocnemius — die isotonische Kontraktion weniger Energie freiwerden läßt als die isometrische.

Versuche, die eine ähnliche Verringerung der Spannung nach Eintritt der Verkürzung zeigten, hat BLIX[4]) mitgeteilt, doch hat er auf sie wenig Gewicht gelegt. Die Tatsache ergibt sich auch ohne weiteres aus den Versuchen von HILL[5]), der durch menschliche Armmuskeln trägen Massen eine Beschleunigung erteilen ließ (Zug an verschieden großen Riemenscheiben an eiserner Welle; Äquivalentmassen berechnet).

---

[1]) WEBER: zitiert auf S. 146.

[2]) HELMHOLTZ, H.: Messungen über den zeitlichen Verlauf der Zuckung animaler Muskeln. Arch. f. Anat. u. Physiol. 1850, S. 276.

[3]) FICK, A.: Mechanische Arbeit und Wärmeentwicklung bei der Muskeltätigkeit. Leipzig 1882.

[4]) BLIX: zitiert auf S. 148.

[5]) HILL, A. V.: The Maximum work and mechanical efficiency of human muscles and their economical speed. Journ. of physiol. Bd. 56, S. 19. 1922.

Vor jedem Zug entwickelte die Versuchsperson die maximale Spannung, und die Länge des Zuges (der Weg) war für alle Äquivalentmassen die gleiche. Die geleistete Arbeit entspricht der Zuglänge mal der mittleren Spannung während des Zuges. Da die Arbeit mit zunehmender Äquivalentmasse und dadurch bedingter Verlangsamung der Bewegung zunahm, muß auch die Spannung zugenommen haben. Die Spannung während des Zuges ist also geringer, wenn der Zug rasch erfolgt.

Eine ähnliche Erscheinung kann an einem gewöhnlichen Gummiband beobachtet werden. Dehnt man es so weit, daß es eine Spannung von 2 g ausübt, und läßt man es sich dann ganz langsam verkürzen, so nimmt die Spannung allmählich bis Null ab und die mittlere Spannung wird 1 g sein. — Werden die beiden Enden des elastischen Bandes einander aber rascher genähert, dann können die Gummiteilchen in ihre ursprüngliche Lage zurückfedern und die Spannung muß auf Null sinken, ehe die Verkürzung vollkommen ist, und die mittlere Spannung während der Verkürzung wird kleiner als 1 sein.

Im zweiten Fall geht ein großer Teil der elastischen potentiellen Energie des gedehnten Bandes irreversibel als Reibungswärme verloren. Ähnlich waren sowohl FICK[1]) als auch HILL[2]) geneigt, ihre Ergebnisse an Muskeln auf Verlust durch Reibung zu beziehen. Es war daher die Annahme möglich, daß die gesamte elastische potentielle Energie, die z. B. bei einer Zuckung entwickelt wird, unabhängig von den mechanischen Änderungen sei, die nach Schluß des Reizes erfolgen, und daß diese Energie durch jenen Abschnitt des Längen-Spannungs-Diagramms repräsentiert werde, der die Punkte maximaler isometrischer Spannung (für Zuckungen) bei verschiedenen Muskellängen verbindet; dieser Abschnitt wurde daher von HILL[3]) die theoretische Maximalarbeit genannt.

3. Fast gleichzeitig mit dem Erscheinen von FICKS Buch veröffentlichte v. KRIES[4]) eine Arbeit, in der er zu einer Schlußfolgerung kam, die für die elastische Körpertheorie weit verhängnisvoller war als die Versuche von FICK. Nach v. KRIES wären es die mechanischen Verhältnisse der Zuckung, welche die Entwicklung des eigentlichen Kontraktionsvorganges bestimmten oder regulierten. Dies wirft die ganze elastische Körpertheorie um, wie auch v. KRIES wiederholt betont hat. Leider erlaubte seine experimentelle Beweisführung keine präzise Formulierung seiner Ansicht, noch war sie besonders überzeugend; seine Auffassung hat aber doch großen Einfluß auf spätere Untersucher gewonnen.

v. KRIES (1921) legt in diesem Zusammenhange besonderes Gewicht auf die schon erwähnte Beobachtung, daß der Muskel sich bis zu einem um so höheren Maximum verkürzt, je geringer die Länge ist, bei der er mit einem gegebenen Gewicht überlastet wird. Er glaubte, daß dies darauf hinweist, daß die Arbeitsleistung des Muskels seinen Tätigkeitsgrad herabsetzt, er versteht aber unter einem hohen Tätigkeitsgrad nur einen hohen Grad von Verkürzung. Diese Beobachtung läßt sich in genügender Weise unter Berücksichtigung des Zeitfaktors (s. o. S. 150) erklären.

---

[1]) Vgl. Zitat S. 149.

[2]) HILL, A. V.: Mechanism of Muscular Contraction. Physiol. Reviews Bd. 2, S. 310. 1922. — Ferner: Die Beziehungen zwischen der Wärmebildung und den in Muskeln stattfindenden chemischen Prozessen. Ergebn. d. Physiol. Bd. 15, S. 340. 1916 und A. V. HILL u. O. MEYERHOF: Über die Vorgänge bei der Muskelkontraktion. Ergebn. d. Physiol. Bd. 22, S. 299. 1923.

[3]) HILL, A. V.: The absolute mechanical efficiency of the contraction of an isolated muscle. Journ. of physiol. Bd. 46, S. 435. 1913.

[4]) KRIES, J. v.: zitiert auf S. 148. — Ferner: Bemerkungen zur Theorie der Muskeltätigkeit. Pflügers Arch. f. d. ges. Physiol. Bd. 190, S. 66. 1921.

Wichtiger scheinen die Beobachtungen von v. KRIES[1]) über die Gipfelzeiten zu sein, das sind die Zeiten, nach denen das Maximum der Verkürzung oder der Spannung erreicht werden. Er fand: 1. daß das Maximum der Spannung bei einer isometrischen Kontraktion früher erreicht wird, als das Maximum der Verkürzung bei einer isotonischen Kontraktion. Schon FICK[2]) hatte dies seinerzeit festgestellt, und SCHENK[3]) hatte es bestätigt; jedoch scheint es nicht für alle Kurven von v. KRIES und SCHENK zuzutreffen; 2. je größer die Last bei einer isotonischen Kontraktion, desto kürzer ist die Gipfelzeit; 3. je länger der Muskel isometrisch gehalten wird, ehe man ihn sich verkürzen läßt, um so länger wird die Gipfelzeit; 4. je geringer die Länge ist, bei der ein Muskel überlastet wird, um so kürzer ist die Gipfelzeit; 5. entsprechend einer Angabe von SCHENK[3]) ist die Gipfelzeit (vom Muskel selbst verzeichnet) um so länger, je größer die Trägheit des Hebels ist.

Die Bedeutung dieser Tatsachen hängt davon ab, ob die Punkte der maximalen Verkürzung und der maximalen Spannung in einer strengen Beziehung zu dem Maximum des eigentlichen Kontraktionsvorganges stehen. Sonst ist eine Änderung der Gipfelzeit keineswegs beweisend für eine durch Veränderung der mechanischen Bedingungen verursachte Änderung des eigentlichen Kontraktionsvorganges. Wenn dieser Vorgang sich nicht ändert, könnte die elastische Körpertheorie zutreffend sein. — Eine solche Beziehung zwischen den Gipfeln und dem Maximum des Kontraktionsvorganges scheint bei den isometrischen Kontraktionen zu bestehen, bei isotonischen ist sie zweifelhaft. — Im letzteren Falle würde das Trägheitsmoment des ganzen Systems, den Muskel mit eingeschlossen, die Gipfelzeit eher verlängern, wie dies KAISERS[4]) Versuche mit Anschlagszuckungen zeigen. Ferner kann sich ein Muskel anscheinend, speziell bei geringer Belastung, auch dann noch weiter verkürzen, wenn das Maximum des Kontraktionsvorganges schon überschritten ist, vorausgesetzt, daß er mehr Spannung entwickeln kann, als zum Halten des Gewichtes nötig ist. Ein Muskel kann isometrisch gehalten werden, bis seine Spannung wieder abzunehmen beginnt, und wenn man ihn dann entlastet, wird er sich verkürzen und eine Längenkurve schreiben, deren Gipfel natürlich in keinerlei Beziehung zum Ablauf des Kontraktionsvorganges steht. Andererseits könnte die Verkürzung tatsächlich das Maximum des Kontraktionsvorganges zeitlich hinausrücken, weil sie, wie oben gezeigt wurde, die Spannungsentwicklung verhindert, d. h. der Vorgang der Spannungsentwicklung kann sein Maximum nicht erreichen, ehe nicht die Verkürzung beendet ist.

In diesem Zusammenhange sei erwähnt, daß die Länge des Muskels an sich einen Einfluß auf die zeitlichen Verhältnisse der Erschlaffung nach einer isometrischen Kontraktion ausübt. HARTREE und HILL[5]) haben gezeigt, daß die Erschlaffung nach einer isometrischen Zuckung um so langsamer vor sich geht, je stärker der Muskel anfangs gedehnt war. FULTON[6]) fand beim tetanischen Muskel die Erschlaffung nach Schluß der Reizung um so mehr verzögert, je größer die Anfangslänge des Muskels war [vgl. auch FICK[7]) S. 132]. Auch

---

[1]) KRIES, J. v.: zitiert auf S. 149.

[2]) FICK, A.: Über die Änderung der Elastizität des Muskels während der Zuckung. Pflügers Arch. f. d. ges. Physiol. Bd. 4, S. 301. 1871.

[3]) SCHENK, F.: zitiert auf S. 149.

[4]) KAISER: zitiert auf S. 149.

[5]) HARTREE, W. and A. V. HILL: The Nature of the Isometric Twitch. Journ. of physiol. Bd. 55, S. 389. 1921.

[6]) FULTON, J. F.: Journ. of physiol. Bd. 58. 1924. Proc. physiol. Soc. S. XXXVI.

[7]) FICK: Mechanische Arbeit, S. 132.

v. KRIES[1]) fand die Erschlaffung um so stärker verzögert, bei einer je größeren Anfangslänge der Muskel überlastet worden war.

SEEMANN[2]) scheint den Beweis für eine Änderung des Kontraktionsvorganges erbracht zu haben, indem er zeigte, daß vorangehende Veränderungen in den mechanischen Bedingungen die Spannung, die der Muskel sonst bei einer gegebenen Länge erreicht hatte, vergrößern oder verkleinern können. Seine Versuche bestanden darin, daß er den Muskel zu verschiedenen Zeiten während der Kontraktion plötzlich um ein Geringes dehnte oder entlastete und dabei die Änderungen der Spannung beobachtete. Seine Ergebnisse bedürfen aber noch einer Bestätigung mittels einer anderen Methodik.

Mechanische Überlegungen sprechen also nicht gegen die Annahme, daß die Muskelarbeit mittels zuvor entwickelter, elastischer potentieller Energie geleistet wird, aber sie beweisen, daß mechanische Veränderungen des Muskels nicht als einfache Deformation irgend*eines* bestimmten elastischen Körpers erklärt werden können, und damit nehmen sie der Theorie ihren praktischen Wert als Mittel zur Analyse.

3. Energetische Überlegungen haben zu weiteren Schwierigkeiten geführt, die zuvor geklärt werden müssen, wenn die Elastische-Körper-Theorie aufrechterhalten werden soll. Wenn beim Muskel der Übergang von der Ruhe zur Tätigkeit nur eine Verwandlung von einem elastischen Körper in einen anderen darstellt, dann müßte bei der isometrischen Kontraktion, bei der nur Spannung erzeugt wird, eine mindestens ebenso große Energiemenge frei werden, wie bei der isotonischen Kontraktion, bei der z. B. Arbeit geleistet wird. Es hat sich aber gezeigt [FENN[3])], daß dies nicht der Fall ist, und daß die Arbeitsleistung eines Muskels (Sartorius) eine Extraenergiemenge frei werden läßt, die bei der isometrischen Kontraktion nicht zum Vorschein kommt. Das läßt uns vermuten, daß die Arbeit des Muskels nicht durch elastische potentielle Energie erzeugt wird, die vor der Verkürzung im Muskel entwickelt wird und die sich nach außen hin als Spannung verrät, sondern daß die Arbeit eher auf Kosten einer Energiemenge geleistet wird, die während der Verkürzungszeit frei wird. Wenn dies der Fall ist, so besitzt ein isometrisch gereizter Muskel (z. B. bei der Länge $OV$, Abb. 44) nicht jene potentielle Energie, die durch den Abschnitt des Längen-Spannungs-Diagramms für geringere Längen (Abschnitt $VTLW$, Abb. 44) repräsentiert wird, sondern irgendeinen unbekannten Energievorrat, vielleicht viel weniger, gerade so wie eine nicht dehnbare Kette, auch wenn sie stärker gespannt wird, eine sehr geringe Menge potentieller Energie besitzen kann. Es könnte dann das Wesen des Verkürzungsvorganges im Muskel eher dem Aufwinden einer Kette auf eine Winde zu vergleichen sein als der Verkürzung eines elastischen Bandes. Vielleicht sind aber auch andere Erklärungen für diese Versuche möglich.

## II. Elastizität.

Obgleich nun das Verhalten eines Muskels nicht leicht durch die Annahme erklärt werden kann, daß ein ganz neuer elastischer Körper bei seiner Tätigkeit entsteht, so besitzt er doch zweifellos Elastizität, wenn es auch nur die des ruhenden Muskels ist, und es ist wichtig, genau zu definieren, was wir unter Elastizität

[1]) v. KRIES: zitiert auf S. 149.

[2]) SEEMANN, J.: Über den Einfluß der Belastung auf den Kontraktionsakt. Pflügers Arch. f. d. ges. Physiol. Bd. 106, S. 420. 1904—1905. Ferner: ibid. Bd. 108, S. 447. 1905.

[3]) FENN, W. O.: A quantitative comparison between the energy liberated and the work performed by the isolated sartorius muscle of the frog. Journ. of physiol. Bd. 58, S. 175. 1923. Ferner: ibid. Bd. 58, S. 373. 1924.

verstehen. JOUNGS Elastizitätsmodul ist definiert als die Änderung der Spannung pro Flächeneinheit des Querschnitts, die eine Längenänderung um eine Einheit hervorruft. Also ist

$$E = \frac{\frac{\Delta P}{S}}{\frac{\Delta L}{L}} = \frac{L}{S} \frac{\Delta P}{\Delta S}.$$

Wobei wir unter $S$ den Querschnitt, unter $L$ die Länge verstehen. $P$ ist das den Muskel spannende Gewicht [vgl. TRIEPEL[1])]. In Worten:

$$\text{Elastizität} = \frac{\text{Last}}{\text{Verlängerung}} = \frac{1}{\text{Dehnbarkeit}}.$$

Die Elastizität wird also dargestellt durch die Neigung der Längen-Spannungs-Kurve und ändert sich als solche von Punkt zu Punkt. Es ist auch nach WEBER [vgl. JOTEYKO[2]) S. 216] oft festgestellt worden, daß der tätige Muskel weniger elastisch ist als der ruhende. — Das ist aber nur in dem sehr allgemeinen Sinne richtig, daß ein maximales Gewicht den verkürzten, tätigen Muskel um einen größeren absoluten Betrag ausdehnt, als es den, von vornherein längeren, ruhenden Muskel ausdehnen könnte. Tatsächlich kann der tätige Muskel entweder elastischer oder weniger elastisch sein als der ruhende, je nachdem man sie bei gleichen (hohen oder niedrigen) Belastungen oder bei gleichen (großen oder kleinen) Längen prüft. Innerhalb des physiologischen Längenbereichs ist der tätige Muskel nach den Angaben von BECK elastischer als der ruhende (s. Abb. 44).

In der Literatur herrscht zuweilen Verwirrung, weil der Ausdruck Elastizität in dem Sinne gebraucht wird, daß ein hochelastischer Körper ein solcher ist, der seine frühere Lage rasch und vollständig wieder annimmt. Genauer gesagt ist ein solcher Körper vollständig elastisch, d. h. nur ein kleiner Teil der formverändernden Energie geht als Wärme infolge innerer Reibung verloren.

Eine Butterkugel ist kein gutes Beispiel für einen unvollkommenen elastischen Körper, sondern würde besser als plastisch bezeichnet. In diesem Falle wird die Elastizitätsgrenze auch von der leichtesten Formveränderung überschritten, die Butterteilchen gleiten irreversibel aneinander vorbei, d. h. die Butter zerreißt an allen Stellen. Das unvollständige Zurückkehren eines Körpers zu seiner früheren Form kann man als Beweis dafür ansehen, daß wenigstens gewisse Teile des Körpers über ihre Zerreißfestigkeit hinaus beansprucht worden sind.

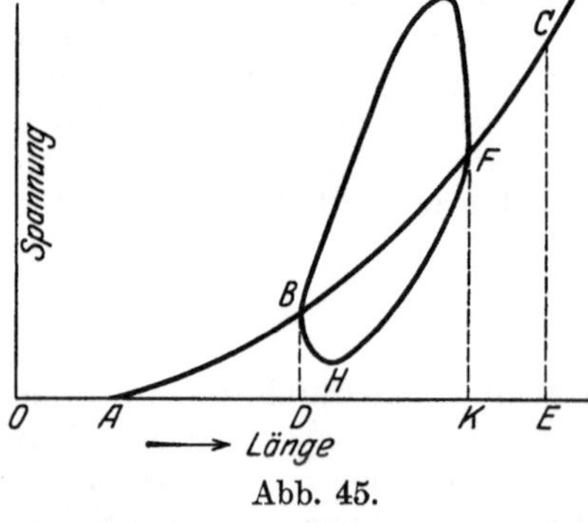

Abb. 45.

Der Unterschied zwischen einem vollständig und einem nur teilweise elastischen Körper kann an der Hand der Abb. 45 erläutert werden. $ABC$ ist die Längen-Spannungs-Kurve des ruhenden Muskels oder eines anderen elastischen Körpers, dessen Anfangslänge $OD$ und dessen Anfangsspannung $DB$ ist. Ist der Körper vollkommen elastisch, so kann er durch Energiezufuhr von außen (von der Größe $DBCE$) bis zur Länge $OE$ ausgedehnt werden, und bei der Entlastung wird er sich wieder auf die Länge $OD$ verkürzen und die Energie $DBCE$ in Form von äußerer Arbeit verlieren. — Praktisch sind allerdings alle Körper mehr oder weniger unvoll-

[1]) TRIEPEL, H.: Einführung in die physikalische Anatomie. Wiesbaden 1912. Nach einer hier mitgeteilten Tabelle, die vergleichend die Elastizität des Muskels, Bindegewebes, der Knochen usw. zeigt, wäre der Muskel am wenigsten elastisch von allen.

[2]) JOTEYKO, J.: La Fonction Musculaire. Paris 1909.

kommen elastisch. Ist nun der gleiche Körper unvollkommen elastisch, so wird der gleiche Energieaufwand (z. B. ein Gewicht, das von einer gegebenen Höhe herabfällt) ihn nur bis zur Länge *OK* dehnen, wobei die Spannung längs der Kurve *BGF* wächst und die Fläche *DBGFK* gleich der Fläche *DBCE* angenommen wird. Bei der Entlastung möge die Spannung längs der Kurve *FHB* fallen, und die Energie, die als äußere Arbeit zurückgewonnen werden kann, ist dann nur *DBHFK*, der Energieverlust durch die Viscosität ist *BGFH*. *Der Energieaufwand, der zur Ausdehnung eines unvollkommen elastischen Körpers auf eine bestimmte Länge nötig ist, und das Maximum der bei der Ausdehnung entstehenden Spannung hängen von der Geschwindigkeit der Dehnung ab.* So kann in Abb. 45 der Muskel von der Länge *OD* bis zur Länge *OK* durch die Energie *DBFK* gedehnt werden, wenn dies reversibel, d. h. unendlich langsam geschieht. Wird er aber rasch gedehnt, so ist die Energie *DBGFK* nötig, weil die Energie *BGF* verbraucht wird, um die notwendige innere Strömung in der viscösen Masse mit der nötigen Geschwindigkeit zu bewirken.

Blix[1]) hat einige Nachwirkungen im Muskel beschrieben, die auf seine unvollkommene Elastizität zurückzuführen sind. Es sind dies 1. die „Nachspannung" ein langsames Ansteigen der Spannung unmittelbar nach einem steilen Abfall, der durch eine plötzliche Entspannung des Muskels von einer Länge auf eine andere (bei der Last Null) bewirkt wurde, wie z. B. in der Kurve *FHB*. 2. Die „Nacherschlaffung", ein langsames Fallen der Spannung nach einem steilen Anstieg bedingt durch plötzliche Dehnung, wie z. B. in der Kurve *BGF*. 3. Die „Nachdehnung", eine erst rasche, dann sehr langsame Verlängerung des Muskels nach einer plötzlichen Zunahme seiner Belastung. 4. Die „Nachschrumpfung", eine erst rasche, dann sehr langsame Längenabnahme nach einer plötzlichen Entlastung.

Hill[2]) hat die Irreversibilität der durch Belastung oder Entlastung bedingten Änderungen der Muskellänge in Verbindung mit dem thermo-elastischen Effekt erörtert.

Ähnliche Überlegungen, wie die oben erörterten, können auch bei den Längenänderungen des tätigen Muskels Anwendung finden; es ist aber recht wahrscheinlich, daß die Verhältnisse in diesem Fall durch Änderungen der elastischen Eigenschaften des tätigen Muskels kompliziert werden, die durch den Einfluß der mechanischen Änderungen auf die Entwicklung des Kontraktionsvorganges bedingt sind.

Es liegt eine ganze Reihe von Tatsachen vor, die die Unvollkommenheit der Elastizität sowohl des ruhenden wie des tätigen Muskels beweisen; aber noch fehlen quantitative Untersuchungen, die uns den Grad der Unvollkommenheit unter verschiedenen Bedingungen kennen gelehrt hätten. Fick[3]) hat nachgewiesen, daß der tätige Muskel, während er mit zunehmenden Lasten gedehnt wird, bei der gleichen Länge eine größere Spannung und bei gleicher Spannung eine kleinere Länge besitzt, als während der Zeit, in der er sich mit allmählich abnehmender Belastung verkürzt. Ein ähnliches Resultat erhielt Blix[4]) mit seinem Myographion sowohl am ruhenden wie am tätigen Muskel. Seemann[5]) hat die plötzliche Welle erhöhter Spannung untersucht, die über den tätigen Muskel hinwegläuft, wenn er plötzlich gedehnt wird, und die plötzliche Welle

[1]) Blix: Die Länge und die Spannung des Muskels. II. Skandinav. Arch. f. Physiol. Bd. 4, S. 399. 1923.

[2]) Hill, A. V.: Physiol review 1922 u. Ergebn. d. Physiol. 1923, zitiert auf S. 152. Ferner W. Hartree and Hill: Phil. Trans. Roy. Soc. London Bd. 210, S. 153. 1920.

[3]) Fick, A.: Mechanische Arbeit und Wärmeentwicklung. Kap. 1. Leipzig 1882.

[4]) Blix: Der tetanisierte Muskel. IV. Skandinav. Arch. f. Physiol. Bd. 5, S. 113. 1895.

[5]) Seemann, J.: zitiert auf S. 155.

niedriger Spannung, die über ihn läuft, wenn er entspannt wird. BECK[1]) hat gezeigt, daß die Spannung, die ein tetanischer Muskel bei irgendeiner Länge während einer Dehnung entwickelt, größer ist als das Maximum der isometrischen Spannung, die er bei dieser Länge entwickeln könnte. Die Spannung, die bei solchen Versuchen entwickelt wird, hängt natürlich von der Geschwindigkeit der Dehnung ab. Der Sperrmechanismus, den BECK als Ursache dieser Erscheinungen ansieht, wirkt also dabei nur wie ein viscöser Widerstand, der für unvollkommen elastische Körper charakteristisch ist, auf eine Gestaltsänderung [vgl. auch BETHE[2])]. FLEISCH[3]) hat einen Apparat für wechselnde Dehnung und Entspannung von Arterien bei gleichzeitiger Verzeichnung der Längen- und Spannungsänderungen angegeben und hat berechnet, wieviel von der bei der Arterienspannung geleisteten Arbeit als Wärme beim Spannen und Entspannen verlorengeht. Schließlich haben HILL und GASSER[4]) einen Muskel mittels der Schwingungen einer Feder abwechselnd gespannt, wobei sie die Dämpfung durch den tätigen Muskel größer fanden, als die durch den ruhenden, d. h. daß die Viscosität des tätigen Muskels größer ist oder daß er weniger vollkommen elastisch ist.

Die sog. *Härte des Muskels* ist eine komplexe Eigenschaft, die mit seiner Elastizität innig zusammenhängt, und die wir am besten durch die Schilderung der Methoden, sie zu messen, definieren können. Diese beruhen auf zwei verschiedenen Prinzipien, einem statischen und einem dynamischen. Bei der ersten Methode wird auf die Oberfläche des Muskels ein Druck durch ein Gewicht [NOYONS[5])] oder einer Feder [WERTHEIM-SALOMONSON[6]), EXNER und TANDLER[7]), SCHADE[8]) und MANGOLD[9])] ausgeübt, und es wird durch geeignete Anordnungen die Tiefe des erzeugten Eindruckes gemessen. In Wirklichkeit ist dies eine Messung der Querelastizität des Muskels. Da nun eine Zusammendrückung in der Querrichtung eine gewisse Längsdehnung bewirkt, so ist es nicht verwunderlich, daß die „Härte" oder Elastizität, auf diese Weise gemessen, mit der Spannung des Muskels wächst, d. h. mit der in der Längsrichtung ausgeübten Kraft. Eine gespannte Violinseite würde sich bei dieser Methode als härter erweisen als eine schlaffe.

Das zweite Prinzip liegt der ballistischen Methode von NOYONS[5]) und GILDEMEISTERS[10]) Stoßzeitmethode zugrunde. NOYONS läßt das Kopfende eines leichten, hammerförmigen Hebels auf den Muskel fallen, und die Schwingungen des Hammers, bevor er zur Ruhe kommt, werden graphisch verzeichnet. Als Maß für die „Härte" wurde die Zahl der ausgeführten Schwingungen genommen; je härter

---

[1]) BECK, O.: Besitzt der quergestreifte Muskel einen Sperrmechanismus? Pflügers Arch. f. d. ges. Physiol. Bd. 199, S. 481. 1923.

[2]) BETHE, A.: Spannung und Verkürzung des Muskels usw. Pflügers Arch. f. d. ges. Physiol. Bd. 199, S. 491. 1923.

[3]) FLEISCH, A.: Der Arbeitsverlust bei rascher Dehnung und Entspannung der Arterienwandung. Pflügers Arch. f. d. ges. Physiol. Bd. 183, S. 71. 1920.

[4]) HILL, A. V. and H. S. GASSER: Proc. of the roy. soc. of London.

[5]) NOYONS, A. K. M.: Über den Autotonus der Muskeln. Arch. f. Anat. u. Physiol., Physiol. Abt., 1910. — NOYONS, A. u. J. v. UEXKÜLL: Die Härte der Muskeln. Zeitschr. f. Biol. Bd. 56, S. 139. 1911.

[6]) WERTHEIM-SALOMONSON: zitiert bei NOYONS.

[7]) EXNER, A. u. J. TANDLER: Festigkeitsmesser. Mitt. a. d. Grenzgeb. d. Med. u. Chirurg. Bd. 20, S. 458. 1909.

[8]) SCHADE, H.: Die Elastizitätsfunktion des Bindegewebes. Zeitschr. f. exp. Pathol. u. Ther. Bd. 11, S. 369. 1912.

[9]) MANGOLD, H.: Über physiologische Härtemessung. Arch. néerland. de physiol. de l'homme et des anim. Bd. 7, S. 185. 1922. Ferner: Untersuchungen über Muskelhärte. I. Pflügers Arch. f. d. ges. Physiol. Bd. 196, S. 200. 1922 und E. MANGOLD: Die Muskelhärte. Dtsch. med. Wochenschr. 1923, Nr. 24.

[10]) GILDEMEISTER, M.: Über die sogenannte Härte tierischer Gewebe und ihre Messung. Zeitschr. f. Biol. Bd. 63, S. 183. 1914.

der Muskel, desto größer ist die Zahl der Schwingungen. GILDEMEISTER verwandte ein ähnliches Prinzip, benützte aber als Maß für die Härte (Resistenz) die Länge der Zeit, während derer der Hammer beim ersten Schlage den Muskel berührte. Dies erreichte er, indem er den Hammer gegen ein auf dem Muskel befestigtes Metallplättchen schlagen ließ, wodurch ein Galvanometerkreis geschlossen wurde. Der Ausschlag des Galvanometers ist dann proportional der Stoßzeit. Indem er auf diese Weise die Resistenz von Gelatinegelen von verschiedener Festigkeit und vorher bestimmter Elastizität maß (Eindringungsmodul), fand er, daß die Elastizität dem Quadrat der Stoßzeit umgekehrt proportional ist. Allgemein gesagt, je weicher der Muskel, desto größer die Formveränderung durch einen Hammerschlag von gewisser Stärke, desto größer also auch der Energieverlust bei jedem Schlag, desto kleiner die Zahl der Schwingungen, bevor der Hammer zur Ruhe kommt, und desto länger die Zeit der Deformation.

KAUFFMANN[1]) gibt an, in einigen Fällen mit GILDEMEISTERS Methode Ergebnisse bekommen zu haben, die nicht durch Spannungsänderungen zu erklären seien, aber die meisten Messungen könnten ebensogut mit einer Violinsaite oder einem Stahldraht von verschiedener Spannung gemacht werden, eine Methode, die ja auch GILDEMEISTER zum Eichen seines Instrumentes verwendet hat. Die größere Spannung eines tätigen Muskels dürfte also zur Erklärung seiner größerer „Härte“ genügen. Deshalb scheint sie auch, wie GILDEMEISTER ausführt, für die Messung irgendeines Sperrmechanismus ungeeignet zu sein, zu welchem Zweck Härtemessungen zuerst ausgeführt wurden (v. UEXKÜLL), es sei denn, daß ein solcher Sperrmechanismus oder Tonus mit Spannung gleichbedeutend ist.

Die Veränderungen der Härte menschlicher Muskeln unter verschiedenen Bedingungen (Alter, Gesundheit usw.) sind von KAUFFMANN[1]) und SPRINGER[2]) untersucht worden, während die Härte der Froschmuskeln unter wechselnden Bedingungen Gegenstand von Untersuchungen von MANGOLD[3]), DETERING[4]), MANGOLD und DETERING[5]) und INAOKA[6]) war.

BETHE[7]) hat nach dem GILDEMEISTERschen Prinzip einen Apparat zur Messung der Zugresistenz konstruiert. Dieser mißt also auf ballistischem Wege den Widerstand, welchen der Muskel unter verschiedenen Umständen einer Verlängerung entgegensetzt. Bei fehlender Spannung und gleichbleibender Muskellänge geben die Stoßzeiten nach BETHE unmittelbar ein Maß seiner Elastizität in der Längsrichtung der Fasern. Ist Spannung vorhanden, so geht diese mit in die Stoßzeit ein. Wie STEINHAUSEN[8]) ausgeführt hat, gelingt es mit dieser Vorrichtung, bei Anwendung gewisser Kunstgriffe den Einfluß der Spannung auszuschalten und so die reine Elastizität des Muskels und ihre Veränderung unter verschiedenen Verhältnissen zu untersuchen. NAKAMURA[9]) untersuchte mit der

[1]) KAUFFMANN, F.: Untersuchungen über die Muskelhärte. Über Beziehungen zwischen Spannungsänderungen und Änderungen der Härte beim lebenden menschlichen Skelettmuskel. Zeitschr. f. d. ges. exp. Med. Bd. 29, S. 443. 1922.

[2]) SPRINGER, R.: Untersuchungen über die Resistenz (die sog. Härte) menschlicher Muskeln. Zeitschr. f. Biol. Bd. 63, S. 201. 1914.

[3]) MANGOLD, H.: Die Härtemessung in Totenstarre und Wärmestarre. II. Pflügers Arch. f. d. ges. Physiol. Bd. 196, S. 215. 1922.

[4]) DETERING, C.: Die Härtezunahme des Kaltblütermuskels in Wärmestarre und Totenstarre und ihr Verhältnis zur Verkürzung. III. Pflügers Arch. f. d. ges. Physiol. Bd. 198, S. 79. 1922.

[5]) MANGOLD, E., u. C. DETERING: Die Härteänderungen des gereizten Muskels. IV. Pflügers Arch. f. d. ges. Physiol. Bd. 198, S. 289. 1923.

[6]) INAOKA, I.: Die Änderungen der Muskelhärte bei Quellung usw. V. Pflügers Arch. f. d. ges. Physiol. Bd. 198, S. 297. 1923.

[7]) BETHE, A.; Pflügers Arch. f. d. ges. Physiol. Bd. 205, S. 63. 1924.

[8]) STEINHAUSEN, W.: Pflügers Arch. f. d. ges. Physiol. Bd. 205, S. 76. 1924.

[9]) NAKAMURA: Pflügers Arch. f. d. ges. Physiol. Bd. 205, S. 92. 1924.

neuen Methode die Änderungen der rohen Zugresistenz bei Totenstarre und Wärmestarre. Um ein Urteil zu gewinnen, ob und in welcher Richtung sich der Elastizitätsmodul der Muskel bei verschiedenen Verkürzungszuständen ändert, werden die Resultate der weiteren Untersuchungen abzuwarten sein.

## III. Die Muskelarbeit.

In diesem Kapitel wird nur die Mechanik der Muskelarbeit behandelt. Wegen der Theorien der Muskelarbeit siehe weiter unten den Beitrag von MEYERHOF.

Die Arbeit wird gemessen durch das Produkt der entwickelten Kraft und des Weges, längst dessen diese Kraft wirkt, d. i. die Fläche des betreffenden Längen-Spannungs-Diagramms. In Abb. 46 entspricht die Kurve für den tätigen Muskel den maximalen isometrischen Spannungen, die bei verschiedener Länge während einer *länger*dauernden Reizung entwickelt werden; kontrahiert sich nun der Muskel isotonisch mit der Anfangsbelastung *DC* während einer längerdauernden faradischen Reizung, so ist die geleistete Arbeit *ABCD*, von der ein Teil, nämlich *PCD*, durch die potentielle Energie des ruhenden Muskels geleistet wird. Lassen wir den Muskel eine größere Last, z. B. *GD* heben (wobei der Teil *CG* als Überlastung wirkt, also bei ruhendem Muskel unterstützt ist), so wird die Arbeit größer, *EFGD*. Bei noch stärkerer Belastung *MD* kann das Gewicht nur die kurze Strecke *LM* gehoben werden, und die Arbeit wird wieder relativ klein, *KLMD*. Wir finden also ein Maximum der Arbeit bei einer mittleren Belastung.

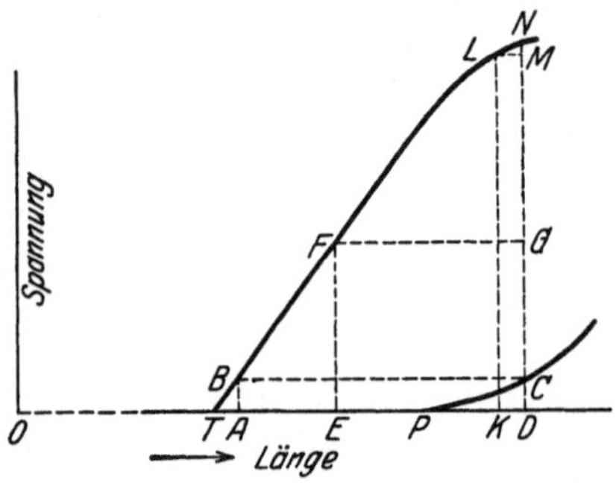

Abb. 46. Längen-Spannungs-Diagramm nach BECK. Es zeigt die bei tetanischen Überlastungskontraktionen und verschiedenen Lasten geleistete Arbeit.

Das theoretische Maximum der Arbeit, das ein Muskel von der Anfangslänge *OD* leisten könnte, wird durch die Fläche *DNT* dargestellt. Diese könnte erzielt werden, wenn der Muskel zuerst die volle Spannung *DN* entwickelt und wir dann die Last allmählich reduzieren würden, so daß der Muskel sich vollkommen um die Strecke *DT* verkürzen könnte. Um dies zu erreichen, wurden Versuche mit Winkelhebeln und Trägheitshebeln ausgeführt [FICK[1]), HILL[2]), MEYERHOF[3]) DOI[4])].

Beim Winkelhebel [FICK[1])] nähert sich der das Gewicht tragende Arm um so mehr der Vertikalen, je stärker sich der Muskel verkürzt, und er erreicht sie schließlich, so daß das Gewicht dann von der Hebelachse getragen und die Spannung des Muskels Null wird.

Der Trägheitshebel war ursprünglich von FICK angegeben worden, später — unabhängig von ihm — von HILL[2]). Der Hebel, dessen beide Arme mit gleichen, verschieblichen Schwungmassen versehen sind, wird zunächst genau ausbalanciert, so daß zu seiner Bewegung aus einer Lage in eine andere keine Arbeit nötig ist. Dann wird auf den einen Arm ein kleiner Reiter gesetzt, während der Muskel am anderen Arm nach abwärts zieht. Solange die Spannung des Muskels größer ist als der kleine Betrag, der zur Balancierung des Reiters nötig ist, wird er

[1]) FICK, A.: Mechanische Arbeit. Leipzig 1882.

[2]) HILL, A. V.: An Instrument for recording the maximum work in muscular contraction. Journ. of physiol. Bd. 53. 1920. Proc. S. 88.

[3]) MEYERHOF, O.: Pflügers Arch. f. d. ges. Physiol. Bd. 191, S. 128. 1921.

[4]) DOI, Y.: Journ. of physiol. Bd. 55, S. 38. 1921.

fortfahren, sich zu verkürzen, wie groß auch die Äquivalentmasse[1]) des Hebels ist, vorausgesetzt, daß er nicht ermüdet. Die Beschleunigung des Hebels ist immer der vom Muskel ausgeübten Kraft proportional.

Sowohl mit dem Winkelhebel als auch mit dem Trägheitshebel kann das theoretische Maximum an Arbeit nur erreicht werden, wenn der Muskel sich genügend langsam verkürzt, um bei jeder Länge seine maximale Spannung entwickeln zu können, und wenn er imstande ist, das Maximum der Verkürzung zu erreichen. Dies setzt eine lange andauernde Reizung voraus, die in praxi zu Ermüdung führt. MEYERHOF[2]) konnte mit dem gleichen Muskel und bei gleicher Reizung mehr Arbeit am Winkelhebel gewinnen als am Trägheitshebel. Ebenso kann mehr Arbeit am Trägheitshebel gewonnen werden als an einem gewöhnlichen isotonischen Hebel.

Wegen der raschen Ermüdung isolierter Muskeln eignen sie sich nicht zu Versuchen mit längerdauernden Tetanis. Wir erreichen aber unser Ziel ebensogut durch die Untersuchung der Arbeitsleistung der menschlichen Armmuskulatur, wenn wir sie willkürliche, länger dauernde Kontraktionen gegen verschiedene Äquivalentmassen ausführen lassen. So fand HILL[3]), daß die geleistete Arbeit $W$ mit wachsenden Äquivalentmassen wächst und sich der theoretischen Maximalarbeit $W_0$ asymptotisch nähert. Es ist also $W = W_0 - \frac{k}{t}$, wobei angenommen wird, daß $\frac{k}{t}$ die mechanische Energie bedeutet, die bei der plötzlichen Formänderung des Muskels verbraucht wird und die der Geschwindigkeit der Verkürzung proportional wäre. — Ob nun diese Deutung berechtigt ist oder nicht, so entspricht die Formel doch den Tatsachen mit genügender Genauigkeit. HANSEN und LINDHARD[4]) haben $W_0$ in der Weise geschätzt, daß sie das Maximum der Spannung maßen, das die Armmuskeln bei verschiedener Länge entwickeln konnten, und durch Messung der Fläche des so ermittelten Längen-Spannungs-Diagramms. Diese Methode ergibt etwas höhere Werte als HILLS Extrapolationsmethode, was, wie HANSEN und LINDHARD[5]) nachwiesen [wenigstens zum Teil, vgl. HILL[6]) und HILL, LONG und LUPTON[7])], auf einem Ermüdungsfaktor beruht. Es ist klar, daß bei genügend lange anhaltenden Kontraktionen mit enormen Äquivalentmassen der Ermüdungsfaktor schließlich in erster Linie bestimmend wird und die Arbeit sich dem Werte Null nähert.

Eine andere Methode, die HILL anwandte, um die Ergebnisse seiner Formel auszudrücken, besteht darin, daß er die geleistete Arbeit als Funktion der Verkürzungsgeschwindigkeit graphisch ausdrückte[7]). Es ergab sich hierbei eine Gerade; *die Arbeit nimmt also linear mit der Zunahme der Kontraktionsgeschwindigkeit ab.* Es erklärt sich dies daraus, daß bei zu kleinen Äquivalentmassen der Hebel (oder irgendeine andere Masse) sich leicht vom Muskel abhebt; der Muskel

---

[1]) Die Äquivalentmasse ist jene Masse, deren mechanische Wirkung von der des Hebels nicht zu unterscheiden wäre, wenn sie an einem unendlich langen Faden aufgehängt wäre und wenn der Muskel in horizontaler Richtung an ihr ziehen würde. Sie ist gleich $\frac{MK^2}{a^2}$, wobei $MK^2$ das Trägheitsmoment des Hebels und $a$ der Abstand des Angriffspunktes des Muskels von der Achse bedeutet [s. HILL].

[2]) Zitiert auf S. 160.

[3]) HILL, A. V.: Journ. of physiol. Bd. 56, S. 19. 1922. Zitiert auf S. 151.

[4]) HANSEN, T. E. and J. LINDHARD: Journ. of physiol. Bd. 57, S. 287. 1923.

[5]) HANSEN, T. E. and J. LINDHARD: The maximum realisable work of the flexors of the elbow. Journ. of physiol. Bd. 58, S. 314. 1924.

[6]) HILL, A. V.: Journ. of physiol. Bd. 57, S. 349. 1923.

[7]) HILL, LUPTON and LONG: The effect of fatigue on the relation between work and speed in the contraction of human arm muscles. Journ. of physiol. Bd. 58, S. 334. 1924.

kontrahiert sich zu rasch und hat nicht Zeit, die jeder Länge zukommende volle Spannung zu entwickeln. Die Erklärung ist ausführlich von HILL[1]) erörtert worden; sie hängt innig mit der zuerst von FICK[2]) festgestellten Tatsache zusammen, daß die Spannung des Muskels bei bestimmten Längen um so kleiner wird, je mehr der Kontraktionsverlauf von der Isometrie abweicht.

Verwendet man kurzdauernde Reize von konstanter Stärke, so wächst die geleistete Arbeit nicht kontinuierlich mit der Zunahme der Äquivalentmasse, sondern sie geht durch ein Maximum, wie dies Versuche an Froschmuskeln gezeigt haben [FENN[3])]. Dies beruht darauf, daß der Muskel nicht Zeit hat, sich vollständig zu verkürzen, ehe die Erschlaffung wieder beginnt. — Das Maximum ist also eine Folge zweier zeitlicher Faktoren: eine für die volle Verkürzung ungenügende Zeit auf der einen Seite des Maximums und ungenügende Zeit für die Entwicklung der Spannung auf der anderen.

Nach der eben erörterten Bedeutung des Zeitfaktors können wir natürlich nicht erwarten, daß der Muskel bei kurzdauernder Reizung das theoretische Maximum an Arbeit liefern wird. Noch wird die bei einer Zuckung geleistete Arbeit mit der theoretischen Maximalarbeit identisch sein, wie sie an isometrischen Zuckungen bei verschiedener Länge gemessen worden ist; dies hat DOI[4]) experimentell gezeigt. Bisher wurde die theoretische Maximalarbeit vorwiegend für Zuckungen erörtert [FICK[2]), HILL[5]), MEYERHOF[6])]. Wir gelangen aber zu dem Schluß, daß die theoretische Maximalarbeit erst dann Bedeutung gewinnt, wenn der Zeitfaktor durch Anwendung länger dauernder Reize ausgeschaltet wird. Dies gilt erst recht dann, wenn die Fläche des Längen-Spannungs-Diagramms nicht die elastische potentielle Energie des Muskels bei der isometrischen Kontraktion darstellt, was Betrachtungen über die Muskelenergetik nahelegen.

HILL[5]) hat eine Theorie der Muskelkontraktion entwickelt, von der Idee ausgehend, daß die Grundleistung der Muskelkontraktion eigentlich Spannung und nicht Arbeit sei. — Versuche aus seinem Institut [FENN[3])] sprechen aber dafür, daß diese Vorstellung nicht absolut zutreffend sein dürfte, denn es hat sich gezeigt, daß annähernd proportional der geleisteten Arbeit Energiemengen über die isometrische hinaus frei werden. — Es ist aber richtig, daß diese Extrawärmeproduktion nur einen relativ kleinen Teil der gesamten freiwerdenden Energie bildet, daß die Größe der geleisteten Arbeit von der Art der Belastung abhängt, und daß sich in der Arbeit nicht jene Energiemenge ausdrückt, die zum Halten der Last erforderlich ist.— Insofern betont HILL[7]) mit Recht, daß die Arbeit kein geeignetes Maß für die Größe der bei einer Zuckung freiwerdenden Energiemenge bildet. — Er hat statt ihrer als Maß die sog. Spannungszeit vorgeschlagen; diese wird durch die Fläche dargestellt, die unter der Kurve liegt, welche die Spannung als Funktion der Zeit darstellt, also durch die Fläche des Spannungs-Zeit-Diagramms, sie hat demnach die Dimensionen eines Momentes. — Diese Größe findet HILL annähernd proportional der freiwerdenden Gesamtenergie. — BETHE[8]) hatte diese Größe unter dem Namen Tragerekord schon früher zur Schätzung der Muskelleistung benützt. — Tonusmuskeln oder glatte Muskeln

---

[1]) HILL, A. V. and H. S. GASSER: Proc. of the roy. soc. of London 1924.

[2]) FICK: s. o. S. 160.

[3]) FENN: zitiert auf S. 155.

[4]) DOI: zitiert auf S. 160.

[5]) HILL, A.V.: Physiol. review Bd. 2, S. 310. 1922; Ergebn. d. Physiol. Bd. 22, S. 299. 1923.

[6]) MEYERHOF: zitiert auf S. 160.

[7]) HILL, A. V.: The tension-time production of muscles. Journ. of physiol. Bd. 54. 1920. Proc. S. 53.

[8]) BETHE, A.: Die Dauerverkürzung der Muskeln. Pflügers Arch. f. d. ges. Physiol. Bd. 142, S. 291. 1911. Auch ibid. Bd. 199, S. 491. 1923.

geben viel höhere Tragerekordwerte als die quergestreiften Muskeln, aber mit einer sehr geringen Energieausgabe. — Hier läßt uns die Beziehung zwischen Spannungszeit und Energieausgabe offenbar im Stich.

## IV. Das Alles-oder-Nichts-Gesetz.

Die Analyse der Muskelphänomene auf Grund der wechselnden Zahl der in Anspruch genommenen Fasern hat viele Probleme wesentlich vereinfacht. — Die endgültige Form und eine feste experimentelle Basis hat das „Alles-oder-Nichts-Gesetz" zuerst durch die Untersuchungen von LUCAS[1]) gewonnen. — LUCAS arbeitete an einem Streifen des M. cutaneus dorsi des Frosches, der nur 15 bis 20 Fasern enthielt und er zeigte mittels photographischer Registrierung der Kontraktionshöhen, daß die Zunahme dieser Hubhöhen bei Steigerung der Reizstärke sprungweise erfolgte, wobei jede neue Stufe der Schwelle für einzelne neu in Aktion tretende Fasern oder Fasergruppen entspricht. — PRATT[2]) erbrachte einen weiteren Beweis für die Gültigkeit des Gesetzes mit seiner Capillarenelektrode, mit der er einzelne Muskelfasern an der Oberfläche des Muskels reizen konnte, deren Kontraktion dann photographisch verzeichnet wurde. — Die Beobachtungen von PRATT, EISENBERGER[3]) und PRATT und EISENBERGER[4]) ergaben eine sehr schöne Bestätigung der LUCASschen Ansichten. An den gewöhnlich zu Versuchen verwendeten vielfaserigen Muskeln läßt sich die Diskontinuität der Hubhöhenzunahme bei zunehmender Reizstärke nicht nachweisen, obwohl HARTREE und HILL[5]) bei vorsichtiger Abstufung der Reize eine diskontinuierliche Zunahme der Spannung und der Wärmeproduktion beobachtet haben. Auch haben JINNAKA und AZUMA[6]) eine diskontinuierliche Zunahme der Hubhöhe bei Steigerung der Reizdauer festgestellt. — In ähnlicher Weise fand ADRIAN[7]) eine diskontinuierliche Zunahme der Aktionsströme des Sartorius bei Reizung mit steigenden Stromstärken mittels der PRATTschen Lochelektrode. Alle diese Versuche berechtigten uns durchaus zu der Annahme, daß die Tätigkeit der einzelnen Muskelfaser unabhängig von der Reizstärke ist, vorausgesetzt, daß wir mit geeigneten Reizen arbeiten. — Versuche über die im Muskel freiwerdenden Energiemengen haben allerdings ergeben, daß nicht jede Änderung in der Leistung eines Muskels durch die Zahl der in Tätigkeit befindlichen Fasern erklärt werden kann [FENN[8])].

Durch Beobachtung der Oberfläche des tetanischen Muskels haben BARBOUR und STILES[9]) sich davon überzeugt, daß nicht alle Fasern eines Muskels gleichzeitig tätig sind. Auch LAPICQUE[10]) hat das Alles-oder-Nichts-Gesetz bestätigt.

[1]) LUCAS: On gradation of activity in muscle fibre. Journ. of physiol. Bd. 33, S. 125. 1905—1906.

[2]) PRATT, F. H.: The excitation of microscopic areas. A non-polarizeable capillary electrode. Americ. journ. of physiol. Bd. 43, S. 159. 1917; ibid. Bd. 44, S. 517. 1917.

[3]) EISENBERGER, J. P.: The differentiation of the minimal contraction in skeletal muscle. Americ. journ. of physiol. Bd. 45, S. 44. 1918.

[4]) PRATT, F. H. and J. P. EISENBERGER: The quantal phenomenon in muscle. Americ. journ. of physiol. Bd. 49, S. 1. 1919.

[5]) HARTREE, W. and A. V. HILL: The nature of the isometric twitch. Journ. of physiol. Bd. 55, S. 389. 1921.

[6]) JINNAKA, S. and AZÚMA, R.: Electric current as a Stimulus with respect to its duration and strength. Proc. of the Roy. of London (B.), Ser. B, Bd. 94, S. 49. 1923.

[7]) ADRIAN, E. D.: Relation between stimulus and electric response in a single muscle fibre. Arch. néerland. de physiol. de l'homme et des anim. Bd. 7, S. 330. 1922.

[8]) FENN: zitiert auf S. 155.

[9]) BARBOUR, G. F. and P. G. STILES: On localized contraction in skeletal muscle. Americ. journ. of physiol. Bd. 27. 1911. Proc. S. XI. Ferner: Americ. phys. educ. review Bd. 17, S. 73. 1912.

[10]) LAPICQUE, L.: Sur l'isobolisme de la fibre musculaire strié. Cpt. rend. des séances de la soc. de biol. Bd. 75, S. 35. 1913.

## V. Der Muskelton.

An einem ruhenden Muskel oder einem Muskel, dessen Form passiv verändert wird, hören wir nichts, auscultieren wir aber einen willkürlich kontrahierten Muskel, so hören wir einen tiefen, summenden Ton. Die erste systematische Untersuchung dieser Erscheinung verdanken wir HELMHOLTZ[1]). Er fand, daß bei faradisch gereizten Muskeln die Höhe des Muskeltons der Reizfrequenz entsprach. Diese Beobachtung wurde von späteren Untersuchern bestätigt und erweitert, von BERNSTEIN[2]), LOVÉN[3]), WEDENSKY[4]) und vor allem von STERN[5]), der die Helmholtzsche Regel bei Reizfrequenzen zwischen 31 und 365 gültig fand, wenn der periphere Nerv gereizt wird, zwischen 35 und 320 bei Reizung des Rückenmarks und zwischen 34 und 68 bei Rindenreizung. Bei niedrigeren Reizfrequenzen entsprach der über dem kontrahierten Muskel hörbare Ton der nächst- oder übernächsthöheren Oktave. Bei Reizfrequenzen, die höher waren als die obengenannten, war der Muskelton eine oder mehrere Oktaven tiefer. Es steht also fest, daß — wenigstens innerhalb weiter Grenzen — die Höhe des Muskeltons tatsächlich von den oszillatorischen Vorgängen im Muskel abhängig ist und nicht vom Eigenton gewisser Teile unseres Ohres, wie es HERROUN und YEO[6]) vermutet haben.

HELMHOLTZ fand, daß die Höhe des Muskeltons bei einem willkürlich kontrahierten Muskel einer Schwingungszahl von 36—40 pro Sekunde entsprach, er glaubte aber, daß dies der Resonanzton des Trommelfells sei, und daß die Frequenz der mechanischen Schwingungen im Muskel in Wirklichkeit nur 19 pro Sekunde betrage. GERHARTZ und LOEWY[7]) fanden aber bei der graphischen Registrierung Werte von 48—60 pro Sekunde, und FOX, THAVENARD und DUPASQUIER[8]) fanden 45—50. Da diese Zahlen annähernd mit der beobachteten Frequenz der Muskelaktionsströme übereinstimmen, müssen wir wohl annehmen, daß beiden der gleiche oszillatorische Vorgang zugrunde liegt.

MAC WILLIAM[9]) und HERROUN und YEO haben einen Muskelton auch bei Einzelzuckungen gehört, z. B. beim Patellar- und Achillessehnenreflex; sie glaubten deshalb, daß auch der erste Herzton mit dem Ton eines Skelettmuskels in Analogie zu setzen sei. HESS[10]) hat aber eine andere Erklärung vorgeschlagen, ausgehend von den Schwingungen, in die das ganze Herz gerät, wenn plötzlich

---

[1]) HELMHOLTZ: Monatsber. d. Akad. d. Wissensch. zu Berlin, 23. Mai 1864; Verhandl. d. Naturhist.-med. Vereins zu Heidelberg Bd. 4, S. 88. 1866.

[2]) BERNSTEIN, J.: Über die Höhe des Muskeltones bei elektrischer und chemischer Reizung. Pflügers Arch. f. d. ges. Physiol. Bd. 11, S. 191.

[3]) LOVÉN, CHR.: Über den Muskelton bei elektrischer Reizung usw. Arch. f. (Anat. u.) Physiol. 1881, S. 363.

[4]) WEDENSKI, N.: Du rhythme musculaire dans la contraction normale. Arch. de la physiol. Bd. 23, S. 58. 1891; Du rhythme musculaire dans la contraction produite parl'irritation corticale. Ibid. Bd. 23, S. 253. 1891.

[5]) STERN, V.: Studien über den Muskelton bei Reizung verschiedener Anteile des Nervensystems. Arch. f. d. ges. Physiol. Bd. 82, S. 34. 1900.

[6]) HERROUN, E. F. and G. J. YEO: Note on the sound accompanying the single contraction of skeletal muscle. Journ. of physiol. Bd. 6, S. 287. 1885.

[7]) GERHARTZ, H. und A. LOEWY: Über die Höhe des Muskeltones. Arch. f. d. ges. Physiol. Bd. 155, S. 42. 1913—1914.

[8]) FOX, CH., A. THAVENARD, and C. DUPASQUIER: Enregistrement du bruit musculaire par le galv. à corde et l'amplification a basse frequence. Cpt. rend. des séances de la soc. de biol. Bd. 89, S. 733. 1923.

[9]) MAC WILLIAM: Über das Muskelgeräusch. Centralbl. f. med. Wissensch. Bd. 25, S. 657. 1887.

[10]) HESS, W. R.: Die Entstehung des ersten Herztones. Dtsch. Arch. f. klin. Med. Bd. 132, S. 69. 1920.

die isometrische Kontraktion beginnt. LINK[1]) hat allerdings bei einer blitzartigen Zuckung, wie z. B. beim Patellarreflex, keinen Ton gehört, aber LANDAUER[2]) beschreibt in solchen Fällen sowie bei Schließungs- und Öffnungszuckungen einen „Tackton".

Besonders interessant und bedeutungsvoll wird der Muskelton dadurch, daß nicht alle Kontraktionstypen von einem Ton begleitet sind. So hörte z. B. ALLEN[3]) den Ton am Skelettmuskel, am Warmblüterherzen, aber nicht an glatten Muskeln. Nach LINK fehlt der Muskelton bei der trägen Kontraktion, mit der ein die Entartungsreaktion zeigender Muskel einen galvanischen Reiz beantwortet. Er macht auch einen Unterschied zwischen pathologischen Fällen, in denen eine Contractur entweder auf Reizzuständen im Vorderhorn oder auf oszillatorischen Entladungen höherer Zentren beruht. Im erstgenannten Fall fehlt der Muskelton. HERZ[4]) und LANDAUER[5]) haben über ähnliche Fälle von pathologischen Contracturen ohne Muskelton berichtet. Die Ansicht, daß die lautlose Kontraktion „sarkoplasmatisch" sei, hat vor allem JOTEYKO[6]) vertreten. In Übereinstimmung mit dieser Ansicht steht die Angabe LANDAUERS, daß Muskeln, die — wie z. B. die Halsmuskeln — der normalen Körperhaltung dienen, bei gewöhnlicher, ruhiger Haltung keinen Ton hören lassen, während sie bei willkürlicher Kontraktion einen normalen Muskelton liefern.

Die bisher nur selten angewandten Methoden, Muskeltöne graphisch zu registrieren, hat GERHARTZ[7]) zusammengestellt. Die vollständigsten Verzeichnisse der älteren Literatur finden sich in der Arbeit von STERN in RICHETS[8]) Dictionaire de physiologie und in NAGELS Handbuch.

---

[1]) LINK, R.: Klinische Untersuchungen über den Muskelton. Neurol. Centralbl. Bd. 24, S. 50. 1905.

[2]) LANDAUER, K.: Physiologisches und Pathologisches vom Muskelton. Dtsch. med. Wochenschr. Bd. 46, S. 1416. 1920.

[3]) ALLEN, F. J.: Causation of Muscle Sounds. Zentralbl. f. Physiol. Bd. 12, S. 495. 1898.

[4]) HERZ, M.: Über die Auscultation des normalen und pathologischen Muskelschalles. Verhalten derselben bei Morbus Thomsen. Zentralbl. f. inn. Med. 1901, S. 11, auch Münch. med. Wochenschr. 1915 (zit. von LANDAUER).

[5]) LANDAUER, K.: zitiert auf S. 163.

[6]) JOTEYKO: La fonction musculaire, S. 52.

[7]) GERHARTZ: Methodik der graphischen Registrierung der Herz-, Atem- und Muskelgeräusche. Handbuch der biologischen Arbeitsmethoden. Abt. V, Teil IV, 1, S. 925.

[8]) RICHET: Dictionnaire de Physiologie. „Bruit musculaire."

# Der zeitliche Verlauf der Muskelkontraktion.

Von

**Wallace O. Fenn**[1])
Rochester, N. Y., U. S. A.

Mit 6 Abbildungen.

Es erweist sich als zweckmäßig, die Muskelkontraktion als eine vorübergehende Störung im dynamischen Gleichgewicht einer komplizierten Serie von Kettenreaktionen zu betrachten, von denen jede ihre eigene Geschwindigkeitskonstante besitzt (einzelne eine hohe, andere eine niedere); jede dieser Geschwindigkeitskonstanten steigt mit der Temperatur (die eine rascher, die andere langsamer), jede wird durch Veränderungen der experimentellen Bedingungen in einer oder der anderen Weise beeinflußt, und die Produkte jeder einzelnen Reaktion lösen die nächste Reaktion aus, verändern sie oder nehmen an ihr Teil. Der Ausdruck „Reaktion" wird hier im allgemeinsten Sinne des Wortes gebraucht und umfaßt alle mit meßbarer Geschwindigkeit ablaufenden Vorgänge. Die meisten, wenn nicht alle diese Vorgänge oder Reaktionen, hängen von der mikroskopischen oder ultramikroskopischen Struktur und Organisation der Muskelfasern ab. Da aber die Gleichgewichte im Muskel dynamisch sind, hängt das Verhalten des gesamten Systems in erster Linie vom Zeitfaktor ab.

Der Muskel bietet ein ausgezeichnetes Beispiel für ein System dieser Art, weil er so eingehend untersucht worden ist, daß uns die allgemeine Natur vieler Teilreaktionen bekannt ist, und zweitens weil er uns durch seine mechanische Veränderung ein unmittelbares, wenn auch quantitativ ungenaues Bild von der veränderlichen Konzentrationszunahme des Produktes (vermutlich Milchsäure) wenigstens *einer* der Teilreaktionen gibt, wobei dies Produkt nur so lange persistiert, bis die Beschleunigung der nächstfolgenden Reaktion groß genug ist, um es wieder zu entfernen.

Andere Stoffe, deren Konzentration in ähnlicher Weise während einer Muskelzuckung vorübergehend ansteigt, werden wir im folgenden mehrfach kennen lernen.

So wird z. B. die Konzentration der Anionen in der Nachbarschaft gewisser Membranen erhöht, und zwar steigt ihre Konzentration unter dem Einfluß des zur Reizung verwendeten Stromes und sie sinkt infolge eines Faktors, der irgendwie mit der Auflockerung der Membran zusammenhängen dürfte. Eine merkwürdige Eigenschaft dieser ganzen Reihe von Reaktionen — von der Erregung angefangen bis zur Wiedererschlaffung und Ermüdung — liegt darin, daß die Reihe nach dem Erregungsablauf eine Diskontinuität aufweist, denn entsprechend dem Alles-oder-nichts-Gesetz[2]) hat die Stärke des Reizstromes — vorausgesetzt,

---

[1]) Übersetzt von E. Brücke.

[2]) Dieses wird hier und im folgenden als allgemeingültig angenommen.

daß dieser die Schwelle erreicht — keinen Einfluß auf den in der einzelnen Muskelfaser ausgelösten Kontraktionsvorgang. Allerdings ist diese Diskontinuität nicht absolut, denn wenn sich die Endprodukte der letzten Reaktionen der Reihe anhäufen und eine Ermüdung bedingen, so beeinflussen sie ihrerseits die folgenden Erregungsvorgänge und erhöhen die Schwelle. Ferner wird diese Diskontinuität bei dem mehrfaserigen Muskel dadurch überbrückt, daß mit der steigenden Stärke der Reizströme die Zahl der erregten Fasern zunimmt.

Der hier skizzierte Standpunkt erweist sich als nützlich, wenn wir die Vorgänge während einer Muskelkontraktion chronologisch zu analysieren versuchen. Diese Analyse soll hier in folgender Reihenfolge ausgeführt werden:

1. Die Erregung und ihre Dauer, vor allem als Funktion der Reizstromstärke.
2. Die Latenz des mechanischen Geschehens.
3. Die Fortpflanzungsgeschwindigkeit der Kontraktionswelle.
4. Die Form der Kontraktionswelle.
5. Der Einfluß der Temperatur auf die Form der Welle.
6. Summation von Zuckungen und Tetanus.
7. Die Veränderungen der Muskelaktion bei länger dauernder Tätigkeit, d. h. bei der Ermüdung.

## 1. Reizung.

### a) Die Natur der Reize.

Die zur Auslösung der Erregung nötige Reizdauer wechselt je nach den Reizarten, die wir anwenden, und je nach den zu den Versuchen verwendeten Muskeln. Für den quergestreiften Muskel beträgt die Reizdauer bei Anwendung eines Öffnungsinduktionsstromes nicht mehr als $^1/_{1000}$ Sekunde, während die Reizdauer für den Froschmagen mehrere Sekunden beträgt. Ebenso wechselt die Stärke oder der Energieaufwand der Reize. Es ist klar, daß ein Reiz, der mehr Energie liefert als das z. B. für die überschwellige Ionenverschiebung nötige Minimum, irgendwelche andere, abnorme Wirkungen auf das Gewebe ausüben muß. So sind also gewisse Reize „normaler" als andere, und wir können alle möglichen Übergänge zwischen natürlichen Reizen und durch Reize verursachten Schädigungen beobachten.

Wir können die Reizung mit dem Abdrücken eines ganz fein eingestellten Drückers einer Schußwaffe vergleichen, und die Energiemenge, die zum Abdrücken nötig ist, kann vernachlässigt werden im Vergleich zu jener, die durch diesen Druck weiterhin ausgelöst wird. Drücken wir aber einen solchen Drücker mehr oder weniger *zur Seite*, so kann der Energieverbrauch beim Abdrücken recht groß werden. Wir können dies mit der von Albrecht, Meyer und Giuffre[1]) beobachteten Tatsache vergleichen, daß ein Reizstrom, der die Muskelfasern quer durchsetzt, 74 mal mehr Energie braucht, um den Muskel zu erregen, als ein den Muskel längs durchfließender Strom (vgl. hierzu auch die neuen Untersuchungen von Frankfurther[2]) über die Summation bei quer und längs verlaufenden Reizströmen). Nach du Bois-Reymond[3]) können zur Reizung eines glatten Muskels 25,502 Erg nötig sein, während die hierbei erzielte Kontraktion nur eine Arbeit von 638 Erg leistet. Verwenden wir zur Reizung glatter Muskeln

---

[1]) Albrecht, J., A. Meyer und L. Giuffre: Untersuchungen über die Erregbarkeit der Nerven und Muskeln bei Längs- und Querdurchströmung. Arch. f. d. ges. Physiol. Bd. 21, S. 470. 1880.

[2]) Frankfurther, W.: Die Wirkung der Querdurchströmung auf den kontrahierten Muskel. Arch. f. (Anat. u.) Physiol. 1914, S. 432—435.

[3]) Du Bois-Reymond, R.: Nagels Handbuch Bd. IV, S. 554.

sehr kurzdauernde Reizströme, so wird die Schwelle unter Umständen erst bei so hohen Stromstärken erreicht, daß der Muskel dabei verbrannt wird. Andererseits können wir einen quergestreiften Muskel seiner ganzen Länge nach faradisch durchströmen und finden dennoch, daß die Energie der Reizströme (gemessen mit einer Thermosäule) vernachlässigt werden kann im Vergleich zu den Wärmemengen, die bei der Kontraktion frei werden.

Eine elektrische Reizung glatter Muskeln ist also im allgemeinen eine kümmerliche Nachahmung der natürlichen Vorgänge. EBBECKE[1]) sieht in der mechanischen Dehnung den normalen Reiz für solche Muskeln; sicher sind sie für mechanische Veränderungen hochempfindlich [GRÜTZNER[2])]. Auch EVANS und UNDERHILL[3]) haben Kontraktionen glatter Muskeln beobachtet, die durch leichte Dehnung oder leichte mechanische Reize bewirkt wurden, wie z. B. durch Ab stellen des Stromes der durch das Muskelbad perlenden Sauerstoffblasen, durch vorsichtiges Rühren in der den Muskel umgebenden Lösung oder durch Beklopfen des Gefäßes, in dem der Muskel aufgehängt war. Sie vermuten, daß bei dieser Behandlung Ionen von der Muskeloberfläche weggewaschen, und dadurch die elektrischen Bedingungen so geändert werden, daß der Muskel in Erregung gerät. EBBECKE[1]) hat durch Streichen die Darmmuskulatur bei Säugern in situ zur Kontraktion gebracht und vergleicht diese Kontraktionen mit ähnlichen prolongierten Kontraktionen, die am quergestreiften Muskel bei der gleichen Behandlung auftreten, dem idiomuskulären Wulst an absterbenden Muskeln. Unter gewissen Bedingungen können sich solche Kontraktionen in Form langsam verlaufender Wellen auch fortpflanzen. LANGLEY[4]) hat dies am quergestreiften Froschmuskel unter dem Einfluß von NaSCN beobachtet, und HÜRTHLE[5]) hat Mikrokinematogramme ähnlicher Wellen von Insektenmuskeln aufgenommen. Die Bedeutung dieser Beobachtungen für die Theorie des Tonus wird an einer anderen Stelle erörtert werden. Auf mechanische Reize kann der quergestreifte Muskel außer mit jener langsam verlaufenden Kontraktion auch mit einer raschen Zuckung reagieren [RÖSNER[6])].

Für *Licht* ist sowohl der glatte Muskel als auch der quergestreifte in der Regel unempfindlich, doch wissen wir, daß die Iris eine Ausnahme bildet [GUTH[7])], denn sie kann sich auch in isoliertem Zustande bei Belichtung kontrahieren. Vielleicht beruht dies auf der Anwesenheit von Pigment in der Iris, denn ADLER[8]) hat gezeigt, daß sich auch andere glatte Muskeln bei Belichtung zusammenziehen, wenn die betreffenden Versuchstiere vorher durch Eosin sensibilisiert worden sind. Ultraviolettes Licht kann solche Kontraktionen ohne vorangegangene Eosinbehandlung auslösen, es schädigt aber die Gewebe.

---

[1]) EBBECKE, U.: Der idiomuskuläre Wulst. Skand. Arch. f. Physiol. Bd. 43, S. 138. 1923.

[2]) GRÜTZNER, P.: Die glatten Muskeln. Ergebn. d. Physiol. Bd. 3, II. Abt., S. 12. 1904.

[3]) EVANS, C. L. and S. W. F. UNDERHILL: Plain Muscle. Journ. of physiol. Bd. 58, S. 1. 1923.

[4]) LANGLEY, J. N.: Slow waves of contraction in muscle. Journ. of physiol. Bd. 50, S. 404. 1916.

[5]) HÜRTHLE, K.: Über die Struktur der quergestreiften Muskelfasern von Hydrophilus im ruhenden und tätigen Zustand. Arch. f. d. ges. Physiol. Bd. 126, S. 1—164. 1909.

[6]) RÖSNER, A.: Über die Erregbarkeit verschiedenartiger quergestreifter Muskeln. Arch. f. d. ges. Physiol. Bd. 81, S. 123. 1900.

[7]) GUTH, E.: Untersuchungen über die direkte motorische Wirkung des Lichtes auf den Sphincter pupillae des Aal- und Froschauges. Arch. f. d. ges. Physiol. Bd. 85, S. 118. 1901.

[8]) ADLER, L.: Über Lichtwirkung auf überlebende glattmuskelige Organe. Arch. f. exp. Pathol. u. Pharmakol. Bd. 85, S. 152. 1919—1920.

Gegen gewisse Gruppen von chemischen Reizen läßt sich mit Recht einwenden, daß sie die Muskeln nicht auf normalem Wege zur Kontraktion bringen. Die besten chemischen Reizmittel sind vielleicht die Säuren, aber auch ihre Wirkung braucht nicht — nicht einmal qualitativ — mit dem normalen Kontraktionsvorgange übereinzustimmen, und sicher kann ein Vergleich in quantitativer Hinsicht nicht gezogen werden, weil die Wirkung der normalerweise produzierten Milchsäure darauf beruht, daß ihr Angriffsort streng lokalisiert ist.

Jensen[1]) hält Hitze für einen Reiz und er hat gezeigt, daß das Eintauchen eines Muskels in eine Ringerlösung von 71° eine mehr oder weniger reversible Verkürzung bewirken kann. Dieser Annahme widerspricht aber die Beobachtung Meyers[2]), daß eine solche Kontraktion sich nicht auf unerwärmte Partien des Muskels fortpflanzt, daß sie nur zum Teil reversibel ist, und daß sie auch dann noch eintritt, wenn der Muskel für elektrische Reize schon vollkommen unerregbar ist. Auch der Nerv zeigt nach älteren Beobachtungen Wallers[3]) eine Kontraktion bei der Erwärmung. An Muskeln, die durch Behandlung mit Zucker und Alkohol für elektrische Reize unerregbar geworden waren, sah Ebbecke[4]) eine Verkürzung, wenn er den Luftdruck plötzlich auf 300—400 Atmosphären steigerte.

Es ist also nur eine Frage der Definition, ob wir irgendeinen Eingriff als Reiz bezeichnen wollen oder nicht. Wir müssen alle Reize als mehr oder minder unnormal ansehen, denn sie führen den Geweben relativ große Mengen von Energie zu, mehr als nötig, um den „gestochenen" Drücker abzuziehen. Immerhin dürfte die elektrische Reizung quergestreifter Muskeln und Nerven den normalen Verhältnissen recht nahe kommen und ihre Untersuchung in quantitativer Hinsicht hat wichtige Resultate ergeben. Die für den Nerven und die Skelettmuskulatur festgestellten Gesetzmäßigkeiten haben sich auch für die glatten Muskeln als gültig erwiesen, wenn auch hier die Ergebnisse offenbar durch neue Faktoren kompliziert und getrübt werden.

## b) Die elektrische Reizung.

Die Theorien und Grundlagen der elektrischen Reizung (Nernst, Hill u. a.) werden an einer anderen Stelle dieses Handbuches erörtert (s. Bd. 9). Das allgemeine Verhalten des Muskelgewebes gegen elektrische Ströme zeigt die Kurve der Abb. 47, aus der wir die zur Erregung des Froschmuskels nötige Dauer von Strömen verschiedener Intensität bei zwei verschiedenen Temperaturen [nach Lucas und Mines[5])] ersehen. Die Erregbarkeit steigt also bei sinkender Temperatur, doch muß bemerkt werden, daß sich die Kurven mitunter — speziell bei kurz dauernden Strömen — sowohl bei Nerven als auch bei Muskeln kreuzen. Die gestrichelte Kurve ist eine rechtwinklige Hyperbel, deren Gleichung $it = k$

---

[1]) Jensen, P.: Über thermische Muskelreizung. Zeitschr. f. allg. Physiol. Bd. 9, S. 435. 1909. — Weitere Untersuchungen über die thermische Muskelreizung. Arch. f. d. ges. Physiol. Bd. 160, S. 333. 1915.

[2]) Meyer, A.: Versuche zur Frage der thermischen Erregung. Zeitschr. f. Biol. Bd. 57, S. 507. 1912.

[3]) Waller, A. D.: Do thermic shocks act as stimuli? Journ. of physiol. Bd. 38, Proc. S. XLVI. 1908—1909.

[4]) Ebbecke, U.: Wirkung allseitiger Kompression auf den Froschmuskel. Arch. f. d. ges. Physiol. Bd. 157, S. 79—116. 1914.

[5]) Lucas, K. and G. R. Mines: Temperature and Excitability. Journ. of physiol. Bd. 36, S. 334. 1907—1908.

ist. Alle Punkte dieser gestrichelten Kurve entsprechen also gleichen Elektrizitätsmengen (Coulombs) oder einem gleichen Ionentransport. Der vertikale Abstand zwischen der gestrichelten Kurve und den experimentell gefundenen entspricht irgendeinem Akkommodationsfaktor, der gewöhnlich auf den Durchtritt von Ionen durch die Membranen bezogen wird. Wir brauchen deshalb etwas größere Elektrizitätsmengen für die Reizung, wenn wir den Muskel mit Strömen von längerer Dauer erregen. Andererseits bedürfen wir größerer Energiemengen, wenn wir mit kurzdauernden Strömen arbeiten, weil die Energie mit dem Quadrat der Stromstärke wächst. (Nach der Formel $i^2 W t$, in der $W$ den Widerstand des Gewebes bedeutet.) Deshalb ist bei kurzdauernden Strömen, z. B. Induktionsströmen, die Gefahr einer Schädigung des Gewebes größer, vor allem bei glatten Muskeln, und tetanisierende Induktionsströme sind für Versuche über die Wärmeproduktion des Muskels weniger geeignet als gewöhnliche alternierende Kettenströme, weil sie wegen ihrer kürzeren Dauer eine höhere Schwellenenergie brauchen, also auch mehr Wärme erzeugen. Ähnliche Intensitäts - Stromdauerkurven haben JINNAKA und AZUMA[1]) für einzelne Muskelfasern bei Verwendung der Prattschen Capillarelektrode mitgeteilt.

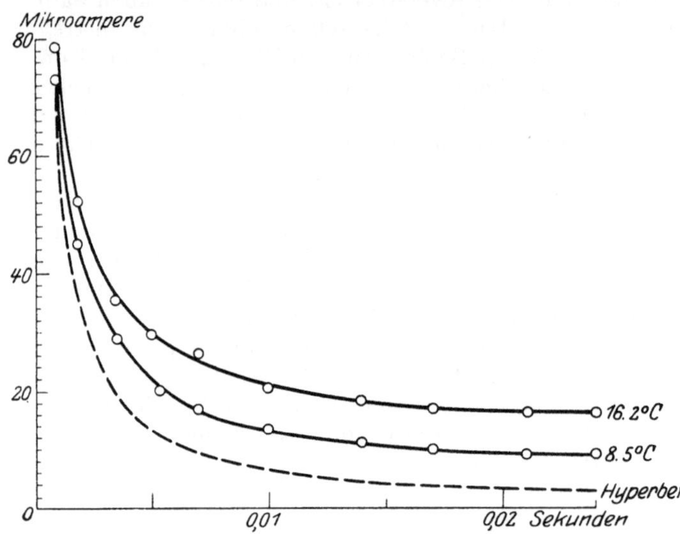


Abb. 47. Die Kurven entsprechen der Schwellenintensität von Reizströmen verschiedener Dauer bei zwei Temperaturen. Die gestrichelte Kurve ist eine zum Vergleich mit eingezeichnete Hyperbel. (Nach Versuchen von LUCAS und MINES.)

Der Akkommodationsfaktor scheint bei der glatten Muskulatur eine geringere Rolle zu spielen als bei der quergestreiften, denn auch Ströme von langsam ansteigender Intensität erweisen sich bei glatten Muskeln als wirksam, wenn sie genügend lange einwirken können. Auch FICK, BIEDERMANN, GRÜTZNER u. a. [vgl. GRÜTZNER[2])] fanden, daß für die Schwellenreizung glatter Muskeln gleiche Elektrizitätsmengen erforderlich sind. Es werden also zwei Ströme gleich gute Reize darstellen, wenn z. B. der eine die halbe Stärke und doppelte Dauer des anderen hat.

Glatte Muskeln brauchen zur Erregung bei gleicher Stromstärke eine längere Durchströmungsdauer als quergestreifte, und ein gewöhnlicher Induktionsschlag bleibt unter Umständen beim glatten Muskel vollkommen wirkungslos. LAPICQUE[3]) drückt diesen Unterschied so aus, daß er sagt, der glatte Muskel habe eine längere Chronaxie als der quergestreifte. So beträgt z. B. nach

[1]) JINNAKA, S. and R. AZUMA: Electric Current as a Stimulus with respect to its duration and strength. Proc. of the roy. soc. of London B., Bd. 94, S. 49. 1923.

[2]) GRÜTZNER, P.: Die glatten Muskeln. Ergebn. d. Physiol. Bd. 3, S. 33. 1904.

[3]) LAPICQUE, L.: Definition exper. de l'excitabilité. Cpt. rend. des séances de la soc. de biol. Bd. 67, S. 280. 1909.

Lapicque und Filon[1]) die Chronaxie des Froschmagens 2,5 Sekunden, während die der quergestreiften Scheren- und Schwanzmuskulatur des Krebses nur 0,02 bzw. 0,016 Sekunde beträgt. Eine eindeutige Erklärung für die Differenzen der Chronaxie bei verschiedenen Geweben läßt sich noch nicht geben. Lucas[2]) fand bei Verwendung großer Elektroden die Chronaxie des Skelettmuskels 10—20 mal so lang wie die des Nerven. Jinnaka und Azuma[3]) und Lapicque[4]), die mit kleinen Elektroden arbeiteten, finden keine Differenz der Chronaxie und Davis[5]) erhielt abwechselnd beide Resultate je nach der Größe der verwendeten Elektroden. Die sicher beobachteten Unterschiede zwischen der Chronaxie der glatten und quergestreiften Muskeln beruhen vielleicht eher auf Differenzen der Struktur als auf Differenzen der Polarisierbarkeit und Permeabilität von Membranen. Bis zu einem gewissen Grade können Unterschiede der Reizerfolge durch die verschiedenen Arten des Reizstromes hervorgerufen werden. So fand v. Kries[6]), daß der Muskel auf langdauernde Ströme (Zeitreize) mit einer längeren Kontraktion antwortet als auf Induktionsschläge. Garten[7]) und Hoffmann[8]) haben in Übereinstimmung mit dieser Tatsache gefunden, daß langdauernde Ströme statt eines einfachen zweiphasigen Aktionsstromes einen Aktionsstrom erzeugen, der dem eines kurzen Tetanus entspricht. Auf der anderen Seite konnten Hofmann und Flössner[9]) durch sehr kurze und intensive Stromstöße Kontraktionen erzeugen, die den durch Behandlung mit Veratrin erzeugten ähnlich waren. Unterschwellige Ströme von beliebiger Dauer, die durch einen Muskel fließen, „erregen“ ihn zwar nicht, sind aber insofern nicht wirkungslos, als H. Weiss[10]) zeigte, daß sie erhöhte Phosphatausscheidung und verminderte Erregbarkeit in allen Teilen des Muskels zur Folge haben.

## 2. Die Latenzzeit.

Wenn wirklich eine echte Latenzzeit des Aktionsstromes existieren sollte, d. h. ein zeitliches Intervall zwischen dem Ende eines Schwellenreizes und dem Beginn des Aktionsstroms am *Orte der Reizung*, so ist diese Zeit jedenfalls

[1]) Lapicque, L. und M. und G. Filon: Variation de la vitesse d'excitabilité avec la temperature. Cpt. rend. des séances de la soc. de biol. Bd. 68, S. 926. 1910 — Filon, G.: Journ. de physiol. et de pathol. gén. Bd. 13, S. 19. 1911. — Lapicque, L. und M.: Excitabilité électrique de l'estomac de la grenouille. Cpt. rend. des séances de la soc. de biol. Bd. 67, S. 283. 1909. — Durée des processus d'excitation pour differents muscles. Ibid. Bd. 57, S. 501. 1905.

[2]) Lucas, K.: The excitable substances of amphibian muscle. Journ. of physiol. Bd. 36, S. 113. 1907. — The rate of variation of the exciting current as a facter in electrical excitation. Ibid. Bd. 36, S. 253. 1907.

[3]) Jinnaka, S. and R. Azuma: zitiert auf S. 170.

[4]) Lapicque, L. and M.: Comparaison de l'excitabilité du muscle à celle de son nerf moteur. Cpt. rend. des séances de la soc. de biol. Bd. 60, S. 898. 1906. — Sur le mécanisme de la curarisation. Ibid. Bd. 65, S. 733. 1908.

[5]) Davis, H.: The relationship of the chronaxie of muscle to the size of electrode. Journ. of physiol. Bd. 57, Proc. S. LXXXI. 1923.

[6]) Kries, J. v.: Über die Abhängigkeit von dem zeitlichen Verlauf der zur Reizung dienenden Elektrizitätsbewegungen. Arch. f. (Anat. u.) Physiol. 1884, S. 387.

[7]) Garten, S.: Beiträge zur Kenntnis des Erregungsvorganges im Nerven und Muskel des Warmblüters. Zeitschr. f. Biol. Bd. 52, S. 534. 1909.

[8]) Hoffmann, P.: Über die Aktionsströme von Kontraktionen auf Zeitreiz. Arch. f. (Anat. u.) Physiol. 1910, S. 247.

[9]) Hofmann, F. B. und O. Flössner: Dauerkontraktion des unvergifteten Skelettmuskels bei Reizung mit starken Einzelinduktionsströmen. Zeitschr. f. Biol. Bd. 78, S. 17. 1923.

[10]) Weiss, H.: Über den Einfluß der nicht erregenden Dauerdurchströmung auf den Permeabilitätszustand von Froschmuskeln. Arch. f. d. ges. Physiol. Bd. 194, S. 152. 1922. — Über den Einfluß unterschwelliger elektrischer Reizung usw. Ibid. Bd. 196, S. 393. 1922.

außerordentlich kurz, und ihre Existenz wird im allgemeinen geleugnet. Nach einem Zitat von RAUH[1]) hat GARTEN[2]) ein solches Zeitintervall am gekühlten Nerven beobachtet.

Die eigentliche Latenzzeit der mechanischen Veränderung sollte eigentlich vom Beginn des Aktionsstroms bis zum Beginn der mechanischen Veränderung gemessen werden, aber in praxi mißt man sie meist vom Reizbeginn an. Werden Induktionsströme verwendet, die praktisch momentan ablaufen, und die stark genug sind, den ganzen Muskel auf einmal zu erregen, so bedingt diese Art der Messung keinen Fehler. Sind die Induktionsschläge schwächer, so beginnt die Kontraktion an der Kathode und pflanzt sich wellenförmig fort, wobei der noch ruhende Teil des Muskels gedehnt und die Längenänderung des Gesamtmuskels verzögert wird [vgl. BETHE und HAPPEL[3])].

Es ist schwierig, irgendeine funktionelle Bedeutung der Latenzzeit des mechanischen Geschehens aufzufinden; sie dürfte ausschließlich in der Feinheit des ganzen Apparates begründet sein. Sollte aber wirklich die ganze Apparatur ohne Verzögerung arbeiten, so zeigt die Latenz doch nur den Moment an, in dem die mechanische Änderung, die innerhalb des Muskels beginnt, nach außen hin manifest wird; aus dieser zeitlichen Differenz braucht keineswegs auf eine funktionelle Trennung des elektrischen und des mechanischen Vorganges geschlossen zu werden. Würde z. B. die Kontraktion durch einen Übertritt von Wasser aus den hellen in die dunklen Bänder der Muskelfaser zustande kommen, so könnte diese Wasserverschiebung jedenfalls einige Zeit vor der sichtbaren äußeren mechanischen Änderung beginnen[4]). Dennoch war es gerade dieser Gesichtspunkt, von dem aus die jüngsten Messungen der Latenzzeit angestellt wurden. Von den betreffenden Autoren seien RAUH[1]), KLEINKNECHT[5]) und DE JONGH[6]) erwähnt. Rauh benutzte eine photographische Methode, er kam aber beim Skelettmuskel des Frosches nicht unter die Werte von 2,1—2,7 $\sigma$ herab. KLEINKNECHT arbeitete am Herzen und am Skelettmuskel und fand die Latenzzeit bei 0° 4 mal länger als bei Zimmertemperatur; er schloß hieraus, daß die Latenzzeit einem eigenen Vorgange entspricht, der eine funktionelle Trennung der mechanischen und der elektrischen Veränderungen ermöglicht. Andererseits fand DE JONGH, der die mechanische Änderung am Herzen mit EINTHOVENS Saitenmyograph verzeichnete, daß die elektrische und die mechanische Änderung gleichzeitig eintrat, wenn beide unter den allergünstigsten Bedingungen registriert wurden.

STEINHAUSEN[7]) fand mit der Pouilletschen Methode das Minimum der Latenzzeit, bei Reizung mit eben maximalen Öffnungsinduktionsschlägen, mit 2,0 $\sigma$, durchschnittlich betrug sie 3,6 $\sigma$. Bei Verwendung konstanter Reizströme (Stromstöße) nahm die Latenzzeit um so mehr zu, je geringer die Stromstärke war, die verwendet wurde. STEINHAUSEN meint, daß diese Zunahme nicht

---

[1]) RAUH, FR.: Die Latenzzeit des Muskelelementes. Zeitschr. f. Biol. Bd. 76, S. 25. 1922.

[2]) GARTEN: Über rhythmische elektrische Erscheinungen im quergestreiften Skelettmuskel. Abh. d. math.-physik. Kl. d. sächs. Gesellsch. d. Wiss. 1901, S. 375.

[3]) BETHE, A. und P. HAPPEL: Die Zerlegung der Muskelzuckung in Teilfunktionen. Arch. f. d. ges. Physiol. Bd. 201, S. 157. 1923.

[4]) In der Tat hat TIEGS den Übertritt von „Hyaloplasma" in der umgekehrten Richtung vor dem Beginn der Verkürzung beobachtet. (Vgl. TIEGS, O. W.: The structure and action of striated muscle. Trans and Proc. Roy. Soc. of South Australia Bd. 47, S. 142. 1923.

[5]) KLEINKNECHT, F.: Das zeitliche Verhältnis zwischen Beginn des Elektrogramms und Mechanogramms bei Unterkühlung. Zeitschr. f. Biol. Bd. 81, S. 5—21. 1924.

[6]) JONGH, C. L. DE: Abstracts of Communications. XI. International Physiological Congress at Edinburgh 1923.

[7]) STEINHAUSEN, W.: Über die Latenzzeit des Sartorius in Abhängigkeit von der Stromstärke bei Reizung mit konstantem Strom. Arch. f. d. ges. Physiol. Bd. 187, S. 26—46. 1921.

ausschließlich durch die Zunahme der zur Reizung nötigen Zeit erklärt werden kann, und er zieht andere Faktoren zur Erklärung heran. BETHE und HAPPEL fanden mit ihrer photographischen Methode (vgl. S. 173) das Minimum der Latenzzeit mit 2,5 $\sigma$. JUDIN[1]) beobachtete bei gleichzeitiger photographischer Verzeichnung des Aktionsstroms und der Zuckungskurve des Froschgastrocnemius Latenzzeiten von etwa 6 $\sigma$. Er suchte nach einer Beziehung zwischen der Dauer der Latenzzeit und jener der ersten Aktionsstromoszillation und fand diese beiden Zeiten immer gleich lang.

Da es fraglich ist, ob eine echte Latenzzeit überhaupt existiert, haben ihre Veränderungen unter verschiedenen Umständen höchstens eine empirische Bedeutung, und es genügt sie kurz zu erwähnen. Die Latenzzeit nimmt ab, wenn die Temperatur steigt [BURNETT[2]), GAYDA[3]), VIALE[4])], sie wächst bei der Ermüdung [WIESER[5])], bei indirekter Reizung, bei Vergrößerung der Belastung oder der Trägheit der verwendeten Apparatur [MARCEAU[6])]. Sie ist bei glatten Muskeln länger als bei quergestreiften, bei roten länger als bei weißen. Sie sinkt mit zunehmender Stärke der Reizströme, weil dabei immer mehr Fasern erregt werden, wodurch einerseits die Trägheit des Muskels selbst abnimmt, andererseits die der Apparatur leichter überwunden wird. Weitere Angaben und die ganze ältere Literatur finden sich bei v. FREY in Nagels Handbuch Bd. IV, S. 439.

## 3. Die Leitungsgeschwindigkeit der Kontraktionswelle.

Vorausgesetzt, daß die wirkliche Latenzzeit des mechanischen Reizerfolges in allen Teilen des Muskels gleich ist, so muß die Leitungsgeschwindigkeit der Kontraktionswelle ebenso groß sein wie die der Erregungswelle. Wenn man dies als richtig annimmt, kann man diese Geschwindigkeit entweder mechanisch oder mit dem Saitengalvanometer messen. HENRIQUES und LINDHARD[7]) leugnen allerdings das Vorhandensein einer Erregungswelle in nervenfreiem Muskelgewebe, was aber von ADRIAN und OWEN[8]) bestritten wird, die eine Fortpflanzung der elektrischen Zustandsänderung im Muskel auch nach Degeneration der Nerven gefunden haben.

Die Fortpflanzungsgeschwindigkeit der Kontraktionswelle wurde von ROLLET[9]) auf mechanischem Wege gemessen und betrug in dem roten M. cruralis des Kaninchens 3,0—3,4 m/sec, in dem weißen M. semimembranosus 5,4—11,3 m/sec.

[1]) JUDIN, A.: Aktionsstrom, Temperatur und Latenzzeit der quergestreiften Muskeln. Arch. f. d. ges. Physiol. Bd. 198, S. 263. 1923.

[2]) BURNETT, T. C.: Influence of temperature on the contraction of striped muscle and its relation to chemical reaction velocity. Journ. of biol. Chem. Bd. 2, S. 195—201. 1906—1907.

[3]) GAYDA, T.: Influenza della temp. sulla funzionalita dei muscoli isolati di riccio. Arch. di fisiol. Bd. 11, S. 1. 1912—1913; Arch. ital. de biol. Bd. 58, S. 432. 1912—1913.

[4]) VIALE, G.: Action de la temperature sur les muscles lisses des grenouilles d'été et des grenouilles d'hiver. Arch. ital. de biol. Bd. 72, S. 30. 1923.

[5]) WIESER, F.: Über die Verlängerung der Latenzzeit des Nervenendorgans durch Ermüdung. Zeitschr. f. Biol. Bd. 65, S. 449. 1915.

[6]) MARCEAU, F.: Étude comp. des rapports de la durée du temps perdu avec les charges à souslever dans les muscles des mollusques et dans ceux des mammifères. Cpt. rend. des séances de la soc. de biol. Bd. 60, S. 501. 1906.

[7]) HENRIQUES, V. und J. LINDHARD: Der Aktionsstrom der quergestreiften Muskeln. Arch. f. d. ges. Physiol. Bd. 183, S. 1. 1920.

[8]) ADRIAN, E. D. and D. R. OWEN: Electric Response of denervated Muscle. Journ. of physiol. Bd. 55, S. 326. 1921.

[9]) ROLLETT, A.: Über die Kontraktionswellen und ihre Beziehung zu der Einzelzuckung bei den quergestreiften Muskelfasern. Arch. f. d. ges. Physiol. Bd. 52, S. 227. 1892.

ENGELMANN[1]) fand als höchsten Wert für den Froschsartorius 5,9 m/sec. Am ausgeschnittenen Muskel verkleinerte sich dieser Wert von 4,3 auf 2,1 m/sec. In einer neuen Arbeit haben auch BETHE und HAPPEL[2]) 2,1 m/sec am herausgeschnittenen Sartorius auf photographischem Wege gemessen, wobei die Geschwindigkeit an allen Stellen des Muskels gleich groß war. LUCAS[3]) hat gezeigt, daß die Kontraktionswelle bei ihrem Eintreffen an einem beliebigen Punkt des Muskels immer dieselben Eigenschaften zeigt, unabhängig von der schon durchlaufenen Strecke. P. HOFFMANN[4]) fand bei seinen Messungen die Fortpflanzungsgeschwindigkeit der Erregungswelle im Froschsartorius zwischen 0,8 und 1,9 m/sec. Dabei erwies sich diese Geschwindigkeit von dem Kontraktions- oder Erschlaffungszustand des Muskels als unabhängig. HIERONYMUS[5]) bestätigte dieses Ergebnis durch Versuche an curaresierten Muskeln sowohl mit Hilfe der mechanischen Registrierung wie auch der Aktionsströme. Die Geschwindigkeit der Kontraktionswelle, gemessen mit dem Saitengalvanometer, ist bei den menschlichen Armmuskeln größer als beim Frosch, für den PIPER[6]) den Wert von 10 m/sec gefunden hat.

TIEGS[7]) meint, daß die Erregungswelle in der Muskelfaser spiralig längs der Krauseschen Membran (DOBIES Linie) geleitet wird, die er nicht für eben hält, sondern der er die Form einer doppelten Schraubenfläche zuschreibt, die sich von einem Ende der Muskelfaser zum anderen erstreckt. Aus Messungen der geometrischen Dimensionen dieser Spiralfläche an menschlichen und an Froschmuskeln berechnet er die tatsächliche Länge der Membran, die von der Erregungswelle pro cm Muskellänge durchlaufen wird, und berechnet so die wahre Geschwindigkeit der Welle. Er findet folgende Werte in Meter pro Sekunde.

| | Frosch: | Mensch: |
|---|---|---|
| Beobachtete Muskelgeschwindigkeit . . . . . | 3—4 | 6 |
| Membrangeschwindigkeit (berechnet) . . . . . | 22—30 | 133 |
| Nervengeschwindigkeit . . . . . . . . . . . | 27 | 123 |

Diese Befunde würden darauf schließen lassen, daß die Welle an der Membran mit der gleichen Geschwindigkeit entlang läuft wie im Nerven. Histologisch haben sich innige Beziehungen zwischen dem Endorgan und der Krauseschen Membran ergeben; die oben genannten Zahlen dürfen aber nicht als Beweis für die von TIEGS angenommene Schraubenform angesehen werden, die von anderen Histologen noch nicht bestätigt worden ist.

## 4. Der zeitliche Verlauf der mechanischen Änderung.

Die mechanische Änderung kann sich entweder als Verkürzung oder als Spannung äußern. Im allgemeinen ist die Spannung um so größer, je geringer

[1]) ENGELMANN, T. W. und WOLTERING: Über den Einfluß der Reizstärke auf die Fortpflanzungsgeschwindigkeit der Erregung im quergestreiften Froschmuskel. Arch. f. d. ges. Physiol. Bd. 66, S. 574. 1897.

[2]) BETHE, A. und P. HAPPEL: Die Kurven der isotonischen Zuckung des curarisierten Sartorius nebst Bemerkungen über Latenzzeit und Geschwindigkeit der Kontraktionswelle. Arch. f. d. ges. Physiol. Bd. 201, S. 157. 1923.

[3]) LUCAS, K.: On the conducted disturbance in muscle. Journ. of physiol. Bd. 34, S. 51. 1906.

[4]) HOFFMANN, P.: Über die Leitungsgeschwindigkeit der Erregung in quergestreiften Muskeln bei Kontraktion und Ruhe. Zeitschr. f. Biol. Bd. 59, S. 1. 1913.

[5]) HIERONYMUS, K. E.: Über die Geschwindigkeit der Erregungsleitung im gedehnten und ungedehnten Muskel. Zeitschr. f. Biol. Bd. 60, S. 29. 1913.

[6]) PIPER, H.: Über die Fortpflanzungsgeschwindigkeit der Kontraktionswelle im menschlichen Skelettmuskel. Zeitschr. f. Biol. Bd. 52, S. 41. 1908—1909.

[7]) TIEGS, O. W.: On the path and velocity of the excitatory impulse in striated muscle fibres. Transact. and Proc. Roy. Soc. of South Australia Bd. 47, S. 153. 1923.

die Verkürzung, und die Verkürzung um so stärker und um so rascher, je geringer die Spannung. Diese Beziehung gilt aber nicht für alle Fälle, speziell nicht für die glatte Muskulatur.

## a) Verkürzung.

Die Kontraktionswelle verläuft beim quergestreiften Muskel zu rasch, um mit freiem Auge beobachtet zu werden, abgesehen von abnormen Fällen, wie sie LANGLEY[1]) und HÜRTHLE[2]) beobachtet haben. Sie ist aber leicht an glatten Muskeln zu beobachten. Die Form der Kontraktionswelle kann an Kurven gemessen werden, welche die Dickenveränderung an irgendeinem Punkt des Muskels wiedergeben. Die gewöhnliche isotonische Längenkurve des Gesamtmuskels entspricht der algebraischen Summe der Längenänderung sämtlicher verschiedener Muskelabschnitte. Dabei können einzelne Teile des Muskels schon wieder erschlaffen, während andere sich erst zu verkürzen beginnen, so daß der Effekt auf die Längenkurve des Gesamtmuskels von der Kontraktionsdauer des Einzelelements, der Fortpflanzungsgeschwindigkeit der Kontraktionswelle und der Länge des Muskels abhängig ist. Wenn die Kontraktionsdauer zunimmt, ohne daß die Fortpflanzungsgeschwindigkeit in gleichem Ausmaß abnimmt, muß die Verkürzung des Gesamtmuskels größer werden. Eine solche Erklärung hat FRÖHLICH[3]) irrtümlicherweise als Ursache der Höhenzunahme der Kontraktionen bei Kälte, $CO_2$, Narcoticis, bei der Treppe usw. herangezogen, aber einfache Überlegungen zeigen, daß die Längenänderungen, die auf diese Weise zu erklären wären, in den meisten Fällen vernachlässigt werden können. Nehmen wir z. B. die normale Fortpflanzungsgeschwindigkeit der Welle mit 300 cm pro Sekunde und die Zuckungsdauer eines Muskelteilchens mit 0,1 Sekunde an, so muß die Wellenlänge 30 cm sein. Bei einem Muskel von 3 cm Länge kann also jederzeit nur $^1/_{10}$ der ganzen Welle nachweisbar sein. Die maximale Gesamtverkürzung des Muskels hat aber, wie sich leicht zeigen läßt, unter diesen Umständen innerhalb der Fehlergrenzen das theoretisch erreichbare Maximum bereits erreicht.

Die Veränderungen der Längenkurve eines bestimmten Muskels unter gegebenen Umständen bilden sicher einen empfindlichen Index für die Beeinflussung des Muskels durch Pharmaka usw., aber sie haben wenig Bedeutung für die Analyse des der Kontraktion zugrundeliegenden Vorganges. Dennoch hat BERNSTEIN[4]) eine solche Analyse versucht, indem er von der Annahme ausging, daß die Höhe einer Zuckungskurve der Quantität einer hypothetischen Substanz *A* in den Geweben entspricht (vielleicht Milchsäure), und daß die Konzentration von *A* durch zwei Kettenreaktionen im Gewebe bedingt sei; bei der einen Reaktion sollte *A* aus einer Muttersubstanz *M* entstehen, bei der zweiten *A* wieder zerstört werden. Wenn es auch wahrscheinlich ist, daß das Geschehen im Muskel durch ein solches System richtig veranschaulicht wird, so ist es doch sicher unmöglich, die Richtigkeit dieser Vorstellung an der Form der Zuckungskurve zu erkennen, die ja innerhalb weiter Grenzen von den mechanischen Versuchsbedingungen abhängig ist. Die Gipfelzeit der experimentell gefundenen Kurve braucht nicht einmal mit der Gipfelzeit des der mechanischen Veränderung zugrunde liegenden Vorganges übereinzustimmen. Dies soll das Schema in Abb. 48 (ähnlich einem von GASSER und HILL publizierten) illustrieren, das die *tatsächlich* vom Muskel

---

1) Zitiert auf S. 168. 2) Zitiert auf S. 168.

3) FRÖHLICH, F. W.: Das Prinzip der scheinbaren Erregbarkeitssteigerung. Ergebn. d. Physiol. Bd. 16, S. 40. 1918.

4) BERNSTEIN, J.: Zur physikalisch-chemischen Analyse der Zuckungskurve des Muskels. Arch. f. d. ges. Physiol. Bd. 156, S. 299. 1914.

geschriebene Verkürzungskurve zeigt und zugleich eine hypothetische Idealkurve, die er hätte schreiben können, wenn die zeitlichen Faktoren es ihm erlaubt hätten. Hätte sich z. B. der Muskel am Ende der Zeit *OA* nicht nur erst bis *B*, sondern bis zu einem *D* unendlich naheliegenden Punkt verkürzt, so hätte er noch genug Spannung entwickeln können, um auch noch *D* zu erreichen. Ähnlich hätte sich der Muskel in der Zeit *OC* bis *F* verkürzen können, anstatt nur bis *E*, wenn nicht der Verkürzungsakt selbst Zeit in Anspruch genommen hätte. Dieser Zeitaufwand bedingt einen Energieverlust und setzt der Kontraktionsgeschwindigkeit eine obere Grenze. Schließlich ist der Muskel bei *H* in diesem Zustand der Verkürzung nicht mehr imstande, weitere Spannung zu entwickeln, und er beginnt wieder sich zu verlängern. Wieder ist es der Zeitfaktor, der den Verlauf der Erschlaffung gegenüber der idealen Kurve verzögert. Die Tatsache, die durch diese hypothetische Kurve beleuchtet wird, ist die, *daß der Muskel sich auch nach dem Höhepunkt des fundamentalen Prozesses* (sei es die Milchsäurekonzentration oder was immer) *noch weiter verkürzen kann*, daß also die experimentell erhaltene Kurve nur eine unbekannte Funktion des fundamentalen Prozesses ist. Jede gedachte Kurve ist möglich, die die experimentelle im Gipfelpunkt schneidet. Es ist also nicht möglich, aus dem Verlauf der Zuckungskurve allein zu entscheiden, ob die gesamte Milchsäure auf einmal zu Beginn erzeugt wird, oder ob ihre Konzentration allmählich zunimmt.

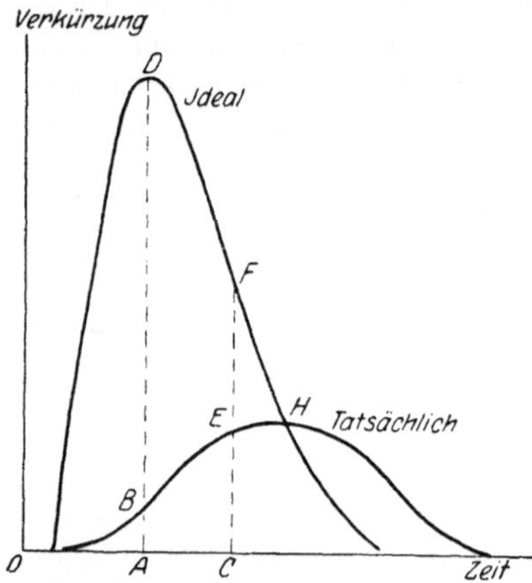

Abb. 48. Schema zur Illustration einer möglichen Diskrepanz zwischen dem zeitlichen Verlaufe der tatsächlichen mechanischen Änderung und irgendeines hypothetischen (ideal) der Kontraktion zugrunde liegenden Vorganges.

Es bleibt nun noch die Frage offen, ob die „ideale" Kurve von Abb. 48 experimentell aus Spannungskurven bei verschiedener Länge gewonnen werden könnte. Sie zeigt eine gewisse Ähnlichkeit mit Spannungskurven, die bekanntlich ihren Gipfel etwas früher als die isotonischen Kurven erreichen. Es ist aber wahrscheinlich [GASSER und HILL[1]), s. unten S. 179], daß das Entwickeln von Spannung ebenso Zeit erfordert wie der Verkürzungsvorgang, und daß deshalb für isometrische Kurven dieselben Überlegungen gelten wie für isotonische.

Zu den charakteristischsten Merkmalen der Längenkurve verschiedener Muskeln zählt ihre Dauer. Manche Muskeln verkürzen sich wesentlich langsamer als andere. Der glatte Muskel ist träger als der quergestreifte, doch finden sich alle möglichen Übergänge zwischen diesen beiden; SCHENG und SCHILF[2]) haben besonders langsame Kontraktionen eines quergestreiften Muskels, BOTTAZZI und GRÜNBAUM[3]) besonders rasch reagierende glatte Muskeln beschrieben. Die „typische" Zuckungskurve des glatten Muskels beschrieb MISLAWSKY[4]). Ähnlich ist der Unterschied zwischen den langsamer reagierenden roten und den

---

[1]) GASSER, H. S. and A. V. HILL: The dynamics of muscular contraction. Proc. of the roy. soc. of London (B) Bd. 96, S. 398. 1924.

[2]) SCHENG, C. L. und E. SCHILF: Über eine außergewöhnlich lange Zuckungskurve eines quergestreiften Muskels. Zeitschr. f. Biol. Bd. 73, S. 117. 1921.

[3]) BOTTAZZI, P. and O. F. F. GRÜNBAUM: On Plain Muscle. Journ. of physiol. Bd. 24, S. 61. 1899.

[4]) MISLAWSKY, N.: Über die Zuckung der glatten Muskeln. Zeitschr. f. allg. Physiol. Bd. 6, S. 1—12. 1906.

flinken, weißen Muskelfasern [FISCHER[1]), RIESSER[2])]. Die Kontraktionsgeschwindigkeit verschiedener Muskeln des Tierkörpers haben MME. und L. LAPICQUE[3]) verglichen. CARLSON[4]) suchte eine Beziehung zwischen der Kontraktionsgeschwindigkeit eines Muskels und der Erregungsleitung in seinem motorischen Nerven festzustellen, er fand die Leitungsgeschwindigkeit um so größer, je kürzer die Zuckungsdauer war.

Die Höhe der Kontraktionskurven wächst nach BASLER[5]) mit der Stärke der Reize, während die Gipfelzeit gleichzeitig abnimmt. Dies erklärt sich aus der wachsenden Zahl der gereizten Muskelfasern.

Ähnlich verhält sich bei wachsender Reizstärke auch der glatte Muskel, doch hat DU BOIS-REYMOND[6]) festgestellt, daß seine Kontraktionshöhe nicht, wie die des quergestreiften Muskels, ein endgültiges Maximum erreicht, sondern daß sie mit wachsender Reizstärke um geringe Werte immer weiter zunimmt.

Der *Verlauf* der normalen Spannungs- oder Längenkurve ist kontinuierlich; sie zeigt einen allmählichen Anstieg und allmählichen Abfall. Gelegentlich erhält man diskontinuierliche Kurven, die den Gedanken an eine Superposition zweier Kurven erwecken, einer langsameren und einer rascheren; sie sprechen also für eine Doppelfunktion des Muskels [JOTEYKO[7]), S. 96—205]. Diese Annahme stammt ursprünglich von SCHIFF, der von *neuromuskulären und idiomuskulären Kontraktionen* sprach. Beweise für die letztere Kontraktionsform bietet der veratrinvergiftete Muskel, der mechanisch [EBBECKE[8])] oder mit sehr starken Induktionsschlägen [HOFMANN und FLÖSSNER[9])] gereizte Muskel sowie Muskeln, welche doppelgipfelige Zuckungen oder die Funkesche Nase zeigen [DE BOER[10]), HARMON[11])].

Der von HARTREE und HILL[12]) an einigen ihrer isometrischen Kurven beobachtete Buckel („hump") gehört zweifellos auch hierher. Sehr deutlich zeigen dies Phänomen auch einige Kurven von Muskeln, die CARVALLO und WEISS[13]) nach einer länger dauernden Kühlung bei 0° rasch auf 37° erwärmt hatten. Die Bedeutung dieser diskontinuierlichen Muskelzuckungen für das ganze Problem und ihre Beziehung zur Innervation wird an einer anderen Stelle erörtert werden.

Die oben erwähnten Tatsachen gelten alle für Längenkurven des Gesamtmuskels. Die Methode von BETHE und HAPPEL[14]) ermöglicht es, die Längen-

---

[1]) FISCHER, H.: Zur Physiologie der quergestreiften Muskeln der Säugetiere. Arch. f. d. ges. Physiol. Bd. 125, S. 541. 1908.

[2]) RIESSER, O.: Untersuchungen an überlebenden roten und weißen Kaninchenmuskeln. Arch. f. d. ges. Physiol. Bd. 190, S. 137—157. 1921.

[3]) LAPICQUE, MME. et L.: Sur la contractilité et l'excitabilité de divers muscles. Cpt. rend. des séances de la soc. de biol. Bd. 55, S. 308. 1903.

[4]) CARLSON, A. J.: Further evidence of the direct relation between the rate of conduction in motor nerve and the rapidity of contraction. Americ. journ. of physiol. Bd. 10, S. 401. 1904; Bd. 13, S. 217. 1904; Bd. 13, S. 351. 1905; Bd. 15, S. 136. 1906.

[5]) BASLER, A.: Über den Einfluß der Reizstärke und der Belastung auf die Muskelkurve. Arch. f. d. ges. Physiol. Bd. 102, S. 254. 1904.

[6]) DU BOIS-REYMOND, R.: Nagels Handbuch Bd. IV, S. 558.

[7]) JOTEYKO, J.: La Fonction Musculaire. Paris 1909.

[8]) EBBECKE, U.: Der idiomuskuläre Wulst. Skand. Arch. f. Physiol. Bd. 43, S. 138. 1923.

[9]) HOFMANN usw.: Zitiert auf S. 171.

[10]) DE BOER, S.: Die Bedeutung der tonischen Innervation für die Funktion der quergestreiften Muskeln. Zeitschr. f. Biol. Bd. 65, S. 239—354. 1915.

[11]) HARMON, P. M.: Influence of temperature and other factors upon the two-summited contraction curve of the gastrocnemius of the frog. Americ. journ. of physiol. Bd. 62, S. 261. 1922.

[12]) HARTREE, W. und A. V. HILL: The Nature of the Isometric Twitch. Journ. of physiol. Bd. 55, S. 389. 1921.

[13]) CARVALLO, J. und G. WEISS: Influence de la temperature sur la contraction musculaire de la grenouille. Journ. de physiol. et de pathol. gén. Bd. 2, S. 225. 1900.

[14]) Zitiert auf S. 172.

kurve jedes einzelnen Muskelabschnittes für sich zu untersuchen. Ihre Methode besteht im wesentlichen darin, daß der Muskel in kleineren Abständen mit sichtbaren Marken versehen wird, die dann auf photographischem Wege während des Kontraktionsablaufes registriert werden.

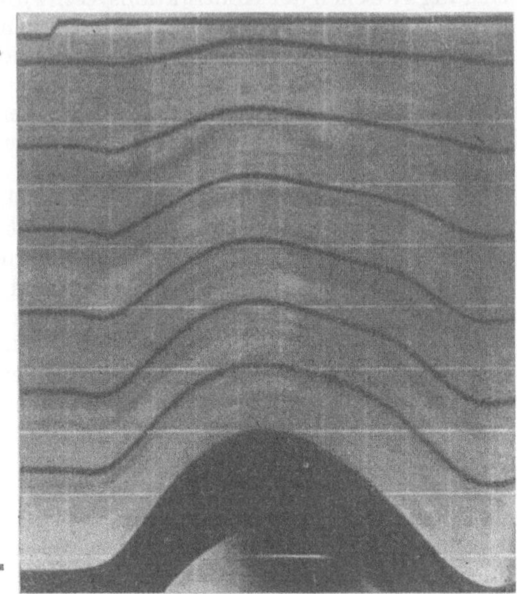


Abb. 49. Photogramme der Längenänderung 7 verschiedener Segmente eines Sartorius während einer Zuckung. Ordinatenabstand 10,8 σ. (Nach BETHE und HAPPEL.)

Ein typisches Photogramm zeigt Abb. 49.

Das +- und —-Zeichen gibt die Lage der Reizelektroden an. Die oberste Kurve ist das Reizsignal; das unterste, breite schwarze Band entspricht der Längenkurve des Gesamtmuskels. Der Muskel wird durch die 6 dünnen schwarzen Linien in 7 annähernd gleiche Abschnitte geteilt. Das obere Muskelende war fest eingespannt, das untere griff an einem leichten isotonischen Hebel an; die Belastung betrug nur 0,3 g. Die Kontraktion beginnt im 7. Segment und schreitet nach oben zu mit einer Geschwindigkeit von 2,1 m pro Sekunde fort. Noch rascher, praktisch momentan, läuft eine Welle steigender Spannung über den Muskel, die durch die Kontraktion des 7. Segmentes bedingt ist und eine initiale Dehnung der übrigen Segmente bewirkt. Liegt die Kathode am oberen, fixierten Ende, anstatt wie in Abb. 50 am unteren, so läuft die Erregungswelle nach abwärts, und die anfängliche Spannungszunahme verlagert die Segmente in der *gleichen* Richtung, so daß das Photogramm nicht die in Abb. 49 sichtbare anfängliche Senkung der einzelnen Kurven zeigt. Jedes Segment muß aber der gleichen Anfangsspannung ausgesetzt sein, gleichgültig in welcher Richtung die Welle verläuft. Daß dies in der Tat der Fall ist, zeigten sorgfältige Messungen der prozentuellen Längenänderung

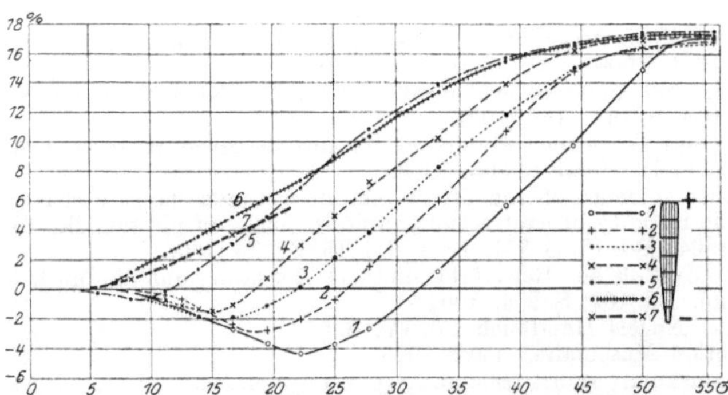


Abb. 50. Die Kurven zeigen die prozentuelle Verkürzung jedes der 7 Segmente eines Sartorius, gemessen an einem Photogramm, wie es Abb. 49 zeigt. Die Ordinate *O* entspricht der ursprünglichen (Ruhe-) Länge des Segmentes; negative Werte entsprechen einer Dehnung. (Nach BETHE und HAPPEL.)

jedes Segmentes zu verschiedenen Zeiten. Abb. 50 zeigt eine solche Reihe von Differenzkurven. Die Ordinaten entsprechen der Längenänderung der Segmente 1, 2, 3 usw., ausgedrückt in Prozenten der Anfangslänge, die Abszisse entspricht der Zeit. Die Latenzzeit ist etwa 5 $\sigma$. In diesem Falle beginnt die Erregung am unteren Ende (Kathode), im 7. Segment. Der Moment, in dem die Kontraktionswelle jedes einzelne Segment erreicht, wird durch die Hebung jeder einzelnen Kurve markiert, die im Segment 1 zuletzt erfolgt. Die maximale prozentuale Verkürzung ist für alle Segmente innerhalb der Fehlergrenzen der Methode gleich.

Ganz entsprechende Differenzkurven ergeben sich bei der umgekehrten Stromrichtung, nur daß dann auch die Reihenfolge der Zahlen umgekehrt ist; aber das Photogramm sieht dann ganz anders aus. Je größer die anfängliche Spannung des Muskels, desto geringer ist die Dehnung der untätigen Teile durch die tätigen. Für eine Leitung der Welle mit Decrement konnte kein Anhaltspunkt gefunden werden.

### b) Spannungskurven.

Den zeitlichen Verlauf der isometrischen Zuckung haben Hartree und Hill[1]) unter verschiedenen Bedingungen (Temperatur und Anfangsspannung) auf photographischem Wege studiert. Je größer die Anfangsspannung, desto langsamer erfolgt die Wiedererschlaffung. Mit steigender Temperatur nimmt die Zuckungsdauer ab, und zwar ändert sich die Erschlaffungszeit stärker als die Anstiegszeit. Mit wachsender Reizstärke wächst die Spannung schrittweise bis zu einem Maximum, während die erzeugte Wärme zunächst ebenfalls schrittweise zunehmend ein Maximum erreicht, dann aber langsam abnimmt; dabei erfolgt dann die Erschlaffung schneller. Die Ursache dieses Verhaltens scheint jetzt aufgeklärt zu sein, da Bethe und Happel[2]) zeigten, daß ein maximaler Schlag nur eine Kathodenschließungszuckung erzeugt; etwas stärkere Schläge erzeugen dagegen auch eine Anodenöffnungszuckung, und bei noch stärkeren erfolgt schließlich die Reizung gleichzeitig an allen Stellen der Faser und die Kontraktionswelle verschwindet. Fenns[3]) Beobachtungen legen die Annahme nahe, daß das Auftreten einer Welle mit ihrer notwendigen Begleiterscheinung, der Faserverkürzung, zu einer Erhöhung der Wärmeproduktion führt. Infolgedessen würde eine Vernichtung der Welle durch stärkere Reizströme die Wärmeerzeugung verringern. Außerdem würde bei gleichzeitigem Beginn der Erregung in allen Teilen auch die Dauer der Wärmeproduktion geringer sein, was tatsächlich beobachtet wurde. Adrian[4]) hat eine ähnliche Erklärung für die Verkürzung der Kontraktionsdauer vorgeschlagen, er nahm nämlich an, daß durch stärkere Reize der Nerv miterregt würde und die Erregung daher in den verschiedenen Teilen des Muskels mit geringeren Zeitdifferenzen aufträte.

Es wurde oben an der Hand der Abb. 48 gezeigt, daß die mechanische Verkürzung des Muskels dem ihr zugrunde liegenden spannungentwickelnden Prozeß nachhinkt. An einem ganz ähnlichen Schema haben Gasser und Hill[5]) gezeigt, daß auch die bei einer isometrischen Zuckung tatsächlich entwickelte Spannung jener hypothetischen Kurve nachhinkt, die der Spannung entspricht, die der Muskel hätte entwickeln können, wenn es ihm die zeitlichen Verhältnisse erlaubt hätten. Nach ihrer Annahme wäre die Verzögerung durch die Zeit bedingt, die zur Ausbreitung der durch die Erregung bedingten Spannung in einem viscösen Medium nötig ist. *Der Muskel muß sich erst innerlich konsolidieren,*

---

[1]) Hartree und Hill: Zitiert auf S. 154.
[2]) Bethe und Happel: Zitiert auf S. 172.
[3]) Fenn: Zitiert auf S. 155.
[4]) Adrian, E. D.: Time relations of the isometric twitch. Journ. of physiol. Bd. 57, S. XI. 1923.
[5]) Gasser und Hill: Zitiert auf S. 176.

*ehe er nach außen Spannung entwickeln kann.* Um ein spezielles Beispiel zu wählen, können wir annehmen, daß die durch den Induktionsschlag gebildete Milchsäure, um eine Spannung nach außen zu entwickeln, erst eine innere Materialverteilung bewirken muß, etwa eine Wasserverschiebung, die zu einer Turgorerhöhung einzelner Teile der Muskelfaser führt. Diese innere Arbeit (die Wasserverschiebung) wird dann dem ihr zugrunde liegenden Vorgang ebenso nachhinken wie die äußere Arbeit (der isotonischen Zuckung), und für die isometrischen Kurven gelten die gleichen Überlegungen, die oben für die isotonischen angestellt wurden.

In Übereinstimmung mit dieser Vorstellung können wir annehmen, *daß die ganze Milchsäure mehr oder minder plötzlich zu Beginn der Zuckung gebildet wird*, und daß das Maximum ihrer Konzentration mit dem Spannungsmaximum zeitlich nicht zusammenfällt. GASSER und HILL[1]) haben die Richtigkeit dieses Postulates experimentell bestätigt, indem sie den Muskel zu verschiedenen Zeiten während der isometrischen Zuckung bis zu einer gegebenen Länge gedehnt haben. Dabei wurde die größte Spannung dann entwickelt, wenn die Dehnung unmittelbar nach Ablauf der Latenzzeit erfolgte. Die Dehnung diente dabei zur inneren Konsolidierung des Muskels, so daß er ohne Verzögerung nach außen Spannung entwickeln konnte. Das Maximum der Spannung zu Beginn der unter Dehnung erfolgenden Zuckung weist auf ein Maximum des Grundprozesses hin — der Milchsäurebildung oder was immer er sei.

## 5. Die Wirkung der Temperatur auf die Kontraktionswelle.

Unter den vielen Variationen der experimentellen Bedingungen, deren Wirkung auf die Form der Zuckungskurve untersucht worden ist, war am ehesten von der Veränderung der Temperatur ein Einblick in den der mechanischen Änderung zugrunde liegenden Mechanismus zu erhoffen. Die wichtigsten Wirkungen sind folgende: 1. Die Latenzzeit nimmt mit steigender Temperatur ab. 2. Die Dauer der Kontraktion nimmt bei der Einwirkung des gleichen Reizes mit steigender Temperatur ab. 3. Die Höhe der isometrischen oder isotonischen Zuckung nimmt manchmal zu, manchmal (und zwar in der Regel) ab, wenn die Temperatur steigt.

Die beiden erstgenannten Wirkungen werden in allen Arbeiten über den Temperatureinfluß so übereinstimmend angegeben, daß besondere Zitate nicht nötig sind. Die dritte Wirkung, die Änderung der Zuckungshöhe, ist Gegenstand lebhafter Debatten. GAD und HEYMANS[2]) fanden bei 19° ein Minimum der Höhe isometrischer und isotonischer Zuckungen, und je ein Maximum bei hoher und niedriger Temperatur. Eine kontinuierliche Abnahme der Zuckungshöhen bei steigender Temperatur fanden COLEMAN und POMPILIAN[3]) bei Frosch- und Krabbenmuskeln, ECKSTEIN[4]) beim Herzen und Skelettmuskel des Frosches, GAYDA[5]) beim Gastrocnemius und Soleus des Igels und FRÖHLICH[6]) am Frosch-

---

[1]) GASSER und HILL: Zitiert auf S. 176.

[2]) GAD und HEYMANS: Über den Einfluß der Temperatur auf die Leistungsfähigkeit der Muskelsubstanz. Arch. f. (Anat. u.) Physiol. 1890, Suppl., S. 59.

[3]) COLEMAN, A. and M. POMPILIAN: Influence de la temperature sur la contraction musculaire des animaux à sang froid. Cpt. rend. des séances de la soc. de biol. 1896, S. 696.

[4]) ECKSTEIN, A.: Vgl. Untersuchungen über den Einfluß der Temperatur auf den Ablauf der Kontraktion im Muskel. Arch. f. d. ges. Physiol. Bd. 183, S. 40. 1920.

[5]) GAYDA, T.: Influenza della temp. sulla funzionalita dei muscoli isolati di riccio. Arch. di fisiol. Bd. 11, S. 1. 1912—1913; Arch. ital. de biol. Bd. 58, S. 432. 1912—1913.

[6]) FRÖHLICH, F. W.: Über den Einfluß der Temperatur auf den Muskel. Zeitschr. f. allg. Physiol. Bd. 7, S. 461. 1908; Bd. 9, S. 515. 1909. — Zur Thermodynamik der Muskelkontraktion. Arch. f. d. ges. Physiol. Bd. 123, S. 596. 1908.

muskel. Andererseits fand CLOPATT[1]) ein Maximum der Zuckungshöhe bis 30° C. DOI[2]) sah die Spannung sowohl beim Herzen als auch beim Skelettmuskel des Frosches mit sinkender Temperatur zunehmen, aber bei hoher Anfangsspannung war die Wirkung umgekehrt. BERNSTEIN[3]) hat die Spannungszunahme bei sinkender Temperatur nicht regelmäßig nachweisen können. KAHN[4]) fand bei Insektenmuskeln in der Regel eine Zunahme der Zuckungshöhen bei steigender Temperatur, daneben ergaben sich aber auch Anhaltspunkte für ein zweites Maximum bei niedriger Temperatur, wie es GAD und HEYMANS beschrieben hatten. Zahlreiche weitere Arbeiten über diesen Gegenstand finden sich in der älteren Literatur (Nagels Handbuch, S. 458). Am meisten Aufklärung brachte wohl die Arbeit von CARVALLO und WEISS[5]), die die Versuchsbedingungen so weit als möglich variierten, und dabei beliebig jedes Resultat (ein Maximum bei hoher oder niedriger Temperatur, oder bei beiden) erhalten konnten. Als wichtige Faktoren erwähnen sie unter anderen 1. das Erhaltenbleiben oder Fehlen der Blutzirkulation; 2. die Größe der Belastung; 3. die Stärke des Reizes, ob er bei 0° oder bei 40° maximal ist; 4. die Geschwindigkeit der Erwärmung oder Kühlung; 5. wie lange der Muskel vor dem Versuch bei 0° gehalten wurde; 6. die Anfangsspannung. Sie kommen mit Recht zu dem Schluß, daß sich kein allgemein gültiges Gesetz aufstellen läßt. Wir können darin einen schlagenden Beweis für die Mannigfaltigkeit der Faktoren erkennen, von denen eine anscheinend so einfache Funktion wie die Zuckungshöhe abhängig ist.

Die Wirkung der Temperatur auf die *glatte Muskulatur* haben VIALE[6]) und ECKSTEIN[7]) untersucht. Letzterer sah die Kontraktionshöhe bei steigender Temperatur wachsen, und er meint, daß der Muskel bei niedriger Temperatur tonisch schon so stark verkürzt ist, daß er sich auf einen elektrischen Reiz hin nur schwer noch weiter verkürzen kann. STEWART[8]) beschreibt eine ähnliche Zunahme der Kontraktionshöhe bei einem Temperaturanstieg von 15° auf 40° C, wobei gleichzeitig die Latenzzeit und die Dauer der Kontraktion abnehmen. Die Wirkung verschiedener Temperaturen auf den spontanen Rhythmus glatter Muskeln wurde von TAYLOR und ALVAREZ[9]) an ausgeschnittenen Dünndarmstücken vom Kaninchen untersucht. Sie fanden eine Frequenzzunahme der Pendelbewegungen mit einem konstanten Temperaturkoeffizienten zwischen 25° und 40°. ROTH[10]) fand eine Zunahme des Tonus sowie der Frequenz und Amplitude der Wellen am ausgeschnittenen Hundeureter, und BUGLIA[11]) be-

[1]) CLOPATT, A.: Zur Kenntnis des Einflusses der Temperatur auf die Muskelzuckung. Skand. Arch. für Physiol. Bd. 10, S. 249. 1900.

[2]) DOI, Y.: Influence of temperature on the mechanical performance of sceletal and heart muscle. Journ. of physiol. Bd. 54, S. 218. 1920—21.

[3]) BERNSTEIN, J.: Über die Temperaturkoeffizienten des Muskelenergie. Arch. f. d. ges. Physiol. Bd. 122, S. 129. 1908.

[4]) KAHN, R. H.: Zur Physiologie der Insektenmuskeln. Arch. f. d. ges. Physiol. Bd. 165, S. 285. 1916.

[5]) Zitiert auf S. 177.

[6]) VIALE, G.: Action de la temperature sur les muscles lisses des grenouilles d'été et des grenouilles d'hiver. Arch. ital. de biol. Bd. 72, S. 30. 1923.

[7]) ECKSTEIN, A.: vgl. S. 180.

[8]) STEWART, C. C.: Mammalian smooth muscle — the cat's bladder. Americ. journ. of physiol Bd. 4, S. 185. 1901.

[9]) TAYLOR, F. B. und W. C. ALVAREZ: Effects of temperature on rhythm of excised segments from different parts of the intestine. Americ. journ. of physiol. Bd. 44, S. 344. 1917.

[10]) ROTH, G. B.: On the movements of the excised ureter of the dog. Americ. journ. of physiol. Bd. 44, S. 275. 1917.

[11]) BUGLIA, G.: Untersuchungen über die optimale Temperatur für die Funktion des glatten Muskelgewebes. Zeitschr. f. Biol. Bd. 55, S. 377. 1911.

stimmte das Temperaturoptimum für die spontane Rhythmik ausgeschnittener Stücke des Hühneroesophagus.

Nach BERNSTEIN[1]) wäre die Zunahme der Zuckungshöhen mit sinkender Temperatur ein Beweis für die Annahme, daß die chemische Energie im Muskel auf dem Wege über die Oberflächenspannung in mechanische Energie transformiert wird, da für die Oberflächenspannung ein negativer Temperaturkoeffizient charakteristisch ist. Seiner Meinung nach wird die Höhe einer isometrischen Zuckung durch zwei Reaktionen reguliert, von denen die eine einen positiven, die andere einen negativen Temperaturkoeffizienten hätte; die Versuchsergebnisse wären also jeweils von dem Überwiegen des einen oder des anderen Faktors abhängig und deshalb schwankend.

Bei der Erörterung der Temperaturkoeffizienten herrscht oft ein Mißverständnis, ob es sich um die Wirkung der Temperaturerhöhung auf einen Gleichgewichtszustand zwischen zwei Reaktionen handelt, oder um ihre Wirkung auf die Geschwindigkeitskonstante einer Reaktion. Die zuletzt genannte Wirkung ist immer positiv, aber das Gleichgewicht zwischen zwei antagonistischen Reaktionen wird immer nach der Seite der endothermen Reaktion hin verschoben. Die Wirkung der Temperatur auf die Oberflächenspannung gehört zu der zweiten (Gleichgewichts-) Gruppe, während der Muskel eher zu der ersten zu zählen ist.

Wir haben gesehen, daß die Muskelkontraktion zweckmäßigerweise aufgefaßt werden kann als eine vorübergehende Störung des dynamischen Gleichgewichtes einer ganzen Reihe von Kettenreaktionen. In einem solchen System hängt die Wirkung der Temperatur so sehr von der relativen Zunahme der Geschwindigkeiten der einzelnen Teilreaktionen ab, daß die Wirkung auf die Gleichgewichtszustände leicht maskiert werden kann. Leider messen wir, wenn wir die Zuckungshöhe messen, nicht einmal die Geschwindigkeit *einer* Reaktion, sondern eher eine unbekannte Funktion eines Reaktionsproduktes, das selbst wieder gleichzeitig durch eine zweite Reaktion weggeschafft wird. OSTERHOUT[2]) hat sehr anschaulich gezeigt, wie fehlerhaft die Messungen des Temperaturkoeffizienten mit einer solchen Methode werden können. Wenn wir sehen, daß die Höhe der isometrischen Zuckung mit sinkender Temperatur zunimmt, so sagt dies vielleicht nur, daß bei sinkender Temperatur die Bildung der spannungverursachenden Substanz weniger verzögert wird als ihre Wegschaffung. Ferner weist die von HARTREE und HILL[3]) beobachtete Konstanz des Verhältnisses zwischen Spannung und Wärmeproduktion darauf hin, daß *die entwickelte Spannung ausschließlich von der Menge der frei gewordenen Energie abhängt.* Folglich ist der Temperaturkoeffizient der Spannungsentwicklung in Wirklichkeit der Temperaturkoeffizient der Energieentwicklung, er gibt also keinerlei Aufschluß über den Vorgang, durch den chemische Energie in Spannungsenergie umgewandelt wird.

## 6. Summation und Tetanus.

Die Erscheinung der Summation soll durch Abb. 51 [nach HARTREE und HILL[3])] illustriert werden. Sie zeigt die Spannung, die ein ausgeschnittener Sartorius gegen einen starren isometrischen Hebel entwickelt, wenn er von zwei in verschiedenen Intervallen aufeinanderfolgenden Induktionsschlägen erregt

---

[1]) BERNSTEIN, J.: vgl. S. 181.

[2]) OSTERHOUT, W. J. V.: Some aspects of the temperature coefficients of life processes. Journ. of biol. chem. Bd. 32, S. 23—27. 1917.

[3]) HARTREE and HILL: The Nature of the isometric twitch. Journ. of physiol. Bd. 55, S. 389. 1921.

wird. Die Kurve I entspricht in allen Fällen der Wirkung des ersten Reizes, wenn er allein wirkt; sie ändert sich also nicht. Die Kurve II gibt die summierte Kontraktion bei Einwirkung beider Reize. Durch Subtraktion der Ordinaten der Kurve I von jenen der Kurve II erhalten wir die gestrichelt gezeichneten „Differenzkurven". Diese Differenzkurve entspricht also dem gesamten Spannungszuwachs, den der zweite Induktionsschlag bewirkt. Wenn wir die Höhe der Differenzkurven als Ordinaten über den einzelnen Intervallen zwischen den beiden Reizen als Abszissen auftragen, so finden wir, daß die so erhaltene Kurve bei dem Intervall von 0,14 Sekunden durch ein Maximum geht. HARTREE und HILL haben dieses Maximum in Beziehung gesetzt zu der von ADRIAN[1]) beobachteten

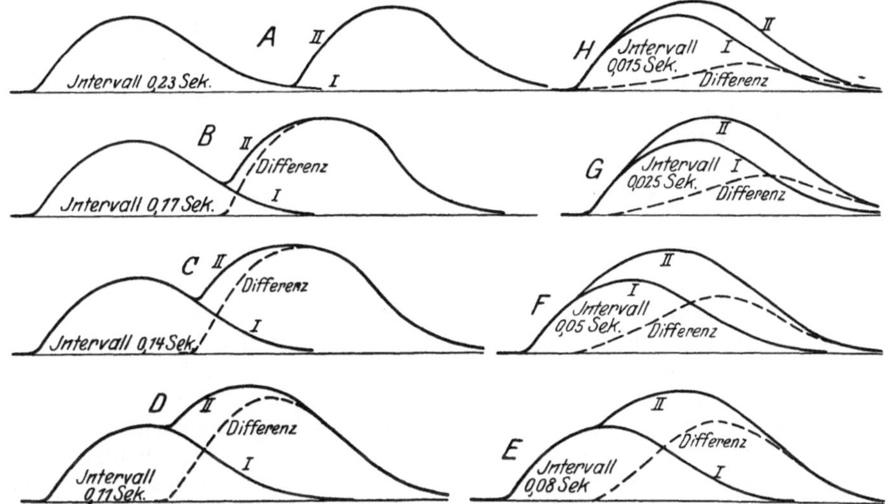


Abb. 51. Summation isometrischer Kontraktionen bei abnehmendem Zeitintervall. Die Ordinaten der gestrichelten Kurven wurden durch Subtraktion der Ordinaten der Kurve I von jenen der Kurve II erhalten. (Nach HARTREE und HILL.)

übernormalen Phase der Erregbarkeit des Nerven und zur übernormalen Phase der Leistungsfähigkeit des Herzens.

Schon HELMHOLTZ[2]), der Entdecker des Phänomens der Zuckungssummation, wußte, daß die Ordinaten der Summationskurve unter Umständen größer sein können als die Summe der Ordinaten der beiden Einzelkurven, und auch späterhin wurde diese Erscheinung sowohl an isometrischen als auch an isotonischen Zuckungen oft untersucht. SCHENCK[3]) und ACKERMANN[4]) zeigten, daß das Phänomen bei isotonischen Zuckungen nur bei starker Belastung, bei isometrischen Zuckungen nur bei geringer Anfangsspannung auftritt. In ACKERMANNS Versuchen handelte es sich um das Auftreten des Phänomens in einer Serie von vier summierten Zuckungen, von denen jede einzelne auf dem Gipfel der vorausgehenden begann. Aus seinen Kurven lassen sich die Höhen von 4 Differenzkurven (inklusive der ersten Zuckung) nach der Methode von HARTREE und HILL messen.

---

[1]) ADRIAN, E. D.: The recovery process of excitable tissues. Journ. of physiol. Bd. 54, S. 1. 1920—1921.

[2]) HELMHOLTZ: Verhandl. d. Kgl. preuß. Akad. d. Wiss. Berlin 1854, S. 330.

[3]) SCHENCK, F.: Beiträge zur Lehre von der Summation der Zuckungen. Pflügers Arch. f. d. ges. Physiol. Bd. 96, S. 399. 1903.

[4]) ACKERMANN, D.: Über Summation von Zuckungen. Pflügers Arch. f. d. ges. Physiol. Bd. 117, S. 329. 1907.

Ich habe dies in 4 Fällen getan, und zwar bei isometrischen Zuckungen mit hoher und niedriger Anfangsspannung und bei isotonischen Zuckungen mit großer und kleiner Belastung. Die Ergebnisse, die in nachstehender Tabelle zusammengestellt sind, bestätigen die oben erwähnten Befunde von SCHENCK, denn die aufeinanderfolgenden Höhen steigen nur bei Zuckungen mit niedriger Anfangsspannung oder hoher Anfangsbelastung an.

**Höhe der Differenzkurven in mm.**

| Kurve | Isometrisch. Anfangsspannung: | | Isotonisch. Anfangsbelastung: | |
|---|---|---|---|---|
| Nr. | 10 g | 100 g | 5 g | 50 g |
| 1 . . . . . . . . . . . . . . . . . . . . . | 6,5 | 7,8 | 11,0 | 8,8 |
| (1 + 2) − 1 . . . . . . . . . . . . . . . . . | 9,5 | 8,0 | 11,3 | 12,2 |
| (1 + 2 + 3) − (1 + 2) . . . . . . . . . . . . | 11,0 | 8,1 | 10,0 | 16,0 |
| (1 + 2 + 3 + 4) − (1 + 2 + 3) . . . . . . . | 11,5 | 7,9 | 10,0 | 17,4 |
| Abbildungsort der Kurven in der Arbeit ACKERMANNS . . . . . . . . . . . . . . . . . | Fig. 1 | Fig. 1 | Fig. 5 | Fig. 6 |

Es hat zunächst den Anschein, als ob die Ergebnisse bei isotonischen Zukkungen anders zu erklären wären als die bei isometrischen, weil Längenänderungen nicht additiv sind. Bei der isotonischen Kurve ist während des Anstieges der zweiten Zuckung keine Arbeit nötig, um das Zurückfallen des Gewichtes infolge der Erschlaffung nach der ersten Zuckung zu verhindern. Dagegen muß bei der isometrischen Zuckung der Spannungsverlust beim Abklingen der Wirkung des ersten Reizes durch die Entwicklung einer gleichen Spannung durch den zweiten Reiz kompensiert werden, ehe eine weitere Spannungszunahme auftreten kann. SCHENCK und BRADT[1]) haben die bei summierten Zuckungen entwickelte Wärme gemessen und fanden sie stets geringer als die Summe der bei beiden Einzelzuckungen produzierten Wärmemengen. Dies war mit ein Hauptgrund, weshalb SCHENCK annahm, daß diese abnorm große Spannung (die übernormale Phase von HARTREE und HILL) bei summierten isometrischen Zuckungen nicht auf einer abnorm großen Energieentwicklung beruhe, sondern eher auf einer Hemmung des Erschlaffungsvorganges der ersten Zuckung. Aber HARTREE und HILL fanden beim Sartorius häufig, wenn auch nicht immer, daß auch die Wärmeproduktion bei summierten Zuckungen durch eine übernormale Phase hindurchging, wenn das Intervall zwischen den beiden Reizen vergrößert wurde; dies spricht für *ihre* Erklärung des Phänomens.

Der Unterschied zwischen der isotonischen und der isometrischen Summation ist unmittelbar von Bedeutung für das Wesen der isometrischen und der isotonischen tetanischen Kontraktionen. Es ist üblich, den isotonischen Tetanus als einen Fall von Selbstunterstützung, d. h. als eine Serie von Überlastungszuckungen, aufzufassen. Nach dieser Annahme bedürfte der isotonische Tetanus, obwohl sich der Muskel in ihm stärker verkürzt als bei einer isotonischen Zuckung, keiner höheren Intensität des Verkürzungsmechanismus (H-Ionenkonzentration ?), sondern nur der gleichen Intensität bei geringerer Länge. Beim isometrischen Tetanus ist dagegen eine solche (äußere) Überlastung nicht möglich, und um eine höhere Spannung zu erzielen, muß die Intensität des Kontraktionsvorganges dadurch gesteigert werden, daß frequente Induktionsschläge die Muskelfasern mit H-Ionen überschwemmen, und zwar (vielleicht) rascher als sie wieder entweichen können, bis schließlich ein Gleichgewicht auf dem „Plateau“ des Tetanus

[1]) SCHENCK, F. und G. BRADT: Über die Wärmebildung bei summierten Zuckungen. Pflügers Arch. f. d. ges. Physiol. Bd. 55, S. 143. 1894.

erreicht wird. MINES[1]) hat die Überlastung eines Muskels so lange erhöht, bis ein einzelner Induktionsschlag keine Verkürzung mehr hervorrief. Dann tetanisierte er den Muskel bei der gleichen Länge und fand eine wesentliche Verkürzung. Dieser Versuch beweist, daß die *Selbstunterstützung* zur Erklärung der erzielten Verkürzung nicht genügt, sondern daß an ihr ein analoger *Intensitätsfaktor* beteiligt sein muß, wie wir ihn beim isometrischen Tetanus annehmen müssen. Nun können wir den mit einer Verkürzung einhergehenden „Längentetanus" allmählich in einen isometrischen Tetanus übergehen lassen, wenn wir Hebel von steigender Trägheit und isometrische Hebel von steigender Starre verwenden, und dabei verliert dann der Überlastungsfaktor immer mehr an Bedeutung, während der Intensitätsfaktor immer mehr an Bedeutung gewinnt. Die Frage ist berechtigt, ob der Überlastungsfaktor überhaupt jemals, auch bei einer ganz „starr" isometrischen Kontraktion, ganz verschwindet, und ob deshalb die übernormale Phase der Contractilität nicht vielleicht nur ein Ausdruck für den Überlastungsfaktor ist, der offensichtlich die gleiche Erscheinung bei isotonischen summierten Zuckungen verursacht. Auch bei einer isometrischen Kontraktion können sich die Fasern etwas verkürzen, und dies könnte eine Art Überlastung ermöglichen. Möglicherweise findet auch immer ein der Wasserverschiebung aus den hellen in die dunklen Bänder der Sarkomeren analoger Vorgang statt, ohne den vielleicht keine Spannung entwickelt werden kann[2]). *So könnte also die innere Arbeit bei der isometrischen Kontraktion überlastet sein und dies die übernormale Phase erklären.*

BROEMSER[3]) hat die Summation eines maximalen Reizes untersucht, wenn ihm a) ein zweiter maximaler und b) ein submaximaler Reiz folgt. Die Höhendifferenz der durch den maximalen und den submaximalen Reiz ausgelösten *Einzelzuckungen* war beträchtlich, folgten diese Reize aber auf einen ersten, maximalen Reiz, so waren die Höhen der so ausgelösten beiden Doppelzuckungen fast oder vollkommen gleich. BROEMSER erklärt dies durch die Annahme, daß die Erregbarkeit unmittelbar nach einem maximalen Reiz erhöht ist, so daß der submaximale Reiz dann eine maximale Wirkung hat. Es ist aber noch nicht bewiesen, daß es sich hierbei um einen Erregbarkeitseffekt handelt.

v. KRIES und SEWALL[4]) haben die Summation zweier submaximaler Reize studiert. Je kleiner sie das Intervall wählten, um so niedriger fielen die summierten Zuckungen aus, bis schließlich der zweite Reiz in das Refraktärstadium des ersten fällt und damit wirkungslos wird. Wird das Intervall noch weiter verkürzt, so nimmt die Kontraktionshöhe wieder zu, vorausgesetzt, daß beide Ströme gleichgerichtet sind; es beruht dies auf der Summation der *Reize*, durch die mehr Fasern erregt werden. Nach LEVINSOHN[5]) folgt auf einen unterschwelligen Reiz ein Pseudorefraktärstadium, so daß ein ihm nach etwa 1,5 $\sigma$ folgender submaximaler Reiz wirkungslos bleibt. Nach einem längeren Intervall ist der unterschwellige Reiz wirkungslos, nach kürzerem läßt er einen submaximalen Reiz maximal werden. Dies bestätigt für den Muskel eine ähnliche Beobachtung

---

[1]) MINES, G. R.: Summation of Contractions. Journ. of physiol. Bd. 46, S. 1. 1913.

[2]) Vgl. z. B. die mikroskopisch von TIEGS beobachtete Verschiebung des Hyaloplasmas vor Beginn der Kontraktion. (The structure and action of striated muscle fibre. Trans. and Proc. Roy. Soc. of South Australia Bd. 47, S. 142. 1923.)

[3]) BROEMSER, P.: Über Summation von Zuckungen bei verschieden starken Reizen. Zeitschr. f. Biol. Bd. 55, S. 491. 1910/11.

[4]) v. KRIES, J. und H. SEWALL: Summierung untermaximaler Reize im Muskel und Nerven. Arch. f. (Anat. u.) Physiol. 1881, S. 66.

[5]) LEVINSOHN, S.: Über die Wirkung schwacher elektrischer Doppelreize auf die quergestreifte und glatte Muskulatur des Frosches. Pflügers Arch. f. d. ges. Physiol. Bd. 133, S. 267. 1910.

GILDEMEISTERS[1]) am Nerven. FRANKFURTHER[2]) hat die Summation eines quer und eines längs den Muskel durchfließenden Induktionsstromes studiert.

Die *Form* des isometrischen Tetanus ersehen wir am besten aus Abb. 52 [nach FULTON[3])]; die Kurven zeigen je eine Einzelzuckung des in situ belassenen Froschgastrocnemius und je einen durch 52 eben maximale Öffnungsschläge bewirkten Tetanus bei sechs verschiedenen Anfangsspannungen. Je höher die Anfangsspannung, desto höher wird die Endspannung, desto träger auch die Einzelzuckung, desto langsamer entwickelt sich die Spannung im Tetanus, und desto länger hält sich die Spannung auch nach dem Schluß der Reizung auf der Höhe. Die Kurven zeigen deutlich, daß sich die Spannung nach Aufhören der Reizung beim Tetanus etwa ebensolange auf der Höhe des Plateaus erhält, wie die ganze Einzelzuckung unter den gleichen Bedingungen dauert [vgl. GAD und HEYMANS[4])]. Die gesamte Erschlaffungszeit des Tetanus ist erheblich länger

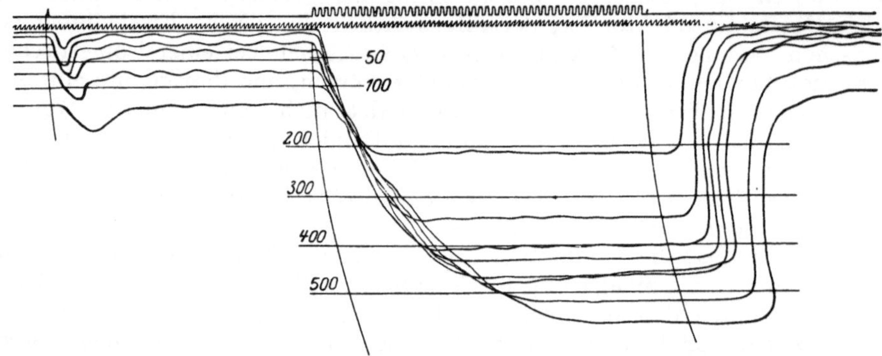


Abb. 52. Spannungskurven des in situ belassenen durchbluteten Froschgastrocnemius bei 6 verschiedenen Anfangsspannungen. Reizung zuerst mit einem Einzelschlag, dann, nach einem Intervall, mit 52 eben maximalen Öffnungsschlägen. Zeitmarken = 0,01 Sek. (Nach FULTON.)

als die Dauer einer Einzelzuckung. Man könnte dies dahin deuten, daß die Reaktion des Muskels auf den letzten Reiz einer Reizserie infolge der beginnenden Contractur oder einer Anhäufung von Milchsäure gedehnter verläuft als die Reaktion auf den ersten Reiz. HARTREE und HILL[5]) haben die Reaktion des Muskels auf die sukzessiven Reize des tetanisierenden Stromes analysiert und fanden in der Tat eine zunehmende Verzögerung der Erschlaffung.

In FULTONS[3]) Versuchen waren die Frösche entweder enthirnt und atmeten spontan, oder es war ihnen das Rückenmark hoch durchschnitten, dann wurden sie künstlich ventiliert. Mit dieser Methodik fand er die Spannung bei 10° höher als bei 25°. An ausgeschnittenen Muskeln fanden GAD und HEYMANS[4]) und BERNSTEIN[6]) immer eine Zunahme der Spannung mit steigender Temperatur.

Der Tetanus des glatten Muskels unterscheidet sich von dem des quergestreiften dadurch, daß die maximale Spannung beim direkt gereizten glatten

---

[1]) GILDEMEISTER, M.: Über Interferenzen zwischen zwei schwachen Reizen. Pflügers Arch. f. d. ges. Physiol. Bd. 124, S. 447. 1908.

[2]) FRANKFURTHER, W.: Die Wirkung der Querdurchströmung auf die kontrahierten Muskel. Arch. f. (Anat. u.) Physiol. 1914, S. 432—435.

[3]) FULTON, J. F.: Afteraction in a peripheral nerve muscle preparation etc. Journ. of physiol. Bd. 58, Proc. XXXVI. 1924.

[4]) GAD und HEYMANS: vgl. S. 180.

[5]) HARTREE und HILL: vgl. S. 182.

[6]) BERNSTEIN, J.: Über die Temperaturkoeffizienten der Muskelenergie. Pflügers Arch. f. d. ges. Physiol. Bd. 122, S. 129. 1908.

Muskel nicht immer während der ganzen Reizdauer aufrechterhalten bleibt, sondern oft nach einem anfänglichen Anstieg wieder sinkt [SCHULTZ[1])]; durch Ermüdung läßt sich diese Erscheinung nicht erklären [MISLAWSKY[2])]. Vor allem tritt dieser Effekt bei sehr frequenten oder sehr starken Reizen auf [HIRAYAMA[3])]. In dieser Hinsicht und im allgemeinen Verlauf der graphischen Kurven erinnert dies Phänomen sehr an die Wedensky-Hemmung, die der Skelettmuskel bei indirekter Reizung zeigt [HOFMANN[4])]. Bei direkter Reizung des quergestreiften Muskels tritt aber der Wedensky-Effekt nicht auf, und nach der Erklärung von LUCAS[5]) wäre dies auch nicht möglich.

Unter gewissen Bedingungen und bei gewissen Muskeln kann die tetanische Reizung langsame, rhythmische Kontraktionen auslösen [DE VARIGNI[6])].

## 7. Ermüdung.

Eine exakte Definition der Ermüdung sollte von dem ihr zugrunde liegenden Mechanismus ausgehen, dies ist aber selten möglich, und wenn wir von Muskelermüdung sprechen, müssen wir darunter nur die verringerte Kontraktionsfähigkeit nach der Tätigkeit verstehen.

Die häufigste Ursache der Ermüdung bei ausgeschnittenen Muskeln ist wahrscheinlich die Ansammlung von Milchsäure [FLETCHER und HOPKINS[7])]. Dies kann entweder eine Folge des Verbrauches der Puffersubstanzen des Blutes sein, oder eine Folge der mangelhaften Blutzirkulation oder von Sauerstoffmangel (vgl. die Arbeit von HILL und MEYERHOF, S. 152). Für eine Milchsäureermüdung des isolierten, quergestreiften Muskels sprechen die Versuche von BERG[8]); er fand nämlich, daß die Ringersche Lösung vor allem wegen ihrer Alkalescenz und weniger wegen ihres Glucosegehaltes die Erholung des ermüdeten Muskels fördert. Unter gewissen Umständen dürfte aber die Ermüdung auf einem Mangel an Nahrungszufuhr (Glykogen) beruhen. An elektrisch gereizten Muskeln des intakten Frosches wurden Ermüdungszustände beobachtet, die weder durch eine Milchsäureanhäufung [BÜRGI[9])], noch durch Glykogenmangel [KOBAYASHI[10])] erklärt werden können. Die Ermüdung könnte auch unter Umständen auf einer Abnahme der Erregbarkeit während der Tätigkeit [PRATT[11]), L. und M. LAPICQUE[12]),

---

[1]) SCHULTZ, P.: Zur Physiologie der längsgestreiften Muskulatur. Arch. f. (Anat. u.) Physiol. 1903, Suppl. S. 1—130.

[2]) MISLAWSKY, N.: Über die rhythmische Reizung der glatten Muskeln. Zeit. f. allg. Physiol. Bd. 6, S. 442. 1907.

[3]) HIRAYAMA, S.: Electric stimulation of smooth muscle. Japan. journ. of med. science (abstracts) Bd. 1, Nr. 2, S. 87. 1922.

[4]) HOFMANN, F. B.: Über die Abhängigkeit des Tetanusverlaufs von der Reizfrequenz bei maximaler indirekter Reizung. Pflügers Arch. f. d. ges. Physiol. Bd. 93, S. 186. 1902.

[5]) LUCAS, K.: The Nature of the Nerve Impulse. Kap. XII, London 1917.

[6]) VARIGNY, H. DE: Sur le tetanos rhythmique chez les muscles invertebrés. Arch. de physiol. norm. et pathol. Bd. 7, S. 151. 1886.

[7]) FLETCHER and HOPKINS: The respiratory process in muscle and the nature of muscular motion. Proc. of the Roy. soc. of London (B) Bd. 89, S. 444. 1917.

[8]) BERG, F.: Einige Untersuchungen über Ermüdung und Restitution des überlebenden M. sartorius beim Frosch. Skandinav. Arch. f. Physiol. Bd. 24, S. 345. 1911.

[9]) BÜRGI, F.: Der Milchsäuregehalt des Muskels bei langdauernder Tätigkeit unter physiologischen Bedingungen. Zeitschr. f. Biol. Bd. 81, S. 253. 1924.

[10]) KOBAYASHI, M.: Über das Verhalten des Muskelglykogens bei physiologisch geleiteter Muskeltätigkeit und die Abhängigkeit dieses Verhältnisses von der Temperatur. Zeitschr. f. Biol. Bd. 81, S. 263. 1924.

[11]) PRATT, F. H.: The all or none principle in graded response of skeletal muscle. Americ. Journ. of physiol. Bd. 44, S. 517. 1917.

[12]) LAPICQUE, L. und M.: Modification de l'éxcitabilité musculaire par la fatigue. Cpt. rend. des seances de la soc. de biol. Bd. 82, S. 772. 1919.

GRUBER[1])] beruhen, oder auf einem Versagen der Erregungsleitung an der myoneuralen Verbindungsstelle. So hat UHLMANN[2]) in Ergographenversuchen gezeigt, daß ein Muskel, der durch willkürliche Kontraktionen ermüdet worden ist, sich von neuem kontrahiert, wenn man ihn elektrisch reizt. Andererseits können wir einen Muskel nach einer weitgehenden Ermüdung durch direkte Reizung sofort wieder willkürlich kontrahieren. Offenbar ermüden die willkürliche und die elektrische Erregung ganz verschiedene Mechanismen, denn jede von ihnen kann sich weitgehend erholen, während die andere in Tätigkeit ist.

Allgemein können wir sagen: Der Muskel ermüdet, wenn das Intervall zwischen den Kontraktionen zu kurz ist, um dem Muskel eine volle Erholung zu ermöglichen, ehe die nächste Kontraktion einsetzt, wobei den Zirkulationsbedingungen usw eine überwiegende Bedeutung zufällt. Dies kürzeste Intervall zur Vermeidung der Ermüdung ist beim Herzen kürzer als 1 Sekunde. Beim Frosch beträgt es nach TASKINIEN[3]) bei erhaltener Zirkulation 10—11 Sekunden, nach MARTI[4]) 4 Sekunden. Am unversehrten Kaninchen muß bei Anwendung der Methoden ASHERS[5]) und seiner Schüler das Intervall noch geringer sein, denn HOLLINGER[6]) konnte einen Kaninchenmuskel alle 4 Sekunden tetanisieren, und nach der anfänglichen geringen Abnahme in der Höhe der Kontraktionen zeigte er 4 Stunden lang kein weiteres Zeichen von Ermüdung. Ähnlich tetanisierte SCHMID[7]) mit derselben Methode, aber bei isometrischen Kontraktionen, einen Kaninchenmuskel in situ $^4/_5$ Sekunde lang in Intervallen von je 2 Sekunden 4 Stunden lang, wobei die Höhe der Zacken nur um 5% gegen den ursprünglichen Wert abnahm. Es scheint kein Grund vorzuliegen, diese Ergebnisse einem relativ unermüdbaren Teil in der Muskulatur, einer Sperrmuskulatur, zuzuschreiben, wie dies ASHER[5]) getan hat.

In Anbetracht der großen Zahl von Prozessen, die eine Muskelzuckung ausmachen, scheint es nicht verwunderlich, daß keine zwei Zuckungsserien einander gleichen, und daß Ermüdungskurven eine so verwirrende Verschiedenheit zeigen, daß es aussichtslos erscheint, aus ihnen irgendwelche nützlichen Tatsachen abzuleiten, gar nicht zu reden von den Versuchen, die Ermüdungskurve als eine Gerade (KRONECKER) oder als eine Parabel dritten Grades (JOTEYKO: La fonction musculaire, S. 363 und 365) auszulegen. Es gibt aber doch gewisse allgemeine Züge in diesen Kurven, die sehr lebhaft diskutiert worden sind und Erwähnung verdienen.

### a) Rhythmische Veränderungen

in der Höhe der Kontraktionen werden gelegentlich beobachtet und wurden zuerst von SYMONS[8]) an Frosch-, Kröten- und Säugetiermuskeln unter sehr ver-

---

[1]) GRUBER, C. M.: Threshhold stimulus as affected by fatigue and subsequent rest. Americ. journ. of physiol. Bd. 32, S. 438. 1913.

[2]) UHLMANN, F.: Über Ermüdung der willkürlich oder elektrisch gereizten Muskel. Pflügers Arch. f. d. ges. Physiol. Bd. 146, S. 517. 1912.

[3]) TASKINIEN, K.: Beitrag zur Kenntnis der Ermüdung des Muskels. Skand. Arch. f. Physiol. Bd. 23, S. 1—54. 1910.

[4]) MARTI, H.: Fortgesetzte Untersuchungen über die Ermüdung des Muskels und ihre Beziehung zur parasympathischen Innervation. Zeitschr. f. Biol. Bd. 77, S. 299. 1922.

[5]) ASHER, L.: Die Ermüdung des Muskels und ihre Beziehung zur Muskelinnervation. Arch. f. d. ges. Physiol. Bd. 194, S. 230. 1922.

[6]) HOLLIGER, M.: Untersuchungen über Ermüdung des Muskels. Zeitschr. f. Biol. Bd. 77, S. 261. 1922.

[7]) SCHMID, E.: Untersuchungen über Muskelermüdung des Säugetieres bei isometrischen Tetani und über den Einfluß des Sympathicus hierauf. Zeitschr. f. Biol. Bd. 77, S. 281. 1922.

[8]) SYMONS, C. T.: Wave-like variations in muscular fatigue curves. Journ. of physiol. Bd. 36, S. 385. 1908.

schiedenen Bedingungen studiert. Burridge[1]) nimmt an, daß sie immer an die Gegenwart von Milchsäure gebunden seien. Cannon und Gruber[2]) finden, daß die Wellen rein myogen seien und unabhängig von Änderungen in der Zirkulation.

### b) Treppe usw.

Zu Beginn einer Reihe von Zuckungen, während die verschiedenen Faktoren sich gegenseitig ausäquilibrieren und während der Muskel sich einem stationären Zustande nähert, treten oft ausgiebige Veränderungen in der Höhe der Zuckungen auf. Hierher gehört der allmähliche Anstieg der Zuckungshöhen, den Bowdich zuerst am Herzmuskel beobachtet hat, und der ihm so bedeutungsvoll erschien, daß er ihm einen eigenen Namen gab: die Treppe. Diese anfängliche Höhenzunahme der Kontraktionen ist in der Tat sehr charakteristisch, aber nicht unter allen Umständen nachweisbar. Manchmal gehen ihr ein paar „einleitende Zuckungen" voran, die an Höhe abnehmen; manchmal verläuft die Treppe sehr allmählich und erstreckt sich über eine längere Zeit, in anderen Fällen ist sie wiederum ganz kurz, wie z. B. in den Versuchen von Julius[3]) am Taubenflügel. Gar nicht so selten fehlt sie vollkommen, oder die Zuckungshöhen nehmen sogar ab. Fröhlich[4]) meinte, daß die Treppe auf einem langsameren Verlaufe der Einzelzuckung beruhe, so daß dann alle Fasern eines Muskels gleichzeitig maximal kontrahiert wären, aber Lee und Harvey[5]) haben nachgewiesen, daß beim Froschmuskel die Zuckungsdauer während eines Teiles der Treppe sogar abnehmen kann, und Lee[6]) sah an Warmblütermuskeln auch während der Ermüdung keine Verlängerung der Zuckungsdauer. Ebenso fand Gruber[7]) bei Katzen eine Verkürzung der Zuckungsdauer während der Treppe. Adrian[8]) schrieb dies der Trägheit des Schreibhebels zu, aber Gruber[7]) kann diese Ansicht nicht bestätigen. Sowohl Lee als auch Gruber fanden die Schwelle während der Treppe deutlich erniedrigt und sie erklären die Treppe durch eine Steigerung der Erregbarkeit und der Contractilität infolge der Anhäufung von Milchsäure oder $CO_2$ im Muskel. Für diese Auffassung sprechen Versuche von Mines[9]) und auch von Gunzberg[10]); er sah die Treppe auffallend langsam ansteigen, wenn er die Durchströmungsflüssigkeit reich an $O_2$ hielt, während Fröhlich sie bei $CO_2$-Einwirkung sehr kurz fand. Gunzberg bringt eine vollständige Literaturübersicht über diese verzwickte Frage, deren Erörterung in ihrer Breite nicht im richtigen Verhältnis zu ihrer Bedeutung steht. Die Treppe könnte durch das

---

1) Burridge, W.: An inquiry into some chemical factors in fatigue. Journ. of physiol. Bd. 41, S. 285. 1911.

2) Cannon, W. C. und C. M. Gruber: Oscillatory variations in the contractions of rhythmically stimulated muscle. Americ. journ. of physiol. Bd. 42, S. 36. 1916.

3) Julius, S.: Über den unvollkommenen Tetanus der Skelettmuskeln. Arch. f. d. ges. Physiol. Bd. 162, S. 521. 1915.

4) Fröhlich, F. W.: Über die scheinbare Steigerung der Leistungsfähigkeit des quergestreiften Muskels im Beginn der Ermüdung usw. Zeitschr. f. Physiol. Bd. 5, S. 288. 1905.

5) Lee, F. S. und E. N. Harvey: An examination of Fröhlich's theory of the treppe. Proc. of the soc. f. exp. biol. a. med. Bd. 7, S. 135. 1909—1910.

6) Lee, F. S.: Über Temperatur und Muskelermüdung. Arch. f. d. ges. Physiol. Bd. 110, S. 400. 1905.

7) Gruber, C. M.: Staircase phenomenon in mammalian skeletal muscle. Americ. journ. of physiol. Bd. 63, S. 338. 1922—1923.

8) Adrian, E. D.: The recovery process of excitable tissue. Journ. of physiol. Bd. 54, S. 1. 1920.

9) Mines, G. R.: Summation of Contractions. Journ. of physiol. Bd. 46, S. 1. 1913.

10) Gunzberg, I.: À propos de l'escalier dans les courbes du travail musculaire. Arch. néerl. de physiol. Bd. 2, S. 664. 1918.

Zusammenwirken mehrerer Faktoren zustande kommen und ist vielleicht nur als Übergang zu einem relativ stationären Zustand bei der Muskeltätigkeit anzusehen.

### c) Contractur.

Alle Beobachter stimmen darin überein, daß die Dauer der Einzelzuckungen einer Serie umso länger wird, je deutlicher die übrigen Ermüdungserscheinungen werden. In vielen solchen Serien folgt der nächste Reiz schon ehe der Muskel nach der vorangehenden Zuckung ganz erschlafft ist. Man hat an die Möglichkeit gedacht, daß diese Verzögerung der Erschlaffung auf das In-Funktion-Treten eines zweiten contractilen Mechanismus im Muskel hinwiese, dem eine tonische Funktion zukäme (vgl. JOTEYKO S. 74). Der gleichen Erscheinung begegnen wir bei der verzögerten Erschlaffung nach einem Tetanus, die besonders deutlich bei niedriger Temperatur ausgeprägt ist [BERITOFF[1])]. LAPICQUE und WEILL[2]) haben die Frage wesentlich gefördert durch die Beobachtung, daß die Contractur zwar durch hochgespannte und kurz dauernde Ströme, nicht aber durch länger fließende Ströme von geringerer Spannung hervorgerufen wird. Dies erinnert an die Tatsache, daß starke Induktionsströme eine der Veratrinzuckung ähnelnde Kontraktion auslösen, als ob sie also neben dem rasch reagierenden Mechanismus noch einen zweiten, den Contracturmechanismus, erregten [HOFMANN und FLÖSSNER[3])].

Die Ermüdung verlängert die Latenzzeit und das Refraktärstadium [BRÜCKE[4])], sie verursacht einen erhöhten Verlust an Phosphorsäure und erhöht die Empfindlichkeit des Muskels gegen Kaliumvergiftung [WEISS[5])], sie steigert den osmotischen Druck der Muskelflüssigkeiten [MOORE[6])] und setzt den Eiweißgehalt in einem durch kochendes Wasser erzielten Extrakte herab [DE NITO usw.[7])].

Die Bedeutung des Reizrhythmus für die Ermüdung haben BULGER und STILES[8]) und GILDEMEISTER[9]) untersucht. Die Erstgenannten fanden die Arbeitsleistung bei einer unregelmäßigen Reizfolge erhöht (Ergographenversuche), weil die Kontraktionsdauer herabgesetzt war. GILDEMEISTER sah die Flügelmuskel der Taube bei frequenten Reizen und geringer Belastung rascher ermüden als bei seltenen Reizen und einer höheren Belastung, die so gewählt war, daß die Gesamtarbeit während einer gegebenen Zeit in beiden Fällen gleich war.

---

1) BERITOFF, I. S.: Über die Contractur und den Tetanus der quergestreiften Muskeln. Arch. f. d. ges. Physiol. Bd. 198, S. 590. 1923.

2) LAPICQUE, M. und J. WEILL: Influence de la durée de l'éxcitation sur le phénomene de la contracture. Cpt. rend. des séances de la soc. de biol. Bd. 73, S. 78. 1912.

3) HOFMANN, F. B. und O. FLÖSSNER: Dauerkontraktion des unvergifteten Skelettmuskels bei Reizung mit starken Einzelinduktionsströmen. Zeitschr. f. Biol. Bd. 78, S. 17. 1923.

4) BRÜCKE, E. T.: Über die Verlängerung des Refraktarstadiums des Muskels bei der Ermüdung. Zeitschr. f. Biol. Bd. 76, S. 213. 1922.

5) WEISS, H.: Über den Einfluß unterschwelliger elektrischer Reizung auf den Permeabilitätszustand von Froschmuskeln. Arch. f. d. ges. Physiol. Bd. 196, S. 393. 1922.

6) MOORE, A. R.: Cryoscopic measurement of the osmotic pressure difference between resting and fatigued muscle. Americ. journ. of physiol. Bd. 41, S. 137. 1916.

7) DE NITO, J., J. OBERZIMMER und L. WACKER: Eiweißfällung als Begleiterscheinung der Ermüdung und Totenstarre des Muskels. Zeitschr. f. Biol. Bd. 81, S. 68. 1924.

8) BULGER, H. A. und P. C. STILES: The comp. performance of muscles subjected to rhythmic and arrhythmic stimulation. Americ. journ. of physiol. Bd. 51, S. 430. 1920.

9) GILDEMEISTER, M.: Über den Einfluß des Rhythmus der Reize auf die Arbeitsleistung der Muskeln. Arch. f. d. ges. Physiol. Bd. 135, S. 366. 1910.

ACKERMANN[1]) gibt an, daß die Ermüdung bei niedriger Temperatur rascher eintritt, und daß Kaltblüter-(Frosch-)Muskeln rascher ermüden als die von Warmblütern. MEYERHOF[2]) zeigte, daß ein bei 5° bis zur Erschöpfung ermüdeter Muskel sich wieder zu kontrahieren beginnt, wenn er auf 20° erwärmt wird; wird aber ein Muskel bei 20° ermüdet, so kontrahiert er sich nicht, wenn man ihn auf 5° abkühlt. In Muskeln, die bei niedriger Temperatur ermüdet worden waren, fand sich immer mehr Milchsäure.

Nach CRIDER und ROBINSON[3]) nimmt die Arbeitsleistung eines Froschbeines zu, wenn man das zweite abbindet, was wohl auf einem Zirkulationsfaktor beruhen dürfte. MARLI sah die Leistungsfähigkeit von Froschmuskeln nach Durchschneidung der hinteren Wurzeln um 30—40% ansteigen.

---

[1]) ACKERMANN, M.: Der Einfluß der Temperatur auf die Ermüdung der Muskulatur des unversehrten Frosches. Zeitschr. f. Biol. Bd. 78, S. 331. 1923.

[2]) MEYERHOF, O.: Die Energieumwandlungen im Muskel. Arch. f. d. ges. Physiol. Bd. 182, S. 232. 1920. (S. 252.)

[3]) CRIDER, J. O. und W. W. ROBINSON: The effect of certain procedures upon the course of fatigue in frog muscle. Americ. journ. of physiol. Bd. 41, S. 376. 1916.

# Der Muskeltonus.

Von

**OTTO RIESSER**

Greifswald.

**Zusammenfassende Darstellungen.**

GRÜTZNER: Die glatten Muskeln. Ergebn. d. Physiol. Jg. 3, II. Abt. 1904. — SPIEGEL: Zur Physiologie und Pathologie des Skelettmuskeltonus. Berlin: Julius Springer 1923. — LEWY: Die Lehre vom Tonus und der Bewegung. Berlin: Julius Springer 1923. — RIESSER: Über den Tonus der Muskeln. Klin. Wochenschr. Jg. 4, S. 1 u. 52. 1925.

Bei der Erörterung des so außerordentlich vielgestaltigen Tonusproblems ist es ratsam, sich nicht von vornherein auf Definitionen festzulegen, sondern rein beschreibend von solchen Erscheinungsformen der Muskeltätigkeit auszugehen, die allgemein als Typen tonischer Muskelfunktion anerkannt werden, wie etwa die Dauerverkürzungen und Dauerspannungsleistungen der glatten Muskeln, der reflektorische Ruhetonus des Skelettmuskels, die experimentelle Enthirnungsstarre der Säuger. Wir wollen uns zunächst mit der allgemeinen Feststellung begnügen, daß, wo immer von Muskeltonus gesprochen wird, es sich um funktionelle Dauerverkürzungs- oder Spannungszustände handelt, die infolge des Fehlens aller den tätigen Muskel sonst kennzeichnenden Begleiterscheinungen als Gleichgewichts- oder Ruhelagen zu betrachten sind.

## I. Der Tonus der glatten Muskeln.

Bei den glatten Muskeln sind die tonischen Eigenschaften und die Tonusschwankungen nicht nur besonders klar ausgeprägt, sie sind hier auch fast ausschließlich Träger der funktionellen Aufgaben. Nicht so sehr Bewegen als Halten ist in der Tat die Hauptaufgabe dieser Muskeln. Von vornherein sei hervorgehoben, daß die glatten Muskeln nach Bau, Chemismus und Funktion so grundlegend von den quergestreiften Skelettmuskeln verschieden sind, daß Vergleiche selbst da nur in vorsichtigst zu begrenzendem Umfang statthaft erscheinen, wo eine gewisse äußerliche Ähnlichkeit des Funktionsbildes vorhanden ist. Auch ist hier schon zu betonen, daß auch die verschiedenen glattmuskeligen Elemente, welche bisher der physiologischen Untersuchung dienten, zweifellos nicht ohne weiteres vergleichbar sind, daß es nicht nur *einen* glatten Muskel, sondern verschiedene Arten gibt. Nur die allgemeingültigen Erscheinungen sind hier zu berücksichtigen.

Es ist kennzeichnend für glatte Muskeln, daß sie sich auf einen einmaligen adäquaten Reiz langsam und mit langer Latenz zusammenziehen, lange in der erreichten Verkürzung verharren und spontan nur träge und unvollkommen, bei nicht zu hoher Belastung, zu ihrer Anfangslänge zurückkehren. Jenes aktive, durch die innere Struktur der quergestreiften Fibrille bedingte Zurückschnellen zur Ausgangsstellung, das auch dem völlig unbelasteten quergestreiften Muskel, selbst nach Ausschaltung jeder Schwerewirkung, eigen ist, die zwangsmäßige Koppelung und blitzartige Aufeinanderfolge von Verkürzung und Wiederverlängerung, von Spannungsleistung und Erschlaffung, wie sie die Zuckung des Skelettmuskels kennzeichnen, sie fehlen dem glatten Muskel. Man muß annehmen, daß die Beseitigung der auf Reiz gebildeten Verkürzungssubstanzen, die beim Skelettmuskel automatisch mit ihrer Bildung verknüpft scheint, beim glatten Muskel sich nur unvollkommen und nur dann überhaupt vollzieht, wenn ein besonderer nervöser Erschlaffungsimpuls den Muskel trifft. Es spielen in der Tat Erschlaffungsnerven bei den glatten Muskeln eine Rolle [BIEDERMANN[1])], die bei der Skelettmuskulatur unbekannt ist und jedenfalls schwerlich mit den Hemmungserscheinungen beim Tetanus dieser Muskeln etwas zu tun hat.

Das Fehlen der zwangsmäßigen Erschlaffung führt beim glatten Muskel dazu, daß er nach einmaliger Erregung so lange in Dauerverkürzung oder Dauerspannung verharrt, bis der Erschlaffungsimpuls sich geltend macht. Soweit auch ohne nervösen Impuls schließlich Erschlaffung möglich ist, hängt sie ab von der Größe der den Muskel dehnenden Belastung sowie von denjenigen Faktoren, die, wie etwa die Durchblutung oder die Flüssigkeitsversorgung im Experiment, eine Beseitigung der Verkürzungssubstanzen zu fördern vermögen.

Besonders bemerkenswert und im Gegensatz zum Verhalten des Skelettmuskels stehend ist die Tatsache, daß der glatte Muskel keine bestimmte Ruhelänge hat, daß er vielmehr in jeder Länge in Ruhe, aber auch in jeder Länge in Tätigkeit sein kann, indem er äußeren Kräften das Gleichgewicht hält.

P. SCHULTZ[2]) hat den Versuch gemacht, die Eigenschaften des reinen glatten Muskels, und zwar der Muskeln des Froschmagens, unter Ausschaltung der in ihm enthaltenen nervösen Elemente, darzustellen, wobei er von der vielleicht anfechtbaren Voraussetzung ausging, daß man durch Atropinbehandlung die nervösen Elemente allein zu lähmen imstande sei, ohne die Eigenschaften der Muskelfasern selbst irgendwie zu verändern. Es hinterbleiben dann vor allem jene Eigenschaften, die SCHULTZ als Substanztonus, NOYONS[3]) als Autotonus bezeichnet, und die am besten durch die sog. Verkürzungs- und Verlängerungsreaktion gekennzeichnet werden: der glatte Muskel bleibt nach Verkürzung verkürzt, und nach Dehnung behält er auch die neue Länge bei. Der glatte Muskel ist also in ausgesprochenem Maße plastisch — daher auch die von SHERRINGTON[4]) geprägte Bezeichnung des plastischen Tonus —, seine Elastizität ist unvollkommen. Der quergestreifte Muskel verhält sich genau umgekehrt, wenigstens unter normalen Verhältnissen.

Die *funktionellen Veränderungen,* welche der glatte Muskel unter der Einwirkung geeigneter Reize erleidet, sind also *zweierlei Art.* Einmal Verkürzung und Verlängerung, sodann aber Versteifung oder Sperrung, eine Eigenschaft, welche von der jeweiligen Länge des Muskels unabhängig ist. Am interessantesten und wichtigsten ist hierbei die *Sperrung.* Ihre Bedeutung geht am besten aus den grundlegenden Untersuchungen hervor, die wir BETHE[5]) sowie NOYONS und v. UEXKÜLL[6]) verdanken.

---

[1]) BIEDERMANN: Elektrophysiologie.

[2]) SCHULTZ, P.: Arch. f. Physiol. 1897.

[3]) NOYONS: Arch. f. Physiol. 1912.

[4]) SHERRINGTON: Quart. journ. of exp. physiol. Bd. 2, S. 109. 1909; Brain Bd. 38, S. 191. 1915.

[5]) BETHE: Pflügers Arch. f. d. ges. Physiol. Bd. 142, S. 291. 1911.

[6]) NOYONS und v. UEXKÜLL: Zeitschr. f. Biol. Bd. 56, S. 139. 1911.

Unter Sperrung soll ein Zustand des glatten Muskels verstanden werden, der ihn befähigt, einem gewissen Zuge dauernd und ohne innere Arbeitsleistung, also ohne Verbrauch an Energie, das Gleichgewicht zu halten. Diese Definition schließt also die tetanische Muskelversteifung aus, da diese ja lediglich durch dauernden Energieverbrauch aufrechterhalten werden kann. Die Sperrung ist unermüdbar. Auch steht sie in keiner Beziehung zur jeweiligen Länge des Muskels, der in der Tat bei jeder Länge sowohl gesperrt wie auch entsperrt sein kann.

Obwohl die Sperrfähigkeit am klarsten beim glatten Muskel entwickelt ist, fehlt sie doch, wie wir sehen werden, auch dem Skelettmuskel nicht. Nur ist sie bei ihm meist verdeckt durch die überwiegenden Erscheinungen der tetanischen Spannungs- und Verkürzungsreaktionen. Der sperrfähige Muskel verhält sich, wie Grützner treffend ausgeführt hat, so wie der federnde Sperrhaken, der ein längs gekerbter Stange durch aktive Kräfte (Tetanus) gehobenes Gewicht in jeder beliebigen Höhe festhalten, „sperren" kann.

Besonders klar offenbart sich die Bedeutung des Sperrmechanismus da, wo Verkürzungs- und Sperrfunktion, an zwei anatomisch trennbare Substrate gebunden, getrennt nebeneinander beobachtet werden können. Das klassische Beispiel hierfür ist der Schließmuskel der Muscheln[1]). Er besteht aus zwei schon durch ihr Aussehen deutlich unterscheidbaren Teilen, dem glashellen und dem weißen Strang. Der erstere ist es, der die Schalen mit großer Kraft dem elastischen Zuge des Schloßbandes entgegen zu schließen vermag. Sie in dieser Lage festzuhalten, ist er indessen unfähig. Dieser Aufgabe dient allein der weiße Anteil des Muskels, der zunächst der durch den glashellen Muskel geführten aktiven Bewegung lediglich passiv zu folgen scheint, um unmittelbar nach Beendigung der Bewegung und in jeder gerade erreichten Stellung der Schalen zueinander gleichsam zu erstarren und die Schalen selbst stärkstem Zuge gegenüber in dieser Stellung festzuhalten, zu sperren. Dabei verbraucht dieser Muskel, wie wir sehen werden, ebensowenig Energie wie der Sperrhaken im Gleichnis von Grützner, er leistet weder äußere noch innere Arbeit.

Eine ganz ähnliche Einrichtung fand v. Uexküll[2]) bei den Muskeln, welche die Stacheln der Seeigel bewegen; auch hier liegt neben dem Bewegungsmuskel der Sperrmuskel, der sich die Last in jedem gegebenen Augenblick gleichsam aufzuladen vermag. Hier aber kommt etwas Neues hinzu: es ist die reflektorische Auslösung der Sperrung durch jeden Widerstand, auf den der Stachel stößt, und vor allem die exakte Anpassung der Sperrung an die jeweils zu überwindenden Gegenkräfte. Noyons und v. Uexküll sprechen in diesem Falle von *gleitender Sperrung* im Gegensatz zur *maximalen Sperrung,* wie sie beim Muschelschließmuskel vorhanden ist, der immer nur den Höchstgrad der Sperrung, niemals weniger, zu entwickeln vermag. Wir begegnen der gleitenden Sperrung auch bei einer Anzahl anderer glattmuskeliger Präparate.

In dem steten Wechselspiel von Bewegungs- und Sperrmechanismus, die sich nach Bedarf gegenseitig ablösen, spielt nach Noyons und v. Uexküll die sog. Erregungssteuerung eine wichtige Rolle.

Die Analyse der Funktion glatter Muskeln höherer Tiere hat gezeigt, daß hier Bewegungs- und Sperrfunktion meist in *einem* Muskel vereinigt sind. Dabei ist die Fähigkeit zur Sperrung und Entsperrung eine Eigenschaft der glatten Muskelfaser selbst, während die Gleitung, die Anpassung also an die Größe des Widerstandes, sich als eine Reflexfunktion erweist und an die Existenz und

---

[1]) Marceau: Arch. de zool. exp. et gén. 1909. — v. Uexküll: Zeitschr. f. Biol. Bd. 58, S. 305. 1912.

[2]) v. Uexküll: Zeitschr. f. Biol. Bd. 39, S. 73. 1899 u. Bd. 49, S. 307. 1907.

Funktionsfähigkeit zentralnervöser Apparate gebunden ist. Es ist in der Tat die gleitende Sperrung als Funktion höherer Ordnung zu betrachten.

Wir werden sehen, daß es auch beim Skelettmuskel eine gleitende Sperrung gibt. Ein Unterschied besteht indessen insofern, als bei diesen Muskeln auch die Sperrfähigkeit selbst reflektorisch bedingt und vom Zentralnervensystem abhängig ist. Vielleicht wird der Unterschied der beiden Muskelarten in dieser Hinsicht weniger schroff erscheinen, wenn man berücksichtigt, daß in den glatten Muskeln nervöse Elemente, insbesondere Nervennetze, mehrfach nachgewiesen sind, die als ein gleichsam peripheres Reflexzentrum betrachtet werden können. Auch ist es bekannt, daß gerade bei den niederen Lebewesen die Trennung zwischen Nerv und Muskel kaum noch durchführbar ist. Es mag also sein, daß die Sperrfähigkeit auch des glatten Muskels nervös bedingt ist.

Es ist nur ein anderer Ausdruck für die in der Verkürzungs- und Verlängerungsreaktion sich erweisenden Eigenschaften der typischen glatten Muskeln, wenn hier zwischen Muskellänge und Spannungsleistung keinerlei Beziehungen festzustellen sind. Kann doch der glatte Muskel bei jeder Länge beliebige Spannung und bei jeder Spannung beliebige Länge haben. Auch hierin tritt ein grundlegender Unterschied gegenüber dem Skelettmuskel zutage. Zwar existieren auch für den Skelettmuskel nicht jene einfachen Beziehungen zwischen Länge und Spannung, wie sie zuerst WEBER[1]), später FICK[2]) sowie HERMANN[3]) und erst neuerdings wieder v. RECKLINGHAUSEN[4]) annahmen, aber für bestimmte Bedingungen sind sie doch zweifellos vorhanden, wenn auch nicht einfacher Natur. Allerdings hat BECK[5]) zeigen können, daß selbst der isolierte Froschmuskel eine Art von Sperrfähigkeit besitzt, indem er auf der Höhe eines direkt erregten Tetanus größeren Spannungen Widerstand zu leisten vermag, als die sind, gegen die er sich verkürzen kann. Auch für den normalen Skelettmuskel des Menschen hat BETHE[6]) neuerdings Sperrfähigkeit nachgewiesen. Indessen bleibt doch die Tatsache bestehen, daß im allgemeinen beim Skelettmuskel Beziehungen, wenn auch komplizierter und im einzelnen keineswegs geklärter Art, zwischen Spannung und Länge bestehen. Wäre der Skelettmuskel nichts anderes als ein Bündel quergestreifter Fibrillen, so würden aller Wahrscheinlichkeit nach diese Beziehungen ganz einfacher Art sein. Daß sie es nicht sind, hängt sicher damit zusammen, daß der Muskel nicht homogen zusammengesetzt ist, daß er nicht allein als Fibrillenbündel, sondern auch als Sarkoplasmazelle reagiert, und daß seine physikalischen Eigenschaften nicht nur durch die elastischen Eigenschaften der Fibrille, sondern zugleich auch durch die Plastizität des Muskelplasmas, und nicht allein durch diese, kompliziert werden. Wenn BETHE[7]) festgestellt hat, daß bei chemischen Contracturen der Skelettmuskeln Verkürzung und Spannung jede feste Beziehung zueinander vermissen lassen, so ist dies meines Erachtens nicht auf die physiologische Kontraktion zu übertragen und nur ein weiterer Beweis dafür, daß diese Verkürzungsformen, bei denen es sich meist um recht erhebliche Veränderungen der ganzen Muskelsubstanz handelt[8]), mit der physiologischen Muskelaktion wenig gemein haben. Man kann vielleicht so weit gehen zu behaupten, daß, je mehr bei einer

---

[1]) WEBER: E.: Wagners Handwörterbuch der Physiologie Bd. III, 2. Teil, S. 110. 1846.

[2]) FICK, A.: Mechanische Arbeit und Wärmeentwicklung bei der Muskelarbeit, S. 18. Leipzig 1882.

[3]) HERMANN, L.: Arch. f. Physiol. 1861, S. 383.

[4]) v. RECKLINGHAUSEN: Gliedermechanik und Lähmungsprothese Bd. I, S. 8, 1921. Zitiert nach BECK.

[5]) BECK, O.: Pflügers Arch. f. d. ges. Physiol. Bd. 199, S. 481. 1923.

[6]) BETHE: Ergebn. d. Physiol. Jg. 24. 1925 (Asher-Festschrift).

[7]) BETHE: Pflügers Arch. f. d. ges. Physiol. Bd. 199, S. 491. 1923.

[8]) RIESSER: Pflügers Arch. f. d. ges. Physiol. Bd. 208, S. 522. 1925.

Muskelaktion die Beziehungen zwischen Spannungsleistung und Länge sich lokkern und je stärker dem gegenüber plastische Eigenschaften und Sperrphänomene zutage treten, um so sicherer eine Aktion der sarkoplasmatischen Gesamtzelle vorliegt unter mindestens nur unbedeutender Teilnahme des motorischen Fibrillensystems. Wir werden diesem Gesichtspunkt später wiederholt begegnen.

Die Tatsache, daß der glatte Muskel sich in jeder Länge in einer Gleichgewichts- und Ruhelage befindet, und daß sowohl seine Kontraktion wie seine Sperrfähigkeit sich fundamental von der aktiven Dauerverkürzung tetanisch kontrahierter Skelettmuskeln unterscheidet, ist mit besonderer Klarheit beleuchtet worden durch die Ergebnisse der Stoffwechseluntersuchungen am „tätigen" glatten Muskel.

Wir verdanken Bethes[1]) grundlegenden Untersuchungen erst die richtige Einstellung zu dem ganzen Problem. Er wies nach, daß beim glatten Muskel durchaus jene gesetzmäßigen Beziehungen des Energieverbrauchs zur Last, zur Zeit und zur Länge des Muskels fehlen, die beim statische Arbeit leistenden Skelettmuskel festzustellen sind. Teichmuscheln, deren Adductoren viele Tage lang dauernd einem Zuge von 500 g entgegenwirkten, nahmen, obwohl in dieser Zeit jede Nahrungzufuhr fehlte, nicht an Gewicht ab. Für eine ähnliche Tragleistung müßte der tetanisch kontrahierte Skelettmuskel 9 mal mehr Zucker verbrennen, als die ganze Trockensubstanz der untersuchten Muscheln betrug. Die Tragzeit erwies sich unabhängig von der Last. Die Ermüdung, so kennzeichnend für die tetanische Leistung des Skelettmuskels, fehlte vollkommen. Der Tragrekord, der von Bethe als das Verhältnis Gramm Last zu Quadratzentimeter Querschnitt mal Stunden Tragzeit definiert wird, ist beim glatten Muskel der Muschel im Mittel um das Hunderttausendfache größer als beim Skelettmuskel. Schließlich wies Bethe noch nach, daß der andauernd kontrahierte Aplysienmantel keinen höheren $O_2$-Verbrauch hat als in erschlafftem Zustande. Durch all diese Beobachtungen wurde klar erwiesen, daß der glatte Muskel auch in verkürztem Zustande bzw. bei erhöhter Sperrung in *Ruhe* ist und sich jeweils wie ein toter Strang verhält, lebendig nur insofern, als er seine Spannung zu wechseln vermag. Parnas[2]), der seine Ergebnisse vor Bethe herausbrachte, konnte schon aus dessen Werk: Allgemeine Anatomie und Physiologie des Nervensystems, Leipzig 1903, den Hinweis auf diese durchaus neuen Gesichtspunkte zitieren. In seinen eigenen Untersuchungen fand er ebenso wie Bethe, daß bei der Dauerspannungsleistung der Schließmuskeln kein Mehrverbrauch an Sauerstoff gegenüber dem unbelasteten Zustand vorhanden ist, und daß ebensowenig die $CO_2$-Abgabe ansteigt.

Daß bei glatten Muskeln höherer Tiere ganz analoge Verhältnisse bestehen, hat Bethe hinsichtlich der Gefäßmuskeln hervorgehoben. Er berechnet, daß, wenn diese Muskeln dieselbe Energieverwertung hätten wie die Skelettmuskeln, sie zur Aufrechterhaltung des normalen Druckes im Gefäßsystem etwa $^1/_5$ des Gesamtenergieverbrauches des Menschen in Anspruch nehmen müßten! Der Mechanismus der Halteleistung ist also in beiden Fällen so verschieden wie nur denkbar. Der glatte Muskel, durch den Reiz in einen Strang mit ganz anderen mechanischen Eigenschaften verwandelt (Bethe), verharrt in diesem Zustande, der Skelettmuskel verliert ihn sofort wieder und kann nur dadurch in Dauerspannungszustand erhalten bleiben, daß der energieverbrauchende Prozeß der Erregung in schnellster Folge wiederholt wird. Die von den beiden Muskelarten ableitbaren Aktionsströme sind ein Ausdruck dieser Tatsache. Beim glatten Muskel bleibt die Saite des Galvanometers während der Dauerkontraktion völlig

---

[1]) Bethe: Pflügers Arch. f. d. ges. Physiol. Bd. 142, S. 291. 1911.
[2]) Parnas: Pflügers Arch. f. d. ges. Physiol. Bd. 134, S. 464. 1910.

ruhig und zeigt meist nur eine einphasische langsame Abweichung[1]), beim tetanisch erregten Skelettmuskel oszilliert sie kräftig im Rhythmus der den Muskel treffenden tetanisierenden Innervationsstöße.

Man wird an dieser Stelle noch auf eines besonders hinweisen müssen. Ganz sicher ist auch der glatte Muskel, wie wir früher schon betonten, bei niederen und höheren Tieren nicht genau dasselbe Organ. Auch hier gibt es verschiedene Entwicklungsstufen und sicher auch Übergänge zur quergestreiften Muskulatur, die wir ja als eine Fortentwicklung der glatten betrachten dürfen, Übergänge, wie sie z. B. bei der Oesophagusmuskulatur verwirklicht sind. Es ist daher nicht verwunderlich, daß auch hinsichtlich des Stoffwechsels und der Aktionsströme bei der Spannungsleistung sich Verschiedenheiten innerhalb der Klasse der glatten Muskeln finden müssen, und so mag es sich erklären, daß COHNHEIM und v. UEXKÜLL[2]) bei der Dauerverkürzung der Blutegelmuskulatur eine merkliche Steigerung des $O_2$-Verbrauchs und der $CO_2$-Abgabe, im Gegensatz also zu den Befunden von BETHE und von PARNAS an glatten Muskeln der Muscheln und Aplysien, feststellten, ein Befund, der übrigens entschieden weiterer Untersuchung bedarf.

Im übrigen sind unsere Kenntnisse über den Tätigkeitsstoffwechsel der glatten Muskulatur äußerst dürftige, ja im wesentlichen nur negative. Wir wissen nur, daß all die chemischen und energetischen Vorgänge, welche die Tätigkeit des Skelettmuskels begleiten, beim glatten Muskel fehlen, daß insbesondere von einer Milchsäurebildung im tätigen glatten Muskel keine Rede ist. Welche Vorgänge aber schließlich die Kontraktion des glatten Muskels auslösen, ist unbekannt.

Aus allem, was wir ausführten, folgt die Feststellung, daß es sich bei glatten und quergestreiften Muskeln um zwei grundsätzlich verschiedene Formen contractiler Elemente handelt. Der biologischen Einheit: glatte Muskelfaser — vegetatives Nervensystem, steht die Einheit: quergestreifte Faser — motorisches Neuron, gegenüber. Beim glatten Muskel das Beharren in dem durch einmalige Erregung gewonnenen neuen Zustand erhöhter Spannungsleistung, ohne Vermehrung des oxydativen Stoffwechsels, ohne Aktionsstrom, ohne Ermüdung und mit einer Spannungsleistung, die, bei höheren Tieren relativ geringfügig, bei niederen sehr erheblich, aber immer vom Grade der Verkürzung weitgehend unabhängig ist. Beim quergestreiften Muskel dagegen Kontraktion und Spannungsleistung in zwar komplizierter, aber unzweifelhafter, fester gegenseitiger Beziehung, eine außerordentlich hohe, aber auf die Dauer nicht ohne Ermüdung durchzuführende Spannungsleistung, die aufrechterhalten wird lediglich durch ein Schnellfeuer zentralmotorischer Erregungsstöße, gekennzeichnet durch hohen Verbrauch an energieliefernden Kohlenhydrat und an Sauerstoff, begleitet von erheblicher Wärmebildung und typisch oszillierenden Aktionsströmen.

## II. Der Tonus des Skelettmuskels.

### A. Die dualistische Theorie der Muskelaktion.

Wäre die klare Scheidung zwischen tonischer Aktion glatter Muskeln und der tetanischen der quergestreiften für alle Erscheinungsformen muskulärer Betätigung durchzuführen, so würde dies die Betrachtung wesentlich vereinfachen. Den Tatsachen aber würde man dadurch Gewalt antun. Diese Tatsachen liegen

[1]) Literatur über den „Tonusstrom" bei glatten Muskeln: EWALD: Pflügers Arch. f. d. ges. Physiol. 1910, S. 269. Festschrift f. HERING. — FUCHS: Ebenda Bd. 136, S. 65. 1910. — v. BRÜCKE und OINUMA: Ebenda Bd. 136, S. 502. 1910. — DITTLER: Ebenda Bd. 141, S. 527. 1911. — FRÖHLICH und H. H. MEYER: Zentralbl. f. Physiol. Bd. 26, S. 269. 1912. — STÜBEL: Pflügers Arch. f. d. ges. Physiol. Bd. 143, S. 381. 1912. — v. TSCHERMAK: Ebenda Bd. 175, S. 165. 1919. — RICHTER: Americ. journ. of physiol. Bd. 67, S. 612. 1924.

[2]) COHNHEIM und v. UEXKÜLL: Zeitschr. f. physiol. Chemie Bd. 76, S. 298 u. 314. 1912.

sowohl auf physiologischem wie auf pathologisch-klinischem Gebiet. Es gibt nämlich in der Tat Funktionsbilder der Skelettmuskulatur, die in auffallender Weise an die tonischen Erscheinungen glatter Muskeln erinnern, andere wieder, bei denen sich die Anschauung aufdrängt, daß es sich um eine Zusammensetzung aus tonischen und tetanischen Vorgängen handle. Es mußte daher die Frage erhoben werden, ob der Skelettmuskel etwa neben seiner typischen motorisch-tetanischen Funktionsweise auch noch in mehr oder weniger ausgesprochenem Maße die tonisch-vegetativen Eigenschaften glatter Muskeln besitze. Ob er, wie diese, sich auf bestimmte physiologische Reize hin langsam und tonisch kontrahieren könne (contractiler Tonus) und ob er zu aktionsstromloser typischer Sperrung fähig sei (plastischer oder Sperrtonus).

Schon an dieser Stelle sei auf die Trennung dieser beiden Tonusformen aufmerksam gemacht, die beim Skelettmuskel sich als unentbehrlich erweist. Der *contractile Tonus* bedeutet die Eigenschaft, unter langsamer Verkürzung in Dauerspannung zu geraten, ist also der Kontraktionsart des glatten Muskels analog. Der *Sperr-* oder *plastische Tonus* bezeichnet die Eigenschaft des Muskels, unabhängig von der Länge die „innere Spannung", den Grad der Sperrung, zu wechseln unter gleichzeitiger Annahme plastischer Eigenschaften. Wir werden an späterer Stelle die Trennung dieser beiden funktionellen Begriffe noch genauer begründen.

Aus solchen Erwägungen heraus ist die Theorie vom Dualismus der Muskelfunktion entstanden, welche die soeben gestellte Frage bejaht und zugleich diese Antwort zu begründen sucht. Mag man sie entwicklungsgeschichtlich, anatomisch oder physiologisch abzuleiten suchen, immer erscheint sie geeignet, wichtigste Tatsachen der Muskelphysiologie und -pathologie sowie auch der Muskelpharmakologie in befriedigender Weise zu erklären. Es ist durchaus berechtigt, wenn darauf hingewiesen wird, daß der quergestreifte Muskel die höhere Entwicklungsstufe, der glatte die niedere und ältere sei, und daß man wohl annehmen dürfe, es hätten sich auch im Skelettmuskel noch mehr oder weniger ausgiebige Reste der Eigenschaften glatter Muskeln erhalten[1]). Diese Vorstellung wird zweifellos gestützt durch die Tatsache, daß auch der Skelettmuskel, neben der ihm eigentümlichen zentralmotorischen Innervation eine vegetative besitzt[2]), der schließlich irgendein Substrat, irgendeine Funktionsform des Muskels entsprechen muß. So ist es verständlich, daß die von BOTAZZI[3]) verkündete Theorie des Dualismus der Muskeln sich trotz mancher Bedenken[4]) und Angriffe so siegreich durchzusetzen wußte. Diese Theorie aber besagt, daß im Skelettmuskel neben dem durch die Fibrillen dargestellten und motorisch-innervierten Apparat noch ein zweiter vegetativ-tonischer enthalten sei, als dessen Substrat man das Sarkoplasma in seiner Hülle, dem Sarkolemm, zu betrachten habe. So viele Bedenken gegen die Richtigkeit dieser Theorie auch immer wieder geltend gemacht worden sind, keines hat gegenüber der außerordentlichen Fruchtbarkeit der Botazzischen Vorstellung standgehalten.

Nach BOTAZZI ist der Ablauf der Muskelaktion stets die Resultante aus den Teilaktionen der Fibrillen und des Sarkoplasmas. Es kann entweder die flinke Zuckungsaktion der Fibrillen das Bild wesentlich beherrschen, oder aber es macht sich daneben mehr und mehr die langsame träge Kontraktion des Sarkoplasmaschlauches bemerkbar, wenn sie nicht, in seltenen Fällen, in Form der typischen langsamen tonischen Kontraktion vorherrschend den Kontraktionsablauf bestimmt. Das Zusammenwirken beider Mechanismen in verschiedener gegen-

[1]) Vgl. DART: Journ. of comparat. neurol. Bd. 36, S. 441. 1924; Ber. üb. d. ges. Physiol. Bd. 29, S. 730. 1925.

[2]) BOEKE: Anat. Anz. Nr. 46, S. 343. 1913. — BOEKE und DUSSER DE BARENNE: Proc. d. koninkl. akad. v. wetensch. Bd. 21, S. 1. 1919.

[3]) BOTAZZI: Arch. f. Physiol. 1901, S. 377.

[4]) v. KRIES: Pflügers Arch. f. d. ges. Physiol. Bd. 190, S. 66. 1921.

seitiger Abstufung bestimmt die Form der Zuckungskurve, den Verlauf des Tetanus, den Typus der Leistung. Maßgebend ist also die relative Verteilung von Fibrillen und Sarkoplasma. Die fibrillenarmen (und sarkoplasmareichen Muskeln) weisen einen mehr langsamen Zuckungsverlauf, einen „tonischen“ Funktionscharakter auf; die fibrillenreichen (und sarkoplasmaarmen) Muskeln dagegen führen flinke und kräftige Kontraktionen aus, sind aber zu Dauerleistung, insbesondere also zur Halteleistung, weniger geeignet. Der anatomisch-histologische Vergleich flinker und langsamer Muskeln bestätigt diese Annahme. Auch weist BOTAZZI darauf hin, daß die flinken und langsamen Muskeln durchaus nach ihrer gewöhnlichen Beanspruchung im Körper verteilt sind. Die flinken sitzen da, wo es auf Wurf und Hub ankommt, die langsamen da, wo Dauerkontraktionen und Dauerspannungen, also Halteleistung, verlangt wird.

BOTAZZI hat die Trennung von tonischer Kontraktion und Sperrung noch nicht gekannt. Wir aber ergänzen seine Theorie, indem wir dem Sarkoplasma als Träger der tonischen, dem glatten Muskel entsprechenden Eigenschaften die Fähigkeit der typischen Sperrung zuschreiben, soweit eine solche beim Skelettmuskel vorhanden ist.

Wenn also bei verschiedenen Muskeln die Art der Zusammensetzung aus Fibrillen und Sarkoplasma und das wechselseitige Verhältnis der beiden Bestandteile den Arbeitstypus bestimmt, so kann man sich sehr wohl vorstellen, daß auch bei *einem gegebenen* Muskel der Funktionstypus wechseln kann, falls wir annehmen dürfen, daß die Beteiligung der maßgebenden Bestandteile, der Fibrillen und des Sarkoplasmas rein funktionell wechseln kann. Es könnte ein Zurücktreten des fibrillär-motorischen Apparats allein schon ein Überwiegen der tonisch-sarkoplasmatischen Funktion zur Folge haben, und das gleiche müßte sich ereignen, wenn zwar die Aktion der Fibrillen nicht eingeschränkt, die des vegetativ-tonischen Apparats aber absolut verstärkt ist. Es liegt in Fortführung dieser Gedankengänge nahe anzunehmen, daß es eine zentrale Steuerung der beiden Mechanismen geben müsse — doch wissen wir nichts Sicheres hierüber. Indessen ist es von Bedeutung, daß die Vorstellung vom wechselnden Zusammenwirken zweier Mechanismen im Muskel auch von einem ganz anderen Gesichtspunkt aus, nämlich dem der doppelten Muskelinnervation, in der Form der Lehre vom superponierten Tetanus sich Geltung verschafft hat. Darüber wird an anderer Stelle zu sprechen sein. Sehr interessant sind neueste Befunde von KULCHITSKY[1]) und von LATHAM[2]), wonach die Endigungen der motorischen und der vegetativen Fasern im Muskel niemals an ein und derselben Muskelfaser zu finden sind[3]), so daß es anscheinend neben rein motorisch innervierten rein sympathisch innervierte Fasern gibt. Das erinnert an GRÜTZNERS alte Vorstellung, daß im Skelettmuskel zwei verschiedene Fasergattungen anzunehmen seien, von denen die eine mehr der motorischen, die andere der tonischen Funktion diene.

## B. Die wichtigsten Formen tonischer Muskelfunktion.

### 1. Der Brondgeestsche Tonus.

Im folgenden wollen wir, vom Standpunkt des Dualismus der Muskelfunktion aus, die wichtigsten als tonisch bezeichneten Erscheinungen beim Skelettmuskel betrachten und zu charakterisieren versuchen. Wir beginnen mit der Frage des

[1]) KULCHITSKY: Journ. of anat. Bd. 48, S. 178. 1924 (zit. nach HUNTER: Surg., gynecol. a. obstetr. Dez. 1924; Brit. med. journ. Nr. 3344 S. 197, Nr. 3345, S. 251, Nr. 3346, S. 298. 1925).

[2]) LATHAM: zit. bei HUNTER.

[3]) Daß dies nicht für alle doppelt innervierten Muskeln gilt, zeigen die Versuche von DART, zitiert auf S. 198, der bei Python *jede* Muskelfaser doppelt innerviert fand.

Ruhetonus, jener Dauerverkürzung und -sperrung, in der sich anscheinend alle Körpermuskeln stets und auch dann befinden, wenn der Körper im Raume und die Glieder zum Körper in Ruhe sind. Man darf allerdings nicht vergessen, daß es eine absolute Ruhe der Muskeln insofern kaum gibt, als sie selbst bei den wenigen stabilen Gleichgewichtslagen des Körpers, sei es durch die Schwere, sei es infolge ihrer Befestigung zwischen den Teilen des Skeletts und der Wirkung der Bänder, mehr oder weniger auf Zug und Dehnung beansprucht werden. Dies ist in noch weit höherem Maße der Fall bei den weit zahlreicheren und praktisch wichtigeren labilen Gleichgewichtslagen des Körpers, wie vor allem beim Stehen, deren Aufrechterhaltung ohne eine dauernde, den Schwankungen um die Gleichgewichtslage entgegenwirkende Arbeit zahlreicher Muskeln überhaupt nicht möglich ist. Bei allen diesen „Ruhe"lagen und -stellungen des Körpers sind zahlreiche Muskeln des Stammes beteiligt, und zwar so, daß auf jeden einzelnen eine nur sehr geringe Leistung entfällt. Diese wird um so kleiner sein, je geschickter die gegebenen mechanischen Stabilisierungsbedingungen ausgenützt werden. Es ist daher nicht verwunderlich, daß diese geringe Leistung im Stoffwechselversuch, nach übereinstimmenden Angaben zahlreicher Autoren[1]) sowie nach den Ergebnissen sehr vieler eigener, noch nicht veröffentlichter Untersuchungen, beim Vergleich von Stehen und Liegen kaum oder gar nicht in vermehrtem Umsatz zur Geltung kommt, und daß die Aktionsströme der beim Stehen beteiligten Muskeln nur äußerst schwach sind. Die tetanisch-motorische Maschine läuft in diesen Fällen mit nur sehr geringem Antrieb, und es genügt im wesentlichen die vegetativ-tonische Leistung der Sperrung.

Das wichtigste dabei ist die *Regulierung* des Gleichgewichtsspieles, das, was wir auch hier in Anlehnung an das bei den glatten Muskeln Gesagte als Gleiten der Sperrung bezeichnen könnten.

Daß es sich um reflektorische Vorgänge handelt, ist seit den Untersuchungen von Brondgeest[2]) bekannt. Er zeigte zuerst, daß die Muskeln erschlaffen, nicht nur wenn man den gemischten Nerven durchtrennt, sondern ebenso nach Durchschneidung der zugehörigen hinteren Wurzeln allein. Was dann noch als Tonus übrigbleibt, ist rein peripher bedingt und lediglich Ausdruck des physikalischen Zustandes der Muskelkolloide. Nur so lange also, als sensible Erregungen, vom Muskel selbst ausgehend, das Rückenmark und die höheren tonusregulierenden Zentren erreichen, besteht jene tonische Dauererregung, welche den Muskel der Schwere entgegen in Dauerverkürzung hält.

Das Wesen dieser reflektorischen Regulation der Muskellänge und -spannung wird durch neueste Untersuchungen von Liddel und Sherrington[3]) über den myotatischen oder Dehnungsreflex dem Verständnis nähergebracht. Am enthirnten Tiere konnten sie zeigen, daß jede Dehnung der Streckmuskeln reflektorisch eine Gegenspannung in ihnen auslöst, welche, innerhalb bestimmter Grenzen, dem ausgeübten Zuge das Gleichgewicht hält. Dehnung der Beuger ruft dagegen zwar nicht eine Gegenspannung in ihnen selbst, wohl aber eine Erschlaffung der Strecker hervor, was in Endwirkung auf ein Überwiegen der Beugerwirkung herauskommen muß. An Hand dieser Beobachtungen, deren Bedeutung ganz allgemeiner Natur zu sein scheint, läßt sich das Verhalten der Muskeln eines frei am Nacken aufgehängten Tieres ebenso wie das der Muskeln beim Stehen erklären. Beim Stehen wirkt die Schwere des Körpers im Sinne einer Durchbeugung der Knie, wobei die Streckmuskeln einer Dehnung unterliegen. Hierauf

[1]) Literatur bei Grafe: Ergebn. d. Physiol. Jg. 21, II. Abt., S. 88. 1923.

[2]) Brondgeest: Arch. f. Anat., Physiol. u. wiss. Med. 1860, S. 703.

[3]) Liddel und Sherrington: Proc. of the roy. soc. of London (B.) Bd. 96, S. 212. 1924. — Dieselben: Ebenda (B) Bd. 97, S. 267. 1925.

reagieren sie mit einer reflektorischen Kontraktion und erhöhter Spannung. Beim frei aufgehängten Tier, wirkt dagegen die Schwere im Sinne einer Dehnung der Beuger. Die Folge ist ein Tonusnachlaß der Strecker und ein Überwiegen der Beuger: die Beine geraten in leichte Beugestellung.

Es wäre demnach sehr wohl denkbar, daß wir den Brondgeestschen Ruhetonus als einen myotatischen Reflex betrachten müssen. Welcher Art die hierbei wirksamen Spannungskräfte der Muskeln sind, ist leider noch nicht untersucht. Man könnte an und für sich sehr wohl meinen, daß es sich um einen tetanischen, wenn auch nur sehr schwachen Reflex handle, der eben wegen der Geringfügigkeit der Erregungen ohne merklichen Mehrverbrauch und mit nur sehr schwachen Aktionsströmen verlaufe. Leider sind Untersuchungen über den Aktionsstrom bei dem myotatischen Reflex, soweit solche überhaupt geeignet sind, uns über das Wesen des Kontraktionsvorganges etwas auszusagen, noch nicht bekannt geworden. Indessen die Bedeutung der tonisch-vegetativen Komponente, auch für die Erscheinungen des Ruhetonus, drängt sich erneut auf, wenn wir berücksichtigen, daß der myotatische Reflex und der, wie wir später sehen werden, ihm gleichzusetzende Reflex der Bremsung, aber auch der wichtigste tonische Dauerreflex, der Stehreflex, überhaupt erst in vollem Umfange in Erscheinung treten unter Bedingungen, die eine Abschwächung oder Ausschaltung zentralmotorischer, insbesondere der auf den Pyramidenbahnen geleiteten Impulse im Gefolge haben und unter Erscheinungen, die eine Annäherung der Eigenschaften der Skelettmuskeln an diejenigen der glatten Muskeln deutlich machen, nämlich bei der *Enthirnungsstarre.*

## 2. Die Enthirnungsstarre.

Sherrington[1]) hat zuerst gezeigt, daß bei Durchtrennung des Gehirnes von Säugetieren in der Gegend der hinteren Vierhügel ein Dauerzustand der Starre in den Streckmuskeln wie überhaupt in allen Muskeln, welche am aufrecht stehenden Tier der Schwere entgegenwirken, ausgelöst wird. Die Streckmuskeln versteifen sich so weit, daß man das enthirnte Tier auf seinen vier Beinen aufstellen kann.

Abtragung des Großhirns allein ist ohne Wirkung, wohl aber muß, wie die neuesten Versuche von Rademaker bei Magnus[2]) erwiesen, der Nucleus ruber, wenigstens bei Katzen und Kaninchen, entfernt werden, wenn typische Enthirnungsstarre erzielt werden soll. Es sind also bei diesen Tieren die tonischen Impulse, die zu den Streckmuskeln verlaufen, außerordentlich gegenüber der Norm verstärkt. Die Ausschaltung des Großhirns sowie der tiefen Zentren des Mittelhirns hebt einen großen Teil wichtigster zentralmotorischer Impulse auf. Was danach an den Muskeln in Erscheinung tritt, ist die ungehemmte Wirkung tieferer, im oberen Teil der Medulla zu lokalisierender Apparate, und eine fast reine Ausprägung der tonischen, von diesen Zentren ausgehenden Impulse. Es handelt sich um einen Zustand erhöhter und dauernd aufrechterhaltener Spannungsleistung mit gleitender Sperrung, die mit minimalen Aktionsströmen, ohne merklichen Mehrverbrauch an Energie und ohne der Ruhe gegenüber verstärkte Wärmeabgabe verläuft. Daß diese Spannungsleistung bei der Enthirnungsstarre nicht groß ist, geht aus einzelnen Angaben hervor, welche sie auf einige hundert Gramm schätzen, eine Arbeit, die gegenüber der beim Tetanus von den gleichen Muskelgruppen geleisteten allerdings recht geringfügig erscheint. Genaue Messungen der Spannungsleistungen bei der Enthirnungsstarre fehlen leider noch.

[1]) Sherrington: Journ. of physiol. Bd. 22, S. 327. 1898. — Derselbe: Quart. journ. of exp. physiol. Bd. 2, S. 190. 1909.

[2]) Magnus: Körperstellung. Berlin: Julius Springer 1924.

Der gegenüber einer einfachen tetanischen Erregung durchaus verschiedene Charakter der Enthirnungsstarre geht vor allem aber daraus hervor, daß die in Enthirnungsstarre befindlichen Muskeln noch eine Anzahl weiterer Merkmale aufweisen, die wir sonst bei glatten Muskeln zu sehen gewohnt sind. Es sind neben der tagelang ohne Ermüdung aufrechterhaltenen Kontraktion, die wir sicher experimentell durch Tetanisieren niemals erzielen können, die lang gedehnte Reflexzuckungskurve, die Plastizität, sowie die gleitende Sperrung. Die auf reflektorischen Reiz hin, wie etwa beim Kniesehnenreflex, ausgelöste Zuckung steigt steil an, verharrt dann aber längere Zeit auf der erreichten Höhe, um dann erst allmählich abzusinken. Andererseits zeigen diese Muskeln die typische Verlängerungs- und Verkürzungsreaktion: gedehnt und dann entlastet, kehren sie nicht von selbst wieder zur Ausgangslänge zurück, und nach aktiv oder passiv erteilter Verkürzung *bleiben* sie verkürzt. Zugleich sind sie dauernd in Sperrung. Infolgedessen kann man die Glieder enthirnungsstarrer Tiere in jede beliebige Stellung bringen, und sie verharren darin auch entgegen der Wirkung der Schwere. Die Länge dieser Muskeln steht also in keinerlei Beziehung zur jeweils entwickelten Spannung — wie bei den glatten Muskeln. Wie diese können sie bei jeder gegebenen Länge hart und widerstandsfähig oder weich und nachgiebig sein. Und schließlich fehlt auch hier wie bei den glatten Muskeln bei erhöhter Spannungsleistung eine entsprechende Vermehrung des Energieverbrauchs, soweit er sich im Sauerstoffverbrauch äußert[1]), und eine Steigerung der Wärmebildung[2]). Nur hinsichtlich der Aktionsströme ist das Bild dem der glatten Muskeln nicht voll vergleichbar. Es wurden zuerst von Dusser de Barenne[3]), später von Buytendyk[4]) deutliche, wenn auch auffallend schwache oscillatorische Aktionsströme bei in Enthirnungsstarre befindlichen Muskeln festgestellt. Da wir heute indessen über die Bedeutung der Aktionsströme mehr als je im Zweifel sind, da wir vor allem wissen, daß solche Aktionsströme auch sekundäre Begleiterscheinungen einer sicher tonischen und sicher nicht tetanischen Dauerverkürzung sein können, worüber wir später noch eingehender zu sprechen haben werden, so wird man ihr Vorkommen auch bei der Enthirnungsstarre nicht als einen sicheren Beweis gegen die tonische und für die tetanische Natur des Phänomens gelten lassen können, um so weniger, als die tonische Natur der Enthirnungsstarre durch so viele andere Merkmale bestätigt wird.

Der Gesamtzustand der in Enthirnungsstarre befindlichen Muskeln ist reflektorisch bedingt. Also sowohl die Starre selbst, wie die Eigenschaft der Plastizität, die gleitende Sperrung und die tonische Form der Reflexzuckungskurve. Die Zentren dieser Reflexe sitzen zum Teil im Rückenmark, vor allem aber in den höheren Teilen der Medulla. Ausgelöst wird der Reflex hauptsächlich durch sensible Erregung der im Muskel selbst vorhandenen Receptoren. Es handelt sich also um einen proprioceptiven Reflex (Sherrington) oder Eigenreflex (P. Hoffmann). Daß die afferenten Impulse durch die hinteren Wurzeln das Rückenmark erreichen, die efferenten es durch die vorderen verlassen, dürfte sicher sein. Dagegen ist es noch unentschieden, ob diese efferenten Bahnen zum zentralmotorischen Neuron gehören oder etwa vegetativer Natur sind. Gerade diese Frage ist aber von grundsätzlicher Bedeutung.

Man hat frühzeitig das Problem dadurch zu lösen gesucht, daß man Enthirnungsstarre mit einseitiger Entfernung des Sympathicus kombinierte. Es ist

---

1) Bayliss: Principles of general physiol. 2. Aufl., S. 543. 1918. — Dusser de Barenne: Journ. of physiol. Bd. 59, S. 17. 1924.

2) Roaf: Quart. journ. of exp. physiol. Bd. 5, S. 31 u. Bd. 6, S. 393. 1913.

3) Dusser de Barenne: Zentralbl. f. Physiol. Bd. 25, S. 334. 1911.

4) Buytendyk: Zeitschr. f. Biol. Bd. 59, S. 36. 1913.

nun in der Tat einer Reihe von Untersuchern nicht gelungen, die Enthirnungsstarre durch Exstirpation des Grenzstranges oder Durchtrennung der Rami communicantes zu beeinflussen[1]), doch hat ROYLE[2]) an Ziegen eine starke Hemmung der Enthirnungsstarre dann erhalten, wenn er einige Wochen nach einseitiger Sympathektomie die Enthirnung vornahm. Zwar verkürzten auch dann sich die Strecker auf der operierten wie auf der nichtoperierten Seite, aber die Eigenschaft der Plastizität war verlorengegangen. Die Starre wich der geringsten dehnenden Kraft, selbst der Schwere, und kehrte dann nicht wieder.

Indem ROYLE[2]) und mit ihm HUNTER von der Trennung des contractilen vom plastischen Tonus ausgehen, wie es auch LANGELAAN[3]) und PIÉRON[4]) tun, kommen sie zu dem Schluß, daß lediglich der plastische Tonus, worunter sie die Sperrfähigkeit verstehen, vom Sympathicus abhänge, nicht aber die Fähigkeit zu langsamer tonischer Verkürzung, zum contractilen Tonus. Untersuchungen von HUNTER[5]) am Flügel von Tauben mit gesonderter Durchtrennung entweder der motorischen oder der sympathischen Faser bestätigen diese Annahme. Es ist dieselbe Scheidung, die wir auch bei den glatten Muskeln funktionell anerkennen mußten. Doch ist festzustellen, daß neuerdings wieder KANAVEL[6]) in Versuchen an Katzen einen Einfluß auf die Enthirnungsstarre auch dann nicht finden konnte, wenn er, wie ROYLE, die Gehirndurchschneidung zwischen 15 und 65 Tagen nach der Grenzstrangexstirpation vornahm. All diese Versuche an enthirnten Tieren sind deswegen grundsätzlich wichtig, weil sie für die allgemeinere Frage nach den efferenten Tonusbahnen überhaupt ausschlaggebend sein könnten. Wir werden hierauf an anderer Stelle noch zurückkommen. Hier aber soll schon darauf hingewiesen werden, daß wir über den Verlauf der sympathischen Bahnen doch noch nicht so endgültig aufgeklärt sind, um nicht wenigstens auch an die *Möglichkeit* denken zu müssen, daß es auch nicht durch den Grenzstrang verlaufende Fasern sympathischer Natur geben könnte[7]). Jedenfalls spricht gegen die von SPIEGEL vertretene Annahme, daß die efferenten Bahnen des Reflexes der Enthirnungsstarre zum zentralmotorischen Pyramidensystem gehören sollten, neben manch anderer Überlegung die Unwahrscheinlichkeit, daß die Pyramidenzellenfortsätze, die sonst nur typisch tetanische Impulse leiten, gleichzeitig auch tonische Impulse zum Muskel vermittelten, eine Erregungsform also, deren Wirkung am Muskel, wie wir sahen, eine so grundsätzlich von der tetanischen Muskelaktion verschiedene ist.

Soweit man also heute überhaupt imstande ist, eine Erklärung der Enthirnungsstarre zu versuchen, stellt sie sich dar als eine im wesentlichen auf die der Schwere entgegenwirkenden Streckmuskeln beschränkte reflektorische tonische Beeinflussung des Muskelzustands, die, zusammen wahrscheinlich mit schwachen vom Rückenmarkszentren vermittelten tetanischen Impulsen, eine Dauerverkürzung tonischer Natur und eine Dauersperrung herbeiführen und aufrechterhalten kann.

Unter den sonstigen experimentell herbeigeführten tonischen Phänomenen scheint eines der Enthirnungsstarre nahe verwandt zu sein: Es ist dies die durch

---

[1]) VAN RYJNBERK: Arch. néerland. de physiol. de l'homme et des anim. Bd. 1, S. 257. 1917. — DUSSER DE BARENNE: Pflügers Arch. f. d. ges. Physiol. Bd. 166, S. 145. 1916. — Derselbe: Kon. akad. v. Wetensch. Bd. 27, S. 937. 1919. — COBB: Americ. journ. of physiol. Bd. 46, S. 478. 1918.

[2]) ROYLE: Med. journ. of Australia Bd. 22, S. 319, 1923 (nach HUNTER zit. auf S. 199).

[3]) LANGELAAN: Brain Bd. 45, S. 434. 1922.

[4]) PIÉRON: Rev. neurol. Nr. 10. 1920.

[5]) HUNTER: Brit. med. journ. Nr. 3344, 3345, 3346. 1925.

[6]) KANAVEL, POLLOCK und DAVIS: Arch. of neurol. a. psychol. Bd. 13, S. 197. 1925.

[7]) Siehe auch FOIX: Rev. neurol. Jg. 31, Bd. 2, S. 1. 1924.

zentral erregende Gifte, so vor allem durch Cocain, Tetrahydro-$\beta$-naphthylamin und Physostigmin beim Frosch zu beobachtende Nachdauer der Kontraktion oder Nachcontractur, die bei der Reizung des gemischten unversehrten Nerven der vergifteten Tiere zu erhalten ist. Riesser und Simonson[1]), die diese Erscheinung beschrieben, konnten nachweisen, daß sie durch einen Reflex zustande kommt, dessen Zentrum im Mittelhirn sitzt und der bemerkenswerterweise auch durch direkte mechanische Reizung des Mittelhirns, durch Stich, zu erzeugen ist. Die gesteigerte Erregbarkeit des vergifteten oder mechanisch gereizten Zentrums wird also anscheinend zur Ursache einer *Zustandsänderung* des Muskels, die in der tonischen Abwandlung der Zuckungskurve in Erscheinung tritt. Die Bahnen dieses tonischen Reflexes verlaufen auch in diesem Fall in hinteren und vorderen Wurzeln, über ihre Natur ließ sich indessen Bestimmtes nicht feststellen[2]). Auch fehlt es noch an einer weiteren Kennzeichnung des vermuteten tonischen Zustandes der Muskeln nach Mittelhirnstich oder -reizung.

Die erregende Wirkung des Cocains auf das Mittelhirn tritt übrigens auch in den Untersuchungen von Morita[3]) zutage, der am großhirnlosen Kaninchen unter Cocain eine Starre der Streckmuskeln ganz ähnlich wie nach Enthirnung, auftreten sah.

Wenn wir es in den letztgenannten Fällen mit den Folgen einer Erregbarkeitssteigerung des Mittelhirns zu tun haben, so darf hier darauf hingewiesen werden, daß auch bei der Enthirnungsstarre neben dem Ausfall zentralmotorischer und tonushemmender Impulse die Erregbarkeitssteigerung der tieferen Tonuszentren eine Rolle spielt. So hat Weed[4]) gezeigt, daß direkte Reizung der Schnittstelle nach der Enthirnung ein wesentlicher Faktor für die Entwicklung der Starre ist.

Die Enthirnungsstarre ist nach sehr vielen Richtungen hin von Bedeutung geworden, da man manche physiologische Vorgänge, vor allem aber auch solche pathologischer Natur, mit ihr in Beziehung und in Vergleich setzen konnte. Die grundlegenden Untersuchungen von Magnus[5]) und seinen Mitarbeitern über die tonischen Haltungs- und Stellreflexe sind zunächst alle an enthirnten Tieren ausgeführt, an denen die tonischen Phänomene ungehemmt und gleichsam schematisiert zum Ausdruck kommen. Sherringtons[6]) neueste Untersuchungen über den myotatischen Reflex sind ebenfalls an diesem Präparat durchgeführt.

### 3. Pathologische Starreformen.

Was die pathologischen Erscheinungen betrifft, die in Beziehung zum Tonusproblem stehen, und mit der Enthirnungsstarre verglichen, wenn auch wohl nur selten gleich gesetzt werden könnten, so werden wir uns hier mit einigen allgemeinen Betrachtungen begnügen dürfen, da diese Fragen von Spiegel an anderer Stelle dieses Handbuchs[7]) eingehender gewürdigt werden.

Man hat in der Klinik die bei Erkrankungen des extrapyramidalen Systems auftretenden Zustände von Dauercontractur der Muskeln als *Rigor* abgetrennt von den *Spasmen*, welche die Erkrankungen des Pyramidensystems begleiten. Physiologisch betrachtet liegt im ersten Fall allem Anschein nach eine Reizerscheinung vor; die Übererregbarkeit eigentlich tonischer, dem Mittelhirn oder

[1]) Riesser und Simonson: Pflügers Arch. f. d. ges. Physiol. Bd. 203, S. 221. 1924.
[2]) Simonson und Engel: Pflügers Arch. f. d. ges. Physiol. Bd. 206, S. 373. 1924.
[3]) Morita: Schmiedebergs Arch. f. Pathol. u. Pharmakol. Bd. 78, S. 208. 1915.
[4]) Weed: Journ. of physiol. Bd. 48, S. 205. 1914.
[5]) Magnus: Körperstellung. Berlin: Julius Springer 1924.
[6]) Liddel und Sherrington: Proc. of the roy. soc. of London (B.) Bd. 96, S. 212. 1924. — Dieselben: Ebenda (B) Bd. 97, S. 267. 1925.
[7]) Dieses Handbuch Bd. 9.

Nachhirn angehöriger Zentren führt zu einem Symptomenbild der Muskelfunktionen, in dem der tonisch-vegetative Anteil zur Vorherrschaft gelangt ist. Der tonisch maximal veränderte Muskel befindet sich in einer durch tetanische Impulse nur in geringem Maße verstärkten Dauercontractur bzw. einer Dauersperrung, die ohne Vermehrung des Energieverbrauchs ununterbrochen anhält. Zugleich geben Plastizität und gleitende Sperrung, die flexibilitas cerea der Kliniker, den Muskeln den typischen tonischen Charakter, ganz ähnlich wie in der Enthirnungsstarre. Beim Spasmus handelt es sich dagegen mehr um eine Ausfallerscheinung, eine Enthemmung. Die zentral-motorische Erregung der Muskeln ist aufgehoben und dadurch der tonische Anteil der Muskelfunktion derart von jeder Hemmung befreit, daß das Bild der Starre entsteht mit vielfach dem Rigor ähnlichen Erscheinungen. In der hypnotischen Starre, die ebenfalls sich in unermüdbarer Sperrfähigkeit der Muskeln äußert, spielt aller Wahrscheinlichkeit nach die Ausschaltung der höheren Zentren des Großhirns eine der experimentellen Enthirnung vergleichbare Rolle. Und nicht anders liegt es bei der von Hering zuerst beschriebenen und erst neuerdings wieder von Wacholder[1]) genauer untersuchten Muskelstarre, die bei manchen Tieren zu Beginn einer Narkose auftritt und als eine reversible Enthirnung zu betrachten ist. Auch die katatonische Starre und vor allem die von Fröhlich und H. Meyer[2]) so eingehend studierte Tetanusstarre, wenigstens in ihren ersten Stadien, gehören in die gleiche Reihe von Erscheinungen.

Bis in die jüngste Zeit hat als eine Art physiologischer Tonuserscheinung von Skelettmuskeln die Umklammerung des Weibchens durch den männlichen Frosch gegolten. Auf die Bedeutung dieses Vorganges für das Studium der Tonusfrage hat zuerst R. H. Kahn[3]) hingewiesen und gezeigt, daß die Dauerumklammerung ohne erkennbare Aktionsströme der Vorderbeinmuskeln verläuft. Fröhlich und H. H. Meyer[4]) haben das durchaus bestätigt. Mit besonders empfindlicher Methode — Abhören der Aktionsströme mit Hilfe von Verstärkerröhren — konnte auch Lullies[5]) am völlig ruhigen, umklammernden Tier Aktionsströme nicht nachweisen, während Wacholder[6]) periodische, aber außerordentlich kleine Schwankungen registrierte. Beide aber stellten übereinstimmend fest, daß schon die geringste Reizung oder Dehnung der Muskeln typische Aktionsströme auslöst. Lullies beobachtete überdies, daß selbst nach vollständiger Zerstörung des Rückenmarks die Vorderbeine mit demselben oder kaum geringerem Druck um das Weibchen geschlossen werden wie am intakten völlig ruhigen Tier. Beide Autoren halten die Umklammerung im wesentlichen für einen tetanischen Vorgang, der nur insoweit unermüdbar erscheint, als seine Intensität geringfügig ist. Wenn man die Umklammerungsleistung durch Anhängen des womöglich noch beschwerten Weibchens am Männchen vergrößert, dann tritt in der Tat in wenigen Minuten Ermüdung und Lösung der Umklammerung ein. Lullies sieht daher das Wesentliche der Umklammerung nur in der außerordentlich gesteigerten Reflexbereitschaft der beteiligten Vorderbeinmuskeln. In einer ausführlichen neuen Studie hat Kahn[7]) zu dieser Frage erneut Stellung genommen unter kritischer Beleuchtung der Versuche der genannten Autoren.

---

1) Wacholder: Pflügers Arch. f. d. ges. Physiol. Bd. 204, S. 166. 1924.

2) Fröhlich und H. H. Meyer: Arch. f. exp. Pathol. u. Pharmakol. Bd. 79, S. 55. 1915.

3) Kahn, R. H.: Pflügers Arch. f. d. ges. Physiol. Bd. 177, S. 294. 1919. — Derselbe: Ebenda Bd. 192, S. 93. 1921.

4) Fröhlich und H. H. Meyer: Arch. f. exp. Pathol. u. Pharmakol. Bd. 87, S. 173. 1920.

5) Lullies: Pflügers Arch. f. d. ges. Physiol. Bd. 201, S. 620. 1923.

6) Wacholder: Pflügers Arch. f. d. ges. Physiol. Bd. 200, S. 511. 1923.

7) Kahn: Pflügers Arch. f. d. ges. Physiol. Bd. 205, S. 391. 1924.

Histologisch glaubt er einen vermehrten Sarkoplasmagehalt der umklammernden Muskeln feststellen zu können. Den Glykogengehalt der umklammernden Muskeln findet er sehr hoch, während er die ursprüngliche, von Riesser[1]) schon angefochtene Annahme einer Kreatinvermehrung fallen läßt. Er bestimmt die Menge der bei der Umklammerung abgegebenen Kohlensäure und findet sie überaus niedrig im Vergleich mit der beim Tetanisieren gebildeten. Alle diese Erscheinungen deuten nach Kahn darauf hin, daß es sich bei der Umklammerung nicht um einen tetanischen Vorgang handeln könne.

## C. Die Aktionsströme bei tonischen Zuständen der Muskulatur.

Bei der Charakterisierung der als tonisch zu bezeichnenden Zustandserscheinungen der Skelettmuskeln hat bis in die jüngste Zeit hinein die Messung der Aktionsströme eine überragende Rolle gespielt. Unter Berücksichtigung der Tatsache, daß die Dauerspannungsleistung der glatten Muskeln, die Sperrung, sei es mit Verkürzung oder ohne solche, ohne oszillierende Aktionsströme verläuft, mußte das Fehlen solcher Ströme bei in Dauerstarre befindlichen Skelettmuskeln besonders beweisend für den tonischen Charakter der beobachteten Dauerleistung sein. In der Tat ergaben die ersten Untersuchungen bei verschiedenen pathologischen Starreformen das Fehlen typischer Aktionsströme[2]). Eine Ausnahme bildete von vornherein, wie wir sahen, die Enthirnungsstarre, also gerade der wichtigste Typus von tonischer Dauerleistung bei Skelettmuskeln. Seither hat die verbesserte Methodik der Ableitung der Aktionsströme mit Hilfe eingestochener Nadelelektroden in der Hand einer Reihe von Autoren[3]) den Beweis erbracht, daß auch die erstgenannten Dauerstarreformen allemal sehr schwache oszillierende Ströme erkennen lassen. Es bleiben allerdings noch einige Fälle, bei denen bisher der Nachweis solcher Aktionsströme *nicht gelungen* ist: die Tetanusstarre in den Versuchen von Liljestrand und Magnus[4]), die Narkosestarre nach Untersuchungen von Wacholder[5]) und die Spasmen der Handmuskeln bei der durch Überventilation ausgelösten Atmungstetanie nach Ergebnissen von Dittler und Freudenberg[6]).

Gerade die letztgenannten Untersuchungen haben grundsätzliche Bedeutung. Dittler und Freudenberg wiesen nämlich nach, daß bei erhaltener nervöser Leitung von spastischen Handmuskeln Aktionsströme typisch tetanischer Art abzuleiten sind, daß aber nach Unterbrechung der sensiblen und motorischen Leitung durch endoneurale Novocaininjektion, wenigstens beim Menschen, ein Zustand erreicht werden kann, in dem die Spasmen, sogar in verstärktem Maße, weiterbestehen, während nun jede Spur von Aktionsstrom fehlt[7]).

Diese Versuchsergebnisse beweisen zunächst und vor allem, daß die in einem gegebenen Falle ableitbaren Aktionsströme nicht notwendig der Ausdruck der

[1]) Riesser: Zeitschr. f. physiol. Chemie Bd. 120, S. 189. 1922.

[2]) Hierzu besonders Fröhlich und H. H. Meyer: Schmiedebergs Arch. f. exp. Pathol. u. Pharmakol. Bd. 87, S. 173. 1920. Lit.

[3]) Straub, W.: Klin. Wochenschr. Jg. 2, S. 1638. 1922. — Rehn: Ebenda: Jg. 2, S. 309. 1922. — Hansen, Hoffmaan und Weizsäcker: Zeitschr. f. Biol. Bd. 75, S. 121. 1922.

[4]) Liljestrand und Magnus: Pflügers Arch. f. d. ges. Physiol. Bd. 176, S. 168. 1919.

[5]) Wacholder: Pflügers Arch. f. d. ges. Physiol. Bd. 200, S. 511. 1923.

[6]) Dittler und Freudenberg: Pflügers Arch. f. d. ges. Physiol. Bd. 201, S. 182. 1923. — Dieselben: Ebenda Bd. 205, S. 452. 1924. — Sonstige Literatur zur Atmungstetanie: Grant und Goldmann: Journ. of Physiol. Bd. 52. 1920. — Frank, E: Klin. Wochenschr. Jg. 1, S. 305. 1922. — Freudenberg und György: Jahrb. f. Kinderheilk. Bd. 96. 1921.

[7]) Flick und Hansen: Zeitschr. f. Biol. Bd. 82, S. 387. 1925 bestreitet neuerdings die Richtigkeit dieser Beobachtungen.

die Starre bedingenden Erregungsvorgänge zu sein brauchen, daß sie vielmehr reflektorischer Natur sein können und so lediglich als eine sekundäre Erscheinung zu werten sind. Sie beweisen, daß es Contracturformen gibt, die ohne jeden Aktionsstrom verlaufen *können*, die also auch mit tetanisch-motorischer Erregung gar nichts zu tun haben. Selbst wenn es sich herausstellen sollte, daß die Spasmen bei der Atmungstetanie rein peripherer Natur sind und durch Ionenverschiebungen zustande kommen, bleibt dennoch die Tatsache einer an sich aktionsstromlosen Contractur bestehen, die bei erhaltener nervöser Verbindung einen Aktionsstrom reflektorisch auslöst, gleichsam vortäuscht. WACHOLDER[1]) hat gezeigt, daß die in Äthernarkose bei Katzen auftretende Starre bei nicht zu tiefer Narkose noch oszillierende Aktionsströme liefert, daß bei zunehmender Narkose die Starre sich verstärkt, Aktionsströme jetzt aber nur noch bei Dehnung eintreten, bis dann schließlich bei stärkster Starre in tiefer Narkose ein Zustand erreicht wird, in dem Aktionsströme auch bei Dehnung nicht mehr zu entdecken sind. Die Existenz reflektorischer Aktionsströme hat neuerdings auch DUSSER DE BARENNE[2]) festgestellt.

Aus alledem geht hervor, daß sicher in sehr vielen Fällen von Dauercontractur die beobachteten geringfügigen Aktionsströme durch Dehnungen ausgelöst werden, die durch die Lage des Tieres bei der Untersuchung oder durch Manipulationen bei der Messung entstehen, ohne daß diese Aktionsströme mit der die Contractur bzw. die Sperrung verursachenden tonischen Erregung zu tun haben müßten.

Es ist aber auch sehr leicht möglich, daß in einem gegebenen Fall tonische Erregung und reflektorisch ausgelöste tetanische *zusammen* für das Wirkungsbild maßgebend sind, wie denn überhaupt eine Kombination von tetanischer und tonischer Erregung ganz allgemein den Typus der Muskelaktionen bei Tier und Mensch bestimmt. Man hat in diesem Sinne vom *superponierten Tetanus* gesprochen, um zum Ausdruck zu bringen, daß die tetanische Erregung sich einem bestimmten tonischen Zustand des Muskels gleichsam auflagert. Diese Betrachtungsweise stimmt ausgezeichnet zu den Vorstellungen, die wir uns an Hand der Botazzischen Theorie über das Zusammenwirken der (tetanischen) Fibrillenaktion und der (tonischen) Aktion des Sarkoplasmaschlauches gebildet haben. Sie erscheint so gut gestützt und entspricht so sehr der Forderung logischen Denkens, daß die von HANSEN und HOFFMAN und v. WEIZSÄCKER[3]) in einer sehr guten kritischen Untersuchung dagegen geltend gemachten Einwände mir nicht stichhaltig erscheinen.

## D. Charakterisierung der tonischen Zustandsformen des Skelettmuskels.

Unsere bisherige Darstellung baut sich auf der Vorstellung auf, daß die tonischen Erscheinungen beim Skelettmuskel als reflektorisch bedingte und regulierte Dauerveränderungen des Muskelzustands, und zwar insbesondere des Sarkoplasmas, zu betrachten sind. Es wird demnächst festzustellen sein 1. inwieweit wir durch Eingriffe bestimmter und bekannter Art, insbesondere pharmakologischer Natur, den Zustand des Muskels im Sinne einer Tonusveränderung beeinflussen können; 2. ob sich bei den reflektorisch bedingten Erscheinungen typisch tonischer Art wirklich Veränderungen des Muskelzustandes feststellen lassen; 3. ob zwischen tonischer Zustandsänderung und bestimmten chemischen Prozessen des Muskelstoffwechsels Beziehungen bestehen.

[1]) WACHOLDER: zitiert auf S. 206.
[2]) DUSSER DE BARENNE: Skand. Arch. f. Physiol. Bd. 43, S. 107. 1923.
[3]) HANSEN, HOFFMANN und WEIZSÄCKER: Zeitschr. f. Biol. Bd. 75, S. 121. 1922.

## 1. Mit dem natürlichen Tonus vergleichbare, künstlich herbeigeführte Zustandsänderungen der Muskeln.

Die erste der gestellten Fragen: inwiefern wir durch bekannte Eingriffe Zustandsveränderungen des Muskels mit den typischen Kennzeichen der tonischen hervorrufen können, läßt sich an Hand pharmakologischer Erfahrungen erörtern.

Nehmen wir als Kriterium und relatives Maß des Tonuszustandes, Form und Dauer der Zuckungskurve eines Muskels, so könnte man, wie dies in der Tat meist geschehen ist, die durch Veratrin, aber auch durch andere Gifte hervorgerufene Verlängerung der Zuckungskurve mit ihrem lang anhaltenden Stadium der Verkürzung als Ausdruck eines gesteigerten Tonus werten, und wir könnten die Tatsache, daß es sich hier wohl sicher um kolloidchemische Wirkungen der Gifte am Sarkoplasma und seinen Grenzschichten handelt[1]), für die Erklärung tonischer Phänomene heranziehen. Obwohl nun nicht geleugnet werden kann, daß die Analyse der Veratrinwirkung zum Verständnis echter tonischer Erscheinungen beigetragen hat, so ist dennoch darauf hinzuweisen, daß den veratrinvergifteten Muskeln die meisten und wichtigsten Kennzeichen tonischer Zustandsformen fehlen, vor allem die Unabhängigkeit der Spannungsleistung von der Verkürzung, und die Fähigkeit zu lang anhaltender Dauerverkürzung ohne Ermüdung, ebenso wie die Plastizität und die gleitende Sperrung. Die tetanische Leistung des veratrinvergifteten Muskels ist keineswegs durch vermehrte „innere Unterstützung“ erleichtert, die Veratrinwirkung wird sogar durch wiederholte Reizung völlig aufgehoben. Es muß daher die Veratrinvergiftung der Muskeln als völlig außerhalb der tonischen Erscheinungen liegend bezeichnet werden.

Auch die meisten chemischen Contracturen[2]) lassen einen direkten Vergleich mit reflektorisch tonischen Muskelzuständen nicht zu. Unter allen durch künstliche Eingriffe erzeugten Dauerversteifungen der Muskeln kommen der Wirkung tonischer Erregung vielleicht am nächsten die Erscheinungen, die durch geringe Kaliumsalzkonzentrationen am Muskel bedingt werden. Neuschlosz[3]) zeigte, daß die relative Konzentration der K-Ionen in der den isolierten Froschmuskel versorgenden künstlichen Nährflüssigkeit die „*innere Unterstützung*“ wesentlich bestimmt. Vermehrung der K-Ionen erleichtert die Summation aufeinanderfolgender Erregungen zum Tetanus in hohem Grade. Ob übrigens diese innere Unterstützung, die sich in einer Erleichterung des Tetanus kundgibt und z. B. auch die roten langsamen Muskeln des Kaninchens gegenüber den weißen, flinken kennzeichnet, mit der tonischen Kontraktion und der Sperrfähigkeit in eine Reihe gehört, oder ob man, wie es Piéron tut, sie als einen Tonus de soutien, als Unterstützungstonus, neben dem contractilen und dem Sperrtonus als *dritte* Erscheinungsform des Tonus zu werten hat, ist weiterer Überlegung wohl wert. Tonische Phänomene, wie die durch Strychnin bei Kröten erzeugte Contractur sowie die Tetanusstarre der Warmblüter sind von dem K-Gehalt der die Muskeln versorgenden Lösungen im Durchströmungsversuch durchaus abhängig[4]). Muskeln, die mit K-freier Ringerlösung durchströmt werden, verlängern sich, und nachträgliche Nervdurchschneidung bringt dann keine weitere Verlängerung mehr zustande. Solche Beobachtungen legen in der Tat die Annahme nahe, daß die Fähigkeit zu tonischen Dauerverkürzungen und Sperrungen an die Gegenwart bestimmter Mengen von K-Ionen gebunden sei.

---

[1]) Riesser und Neuschlosz: Schmiedebergs Arch. f. exp. Pathol. u. Pharmakol. Bd. 93, S. 190. 1922.

[2]) Vgl. hierzu das Kapitel: *Contractur und Starre* in diesem Bande S. 218.

[3]) Neuschlosz: Pflügers Arch. f. d. ges. Physiol. Bd. 196, S. 503. 1922.

[4]) Neuschlosz: Pflügers Arch. f. d. ges. Physiol. Bd. 199, S. 410. 1923. Bd. 204, S. 374. 1924 u. Bd. 207, S. 27 u. 37. 1925.

Auch die Beobachtungen von E. FRANK[1]) sowie von SIMONSON und ENGEL[2]) sprechen für diese Annahme.

Nach Untersuchungen von NEUSCHLOSZ[3]) scheint der K-Gehalt der Muskeln auch bei einer bestimmten Gruppe chemischer Contracturen eine Rolle zu spielen, die man noch am ehesten mit tonischen Erscheinungen in Vergleich stellen könnte, nämlich bei den von RIESSER[4]) nach LANGLEYS[5]) Vorgang als *Erregungscontracturen* bezeichneten Muskeldauerverkürzungen, die bei der Behandlung mit verdünnten Nicotinlösungen, besser noch mit Acetylcholinlösungen, erzielt werden. Schon 1:10—1:50 Millionen genügen, um den Froschmuskel zur Verkürzung zu bringen (vgl. den Abschnitt: Chemische Contracturen, dieser Band). Die Verkürzung hält an, solange der Muskel sich in der Lösung befindet, ohne daß er geschädigt würde. Die anscheinend spezifische Empfindlichkeit der Nerveintrittsstelle, der receptiven Substanz LANGLEYS, und die Wirksamkeit so außerordentlich geringer Konzentrationen, die eine direkte Muskelwirkung unwahrscheinlich erscheinen lassen, führten zu der Annahme, daß es sich hier um einen Erregungsvorgang spezifischer Art handle. Allerdings pflanzt sich diese Erregung im Muskel nicht fort[6]), und auch die Bestimmung der Aktionsströme[7]) brachte keine sichere Bestätigung dafür, daß es sich um einen Erregungsvorgang handle. Milchsäure wird bei dieser Contractur in vermehrter Menge nicht gebildet [MEYERHOF[8])], und auch die Messung der Wärmebildung [NEERGARD[9])] ergab keine Anhaltspunkte für die Kennzeichnung des angenommenen Erregungsvorgangs. Der einzige positive Befund, der vielleicht geeignet ist, den Vorgang zu klären, ist die Feststellung von NEUSCHLOSZ[10]), daß bei der Acetylcholincontractur die Menge des im Muskel gebundenen Kaliums vermehrt sei. Damit läßt sich allerdings die Angabe von OKAMOTO[11]) bei HÖBER schwer vereinigen, daß ein in Acetylcholin tauchender Muskel aus der umgebenden Ringerlösung weniger K aufnehme als ein nicht vergifteter. Immerhin bleibt es möglich, daß dennoch eine Verschiebung des K im Muskel derart stattfindet, daß freies K im Muskel in vermehrtem Maße in gebundenes übergeht.

Wenn das K bei der Acetylcholincontractur wirklich eine wesentliche Rolle spielen würde, so wäre damit sicher eine Annäherung an die eigentlichen tonischen Erscheinungen gegeben, insofern auch diese nach NEUSCHLOSZ[10]) zum K-Gehalt der Muskeln in Beziehung stehen sollen. Es bildet diese Anschauung dann auch eine Brücke zu den Theorien und Hypothesen von E. FRANK[12]) sowie von ZONDEK[13]). Ersterer verficht den Gedanken der parasympathischen Innervation der tonischen Vorgänge, und ZONDEK setzt die Wirkung des Kaliums allgemein

[1]) FRANK, E., ROTHMANN und GUTTMANN: Pflügers Arch. f. d. ges. Physiol. Bd. 199, S. 567. 1923.

[2]) SIMONSON und ENGEL: Pflügers Arch. f. d. ges. Physiol. Bd. 206, S. 373. 1924.

[3]) NEUSCHLOSZ: Pflügers Arch. f. d. ges. Physiol. Bd. 207, S. 27 u. 37. 1925; s. auch Bd. 204, S. 374. 1924.

[4]) RIESSER: Schmiedebergs Arch. f. exp. Pathol. u. Pharmakol. Bd. 91, S. 342. 1921.

[5]) LANGLEY: Journ. of physiol. Bd. 48, S. 73. 1914.

[6]) RIESSER und RICHTER: Pflügers Arch. f. d. ges. Physiol. Bd. 207, S. 287. 1925.

[7]) RIESSER und STEINHAUSEN: Pflügers Arch. f. d. ges. Physiol. Bd. 197, S. 288. 1922. — DORA v. KOCH: Diss. Marburg 1924. — NEERGAARD: Pflügers Arch. f. d. ges. Physiol. Bd. 204, S. 512. 1924.

[8]) MEYERHOF: Klin. Wochenschr. Jg. 3, S. 392. 1924.

[9]) NEERGAARD: Pflügers Arch. f. d. ges. Physiol. Bd. 204, S. 515. 1924.

[10]) NEUSCHLOSZ: Pflügers Arch. f. d. ges. Physiol. Bd. 207, S. 27. 1925.

[11]) OKAMOTO: Pflügers Arch. f. d. ges. Physiol. Bd. 204, S. 726. 1924.

[12]) FRANK, E., NOTHMANN und HIRSCH-KAUFFMANN: Klin. Wochenschr. Bd. 1, S. 1820. 1922.

[13]) ZONDEK: Biochem. Zeitschr. Bd. 132, S. 362. 1922. Vgl. auch Klin. Wochenschr. Jg. 4, S 809 u. 905. 1925. — HESS und NEERGAARD: Pflügers Arch. f. d. ges. Phyisiol. Bd. 205, S. 506. 1924.

der parasympathischen Erregung gleich. Es muß aber die Frage aufgeworfen werden, ob wir überhaupt berechtigt sind, die Acetylcholincontractur mit tonischen Erscheinungsformen des Muskels gleichzusetzen. Die langsame Kontraktion und die Dauersperrung finden wir schließlich auch bei anderen chemischen Contracturen. Lediglich die Tatsache, daß so außerordentlich kleine Giftkonzentrationen hier schon wirksam sind, die die Muskeln sonst nicht schädigen, und daß es sich um ein Gift handelt, das als Erreger parasympathischer Nervendigungen bekannt ist, endlich die eigenartige besondere Empfindlichkeit der Nervendigungen lassen an einen physiologischen Vorgang denken. Über sonstige physikalische Eigenschaften des in Acetylcholincontractur befindlichen Muskels, die im Hinblick auf die Frage nach der Natur dieses Zustands von Bedeutung wären, wissen wir noch nichts. Wir werden also mit dem Urteil über die Zugehörigkeit der Acetylcholincontractur zu den tonischen Phänomenen vorsichtig sein müssen.

Wir können daher bei der Beantwortung der zu Beginn dieses Abschnittes gestellten Frage, ob es künstliche Zustände gibt, die mit dem reflektorischen Muskeltonus in Vergleich gestellt werden können, allenfalls die durch K-Überschuß am Muskel ausgelösten Erscheinungen und die Acetylcholin- bzw. Nicotincontractur nennen, aber auch diese nur mit Vorbehalt.

### 2. Tonische Veränderungen des Muskelzustands und die Frage ihrer Messung.

Auch die zweite von uns aufgeworfene Frage, ob es gut charakterisierbare und vor allem meßbare Veränderungen des Muskelzustandes gebe, die für tonische Erscheinungen kennzeichnend wären, ist schwer zu beantworten, obwohl sie unbedingt gestellt werden muß. Wohl kennen wir eine Reihe von Phänomenen, die wir als Zeichen veränderten Muskelzustands betrachten dürfen, wie etwa die Kontraktionsnachdauer bei der Reflexzuckung der Muskeln in der Enthirnungsstarre oder beim „Tonusstich" am Frosch, aber wir werden um so mehr exakte Bestimmungen physikalischer Eigenschaften zum Beweis solcher Annahmen verlangen müssen.

Wir haben schon an früherer Stelle hervorgehoben, daß die glatten Muskeln sich durch eine erhebliche Plastizität und eine sehr unvollkommene Elastizität im allgemeinen von den Skelettmuskeln unterscheiden. Wir werden also zu erwarten haben, daß jede Zustandsänderung des Skelettmuskels, die ihn in seinen Eigenschaften dem glatten Muskel annähert, auch seine plastischen und elastischen Eigenschaften nach dieser Rivhtung hin wandelt.

In Würdigung der großen Bedeutung, welche einer objektiven Messung des physikalischen Muskelzustands gerade im Hinblick auf die Tonusfragen zukommt, haben sich eine Reihe von Forschern bemüht, hierfür die nötigen theoretischen und methodischen Grundlagen zu schaffen. In einer sehr gründlichen Arbeit suchte Langelaan[1]) die Frage nach der Abhängigkeit der Plastizität der Skelettmuskeln von der Innervation durch exakte Messungen der elastischen Nachdehnung zu klären, unter der allerdings vielleicht anfechtbaren Voraussetzung, daß die Größe der Nachdehnung eine Funktion der Plastizität sei. Langelaan kam zu dem Ergebnis, daß in der Tat die elastische Nachdehnung durch Denervierung anwachse als Zeichen des Tonusverlustes. Auf die in vieler Hinsicht wertvollen Einzelergebnisse dieser Arbeit kann hier nicht eingegangen werden. Daß sie eine der wenigen exakten Untersuchungen auf diesem Gebiet darstellt, ist sicher.

Besonders hat man sich bemüht, die *Härte* der Muskeln, als eine Funktion von Plastizität und Elastizität, einer exakten Messung zugänglich zu

[1]) Langelaan: Brain Bd. 38, S. 235. 1915.

machen. Über die großen theoretischen wie methodischen Schwierigkeiten dieser Messungen und ihrer Deutung wird man sich indessen immer mehr klar. Die Eigenschaft der Härte selbst, so geläufig sie dem Sprachgebrauch nach erscheint, ist physikalisch außerordentlich schwer zu definieren. Sie ist zweifellos die Resultante aus einer Reihe verschiedener physikalischer Eigenschaften. Alles dies würde nichts schaden, wenn es gelänge, die Härte wenigstens praktisch für die Bedürfnisse einer Meßmethode genauer zu umgrenzen. Aber auch dies erweist sich als schwierig, wenn nicht unmöglich.

Noyons und v. Uexküll[1]), denen wir eine besonders anregende und für die weitere Entwicklung der Härtemessungen maßgebende Arbeit verdanken, konnten schon an die Untersuchungen von Exner und Tandler[2]), die an menschlichen Muskeln gemacht waren, anknüpfen. Sie verwandten bei ihren Härtemessungen zwei Methoden. Die eine, die gewichtssklerometrische, ähnelt grundsätzlich dem Verfahren der genannten Autoren insofern, als die Eindrückbarkeit des Muskels durch ein bestimmtes Gewicht bestimmt wurde. Die zweite, als ballistische Methode bezeichnet, registriert die Zahl der Schwingungen, die ein aus bestimmter und gleichbleibender Höhe auf einen Muskel auffallendes pendelndes Hämmerchen ausführt, ehe es zur Ruhe kommt. Beide Verfahren gaben gleichsinnige Ausschläge bei der Bestimmung der Härteveränderung, welche glatte Muskeln und Skelettmuskeln in der Enthirnungsstarre bei der Sperrung aufweisen. Sie ließen auch die durch K-Salze erzeugte Härtevermehrung erkennen. Auch das später von Mangold[3]) ausgearbeitete sklerometrische Verfahren ließ mancherlei Härteveränderungen der Muskeln, etwa während der Tätigkeit oder in Toten- und Wärmestarre sowie bei gewissen chemischen Contracturen, in meßbarer Weise verfolgen[4]), ohne allerdings für die Frage des Tonus bisher Aufschlüsse gegeben zu haben. Die klinische Verwertung dieser Verfahren wie überhaupt die Messungen am Menschen leiden an recht vielen Fehlerquellen[5]). Daß sie für gewisse praktische Zwecke verwendbar sind, soll nicht bezweifelt werden. Für die Lösung feinerer physiologischer Probleme sind aber alle diese Verfahren nicht exakt genug und vor allem nicht eindeutig hinsichtlich dessen, *was* eigentlich mit ihnen gemessen wird.

Die Erkenntnis dieses grundlegenden Mangels hat zuerst Gildemeister[6]) veranlaßt, ein exakteres Meßverfahren ballistischer Art auszuarbeiten, das die Berührungszeiten beim Auffallen eines pendelnden Hammers auf einen Muskel zu messen gestattet. Dabei suchte er bewußt tunlichst die reinen elastischen Eigenschaften des Muskels zu erfassen, was in der Tat allein bei einem ballistischen Verfahren möglich ist. Bethe hat dann zusammen mit Steinhausen[7]) ein Verfahren ausgearbeitet, bei dem nicht wie bei Gildemeister die Querelastizität, sondern die Längselastizität bzw. Längsresistenz der Muskeln gemessen wird.

Über die Verwendbarkeit dieser Methoden wird in dem Abschnitt: *Pharmakologie der Muskeln* in diesem Bande noch eingehender gesprochen werden. Hier sei nur auf eines aufmerksam gemacht. Gewiß erreichen die Verfahren von Gildemeister und vor allem von Bethe das Ziel, die elastischen Eigenschaften der Muskeln fast rein zur Darstellung zu bringen. Ob aber gerade diese es sind, die beim *Tonus* in Frage kommen, erscheint zweifelhaft. Hier ist nicht so sehr die Größe, sondern die Vollkommenheit der Elastizität maßgebend, und über diese

---

[1]) Noyons und v. Uexküll: Zeitschr. f. Biol. Bd. 56, S. 139. 1911.

[2]) Exner und Tandler: Mitt. a. d. Grenzgeb. d. Med. u. Chirurg. Bd. 20, S. 458. 1909.

[3]) Mangold: Dtsch. med. Wochenschr. 1923, S. 777; Pflügers Arch. f. d. ges. Physiol. Bd. 196, S. 200. 1922.

[4]) Mangold mit Mitarbeitern: Pflügers Arch. f. d. ges. Physiol. Bd. 196, S. 215. 1922; Bd. 198, S. 279, 289, 297. 1923.

[5]) Neuere Arbeiten über Muskelhärtemessungen am Menschen: Springer: Zeitschr. f. Biol. Bd. 63, S. 201. 1914. — Kauffmann, Fr.: Untersuchungen über die Muskelhärte. Zeitschr. f. d. ges. exp. Med. Bd. 29, S. 443. 1922. — Hosiosky: Untersuchungen über Muskelhärte und Tonus beim Menschen. Zeitschr. f. d. ges. exp. Med. Bd. 39, S. 462. 1924. — Berliner: Über Bremsung und Haltung der Muskeln. Zeitschr. f. klin. Med. Bd. 98, S. 524. 1924. — Hueck: Muskelhärte und Muskelermüdung. Zeitschr. f. d. ges. exp. Med. Bd. 48, S. 298. 1924. — Derselbe: Muskelhärte und Muskelspannungsgefühl. Pflügers Arch. f. d. ges. Physiol. Bd. 206, S. 101. 1924. — Müller, Rol.: Muskelhärte bei Ruhe und Arbeit. Ebenda Bd. 206, S. 106. 1924. — Plaut, Rahel: Sperrung des Skelettmuskels. Ebenda Bd. 202, S. 410. 1924.

[6]) Gildemeister: Zeitschr. f. Biol. Bd. 63, S. 173. 1913.

[7]) Bethe und Steinhausen: Pflügers Arch. f. d. ges. Physiol. Bd. 205, S. 63 u. 76. 1924.

sagen jene Methoden nichts aus. Und vor allem interessiert beim Tonus die Plastizität. Es ist sicher, daß man diese Eigenschaft viel eher mit den langsam wirkenden sklerometrischen Methoden messen könnte, wenn nicht auch hier wiederum Komplikationen eintreten würden, einmal durch das Hineinspielen der Elastizität, sodann aber durch reflektorische Erregungen des gedrückten Muskels. Wenn wir, was allerdings mit *Bestimmtheit* nicht gesagt werden kann, berechtigt sind, die Fibrillen als wesentlichen Träger der elastischen Eigenschaften, das Sarkoplasma als Substrat der tonischen, plastischen zu betrachten, so ist es klar, daß uns Elastizitätsmessungen aller Wahrscheinlichkeit nach für das Tonusproblem nicht viel weiter helfen werden.

Die von verschiedenen Seiten in Angriff genommenen weiteren Untersuchungen über die physikalischen Eigenschaften der Muskeln und ihre Meßbarkeit werden uns hoffentlich die nötigen Grundlagen liefern, um die Gesamtheit dieser Fragen auf exakter Grundlage zu bearbeiten.

Besondere Beachtung verdienen die Versuche, am *lebenden* Tiere oder Menschen den tonischen Reflex messend zu bestimmen. Alle diese Untersuchungen werden erschwert durch die Unsicherheit, welche durch mannigfache unkontrollierbare Reflexe, auch psychische Einflüsse, in die Deutung der Ergebnisse gebracht wird. Bekannt sind die grundlegenden Untersuchungen von RIEGER[1]) über die sog. *Bremsung* der Unterschenkelstrecker. Er stellte fest, daß bei ansteigender stufenweiser Belastung des frei im Kniegelenk ausbalancierten Unterschenkels die Streckmuskeln nicht wie ein Gummiband reagieren, das durch die erste Belastung sich am stärksten und mit wachsender Belastung immer weniger verlängert, sondern daß der in Verbindung mit dem Zentralnervensystem befindliche Muskel sich umgekehrt beim ersten Belastungsschritt am wenigsten und danach mit wachsender Last mehr und mehr dehnen läßt. Diese anfängliche, von den Streckmuskeln ausgeübte Bremsung erwies sich als reflektorisch bedingt und kann wohl als eine Art myotatischen Reflexes auf Grund der neueren Untersuchungen von LIDDEL und SHERRINGTON[2]) gedeutet werden. RIEGER und neuerdings HOSIOSKY[3]) haben das Verfahren zur Kennzeichnung gewisser pathologischer Muskelzustände mit Erfolg verwertet.

SPIEGEL[4]) hat auf Grund des gleichen Prinzips einen Apparat konstruiert, der auch absolute Werte zu erzielen gestattet und in geeigneter Modifikation auch an Tieren benutzt werden kann. Neben den hier nicht zu erörternden Ergebnissen klinischer Art, bezüglich derer auf den Beitrag von SPIEGEL[5]) selbst sowie die zitierte Monographie verwiesen wird, erscheint vor allem bemerkenswert, daß in der Enthirnungsstarre der Bremsungsreflex erheblich verstärkt ist. Dadurch wird die Bremsung in die Reihe der von Zentren des Mittelhirns bzw. der obersten Medulla abhängigen tonischen, reflektorisch bedingten Zustandsänderungen des Skelettmuskels eingefügt, die wir in ihrer Gesamtheit als Enthirnungsstarre bezeichnen und die zweifellos nur die gleichsam übertriebene und ungehemmte Ausbildung eines auch am normalen Menschen und Tiere alle Muskelaktionen begleitenden und mitbestimmenden Reflexes darstellen. Es sind die Ergebnisse von SPIEGEL zugleich eine Bestätigung für die tonische Natur des myotatischen Reflexes, mit dem wir die Bremsung wahrscheinlich identifizieren dürfen.

---

[1]) RIEGER: Untersuchungen über Muskelzustände. Jena 1906.
[2]) LIDDEL und SHERRINGTON: Zit. auf S. 204.
[3]) HOSIOSKY: Zeitschr. f. d. ges. exp. Med. Bd. 39, S. 462. 1923.
[4]) SPIEGEL: Zur Physiologie und Pathologie des Skelettmuskeltonus. Berlin: Julius Springer 1923.
[5]) SPIEGEL: Dieses Handbuch Bd. 9.

## E. Tonus und Muskelstoffwechsel.

Die Theorie der Dualität der Muskelfunktion und des doppelten funktionellen Muskelsubstrats schließt notwendig die Voraussetzung in sich, daß auch die Stoffwechselvorgänge, welche beide Funktionen, die tonisch-vegetative und die motorisch-tetanische, begleiten, verschiedene seien. In negativem Sinne ist diese Annahme dadurch bestätigt, daß, wie wir schon sahen, der typische oxydative Kohlenhydratumsatz des motorisch tätigen Muskels bei der Sperrfunktion keine Rolle spielt. Für die glatten Muskeln lehrten es BETHE sowie PARNAS (zit. auf S. 196), bei verschiedenen tonischen Dauerkontraktions- bzw. Sperrungszuständen der Skelettmuskeln (Rigor, Spasmen, hypnotische Starre) wissen wir es durch die Untersuchungen von BORNSTEIN sowie von GRAFE und ihren Mitarbeitern, welche jede Vermehrung des Gaswechsels bei Zuständen dieser Art vermißten[1]). Man wird aber über diese negativen Feststellungen hinaus festzustellen suchen, wie die besondere Zustandsänderung des tonisch funktionierenden Muskels zustande kommen kann.

Es ist die Frage aufgeworfen worden, ob nicht der Ruhetonus mit dem Ruhestoffwechsel des Muskels in Beziehung stehe. Sicher sind der physikalische Zustand der Muskelkolloide und somit auch seine Länge und die minimale Spannung, die er auch bei völliger Ruhe aufweist, in gewissen Grenzen abhängig von der Art und der Intensität der im Muskel ablaufenden chemischen Prozesse. Der Grad der H-Ionenkonzentration, die Menge der Puffersubstanzen, auch das gegenseitige Konzentrationsverhältnis der anorganischen Ionen, müssen für den Zustand der Muskelkolloide wichtig sein und sind ihrerseits wieder nicht unabhängig von Umsetzungen und Verbrennungen, die sich auch im nicht tätigen Muskel abspielen und deren Schwankungen um eine Mittellage auch wiederum dem Einfluß des Nervensystems unterliegen. Die immer erneut behauptete[2]) und immer wieder bestrittene Existenz eines chemischen Tonus, d. h. eines vom Zentralnervensystem abhängigen, vielleicht auch reflektorisch regulierten Ruhestoffwechsels, und seine Bedeutung für die Wärmeregulation ist durch neuere Untersuchungen von FREUND und JANSSEN[3]) in grundlegender Weise bestätigt worden. Konnte hier doch gezeigt werden, daß es in der Tat regulatorische Schwankungen des oxydativen Muskelstoffwechsels gibt, und daß diese abhängig sind von der Existenz nervöser, in dem periarteriellen Nervengeflecht verlaufender Bahnen. Die von NEWTON[4]) bei ASHER an diesen Ergebnissen geübte Kritik trifft nicht die Richtigkeit der von FREUND und JANSSEN gefundenen Tatsachen. Inwieweit nun mit den regulatorischen Schwankungen der im Muskel sich vollziehenden Verbrennungen Schwankungen auch der physikalischen Eigenschaften Hand in Hand gehen, inwieweit also der Substanztonus des Muskels sich hier mit dem chemischen Tonus in Beziehung setzen läßt, ist noch nicht untersucht worden, dürfte auch mit den heute verfügbaren Methoden schwer festzustellen sein. Daß sie irgendwie von wesentlicher Bedeutung sein könnten, ist angesichts der mannigfachen Ausgleichsvorrichtungen, die dem Muskel gegenüber größeren Schwankungen seiner Reaktion und seines Salzbestandes zur Verfügung stehen,

[1]) Über den Gaswechsel bei Tonusanomalien Literatur bei E. GRAFE: Ergebnisse der Physiologie. Jahrg. 21, Teil 2 S. 401ff. 1923. Siehe insbes. BORNSTEIN: Monatsschrift f. Psychiatr. u. Neurol. Bd. 26, S. 391. 1909. — GRAFE: Deutsch. Arch. f. Klin. Med. Bd. 192, S. 15. 1911. — GRAFE u. SCHÜRER: Arch. f. exp. Pathol. u. Pharmakol. Bd. 100, S. 316. 1924. — GRAFE: Deutsch. Arch. f. Klin. Med. Bd. 139, S. 155. 1922. — GRAFE und TRAUMANN: Zeitschr. f. Nervenheilkunde. Bd. 79, S. 359. 1923.

[2]) MANSFELD: Pflügers Arch. f. d. ges. Physiol. Bd. 161, S. 478. 1915. — ERNST: Ebenda, S. 483.

[3]) FREUND und JANSSEN: Pflügers Arch. f. d. ges. Physiol. Bd. 200, S. 96. 1923.

[4]) NEWTON: Amer. journ. of physiol. Bd. 71, S. 1. 1924.

nicht eben wahrscheinlich. Vor allem aber dürfte es sicher sein, daß solche etwa vorhandene geringgradige Schwankungen der physikalischen Zustandsbedingungen der Muskelkolloide mit den von uns gekennzeichneten reflektorischen Tonuserscheinungen, wie sie sich etwa in der Enthirnungsstarre äußern, nichts zu tun haben.

Demgegenüber hat die zuerst von Pekelharing und van Hoogenhuyze[1]) ausgesprochene Theorie von dem Zusammenhang zwischen Tonus und Kreatinbildung im Muskel eine wesentlich größere Rolle gespielt. Die Annahme einer nicht oxydativen Kreatinbildung aus Eiweiß schaltet, wie es die Theorie verlangt, die Verbrennungsprozesse als Ursachen des Tonus aus. Die holländischen Forscher glaubten experimentell erwiesen zu haben, daß bei allen als tonisch zu bezeichnenden Dauersperrungszuständen der Skelettmuskeln die Menge des Muskelkreatins vermehrt sei. Diese Hypothese hat viel Anklang gefunden und in der Tat die Erforschung des Kreatinumsatzes bis in die jüngste Zeit hinein beherrscht. Sie gewann besondere Bedeutung durch die Verknüpfung mit der Theorie der sympathischen Innervation des Muskeltonus. Pekelharing und van Hoogenhuyze sahen in der Tat im Kreatinstoffwechsel einen dem Sympathicus unterstellten, den Tonus der Muskeln beherrschenden Vorgang. Ihre Hypothese gewann an Wahrscheinlichkeit durch die Befunde von Riesser[2]), der eine Vermehrung des Muskelkreatins unter der Wirkung zentralsympathisch erregender Gifte feststellte, wobei er zugleich voraussetzte, aber allerdings nicht bewies, daß die gleichen Gifte auch Tonussteigerung machten. Bemerkenswert erscheint besonders die von Riesser zuerst beobachtete, aber erst von Palladin[3]) sichergestellte Tatsache, daß die Abkühlung, die wir nach H. H. Meyer als einen physiologischen Reiz des sympathischen Wärmezentrums betrachten, ebenfalls eine Kreatinvermehrung in den Muskeln herbeiführt, wobei aber wiederum zu betonen ist, daß wir über eine Steigerung des physikalischen Muskeltonus bei der Abkühlung nichts wissen, wenn man nicht etwa die Verstärkung des tonischen Anteils der Zuckung isolierter Muskeln, also die Verzögerung des Zuckungsablaufs durch Abkühlung, als ein tonisches Phänomen werten will. Daß sympathische Erregung Kreatinvermehrung macht, steht also fest [vgl. auch Kuré und Mitarbeiter[4])], daß sie auch Tonussteigerung herbeiführe, muß als unbewiesen gelten.

In neuerer Zeit sind gegen die Richtigkeit der Theorie von Pekelharing und van Hoogenhuyze mehr und mehr Bedenken erwachsen, je besser wir lernten, das Wesentliche eigentlich tonischer Zustandsformen zu erfassen. So gehören Toten- und Wärmestarre sowie die Mehrzahl der von den holländischen Forschern untersuchten chemischen Contracturen, wenn nicht alle, sicher nicht zu den tonischen Erscheinungen. Ja es stellte sich heraus, daß die von den genannten Verfassern beobachtete Kreatinzunahme nicht bestätigt werden konnte[5]). Besonders ließ sich aber die Tatsache nicht mit der Theorie vereinen, daß gerade die zu Dauerkontraktionen besonders geeigneten und befähigten, langsam zuckenden Skelettmuskeln wenig und die glatten Muskeln, also die eigentlichen Tonusmuskeln, so gut wie gar kein Kreatin enthalten[6]).

Aber auch sonst haben sich bisher keinerlei Anhaltspunkte für die Existenz eines besonderen Tonusstoffwechsels des Muskels ergeben. Vielleicht liegt die Lösung der Frage auf dem von Neuschlosz[7]) beschrittenen Wege. Es wäre

[1]) Pekelharing und van Hoogenhuyze: Zeitschr. f. physiol. Chemie Bd. 64, S. 262. 1910.
[2]) Riesser: Schmiedebergs Arch. f. exp. Pathol. u. Pharmakol. Bd. 80, S. 183. 1916.
[3]) Palladin: Biochem. Zeitschr. Bd. 133, S. 89. 1922 u. Bd. 136, S. 353. 1923.
[4]) Kuré und Mitarbeiter: Zeitschr. f. d. ges. exp. Med. Bd. 28, S. 244. 1922.
[5]) Riesser und Hamann: Zeitschr. f. physiol. Chemie Bd. 143, S. 59. 1925.
[6]) Riesser: Zeitschr. f. physiol. Chemie Bd. 120, S. 189. 1922.
[7]) Neuschlosz: zit. auf S. 208.

denkbar, daß eine Verschiebung des Ionengleichgewichts, insbesondere eine Umwandlung von ungebundenem K in gebundenes, der primäre Erfolg der tonischen Erregung ist. Immerhin würde sich, falls diese Annahme sich bewahrheitet, dann das neue ungelöste Problem ergeben, *wie* man sich solche nervös bedingte Ionenverschiebung, wie sie auch in der Zondekschen Theorie der vegetativen Innervation enthalten ist, vorzustellen hat.

## F. Zur Frage der tonischen Innervation.

Wir haben an mehr als einer Stelle unserer Ausführungen die Frage der tonischen Innervation berührt und müssen auch im Rahmen dieser Abhandlung einige wenige Worte darüber sagen, obwohl das Thema in dem Aufsatz von Spiegel[1]) eingehender gewürdigt wird. Die Entdeckung einer vegetativen und zwar sympathischen Innervation der Skelettmuskeln führte sehr bald zu der Annahme, daß es sich hier entsprechend der vegetativen Innervation der glatten Muskeln um die Versorgung der vegetativen Funktionen des Skelettmuskels, und zwar insbesondere des Muskeltonus handle. Von Mosso[2]) wohl zuerst ausgesprochen, hat diese Theorie durch Pekelharing und van Hoogenhuyze[3]) vor allem durch die Untersuchungen von de Boer[4]) eine wesentliche Stützung erfahren, um seither ebenso umstritten wie entschieden verteidigt zu werden. An der Richtigkeit der de Boerschen Beobachtungen über die Abhängigkeit des Brondgeestschen Reflextonus von dem Sympathicus kann kaum gezweifelt werden, nachdem kürzlich erst wieder Langelaan[5]) sie bestätigte, allerdings mit der Einschränkung, daß nur ein *Teil* des Tonus, nämlich der plastische, sympathisch bedingt sei, während der contractile Tonus nicht dem Sympathicus unterstehe. In den Arbeiten von Hunter und von Royle[6]) kehrt dieser Gesichtspunkt wieder.

Es scheint in der Tat, als ob die vom Sympathicus geleiteten Erregungen den Muskeltonus beeinflussen können. Daß dies indessen nicht unbedingt der Fall sein muß, geht aus den zahlreichen Untersuchungen hervor, die eine Abhängigkeit, sei es des Ruhetonus oder der Enthirnungsstarre durch den Sympathicus nicht feststellen konnten[7]). Diejenigen allerdings, die eine Muskelverkürzung unter Reizung sympathischer Bahnen erwarteten, gingen von irrtümlicher Vorstellung aus, da die durch Sympathicusreizung etwa auftretende Zustandsveränderung sich durchaus nicht in Verkürzung äußern muß und trotzdem eine erhöhte Sperrfähigkeit herbeiführen kann.

Für die Beurteilung der ganzen Frage äußerst wichtig sind die Untersuchungen von Dart[8]), der an der Bauchmuskulatur von Python zahlreiche kleine Ganglienzellen im Perimysium entdeckte und sie als Ursprungszellen der sympathischen Muskelinnervation betrachtet. Die Existenz eines solchen peripheren sympathischen Neurons würde natürlich alle Versuche mit Grenzstrangexstirpation erfolglos machen.

---

[1]) Spiegel: Dieses Handbuch Bd. 9.

[2]) Mosso: Pflügers Arch. f. d. ges. Physiol. Bd. 41, S. 280.

[3]) Pekelharing und van Hoogenhuyze: zit. auf S. 214.

[4]) de Boer: Zeitschr. f. Biol. Bd. 65, S. 239. 1915.

[5]) Langelaan: Brain Bd. 45, S. 434. 1922.

[6]) Hunter und Royle: Brit. med. journ. Nr. 3344, 3345, 3346. 1925.

[7]) Dusser de Barenne: Pflügers Arch. f. d. ges. Physiol. Bd. 166, S. 145. 1916. — Negrin y Lopez: Ebenda Bd. 166, S. 55. 1917. — Cobb: Americ. journ. of physiol. Bd. 46, S. 478. 1918. — Takahashi: Pflügers Arch. f. d. ges. Physiol. Bd. 193, S. 322. 1922. — Saleck und Weitbrecht: Zeitschr. f. Biol. Bd. 71, S. 246. 1922; vgl. auch Literatur S. 203.

[8]) Dart: Journ. of comp. neurol. Bd. 36, S. 441. 1924; Ber. üb. d. ges. Physiol. Bd. 29, S. 730. 1925.

Es ist unmöglich, die Gesamtheit der in dieses Gebiet fallenden Untersuchungen hier zu erörtern. Es muß als Ergebnis einer kritischen Betrachtung lediglich festgestellt werden, daß die Bedeutung des Sympathicus für gewisse Faktoren des Tonus, so insbesondere vielleicht für die Plastizität und Sperrfähigkeit, anzuerkennen ist, aber nicht für alle tonischen Erscheinungen überhaupt. Endgültiges kann hierüber nicht ausgesagt werden.

Ebensowenig befriedigend ist allerdings der Antipode dieser Theorie, nämlich die von E. Frank auf Grund zahlreicher Untersuchungen[1]) verfochtene Anschauung, daß der Tonus parasympathisch innerviert sei. Es wird von ihm ebenso wie von den Vertretern der anderen Theorie der Fehler begangen, daß er von *dem* Tonus spricht, obwohl es sicher im Effekt übereinstimmende, im Mechanismus dagegen durchaus verschiedene Arten tonischer Zustandsformen und Vorgänge gibt. Frank hat in der Tat nur die tonische *Verkürzung* im Auge, also das, was andere Autoren als „contractilen Tonus" bezeichnen.

Frank geht aus von dem von Heidenhain beschriebenen Phänomen der langsamen tonischen Kontraktion der Zunge, die man erhält, wenn man nach völliger Degeneration des motorischen N. hypoglossus den peripheren Stumpf des kurz vorher durchtrennten Lingualis elektrisch reizt. Schon Heidenhain hatte gezeigt, daß dieses „Motorischwerden" des Lingualis sich durch Nicotin nachahmen läßt, dessen intraarterielle Injektion nach Durchtrennung des Hypoglossus genau so wirkt, wie die Reizung des Lingualis. Frank bestätigte diese Befunde und erweiterte sie durch den Nachweis, daß Acetylcholin genau wie Nicotin wirkt, vor allem aber, daß Adrenalin sowie Scopolamin in kleinen Dosen diese Contracturen der Zunge unterdrücken. Weiter gelang es ihm, zu zeigen, daß auch die Contracturen der Fuß- und Zehenbeuger, die Sherrington[2]) nach Durchtrennung der vorderen Wurzeln sowie der hinteren zwischen Spinalganglion und Eintritt ins Rückenmark bei Reizung der nun allein erhaltenen sensiblen Bahnen erhielt, auch durch Injektion von Acetylcholin erhalten werden, vorausgesetzt, daß die motorische Innervation ausgeschaltet ist. Auch diese Wirkungen lassen sich durch Adrenalin sowie Scopolamin aufheben. Aus allen diesen Beobachtungen leitete E. Frank die Vorstellung ab, daß die „tonomotorischen" Bahnen parasympathischer Natur seien und daß sie, ähnlich wie es Bayliss für die gefäßerweiternden Nerven nachwies, antidrom in den hinteren Wurzeln das Rückenmark verlassen. Diese Theorie hat manche Zustimmung, aber vielleicht noch mehr Opposition erfahren[3]), die sich hauptsächlich gegen die Annahme eines antidromen Verlaufs der tonomotorischen Fasern richtete. Indessen muß gesagt werden, daß die Versuchsergebnisse von Frank bisher nicht angezweifelt wurden und daß, ihre Richtigkeit vorausgesetzt, eine Erklärung dieser außerordentlich merkwürdigen Erscheinungen unter allen Umständen gefunden werden muß.

Klarheit muß aber auch darüber geschaffen werden, inwieweit wir diese von Frank geschilderten Kontraktionserscheinungen überhaupt in Beziehung setzen können zu dem, was wir bisher als Tonus bezeichnet haben und wofür uns die Aktion der glatten Muskeln sowie das Verhalten der in Enthirnungsstarre befindlichen Muskeln von Säugetieren die maßgebenden Anhaltspunkte boten.

Es ist kein Zweifel, daß die mit großer Latenz einsetzenden und lange über die Dauer des Reizes anhaltenden Muskelkontraktionen, die in den Frankschen Versuchen zutage treten, und die auch das Phänomen von Heidenhain wie bei

[1]) Frank, E.: Berl. Klin. Wochenschr. 1919, S. 1057; 1920, S. 725. — Frank, E., M. Nothmann und Hirsch-Kauffmann: Klin. Wochenschr. Bd. 1, S. 1820. 1922.

[2]) Sherrington: Journ. of physiol. Bd. 17, S. 253. 1894.

[3]) Siehe insbes. Meyer, H. H.: Med. Klinik 1920.

dem von SHERRINGTON kennzeichnen, den Kontraktionen glatter Muskeln durchaus gleichen. Ob dies indessen auf Zustandsänderungen gleicher Art beruht, wie sie uns für die tonischen Erscheinungen sonst charakteristisch erschienen, wie sich Aktionsströme, Plastizität, Stoffwechsel in diesen Fällen verhalten, ist noch nicht bekannt. Handelt es sich auch hier um eine an und für sich von der Muskellänge unabhängige Sperreaktion oder nur um „contractilen" Tonus? Diese Überlegungen sind grundsätzlich von Bedeutung. Führt man folgerichtig die Anschauungen durch, wie sie besonders NOYONS und v. UEXKÜLL hinsichtlich der Sperrfunktion der glatten Muskeln erörterten, so ist der *Vorgang* der Verkürzung an und für sich nicht das Wesentliche beim Tonus, sondern die von der Länge unabhängige *Zustandsveränderung*, die als *Sperrung* bezeichnet wird. Die besondere träge Art der Kontraktion glatter Muskeln ist dann eine Sache für sich, die allerdings mit der Fähigkeit zur Sperrung vergesellschaftet und als eine Funktion des Baues und der Zusammensetzung der glatten Muskeln ebenso zu betrachten ist, wie die Sperrfähigkeit. Daher ist ein Muskel, der die träge „tonische" Kontraktion aufweist, wohl sicher auch der typischen Sperrung *fähig*, dagegen ist ein in tonischer Verkürzung befindlicher Muskel nicht notwendig auch gesperrt.

Man gelangt daher folgerichtig zu der Anschauung, der wir schon wiederholt im Rahmen unserer Abhandlung begegneten, daß man mindestens zwei Eigenschaften „tonischer" Muskeln unterscheiden müssen, die Fähigkeit zu langsamer und lang anhaltender Verkürzung, die ihrerseits mit der „inneren Unterstützung" dem „tonus de soutien" PIÉRONS in engster Beziehung steht, und die der Sperrung und Plastizität. Diese Ausdrucksformen des Tonus können nebeneinander und scheinbar unabhängig voneinander zur Geltung kommen. HUNTER[1]) hat diese Trennung der tonischen Erscheinungsformen auch bezüglich der Innervierung durchzuführen gesucht. Jedenfalls ist es nötig, sie auseinanderzuhalten, wenn man nicht in die Erörterung der Tonusfragen die Verwirrung bringen will, die hier ohnehin mehr als auf manch anderem Gebiete der Biologie zu beklagen ist.

Zum Schlusse sei hervorgehoben, daß die weitere Klärung des Problems des Muskeltonus, inbesondere auch gerade des Skelettmuskeltonus, einen fortschreitenden Ausbau der Physiologie der glatten Muskeln zur Voraussetzung hat.

---

[1]) HUNTER: Zit. auf S. 199.

# Contractur und Starre.

Von

**Otto Riesser**
Greifswald.

Mit 7 Abbildungen.

**Zusammenfassende Darstellungen.**

v. Fürth: Die Kolloidchemie des Muskels und ihre Beziehungen zum Problem der Kontraktion und Starre. Ergebn. d. Physiol. Jg. 17. 1919 D.

## Contractur und Starre der Muskeln.

Physiologische und pharmakologische Forschung haben uns gelehrt, daß die lebenden Muskeln unter gewissen Bedingungen in einen Zustand der Dauerverkürzung geraten können. Betrachten wir, wie dies ja üblich und wohl auch berechtigt ist, den elektrischen Reiz als einen adäquaten, d. h. dem natürlichen, auf dem Nervenwege zugeleiteten Reiz gleichzusetzenden, so kann man allgemein sagen, daß ein Einzelreiz normalerweise immer nur eine mehr oder weniger schnell vorübergehende Verkürzung eines Muskels auszulösen vermag, die schneller oder langsamer von der Erschlaffung gefolgt ist, so daß wir von einer Zuckung sprechen. Eine Dauerverkürzung ist daher durch elektrische Reizung nur möglich bei genügend schneller Aufeinanderfolge von Einzelreizen, wenn wir hier von dem durch konstante Ströme erzeugten idiomuskulären Wulst absehen. Dabei ist, wie bekannt, der zur Aufrechterhaltung der Verkürzung notwendige Rhythmus abhängig von der Zuckungsdauer der Muskeln, die ihrerseits für verschiedene Muskelarten eine außerordentlich verschiedene ist. Zwischen dem für Insektenmuskeln erforderlichen Rhythmus von 200 pro sec und dem minutenlangen Intervall, das zur Aufrechterhaltung einer Dauerverkürzung bei glatten Muskeln erforderlich ist, bestehen alle Übergänge.

Die Möglichkeit, nicht nur durch rhythmische elektrische Reizung, sondern durch ganz andere Arten von Eingriffen, insbesondere durch bestimmte chemische Substanzen Dauerverkürzungen zu erzielen, und zwar auch an solchen Skelettmuskeln, die durch elektrische tetanische Reizung nur bei höchster Frequenz in diesem Zustand zu erhalten sind, gewinnt ihr physiologisches Interesse durch die Beziehungen der hierbei auftretenden Ercheinungen und ihrer Deutung zu der Theorie der Muskelkontraktion überhaupt. Mit der Verfeinerung der physikalischen, dem Studium der Muskelfunktion dienenden Methoden, mit dem Fortschreiten der Kenntnisse von den chemischen, im tätigen Muskel sich abspielenden Vorgängen und von der Bedeutung der physikalischen, insbesondere kolloidchemischen Zustandsbedingungen haben sich die mit der physiologischen sowohl wie mit der künstlich erzeugten Dauerverkürzung zusammenhängenden

Probleme ständig vertieft und kompliziert. Immer deutlicher wird erkannt, daß dem gleichen äußeren Vorgang der Dauerverkürzung der Muskeln die verschiedensten Ursachen zugrunde liegen können, und daß nur eine feinere physikalische und chemische Analyse sowohl die Natur der verschiedenen Dauercontracturen als insbesondere ihre Bedeutung oder ihre Wertlosigkeit für physiologische Problemklärung aufzudecken vermag. Zu solcher Analyse ist man erst in neuerer Zeit vorgeschritten, und obwohl noch überaus große Lücken unserer Erkenntnis auf diesem scheinbar eng begrenzten Gebiete bestehen, so ist immerhin die Möglichkeit gegeben, schärfer zu scheiden und klarer zu definieren, als dies noch vor kurzem der Fall war. Die im folgenden zu gebende Darstellung wird daher in mehr als einer Hinsicht von den wenigen und zumeist unvollständigen Zusammenfassungen abweichen, die bisher in der Literatur von den Tatsachen dieses Gebietes vorhanden waren.

Der Einzelbesprechung vorauszuschicken ist eine Definition und tunlichst klare Abgrenzung der Begriffe und Bezeichnungen, mit denen wir es auf unserem Gebiete zu tun haben. In der Unklarheit, die gerade hinsichtlich der Wortbezeichnungen bisher geherrscht hat, liegt es begründet, daß bis in die jüngste Zeit hinein die Diskussion ernstlich erschwert wurde.

Drei Hauptbezeichnungen und -begriffen begegnen wir immer wieder: Contractur, Starre, Tonus.

Alle drei bezeichnen Zustandsformen, nicht Vorgänge. Man muß also insbesondere *Kontraktion und Contractur* streng voneinander scheiden. Als Contractur bezeichnen wir Dauerverkürzungszustände des Muskels, die, wie auch immer ihre Ursache sein möge, reversibel sind, d. h. ohne dauernde Schädigung des Muskels wieder rückgängig zu machen sind. Unter Starre verstehen wir demgegenüber ausschließlich irreversible Zustandsveränderungen, also Absterbeformen des Muskels, die durch einen mehr oder weniger vollständigen Verlust seiner elastischen Eigenschaften und tiefgreifende Störungen der lebenden Substanz, insbesondere auch zumeist der Struktur, gekennzeichnet sind. Solche Muskeln sind hart, aber nicht notwendig verkürzt, wie MANGOLD[1]) gezeigt hat. Dennoch werden wir es in praxi meist mit Starreverkürzungen zu tun haben, die durch Übergang einer reversiblen Contractur in den irreversiblen Zustand entstehen.

Als *Tonus* endlich bezeichnen wir einen von der Länge des Muskels unabhängigen, physiologisch bedingten, bestimmten physikalischen Zustand des Muskels, dessen Grad wir durch Messung der Härte, des Dehnungswiderstandes und durch Registrierung der Zuckungskurve beurteilen können und der, wenigstens bei den höheren Tieren, reflektorisch auf dem Wege über das Zentralnervensystem reguliert wird.

Obwohl demnach Contractur, Starre und Tonus genügend klar voneinander geschieden scheinen, herrscht dennoch in der Anwendung dieser Bezeichnungen eine große Willkür. Besonders sind es die Bezeichnungen Tonus und tonisch, mit denen ein erheblicher Mißbrauch getrieben wird — wir haben uns mit der Bestimmung dieser Begriffe schon im Kapitel Tonus befaßt. An dieser Stelle muß nur der Schwierigkeit gedacht werden, welche durch die Bezeichnung „tonische Kontraktion“ und „tonische Contractur“ bedingt wird. Man versteht darunter in der Regel auf einmaligen Reiz eintretende, mit langer Latenz einsetzende und lange, weit über die Dauer des Reizes anhaltende Verkürzungen und Verkürzungszustände, wie sie bei glatten Muskeln die Regel sind, unter bestimmten Bedingungen aber auch an quergestreiften beobachtet werden, und

---

[1]) MANGOLD u. INAOKA: Pflügers Arch. f. d. ges. Physiol. Bd. 198, S. 297. 1923.

die in das Bereich physiologischen Geschehens gehören. Leider ist der Gebrauch dieser Bezeichnung derart eingebürgert, auch durch eine andersartige so schwer zu ersetzen, daß wir den Begriff der tonischen Dauerverkürzung im physiologischen Sinne, wenn auch klar getrennt von dem des Tonus, wie wir ihn oben definierten, bestehen lassen müssen. Um so mehr ist zu verlangen, daß diese funktionellen, physiologischen Vorgänge und Zustände von den durch künstliche, chemische Mittel erzeugten klar geschieden werden und daß nicht etwa, wie es oft genug geschieht, überhaupt jede Contractur als tonische oder gar als Tonus bezeichnet wird. Besser wäre es ohne Zweifel, wenn man die Reaktionen der glatten Muskeln als träge Kontraktion der Zuckung des quergestreiften gegenüberstellte, das Wort tonisch also hier ganz vermiede und es als Zustandsbezeichnung im oben ausgeführten Sinne allein benutzte. Solange hierüber keine bindende Regelung zu erzielen ist, bleibt nur übrig, in jedem einzelnen Falle die Anwendung des Wortes Tonus oder tonisch besonders zu begründen.

## I. Chemische Kontraktion und Starre.

Seit Kühnes[1]) grundlegenden Untersuchungen sind in wachsender Zahl Substanzen aufgefunden worden, die bei direkter Berührung mit lebenden bzw. überlebenden Muskeln Contractur erzeugen. Die chemische Natur dieser Substanzen ist eine derart verschiedene, daß man von vornherein eine Verschiedenheit des Wirkungsmechanismus annehmen muß. Man hat seit Kühne auf zwei Möglichkeiten das Hauptaugenmerk gerichtet. Es wäre einmal daran zu denken, daß die Contractursubstanzen, dem elektrischen Reiz ähnlich, einen chemischen Erregungsvorgang im Muskel auslösen, und daß die Verkürzung schließlich durch dieselben Substanzen bedingt wird, die auch bei der elektrischen und bei der natürlichen Reizung wirksam sind. Es wäre aber ebensowohl möglich, daß gewisse Contractursubstanzen direkt Verkürzungssubstanzen sind, daß sie also die contractilen Elemente in der gleichen Weise beeinflussen, wie die physiologischen Verkürzungssubstanzen es tun.

Beide Mechanismen wären biologisch interessant im Hinblick auf die Frage nach den Ursachen der Kontraktion überhaupt. Von vornherein ist es möglich, daß sowohl das eine wie das andere im Einzelfalle verwirklicht ist oder daß auch beide Wirkungsmechanismen gleichzeitig oder nacheinander zur Geltung kommen.

Gegenüber der von vielen Forschern vertretenen Anschauung, daß jede Contractur letzten Endes durch Auslösung des typischen, chemischen Erregungsvorganges, also gleichsam indirekt, zustande komme, betont neuerdings Bethe mit Recht, daß gar kein Grund vorliege, daran zu zweifeln, daß es auch direkt auf die contractile Substanz wirkende Stoffe geben müsse. Auch für unsere Betrachtung wird die Frage nach der Art der Wirkung der verschiedenen Substanzen im Hinblick auf die Theorie der Kontraktion im Vordergrunde stehen müssen, da sie in der Tat das Studium der Contractur erst in den Dienst eines wissenschaftlichen Problems stellt.

Nach der heute wohl allgemein angenommenen Theorie, wie sie sich auf den Arbeiten von Hill, Meyerhof[2]) und besonders von Embden[3]) aufbaut, bedingt der physiologische Reiz im Muskel einen Zerfall des Lactacidogens, einer Hexosediphosphorsäure, unter Freiwerden von je 2 Molekülen Milchsäure und Phosphorsäure[4]). Daß diese, sei es durch Veränderung des Quellungszustandes,

[1]) Kühne: Müllers Arch. f. Anat. u. Physiol. 1859 u. 1860.

[2]) Hill: Ergebn. d. Physiol. 1916; Hill u. Meyerhof: ebenda 1923.

[3]) Embden u. Mitarbeiter: Zeitschr. f. physiol. Chem. Bd. 113. 1921.

[4]) Über eine neue, revidierte Form der Lactacidogentheorie vgl. Embden: Klin. Wochenschr. Jg. 3, S. 1393. 1924.

oder durch Oberflächen- bzw. Membranwirkung und Ionenverschiebungen, die Verkürzung bedingen, wird heute von der Mehrzahl der Forscher angenommen. Lediglich BETHE[1]), dem sich neuerdings auch VERZÁR[2]) sowie MANGOLD[3]) und ABDERHALDEN[4]) anschließen, halten diese Annahme für unwahrscheinlich oder unbewiesen, und zwar gerade auf Grund der Untersuchungen mit Contractursubstanzen. Auf BETHES Einwände werde ich an gegebener Stelle zurückkommen. Sie hängen zum Teil zusammen mit seiner Anschauung, daß eine Reihe von chemischen Contractursubstanzen direkt verkürzend wirken, wie etwa das Chloroform. Neuerdings ist besonders MEYERHOF[5]) dieser Anschauung entgegengetreten, indem er zeigte, daß sogar bei der Natronlaugencontractur Milchsäure gebildet werde und indem er betonte, daß es vor allem auf den Ort der Bildung der Säure ankomme, im Innern des Muskels, und daß man die von BETHE als Beweismaterial für seine Anschauung viel benutzte Säurecontractur, die durch Eintauchen der Muskeln in Säure erzielt wird, mit der natürlichen Kontraktion nicht vergleichen dürfe. Die Einwände, die BETHE[1]) neuerdings gegen diese Ausführungen MEYERHOFS erhob und experimentell stützte, scheinen mir indessen nicht leicht übersehen werden zu können. Die Tatsache, daß die Acetylcholincontractur und vielleicht auch andere Contracturen dieses Typus ohne Säurebildung verläuft, wie MEYERHOF selbst bestätigte, beweist grundsätzlich, daß Contractur auch ohne vermehrte Säurebildung möglich ist.

Noch eines muß in diesem Zusammenhange hervorgehoben werden. Wenn auch zweifellos bei einer Reihe von Contractursubstanzen die innere Säurebildung aus Lactacidogen die Zusammenziehung bedingt, so bleibt dennoch zwischen dieser Form der Muskelaktion und der normalen Muskelkontraktion ein sehr wesentlicher Unterschied. Der Vorgang der normalen Kontraktion des Skelettmuskels setzt sich aus der Verkürzung und der Erschlaffung zusammen, er ist eine Zuckung oder eine Summation von Zuckungen. Dabei erscheint die Erschlaffung als ein zwangsläufig mit der Verkürzung verknüpfter, allem Anschein nach aktiver Prozeß. [Vgl. die neuen Befunde von HILL und HARTREE[6]).] Bei allen chemischen Contracturen, auch bei denen, die wir als physiologische Säurecontracturen bezeichnen könnten, weil sie durch Säurebildung *im* Muskel zustande kommen, fehlt gerade das Stadium der Erschlaffung, das sich als eine restitutive Beseitigung der Verkürzungssubstanzen darstellt. Das bedeutet aber, daß selbst diese Form der Muskelverkürzung, obwohl anscheinend der normalen Kontraktion so nahe verwandt, grundsätzlich von ihr verschieden ist, und man wäre fast versucht zu erklären, daß das Problem der Contractur mehr die Erschlaffungsphase als die Verkürzungsphase betrifft. Wie dieser Unterschied von der physiologischen Muskelaktion trotz der Ähnlichkeit der Verkürzungsprozesse in beiden Fällen sich erklärt, muß vorläufig dahingestellt bleiben.

## A. Die Contractur durch Säuren.

Daß ein in verdünnte Säure getauchter Muskel sich schnell verkürzt und schließlich in Starre übergeht, ist seit langem bekannt. Allerdings gilt diese Tatsache nur für den quergestreiften Muskel, beim glatten liegen die Dinge anders, wie wir noch sehen werden. Es ist ohnehin klar, daß zwischen den beiden Muskelarten nicht ohne weiteres Vergleiche möglich sind, da sie in

[1]) BETHE: Pflügers Arch. f. d. ges. Physiol. Bd. 199, S. 491. 1923.
[2]) VERZÁR: Biochem. Zeitschr. Bd. 132, S. 66. 1922.
[3]) MANGOLD: Pflügers Arch. f. d. ges. Physiol. Bd. 198, S. 297. 1922.
[4]) ABDERHALDEN: Pflügers Arch. f. d. ges. Physiol. Bd. 199, S. 491. 1923.
[5]) MEYERHOF, O.: Klin. Wochenschr. Jg. 3, S. 393. 1924.
[6]) HILL u. HARTREE: Journ. of physiol. Bd. 54, S. 84. 1920.

Zusammensetzung und Reaktionsweise sich in mehr als einer Hinsicht voneinander unterscheiden.

Wenn wir somit hinsichtlich der Säurewirkungen am glatten Muskel auf einen späteren Abschnitt verweisen, so müssen wir uns um so eingehender mit den Erscheinungen der Säureeinwirkung auf den quergestreiften Skelettmuskel befassen, zumal sie sowohl für wie gegen die Säuretheorie der Muskelkontraktion verwertet worden sind.

Wenn wir hier von den älteren Untersuchungen absehen, die sich an die Namen von KÜHNE[1]), RANKE[2]), SCHIPILOFF[3]) und BERNSTEIN[4]) knüpften, so beruhen unsere heutigen Kenntnisse von der Säurewirkung am Muskel hauptsächlich auf den Arbeiten von FLETCHER[5]), BURRIDGE[6]) sowie von BETHE und seinen Schülern.

BURRIDGE, an FLETCHER anknüpfend, untersuchte eingehend die Wirkung der Milchsäure auf den Froschmuskel. Als eine im Muskelstoffwechsel selbst entstehende Substanz beansprucht diese Säure naturgemäß besonderes Interesse. Er bestätigte den Befund von SCHIPILOFF, daß Milchsäure in Konzentrationen bis 0,25% beim Durchleiten durch die hinteren Extremitäten von Fröschen Contractur erzeuge, konnte sich aber nicht davon überzeugen, daß höhere Konzentrationen unter diesen Bedingungen contracturlösend wirken. v. FÜRTH betont in seiner mit LENK veröffentlichten Arbeit[7]), daß es ihm im allgemeinen nicht gelingen wollte, mittels Säuredurchströmung Starre zu erzielen. In der Tat durfte er auch Starre im Sinne einer erheblichen Muskelsteifigkeit hierbei nicht erwarten. Wir wissen heute, daß die Säurecontractur nur sehr geringe Spannungen erzeugt [SCHWENKER[8]), VERZAR[9]), BETHE[10])], wenn auch erhebliche Verkürzung. Die verkürzende Wirkung kann nicht zutage treten, da sich bei der Durchströmung Strecker und Beuger zugleich verkürzen und einander die Wage halten. Die geringe Spannung aber läßt sich nicht einfach durch das Gefühl feststellen. Registriert man bei der Durchströmung die Verkürzung des Gastrocnemius, so wird die Säurewirkung regelmäßig erkennbar. Es muß darauf hingewiesen werden, weil neuerdings auch ABDERHALDEN[11]) auf den angeblich ungeklärten Unterschied bei Durchströmung und bei direkter Säurebehandlung aufmerksam macht, und weil anscheinend ganz ähnliche Dinge auch bei der Wirkung der Rhodanide am Durchströmungspräparat vorliegen, wie ABDERHALDEN, der auch ohne Registrierung arbeitete, zeigte.

Arbeitet man am isolierten Froschmuskel, so läßt sich beobachten, daß schon bei sehr starker Verdünnung (nach PHILIPPSON schon bei $^{n}/_{10000}$), eine Verkürzung zu erhalten ist. BURRIDGE erhielt mit Milchsäure in den Konzentrationsgrenzen 0,1—0,5% eine in zwei Etappen verlaufende Kontraktion des Froschsartorius. Einer relativ schnell verlaufenden Anfangsverkürzung folgt ein kurzes Stadium konstanter Contractur, worauf dann eine zweite langsame Verkürzung sich anschließt (Abb. 53 u. 54). Die erste schnelle Verkürzung ist bis 0,5% Milchsäure proportional der Konzentration. Darüber hinaus bleibt die Anfangsverkürzung unverändert. Oberhalb von 2% geht sie direkt in eine Erschlaffung des Muskels über, die an die Stelle der zweiten Verkürzung tritt.

---

[1]) KÜHNE: Zit. auf S. 220. [2]) RANKE: Tetanus. Leipzig 1865.
[3]) SCHIPILOFF, K.: Zentralbl. f. d. med. Wiss. 1882, S. 291.
[4]) BERNSTEIN: Untersuch. a. d. physiol. Inst. zu Halle Heft 2. 1890.
[5]) FLETCHER: Journ. of physiol. von Basel 23 an. 1898/91.
[6]) BURRIDGE: Journ. of physiol. Bd. 42, S. 359. 1911.
[7]) v. FÜRTH u. LENK: Biochem. Zeitschr. Bd. 33, S. 341. 1911.
[8]) SCHWENKER: Pflügers Arch. f. d. ges. Physiol. Bd. 157, S. 443. 1914.
[9]) VERZÁR, BÖGEL u. SZANYI: Biochem. Zeitschr. Bd. 132, S. 64. 1922.
[10]) BETHE: Pflügers Arch. f. d. ges. Physiol. Bd. 199, S. 491. 1923.
[11]) ABDERHALDEN: Pflügers Arch. f. d. ges. Physiol. Bd. 199, S. 491. 1923.

Grundsätzlich das gleiche Bild bietet die Wirkung von Salzsäure, Schwefelsäure und Salpetersäure, doch fehlt die Erschlaffungswirkung bei hohen Konzentrationen. Während des ersten Verkürzungsstadiums ist die Säurewirkung noch gut reversibel, sei es durch Entfernung der Säure oder, noch schneller, durch Alkali in niederer Konzentration [SCHIPILOFF, bestätigt von ZOETHOUT[1])]. Dagegen ist das Stadium der zweiten Verkürzung irreversibel, also als Starre zu bezeichnen.

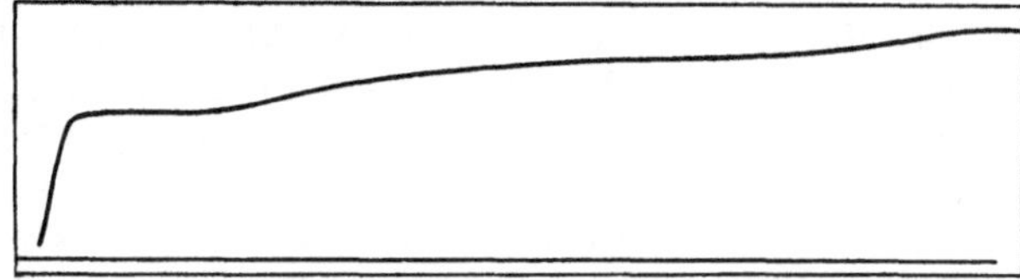

Abb. 53. 0,25% Milchsäure am Froschsartorius. Trommellauf 0,8 cm pro Minute. Nach BURRIDGE: Journ. of physiol. Bd. 42, S. 362.

Es mußte bei der Säurewirkung besonders interessieren, ob es sich lediglich um eine Wirkung der H-Ionen handle, oder ob das Säureanion etwa noch eine Rolle spiele, wobei man besonders an die physiologische Bedeutung der Milchsäure zu denken hatte. Der Klärung dieser Frage dienen die Untersuchungen, die BURRIDGE[2]), DALE und MINES[3]) sowie SCHWENKER[4]) bei BETHE mit verschiedenen Säuren angestellt haben.

Das Ergebnis läßt sich kurz dahin zusammenfassen, daß zwar im allgemeinen die stärker dissoziierten Säuren besonders gut wirksam sind, daß auch beim Vergleich verschiedener Konzentrationen ein und derselben Säure die Wasserstoffionenkonzentration eine Rolle spielt, daß aber beim Vergleich verschiedener anorganischer und organischer Säuren eine Abhängigkeit der Wirkungsstärke von der H-Ionenkonzentration durchaus nicht besteht. Vielmehr läßt sich feststellen, daß gewisse organische Säuren, und so vor allem die Milchsäure, wesentlich stärker wirken, als der H-Ionenkonzentration ihrer Lösungen entspricht. Es erinnert dies an die Feststellung LOEBS[5]), daß in organischen Säuren die Muskeln stärker quellen, als ihrer H-Ionenkonzentration entspricht. SCHWENKER schließt aus seinen Versuchen, daß, je höher eine aliphatische Säure in der Reihe ihrer Homologen steht, sie bei um so geringerer H-Ionenkonzentration wirksam ist. Bei den höheren Fettsäuren tritt übrigens die narkotische Wirkung komplizierend hinzu.

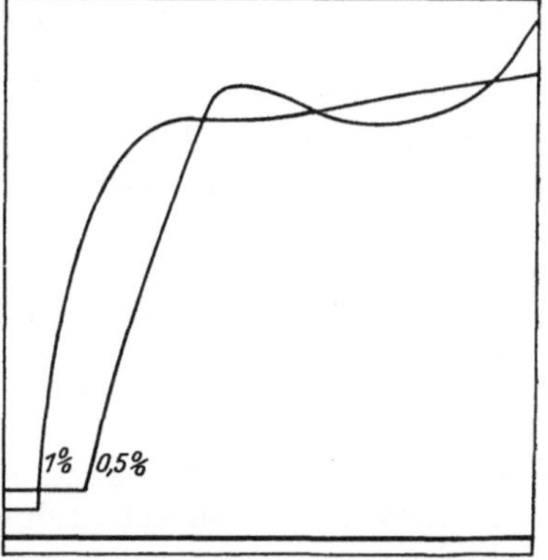


Abb. 54. 0,5 und 1% Milchsäure am Froschsartorius. Trommellauf 1,07 cm pro Min. Nach BURRIDGE: Journ. of physiol. Bd. 42, S. 363.

Über die Wirkung der Salzsäure an überlebenden Säugetiermuskeln liegen Angaben vor von RIESSER[6]) und von SCHOTT[7]) (bei BETHE). Die Angabe des ersteren, daß Salzsäure an Kaninchenmuskeln auffallend schwach verkürzend wirkt, wurde von SCHOTT an Mäusemuskeln bestätigt. Derselbe zeigte auch, daß die Säurewirkung zwar vom Zustand des Muskels merklich abhängig ist, nicht aber von der elektrischen Erregbarkeit.

[1]) ZOETHOUT: Americ. journ. of physiol. Bd. 10, S. 373. 1904.
[2]) BURRIDGE: Journ. of physiol. Bd. 42, S. 359. 1911.
[3]) DALE u. MINES: Journ. of physiol. Bd. 42, XXIX (Thruedings). 1911.
[4]) SCHWENKER: Pflügers Arch. f. d. ges. Physiol. Bd. 157, S. 443. 1914.
[5]) LOEB: Pflügers Arch. f. d. ges. Physiol. Bd. 69, S. 1. 1898.
[6]) RIESSER: Pflügers Arch. f. d. ges. Physiol. Bd. 190, S. 137. 1921.
[7]) SCHOTT: Pflügers Arch. f. d. ges. Physiol. Bd. 194, S. 271. 1922.

Die bisherigen Beobachtungen weisen darauf hin, daß die Wirkung der Säuren am Skelettmuskel keine einfache ist. Der Verlauf der Wirkung in zwei oder drei Phasen deutet, wie Burridge (a. a. O.) betont, auf mindestens zwei Prozesse, von denen der erste von ihm als eine oberflächliche, der zweite als eine Tiefenwirkung aufgefaßt wird. Er weist darauf hin, daß die durch Säure bewirkte Anfangsverkürzung in ihrem Verlauf und ihrer Stärke der durch Nicotin und der durch K-Salze bedingten Verkürzung ähnelt. Indem er die K-Wirkung zugrunde legt, entwickelt Burridge die Anschauung, daß auch bei der Wirkung der Säuren, wenigstens zu Beginn, und ebenso bei der Anfangsverkürzung durch Nicotin eine Wirkung von K-Ionen vorliege, die er sich durch eine Verdrängung der K-Ionen aus Adsorptionsverbindungen veranlaßt denkt. Bei der durch Säuren bedingten Anfangsverkürzung beschränke sich diese K-Mobilisierung auf die Oberfläche, bei der Spätcontractur erstrecke sie sich auch auf die tieferen Schichten des Muskels. Auch eine sekundäre Säurebildung im Muskel aus Säurevorstufen zieht Burridge bei der zweiten Kontraktion in Betracht. Daß man auch an Quellungserscheinungen denken muß, ist selbstverständlich, aber schwerlich läßt sich durch solche das Gesamtbild der Säurewirkung erklären, das uns vielmehr als ein recht kompliziertes erscheint.

Schon aus diesen Gründen ist ein Vergleich der bei äußerer Säureapplikation am Muskel ausgelösten Erscheinungen mit der natürlichen Kontraktion wenig aussichtsvoll. Es ist weiterhin zu bedenken, daß bei der äußeren Säurebehandlung ein Eindringen von außen nach innen stattfindet, daß also das Sarkoplasma vor der Fibrille sauer werden muß. Bei der physiologischen Reizung dagegen entstehen die aus dem Lactacidogen abgespaltenen Säuren aller Wahrscheinlichkeit nach an den Fibrillen, was schon daraus hervorgeht, daß die Menge des Lactacidogens und der im Muskel gebildeten Säuren von dem relativen Gehalt an quergestreiften Fibrillen abhängig ist [Embden[1])]. Ganz unphysiologisch ist es auch, daß bei der äußeren Säurewirkung, auch wenn man Milchsäure anwendet, zwar eine Dauerverkürzung ausgelöst wird, aber die Erschlaffungsphase, die Restitution fehlt. Während bei der natürlichen Kontraktion Bildung von Säuren an den Fibrillen und Säurebeseitigung unmittelbar miteinander verknüpft sind, wobei es normalerweise nie zu einer Anhäufung von Säuren im Sarkoplasma kommen kann, überschwemmen die von außen eindringenden Säuren die ganze Muskelfaser, ein Zustand, der nur dem verwandt ist, der bei Aufhebung der Restitution durch Erstickung (Totenstarre) oder durch gewisse Gifte (Coffein) und allmähliche Säureüberschwemmung der Muskelfaser von innen her sich ausbildet.

Ganz ähnliche Überlegungen führen uns auch zum Verständnis einer Beobachtung, die wir Bethe verdanken und deren theoretische Bedeutung er besonders hervorgehoben hat, daß nämlich bei der Contractur durch Säuren zwar erhebliche Verkürzungen, aber stets nur sehr geringe Spannungen entwickelt werden, nicht mehr als 20% der bei maximalem elektrischen Tetanus zu erzielenden, und daß Spannungen ähnlich niederen Grades nur noch nach anhaltendem Tetanisieren, im Ermüdungszustand sowie bei der spontanen Totenstarre beobachtet werden, die, wie wir noch sehen werden und wie es auch Bethe annimmt, als Säurecontracturen zu bezeichnen sind. Dies ist eines der Hauptargumente, die Bethe gegen die Säurequellungstheorie der natürlichen Kontraktion ins Feld führt, da es nicht einzusehen sei, warum die Säure von außen her eindringend oder, wie etwa bei gewissen Starreformen, von innen her sich ausbreitend nicht dieselben Spannungen entwickeln solle, wie die bei der Reizung

---

[1]) Embden u. Adler: Zeitschr. f. physiol. Chem. Bd. 113, S. 201. 1921.

gebildete. Zu einem ähnlichen Schluß kommt auch VERZÁR[1]) an Hand seiner Befunde über die geringe Spannung und große Dehnbarkeit der mit Säure behandelten Muskeln, desgleichen MANGOLD[2]) auf Grund der Beobachtung, daß die sclerometrisch gemessene Härte des in verdünnter Milchsäure sich verkürzenden Muskels weit hinter der bei maximalem Tetanus auftretenden Härte zurückbleibt.

Demgegenüber ist folgendes hervorzuheben. Die mit maximaler Spannung einhergehende Kontraktion des Fibrillenapparates ist allem Anschein nach gebunden an die an der Fibrillenoberfläche sich geltend machende Oberflächenwirkung der gerade hier (an den Verkürzungsorten nach MEYERHOF) gebildeten Säuren. Und sie ist nur so lange und insoweit möglich, als zwischen dieser Stelle und dem umgebenden Sarkoplasma ein steiles Gefälle der Säurekonzentration besteht, wie es in der Tat unter normalen Verhältnissen des arbeitenden Muskels durch den so überaus schnell eintretenden Restitutionsprozeß aufrechterhalten wird. In dem Maße aber, als durch gewisse schädigende Faktoren, wie Ermüdung, Erstickung, Säureeinwirkung oder Restitutionshemmung durch Gifte, diese Regulierung des Gefälles versagt und auch das Sarkoplasma von Säure gleichsam überschwemmt wird, in dem Maße wird die Fähigkeit der Fibrille zur Spannungsentwicklung vernichtet. Daher läßt die Spannung bekanntlich schnell nach bei andauernder Tetanisierung und wird dann ebenso gering wie beim Eintauchen in Säure und bei der Totenstarre. In einem sauren Medium kann die Fibrille keine Spannung mehr entwickeln. Vielleicht erklärt sich daraus auch die Beobachtung von SCHOTT (zit. auf S. 223), daß die Chloroformcontractur im Anfang durch Säure gehemmt wird. Die Größe der Spannung, die der von Säure durchtränkten Muskelfaser eigen, ist keine spezifische Reaktion der Fibrille mehr, sondern wahrscheinlich lediglich die Funktion des vom Sarkolemm umschlossenen Sarkoplasmaschlauches.

Eine maximale Spannungsentwicklung ist aber auch an der mit Säure durchtränkten Muskelfaser dann noch möglich, wenn ein andersartiges, aber auch spezifisch an der Fibrillenoberfläche wirksames Agens angewandt wird, wie es das Chloroform z. B. zu sein scheint. So würde sich die Beobachtung von BETHE erklären, daß Chloroform auch am Säuremuskel noch verkürzend wirkt und daß es trotz maximaler Säurebildung und Überschwemmung der Muskelfaser mit Säuren dennoch Spannungen von Tetanusgröße entwickelt.

Es bleibt uns an dieser Stelle noch übrig, über Säurewirkung an *glatten Muskeln* sowie an *Herzmuskeln* zu berichten.

MORGEN[3]) (1888), der mit Salzsäure und mit Essigsäure in den hohen Konzentrationen von 0,5 bis herauf zu 20% arbeitete, konnte am Präparat vom Froschmagen keine Wirkung feststellen, und nicht anders fand es P. SCHULTZ[4]) an demselben Objekt, auch bei Anwendung anderer Säuren. Doch hat auch SCHULTZ nur recht hohe Konzentrationen untersucht. HEYMANN[5]) dagegen hat neuerdings einwandfrei nachgewiesen, daß bei einer Säurekonzentration von $^{n}/_{500}$ regelmäßig Contractur eintritt und daß erst bei stärkerer Konzentration der glatte Muskel erschlafft. An den Gefäßen wirken verdünnte Säuren (mit Ausnahme der $CO_2$) ebenfalls kontraktionserregend, wie derselbe Autor in einer sorgfältigen Studie nachgewiesen hat. Eine gute kritische Übersicht über die älteren Angaben auf diesem Gebiete findet sich in der gleichen Arbeit. Hier

[1]) VERZÁR, BÖGEL u. SZANYI: Biochem. Zeitschr. Bd. 132, S. 64. 1922.
[2]) MANGOLD u. INAOKA: Pflügers Arch. f. d. ges. Physiol. Bd. 198, S. 297. 1923.
[3]) MORGEN: Arbeiten a. d. physiol. Inst. zu Halle Heft 2. 1890.
[4]) SCHULTZ, P.: Arch. f. (Anat. u.) Physiol. 1897, S. 322; 1903, Suppl. 1.
[5]) HEYMANN: Arch. f. exp. Pathol. u. Pharmakol. Bd. 90, S. 27. 1921.

wird auch der Befund von Rona und Neukirch[1]) erneut bestätigt, daß am Säugetierdarm verdünnte Säure ebenfalls tonussteigernd wirkt. Daß es sich hierbei im wesentlichen um eine reine Muskelwirkung handelt, geht aus den Versuchen von Heymann am plexusfreien Darmpräparat hervor.

Ohno[2]), der unter Bethes Leitung arbeitete, fand am Froschmagenring Salzsäure schon in $^n/_{500}$ Konzentration wirksam im Sinne einer Contracturerzeugung, $^n/_{100}$ und $^n/_{50}$ wirkten noch ebenso, aber intensiver. Höhere Konzentrationen ($^n/_{10}$ und n) bewirkten dagegen Erschlaffung. Die Contractur bleibt im allgemeinen um so länger bestehen, je verdünnter die eben noch wirksame Säure ist, und sie sinkt nach Erreichung des Gipfelpunktes um so eher, je konzentrierter die Säure. Der Verfasser führt dieses Absinken auf einen sekundären Prozeß zurück. Am Blutegelpräparat erweist sich nach Versuchen von Saito[3]) aus Bethes Schule die Wirkung der Salzsäure abhängig vom Tonuszustand des Muskels. Ist er von vornherein hoch, so bewirkt die Säure regelmäßig Erschlaffung, auch bei Anwendung geringer Konzentrationen. Ist der Tonus aber von vornherein gering, so bekommt man eine Contractur. Hat man das Präparat längere Zeit vorher in der Kälte gehalten, so bedingt Säure stets eine Erschlaffung. Der aus diesen Beobachtungen gezogene Schluß, daß bei den Muskeln des Blutegels die normale Verkürzungssubstanz keine Säure sein könne, darf wohl um so eher anerkannt werden, als auch andere Beobachtungen, so vor allem das Fehlen von Lactacidogen in den glatten Muskeln (Embden), für einen besonderen Erregungsvorgang sprechen.

Über Säurewirkung auf den Herzmuskel scheint wenig bekannt zu sein. Burridge[4]) teilt mit, daß Milchsäure (eine Angabe der Konzentration fehlt) das Herz zu diastolischem Stillstand bringt, der durch Zusatz von Ca-Salzen teilweise, vollständig aber durch danach zugefügte Kaliumsalze in hoher Konzentration aufgehoben wird, so daß das Herz wieder normal oder sogar besser als zu Beginn arbeitet. Aus der Gesamtheit der Angaben über die Wirkung von Säuren auf glatte Muskelfasern im Vergleich mit den Wirkungen am Skelettmuskel geht jedenfalls hervor, daß es sich hier, entsprechend dem durchaus verschiedenen anatomischen und physiologischen Habitus der beiden Muskelarten, um nicht vergleichbare Mechanismen der Wirkung handelt.

## B. Die Basencontractur.

Es ist gerade im Hinblick auf die Säuretheorie der normalen Muskelkontraktion bemerkenswert, daß auch Laugen eine Dauerverkürzung der Skelettmuskeln und auch aller glatten Muskeln hervorrufen. Grundsätzlich wirken alle Basen in gleicher Weise, wenn auch mit gewissen Verschiedenheiten des Gesamtverlaufs der Wirkung. In der unter Bethes Leitung ausgeführten Arbeit von Schwenker[5]) ist die Wirkung einer Reihe der verschiedenartigsten organischen Basen neben der des Ammoniaks und der Natronlauge beschrieben. Es spielen da zweifellos noch Sonderwirkungen, je nach der Art und Giftigkeit der angewandten Substanzen, eine Rolle, was bei der Beurteilung dieser Versuche im einzelnen zu beachten ist. Was allen diesen Basen gemeinsam ist, kann lediglich die Wirkung der OH-Ionen sein.

Wir verdanken die ersten eingehenden Arbeiten über Laugenwirkung am Froschmuskel den Untersuchungen von Bernsteins Schülern Morgen[6]) und

---

[1]) Rona u. Neukirch: Pflügers Arch. f. d. ges. Physiol. Bd. 148, S. 273. 1912.
[2]) Ohno: Pflügers Arch. f. d. ges. Physiol. Bd. 197, S. 383. 1922.
[3]) Saito: Pflügers Arch. f. d. ges. Physiol. Bd. 198, S. 202. 1923.
[4]) Burridge: Journ. of physiol. Bd. 42, Proceed. 1911.
[5]) Schwenker: Pflügers Arch. f. d. ges. Physiol. Bd. 157, S. 443. 1914.
[6]) Morgen: Arb. a. d. physiol. Inst. zu Halle Heft 2. 1890.

KLINGENBIEL[1]), von denen der erstere am Magenring des Frosches, der zweite an isolierten Sartorien arbeitete. Die Muskeln wurden dem Dampf des Ammoniaks ausgesetzt. MORGEN arbeitete überdies mit in Ammoniaklösung getauchten Muskeln. Von Natronlauge wurden 2,5- und 5proz. Lösungen angewandt, beim Ammoniak fehlt die Konzentrationsangabe. Was jene Forscher beobachteten, ist von allen späteren Untersuchern im wesentlichen bestätigt worden. Es handelt sich um eine relativ schnelle Verkürzung der Muskeln, die nach wenigen Minuten einer Wiederverlängerung weicht. Diese bleibt bei höheren Konzentrationen dauernd bestehen. Bei weniger starken schließt sich nach mehr oder weniger langer Zeit eine langsame erneute Kontraktion an, während zugleich die Erregbarkeit des Muskels völlig und ohne Möglichkeit der Rückkehr verschwindet. Es soll hier schon festgestellt werden, was allerdings erst spätere Untersucher hervorhoben, daß nach geringen Ammoniakkonzentrationen die Contractur lange und ohne Erschlaffung erhalten bleibt (s. Abb. 55).

BERNSTEIN[2]) hat den Versuchen seiner Schüler eine besondere Besprechung gewidmet, deren Gedankengänge für die spätere Bearbeitung des Problems der chemischen Contractur maßgebend wurde und die auch heute noch überaus wertvoll ist. Wir werden bei der theoretischen Erörterung des Contracturproblems am Schlusse dieses Kapitels auf seine Ausführungen einzugehen haben.

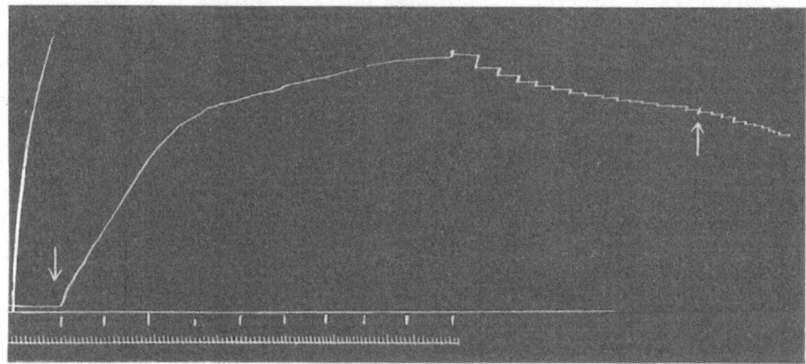

Abb. 55. Contractur des Froschgastrocnemius in $^1/_{10}$ N-Ammoniak. Bei ↓ Eintauchen in die Ammoniaklösung. Trommel läuft 90 Sekunden und wird dann jede Minute mit Hand verschoben. Bei ↑ reine Ringerlösung. Markierung unten volle Sekunden, darüber 10 Sekunden.

FR. SCHENK[3]) hat im Jahre 1895 die Ammoniakcontractur näher untersucht, vor allem hinsichtlich der Spannung, die sie entwickelt. Er findet, daß diese sehr gering ist, während neuerdings (1922) VERZÁR[4]) eine dem maximalen Tetanus gleichkommende Spannungsentwicklung bei in Ammoniak getauchten Muskeln feststellt. Die Ursache dieses Gegensatzes ist zweifellos, daß die Forscher verschieden lange Zeit nach der Einwirkung des Ammoniaks die Spannung maßen. Leider fehlen die Zeitangaben sowohl bei SCHENK wie insbesondere bei VERZÁR. Wahrscheinlich mißt SCHENK die Anfangsverkürzung, VERZÁR die Spätcontractur, und sie untersuchen damit, wie wir noch erörtern werden, zwei ursächlich verschiedene Zustände. Daß auch Natronlauge Contracturen mit nur geringer Spannungsentwicklung, nämlich bestenfalls 30—35% der durch Tetanus zu erzielenden, erzeugt, hat BETHE[5]) nachgewiesen.

[1]) KLINGENBIEL: Arb. a. d. physiol. Inst. zu Halle Heft 2. 1890.
[2]) BERNSTEIN: Arb. a. d. physiol. Inst. Halle Heft 2. 1890.
[3]) SCHENK, FR.: Pflügers Arch. f. d. ges. Physiol. Bd. 61, S. 494. 1895.
[4]) VERZÁR, BÖGEL u. SZANYI: Biochem. Zeitschr. Bd. 132, S. 66. 1922.
[5]) BETHE: Pflügers Arch. f. d. ges. Physiol. Bd. 199, S. 491. 1923.

Unter Grützners Leitung hat im Jahre 1896 Blumenthal[1]) eine Beschreibung der Ammoniak- und Natronlaugencontractur gegeben, die Neues nicht brachte. Ebenfalls bei Grützner arbeitete Zenneck[2]) im Jahre 1899. Er hat im Rahmen einer größeren Untersuchung über das Verhalten von curarisierten und nichtcurarisierten Muskeln gegenüber Contractursubstanzen festgestellt, daß auch Ammoniak wie alle anderen geprüften Stoffe am curarisierten Muskel stärkere Contracturen entwickelt als am nichtcurarisierten.

Eine der besten Untersuchungen auf diesem Gebiete verdanken wir Rossi[3]), der unter F. B. Hofmann 1910 gearbeitet hat. Dieser selbst hatte kurz zuvor[4]) die Wirkung des Ammoniaks an den Muskeln der Chromatophoren bei Cephalopoden untersucht. Rossi arbeitet an Sartorien von Fröschen unter der Einwirkung von Ammoniakdämpfen verschiedener Konzentration. In niederen Konzentrationen bewirkt Ammoniak eine Dauerverkürzung. In höheren Dosen tritt sehr bald, wie in den Versuchen von Klingenbiel (a. a. O.), eine Wiederverlängerung ein, und der Muskel stirbt in Erschlaffung ab. Die durch verdünnte Ammoniaklösungen erzielte Contractur kann durch nachfolgende Behandlung mit konzentrierter Lösung völlig oder fast ganz beseitigt werden.

Die Tatsache, daß nach Ammoniak Chloroform nicht mehr wirksam ist, wie es ebenfalls schon in Bernsteins Laboratorium festgestellt war, werden wir in anderem Zusammenhange zu erörtern haben. Hervorzuheben ist, daß die Ammoniakcontractur in ihren Anfangsstadien reversibel ist. Bei der Ammoniakwirkung, wie übrigens auch bei der Chloroform-, der Äther- und, wie wir sahen, der Säureverkürzung, sind jedenfalls nach Rossi zwei Stadien zu unterscheiden. Das erste, reversible, deutet er als einen richtigen Reizvorgang, wobei er allerdings die Frage nach der Art dieser „Reiz"wirkung nicht diskutiert. Das zweite Stadium müsse entweder Fortsetzung des ersten oder etwas Besonderes sein.

Beim Arbeiten mit Sartorien, die in verdünnter Ammoniaklösung hingen, 0,1 bis 0,03 n, fand Schwenker (a. a. O.) einen sehr eigenartigen Verlauf. Es folgen sich nacheinander mehrere Stadien der Verkürzung und Verlängerung mit vorübergehendem Verlust der elektrischen Erregbarkeit und schließlicher Wiederkehr nach eingetretener vollkommener Erschlaffung des Muskels. Bei etwas höheren Konzentrationen, wie $^{n}/_{50}$, kann man sogar drei Verkürzungsstadien, getrennt durch zwei Phasen der Verlängerung, unterscheiden. In diesen Fällen kehrt die Erregbarkeit nicht wieder. Auch Mangold[5]) berichtet über Erfahrungen mit $NH_3$-Contractur, und zwar am Gastrocnemius des Frosches. Er stellt die bemerkenswerte Tatsache fest, daß auch nach Erschlaffung der Ammoniakmuskel eine erhebliche Härtezunahme gegenüber dem unvergifteten Muskel aufweist; der $NH_3$-Muskel ist also auch in verlängertem Zustande „starr", eine Erscheinung, die zweifellos mit der starken Quellung zusammenhängt.

Die Contractur mit NaOH, die bei etwa $^{n}/_{100}$ schon deutlich ist (Minimum $^{n}/_{400}$ nach Zoethout), verläuft beim Skelettmuskel des Frosches nicht ganz so intensiv wie mit Ammoniak, dessen leichtes Eindringen wohl mit eine Rolle spielt. Indessen scheint es, worauf schon F. B. Hofmann (a. a. O.) hinwies, sicher, daß nicht nur dem OH-Ion, sondern auch dem Ammoniumion eine Wirkung zukommt. Denn man kann leicht zeigen, daß auch neutrale Ammoniumsalze eine leichte Neigung zur Contractur am Muskel hervorrufen (vgl. auch Zoethout). Es scheinen sich demnach beim Ammoniak zwei Faktoren zu addieren, von denen

---

1) Blumenthal: Pflügers Arch. f. d. ges. Physiol. Bd. 57, S. 513. 1886.
2) Zenneck: Pflügers Arch. f. d. ges. Physiol. Bd. 76, S. 21. 1899.
3) Rossi: Zeitschr. f. Biol. Bd. 54, S. 253. 1911; u. Bd. 56, S. 253. 1911.
4) Hofmann, F. B.: Pflügers Arch. f. d. ges. Physiol. Bd. 132, S. 82. 1910.
5) Mangold: Pflügers Arch. f. d. ges. Physiol. Bd. 198, S. 297. 1923.

allerdings, wie allein schon die Contracturwirkung anderer Basen beweist, die OH-Ionen besonders wichtig sind. Nach den Untersuchungen von MATHEWS[1]) soll auch den undissoziierten $NH_4OH$-Molekülen eine wesentliche Bedeutung zukommen. WILMERS[2]) bei BETHE macht darauf aufmerksam, daß bei Reizung eines in verdünntes Ammoniak eintauchenden Muskels mittels Einzelinduktionsschlägen Zuckungsformen von derselben Art wie bei der Veratrinvergiftung entstehen, also mit stark verlängertem absteigenden Schenkel und zweitem Gipfel. Die Basencontractur an isolierten Säugetiermuskeln beobachteten RIESSER[3]) sowie SCHOTT[4]). Ersterer stellte fest, daß rote Muskeln mit $NH_3$ erheblich stärkere reversible Contracturen geben als weiße. SCHOTT zeigte, daß $^n/_{50}$-NaOH auch dann noch Contractur bedingt, wenn der Muskel infolge Erwärmens elektrisch unerregbar geworden ist.

Der Mechanismus der Ammoniakcontractur, der Basencontractur ganz allgemein, ist wiederholt diskutiert worden. HÜRTHLES[5]) Befund, daß nach längerer Ammoniakbehandlung im Muskel Krystalle von $MgNH_4CO_3$ sich bilden, hat für die Erklärung der Contractur wohl keine Bedeutung. Von MEYERHOF[6]) wird neuerdings die Rolle der OH-Ionen dabei überhaupt bestritten und die Basencontractur als Säurecontractur gedeutet auf Grund des allerdings interessanten Befundes, daß in der Natronlaugecontractur die Milchsäurebildung erheblich vermehrt ist. Auch VERZÁR (a. a. O.) deutet auf Grund seiner Versuche über die Spannungsentwicklung bei verschiedenen Contracturformen die Laugencontractur als eine Säureverkürzung. BETHE hat wohl recht, wenn er die Schwierigkeit einer solchen Deutung hervorhebt angesichts der wohlbegründeten Annahme, daß die Laugen schnell in den Muskel einzudringen vermögen.

In letzter Zeit hat RIESSER gemeinsam mit HEIANZAN[7]) gezeigt, daß man sehr scharf zwischen zwei Stadien der Ammoniakcontractur unterscheiden müsse. Zwar finden auch diese Autoren, daß der für eine Stunde und mehr in Ammoniak getauchte Muskel stark an Lactacidogen verliert, daß also Milchsäure und Phosphorsäure frei werden, sie haben aber vor allem mit Sicherheit erwiesen, daß während des eigentlichen Verkürzungsvorganges und noch einige Zeit darüber hinaus die Menge des Lactacidogens nicht nur abnimmt, sondern auf Kosten anorganischer Phosphorsäure zunimmt. Zugleich aber nimmt die Menge der Milchsäure zu. Die gleichen Verhältnisse scheinen auch bei der Natronlaugencontractur vorzuliegen. Ohne hier auf die Bedeutung dieser Befunde im Rahmen der Lactacidogentheorie einzugehen, ist doch hervorzuheben, daß sie eine grundsätzliche Verschiedenheit im Mechanismus der Anfangsverkürzung und der späteren Contracturstadien wahrscheinlich machen. Entgegen MEYERHOF können RIESSER und HEIANZAN sich nicht entschließen, die Anfangsverkürzung auf Milchsäurewirkung zurückzuführen. Vielmehr nehmen sie an, daß es sich hierbei um eine direkte Oberflächenwirkung der Laugen- bzw. der OH-Ionen an den Fibrillen handle, daß also z. B. Ammoniak eine echte Verkürzungssubstanz im Sinne BETHES sei. Der Gesamtkomplex der Vorgänge am und im Muskel erweist sich sonach als ein recht vielfältiger, und es geht nicht an, die Laugencontractur als ein einfaches Beispiel einer Muskelkontraktionsform zu betrachten.

Ganz besonders intensiv ist die Wirkung der Laugen an glatten Muskeln. Das zeigte schon MORGEN (a. a. O.) am Froschmagenring und ist seither u. a.

[1]) MATHWES: Americ. journ. of physiol. Bd. 18, S. 58. 1907.
[2]) WILMERS: Pflügers Arch. f. d. ges. Physiol. Bd. 178, S. 193. 1920.
[3]) RIESSER: Pflügers Arch. f. d. ges. Physiol. Bd. 190, S. 137. 1921.
[4]) SCHOTT: Pflügers Arch. f. d. ges. Physiol. Bd. 194, S. 271. 1922.
[5]) HÜRTHLE: Pflügers Arch. f. d. ges. Physiol. Bd. 100, S. 451. 1903.
[6]) MEYERHOF: Klin. Wochenschr. Jg. 3, S. 392. 1924.
[7]) RIESSER u. HEIANZAN: Pflügers Arch. f. d. ges. Physiol. Bd. 207, S. 302. 1925.

durch die Untersuchungen von Saito (a. a. O.) und von Ohno (a. a. O.) in Bethes Laboratorium erneut sichergestellt. Die Tatsache erscheint insofern von Interesse, als sie entschieden dafür spricht, daß die Fähigkeit, mit Laugen in Contractur zu geraten, nicht an die Existenz quergestreifter Fibrillen, deswegen auch nicht an das Vorhandensein von Lactacidogen gebunden ist, da nach Embdens Befunden die Menge des Lactacidogens dem relativen Gehalt der Muskeln an quergestreiften Fibrillen entspricht. Sie ist als eine direkte Wirkung der OH'-Ionen auf die contractile Substanz anzusehen. Es ist um so mehr unwahrscheinlich, daß sie im Skelettmuskel etwas anderes sei, wenigstens in ihren ersten Phasen.

## C. Die Contractur durch Narkotica.

Seit Kussmaul[1]) fand, daß mit Chloroformlösung durchströmte Gliedmaßen in Starre geraten, ist die Chloroformcontractur und die analoge Wirkung anderer Narkotica wiederholt Gegenstand der Untersuchung gewesen [Literatur bei Schott[2])]. In erster Linie hat wegen der Intensität der Wirkung das Chloroform interessiert. In der Tat ist die bei Berührung mit Chloroformdämpfen oder beim Eintauchen in mit Chloroform gesättigte Ringerlösung eintretende Muskelverkürzung sehr eindrucksvoll. Meist zieht sich der Muskel zuerst schnell zusammen, und mehr oder weniger schnell folgt dann eine zweite, rapide fortschreitende Verkürzung, die nicht nur außerordentliche Grade erreicht, sondern, worauf letzthin Bethe besonders aufmerksam machte, mindestens ebenso hohe Spannungen wie beim elektrischen Tetanus. Wichtig ist es, daß die Chloroformcontractur in ihren Anfangsstadien völlig reversibel ist; bald aber geht sie in irreversible Starre über.

Gerade an die Chloroformcontractur knüpft sich eine besonders lebhafte Diskussion betreffend der Frage, ob es sich hier um eine direkte Wirkung des Mittels auf die contractilen Elemente handle oder lediglich um ein explosives Freiwerden von Milchsäure, wie von Fürth und mit ihm eine Reihe anderer Forscher glauben, insbesondere auch Meyerhof. Für die letztere Ansicht schien klar die von Hill, Meyerhof, Embden gefundene Tatsache zu sprechen, daß der durch Chloroform in Starre versetzte Muskel die maximale Menge an Milchsäure und Phosphorsäure und, bei Sauerstoffzufuhr, die ihrer Verbrennung entsprechende Wärmemenge bildet. Demgegenüber betont Bethe immer wieder eine Reihe von Tatsachen, die dieser Annahme widersprechen. So insbesondere, daß selbst eine maximale Säureüberschwemmung des Muskels keine Spannung von Tetanushöhe verursacht, wie sie gerade Chloroform hervorzurufen vermag, daß Chloroform noch da wirke, wo keine elektrische Reizung mehr wirksam sei, und ich füge hinzu, daß es auch am glatten Muskel wirksam ist, wo keine Säurewirkung anzunehmen ist. Da diese Kontroverse viel Forscherarbeit gekostet hat und auch physiologische Bedeutung beanspruchen darf, so muß hier auf die mit der Chloroformcontractur zusammenhängenden Fragen etwas näher eingegangen werden.

Schon Bernstein (a. a. O.) macht an Hand von Beobachtungen seiner Schüler Morgen und Klingenbiel darauf aufmerksam, daß nach abgelaufener Ammoniakwirkung, also im Stadium der Wiederverlängerung, Chloroform nicht mehr wirksam sei. Dagegen kann man die $NH_3$-Anfangsverkürzung durch Chloroform noch verstärken und beschleunigen. Zusammen mit Martha Fraenkel und Wilmers zeigte Bethe[3]), daß auch am narkotisierten Muskel gewisse Con-

[1]) Kussmaul: Virchows Arch. f. pathol. Anat. u. Physiol. Bd. 13, S. 289. 1858.
[2]) Schott: Pflügers Arch. f. d. ges. Physiol. Bd. 194, S. 271. 1922.
[3]) Bethe, Fraenkel u. Wilmers: Pflügers Arch. f. d. ges. Physiol. Bd. 194, S. 45. 1922.

tractursubstanzen, die BETHE als die „echten“ bezeichnet, vor allem Chloroform, noch ausgezeichnet wirksam sind. Daß auch in der Narkose der elektrische Reiz noch zur Säurebildung führt, die dann aber nicht mehr zur Verkürzung führt, hat MEYERHOF[1]) nachgewiesen. Wenn trotzdem auch am elektrisch unerregbaren, narkotisierten Muskel Chloroform noch Verkürzung macht, so kann dies also nach BETHE nicht auf der Säurebildung beruhen, da nicht einzusehen sei, warum die Säurebildung auf elektrischen Reiz unwirksam, die auf Chloroform aber wirksam sein solle. Auch die Versuche mit Salzsäure und Natronlauge an narkotisierten Muskeln zeigen, bei aller durch sekundäre Wirkungen der Narkotica bedingten Inkonstanz der Ergebnisse, doch mit aller Sicherheit, daß eine Kontraktion und Dauerverkürzung mit diesen Substanzen auch dann noch erreicht wird, wenn die Muskeln elektrisch unerregbar sind. Neuerdings zeigte HIN[2]) bei BETHE, daß auch am toten Muskel, d. h. nach Lösung der Totenstarre, Chloroform und NaOH noch wirksam sein können, soweit nicht eine Strukturzerstörung der contractilen Substanz eingetreten ist. Wenn ROSSI, wie wir oben erwähnten, hervorhob, daß die chemische Contractur mit Ammoniak und Chloroform um so besser gehe, je erregbarer der Muskel ist, so hat das lediglich die Bedeutung, daß die Ansprechfähigkeit der contractilen Substanz sowohl gegen die natürlichen wie gegen die künstlichen Verkürzungssubstanzen in diesem Falle gleichmäßig erhöht sein kann.

Ich selbst glaube BETHE unbedingt recht geben zu müssen, insofern als Chloroform, wahrscheinlich auch Laugen und ebenso auch teilweise wenigstens die Säuren die Verkürzung durch direkte Wirkung herbeiführt, daß es also eine Verkürzungssubstanz selbst ist.

Allerdings sind die von WILMERS[3]) unter BETHE zur weiteren Klärung dieser Frage unternommenen Versuche wohl nicht entscheidend. An Sartorien, die in der Mitte befestigt wurden und deren beide Enden die Bewegung jeder Muskelhälfte registrierten, zeigte WILMERS, daß die Contractursubstanzen immer nur da wirken, wo sie den Muskel berühren, und daß keine Fortleitung der Kontraktion stattfindet. Etwas Derartiges wäre aber nach WILMERS zu erwarten, wenn es sich um einen echten Erregungsvorgang handelte. Diese Voraussetzung ist indessen nicht zutreffend. In der Tat hat schon KÜHNE gezeigt, und ich habe es zusammen mit RICHTER[4]) neuerdings bestätigt, daß unter geeigneten Bedingungen auch elektrische Reizung sich nicht fortzupflanzen braucht. Die Erregungsleitung ist nicht notwendig mit der „Erregung“ verbunden, wie immer wieder behauptet wird. Dadurch verlieren aber die WILMERschen Versuche an Beweiskraft.

Trotzdem ist es nach unserer Ansicht, wie gesagt, richtig, daß die echten Contractursubstanzen zunächst durch direkte Wirkung auf die contractile Substanz verkürzend wirken. Die Dauerverkürzung, die Contractur, allerdings ist ein komplizierterer Vorgang. Denn sehr schnell folgt beim Chloroform, dem Typus dieser Gruppe, infolge seines schnellen Eindringens und seiner den Kolloidzustand der Eiweißkörper stark verändernden Wirkung (v. FÜRTH) ein maximaler Zerfall von Lactacidogen mit Säurecontractur und Säurestarre. Bis zuletzt aber bleibt daneben die Oberflächenwirkung des Chloroforms bestehen und erhält die Fibrillen in höchster Verkürzung und vor allem in maximaler Spannung. Auch hier wie beim Ammoniak erweist sich eine zeitliche Betrachtung und Untersuchung der Vorgänge als wertvoll. Untersuchungen über das Verhalten des

[1]) MEYERHOF: Pflügers Arch. f. d. ges. Physiol. Bd. 178, S. 193. 1920.
[2]) HIN: Pflügers Arch. f. d. ges. Physiol. Bd. 202, S. 144. 1924.
[3]) WILMERS: Pflügers Arch. f. d. ges. Physiol. Bd. 178, S. 193. 1920.
[4]) RIESSER u. RICHTER: Pflügers Arch. f. d. ges. Physiol. Bd. 207, S. 287. 1925.

Lactacidogens bei der Chloroformcontractur haben mir gezeigt, daß innerhalb der ersten fünf Minuten, in welche die schnelle Anfangskontraktion und der Beginn der zweiten Verkürzung fallen, das Lactacidogen nur wenig abnimmt. Erst in den späteren Stadien setzt der Lactacidogenabbau intensiver ein.

Wir stimmen also durchaus mit ROSSI überein, der die zwei Stadien der Chloroform- (und Äther-) Verkürzung besonders betonte, und der zwischen dem Reizstadium bei der Verkürzung und dem Starrestadium in den späteren Phasen der Wirkung unterscheidet. Wenn er die primäre Wirkung als „Reizwirkung" bezeichnet, so kann man dies annehmen, wenn man unter Reiz eine direkte Wirkung der Contractursubstanz auf die Fibrillen verstehen darf, woran allerdings ROSSI wohl nicht gedacht hat.

Schon MORGEN zeigte, und ROSSI hat es bestätigt, daß auf der Höhe einer durch Chloroform bedingten Contractur Ammoniak keine Erschlaffung bedingt. Andererseits ist ein durch konz. Ammoniak nach kurzer Kontraktion wieder erschlaffter Muskel nicht durch Chloroform zu verkürzen. Die Ursache hierfür ist offenbar, daß der durch Ammoniak einmal schwer veränderte Muskel überhaupt nicht mehr kontraktionsfähig ist. Wie schwer die Veränderung ist, kann man leicht beurteilen, wenn man sieht, welche großen Mengen von Eiweiß und Salzen durch Ammoniak innerhalb kurzer Zeit aus dem Muskel ausgelaugt werden. Ein solcher Muskel ist ein völlig zerstörtes Gebilde. Man begreift es aber dann auch, daß zu Beginn der Chloroformwirkung konz. Ammoniak den Muskel noch zur Erschlaffung bringen kann. Da nämlich in diesen Stadien anscheinend direkte Wirkung des Chloroforms auf die Fibrille und indirekte, nämlich Säurebildung, zusammenwirken, so kann $NH_3$ wenigstens vorübergehend diesen letzten Faktor ausschalten. Im übrigen ist es klar, daß es vielerlei Möglichkeiten des Zusammen- und Gegeneinanderwirkens dieser Substanzen gibt, von denen jede mindestens zwei verschiedene Wirkungen am Muskel entfaltet.

Es lohnt nicht, auch noch die Wirkungen der anderen Narkotica hier eingehend zu erörtern. Sie wirken alle in gleicher, wenn auch nicht immer in gleich intensiver Weise wie Chloroform. Ob sie alle auch wie dieses zuerst direkt verkürzend, später durch Säurebildung wirken, könnte nur eine genauere Analyse zeigen, wie sie bisher nicht vorliegt. Ich halte es für wahrscheinlich, daß manche, wie insbesondere die wasserlöslichen, nicht flüchtigen Narkotica lediglich die zweite Kontraktionsform, also Säurecontracturen, geben. Ganz ähnlich wie Chloroform wirkt der Äther (ROSSI).

An *glatten Muskeln* wird die Chloroformwirkung genau so beobachtet wie an quergestreiften. In den oft zitierten Arbeiten der Schüler BETHES finden sich hierfür zahlreiche Beispiele. Nach MORGEN (bei BERNSTEIN) soll Äther am glatten Muskel des Froschmagens keine Contractur, sogar Erschlaffung bewirken. Über Kombinationswirkungen von Lauge bzw. Säure mit Chloroform siehe bei OHNO und SAITO (a. a. O.). Die Ergebnisse sind nicht durchsichtig und bieten der Erklärung um so mehr Schwierigkeiten, als wir vorderhand über die im glatten Muskel sich abspielenden chemischen Prozesse nichts wissen.

Auch Alkohole bewirken Contracturen. In der SCHWENKERschen Arbeit ist einiges Material darüber gesammelt, soweit es den Sartorius des Frosches betrifft. Die angewandte Alkoholkonzentration lag bei 10—20%. Der typische Verlauf ist gekennzeichnet durch eine ziemlich schnelle Verkürzung, die innerhalb einiger Minuten in eine fast vollständige Erschlaffung übergeht. Bei einem Vergleich ergab sich, daß die verschiedenen Alkohole sich nach ihrer Wirkungsstärke in gleicher Weise ordnen, wie es auch für andere biologische Wirkungen gefunden wurde.

Eine feinere Analyse der Alkoholwirkung liegt nicht vor. Es ist lediglich durch MEYERHOF[1]) bekannt, daß unter Alkoholwirkung die Milchsäuremenge im Muskel ansteigt. Da aber zeitliche Angaben auch hier fehlen, so ist über die Ursache der *Anfangs*verkürzung noch nichts gesagt. Es erscheint wahrscheinlich, daß auch bei den Alkoholen mehrere Mechanismen wirksam sind, sowohl ein direkter Einfluß auf die contractile Substanz als eine innere Säurebildung.

Es ist notwendig, die bisherigen Darlegungen zu einer kritischen Würdigung der bekannten Tatsachen über Säure-, Lauge-, Chloroformcontractur zu benutzen. Es wird erneut darauf hingewiesen, daß für die Frage nach der Verkürzungssubstanz bei der normalen Kontraktion wenig gewonnen ist. Die nach allen unseren heutigen Kenntnissen gut gesicherte Theorie, daß die Bildung von Säuren aus Lactacidogen an den Verkürzungsorten, die ich mit der Fibrille identifiziere, die Ursache der normalen Verkürzung sei, wird durch die Untersuchungen mit Contractursubstanzen nicht berührt. Allen gemeinsam ist, wie wiederholt betont wurde, daß sie niemals das Bild einer natürlichen Kontraktion geben, insofern als das normale Erschlaffungsstadium in seiner Verknüpfung mit der Verkürzung fehlt. Die Berührung mit Säuren von außen schafft Bedingungen, die eine natürliche Kontraktion geradezu ausschließen, und was wir beobachten, ist allenfalls nur mit der Ermüdungscontractur und der Totenstarre vergleichbar. Die Wirkung der Laugen ist zu Beginn, also gerade während des Verkürzungsaktes, nicht notwendig mit Säurebildung verknüpft. Die später eintretende Säurebildung ist eine Schädigungswirkung. Beim Chloroform und Äther handelt es sich im ersten, reversiblen Stadium, also bei der Verkürzung, wahrscheinlich um eine direkte Wirkung auf die contractile Substanz. Ihr folgt schneller oder langsamer im Stadium der Dauerverkürzung eine erhebliche Bildung von Säure durch Lactacidogenzerfall. Wir geben somit BETHE recht, daß es direkte Verkürzungssubstanzen gibt, was eigentlich ein biologisches Postulat ist, aber wir stehen im Gegensatz zu ihm, wenn er aus seinen Untersuchungen den Schluß ziehen will, daß die normale Kontraktion nichts mit Säurebildung zu tun hat. Es erscheint kaum möglich, aus Versuchen mit Contractursubstanzen hierüber überhaupt irgendeine definitive Antwort zu erhalten. Je mehr wir in die Erkenntnis des Mechanismus der chemischen Contracturwirkungen eindringen, um so deutlicher erkennen wir, daß es sich in vielen Fällen um ein Neben- und Nacheinander von mehr oder weniger groben Schädigungsvorgängen handelt, die mit der natürlichen Kontraktion wenig zu tun haben[2]).

Daß v. FÜRTHS Theorie von der explosiven Milchsäurebildung nicht für alle Contractursubstanzen zutrifft, erscheint sicher. Auch die Tendenz der MEYERHOFschen Arbeiten, *alle* Contracturen auf innere Säurebildung zurückzuführen, kann ich als berechtigt nicht anerkennen. Sie berücksichtigt nicht den zeitlichen Faktor, nämlich die scharfe und notwendige Scheidung zwischen den Prozessen, welche die schnelle Anfangsverkürzung, und denen, welche die Dauercontractur und Starre bedingen. Daß seine Theorie nicht durchweg gilt, hat übrigens MEYERHOF selbst anerkannt durch Mitteilung der Tatsache, daß die Acetylcholincontractur ohne vermehrte Milchsäurebildung einhergeht. Es muß demgegenüber betont werden, daß das Auffinden von viel Milchsäure in einem längere Zeit mit einer Contractursubstanz behandelten Muskel über die Ursache der Anfangskontraktion meist nichts sagt oder nichts auszusagen braucht.

Wir werden diesen Fragen in den folgenden Kapiteln erneut begegnen.

---

[1]) MEYERHOF: Klin. Wochenschr. Jg. 3, S. 392. 1924.

[2]) Neuerdings zeigte RIESSER (Pflügers Arch. f. d. ges. Physiol. Bd. 208, S. 522. 1925), daß schon nach kurzer Einwirkung von Chloroform-Ringerlösung die Muskeln erheblich geschädigt sind.

## D. Die physiologische Säurecontractur.

(Coffein, Chinin.)

Daß die Bildung freier Säuren aus Lactacidogen bei vielen chemischen Contracturen beteiligt ist, geht aus den vorangehenden Abschnitten hervor. Indessen bildet sie in den bisher besprochenen Fällen anscheinend nur einen Teilvorgang, ist insbesondere nicht die Ursache der schnellen Anfangsverkürzung. In diesem Abschnitt sollen indessen einige Contractursubstanzen besprochen werden, bei denen die Säurebildung im Inneren des Muskels, durch Zerfall des Lactacidogens, die alleinige Ursache einer stets langsam sich entwickelnden und allmählich sich verstärkenden Verkürzung ist. Weil in diesen Fällen der natürliche Vorgang der Säurebildung im Muskel sich abspielt, wie er als erste Etappe und Teilvorgang auch der normalen Kontraktion anzunehmen ist, so haben Neuschlosz und ich seinerzeit die Bezeichnung „physiologische Säurecontractur" für diese Art der Verkürzung gewählt, womit zugleich der Unterschied von der künstlichen, also durch Einbringen eines Muskels in Säure verursachten Säureverkürzung ausgedrückt wird.

Der Typus dieser Contracturform ist besonders bei dem Coffein studiert worden. Über die Wirkung des Coffeins auf die Muskeln besteht eine recht umfangreiche Literatur, über welche Bock in Heffters Handbuch der experimentellen Pharmakologie (II, 1. Teil, S. 572) eingehend berichtet hat. Indem wir uns vorbehalten, die Coffeinwirkung in dem Kapitel „Pharmakologie der Muskeln" eingehender zu behandeln, kann hier nur über die Contracturwirkung und die mit ihr zusammenhängenden Erscheinungen gesprochen werden. Allen darauf untersuchten Methylxanthinderivaten ist gemeinsam, daß sie nach Injektion am Frosch Contractur und Starre der Muskeln verursachen. Die Annahme, daß Esculenten sich dabei anders verhalten als Temporarien (Schmiedeberg), kann, soweit es sich um eine direkte Muskelwirkung handelt, nicht aufrecht erhalten werden. Dagegen sind die Muskeln niederer Tiere gegen Coffein anscheinend in hohem Maße resistent [Secher[1])]. Bei Säugetieren wird die Starre nur schwierig erhalten und bedarf sehr hoher Konzentrationen. Parallel mit der Contracturwirkung geht eine typische Veränderung und Zerstörung der mikroskopischen Muskelfaserstruktur [Jakobj und Golowinsky[2]), Secher], deren biologische Bedeutung jedoch nur eine sekundäre ist. Beim Eintauchen von Froschmuskeln in Coffeinlösungen erweist sich die Wirkung von der angewandten Konzentration insofern abhängig, als Lösungen bis zu $^1/_{8000}$ keine spontane Contractur erregen. Reizt man nun einen derart vergifteten, isolierten Muskel mit Einzelschlägen, so zeigen sich die Zuckungshöhen stark gesteigert. Zugleich aber ist auch die Ermüdbarkeit vermehrt. Wird die Reizung in rhythmischer Folge eine Zeitlang fortgesetzt, so tritt ziemlich schnell Contractur ein, die wie eine verstärkte Ermüdungscontractur aussieht, die aber im Gegensatz zu dieser nach Aufhören der Reizung kaum oder nur unvollkommen zurückgeht [Riesser und Neuschlosz[3])] und bald unter Verschwinden der Muskelerregbarkeit in Starre übergeht. Wählt man die Konzentration von Beginn an höher, nämlich $^1/_{2000}$ oder stärker, so beginnt der Muskel sich sehr bald zu verkürzen. Die schnelle Anfangsverkürzung fehlt hier vollständig, und die Verkürzung geht, mit mehr oder weniger großer Latenz beginnend, sehr allmählich weiter. Sie ist zuerst noch reversibel, und der Muskel bleibt eine Zeitlang erregbar. Nach einigen

---

1) Secher: Arch. f. exp. Pathol. u. Therap. Bd. 77, S. 83. 1914.

2) Jacobj u. Golowinsky: Arch. f. exp. Pathol. u. Pharmakol. 1908, Suppl.-Bd.; Golowinsky: ebenda S. 16.

3) Riesser u. Neuschlosz: Arch. f. exp. Pathol. u. Pharmakol. Bd. 93, S. 163. 1922.

Minuten indessen schwindet die Erregbarkeit, und die Contractur geht in eine irreversible Starre über (s. Abb. 56).

Als Erklärung dieser Erscheinungen hatte v. FÜRTH auch hier, wie bei anderen Contractursubstanzen, eine Gerinnungswirkung des Coffeins herangezogen. In der Tat dürfte die primäre Ursache eine kolloidchemische sein, nur daß wir sie nicht als eine Gerinnung, sondern vielmehr als eine weniger grobe physikalische Zustandsänderung der Muskelkolloide zu betrachten haben. Die eigentliche direkte Ursache der Contracturerscheinungen folgt indessen erst aus dieser kolloidchemischen Wirkung. Schon RANSOM[1]) hat gezeigt, daß in den coffeinstarren Froschmuskeln die Menge der Milchsäure stark zunimmt. RIESSER und NEUSCHLOSZ (a. a. O.) konnten nachweisen, daß parallel mit der Contractur der Lactacidogengehalt abnimmt. Es ist kennzeichnend und für die Erklärung des Phänomens nicht ohne Bedeutung, daß bei Anwendung geringer und nicht direkt contracturerzeugender Coffeinkonzentrationen der Lactacidogengehalt der Muskeln so lange unverändert bleibt, bis eine rhythmische Reizung Contractur hervorruft. Nun kann man normale Froschmuskeln bis zur völligen Erschöpfung reizen, ohne daß der Lactacidogengehalt der Muskeln erheblich abnimmt. Nach EMBDEN ist dies zu erklären durch die dem Abbau ständig unmittelbar folgende Restitution.

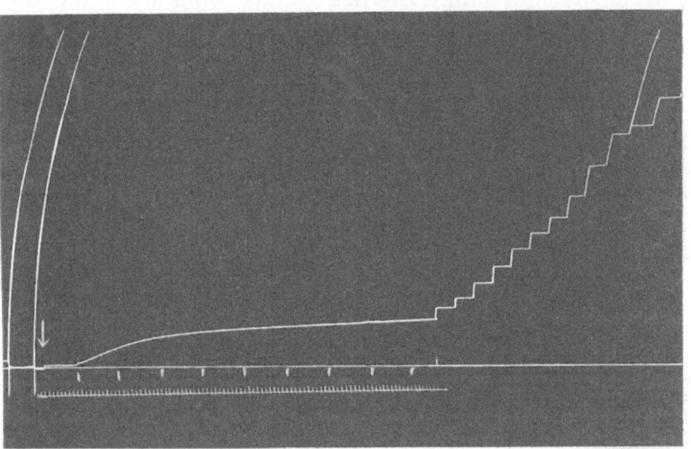

Abb. 56. Typischer Verlauf der Contractur eines Froschgastrocnemius in Coffein $^1/_{1000}$. Bei ↓ Eintauchen in die Coffeinlösung. Trommel läuft 96 Sekunden, danach wird sie alle Minuten mit Hand ein Stück weiter gedreht. Auf der Höhe der Contractur eine Zuckung. Markierung unten ganze Sekunden, darüber 10 Sekunden.

Wenn ein unter Coffein gereizter Muskel dagegen an Lactacidogen maximal verarmt, so bedeutet dies, daß das Coffein die Restitution des Lactacidogens hemmt. Es geht also hier das gleiche vor wie bei der Totenstarre, nur daß die Ursache der Restitutionshemmung im ersten Fall das Gift, im zweiten der $O_2$-Mangel ist. Auf die speziellen kolloidchemischen Veränderungen durch Coffein, die sich in frühzeitiger Zerstörung der Struktur äußern, ist es zurückzuführen, daß sich im Gegensatz zur Totenstarre die Contractur nicht oder nur unvollkommen wieder löst. MEYERHOF hat neuerdings zusammen mit MATSUOKA[2]) diese Befunde bestätigt und zugleich nachgewiesen, daß die durch Coffein am Muskel bewirkte Spannungsentwicklung genau parallel der Menge der gebildeten Säure wächst. Die durch Coffein erzeugte Contractur kann nach SCHÜLLER[3]) durch eine Vorbehandlung mit Novocain verhindert werden. RIESSER[4]) wies nach, daß auch die Säurebildung im Coffeinmuskel durch die vorangehende

[1]) RANSOM: Journ. of physiol. Bd. 42, S. 144. 1911.
[2]) MATSUOKA: Pflügers Arch. f. d. ges. Physiol. Bd. 204, S. 51. 1924.
[3]) SCHÜLLER: Arch. f. exp. Pathol. u. Pharmakol. Bd. 91, S. 125. 1921.
[4]) RIESSER: Zeitschr. f. physiol. Chem. Bd. 130, S. 176. 1923.

Novocainbehandlung gehemmt wird. MEYERHOF und MATSUOKA[1]) haben dies vor kurzem bestätigt.

Daß Chinin an überlebenden Froschmuskeln sehr ähnliche Wirkungen entfaltet wie das Coffein, ist schon von SANTESSON[2]) und insbesondere von SECHER[3]) nachgewiesen und diskutiert worden. RIESSER (a. a. O.) konnte zeigen, daß auch die Wirkung auf den Lactacidogengehalt genau die gleiche ist wie beim Coffein, und daß auch in diesem Falle durch Novocain sowohl die Contractur als die Säurebildung aufgehoben wird. Es gehört also auch das Chinin zu den Substanzen, die am überlebenden Muskel eine physiologische Säurecontractur erzeugen. Eine coffeinartige Starre erzeugen nach STOCKMANN[4]) auch Ekgonin und stärker noch Benzoylekgonin. Auch die von MEYER[5]) beschriebene Chelidoninstarre gehört wohl hierher. FLURY[6]) beschreibt eine der Coffeinstarre ähnliche Contractur unter der Wirkung des Harmalins, MEISSNER[7]) eine ähnliche Erscheinung bei Paraphenylendiamin. Endlich dürfte wohl auch die durch Cernitrat erzeugte Contractur [CHRISTONI[8])] dieser Gruppe zugehören. Exakte Untersuchungen über den Chemismus fehlen allerdings bisher in allen diesen Fällen.

Es ist als höchstwahrscheinlich anzunehmen, daß auch noch andere Substanzen und Bedingungen eine derartige Contracturwirkung am Muskel hervorrufen können. Daß auch die sog. „*Wasserstarre*", die beim Eintauchen von Muskeln in reines Wasser auftretende Verkürzung, auf der Bildung von Säure im Muskel beruht, hat MEIGS[9]) nachgewiesen.

## E. Die Erregungscontractur.

(Nicotin, Acetylcholin, Kaliumsalz, Rhodanide.)

Bei den bisher besprochenen Contractursubstanzen spielte die Bildung von Säuren im Muskel entweder eine mehr oder weniger bedeutende sekundäre Rolle, wie bei der Chloroform- und der Laugencontractur, oder sie war, wie bei der Coffeingruppe, die einzige Ursache. Die Gruppe von Substanzen, die wir im folgenden zu besprechen haben, ist dadurch gekennzeichnet, daß die Lactacidogenspaltung und Bildung freier Säuren im Muskel für den Verkürzungsprozeß in keinem Stadium ihrer Wirkung eine Rolle spielen, es sei denn, daß man sie in sehr hohen Konzentrationen anwendet, wobei sie dann entweder als basische Substanzen oder durch osmotische Störungen einen Lactacidogenzerfall herbeiführen können, wie das jeder schädigende Eingriff letzten Endes verursachen muß. Daß die hier in Frage kommenden Substanzen etwa selbst als Verkürzungssubstanzen wirken sollten, erscheint nach ihrem chemischen und physikalischen Verhalten zum mindesten unwahrscheinlich. Man ist vielmehr geneigt, an einen Erregungsprozeß besonderer Art zu denken, bei dem allerdings nicht Säuren als Verkürzungssubstanzen fungieren, dessen Natur uns vielmehr noch unbekannt ist. Solche Anschauung erscheint um so mehr begründet, als die Art des Ablaufs dieser Verkürzungsvorgänge und ihre Begleiterscheinungen eine Erregung im rein physiologischen Sinne sehr wahrscheinlich machen.

---

[1]) MATSUOKA: Pflügers Arch. f. d. ges. Physiol. Bd. 204, S. 51. 1924.
[2]) SANTESSON: Arch. f. exp. Pathol. u. Pharmakol. Bd. 30, S. 411. 1892.
[3]) SECHER: Arch. f. exp. Pathol. u. Pharmakol. Bd. 78, S. 445. 1915.
[4]) STOCKMANN: Journ. of anat. a. physiol. Bd. 21, S. 46. 1888.
[5]) MEYER: Arch. f. exp. Pathol. u. Pharmakol. Bd. 29, S. 398. 1892.
[6]) FLURY: Arch. f. exp. Pathol. u. Pharmakol. Bd. 64, S. 105. 1911.
[7]) MEISSNER: Arch. f. exp. Pathol. u. Pharmakol. Bd. 84, S. 181. 1919.
[8]) CHRISTONI: Arch. di scienze biol. Bd. 5, S. 78. 1923.
[9]) MEIGS: Americ. journ. of physiol. Bd. 26, S. 191. 1910.

Zwar hat schon BÖHM[1]) die Contractur des isolierten Muskels durch Nicotin, Muscarin, Neurin kurz beschrieben, doch war es LANGLEY[2]), der als erster in seinen umfassenden Untersuchungen über die Nicotinwirkung am Froschmuskel den Typus dieser Contracturform als den einer besonderen Art dargestellt hat, die RIESSER auf Grund der Untersuchung der Acetylcholinwirkung als „Erregungscontractur“ bezeichnet.

In den Versuchen von LANGLEY wird die Wirkung des Nicotins an einer Reihe von verschiedenen Froschmuskeln in allen Einzelheiten geschildert. Charakteristisch ist die ziemlich schnelle Anfangsverkürzung, die man bei Anwendung verdünnter Lösungen (1 : 100000) erhält und die ziemlich lange anhalten kann, meist aber nach einigen Minuten einer Erschlaffung Platz macht. Stärkere Lösungen steigern diesen Kontraktionseffekt bedeutend, doch tritt die Erschlaffung nun noch schneller ein, vor allem folgt ihr nach kurzer Zeit — um so schneller, je konzentrierter die Nicotinlösung — ein zweiter Anstieg, der in Starreverkürzung übergeht.

Bedeutsam und Ausgangspunkt für ganz bestimmte Vorstellungen von der Innervation des Skelettmuskels wurde die Feststellung von LANGLEY, daß Nicotin in seinen Anfangswirkungen auf die Gegend des Nerveintritts („Neuralregion“) beschränkt ist, die er als „rezeptive Substanz“ bezeichnet hat. Dagegen sind die Spätwirkungen, insbesondere die zweite Contractur und Starre, einer Einwirkung des Nicotins auf die contractile Substanz als solche zuzuschreiben. Zur näheren Kennzeichnung der rezeptiven Substanz sollten Versuche am curarisierten Muskel dienen. Schon BÖHM, der die Nicotincontractur als erster beschrieben hat, stellte fest, daß sie auch dann noch zu erzielen ist, wenn durch Curarisierung des ganzen Frosches die indirekte Erregbarkeit völlig erloschen war, daß sie aber durch Vorbehandlung des isolierten Muskels mit Curarelösung aufgehoben wird. LANGLEY betont demgegenüber, daß man bei sehr starker Curarisierung des Tieres die nachfolgende Nicotinwirkung am isolierten Muskel erheblich abschwächen kann, und daß auch am isolierten Muskel die Aufhebung der Nicotinwirkung durch vorangehendes Eintauchen in Curarelösung durchaus von dem Verhältnis der Konzentrationen der beiden Gifte in der Art abhängig ist, daß, je höher die Curarekonzentration ist, eine um so größere Nicotinmenge zur Erzielung einer Contractur erforderlich wird. Weiterhin hat LANGLEY gezeigt, daß auch nach völliger Degeneration der zu einem Muskel verlaufenden Nervenstämme Nicotin noch wirksam sei, und daß es dann immer noch durch eine Curarelösung am Muskel aufgehoben werden könne. Er zog daraus den Schluß, daß die rezeptive Substanz peripher von den Nervendigungen im Muskel liege, daß sie trophisch zum Muskel gehöre, und daß auch Curare eben an jener Stelle angreife. Seitdem ist der Angsriffspunkt des Curare auch hinsichtlich seiner Lähmungswirkung gegenüber der indirekten motorischen Reizung in die rezeptive Substanz verlegt worden.

RIESSER[3]) hat nun gezeigt, daß, so rlchtig die erste Folgerung ist, die zweite nicht zu Recht besteht. Der Nachweis gründet sich auf seine Beobachtungen über die Wirkung des Acetylcholins am Froschmuskel. In Konzentrationen von 1 : 100 000, aber auch schon 1 : 1 000 000 bedingt es am Gastrocnemius eine Verkürzung, die so lange besteht, als die Lösung den Muskel berührt, wenn auch manchmal ein leichtes Absinken zu beobachten ist (Abb. 57). Krötenmuskeln reagieren besonders leicht und stark. Nach Verdrängung des Acetylcholins durch reine Ringerlösung erschlafft der Muskel wieder und erweist sich ungeschädigt selbst

[1]) BÖHM: Arch. f. exp. Pathol. u. Pharmakol. Bd. 58, S. 265. 1908.
[2]) LANGLEY: Journ. of physiol. Bd. 48, S. 73. 1914 und frühere Arbeiten.
[3]) RIESSER: Arch. f. exp. Pathol. u. Pharmakol. Bd. 92, S. 254. 1922.

nach längerer Einwirkung des Giftes. Es fehlt vollständig das Stadium der zweiten Contractur, wie es beim Nicotin unvermeidbar ist und das auf einer Schädigung der contractilen Substanz beruht. Sehr deutlich läßt sich dartun, daß das Acetylcholin lediglich an der Nerveintrittsstelle wirkt, während der Nerv, ebenso wie beim Nicotin, nicht reagiert. Die Curareversuche verlaufen wie beim Nicotin.

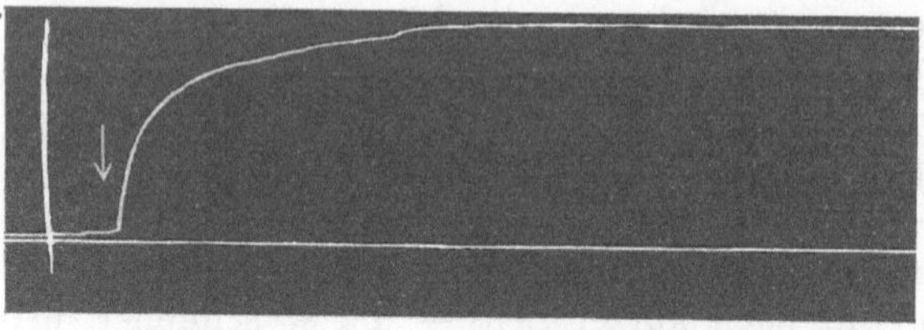

Abb. 57. Typische Contractur eines Froschgastrocnemius beim Eintauchen in Acetylcholinchlorhydrat $^{1}/_{1000000}$.

RIESSER ergänzte sie noch durch den Nachweis, daß die Wirkung des Curare gegenüber der Acetylcholincontractur mit der Lähmung der motorischen Nervendigungen nichts zu tun hat, und daß die beiden Wirkungen des Curare nebeneinander bestehen und getrennt nachweisbar sind. In seiner Wirkung gegenüber dem Acetylcholin stimmt das Curare durchaus überein mit zwei anderen Giften, dem Atropin und dem Cocain bzw. Novocain. RIESSER hat gezeigt, daß in Konzentrationen von 1 : 1000 diese beiden Substanzen die Acetylcholinwirkung am Muskel und ebenso die Nicotinwirkung aufheben bzw. verhindern können (s. Abb. 58). Für das Nicotin hat gleichzeitig E. FRANK[1]) diese Wirkung des Novocains nachgewiesen, und DE BOER[2]) hat sie später auch bei der Rhodancontractur beschrieben. Es soll gleich an dieser Stelle hervorgehoben werden, daß diese antagonistischen Wirkungen der genannten Gifte nicht im pharmakologischen Sinne spezifische sind, daß vielmehr Contracturzustände verschiedenster Art durch Novocain, zum Teil auch durch Atropin, in den erwähnten, immerhin hohen Konzentrationen aufgehoben werden können, wie dies für das Coffein [SCHÜLLER[3]), RIESSER[4])] und die Veratrincontractur (dieselben), ja sogar für die Chloroformcontractur in ihren Anfangsstadien (MEYERHOF), neuerdings auch für die HCl- und die Ermüdungscontractur [NEUSCHLOSZ[5])] erwiesen wurde. Die Deutung dieser Wirkungen ist wohl, worauf NEUSCHLOSZ[5]) hinwies, auf kolloidchemischem Gebiete zu suchen[6]). (Siehe Näheres im Kapitel: Pharmakologie der Muskeln in diesem Bande.)

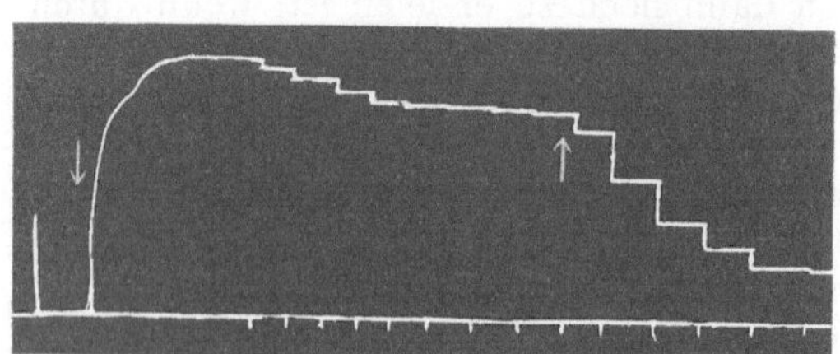

Abb. 58. Froschgastrocnemius. Bei ↓ Eintauchen in Acetylcholinhydrochlorid $^{1}/_{100000}$, bei ↑ Wechsel der Lösung gegen Acetylcholin $^{1}/_{100000}$ plus Atropinsulfat $^{1}/_{1000}$. Die Trommel läuft nur zu Beginn der Kurve. Von da an wird sie alle Minuten mit Hand ein Stück weitergedreht. Markierung Minuten.

Die Contractur durch Acetylcholin hat neuerdings dadurch ein weiteres Interesse beansprucht, daß sie für die E. FRANKsche Theorie von der para-

---

1) FRANK, E. u. KATZ: Arch. f. exp. Pathol. u. Pharmakol. Bd. 90, S. 149. 1921.

2) DE BOER: Dtsch. med. Wochenschr. 1922, S. 831.

3) SCHÜLLER: Arch. f. exp. Pathol. u. Pharmakol. Bd. 91, S. 125. 1921.

4) RIESSER: Zeitschr. f. physiol. Chem. Bd. 130, S. 176. 1923.

5) NEUSCHLOSZ: Pflügers Arch. f. d. ges. Physiol. Bd. 207, S. 58. 1925.

6) Eine interessante neue Betrachtungsweise des Novocain-Coffein- und Novacain-Veratrin-Antagonismus am Muskel hat SCHÜLLER soeben (Arch. f. exp. Pathol. u. Pharmakol. Bd. 105, S. 224. 1925) mitgeteilt. Er zeigt, daß die Bildung einer Komplexverbindung des Novocains mit dem Alkaloid diesem Antagonismus zugrunde liegt.

sympathischen Natur des Tonus verwertet worden ist. In dem Kapitel über Tonus ist hierüber schon gesprochen worden. Am *isolierten* Säugetiermuskel ist die Wirkung noch nicht untersucht. Die Beobachtungen von E. FRANK und seinen Mitarbeitern über die nach Nervdurchschneidung durch intraarterielle Injektion von Acetylcholin erzielbare Muskelsteifheit gehören in das Kapitel vom Muskeltonus.

Im Hinblick auf die Annahme, daß das Acetylcholin wie das Nicotin durch Erregung eines in der Neuralregion (LANGLEY) lokalisierten neuromuskulären Apparates wirke, sind von RIESSER zusammen mit STEINHAUSEN[1]) Untersuchungen über die elektrischen Erscheinungen bei der Acetylcholincontractur des Krötengastrocnemius angestellt worden. Es zeigt sich, daß im Augenblick der Berührung der Neuralregion mit einer Acetylcholinlösung 1 : 100 000 und unmittelbar vor der Verkürzung ein einphasiger Aktionsstrom entsteht, der frei von jeder Art von Oszillation ganz langsam innerhalb von Minuten abklingt. Einen ganz analogen Strom konnte DORA v. KOCH[2]) (bei DITTLER) am Sartorius beobachten, wobei ebenfalls Verkürzung und Aktionsstrom erst dann auftraten, wenn die Acetylcholinlösung die Nerveintrittsstelle berührte. Eine Reihe weiterer Befunde über die Acetylcholincontractur finden sich in den Untersuchungen von SIMONSON[3]) sowie von RIESSER und RICHTER. Ersterer wies nach, daß innerhalb der Konzentrationen 1 : 1 000 000 bis 1 : 100 000 die Verkürzung durch Acetylcholin mit der Konzentration der wirksamen Substanz wächst. RIESSER und RICHTER[4]) zeigten das gleiche auch für die Spannungsleistung, die übrigens, wie auch bei der Nicotincontractur, eine geringe ist. Am narkotisierten Muskel bleibt die Acetylcholinwirkung aus. Überschuß von Calcium setzt die Contracturwirkung herab, Überschuß von Kalium verstärkt sie indessen nicht, falls die Konzentration nur geringfügig ist (SIMONSON). Nach RICHTER ist auch am Sartorius wie am Gastrocnemius die Contractur nur auf die Stellen beschränkt, die mit dem Gifte in Berührung kommen. Es pflanzt sich die Erregung also nicht fort, was übrigens auch für elektrische Reizung unter bestimmten Bedingungen festgestellt werden kann, wie schon KÜHNE gezeigt hat. Neueste Untersuchungen stammen von HESS und NEERGARD[5]). Der mit Acetylcholin durchströmte Gastrocnemius ließ keinen Aktionsstrom erkennen. Trotzdem stieg die Wärmebildung fast auf die Höhe eines Tetanus. Schon bei 1 : 50 Millionen war Contractur zu beobachten.

Welche biologische Rolle dem Typus der Erregungscontractur zukommt, wie er sich am klarsten und unkompliziertesten durch Acetylcholinwirkung darstellen läßt, ist heute noch nicht zu erkennen. Die Beziehungen, die vielleicht zur Tonusfunktion bestehen könnten, sollen später erörtert werden.

Nachdem einmal die Aufmerksamkeit auf diesen Typus der Contracturwirkung gelenkt ist, wird man seine Beteiligung auch bei anderen Contracturen vermuten können. Denn es ist a priori wahrscheinlich, daß die Neuralregion in der für Acetylcholin und Nicotin typischen Weise auch auf andere Reizmittel reagieren könnte. Noch ist es nicht gelungen, durch Reizung nervöser Bahnen den gleichen Effekt zu erzielen. Höchst bemerkenswert bleibt es indessen, daß die typischen Erregungscontracturgifte am glatten Muskel als starke tonussteigernde Gifte bekannt sind, deren Angriffspunkt man an den Endorganen des

[1]) RIESSER u. STEINHAUSEN: Pflügers Arch. f. d. ges. Physiol. Bd. 197, S. 288. 1922. Siehe auch STEINHAUSEN: Biochem. Zeitschr. Bd. 156, S. 201. 1925.

[2]) KOCH, DORA v.: Dissert. Marburg 1924.

[3]) SIMONSON: Arch. f. exp. Pathol. u. Pharmakol. Bd. 96, S. 284. 1922.

[4]) RIESSER u. RICHTER: Pflügers Arch. f. d. ges. Physiol. Bd. 207, S. 287. 1925.

[5]) NEERGARD: Pflügers Arch. f. d. ges. Physiol. Bd. 204, S. 512 u. 515. 1924. — HESS u. NEERGARD: Ebenda Bd. 205, S. 506. 1924.

autonomen, parasympathischen Nervensystems sucht. Die Analogie, die sich hier zwischen der Wirkung eines Giftes an glatten und an quergestreiften Muskeln zeigt, spielt bei den Erörterungen über die vegetative Innervation des Skelettmuskels eine wichtige Rolle.

Schon Burridge[1]) hat auf die Tatsache aufmerksam gemacht, daß die durch *Kalisalze* erzielbare Contractur in ihrem Verlaufe der Nicotincontractur außerordentlich ähnlich ist. Die Erscheinung der Kaliumcontractur selbst ist schon länger bekannt gewesen. Das Interesse an ihr ist jedoch lange Zeit entschieden zurückgetreten gegenüber der Bedeutung, die den K-Ionen für die Erregbarkeit des Muskels zukommt, insonderheit gegenüber der bemerkenswerten Erscheinung, daß ein in isotonische K-Salzlösung getauchter Muskel in einer vollkommen reversiblen Weise gelähmt wird. Hierüber ist in dem Beitrag von Neuschlosz (Wirkungen der anorganischen Ionen auf den Muskel) ausführlich abgehandelt. In neuerer Zeit hat u. a. Riesser[2]) sich besonders mit der Kaliumsalzcontractur beschäftigt. Er bestätigt, daß Kaliumsalze am Muskel in sehr ähnlicher Weise wirken wie Nicotin und Acetylcholin und hebt besonders hervor, daß sie am Gastrocnemius ebenfalls nur an der Nerveintrittsstelle wirksam sind. Nach Richters (a. a. O.) Versuchen ist die bei der K-Contractur entwickelte Spannung von der gleichen Größenordnung wie die durch Acetylcholin erzeugte, sie ist also nur gering. Wirksam sind am Gastrocnemius des Grasfrosches Konzentrationen von 0,25% an, also relativ große Mengen. Im Unterschied von der Acetylcholinwirkung tritt bei den Kaliumsalzen meist sehr bald eine Wiederverlängerung der Muskeln ein, ähnlich und oft noch viel schneller wie bei der Nicotincontractur. Auch vermag man mit Atropin oder mit Novocain die Kaliumcontractur nicht aufzuheben, wenn auch eine leichte Abschwächung bei Anwendung sehr großer Novocaindosen (1 : 250) erkennbar ist. Riesser steht auf dem Standpunkt, daß die Anfangswirkung der Kaliumsalze denselben Mechanismus hat wie die Verkürzungswirkung des Acetylcholins (und Nicotins), daß hingegen die Lähmungswirkung gegen die contractile Substanz als Ganzes gerichtet ist und einem anderen Wirkungsmechanismus entspricht. Sie ist es auch, welche die schnelle Wiederverlängerung des durch K verkürzten Muskels bedingt. Die Analogien, die neuerdings Frank hinsichtlich der Contracturwirkung des Acetylcholins und des Kaliums am Säugetier fand, sprechen ebenfalls für einen gleichen Mechanismus ihrer Wirkung an der rezeptiven Substanz. Auch die Theorie von Burridge, daß die Contractur durch Nicotin (nach seiner Meinung allerdings auch die Säurecontractur) durch eine Mobilisierung von bisher kolloidgebundenen K-Ionen zustande komme, daß sie also eigentlich eine K-Contractur seien, gewinnt in den Anschauungen über die Ursache des Tonus, wie sie in letzter Zeit Zondek[3]) und besonders Neuschlosz[4]) vertreten, eine neue Bedeutung. Daß RbCl genau so wie KCl Contractur bewirkt, zeigte Zoethout[5]). Ammoniumchlorid wirkt nach dem gleichen Verfasser ähnlich, aber ganz erheblich schwächer. In glatten Muskeln (Froschmagen) hat Stiles[6]) mit KCl bis zu 0,15% nur Erschlaffung erhalten. Erst über 0,3% machen starke Contractur, die aber durch $CaCl_2$ nicht behoben, sondern verschärft wird. Daß am Herzen K-Salze erschlaffend und lähmend wirken, ist be-

---

[1]) Burridge: Journ. of physiol. Bd. 42, S. 359. 1911.
[2]) Riesser: Arch. f. exp. Pathol. u. Pharmakol. Bd. 92, S. 254. 1922.
[3]) Zondek: Biochem. Zeitschr. Bd. 132, S. 362. 1922.
[4]) Neuschlosz: Pflügers Arch. f. d. ges. Physiol. Bd. 199, S. 410. 1923; Bd. 204, S. 374. 1924; Bd. 207, S. 27 u. 37. 1925.
[5]) Zoethout: Americ. journ. of physiol. Bd. 10, S. 211. 1904.
[6]) Stiles: Americ. journ. of physiol. Bd. 8, S. 269. 1903.

kannt. Die Deutung wird hier erschwert wegen der Beteiligung der nervösen Apparate[1]).

Zur Gruppe der in diesem Abschnitt vereinigten Contractursubstanzen mit einer typischen Erregungscontracturwirkung, zum mindesten in den ersten Stadien, zählen wir auch die *Rhodanide*. Ihre sehr eindrucksvolle Wirkung am Muskel haben v. FÜRTH und SSCHWARZ[2]) sowie ROSSI[3]) besonders ausführlich geschildert. Na-Rhodanid bewirkt in niederen Konzentrationen (1 : 1000) starke fibrilläre Zuckungen, die ziemlich lang anhalten und durch Atropin stark abgeschwächt, durch Novocain völlig aufgehoben werden (eigene Beobachtung). Schon in dieser Konzentration wird eine in späteren Wirkungsstadien auftretende Muskeldauerverkürzung beobachtet, auf welche sich die fibrillären Zuckungen aufsetzen. Kräftige Contracturen bekommt man aber erst bei wesentlich höheren Konzentrationen. LANGLEY nahm 2 proz. Lösungen. Hierbei zieht sich der Muskel schnell und stark zusammen und bleibt verkürzt. LANGLEY[4]) zeigte, daß auch an curarisierten Muskeln diese schnelle Verkürzung nicht ausbleibt, und er rechnet die Rhodanide zu den auf die rezeptive Substanz erregend wirkenden Giften. Viel intensiver wirkt das Kaliumsalz, bei dem sich die gleichartigen Wirkungen der K- und der CNS - Ionen kombinieren. Hier geben schon wesentlich geringere Konzentrationen als beim Na-Salz eine Anfangserregung. Das K-Salz führt überdies in weiterem Verlauf seiner Wirkung zur Wiederverlängerung des Muskels. Nach längerer Einwirkung der Rhodanide schwindet die Fähigkeit des Muskels, sei es auf Chloroform oder auf Wärme [JENSEN[5])], von 40 bzw. 45° mit Verkürzung zu reagieren, eine Beobachtung, die für eine Strukturzerstörung durch die Rhodanidsalze sprechen könnte.

v. FÜRTH hat die Rhodancontractur ebenfalls auf eine explosive Milchsäurebildung zurückführen wollen, ohne allerdings hierfür Beweise zu erbringen. NEUSCHLOSZ[6]) bestreitet dies neuerdings auf Grund des Befundes, daß bei der Rhodancontractur keine Abnahme des Lactacidogens eintrete. Demgegenüber ist indessen zu betonen, daß auch ohne Abnahme des Lactacidogens Milchsäure frei werden kann. Eigene nicht veröffentlichte Versuche ergaben ein sehr wechselndes Verhalten des Lactacidogens bei der Rhodancontractur, meist sogar eine geringe Abnahme. Die Milchsäurebestimmung ergab aber in allen Fällen eine Vermehrung. NEUSCHLOSZ will die Rhodancontractur nicht als eine Erregungscontractur im eigentlichen Sinne gelten lassen. Sie trete auch am nervfreien Muskelteil auf, ebenso wie auch die Kaliumcontractur, und geht nicht mit Vermehrung des gebundenen K im Muskel einher, während die typischen Erregungscontracturen stets diese K-Vermehrung aufweisen sollen. Richtig ist, besonders nach den neuesten Versuchen von STEINHAUSEN[7]), daß die Frage der Erregungscontractur, besonders soweit es sich um Versuche am Gastrocnemius handelt, einer kritischen Nachuntersuchung bedarf.

Die Rhodancontractur ist in ihrem ersten Teil, der schnellen Anfangsverkürzung, vollkommen reversibel. Erst nach längerer Wirkung tritt die irreversible

---

[1]) In einer neuesten Arbeit von BETHE und FRANKE (Biochem. Zeitschr. Bd. 156, S. 190. 1925) wird die Auffassung vertreten und durch eine Reihe von Versuchen bestätigt, daß die K-Salze direkt auf die Muskelsubstanz kontrahierend wirken, *nicht* durch Erregung der „rezeptiven Substanz". Die besonders hohe Empfindlichkeit der Nerveintrittsstelle gegen K-Salze wird in Abrede gestellt.

[2]) v. FÜRTH u. SCHWARZ: Pflügers Arch. f. d. ges. Physiol. Bd. 129, S. 525. 1909.

[3]) ROSSI: Zeitschr. f. Biol. Bd. 56, S. 253. 1911.

[4]) LANGLEY: Journ. of physiol. Bd. 50, S. 408. 1916.

[5]) JENSEN: Pflügers Arch. f. d. ges. Physiol. Bd. 160, S. 33. 1915.

[6]) NEUSCHLOSZ: Pflügers Arch. f. d. ges. Physiol. Bd. 207, S. 43. 1925.

[7]) STEINHAUSEN: Biochem. Zeitschr. Bd. 156, S. 201. 1925.

Starre ein. Novocain wirkt nach de Boer sowie Neuschlosz hemmend auf die Contractur. Die durch die Anfangsverkürzung geleistete Spannung beträgt nach Riesser und Richter[1]) etwa 20—30% der Tetanusspannung. Der Rhodancontractur nahe verwandt ist die durch N- oder 2 N-NaJ-Lösung bewirkte Contractur. Dagegen gehört die von v. Fürth erwähnte Natriumsalicylatcontractur, die übrigens wenig charakteristisch ist, schwerlich zu dieser Gruppe.

Über die Wirkung der Rhodanide an glattmuskeligen Organen findet man eine Zusammenstellung bei Reid Hunt[2]). Es ist nur wenig davon bekannt. So fand Trendelenburg[3]) eine starke Tonussteigerung der Bronchialmuskeln unter der Wirkung von NaCNS. Versuche am isolierten Darm scheinen nicht vorzuliegen.

### F. Sonstige chemische Contracturen.

Unter dieser Rubrik sind wir genötigt, eine Anzahl von contracturerregenden Stoffen aufzuführen, deren Wirkungsmechanismus noch nicht näher studiert wurde und die wir infolgedessen noch nicht richtig einzuordnen vermögen. Es muß hier in erster Linie der contracturerregenden Wirkung der *Galle* gedacht werden, die schon Kühne nachwies und die seither von verschiedenen Autoren untersucht wurde [Schwenker[4]), Bethe[5])]. Die durch Galle in mäßiger Verdünnung mit Ringerlösung am Froschmuskel erzielbare Verkürzung ist eine ganz außerordentlich starke, wie man sie sonst mit Muskeln kaum erzielen kann; nach Schwenker überschreitet diese Verkürzung ganz erheblich die bei maximalem Tetanus zu erzielende. Es ist bemerkenswert, daß auch hier Verkürzung und Spannungsentwicklung nicht parallel gehen, denn Bethe hat gezeigt, daß bei der durch verdünnte Ochsengalle an Gastrocnemien von Temporaria erzielbaren Contractur bestenfalles 30—35% der durch Tetanisierung erzeugten Spannung erreicht werden können. Die schon von Kühne[6]) gefundene Tatsache, daß es die gallensauren Salze sind, denen die Wirkung zuzuschreiben ist, wurde von Schwenker dahin ergänzt, daß glykocholsaures Natrium wirksamer ist als taurocholsaures, und daß schließlich auch die Cholsäure selbst, wenn auch weniger intensiv, Contractur erzeugt. Daß die Gallensäuren stark oberflächenaktive Substanzen sind, ist bekannt. Es scheint daher möglich, daß sie direkt verkürzend einwirken können. Der genauere Verlauf der Gallenwirkung am isolierten Sartorius vom Frosch wird von Schwenker so beschrieben, daß schon nach 3 Minuten das Maximum der Verkürzung erreicht ist, worauf eine Wiederverlängerung eintritt, die, besonders bei höheren Konzentrationen, eine vollständige wird, während bei mittleren ein Verkürzungsrückstand bleibt. Rechtzeitiges Auswaschen des Muskels mit Ringerlösung kann vollkommene Wiederkehr der normalen Zuckungshöhe herbeiführen.

Eine bisher ganz vereinzelte, aber sehr gründlich bearbeitete Beobachtung von Kerry und Rost[7]) betrifft die Wirkung des Natriumperchlorats auf den Skelettmuskel. Nach Injektion von 0,015—0,030 g des Salzes in den Brustlymphsack von Fröschen beginnt zunächst, von der Injektionsstelle ausgehend und sich abwärts über den Körper verbreitend, ein äußerst lebhaftes Spiel von Muskelzuckungen, das dem durch Guanidin erzeugten durchaus ähnlich ist.

[1]) Riesser u. Richter: Pflügers Arch. f. d. ges. Physiol. Bd. 207, S. 287. 1925.
[2]) Reid Hunt: Heffters Handb. d. exp. Pharmakol. Bd. 1, S. 829. 1923.
[3]) Trendelenburg: Schmiedeb. Arch. f. exp. Pathol. u. Pharmakol. Bd. 69, S. 79. 1912.
[4]) Schwenker: Pflügers Arch. f. d. ges. Physiol. Bd. 157, S. 443. 1914.
[5]) Bethe: Pflügers Arch. f. d. ges. Physiol. Bd. 199, S. 411. 1923.
[6]) Kühne: Müllers Arch. f. Anat. u. Physiol. 1859.
[7]) Kerry u. Rost: Arch. f. exp. Pathol. u. Pharmakol. Bd. 39, S. 144. 1897.

Bald danach setzt Muskelstarre ein, ebenfalls von der Injektionsstelle aus sich verbreitend, der Coffeinstarre ähnlich. Zu Beginn dieses Stadiums sind alle sprunghaften Bewegungen des Tieres in der gleichen Weise verzögert, wie es bei Veratrinvergiftung der Fall ist, und ein isolierter Muskel schreibt auf Reiz veratrinartige Zuckungsformen. Endlich tritt die von der Nicotinvergiftung her bekannte Körperstellung ein, bei der die Hinterbeine über den Rücken hochgezogen sind. Was die fibrillären Zuckungen anbetrifft, so sind sie peripher bedingt und unabhängig von dem Bestehen der motorischen Innervation, verschwinden aber durch Curarisierung des Tieres. Sie beruhen also auf einer Wirkung an den Nervendigungen. Daß die Contracturwirkung ebenfalls eine rein periphere, und zwar auf die Muskelsubstanz gerichtete ist, läßt sich in der üblichen Weise leicht erweisen. Ähnlich wie dies für Coffein und Chinin bekannt ist, lassen sich an den starren Muskeln schwere histologische Veränderungen feststellen. Bei Ratten, Mäusen und Meerschweinchen wurde vor allem starke Reflexsteigerung durch Natriumperchlorat erhalten, aber weder Muskelzuckungen noch Starre wie beim Frosch. Hunde, Kaninchen und Tauben erweisen sich als fast gar nicht, Katzen als nur wenig empfindlich, wobei zentrale Erregungserscheinungen erkennbar waren.

Diese Übersicht beweist, daß hinsichtlich der Muskelwirkung der Perchlorate eine nähere Analyse erwünscht wäre.

Kerry und Rost weisen auf die Ähnlichkeit hin, die das Vergiftungsbild nach NaF-Zufuhr mit dem der Perchloratvergiftung aufweist. Auch diese Wirkungen sind, obwohl öfter beschrieben, noch ungenügend analysiert. Genau dargestellt hat sie wohl zuerst in ausführlicherer Form Tappeiner[1]). Es sind in der Tat im wesentlichen die gleichen Erscheinungen, die man mit dieser Substanz erhält, wie die mit Natriumperchlorat ausgelösten. Nach 0,03 bis 0,4 g in den Lymphsack injiziert folgen aufeinander allgemeine Parese, sodann allgemeines Zittern der Muskeln, endlich Muskelstarre und Muskellähmung. Die Muskelzuckungen entsprechen auch hier einer Wirkung auf die Nervendigungen, sie werden durch Curarisierung unterdrückt. Die Starre ist eine peripher auf die Muskelsubstanz gerichtete Wirkung und wird durch vorherige Nervdurchtrennung oder Curarisierung zwar gehemmt, aber nicht aufgehoben. Untersuchungen mit neueren Methoden, insbesondere mit quantitativer Bestimmung der Milchsäure bzw. des Lactacidogens, wären zur Aufklärung des Wirkungsmechanismus notwendig, der durch die Ca-fällende Wirkung des NaF vielleicht wesentlich bestimmt wird.

Die Literatur enthält noch manche Hinweise auf Contracturerscheinungen unter der Wirkung verschiedenartigster Substanzen. Es wäre zwecklos, diese mehr oder weniger kasuistischen Mitteilungen alle zu zitieren, obwohl sich unter den zahlreichen Beobachtungen sicher solche befinden, deren genauere Analyse von Interesse wäre, wie etwa die von Filehne[2]) beschriebene Starre bei Vergiftung mit Nitrobenzol oder die eigenartige allgemeine und reversible Starre, die ein Frosch in einer Atmosphäre von Dämpfen des Cyclopentadiens zeigt[3]). Es sind diese Contracturformen vorderhand noch nicht analysiert, ebensowenig wie etwa die durch *hohe* Veratrinkonzentrationen am isolierten Muskel hervorgerufene [vgl. hierzu Riesser und Neuschlosz[4])]. Es gilt dies

[1]) Tappeiner: Arch. f. exp. Pathol. u. Pharmakol. Bd. 25, S. 203. 1888.

[2]) Filehne: Arch. f. exp. Pathol. u. Pharmakol. Bd. 9, S. 329. 1878.

[3]) Ich konnte mich kürzlich von dieser Wirkung selbst überzeugen, dank dem freundlichen Entgegenkommen von Herrn Prof. Pummerer, der mir einige Gramm Cyclopentadien zur Verfügung stellte.

[4]) Riesser u. Neuschlosz: Arch. f. exp. Pathol. u. Pharmakol. Bd. 93, S. 179. 1922.

auch für die von Pohl[1]) beschriebene Contractur, die sich nach Injektion von *monobromessigsaurem Natrium* beim Frosch und auch beim Säugetier hervorrufen läßt. Nach Injektion von 0,0005—0,05 g des Salzes geraten die Muskeln des Frosches in allgemeine Starre, die bei geringen Dosen sehr merklich durch gleichzeitige Bewegungen gefördert oder gar erst ausgelöst wird. Daß es sich um eine direkte Muskelwirkung handelt, wurde schon von Pohl in der üblichen Weise gezeigt und durch eigene Untersuchungen am isolierten Muskel bestätigt. Dabei fiel mir die Ähnlichkeit des Wirkungsverlaufes mit dem bei Coffein oder Chinineinwirkung auf. Insbesondere gilt dies für die Tatsache, daß geringe Konzentrationen — etwa 1 : 10 000 — nicht direkt Contractur bewirken, wohl aber eine Erhöhung der Zuckungskurve und bei wiederholter Reizung beschleunigte Ermüdung und Übergang in Dauerverkürzung und Starre. Bei Konzentrationen von 1 : 1000 an tritt auch ohne Reizung Contractur ein, die allerdings durch wenige elektrische Reize stark beschleunigt werden kann. Durch Novocain kann man aber die Bromessigsäureverkürzung nicht hemmen, im Gegensatz zum Verhalten der Coffeincontractur. Untersuchungen am isolierten Muskel, insbesondere über das Verhalten des Lactacidogens, hat Engel[2]) durchgeführt. Sie ergaben, daß, ähnlich wie beim Ammoniak, die Lactacidogenmenge während der Anfangsverkürzung erheblich ansteigt, um später, besonders bei gleichzeitiger Reizung, abzunehmen. Die Milchsäuremenge ist aber von Anfang an vermehrt.

Es geht aus allem, was wir bisher schilderten, wohl zur Genüge hervor, daß ganz selbstverständlich alle Substanzen eine Contractur machen müssen, die den Muskel irgendwie schädigen, so daß es zu einer physiologischen Säurecontractur kommt, oder solche, die direkt verkürzend wirken, oder endlich wieder andere, die mehr nach dem Typus der Erregungscontractur wirken. Und schließlich gibt es zweifellos auch noch Mischformen. Wir können in diesem Zusammenhange lediglich die Haupttypen darstellen, wie es im vorangehenden geschehen ist.

Dagegen müssen wir uns noch kurz mit den Versuchen befassen, welche eine kolloidchemische Theorie der Contracturwirkung betreffen. Hierbei handelt es sich im wesentlichen um die Anschauung von v. Fürth[3]), der zunächst glaubte, daß zwischen der Fähigkeit, Muskelplasma zur Gerinnung zu bringen, und der Contracturerzeugung bestimmte Beziehungen bestehen. In der Tat trifft dieses auch für einige Substanzen zu, nämlich Coffein und Chinin, für die Substanzengruppe also, welche die physiologische Säurecontractur hervorruft. Wir wiesen schon darauf hin, daß die Restitutionshemmung, die wir als Grundprinzip der Wirkung dieser Substanzen betrachten, auf einer primären Störung des physikalischen, kolloidalen Zustandes der Muskelzelle beruht. Wir müssen uns also vorstellen, daß diese Substanzen, wenn sie auch gerade keine Gerinnung im Muskel machen, so doch die Muskelkolloide in der Richtung der Gerinnungsvorgänge beeinflussen, daß sie also eine Aggregation der Kolloidteilchen bedingen. Für diese Gruppe von Substanzen trifft denn auch die Vorstellung zu, die v. Fürth vertritt, daß sie durch Milchsäurebildung zustande kommen, allerdings nicht durch blitzartige, wie er meint, sondern durch sehr allmähliche und langsam fortschreitende. Beim NaF liegt die Sache so, daß es Muskeleiweiß überhaupt nicht zur Gerinnung bringt und dennoch sehr starke Contractur auslöst. Trotzdem halten wir es für sehr wahrscheinlich, daß es zur Säurebildung im Muskel führt, nur daß diesmal eine andere Art der Kolloidstörung denselben Effekt hat. Endlich gibt es Substanzen, die sehr stark gerinnungsfördernd, aber gar nicht contracturerregend wirken, wie nach v. Fürth Anilin-

[1]) Pohl: Arch. f. exp. Pathol. u. Pharmakol. Bd. 24, S. 149. 1887.
[2]) Engel: Pflügers Arch. f. d. ges. Physiol. Bd. 207, S. 523. 1925.
[3]) v. Fürth: Ergebn. d. Physiol. Jg. 17. 1919.

sulfat. Leider sind seine Zusammenstellungen über Gerinnungsförderung und Starreerzeugung deswegen nicht einwandfrei, weil er die Starre lediglich nach dem Widerstandsgefühl beobachtete und so z. B. Rhodansalze zu den nicht starreerzeugenden Mitteln rechnet. Aussagen über Contracturen am ganzen Tier sind aber, wie wir schon betonten, nur maßgebend, wenn sie durch Längen- und Spannungsregistrierung eines im Körper verbleibenden Muskels gewonnen werden. Wenn v. FÜRTH weiterhin die Phase der Dauerverkürzung mit der Säuregerinnung in Verbindung bringt, so können wir ihm hier eher folgen. Zweifellos spielt für die Aufrechterhaltung der Contractur, vor allem aber für ihren Übergang in Starre, die innere Säurebildung eine Rolle. Doch dürfen wir nicht vergessen, daß unter Acetylcholin ein Muskel viele Stunden lang verkürzt sein kann, ohne daß es zur Säurebildung käme.

Die Beobachtungen von HENZE[1]) über den Demarkationsstrom von mit Contractursubstanzen behandelten Muskeln zeigt zwar, daß jeder Einfluß auf die contractile Substanz zu einem Strom führen muß, gibt uns aber keinerlei Anhaltspunkte für die Erklärung der verschiedenen chemischen Contracturformen. Eine sehr sorgfältige Studie über die Verletzungs- bzw. Aktionsströme isolierter, mit verschiedenen Contractursubstanzen behandelter Muskeln liegt von E. FISCHER[2]) aus BETHES Laboratorium vor. Sie läßt die großen Schwierigkeiten erkennen, welche der Deutung der komplizierten elektrischen Erscheinungen in solchen Versuchen entgegenstehen. Sie zeigt aber auch, daß bei manchen Contractursubstanzen mindestens zwei verschiedene Vorgänge die elektrischen Phänomene bedingen, direkte Einwirkungen auf den contractilen Apparat und eigentliche Erregungserscheinungen. Verletzungsströme und Aktionsströme bestehen also meist nebeneinander. Inwieweit auch Deformationsströme das Bild beeinflussen, wie sie z. B. in den Versuchen von VERZÁR und PÉTER[3]) nachgewiesen werden, ist schwer zu entscheiden. Dem Hauptproblem, dem das Studium der chemischen Contracturen dienen sollte, der Frage nämlich nach dem Wesen der physiologischen Muskelaktion, ist man auch durch all diese mühevollen Versuche kaum nähergekommen.

## II. Absterbeverkürzung und Totenstarre der Skelettmuskeln.

### Zusammenfassende Darstellungen.

v. FREY: In Nagels Handb. d. Physiol. Bd. 4, S. 462. 1909. — v. FÜRTH: Ergebn. d. Physiol. Bd. 17, S. 448. 1919. — GERLACH: Ergebn. d. allg. Pathol. u. pathol. Anat. Jg. 20, Abt. II, S. 259. 1923. Hier sehr ausgiebiges Literaturverzeichnis. — WINTERSTEIN: Dtsch. Zeitschr. f. d. ges. gerichtl. Med. Bd. 2, S. 1. 1923.

Die Totenstarre ist lange Zeit ein Problem gewesen, das die Physiologen sehr stark beschäftigt hat. Hinter all diesen Bemühungen stand die Hoffnung, aus dem Studium der Totenstarre Aufklärung über die Natur der physiologischen Muskelkontraktion zu gewinnen. Ist doch im Bilde der Totenstarre der Vorgang der Verkürzung das Wesentliche. Hier zieht sich ein sterbender, in gewissem Sinne also noch überlebender Muskel langsam zusammen unter den gleichen physikalischen Erscheinungen wie bei einer langsamen natürlichen Verkürzung, und das Bild wird dem der normalen Muskelkontraktion anscheinend dadurch noch ähnlicher, daß, wenn auch mit einer Verzögerung von vielen Stunden, eine Wiederverlängerung des Muskels spontan eintritt. So konnte die Anschauung

---

[1]) HENZE: Pflügers Arch. f. d. ges. Physiol. Bd. 92, S. 451. 1902.
[2]) FISCHER, E.: Pflügers Arch. f. d. ges. Physiol. Bd. 203, S. 580. 1924.
[3]) VERZÁR u. PÉTER: Pflügers Arch. f. d. ges. Physiol. Bd. 207, S. 192. 1925.

zur Geltung kommen, die als erster wohl Nysten[1]) im Jahre 1811 ausgesprochen hat, daß die Totenstarre, richtiger die Absterbeverkürzung, eine letzte Anstrengung des Muskels sei, daß es sich also um das getreue Abbild einer physiologischen Kontraktion des lebenden Muskels handele. Besonders Hermann hat auf Grund zahlreicher Untersuchungen seiner Schüler und Mitarbeiter diese physiologische Bedeutung der Totenstarre immer wieder betont, und Bierfreund[2]), unter Hermann arbeitend, spricht es geradezu aus, daß die Totenstarre mit der natürlichen Kontraktion völlig identisch sei. Von solchem Gesichtspunkt aus gewann die Frage nach den Ursachen und dem Mechanismus der Absterbeverkürzung ihre eigentliche physiologische Bedeutung. Daher wurde auch der Streit darum, ob es sich bei der Totenstarre um eine Gerinnung oder eine Kontraktion im physiologischen Sinne handelt, prinzipiell bedeutungsvoll. Die Gerinnungstheorie, wie sie zuerst von Kühne aufgestellt wurde, bedarf heute keiner Erörterung mehr. Es steht fest, daß die Absterbeverkürzung auf einer Bildung von Säuren im Muskel beruht, die grundsätzlich derjenigen gleich ist, die, wie wir durch die Untersuchungen der neueren Zeit wissen, auch bei der physiologischen Muskelkontraktion auftreten und die nicht durch Gerinnung, sondern durch Quellung oder Oberflächenwirkungen zur Verkürzung führen. Schwund von Lactacidogen und Anhäufung von Milchsäure und Phosphorsäure im Muskel kennzeichnen die Totenstarre genau so wie jene chemischen Contracturen, die wir als physiologische Säurecontracturen bezeichnet haben und deren Ursache wir in einer Hemmung der Restitution sahen. Und eine Restitutionsaufhebung ist auch die Ursache der Totenstarre.

Ist es bei der Coffein- und Chinincontractur das Gift, welches durch Veränderung der Muskelkolloide die restitutiven Vorgänge aufhebt, so haben wir bei der Absterbeverkürzung die Erstickung als Ursache des gleichen Prozesses. Daß Sauerstoffentziehung die Totenstarre herbeiführt, war schon lange bekannt (Stensonscher Versuch, Hermann). Daß Sauerstoffzufuhr sie verhindert oder, wenn schon eingetreten, hemmt, zeigten Fletcher[3]) am Frosch, Winterstein[4]) am Säugetiermuskel. Das Eintreten der Absterbeverkürzung als Folge einer Anhäufung von Säuren bietet heute dem Verständnis keinerlei Schwierigkeiten mehr, da wir gelernt haben, die Kontraktion des Muskels überhaupt als eine Verkürzung durch Säurewirkung zu betrachten (v. Fürth, Embden, Meyerhof).

Solche Betrachtungsweise zeigt uns aber auch, daß die Absterbeverkürzung der Kontraktion des lebenden, sauerstoffversorgten Muskels nicht einfach gleichzusetzen ist. Denn, wie wir schon bei der Besprechung der chemischen Contractur betonten, ist die Funktion des lebenden Muskels wie aller lebenden Gewebe geradezu gekennzeichnet durch die zwangsläufige Kuppelung von Abbau und Aufbau, durch die Restitution vor allem. Alles Sterben ist Restitutionsaufhebung. Diese aber ist es, welche die Absterbecontractur ermöglicht. Das im lebenden Muskel in grober Annäherung bestehende Gleichgewicht: Lactacidogen $\rightleftarrows$ Milchsäure-Phosphorsäure, dessen Bedeutung uns Embden gelehrt hat, wird durch $O_2$-Entzug wie durch jede andere schwere Schädigung des Muskels aufgehoben, und unter Fortfall des von rechts nach links verlaufenden aufbauenden, restitutiven Prozesses läuft die Spaltung allein hemmungslos von links nach rechts ab, bis die gesamte theoretisch mögliche Menge an Säuren frei geworden ist. Insofern ist

---

[1]) Nysten: Rech. de physiol. et chimie pathol. Paris 1811, übers. in Hufelands Journ. Bd. 43. 1816.

[2]) Bierfreund: Pflügers Arch. f. d. ges. Physiol. Bd. 43, S. 206. 1888.

[3]) Fletcher: Journ. of physiol. Bd. 28, S. 474. 1902.

[4]) Winterstein: Pflügers Arch. f. d. ges. Physiol. Bd. 120, S. 225. 1907 u. Bd. 191, S. 184. 1921.

die Absterbeverkürzung ebenso wie die durch gewisse chemische Mittel herbeigeführte physiologische Säurecontractur grundsätzlich von der Kontraktion des lebenden Muskels verschieden. Daß dabei nach wie vor der dissimilatorische Hergang in beiden Fällen der gleiche ist, daß weiterhin auch der Mechanismus der Verkürzung allem Anschein ein ähnlicher ist, dies bewahrt dem Studium und der Erkenntnis der Totenstarre ihre allgemeinere Bedeutung.

Wir haben die Absterbeverkürzung in Analogie gesetzt zu der durch Coffein und ähnlich wirkende Substanzen bedingten physiologischen Säurecontracturen. Wie diese ist sie in ihren Anfangsstadien reversibel, wie der STENSONsche Versuch und die Befunde anderer Autoren (WINTERSTEIN) gezeigt haben. Erst mit der allmählichen Zunahme der Säureanhäufung stellen sich jene irreversiblen Veränderungen der Muskelsubstanz ein, welche, ebenso wie bei der anhaltenden Coffeineinwirkung, zur Starre führen. Allerdings gibt es auch Unterschiede, doch scheinen sie nicht wesentlicher Art zu sein. Hier handelt es sich zunächst um die Angaben, nach denen auch der schon totenstarr gewordene Muskel noch erregbar sein soll, ja selbst nach Lösung der Totenstarre soll Derartiges beobachtet sein. Indessen wird heute, vor allem auf Grund der Untersuchungen von MANGOLD[1]), wohl allgemein angenommen, daß die einzelnen Fasern, ja sogar die einzelnen Fibrillen nicht gleichzeitig in Totenstarre geraten, so daß in einem gegebenen Zeitpunkt ein Teil der Fasern schon abgestorben, ein anderer, vielleicht unter günstigeren $O_2$-Versorgungsbedingungen stehender, dagegen noch lebend und erregbar ist, worüber das Verhalten des ganzen Muskels uns nichts aussagen kann (vgl. auch WINTERSTEIN). Bei den durch Coffein bedingten Muskelveränderungen ist dagegen wegen des schnellen Eindringens des Giftes Ähnliches nicht zu erwarten.

In allen Fällen, bei denen die innere Säurebildung der Contractur zugrunde liegt, finden wir eine erhebliche Beschleunigung des Contractureintritts durch vorherige ermüdende Arbeit der Muskulatur. Dies gilt auch für die Totenstarre und ebenso für die Wärmecontractur. Es genügen schon die minimalen Reize, die auch bei äußerer Muskelruhe stets vom Zentralnervensystem her den Muskel treffen, um den zeitlichen Verlauf der Totenstarre merklich zu beeinflussen. Beweis dafür sind die Versuche von BIERFREUND (a. a. O.), der nach halbseitiger Zerstörung des Rückenmarks die Totenstarre in den gleichseitigen Beinmuskeln später auftreten sah, und die Beobachtung von NAGEL[2]), daß selbst nach Rückenmarkzerstörung die Curarisierung noch immer eine Verzögerung der Absterbeverkürzung bedingt, durch Ausschaltung der vom verletzten Nerven ausgehenden Impulse. Einen direkten Beweis liefern die Befunde von MEYROWSKI[3]), der bei subminimaler Reizung des peripheren Stumpfes am durchtrennten Ischiadicus eine Beschleunigung der Starre in den zugehörigen Muskeln feststellen konnte.

Es ist ohne weiteres verständlich, daß es sich hier um die Wirkung der vorangegangenen, wenn auch noch so geringen Säurebildung im Muskel handelt, welche den Zerfall des Lactacidogens beim Absterben begünstigt. Doch scheint dies nicht immer das Alleinwirksame zu sein. So fand LATIMER[4]), daß zwar durch vorangehende erschöpfende Arbeit der Muskel bei niedrigerer Temperatur in Wärmestarre gerät als in unermüdetem Zustande, daß aber Durchspülung der ermüdeten Muskeln selbst unter Zusatz von Alkali diese Wirkung der Ermüdung nicht aufhebt. Durchströmung mit Säure, statt die Wärmestarre zu befördern, hemmt sie gar. Nur eine der Ermüdung folgende Durchspülung des Muskels

[1]) MANGOLD: Pflügers Arch. f. d. ges. Physiol. Bd. 182, S. 205. 1920.
[2]) NAGEL: Pflügers Arch. f. d. ges. Physiol. Bd. 58, S. 279. 1894.
[3]) MEYROWSKI: Pflügers Arch. f. d. ges. Physiol. Bd. 78, S. 77. 1899.
[4]) LATIMER: Americ. journ. of physiol. Bd. 2, S. 29. 1898.

mit dextrosehaltiger Lösung hebt die fördernde Wirkung der Erschöpfung auf den Eintritt der Wärmestarre auf. Zugleich nimmt dann die nach Ermüdung sonst wesentlich verminderte Stärke der Contractur wieder zu. Es erstarren also gut ernährte Muskeln später bzw. erst bei höherer Temperatur als erschöpfte, d. h. glykogenarme. während die Intensität der Contractur um so größer ist, je reicher die Muskeln an Kohlenhydrat sind.

Diese zunächst nicht ganz leicht zu verstehende Beobachtung steht dennoch in bester Übereinstimmung mit der Tatsache, daß gut ernährte, insbesondere glykogenreiche Muskeln im allgemeinen weniger leicht in Totenstarre geraten als schlecht ernährte, und daß künstlich (durch Phlorrhizin) zuckerarm gemachte [Lee und Harold[1])] besonders früh erstarren. Es will dies bei oberflächlicher Betrachtung nicht zu der Tatsache passen, daß die als Ursache der Totenstarre anzusehenden Säuren ja gerade aus den Kohlenhydraten stammen. Indessen wäre dies ein Trugschluß. Denn die Menge der Säuren und die der Säurebildner muß zwar für die Intensität und Dauer der Totenstarre ausschlaggebend sein, aber mit dem *Zeit*punkte ihres Eintritts haben sie nichts zu tun. Der Eintritt der Totenstarre ist eine Funktion der Empfindlichkeit des Muskels gegenüber der Erstickungsschädigung. Es muß daher ein im schlechten Zustande befindlicher Muskel auch früher sich verkürzen als ein kräftiger und widerstandsfähiger, wie es in der Tat der Fall ist. So mag auch die durch erschöpfende Arbeit bedingte Beschleunigung der Totenstarre zum Teil wenigstens auf einer allgemeinen Schädigung des Muskels beruhen; die Dextrosezufuhr, indem sie den Muskel in besseren Ernährungszustand versetzt, macht ihn auch widerstandsfähiger. Mißt man nicht den Zeitpunkt des Eintritts, sondern die bei der Contractur entwickelte Spannung bzw. die Härte der Muskeln, wie Meyerhof dies für die Coffein- und die Wärmecontractur durchführte, so kann man leicht feststellen, daß die entwickelte Spannung wie auch die Säurebildung dem Kohlenhydratvorrat der Muskeln parallel gehen.

Zeitliche Unterschiede des Erstarrens findet man besonders auch zwischen weißen flinken und roten langsamen Muskeln (Bierfreund). Die weißen erstarren im allgemeinen merklich früher. Dies mag darauf zurückzuführen sein, daß sie reicher sind an sofort verfügbarer Betriebssubstanz, an Lactacidogen, als die roten (Embden und Adler). Viel einfacher aber ist es, diese Tatsache mit der auch sonst oft beobachteten größeren Widerstandsfähigkeit der roten Muskeln in Beziehung zu bringen. Es ist durchaus begreiflich, daß diese an und für sich wesentlich widerstandsfähigeren Muskeln — deren Glykogengehalt übrigens den der weißen erheblich übertrifft — auch der Erstickungsschädigung später erliegen. Auch die zeitlichen Unterschiede im Erstarren der verschiedenen Muskelgruppen des Menschen, wie sie als Nystensche Reihe eine gewisse Rolle gespielt haben, sind zum Teil wohl auf die relative Verteilung von roten und weißen Muskeln, zum Teil auch auf ihre verschiedene Beanspruchung während des Lebens zurückzuführen. (Ausführliches hierüber bei Gerlach: Ergebn. d. allg. Pathol. u. pathol. Anat. Jg. 20, Abt. II, S. 259. 1923.)

In neuerer Zeit hat De Boer[2]) den Standpunkt vertreten, daß die Unterschiede im zeitlichen Verlauf der Absterbeverkürzung wesentlich von den reflektorischen tonischen Impulsen abhängig sind, also von dem Tonuszustand der Muskeln während des Lebens. Hierbei knüpft er an Untersuchungen von Ewald an[3]). Dieser hat in einer interessanten experimentellen Studie gezeigt, daß die nach einseitiger Exstirpation des Labyrinths am lebenden Tiere auftretenden

[1]) Lee u. Harold: Arch. ital. de biol. Bd. 36, S. 75. 1901.
[2]) De Boer: Zeitschr. f. Biol. Bd. 65, S. 239. 1915.
[3]) Ewald u. Willgerodt: Pflügers Arch. f. d. ges. Physiol. Bd. 63, S. 521. 1896.

Tonusstörungen und Haltungsanomalien am erstarrenden Tiere wieder auftraten, obwohl unmittelbar nach dem Töten des Tieres alle Muskeln gleichmäßig erschlafft waren. Diesem Befunde entspricht das Ergebnis einer anderen Versuchsreihe, bei der unmittelbar nach der Entblutung das Labyrinth einer Seite elektrisch gereizt wurde mit dem Ergebnis, daß eine asymmetrische Entwicklung der Starre eintrat. Schon EWALD schloß daraus, daß die Starre in ihrem zeitlichen Verlauf vom Muskeltonus abhänge. DE BOER selbst hat in Fortsetzung seiner Untersuchungen, durch die er Beweise für die sympathische Natur der tonomotorischen Bahnen zu erbringen suchte, die Beobachtung gemacht, daß nach einseitiger Durchtrennung der Rami communicantes nicht nur am lebenden Frosch der Tonus im gleichseitigen Beine abnahm, sondern daß auch am absterbenden Tiere die Totenstarre in dem tonusarmen Beine später auftrat als auf der anderen, nicht operierten Seite. Ebenso gelang es ihm nachzuweisen, daß, ganz entsprechend dem BRONDGEESTschen Versuch, die einseitige Durchtrennung der hinteren Wurzeln die Totenstarre wie den Tonus zu hemmen vermag. Zwar hat DUSSER DE BARENNE[1]) eine derartige Abhängigkeit sowohl des Tonus wie der Totenstarre von der sympathischen Innervation bestritten, und auch sonst sind der DE BOERschen Tonustheorie viele Gegner erwachsen, indessen hat gerade in jüngster Zeit seine Lehre durch LANGELAAN[2]) und andere so gewichtige Stützen erhalten, daß es nicht angeht, seine sorgfältigen Untersuchungen zu übergehen. DE BOER schließt aus seinen Befunden, daß die Absterbeverkürzung nicht eine letzte motorisch bedingte Kontraktion, sondern vielmehr eine tonische Verkürzung darstelle, die ihrem Wesen nach dem physiologischen reflektorischen Tonus entspreche.

Dieser Auffassung vermag ich indessen nicht beizupflichten. Es kann keinem Zweifel unterliegen, daß die Säurebildung im Muskel die Totenstarre bedingt. Andererseits spielt aber gerade die Säurebildung bei den echten tonischen Verkürzungen, wie wir im Kapitel Muskeltonus zeigten, keine Rolle. Daß die Totenstarre also eine tonische Contractur sei, muß bestritten werden. Wohl aber könnte man sich vorstellen, daß die tonische, vegetative Innervation durch gewisse Zustandsveränderungen der Muskulatur die Reaktion auf die Säurebildung in einem oder dem anderen Sinne beeinflussen kann.

Die Säurebildung im Muskel als Ursache der Totenstarre bleibt die Grundlage aller Betrachtungen über ihre Entstehung. Ihre sicherste Bestätigung erhielt die Säuretheorie der Totenstarre durch die schon erwähnten Untersuchungen von FLETCHER sowie von WINTERSTEIN. Zwar daß die Starre in sauerstoffarmer Atmosphäre besonders schnell verläuft, war schon früher bekannt. Daß sie aber in reinem Sauerstoff am Froschmuskel ganz ausbleiben kann, hat erst FLETCHER[3]) gezeigt und vor allem nachgewiesen, daß die bei Sauerstoffarmut zugleich mit der Totenstarre auftretende Milchsäure bei Gegenwart von Sauerstoff nicht auftritt. Mit aller Klarheit bewiesen seine Versuche, daß die Totenstarre nur insoweit zustande kommt, als sich Milchsäure bilden und anhäufen kann, und daß in reinem Sauerstoff mit der Milchsäurebildung auch die Starre ausbleibt. Es ist dann also die Restitution erhalten, der Muskel bleibt lebendig. In der Tat bleibt auch seine Erregbarkeit in Sauerstoff außerordentlich lange bestehen, und WINTERSTEIN[4]), der Kaninchenmuskeln bei 2—3 Atmosphären

---

[1]) BARENNE, DUSSER DE: Verhandel. d. koninkl. akad. v. wetensch. te Amsterdam Bd. 21, S. 1. 1919.

[2]) LANGELAAN: Arch. néerland. de physiol. de l'homme et des anim. Bd. 7, S. 98. 1922; Brain Bd. 45, S. 469. 1922.

[3]) FLETCHER: Journ. of physiol. Bd. 28, S. 474. 1902.

[4]) WINTERSTEIN: Pflügers Arch. f. d. ges. Physiol. Bd. 120, S. 225. 1907 u. Bd. 191, S. 184. 1921.

Überdruck in Sauerstoff hielt, konnte noch nach 27 Stunden ihre Erregbarkeit feststellen. Schließlich stirbt der Muskel in Erschlaffung ab. Daß auch nachträgliche Sauerstoffentziehung ihn nicht mehr zur Starre bringt, zeigte Winterstein. In der Tat muß der Muskel schließlich an Erschöpfung seiner Kohlenhydratvorräte zugrunde gehen und kann dann auch bei Erstickung keine Säuren mehr bilden. Denn die Restitution verläuft, wie wir durch die Untersuchungen besonders von Meyerhof[1]) wissen, in der Weise, daß jeweils ein Drittel bis ein Fünftel der gebildeten Milchsäure verbrennt, während der Hauptteil restituiert wird; eine Erschöpfung des Lactacidogenvorrats ist also im isolierten Muskel auf die Dauer auch bei $O_2$-Versorgung unvermeidlich, eine Säureanhäufung aber, die Voraussetzung der Contractur, bleibt aus. Mit Recht betont Winterstein[2]), daß die Totenstarre nicht die Form sei, in der der Muskel stirbt, sondern die Form, in der er erstickt. Doch muß man hinzufügen, daß unter normalen Verhältnissen der Muskel eben unter Erstickung stirbt. Betrachtet man die Totenstarre als eine Erstickungsfolge, so begreift man auch, warum Sauerstoff zwar die Totenstarre, aber nicht die wesensverwandte Coffeincontractur, auch nicht die Wärmecontractur (Winterstein) zu beheben vermag. In diesen beiden Fällen ist ja nicht der Sauerstoffmangel die Ursache jener Kolloidveränderungen, welche zu einer Restitutionshemmung und damit zu Säureanhäufung und Contractur führen, sondern es ist das Gift bzw. die Wärme, die in gleichem Sinne wirken. Daß diese wirksamen Faktoren nicht durch Sauerstoffzufuhr irgendwie beeinflußt werden können, ist ohne weiteres begreiflich, während wir bei der Totenstarre durch Sauerstoffversorgung ja gerade die Ursache der Contractur beseitigen.

Wird also auch durch das verschiedene Verhalten gegen Sauerstoff kein Unterschied in dem Wesen der Absterbeverkürzung von den chemischen, physiologischen Säurecontracturen begründet, so gibt die Fähigkeit der Totenstarre, sich wieder spontan zu lösen, ebenfalls kein Unterscheidungsmerkmal. Zunächst ist zu betonen, daß die Fähigkeit, spontan nach mehr oder weniger langer Zeit wieder zu erschlaffen, nicht etwa nur der Totenstarre zukommt. Wir beobachten das gleiche bei der Contractur durch Ammoniak, bei der Kalium-, der Nicotincontractur und bei verschiedenen Arten der physiologischen Säurecontractur.

Was die Ursache der Lösung einer Contractur betrifft, so kann man ganz allgemein sagen, daß jede Aufhebung der Kontraktionsfähigkeit der Muskelfaser diesen Erfolg haben muß. Bei der sehr bald zurückgehenden Kaliumcontractur handelt es sich wahrscheinlich um eine Lähmung der Faser, wodurch die auf einer Erregung beruhende Kaliumcontractur aufgehoben wird. Bei Ammoniak ist wohl eine Strukturzerstörung die Ursache, und nicht anders scheint es bei der Mehrzahl der übrigen Fälle, insbesondere aber der Totenstarre, zu liegen. Die Lösung der Totenstarre ist die letzte Phase der Wirkung der im Muskel sich anhäufenden Säuren. Das erste Stadium ist die auf Säurequellung beruhende Absterbeverkürzung; das zweite ist die reversible Quellungscontractur, das dritte die Starre, als höchster Grad dieser Quellung zusammen mit einer beginnenden schweren Störung des Kolloidzustandes; das vierte Stadium endlich ist die Aufhebung der Kontraktionsfähigkeit der Faser durch Zerstörung derjenigen Strukturelemente, die die Voraussetzung der Verkürzungsfähigkeit der Muskelfaser sind. v. Fürth[3]) hat als Hauptursache der Totenstarrelösung die Entquellung durch Gerinnung betrachtet. Indessen spricht vieles dafür, daß selbst in diesem Stadium noch keine Gerinnung der Muskeleiweißkörper eingetreten ist, so die Beobach-

[1]) Meyerhof: Ergebn. d. Physiol. Bd. 22, S. 299. 1923.
[2]) Winterstein: Dtsch. Zeitschr. f. d. ges. gerichtl. Med. Bd. 2, S. 1. 1923.
[3]) v. Fürth: Ergebn. d. Physiol. Jg. 17. 1919.

tung, daß auch nach Lösung der Totenstarre noch eine typische Wärmegerinnung des Muskels möglich ist. Vor allem aber hat WEBER[1]) bei WINTERSTEIN zeigen können, daß von einer Entquellung des in Lösung der Totenstarre begriffenen Muskels nicht gesprochen werden könne, daß dagegen eine Zerquellung unter schwerer Zerstörung der Muskelstruktur vorliege. Diese Erklärung der Lösung der Totenstarre erscheint am besten begründet und auch am meisten befriedigend zu sein.

HIN[2]) bei BETHE vertritt neuerdings ebenfalls diese Anschauung, nicht zuletzt auf Grund seiner Beobachtungen über die Wirkung von Contractursubstanzen an Muskeln, die nach vollendeter Totenstarre wieder erschlafft waren. Das Maß der dann noch z. B. durch Chloroform mitunter zu erzielenden Verkürzung scheint durchaus von dem Grade der jeweilig eingetretenen Strukturzerstörung abzuhängen. Es ergab sich dabei übrigens, daß beim Absterben in sauerstoffarmer oder -freier Atmosphäre und starker Ausprägung der Starre- und Lösungsprozesse Chloroform noch wirksam sein konnte, während bei dem in Sauerstoff ohne Verkürzung absterbenden Muskel Chloroform völlig unwirksam blieb. HIN schließt daraus, daß in letzterem Falle, also bei Gegenwart von $O_2$, die Strukturzerstörung wesentlich stärker verlaufe als ohne Sauerstoffgegenwart, eine Anschauung, die allerdings wohl noch durch mikroskopische Untersuchungen zu kontrollieren wäre.

Mehr als die Wiederlösung einer Starre bedarf ihr dauerndes Bestehen in gewissen Fällen der Erklärung. Wir glauben, daß es überall da zu einer Fixierung der Contractur in Dauerstarre kommt, wo eine Gerinnung des Muskeleiweißes hinzukommt. Hier befinden wir uns also in Übereinstimmung mit den zuerst von BERNSTEIN geäußerten Anschauungen. Wir rechnen in diese Gruppe die Dauerstarreverkürzungen, die man mit hohen Coffeindosen, mit Chloroform und durch höheres Erwärmen erzielt.

Wir fassen also die Totenstarre auf als eine durch Erstickung zustande kommende Schädigung des Kolloidzustandes der Muskeleiweißkörper, die unter Aufhebung der restitutiven Prozesse zu maximaler Säurebildung im Muskel führt. In den ersten Stadien ist sie eine reversible, durch Säurequellung bedingte Contractur, die unter weiteren Veränderungen des kolloidalen Muskelzustandes in irreversible Starre übergeht, bis endlich durch hochgradige Zerstörung der Struktur die Lösung der Starre zustande kommt.

## III. Die Wärmestarre der Skelettmuskeln.

Ist schon die Totenstarre nur das Ende eines Prozesses, der mit der Absterbeverkürzung beginnt, mit einer reversiblen Contractur fortschreitet und erst im letzten Stadium als Starre zu bezeichnen ist, so ist auch das, was man bisher meist Wärmestarre genannt hat, keine einheitliche Erscheinung. Es lassen sich vielmehr auch hier mehrere Stadien und Typen der Wirkung feststellen, die teils durch den jeweils angewandten Temperaturgrad, teils durch die Dauer der Erwärmung und die Geschwindigkeit des Temperaturwechsels bedingt sind. Doch ist die Erkenntnis erst neueren Datums, daß bei der Wärmewirkung vitale und nichtvitale Reaktionen nach- und nebeneinander bestehen können. Sie wurde lange Zeit gehemmt durch eine zu einseitige Einstellung auf die rein physikalische Seite des Problems, die hier, wie so oft, den biologischen Vorgängen nicht gerecht zu werden vermag. Die unbestreitbare Tatsache, daß

[1]) WEBER: Pflügers Arch. f. d. ges. Physiol. Bd. 187, S. 165 u. 191. 1921.
[2]) HIN: Pflügers Arch. f. d. ges. Physiol. Bd. 202, S. 144. 1924.

der Muskel bei Erwärmen auf höhere Temperaturen gerinnt, zusammen mit der Bedeutung, die man auf Grund der Gerinnungstheorie den irreversiblen Veränderungen der Muskelkolloide für die Contracturen überhaupt, ja selbst für die Kontraktion beimaß, führten dazu, die Wärmewirkungen auf den Muskel lediglich als Gerinnungserscheinungen zu deuten. Die Forschungen von Halliburton[1]) und v. Fürth[2]) über die Eiweißkörper der Muskeln und die Gerinnungstemperatur der verschiedenen Fraktionen legten es in der Tat nahe, die bei Erwärmen der Muskeln auftretenden Erscheinungen mit den Koagulationsprozessen in Beziehung zu setzen. Dies um so mehr, als die Untersuchungen von Brodie und Richardson[3]), Vincent und Lewis[4]), Vernon[5]) u. a. bei allmählicher Erwärmung von Muskeln mehrere Temperaturstufen der Verkürzung aufdeckten, die eine gewisse Übereinstimmung mit den Gerinnungstemperaturen der Muskeleiweißkörper zeigten. Und zwar galt das ebenso für Froschmuskeln wie für Muskeln von Säugetieren. Indessen zeigten sich doch immer wieder Abweichungen von der erwarteten Gesetzmäßigkeit, und es ist besonders Meigs[6]) (1909) gewesen, der den Zusammenhang zwischen Wärmeverkürzung und Gerinnung experimentell widerlegen konnte.

In der Tat hat sich die Betrachtung des Muskels als eines Gemenges von Eiweißkörpern auch für die Lösung des Problems der Wärmestarre nicht als fruchtbar erwiesen. Erst eine mehr biologische Einstellung hat zu einer weitgehenden Klärung geführt. Wir verdanken sie in erster Linie Jensen[7]), betonen indessen, daß schon weit früher Gottschlich[8]) in einer unter Heidenhains Leitung durchgeführten ausgezeichneten Untersuchung die grundsätzlich wichtigsten Gesichtspunkte hervorgehoben hat.

Gottschlich hat vor allem zwei Dinge klar herausgearbeitet. Erstens, daß die Geschwindigkeit des Temperaturwechsels wesentlich ist für die Beurteilung der Wärmewirkung, und daß man durch allmählich fortschreitende Erwärmung des Muskels keine klaren Ergebnisse bekommen kann; dann aber, daß insbesondere bei mäßigem und kurzem Erwärmen unter bestimmten Bedingungen eine reversible thermische Dauercontractur erhalten werden kann, die, von der Wärmestarre ganz verschieden, als ein vitaler Prozeß betrachtet werden muß. Daß die Verkürzungsstadien bei geringeren Wärmegraden im Wesen von den späteren Stadien unterschieden sind, hat auch Vernon (a. a. O.) schon bemerkt, ohne jedoch eine präzisere Deutung zu geben. Besonders bemerkenswert erschien es Gottschlich, daß man, ohne einen Muskel schwer zu schädigen, die thermische Contractur mehrere Male hintereinander hervorrufen kann. Scharf trennt er von der reversiblen thermischen Contractur die durch Gerinnung bedingte irreversible Starre, die durch längeres Erhitzen auf 35° oder kurzes auf 45—50° zustande kommt. Durch völligen Verlust der Elastizität und hochgradige Dehnbarkeit kennzeichnet sich dieser Zustand einer völligen Abtötung des Muskels. Eine bei 65—70° eintretende weitere Verkürzung kommt jedem toten Gewebe zu.

---

[1]) Halliburton: Journ. of physiol. Bd. 8, S. 133. 1888.

[2]) v. Fürth: Arch. f. exp. Pathol. u. Pharmakol. Bd. 36, S. 231. 1895; Bd. 37, S. 390. 1896; Zeitschr. f. physiol. Chem. Bd. 31, S. 338. 1900.

[3]) Brodie u. Richardson: Journ. of physiol. Bd. 21, S. 365. 1897; Philos. Transact. of the roy. soc. Bd. 191, Ser. B. 1899.

[4]) Vincent u. Lewis: Journ. of physiol. Bd. 26, S. 454. 1901.

[5]) Vernon: Journ. of physiol. Bd. 24, S. 239. 1899.

[6]) Meigs: Americ. journ. of physiol. Bd. 24, S. 1 u. 178. 1909.

[7]) Jensen: Zeitschr. f. allg. Physiol. Bd. 8. 1908; Bd. 9, S. 435. 1909; Pflügers Arch. f. d. ges. Physiol. Bd. 160, S. 333. 1915.

[8]) Gottschlich: Pflügers Arch. f. d. ges. Physiol. Bd. 54, S. 123. 1893.

JENSEN (a. a. O.) begann seine Untersuchungen im Jahre 1908 mit der Feststellung, daß die Verkürzungsreaktion des Muskels bis zu 50—52° lediglich der contractilen Substanz zuzuschreiben sei, da das Bindegewebe geradezu umgekehrt auf Temperaturveränderungen reagiere. Er registrierte weiterhin die Beobachtung, daß bei kurzem Erwärmen auf 36° eine vorübergehende Verkürzung des Muskels eintreten kann. Hieran anknüpfend hat JENSEN dann in seiner folgenden Arbeit (1909) die Methode des „Durchtauchens" ausgearbeitet. Der Muskel wird schnell hintereinander durch zwei aufeinandergeschichtete Lösungen von hohem Temperaturunterschied gezogen, z. B. eine heiße Ölschicht über einer kalten Ringerlösung. Hierbei erhält man kurz dauernde Verkürzungen mit sofortiger Erschlaffung, die durchaus den elektrisch ausgelösten Zuckungen gleichen. Diese „thermische Erregung" pflanzt sich allerdings nicht im Muskel fort, genau so wenig wie nach den Untersuchungen von WILMERS die durch echte, chemische Contractursubstanzen hervorgerufenen Verkürzungen.

Diese thermische Zuckung ist es, mit der sich JENSEN in einer dritten Arbeit aus dem Jahre 1915 besonders beschäftigte, in der er zu ziemlich abschließenden Ergebnissen kam. Diesmal wurde mit zwei übereinanderliegenden Schichten

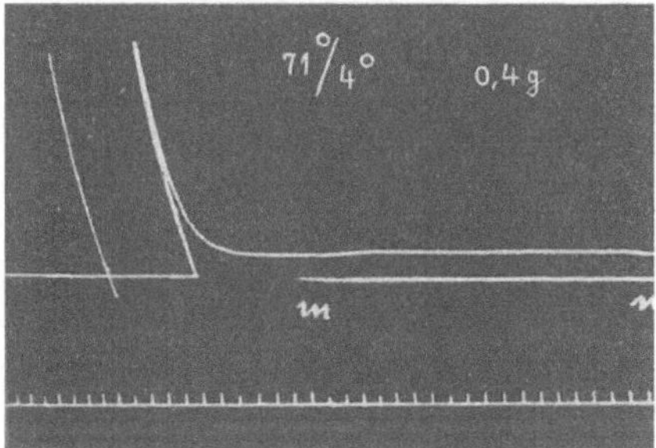


Abb. 59 a. Typische Wärmezuckung beim Durchtauchen eines Sartorius von 71° warmer Ringerlösung in 4° warme.

Abb. 59 b. Dasselbe bei schnellem Trommellauf. Markierung Sekunden.

Beide Abbildungen aus JENSEN: Pflügers Arch. f. d. ges. Physiol. Bd. 160, S. 342 u. 343.

von heißer und sehr stark gekühlter Ringerlösung gearbeitet, womit Temperaturunterschiede von 70° oder 80° zu 4° zu erzielen waren. Hierbei ließ sich durch schnelles Durchtauchen eine schnelle Zuckung erzielen, die an Höhe der durch maximalen elektrischen Reiz erzeugten gleichkam und auch an Spannungsentwicklung (Abb. 59 a u. b). Diese thermische Zuckung ist die erste Art thermischer Reaktion. Eine andere wird erhalten, wenn man den Muskel (es wurden stets Sartorien von Fröschen angewandt) 20—30 Sekunden lang auf 37° erwärmt und dann abkühlt. Der Muskel führt dann eine langsame Kontraktion aus, die beim Abkühlen vollständig wieder zurückgeht. Die entwickelte Spannung bleibt hinter der durch maximale elektrische Einzelreizung erzeugten zurück. Wie schon GOTTSCHLICH fand, bleibt die elektrische Erregbarkeit nahezu ungeschädigt. Erwärmt man in ähnlicher Weise auf 39°, so sind Kontraktionshöhe und Spannung wesentlich größer, jedoch ist die Erschlaffung beim Abkühlen merklich verzögert und meist unvollkommen, die elektrische Erregbarkeit verschlechtert sich schnell. Beim Erwärmen auf 42° wird das Doppelte der Spannung einer elektrischen maximalen Zuckung geleistet; die Kontraktionshöhe bei isotonischer Arbeit ist wesentlich gesteigert. Aber diese Kontraktion ist nun irreversibel, die elektrische Erregbarkeit ist dauernd verschwunden, und auch weiteres Erwärmen bis 45° ändert nichts mehr an der erreichten Kontraktionsstärke. Die Dehnbarkeit des Muskels hat sich noch kaum geändert. Erst bei 55° beginnt ein starkes Ansteigen der Dehnbarkeit, so daß bei genügender Belastung der Muskel *scheinbar* spontan erschlafft, eine Erscheinung, die allerdings mit der spontanen Erschlaffung des mäßig erwärmten und kaum belasteten Muskels nichts zu tun hat. Die Dehnbarkeit wächst mit der Zunahme der Dauer und der Höhe des Erhitzens.

Aus diesen Versuchen ergibt sich, daß bei schneller und steiler Temperaturschwankung der Muskel eine *Zuckung* ausführt. Bei mäßigem kurzen Erwärmen bekommt man eine reversible Contractur, die der thermischen Dauerkontraktion von Gottschlich entspricht. Endlich bei höherer Temperatur tritt Gerinnungsstarre ein.

Unter diesen Erscheinungen ist wohl die thermische Zuckung die interessanteste. Um über ihre Natur nähere Aufschlüsse zu gewinnen, hat Jensen die Reaktion solcher Muskeln studiert, die vorher einer bestimmten Veränderung unterworfen waren.

Läßt man einen Sartorius in häufig gewechselter Ringerlösung absterben, so bleibt die Verkürzung aus [wegen Wegdiffusion der Milchsäure, vgl. auch Winterstein und Schüssler 1921[1])], und der Muskel stirbt in Erschlaffung. Ein solcher Muskel ist keiner thermischen Zuckung mehr fähig, reagiert aber noch auf Erwärmen auf 45° mit Wärmestarre. Der Muskel ist also noch gerinnungsfähig. Ebenso verhalten sich Muskeln, die innerhalb 24 Stunden in $^{n}/_{2}$-$MgCl_2$-Lösung ohne Verkürzung absterben. Hat man durch Behandlung mit KCNS eine schnelle und bald wieder abklingende Kontraktion erzeugt, so bleibt an dem nunmehr schlaffen Muskel auch die Wärmestarre aus, er ist also nicht mehr gerinnungsfähig. Erst bei 70° erfolgt noch eine Verkürzung des toten Gewebes.

Erzeugt man eine reversible Lähmung des Muskels für elektrische Reize, sei es durch Eintauchen in isotonische Rohrzuckerlösung oder durch Vorbehandlung mit 5 proz. Alkohol, so zeigt es sich, daß die Wärmezuckung nach wie vor sehr gut zu erhalten ist. Besonders merkwürdig aber ist es, daß sie auch dann noch, sogar besonders gut, auszulösen ist, wenn der Muskel durch vorheriges Gefrieren und Wiederauftauen irreversibel unerregbar für elektrische Reize wurde, vorausgesetzt, daß nicht etwa schon Totenstarre eintrat. Ist diese erst vorhanden, dann versagt auch die Wärmezuckung.

Diese Ergebnisse sind in mehr als einer Hinsicht von prinzipieller Bedeutung, und zwar nicht nur für die Theorie der Wärmewirkungen am Muskel, sondern für die Kontraktions- und Contracturtheorie überhaupt.

Jensen hat diesen Fragen eine eingehende Diskussion gewidmet.

Er stellt zunächst entgegen der Anschauung von Mayer[2]) (bei Frey) fest, daß die thermische Verkürzung mit der Wärmestarre nichts zu tun habe. Es müsse sich also um eine reversible chemisch-physikalische Veränderung an der Muskelfaser handeln. Es erhebt sich nun die prinzipielle Frage, ob die Wärme direkt verkürzend auf die Muskelfaser wirken könne oder ob es sich um eine Reizung im eigentlichen Sinne handle, wonach also die Wärme genau wie der elektrische Reiz primär einen chemischen Vorgang auslöst: die Lactacidogenspaltung, deren Produkte die Verkürzung hervorrufen. Es ist also das gleiche Problem, das wir schon bei den chemischen Contractursubstanzen zu erörtern hatten. Hier, bei der thermischen Reaktion, wird es deshalb besonders interessant, weil es die alte Frage nach der thermodynamischen oder chemodynamischen Kontraktionstheorie berührt. Nun wird von Jensen mit Recht betont, daß die chemodynamische Theorie durch die Arbeiten von Hill und

[1]) Winterstein u. Schüssler: Pflügers Arch. f. d. ges. Physiol. Bd. 191, S. 184. 1921.
[2]) Mayer, A.: Zeitschr. f. Biol. Bd. 57, S. 507. 1912.

anderen heute als gesichert gelten muß. Und so glaubt er auch bei der thermischen Kontraktion eine Reizung annehmen zu müssen.

Es ist indessen zunächst hervorzuheben, daß der Befund einer durch schroffen Temperaturwechsel hervorzurufenden direkten Verkürzungsreaktion der Muskelfaser die chemodynamische Theorie der Muskelkontraktion nicht zu berühren braucht. Beides kann sehr wohl unabhängig voneinander bestehen.

Wir gehen aber weiter und meinen, daß die thermische Zuckung sicher keine Reizung, sondern eine direkte Wirkung auf die contractile Substanz darstellt. Es spricht nicht hiergegen, wie JENSEN meint, daß der ohne Verkürzung absterbende Muskel keine thermische Zuckung mehr gibt. Eine solche ist hier deshalb ausgeschlossen, weil ein derartiger Muskel seine Struktur verloren hat. Gegen die Reiztheorie spricht aber unbedingt die Tatsache, daß auch der narkotisierte Muskel noch die Wärmezuckung aufweist. Denn durch die Untersuchungen von MEYERHOF[1]) und von WEIZSÄCKER[2]) ist es bekannt, daß die Reizung eines narkotisierten Muskels den gleichen Prozeß der Säurebildung und denselben Grad der Wärmeproduktion hervorruft wie die Reizung des unvergifteten Muskels. Wenn dennoch der elektrisch gereizte, narkotisierte Muskel sich nicht zusammenzieht, so kann dies nur darauf beruhen, daß die contractile Faser auf die gebildeten Verkürzungssubstanzen nicht mehr reagiert, daß, wie BETHE[3]) es ausdrückt, die Kinogonie verlorenging. Würde die thermische Zuckung ebenfalls auf dem Wege über primäre Milchsäure- und Phosphorsäurebildung wirken, so wäre nicht einzusehen, warum in diesem Falle die Muskeln auf dieselben Verkürzungssubstanzen reagieren, denen gegenüber sie bei elektrischer Reizung versagen. Die Annahme einer direkten Wirkung der Wärme und der Abkühlung auf den Muskel ist daher notwendig. Sie bietet auch die einzige Möglichkeit der Erklärung für die Beobachtung von JENSEN[4]), daß selbst am irreversibel für elektrische Reize unerregbar gewordenen gefrorenen und wiederaufgetauten Muskel die thermische Zuckung auszulösen ist. Sie wird so lange und überall da möglich sein, wo die contractile Struktur erhalten ist. Und sie muß fortfallen, wo diese Struktur zerstört ist, wie dies offensichtlich bei der Totenstarre, der Einwirkung von $MgCl_2$ und Rhodansalzen der Fall ist. Es ist sehr bezeichnend, daß auch die echten Contractursubstanzen, von denen wir annehmen, daß sie *direkt* verkürzend auf die Muskelfaser wirken, anscheinend immer in denselben Fällen wirksam oder unwirksam sind wie die thermische Reaktion.

Von solchem Gesichtspunkt aus betrachtet erscheint die *Wärmecontractur* der Wärmezuckung gegenüber dadurch gekennzeichnet, daß, als Zeichen beginnender irreversibler Schädigung, die Anhäufung von Säure im Muskel hinzutritt. Die direkte Wirkung der Wärme auf die contractile Substanz kombiniert sich mit der durch Säure bedingten Contractur zu einem höheren Spannungseffekt. Beim Abkühlen geht der Wärmeeffekt zurück, die Säurecontractur bleibt als Kontraktionsrückstand bestehen, die Erregbarkeit bleibt herabgesetzt. Mit wachsender Intensität und Dauer des Erhitzens steigen mit der direkten Wärmewirkung auch die durch zunehmende Säureproduktion bedingten Schädigungen, bis mit dem Eintritt der Säuregerinnung das Stadium der irreversiblen *Wärmestarre* erreicht ist.

Zum Schluß sei nochmals die Frage erörtert, inwieweit die verschiedenen Wärmewirkungen etwas mit der Gerinnung der Muskeleiweißkörper zu tun haben.

---

[1]) MEYERHOF: Pflügers Arch. f. d. ges. Physiol. Bd. 191, S. 138. 1921.

[2]) v. WEIZSÄCKER: Journ. of physiol. Bd. 48, S. 356. 1914.

[3]) BETHE, FRAENKEL u. WILMERS: Pflügers Arch. f. d. ges. Physiol. Bd. 194, S. 72. 1922; BETHE: ebenda Bd. 199, S. 497. 1923.

[4]) JENSEN: Pflügers Arch. f. d. ges. Physiol. Bd. 160, S. 333. 1915.

Lange Zeit hat ja diese Frage eine große Rolle gespielt, und vor allem wurde versucht, zwischen den Gerinnungstemperaturen für die verschiedenen Muskeleiweißkörper und den Verkürzungsstufen des allmählich und steigend erhitzten Muskels gesetzmäßige Beziehungen aufzudecken. Aus dem Institut von v. Frey gingen mehrere Untersuchungen hervor, welche den von Brodie und Richardson angenommenen absoluten Parallelismus nicht bestätigen konnten. Die vorhandenen Abweichungen wurden durch v. Frey[1]) dadurch erklärt, daß die Eiweißkörper in intakten Muskeln nicht genau so gegen Erhitzen reagieren wie die Extrakte bzw. die Preßsäfte. Besonders hat, wie schon erwähnt, Meigs (1909) gegen einen Zusammenhang von Gerinnung und Wärmeverkürzung sehr gewichtige Beobachtungen geltend gemacht. Einen Zusammenhang *völlig* zu leugnen, liegt uns indessen fern. Doch beurteilen wir ihn anders, als es sonst meist geschehen ist. Für die thermische Zuckung allerdings kommen Gerinnungserscheinungen überhaupt nicht in Frage. Für die Wärmecontractur sind sie nur insoweit von Bedeutung, als sie, in ihren allerersten Stadien, die mehr einer Konglomeration der kolloiden Teilchen als einer groben Gerinnung entsprechen, die Ursache für die Restitutionshemmung und die Bildung der Säuren im Muskel sind, welche durch Quellung oder Oberflächenwirkung die Verkürzung bedingen. Erst von 42° an, also mit Beginn der eigentlichen Starre, scheinen uns die durch die gleichzeitige Säurung wesentlich modifizierten Gerinnungsvorgänge beteiligt zu sein. Es kombinieren sich nun Quellungs- und Gerinnungsverkürzung in im einzelnen schwer übersichtlicher Weise mit dem Endergebnis einer fixierten Dauerstarre. Es muß hier auch daran erinnert werden, daß nach Weber die Gerinnung durch Milchsäure nicht gefördert, sondern sogar gehemmt wird. Jedenfalls scheint die mit so großem Arbeitsaufwand verfolgte Frage nach dem Zusammenhang zwischen Gerinnung und Wärmestarre an biologischer Bedeutung verloren zu haben.

## IV. Die Totenstarre und Wärmestarre der glatten Muskeln.

Eine ausführliche Zusammenstellung der Literatur bei Gerlach: Ergebn. d. allg. Pathol. u. pathol. Anat. Jg. 20, Abt. II. 1923.

### A. Totenstarre.

Die Frage, ob und in welchem Maße auch glatte Muskeln totenstarr werden können, hat bisher meist nur die pathologischen Anatomen, allenfalls auch die Gerichtsmediziner beschäftigt, wobei es auf die Feststellung der normalen Lage und Form des Magens und anderer glattmuskeliger Organe der Leibeshöhle ankam. Von physiologischen Gesichtspunkten aus ist hier recht wenig gearbeitet worden, entsprechend dem geringen Interesse, das von jeher der Frage nach der Kontraktion der glatten Muskulatur entgegengebracht wurde. Registrierung der postmortalen Längenveränderungen glatter Muskeln liegen bisher nur vor von Eckstein[2]), Hecht[3]) und Mangold[4]).

Es ist recht schwierig, die Ergebnisse dieser Versuche zu deuten. Es steht fest, daß glatte Muskeln sich nach dem Tode meist, durchaus nicht immer, kontrahieren. Ob das nur der Fall ist, wenn sie in feuchter Kammer hängen, sich selbst überlassen werden oder auch bei Suspension in Ringerlösung, und wie es sich etwa mit dem Einfluß des Sauerstoffs dabei verhält, darüber ist noch nichts Sicheres bekannt.

---

[1]) v. Frey (Reissner): Sitzungsber. d. physikal.-med. Ges. Würzburg 1905, S. 37.
[2]) Eckstein: Pflügers Arch. f. d. ges. Physiol. Bd. 181, S. 183. 1920.
[3]) Hecht: Pflügers Arch. f. d. ges. Physiol. Bd. 182, S. 188. 1920.
[4]) Mangold: Zeitschr. f. d. ges. exp. Med. Bd. 12, S. 288. 1921.

Die Deutung wird darum besonders schwer, weil im Gegensatz zur Skelettmuskulatur die langsame Verkürzung ja der Typus der glattmuskeligen Bewegung ist. Zieht sich also der Muskel post mortem zusammen, so ist schwer zu sagen, was daran eine vitale, was eine Absterbereaktion ist. Wird dann obendrein noch festgestellt (HECHT), daß der in „Totenstarre“ befindliche Muskel sich noch rhythmisch autonom bewegen kann, dann hört jede Möglichkeit der Unterscheidung auf[1]).

Daß glatte Muskeln von Säugetieren sich beim Abkühlen verkürzen, ist bekannt. Man wird Gleiches also auch beim absterbenden Muskel erwarten müssen. Die Erschlaffung ist wohl mehr oder weniger ein aktiver restitutiver Vorgang. Bleibt er aus, so wird der Muskel in Verkürzung bleiben.

Betrachten wir die Frage der Totenstarre auch der glatten Muskulatur nicht einfach morphologisch, sondern vom Gesichtspunkt des Muskelstoffwechsels, wie wir es beim Skelettmuskel gewohnt sind, so fehlen uns alle Unterlagen. Denn wir kennen den Stoffwechsel des glatten Muskels nicht. Totenstarre sollte zustande kommen, wenn die dissimilatorischen, Verkürzung bedingenden Prozesse weiterlaufen, die Restitutionsprozesse aber aufhören. Wir kennen weder die ersteren noch die letzteren, und so wird das Studium der Totenstarre glatter Muskeln nur dann fruchtbar werden, wenn es gelingt, über die Verkürzungsprozesse dieser Muskelart Aufklärung zu erhalten. In dieser Richtung aber ist noch keinerlei Gewinn zu verzeichnen.

EMBDEN[2]) hat festgestellt, daß die glatten Muskeln kein Lactacidogen enthalten. Milchsäure scheint in ihnen auch nicht in irgend nennenswerter Weise gebildet zu werden. Auch sind unsere Kenntnisse über die chemische Zusammensetzung der glatten Muskeln noch äußerst lückenhaft.

Es erscheint deshalb wenig angebracht, selbst im Rahmen dieses Handbuches, all die Symptome aufzuzählen, die, wie etwa die primäre Erschlaffung und der Verlauf in verschiedenen Verkürzungsstufen, bei der Totenstarre glatter Muskeln beobachtet worden sind. Keine dieser Erscheinungen hat bisher mehr als ein sehr bedingtes Interesse. Dasselbe gilt für die sog. Starrebereitschaft nach MANGOLD, mit welchem Wort lediglich die Tatsache bezeichnet wird, daß ein glatter Muskel vielfach erst dann in Dauercontractur gerät, wenn er einmal elektrisch gereizt worden war. Es dürfte sich grundsätzlich um die gleiche Erscheinung handeln, die als Beschleunigung der Toten- und Wärmestarre durch vorangehende Reizung aus der Physiologie des quergestreiften Muskels bekannt ist. Mit der Bezeichnung Starrebereitschaft ist für das Verständnis dieser Erscheinung jedenfalls nichts gewonnen.

## B. Wärmestarre glatter Muskeln.

Bei glatten Muskeln ist die Wärmestarre wiederum nicht einfach so zu deuten wie bei quergestreiften. Zunächst macht sich geltend, was schon MORGEN (zitiert auf S. 226) fand, daß glatte Muskeln sich bei mäßigem Erwärmen nicht kontrahieren, sondern daß sie erschlaffen. VERNON (zitiert auf S. 252) hat eine große Zahl glattmuskeliger Organe von Wirbeltieren, insbesondere von Kaltblütern, untersucht. Hier findet sich die Erschlaffung zwischen 40 und 50°, oft noch darüber hinaus, sehr deutlich. Vorher zwischen 37 und 40° ist eine kleine Verkürzung die Regel [bei Warmblüterblase und -darm liegt sie nach MORITA (a. a. O.) zwischen 44 und 45°], aber erst um 50° oder etwas höher beginnt die eigentliche Wärmeverkürzung.

---

[1]) In einer neuen Arbeit von MORITA aus BETHES Institut (Pflügers Arch. f. d. ges. Physiol. Bd. 205, S. 108. 1924) kommt der Verf. auf Grund ganz ähnlicher Überlegungen und eigner Beobachtungen zu dem Schluß, daß eine Totenstarreverkürzung beim glatten Muskel vorläufig nicht nachweisbar ist.

[2]) EMBDEN: Med. Klinik Jg. 1919, Nr. 30, S. 1.

Nur bei einigen wenigen Gewebsarten, vor allem bei den Gefäßen, fehlt das Stadium der Verlängerung. Im allgemeinen kann man sagen: Die schwache Anfangskontraktion ist nicht bei allen Tieren oder glatten Muskeln ausgeprägt, die Erschlaffung bei weiterem Erwärmen ist die Regel, und allen gemeinsam ist die starke Verkürzung oberhalb von 50°. Unter den zahlreichen Versuchen an Muskeln von Wirbellosen, die Vernon anstellte, fanden sich oft ganz ähnliche Erscheinungen wie bei den glatten Muskeln der Wirbeltiere. Auch glatte Muskeln von Schnecken und Muscheln kamen zur Untersuchung mit ähnlichem Ergebnis.

In den Versuchen von Vincent und Lewis (zitiert auf S. 252) finden wir ebenfalls einige Kurven von glatten Muskeln unter der Einwirkung steigender Erwärmung. Auch hier sieht man die drei Stadien, wie sie Vernon beschreibt, deutlich.

Eine Deutung dieser Erscheinungen versuchen Lewis und Vincent, indem sie sie auf die fraktionierte Koagulation der Muskeleiweißkörper in analoger Weise zurückzuführen suchen, wie dies für die Kontraktionsstufen des erwärmten Skelettmuskels versucht worden ist. Der Wert einer solchen Erklärung ist hier nicht geringer, aber auch nicht größer als im Falle der Skelettmuskeln. Wir selbst möchten glauben, daß die geringe Anfangsverkürzung ebenso wie die nachfolgende Erschlaffung noch vitale Reaktionen sind, mit welcher Bezeichnung allerdings auch nicht viel gewonnen ist. Es soll damit nur gesagt sein, daß innerhalb dieses Bereiches Gerinnungen schwerlich eine Rolle spielen können. Was dann über 50° beginnt, die starke Dauerverkürzung, das dürfte jedenfalls auf einer schweren Störung des Kolloidzustandes beruhen, die außerhalb jeder Lebensreaktion liegt und vielleicht oder wahrscheinlich durch Gerinnung bedingt ist. Für die Erkenntnis von der Natur und den Ursachen der am lebenden Muskel verlaufenden Verkürzungen und Erschlaffungen gewinnen wir jedenfalls bisher nichts aus diesen Studien.

## V. Die kataleptische Totenstarre.

Obwohl immer wieder angezweifelt, werden doch immer wieder Fälle bekannt oder berichtet, in denen es zu einer derartig schnellen Erstarrung der Muskeln im Augenblick des Todes kommt, daß die Leiche die Stellung beibehält, in der sie sich unmittelbar vor dem Tode befand. Es handelt sich also stets um plötzliche Todesfälle, sei es durch Schuß oder Ertrinken.

Die Frage, ob es eine kataleptische Todesstarre gibt, ist für den gerichtlichen Mediziner von großer praktischer Bedeutung. Ist doch die Stellung bzw. Haltung der Leiche bei Tod durch Verbrechen oft der wichtigste Anhaltspunkt für die kriminelle Beurteilung.

Vor kurzem hat sich Johannes Baumann[1]) der mühseligen, aber sehr dankenswerten Aufgabe unterzogen und die Literatur über kataleptische Todesstarre, insgesamt 311 Nummern, nicht allein zusammengestellt, sondern kritisch gesichtet. Hierbei scheiden außerordentlich viele Fälle von vornherein aus, sei es wegen Unzuverlässigkeit der Berichterstattung oder weil eine kritische Betrachtung ergibt, daß es sich im gegebenen Falle überhaupt nicht um etwas handelte, was als kataleptische Starre im eigentlichen Sinne zu betrachten wäre. Es bleiben als wertvollste Berichte diejenigen übrig, bei denen der Fall vom Moment des Todes an bis zur Feststellung der kataleptischen Starre dauernd beobachtet wurde. Solche Fälle findet man natürlich nur wenige, immerhin gibt es diese. Und sie genügen, um die Möglichkeit und das Vorkommen der kataleptischen Starre als sicher erscheinen zu lassen.

---

[1]) Baumann: Dtsch. Zeitschr. f. d. ges. gerichtl. Med. Bd. 2, S. 647. 1923.

Eine Erklärung dieser Erscheinung zu geben, ist schwer. Man wird wohl zunächst diejenigen Fälle besonders betrachten müssen, bei denen exzessive Anstrengung unmittelbar vor dem Tode die Totenstarre derart beschleunigte, daß eine kataleptische Starre vorgetäuscht wird. BAUMANN bezeichnet sie als frühe Starre. Besonders bei Menschen oder Tieren, die auf der Höhe eines Krampfanfalles starben, ist Derartiges mit Sicherheit beobachtet worden. In der Tat läßt es sich sehr wohl vorstellen, daß hier, wo schon eine maximale Säureanhäufung im Muskel vorhanden sein mußte, die Totenstarre gleichsam schon im Augenblick des Todes eintrat.

Die vielfach vertretene Anschauung, daß richtige kataleptische Starre nur bei akuten Gehirnverletzungen auftreten könne, was man experimentell, wenn auch bisher vergeblich, zu stützen suchte, beruht zwar auf einer Anzahl gut beobachteter Fälle, doch weist BAUMANN darauf hin, daß unter den wenigen als kataleptische Starre einwandfrei zu bezeichnenden Fällen sich gerade einige befinden, bei denen das Zentralnervensystem nicht verletzt war. An und für sich könnte man sich wohl vorstellen, daß eine Verletzung des Mittelhirns und gewisser Teile des Kleinhirns eine momentane Starre hervorrufen könnte, die zunächst also eine „Enthirnungsstarre“ (SHERRINGTON) wäre und allmählich in Totenstarre überginge. Beobachtungen über Totenstarre derart operierter Tiere sind mir allerdings nicht bekannt. Wenn es auch zweifellos ist, daß die Mehrzahl der gut beobachteten Fälle von kataleptischer Starre Kopfschüsse sind, so ist doch zu bedenken, daß überhaupt Fälle plötzlichen Todes in größerer Zahl immer nur auf dem Schlachtfelde und dann auch meist als Kopfschüsse zur Beobachtung kommen. Dennoch dürfen die wenigen Fälle, bei denen es auch ohne Kopf- oder Rückenmarksverletzung und ohne vorangehende Muskelerschöpfung zu typischer Starre kam, und unter denen sich sowohl Brustschüsse wie Fälle von Erstickungstod finden, nicht einer Theorie zuliebe übersehen werden. Hier bliebe, wenn man die Beteiligung des Zentralnervensystems nicht aufgeben will, nur noch der Ausweg, einen reflektorischen zentralen „Schock“ anzunehmen — und niemand wird diesen Ausweg für befriedigend halten. Es bleibt also nur übrig, unseren Standpunkt zu dieser Frage dahin zusammenzufassen, daß wir das Vorkommen von kataleptischer Starre für gesichert halten, über ihr Zustandekommen aber keine für alle Fälle zutreffende Theorie geben könnten.

# Der Einfluß anorganischer Ionen auf die Tätigkeit des Muskels.

Von

**S. M. Neuschlosz**

Rosario de Santa Fé.

## Zusammenfassende Darstellungen.

Eine auch nur annähernd vollständige Übersicht über das in diesem Abschnitt abgehandelte Gebiet gibt es noch nicht. Die ältere Literatur findet sich hauptsächlich in folgenden Werken zusammengestellt: Biedermann: Elektrophysiologie, S. 89—94. Jena 1895. — Heinz: Handb. d. exp. Pathol. u. Pharmakol. Bd. I, 2, S. 512—613. Jena 1905. — Loeb: Dynamik der Lebenserscheinungen, S. 120—140. Leipzig 1906. — Frey, M. v.: Allgemeine Physiologie der quergestreiften Muskeln, in Nagels Handb. d. Physiol. Bd. IV, S. 497—509. Braunschweig 1909.

Über die neuere Literatur finden sich Angaben in Hoeber: Physikalische Chemie der Zelle und Gewebe, 5. Aufl., S. 629—640. Leipzig u. Berlin 1924. — Fürth, v.: Die Kolloidchemie des Muskels usw., in Asher-Spiros Ergebn. d. Physiol. Bd. 17, S. 428—438 u. 468—473. Wiesbaden 1919. (Mit sehr ausführlichem Literaturverzeichnis.)

In diesem Abschnitte sollen die Wirkungen der wichtigsten Salze, Säuren und Basen auf den Muskel besprochen werden. Die in diesen enthaltenen Ionen müssen durchaus verschiedentlich beurteilt werden, je nachdem sie in den Körperflüssigkeiten normalerweise vorkommen oder nicht. Zur ersten Gruppe gehören von den Kationen das Natrium, das Kalium, das Calcium und allenfalls noch das Magnesium — das Eisen ist zwar auch ein physiologischer Bestandteil vieler tierischer Zellen, erscheint aber niemals in freier ionisierter Form in den Körperflüssigkeiten —, von den Anionen das Chlorid, das Phosphat, das Bicarbonat und Sulfat. Bei diesen Ionen können wir die Frage nach ihrer Bedeutung für den normalen Verlauf physiologischer Vorgänge, z. B. der Muskelkontraktion, stellen. Der von vornherein am natürlichsten erscheinende Weg, um zu einer Beantwortung dieser Frage zu gelangen, wäre die Untersuchung der Veränderungen, die die Muskeltätigkeit infolge ihrer Entfernung aus der umgebenden Flüssigkeit erfährt. Dieser Weg ist jedoch von den Physiologen erst verhältnismäßig spät eingeschlagen worden. Jahrzehnte hindurch wurde immer wieder der Versuch gemacht, die physiologische Wirkung irgendeines Ions auf den Muskel so festzustellen, daß man ihn mit einer reinen Lösung eines seiner Salze in Berührung brachte. Heute ist es uns vollkommen klar, daß auf diese Weise keine eindeutigen Befunde erzielt werden können. Die verwendeten reinen Salzlösungen verdanken ihre Wirkungen niemals ausschließlich den Ionen, die sie enthalten, sondern auch dem Mangel an anderen Ionen. Zu dieser Einsicht haben uns in erster Reihe die grundlegenden Arbeiten von Ringer und Loeb geführt.

Wenn wir demnach von den Wirkungen reiner Salzlösungen sprechen, so müssen wir es in dem Bewußtsein tun, daß wir es eigentlich gar nicht mit physiologischen, sondern mit *toxikologischen* Experimenten zu tun haben. Dasselbe gilt auch von Salzgemischen, in denen der eine oder andere Bestandteil in höherer Konzentration enthalten ist, als er normalerweise im Organismus vorkommt.

Daß diese Versuche dennoch auch ein physiologisches Interesse beanspruchen, ist klar. Dies tun auch viele Tatsachen, die sich auf die Wirkungen dem Organismus völlig fremder Substanzen beziehen. Gifte sind eben Reagenzien, mit denen manche Funktionen unterdrückt, andere eventuell verstärkt werden können. Dies gilt von Ionen ebenso wie von irgendwelchen anderen Substanzen. In diesem Sinne soll auch von den Wirkungen körperfremder Ionen die Rede sein. Diesen kommt ein erhöhtes Interesse manchmal insofern zu, als sie die physiologischen Funktionen eines oder des anderen normalerweise vorhandenen Ions übernehmen können. So z. B. kann Natrium bis zu einem gewissen Grade durch Lithium, Kalium durch Rubidium und Calcium durch Strontium ersetzt werden. Derartige Tatsachen helfen uns vielfach, jene Eigenschaften der physiologisch wichtigen Ionen zu erkennen, auf die es im Organismus gerade ankommt.

Die Einteilung des Materials geschah unter dem Gesichtspunkte der Übersichtlichkeit. Sämtliche Wirkungen eines Ions — physiologische sowie toxische — wurden immer im Zusammenhang abgehandelt. Es werden zuerst die Kationen, dann die Anionen der Neutralsalze und schließlich die $H^{\cdot}$- und $OH'$-Ionen besprochen. Unter den Kationen werden zuerst jene mit unmittelbarer physiologischer Bedeutung (Na, K und Ca) gesondert betrachtet, dann die übrigen nach chemischen Gruppen eingeteilt. Die Anionen wurden in zwei Kategorien gesondert, je nachdem ob sie wasserlösliche oder unlösliche Calciumsalze bilden. Am Schlusse befindet sich eine kurze theoretische Erörterung über das Wesen der Ionenwirkungen am Muskel.

Der Inhalt des Abschnittes gestaltet sich demnach wie folgt:

I. *Kationen der Neutralsalze.*
  A. Natrium.
  B. Kalium.
  C. Calcium.
  D. Die übrigen Alkali- und Erdalkalikationen.
  E. Seltene Erden und Schwermetalle.

II. *Anionen der Neutralsalze.*
  A. Calcium nicht fällende Anionen.
  B. Calcium fällende Anionen.

III. *Wasserstoff- und Hydroxylionen.*

IV. *Theoretische Betrachtungen über die physikochemischen Grundlagen der Ionenwirkungen am Muskel.*

## I. Kationen der Neutralsalze.

### A. Natrium.

Unter den Ionen der Neutralsalze kommt dem Natrium durchaus eine Sonderstellung zu. Während sämtliche andere Ionen höchstens die Reizbarkeit, die Contractilität, die Zuckungsdauer oder die Ermüdbarkeit des Muskels durch ihre Gegenwart oder Abwesenheit mehr oder weniger *quantitativ* beeinflussen, sind die Natriumionen für die Muskelkontraktion überhaupt unentbehrlich. Diese Tatsache wurde zum erstenmal mit vollkommener Sicherheit von Overton[1]) festgestellt. Nach seinen Beobachtungen werden isolierte Froschmuskeln bereits

[1]) Overton: Pflügers Arch. f. d. ges. Physiol. Bd. 92, S. 346. 1902 u. Bd. 105, S. 146. 1904.

nach ganz kurzer Zeit vollkommen unerregbar, wenn die sie umspülende Flüssigkeit weniger als 0,07% NaCl, oder eine äquivalente Menge eines anderen Natriumsalzes enthält. Um die Erregbarkeit des Muskels auf der normalen Höhe zu erhalten sind nach OVERTON 0,12% NaCl erforderlich. Wird diese Kochsalzmenge durch einen indifferenten Nichtleiter, z. B. Rohrzucker, zur Isotonie komplettiert, so bleibt der Muskel in der Lösung ebenso lange erregbar wie in einer isotonischen NaCl-Lösung (0,7%). Ganz ähnlich verhält sich der Muskel auch in Gegenwart von anderen Natriumsalzen, so daß es offenbar lediglich auf das Na-Ion ankommt.

Bis zu einem gewissen Grade können die Natriumionen durch Lithiumionen ersetzt werden, aber in keinem Falle durch andere Alkalikationen. Dem Natrium ist auch das Lithium nicht ganz gleichwertig, obwohl der Unterschied kein großer zu sein scheint.

Die Unentbehrlichkeit der Na-Ionen für den Kontraktionsakt wurde von OVERTON namentlich auf folgende Weise nachgewiesen:

Er behandelte isolierte Froschsartorien solange mit isotonischer Rohrzuckerlösung, daß die zwischen den Fasern befindliche Salzlösung durch die Rohrzuckerlösung ersetzt worden war. Durch diese Behandlung verloren die Muskeln ihre Erregbarkeit völlig. Wurden die unerregbaren Muskeln nun in verschiedene Salzlösungen gebracht, so zeigte es sich, daß sie in Gegenwart von Na-Ionen ihre ursprüngliche Erregbarkeit bereits nach kurzer Zeit wieder völlig zurückgewannen, während in den meisten anderen Lösungen eine Erregbarkeit überhaupt nicht oder höchstens auf ganz kurze Zeit und in unbedeutendem Maße auftrat. Auch in diesen Versuchen verhielt sich das Lithium ähnlich wie Natrium.

Mit der Wirkung Na-armer Lösungen hat sich in neuerer Zeit namentlich R. BENDA[1]) (unter F. B. HOFFMANN) befaßt. Seine diesbezüglichen Befunde waren im wesentlichen die folgenden: Durch Ersetzung eines Teiles des NaCl durch Traubenzucker wird die Erregbarkeit (Reizschwelle) des Muskels, solange er überhaupt noch auf Reize antwortet, kaum herabgesetzt, während die Zuckungshöhe auf Herabsetzung der Natriumkonzentration von vornherein mit einer deutlichen Abnahme reagiert. Gleichzeitig weist der Muskel auch eine merklich erhöhte Ermüdbarkeit auf. Eine weitere merkwürdige Beobachtung BENDAS, die in einem gewissen Gegensatze zu später zu erörternden Tatsachen steht, bezieht sich auf das Auftreten von fibrillären Zuckungen in natriumarmen Lösungen. Mit der osmotischen Konzentration der Lösung haben diese Zuckungen nichts zu tun, denn sie treten in durch Nichtleiter isotonisch gemachten Lösungen ebenso auf wie in hypotonischen NaCl-Lösungen. Die Zuckungen können schon bei einer NaCl-Konzentration von 0,5% auftreten. Sie haben eine Latenzzeit von einigen Sekunden, erreichen nach wenigen Minuten ihren Höhepunkt und verschwinden wieder nach 5—10 Minuten.

Trotz der Unentbehrlichkeit der Natriumionen für den Kontraktionsakt sind reine Lösungen der Natriumsalze durchaus nicht unschädlich für den Muskel. Diese Tatsache wurde bereits von BLUMENTHAL[2]) (unter GRÜTZNER) beobachtet. Diese Untersuchungen leiden allerdings an dem Übel, daß sie — bei sämtlichen angewendeten Substanzen — nicht mit isotonischen, sondern merklich hypotonischen Lösungen ($^{n}/_{10}$) angestellt worden sind. Die Veränderungen im Verhalten des Muskels können daher zum Teil der Hypotonie und nicht der spezifischen Wirkung der betreffenden Lösung zugeschrieben werden. Nichtsdestoweniger sind die Wirkungen der reinen Kochsalzlösung, wie sie von BLUMENTHAL beschrieben wurden, durchaus charakteristisch und decken sich in den wesentlichsten Punkten mit den Angaben anderer Autoren. So zeigt der isolierte Froschmuskel in reinen NaCl-Lösungen zunächst eine beträchtlich erhöhte Erregbarkeit. Die Reizschwelle nimmt deutlich ab und die einzelnen Zuckungen

---

[1]) BENDA: Zeitschr. f. Biol. Bd. 63, S. 531. 1914.

[2]) BLUMENTHAL: Pflügers Arch. f. d. ges. Physiol. Bd. 62, S. 513. 1896.

sind erhöht. Auch ihre Form ist auf charakteristische Weise verändert; die Erschlaffung ist deutlich, manchmal mehrere Sekunden hindurch verzögert und zeitweise läßt sich auch ein Verkürzungsrückstand beobachten.

Ganz ähnliche Befunde wurden auch von Ringer[1]), Carlslaw[2]) und Locke[3]) erhoben. Ringer beobachtete, daß in reinen NaCl-Lösungen fibrilläre Zuckungen und tonische Contracturen auftreten, die durch Wärme begünstigt und durch Kälte aufgehoben werden. Die Contractur und die fibrillären Zuckungen können auch unabhängig voneinander auftreten. Durch die Erhöhung der NaCl-Konzentration werden die Kontraktionen verstärkt, während Verdünnung sie herabsetzt. In destilliertem Wasser verschwinden sie ganz. Locke beschreibt das Auftreten von Doppelzuckungen, Carlslaw sogenannte „Funkesche Nasen", die manchmal größere Höhen erreichen als die primäre schnelle Zuckung. Bei höher konzentrierten Kochsalzlösungen (1%) fand Carlslaw noch viel größere Unterschiede gegenüber der Norm. Der Muskel zeigt unter diesen Umständen eine contracturartige, allmählich wachsende, später wieder von selbst abnehmende Verkürzung.

Ferner treten in der NaCl-Lösung auch spontane *fibrilläre Zuckungen* auf, die namentlich von Mines[4]) eingehend untersucht worden sind. Nach diesem Autor zeigen die spontanen Zuckungen häufig, wenn auch nicht immer, einen gewissen Rhythmus. Die Regelmäßigkeit desselben ist im allgemeinen geringer als die des Herzschlages, doch wesentlich höher als die des Lymphherzens. Anfänglich kann man vielfach mehrere Rhythmen unterscheiden, die sich teilweise überdecken. Nach längerem Aufenthalt in der Kochsalzlösung bleibt evtl. dann nur einer der ursprünglichen Rhythmen übrig. Durch galvanische Dauerreizung und durch Erhöhung der Temperatur (Locke, Mines) werden die fibrillären Zuckungen verstärkt. Einzelinduktionsschläge verändern sie kaum. Über die Abhängigkeit der Na-Wirkung von der Jahreszeit berichteten Blumenthal und Locke übereinstimmend, daß sie bei Sommerfröschen ausgesprochener ist als im Winter. Nach Zenneck[5]) sind die fibrillären Zuckungen namentlich in verdünnteren Lösungen von Natriumsalzen ausgesprochen, während in konzentrierteren die Contracturerscheinungen überwiegen. Durch Curare werden sie beide verstärkt.

Daß sich auch die Muskeln von Warmblütern in reiner Kochsalzlösung ähnlich verhalten wie Froschmuskeln, wurde von Garrey[6]) gezeigt. Doch scheinen hier die fibrillären Zuckungen wesentlich geringer und weniger regelmäßig als beim Frosch. Auch sind sie von der Sauerstoffversorgung und natürlicherweise auch von der Temperatur weitgehend abhängig. Ihr Temperaturoptimum liegt nach Garrey zwischen 35—40° und sie treten erst dann deutlich hervor, wenn der Muskel unter einen $O_2$-Druck von 2—3 Atmosphären gesetzt wird.

Doch hält dieser Zustand erhöhter Erregbarkeit des Muskels in NaCl-Lösungen nur kurze Zeit an. In Lösungen von 2% NaCl und darüber haben sie Biedermann[7]) und Carlslaw[8]) von Anfang an vermißt. Bald zeigt sich eine *Herabsetzung der Erregbarkeit* und namentlich eine Zunahme der Ermüdbarkeit des Muskels. Die letztere scheint übrigens von Anfang an bis zu einem gewissen Grade vorhanden zu sein. Im späteren Verlaufe der Na-Wirkung beherrscht sie

[1]) Ringer: Journ. of physiol. Bd. 7, S. 291. 1883 u. Bd. 8, S. 20. 1887.
[2]) Carlslaw: Arch. f. (Anat. u.) Physiol. 1887, S. 430.
[3]) Locke: Pflügers Arch. f. d. ges. Physiol. Bd. 54, S. 501. 1893.
[4]) Mines: Journ. of physiol. Bd. 37, S. 408. 1908.
[5]) Zenneck: Pflügers Arch. f. d. ges. Physiol. Bd. 76, S. 21. 1899.
[6]) Garrey: Americ. journ. of physiol. Bd. 13, S. 186. 1905.
[7]) Biedermann: Sitzungsber. d. Akad. Wien Bd. 82, III. Abt. 1880.
[8]) Carlslaw: Arch. f. (Anat. u.) Physiol. 1887, S. 430.

durchaus das Bild. Nach CUSHING[1]) nimmt die Erregbarkeit des Muskels um so schneller ab, je konzentrierter die NaCl-Lösung ist, in welcher er sich befindet. Destiliertes Wasser erweist sich in dieser Hinsicht weniger giftig als eine isotonische Kochsalzlösung. Die indirekte Erregbarkeit des Muskels leidet unter der Na-Wirkung mehr als die direkte, doch nimmt auch diese allmählich sehr deutlich ab. Nach einem Aufenthalte von etwa 6 Stunden in reiner NaCl-Lösung werden die Muskeln vollkommen unerregbar (BLUMENTHAL). Nach JOSEPH und MELTZER[2]) wird die lähmende Wirkung des Natriums durch Herabsetzung der Temperatur merklich beschleunigt. Alle diese Veränderungen, ebenso wie die oben erwähnten, sind durchaus reversibler Natur und lassen sich *durch* Zusatz geringer *Calcium*mengen *rückgängig* machen. Hiervon wird noch weiter unten ausführlich die Rede sein.

Über interessante Abweichungen von den europäischen Fröschen in dem Verhalten gegenüber NaCl bei der in Indien gewöhnlichen Froschart (Rana hexadactyla) berichtete Row[3]). Bei dieser Froschart läßt sich die anfängliche erregende Wirkung des Natriums auf den Muskel nicht beobachten. Es treten weder Doppelzuckungen noch fibrilläre Kontraktionen auf, und die Erschlaffung des Muskels nach jeder einzelnen Zuckung geht normal vor sich. Dagegen tritt die lähmende Wirkung des Natriums wesentlich schneller auf. Der Muskel wird bereits nach wenigen Minuten in NaCl vollkommen unerregbar. Die Latenzzeit, welche zwischen Reiz und Zuckung verläuft und welche bei Hexadactyla auch normalerweise außerordentlich lang ist, wird durch NaCl von Anfang an noch merklich verlängert. Nach eigenen Beobachtungen scheinen sich auch die Muskeln des in Südamerika einheimischen Leptodactylus ocellatus ganz wesentlich anders dem NaCl gegenüber zu verhalten, als die der europäischen Frösche. Eine eingehende Untersuchung dieser Verhältnisse steht jedoch noch aus.

Über die Wirkung reiner Kochsalzlösungen auf das *elektrische Verhalten* des Muskels läßt sich nur wenig sagen. Nach den Untersuchungen HÖBERS[4]) ist die Fähigkeit, einen Längsquerschnittstrom zu verursachen, von sämtlichen Alkalikationen beim Natrium am wenigsten ausgesprochen. Hingegen sind die Aktionsströme in reiner Kochsalzlösung nach LOCKE[5]) merklich erhöht. Solche Muskeln zeigen auch eine positive kathodische Polarisation.

### B. Kalium.

Unter den Alkalikationen ist es das Kalium, welchem neben dem Natrium auch physiologischerweise eine gewisse Rolle bei der Muskelkontraktion zukommt. Wie in einem früheren Abschnitt bereits erwähnt wurde, ist das Muskelgewebe besonders reich an Kalium, während sein Natriumgehalt verhältnismäßig gering ist.

Um die physiologische Bedeutung des Kaliums füs den Muskel richtig beurteilen zu können, müssen wir *zunächst* streng zwischen der physiologischen Wirkung kleiner und der toxischen Wirkung großer Kaliummengen unterscheiden. Ob diese Unterscheidung unseren heutigen Kenntnissen entsprechend auch folgerichtig bis in ihre letzten Konsequenzen durchgeführt werden kann, soll weiter unten noch eingehend erörtert werden. Rein phänomenologisch sind die Wirkungen kleiner und großer Kaliumkonzentrationen jedenfalls durchaus verschieden.

Was zunächst die Wirkung kleiner Kaliummengen betrifft, so sind sie zuerst wohl von RINGER[6]) eingehender untersucht worden. Wird ein Muskel in eine

---

[1]) CUSHING: Americ. journ. of physiol. Bd. 6, S. 77. 1902.
[2]) JOSEPH u. MELTZER: Americ. journ. of physiol. Bd. 29, S. 1. 1911.
[3]) ROW: Journ. of physiol. Bd. 29, S. 440. 1903.
[4]) HÖBER: Pflügers Arch. f. d. ges. Physiol. Bd. 106, S. 599. 1904.
[5]) LOCKE: Pflügers Arch. f. d. ges. Physiol. Bd. 54, S. 501. 1893.
[6]) RINGER: Journ. of physiol. Bd. 8, S. 20. 1887.

Lösung gebracht, die außer 0,6% NaCl noch 0,02% KCl enthält, so findet man die Veränderungen, welche bereits eine reine NaCl-Lösung im Verhalten des Muskels verursacht und die oben ausführlich besprochen worden sind, noch wesentlich stärker ausgesprochen. Namentlich bezieht sich dies auf die Form der Zuckungskurve, auf die Doppelzuckungen und den Kontraktionsrückstand, die unter der Einwirkung des KCl merklich zunehmen können. Auch die fibrillären Zuckungen des Kochsalzmuskels werden durch kleine Kaliummengen verstärkt, wie dies besonders deutlich von MINES[1]) gezeigt worden ist. Auch die Ermüdbarkeit des Muskels wird durch geringe Mengen KCl herabgesetzt.

Wie bereits erwähnt, hat RINGER[2]) als erster zeigen können, daß unter Einwirkung kleiner, physiologischer KCl-Konzentrationen die Bereitschaft des Muskels, Doppelzuckungen auszuführen und einen Kontraktionsrückstand aufzuweisen, merklich erhöht wird. Diese Beobachtungen RINGERS blieben lange Zeit hindurch unbeachtet oder zumindest scheinen sie keine Veranlassung für eine eingehendere Untersuchung dieser Erscheinungen gewesen zu sein. Neuerdings wurde erst die erwähnte Eigentümlichkeit der Kaliumionen von NEUSCHLOSZ[3]) weiter analysiert. Es fand sich zunächst, daß ein isolierter Froschmuskel eine merkliche Erschlaffung aufweist, wenn er aus einer Ringer-Lösung auf die Dauer von 1—2 Stunden in eine solche ohne Kalium gebracht wird. Die elektrische Erregbarkeit und die Höhe der Einzelzuckungen des Muskels blieb durch genannte Veränderung durchaus unbeeinflußt. Bereits diese Tatsache schien dafür zu sprechen, daß dem Kalium für die Aufrechterhaltung des *Muskeltonus* eine gewisse Bedeutung zukommen müsse, obwohl beim isolierten Muskel von einem eigentlichen Tonus im klassischen Sinne des Wortes nicht die Rede sein konnte. Wie jedoch später noch dargetan werden soll, scheint es durchaus nicht ausgeschlossen, daß auch dem quergestreiften Muskel, ähnlich dem glatten, ein gewisser, wenn im Verhältnis auch unbedeutender peripherer Tonus zukommen dürfte. Daß auch der eigentliche, klassische, vom Zentralnervensystem abhängige Muskeltonus ebenfalls weitgehend an die Kaliumkonzentration im Muskel gebunden ist, konnte NEUSCHLOSZ[4]) nachweisen, indem er zeigte, daß auch der Tonus von Muskeln, die mit dem ganzen Tiere noch in Verbindung waren, deutlich abnahm, wenn dieselben von ihrer Arterie aus mit einer kaliumfreien Lösung durchspült wurden. Der Tonusverlust dieser Muskeln war so vollständig, daß sie sich infolge einer nachher vorgenommenen Nervdurchschneidung nicht mehr verlängerten. Die Durchspülung des Muskels mit einer K-freien Lösung hatte demnach seinen Tonus betreffend dieselbe Wirkung wie die Durchschneidung seines Nerven, während Erregbarkeit und Contractilität des Muskels durch diese Behandlung nicht die mindeste Einbuße erfahren hatten. Nach SIMONSON und ENGEL[5]) tritt auch die Acetylcholincontractur deutlich schwächer auf, wenn der Muskel vorher mit K-freier Ringerlösung behandelt worden war. Es muß demnach den K-Ionen für die Aufrechterhaltung des Muskeltonus eine ausschlaggebende Bedeutung zugesprochen werden. Neuere Untersuchungen von NEUSCHLOSZ und TRELLES[6]) zeigen, daß es hierbei auf die Menge des an die Muskelkolloide festgebundenen, nicht dialysierbaren Anteils des Kaliums in der contractilen Substanz ankommt. Diese erweist sich bei einer und derselben Muskelart unter normalen Bedingungen ganz außerordentlich konstant, während

---

[1]) MINES: Journ. of physiol. Bd. 37, S. 408. 1908.
[2]) RINGER: Journ. of physiol. Bd. 8, S. 20. 1887.
[3]) NEUSCHLOSZ: Pflügers Arch. f. d. ges. Physiol. Bd. 196, S. 503. 1922.
[4]) NEUSCHLOSZ: Pflügers Arch. f. d. ges. Physiol. Bd. 199, S. 410. 1923.
[5]) SIMONSON u. ENGEL: Pflügers Arch. f. d. ges. Physiol. Bd. 206, S. 373. 1924.
[6]) NEUSCHLOSZ u. TRELLES: Pflügers Arch. f. d. ges. Physiol. Bd. 204, S. 374. 1924.

tonischer Contracturen, zentralen (Tetanusstarre) oder peripheren Ursprunges (Acetylcholincontractur) merklich erhöht, bei tonuslosen Muskeln nach Nervendurchtrennung ebenso regelmäßig herabgesetzt.

Unter diesem Gesichtspunkte werden wohl auch die oben erwähnten Wirkungen des Kaliums auf den tonischen Anteil der Einzelzuckungen des isolierten Muskels beurteilt werden müssen, denn als solche dürfen wohl die FUNKEsche Nase und der Verkürzungsrückstand angesehen werden. Namentlich aber die Verlängerung, welche isolierte Muskeln in einer K-freien Lösung erfahren, und die, wie alle hier besprochenen Erscheinungen, durchaus reversibler Natur ist, beweist, daß ein gewisser Grad von Tonus auch in isolierten Muskeln unabhängig vom Zentralnervensystem vorhanden sein muß und von den K-Ionen im Muskel aufrechterhalten wird. In dieser ihren Tonus erhaltenden Wirkung dürfte wohl die hauptsächliche physiologische Bedeutung der K-Ionen für den quergestreiften Skelettmuskel zu suchen sein.

Die Wirkungen der Kaliumionen auf den Muskeltonus beherrschen zunächst das Bild auch dann, wenn die Kaliumkonzentration der Lösung etwas erhöht wird. Namentlich gilt dies von Versuchen von verhältnismäßig kurzer Dauer. NEUSCHLOSZ[1]) konnte zeigen, daß Muskeln in Lösungen, die etwas höhere Kaliumkonzentrationen hatten als die ursprünglich verwendete Ringerlösung (z. B. 0,03% KCl in Gegenwart von 0,6% NaCl und 0,01 $CaCl_2$) eine deutlich *gesteigerte innere Unterstützung* aufweisen. Bei rhythmischer Reizung solcher Muskeln (etwa 60 mal in der Minute) steigt die Fußpunktlinie der einzelnen Zuckungen beträchtlich über die Abszisse empor. Auch diese Erscheinung kann als eine Verstärkung des tonischen Anteils der Muskelzuckung angesehen werden.

Bei den genannten Kaliumkonzentrationen, noch deutlicher aber in Lösungen mit 0,07% KCl und darüber beginnt sich schon die Wirkung des Kaliums auf die Zuckungshöhe und Erregbarkeit des Muskels merkbar zu machen. Diese besteht in einer zunehmenden und schließlich vollständigen *Lähmung des Muskels.*

Nach BLUMENTHAL[2]) bewirkt $^n/_{50}$ KCl (etwa 0,15%) in physiologischer Kochsalzlösung in etwa 50 Minuten vollständige Lähmung bei einem Froschsartorius. Nach OVERTON[3]) ist die geringste KCl-Konzentration, welche — in Abwesenheit von Erdalkalien — eine völlige Lähmung herbeiführen kann, 0,07%. Diese Grenzkonzentration scheint von der Temperatur ziemlich unabhängig zu sein, sie verschiebt sich jedoch mit dem Natriumgehalt der Lösung. Wird diese erhöht, so erhöht sich auch die zur vollständigen Lähmung des Muskels erforderliche Kaliumkonzentration. Nach FAHR[4]) sind zur Muskellähmung noch wesentlich geringere K-Mengen erforderlich. Dieser Autor konnte vollständige Muskellähmung in Abwesenheit von Ca schon bei 0,03% KCl beobachten und selbst in Gegenwart von 0,02% $CaCl_2$ genügen hierzu nach ihm unter Umständen 0,05% KCl. Die bestehenden Widersprüche, die eben noch lähmende K-Konzentration betreffend, erklärt FAHR mit der Abhängigkeit derselben von dem Ernährungszustande des Frosches bzw. von der Jahreszeit. Diesbezügliche Unterschiede werden auch von anderen Autoren zugegeben.

Über die Lokalisation der lähmenden Kaliwirkung im Muskel gibt OVERTON an, daß die Erregungsleitung früher gehemmt wird als die Contractilität. Bei solchen teilweise gelähmten Muskeln kann es vorkommen, daß die Stelle, die unmittelbar gereizt wird, noch eine Zuckung aufweist, die aber nicht mehr fortgeleitet wird. Nach HOFFMANN und BLAAS[5]) erweist sich bei mechanischer Reizung des Muskels die Gegend der Nerveintrittsstelle des Muskels der Kaliwirkung gegenüber weniger empfindlich als das übrige Muskelgewebe. Dieser Beobachtung dürfte für die Theorie der später zu besprechenden Kalicontractur

---

[1]) NEUSCHLOSZ: Pflügers Arch. f. d. ges. Physiol. Bd. 196, S. 503. 1922.
[2]) BLUMENTHAL: Pflügers Arch. f. d. ges. Physiol. Bd. 62, S. 513. 1896.
[3]) OVERTON: Pflügers Arch. f. d. ges. Physiol. Bd. 105, S. 176. 1904.
[4]) FAHR: Zeitschr. f. Biol. Bd. 50, S. 203. 1908.
[5]) HOFFMANN u. BLAAS: Pflügers Arch. f. d. ges. Physiol. Bd. 125, S. 137. 1908.

eine gewisse Bedeutung zukommen, so daß wir weiter unten noch auf sie zurückkommen werden. Nach FAHR ist es namentlich die Erregungsleitung im Muskel, die unter der Einwirkung des K stark verlangsamt wird und ein merkliches Dekrement aufweist. Nach BURRIDGE[1]) nimmt besonders die indirekte Erregbarkeit des Muskels durch K ab.

Dieser Autor nimmt übrigens an, daß auch die Ermüdung des Muskels als eine Kalilähmung zu deuten sei, indem die bei der Arbeit gebildete Milchsäure infolge ihrer Oberflächenaktivität K-Ionen aus ihren Adsorptionsverbindungen mit Eiweiß in Freiheit setzen würde und diese lähmend auf den Muskel wirke.

Recht eigenartig liegen die Verhältnisse die Reversibilität der Kalilähmung betreffend. Die ersten eingehenden Untersuchungen über diesen Punkt verdanken wir OVERTON[2]). In niedrigen Konzentrationen, und namentlich in der Kälte, ist die Kalilähmung lange Zeit hindurch vollkommen reversibel. Mit Hinsicht auf ihre Wirkung in höheren Konzentrationen glaubt OVERTON zwei Gruppen der Kaliumsalze streng unterscheiden zu müssen. Zur ersten Gruppe gehören die Haloidsalze und das Nitrat, zur zweiten die Salze mit mehrwertigem Anion: das Sulfat, Phosphat und Tartrat des Kaliums, ferner das Acetat. Lähmend wirken beide Gruppen annähernd auf die gleiche Weise. Dagegen ist das übrige Verhalten des Muskels durchaus verschieden in der einen und in der anderen Gruppe. In isotonischen Lösungen der Kalisalze der zweiten Gruppe behalten die Muskeln lange Zeit hindurch ihr normales Aussehen und ihr ursprüngliches Gewicht bei. Werden sie dann in physiologische NaCl-Lösung gebracht, so kehrt ihre Erregbarkeit sehr rasch wieder, und zwar ist die Zeit, die zur Restitution notwendig ist, weitgehend unabhängig von der Dauer des vorangehenden Aufenthaltes in der Kalisalzlösung. Ganz anders verhält sich der Muskel bei einem Aufenthalt in KCl, KJ, KBr oder $KNO_3$. In isotonischen Lösungen dieser Salze nehmen die Muskeln an Gewicht merklich zu, sie werden opak und auch ihre Konsistenz ändert sich. Ist die Gewichtszunahme nicht weiter als bis etwa 20% des ursprünglichen Gewichtes fortgeschritten, so ist die Wirkung auch dieser Kalisalze reversibel, zumindest, wenn der Versuch bei niedriger Temperatur ausgeführt worden ist [SIEBECK[3])]. Doch scheint die Restitution auch in diesem Falle wesentlich länger zu dauern als dies bei der anderen Gruppe der K-Salze der Fall ist. Aus diesen Unterschieden glaubt OVERTON den Schluß ziehen zu können, daß die erste Gruppe der Kalisalze (KCl usw.) in den Muskel eindringt, die zweite Gruppe hingegen lediglich von außen auf die Muskelfasern einwirkt. Auf diese Theorie werden wir später bei der Besprechung der physikochemischen Grundlagen der Ionenwirkungen am Muskel noch ausführlich eingehen.

Neue Beiträge zur Kenntnis der Kalilähmung hat vor kurzer Zeit VOGEL[4]) (unter EMBDEN) geliefert. Nach seinen Beobachtungen scheinen alle Veränderungen, die eine Erhöhung der Permeabilität der Muskelfasergrenzschichten verursachen, eine Beschleunigung im Eintritte der Kalilähmung herbeizuführen. So verfällt ein vorher vorübergehend mit Rohrzucker behandelter Muskel schneller der lähmenden Wirkung des Kaliums als ein normaler. Auf ähnliche Weise beeinflußt den Eintritt der Kalilähmung vorhergegangene ermüdende Muskelarbeit. Die genannten Zustände des Muskels sind aber nach EMBDEN und ADLER[5]) durch eine erhöhte Permeabilität der Muskelfasergrenzschichten gekennzeichnet und so

[1]) BURRIDGE: Journ. of physiol. Bd. 42, S. 359. 1911.

[2]) OVERTON: Pflügers Arch. f. d. ges. Physiol. Bd. 105, S. 176. 1904.

[3]) SIEBECK: Pflügers Arch. f. d. ges. Physiol. Bd. 150, S. 316. 1913, siehe auch MEIGS u. ATWOOD: Americ. journ. of physiol. Bd. 40, S. 30. 1916.

[4]) VOGEL: Hoppe-Seylers Zeitschr. f. physiol. Chem. Bd. 118, S. 50. 1922.

[5]) EMBDEN u. ADLER: Hoppe-Seylers Zeitschr. f. physiol. Chem. Bd. 118, S. 1. 1922.

erklärt Vogel ihre Wirkung auf den Eintritt der Kalilähmung dadurch, daß sie das Eindringen des Kaliums in das Innere der Muskelfaser erleichtern.

Die erwähnten Erscheinungen könnten allerdings zunächst auch so gedeutet werden, daß sich die schädigenden Wirkungen des Kaliums und des Rohrzuckers bzw. der Ermüdung addieren. Vogel hat aber die Beobachtung gemacht, daß Behandlung mit Rohrzucker und Muskelarbeit nicht bloß das Eintreten der Kalilähmung beschleunigen, sondern auch die Wiederkehr der Erregbarkeit in Ringerlösung. Diese Tatsache scheint nun ganz eindeutig in dem Sinne zu sprechen, daß durch die genannten Faktoren der Durchtritt des Kaliums durch die Muskelmembranen ganz allgemein erleichtert wird, wobei es gleichgültig ist, in welcher Richtung das Kalium die Membran passiert.

Vogel schließt aus seinen Versuchen, daß die lähmende Wirkung des Kaliums ihren Sitz im Inneren der Muskelfaser hat. Vogels Angaben beziehen sich in gleicher Weise auf KCl und $K_2SO_4$, wogegen, wie bereits erwähnt wurde, Overton[1]) aus seinen Versuchen den Schluß ziehen zu müssen glaubt, daß dieses letztere ausschließlich von außen auf die Fasergrenzschichten einwirkt.

Ein anderer Widerspruch besteht zwischen den Angaben Vogels und denen anderer Autoren, namentlich Höbers[2]), den Einfluß betreffend, welchen Kalium selbst auf die Muskelmembranen ausübt. Vogel fand diese nämlich mit der Phosphorsäuremethode Embdens[3]) gemessen in Gegenwart von Kalium der Norm gegenüber stets herabgesetzt, während im Gegenteil Höber aus dem elektrischen Verhalten des Kalimuskels den Schluß zieht, daß dieses Ion auflockernd auf die Grenzschichten wirken müsse. Von diesen Fragen soll weiter unten noch die Rede sein.

*Höhere Kaliumkonzentrationen* haben außer den genannten noch eine Wirkung, und zwar tritt diese viel früher auf als die lähmende. Es handelt sich um die *Contractur* verursachende Wirkung des Kaliums. Die Kalicontractur wurde zum erstenmal von Bernard und Grandeau[4]) beschrieben, dann namentlich von Grützner[5]), seinem Schüler Blumenthal[6]) und Zenneck[7]) untersucht. Sie besteht im wesentlichen darin, daß ein isolierter Froschmuskel, wenn er in eine nicht ganz verdünnte Lösung eines Kaliumsalzes getaucht wird, sich langsam aber energisch zusammenzieht. Der Höhepunkt dieser Contractur, welche etwa der maximalen Zuckungshöhe des Muskels entspricht, wird beim Sartorius in wenigen Sekunden, beim Gastrocnemius in 2—3 Minuten erreicht. Dann bleibt der Muskel einige Zeit auf dieser Höhe stehen, um dann allmählich wieder zu erschlaffen (beim Sartorius vollkommen, beim Gastrocnemius unvollkommen).

Nach Zoethout[8]) läßt sich eine gewisse Contractur auch durch wesentlich verdünntere KCl-Lösungen hervorrufen, wenn andere Elektrolyten in der Lösung nicht vorhanden sind. So beobachtete er z. B. eine gewisse wenn auch merklich geringere Contractur in einer $^{n}/_{80}$ KCl-Lösung, in welcher die Isotonie durch Glycerin aufrechterhalten wurde. Die Herabsetzung der K-Konzentration wirkt nach ihm in erster Reihe auf die Latenzzeit der Contractur, die in verdünnten KCl-Lösungen merklich länger ist als in konzentrierteren.

Eine interessante Beobachtung von Zoethout ist, daß die Kalicontractur nicht nur, wie wir später sehen werden, durch Ca, sondern bis zu einem gewissen Grade auch durch Na antagonistisch beeinflußt wird. Dieser Antagonismus äußert sich in erster Reihe darin, daß in Gegenwart von NaCl merklich höhere K-Konzentrationen zur Herbeiführung einer Contractur erforderlich sind als in

---

1) Overton: Pflügers Arch. f. d. ges. Physiol. Bd. 105, S. 176. 1904.
2) Höber: Pflügers Arch. f. d. ges. Physiol. Bd. 106, S. 599. 1904 u. Bd. 120, S. 492. 1907.
3) Embden u. Adler: Hoppe-Seylers Zeitschr. f. physiol. Chem. Bd. 118, S. 1. 1922.
4) Bernard u. Grandeau: Zentralbl. f. d. med. Wiss. 1864, S. 183.
5) Grützner: Pflügers Arch. f. d. ges. Physiol. Bd. 53, S. 121. 1893.
6) Blumenthal: Pflügers Arch. f. d. ges. Physiol. Bd. 62, S. 513. 1896.
7) Zenneck: Pflügers Arch. f. d. ges. Physiol. Bd. 76, S. 21. 1899.
8) Zoethout: Americ. journ. of physiol. Bd. 7, S. 199. 1902.

Abwesenheit desselben. Nach GUENTHER[1]) ist die Kalicontractur ausschließlich auf jenen Teil des Muskels (Sartorius) beschränkt, welcher mit der Lösung in direkte Berührung gebracht wurde. Ferner fand dieser Autor, daß wiederholte Versenkung des Muskels in eine K-Lösung und andauernder Aufenthalt in einer Rohrzuckerlösung ihn unfähig machen, neuerliche Kalicontracturen auszuführen. Eine kurzdauernde Behandlung mit isotonischer NaCl- oder $CaCl_2$-Lösung oder noch besser mit Ringerlösung stellt genannte Fähigkeit des Muskels wieder her. BURRIDGE[2]) hat die Anschauung ausgesprochen, daß auch die Säurecontracturen im wesentlichen durch die Mobilisierung von K-Ionen im Muskel beruhen, ohne eigentliche Beweise für diese Annahme beizubringen. Er fand ferner, daß die K-Contractur auch dann zustande kommt, wenn der Muskel vorher mittels tetanischer Reizung bis zur völligen Unerregbarkeit ermüdet wurde.

In neuerer Zeit ist eine eingehende Studie über die Kalicontractur von RIESSER[3]) veröffentlicht worden. Die wichtigste Tatsache, die RIESSER beobachtet hat, ist, daß die Kalicontractur am leichtesten und schnellsten von der Nerveintrittsstelle des Muskels ausgelöst werden kann. Er fand nämlich, daß, wenn ein Froschgastrocnemius — bei welchem bekanntlich die Nerveintrittsstelle sich im oberen Fünftel des Muskels befindet — zu $^4/_5$ in eine Kalilösung versenkt wurde, eine nur langsam eintretende mittelmäßige Contractur zu beobachten war, die eine plötzliche beträchtliche Zunahme erfuhr, wenn auch der oberste Teil des Muskels in die Kalilösung kam. Hingegen konnte er sofort eine kräftige Contractur beobachten, wenn er am umgekehrt aufgehängten Muskel lediglich einen Teil mit der Kalilösung in Verbindung brachte, welcher die Nerveintrittsstelle enthielt. Durch nachheriges Versenken des so vorbehandelten Muskels mit seiner ganzen Oberfläche in die Kalilösung wurde die anfängliche Contractur kaum mehr beeinflußt.

Wie bekannt liegt in der Gegend der Nerveintrittsstelle des Muskels die rezeptive Substanz LANGLEYS[4]). Dieser Autor beobachtete nun gelegentlich seiner Untersuchungen über die Wirkung des Nicotins auf den quergestreiften Skelettmuskel, daß dieses Gift genau so wirkt, wie wir es soeben für das K beschrieben haben. Es gaben doch gerade diese Untersuchungen über die Wirkungsweise des Nicotins die Veranlassung für LANGLEY, den Begriff der rezeptiven Substanz aufzustellen. Später wurden auch noch andere Gifte gefunden, die eine ähnliche Lokalisation ihres Angriffspunktes aufweisen wie das Nicotin. Unter diesen sind namentlich das Cholin und das Acetylcholin zu nennen. Bei diesen Giften scheint es unfraglich zu Recht zu bestehen, daß sie ihren Angriffspunkt in der rezeptiven Substanz haben.

Die oben angeführten Beobachtungen veranlaßten nun RIESSER, anzunehmen, daß auch das K ähnlich wie die genannten Gifte an der rezeptiven Substanz angreife. Gegen diese Schlußfolgerung lassen sich aber gewisse Einwände erheben.

Zunächst scheint die Lokalisation der Kaliwirkung durchaus nicht bei allen Muskelarten die gleiche zu sein, wie sie von RIESSER am Gastrocnemius gefunden worden ist. So konnte z. B. BETHE[5]) am Sartorius des Frosches keine Bevorzugung der Nerveintrittsstelle durch das K beobachten. Außerdem hat schon RIESSER gewisse Tatsachen beschrieben, die gegen seine Annahme sprechen. Die durch Nicotin und Acetylcholin hervorgerufenen Contracturen lassen sich durch Atropin und gewisse andere Substanzen glatt beheben. Die

---

[1]) GUENTHER: Americ. journ. of physiol. Bd. 14, S. 73. 1905.

[2]) BURRIDGE: Journ. of physiol. Bd. 42, S. 359. 1911.

[3]) RIESSER u. NEUSCHLOSZ: Arch. f. exp. Pathol. u. Pharmakol. Bd. 92, S. 254. 1922.

[4]) LANGLEY: Journ. of physiol. Bd. 35. 1906; Bd. 36. 1907; Bd. 37. 1908; Bd. 39. 1909; Bd. 48. 1914.

[5]) BETHE: Diskussionsbemerkung am „Biologischen Abend" in Frankfurt a. M., Mai 1922.

Kalicontractur wird dagegen durch Atropin nicht beeinflußt. Auf den Wirkungsmechanismus des Atropins können wir an dieser Stelle nicht des näheren eingehen, doch sei hervorgehoben, daß es mindestens sehr wahrscheinlich ist, daß dieses Gift im Muskel in erster Reihe eine Lähmung der rezeptiven Substanz herbeiführt. Wenn also das K trotz der Gegenwart des Atropins eine Contractur herbeizuführen vermag, so weist diese Tatsache darauf hin, daß der Angriffspunkt des K jenseits der rezeptiven Substanz, also offenbar unmittelbar in den contractilen Elementen des Muskels, liegen muß. Unter diesen Umständen bleibt es allerdings zunächst unerklärt, warum das K, mindestens am Gastrocnemius des Frosches, von der Nerveneintrittsstelle aus stärker wirkt als von der übrigen Muskeloberfläche. Doch wäre es möglich, daß die Grenzschichten des Muskels an dieser Stelle durchlässiger sind als anderswo und daß demzufolge das K sich von hier aus schneller sich im Muskel ausbreiten konnte. In diesem Sinne sprechen auch gewisse neuere Beobachtungen von NEUSCHLOSZ[1]). Entfernt man nämlich einem Krötengastrocnemius durch einen Scheerenschnitt seinen oberen Teil, in welchem die Nervenendigungen und die receptive Substanz enthalten sind, so erweist sich der zurückgebliebene Muskelstumpf Acetylcholin gegenüber vollkommen refraktär, reagiert aber nach wie vor auf KCl. Hieraus geht hervor, daß beide Substanzen unmöglich den gleichen Angriffspunkt im Muskel haben können. Es läßt sich ferner zeigen, daß Kalium aus einer isotonischen Lösung von KCl auch dann in das Innere des Muskels eindringt und eine deutliche Vermehrung des gebundenen Kaliums herbeiführt, wenn derselbe mit Atropin vorbehandelt oder seines oberen Drittels beraubt worden ist.

An Säugetieren haben neuerdings FRANK, NOTHMANN und GUTTMANN[2]) eine Contractur der Zungenmuskeln dadurch herbeigeführt, daß sie nach Durchtrennung und Degeneration des N. hypoglossus eine K-Lösung in die Arteria lingualis einspritzten. Diese K-Injektion hat offenbar eine ähnliche Wirkung wie die Behandlung isolierter Muskeln mit Kalisalzlösung.

Das *elektrische Verhalten des mit K behandelten Muskels* wurde zuerst von BIEDERMANN[3]) untersucht. Außerdem liegen ziemlich ausführliche Untersuchungen von HÖBER[4]) vor. Wird eine Stelle eines Muskels mit der isotonischen Lösung eines Kalisalzes berührt, so wird diese negativ gegenüber der übrigen Muskeloberfläche. Diese negativierende Wirkung des K wird von HÖBER in Beziehung zur Kalilähmung gebracht. Mit der Kalicontractur hat sie nach neueren Untersuchungen von FISCHER[5]) jedenfalls nichts zu tun. Dieser Autor beobachtete auch, daß Verletzungsstrom durch KCl verursachten Verletzungsstrom rhythmische Oszillationen aufgesetzt sein können, die aber durch Narkotica behoben werden. Der Verletzungsstrom selbst wird durch Calciumzusatz [HÖBER[6])], durch Adrenalin, Tetrahydronaphthylamin und Atropin gehemmt, durch Physostigmin, Pilocarpin, Cholin und Acetylcholin verstärkt [OKAMOTO[7])].

Für die allgemeine Theorie der biologischen Kaliwirkungen sind, wie bekannt, in neuerer Zeit Untersuchungen von ZWAARDEMAKER[8]) und seiner Schüler über die Beziehungen derselben zur Radioaktivität des Kaliums von Bedeutung geworden. Die Frage, ob auch die Muskelwirkung des Kaliums von seiner Radioaktivität abhänge, ist zum erstenmal von VERZÁR und SZÁNYI[9]) untersucht worden. Ihre Versuche beschränkten sich allerdings auf die Beobachtung der fibrillären Zuckungen. Sie fanden, daß das K in seiner beruhigenden Wirkung auf die durch reine NaCl-Lösung hervorgerufenen rhythmischen Zuckungen durch Uranylnitrat ersetzt werden kann, daß hierzu aber nicht äquiradioaktive, sondern äquivalente Mengen der beiden Substanzen erforderlich sind. Bei

---

[1]) NEUSCHLOSZ: Pflügers Arch. f. d. ges. Physiol. Bd. 207, S. 52. 1925.
[2]) FRANK, NOTHMANN u. GUTTMANN: Pflügers Arch. f. d. ges. Physiol. Bd. 199, S. 567. 1922.
[3]) BIEDERMANN: Sitzungsber. d. Akad. Wien Bd. 81, III. Abt. 1880.
[4]) HÖBER: Pflügers Arch. f. d. ges. Physiol. Bd. 106, S. 599. 1904.
[5]) FISCHER, E.: Pflügers Arch. f. d. ges. Physiol. Bd. 203, S. 580. 1924.
[6]) HÖBER: Pflügers Arch. f. d. ges. Physiol. Bd. 166, S. 531. 1917.
[7]) OKAMOTO: Pflügers Arch. f. d. ges. Physiol. Bd. 204, S. 726. 1924.
[8]) ZWAARDEMAKER: Ergebn. d. Physiol. Bd. 19, S. 326. 1921.
[9]) VERZÁR u. SZÁNYI: Biochem. Zeitschr. Bd. 132, S. 53. 1922.

gleichzeitiger Verwendung von Uran und Kalium können sich die beiden Ionen antagonisieren, so daß die fibrillären Zuckungen wieder auftreten. Emanation scheint auf den Muskel keinen Einfluß zu haben. VERZÁR und SZÁNYI schließen aus ihren Versuehen, daß die Wirkung des Uranylnitrates auf den Muskel chemischer und nicht radioaktiver Natur ist. Hierdurch bleibt aber der Antagonismus zwischen Uran und Kalium, welcher durchaus einem „Paradoxon" im Sinne ZWAARDEMAKERS ähnlich sieht, unerklärt. — Das Problem erfordert jedenfalls noch weitere Forschungsarbeit, die sich auf sämtliche Wirkungen des Kaliums auf den Muskel, namentlich aber auf seine spezifische tonusunterhaltende Rolle zu erstrecken hätte.

Bei der stark ausgeprägten und charakteristischen Wirkung des Kaliums auf den Muskel kann es nicht wundernehmen, daß auch die Frage untersucht worden ist, wieweit dieses Kation einen nachweisbaren Einfluß auf die Stoffwechselvorgänge im Muskel ausübt. Eine unmittelbare Wirkung auf den Lactacidogenabbau konnte allerdings NEUSCHLOSZ[1]) nicht feststellen, dagegen fanden EMMRICH und LANGE[2]), daß die später zu besprechende Wirkung des Calciums, welche zu einer beträchtlichen Lactacidogensynthese führt, durch Kalium merklich gehemmt werden kann.

Auf ganz andere Weise versuchte GRIFFITH[3]) den Einfluß des Kaliums auf die Säurebildung durch Muskeln nachzuweisen. Er verglich die Zeiten, die ein in Ringerlösung und ein in isotonischer KCl-Lösung suspendierter Muskel in Anspruch nahmen, die genau gepufferten und mit Phenolsuphothalein versetzten Außenlösungen bis zum Umschlagspunkte dieses Indicators anzusäuern und fand, daß hierzu bei dem in KCl-Lösung suspendierten Muskel stets weniger Zeit erforderlich war. Ob es sich hierbei wirklich, wie GRIFFITH meint, um eine erhöhte $CO_2$-Bildung handelt oder nur um veränderte Bedingungen für Säurebindung, Diffusion und Pufferung im Muskel, läßt sich auf Grund der vorliegenden Tatsachen nicht entscheiden. Mit der Kalicontractur hat die beschriebene Erscheinung jedenfalls nichts zu tun, denn sie tritt auch am Herzmuskel auf, welcher doch bekannterweise mit Erschlaffung auf KCl reagiert.

## C. Calcium.

Das dritte Kation, welchem eine wichtige Rolle bei dem Zustandekommen der normalen Muskeltätigkeit zukommt, ist das Calcium. Zusammenfassend läßt sich die Bedeutung desselben so charakterisieren, daß ihm die Aufgabe zufällt, die schädlichen Wirkungen der Alkalikationen zu antagonisieren. Demzufolge erweist sich das Calcium in jeder Hinsicht als ausgesprochener Antagonist des Natriums und in noch viel auffälligerer Weise des Kaliums. In kleinen physiologischen Konzentrationen ist das Calcium für die regelmäßige Tätigkeit der Muskeln ebenso unentbehrlich wie die genannten Alkalikationen. In höheren Konzentrationen erweist es sich hingegen als noch schädlicher wie jene.

Wird zu einer isotonischen Kochsalzlösung 0,01—0,02% $CaCl_2$ hinzugefügt, so verschwinden bald alle Unregelmäßigkeiten, die der Muskel in der reinen NaCl-Lösung aufwies. Zunächst werden die fibrillären Zuckungen stillgelegt, dann verschwinden der Verkürzungsrückstand und die Doppelzuckungen. Ähnlich wirkt das Calcium auch wenn die ursprüngliche Lösung neben NaCl auch

---

[1]) NEUSCHLOSZ: Pflügers Arch. f. d. ges. Physiol. Bd. 207, S. 37. 1925.

[2]) EMMERICH u. LANGE: Hoppe-Seylers Zeitschr. f. physiol. Chemie Bd. 141, S. 242. 1924.

[3]) GRIFFITH: Journ. of gen. physiol. Bd. 6, S. 683. 1924.

KCl enthielt (Ringer[1]) Locke[2]). Calcium setzt also die Erregbarkeit des Muskels herab und auch die innere Unterstützung desselben wird merklich verändert.

Die letzterwähnte Tatsache wurde in neuerer Zeit namentlich von Neuschlosz[3]) eingehend dargetan. Es konnte gezeigt werden, daß durch Erhöhung des Calciumgehaltes der Ringerlösung auf 0,05—0,1% eine merkliche Erschlaffung isolierter Froschmuskeln herbeigeführt werden kann. Nach einem etwa eine Stunde andauernden Aufenthalte in einer solchen Lösung erscheint die Fußpunktlinie des Muskels merklich unter die Abszisse gefallen. Die elektrische Erregbarkeit und die Zuckungshöhe — immer von der jeweiligen Fußpunktlinie aus gerechnet — bleibt dabei in der Regel völlig unverändert. Es besteht also in dieser Hinsicht ein vollkommener Antagonismus zwischen K und Ca.

Dieser Antagonismus der beiden Ionen läßt sich auch in Bezug auf den *Muskeltonus* ganzer Tiere nachweisen. Wie in dem vorhergehenden Abschnitt dargetan wurde, wird der Muskeltonus offenbar von den K-Ionen in der contractilen Substanz aufrechterhalten. Durch eine Erhöhung der Ca-Konzentration in der die Muskeln durchspülenden Flüssigkeit kann nun auch diese physiologische Wirkung des Kaliums antagonistisch beeinflußt werden. Auch diese Wirkung des Calciums geht ohne merkliche Herabsetzung der elektrischen Erregbarkeit des Muskels einher. Dagegen verstärkt Mangel an Calcium nach Simonson und Engel[4]) die zentral durch Cocain bedingte „Nachcontractur" nach elektrischer Reizung.

Die antagonistische Wirkung von Ca gegenüber der Kalicontractur wurde von Zoethout[5]) untersucht. Es zeigte sich in seinen Versuchen, daß der Zusatz einer geringen Menge von $CaCl_2$ genügt, um die Kalicontractur augenblicklich zu beheben. Auch nach vorheriger Behandlung des Muskels mit Ca tritt die Kalicontractur nicht oder doch nur in ganz geringem Grade zutage. Bei gleichzeitiger Anwendung der beiden Salze erscheint die Schwelle der Contractur verursachenden K-Konzentration ganz wesentlich erhöht. In Gegenwart von mehr als 0,2% $CaCl_2$ wird eine Contractur auch durch noch so hohe K-Konzentrationen nicht mehr herbeigeführt. Gleichzeitig hiermit wird der durch Kalisalze hervorgerufene Ruhestrom nach Höber[6]) erheblich abgeschwächt. Auch andere Contracturarten werden durch Ca gehemmt, so zum Beispiel die Veratrincontractur [Lamm[7]), Jacobj[8]), Neuschlosz[3])], die Acetylcholincontractur [Simonson[9])]. Die mit der letzteren, sowie mit der Kalicontractur eingehenden Vermehrung des gebundenen Kaliums im Muskel wird durch CaCl allerdings nicht verhindert [Neuschlosz[10])]. Selbst die Totenstarre bleibt aus, wenn der Muskel in einer Lösung mit mindestens 0,2% $CaCl_2$ abgestorben ist.

In Widerspruch zu diesen Tatsachen steht allerdings die Angabe von Guenther[11]), daß reine $CaCl_2$-Lösungen am Sartorius des Frosches eine langsam einsetzende und wieder verschwindende Verkürzung verursache, die mit einer Gewichtsabnahme des Muskels einhergeht. Ob die von ihm beobachtete Calciumcontractur durch Ringerlösung rückgängig gemacht werden könne, ferner ob

---

1) Ringer: Journ. of physiol. Bd. 8, S. 20. 1887.
2) Locke: Pflügers Arch. f. d. ges. Physiol. Bd. 54, S. 501. 1893.
3) Neuschlosz: Pflügers Arch. f. d. ges. Physiol. Bd. 196. S. 503. 1922.
4) Simonson u. Engel: Pflügers Arch. f. d. ges. Physiol. Bd. 206, S. 373. 1924.
5) Zoethout: Americ. journ. of physiol. Bd. 7, S. 199. 1902.
6) Höber: Pflügers Arch. f. d. ges. Physiol. Bd. 166, S. 531. 1917.
7) Lamm: Zeitschr. f. Biologie Bd. 58, S. 40. 1912.
8) Jacobj: Münch. med. Wochenschr.
9) Simonson: Arch. f. exp. Pathol. u. Pharmakol. Bd. 96, S. 284. 1923.
10) Neuschlosz: Pflügers Arch. f. d. ges. Physiol. Bd. 207, S. 37. 1925.
11) Guenther: Americ. journ. of physiol. Bd. 14, S. 73. 1905.

der Muskel auf der Höhe der Contractur nicht bereits abgestorben sei, geht aus GUENTHERS Arbeit nicht hervor. Außerdem findet sich bei anderen Autoren nirgends eine Bestätigung dieser Angabe, so daß eine eingehendere Berücksichtigung derselben derzeit kaum möglich ist.

Daß das Ca auch die Einzelzuckungen des Muskels nicht völlig unbeeinflußt läßt, zeigt bereits seine Wirkung auf die durch Kochsalzlösung hervorgerufenen fibrillären Zuckungen. Diese Tatsache wurde bereits von RINGER[1]) beobachtet und später von einer großen Reihe von Untersuchern immer wieder bestätigt. BENDA[2]) fand, daß auch die *elektrische Erregbarkeit* des isolierten Muskels durch Erhöhung der Ca-Konzentration der sie umgebenden Lösung *herabgesetzt wird.* Dies bezieht sich in gleicher Weise auf die direkte und die indirekte Erregbarkeit des Muskels. Daß dem Ca eine ausschlaggebende Rolle bei der Regulierung der Muskelerregbarkeit auch im menschlichen und tierischen Organismus zukommt, dürfte wohl heute unzweifelhaft feststehen. Hierfür sprechen unter anderem die Zusammenhänge, welche zwischen dem Auftreten einer gesteigerten motorischen Erregbarkeit einerseits und Störungen im Ca-Stoffwechsel andererseits, bei Erkrankungen wie die Tetanie aufgedeckt wurden. Daß durch die Injektion größerer Mengen von $CaCl_2$ die indirekte Muskelerregbarkeit beim Menschen vorübergehend vollkommen aufgehoben werden kann, ist neuerdings von NOTHMANN[3]) gezeigt worden.

In reinen isotonischen Ca-Lösungen verlieren isolierte Muskeln ihre Erregbarkeit sehr schnell. Nach BLUMENTHAL[4]) genügen hierzu beim Gastrocnemius und dem Sartorius von Rana esculenta etwa 90 Min. Eine anfängliche Steigerung der Erregbarkeit, wie sie durch isotonische Kochsalzlösungen verursacht wird, tritt bei Ca-Lösungen niemals auf. OVERTON[5]) gibt an, daß Muskeln, die in isotonischer Rohrzuckerlösung ihre Erregbarkeit eingebüßt haben, durch die Übertragung in $CaCl_2$ vorübergehend einen geringen Grad derselben wiedererlangen. Doch bleiben die Kontraktionen von Anfang an ausschließlich auf die Stelle des Muskels lokalisiert, die unmittelbar gereizt wird, und sie verschwinden alsbald vollständig.

Die antagonistische Wirkung des Calciums gegenüber den Alkalikationen äußert sich außer in den bereits oben erwähnten Tatsachen namentlich darin, daß die Muskel viel länger ihre Erregbarkeit in derartigen Gemischen beibehalten. Nach LOEB[6]) genügt 1 ccm einer $^m/_{32}$ $CaCl_2$-Lösung um 100 ccm einer isotonischen Kochsalzlösung derart zu entgiften, daß isolierte Froschmuskeln ihre ursprüngliche Erregbarkeit in derselben 14—20 Stunden lang unverändert beibehalten. Ähnlich verhält sich das Ca auch den Chloriden anderer einwertiger Kationen gegenüber. Doch mit der Zunahme der Wertigkeit des Anions nimmt auch die Menge des Calciums zu, die erforderlich ist, die Giftwirkung desselben zu neutralisieren. Die Mengen von $CaCl_2$, die notwendig sind, um der Wirkung äquivalenter Konzentrationen von Na-Acetat, $Na_2SO_4$ und Na-Citrat die Wage zu halten, verhalten sich wie 1 : 4 : 16. LOEB schließt hieraus, daß nicht das Na-Ion, sondern die betreffenden Anionen für die Giftwirkung der Natriumsalze verantwortlich sind.

Schließlich sei noch eine merkwürdige Beobachtung von MAXWELL und HILL[7]) erwähnt, nach welcher der Sauerstoffgehalt der Lösung die Wirkung

[1]) RINGER: Journ. of physiol. Bd. 8, S. 20. 1887.
[2]) BENDA: Zeitschr. f. Biol. Bd. 63, S. 11. 1914.
[3]) NOTHMANN: Arch. f. exp. Pathol. u. Pharmakol. Bd. 91, S. 312. 1921.
[4]) BLUMENTHAL: Pflügers Arch. f. d. ges. Physiol. Bd. 62, S. 513. 1896.
[5]) OVERTON: Pflügers Arch. f. d. ges. Physiol. Bd. 105, S. 176. 1904.
[6]) LOEB: Americ. journ. of physiol. Bd. 6, S. 411. 1902.
[7]) MAXWELL u. HILL: Americ. journ. of physiol. Bd. 7, S. 409. 1902.

des Calciums wesentlich verstärkt. Diese Verstärkung bezieht sich in gleicher Weise auf sämtliche Wirkungen des Calciums. Auch in Abwesenheit von Ca scheint dem Sauerstoffgehalt der Lösung eine ähnliche Wirkung zuzukommen. Eine isotonische Kochsalzlösung wird durch Sauerstoffzufuhr merklich entgiftet, während eine $^{m}/_{8}$ $CaCl_2$-Lösung sich in Gegenwart von Sauerstoff viel giftiger erweist als wenn derselbe durch Aufkochen der Lösung entfernt wurde.

Über den Einfluß des Ca auf das *elektrische Verhalten* des Muskels gibt HÖBER[1]) an, daß dieses keinen Ruhestrom erzeugt, dagegen auch hier ein Antagonismus zum K insofern besteht, als der Ruhestrom, welcher durch dieses letztere hervorgerufen wird, durch Ca-Zusatz aufgehoben werden kann. In dieser Hinsicht wirkt das Ca auf gleiche Weise wie die Narkotica.

Eine eigentümliche Wirkung des Ca auf den Lactacidogenstoffwechsel ist von LANGE[2]) entdeckt worden. In gewissen, je nach den Versuchsbedingungen verschiedenen Konzentrationen kann $CaCl_2$-Zusatz nicht nur jede Säurebildung im Muskelbrei aufheben, sondern auch eine starke Lactacidogensynthese herbeiführen. Die Intensität dieser Wirkung in ihrer Abhängigkeit von der Calciumkonzentration dargestellt, ergibt eine komplizierte Kurve mit mehreren Maximis und Minimis. Nach EMMRICH und LANGE[3]) wird diese synthetisierende Wirkung des Calciums durch andere Kationen, wie Na, K und $H_4N$, ganz besonders aber durch Mg antagonistisch beeinflußt. Der Gaswechsel des Muskels wird nach THUNBERG[4]) und LANGE[2]) durch Ca herabgesetzt.

## D. Die übrigen Alkali- und Erdalkalikationen.

Neben den oben besprochenen Kationen von physiologischer Bedeutung sind eine Anzahl Untersuchungen auch über die Wirkung der übrigen Kationen ausgeführt worden, welchen eine direkte physiologische Bedeutung nicht zukommt. Diese Untersuchungen haben also zunächst ein mehr pharmakologisches Interesse. Eine gewisse physiologische Bedeutung haben sie aber insofern, als durch den Vergleich der eigentlich physiologisch interessierenden Ionen mit diesen anderen vielfach die Wirkungsweise der ersteren in ein schärferes Licht gerückt wird.

Die Alkali- und Erdalkali-Kationen imitieren stets mehr oder weniger die Wirkung von Na, K oder Ca. Dementsprechend können sie in 3 Gruppen geteilt werden. Dem Na ähnlich verhält sich das Li, dem K ähnlich das Rb, das Cs und das $H_4N$, dem Ca ähnlich das Sr. In keine dieser Gruppen lassen sich einteilen das Mg und das Ba. Diese Kationen sollen demnach zuletzt gesondert besprochen werden.

Das Li verhält sich, wie bereits erwähnt wurde, in jeder Hinsicht fast vollkommen identisch wie das Na. Ähnlich wie dieses und im Gegensatz zu sämtlichen anderen Kationen zeigt auch das Li die Fähigkeit, einen in Rohrzuckerlösung unerregbar gewordenen Froschgastrocnemius wieder herzustellen. Merkwürdig ist ferner die Beobachtung BLUMENTHALS[5]), daß Muskeln ihre Erregbarkeit in reinen LiCl-Lösungen noch längere Zeit behalten als in isotonischer Kochsalzlösung.

Unter den dem K ähnlich wirkenden Kationen verursacht das Cs anfänglich eine merkliche Erhöhung der Erregbarkeit des Muskels (BLUMENTHAL), auch treten nach GRÜTZNER[6]) fibrilläre Zuckungen auf. Nichtsdestoweniger nimmt die

---

[1]) HOEBER: Pflügers Arch. f. d. ges. Physiol. Bd. 120, S. 402. 1907.
[2]) LANGE: Hoppe-Seylers Zeitschr. f. physiol. Chem. Bd. 137, S. 105. 1924.
[3]) EMMRICH u. LANGE: Hoppe-Seylers Zeitschr. f. physiol. Chem. Bd. 141, S. 242. 1924.
[4]) THUNBERG: Skandinav. Arch. f. Physiol. Bd. 26, S. 410. 1910.
[5]) BLUMENTHAL: Pflügers Arch. f. d. ges. Physiol. Bd. 62, S. 513. 1896.
[6]) GRÜTZNER: Pflügers Arch. f. d. ges. Physiol. Bd. 53, S. 121. 1893.

Erregbarkeit des Muskels auch hier rasch ab, und nach etwa 80 Min. fand BLUMENTHAL denselben bereits völlig gelähmt. Nach OVERTON[1]) sterben die Muskeln in isotonischen Lösungen von CsCl unter Gewichtsabnahme und Verkürzung ab. Lösungen mit weniger Cs (3% Rohrzucker, 0,87% CsCl) können einen durch Rohrzucker völlig gelähmten Muskel bis zu einem geringen Grade vorübergehend wieder erregbar machen. Die Gesamtleistungen eines Muskels werden durch isotonische CsCl-Lösungen deutlich herabgesetzt [HARNACK und DIETRICH[2])]. Der Verkürzungsrückstand des Muskels nimmt nach BRUNTON und CASH[3]) in Gegenwart kleiner Cs-Konzentrationen ab, bei größeren hingegen zu.

Dem K noch viel ähnlicher verhält sich der Muskel dem Rb gegenüber. Hier läßt sich eine anfängliche Steigerung der Erregbarkeit kaum mehr nachweisen und auch den durch Rohrzucker gelähmten Muskel ist das Rb unfähig, zu neuen Zuckungen zu veranlassen. Auch die Erregbarkeit des frischen Muskels nimmt in reinen RbCl-Lösungen schneller ab als in CsCl.

Zur völligen Lähmung des Muskels sind nach BLUMENTHAL[4]) 60 Min. erforderlich. Auch die Gesamtleistungen eines Muskels werden durch Rb noch mehr beeinträchtigt als durch Cs [HARNACK und DIETRICH[5])]. Hingegen ist die Wirkung des Rb auf den tonischen Anteil der Muskelcontraction wesentlich ausgesprochener als die des Cs. Bei Versenken eines Muskels in eine isotonische RbCl-Lösung verfällt dieser in eine starke Contractur, ähnlich wie wir dies beim K beschrieben haben. Im Gegensatz zum K führt aber der Muskel auf der Höhe der Rb-Contractur deutliche Doppelzuckungen aus[6]). Nach GRÜTZNER[7]) verursachen Rubidiumsalze auch fibrilläre Zuckungen. In jeder anderen Hinsicht verhält sich die Rb-Contractur der K-Contractur analog.

Auch das $H_4N$-Ion verhält sich in mancher Hinsicht ähnlich wie die genannten Kationen. Nach BLUMENTHAL ist es weniger schädlich als das K. Am nächsten scheint es noch dem Cs zu stehen.

Eine direkte Muskelcontractur verursacht es zwar nicht, aber es verstärkt den tonischen Anteil der Muskelzuckung, namentlich in höheren Konzentrationen. Die Gesamtleistungen des Muskels werden nach HARNACK und DIETRICH[2]) durch $H_4NCl$ herabgesetzt, wenn auch nicht in demselben Grade wie durch die übrigen Kationen dieser Gruppe.

Unter den Erdalkalikationen verhält sich das Sr vollkommen dem Ca ähnlich.

In Gegenwart von Alkalikationen läßt sich ein Unterschied in ihrer Wirkungsweise kaum nachweisen. In reinen Lösungen scheint das Sr nach BLUMENTHAL weniger schädlich zu sein, als das Ca. Nach den Angaben dieses Autors stirbt ein isolierter Froschmuskel in $^n/_{10}$ $CaCl_2$ schon nach 90 Min., in $SrCl_2$ hingegen erst in 125 Min. ab. Der tonische Anteil der Muskelzuckung wird nach BRUNTON und CASH[3]) durch Sr verstärkt. Hierin bildet es gewissermaßen einen Übergang zum Ba. Diese Mittelstellung des Sr zwischen Ca und Ba geht namentlich aus Untersuchungen von MINES[8]) mit aller Klarheit hervor. Dieser Autor fand, daß, während die fibrillären Zuckungen, die in reinen NaCl-Lösungen auftreten, durch $CaCl_2$ regelmäßig aufgehoben, durch $BaCl_2$ ebenso regelmäßig verstärkt werden, $SrCl_2$ manchmal hemmend, manchmal verstärkend wirkt. Die elektrische Erregbarkeit des Muskels wird durch $SrCl_2$ weniger herabgesetzt als durch $CaCl_2$, während sie durch $BaCl_2$ anfänglich stark erhöht wird. Die gleiche Reihenfolge der drei Kationen besteht auch in bezug auf ihre antagonistische Wirkung gegenüber der Kalicontractur. Die Lebensdauer der Muskeln in isotonischer NaCl-Lösung ist am längsten bei $CaCl_2$-Zusatz, am kürzesten bei $BaCl_2$-Zusatz, während dem $SrCl_2$ auch hier eine Mittelstellung zukommt. Bei der Funktion der motorischen Nervenendigungen scheint hingegen das Ca gleich gut durch Sr und durch Ba ersetzt werden können.

Dieses letztere verursacht zunächst in jeder noch wirksamen Konzentration eine Erhöhung der Zuckungskurve des Muskels. Gleichzeitig können Doppelzuckungen auftreten,

---

1) OVERTON: Pflügers Arch. f. d. ges. Physiol. Bd. 105, S. 176. 1904.
2) HARNACK u. DIETRICH: Arch. f. exp. Pathol. u. Pharmakol. Bd. 19, S. 153. 1885.
3) BRUNTON u. CASH: Phil. Transact. London Bd. 175. 1884.
4) BLUMENTHAL: Pflügers Arch. f. d. ges. Physiol. Bd. 62, S. 513. 1896.
5) HARNACK u. DIETRICH: Arch. f. exp. Pathol. u. Pharmakol. Bd. 19, S. 153. 1885.
6) NEUSCHLOSZ: Unveröffentlichte Versuche.
7) GRÜTZNER: Pflügers Arch. f. d. ges. Physiol. Bd. 53, S. 121. 1893.
8) MINES: Journ. of physiol. Bd. 42, S. 251. 1911.

was allerdings nicht als allgemeine Regel angesehen werden kann. Ganz regelmäßig treten jedoch in Gegenwart von Ba fibrilläre Zuckungen auf. Loeb[1]) hat sie noch bei Konzentrationen von $^{m}/_{128}$ beobachten können. *In höheren Konzentrationen verursacht das Ba Contracturen,* die anfänglich noch reversibel sind, später hingegen in irreversible Starre übergehen.

Bereits aus dieser Beschreibung ergibt sich, daß eine gewisse Ähnlichkeit zwischen der Ba-Wirkung und derjenigen gewisser spezifischer Muskelgifte wie Coffein, besteht. Neuere noch unveröffentlichte Untersuchungen von Neuschlosz zeigten, daß diese Ähnlichkeit sich auch auf den Wirkungsmechanismus erstreckt, indem auch das Ba einen Lactacidogenzerfall verursacht, wie das Coffein. Demgegenüber fand Lange[2]), daß $BaCl_2$ auf die Lactacidogenspaltung in lebensfrischem *Muskelbrei* hemmend wirkt. Die Ba-Contractur muß also als eine physiologische Säurecontractur angesehen werden. Außer dieser Stoffwechselwirkung des Ba muß jedoch angenommen werden, daß ihm auch gewisse direkte Wirkungen auf die contractile Substanz zukommen. Diese äußern sich bei kleinen Ba-Mengen in einer Verstärkung der tonischen Komponente der Muskelzuckung: der inneren Unterstützung des rhythmisch gereizten Muskels und auch der Veratrinzuckung. In höheren Konzentrationen hat jedoch das Ba entgegengesetzte Wirkungen und verhält sich mehr dem Ca ähnlich.

Das *$MgCl_2$* nimmt, wie bei den meisten biologischen Erscheinungen, gewissermaßen eine *Mittelstellung* zwischen den Alkali- und Erdalkalikationen ein. Auf die contractile Substanz wirkt es weniger giftig als die Erdalkalikationen und antagonisiert ähnlich wie diese die Giftwirkungen der Alkalien. Nach Mines[3]) ist etwas mehr Mg als Ca notwendig, um die fibrillären Zuckungen in einer reinen NaCl-Lösung zu unterdrücken. Dasselbe Verhältnis besteht auch zwischen der Wirksamkeit der beiden Ionen in bezug auf ihren vermindernden Einfluß auf die direkte elektrische Erregbarkeit und ihren Antagonismus gegenüber der Kalicontractur. Die Lebensdauer der Muskeln wird durch Ersatz des $CaCl_2$ durch $MgCl_2$ nicht wesentlich verkürzt. Nach Benda[4]) setzt Mg die Reizbarkeit und Zuckungshöhe bei direkter Reizung mäßig herab. Bei indirekter Reizung ist die Wirkung des Mg viel deutlicher. Daß dem Mg curareartige Wirkungen zukommen, wurde für den Frosch bereits vor längerer Zeit von Binet[5]) festgestellt. Bei Warmblütern ist eine ähnliche Wirkung von Wiki[6]) beobachtet worden. Neuerdings wurde auch der Versuch gemacht, die sogenannte Mg-Narkose als eine Folge der Lähmung motorischer Nervenendigungen aufzufassen. Die beiden Wirkungen dürften aber nebeneinander bestehen. Auch die curareartige Wirkung des Mg wird ähnlich der zentralen durch Ca-Zufuhr glatt beseitigt.

## E. Seltene Erden und Schwermetalle.

Über die Wirkung der *seltenen Erden* auf den Muskel sind nur wenige Untersuchungen ausgeführt worden. Nach Brunton und Cash[7]) ist ihre Wirkung im allgemeinen schwächer als die von Ca und Ba. Die Zuckungskurve des Muskels wird nach diesen Autoren durch Erbium und Lanthan erhöht, durch Didymium und Beryllium herabgesetzt. Das Yttrium scheint manchmal erhöhend, manchmal herabsetzend zu wirken. Die Dauer der Kontraktion wird durch Yttrium und Erbium verlängert, durch Didymium und Lanthan in geringem Grade

[1]) Loeb: Pflügers Arch. f. d. ges. Physiol. Bd. 91, S. 248. 1902.
[2]) Lange: Hoppe-Seylers Zeitschr. f. physiol. Chem. Bd. 137, S. 105. 1924.
[3]) Mines: Journ. of physiol. Bd. 37, S. 408. 1908.
[4]) Benda: Zeitschr. f. Biol. Bd. 63, S. 531. 1914.
[5]) Binet: Rev. med. de la suisse romaine 1892, S. 523.
[6]) Wiki: Journ. de physiol. et pathol. gén. 1906, Nr. 5.
[7]) Brunton u. Cash: Phil. Transact. London Bd. 175. 1884.

herabgesetzt. Eine Contractur wird unter Umständen durch Yttrium und Beryllium herbeigeführt.

Aus neuerer Zeit liegt eine interessante Arbeit über die Wirkungen der seltenen Erden von HÖBER und SPAETH[1]) vor. Nach ihren Angaben lähmen die Salze von La, Ce, Y, Nd, Pr die Sartorien von Esculenten um so rascher, je konzentrierter ihre Lösung ist. Überträgt man aber die gelähmten Muskeln in Ringerlösung, so erholen sie sich nach Vorbehandlung mit relativ kleinen und relativ großen Giftkonzentrationen gleich gut, während sie sich nach der Einwirkung mittlerer Konzentrationen nicht oder doch nur unvollkommen erholen. Am schädlichsten wirken die Salze um $^{m}/_{1000}$ herum. Hexamincobaltchlorid ist dem Muskel gegenüber viel weniger schädlich als die einfachen Kationen. Die Giftwirkungen der Alkalien scheinen die seltenen Erden ähnlich zu antagonisieren wie die Erdalkalien. Auf die theoretischen Erörterungen, die an diese Befunde angeschlossen wurden, soll weiter unten noch die Rede sein.

Die Wirkung des *Schwermetallsalze* auf den Muskel ist ebenfalls nur selten Gegenstand eingehenderer Untersuchungen gewesen. Da diese Ionen im allgemeinen schwerste Gifte für jede Art von lebender Substanz darstellen, schädigen sie auch die Muskeln mehr oder weniger. Eigentliche spezifische Muskelwirkungen liegen aber offenbar nur bei wenigen vor. Eine besondere Erwähnung in diesem Zusammenhange verdient namentlich die Wirkung des *Kupfers* und die des *Bleies*. Wie bekannt, ist das Hauptsymptom der allgemeinen Kupfervergiftung bei sämtlichen Tieren eine weitgehende Muskelschwäche. Diese Wirkung des Kupfers scheint direkt auf die contractile Substanz gerichtet zu sein, denn die direkte Erregbarkeit nimmt nach HARNACK[2]) im selben Maße ab, wie die indirekte. Im Beginnn der Wirkung scheinen vorübergehend fibrilläre Zuckungen aufzutreten. Dem Kupfer ähnlich, jedoch quantitativ weniger stark, wirkt auch das *Zink*. Auch bei der Vergiftung mit diesem Metall steht die Muskelschwäche im Vordergrund der Symptome.

Auch das Blei verursacnt ziemlich rasch Muskellähmung. Zunächst fand HARNACK[2]) bei kleinen Dosen nur die Ermüdbarkeit des Muskels stark gesteigert. Bei größeren Dosen kann aber eine Art von refraktärem Stadium zwischen den einzelnen Zuckungen auftreten, während welchem der Muskel völlig unerregbar erscheint. Wird so ein Muskel rhythmisch gereizt, so werden die Kontraktionen in Hinblick auf ihre Höhe und auf den Zeitabstand, der zwischen zwei effektiven Zuckungen verstreicht, völlig unregelmäßig. Es können nach ganz kleinen Zuckungen auch ohne eingeschaltete Ruhepause wieder solche auftreten, die der maximalen Zuckung des Muskels an Höhe kaum nachstehen. Dieses Verhalten des Muskels scheint für die Bleilähmung des Muskels charakteristisch zu sein. Nach LOEB[3]) verursacht das Blei am Anfange seiner Wirkung fibrilläre Zuckungen. Das Cadmium ebenfalls.

Unter den übrigen Schwermetallsalzen wurden uncharakteristische Muskellähmungen durch *Platin, Quecksilber* und *Eisen* beobachtet. Kleinere Dosen dieses letzteren scheinen hingegen nach MEYER und WILLIAMS[4]) die Muskelleistung zu steigern. Nach THUNBERG[5]) beeinflußt Eisenzusatz den Gaswechsel des Muskelgewebes auf eine höchst merkwürdige Art, indem es den Sauerstoffverbrauch erhöht, die $CO_2$-Produktion hingegen herabsetzt. Eine Erklärung dieser Erscheinung steht noch aus. Das dem Eisen nahestehende *Mangan* läßt hingegen nach HARNACK[2]) die Muskeln vollkommen unbeeinflußt.

---

[1]) HÖBER u. SPAETH: Pflügers Arch. f. d. ges. Physiol. Bd. 159. S. 433. 1914.
[2]) HARNACK: Arch. f. exp. Pathol. u. Pharmakol. Bd. 3, S. 58. 1874.
[3]) LOEB: Pflügers Arch. f. d. ges. Physiol. Bd. 91, S. 248. 1902.
[4]) MEYER u. WILLIAMS: Arch. f. exp. Pathol. u. Pharmakol. Bd. 13, S. 70. 1880.
[5]) THUNBERG: Skandinav. Arch. f. Physiol. Bd. 22, S. 406. 1910.

## II. Anionen der Neutralsalze.

Um zu einer Übersicht der Wirkungen zu gelangen, die die verschiedenen Anionen der Neutralsalze auf die Tätigkeit des Muskels ausüben, ist es zweckmäßig, von vornherein jene Anionen, welche mit Calcium in Wassers unlösliche Salze bilden, von den übrigen abzuschneiden. Wir wollen die beiden Gruppen der Anionen gesondert betrachten und beginnen mit jenen, die Ca nicht fällen.

### A. Calcium nicht fällende Anionen.

Die wichtigsten hierher gehörigen Anionen sind die der 3 Haloidsalze, Cl, Br, J, ferner das Nitrat und das Acetat. BLUMENTHAL[1]) verglich in einer eingehenden Versuchsreihe die Wirkungen der Na-Salze dieser Anionen. Er fand das Jodid weitaus am giftigsten. In einer $^n/_{10}$ NaJ-Lösung ist zwar die Erregbarkeit des Muskels anfänglich erhöht, die Zuckungshöhen nehmen aber dann rasch ab und nach etwa 70—80 Minuten ist der Muskel bereits vollkommen unerregbar geworden. Anfänglich ist die Lähmung noch reversibel, aber nach etwa $2^1/_2$ Stunden stirbt der Muskel ab. Fibrilläre Zuckungen und das Auftreten Funkescher Nasen wurden von BLUMENTHAL in NaJ-Lösungen mit ziemlicher Regelmäßigkeit beobachtet. Nach THUNBERG[2]) wirkt J hemmend auf den Gaswechsel des Muskels. Qualitativ ähnlich wie NaJ wirkt auch NaBr. Dieses ist aber ganz wesentlich weniger giftig als das Jodid, in dem die Muskeln in einer $^n/_{10}$-Lösung 4 Stunden lang am Leben bleiben können. Noch viel weniger giftig ist das Chlorid, in welchem die Muskeln erst nach etwa 6 Stunden ihre Erregbarkeit völlig und unwiderruflich einbüßen.

Ein genauer Vergleich der verschiedenen Na-Salze auf den Muskel wurde von SCHWARZ[3]) ausgeführt. Seine Versuchsanordnung schloß sich an die OVERTONS an, indem er die Muskeln zuerst in isotonische Rohrzuckerlösung brachte und erst nach Eintritt völliger Unerregbarkeit in die zu untersuchende Salzlösungen. Er fand, daß die Fähigkeit der Na-Salze, die Erregbarkeit des Muskels wieder herzustellen, nach folgender Reihenfolge zunahm: Zitrat $<$ Tartrat $<$ $<$ $SO_4$ $<$ Acetat $<$ Cl $<$ $NO_3$ $<$ Br $<$ J $<$ CNS. Diese Reihenfolge besteht aber nur dann zu Recht, wenn jene Mengen der Salze als Maßstab genommen werden, die zur Rohrzuckerlösung hinzugefügt werden müssen, um die Erregbarkeit des Muskels wieder herzustellen. Die unter diesen Umständen am günstigsten wirkenden Ionen J und CNS fand SCHWARZ in isotonischer Konzentration außerordentlich giftig, indem sie irreversible Contracturen verursachen. Auf die Dauer erwies sich auch in den Versuchen von SCHWARZ das Chlorid als bestes Medium für den Muskel.

Der Einfluß der Anionen auf den *Ruhestrom* des Froschmuskels wurde von HÖBER[4]) untersucht. Ihre Wirksamkeit nimmt in derselben Reihenfolge zu, die oben für die Wiederherstellung der Muskelerregbarkeit angegeben wurde. Diese Wirkung ist der der Kationen antagonistisch, indem in Gegenwart der wirksameren Anionen, wie z. B. CNS, ein konträrer Querlängsschnittstrom zutage tritt. Diese Untersuchungen wurden von HÖBER und WALDENBERG[5]) auch auf organische Anionen ausgedehnt, deren Wirkung sich zwischen Cl und $SO_4$ folgendermaßen einreihen läßt: Cl $>$ Valerianat $>$ Butyrat $>$ Propionat $>$ Acetat $>$ Formiat $>$ $SO_4$. Während in den bisher genannten Arbeiten die Geschwindigkeit

---

[1]) BLUMENTHAL: Pflügers Arch. f. d. ges. Physiol. Bd. 62, S. 513. 1896.
[2]) THUNBERG: Skandinav. Arch. f. Physiol. Bd. 22, S. 430. 1910.
[3]) SCHWARZ: Pflügers Arch. f. d. ges. Physiol. Bd. 117, S. 161. 1907.
[4]) HOEBER: Pflügers Arch. f. d. ges. Physiol. Bd. 106, S. 599. 1914.
[5]) HÖBER u. WALDENBERG: Pflügers Arch. f. d. ges. Physiol. Bd. 126, S. 331. 1909.

verglichen wurde, mit welcher der Ruhestrom in den einzelnen Salzlösungen auftrat, legte SEO[1]) (unter HÖBER) dem Vergleiche die maximale EMK zugrunde, welche in der betreffenden Lösung überhaupt erreicht werden konnte. Die Ionenreihe erwies sich aber auch in diesem Falle die gleiche.

Nach EMBDEN und LEHNARTZ[2]) besteht auch ein Parallelismus zwischen der restituierenden Kraft eines Anions gegenüber dem durch Rohrzucker gelähmten Muskel und seiner Wirkung auf den Lactacidogenstoffwechsel frischen Muskelbreies. Die Ionen, welche am besten herstellend auf den Muskel wirken, wie J und CNS, begünstigen die fermentative Spaltung des Lactacidogens, während jene Ionen, in deren Lösungen der Muskel sich nur unvollkommen oder gar nicht erholt, eine Synthese von Lactacidogen aus ihren Komponenten hervorrufen. Unter diesen Ionen sind außer dem Sulfate namentlich Tartrat, Citrat und ganz besonders das später noch zu erwähnende Fluorid zu nennen. Nach DEUTICKE[3]) (unter EMBDEN) wirken auch viele organische Ionen mehr oder weniger synthesebegünstigend oder zumindest spaltungshemmend. Außer dem Oxalate, welches in seiner Wirkung nur dem Fluoride nachsteht, fand DEUTICKE ein ähnliches Verhalten bei den Anionen der Ameisen-, Essig-, Propion-, Butter-, Valerian-, Capron-, Capryl-, Caprin-, Malon-, Bernstein-, Fumar-, Malein-, Glycol-, Milch-, Oxybutter-, Brenztrauben- und Acetessigsäure.

Daß derartige Einflüsse nicht nur im Muskelbreie, sondern auch in überlebenden Froschmuskeln hervorgerufen werden können, zeigten LANGE und MAYER[4]). Nach ihren Beobachtungen decken sich die Ionenwirkungen in beiden Fällen nahezu vollkommen. Nur das J-Ion, welches die Lactacidogenspaltung im Muskelbrei merklich begünstigt, erwies sich als nahezu unwirksam auf die Säurebildung im überlebenden Muskel.

Eine besondere Erwähnung beansprucht die Wirkung des Ions CNS. Daß CNSNa unter gewissen Umständen eine *Contractur* herbeiführen kann, wurde, wie erwähnt, schon von SCHWARZ beobachtet. FUERTH und SCHWARZ[5]) stellten später fest, daß dieses Salz die Wirkung von Curare auf die Nervendigungen des Muskels antagonistisch zu beeinflussen vermag. Andererseits beobachteten sie eine Steigerung der Leistungsfähigkeit des Muskels in Gegenwart von CNS-Ionen. FÜRTH[6]) nimmt an, daß die Milchsäurebildung im Muskel begünstigt würde, wofür er jedoch keine Beweise herbeibringen konnte. NEUSCHLOSZ[7]) konnte aber beim Gastrocnemius von Bufo marinus auf der Höhe der CNS-Contractur, welche bei diesem Tiere ganz besonders stark ausgeprägt ist, eine Verminderung des Lactacidogengehaltes nicht nachweisen. Diesem Befunde steht allerdings jener von LANGE und MAYER entgegen, die bei Froschmuskeln eine, wenn auch nicht besonders weitgehende, aber immerhin merkbare Lactacidogenspaltung durch NaCNS hervorrufen konnten. Nun geht aber aus den Protokollen der letzterwähnten Autoren hervor, daß sie die Muskeln nicht unmittelbar nach Erreichung der maximalen Contractur verarbeitet hatten, sondern dieselben dann noch einige Minuten lang in der NaCNS-Lösung beließen. Es könnte unter diesen Umständen wohl möglich sein, daß der Lactacidogenzerfall hier nur eine sekundäre Erscheinung darstellt, welche zeitlich nach der Contractur auftritt. Auch dürfte in diesem Falle dem negativen Befunde von NEUSCHLOSZ eine

---

1) SEO: Pflügers Arch. f. d. ges. Physiol. Bd. 206, S. 485. 1924.

2) EMBDEN u. LEHNARTZ: Hoppe-Seylers Zeitschr. f. physiol. Chem. Bd. 134, S. 243. 1924.

3) DEUTICKE: Hoppe-Seylers Zeitschr. f. physiol. Chem. Bd. 141, S. 196. 1924.

4) LANGE u. MAYER: Hoppe-Seylers Zeitschr. f. physiol. Chem. Bd. 141, S. 181. 1924.

5) FÜRTH u. SCHWARZ: Pflügers Arch. f. d. ges. Physiol. Bd. 129. S. 525. 1909.

6) FÜRTH: Ergebn. d. Physiol. Bd. 17, S. 363. 1919.

7) NEUSCHLOSZ: Pflügers Arch. f. d. ges. Physiol. Bd. 207, S. 43. 1925.

höhere Beweiskraft zukommen, da aus demselben hervorgeht, daß die CNS-Contractur zumindest in gewissen Fällen ohne Lactacidogenzerfall auftritt, dieser also unmöglich die Ursache der Verkürzung sein kann. Eine eingehende Untersuchung der CNS-Contractur wurde von LANGLEY[1]) ausgeführt. Dieser Forscher fand, daß die Contractur auch durch vollkommene Curarisierung des Tieres nicht aufgehoben werden kann, obwohl ein gewisser Antagonismus mit Curare zu bestehen scheint. Am leichtesten wird die CNS-Contractur von der Nerveintrittsstelle aus ausgelöst, obwohl in größeren Dosen auch von anderen Stellen des Muskels eine Wirkung eintritt.

LANGLEY nimmt daher an, daß durch das NaCNS eine Erregung der rezeptiven Substanz herbeiführe und ähnlich wirke wie etwas das Nicotin. Das Zustandekommen der Contractur nach Applikation des CNS auf andere Stellen des Muskels, als die rezeptive Substanz, versucht er durch Axonreflexe zu erklären, obwohl eine Wirkung auf die contractile Substanz auch zugegeben wird. Im allgemeinen erinnert die CNS-Contractur außerordentlich an die durch Kalium hervorgerufenen. Auch in ihrem Verhalten der antagonistischen Wirkung des Novocains und der fehlenden Wirkung des Atropins erweisen sich die beiden Contracturen ähnlich. Nach neuesten Versuchen von NEUSCHLOSZ ähneln sich beide Wirkungen auch darin, daß sie an einem seiner Neuralregion beraubten Muskelstumpf nicht ausgelöst werden können. Alle diese Tatsachen scheinen dafür zu sprechen, daß das CNS-Ion seinen Angriffspunkt unmittelbar in der contractilen Substanz hat.

Über den mutmaßlichen physikochemischen Mechanismus dieser Wirkung soll weiter unten noch die Rede sein.

### B. Ca-fällende Anionen.

Die Wirkung dieser Ionen auf den Muskel ist immer eine doppelte. Zunächst tritt bereits eine Wirkung schon dadurch auf, daß die freien Calciumionen des Muskels, denen eine wichtige Rolle beim normalen Ablauf der Muskelkontraktionen zukommt, gefällt und demzufolge unwirksam gemacht werden. Diese Wirkung ist bei allen Ca-fällenden Ionen natürlich gleichartig. Außerdem haben aber manche dieser Ionen noch eigene, gewissermaßen spezifische Wirkungen, die namentlich nach Anwendung höherer Konzentrationen zur Beobachtung kommen.

Von BIEDERMANN[2]) ist zuerst die Beobachtung gemacht worden, daß die *fibrillären Zuckungen* des Muskels, die bereits in reinen NaCl-Lösungen auftreten können, an Intensität ganz außerordentlich zunehmen, wenn der Lösung etwas Phosphat oder Carbonat hinzugefügt wird. Die rhythmischen Zuckungen sind zunächst rein örtlich beschränkt. Später ergreifen sie immer größere Teile des Muskels und nehmen gleichzeitig einen langsameren Rhythmus an. Die fibrillären Zuckungen gehen im allgemeinen mit einer merklich erhöhten Erregbarkeit des Muskels einher. Die Zuckungs- und Tetanushöhe nehmen gleichfalls deutlich zu und es läßt sich auch eine erhöhte Contracturbereitschaft des Muskels beobachten. Ähnlich wie $CO_3$, nur schwächer, wirken auch andere Ca-fällende Ionen, wie z. B. $SO_4$.

Eine sehr merkwürdige Erscheinung ist zuerst von LOEB[3]) beschrieben worden. Wird der Gastrocnemius eines Frosches auf die Dauer einiger Minuten in die Lösung eines Na-Salzes versenkt, dessen Anion Ca zu fällen vermag, so tritt zunächst nur eine unbeträchtliche Verkürzung des Muskels ein. Wird jedoch ein so vorbehandelter Muskel an die Luft gebracht, so beginnt er sogleich eine Reihe kräftiger Zuckungen auszuführen und fällt meistens schließlich in einen Tetanus. Der Muskel erschlafft sofort wieder, wenn er wieder in die Salzlösung

---

[1]) LANGLEY: Journ. of physiol. Bd. 50, S. 408. 1915/16.
[2]) BIEDERMANN: Sitzungsber. d. Akad. Wien Bd. 81, III. Abt. 1880.
[3]) LOEB: Americ. journ. of physiol. Bd. 5, S. 362. 1901.

zurückgebracht wird. Außer Luft wirken auf ähnliche Weise Kohlensäure, Öl, Quecksilber, Chloroform, Glycerin und auch eine Rohrzuckerlösung. Die beschriebene Wirkung kann auch so hervorgerufen werden, daß nur der Nerv des Muskels in die Salzlösung versenkt wird, während der Muskel selbst von vornherein in der Luft oder in einer der genannten Flüssigkeiten verbleibt. Unter diesen Umständen genügt es, den Nerven aus der Salzlösung herauszuheben, um die Zuckungen sofort zum Verschwinden zu bringen. Nach LOEB ist für das Zustandekommen dieser Erscheinung außer des Ca-fällenden Anions auch die Gegenwart von Na-Ionen notwendig, denn die entsprechenden Salze von Lithium, Kalium, Magnesium und Ammonium verursachen keine fibrilläre Zuckungen. Der ganze Erscheinungskomplex wurde von LOEB als eine besondere Art von Muskelerregbarkeit angesehen und mit dem Namen „contact irritability" belegt. Von ZOETHOUT[1]) wurde festgestellt, daß die Gegenwart von K-Ionen das Zustandekommen der Zuckungen wesentlich fördert.

In neuerer Zeit ist die Wirkung einiger Ca-fällenden Anionen ziemlich eingehend von WILMERS[2]) (unter BETHE) untersucht worden. In seiner Arbeit werden unter anderem namentlich über Versuche mit Natrium-Oxalat, Natrium-Phosphat und Natrium-Citrat[3]) berichtet. Die erstgenannten beiden Salze rufen in isotonischer und annähernd neutraler Reaktion kräftige fibrilläre Zuckungen hervor, die in einem sehr schnellen Rhythmus aufeinanderfolgen. Bisweilen ist der Zeitabstand zwischen zwei Zuckungen so gering, daß es zu einer tetaniformen Fußpunktserhöhung kommen kann. Gleichzeitig erweist sich auch die elektrische Erregbarkeit des Muskels erhöht. Unmittelbar nach jeder künstlichen Zuckung treten die fibrillären Kontraktionen verstärkt auf. Nach einer gewissen Einwirkungsdauer nimmt die Erregbarkeit des Muskels und gleichzeitig seine spontanen Zuckungen an Höhe ab. Eine besonders interessante Feststellung WILMERS ist, daß bei einem zur Hälfte in die Salzlösung versenkten Muskel die Erscheinungen fast auf gleiche Weise in jenem Teile auftreten, welcher in der Luft geblieben war. Hieraus kann gefolgert werden, daß die fibrillären Zuckungen durch Ca-fällende Anionen die Folge wirklicher Erregungsvorgänge darstellen.

Etwas komplizierter gestaltet sich nach WILMERS die Wirkung von Natriumcitrat. Muskeln, welche in eine mit Ringerlösung zu gleichen Teilen verdünnte isotonische Natriumcitratlösung versenkt werden, zeigen nach dem Eintauchen eine gewaltige Contractur, deren Kurve aufgesetzte fibrilläre Zuckungen aufweist. Bei einem zur Hälfte versenkten Muskel werden diese Zuckungen — wie oben beschrieben — auch auf den freigebliebenen Teil des Muskels übertragen, während die Contractur lediglich auf den versenkten Teil beschränkt bleibt. Gewissermaßen eine Zwischenstellung zwischen der Wirkung von Phosphat und Citrat nimmt das Sulfat ein. Auch hier treten fibrilläre Zuckungen auf, welche sich auch auf den nicht versenkten Teil des Muskels erstrecken. Die tetanisch einsetzenden Zuckungen gehen hier jedoch allmählich in einen Verkürzungsrückstand über, welcher ähnlich wie die Citratcontractur auf die direkt behandelte Hälfte des Muskels beschränkt bleibt.

In kleineren Mengen angewandt, verursachen die Ca-fällenden Anionen keine fibrillären Zuckungen. Unter diesen Umständen tritt dann mit aller Deutlichkeit eine andere Wirkung hervor, die beim Natrium-Oxalat vor längerer Zeit von BOTTAZZI[4]) beobachtet wurde und neuerdings namentlich von NEUSCHLOSZ[5]) zum Gegenstand der Untersuchungen gemacht worden ist. Es handelt sich um die merkwürdigen *Doppelzuckungen*, welche in Gegenwart geringer Konzen-

---

[1]) ZOETHOUT: Americ. journ. of physiol. Bd. 7, S. 320. 1902.

[2]) WILMERS: Pflügers Arch. f. d. ges. Physiol. Bd. 178, S. 193. 1920.

[3]) Wie bekannt, verursachen Citrate in Ca''-haltigen Lösungen keine Fällung, doch führen sie die Bildung von Komplexsalzen herbei, die bei der Dissoziation keine Ca''-Ionen abgeben.

[4]) BOTTAZZI: Arch. f. (Anat. u.) Physiol. 1901, S. 379.

[5]) NEUSCHLOSZ: Pflügers Arch. f. d. ges. Physiol. Bd. 196, S. 503. 1922.

trationen von Natrium-Oxalat und -Citrat auftreten. Die genannten Zuckungen sind in vieler Hinsicht den Veratrin-Zuckungen und namentlich ihrer sogenannten zweigipfligen Form ähnlich. Bei rhythmischer Reizung des Muskels oder auf K-Zusatz verschwinden die Doppelzuckungen, ähnlich wie dies auch beim Veratrin der Fall ist. Sehr interessant ist es ferner, daß eine Erhöhung der Oxalat- oder Citratkonzentration ebenfalls die Fähigkeit des Muskels aufhebt, Doppelzuckungen auszuführen. Wird jedoch der Muskel, bei welchem die Doppelzuckungen durch Überschuß am Oxalat oder Citrat zum Verschwinden gebracht worden sind, durch rhythmische Reizung ermüdet, so können die Doppelzuckungen wieder auftreten. Eine Erklärung dieser merkwürdigen Erscheinung soll weiter unten gegeben werden.

Ein eigentümliches und zunächst wohl kaum erklärbares Phänomen wurde vor kurzem von SEO[1]) beschrieben. Er beließ Froschmuskeln einige Stunden lang in Rohrzuckerlösung und überführte sie dann in ein Gemisch, welches geringe Mengen eines Na-Salzes mit einwertigem Anion, etwas größere Mengen eines mit mehrwertigem Anion nebst Rohrzucker enthielt und reizte sie dann rhythmisch. Er beobachtete hierbei, daß der Muskel einige Zuckungen ausführte, die sich ohne Erschlaffung superponierten, so daß er in eine starke Contractur geriet. Diese ging mit Unerregbarkeit einher, aus welcher sich der Muskel aber bei Weiterreizung unter Erschlaffung wieder erholte, um sich dann längere Zeit hindurch normal zu kontrahieren. Die beschriebene Erscheinung trat stets nur bei ganz bestimmten Ionenkonzentrationen auf und konnte durch verschiedene Gifte, ferner durch K- und Ca-Salze unterdrückt werden.

Sehr interessant ist die Beobachtung T. NEUGARTENS[2]), nach welcher Phosphationen in kleinen Mengen die Leistungsfähigkeit isolierter Muskeln merklich erhöhen können. Ob diese Wirkung eine spezifische ist, kann noch nicht mit Bestimmtheit gesagt werden, doch scheinen die anderen Ionen derartige Wirkungen nicht zu haben. Da von EMBDEN und seinen Schülern gezeigt worden ist, daß der Phosphorsäure bei der Muskelkontraktion eine wichtige Rolle zufällt, liegt es nahe, die leistungssteigernde Wirkung der Phosphationen mit dieser Tatsache in Zusammenhang zu bringen.

Das *Fluorion*, welches auch in diese Gruppe gehört, ist wohl unter sämtlichen Anionen dasjenige, welches den Muskel in höheren Konzentrationen am schnellsten lähmt (BLUMENTHAL). Außer seiner calciumfällenden Wirkung kommt demselben ein bedeutender Einfluß auf die Fermente des Muskels zu, welcher in neuester Zeit von EMBDEN und seinen Mitarbeitern entdeckt und auch eingehend untersucht worden ist. Nach diesen Arbeiten verursacht F-Zusatz zu Muskelbrei[3]), zu Preßsaft[4]) und auch am überlebenden Muskel[5]) eine gewaltige Lactacidogensynthese, welche bis zum völligen Verschwinden der freien Phosphorsäure führen kann. Diese Wirkung läßt sich schon bei derartig geringen F-Konzentrationen nachweisen, daß nach EMBDENS Anschauung die normalerweise in jedem Muskel vorhandene Fluormengen in dieser Hinsicht von Bedeutung sein können. Nach ABRAHAM und KAHN[6]) nimmt die F-Wirkung durch Alterung des Muskelsubstrates rasch ab. Nach HIN[7]) (unter BETHE) beschleunigt NaF, ähnlich wie NaCN das Eintreten, aber auch die Lösung der Totenstarre.

---

[1]) SEO: Pflügers Arch. f. d. ges. Physiol. Bd. 205, S. 518. 1924.

[2]) NEUGARTEN, T.: Pflügers Arch. f. d. ges. Physiol. Bd. 175, S. 94. 1919.

[3]) EMBDEN, ABRAHAM u. LANGE: Hoppe-Seylers Zeitschr. f. physiol. Chem. Bd. 136, S. 308. 1924.

[4]) EMBDEN u. HAYMANN: Hoppe-Seylers Zeitschr. f. physiol. Chem. Bd. 137, S. 154. 1924.

[5]) LANGE u. MAYER: Hoppe-Seylers Zeitschr. f. physiol. Chem. Bd. 141, S. 181. 1924.

[6]) ABRAHAM u. KAHN: Hoppe-Seylers Zeitschr. f. physiol. Chem. Bd. 141, S. 161. 1924.

[7]) HIN: Pflügers Arch. f. d. ges. Physiol. Bd. 202, S. 144. 1924.

## III. Wasserstoff- und Hydroxylionen.

Daß Muskeln sich in Gegenwart von verdünnten Säuren verkürzen, ist bereits von KUEHNE beobachtet worden. RANKE[1]) stellte fest, daß diese Muskelkontraktionen auch an curarisierten Muskeln regelmäßig auftreten. K. SCHIPILOFF[2]) fand, daß die durch Säuren hervorgerufene Muskelkontractur durch stärkere Säuren wieder behoben werden kann. Wird der Muskel von Anfang an mit einer konzentrierteren Säurelösung behandelt, so tritt eine Contractur überhaupt nicht auf. Ebenfalls von SCHIPILOFF stammt die Beobachtung, daß Säurecontracturen durch Alkali behoben werden können. Nach BURRIDGE[3]) verursachen verdünnte Säurelösungen zunächst nur fibrilläre Zuckungen, dann aber tritt auch eine Säurecontractur auf. Von v. FÜRTH[4]) wird die merkwürdige Tatsache hervorgehoben, daß es viel leichter gelingt, einen Muskel in Säurecontractur zu versetzen, wenn er in ein saures Bad gebracht wird, als wenn er von seiner Arterie aus mit einer säurehaltigen Salzlösung durchspült wird. Diese Tatsache ist um so merkwürdiger, als bekannterweise die meisten anderen Substanzen sich durchaus im entgegengesetzten Sinne verhalten und vom Kreislauf aus wesentlich wirksamer sind, als wenn sie direkt mit dem Muskel in Berührung gebracht werden. Eine Erklärung der genannten Erscheinung ist noch nicht gefunden worden.

Ein Vergleich zwischen der Wirkung verschiedener Säuren ist systematisch wohl zuerst von BLUMENTHAL[5]) durchgeführt worden. Die von ihm untersuchten Säuren $HNO_3$, HCl, $H_2SO_4$ zeigten als $^{n}/_{200}$-Lösungen in physiologischer Kochsalzlösung im wesentlichen alle die gleiche Wirkung.

Am giftigsten erwies sich $HNO_3$, welches den Muskel bereits in 24 Minuten unerregbar machte. Dann folgt HCl und $H_2SO_4$ mit 30 bzw. 60 Minuten. $H_3PO_4$ verursachte auch nach längerer Zeit keine vollkommene Lähmung des Muskels. Die organischen Säuren fand BLUMENTHAL um so giftiger, je höher sie sich in der homologen Reihe befanden. Eine Ausnahme bildete nur die Ameisensäure, die sich giftiger erwies, als die Essigsäure. Bei einzelnen Säuren fand BLUMENTHAL am Anfang ihrer Wirkung eine erhöhte Erregbarkeit. Am deutlichsten war sie bei der Propionsäure ausgesprochen, welche bisweilen auch Doppelzuckungen herbeiführte.

LOEB[6]) stellte fest, daß von sämtlichen positiven Ionen sich die H-Ionen am giftigsten für den Muskel erweisen und führt dies auf ihre hohe Wanderungsgeschwindigkeit zurück. Die Giftigkeit der Säuren steht nach diesem Autor in direktem Verhältnis zu der H-Ionen-Konzentration ihrer Lösungen. Nur einzelne schwache organische Säuren machen hiervon eine Ausnahme, indem sie stärker wirken als nach ihrer Wasserstoffionenkonzentration zu erwarten wäre. Irgendeine Gesetzmäßigkeit bei dem abnormen Verhalten der organischen Säuren hat LOEB nicht beobachten können. DALE und MINES[7]) verglichen die Höhe der Contractur, die durch verschiedene Säuren verursacht wurden, wenn sie in einer Lösung verwendet wurden, die dieselbe H-Ionenkonzentration hatte, wie eine $^{n}/_{100}$ $HNO_3$-Lösung. Es stellte sich hierbei heraus, daß das Anion auch bei anorganischen Säuren durchaus nicht ohne Einfluß auf die Höhe der Contractur ist.

Wird nämlich die Höhe der Contractur, welche in Gegenwart von $^{n}/_{100}$-$HNO_3$ beobachtet wurde, gleich 100 gesetzt, so ergeben die übrigen Säuren das gleiche $p_H$ vorausgesetzt,

---

[1]) RANKE: Tetanus. Leipzig 1865.
[2]) SCHIPILOFF, C.: Zentralbl. f. d. med. Wiss. 1882, S. 291.
[3]) BURRIDGE: Journ. of physiol. Bd. 41, S. 285. 1910.
[4]) v. FÜRTH: Ergebn. d. Physiol. Bd. 17, S. 363. 1919.
[5]) BLUMENTHAL: Pflügers Arch. f. d. ges. Physiol. Bd. 62, S. 513. 1896.
[6]) LOEB: Pflügers Arch. f. d. ges. Physiol. Bd. 69, S. 1 u. Bd. 71, S. 457. 1898.
[7]) DALE u. MINES: Journ. of physiol. Bd. 42, S. XXIX. 1911.

die folgenden relativen Contracturhöhen: HCl (0,01 n) = 85, $H_2SO_4$ (0,013 n) = 85, $H_3PO_4$ (0,056 n) = 49, Milchsäure (0,3 n) = 111, Essigsäure (4,4 n) = 167, Weinsäure (0,185 n) = 79, Apfelsäure (1,0 n) = 145, Citronensäure (0,2 n) = 97. Auch hier sehen wir, daß die schwachen organischen Säuren, wie Essigsäure und Apfelsäure, wesentlich wirksamer sind, als es ihrem $p_H$ entsprechen würde, und zwar um so mehr, je schwächer sie sind.

Die Anionen beeinflussen die Contracturhöhe noch in einem anderen Sinne, was namentlich dann deutlich zutage tritt, wenn wir Säuren annähernd gleicher Stärke miteinander vergleichen, so z. B. HCl mit $HNO_3$, Weinsäure mit Citronensäure und Milchsäure. Da ergibt es sich, daß die Anionen die Contracturhöhe je nach ihrer Stelle in der HOFMEISTERschen Ionenreihe herabsetzen, und zwar die Ionen Phosphat, Tartrat, Sulfat, Citrat und Chlorid mehr als Nitrat.

BURRIDGE[1]) beobachtete, daß jede Säurecontractur in zwei Etappen abläuft: zuerst zieht sich der Muskel schnell bis zu einem gewissen Grade zusammen, dann ganz allmählich immer mehr. Die schnelle Contractur wird von BURRIDGE in die oberflächlichen Muskelfasern verlegt, die langsame in die tieferliegenden.

Im Laufe der letzten Jahre sind ausführliche Untersuchungen über die Wirkung von Säuren auf den Muskel namentlich von BETHE und seinen Schülern veröffentlicht worden. KOPYLOFF[2]) untersuchte die Contracturen, welche verschiedene Säuren in Konzentrationen zwischen $^n/_{100}$ und $^n/_{1000}$ an isolierten Sartorien von Fröschen hervorrufen. Die beobachteten Contracturen erreichen zuweilen Tetanushöhe. Wurde der Muskel im Laufe der Contractur elektrisch gereizt, so setzen sich die Einzelzuckungen auf die Contracturkurve auf. Sie waren stets um so kleiner, je höher die Contractur war. Die Contractilität des Muskels pflegt während der Contractur herabgesetzt zu sein, nur Essigsäure verursacht im ansteigenden Aste eine Erhöhung derselben. Bei Temporarien fand KOPYLOFF die Contracturen etwa 5 mal höher als bei Esculenten. Bei Kaltfröschen waren die Contracturen etwas höher als bei denen, die bei Zimmertemperatur gehalten wurden. Hingegen begünstigt höhere Temperatur während des Versuches die Contractur merklich.

Die Untersuchungen wurden dann von SCHWENKER[3]) auf eine größere Anzahl anorganischer und organischer Säuren ausgedehnt. Er findet, daß bei diesen letzteren die Contractur erregende Wirkung um so geringer ist, je höher sie in der homologen Reihe stehen. In Übereinstimmung mit früheren Autoren findet auch SCHWENKER, daß bei gleichem $p_H$ schwache Säuren stärker wirken als starke. Elektrische Reizung des Muskels während der Säurewirkung vergrößert die Höhe der endlich erreichten Contractur ganz wesentlich. Die Spannung der Säurecontracturen bleibt ausnahmslos beträchtlich hinter der Tetanusspannung zurück. Von WILMERS[4]) wurde festgestellt, daß sich die Säurecontracturen stets nur auf jenen Teil des Muskels erstrecken, welcher direkt in die Lösung getaucht wurde. Eine Fortleitung der Kontraktion, wie etwa bei den fibrillären Zuckungen des Muskels, findet bei den Säurecontracturen nicht statt.

Von BETHE, FRAENKEL und WILMERS[5]) stammt die Feststellung der interessanten Tatsache, daß die Säurecontractur auch bei bis zur völligen Unerregbarkeit *narkotisierten* Muskeln auftreten kann und bei einigen Narkotica, wie z. B. Propylalkohol, wesentlich steiler und höher ist als bei nicht narkotisierten Muskeln. Andere Narkotica, wie z. B. Heptyl- und Methylalkohol, wirken allerdings namentlich in höheren Konzentrationen herabsetzend auf die Steilheit des Anstieges und die Contracturhöhe. Ein vollkommenes Fortnarko-

---

[1]) BURRIDGE: Journ. of physiol. Bd. 41, S. 285. 1910.
[2]) KOPYLOFF: Pflügers Arch. f. d. ges. Physiol. Bd. 153, S. 129. 1913.
[3]) SCHWENKER: Pflügers Arch. f. d. ges. Physiol. Bd. 157, S. 371. 1914.
[4]) WILMERS: Pflügers Arch. f. d. ges. Physiol. Bd. 178, S. 193. 1920.
[5]) BETHE, FRÄNKEL u. WILMERS: Pflügers Arch. f. d. ges. Physiol. Bd. 194, S. 45. 1922.

tisieren der Säurecontractur konnte hingegen nicht beobachtet werden. An Säugetiermuskeln wurde die Säurewirkung von SCHOTT[1]) untersucht, er fand, daß die Salzsäure auf den Musculus Rectus der weißen Maus bei Temperaturen von 1—5° unwirksam ist, bei Temperatur von 18—19° hingegen nicht. Ihre Wirksamkeit hängt von dem Zustand des Muskels ab, ist aber von seiner Anspruchsfähigkeit auf elektrische Reize unabhängig. Eine merkwürdige Tatsache die von SCHOTT beobachtet wurde, ist, daß Salzsäure eine vorhergegangene Chloroformcontractur zu lösen imstande ist.

Nach T. NEUGARTEN[2]) ist die Empfindlichkeit der Skelettmuskel von Fröschen Verschiebungen der Reaktion gegenüber ganz wesentlich weniger empfindlich als z. B. das Herz oder der Darm. Von $p_H = 4,5$ an setzt sauere Reaktion die Erregbarkeit und die Leistungsfähigkeit herab, namentlich wenn der Muskel dauernd rhythmisch gereizt wird. Das gleiche fand auch M. H. GRANT[3]) bereits bei $p_H = 5,0$. Das elektromotorische Verhalten eines mit $^n/_{100}$-HCl behandelten Muskels wurde vor kurzem von FISCHER[4]) (unter BETHE) untersucht. Er konnte feststellen, daß ein Verletzungsstrom erst geraume Zeit nach der Verkürzung auftritt, und daß auf denselben sich kleine Oszillationen superponieren, welche jedoch durch Narkotica aufgehoben werden können.

Auch über die Wirkung von *Laugen* liegen eine ziemliche Anzahl von Untersuchungen vor. BLUMENTHAL[5]) untersuchte sie in $^n/_{160}$-Lösungen in physiologischer Kochsalzlösung. Er fand, daß $H_4NOH$ den Muskel nach anfänglicher Erregung bereits nach 18 Minuten vollkommen lähmt, KOH hingegen erst nach 27 und NaOH nach 48 Minuten. Die durch $H_3N$ verursachte Muskelcontractur ist dann namentlich von SCHENCK[6]) einer eingehenden Analyse unterzogen worden. Er fand, daß ihre isotonische Höhe die des Tetanus erreichen kann, jedoch ist die entwickelte Spannung immer merklich geringer. Die $H_3N$-Contractur pflanzt sich im Muskel nicht fort. Auf der Höhe derselben können noch tetanische und Einzelreize wirksam sein. Durch vorhergegangene Ermüdung kann die Höhe der Verkürzung eine beträchtliche Einbuße erfahren. Im wesentlichen übereinstimmende Beobachtungen hat dann SCHWENKER auch mit NaOH gemacht und zahlreichen anderen Basen. Er findet, daß die endliche Höhe der Alkalicontractur — ähnlich wie der durch Säuren verursachten — durch elektrische Reizung des Muskels während der Baseneinwirkung wesentlich vergrößert wird. Bemerkenswert erscheint auch ein Befund, daß mit Neutralrot gefärbte Muskeln mit dem Eintritt der Säure- und Alkalicontractur einen entsprechenden Umschlag der Farbe in den Fasern aufweisen.

WILMERS stellte fest, daß die Alkalicontractur sich ebensowenig auf jenen Teil des Muskels erstreckt, welcher nicht mit dem Gifte in direkte Berührung gebracht wird, wie die Säurecontractur. Verdünntere Laugenlösungen bewirken jedoch außer der Contractur fibrilläre Zuckungen, welche die Folge eines wirklichen Erregungsprozesses darstellen und die im Muskel weitergeleitet werden. $H_3N$-Lösungen verursachen nach WILMERS außerdem bis zu einem gewissen Grade Doppelzuckungen, welche aber nicht besonders ausgesprochen zu sein scheinen. Narkotica scheinen die Alkalicontractur in etwas höherem Maße zu beeinflussen als dies bei der Säurecontractur der Fall ist. Immerhin sind auch hier gewisse Narkotica (z. B. Propyl- und Amylalkohol) auch dann unfähig, die

[1]) SCHOTT: Pflügers Arch. f. d. ges. Physiol. Bd. 194, S. 371. 1922.
[2]) NEUGARTEN, T.: Pflügers Arch. f. d. ges. Physiol. Bd. 175, S. 94. 1919.
[3]) GRANT, M. H.: Journ. of physiol. Bd. 54, S. 79. 1920.
[4]) FISCHER: Pflügers Arch. f. d. ges. Physiol. Bd. 203, S. 580. 1924.
[5]) BLUMENTHAL: Pflügers Arch. f. d. ges. Physiol. Bd. 62, S. 513. 1896.
[6]) SCHENCK: Pflügers Arch. f. d. ges. Physiol. Bd. 61, S. 494. 1895.

Contractur merklich zu verkleinern, wenn sie die elektrische Erregbarkeit des Muskels bereits völlig aufgehoben hat. Mit einzelnen Substanzen, wie Rohrzucker und Medinal, gelingt es, die contracturerregende Wirkung der NaOH vollkommen aufzuheben. In solchen Fällen kehrt die elektrische Erregbarkeit und die Anspruchsfähigkeit für Natronlauge bei nachträglicher Behandlung des Muskels mit Ringerlösung ungefähr gleichzeitig wieder (BETHE, FRÄNKEL und WILMERS[1]). SCHOTT[2]) stellte fest, daß die durch NaOH hervorgebrachte Contractur auch bei Säugetiermuskeln nicht an die elektrische Erregbarkeit derselben gebunden ist. Die durch Chloroform bewirkte Contractur wird nach diesem Autor meistenteils durch NaOH gelöst, manchmal scheint sich jedoch die Laugencontractur auf die Chloroformcontractur aufzusetzen. Bei Anwendung der beiden Substanzen in umgekehrter Reihenfolge scheinen die Verhältnisse ähnlich zu liegen. Das elektrische Verhalten eines mit $^{n}/_{100}$-NaOH behandelten Muskels gleicht nach FISCHER durchaus eines mit HCl behandelten.

Nach T. NEUGARTEN tritt die lähmende Wirkung einer leicht alkalischen Lösung ($p_H = 9{,}5$) namentlich dann stark zutage, wenn der Muskel nur wenig gereizt wird. In diesem Falle erweist sich Alkali giftiger als Säure. Demgegenüber zeigt sich eine alkalische Lösung für einen rhythmisch gereizten Muskel ungiftig, während doch eine saure Lösung gerade auf den arbeitenden Muskel am stärksten lähmend wirkt. Nach GRANT erhöhen Lösungen von $p_H = 9{,}10$ die Zuckungen, während noch alkalischere bereits lähmend wirken.

## IV. Theoretisches. Die physiko-chemischen Grundlagen der Ionenwirkungen am Muskel.

Der erste nennenswerte Versuch, die Muskelwirkung der verschiedenen Ionen auf Grund physikalisch-chemischer Vorgänge zu deuten, ist von LOEB[3]) unternommen worden. Seine diesbezügliche Theorie ist im wesentlichen nur eine Anwendung seiner allgemeinen Anschauungen über Ionenwirkungen im Organismus auf den speziellen Fall des Muskels. Die Ionen sollen hiernach dadurch wirken, daß sie chemische Verbindungen mit den Eiweißstoffen der Zellen eingehen. Unter normalen Bedingungen besteht ein gewisses Verhältnis zwischen der an Eiweiß gebundenen Mengen der verschiedenen Ionen und das Aufrechterhalten dieses Verhältnisses ist unentbehrlich für die richtige Funktion der Zellen. Dieses optimale Verhältnis der Ioneneiweißverbindungen wird unter künstlichen Bedingungen nur durch äquilibrierte Lösungen gewährleistet, wie sie die Ringerlösung darstellt, die ihrem Elektrolytgehalte nach mehr oder weniger dem Plasma nahekommt. In reinen Lösungen irgendeines Salzes oder in solchen, in welchen eines der Serumionen fehlt oder in geringer Menge vorhanden ist, erleidet das erwähnte Verhältnis sofort eine Störung, indem eine gewisse Menge eines Ions aus seiner Eiweißverbindung verdrängt und durch ein anderes ersetzt wird. Da die verschiedenen Ioneneiweißverbindungen sich in ihren physikalisch-chemischen Eigenschaften ganz wesentlich voneinander unterscheiden, so leidet das ganze Zellgefüge durch die genannte Verschiebung eine mehr oder weniger tiefgreifende Umwandlung, welche sich natürlicherweise auch im funktionellen Zustande der Zelle äußert.

Für das tatsächliche Vorhandensein irgendwelcher chemischer Verbindungen zwischen den Ionen und dem Eiweiß in den Zellen hat LOEB keine Beweise bei-

[1]) BETHE, FRÄNKEL u. WILMERS: Pflügers Arch. f. d. ges. Physiol. Bd. 194. S. 45. 1922.
[2]) SCHOTT: Pflügers Arch. f. d. ges. Physiol. Bd. 194, S. 271. 1922.
[3]) LOEB: Pflügers Arch. f. d. ges. Physiol. Bd. 75, S. 303. 1899.

gebracht. Von späteren Autoren haben namentlich ROBERTSON[1]) und PAULI[2]) ähnliche Anschauungen wie die von LOEB ausgesprochen, doch auch sie blieben den bindenden Beweis für die Richtigkeit derselben schuldig. Das Interesse für diese Streitfrage hat neuerdings ziemlich abgenommen. Wir wissen seit den klassischen Untersuchungen HOFMEISTERS, daß Ionen den physikalisch-chemischen Zustand von Eiweißkörpern verändern können, auch ohne mit ihnen eigentliche chemische Verbindungen einzugehen, und so gewöhnten wir uns immer mehr, auch die physiologischen Wirkungen der Ionen als derartige kolloidchemische Vorgänge anzusehen.

Ein besonders eifriger Verfechter der kolloidchemischen Theorie der Ionenwirkungen ist bereits seit einer Reihe von Jahren HÖBER[3]). In seinen Ausführungen knüpft dieser Forscher in erster Reihe an die Arbeiten OVERTONS[4]) an. Wie oben dargetan wurde, stellte OVERTON fest, daß die verschiedenen Neutralsalze in sehr ungleichem Maße geeignet sind, die Erregbarkeit des Muskels aufrecht zu erhalten. HÖBER faßte die Ergebnisse OVERTONS sowie seine eigenen auf die Weise zusammen, daß er eine Reihe aufstellte, in welcher die Alkalikationen nach ihrem Lähmungsvermögen in zunehmender Folge geordnet sind. Diese Reihe lautet wie folgt: $Na < Li < Ca < NH_4 < Rb < K$.

HÖBER weist nun darauf hin, daß für das Eiweißfällungsvermögen der Alkalisalze bei annähernd neutraler Reaktion eine ähnliche Kationenreihe Geltung hat und folgert hieraus, daß die Ionenwirkungen am Muskel ihrem Wesen nach Änderungen im Lösungszustande gewisser Kolloide darstellen. Analoge Verhältnisse lassen sich nach HÖBER auch bezüglich der Anionenwirkungen beobachten. Aus den Versuchen von SCHWARZ[5]) ergibt sich hier folgende Reihenfolge:

$$SCN < J < NO_3 < Br < Cl < CH_3COO < SO_4 < \text{Tartrat} < \text{Citrat}.$$

Wie ersichtlich, ist diese Ionenreihe mit der klassischen HOFMEISTERschen nahezu identisch. Diese Tatsachen sprechen also durchaus dafür, daß wir es bei diesen Wirkungen tatsächlich mit Kolloidphänomenen zu tun haben. Seit HÖBER diese Anschauung ausgesprochen hat, wird sie im wesentlichen wohl von den meisten Forschern angenommen[6]).

Auch die interessanten Beobachtungen von HÖBER und SPÄTH[7]) über die Wirkung der seltenen Erden auf den Muskel konnten von diesen Autoren ohne Schwierigkeit als Kolloidphänomene gedeutet werden. Wie erwähnt wurde, zeigte es sich in diesen Versuchen, daß mittlere Konzentrationen der seltenen Erden giftiger sind als kleine oder große Mengen derselben. Diese Tatsache steht nun in vollkommener Übereinstimmung mit der Feststellung MINES[8]), daß mittlere Mengen der seltenen Erden Eiweißkörper isoelektrisch machen und zur Flockung bringen, während größere Mengen dieselben umladen und demzufolge in Lösung belassen.

Weniger geklärt ist die Frage, wo die Ionen im Muskel eigentlich angreifen und welcher Art die durch sie verursachten Änderungen im Zustande der Muskel-

[1]) ROBERTSON: Ergebn. d. Physiol. Bd. 10, S. 324. 1910.

[2]) PAULI: Kolloidchem. Beih. Bd. 3, S. 361. 1912.

[3]) HÖBER: Pflügers Arch. f. d. ges. Physiol. Bd. 106, S. 599. 1905. Ferner die verschiedenen Auflagen seines eingangs erwähnten Werkes: Physikalische Chemie der Zelle und der Gewebe.

[4]) OVERTON: Pflügers Arch. f. d. ges. Physiol. Bd. 105, S. 176. 1904.

[5]) SCHWARZ: Pflügers Arch. f. d. ges. Physiol. Bd. 117, S. 161. 1907.

[6]) Auf das ablehnende Verhalten J. LOEBS gegenüber der Hofmeisterschen Reihe, die bereits von verschiedenen Seiten lebhaften Widerspruch gefunden hat (W. OSTWALD, BAYLISS), kann hier nicht eingegangen werden.

[7]) HÖBER u. SPÄTH: Pflügers Arch. f. d. ges. Physiol. Bd. 159, S. 433. 1914.

[8]) MINES: Journ. of physiol. Bd. 42, S. 309. 1911.

kolloide sind. Höber stützt seine Auffassung auch hierin in erster Reihe auf die Versuche Overtons. Nach diesem Autor sollen ja die Grenzschichten der Muskelfasern im allgemeinen für Elektrolyte undurchlässig sein, und so schließt Höber, daß diese im wesentlichen auf diese Grenzschichten selbst einwirken, indem sie sie zum Aufquellen oder zur Verdichtung bringen würden. Ein gewichtiges Argument zugunsten dieser Auffassung sieht Höber namentlich in dem Verhalten der Kalisalze dem Muskel gegenüber.

Es gibt gewisse Kalisalze, in deren Lösungen, wie bereits erwähnt wurde (vgl. S. 12 u. f.), Muskeln 24—50 Stunden verbleiben können, ohne an Gewicht zuzunehmen. Der Muskel ist zwar während dieser Zeit natürlicherweise unerregbar, doch gewinnt er seine Erregbarkeit rasch wieder, wenn er in eine Kochsalzlösung gebracht wird. Für die Zeit, welche der Muskel für seine Wiederherstellung beansprucht, ist es nach Overton gleichgültig, ob der Muskel lange oder kurze Zeit in der Kalilösung verweilt hat, und diese Tatsache spricht nach Höber entschieden in dem Sinne, daß die lähmenden Kaliumionen nicht in das Innere der Fasern eingedrungen sein konnten, denn in diesem Falle müßte die Reversion der Lähmung um so längere Zeit in Anspruch nehmen, je mehr Kalium sich in den Fasern befindet. Diese Menge müßte aber mit der Aufenthaltsdauer des Muskels in der Kalilösung zunehmen. Höber schließt also, daß das Kalium an den Fasergrenzschichten angreift.

Nun gibt es aber auch eine andere Gruppe von Kalisalzen, deren Wirkung von der der eben genannten sich dadurch unterscheidet, daß in ihren isotonischen Lösungen der Muskel Wasser aufnimmt und viel schneller abstirbt als in Lösungen der ersten Gruppe. Jedoch ist, wie Siebeck[1]) einerseits, Meigs und Atwood[2]) andererseits gezeigt haben, die Lähmung und die Muskelschwellung auch in diesen Lösungen reversibel, wenn die Wasseraufnahme 30% des Muskelgewichtes noch nicht überschritten hat. Overton, Siebeck und Meigs vertreten die Anschauung, daß die letztgenannten Kalisalze im Gegensatz zu der ersten Gruppe in die Muskelfasern eindringen und daher eine Muskelschwellung verursachen. Mit anderen Worten würde dies so viel bedeuten, daß die Fasergrenzschichten für Kaliumionen im allgemeinen durchlässig wären, der Eintritt derselben aber in Gegenwart gewisser nicht diffusibler Anionen durch die elektrostatische Spannung verhindert wird. Wir müßten also demnach annehmen, daß die Anionen der zweiten Gruppe: Cl, Br, J, $NO_3$, leicht in die Muskelfasern eindringen können, während bei den Anionen der ersten Gruppe: $SO_4$, Tartrat, $PO_4$ und Acetat, dies nicht der Fall ist. Ist das Kalium also mit einem dieser Anionen vergesellschaftet, so könnte es nur in dem Maße in das Muskelinnere eindringen, indem ein anderes Kation aus den Fasern herausdiffundiert.

Auf andere Weise versucht Höber die verschiedene Wirkung der beiden Gruppen von Kalisalzen zu erklären. Er weist darauf hin, daß die beiden Gruppen der Anionen durchaus den beiden Hälften der Hofmeisterschen Reihe entsprechen, indem $SO_4$, $PO_4$, Tartrat auf Kolloide im allgemeinen entquellend, Cl, Br, J und $NO_3$ im Gegenteil quellungsbefördernd wirken. Da Höber aber das Eindringen der Ionen in das Faserinnere für unmöglich hält, nimmt er an, daß ihre quellungsbegünstigende bzw. entquellende Wirkung auf das Interstitium gerichtet sei. Stellen wir uns jedoch einmal auf den Standpunkt, daß die Wasseraufnahme des Muskels in Lösungen von Kalisalzen die Folge von Quellungserscheinungen sind, so ist es klar, daß aus diesen Tatsachen kein bindender Schluß auf das Eindringen oder Nichteindringen der Ionen in die Muskelfasern gezogen werden kann, denn die diesbezüglichen Folgerungen

[1]) Siebeck: Pflügers Arch. f. d. ges. Physiol. Bd. 150. S. 316. 1913.

[2]) Meigs u. Atwood: Americ. journ. of physiol. Bd. 40, S. 30. 1916.

OVERTONS und seiner Nachfolger basieren, wie wir sahen, auf der Annahme, daß die Wasseraufnahme im Muskel rein osmotischer Natur sei[1]).

Es gibt aber nun eine Reihe von Tatsachen, die dafür zu sprechen scheinen, daß Ionen in das Innere der Muskelfasern einzudringen imstande sind. Neben dem Befund von SCHWENKER (s. S. 34), der für ein Eindringen von H- und OH-Ionen spricht, beziehen sich auch diese Tatsachen in erster Reihe auf das Kalium. So fand VOGEL[2]) (unter EMBDEN), daß der Eintritt der Kalilähmung durch Faktoren beschleunigt wird, welche die Fasergrenzschichten durchlässiger machen, so z. B. Muskelarbeit und Rohrzuckerwirkung. Dieselben Faktoren beschleunigen auch die Wiederherstellung der normalen Muskelerregbarkeit nach Entfernung des Kaliums, und so schließt VOGEL, daß es sich hierbei um eine Erleichterung des Eindringens bzw. Herausdiffundierens der K-Ionen aus den Muskelfasern handele. VOGEL erklärt auch die obenerwähnte Beobachtung OVERTONS, nach welcher durch Kali gelähmte Muskeln ihre Erregbarkeit in einer Kochsalzlösung rasch wieder gewinnen, und zwar unabhängig von der Aufenthaltsdauer des Muskels in der Kalilösung, einfach dadurch, daß OVERTON seine Muskel aus dieser zuerst in eine Rohrzuckerlösung brachte. In der Rohrzuckerlösung diffundierte das Kalium nach der Anschauung VOGELS aus den Muskelfasern heraus, so daß zur Zeit des Übertragens in die Kochsalzlösung der Muskel sich nicht mehr im Zustande einer Kalilähmung, sondern in dem einer Rohrzuckerlähmung befand. Durch diese Überlegung verliert eines der wichtigsten Argumente, welche HÖBER für die Undurchlässigkeit der Muskelfasern für Ionen heranzieht, seine Beweiskraft.

Auch in Hinsicht auf das eigentliche Wesen der Kaliwirkung besteht ein Widerspruch zwischen der Anschauung HÖBERS und derjenigen der EMBDENschen Schule. Um diesen erörtern zu können, müssen wir erst der Wirkungen gedenken, welche die Ionen auf die elektrischen Eigenschaften des Muskels ausüben. Von HÖBER ist festgestellt worden, daß alle Salze, welche einen regulären Längsquerschnittstrom erzeugen, also die berührte Stelle des Muskels negativ machen, die Erregbarkeit desselben rasch aufheben, während Salze, welche dies nicht tun, auch die Muskelerregbarkeit längere Zeit konservieren. Zur ersten Gruppe gehören namentlich die Salze des Kaliums und des Rubidiums. HÖBER vertritt die Anschauung, daß das Negativwerden einer Muskelpartie die Folge des Durchlässigwerdens der Membranen an dieser Stelle ist, indem er sich hierin an die Theorie der bioelektrischen Ströme von BERNSTEIN[3]) anlehnt. Nach dieser Theorie wirkt also das Kalium auflockernd auf die Plasmahaut.

VOGEL fand demgegenüber, daß die Phosphorsäureausscheidung des Muskels mit der Methode EMBDENS gemessen, durch Kalium nicht erhöht, sondern herabgesetzt wird. Es fragt sich hier allerdings, ob die Phosphorsäureausscheidung des Muskels in jedem Falle als ein einwandfreies Maß der Permeabilität der Muskelfasern darstellt. Man könnte sich doch auch ganz gut vorstellen, daß die Bindung der Phosphorsäure an die Kolloide im Muskelinneren der entscheidende Faktor für die Höhe der Phosphossäureausscheidung sei. Eine Erhöhung der Quellbarkeit dieser Kolloide könnte auch ihre Fähigkeit erhöhen, Phosphorsäure — etwa in Form von Adsorptionsverbindungen — festzuhalten. Hierdurch könnte eine Herabsetzung der Permeabilität der Fasergrenzschichten vorgetäuscht werden.

---

[1]) Bezüglich der Frage nach der Permeabilität der Muskelfasergrenzschichten für verschiedene Ionen siehe die betreffenden Ausführungen im Abschnitte über „Die physikalische Chemie des Muskels" in diesem Handbuch.

[2]) VOGEL: Hoppe-Seylers Zeitschr. f. physiol. Chem. Bd. 118, S. 50. 1922.

[3]) BERNSTEIN: Elektrobiologie. Braunschweig 1912.

Die Anschauung, daß die Ionen im Muskel gleichzeitig mehrere Angriffspunkte haben, ist namentlich von NEUSCHLOSZ[1]) entwickelt worden. Es konnte gezeigt werden, daß dem Kalium in bezug auf den tonischen Anteil der Muskelzuckung unter verschiedenen Umständen zwei verschiedene Wirkungen zukommen, die unter sich antagonistisch sind. Führt nämlich der Muskel aus irgendwelchem Grunde Doppelzuckungen aus, so werden diese durch Kaliumzusatz sofort behoben. Dagegen erhöht das Kalium die innere Unterstützung des Muskels, die sich im Laufe rhythmischer Reizung in einer Erhöhung der Fußpunktlinie über die Abszisse äußert. Da beide genannten Erscheinungen als eine Erhöhung der tonischen Funktion des Muskels angesehen werden können, so ergibt sich, daß diese durch Kalium einmal herabgesetzt, ein andermal aber verstärkt wird. Für die Deutung dieses scheinbaren Widerspruches dürfte es nun von Bedeutung sein, daß die erste der genannten Wirkungen schnell auftritt und ebenso schnell durch Beseitigung des Kaliumüberschusses beseitigt werden kann, während die zweite Erscheinung erst nach stundenlangem Aufenthalt des Muskels in der kalihaltigen Lösung auftritt und auch zu ihrer Behebung längere Zeit beansprucht. Bereits diese Tatsache macht es wahrscheinlich, daß die beiden Kaliwirkungen sich an verschiedenen Elementen des Muskels abspielen, und zwar die erste Wirkung an einer oberflächlicheren Stelle des Muskels als die zweite. Die weiteren Überlegungen von NEUSCHLOSZ schließen sich nun an die Theorie BOTTAZZIS[2]) an, nach welcher die tonische Funktion des Muskels in das Sarkoplasma verlegt wird. RIESSER und NEUSCHLOSZ[3]) haben diese Theorie BOTTAZZIS dahin erweitert, daß sie die tonischen Kontraktionen als die Folge einer Quellung des Sarkoplasmas ansehen. Als quellungsbefördernde Agenzien kommen unter physiologischen Bedingungen für das Sarkoplasma ebenso wie für die Fibrille in erster Reihe die H-Ionen und die K-Ionen in Betracht. Von sämtlichen im Organismus vorhandenen Kationen kommt doch diesen beiden die stärkste quellungsbegünstigende Wirkung zu. Der Muskeltonus wird also nach dieser Theorie von der Konzentration dieser beiden Ionen im Sarkoplasma abhängen. Das Kalium kann nun in diesem Sinne eine zweifache Wirkung haben, indem es einerseits die Quellung des Sarkoplasmas, andererseits die der Grenzschichten begünstigt. Beide Wirkungen sind ihrem Wesen nach identisch, quellungsbefördernd, nur wird sich ein Unterschied ergeben, je nachdem, ob die Wirkung hauptsächlich auf das Innere der Muskelfaser oder lediglich auf die Grenzschichten gerichtet ist. Im ersten Falle wird es zu einer Erhöhung des Muskeltonus kommen, im zweiten Falle hingegen, also wenn die Grenzschichten aufquellen, werden diese durchlässiger für die bei der Kontraktion gebildeten Säuren. Das schnelle Abfließen der Säuren aus der Muskelfaser verursacht ihrerseits eine schnelle Erschlaffung des Muskels nach jeder einzelnen Zuckung und demzufolge das Verschwinden der Doppelzuckungen. Die scheinbar sich widersprechenden Beobachtungen lassen sich also mit Leichtigkeit erklären, wenn wir die Annahme machen, daß das Kalium im Muskel zwei verschiedene Angriffspunkte hat, nämlich einmal die Fasergrenzschicht, ein andermal das Sarkoplasma. In kurzfristigen Versuchen wird das Wirkungsbild von der oberflächlichen Wirkung beherrscht, bei längerdauernden von der tiefer angreifenden.

Die Annahme, daß die Ionen zwei verschiedene Angriffspunkte im Muskel haben, ermöglicht auch das Verständnis einer Anzahl weiterer Tatsachen. So wurde erwähnt, daß das Barium in geringeren Konzentrationen und bei kurzer

[1]) NEUSCHLOSZ: Pflügers Arch. f. d. ges. Physiol. Bd. 196, S. 503. 1922.
[2]) BOTTAZZI: Arch. f. Anat. u. Physiol. 1901, S. 379.
[3]) RIESSER u. NEUSCHLOSZ: Arch. f. exp. Pathol. u. Pharmakol. Bd. 93, S. 179. 1922.

Versuchsdauer tonuserhöhend, bei längerer Einwirkung und namentlich in hohen Konzentrationen tonusvermindernd wirkt. Das Calcium wirkt fast ausschließlich tonusherabsetzend, doch läßt sich auch hier bei Anwendung geringer Mengen eine vorübergehende tonisierende Wirkung unter Umständen feststellen. Auch diese Tatsachen erklären sich leicht unter der Annahme, daß die genannten Ionen bei geringer Konzentration und kurzer Einwirkungsdauer hauptsächlich auf die Grenzschichten, bei langer Versuchsdauer hingegen auch auf das Sarkoplasma einwirken. Ihrem physiko-chemischen Charakter entsprechend wird die Wirkung dieser Ionen in beiden Fällen eine entquellende sein. Sie ist also der des Kaliums entgegengesetzt. Bei oberflächlicher Wirkung auf die Grenzschichten wird die Folge der Entquellung eine Abdichtung der Muskelfaser, also eine Erschwerung des Säureabflusses und somit eine Erhöhung des tonischen Anteils der Muskelkontraktion sein. Bei Einwirkung auf das Sarkoplasma bringen diese Ionen auch dieses zum Entquellen und es erfolgt eine Erschlaffung des Muskels. Daß das Barium hauptsächlich auf die Grenzschichten, Calcium hingegen mehr auf das Sarkoplasma wirkt, erklärt sich durch die langsamere und unvollkommenere Diffusion des erstgenannten Ions. Daß bei geringer Salzkonzentration und kurzer Einwirkungsdauer die oberflächliche Wirkung bei großen Mengen und langer Beobachtungszeit mehr die tieferen Wirkungen vorherrschen, ist ohne weiteres verständlich.

Ähnlich wie die Wirkungsweise der Kationen erklären sich unter diesen Gesichtspunkten auch die der Anionen. Die Ionen J, CNS usw. wirken quellungsbegünstigend und demnach ähnlich wie das Kalium. Die andere Gruppe der Anionen, also $SO_4$, Tartrat usw. wirken entquellend, also mehr oder weniger dem Calcium ähnlich. Komplizierter gestaltet sich der Wirkungsmechanismus bei jenen Anionen, die unlösliche Calciumsalze bilden. Na-Citrat und Na-Oxalat verursachen, wie wir sahen, Doppelzuckungen und in höheren Konzentrationen vielfach auch fibrilläre Kontraktionen. In noch höheren Konzentrationen führen sie hingegen eine schnelle und vollkommene Erschlaffung des Muskels herbei. Die erste Phase ihrer Wirkung erklärt sich als Folge der Calciumfällung. Durch die Elimination des physiologischen Calciumgehaltes der Muskelfaser erhöht sich die Erregbarkeit des Muskels und auch die Quellbarkeit des Sarkoplasmas. Dringen jedoch die genannten Anionen in größerer Menge in die Faser ein und befinden sie sich nun in Überschuß, so treten ihre direkten Wirkungen auf die contractile Substanz in den Vordergrund und diese äußern sich in einer Entquellung des Sarkoplasmas und in der Erschlaffung des Muskels.

In den vorhergehenden Ausführungen wurde der Versuch unternommen, die verschiedenen Wirkungen der Ionen am Skelettmuskel nach einheitlichen Gesichtspunkten zu ordnen und eine Theorie derselben zu entwickeln. Daß diese noch außerordentlich unvollkommen ist, liegt auf der Hand. Solange die Vorgänge der Muskelkontraktion und namentlich die funktionelle Bedeutung der verschiedenen Formelemente nicht endgültig geklärt sind, kann die Deutung der Ionenwirkungen am Muskel auch nur provisorischen Charakter haben. Wir müssen uns zunächst mit Analogieschlüssen aus dem Gebiete der leblosen Systeme begnügen und deren Wert ist natürlich ein beschränkter. Ich hoffe aber, doch gezeigt zu haben, daß gewisse Fortschritte in dieser Hinsicht immerhin erreicht worden sind und es daher berechtigt erscheint, den eingeschlagenen Weg auch weiter zu verfolgen.

Es dürfte wohl heute unbestritten zu Recht bestehen, daß die Ionenwirkungen am Muskel im wesentlichen kolloidchemische Erscheinungen sind, und die fortgesetzte Untersuchung derselben und ihr Vergleich mit Beobachtungen an wohldefinierten Systemen wird uns weiterhin vielleicht einen näheren Einblick in die Art und den Zustand der die contractile Substanz aufbauenden Kolloide gewähren. Man wird aber auch andere Möglichkeiten, die Ionenwirkungen auf den Muskel zu erklären, nicht außer acht lassen dürfen. Vor allem wird an eine katalytische Wirkung zu denken sein, indem die Stoffwechselvorgänge im Muskel je nach Art der Ionen in ihrer Reaktionsgeschwindigkeit beschleunigt oder verlangsamt werden. Was hierüber bekannt ist, wurde in diesem Zusammenhange nur flüchtig berührt und wird an einer anderen Stelle dieses Bandes (S. 409) genauer besprochen werden.

## V. Die Wirkung anorganischer Ionen auf glatte Muskeln.

Unsere Kenntnisse über das Verhalten glatter Muskeln gegenüber den verschiedenen Elektrolyten sind ganz wesentlich geringer als jene, welche sich auf quergestreifte Muskeln beziehen. Die Zahl der Arbeiten, welche sich mit diesem Thema beschäftigen, ist verhältnismäßig klein.

Das am meisten verwendete Versuchsobjekt ist wohl der isolierte Froschmagen. Einige weitere Untersuchungen liegen auch über die Muskulatur des Oesophagus des Huhnes, über Meerschweinchenuterus, Bronchialmuskulatur und Blutgefäße des Rindes, und einige ganz wenige auch über die glatten Muskeln wirbelloser Tiere vor. Merkwürdigerweise sind diese letzteren kaum in dem Maße zur Untersuchung herangezogen worden, wie dies ihrer Bedeutung und weiten Verbreitung nach zu erwarten wäre. Die schädlichen Folgen der Tatsache, daß niedere Tiere als physiologisches Versuchsmaterial sich noch immer nicht so recht eigentlich eingebürgert haben, ist wohl nirgends so fühlbar wie in der allgemeinen Physiologie glatter Muskeln.

Da die Tatsachen, welche über die Wirkung von Ionen auf glatte Muskeln bisher vorliegen, zu allgemeinen Schlußfolgerungen noch bei weitem nicht ausreichen und eine systematische, von modernen Gesichtspunkten aus unternommene Bearbeitung dieses Gebietes noch aussteht, sollen im folgenden nur die wichtigsten diesbezüglichen Beobachtungen kurz dargestellt und auf jede Deutung verzichtet werden. Die Einteilung des Materials wird die gleiche sein, wie sie bei der quergestreiften Muskulatur durchgeführt wurde.

### a) Kationen der Neutralsalze.

Die ersten Versuche über das Verhalten isolierter glatter Muskeln in reinen NaCl-Lösungen scheinen die von Morgen[1]) gewesen zu sein. Er stellte fest, daß in hypertonischen Lösungen von 2,5 bzw. 5,0% NaCl das isolierte Magenringpräparat des Frosches sich langsam verkürzt und in einem Zustande maximaler Kontraktion abstirbt. Demgegenüber konnte Schultz[2]) feststellen, daß in einer 10proz. NaCl-Lösung eine Erschlaffung der Magenmuskulatur erfolgt. Letzteres wurde von Trendelenburg[3]) für die Bronchialmuskulatur des Rindes bestätigt. Bei wesentlich verdünnteren Lösungen ($^{n}/_{10}$) beobachtete Winkler[4]) eine anfänglich recht bedeutende Erhöhung der Erregbarkeit des Froschmagenpräparates, welche sich in gleicher Weise auf Schließungs- und Öffnungserregungen bezog. Nach längerem Aufenthalte des Magenpräparates in der genannten NaCl-Lösung (20—30 Minuten) sank dann die Erregbarkeit, um schließlich gänzlich zu erlöschen.

---

[1]) Morgen: Inaug.-Diss. Halle 1888.
[2]) Schultz: Arch. f. (Anat. u.) Physiol. 1897.
[3]) Trendelenburg, P.: Arch. f. exp. Pathol. u. Pharmakol. Bd. 69, S. 79. 1912.
[4]) Winkler: Pflügers Arch. f. d. ges. Physiol. Bd. 71, S. 397. 1898.

Aus neuerer Zeit liegen am selben Präparate Untersuchungen von PUGLIESE[1]) vor. Er fand, daß von sämtlichen Kationen Na das unschädlichste ist. In 0,65—0,8% NaCl halten die Muskeln ihre ursprüngliche Erregbarkeit, ihren Tonus und ihre Automatie längere Zeit hindurch unverändert bei. Ähnliches fand TRENDELENBURG[2]) auch am isolierten Bronchienpräparate des Rindes, wenn er dasselbe in ein Gemisch, bestehend aus $^1/_3$ isotonischer NaCl-Lösung + $^2/_3$ Ringerlösung versenkte. Am isolierten Hühneroesophagus fand demgegenüber FIENGA[3]) eine deutliche Abnahme des Tonus durch die Einwirkung von NaCl auch in verhältnismäßig verdünnten Lösungen.

Betreffend die Wirkung des **Kaliums** fand WINKLER[4]) am Froschmagenpräparat in $^n/_{20}$-Lösungen eine schnelle und bedeutende Abnahme der Erregbarkeit. Nach PUGLIESE[1]) wirkt KCl in annähernd isotonischen Lösungen auf Tonus, rhythmische Tätigkeit und Automatie der Magenmuskulatur ebenfalls lähmend. In Gegensatz hierzu sah OHNO[5]) bei Einwirkung isotonischer KCl-Lösungen konstant starke, sich (wie beim Skelettmuskel) spontan lösende Contracturen auftreten und erst nach längerer Einwirkungszeit eine Lähmung gegenüber elektrischen Reizen einsetzen. Ebenso fanden FIENGA[3]) am Hühneroesophagus und TRENDELENBURG[2]) am Bronchienpräparat vom Rinde eine deutliche Zunahme des Muskeltonus bei Erhöhung des K-Gehaltes der Lösung ($^1/_3$ isotonische KCl-Lösung + $^2/_3$ Ringerlösung). Ähnliches beobachtete TESCHENDORF[6]) bei der Muskulatur des Blutegels.

Nach TATE und CLARK[7]) wirkt KCl erregend auf sämtliche Uteruspräparate und erweist sich als ausgesprochener Antagonist lähmender Droguen. Nach S. G. ZONDEK[8]) hat das K überall die gleiche Wirkung wie die Erregung des parasympathischen Systems. Wo diese letztere von einer Erhöhung des Muskeltonus begleitet wird (Darm, Blase, Uterus, Bronchien), kommt auch dem K eine ähnliche Wirkung zu. Demgegenüber lähmt das K überall, wo die Erregung des parasympathischen Nervensystems eine Hemmung zur Folge hat (Zirkulation).

Bemerkenswert ist die Feststellung von JANNINK[9]), daß ein Kaninchendarmpräparat, welches durch fortgesetztes Ausspülen mit K-freier Ringerlösung seines K-Gehaltes beraubt worden ist, seine Automatie verliert, dieselbe aber nach Behandlung mit Uranylnitrat wieder gewinnt. Auch lassen sich nach JANNINK die radioaktiven Paradoxa im Sinne ZWAARDEMAKERS[10]) am Darm beobachten.

Über die Wirkung des $CaCl_2$ auf das Froschmagenpräparat gibt WINKLER[4]) an, daß es zunächst erhöhend auf die Erregbarkeit desselben einwirkt, und daß namentlich die Öffnungszuckungen nicht unerheblich an Höhe zunehmen. Nach wenigen Minuten beginnt jedoch die Erregbarkeit bereits abzunehmen. Nach PUGLIESE[1]) kommt dem Ca eine Ausnahmestellung unter den Kationen zu. Es verstärkt den Tonus und die automatischen Kontraktionen der Magenmuskulatur, verlangsamt aber den Rhythmus. Nach TRENDELENBURG[2]) wirkt das Ca stark tonisierend auf die Bronchialmuskulatur. Dieselbe Wirkung beobachtete FIENGA[3]) auch am Hühneroesophagus und HOOKER[11]) an Blutgefäßen. Nach RANSOM[12])

---

[1]) PUGLIESE: Arch. ital. de biol. Bd. 46, S. 371. 1916.
[2]) TRENDELENBURG: Arch. f. exp. Pathol. u. Pharmakol. Bd. 69, S. 79. 1912.
[3]) FIENGA: Zeitschr. f. Biol. Bd. 54, S. 268. 1910.
[4]) WINKLER: Pflügers Arch. f. d. ges. Physiol. Bd. 71, S. 397. 1898.
[5]) OHNO, M.: Pflügers Arch. f. d. ges. Physiol. Bd. 197, S. 371. 1922.
[6]) TESCHENDORF: Pflügers Arch. f. d. ges. Physiol. Bd. 192, S. 135. 1921.
[7]) TATE und CLARK: Arch. internat. de pharmaco-dyn. et de thérapie Bd. 26, S. 103. 1921.
[8]) ZONDEK, S. G.: Biochem. Zeitschr. Bd. 132, S. 362. 1922.
[9]) JANNINK: Diss. Utrecht 1921.
[10]) ZWAARDEMAKER: Ergebn. d. Physiol. Bd. 19, S. 326. 1921.
[11]) HOOKER: Americ. journ. of physiol. Bd. 28, S. 363. 1911.
[12]) RANSOM: Journ. of pharmacol. a. exp. therapeut. Bd. 15, S. 181. 1920.

führt Behandlung mit Ca-freier Ringerlösung am isolierten Katzenuterus zu Sistierung der Automatie. Diese tritt aber wieder auf, wenn der Lösung etwas Strophantin zugesetzt wird. Er schließt hieraus, daß Strophantin die Muskeln gegenüber den Spuren von zurückgebliebenem Ca sensibilisiere.

Nach S. G. ZONDEK[1]) steht das Ca in ähnlicher Beziehung zum Sympathicus wie K zum Parasympathicus. Ca-Zusatz wirke demnach überall erregend, wo dies auch der Sympathicus tut (Herz, Gefäße), während es lähmend wirken soll, wo der Sympathicus eine hemmende Funktion inne hat (Magen, Darm, Blase, Uterus, Bronchien). Wie ersichtlich, steht diese Behauptung ZONDEKS im Widerspruche zu einigen der Beobachtungen, so z. B. zu der Feststellung TRENDELENBURGS, daß Ca tonisierend auf die Bronchialmuskulatur wirke. Es scheint nach allem die Ca-Wirkung an den verschiedenen glattmuskeligen Organen ein wesentlich komplizierterer Vorgang zu sein, als daß es sich durch eine derartig einfache Formel wie die ZONDEKS restlos erfassen ließe. Eine eingehende Besprechung dieser Verhältnisse kann jedoch hier nicht erfolgen.

SPIRO[2]) beobachtete, daß ein Ionenantagonismus, wie wir ihn von anderen Organen her kennen, auch am glatten Muskel (isolierter Meerschweinchenuterus) beobachtet werden kann. Die vorteilhafteste, am besten ausäquilibrierte Lösung für dieses Organ enthält 2,6 Molionen K auf 1 Molion Ca. Das Gesamtverhältnis Na + K/Ca muß 60 sein.

Die übrigen Alkali- und Erdalkalikationen wirken so, wie dies ihrer chemischen Zugehörigkeit nach zu erwarten ist. So fand TRENDELENBURG[3]), daß Lithium ähnlich wie Na wirkt, während Rb und Cs nach WINKLER[4]) auch in ihrer Wirkung auf glatte Muskeln sich dem K anschließen. Bei der letztgenannten Gruppe scheint die Giftigkeit mit steigendem Atomgewichte abzunehmen. Ammoniumsalze wirken nach TRENDELENBURG[3]) sowie nach PUGLIESE[5]) lähmend und erschlaffend, während nach ATZLER und LEHMANN[6]) Ammoniumchlorid auf die Gefäßbahn verengernd einwirkt.

Sr und Ba wirken mehr oder weniger dem Ca ähnlich, doch bestehen namentlich beim Ba immerhin nicht unerhebliche Differenzen. So verursacht dieses Kation nach WINKLER in $^{n}/_{20}$-Lösungen am Froschmagenpräparat eine anfänglich merkliche Steigerung der Erregbarkeit, die wesentlich länger anhält als beim Ca. Sr scheint hier eine Mittelstellung einzunehmen. Nach DIXON[7]) verursacht intravenöse Injektion von Chlorbarium beim Frosche eine hochgradige Tonusvermehrung der Magenmuskulatur, welche auch von rhythmischen Kontraktionen begleitet werden kann. Auch lokale Applikation wirkt ähnlich. Diese Tatsache wurde auch am isolierten Froschmagenpräparat von PUGLIESE[5]) bestätigt. Dieser Autor beobachtete ferner, daß Ba und Sr auch dann verstärkend auf Tonus, rhythmische Tätigkeit und Automatie der Magenmuskulatur wirken, wenn die genannten Eigenschaften nach längerem Aufenthalte des Präparates in NaCl- oder LiCl-Lösungen bereits verlorengegangen waren. Auch am Bronchienpräparate vom Rinde wirken Sr und Ba tonisierend, wobei das Ba von sämtlichen Ionen das wirksamste ist. Ähnliche Verhältnisse traf FIENGA[8]) am Oesophagus des Huhnes an. Im Gegensatz zu den eigentlichen Erdalkalikationen wirkt Mg auf sämtliche untersuchte glatte Muskeln erschlaffend ein [PUGLIESE[5]), FIENGA[8]), TRENDELENBURG[3])]. Nach TESCHENDORF[9]) wirken K und Ba tonuserhöhend auf die Gefäßmuskulatur des Frosches, Mg und Ca hingegen hemmend. Sr fand er ziemlich unwirksam. Bemerkenswert ist, daß Ba, obwohl an und für sich stark tonisierend, die Tonuserhöhung durch einwertige Kationen unter Umständen hemmen kann.

---

[1]) ZONDEK: Biochem. Zeitschr. Bd. 132, S. 362. 1922.
[2]) SPIRO, K.: Schweiz. med. Wochenschr. Bd. 51, S. 457. 1921.
[3]) TRENDELENBURG: Arch. f. exp. Pathol. u. Pharmakol. Bd. 69, S. 79. 1912.
[4]) WINKLER: Pflügers Arch. f. d. ges. Physiol. Bd. 71, S. 397. 1898.
[5]) PUGLIESE: Arch. ital. de biol. Bd. 46, S. 371. 1916.
[6]) ATZLER, E. und G. LEHMANN: Pflügers Arch. f. d. ges. Physiol. Bd. 197, S. 221. 1922.
[7]) DIXON: Journ. of physiol. Bd. 28, S. 57. 1902.
[8]) FIENGA: Zeitschr. f. Biol. Bd. 54, S. 268. 1910.
[9]) TESCHENDORF: Biochem. Zeitschr. Bd. 118, S. 207. 1921.

Von den Schwermetallkationen wirken erschlaffend: Zn, Cd, Pb, Co, Ni, Fe, Mn, Cu [PUGLIESE[1]), FIENGA[2])], verkürzend scheinen unter gewissen Umständen nur Ag [MORGEN[3]) und Hg [FIENGA[2])] zu wirken. Diese Wirkungen unterscheiden sich von denen der Alkali- und Erdalkalisalze durch ihre Irreversibilität.

### b) Anionen der Neutralsalze.

Unter den Haloidsalzen des Na erwies sich in den Versuchen WINKLERS[4]) am Froschmagenpräparate das Fluorid als das schwerste Gift. In Lösungen $^n/_{10}$ und $^n/_{20}$ starb der Muskel ohne anfängliche Erregbarkeitssteigerung rasch ab. NaBr ist in seiner Wirkung dem NaCl ähnlich, lähmt aber immerhin etwas schneller. Noch schneller wirkt das NaJ, wobei jedoch häufig eine anfängliche Erregbarkeitssteigerung beobachtet werden kann (WINKLER). Nach TRENDELENBURG[5]) erhöhen Jodide den Tonus der Bronchialmuskulatur. Noch wirksamer erwiesen sich die Rhodanide. Eine Verdünnung der isotonischen Lösung von NaCNS durch Ringerlösung 1 : 100 genügt schon, um eine Contractur am Bronchienpräparate herbeizuführen, während hierzu von NaJ immerhin eine Konzentration 1 : 10 notwendig ist. Auch $NaNO_2$ wirkt nach TRENDELENBURG deutlich tonuserhöhend, während sich $NaNO_3$ vollkommen unwirksam erweist. Auf die Muskulatur des Blutegels wirken nach TESCHENDORF[6]) tonuserhöhend die Ionen $NO_3$, J und CNS, während Cl, Br, $PO_4$ und $ClO_3$ an und für sich unwirksam sind. NaCN ruft nach MORITA[7]) am Froschmagenpräparat und auch an Blase und Uterus von Warmblütern [FRAENKEL und MORITA[8])] schon in geringer Konzentration vorübergehende Contracturen hervor, welcher ein irreversibler Verlust der Erregbarkeit folgt. Bei sehr geringen Konzentrationen tritt nur der letztere ein.

### c) H- und OH-Ionen.

Bereits die ersten Untersucher, die sich allerdings sehr hoher Konzentrationen bedienten, konnten feststellen, daß Säuren und Basen mit zu den schwersten Giften für glatte Muskeln gehören.

So fand schon MORGEN[3]), daß 0,5 proz. HCl ein schnelles Absterben des Froschmagenpräparates verursacht. Es ist bemerkenswert, daß das Absterben glatter Muskeln in sauren Lösungen nicht wie das der quergestreiften in Contractur, sondern in Erschlaffung eintritt. Dies wurde von SCHULTZ[9]) auch für $H_2SO_4$ und $HNO_3$ (0,1—1,0%) festgestellt. In konzentrierter $H_2SO_4$ scheint allerdings eine geringfügige Verkürzung des Präparates einzutreten, doch dürfte dies nur eine Folge der Wasserentziehung sein.

Auch $CO_2$ wirkt nach SCHULTZ tonusvermindernd auf glatte Muskeln. Bei der Unterbrechung des $CO_2$-Stromes und Auswaschen mit $H_2$ oder $O_2$ tritt dann häufig eine heftige Contractur auf. Am atropinisierten Präparate ist diese Wirkung weniger deutlich. Hier kann nach fortgesetzter Behandlung mit $CO_2$ noch eine allmähliche Verkürzung erfolgen. SCHULTZ nimmt daher an, daß die lähmende Wirkung des $CO_2$ hauptsächlich gegen die Nervenendigungen gerichtet ist.

---

1) PUGLIESE: Arch. ital. de biol. Bd. 46, S. 371. 1916.
2) FIENGA: Zeitschr. f. Biol. Bd. 54, S. 268. 1910.
3) MORGEN: Inaug.-Diss. Halle 1888.
4) WINKLER: Pflügers Arch. f. d. ges. Physiol. Bd. 71, S. 397. 1898.
5) TRENDELENBURG: Arch. f. exp. Pathol. u. Pharmakol. Bd. 69, S. 79. 1912.
6) TESCHENDORF: Pflügers Arch. f. d. ges. Physiol. Bd. 192, S. 135. 1921.
7) MORITA, G.: Pflügers Arch. f. d. ges. Physiol. Bd. 205, S. 121. 1924.
8) FRAENKEL, M. und G. MORITA: Pflügers Arch. f. d. ges. Physiol. Bd. 207, S. 165. 1925.
9) SCHULTZ: Arch. f. (Anat. u.) Physiol. 1897, S. 322; 1903, Suppl., S. 1.

Nach WINKLER[1]) tötet schon $^n/_{100}$-CHl das Froschmagenpräparat rasch ab; $^n/_{100}$-Essigsäure soll jedoch anfänglich den Tonus etwas erhöhen und nur später lähmend wirken. Nach DIXON[2]) hängt die Art der Wirkung von Milchsäure auf den Froschmagen von der Dosis ab. Nach intravenöser Injektion einer Lösung von $^1/_{10000}$ trat in seinen Versuchen Tonusabfall und Lähmung der Automatie gleich ein, während $^1/_{500}$ zunächst eine vorübergehende Contractur und erst später Erschlaffung verursacht. Am Bronchienpräparate des Rindes beobachtete hingegen TRENDELENBURG[3]) stets nur eine Erschlaffung infolge der Säurewirkung.

Ganz anders gestalten sich die Verhältnisse nach den Untersuchungen neuerer Autoren, von denen MEIGS[4]) und OHNO[5]) am Froschmagen, HEYMANN[6]) am Froschmagen, Kaninchendarm und Kaninchenaorta, SAITO[7]) am Blutegelmuskel und FRAENKEL und MORITA[8]) an Blase, Uterus, Magen und Darm von Meerschweinchen und Ratten arbeiteten. Danach wirken schwache Säurekonzentrationen überhaupt nicht oder nach längerer Zeit lähmend; stärkere bewirken eine Contractur, die um so schneller einer Verlängerung Platz macht, je konzentrierter die Säure ist; noch stärkere bewirken sofort Lähmung. Die Konzentrationen, bei denen die einzelnen Phasen eintreten, sind bei den verschiedenen Objekten sehr verschieden; auch individuelle und jahreszeitliche Unterschiede sind zu verzeichnen. Nach SAITO wirken, sowohl beim Blutegelmuskel als auch beim Meerschweinchenuterus (s. a. FRAENKEL und MORITA), Säuredosen, die sonst Contracturen bewirken, erschlaffend, wenn das Präparat sich spontan oder durch Einwirkung von Pelletierin in hohem Tonus befand[9]).

Am isolierten Kaninchendarm fanden RONA und NEUKIRCH[10]) ein Optimum für die Automatie bei $p_H = 7,3$. Eine geringe Erhöhung der Wasserstoffionenkonzentration führt anfänglich eine Verstärkung der rhythmischen Kontraktionen herbei, jedoch ist schon $p_H = 6,5$ eine merkliche, weniger günstigere Reaktion als 7,3, und bei $p_H = 5,6$ sistieren die Kontraktionen bald vollständig.

Eingehendere Untersuchungen als über andere glatte Muskelarten liegen über das Verhalten der Blutgefäße gegenüber Säuren vor. Der größte Teil dieser Untersuchungen bezieht sich natürlich auf die Wirkung der Kohlensäure [TOMITA[11]), GÜNTHER[12]), WEISS[13]), ROTHLIN[14]), HOOKER[15])]. Im wesentlichen gelangen diese Autoren zu dem Schlusse, daß ausgeschnittene und in situ belassene, jedoch entnervte Gefäße auf $CO_2$ mit Erschlaffung reagieren.

GASKELL[16]) zeigte, daß die Gefäße eines Frosches, welche von der Aorta aus mit einer Kochsalzlösung durchspült werden, der Milch- oder Essigsäure 1 : 10 000 zugesetzt wurde, ebenfalls mit Dilatation reagieren. Dasselbe fanden ROY und SHERRINGTON[17]) bei den intrakraniellen Gefäßen des Hundes. An Fröschen konnte auch BAYLISS[18]) die Be-

---

[1]) WINKLER: Pflügers Arch. f. d. ges. Physiol. Bd. 71, S. 397. 1898.
[2]) DIXON: Journ. of physiol. Bd. 28, S. 57. 1902.
[3]) TRENDELENBURG: Arch. f. exp. Pathol. u. Pharmakol. Bd. 69, S. 79. 1912.
[4]) MEIGS: Journ. of exp. zool. Bd. 13, S. 497.
[5]) OHNO, M.: Pflügers Arch. f. d. ges. Physiol. Bd. 197, S. 367. 1922.
[6]) HEYMANN: Arch. f. exp. Pathol. u. Pharmakol. Bd. 90, S. 27. 1921.
[7]) SAITO, Y.: Pflügers Arch. f. d. ges. Physiol. Bd. 198, S. 202. 1923.
[8]) FRAENKEL, M. und Y. MORITA: Pflügers Arch. f. d. ges. Physiol. Bd. 207, S. 165. 1925.
[9]) Vgl. auch das Kapitel chemische Contractur von RIESSER in diesem Band.
[10]) RONA und NEUKIRCH: Pflügers Arch. f. d. ges. Physiol. Bd. 148, S. 273. 1912.
[11]) TOMITA: Pflügers Arch. f. d. ges. Physiol. Bd. 116, S. 299. 1907.
[12]) GÜNTHER: Zeitschr. f. Biol. Bd. 65, S. 411.
[13]) WEISS, S.: Pflügers Arch. f. d. ges. Physiol. Bd. 181, S. 225. 1920.
[14]) ROTHLIN: Biochem. Zeitschr. Bd. 111, S. 243. 1921.
[15]) HOOKER: Americ. journ. of physiol. Bd. 28, S. 363. 1911.
[16]) GASKELL: Journ. of physiol. Bd. 3, S. 63. 1881.
[17]) ROY und SHERRINGTON: Journ. of physiol. Bd. 11, S. 85. 1890.
[18]) BAYLISS: Proc. of the physiol. soc. Journ. of physiol. Bd. 26. 1901.

obachtungen GASKELLS bestätigen, fand jedoch bei Warmblütern keine Vasodilatation infolge Säurezusatzes. Demgegenüber stellten SCHWARZ und LEMBERGER[1]) fest, daß die vom Zentralnervensystem abgetrennten Gefäße der Submaxillardrüse von Katzen und Kaninchen bei Durchspülung mit säurehaltigen Lösungen sich erweitern. Sie fanden alle Säuren wirksam, die ebenso stark oder stärker sind als die Kohlensäure. Sie glaubten aus diesem Grunde, daß alle übrigen Säuren nur dadurch wirken, daß sie $CO_2$ aus ihren Verbindungen freimachen. Hiergegen spricht jedoch, daß, wie wiederholt festgestellt worden ist, die verschiedensten Säuren auch an isolierten, in bicarbonatfreier Lösung suspendierten Gefäßstreifen wirksam sind.

Während frühere Autoren ausschließlich Gefäßerweiterung nach Säurezusatz beobachteten, stellte PEARCE[2]) am Trendelenburgschen Froschpräparate zum ersten Male fest, daß $^1/_{16}$-gesättigte $CO_2$-Ringerlösung ebenso wie $^1/_{10000}$ Milchsäure auch Gefäßverengerung verursachen können. Fast gleichzeitig wurde diese Feststellung auch von ISHIKAWA[3]) gemacht. Auch SCHMIDT[4]) beobachtete Vasoconstriction durch $^n/_{1000}$-HCl, und J. ADLER[5]) fand bei dem Auftropfen von Säuren auf das Capillarnetz des Froschmesenteriums vorwiegend Vasokonstriktion.

Nach FLEISCH[6]) ist die Wirkungsweise der Kohlensäure von der verwendeten Konzentration abhängig, indem kleine Mengen Erweiterung, größere hingegen eine Zusammenziehung verursachen. Da jedoch dieser Autor an Tieren mit erhaltenem Zentralnervensystem arbeitete und dieselben curarisierte, können seine Befunde nicht ohne weiteres auf die Gefäßmuskulatur bezogen werden.

Vielmehr geeignet, die Widersprüche in der älteren Literatur zu erklären, ist die recht eingehende Studie, welche HEYMANN[7]) zum Teil am Trendelenburgschen oder Pissemskischen Froschpräparate, ferner am Kaninchenohr und an isolierten Streifen der Aorta des Rindes ausführte. Seine Befunde sind vollkommen eindeutig. Sie ergeben Vasoconstriction bei kleinsten Säurekonzentrationen ($^n/_{1000}$-HCl und darunter), während etwas größere Konzentrationen eine Erschlaffung der Gefäßmuskulatur verursachen. Ebenso kommt es bei der Dauerdurchströmung mit stark verdünnten Säurelösungen zu einer starken und sich ständig steigernden Gefäßverengerung, welche anfangs noch reversibel ist, nach einiger Zeit jedoch sich als irreversibel erweist. An der Gefäßbahn von *Säugern* sind diese Verhältnisse am genauesten von ATZLER und LEHMANN[8]) unter Anwendung *gepufferter* Lösungen untersucht. Verminderung der [H] von einer gewissen Konzentration aus gibt Gefäßkontraktion, Vermehrung der [H] Erweiterung. Unterhalb $p_H$ 4,5 tritt meist wieder Verengerung ein.

Die Verhältnisse liegen also bei glatten Muskeln sehr kompliziert. Während eine Erhöhung der H-Ionenkonzentration in der Mehrzahl der Fälle eine Erschlaffung der glatten Muskeln und meist nur bei bestimmten Konzentrationen eine Tonuserhöhung oder Contractur verursacht, geht die Alkaliwirkung zumindest in ihrem ersten Stadium in der Regel mit einer Contractur einher. So verursachen nach MORGEN[9]) 2,5—5,0proz. NaOH-Lösungen eine sofortige Verkürzung des Froschmagenpräparates, die später allerdings von einer Erschlaffung gefolgt wird. SCHULTZ[10]) beobachtete dasselbe auch bei wesentlich verdünnteren (0,1—1,0 proz.) Lösungen von NaOH und KOH. Nach WINKLER[11]) ist NaOH in

---

[1]) SCHWARZ und LEMBERGER: Pflügers Arch. f. d. ges. Physiol. Bd. 141, S. 149. 1911.
[2]) PEARCE: Zeitschr. f. Biol. Bd. 62, S. 242. 1913.
[3]) ISHIKAWA: Zeitschr. f. allg. Physiol. Bd. 16, S. 223. 1913.
[4]) SCHMIDT: Arch. f. exp. Pathol. u. Pharmakol. Bd. 85, S. 137. 1919.
[5]) ADLER, J.: Journ. of pharmacol. a. exp. therapeut. Bd. 8, S. 297. 1916.
[6]) FLEISCH: Pflügers Arch. f. d. ges. Physiol. Bd. 171, S. 104. 1918.
[7]) HEYMANN: Arch. f. exp. Pathol. u. Pharmakol. Bd. 90, S. 27. 1921.
[8]) ATZLER, E. und G. LEHMANN: Pflügers Arch. f. d. ges. Physiol. Bd. 197, S. 221. 1922.
[9]) MORGEN: Inaug.-Diss. Halle 1888.
[10]) SCHULTZ: Arch. f. (Anat. u.) Physiol. 1897.
[11]) WINKLER: Pflügers Arch. f. d. ges. Physiol. Bd. 71, S. 397. 1898.

einer Konzentration von $^{n}/_{111}$ noch deutlich wirksam, während nach DIXON[1]) die Automatie des Froschmagens noch nach intravenösen Injektionen von Lösungen $^{1}/_{20000}$ NaOH merklich verstärkt wird. Auch am Bronchienpräparate vom Rinde fand TRENDELENBURG[2]) deutliche Tonuserhöhung durch NaOH. Beim Froschmagen, der Blase und dem Uterus von Säugetieren und bei Blutegelmuskeln fanden OHNO, SAITO sowie FRAENKEL und MORITA[3]) Alkali in allenwirksamen Dosen contracturerregend.

RONA und NEUKIRCH[4]) fanden, daß der isolierte Kaninchendarm seine Automatie bei $p_H = 8{,}82$ rasch einstellt. Vorher läßt sich jedoch häufig eine merkliche Tonuserhöhung beobachten. GASKELL[5]) beobachtete, daß die Gefäße des Frosches sich bei Durchspülung mit NaOH $^{1}/_{20000}$ deutlich zusammenziehen. Nach HEYMANN[6]) wirken Alkalien auf Gefäße und Darmmuskulatur ähnlich wie Säuren, d. h. in geringen Konzentrationen tonisierend, in höheren erschlaffend. Die Grenzkonzentrationen für beide Wirkungen liegen bei Alkalien etwas höher als bei Säuren.

---

[1]) DIXON: Journ. of physiol. Bd. 28, S. 57. 1902.
[2]) TRENDELENBURG: Arch. f. exp. Pathol. u. Pharmakol. Bd. 69, S. 79. 1912.
[3]) Zitiert auf S. 295.
[4]) RONA und NEUKIRCH: Pflügers Arch. f. d. ges. Physiol. Bd. 148, S. 273. 1912.
[5]) GASKELL: Journ. of physiol. Bd. 3, S. 63. 1881.
[6]) HEYMANN: Arch. f. exp. Pathol. u. Pharmakol. Bd. 90, S. 27. 1921.

# Nerv und Muskel.

Von

**H. Führer** und **F. Külz**

Bonn a. Rh. und Leipzig.

## Anatomie.

### Entwicklung der Endplatte.

Da manche Verhältnisse der ausgebildeten motorischen Endplatte nur aus der Entwicklung verständlich sind, sei kurz vorausgeschickt, was in dieser Beziehung bekannt ist. Die ältere Literatur, die sich bei London und Pesker[1]) findet, kann hier übergangen werden. Es entwickelt sich nach diesen Autoren die Endplatte bei der weißen Maus aus kolbenartigen Verdickungen der Fibrillenenden, die sich am Kerngebiet der Muskeln anlagern. Die Beschreibung ist zu kurz, um eine klare Vorstellung zu ermöglichen. Einen wesentlichen Fortschritt stellen die Arbeiten Boekes[2]) dar, auf die hier einzugehen ist.

Die Nervenfasern wachsen in die syncytialen Muskelplatten der Myotome ein und bilden dabei einen wirklichen Plexus; sie sind in das Protoplasma eingebettet und berühren jede einzelne Muskelfaser. An diesen Berührungsstellen kommt es dann, aber erst viel später, zur Ausbildung von Verdickungen, die teils kompakt sind, teils sich in Fibrillennetze oder Ringbildungen auflösen lassen. Die kolbenartigen Verdickungen am Ende der Nerven[3]) sind nach Boeke selten; die von ihm gesehenen und sehr gut abgebildeten Anschwellungen treten im Verlauf der Nervenfaser auf, da, wo sie die Muskelfasern berühren, und es folgt daraus, daß von einer Faser aus mehrere Muskelfasern innerviert werden. Die weitere Entwicklung geht dann dahin, daß die Netze sich weiter auflockern und durch Auswachsen kollateral werden. Der Stiel, mit dem die Netze mit der Nervenfaser in Verbindung stehen, besteht immer ursprünglich aus einem doppelten Ast. Die Ausbreitungen sind immer von Endnetzen oder Ösen begrenzt. Bei der weiteren Ausbildung der Endnetze treten dann auch im Sarkoplasma Kernansammlungen auf. Wichtig ist, daß sich das Neurofibrillengefüge noch beim ausgetragenen Tier ändert, so daß man Endplatten von Embryonen, jungen und alten Tieren unterscheiden kann.

---

[1]) London u. Pesker: Über die Entwicklung des peripheren Nervensystems bei Säugetieren (weißen Mäusen). Arch. f. mikroskop. Anat. Bd. 67, S. 304. 1906.

[2]) Boeke: Beiträge zur Kenntnis der motorischen Nervenendungen. I. und II. Anat. Anz. Bd. 35, S. 193; Internat. Monatsschr. f. Anat. u. Physiol. Bd. 28, S. 377, mit sehr instruktiven Abbildungen.

[3]) Tello: Trabajos del laborat. de investig. biol. de la univ. de Madrid Bd. 4. 1903; zit. nach Boeke, London u. Pesker.

Rückt die sich entwickelnde Platte nicht nach einer Seite heraus, sondern bleibt sie im Verlauf des Nerven liegen, so bleibt die auf die ausgebildete Platte folgende Strecke des Nerven marklos, es entsteht eine sogenannte „ultraterminale“ Faser, die streng von den später zu besprechenden marklosen akzessorischen Fasern unterschieden werden muß.

## Anatomie der ausgebildeten Endplatte.

Mit der Gestalt der motorischen Endplatte haben sich zahlreiche Arbeiten beschäftigt, ohne den Resultaten KÜHNES[1]) viel neues zufügen zu können. Weitere Kenntnis brachten die neuen Imprägnierungsmethoden (CAJAL, BIELSCHOWSKY), mit denen die Arbeiten von CAJAL[2]), GEMELLI[3]), TELLO[4]) und vor allem die BOEKES[5]) ausgeführt sind, dem wir auch hier folgen:

Der motorische Nerv durchbricht unter Verlust der Markscheide das Sarkolemm, das über der Nervenausbreitung etwas dünner ist[6]). Die Henlesche Scheide verschmilzt mit dem Sarcolemm. Entgegen früheren Anschauungen liegt also die Endplatte hypolemmal, wie es von KÜHNE und DOGIEL schon lange behauptet war. Man vergleiche die instruktiven Querschnittsbilder bei BOEKE[7]). Die Neurofibrillenfärbung zeigt, daß mit dem Eintreten des Nerven in die Muskelfaser das Gefüge der Neurofibrillen lockerer wird. Früher oder später verästeln sich die Neurofibrillenbündel geweihartig. Es kann auch vorkommen, daß die Nervenfaser sich schon vor Erreichung des Muskels teilt, dann treten zwei Nerven in die Endplatte ein. Mitunter unterbleibt die Verästelung, und es zeigen sich spatelförmige Endplatten, wie sie beim Amphioxus stets vorkommen. Ein und dieselbe Nervenfaser kann auf der einen Muskelfaser geweihartige, auf der anderen spatelförmige Endplatten bilden. Spatelförmige und breitgelappte Formen kommen mehr bei jungen Tieren vor als bei alten. Funktionelle Verschiedenheiten der beiden Formen sind nicht bekannt. Obwohl also in ein und demselben Muskel sich die verschiedensten Formen finden, lassen sich doch für die einzelnen Tierarten bestimmte Typen aufstellen[8]). Auch für die verschiedenen Muskeln ein und desselben Tieres sind bestimmte Formen typisch. Über Unterschiede in der färberischen Darstellbarkeit macht KÜHNE[9]) für die Goldmethode Angaben. Nach BOEKE ist unter den Säugetieren der Igel sehr brauchbar.

Bei aller Verschiedenheit der Formen ist der Erfolg der Endplattenbildung immer derselbe: eine Auflockerung des Fibrillengerüstes mit Vergrößerung der Oberfläche. Entgegen den Resultaten mit früheren Methoden zeigt die BIELSCHOWSKY-Färbung bei genügender Imprägnierung nie spitz zulaufende Fibrillen. Die Enden werden immer von Ringen, Ösen oder Netzen gebildet[10]).

Viele Muskelfasern besitzen mehrere Endplatten, die oft dich nebeneinander liegen. AGDUHR hat durch Degenerationsversuche nachweisen können, daß

---

[1]) KÜHNE: Neue Untersuchungen über motorische Nervenendigungen. Zeitschr. f. Biol. Bd. 23, S. 1. 1887.

[2]) CAJAL: Las Neurofibrillos en das vertibratadas inferiores. Trabajos del laborat. de investig. biol. de la univ. de Madrid Bd. 3. 1904.

[3]) GEMELLI: Sur la structure des plaques motrices chez les reptiles. Le Nevraxe Bd. 7; zit. nach BOEKE, 1905.

[4]) TELLO: Trabajos del laborat. de investig. biol. de la univ. de Madrid Bd. 2. 1905.

[5]) BOEKE: l. c.: Anat. Anz. Bd. 35, S. 193. 1909; Internat. Monatsschr. f. Anat. Bd. 28, S. 377. 1911.

[6]) BOEKE: Anat. Anz. Bd. 35, S. 215. 1919.

[7]) BOEKE: Anat. Anz. Bd. 35, Taf. 1, Fig. 30.

[8]) Vgl. darüber KÜHNE: Zeitschr. f. Biol. Bd. 23, S. 126. 1887 u. BOEKE: Internat. Zeitschr. f. Anat. Bd. 28, S. 411. 1911.

[9]) KÜHNE: l. c. S. 13.

[10]) Vgl. z. B. die Figur in Asher-Spiros, Ergebn. d. Physiol. Bd. 19, S. 465 u. 467.

diese doppelten Endplatten oft von verschiedenen Rückenmarkswurzeln aus innerviert werden. Ein und dieselbe Muskelfaser empfängt demnach Impulse aus verschiedenen Segmenten des Rückenmarks[1]).

Die Endplatten sind über den Muskel nicht gleichmäßig verstreut, sondern liegen in bestimmten Gegenden angehäuft. Beim Frosch und einigen anderen Tieren hat MAYS[2]) die Lage für verschiedene Muskeln untersucht und abgebildet.

Die Endgeweihe sind eingebettet in je nach der Fixierung mehr oder minder feinkörniges Sarkoplasma, in dem zahlreiche Kerne angehäuft sind. KÜHNE hatte darauf aufmerksam gemacht, daß die Endplatten nirgends die Muskelfasern berühren, sondern immer von ihnen durch eine Schicht Sarkoplasma (Sohlenplatte) getrennt sind, der man daher eine Funktion bei der Reizleitung zusprechen müsse. Es ist nun BOEKE gelungen, im Sarkoplasma ein periterminales Netzwerk mittels der BIELSCHOWSKY-Färbung nachzuweisen[3]). Es ist das ein allerfeinstes Maschenwerk, welches sich unmittelbar an das Neurofibrillengerüst anschließt. Es ist vor allem um die Endösen und die Endnetzchen sichtbar, aber auch sonst im Verlauf der Neurofibrillen nachweisbar. Es durchsetzt die ganze Sohlenplatte und ist in das übrige Sarkoplasma und in die Interstitien zwischen den Muskelfibrillen zu verfolgen, wo es ein „*wirkliches intramuskuläres Netz*" bildet. Während BOEKE sich früher über die Natur dieses Netzes nicht entscheiden wollte, hält er in seinen letzten Arbeiten[4]) das Netzwerk für eine Bildung des Sarkoplasmas, die aber im engsten Konnex und unter dem Einfluß des neurofibrillären Apparates der Endplatte steht. Er identifiziert es direkt mit LANGLEYS rezeptiver Substanz und schreibt ihm auf Grund des engen Anschlusses an das Neurofibrillengerüst und in Anbetracht der Tatsache, daß Degeneration und Regeneration beider Bildungen eng verbunden sind, eine reizleitende Funktion zu.

## Akzessorische Nervenendigungen.

Neben den Endplatten der efferenten Spinalnerven ist in neuerer Zeit das Vorkommen von Endorganen markloser Nerven sichergestellt, die durch ihre hypolemmale Lage ebenfalls als efferente Fasern gekennzeichnet sind[5]). Derartige Fasern sind bisher nachgewiesen bei Reptilien, Vögeln und Säugetieren. Es handelt sich um sehr feine dünne Nerven, die meist zusammen mit der markhaltigen Faser, aber außerhalb der HENLEschen Scheide, die Muskelfaser erreichen, in den Bezirk der Endplatte eindringen und dort ein *zweites*, einfacher als das des motorischen Nerven gebautes System von Endösen oder weitmaschigen Netzen bilden. Diese Bildungen bleiben immer von denen des motorischen Nerven völlig unabhängig. Auch sie besitzen ein periterminales Netzwerk. Derartige Endigungen sind aber nicht an die motorische Endplatte gebunden,

---

[1]) AGDUHR: Morphologischer Beweis der doppelten (plurisegmentalen) motorischen Innervation der einzelnen quergestreiften Muskelfasern bei den Säugetieren. Anat. Anz. Bd. 49, S. 1. 1916. — Über die plurisegmentale Innervation usw. Ebenda Bd. 52, S. 273. 1919.

[2]) MAYS: Zeitschr. f. Biol. Bd. 20, S. 449. 1884.

[3]) BOEKE: Anat. Anz. Bd. 35, S. 214; Internat. Zeitschr. f. Anat. Bd. 28, S. 399; Ergebn. d. Physiol. 1921, Nervenregeneration und verwandte Innervationsprobleme S. 465.

[4]) BOEKE: The Innervation of striped muscle-fibres and Langley's Receptivee Substance. Brain Bd. 44, S. 1—22. 1921.

[5]) BOEKE: Beiträge zur Kenntnis der motorischen Nervenendigungen. I. und II. Internat. Monatshefte f. Anat. Bd. 28, S. 419. 1911 — DERS.: Die doppelte (motorische und sympathische) efferente Innervation der quergestreiften Muskelfasern. Anat. Anz. Bd. 44, S. 343. 1913. — BOTEZAT: Fasern und Endplatten zweiter Art an den gestreiften Muskeln der Vögel. Anat. Anz. Bd. 35. 1910. — AOYAGI: Mitt. d. med. Fak. Tokio Bd. 10, H. 3. 1912. — STEFFANELLI: La piastra motrice etc. Ann. di neurol. 1912, H. 4.

sie sind auch vollkommen frei aufgefunden worden. Der Zusammenhang mit sympathischen Plexus ist öfter anatomisch nachgewiesen worden. Auch experimentell ist die Zugehörigkeit der marklosen Nerven zum sympathischen System sichergestellt; denn werden die Nerven eines Muskels intradural durchschnitten, so degenerieren die Spinalnerven, die akzessorischen Nerven bleiben erhalten, müssen demnach sympathischer Natur sein[1][2][3]. Über die Unterscheidung dieser Nerven von den ebenfalls marklosen ultraterminalen Nervenfasern vergl. BOEKE[4]).

## Physiologie.

### Irreziprozität.

In den Beziehungen zwischen Nerv und Muskel finden sich manche der Erscheinungen wieder, wie sie aus der Physiologie des Zentralnervensystems der Wirbeltiere bekannt sind. Die Leitung vom Nerv auf den Muskel ist irreziprok, d. h. eine Erregung des motorischen Nerven hat eine Erregung des Muskels zur Folge, nie aber tritt das Umgekehrte ein. Diesen Satz zum erstenmal klar ausgesprochen zu haben, ist das Verdienst von KÜHNE[5]). Er stützte sich auf den Zweizipfelversuch am Sartorius, wie auch auf Versuche am Cutaneus pectoris und Gracilis des Frosches. Das Prinzip des letzteren Versuches besteht darin, daß der Muskel so zerschnitten wird, daß die beiden Teile nur noch durch die sich gabelnden motorischen Nerven zusammenhängen. Wird nun einer der Nervenäste gereizt, so zucken beide Muskelhälften, was sich daraus erklärt, daß die Nervenfasern selbst sich teilen. Es zucken auch beide Hälften, wenn nervenhaltige Teile des Muskels gereizt werden, es zuckt nur die betroffene Hälfte, wenn nervenfreie Teile des Muskels gereizt werden.

Die Beweiskraft dieses Versuches ist öfter angezweifelt[6]), ohne daß aber tatsächliche Widerlegungen hätten beigebracht werden können.

BETHE[7]) konnte die Irreziprozität auch am Medusenpräparat zeigen: Reizung vom Nervenplexus bringt alle Muskelfasern eines Stückes aus dem Schirm zum Zucken, während Reizung eines Muskelbündels vom Querschnitt aus dieses allein in Erregung versetzt.

### Überleitungszeit.

Im Jahre 1881 machten YEO und CASH[8]) die Beobachtung, daß die Latenz des Muskels bei indirekter Reizung, auch bei Berücksichtigung der größeren leitenden Strecke, größer sei als bei direkter, ohne aber daraus Folgerungen zu ziehen.

---

[1]) BOEKE: Über De- und Regeneration der motorischen Endplatten und die doppelte Innervation der quergestreiften Muskelfasern bei den Säugetieren (Trochlearis). Verhandl. d. anat. Ges. München 1912, S. 149.

[2]) BOEKE u. DUSSER DE BARENNE: The sympathetic innervation of the cross-striated muscle fibres of vertebrates. Kon. Akad. van Wetensch. Amsterdam Bd. 27, S. 926 (Intercostalnerven).

[3]) AGDUHR: Are the cross- striated muscle fibres of the extremities also innervated sympathetically. Kon. Akad. van Wetensch. Amsterdam Bd. 27, S. 930 (Extremitätenmuskulatur).

[4]) BOEKE: Die doppelte efferente Innervation usw. Anat. Anz. Bd. 44, S. 343. 1913.

[5]) KÜHNE, W.: Über das doppelsinnige Leitvermögen der Nerven. Zeitschr. f. Biol. Bd. 22, S. 333. 1886.

[6]) Vgl. DU BOIS, REYMOND: Ges. Abh. II, S. 733.

[7]) BETHE, A.: Allgemeine Anatomie und Physiologie des Nervensystems. S. 108. Leipzig 1903.

[8]) YEO u. CASH: The effects of certain modifying influences on the latent period of muscle contraction. Proc. of the roy. soc. of London Bd. 33, S. 462. 1881.

Denselben Befund erhob im folgenden Jahr BERNSTEIN[1]) und zog aus der Beobachtung den Schluß, daß „der Erregungsprozeß an den Nervenenden viel langsamer abläuft als in der Nervenfaser selbst, und da mit dieser Änderung des Vorganges auch eine von der Faser verschiedene physiologische Beschaffenheit der Endigungen verknüpft sein muß, so dürfen wir diese mit Recht als Zwischenorgane auffassen, mögen diese nun die eine oder die andere Struktur besitzen". Für den ausgeschnittenen Froschgastrocnemius stellte er die Überleitungszeit zu 0,0032 Sek. fest, für den Kaninchenmuskel zu 0,0018 Sek.

TIGERSTEDT[2]) verdanken wir dann das ausgiebigste Material zur vorliegenden Frage. Er benutzte nur blutdurchströmte Muskeln und bestimmte die Latenz für gleiche Hubhöhen an demselben Muskel vor und nach Curarevergiftung. Er findet, daß bei maximalem Reiz die Muskelsubstanz direkt maximal erregt wird. Die Latenzdauer ist dann für den curarisierten und den unvergifteten Muskel identisch. Zuckungen von mittlerer und minimaler Höhe haben bei nicht curarisiertem Muskel eine längere Latenzdauer wie gleichgroße Zuckungen beim curarisierten Muskel. TIGERSTEDT erklärt das, indem er sich den Anschauungen BERNSTEINS anschließt, daß die Nervenendorgane eine spezifische Latenzdauer haben. Er findet diese nur zu 0,001—0,002 Sek., was wohl darauf zurückzuführen ist, daß er am blutdurchströmten Muskel arbeitete und daß seine Methodik verfeinert war. TIGERSTEDT weist aber ausdrücklich auf die Schwierigkeiten einer Vergleichung von indirekter und direkter elektrischer Erregung hin, der die Reizung durch den Impuls des Nerven mit der durch eine elektrische Stromschwankung in Parallele setzt. Wenn man den Reizerfolg, also die Zuckungshöhe, als Maß der Erregungsstärke annimmt, kann man daher nur von gleichwertigen, nicht von gleichartigen Reizen sprechen: Es werden also ungleichartige Dinge verglichen. Daß das nicht ohne Bedenken möglich ist, geht z. B. daraus hervor, daß die Latenzen für direkte Muskelreizung für Öffnungs- und Schließungsinduktionsstrom unter Umständen ebenso große Differenzen aufweisen wie für direkte und indirekte Reizung, auch wenn die Zuckungen gleich hoch sind.

Einem weiteren Einwand, der sich gegen TIGERSTEDTS Befunde erheben läßt, daß sie sich nur auf Versuche mit curarisierten Muskeln beschränken, begegnete BORUTTAU[3]), der die Latenz für indirekte Reizung wie für direkte vor und nach Curarisierung bestimmte. Die Ergebnisse seiner Arbeit, die angeregt war durch Befunde HOISHOLTS[4]) (unter KÜHNE), die BERNSTEINS Ergebnissen widersprachen, stehen mit denen von YEO und CASH, BERNSTEIN und TIGERSTEDT im besten Einklang. Er findet, daß die Kurve, die Reizstärke und Latenzstadium am nichtcurarisierten Froschmuskel in Beziehung setzt, eine Unstetigkeit aufweist, die er so erklärt, daß der Reiz bei einer gewissen Abschwächung nicht mehr genügt, den Muskel direkt zu erregen, wohl aber noch den Nerven.

ASHER[5]) hat dann am Sartoriuspräparat für das nervenfreie und nervenhaltige Ende die Latenz bestimmt und sie gleichgroß gefunden. Das ist insofern

---

[1]) BERNSTEIN: Die Erregungszeit der Nervenendorgane in den Muskeln. Du Bois' Arch. 1882, S. 329.

[2]) TIGERSTEDT: Untersuchungen über die Latenzdauer der Muskelzuckung usw. Du Bois' Arch. 1885, Suppl. S. 111.

[3]) BORUTTAU: Zur Frage der spezifischen Erregungszeit der motorischen Nervenendigungen. Du Bois' Arch. 1892, S. 454.

[4]) HOISHOLT: Is the nervous impulse delayed in the motor nerve termination. Journ. of physiol. Bd. 6, S. 1. 1885.

[5]) ASHER: Beiträge zur Physiologie der motorischen Endorgane. Zeitschr. f. Biol. Bd. 31, S. 203. 1895.

wichtig, als daraus zu schließen ist, daß bei den früheren Versuchen die bei direkter Reizung erhaltenen Werte wirklich dem Muskel als solchem zukommen. Die Resultate Ashers werden aber durch die experimentellen Schwierigkeiten beeinträchtigt. Es muß bezweifelt werden, daß die beiden Hälften des Sartoriuspräparates sich im gleichen physiologischen Zustand befanden, da nach den Angaben des Autors (S. 209) das Präparat sehr schnell unbrauchbar wird und sich nur zu einem Versuch benutzen läßt.

An durstenden Fröschen fand Durig[1]) bedeutende Verlängerung der Latenzzeiten sowohl für den curarisierten wie für den unvergifteten Muskel: während die Latenzzeit des Muskels aber nur auf das Dreifache stieg, wuchs die der Endorgane auf das Achtfache an. Einen sicheren Schluß kann man aber auch aus diesen Versuchen nicht ziehen, da zweifellos bei den wasserarmen Fröschen das Curare auch eine Muskelwirkung entfaltete, wie aus der sehr erheblichen Verminderung der Zuckungshöhen mit Sicherheit zu schließen ist.

Alle bisher besprochenen Versuche fußen in letzter Linie auf der Annahme, daß es erlaubt ist, gleichhohe Zuckungen nach direkter und indirekter Reizung gleichzusetzen. Die Berechtigung dieser Annahme ist nicht bewiesen, worauf, wie erwähnt, Tigerstedt zuerst hingewiesen hat. Die Latenzen für Zuckungen verschiedener Höhe weisen untereinander viel größere Differenzen auf als die gleichhohe Zuckungen bei direkter und indirekter Reizung. Wenn also für direkte und indirekte Reizung verschieden hohe Muskelzuckungen physiologisch äquivalent sind, so würde die Überleitungszeit ganz andere Werte annehmen und ev. ganz verschwinden. Aus den bisherigen Versuchen können wir daher nur sagen, daß bei indirekter Reizung die Latenz der Muskelzuckung $1-2\,\sigma$ größer ist als bei direkter Reizung. Daß diese Zeit die „Erregungszeit der Nervenendorgane" ist, läßt sich nicht mit Sicherheit behaupten und man kann daher auch nicht aus der Differenz der Latenzen auf das Vorhandensein besonders differenzierter Endorgane schließen.

Die eben besprochenen Fehlerquellen hat Wieser [unter Garten[2])] vermieden. Er verglich die Überleitungszeit bei indirekter Reizung vor und nach Ermüdung und benutzte den Aktionsstrom des Muskels als Indicator. Um den langsameren Anstieg des Aktionsstromes nach Ermüdung auszugleichen, wurde durch Beseitigung einer passenden Nebenschließung die Empfindlichkeit des Galvanometers so gesteigert, daß gleicher oder steilerer Kurvenanstieg resultierte. Es ließen sich dann Verzögerungen bis zu $5\,\sigma$ feststellen (die gesamte Latenzzeit ohne Ermüdung betrug ebenfalls etwa $5\,\sigma$, also eine Verlängerung bis zu 100%). Die Verlängerung der Latenzzeit durch Ermüdung für direkte Reizung war viel geringer, rund $1\,\sigma$, ebenso wie die des Nerven, etwa $0{,}4\,\sigma$. Die Zunahme der Überleitungszeit war nach 30 Sek. langer Ermüdung schon beträchtlich und stieg von da an nur noch langsam an. Von großem Einfluß war die Zeit, die nach dem Aufhören der tetanisierenden Reizung verstrichen war. Bei einer Zwischenzeit von $30\,\sigma$ wurde sehr starke Verlängerung gefunden, die aber auch nach 15 Sek. noch merklich war. Diese Versuche, durch die wohl einwandfrei erwiesen ist, daß zwischen Nerv und Muskel eine Substanz von besonderer physiologischer Dignität liegen muß, führen bereits zu einer zweiten Gruppe von Erscheinungen über, die im gleichen Sinne ausgelegt sind, die Erscheinungen bei der Ermüdung.

---

[1]) Durig: Wassergehalt und Organfunktion. Pflügers Arch. f. d. ges. Physiol. Bd. 87, S. 64. 1901.

[2]) Wieser: Über die Verlängerung der Latenzzeit des Nervenendorgans durch Ermüdung. Zeitschr. f. Biol. Bd. 65, S. 449. 1915.

## Ermüdbarkeit.

Nachdem BERNSTEIN[1]) gezeigt hatte, daß der Nerv eines vollständig erschöpften Nervmuskelpräparates noch vollkommen leistungsfähig ist, erbrachte WALLER 1885[2]) den Nachweis, daß auch der Muskel eines indirekt faradisch bis zur Erschöpfung gereizten Nervmuskelpräparates noch vollkommen erregbar ist; die Ermüdung mußte demnach weder nervös noch muskulär bedingt sein. WALLER verlegt sie in das „Nervenendorgan".

Daß die Sache nicht so einfach liegt und daß die Reizart eine Rolle spielt, zeigt eine Arbeit von SANTESSON[3]). Wenn SANTESSON indirekt ein Nervmuskelpräparat mit Einzelschlägen beinahe ermüdete, dann reagierte der Muskel nicht mehr auf dieselben Reize, wenn sie direkt angebracht wurden. Wurde aber mit tetanisierenden Reizen geprüft, so erwies sich in sämtlichen Versuchen der Muskel bei direkter Reizung leistungsfähiger als bei indirekter.

SCHENK[4]) betont in einer Nachprüfung einen Einwand, den bereits SANTESSON erörtert hatte, daß es nämlich infolge der verschiedenen Stromdichte schwer möglich sei, bei direkter und indirekter Reizung dem Muskel physiologisch gleichstark wirkende Reize zuzuführen, und er zeigte, daß die Kautelen SANTESSONS, der Ströme verwandt hatte, die in beiden Fällen Maximalzuckungen ergeben hatten, nicht ausreichten, da die sogenannte direkte Reizung des unermüdeten Präparates immer durch Vermittlung der intramuskulären Nervenenden geschieht. Wurde der Muskel indirekt mit eben maximalen Reizen ermüdet und dann die direkte und indirekte Erregbarkeit mit erheblich verstärkten Strömen geprüft, so erwies sich ausnahmslos die direkte Muskelreizung überlegen.

SANTESSON hat dann[5]) seine Versuche noch einmal wiederholt und gefunden, daß „schwache Reize bei der Ermüdung, sowie auch ziemlich schwache oder mäßige (doch natürlich genügend effektive) Reize bei der schließlichen Prüfung des Resultates die Überlegenheit der nervösen Gebilde bis zu gewissem Grade begünstigen, während starke Reize immer eine Überlegenheit der Muskelsubstanz hervortreten lassen".

Diese Resultate sind schwer verständlich; es scheint aber daraus hervorzugehen, daß die Erscheinungen bei der Ermüdung unter Umständen denen bei der Curarevergiftung sehr ähnlich sind. Bestritten wurde das von JOTEYKO[6]), doch sind in diesen Versuchen die Verhältnisse der Stromdichte nicht genügend berücksichtigt.

Nach den heutigen Anschauungen müssen die Versuchsbedingungen in den älteren Versuchen als nicht genügend definiert bezeichnet werden. Durch die Arbeiten über das WEDENSKY-Phänomen wissen wir, daß der Reizerfolg von der Stärke, dem Stromverlauf und der Reizfrequenz abhängt. Die Erklärung des WEDENSKY-Phänomens selbst ist aber nur möglich mit der Annahme einer zwischen Nerv und Muskel eingeschobenen Substanz von abweichenden physio-

---

[1]) BERNSTEIN: Über die Ermüdung und Erholung des Nerven. Pflügers Arch. f. d. ges. Physiol. Bd. 15, S. 258. 1877.

[2]) WALLER: Experiments and observations, relating to the process of fatigue and recovery. Brit. med. journ. Bd. 2, S. 136. 1885.

[3]) SANTESSON: Einige Beobachtungen über die Ermüdbarkeit der motorischen Nervenendungen und der Muskelsubstanz. Skandinav. Arch. f. Physiol. Bd. 5, S. 394. 1895.

[4]) SCHENK: Über die Ermüdbarkeit des Muskels und der Nervenendorgane. Pflügers Arch. f. d. ges. Physiol. Bd. 79, S. 333. 1900.

[5]) SANTESSON: Nochmals über die Ermüdbarkeit des Muskels und seiner motorischen Nervenendigungen. Skandinav. Arch. f. Physiol. Bd. 11, S. 333. 1901.

[6]) JOTEYKO: Sur la fatigue neuromusculaire etc. Trav. de l'inst. Solvay Bd. 4, S. 1 bis 70. Ann. de la soc. roy. des med. et nat. Bruxelles 1900. Sur la fatigue des organes terminaux. B. B. 1899, S. 386, zitiert nach RICHET: Dict. de Physiol. Bd. VI, S. 64.

logischen Eigenschaften. Nach F. B. HOFMANN[1]) erklärt sich das WEDENSKY-Phänomen aus der *langsameren Restitution des Nervenendorganes*, dem er im Stadium der Ermüdung bzw. der leichten Curarevergiftung eine verlängerte refraktäre Phase und Leitung mit Dekrement zuschreibt. Die Auffassung von ADRIAN[2]) unterscheidet sich von der F. B. HOFMANNS dadurch, daß sie auch den Vorgängen im Nerven, und zwar der refraktären Phase, Bedeutung für das Zustandekommen der Hemmung zuschreibt. Es ist das insofern kein absoluter Gegensatz zu HOFMANN, als dieser mit leichtvergifteten Präparaten arbeitete, die, wie er sich ausdrückt, ,,die Ermüdung des Nervenendorganes in den Vordergrund rücken''. Beide Theorien stimmen darin überein, daß sie ein ,,Nervenendorgan'' postulieren.

## Refraktäre Phase.

Die Versuche über die *refraktäre Phase* sind meist an ausgeschnittenen Nervmuskelpräparaten, also unter unphysiologischen Bedingungen, gemacht. Die Ergebnisse dürften deshalb nicht ohne weiteres auf die normalen Verhältnisse übertragen werden. Die älteren Versuche geben keinen Anhaltspunkt, daß die refraktäre Phase der einzelnen Teile des Nervmuskelpräparates bei frischen Präparaten verschieden lange dauert. Die gefundenen Werte liegen zwischen 1 $\sigma$ und 2 $\sigma$ bei 18—21° [Zusammenstellung bei F. B. HOFMANN[3])]. KEITH LUKAS[4]) fand dagegen bei möglichst frischen abgekühlten Präparaten (2,8—3,4°) die refraktäre Phase des Präparates bei indirekter Reizung größer als die des Nerven. Er ging dabei so vor, daß er das kürzeste Intervall bestimmte, in dem ein zweiter Reiz einem ersten folgen darf, um einmal am Nerven einen eben noch wahrnehmbaren Aktionsstrom, dann eine eben noch summierte Muskelzuckung hervorzurufen. Er fand das letztere Intervall um ca. 20% höher.

Ob die refraktäre Phase beim ermüdeten Präparat zunimmt, ist strittig. Beim ermüdeten oder vergifteten Präparat nimmt F. B. HOFMANN[5]) eine Verlängerung der refraktären Phase an und erklärt damit die Eigenschaft des Nervenendorgans, ihm vom Nerven zugeleitete frequente Reize auf eine niedrigere Frequenz als beim normalen Präparat zu transformieren. Er stützt sich dabei auf Versuche von WEDENSKY[6]), der bei langsam fortschreitender Curarinvergiftung bei telephonischer Beobachtung der Aktionsströme schon bei ganz niedrigen Reizfrequenzen (40—60 in der Sek.) eine allmählich eintretende Transformierung feststellte.

ADRIAN und LUKAS halten dagegen nur die Annahme einer Reizleitung mit Dekrement bei der Ermüdung für bewiesen und notwendig. LUKAS[7]) weist darauf hin, daß der mit Alkohol leicht narkotisierte Nerv, der sich ähnlich wie das Zwischenorgan verhält, auch nur eine Leitung mit Dekrement, aber keine Verlängerung der refraktären Phase erkennen läßt. Diese Auffassung der englischen Autoren dürfte aber nur schwer erklären, daß bei der Curarevergiftung nach einem Einzelreiz erst nach langer Zeit, mitunter nach Minuten, die Reizbarkeit sich wiederherstellt. Es fragt sich aber, ob man die Verhältnisse bei der Curarevergiftung in allen Stücken denen bei der Ermüdung gleichsetzen darf.

[1]) HOFMANN, F. B.: Studien über den Tetanus. III. Pflügers Arch. f. d. ges. Physiol. Bd. 103, S. 291. 1904.

[2]) ADRIAN: Wedensky inhibition in relation to the "all-or-none" principle in nerve. Journ. of physiol. Bd. 46, S. 401. 1913.

[3]) HOFMANN, F. B.: Tetanusstudien. III. Pflügers Arch. f. d. ges. Physiol. Bd. 103, S. 323 Anm. 1907.

[4]) LUKAS, KEITH: Wedensky inhibition. Journ. of physiol. Bd. 43, S. 59. 1912.

[5]) HOFMANN, F. B.: l. c. Pflügers Arch. f. d. ges. Physiol. Bd. 103, S. 323. 1903.

[6]) WEDENSKY: Erregung, Hemmung und Narkose. Pflügers Arch. f. d. ges. Physiol. Bd. 100, S. 117.

[7]) LUKAS: Action of Alcohol on Nerve. Journ. of physiol. Bd. 46, S. 483. 1913.

## Summation.

Die ersten Beobachtungen über *Summation* wurden unter unphysiologischen Bedingungen gemacht, und zwar an vergifteten oder ermüdeten Präparaten.

Nach Böhm[1]) verliert bei der Curarevergiftung das Nervmuskelpräparat die Fähigkeit, auf Einzelreize zu antworten, während es auf wiederholte Reize noch prompt reagiert. Dasselbe beobachtete F. B. Hofmann[2]) bei Vergiftung mit Nicotin und auch bei einfacher Äthernarkose, und Keith Lukas[3]) nach Ermüdung und nach Behandlung mit verdünnter Salzsäure[4]). Auch Calciumentziehung wirkt ebenso nach Locke[5]).

Summationsvermögen ist demnach immer unter Umständen zu beobachten, die die Übertragung des Reizes vom Nerven auf den Muskel erschweren und schließlich ganz unterbrechen. Aber auch unter mehr physiologischen Bedingungen ist Summation, allerdings am ausgeschnittenen Nervmuskelpräparat des Frosches, nachgewiesen, zuerst von Samoyloff[6]), der die Aktionsströme des Muskels nach indirekten Doppelreizen untersuchte. Fällt der zweite Reiz in die refraktäre Phase des ersten Reizes (in den Versuchen Samoyloffs 1—4 $\sigma$), so ist der zugehörige Aktionsstrom geschwächt. Setzt der zweite Reiz später ein, so ist sein Aktionsstrom stärker als der des ersten (Samoyloff gibt keine Zeiten an, aus den Kurven berechnet sich ungefähr 10—30 $\sigma$). Nach einer zweiten Periode herabgesetzter Reizbeantwortung stellen sich dann wieder normale Verhältnisse ein.

Adrian und Lukas[7]) wiesen nach, daß die Verstärkung des zweiten Aktionsstromes nur bei indirekter Reizung zu erhalten ist, während bei direkter Reizung die normale Höhe nie überschritten wird. Da auch am Nerven eine Summation bei Doppelreizung nicht nachweisbar ist, so muß sie bei der Überleitung vom Nerv zum Muskel entstehen und es sind dabei zwei Möglichkeiten denkbar: einmal könnte beim ersten Reiz ein Teil der Fasern vollständig blockiert sein und erst auf einen zweiten infolge Summation mit in Aktion treten, oder die Nervenenden aller Fasern könnten den ersten Reiz nur abgeschwächt passieren lassen, den zweiten verstärkt. Oder beides könnte eintreten. Adrian und Lukas halten die erste Möglichkeit für gegeben, zumal sie beobachteten, daß bei ganz frischen Präparaten die Verstärkung des zweiten Aktionsstromes direkt nach der Präparation nicht nachweisbar war, wohl aber einige Zeit später. Da die Summation nur bei ermüdeten Präparaten beobachtet ist, also unter schwer reproduzierbaren Verhältnissen, so sind die Angaben für die günstigsten Intervalle, in denen der zweite Reiz folgen muß, ziemlich schwankend; es werden 10—50 $\sigma$ angegeben.

An der Krebsschere liegen die Verhältnisse günstiger. Lukas[8]) findet als günstigstes Intervall 10—15 $\sigma$. Nach 50 $\sigma$ tritt keine Summation mehr ein.

---

[1]) Böhm: Einige Beobachtungen über die Nervenendwirkungen des Curarins. Arch. f. exp. Pathol. u. Pharmakol. Bd. 35, S. 21. 1894.

[2]) Hofmann, F. B.: Tetanusstudien. Pflügers Arch. f. d. ges. Physiol. Bd. 95, S. 513. 1903.

[3]) Lukas, Keith: Wedensky inhibition. Journ. of physiol. Bd. 43, S. 76. 1911.

[4]) Lukas, Keith: Summation of stimuli. Journ. of physiol. Bd. 44, S. 75. 1912.

[5]) Locke: Über den Einfluß physiologischer Kochsalzlösung auf die elektrische Erregbarkeit von Muskel und Nerv. Zentralbl. f. Physiol. 1894, S. 167.

[6]) Samoyloff: Aktionsströme bei summierten Zuckungen. Arch. f. Physiol. Suppl.-Bd., S. 1. 1908.

[7]) Adrian u. Lukas: Summation of stimuli. Journ. of physiol. Bd. 44, S. 88. 1912.

[8]) Lukas: On summation of propagated disturbances in the claw of astacus etc. Journ. of physiol. Bd. 51, S. 1. 1917; zitiert nach Lukas: The conduction of the nervous impulse. London 1917. Longmans.

## Erregungszeit.

Diejenige Eigentümlichkeit des Nervenendorganes, die am längsten bekannt ist, seine *Empfindlichkeit* gegenüber gewissen Giften, wird am besten im Zusammenhang mit der Frage erörtert, wohin dies sogenannte Nervenendorgan zu verlegen ist und ob es dem Nerven oder Muskel zugehört. Vorher sollen aber die Ansichten der Autoren erörtert werden, die die *Annahme differenzierter Verbindungen* zwischen Nerv und Muskel als nicht bewiesen und als überflüssig zurückweisen.

Hier sind vor allem Herr und Frau Lapicque zu nennen. Sie fanden bei Reizung des Nerven und des Muskels mit Kondensatorentladungen für das Verhältnis der Konstanten $a$ und $b$ denselben Wert[1]). Sie schließen daraus, daß man es deshalb mit einer einzigen und derselben Reizbarkeit bei der direkten und indirekten Reizung zu tun hat. Nach den Verfassern sind im normalen Muskel und Nerv die Erregungsvorgänge isochron. Die Isochronie läßt sich nun durch verschiedene Gifte stören. Strychnin beschleunigt den Erregungsvorgang im Nerven, ohne den des Muskels zu stören, Curare verlangsamt die Muskelerregung, ohne den Nerv zu beeinflussen[2]). Die Aufhebung der indirekten Reizbarkeit erklärt sich dann nach den Verfassern zur Genüge aus der Heterochronie der beiden Systeme, sozusagen aus einer Resonanzstörung. Hier interessieren besonders die Versuche mit Curare. Die Verfasser haben verschiedene Muskeln desselben Tieres und gleichnamige Muskeln verschiedener Tiere untersucht[3]) und finden darin, daß, je schneller ein Muskel reagiert, er um so leichter der Curarewirkung verfällt, eine Bestätigung ihrer Ansicht. Sie bezeichnen das Curare direkt als „Gift der *muskulären* Reizbarkeit". Vor allem stützen sie sich auf die quantitative Verfolgung der Vorgänge. Sie finden nämlich, daß Steigerung der Curarekonzentration zu einer *progressiven* Wirkung auf die *Muskelsubstanz* führt; sie finden „une variation tout à fait graduelle et presque sans limite", „ni changement brusque, montrant qu'on passe de l'irritabilité nerveuse à l'irritabilité musculaire, ni plateau caractérisant le muscle fonctionnellement privé de ses nerfs"[3]).

Den Teil der Lapicqueschen Angaben, der sich auf die Geschwindigkeit der Erregung bezieht, konnte R. Böhm, der mit reinem Curarin arbeitete, bestätigen[4]): Es zeigte sich, daß der Quotient $\frac{\alpha - \beta\gamma}{\beta}$, der als Maßstab für die Geschwindigkeit der Erregung dient, unter Curarinwirkung viel größer wird; für Gastrocnemien 0,15—0,43 statt 0,012—0,075, für Sartorien 0,15—0,46 statt 0,018—0,084 bei unvergifteten Muskeln. Ein Fortschreiten der Wirkung ließ sich dagegen nicht feststellen, auch nicht bei der 20fachen Konzentration der eben lähmenden Grenzlösung.

Weiter hat Boruttau[5]) die Theorie Lapicques einer experimentellen Prüfung unterzogen. Er fand, „daß zur Zeit der bereits eingetretenen völligen Lähmung für indirekte Reize der direkt gereizte Froschmuskel (Sartorius, Adductor) genau

---

1) Lapicque: Comparaison de l'excitabilité du muscle à celle de son nerf moteur. Cpt. rend. des séances de la soc. de biol. Bd. 58, S. 900. 1906.

2) Lapicque: Action de la strychnine sur l'excitabilité du nerf moteur. Cpt. rend. des séances de la soc. de biol. Bd. 62, S. 1062. 1907. — Variations de l'excitabilité du muscle dans la curarisation. Ebendort Bd. 58, S. 991. 1906.

3) Lapicque: Action du curare sur les muscles d'animaux divers. Cpt. rend. des séances de la soc. de biol. Bd. 60, S. 991. 1906 u. Bd. 68, S. 1007. 1910.

4) Böhm: Über Curarin usw. Arch. f. exp. Pathol. u. Pharmakol. Bd. 63, S. 187. 1910.

5) Boruttau: Über das Wesen der Curarewirkung. Zentralbl. f. Physiol. Bd. 31, S. 303. 1916.

den gleichen zeitlichen Verlauf seines Aktionsstromes zeigt wie vor der Curarisierung; ja es kann die Geschwindigkeit des Reagierens, geschätzt an den Verhältnissen der Reizschwellen in diesem Zeitpunkt, noch dieselbe sein wie vorher und so weiter bleiben, ohne daß etwa durch Ausscheidung des Curares die indirekte Erregbarkeit wiederhergestellt wäre. Wenn bei großen Curaredosen die Geschwindigkeit der Reaktion des nicht gereizten Muskels weiter heruntergeht, so ist damit stets eine absolute Erhöhung der Reizschwelle verbunden, also eine merkliche Schädigung des Muskels selbst, an der neben dem Curarin auch wohl die Nebenbestandteile der Curarelösung (K- und Ca-Salze) beteiligt sein können".

Boruttaus Versuche bestätigen demnach auch Böhms Ergebnis, daß eine progressive Beeinflussung der Muskulatur nicht eintritt. Der Widerspruch, daß die Erregungszeit nach Lapicque und Böhm verlängert wird, während der Erregungsablauf nach Boruttau, beurteilt nach dem Aktionsstrom, unverändert bleibt, dürfte im Gegensatz zu Lapicque ohne die Annahme eines Zwischenorgans sich nicht ungezwungen erklären lassen.

Im Anschluß an diese Versuche seien die von Keith Lukas[1]) über die optimalen Reize der verschiedenen Substanzen: Nerv, Zwischenorgan, Muskel, besprochen. Lukas benutzte anfänglich bei seinen Versuchen Kondensatorentladungen. Er ging dabei so vor, daß er willkürlich eine Reihe von Potentialen aufsuchte, auf die der Kondensator geladen wurde und in dem er dann für jedes Potential die Mindestkapazität bestimmte, die noch Erregung hervorrief. Er konnte feststellen, daß der mittlere Teil des Sartorius des Frosches und der Kröte zwei distinkte optimale Reize besitzt. Diese beiden Punkte blieben bestehen, wenn der Muskel so stark curarisiert war, daß er indirekt nicht mehr erregbar war. Wurden sehr starke Curarekonzentrationen verwendet, so ist nur noch ein Energieminimum vorhanden; dasjenige, das der kleineren Kapazität entspricht, ist verschwunden. Am nervenfreien Ende des Sartorius ließ sich nur ein Minimum nachweisen, ebenso am Nervus ischiadicus. Lukas schließt aus diesen verschiedenen Optima auf die Anwesenheit von drei verschiedenen reizbaren Systemen.

Durch die Anwendung von Kettenströmen, deren Dauer er mit einem Pendelapparat sehr genau variieren konnte, gelang es Lukas[2]) später, in der Gegend der Nervenendorgane die Anwesenheit dieser drei Substanzen an ein und demselben Sartoriuspräparat (am besten bei der Kröte, aber auch beim Frosch) nachzuweisen. Sie unterscheiden sich durch die Geschwindigkeit ihres Erregungsverlaufes. Das Verhältnis von Stromspannung zu Stromdauer ist für die einzelnen Substanzen für minimal wirksame Reize verschieden, so zwar, daß bei gleicher Dauer des Stromes die langsamer reagierenden Systeme geringerer Spannung bedürfen. Werden für die eben noch wirkenden Reize die zu verschiedenen Stromdauern gehörigen Spannungen in ein Koordinatensystem eingetragen, so resultieren beim Nerven und beim nervenfreien Ende des Sartorius stetige Kurven, die sich am besten charakterisieren lassen durch die eine Verdoppelung der Stromspannung erfordernde Zeitdifferenz. Diese Zeit bezeichnet Lukas als „*Erregungszeit*". Die langsamste Substanz, die sich am nervenfreien Ende des Sartorius findet ($\alpha$), hat bei der Kröte eine Erregungszeit von 0,017 Sek. Die Erregungszeit des Nerven ($\gamma$) beträgt 0,0008—0,003 Sek.[2]). Wird die Nerveneintrittsstelle untersucht, so findet sich keine glatte Kurve, sondern in günstigen Fällen lassen sich Knickpunkte nachweisen, die den Übergang von einer reizbaren Substanz zu einer anderen bezeichnen. Aus diesen Kurven läßt sich das

[1]) Lukas: On the optimal electric stimuli etc. Journ. of physiol. Bd. 34, S. 372. 1906 u. Bd. 35, S. 103. 1907.

[2]) Lukas: l. c. Journ. of physiol. Bd. 35, S. 325. 1907.

Vorhandensein einer dritten Substanz ($\beta$) nachweisen, deren Erregungszeit sehr viel kürzer ist, sie beträgt 0,00005 Sek. Unter Curarewirkung verschwindet an der zusammengesetzten Kurve das Stück, das der Substanz $\gamma$ entspricht, $\beta$ wird nur durch große Curaredosen beeinflußt.

Diese Versuche von LUKAS sind bisher der direkteste Beweis für das Vorhandensein einer Zwischensubstanz. Allerdings ist ihre Fähigkeit, durch extrem kurze Stromstöße erregt zu werden, sehr auffallend, wenn man andererseits bedenkt, daß die Summationsvorgänge, die sich im allgemeinen ausgesprochen nur bei langsamer reagierenden Systemen beobachten lassen, auch in das Nervenendorgan verlegt werden.

## Pharmakologisches.

Am ungezwungensten erklärt die bisher geschilderten Erscheinungen die Annahme *besonderer Differenzierung* zwischen Nerv und Muskel, die wohl jetzt fast überall als berechtigt anerkannt wird. Darüber aber, wo dieses System hinzuverlegen ist, ob es dem Nerven oder dem Muskel angehört und ob es sich um eine einzige oder mehrere Zwischensubstanzen handelt, besteht noch Unklarheit. Die größte Rolle bei den Versuchen, das Nervenendorgan zu lokalisieren, hat die Curarevergiftung gespielt. Im Gegensatz zu der ursprünglichen Anschauung, die gegenüber den mit besonderen Eigenschaften ausgestatteten Nervenenden nur die nicht weiter differenzierte contractile Faser kannte, zeigte KÜHNE[1]), daß auch der vollständig curarisierte Muskel (Sartorius) Verschiedenheiten der direkten Erregbarkeit zeigt, wie er sie kurz vorher am normalen Muskel nachgewiesen hatte. Die Stellen höherer Erregbarkeit finden sich da, wo sich die Nervenendigungen anhäufen. KÜHNES Angaben, die von SACHS[2]) bestritten wurden, fanden durch POLLITZER[3]) vollständige Bestätigung. In neuerer Zeit hat dann BÖHM die KÜHNEschen Versuche unter Benutzung von reinem Curarin wiederholt[4]) und nachgewiesen, daß die Zonen höherer elektrischer Erregbarkeit auch bei starker Überdosierung (13fache Normaldosis) erhalten blieben.

Für die mechanische Erregbarkeit wiesen F. B. HOFMANN und BLAAS[5]) [6]) dasselbe nach. Sie fanden auch nach völliger Nervendegeneration dieselben Unterschiede noch fortbestehen, wenn auch ihre Feststellung durch die Zunahme der Empfindlichkeit gegen mechanische Reizung erschwert war. Weiter konnten die Verfasser aber zeigen, daß die höher empfindliche Substanz nach der Vergiftung — sie benutzten zum Teil auch reines Curarin — sich doch nicht mehr ganz normal verhält, indem sie schneller ermüdbar geworden ist. Während bei der ersten Untersuchung sich die Verhältnisse etwa wie beim unvergifteten Muskel gestalten, steigen nach wiederholten Reizungen die Schwellenwerte an den vorher höher empfindlichen Stellen rasch an, so daß der Muskel über seine ganze Länge eine einigermaßen gleichmäßige Reizbarkeit aufweist. Wenn so durch Curarin das Nervenendorgan stärker affiziert wird, so ist das Gegenteil der Fall beim Kaliumchlorid: die Reizschwelle wird hier an den nervenfreien

---

[1]) KÜHNE: Über die Wirkung des amerikanischen Pfeilgiftes. Arch. f. (Anat. u.) Physiol. 1860, S. 477.

[2]) SACHS: Über Quer- und Längsdurchströmung des Froschmuskels nebst Beiträgen zur Physiologie der motorischen Endplatten. Arch. f. (Anat. u.) Physiol. 1874, S. 57.

[3]) POLLITZER: On curare. Journ. of physiol. Bd. 7, S. 274. 1886.

[4]) BÖHM: Über Curarin und Verwandtes. Arch. f. exp. Pathol. u. Pharmakol. Bd. 63, S. 186. 1910.

[5]) HOFMANN, F. B. u. BLAAS: Über die mechanische Erregbarkeit der quergestreiften Skelettmuskulatur. Pflügers Arch. f. d. ges. Physiol. Bd. 125, S. 137. 1908.

[6]) HOFMANN, F. B.: Nerv und Muskel. Med. Klinik 1909, Nr. 38/39.

Stellen erheblich heraufgesetzt und erst bei größeren Konzentrationen folgt eine Verminderung der Erregbarkeit der höher empfindlichen Stellen. Es ist vorläufig nicht zu entscheiden, ob die stärkere Ermüdbarkeit allein ausreichend die klassische Curarewirkung erklärt in der Weise etwa, daß die Reizleitung mit so großem Dekrement erfolgt, daß sie bei der normalen Erregung vom Nerven aus, die notwendig das ganze Endorgan durchsetzen muß, unterwegs erlischt. Es wäre auch denkbar, daß das Curarin zwei Wirkungen hätte, die einander koordiniert wären, einmal die Blockierung der Leitung vom Nerv zum Endorgan, dann die Steigerung der Ermüdbarkeit des Nervenendorgans[1]).

Versuche, die Stelle der Leitungsunterbrechung durch Experimente mit curareartig wirkenden Farbstoffen (Methylgrün) nachzuweisen, blieben erfolglos[2]).

In ein neues Stadium trat die Frage durch die Arbeiten LANGLEYS über die Wirkung des Nicotins auf die quergestreifte Muskulatur und deren antagonistische Beeinflussung durch Curare. LANGLEY[3]) arbeitete an Hühnern und Fröschen, an denen er quantitative Unterschiede, aber prinzipiell dieselben Verhältnisse fand. Durch gewisse Nicotinkonzentrationen wird die Muskulatur in einen Zustand tonischer Starre versetzt. Diese Contractur kann durch Curare aufgehoben, durch erneute Nicotindosen dann wieder hervorgerufen werden. Bei Fröschen, bei denen, ebenso wie bei Kröten, Curare stärkere antagonistische Eigenschaften hat als bei Hühnern, hat LANGLEY die Verhältnisse quantitativ an verschiedenen Muskeln untersucht. Dabei hat sich gezeigt, daß Lösungen von 0,0001—0,1% Nicotin nur in der Umgebung der Nervenenden, der Myoneuralregion, Kontraktionen erzeugen, die mikroskopisch als spindelförmige Auftreibung von im besten Falle der 10fachen Länge der Nervenendplatte imponieren[4]) und über deren Fortleitung LANGLEY keine sicheren Angaben machen kann. Außerhalb der Myoneuralregion wirken nur stärkere Giftlösungen (1%), die schnell zur Abtötung des Muskels führen. Durch Curare lassen sich nur die Contracturen durch schwache Lösungen (bis 0,1%) aufheben, und es ist bemerkenswert, daß für die verschiedenen Muskeln das Verhältnis der Konzentrationen Curare: Nicotin, das „äquivalente Konzentrationsverhältnis“, ganz verschieden ist[5]). Es ist für den Rectus abdominis $2^1/_2$, für den Flexor carpi radialis 0,5 und für den Sartorius $\frac{1}{50}-\frac{1}{100}$, und zwar ist das Verhältnis konstant für Nicotinkonzentrationen zwischen 0,0001 und 0,1%.

Dieser ausgesprochen wechselseitige Antagonismus ist nicht vorhanden bezüglich der fibrillären Zuckungen, die Nicotin hervorruft und die Curare auf-

---

[1]) Vgl. auch F. B. HOFMANN: Med. Klinik 1909, Nr. 38 u. 39 und Pflügers Arch. f. d. ges. Physiol. Bd. 103, S. 317. 1904.

[2]) FÜHNER: Curarestudien. Arch. f. exp. Pathol. u. Pharmakol. Bd. 59, S. 161. 1908.

[3]) LANGLEY: On the reaction of cells and of nerve endings to certain poisons. Journ. of physiol. Bd. 33, S. 374. 1905. — DERS.: On nerve endings and on special excitable substances in cells. Crooniun lecture. Proc. of the roy. soc. of London (B) Bd. 78, S. 170. 1906. — DERS.: On the contraction of muscle etc. Journ. of physiol. Bd. 36, S. 347. 1907. — DERS.: Dasselbe II. Ebendort Bd. 37, S. 165. 1908. — DERS.: Dasselbe III. Ebendort Bd. 37, S. 285. 1908. — DERS.: Dasselbe IV. Ebendort Bd. 39, S. 235. 1909. — DERS.: The effect of curari etc. Ebendort Bd. 38, Proc. of the physiol. soc. 27. März 1909. — DERS.: On degenerative changes in the nerve endings. Ebendort Bd. 38, S. 504. — DERS.: The action of salts on the neural and non-neural region of muscle. Ebendort Bd. 42, Proc. of the physiol. soc. 13. Mai 1911. — DERS.: The antagonism of curari to nicotine in the gastrocnemius muscle. Ebendort Bd. 46, Proc. of the physiol. soc. 17. Mai 1913. — DERS.: The protracted contraction of muscle etc. Ebendort Bd. 47, S. 159. 1913. — DERS.: The antagonism of curari and nicotine in skeletal muscle. Ebendort Bd. 48, S. 73. 1914.

[4]) LANGLEY: Journ. of physiol. Bd. 47, S. 163 u. 165. 1913.

[5]) LANGLEY: Journ. of physiol. Bd. 48, S. 73. 1914.

hebt. Hier gibt es eine absolute Curarekonzentration, die keine fibrillären Zuckungen mehr zustande kommen läßt selbst bei erheblicher Steigerung der Nicotinkonzentration[1]).

Sehr wichtig ist nun, daß die Wirkung des Nicotins, wie die antagonistische des Curare, auch noch nach vollkommener Degeneration des zuführenden Nerven bestehen bleibt[2]). Nach Langleys Untersuchungen ist an Fröschen Nicotin noch 100 Tage nach der Excision eines Nervenstückes — wenn auch etwas abgeschwächt — wirksam, an Hühnern konnte er 40 Tage nach der Excision noch unveränderte Contracturen erzielen, dasselbe Ergebnis hatten Edmunds und Roth[3]).

Auf Grund dieser Tatsachen hat Langley die Anschauung vertreten, daß Nicotin und Curare nicht auf irgendwelche nervöse Substanzen einwirken, sondern auf eine besondere, dem Muskel angehörige „rezeptive Substanz", die von der „general muscle substance" streng zu unterscheiden ist. Er wählte den Ausdruck „rezeptive Substanz" unter Anlehnung an Ehrlichs Seitenkettentheorie in der Absicht, nichts zu präjudizieren. Langley stellte sich vor, daß sich eine bestimmte Gruppe des „contractile molecule of the muscle fibre" mit Nicotin verbindet. Die mikroskopische Verfolgung des Vorgangs der Contractur führte aber bald dazu, dem Begriff rezeptive Substanz einen topischen Inhalt zu geben, so daß neuerdings die Ausdrücke: rezeptive Substanz, Myoneuralverbindung, Nervenendorgan, promiscue gebraucht werden, ohne sichere Abgrenzung der Begriffe.

Soweit die Langleysche Erklärung eine Umschreibung der Tatsachen ist, ist sie wohl allgemein angenommen. Langley verallgemeinerte aber seine Resultate und glaubte, auch die klassische Curarewirkung auf Grund seiner Versuche als gegen die rezeptive Substanz gerichtet betrachten zu können. Gegen diese Verallgemeinerung wurde bald nach seinen ersten Arbeiten Bedenken geäußert.

Während das Curarin von vornherein am Muskel nur lähmende Eigenschaften besitzt, gibt es andere Substanzen mit Curarewirkung, die zuerst in der Muskulatur fibrilläre und fasciculäre Zuckungen auslösen, bevor die lähmende Wirkung auftritt. Eine solche Substanz ist, wie Führer[4]) zeigte, das Guanidin. Dieses äußert seine erregende bzw. erregbarkeitssteigernde Wirkung nur bei erhaltenem motorischen Nervenende. Die Wirkung verschwindet nach Degeneration desselben, kehrt wieder bei seiner Regeneration, und da diese erregende Wirkung ganz allmählich in die lähmende übergeht, ist kein Grund vorhanden, für letztere eine andere Angriffsstelle als das motorische Nervenende anzunehmen. Führer schließt aus seinen und Langleys Versuchen, daß die Substanzen mit Curarinwirkung einen doppelten Angriffsort haben. Für die klassische Curarewirkung bleibt nach wie vor das motorische Nervenende bestehen, für die contracturlösende, tonusherabsetzende Wirkung ein Teil der Muskelsubstanz (Sarkoplasma?)[4]).

Magnus[5]) wies an der Hand des Beispiels von Physostigmin und Nicotin darauf hin, daß antagonistische Giftversuche nicht zur Lokalisierung von Angriffspunkten zu brauchen sind.

---

[1]) Langley: Journ. of physiol. Bd. 48, S. 91. 1914.

[2]) Langley: Journ. of physiol. Bd. 33, S. 393. 1905 u. Bd. 37, S. 287. 1908.

[3]) Edmunds u. Roth: The action of curara and physostigmin upon nerve endings or muscles. Americ. journ. of physiol. Bd. 23, S. 28. 1908.

[4]) Führer, H.: Curarestudien. I. Die periphere Wirkung des Guanidins. Arch. f. exp. Pathol. u. Pharmakol. Bd. 59, S. 44. 1908. — Ders.: Über den Angriffsort der peripheren Guanidinwirkung. Ebendort Bd. 65, S. 401. 1911.

[5]) Magnus: Kann man den Angriffsort eines Giftes aus antagonistischem Giftversuche bestimmen? Pflügers Arch. f. d. ges. Physiol. Bd. 123, S. 104. 1908.

Nach LANGLEY erzeugt Nicotin noch Kontraktionen nach Degeneration des Nerven. Der Angriffspunkt des Nicotins und damit nach den üblichen Anschauungen auch der des Curares liegt also peripher vom Nervenende in bestimmten rezeptiven Substanzen des Muskels selbst. Zu entgegengesetzten Resultaten kommt man aber, wenn man den Antagonismus Physostigmin-Curare zum Ausgangspunkt nimmt. Physostigmin erzeugt im Muskel fibrilläre Zuckungen, die durch Curare aufgehoben werden, während es auf der anderen Seite imstande ist, die Curarelähmung aufzuheben. Also auch ein Fall von doppelseitigem Antagonismus (vgl. dagegen weiter unten). Die Physostigminzuckungen treten aber nach Nervendegeneration nicht mehr auf, der Angriffspunkt des Physostigmins liegt also im Nervenende und ebenso der des Curare. Man käme also zu ganz verschiedenen Angriffsorten für Curare, je nachdem, welches antagonistische Gift man zum Ausgangspunkt nimmt. Gegenüber diesen MAGNUSschen Ausführungen ist zu sagen, daß nach LANGLEYS späteren Untersuchungen[1]) der Antagonismus Nicotin und Curare bezüglich der fibrillären Zuckungen, die auch Nicotin hervorrufen kann, nicht doppelseitig ist, denn es kommt, wie erwähnt, dabei nicht auf die relativen Konzentrationen von Nicotin und Curare an, sondern *eine* absolute Curarekonzentration verhindert ein für allemal die Nicotinzuckungen. Das läßt sich am leichtesten erklären, wenn man eine Blockierung annimmt. Eingehende Versuche darüber, ob der Antagonismus des Curare gegenüber Physostigmin bezüglich der fibrillären Zuckungen wirklich streng doppelseitig ist, liegen u. W. nicht vor. Es liegt aber nahe, ähnliche Verhältnisse wie beim Nicotin-Curare anzunehmen. Damit würde eine Annahme, die MAGNUS bereits selbst erörtert, Wahrscheinlichkeit gewinnen, daß nämlich Curare zwei Angriffspunkte hat, einen am Nerv und einen zweiten an der hypothetischen rezeptiven Substanz.

Vor allem zeigen aber die Untersuchungen BÖHMS[2]), daß die klassische Curarewirkung und die von LANGLEY beobachtete ganz verschiedenen Gesetzen gehorchen. Die Nicotincontractur läßt sich durch Curare beseitigen, ohne daß die indirekte Erregbarkeit aufgehoben ist; auf der anderen Seite ist sie bei Vergiftung mit Curarin vom Kreislauf aus an Muskeln zu erhalten, deren indirekte Erregbarkeit vollkommen aufgehoben ist.

RIESSER[3]) hat ähnliche Verhältnisse beim Antagonismus Acetylcholin-Curare gefunden. Er beobachtete, daß die Acetylcholincontractur von Curare 1 : 10 000 aufgehoben wurde, ohne daß die indirekte Erregbarkeit beeinträchtigt war. Da aber RIESSER nicht an durchströmten Muskeln arbeitete, so bleibt immer der Einwand, daß sich bei Contractur und Contracturlösung nur die oberflächlichen Schichten des Muskels beteiligen, die möglicherweise durch Curarin auch gelähmt waren, und daß die erhaltene indirekte Erregbarkeit sich nur auf die tieferen Muskelschichten bezog, die von der Giftlösung noch nicht erreicht waren, denn es ist ja bekannt, daß Curarin *sehr* langsam in die Tiefe dringt[4]).

Es ist deshalb wichtig, daß sich bei den Contracturen, die gewisse quartäre Ammoniumbasen hervorrufen, die Verhältnisse besser quantitativ verfolgen lassen. In entsprechenden Versuchen von BÖHM[5]) und von KÜLZ[6]) wurde ge

[1]) LANGLEY: Journ. of physiol. Bd. 48, S. 90. 1914.

[2]) BÖHM: Über Wirkungen von Ammoniumbasen und Alkaloiden auf den Skelettmuskel. Arch. f. exp. Pathol. u. Pharmakol. Bd. 58, S. 269. 1908.

[3]) RIESSER: Physiologische und kolloidchemische Untersuchungen usw. I. Arch. f. exp. Pathol. u. Pharmakol. Bd. 91, S. 1. 1921 u. Bd. 92, S. 258. 1922.

[4]) BÖHM: Arch. f. exp. Pathol. u. Pharmakol. Bd. 58, S. 267. 1908.

[5]) BÖHM: Über Wirkungen von Ammoniumbasen usw. Arch. f. exp. Pathol. u. Pharmakol. Bd. 58, S. 267. 1908.

[6]) KÜLZ: Quantitative Untersuchungen usw. Arch. f. exp. Pathol. u. Pharmakol. Bd. 98, S. 339. 1922.

funden, daß von den quartären aliphatischen Ammoniumbasen, die ja alle die indirekte Erregbarkeit aufheben, die niederen Homologen Contracturen erregen, welche durch die höheren wieder aufgehoben werden[1]). Contracturierend und contracturlösend wirken die Gifte aber in Konzentrationen, die bei einigen weniger als $^1/_{10}$ derjenigen betragen, die die indirekte Erregbarkeit aufheben und die auch nach tagelangem Einwirken die klassische Curarewirkung nicht hervorzubringen vermögen. Auch daraus, daß das Verhältnis der contracturerregenden Konzentration zu der die Reizübertragung aufhebenden von Glied zu Glied der homologen Reihe wechselt, läßt sich der Schluß ziehen, daß es sich in beiden Fällen nicht um dieselbe Wirkung und denselben Angriffsort handelt.

Nach alledem muß man die klassische Curarewirkung streng von der contracturlösenden trennen. Es ist das Verdienst LANGLEYS, auf das Vorhandensein und die eigenartige Verteilung einer bestimmten besonders giftempfindlichen Substanz hingewiesen zu haben. Von deren sonstigen Eigenschaften ist uns im übrigen so gut wie nichts bekannt. Es wurde oben erwähnt, daß nach den mikroskopischen Beobachtungen LANGLEYS bei direkter Betupfung des Muskels die Kontraktion sich nur über eine kurze Strecke ausbreitet. Mit den Versuchen am Myographion, die bis 60% Verkürzung ergaben, steht das, wie LANGLEY selbst betont, im Widerspruch. Was sich kontrahiert, ob die Fibrillen oder das Sarkoplasma — wenn überhaupt mit einer derartigen Möglichkeit zu rechnen ist —, konnte LANGLEY in seinen mikroskopischen Untersuchungen nicht entscheiden. Wenn das Nicotin irgendwo in einem Teilprozeß des normalen Erregungsvorganges eingreift, so ist vorläufig noch ganz unbekannt, warum die Kontraktion so ganz anders verläuft als bei Erregung vom Nerven aus. Es ist auffallend, daß die Verkürzung bei der stärkstmöglichen Contractur geringer ist als im Tetanus. Es liegen aber genauere Untersuchungen am durchströmten Präparat, bei dem allein Täuschungen durch Contractur nur eines Teiles der Fasern ausgeschlossen sind, nicht vor, nur eine kurze Bemerkung von LANGLEY[2]).

RIESSER[3]) hat bei anderen Contracturgiften die Teilprozesse des Erregungsvorganges nach der EMBDENschen Methodik zu untersuchen begonnen. Für die Nicotinerregung stehen die Ergebnisse noch aus.

Ob irgendwelche Beziehungen zwischen dem System oder den Systemen, die die Grundlage für die früher geschilderten Eigentümlichkeiten bilden und die als Nervenendorgan bezeichnet wurden, und der rezeptiven Substanz LANGLEYS bestehen, ist unbekannt und es existieren keine direkt darauf gerichteten Untersuchungen. Es ist deshalb unzulässig, den Ausdruck rezeptive Substanz und Nervenendorgan oder Myoneuralverbindung einfach gleichzusetzen.

BOEKE[4]) hat, wie einleitend erwähnt wurde, versucht, dem Begriff der rezeptiven Substanz einen anatomischen Inhalt zu geben, indem er sie mit seinem periterminalen Netzwerk identifizierte. Es ist aber schwer, die morphologischen Erscheinungen bei der Degeneration mit den funktionellen nach den Ergebnissen von LANGLEY und von EDMUNDS und ROTH in Einklang zu bringen. Nach BOEKE degeneriert das periterminale Netzwerk nach Nervendurchschneidung vollständig, wenn auch später als das neurofibrilläre Netzwerk. Nach den früher erwähnten Untersuchungen ist aber nach vollkommener Degeneration die Nicotincontractur beinahe unvermindert auslösbar.

---

[1]) Siehe vorhergehende Seite Anm. 6.

[2]) LANGLEY: Journ. of physiol. Bd. 33, S. 386. 1905.

[3]) RIESSER: Physiologische und kolloidchemische Untersuchungen. Arch. f. exp. Pathol. u. Pharmakol. Bd. 93, S. 163. 1922.

[4]) BOEKE: The innervation of striped muscle-fibres and Langley's receptive substance. Brain Bd. 44, S. 1. 1921.

# Allgemeine Pharmakologie der Muskeln.

Von

OTTO RIESSER und ERNST SIMONSON

Greifswald.

Mit 12 Abbildungen.

## Zusammenfassende Darstellungen.

HEINZ: Handbuch der experimentellen Pharmakologie Bd. I, 2. Hälfte. Jena: Gustav Fischer 1905. — HEFFTERS Handbuch der experimentellen Pharmakologie. Berlin: Julius Springer 1922/24.

Seit dem Erscheinen des Handbuchs der experimentellen Pathologie und Pharmakologie von HEINZ im Jahre 1905 ist kein Versuch gemacht worden, das Gesamtgebiet der Muskelpharmakologie geschlossen darzustellen. Das kurze Kapitel in dem bekannten Lehrbuch der experimentellen Pharmakologie von GOTTLIEB und H. H. MEYER behandelt nur einige wenige Fragen aus diesem Gebiet. Berücksichtigt man die großen Fortschritte, die seither die Lehre von den Muskeln durch gemeinsame Arbeit der Physiologen und Pharmakologen gemacht hat und bedenkt man die zentrale Stellung, welche der Muskelphysiologie heute fast mehr denn je im Rahmen der Biologie überhaupt zukommt, so wird man eine erneute Zusammenfassung der Ergebnisse der muskelpharmakologischen Forschung für wohl berechtigt halten. Es erscheint dies um so erwünschter, als es zwar eine überaus große Zahl von Einzelbeobachtungen über die Wirkung der verschiedensten Pharmaca auf Muskelgewebe in der Literatur gibt, die funktionelle Betrachtungsweise indessen, die doch sonst die neuere Pharmakologie kennzeichnet, hier kaum angewandt wurde. Es muß versucht werden, die zahlreichen und in ihrem Wert sehr ungleichmäßigen Einzelbeobachtungen zur Beantwortung der Frage zu benutzen: Wie können die Funktionen der Muskeln durch Pharmaca verändert werden und welche Typen pharmakologischer Wirkung können wir beim Muskel unterscheiden? Diese Fragestellung und ihre Beantwortung muß zu einer Pharmakologie der Muskeln auf physiologischer Grundlage führen. Wenn man feststellen muß, daß die Muskelpharmakologie im allgemeinen nicht die Berücksichtigung fand, die man erwarten sollte, so ist dies zum Teil sicher dadurch begründet, daß dieses Grenzgebiet zum guten Teil schon von der Physiologie beschlagnahmt wurde, zugleich aber auch dadurch, daß die Therapie für das pharmakologische Studium der Muskeln verhältnismäßig wenige Fragestellungen bot. Das Interesse der Pharmakologen hat sich demgegenüber in weit erheblicherem Umfange den glattmuskeligen Organen in ihren Beziehungen zum vegetativen Nervensystem zugewandt.

Neuerdings erst vollzieht sich eine merkliche Wandlung. Nicht als ob das Interesse am vegetativen System abgenommen hätte. Aber daneben wächst zusehends die Bedeutung einer Betrachtungsweise, die man am besten als allgemein-pharmakologische bezeichnen könnte, als Lehre von den allgemeinen Bedingungen pharmakologischer Wirkung. Auf diesem Gebiet aber ist der Muskelpharmakologie eine führende Rolle zugewiesen. In der Tat bietet sich für das Studium wichtigster, allgemein-pharmakologischer Fragen kein besseres Objekt als der Muskel, und zwar der Skelettmuskel. An ihm können wir die Beeinflussung der Zellatmung, des Zellstoffwechsels und Energieumsatzes in Beziehung zur Leistung, die Probleme der pharmakologischen Abwandlung der Erregbarkeit und damit diese wichtigsten Lebenserscheinungen selbst in sehr exakter Weise untersuchen, seitdem die theoretischen wie methodischen Grundlagen der Muskelforschung eine so erhebliche Erweiterung und Verfeinerung erfahren haben. In der Tat gibt es kaum ein Gebiet der Muskelpharmakologie, das nicht in Beziehung zu allgemeineren Problemen stünde.

Daneben wächst aber auch die Bedeutung mehr spezieller Fragen der Muskelpharmakologie. So etwa das Problem der pharmakologischen Beeinflussung des Muskelstoffwechsels als wichtiges Teilproblem der Stoffwechselpharmakologie überhaupt, mit all den zahlreichen Beziehungen zu den Problemen der Wärmeregulation, des Fiebers, oder das komplizierte und klinisch-pathologisch so viel beachtete Problem des Muskeltonus, endlich die Fragen der Arbeitsleistung und ihrer pharmakologisch bedingten Steigerung oder Minderung. Wenn es somit auch verlockend erscheinen mag, die Fragen der allgemeinen Muskelpharmakologie unter größeren, zusammenfassenden Gesichtspunkten zu behandeln und darzustellen, so wird man die Schwierigkeiten einer solchen Aufgabe nicht verkennen können. Sie sind allein schon dadurch bedingt, daß es zwar unzählige Einzelbeobachtungen über pharmakologische Muskelwirkungen gibt, daß aber nur wenige Untersucher über eine bloße Registrierung irgendwelcher Muskelwirkungen hinaus das Warum dieser Wirkungen durch zuverlässige Untersuchungen zu erforschen suchten. Und selbst unter denjenigen Arbeiten, die dem Problem ernsthafter zu Leibe gehen, sind die Verschiedenheiten der Methodik wie der Problemstellung meist so große, daß es recht schwer ist, sie unter gemeinsamen Gesichtspunkten einzuordnen und richtig zu würdigen.

Wenn wir dennoch einen solchen Versuch wagen, so müssen wir von vornherein feststellen, daß wir es nicht als unsere Aufgabe betrachten, die Fülle der vorhandenen Einzelbeobachtungen zu registrieren. Es muß betont werden, daß es sich hier nicht um ein Handbuch der Pharmakologie, sondern um ein Handbuch der Physiologie handelt. Nicht wie die verschiedenartigsten Substanzen jeweils den Muskel beeinflussen, ist unsere Fragestellung, sondern wie die Funktionen des Muskels durch Pharmaca beeinflußt werden können. Es sind uns also die Ergebnisse der Pharmakologie nur in ihren Beziehungen zur Physiologie der Muskeln und darüber hinaus zur allgemeinen Biologie von Interesse. Daraus ergibt sich, daß auch die Anordnung des Stoffes lediglich funktionellen Gesichtspunkten zu folgen hat. Die pharmakologisch zu erzielenden Veränderungen der Erregbarkeit, der Contractilität, der Muskelzuckungsform, der Arbeitsleistung, die Beeinflussung des Stoffumsatzes, der chemischen Zusammensetzung und der physikalischen Eigenschaften, dies alles sind Fragen, die uns hier beschäftigen sollen.

Die grundlegende Verschiedenheit des physiologischen wie des pharmakologischen Verhaltens der glatten und der quergestreiften Muskeln wird auch eine gesonderte Behandlung beider Muskelarten erforderlich machen.

# Allgemeine Pharmakologie der Skelettmuskeln.

## I. Pharmakologische Beeinflussung der Erregbarkeit.

### A. Reversible allgemeine Muskellähmung.

Es gibt eine große Zahl von Substanzen, die, chemisch vielfach verschiedensten Charakters, dem Muskel gegenüber die gemeinsame Eigenschaft besitzen, daß sie ihn in reversibler Weise, also ohne wesentliche und dauernde Schädigung, außer Funktion zu setzen vermögen, daß sie ihn vorübergehend unerregbar machen. Das schließt, wie wir besonders durch die Untersuchungen aus BETHES Laboratorium wissen, keineswegs aus, daß der Muskel für die sog. chemischen Reize contracturfähig bleibt, aber diese Contracturfähigkeit hat mit der physiologischen Erregbarkeit nichts zu tun.

Unter den die Muskeln reversibel lähmenden Substanzen pflegt man eine bestimmte Gruppe als *Narkotica* zu bezeichnen und für sich abzuhandeln. Diese Abtrennung ist allerdings eine rein konventionelle. Man beschränkt nämlich die Bezeichnung Narkoticum in der Muskelpharmakologie auf diejenigen lähmend wirkenden Substanzen, die auch am ganzen Tier Narkose erzeugen, vorwiegend also das Zentralnervensystem reversibel zu lähmen vermögen. Ja, man hat sich gewöhnt, den Begriff der Narkotika mit bestimmten chemischen und physikalischen Eigenschaften der betreffenden Substanzen zu verknüpfen. Es ist indessen darauf hinzuweisen, daß man damit zwar das Narkoticum, nicht aber die Narkose definiert. An und für sich erscheint es nicht berechtigt, jene reversible Lähmung, die wir als Narkose der lebenden Zelle bezeichnen[1]), durch die Eigenschaften der diesen Zustand bedingenden Stoffe abzugrenzen. Man gelangt dann zu der u. E. unberechtigten Anschauung, daß die durch Mg-Salze bedingte Allgemeinlähmung keine Narkose sei, da die Mg-Salze nicht die Eigenschaften der typischen Narkotica, etwa derjenigen der Alkoholreihe, besitzen. Wir selbst werden auch hier von Narkose sprechen, da es sich um eine typische reversible Lähmung gerade auch des Zentralnervensystems handelt. Dagegen rechnet man auch in der Muskelpharmakologie die K-Lähmung nicht zur Narkose, obwohl die K-Salze am Muskel reversible Lähmung machen, weil sie am ganzen Tier nicht narkotisch wirken. Aus dem gleichen Grunde nennt man die Cocainlähmung der Muskeln nicht Narkose, trotz der mancherlei Ähnlichkeiten, welche, wie schon MOSSO[2]) und später GROS[3]) zeigten, zwischen der Wirkung der Lokalanästhetica und derjenigen der echten Narkotica der Alkoholgruppe zweifellos besteht.

Lediglich praktische Gesichtspunkte sind daher für uns maßgebend, wenn wir auch an dieser Stelle die Narkotica im engeren im Sinne zunächst für sich betrachten wollen.

Die hierher gehörigen Substanzen sind im allgemeinen chemisch indifferent zum mindesten insofern, als sie mit den Bestandteilen der Zellen, soviel wir wissen, chemische Umsetzungen nicht eingehen. Um so wirksamer sind sie in physikalisch-chemischer Hinsicht. In der Tat darf es heute wohl als gesichert gelten, daß die narkotische Wirkung durch physikalische Zustandsänderungen der Zellkolloide unter dem Einfluß der Narkotica zustande kommt. Da physikalische Zustandsänderungen der Zellkolloide auch die Stoffwechselvorgänge notwendig beeinflussen, so werden wir allemal in der Narkose Veränderungen des Stoffwechsels zu erwarten haben, Veränderungen, die vielleicht sogar das Wesen der

---

[1]) WINTERSTEIN: Die Narkose. Berlin: Julius Springer 1919.
[2]) MOSSO: Pflügers Arch. f. d. ges. Physiol. Bd. 47, S. 553. 1890.
[3]) GROS, O.: Schmiedebergs Arch. f. exper. Pathol. u. Pharmakol. Bd. 62, S. 380. 1910.

Narkose ausmachen. Physikalische aber wie chemische Veränderungen und ihre etwaigen weiteren Folgen müssen, wenn anders wir von typischer Narkose sprechen wollen, vollkommen reversibel sein. Daß diese Reversibilität immerhin nur eine relative ist, darf hier wohl hervorgehoben werden. Wissen wir doch, daß zu lang anhaltende Einwirkung oder zu hohe Konzentrationen der Narkotica die reversible Veränderung in irreversible Zellschädigung verwandeln. Zwischen den Narkotica im engeren Sinne und den zahllosen Substanzen, die nach vorübergehender, noch reversibler Lähmung mehr oder weniger schnell irreversible Schädigung und Zelltod verursachen, gibt es tatsächlich keine scharf zu ziehende Grenze.

Man muß feststellen, daß Untersuchungen an isolierten Muskeln oder am Nervmuskelpräparat in der Narkoseforschung eine nur untergeordnete Rolle gespielt haben. Es mag dies auf den ersten Blick verwunderlich erscheinen, da doch das Nervmuskelpräparat sich für quantitative Untersuchungen besonders eignet, wobei man überdies noch den Vorteil hat, daß man getrennt voneinander sowohl die Wirkung auf die Nervenendigungen als diejenigen auf die Muskelsubstanz selbst untersuchen kann. Indessen ist ja die wichtigste Erscheinung der Narkose zweifellos die Lähmung des Zentralnervensystems. Und wenn schon die Nervenendigungen quantitativ nicht so reagieren wie die zentralnervösen Apparate, so hat sich überdies noch herausgestellt, daß die Muskelzelle selbst auch qualitativ nicht gleich sich verhält wie die Teile des Nervensystems. So kann man z. B. mit Stickoxydul nach Angaben von Wieland[1]) die Muskeln überhaupt nicht narkotisieren und ebensowenig anscheinend auch mit anderen indifferenten Gasen, wie z. B. mit Acetylen. Weiterhin hat Mansfeld[2]) gezeigt, daß der Reaktionstyp der Muskeln gegenüber solchen Narkotica, welche sie gut zu lähmen vermögen, dennoch ein anderer ist als der der Nervenendigungen und des Reflexapparats. Für die letzteren gilt nämlich das Alles-oder-Nichts-Gesetz der Narkose, wie es Mansfeld genannt hat, d. h. bei allmählich ansteigender Narkoticumkonzentration tritt bis zu einer bestimmten Schwelle auch bei längerer Einwirkung überhaupt keine Wirkung ein, während sie direkt oberhalb dieser Schwelle gleich vollständig ist. Beim Muskel dagegen kommt es bei mittleren Konzentrationen zu einer Abschwächung der Erregbarkeit, die allmählich mit wachsender Konzentration des Narkoticums in volle Lähmung übergeht. Die Narkose nimmt also hier mit wachsender Konzentration schrittweise zu.

Was die Erscheinungen der Muskelnarkose betrifft, so sind sie grundsätzlich für alle Narkotica die gleichen. Nur wechselt die Intensität und Schnelligkeit der Wirkung je nach der Art des Mittels. Ob die Gesetzmäßigkeiten, die man für die Wirkung verschiedener Narkotica als Funktion ihrer Konstitution hinsichtlich der Wirkung auf das Zentralnervensystem, also am ganzen Tier, gefunden hat (Gesetz der homologen Reihen usw.), auch für die Muskelnarkose zutreffen, ist nicht untersucht und läßt sich von vornherein nicht entscheiden. Für viele Fragen wird es naturgemäß zweckmäßiger sein, die indirekte Erregbarkeit als Maß der Muskelnarkose zu untersuchen, wobei man es indessen nicht mit der Narkose des Muskels, sondern mit derjenigen der Nervenendigungen zu tun hat.

Soweit man die Narkotica am isolierten Muskel überhaupt untersucht hat — und besonders ist dies für den Alkohol geschehen — ist es sicher, daß sie in kleinsten Konzentrationen die Erregbarkeit steigern. Dies trifft sowohl für die indirekte wie für die direkte Erregbarkeit zu. Es zeigt sich dies in der wenigstens vorübergehend gesteigerten Zuckungshöhe oder in der Hemmung der Ermüdung,

---

[1]) Wieland: Schmiedebergs Arch. f. exp. Pathol. u. Pharmakol. Bd. 92, S. 96. 1922.

[2]) Somló sowie Szirmay (bei Mansfeld): Arch. f. exp. Pathol. u. Pharmakol. Bd. 101, S. 259, 285 und 273. 1924.

es kommt auch, wie SCARBOROUGH[1]) nachwies, darin zum Ausdruck, daß die an einem Muskel zunächst unwirksamen Schließungsreize unter der Einwirkung von Alkohol wirksam werden. Diese Erregungserscheinungen am Muskel unter kleinen Narkoticadosen sind ja für die allgemeinere Frage nach der Existenz eines durch Narkotica bewirkten primären Erregungsstadiums sowie für das Problem der Leistungssteigerung durch Alkohol und alkoholhaltige Getränke wichtig geworden, Probleme, die uns hier allerdings nicht näher beschäftigen dürfen. (Näheres hierüber bei KOCHMANN in Heffters Handbuch der Pharmakologie Bd. I.)

Verfolgt man das Bild einer typischen Muskelnarkose weiter, so kann, nachdem erst einmal die Nervendigungen gelähmt sind, das Bild verschieden sein[2]). Entweder die Zuckungshöhen nehmen stetig ab, ohne daß die Basislinie der Einzelzuckungen sich verändert, oder aber es setzt mehr oder weniger schnell Contractur ein, unter gleichzeitigem Fortschreiten der Erregbarkeitsabnahme. Die Contractur ist anfänglich reversibel, geht aber bei langanhaltender Wirkung oder zu hohen Konzentrationen in irreversible Starre über. Man kann also von einer zweifachen Wirkung der Narkotica sprechen, von einer Vernichtung der Kontraktionsfähigkeit, der Kinogonie, um eine Bezeichnung von BETHE zu gebrauchen, und daneben von einer besonderen chemischen Contracturwirkung. Daß die Kinogonie durch Narkotica unterdrückt werden kann, ohne daß die eigentlichen Erregungsvorgänge verschwinden, haben die Untersuchungen von v. WEIZSÄCKER[3]) sowie von MEYERHOF[4]) ergeben. Ersterer konnte auch bei dem bis zu völliger Lähmung narkotisierten Muskel durch elektrische Reizung eine beträchtliche Wirkung erzielen, und MEYERHOF fand, daß unter analogen Bedingungen auch noch Mehrproduktion von Milchsäure stattfindet. Gehemmt ist lediglich die Erholungsphase, und zwar deswegen, weil, wenigstens am Muskel, die Oxydationen in der Narkose beeinträchtigt werden.

Hierin ist wohl auch die Ursache der Narkosecontractur zu sehen, über deren Einzelheiten wir in dem Kapitel über Contractur und Starre berichtet haben. Denn die mindestens teilweise Aufhebung der oxydativen Milchsäurebeseitigung in der Narkose muß notwendig zu Säureanhäufung und Säurecontractur führen. Wahrscheinlich kommt dazu noch, wenigstens bei höheren Konzentrationen und in verschiedener Intensität je nach Art des Narkoticums, eine direkte Verkürzungswirkung auf die Muskelfasern selbst.

So ist die Narkosecontractur zwar keine obligate, wohl aber die gewöhnliche Begleiterscheinung der Muskelnarkose. Ob sie in einem gegebenen Falle eintritt oder nicht, hängt lediglich von gewissen äußeren Faktoren ab: von der Art des Narkoticums, von seiner Konzentration, wohl auch von der Temperatur.

Für die Beantwortung der wichtigen Frage, welche physikalischen Veränderungen der Zellkolloide die Narkose begleiten oder sie bedingen, sind die Untersuchungen am Muskel besonders bedeutungsvoll geworden. Schon RANKE[5]) machte darauf aufmerksam, daß klare Myosinlösungen durch Chloroform getrübt werden. LOEB[6]) führte auch die irreversible Alkoholschädigung auf Eiweißfällung zurück. Die Verminderung der Dispersität bzw. die Fällung durch Narkotica ist weiterhin von einer Anzahl anderer Forscher bestätigt und für die Frage der Narkosewirkung gewertet worden. Besonders bemerkenswert sind

[1]) SCARBOROUGH: Journ. of pharmacol. a. exp. therapeut. Bd. 17, S. 129. 1921.
[2]) FREY, E.: Dtsch. med. Wochenschr. Jg. 48, S. 857. 1922.
[3]) v. WEIZSÄCKER: Journ. of physiol. Bd. 48, S. 396. 1914.
[4]) MEYERHOF, O.: Pflügers Arch. f. d. ges. Physiol. Bd. 191, S. 138. 1921.
[5]) RANKE: Zentralbl. f. d. med. Wissensch. Bd. 14, S. 209. 1867.
[6]) LOEB: Biochem. Zeitschr. Bd. 47, S. 127. 1912.

neuere Untersuchungen von Kochmann[1]) und seinen Mitarbeitern, wonach die Narkotica in lähmenden Konzentrationen nicht nur an leblosem Material, sondern gerade auch am Muskel reversible Entquellung verursachen. Diese Kolloidwirkungen stehen sicher in engstem Zusammenhang mit den Veränderungen der *Permeabilität*, wie sie durch Narkotica an den Muskeln bewirkt werden, und die, wie bekannt, für die Theorie der Narkose eine besonders große Rolle spielen. (Näheres hierüber bei Höber: Physikalische Chemie der Zelle und der Gewebe 5. Aufl. 1924, und Kochmann: Theorie der Narkose in Heffters Handbuch der experimentellen Pharmakologie Bd. I, S. 462ff.) Obwohl von verschiedenen Autoren, so zuletzt noch von Embden[2]), Steigerung der Permeabilität als Kennzeichen der Muskelnarkose betrachtet wurde, hat sich, nicht zum wenigsten durch Höbers und Wintersteins wichtige Untersuchungen und die Bestätigung, die sie von verschiedenen Seiten, so insbesondere durch Gildemeister[3]) erfuhren, die Anschauung stetig gefestigt, daß Permeabilitätsminderung ein wesentliches Kennzeichen des Narkosezustands sei. Neuerdings glaubt Lange[4]) im Anschluß an Embdensche Gedankengänge die Ursache der bisherigen Gegensätze aufgefunden zu haben. Er konnte zeigen, daß zu Beginn einer Muskelnarkose die Permeabilität in der Tat abnimmt, daß sie aber später wieder erheblich ansteigt, und zwar über das Maß der Durchlässigkeit des nichtnarkotisierten Muskels hinaus. Er schließt daher, wie schon Embden es in seinem zitierten Referat voraussagte, daß nicht Minderung oder Steigerung der Permeabilität maßgebend für den Narkosezustand seien, sondern die Aufhebung der Alterationsfähigkeit der Grenzschichten.

Inwieweit die Permeabilitätsveränderungen mit dem Wesen der Narkose überhaupt etwas zu tun haben, ist heute kaum zu entscheiden. So ist es recht schwer, zu erklären, daß gerade zu Beginn der Narkose, also im Stadium der gesteigerten Erregbarkeit, die Permeabilität vermindert ist, während sonst Erregbarkeitssteigerung gerade mit Permeabilitätsvermehrung verknüpft zu sein scheint. Wenn dann im späteren Stadium der Narkose, nämlich dem der Lähmung, die Permeabilität wieder ansteigt, so kann dies auch allein dadurch erklärt werden, daß in diesem Stadium mit abnehmender Restitutionsfähigkeit eine zunehmende Säureanhäufung und dadurch bedingte Quellungsförderung der Kolloide eintreten müssen.

Die Veränderungen des Chemismus und des Stoffwechsels, die wir im Gefolge einer Narkose des Muskels beobachten, sind sicher nur als Folgeerscheinungen, nicht als Ursache der Narkose zu werten. Hinsichtlich der Oxydationshemmung war man bekanntlich lange im Zweifel, ob sie nicht doch im Sinne von Verworn als eigentliche Ursache der Narkose zu werten sei. Es ist bekannt, daß man auf Grund vieler Beobachtungen diesen Zusammenhang heute im allgemeinen ablehnt. Daß die Oxydationshemmung indessen für die Narkose*contraktur* von Bedeutung ist, haben wir schon erörtert. Zu erwähnen ist, daß kleinste Narkoticakonzentrationen, wie Warburg[5]) sowie Lipschitz[6]) gezeigt haben, die Atmung fein zerschnittener Muskel verstärken. Den Lactacidogenstoffwechsel der narkotisierten Muskeln hat neuerdings Lange[7]) untersucht und gefunden,

[1]) Kochmann: Schmiedebergs Arch. f. exp. Pathol. u. Pharmakol. Bd. 96, S. 5. 1922.

[2]) Embden: Ber. üb. d. ges. Physiol. Bd. 2, S. 159. 1920. Referat auf dem Physiologentag zu Hamburg. 1920.

[3]) Gildemeister: Ber. üb. d. ges. Physiol. Bd. 2, S. 182. 1920.

[4]) Lange u. Müller: Hoppe-Seylers Zeitschr. f. physiol. Chem. Bd. 124, S. 104. 1922. — Lange u. Kappus: Ebenda S. 140. 1923.

[5]) Warburg, O.: Biochem. Zeitschr. Bd. 100, S. 230. 1920.

[6]) Lipschitz, W.: Pflügers Arch. f. d. ges. Physiol. Bd. 183, S. 275. 1920.

[7]) Lange u. Mayer: Hoppe-Seylers Zeitschr. f. physiol. Chem. Bd. 141, S. 233. 1924.

daß in den ersten Narkosestadien der Lactacidogengehalt der Muskeln ansteigt, daß also zunächst Synthese stattfindet, während später der Zerfall vorwiegt und die Menge des Lactacidogens abnimmt. Das erste Stadium scheint dem der Permeabilitätsherabsetzung, das zweite dem der Permeabilitätssteigerung zu entsprechen.

Man könnte die Frage aufwerfen, ob die Veränderungen der Permeabilität etwa *Folgen* der Stoffwechselvorgänge sind, da ja im Beginn der Narkose die Säuremenge abzunehmen, im weiteren Verlauf dagegen anzusteigen scheint. Ob diese chemischen Verschiebungen, insbesondere also der Wechsel der Säuremenge im Muskel, ausreichen, um die Veränderungen der Durchlässigkeit zu erklären, muß allerdings dahingestellt bleiben. Immerhin wird man anerkennen, daß die hochgradige Durchlässigkeitssteigerung in den späteren Stadien einer kräftigen Narkoticumwirkung mit der Anhäufung von Milchsäure in solchen Muskeln zusammenhängt.

Im Rahmen dieser Abhandlung, die die typischen Erscheinungen der Muskelnarkose, *nicht* aber die Narkotica betrifft, haben wir nicht die Aufgabe, die Wirkungen der verschiedenen Narkotica am Muskel im einzelnen darzustellen. Die interessantere Frage, welche quantitativen Unterschiede der Narkotica am Muskel bestehen und inwieweit diese mit den am Zentralnervensystem gefundenen übereinstimmen, ist, wie gesagt, noch nicht bearbeitet.

Äther, Chloroform, Alkohol wirken in ganz ähnlicher Weise auf den isolierten Muskel. Chloralhydrat, Paraldehyd, Medinal verhalten sich ebenso. Daß Stickoxydul wirkungslos ist, erwähnten wir schon als eine Tatsache, welche neben anderen zeigt, daß der Muskel nicht auf alle Narkotica so reagiert wie die Nervenzelle.

Eine besondere Stelle unter den Narkotica kommt den *Magnesiumsalzen* zu. Die Tatsache, daß sie nicht, wie die typischen Narkotica der Alkoholreihe, lipoidlöslich sind, veranlaßt WIECHMANN[1]) dazu, sie nicht als Narkotica anzuerkennen. Betrachten wir indessen die Erscheinung der Narkose als etwas von der Natur der sie verursachenden Substanzen Unabhängiges, was unseres Erachtens notwendig ist, dann muß man die durch Mg-Salze am Muskel wie am ganzen Tier verursachte reversible Lähmung auch als Narkose bezeichnen. Vielleicht sind neueste Untersuchungen von K. SPIRO[2]) geeignet, die bisher bestehende Kluft zwischen der Mg-Narkose und der durch lipoidlösliche Narkotica bedingten zu überbrücken. Er fand nämlich, daß in der Chloroformnarkose die Konzentrationen des Mg im Blute relativ erhöht, die des Ca vermindert ist. Es findet also dieselbe Verschiebung des Mg: Ca-Gleichgewichts statt, die auch für die Mg-Narkose als wesentlich erkannt worden ist.

Über die Wirkung der Mg-Salze am isolierten Muskel ist nicht viel gearbeitet worden. Immer stand auch hier die Wirkung am ganzen Tier im Vordergrund des Interesses. WIECHMANN[1]) — bei HÖBER — zeigte, daß in der Mg-Narkose die indirekte Erregbarkeit lange vor der direkten erlischt, wie wir das übrigens auch bei den echten Narkotica finden. Ca hebt nur die Mg-Lähmung der Synapse, nicht die der Muskeln selbst auf. Es verhält sich also auch hier wieder der Muskel durchaus anders als das Nervensystem. Bekanntlich wird auch die zentrale Mg-Narkose durch Ca-Zufuhr sofort aufgehoben (MELTZER). MARKWALDER[3]) stellte im Laboratorium von W. SRTAUB ebenfalls fest, daß bei der typischen Mg-Narkose des Säugetieres die Muskeln knrareartig gelähmt werden. Die direkte Erregbarkeit erlischt erst bei Dosen, die weit über der therapeutischen liegen.

[1]) WIECHMANN: Pflügers Arch. f. d. ges. Physiol. Bd. 182, S. 74. 1920.
[2]) SPIRO, K.: Klin. Wochenschr. 2. Jg. S. 2039. 1923.
[3]) MARKWALDER: Zeitschr. f. d. ges. exper. Med. Bd. 5, S. 150.

Die Lähmung von in m/50 $MgCl_2$ gehängten Muskeln ist durch Auswaschen mit Ringerlösung vollkommen reversibel. Die Annahme von WIECHMANN, daß bei der Mg-Narkose Quellungsbegünstigung eine Rolle spiele, wird mit Vorbehalt ausgesprochen und bedarf wohl auch noch weiterer Untersuchung.

Wie eigentlich die Mg-Narkose des Muskels zustande kommt, bleibt in der Tat noch aufzuklären. Man sollte meinen, daß ein genaues Studium der hierbei auftretenden Stoffwechsel- und Permeabilitätsveränderungen, insbesondere auch der Ionenverteilung zur Klärung dieser Frage beitragen, zum mindesten eine Einordnung der Mg-Narkose in die Reihe der bisher bekannten Narkosezustände erleichtern könnte.

Nicht besser geklärt ist die reversible Lähmung, welche durch *Kalium*salze am Muskel erzeugt wird. Grundlegende Untersuchungen über diese Erscheinungen verdanken wir OVERTON[1]) sowie HÖBER[2]). In dem Artikel: Physikalische Chemie des Muskels hat sie NEUSCHLOSZ in diesem Bande ausführlich abgehandelt. Man bringt auch hier die Lähmung in Zusammenhang mit den durch Kalisalze bewirkten Veränderungen der Durchlässigkeit der Zellgrenzschichten. HÖBER wies eine Permeabilitätssteigerung durch K-Salze nach. VOGEL[3]) — bei EMBDEN — glaubte bei längerer K-Wirkung eine starke Hemmung der Durchlässigkeit feststellen zu können. LANGE[4]) konnte neuerdings nachweisen, daß man auch hier zwei Wirkungsstadien unterscheiden müsse, nämlich zuerst eine Erhöhung, später eine Verminderung der Durchlässigkeit, also eine umgekehrte Reihenfolge wie bei der Lähmung durch typische Narkotica. Der Lactacidogengehalt nimmt in den ersten Minuten ab, später zu. Eine wirkliche Erklärung der K-Lähmung existiert nicht.

Das Bild dieser Lähmung ähnelt in vieler Hinsicht einer echten Narkose. Sie beginnt indessen mit einer mehr oder weniger bald vorübergehenden Verkürzung des Muskels, die mit der Spätcontractur, wie sie Narkotica erzeugen, nichts gemein hat. Im Kapitel Contractur und Starre haben wir hierüber ausführlicher gesprochen. Je nach der Konzentration des angewandten K-Salzes tritt danach früher oder später vollständige Lähmung des Muskels ein. Sie ist durch Spülung mit reiner Ringerlösung vollkommen reversibel. Daß sie durch Ca-Salze vollständig, fast ebenso durch Sr-Salze und, wenn auch weniger prompt, durch andere zweiwertige Kationen verhindert bzw. aufgehoben werden kann, hat HÖBER[5]) gezeigt. Er hat auch als erster in eindringlicher Weise darauf aufmerksam gemacht, daß es sich sowohl bei den Wirkungen des K wie bei ihrer Hemmung um kolloidchemische Reaktionen handle. Den echten Narkotica zum mindesten hinsichtlich der Muskelwirkung sehr ähnlich verhalten sich die *Lokalanästhetica*. O. GROS (zit. auf S. 317) hat die Ähnlichkeit wie auch die charakteristischen Unterschiede in der Wirkung dieser Substanzen gegenüber derjenigen der echten Narkotica in sorgfältigen Untersuchungen dargestellt und dabei auch die Muskelwirkung berücksichtigt. Beim Eintauchen eines Nervmuskelpräparats in eine Lösung, etwa von Cocain, erlischt, wie stets bei narkotischen Substanzen, die indirekte Erregbarkeit zuerst, die direkte erheblich später. Auch ist die Lähmung der Nervendigungen viel schwerer reversibel. Die lähmende Wirkung am Muskel hatte schon früher MOSSO demonstriert. Eine primär erregende schien in seinen Versuchen vorauszugehen. KUBOTA und MACHT[6]), die zuletzt die Wir-

[1]) OVERTON: Pflügers Arch. f. d. ges. Physiol. Bd. 105, S. 188. 1904.

[2]) HÖBER: Physikalische Chemie der Zelle und der Gewebe. 5. Aufl., S. 630ff. Leipzig: Engelmann 1924.

[3]) VOGEL: Hoppe-Seylers Zeitschr. f. physiol. Chem. Bd. 118, S. 50. 1922.

[4]) LANGE: Hoppe-Seylers Zeitschr. f. physiol. Chem. Bd. 137, S. 105. 1924.

[5]) HÖBER: zit. auf S. 320.

[6]) KUBOTA u. MACHT: Journ. of pharmacol. a. exp. therapeut. Bd. 13, S. 31. 1919.

kung einer ganzen Anzahl von Lokalanaesthetica am Muskel systematisch untersuchten, konnten allerdings nur Lähmung, niemals Erregung beobachten. Dasselbe fand RIESSER[1]). Alle Untersucher stimmen aber darin überein, daß diese Lähmung durch Auswaschen des Giftes vollkommen rückgängig zu machen ist. Eine von RIESSER durchgeführte Untersuchung der Novocainwirkung auf den Lactacidogenumsatz ergab keine eindeutigen, für die Erklärung des Lähmungsmechanismus verwertbaren Resultate. Das Lactacidogen schien beim ruhenden, mit Novocain gelähmten Muskel vermindert, beim gleichzeitig durch rhythmische Reizung ermüdeten dagegen meist vermehrt. Untersuchungen über die Permeabilität liegen nicht vor. Dagegen soll nach den Angaben von SCHMIEDEBERG[2]) die Dehnbarkeit der mit Novocain behandelten Muskeln gesteigert sein. In den Versuchen von NEUSCHLOSZ[3]) an südamerikanischen Kröten wiesen die isolierten Muskeln in Novocain $^1/_{1000}$ eine erhebliche Verlängerung auf. Bei europäischen Temporarien sieht man dagegen oft sogar eine Contracturneigung.

Aus der Beobachtung, daß die durch Erwärmen verstärkte Novocainlähmung durch Abkühlen nicht wieder teilweise rückgängig wird, wie dies bei den eigentlichen Narkotica der Fall ist, schloß HÖBER[4]), daß die Cocainlähmung von der echten Narkose verschieden sei. Doch könnte wohl allein ein Unterschied der Wirkungsstärke das schnellere Eintreten irreversibler Schädigung beim Novocain erklären. Auch die Kalilähmung, durch Erwärmen verstärkt, läßt sich durch Abkühlen nicht abschwächen.

Dem Cocain und seinen Verwandten hinsichtlich der Muskelwirkung nicht unähnlich ist der *Campher*, soweit über seine Muskelwirkung überhaupt etwas bekannt ist. Versuche am Nervmuskelpräparat fehlen noch ganz, so daß über die Beeinflussung der indirekten Erregbarkeit nichts gesagt werden kann. Am isolierten Muskel bewirkt indessen Campher in verdünnten Lösungen in Ringer vor allem Narkose, also völlig reversible Lähmung, und Contractur. Da der Campher, wie bekanntlich auch das Cocain, am Zentralnervensystem Erregung verursacht, so pflegt man auch hier nicht von Muskelnarkose zu sprechen. Eine ausführlichere Untersuchung der Wirkungen des Camphers auf den isolierten Froschmuskel liegt von TSCHERNEWA und RIESSER[5]) vor. Sie beobachteten eine Erhöhung und Verlangsamung der Einzelzuckung. Die Ermüdbarkeit ist aber gesteigert und bei frequenter rhythmischer Reizung tritt sehr bald Contractur und völlige Lähmung ein, die dann kaum noch reversibel ist. Bemerkenswert ist folgendes Phänomen. Hat man zunächst die Schwelle für die maximale Zuckungshöhe eines Froschmuskels festgestellt und taucht ihn dann in campherhaltige Ringerlösung, so nehmen, bei gleichbleibender Reizstärke, die Zuckungshöhen zunächst zu und dann stetig ab. Steigert man jetzt aber die Reizgröße, so erhält man Zuckungshöhen, die erheblich größer sind als am unvergifteten Muskel. Es ist also die Erregbarkeit, gemessen an der Reizschwelle, herabgesetzt, die Contractilität aber gesteigert. LANGE[6]) hat Ähnliches bei der Wirkung des Adrenalins auf den Froschmuskel beobachtet. Für die Frage nach den Bedingungen der Muskelerregbarkeit scheinen diese Beobachtungen, wenn auch vorläufig kaum erklärbar, nicht ohne Interesse zu sein.

Über den Mechanismus der Campherlähmung wissen wir nichts Näheres. Da Campher in Wasser sehr schlecht, in Öl sehr gut löslich ist, also einen hohen

[1]) RIESSER: Hoppe-Seylers Zeitschr. f. physiol. Chem. Bd. 130, S. 176. 1923.

[2]) SCHMIEDEBERG: Arch. f. exp. Pathol. u. Pharmakol. Bd. 82, S. 159. 1918.

[3]) NEUSCHLOSZ: Pflügers Arch. f. d. ges. Physiol. Bd. 207, S. 58. 1925.

[4]) HÖBER: Pflügers Arch. f. d. ges. Physiol. Bd. 174, S. 218. 1919.

[5]) TSCHERNEWA u. RIESSER: Schmiedebergs Arch. f. exp. Pathol. u. Pharmakol. Bd. 99, S. 346. 1923.

[6]) LANGE: Hoppe-Seylers Zeitschr. f. physiol. Chem. Bd. 120, S. 249. 1922.

Teilungskoeffizienten hat, so mögen hier vielleicht ähnliche Wirkungsbedingungen eine Rolle spielen wie bei den echten Narkotica. Die Untersuchung des Lactacidogengehalts von camphervergifteten und in Contractur befindlichen Muskeln ergab keine Veränderung (TSCHERNEWA und RIESSER). Die Permeabilität, nach der Methode von EMBDEN an Hand der Phosphorsäureausscheidung bestimmt, schien ein wenig gesteigert.

Anschließend sei hier noch auf eine merkwürdige Art der Muskelnarkose hingewiesen, nämlich die durch *isotonische Zuckerlösungen* bedingte. Die Tatsache ist zuerst wohl von OVERTON festgestellt und seither ist die Erscheinung von einer Reihe von Forschern näher untersucht worden. Es scheint hier ein ganz besonderer Narkosemechanismus vorzuliegen. Nach OVERTON[1]) ist der Verlust an Na-Ionen die Ursache der Lähmung und daß ein solcher stattfindet, ist von URANO[2]) sicher erwiesen. Da die an Na verarmten Muskeln relativ sehr K-reich sind, könnte man auch an eine Beteiligung dieses K-Überschusses denken. EMBDEN glaubt, daß die von ihm mit ADLER[3]) entdeckte, sehr erhebliche Permeabilitätssteigerung unter der Einwirkung von isotonischer Rohrzuckerlösung Ursache der Lähmung sei — sie ist in der Tat wie jene, und ganz genau parallel zu ihr, reversibel. Merkwürdigerweise fehlen Untersuchungen über das Verhalten der Milchsäure und des Lactacidogens. Man kann nicht behaupten, daß der Mechanismus des ganzen Vorganges auch nur annähernd geklärt sei.

### Die Contracturaufhebung durch Cocain und andere ähnliche Substanzen.

Unter den im voranstehenden abgehandelten muskellähmenden Substanzen sind einige, die gewisse chemische Contracturen aufzuheben oder zu hemmen vermögen. Es handelt sich hierbei um ein interessantes und gerade neuerdings durch Untersuchungen von SCHÜLLER[4]) in ein neues Licht gesetztes muskelpharmakologisches Problem. Die Fähigkeit, Contracturen antagonistisch zu beeinflussen, kommt vor allem den Lokalanaesthetica, daneben dem Campher, dem Curare und auch dem Atropin zu. Durch Befunde von E. MEYER und WEILER[5]), welche nach Einspritzung von Novocain in tetanusstarre Muskeln von Menschen Erschlaffung auftreten sahen, ist die Aufmerksamkeit der Pharmakologen auf diese Frage gelenkt worden. Kurz nacheinander wurden eine Reihe analoger Beobachtungen auch bei experimentellen Contracturformen gemacht. So fand RIESSER[6]) Aufhebung der Acetylcholincontractur durch Novocain und Atropin und eine ganz analoge Wirkung gegenüber dem Veratrineffekt. Dasselbe beobachtete SCHÜLLER[7]), der überdies die Hemmung der Coffeincontractur durch Novocain feststellte. FRANK[8]) konnte mit Novocain die Nicotincontractur aufheben, DE BOER[9]) beobachtete Analoges bei der Rhodancontractur. NEUSCHLOSZ[10]) hat auch Abschwächung der Säure- und der Ermüdungscontractur durch Novocain gesehen. Atropin wirkte stets schwächer als Novocain. Unter den verschiedenen Lokalanaesthetica fand SCHÜLLER das Alypin besonders wirksam.

---

[1]) OVERTON: Pflügers Arch. f. d. ges. Physiol. Bd. 92, S. 346. 1902.
[2]) URANO: Zeitschr. f. Biol. Bd. 50, S. 212. 1907; Bd. 51, S. 483. 1908.
[3]) EMBDEN u. ADLER: Hoppe-Seylers Zeitschr. f. physiol. Chem. Bd. 118, S. 1. 1922.
[4]) SCHÜLLER: Schmiedebergs Arch. f. exp. Pathol. u. Pharmakol. Bd. 105, S. 224. 1925.
[5]) MEYER, E. u. WEILER: Münch. med. Wochenschr. 1916, S. 1525.
[6]) RIESSER: Schmiedebergs Arch. f. exp. Pathol. u. Pharmakol. Bd. 91, S. 342. 1922 und Bd. 92, S. 254. 1922.
[7]) SCHÜLLER: Schmiedebergs Arch. f. exp. Pathol. u. Pharmakol. Bd. 105, S. 299. 1925.
[8]) FRANK, E. u. KATZ: Schmiedebergs Arch. f. exp. Pathol. u. Pharmakol. Bd. 90, S. 149. 1921.
[9]) DE BOER: Dtsch. med. Wochenschr. Jg. 48, S. 831. 1922.
[10]) NEUSCHLOSZ: Pflügers Arch. f. d. ges. Physiol. Bd. 207.

Daß Campher ähnlich wirkt, wiesen SCHÜLLER und ebenso TSCHERNEWA und RIESSER nach.

Daß es sich in all diesen so verschiedenartigen Fällen nicht um eine spezifische Wirkung, im pharmakologischen Sinne, handeln kann, war von vornherein klar. NEUSCHLOSZ dachte hauptsächlich kolloidchemische Wirkungen auf die Muskelsubstanz. Auch WEILER sowie besonders SCHMIEDEBERG[1]) sahen in einer Veränderung der Muskelsubstanz selbst die Ursache der Erscheinung RIESSER und NEUSCHLOSZ[2]) und unabhängig von ihnen MATSUOKA[3]) bei MEYERHOF fanden, daß die durch Coffein bedingte Vermehrung der Säurebildung, ebenso wie die Contractur, durch Novocain behoben wird.

Nun hat neuerdings SCHÜLLER[4]) den in mehr als einer Richtung interessanten Nachweis erbracht, daß die contracturhemmende Wirkung des Novocains gegenüber dem Coffein einfach darin liegt, daß das Novocain mit dem Coffein eine in Wasser leicht, in Lipoidlösungsmitteln schwer lösliche Komplexverbindung bildet, welche nicht mehr fähig ist, Contractur auszulösen. Es muß allerdings ein Überschuß von Novocain angewandt werden, wie das auch die früheren Untersucher schon beobachteten, weil die Komplexverbindung nur bei Überschuß von Novocain beständig ist. Eine sehr einleuchtende Bestätigung dieses Mechanismus ist nach SCHÜLLER in der Tatsache zu sehen, daß auch Natriumsalicylat und -benzoat die Coffeincontractur hemmen. Da nun auch gegenüber der Veratrincontractur diese Salze ebenso wirken wie Novocain und letzteres auch mit dem schwer löslichen Veratrin eine lösliche Komplexverbindung liefert, so vermutet SCHÜLLER, wohl mit Recht, daß auch hier derselbe Mechanismus gelte. Damit wäre diese Art des Antagonismus aus dem Bereich des Biologischen in den chemischen Bereich gerückt. Ihre allgemeinere Bedeutung gewinnen diese Beobachtungen dadurch, daß naturgemäß auch bei anderen bisher ungeklärten Antagonismen ein ähnlicher einfach chemischer Vorgang zugrunde liegen mag. Die Bestätigung durch das Experiment müßte nur noch erbracht werden. Daß allerdings nun alle antagonistischen Novocainwirkungen durch Doppelsalzbildung erklärt werden könnten, ist kaum anzunehmen. Für die Aufhebung der Ermüdungs- und Säurecontractur, für die Beseitigung fibrillärer, durch verschiedenste Substanzen bedingter Zuckungen durch Novocain wird man vielleicht doch eine andere, etwa kolloidchemische Wirkung nicht ausschließen dürfen, zumal wenn man bedenkt, daß $CaCl_2$ in allen diesen Fällen ebenso wirkt wie Novocain. Die wichtigen Beobachtungen von LILJESTRAND und MAGNUS[5]) über die Aufhebung der Enthirnungsstarre durch intramuskuläre Novocaininjektion, die man auch als direkte Wirkung auf die Muskelsubstanz hat deuten wollen, sind wohl doch am besten durch die von diesen Autoren gemachte Annahme zu erklären, daß es sich um die Ausschaltung der propriozeptiven Reflexe handelt. Daß Atropin ähnlich wie Novocain mit gewissen Alkaloiden Komplexverbindungen eingehen kann, hat SCHÜLLER schon erwähnt. Wie es mit dem Campher sich verhält, der ja auch Contracturen sowie den Veratrineffekt aufhebt, wissen wir noch nicht. Schließlich darf darauf hingewiesen werden, daß ja auch die Aufhebung der Erregbarkeit der Muskeln in Novocainlösungen vielleicht den erwähnten contracturhemmenden Wirkungen teilweise verwandt sein mag — und auch für diese fehlt uns noch die Erklärung.

---

[1]) SCHMIEDEBERG: Arch. f. exp. Pathol. u. Pharmakol. Bd. 82, S. 159. 1918.

[2]) RIESSER u. NEUSCHLOSZ: Arch. f. exp. Pathol. u. Pharmakol. Bd. 93, S. 163. 1922.

[3]) MATSUOKA: Pflügers Arch. f. d. ges. Physiol. Bd. 204, S. 51. 1924.

[4]) SCHÜLLER: Schmiedebergs Arch. f. exp. Pathol. u. Pharmakol. Bd. 105, S. 224. 1925.

[5]) LILJESTRAND u. MAGNUS: Pflügers Arch. f. d. ges. Physiol. Bd. 176, S. 168. 1919.

Die in diesem Zusammenhang erwähnte Wirkung des *Atropins* gegenüber den Contracturen bedarf noch einiger ergänzender Bemerkungen. Die Frage nämlich, ob das Atropin auch am normalen Muskel eine Wirkung entfalte, etwa wie das Novocain, ist von allgemeinerem pharmakologischen Interesse. Beim Eintauchen eines Muskels in Atropinlösungen ist nicht viel zu sehen. Die Zuckungshöhe wird ein wenig gesteigert [Riesser[1]), Loewi[2])], aber dies ist bei so vielen Substanzen der Fall, daß man nicht von einer spezifischen Wirkung sprechen kann. Das gleiche gilt wohl auch für die allmähliche Abnahme der Erregbarkeit bei wiederholter Reizung von in Atropinlösungen hängenden Froschmuskeln, wie Hess und Neergaard[3]) fanden. Immerhin erinnert diese Erscheinung ein wenig an die Novocainlähmung. Deutlich wird die Wirkung des Atropins erst, wenn man vorher eine Contractur erzeugt hat, durch deren Aufhebung. Aber es ist sehr wohl möglich, daß es sich in diesen Fällen um einen chemischen Antagonismus nach Art der von Schüller beschriebenen handelt. Auch durch *Verdrängung* wirksamer Substanzen könnte das sehr oberflächenaktive Atropin wohl einmal eine Wirkung gleichsam vortäuschen. Erklärt man doch z. B. die hemmende Wirkung des Atropins am Darm sowie die Vagushemmung am Herzen nach neueren Anschauungen [Le Heux[4])] am besten dadurch, daß man eine *Verdrängung* von Cholin oder cholinähnlicher Substanzen annimmt durch eine Substanz, die selbst gar keine Wirkung entfaltet.

## B. Die spezifische Lähmung der Synapse.

Unsere Kenntnisse über die Physiologie der Reizüberleitung vom Nerv zum Muskel beruhen zu einem erheblichen Teil auf den Ergebnissen pharmakologischer Forschung. Auch die Anatomie hat durch diese Arbeiten mancherlei wichtige Anregungen erfahren. Die Arbeiten Claude Bernards[5]) und Köllikers[6]), vor allem aber die grundlegenden Untersuchungen Kühnes[7]) hatten gelehrt, daß die Überleitung der Erregung vom Nerv zum Muskel durch das südamerikanische Pfeilgift *Curare* in ganz spezifischer Weise reversibel blockiert werden kann. Es ergab sich daraus die Anregung, diesen pharmakologisch anscheinend so scharf gekennzeichneten Teil des nervösen Leitungssystems auch anatomisch und insbesondere physiologisch genauer zu studieren. In diesen Beziehungen zu einem wichtigen physiologischen und anatomischen Problem liegt die Bedeutung der Curarestudien in erster Linie begründet. Sie gewann erheblich, als es sich herausstellte, daß die Eigenschaft, die Überleitungsstelle mehr oder weniger spezifisch zu blockieren, im wesentlichen an einen bestimmten chemischen Gruppencharakter gebunden ist. Zwar ist zweifellos die Synapse gegen Schädigungen *jeder* Art allgemein besonders empfindlich, aber jene außerordentliche Leichtigkeit, mit der dieser Apparat dem Curare gegenüber reagiert und die mit vollem Recht als eine spezifische betrachtet wird, ist doch nur auf eine bestimmte Gruppe von Substanzen beschränkt und eine Funktion begrenzter konstitutioneller Eigenschaften.

---

[1]) Riesser: Schmiedebergs Arch. f. exp. Pathol. u. Pharmakol. Bd. 91, S. 342. 1921.
[2]) Loewi, O. u. Solti: Schmiedebergs Arch. f exp. Pathol. u. Pharmakol. Bd. 97, S. 272. 1923.
[3]) Hess u. Neergaard: Pflügers Arch. f. d. ges. Physiol. Bd. 205, S. 506. 1924.
[4]) Le Heux: Pflügers Arch. f. d. ges. Physiol. Bd. 179, S. 177. 1920.
[5]) Bernard, Claude u. Pelonze: Cpt. rend. hebdom. des séances de l'acad. des sciences Bd. 31, S. 533. 1850.
[6]) Bernard, Claude: Leçons sur les subst. tox. et m-dicam. Paris 1857. — Kölliker: Cpt. rend. hebdom. des séances de l'acad. des sciences Bd. 43, S. 791. 1856.
[7]) Kühne: Arch. f. Anat. u. Physiol. 1860, S. 477.

Anatomisch betrachtet ist der Reizüberleitungsapparat keineswegs einheit lich. Neben den schon länger bekannten typischen motorischen Endplatten lehrten BOEKES[1]) Untersuchungen zunächst noch die sog. akzessorischen Endigungen kennen, die, auch nach völliger Entartung des motorischen Neurons bestehend, sich als Bestandteil des autonomen, und zwar anscheinend des sympathischen Systems erwiesen. Besonders bedeutsam aber, auch im Hinblick auf manche Ergebnisse der Pharmakologie, ist die Entdeckung desselben Forschers, daß es eine histologisch darstellbare Verbindung der eigentlichen Nervendigung mit den Sarkomeren gibt, das *präterminale Netzwerk*, ein System feinster fibrillärer Gebilde, das ins Sarkoplasma eingelagert erscheint und auch trophisch zu diesem und nicht zum Nerven gehört. Denn nach völliger Degeneration des motorischen Neurons, einschließlich der motorischen Nervendigungen, bleibt das präterminale Netzwerk noch lange unversehrt erhalten, um erst erheblich später allmählich ebenfalls zu schwinden. Läßt man nun den motorischen Nerven sich regenerieren, so kann man beobachten, wie von dem Augenblick an, wo die neu auswachsenden Achsenzylinder das Sarkolemm erreichen und eine neue Nervendplatte zu bilden beginnen, aus dem Sarkoplasma heraus das präterminale Netzwerk sich wieder entwickelt und der Nervendigung gleichsam entgegenwächst. BOEKE hat wiederholt darauf hingewiesen, daß dieses sarkoplasmatische Verbindungssystem seinem ganzen Verhalten nach jenem Element entspreche, das die Pharmakologen auf Grund mannigfacher Erfahrungen als ein Zwischenstück zwischen Nervendigung und contractilem Element schon seit längerer Zeit annehmen zu müssen glaubten. Es entspreche der Myoneuralverbindung oder der sog. rezeptiven Substanz, deren Bedeutung LANGLEY zwar nicht als erster erkannt, wohl aber in besonders eindringlicher Weise durch zahlreiche Untersuchungen bestätigt hat.

Pharmakologisch ist dieses Zwischenstück in der Tat dadurch gekennzeichnet, daß es, wie das präterminale Netzwerk BOEKES, auch nach Degeneration des motorischen Nerven längere Zeit hindurch spezifisch erregbar bleibt und in der Gegend der Nerveintrittsstelle lokalisiert ist.

Aber auch physiologisch ist dieser Apparat gut gekennzeichnet worden, vor allem durch die Arbeiten von KEITH LUKAS[2]), der festgestellt hat, daß eben in der Gegend des Nerveintritts eine auch für elektrische Reizung besonders empfindliche Stelle vorhanden ist, die sich auch nach Nervdegeneration oder nach Blockierung der motorischen Nervendigungen mittels Curare noch nachweisen läßt. Aus dieser Darstellung ist ersichtlich, daß eine Blockierung der Reizüberleitung vom Nerv zum Muskel mindestens an zwei Stellen möglich ist: an dem motorischen Nervende als einem Teil des motorischen Neurons oder an der trophisch zum Muskel gehörigen Zwischensubstanz.

Die besondere Natur der motorischen Nervendigungen als eines durch seine Reaktionen deutlich gekennzeichneten Teiles des motorischen Neurons schien durch die spezifische Wirkung des Curare erwiesen. Was KÜHNE seinerzeit in klassischen Versuchen festgestellt hatte, gilt auch heute noch, obwohl seine Anschauung seitdem vielfach angefochten wurde. Eine lückenlose Darstellung der Entwicklung und des Standes der Pharmakologie des Curare hat kürzlich erst im Rahmen des Heffterschen Handbuches der experimentellen Pharmakologie (Bd. II, 1. Teil) kein Geringerer als BÖHM gegeben, dem wir die Darstellung des reinen Curarins und eine große Zahl maßgebender Untersuchungen auf diesem Gebiete verdanken; sie nach irgendeiner Richtung zu ergänzen, liegt kein Anlaß vor. Nur soll auf zwei Theorien der Curarewirkung hier etwas näher eingegangen

[1]) BOEKE: Ergebn. d. Physiol. Jg. 19. 1921.
[2]) LUKAS, KEITH: Journ. of physiol. Bd. 36, S. 114.

werden, weil sie das physiologische Problem der Reizüberleitung berühren. LAPICQUE[1]) hat auf Grund der von ihm ausgearbeiteten Methode der Chronaxiebestimmung und damit gewonnener Ergebnisse die These aufgestellt, daß der eigentliche Angriffspunkt der Curarewirkung die Muskelfaser selbst sei, deren Reaktionstypus gegenüber den vom Nerven kommenden Reizen bis zur völligen Aufhebung der Ansprechbarkeit geändert werde. Diese Theorie muß indessen auf Grund der Arbeiten von BÖHM[2]) sowie neuestens von WATTS[3]) als widerlegt gelten. Die zahlreichen Versuche anderer Autoren, eine schädigende Wirkung des Curare gegenüber der Muskelsubstanz festzustellen, sind ohne Bedeutung. Daß Curare in größeren Dosen als starke Base auch die Muskelzelle selbst schädigen muß, braucht kaum experimentell erwiesen zu werden. Mit dem eigentlichen Typus der Curarewirkung hat das nichts zu tun. Vielmehr darf es als gesichert gelten, daß in den zur spezifischen Blockierung der Synapse erforderlichen geringen Dosen eine Muskelwirkung des Giftes nicht festzustellen ist.

Wichtiger in ihrer Tragweite und physiologischen Bedeutung ist die von LANGLEY[4]) geäußerte Vermutung, daß das Curare an der *rezeptiven Substanz*, also peripher von der motorischen Nervendigung, angreife. Wenn dies zuträfe, so wäre ein wichtiges Kriterium für die besondere funktionelle Bedeutung der Nervendigung ausgeschaltet. Indessen hat sich diese Annahme LANGLEYS als irrig erwiesen. Sie war abgeleitet worden aus der Beobachtung, daß die durch Nicotin auch nach vollständiger Degeneration der motorischen Nerven und ihrer Endigungen noch zu erzielende Contractur durch Curare in größeren Dosen beseitigt werden kann. Daß Nicotin nicht an den motorischen Nervendigungen angreift, sondern an der rezeptiven Substanz, ist durch LANGLEYS Untersuchungen sichergestellt, und es ist klar, daß der Angriffspunkt des Curare gegenüber der Nicotincontractur in dem gegebenen Beispiele ebenfalls nichts mit der motorischen Nervendigung zu tun haben kann. In der Tat handelt es sich hier, wie RIESSER[5]) zeigte, um eine Wirkung des Curare, die mit der contracturaufhebenden von Novocain, Atropin usw. gleichzusetzen ist, mit der Lähmung der indirekten Erregbarkeit aber nichts zu tun hat. Der Schluß LANGLEYS, daß auch die Curareblokkierung der indirekten Erregbarkeit nun ebenfalls in die rezeptive Substanz verlegt werden müsse, ist nicht berechtigt. RIESSER hat gezeigt, daß man die beiden Wirkungen des Curare: die contracturaufhebende und die Blockierung der Reizüberleitung scharf voneinander trennen muß und auch nebeneinander und unabhängig voneinander am Muskel nachweisen kann.

Es bleibt also auch heute noch die alte Theorie KÜHNES zu Recht bestehen, daß die motorische Nervendigung spezifisch durch Curare blockiert werde und durch diese Reaktion pharmakologisch charakterisiert ist.

Das Bemerkenswerte dieser Reaktion ist zweifellos die Tatsache, daß ein anatomisch genau definiertes Substrat, eben die Nervendigung, gegenüber einer bestimmten Substanz, dem Curarin, eine so außerordentlich hohe, als spezifisch zu bezeichnende Reaktionsempfindlichkeit aufweist. Die Affinität der beiden Substrate ist eine so starke, daß man eine chemische Bedingtheit anzunehmen gezwungen ist. In der Tat hat HILL[6]) auch diese Annahme begründet. BÖHM hat gezeigt, daß schon wenige Sekunden der Berührung mit einer Curarinlösung

---

[1]) LAPICQUE: Cpt. rend. des séances de la soc. de biol. Bd. 2, S. 733. 1898; Bd. 1, S. 898. 1906; Bd. 1, S. 1062. 1907.

[2]) BÖHM: Arch. f. exp. Pathol. u. Pharmakol. Bd. 63, S. 177.

[3]) WATTS: Journ. of physiol. Bd. 59, S. 143. 1924.

[4]) LANGLEY: Journ. of physiol. Bd. 33, S. 374. 1905; Bd. 36, S. 347. 1907; s. a. Bd. 38, 39, 46, 47, 48.

[5]) RIESSER: Schmiedebergs Arch. f. exp. Pathol. u. Pharmakol. Bd. 92, S. 254. 1922.

[6]) HILL, A. V.: Journ. of physiol. Bd. 39, S. 361. 1909.

genügen, um die indirekte Erregbarkeit eines Nervmuskelpräparats innerhalb 30—40 Minuten zum Erlöschen zu bringen, auch dann, wenn man es sofort nach der kurz dauernden Vergiftung in reine, häufig gewechselte Ringerlösung bringt. Erst bei weiterem, lange fortgesetztem Auswaschen gelingt es dann, die Lähmung wieder zu beseitigen. Die Verbindung zwischen Nervendapparat und dem Gift ist also zwar ziemlich fest, aber doch reversibel. Welcherart diese Verbindung ist, dafür haben wir heute noch keine Anhaltspunkte. Vielleicht wird für die Entscheidung dieser Frage einmal der interessante Befund von MANSFELD[1]) von Bedeutung werden, wonach die indirekte Erregbarkeit der Skelettmuskeln durch völlig carbonatfreie Lösungen aufgehoben wird, ohne daß die direkte oder die Nerverregbarkeit gelitten hätte. Vielleicht bestehen zwischen der durch $CO_2$-Mangel und der durch Curarin bedingten Lähmung der motorischen Nervendigungen irgendwelche Beziehungen.

Die Annahme einer chemischen Bindung zwischen Nervendigung und Gift erhält ihre stärkste Stütze durch die Tatsache, daß die curareartige Wirkung zwar sehr vielen Substanzen zukommt, daß es sich dabei aber stets um Basen handelt, und zwar in erster Linie um quaternäre Basen. TRENDELENBURG hat in seinem Beitrag zum Heffterschen Handbuch (Bd. I, S. 564ff.) diese Beziehungen der Curarewirkung zur Konstitution sehr übersichtlich dargestellt. Es ist besonders interessant, daß auch die vom As, Sb, P abgeleiteten quaternären Basen die typische Curarewirkung am Muskel entfalten. Unter den organischen Farbstoffen fand FÜHNER[2]) die quaternäre Base Methylgrün wirksam. Auch den methylierten Alkaloiden kommt die gleiche Eigenschaft in mehr oder weniger ausgesprochenem Maße zu, aber auch bei nicht methylierten, wie etwa beim Strychnin und Brucin, finden wir sie, wenn auch in weniger charakteristischer Ausprägung. Von den scheinbar völlig spezifisch wirksamen quaternären Ammoniumbasen zu solchen, die nur in schwachem Maße und gleichsam nebenher eine Curarewirkung ausüben, gibt es mancherlei Übergänge. Sehr bemerkenswert ist es, daß auch solche Basen in höherer Konzentration curareartig lähmen, welche in niederen gerade umgekehrt Erregbarkeitssteigerung für indirekte Reizung bedingen. Das typischste Beispiel ist das besonders von FÜHNER so eingehend untersuchte Guanidin. Wir werden im nächsten Abschnitt noch mehr Beispiele für die Tatsache finden, daß ganz allgemein die Fähigkeit zu Erregung und Lähmung der motorischen Nervendigungen an die gleiche Substanz geknüpft sein kann, ja daß es sich anscheinend immer um zwei Stadien derselben Wirkung handelt.

## C. Erregbarkeitssteigerung und Erregung durch Pharmaca.

Hier ist zunächst eine theoretische Erörterung nachzuholen, die in den vorangehenden Kapiteln allenfalls zu entbehren war, nunmehr aber nicht zu umgehen ist. Wir müssen uns darüber klar zu werden suchen, was wir als *Erregbarkeit* im Zusammenhang unserer Betrachtung verstehen wollen und durch welche Faktoren sie bestimmt wird.

Unter Erregbarkeit eines Muskels verstehen wir seine Fähigkeit, auf einen adäquaten Reiz durch Kontraktion und Spannungsleistung zu antworten. Als adäquat in diesem Sinne betrachten wir jede Reizart, welche dieselben Erregungsvorgänge im Muskel auslöst wie die physiologischen, durch den Nerven geleiteten Reize, insbesondere also den elektrischen Reiz. Der Grad der Erregbarkeit des Muskels wird dann ausgedrückt durch das Verhältnis der Reizgröße zum Reizerfolg.

---

[1]) MANSFELD: Pflügers Arch. f. d. ges. Physiol. Bd. 188, S. 247. 1921.
[2]) FÜHNER: Schmiedebergs Arch. f. exp. Pathol. u. Pharmakol. Bd. 59, S. 175. 1908.

Wir messen sie entweder, indem wir bei gleichbleibender Reizgröße den Reizerfolg, also die Arbeitsleistung des Muskels bestimmen oder indem wir diejenige Reizstärke feststellen, bei der ein bestimmter Reizerfolg, z. B. die erste Spur einer erkennbaren Kontraktion oder eine bestimmte Arbeitsleistung, erzielt wird. Abänderungen der Erregbarkeit festzustellen, ist daher an sich keine schwierige Aufgabe. Da die Pharmaca alle differente Stoffe darstellen, welche die Zelle mehr oder weniger deutlich schädigen, so ist es selbstverständlich, daß sie alle die Reaktionsfähigkeit auch der Muskelzelle, soweit sie mit ihr in Berührung kommen, sei es im Sinne einer gesteigerten, sei es einer verminderten Erregbarkeit zu beeinflussen vermögen. Dabei pflegt die allererste Reaktion jeder Zelle auf eine minimale Störung ihres kolloidchemischen Gefüges eine Reaktion zu sein, die als Erregung in Erscheinung tritt, während bei stärkerer Schädigung, bedingt durch Andauer der Wirkung oder erhöhte Konzentration des wirkenden Mittels, reversible und irreversible Schädigung, Lähmung, die Folge ist.

Feststellungen derartiger Wirkungen gewinnen naturgemäß erst dann ein wirkliches Interesse, wenn sie zur Lösung allgemein-physiologischer und pharmakologischer Fragen beizutragen vermögen, im wesentlichen also dann, wenn wir damit die Klärung der Gesetze der Muskelerregbarkeit fördern können.

In der Tat verdanken wir nicht zuletzt den mit pharmakologischen Mitteln durchgeführten Muskelstudien neben den grundlegenden Untersuchungen der Physiologen die Erkenntnis, daß die Erregbarkeit der Muskeln die Funktion zahlreicher Einzelfaktoren ist. Sie wird bestimmt durch den Zustand des Überleitungsapparats, des weiteren durch die Reaktionsfähigkeit der muskulären Elemente. Dazwischen schiebt sich die chemische Reaktion des Erregungsvorgangs, die sicher hinsichtlich der Leichtigkeit und Vollständigkeit ihrer Auslösung und ihres Ablaufs Schwankungen unterliegt. In der komplizierten Reaktionsfolge der Fibrille gegenüber der Verkürzungssubstanz spielen dann wichtige physikalisch-chemische Bedingungen eine im einzelnen keineswegs geklärte Rolle: der Zustand der Grenzschichten: ihre Alterationsfähigkeit wie der Grad der jeweils erzielbaren Permeabilitätsschwankung, die Quellbarkeit der Muskelkolloide und alle diejenigen zahlreichen Faktoren, die, wie die H-Ionenkonzentration, die Elektrolytverteilung u. a.; die Reaktionen der Muskelkolloide wesentlich mitbestimmen. Wir werden daher den Ergebnissen der Muskelpharmakologie nur insoweit allgemeinere Bedeutung zuerkennen können, als sie uns gestatten, die Bedeutung dieser mannigfachen Faktoren der Muskelerregbarkeit näher kennenzulernen. Daß dies im Einzelfall mit unseren heutigen Hilfsmitteln meist nur unvollkommen möglich ist, muß zugestanden werden. Immerhin sind gerade auf diesem Gebiete in jüngerer Zeit einige Fortschritte erzielt worden.

## 1. Die fibrillären Zuckungen.

Das Auftreten fibrillärer Zuckungen bei Einwirkung bestimmter Gifte auf den neuromuskulären Apparat wird allgemein als ein Ausdruck gesteigerter Erregbarkeit betrachtet. Dazu stimmt, daß unter diesen Bedingungen auch die Höhe der Einzelzuckung bei gleichbleibender Reizgröße anwächst. Das Auftreten der fibrillären Zuckungen wird dann erklärt durch Wirksamwerden kleinster, sonst unterschwellig bleibender Reize[1]), obwohl nicht recht klar ist, was das eigentlich für Reize sein sollen. Das Auftreten fibrillärer Zuckungen ist in einigen Fällen von der Funktionsfähigkeit der motorischen Nervendigungen abhängig, in anderen Fällen aber durchaus unabhängig davon. Man muß also annehmen,

---

[1]) Hofmann, F. B.: Med. Klinik 1909, S. 1484.

daß es zwei Formen der in fibrillären Zuckungen sich äußernden Erregbarkeitssteigerung gibt, von denen die eine durch Wirkung auf die motorischen Nervendigungen, die andere durch direkte Muskelwirkung zustande kommt. Die erste wollen wir zunächst näher betrachten, zumal sie pharmakologisch die interessantere ist.

Wenn wir im vorangehenden Kapitel feststellen konnten, daß zwischen der motorischen Nervendigung und den sie spezifisch lähmenden Substanzen bestimmte chemische Beziehungen vorhanden zu sein scheinen, so wäre es denkbar, daß eine bestimmte, insbesondere chemische Kennzeichnung des Überleitungsapparates auch durch solche Gifte möglich sein müsse, welche spezifisch erregbarkeitssteigernd wirken.

Es ist nun von großem Interesse, daß alle Substanzen, die in bestimmter Konzentration die Nervendigungen erregen und bei Nervdegeneration unwirksam sind, in höheren Dosen curareartig wirken. FÜHNER[1]) hat dies am Beispiel des Guanidins besonders klar dargestellt. Überblickt man die bisher bekannten Untersuchungen über spezifische Erregung und Lähmung der motorischen Nervendigungen, so stellt sich in der Tat heraus, daß beide Wirkungen zumeist, wenn nicht immer, an die gleiche Substanz gebunden sind, und daß es lediglich von der, je nach Substanzart wechselnden, Dosierung abhängt, ob im gegebenen Falle Lähmung oder Erregung eintritt. Ist doch sogar für das Curare festgestellt, daß es in kleinen Dosen ein vorübergehendes Stadium der Erregbarkeitssteigerung der Nervendigungen im Muskel verursachen kann. Zwischen dem Curare auf der einen Seite, bei dem die Lähmung das Hauptwirkungssymptom ist, und etwa dem Guanidin, bei dem die Lähmung erst in ziemlich hohen Dosen, die Erregung dagegen schon frühzeitig und als hervorstechendstes Wirkungssymptom auftritt, bestehen zweifellos Übergänge jeder Art.

Es zeigt sich also, daß Erregung und Lähmung der motorischen Nervendigungen zwei Stadien ein und derselben Reaktion sind, welche das Substrat der motorischen Nervendigung mit Körpern bestimmter chemischer Struktur einzugehen vermag. Diese Tatsachen machen es auch verständlich, daß unter bestimmten Bedingungen die Curarewirkung durch eine andere Substanz aufgehoben werden kann, die in höheren Konzentrationen selbst lähmend wirkt.

Von den pharmakologischen Substanzen dieser Wirkungsgruppe haben zwei besonderes Interesse erregt, das Guanidin und seine Verwandten sowie das Physostigmin.

Über das *Guanidin* hat FÜHNER in Heffters Handbuch der experimentellen Pharmakologie ausführlich berichtet. Dieser Bericht darf um so mehr als maßgebend gelten, als wir gerade FÜHNER die bedeutsamsten Untersuchungen auf diesem Gebiete verdanken. Es darf als sicher gelten, daß dieses Gift ausschließlich durch Erregung der motorischen Nervendigungen wirkt, nach deren Degeneration es ebenso unwirksam ist wie nach ihrer Ausschaltung durch Anelektrotonus. Auch die durch Guanidin am isolierten Froschmuskel neben den Zuckungen ausgelöste reversible Contractur ist, wie FÜHNER[2]) neuestens zeigte, von der Existenz und Funktionsfähigkeit der motorischen Nervendigungen abhängig. Zuckungen wie Contractur werden durch $CaCl_2$-Überschuß beseitigt. Interessant ist FÜHNERS[3]) Hinweis auf die Analogie zwischen dem Guanidinium- und dem Na-Ion, welch letzteres ja auch fibrilläre Zuckungen auslöst und durch $CaCl_2$ antagonistisch beeinflußt wird. Novocain und andere Lokalanaesthetica

[1]) FÜHNER: Zusammenfassende Darstellung in Heffters Handbuch der experimentellen Pharmakologie Bd. II, 2. Teil. 1924.

[2]) FÜHNER: Schmiedebergs Arch. f. exp. Pathol. u. Pharmakol. Bd. 105, S. 265. 1925.

[3]) FÜHNER: Heffters Handbuch der experimentellen Pharmakologie Bd. I, S. 686.

heben, wie zuerst Führer, später Frank und Katz[1]) feststellten, die Guanidinzuckungen auf. Ob es sich hierbei um Bildung von Komplexverbindungen handelt, wie Schüller[2]) es neuerdings für gewisse antagonistische Novocainwirkungen bei Contracturen nachwies, ist noch nicht untersucht.

Wesentlich schwieriger als beim Guanidin sind die Wirkungen des *Physostigmins* auf den Skelettmuskel in physiologischer Hinsicht zu deuten. Am isolierten Muskel sind charakteristische Wirkungen mit Ausnahme einer leichten Erhöhung der Zuckungen überhaupt nicht festzustellen. Um so auffallender ist das Wirkungsbild am ganzen Tier. Mit dem Guanidin hat das Physostigmin gemeinsam die Eigenschaft, daß es auf die motorischen Nervendigungen vor allem wirkt, und zwar, wie dieses, zuerst erregend, bei längerer Wirkung oder in höheren Dosen lähmend. Die im ersten Stadium besonders bei Warmblütern, aber auch beim Frosch, falls die Temperatur nicht zu niedrig ist, auftretenden fibrillären Zuckungen sind auch in diesem Falle von der Funktionsfähigkeit der motorischen Nervendigungen abhängig. Gegenüber dem Curare besteht ein gegenseitiger Antagonismus[3]), und es ist besonders interessant, daß man am gleichen Präparat diese Gegenwirkung beliebig oft wiederholen kann, so daß also ein durch Physostigmin erregter Muskel durch Curare gelähmt, danach aber durch Physostigmin wieder erregt und durch Curare erneut gelähmt werden kann. Die Affinität der beiden Gifte zum Substrat der motorischen Nervendigung ist also annähernd gleich groß, und lediglich die Massenwirkung entscheidet, welches von ihnen gerade den Platz behauptet. In der Tat scheint lediglich das Verhältnis der Konzentrationen der beiden Gifte zueinander für die Wirkung maßgebend zu sein. Bei extrem hohen Curaredosen wirkt Physostigmin überhaupt nicht, aber hier kommen wohl auch direkte Muskelwirkungen des Curare mit ins Spiel.

Die Beobachtung, daß $CaCl_2$ die Physostigminzuckungen aufhebt, ist für die Frage nach dem Angriffspunkt des Giftes insofern nicht verwertbar, als die Ca-Salze ganz allgemein sowohl Contracturen wie Kontraktionen hemmen als Folge einer direkten Veränderung der Muskelkolloide. Ihre Wirkung ist daher von der *Art* der Erregung unabhängig. Den Antagonismus des Atropins gegenüber dem Physostigmin, der am Säugetier in einer Unterdrückung der fibrillären Zuckungen nach Injektion von mehreren Milligramm sich äußert, könnte man so verstehen, daß man Beziehungen zum parasympathischen System annimmt. In der Tat haben ja E. Frank[4]) und seine Mitarbeiter die Anschauung ausgesprochen, daß das Physostigmin die hypothetischen parasympathischen Nervendigungen im Muskel errege, und daß die Zuckungen lediglich eine indirekte Folge der tonisch-sarkoplasmatischen Veränderungen seien, welche das Physostigmin hervorrufe. Diese Theorie hat allerdings wenig Anhänger gefunden, obwohl die Beobachtungen von Schäffer[5]) über die Hemmung der Physostigminwirkung durch Scopolamin und durch Adrenalin sie zu stützen scheinen.

Die Steigerung der Zuckungshöhe, die man unter Physostigmin auch am isolierten Muskel beobachten kann, bleibt auch nach Nervdegenerationen erhalten. Sie beruht zweifellos auf einer direkten Muskelwirkung. Ebenso dürfte dies bei der von Riesser[6]) am überlebenden und isolierten roten Kaninchenmuskel

---

[1]) Frank, E., u. Katz: Schmiedebergs Arch. f. exp. Pathol. u. Pharmakol. Bd. 90, S. 149. 1921.

[2]) Schüller: Schmiedebergs Arch. f. exp. Pathol. u. Pharmakol. Bd. 105, S. 224. 1925.

[3]) Edmunds u. Roth: Americ. journ. of physiol. Bd. 23, S. 28. 1908. — Rothberger: Pflügers Arch. f. d. ges. Physiol. Bd. 78, S. 117. 1901.

[4]) Frank, E., Nothmann u. Kaufmann: Klin. Wochenschr. Bd. 2, S. 1820. 1922.

[5]) Schäffer: Pflügers Arch. f. d. ges. Physiol. Bd. 185, S. 42. 1920.

[6]) Riesser: Pflügers Arch. f. d. ges. Physiol. Bd. 190, S. 137. 1921.

beobachtete Nachkontraktion anzunehmen sein. Einige neuere Beobachtungen bestätigen, daß dem Physostigmin eine direkte Muskelwirkung zukommt. So hat LÖWI[1]) gezeigt, daß die Veratrinwirkung am isolierten Froschmuskel ebenso wie durch Atropin auch durch Physostigmin aufgehoben werden kann, und OKAMOTO[2]) wies, bei HÖBER arbeitend, nach, daß dies Gift die Permeabilität der Muskeln erhöht. Man versteht daher die eigenartige Beobachtung von SIMONSON und ENGEL[3]), daß Physostigmin die durch Cocain und durch Physostigmin selbst herbeigeführte, zentralreflektorisch bedingte Kontraktionsnachdauer bei direkter Applikation am Muskel aufhebt.

Zu den im vorangehenden nachgewiesenen zwei verschiedenen Physostigminwirkungen, der Erregung (bzw. Lähmung) des motorischen Nervendes und der direkten Wirkung auf die Muskelkolloide tritt nun aber noch eine dritte hinzu, nämlich eine zentrale, das Mittelhirn bzw. dessen tonische Zentren erregende, die nach den Befunden von RIESSER und SIMONSON[4]) sowie von SIMONSON und ENGEL als eine Tonussteigerung am Muskel sich äußert. Als zentrale Wirkung ist zweifellos auch die Tonussteigerung zu beurteilen, die EDMUNDS und ROTH[5]) unter bestimmten Bedingungen beim physostigminvergifteten Warmblüter feststellten.

Angesichts der Kompliziertheit des Wirkungsmechanismus des Physostigmins ist es nicht leicht, der physiologischen Bedeutung dieses Giftes und seiner Muskelwirkungen gerecht zu werden. Inwieweit die Annahme, daß das Physostigmin nur erregbarkeitssteigernd, nicht aber selbst erregend wirke, auch für den Skelettmuskel Gültigkeit hat, ist heute noch nicht zu beurteilen.

Im vorangehenden haben wir die fibrillären Zuckungen als Ausdruck einer gesteigerten Erregbarkeit der motorischen Nervendigungen kennengelernt. Daß sie aber auch unabhängig von nervösen Elementen aufzutreten vermögen, ist an einer Reihe von Beispielen erwiesen. So wissen wir, daß auch nach Nervdegeneration reine NaCl-Lösung in physiologischer Konzentration fibrilläre Zuckungen am Muskel auslöst, die durch Zusatz von Ca behoben werden. Das gleiche kann man beobachten, wenn man Froschmuskeln in Lösungen von Na-Rhodanid, Citrat, Fluorid und Jodid einhängt. Nur zum Teil handelt es sich dabei um Ca-fällende Anionen. In allen diesen Fällen ist auch die Zuckungshöhe bei gleichbleibendem Reiz gesteigert. Es ist interessant, daß diese fibrillären Zuckungen wie durch Ca, so auch durch Lokalanaesthetica und auch durch größere Dosen von Atropin beseitigt werden. Auch Campher ist dazu imstande. Wir begegnen hier also denselben Substanzen, die wir auch als contracturaufhebende kennengelernt haben.

Wie man sich die Wirkung der genannten Salze am Muskel vorzustellen hat, ist heute noch keineswegs klar. Daß man an kolloidchemische Prozesse denken muß, ist wohl sicher. Es fällt auf, daß die am stärksten fibrilläre Zuckungen auslösenden Substanzen, nämlich Rhodanide und Jodide, in der Hofmeisterschen Reihe am weitesten auf der Seite der Quellungsförderung stehen. Bei Citrat, Oxalat und Fluorid, deren Anionen eigentlich entquellend wirken, spielt die Entionisierung des Ca durch Bildung unlöslicher Salze wahrscheinlich eine Rolle. Indem hierdurch das am stärksten entquellend wirkende Kation ausgeschaltet wird, kommt die dadurch bewirkte Steigerung der Quellbarkeit vielleicht doch

---

[1]) LÖWI, O., u. SOLTI: Schmiedebergs Arch. f. exp. Pathol. u. Pharmakol. Bd. 97, S. 272. 1923.

[2]) OKAMOTO· Pflügers Arch. f. d. ges. Physiol. Bd. 204, S. 726. 1924.

[3]) SIMONSON u. ENGEL: Pflügers Arch. f. d. ges. Physiol. Bd. 206, S. 373. 1924.

[4]) RIESSER u. SIMONSON: Pflügers Arch. f. d. ges. Physiol. Bd. 203, S. 221. 1924.

[5]) EDMUNDS u. ROTH: zit. auf S. 332.

vorwiegend zur Geltung. Vorausgesetzt also, daß wirklich die Quellbarkeitssteigerung bei dem Wirkungsbilde der Salze eine Rolle spielt, so bleibt immer noch ungeklärt, warum dadurch eine Erregbarkeitssteigerung herbeigeführt wird, wenn man nicht an die Zusammenhänge zwischen Quellung und Permeabilitätssteigerung einerseits, Permeabilitätssteigerung und Erregbarkeitserhöhung andererseits denken will.

### 2. Steigerung der Zuckungshöhe.

Wenn es auch richtig ist, daß Auslösung fibrillärer Zuckungen stets mit Steigerung der Zuckungshöhe einhergeht, so gilt doch nicht das Umgekehrte. Vielmehr finden wir in sehr vielen Fällen lediglich die zweitgenannte Erscheinung. Es scheint nun, als ob es eine unspezifische Erregbarkeitssteigerung der Muskeln gebe, die durch Substanzen jeder Art in kleinen und kleinsten Dosen verursacht werden kann. Das zeigen sehr deutlich die Untersuchungen von Piccinini[1]). Es ist, wie wir schon hervorhoben, offensichtlich die Steigerung der Erregbarkeit die erste Reaktion jeder Zelle auf minimalste Störungen ihres Gleichgewichtszustandes, wie sie mehr oder weniger deutlich durch jede beliebige Substanz herbeigeführt werden kann, wenn man sie in geeigneter Dosis verabfolgt. Diese unspezifische Erregbarkeitssteigerung soll uns hier nicht weiter beschäftigen. Es gibt indessen eine Reihe von Substanzen, bei denen die Steigerung der Muskelleistung auf Einzelreiz innerhalb weiterer Konzentrationsgrenzen sich geltend macht. Wir haben hierfür schon Beispiele in den quellungsfördernden Salzen kennengelernt, die in mittleren Dosen nur Steigerung der Zuckungshöhe, aber keine fibrillären Zuckungen hervorrufen.

Noch eindeutiger, und vollständig von fibrillären Zuckungen getrennt, finden wir die Steigerung der Zuckungshöhen bei einigen anderen, etwas eingehender zu erörternden Stoffen. In erster Linie ist hier die Wirkung des *Coffeins* zu nennen. Über seine peripheren Wirkungen am Muskel vergleiche man die ausführlichen Angaben von Bock in Heffters Handbuch (Bd. II, 1. Teil, S. 508) sowie die Arbeit von Riesser und Neuschlosz[2]). Wenn wir von der zentralen leistungssteigernden Wirkung des Coffeins absehen, so können wir daneben auch eine direkte Muskelwirkung feststellen, die bei kleinen Dosen in einer Steigerung der Zuckungshöhen zum Ausdruck kommt, während größere, wie ausführlich im Kapitel Starre und Contractur erörtert wurde, Dauerverkürzung und Starre erzeugen. Die Steigerung der Einzelzuckungshöhe ist allerdings nicht mit einer tatsächlichen Erhöhung der Gesamtarbeitsfähigkeit verbunden, da bei rhythmischer Reizung der coffeinvergiftete Muskel weit schneller ermüdet als der nicht vergiftete. Über den Mechanismus der Coffeinwirkung ist ebenfalls schon in dem erwähnten Beitrag gesprochen worden.

Die quellungsbegünstigende Wirkung des Coffeins und die damit Hand in Hand gehende Permeabilitätssteigerung spielen dabei wohl sicher eine Rolle. Wesentlich aber sind die Veränderungen, welche der Muskelstoffwechsel erleidet. Der Zerfall des Lactacidogens und die Bildung der Milchsäure werden beschleunigt, die Restitution aber gehemmt. Dadurch erklären sich die Steigerung der Zuckungshöhe und die Beschleunigung der Ermüdung ohne weiteres. Das Coffein gibt uns also in seiner Wirkung am Muskel ein Schulbeispiel für eine Erregbarkeitssteigerung auf kolloidchemischer und chemischer Grundlage und weist uns so die Bedeutung dieser Faktoren für die Muskelerregbarkeit. Es ist pharmakologisch interessant, daß auch gewisse andere Substanzen nach dem

---

[1]) Piccinini: Boll. d. scienze med., Bologna Bd. 8, S. 505. 1920; Bd. 10, S. 157. 1922.

[2]) Riesser u. Neuschlosz: Schmiedebergs Arch. f. exp. Pathol. u. Pharmakol. Bd. 93, S. 163. 1922.

Typus des Coffeins wirken, so das *Chinin*, das nicht nur die gleichen mechanischen sondern auch die gleichen chemischen Prozesse im Muskel auslöst. In die Reihe der kolloidchemischen Muskelwirkungen gehört wohl sicher auch die erhebliche Steigerung der Zuckungshöhe, die durch verdünnte *Veratrin*lösungen am Muskel hervorgerufen wird und neben der typischen Abwandlung der Zuckungskurve, über die wir an anderer Stelle noch sprechen werden, die Veratrinwirkung kennzeichnet. Nach NEUSCHLOSZ[1]) wirken in diesem Falle Quellungsförderung im Innern und eine gleichzeitige Hemmung der Permeabilität an den Grenzschichten zusammen.

Anders ist der Wirkungsmechanismus wohl bei der durch kleine Dosen *Alkohols* bewirkten Steigerung der Zuckungshöhe und der Arbeitsleistung, die auch am isolierten Muskel unter geeigneten Versuchsbedingungen sicher festgestellt sind. Die Wirkung dieses Giftes auf den Muskel hat Physiologen und Pharmakologen ja hauptsächlich im Hinblick auf die Frage: Alkohol und Leistung beschäftigt. Daß dieses Problem ein außerordentlich komplexes ist, dürfte bekannt sein. Es wird im Rahmen eines anderen Abschnittes dieses Handbuches ausführlicher zu erörtern sein[2]). Daß Alkohol in kleinsten Dosen ebenso wie andere Narkotica die Zuckungshöhen steigert, haben wir schon an früherer Stelle hervorgehoben. Man kann diese Wirkung unter die unspezifischen Leistungssteigerungen einreihen. Wichtiger ist der Befund, daß auch die Ermüdbarkeit herabgesetzt und daß die tatsächliche Arbeitsleistung der Muskeln unter kleinen Dosen Alkohols ansteigen kann. Die Steigerung der Erregbarkeit durch Alkohol betrifft sowohl die Nervendigungen als die Muskelsubstanz selbst. Es ist diese letztgenannte Wirkung, die uns im Zusammenhang dieses Kapitels besonders interessiert. Wir müssen versuchen, den Mechanismus der Erregbarkeitssteigerung auch in diesem Falle zu klären. Berücksichtigt man die Tatsache, daß höhere, allerdings schon zu Contractur führende, Alkoholdosen nach MEYERHOF[3]) eine vermehrte Milchsäurebildung im Muskel herbeiführen, so könnte man vermuten, daß auch kleinere Konzentrationen schon eine Erleichterung des chemischen Erregungsprozesses herbeiführen. Es muß indessen zugestanden werden, daß keine Beweise für die Richtigkeit dieser Angabe existieren und daß überhaupt eine sichere Theorie der Erregungswirkung kleiner Alkoholdosen kaum zu geben ist. Die von W. FISCHER[4]) unter E. RHODE beim Herzmuskel festgestellte Verwertung des Alkohols kann zwar auf Grund der Stoffwechselversuche von DURIG[5]) sowie von ATWATER und BENEDICT[6]) als auch für den Sekelettmuskel zutreffend betrachtet werden. Daß jedoch der Alkohol direkt als Betriebssubstanz bei der Muskelarbeit benutzt wird[7]), widerspricht allem, was wir heute über die Ursachen der Muskelkontraktion wissen oder zu wissen glauben. Die durch Alkohol bewirkte Permeabilitätsbeeinflussung zur Erklärung der Erregbarkeitssteigerung heranzuziehen, ist schwer, da nach LANGE[8])

[1]) NEUSCHLOSZ: Schmiedebergs Arch. f. exp. Pathol. u. Pharmakol. Bd. 94, S. 190. 1922.

[2]) Vgl. hierzu KOCHMANN: Heffters Handbuch der experimentellen Pharmakologie Bd. II, S. 261. 1924.

[3]) MEYERHOF, O.: Pflügers Arch. f. d. ges. Physiol. Bd. 191, S. 138. 1921.

[4]) FISCHER, W.: Schmiedebergs Arch. f. exp. Pathol. u. Pharmakol. Bd. 80, S. 93. 1917.

[5]) DURIG: Pflügers Arch. f. d. ges. Physiol. Bd. 113, S. 341. 1906.

[6]) ATWATER u. BENEDICT: Memor. of the nat. acad. of science, Washington Bd. 8, Nr. 6. 1902.

[7]) Siehe hierzu auch ROSEMANNS Beitrag im Handbuch der Biochemie. Bd. 8, 2. Aufl., S. 482ff. 1925.

[8]) LANGE u. B. W. MÜLLER: Hoppe-Seylers Zeitschr. f. physiol. Chem. Bd. 124, S. 103. 1922.

gerade zu Beginn der Narkose die Permeabilität vermindert ist, während wir sonst Erregbarkeitssteigerung mit Erhöhung der Permeabilität verknüpft denken.

Es wäre leicht, aus der Fülle der in der Literatur überall zerstreuten Angaben solche herauszusuchen, die auf eine Steigerung der Muskelerregbarkeit unter der Wirkung verschiedenartigster Substanzen deuten. Irgendwelche neuen Gesichtspunkte bieten diese Beobachtungen indessen der physiologischen Betrachtung nicht. Doch soll hier noch eine Substanz erwähnt werden, die größeres Interesse beansprucht, nämlich das *Adrenalin* in seinen Wirkungen auf den Muskel, einmal wegen der Allgemeinbedeutung dieses wichtigen Hormons, sodann aber, weil sich hier auch manche wichtigere physiologische Fragen anknüpfen.

Die Beobachtungen über außerordentliche Muskelschwäche bei der durch Dysfunktion der Nebennieren gekennzeichneten Addisonschen Erkrankung im Zusammenhang mit der vieldiskutierten Frage nach der Existenz und der Bedeutung einer sympathischen Innervation der Skelettmuskeln gab den Untersuchungen über die Wirkung des Adrenalins am Muskel eine besondere Bedeutung. Einen guten Überblick über die zahlreichen Arbeiten dieses Gebietes gibt Trendelenburg[1]) im Handbuch der experimentellen Pharmakologie. Am isolierten Muskel haben viele Forscher Steigerung der Erregbarkeit und Hemmung der Ermüdung beobachtet. Besonders aber in den Versuchen am ganzen Tier trat die Hintanhaltung der Ermüdung deutlich zutage. Der Einwand, daß in diesen Versuchen die veränderte Blutverteilung und der gesteigerte Blutdruck nach Adrenalin das Ergebnis mit beeinflussen, ist natürlich nicht unberechtigt. Um so mehr muß man auf die erst neuerdings wieder von Lange am isolierten Muskel gewonnenen positiven Befunde Wert legen. Als Ursache der durch Adrenalin hervorgerufenen Erregbarkeitssteigerung könnte man eine Wirkung auf die Nervendigungen annehmen, die ja besonders leicht ermüdbar sind, und es ist in dieser Hinsicht wichtig, daß Adrenalin in großen Dosen curareartig wirkt, wie wir dies bei allen Substanzen fanden, die primär die motorischen Nervendigungen erregen. Sodann aber mag die Permeabilitätshemmung eine Rolle spielen, die Lange[2]) bei den Muskeln mit Adrenalin vergifteter Frösche beobachtet hat und die er für die Herabsetzung der Ermüdbarkeit verantwortlich macht. Erinnert sei auch an die schon bei Besprechung der Campherwirkung erwähnte Beobachtung von Lange, daß adrenalinvergiftete Muskeln unter der Wirkung höherer Dosen neben einer Herabsetzung der Erregbarkeit, gekennzeichnet, durch Steigen der Reizschwelle, eine Erhöhung der Kontraktionsfähigkeit bei stärkerem Reizen aufweisen.

Für die Frage nach der Bedeutung der sympathischen Innervation des Skelettmuskels haben indessen alle bisherigen Untersuchungen keine sicheren Anhaltspunkte gegeben (vgl. hierzu den Artikel Muskeltonus S. 215 dieses Bandes).

Seit dem Erscheinen des Trendelenburgschen Artikels sind noch eine Reihe weiterer Arbeiten über die Muskelwirkungen des Adrenalins veröffentlicht worden. Lapicque[3]) stellte fest, daß nach Injektion von 1—2 mg Adrenalins bei Fröschen die Chronaxie der Muskeln auf ein Drittel ihres vorherigen Wertes herabgeht, daß also die Erregbarkeit wächst. Die Steigerung der Chronaxie durch Ermüdung geht unter Adrenalin zurück. Besonders eingehende Untersuchungen hat Gruber[4]) an Katzen angestellt, die mit Äther narkotisiert waren

---

[1]) Trendelenburg: Heffters Handbuch der experimentellen Pharmakologie Bd. II, 2. Teil, S. 1130. 1924.

[2]) Lange: Hoppe-Seylers Zeitschr. f. physiol. Chem. Bd. 120, S. 249. 1922.

[3]) Lapicque, M. und N.: Cpt. rend. des séances de la soc. de biol. Bd. 86, S. 474. 1922.

[4]) Gruber: Journ. of pharmacol. a. exp. therapeut. Bd. 23, S. 335. 1924; Bd. 29, S. 813. 1925. — Derselbe: Americ. journ. of physiol. Bd. 61, S. 475. 1923.

und bei denen die Zuckungen des indirekt gereizten Gastrocnemius registriert wurden. Intravenöse Adrenalinzufuhr verkürzte die Latenz- und Kontraktionszeit und steigerte die Zuckungshöhe um etwa 20%; die Erschlaffungszeit dagegen war verlängert. Diese Wirkung hielt bis $1^1/_2$ Stunden nach der Injektion an. GRUBER hält die Steigerung der Kontraktionshöhe wie die Verlängerung der Zuckungsdauer für eine direkte Muskelwirkung des Giftes, während die übrigen Erscheinungen als Nervendwirkungen gedeutet werden.

Einen sehr guten Beitrag zur Frage der Muskelwirkung des Adrenalins lieferte GUGLIELMETTI[1]). Die älteren und eigenen Untersuchungen zusammenfassend stellt er fest, daß Adrenalin nicht nur am ermüdeten, sondern auch am frischen Muskel die Leistung steigere. Diese Steigerung fehlt, wie er fand, nach Nervdegeneration und nach Curaresierung; auch die Wirkung auf die Latenzzeit ist von der Funktion der Nervendigungen abhängig, und ebenso die Steigerung der Erregbarkeit, welche das Lapicquesche Verfahren nachweist. Die Sympathektomie ist für den Adrenalineffekt ohne Bedeutung. GUGLIELMETTI nimmt daher an, daß das Adrenalin an der neuromuskulären Zwischensubstanz angreift.

OBRÉ[2]) bestreitet, daß sich nach dem Lapicqueschen Verfahren eine Erregbarkeitssteigerung der Nerven oder der Muskeln feststellen lasse.

Erwähnt sei noch die Angabe von MARTIN und ARMISTEAD[3]), daß unter Adrenalinwirkung die $CO_2$-Produktion isolierter Muskeln ansteige. GRIFFITH[4]) hat demgegenüber darauf aufmerksam gemacht, daß bei sorgfältiger Pufferung der sauer reagierenden Adrenalinlösungen diese Vermehrung der $CO_2$-Produktion ausbleibt.

## II. Die pharmakologisch bedingten Abwandlungen der Muskelzuckungskurve.

Der Zuckungsablauf eines Muskels, wie er sich in der Form der Zuckungskurve darstellt, ist nur in sehr geringem Maße von der Intensität des Reizes abhängig. Wir kennen eigentlich nur den Fall übermaximaler elektrischer Reizung, wo es, besonders bei Winter- und Frühjahrsfröschen, zu einer der Veratrinzuckung ähnlichen Veränderung des Zuckungsablaufes kommen kann, die unter der Bezeichnung der Tigelschen Contractur in der Physiologie seit langem bekannt ist. Im allgemeinen jedoch ist die Zuckungsform eine Funktion des histologischen Baues und des physikalischen Zustands der Muskelkolloide. Dies muß man sich vor Augen halten, wenn man die Bedeutung der Untersuchungen beurteilen will, die sich mit der Veränderung der Zuckungsform unter experimentell-pharmakologischen Bedingungen befassen. Allerdings ist die Erkenntnis dieser Zusammenhänge erst jüngeren Datums und in den älteren Untersuchungen über Veränderungen der Zuckungsform durch Gifte sind sie so gut wie gar nicht berücksichtigt. Dennoch sind es diese Zusammenhänge zwischen Muskelzustand und Zuckungsform, die derartigen pharmakologischen Beobachtungen mehr als nur Kuriositätswert geben. Ein weiterer wichtiger Gesichtspunkt für das Studium dieser Erscheinungen ergibt sich aus der Tatsache, daß es zentral bedingte reflektorische Abwandlungen der Zuckungskurve gibt, die den durch pharmakologische Eingriffe hervorgerufenen nicht nur äußerlich ähneln und eine Brücke zu interessanten Erscheinungen pathologisch-klinischer Art bilden.

---

[1]) GUGLIELMETTI: Cpt. rend. des séances de la soc. de biol. Bd. 87, S. 692. 1923.
[2]) OBRÉ: Cpt. rend. des séances de la soc. de biol. Bd. 88, S. 585. 1923.
[3]) MARTIN u. ARMISTEAD: Americ. journ. of physiol. Bd. 59, S. 37. 1922.
[4]) GRIFFITH: Americ. journ. of physiol. Bd. 65, S. 15. 1923.

Indem wir die Ergebnisse pharmakologischer Studien teilweise vorausnehmen, wollen wir zunächst die Zusammenhänge zwischen Zuckungsform und anatomischen sowie physikalisch-chemischen Bedingungen schematisierend betrachten, um dann erst einer Deutung der wichtigeren pharmakologischen Einzelbefunde näherzutreten.

Den Ausgangspunkt unserer Betrachtung bietet die von Botazzi begründete und von zahlreichen anderen Forschern angenommene und ausgebaute Theorie der dualistischen Funktion der Skelettmuskeln. Danach ist allein die Fibrille die Trägerin der typischen Zuckungsfunktion. Daneben aber bestehe die träge Kontraktionsform des Sarkoplasmas als eines einfachen protoplasmatischen, dem glatten Muskel vergleichbaren Gebildes. Aus dem Zusammenwirken der beiden Anteile ergebe sich die typische Form der Muskelzuckungskurve, so daß ein an quergestreiften Fibrillen relativ reicher Muskel schneller, ein relativ fibrillenarmer und sarkoplasmareicher Muskel dagegen langsam und träge zucke. Als typischer Beleg für die Richtigkeit dieser Theorie gelten vor allem die beiden verschiedenen Muskelarten des Kaninchens und anderer Tiere, bei denen die weißen, flink zuckenden Muskeln in der Tat besonders reich an quergestreiften Fibrillen, die roten, langsam zuckenden dagegen relativ fibrillenarm und sarkoplasmareich sind. Daß diese Betrachtungsweise ausreicht, um die mannigfachen Unterschiede im Zuckungsablauf *verschiedener* Muskelarten auch bei demselben Tier zu erklären, kann kaum bestritten werden. Doch erscheint sie nicht genügend, wenn es sich darum handelt, die Veränderungen der Zuckungsform zu deuten, die an ein und demselben, anatomisch also ein für allemal gekennzeichneten Muskel unter verschiedenen experimentellen Bedingungen, insbesondere bei dem Einfluß gewisser Gifte beobachtet werden. Der Versuch, die stark verlängerte Veratrinzuckung mit ihrem so typischen zweiten Gipfel durch die Annahme verschieden intensiver Wirkung auf Fibrille und Sarkoplasma zu erklären, muß als gescheitert gelten.

Nach Riesser und Neuschlosz[1]) sind derartige Veränderungen im Zuckungsablauf eines Muskels nur dann zu erklären, wenn man berücksichtigt, daß für die Form der Muskelzuckungskurve nicht allein die relative Verteilung von Fibrillen und Sarkoplasma, sondern in wahrscheinlich weit höherem Grade die den physikalischen Zustand der Muskelkolloide regelnden Faktoren maßgebend sind. Es ist einleuchtend, daß der Erfolg der Erregung und die Wirkung der dabei gebildeten Verkürzungssubstanzen von dem Zustand der reagierenden Muskelfasern abhängig sein müssen. Sicher begeben wir uns bei solchen Überlegungen teilweise auf hypothetisches Gebiet, vor allem dann, wenn wir den Ablauf der chemischen Erregungsprozesse mit in Betracht ziehen, da wir heute noch nicht einmal ganz sicher wissen, welches eigentlich die Verkürzungssubstanz des Muskels ist, ob die Milchsäure oder irgendeine andere bei diesen Prozessen gebildete Substanz.

Setzen wir indessen voraus, was auch heute wohl noch als richtig gelten kann, daß die Verkürzung des Muskels mit der Milchsäurebildung ursächlich verknüpft ist, und daß durch ihre Einwirkung auf die noch so wenig geklärte und doch für den ganzen Prozeß maßgebende *Struktur der Fibrille* die Zuckung zustande kommt, so kann man unsere heutigen Kenntnisse über die Bildung und Beseitigung der Milchsäure im Muskel sehr wohl in Beziehung bringen zu der Struktur der Muskelzelle und zu der Form des Zuckungsablaufs.

Diese Anschauung, die in wesentlichen Punkten gerade durch pharmakologische Untersuchungen gestützt wird, sei an einem Schema erörtert.

[1]) Riesser u. Neuschlosz: Schmiedebergs Arch. f. exp. Pathol. u. Pharmakol. Bd. 93, S. 179. 1922.

In der Abb. 60 sei *F* eine Fibrille, *Sa* das sie umhüllende Sarkoplasma, *Sl* das Sarkolemm. Auf einen adäquaten Reiz hin bildet sich an oder in der Fibrille eine gewisse Menge freier Milchsäure, die, auf die Sarkomeren wirkend, eine blitzschnelle Verkürzung hervorruft, wobei uns der Mechanismus dieser Wirkung hier nicht beschäftigen soll. Der Muskel schreibt also am Kymographion in dieser ersten Phase das Stück *AB* der Kurve. Unmittelbar darauf setzt die Diffusion der Milchsäure in das umgebende Sarkoplasma ein und weiter, wenigstens zum Teil, durch das Sarkolemm in die Zwischenzellräume. Hier bzw. schon im Sarkoplasma wird die Milchsäure zum Teil durch Oxydation, zum Teil durch Restitution beseitigt und zu einem weiteren Anteil im Blute fortgeschwemmt.

In dem Augenblick, wo die Säure in das Sarkoplasma eindringt, also unmittelbar nach Erreichung des Zuckungsgipfels, werden die Plasmakolloide in erhöhten Quellbarkeitszustand bzw. in Quellung geraten und die Zelle als Ganzes wird sich unter Umständen, dank der Einschließung in die elastische Hülle des Sarkolemms, verkürzen können. Diese Kontraktion des Sarkoplasmaschlauches wird gegenüber der Wirkung der contractilen und elastischen Kräfte der Fibrillen in der Regel nicht deutlich hervortreten. Wohl aber ist es diese in erhöhter innerer Reibung zur Geltung kommende Zustandsänderung des Sarkoplasmas, welche die Erschlaffung der Fibrille gleichsam bremst. Eine solche Bremsung muß auch dadurch zustande kommen, daß die Entquellung und Wiedererschlaffung der Fibrille nur in dem Maße vor sich gehen kann, als der Säureabfluß und die Säurebeseitigung innerhalb des Sarkoplasmas verlaufen. Es erscheinen daher Form und Länge des Kurvenstückes *BC* wesentlich bestimmt durch die Geschwindigkeit, mit der die Säure oder die Säuren aus dem Sarkoplasma entfernt werden.

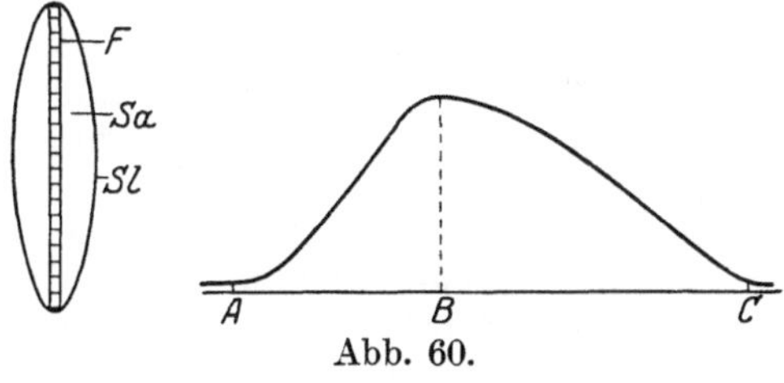

Abb. 60.

Diesen schematischen Anschauungen entsprechen viele pharmakologische Beobachtungen. Stets werden wir finden, daß vor allem der Kurventeil *BC*, also die Vorgänge, die sich im Sarkoplasma abspielen, und dessen physikalisch-chemischer Zustand, durch Gifte beeinflußt werden. Man kann an Hand unseres Schemas folgende Fälle voraussehen und in der Tat verwirklicht finden:

1. Wenn bei übermäßig starkem Reiz und zugleich wenig guter Permeabilität der Grenzschichten die auf einen Reiz gebildete Milchsäuremenge ungewöhnlich groß und ihre Beseitigungsbedingungen unverändert oder gar noch verschlechtert sind, dann muß das Stadium der Sarkoplasmaveränderung länger andauern als sonst. Wir erhalten dann die als Tiegelsche Contractur in der physiologischen Literatur bezeichnete verlängerte Kontraktionsform.

2. Bei gleicher Menge der gebildeten Verkürzungssubstanzen muß der Abtransport aus dem Sarkoplasma um so länger dauern, je stärker sie darin festgehalten werden. Ist die Quellbarkeit des Sarkoplasmas gesteigert, wie dies durch gewisse Gifte sicher geschehen kann, oder ist die Durchlässigkeit des Sarkolemms herabgesetzt, so muß es zu einer Säurestauung im Sarkoplasma und dadurch zu einer erheblichen Verzögerung der Erschlaffung kommen. In solchen Fällen kann auch die Eigenkontraktion des Sarkoplasmas in Form des zweiten Gipfels in Erscheinung treten.

3. Zu einer langsamer sich geltend machenden Erschlaffungshemmung muß es auch dann kommen, wenn die oxydative Beseitigung der Milchsäure durch Schädigung der Atmung unvollkommen wird. Im weiteren Fortschreiten dieses Prozesses kommt es zu Dauercontractur (Totenstarre).

Das geschilderte Schema hat sich besonders in den Arbeiten von Riesser und Neuschlosz als geeignet erwiesen, um die Wirkung gewisser Gifte auf den Ablauf der Zuckungskurve zu erklären, so insbesondere desjenigen, das als Prototyp dieser Gruppe zu betrachten ist, des *Veratrins*.

Es kann hier natürlich nicht unsere Aufgabe sein, das Gesamtbild der Veratrinwirkung an Hand der außerordentlich großen Literatur darzustellen. In Heffters Handbuch der experimentellen Pharmakologie hat vor kurzem erst einer der besten Kenner des Gebietes, Boehm, diese Aufgabe in vorbildlicher Weise durchgeführt. Die Tatsache, daß es sich beim Studium der Wirkung dieses Giftes vorwiegend um ein physiologisches Problem handelt, ist die Ursache dafür, daß die Physiologen sich mindestens ebenso angelegentlich damit beschäftigt haben wie die Pharmakologen. In der Tat steht hier die Frage nach der Natur der Muskelkontraktion überhaupt zur Debatte. Von Interesse ist dabei nicht so sehr die durch hohe Veratrinkonzentrationen (1 : 1000 und mehr) bedingte Spontankontraktion, denn sie ist nichts für das Veratrin Charakteristisches. Vielmehr handelt es sich hier lediglich um die so eindrucksvolle Abwandlung des Zuckungsablaufs, welche der mit geringen Veratrindosen vergiftete Skelettmuskel erfährt. Daß diese Veränderung des Erfolgs eines Reizes nicht ohne Beziehungen zu den Bedingungen der physiologischen Kontraktion sein kann, ist von vornherein einleuchtend.

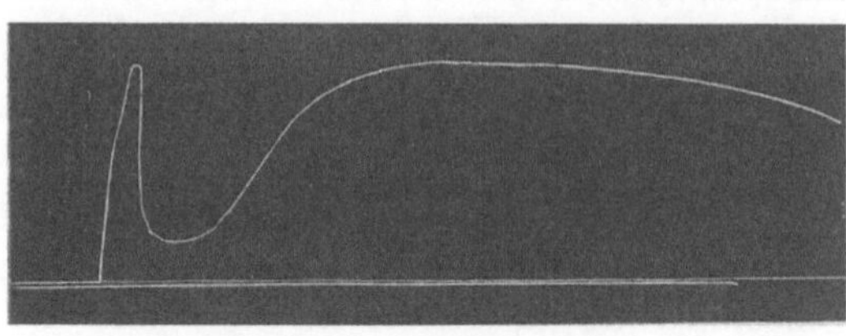

Abb. 61. Veratrin-Zuckungskurve mit doppeltem Gipfel. (Aus Boehm: Heffters Handb. d. exp. Pharmakol. Bd. II, 1, S. 255.)

Abb. 62. Veratrin-Zuckungskurve mit verschmolzenen Gipfeln. (Aus Boehm: Heffters Handb. d. exp. Pharmakol. Bd. II, 1, S. 255.)

Abb. 61 und 62 zeigen die charakteristische Wirkung einer schwachen Veratrinvergiftung des Froschmuskels. Zwei Erscheinungen fallen dabei auf. Einmal die außergewöhnliche Verlängerung des absteigenden Kurvenastes, sodann aber der „Buckel“ oder zweite Gipfel, der unter Umständen sogar den ersten, die sog. Initialzuckung, an Höhe übertreffen kann. Physiologisch wichtig ist es, daß ganz ähnliche Kurven bei gewissen träge zuckenden unvergifteten Muskeln die Regel sind. Beim Kaninchen gewinnt man aus dem Vergleich eines veratrinvergifteten weißen und eines unvergifteten roten Muskels den Eindruck, als ob der flinke Muskel durch das Veratrin in seiner Zuckungsform dem langsamen angenähert werde (Abb. 63 und 64).

Die physiologisch bedeutsamste Frage ist die, ob es sich bei der Veratrinwirkung um eine Veränderung der Erregungsform oder um eine Veränderung des Muskels handle, welche den Erfolg des seiner Art nach unveränderten Erregungsvorganges in der charakteristischen Weise abändert. Die Richtigkeit der ersten Anschauung, die noch in neuerer Zeit besonders von P. Hoffmann[1])

[1]) Hoffmann, P.: Zeitschr. f. Biol. Bd. 57, S. 1. 1912.

sowie von HILL und HARTREE[1]) vertreten wird und die den Veratrineffekt als einen durch einen Einzelreiz ausgelösten Tetanus betrachtet, wird bestritten, schon allein deshalb, weil bei richtig gewählten Versuchsbedingungen die nachdauernde Kontraktion des mit Einzelschlag gereizten veratrinvergifteten Muskels bestimmt ohne oszillierende Aktionsströme verlaufen kann.

Auch die Fortpflanzung des Veratrineffekts im Muskel fehlt, wie RIESSER und RICHTER[2]) nachwiesen. Er ist streng auf die vergifteten Muskelpartien beschränkt — vielleicht ein besonders guter Beweis dafür, daß es sich um eine Veränderung der Muskelfaser handelt. Die von HILL neuerdings bestätigte und schon von FICK und BÖHM[3]) festgestellte Tatsache, daß während der durch Veratrin bewirkten Dauerkontraktion eine Wärmebildung auftritt, die der Größenordnung nach der eines Tetanus gleichkommt, kann nicht als beweisend für die tetanische

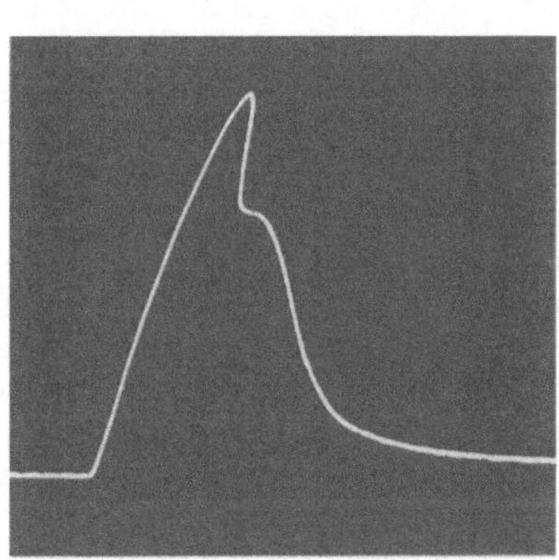

Abb. 63. Veratrin - Zuckungskurve eines weißen Kaninchenmuskels. (Nach RIESSER: Pflügers Arch. f. d. ges. Physiol. Bd. 190, S. 150. 1921.)

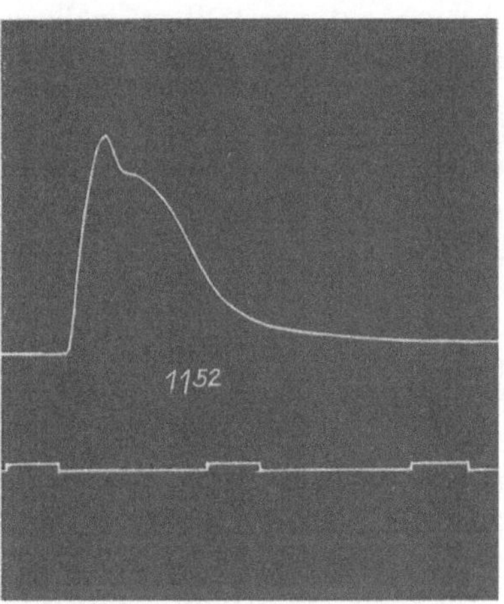


Abb. 64. Zuckungskurve eines roten Kaninchenmuskels. (Nach RIESSER: Pflügers Arch. f. d. ges. Physiol. Bd. 190, S. 144. 1921.)

Natur jener Kontraktion gelten, seitdem NEERGAARD[4]) nachwies, daß die Acetylcholincontractur, obwohl sie ganz sicher keinen Tetanus darstellt, dennoch mit einer Wärmebildung von der Größe eines entsprechenden Tetanus einhergeht. Besonders beachtlich ist der soeben durch VERZÁR[5]) erbrachte Nachweis, daß Nachcontracturen der verschiedensten Art, so insbesondere das durchaus dem Veratrineffekt ähnelnde Phänomen bei mit Formaldehyd vergiftetem Muskel, ebenfalls eine erhebliche Wärmebildung aufweisen, die als Folge der Deformation des Muskels zu betrachten sei. Auch die von MEYERHOF[6]) beim veratrinvergifteten und gereizten Muskel festgestellte Milchsäurevermehrung ist kein Beweis für die tetanische Natur des Prozesses, zumal bei allen Contracturgiften dasselbe beobachtet wird, ohne daß man deshalb von einem Tetanus sprechen würde.

Alles, was wir heute über die Veratrinwirkung wissen, deutet vielmehr darauf hin, daß die Veratrinnachkontraktion *nicht* mit einem Tetanus vergleichbar ist,

---

[1]) HILL u. HARTREE: Journ. of physiol. Bd. 56, S. 294. 1922.
[2]) RIESSER u. RICHTER: Pflügers Arch. f. d. ges. Physiol. Bd. 207, S. 287. 1925.
[3]) FICK u. BÖHM: Verhandl. d. physikal.-med. Gesellsch. zu Würzburg. 1872.
[4]) NEERGAARD: Pflügers Arch. f. d. ges. Physiol. Bd. 204, S. 515. 1924.
[5]) VERZÁR u. PETER: Pflügers Arch. f. d. ges. Physiol. Bd. 207, S. 192. 1925.
[6]) MEYERHOF, O.: Nach freundlicher persönlicher Mitteilung.

daß sie vielmehr sich darstellt als Ausdruck einer gehemmten Erschlaffung des Muskels. Eine solche Hemmung der Erschlaffung wäre denkbar auf Grund der von Riesser und Neuschlosz[1]) beobachteten Herabsetzung der Durchlässigkeit des mit Veratrin vergifteten Muskels. Neuschlosz hat dann diese und andere Beobachtungen dahin gedeutet, daß das Veratrin, indem es sich an den Grenzschichten anhäuft, entquellend, also dichtend wirke, während es, in kleinen Mengen ins Innere eindringend, dort quellungsfördernd wirkt. Er stützte seine Anschauung durch die Feststellung, daß auch den durch gewisse Salze hervorgerufenen veratrinähnlichen Zuckungsveränderungen ähnliche kolloidchemische Ursachen zugrunde liegen. Diese kolloidchemische Theorie hat den Vorzug, daß sie eine ganze Reihe bisher kaum erklärbarer Erscheinungen bei der Veratrinvergiftung verständlich zu machen vermag. In der Tat ist die Verlängerung der Zuckung als Folge verzögerten Abflusses der bei der Kontraktion gebildeten Milchsäure gut vorstellbar, während der zweite Gipfel als Ausdruck der langsamen Eigenkontraktion des Sarkoplasmaschlauches anzusprechen wäre, die infolge der Verzögerung des Ablaufs der Beseitigungsvorgänge in Erscheinung tritt. Unter anderem wird auch die Tatsache verständlich, daß der Veratrineffekt bei wiederholter Reizung verschwindet und bei Erholung wiederkehrt. Es muß in der Tat die bei der Ermüdung gebildete Milchsäure als quellungsförderndes Agens der entquellenden, abdichtenden Wirkung des Veratrins an den Grenzflächen entgegenwirken.

Mag man es auch dahingestellt sein lassen, ob die von Riesser und Neuschlosz gegebene kolloidchemische Erklärung der Veratrinwirkung genau das Richtige trifft, sicher ist, daß man an der Annahme einer kolloidchemischen Veränderung der Muskelsubstanz als Ursache der durch das Veratrin hervorgerufenen funktionellen Veränderungen festhalten muß.

Es ist mit großer Wahrscheinlichkeit anzunehmen, daß wir in den zahlreichen Fällen, wo wir sonst veratrinähnliche Wirkungen finden, einen analogen Mechanismus wie beim Veratrin annehmen müssen. Dies gilt ebenso für die dem Veratrin so ähnlich wirkenden Alkaloide Aconitin und Pseudoveratrin wie für das Formaldehyd oder das Ammoniak, NaCN, NaJ und viele anderen Substanzen, die chemisch untereinander so wenige Beziehungen haben. Wirkt doch selbst NaCl in hypertonischen Lösungen in derselben Weise, und lediglich die Zurückführung auf eine Gleichheit des kolloidchemischen Geschehens kann die Übereinstimmung in der Wirkung so verschiedenartiger Substanzen verständlich machen.

Auch die Ähnlichkeit gewisser *physiologischer* Abarten der Zuckungsform, die der Veratrinzuckung überaus ähnlich sehen, wird durch die kolloidchemische Betrachtungsweise begreiflich. Daß bei starkem Vorwiegen des Sarkoplasmas, wie es bei den langsam zuckenden Muskeln der Fall ist, die bei der Erregung gebildeten Säuren stärkere und anhaltendere Quellungen hervorrufen, daß die Säuren gleichsam länger in solchen Fasern festgehalten werden, und daß es infolgedessen zu einer stärkeren Ausprägung desjenigen Teiles der Zuckungskurve kommt, der durch Sarkoplasmaquellung bedingt zu sein scheint, ist einleuchtend. Sehr bemerkenswert aber ist es, daß nach Behrendt[2]) die langsamen Muskeln weniger leicht permeabel sind als die flink zuckenden. Sie verhalten sich daher von vornherein so wie die flinken erst unter Veratrinwirkung, was man aus einem Vergleich der Zuckungsform sehr gut erkennen kann (vgl. Abb. 63 u. 64). Eine besondere Bedeutung gewinnen die Erscheinungen der Veratrinvergiftung am Muskel und ihre Deutung dadurch, daß es auch zentral bedingte, reflektorisch ausgelöste

[1]) Riesser u. Neuschlosz: Schmiedebergs Arch. f. exp. Pharmakol. u. Pathol. Bd. 93, S. 179. 1922.

[2]) Behrendt: Hoppe-Seylers Zeitschr. f. physiol. Chem. Bd. 118, S. 124. 1922.

Veränderungen der Zuckungskurve gibt, die in ihrem Verlauf durchaus mit dem bei Veratrinvergiftung zu beobachtenden übereinstimmen. Die Wahrscheinlichkeit, daß es sich um eine reflektorisch bedingte Zustandsänderung der Muskelkolloide handelt, gewinnt an Interesse durch die Beziehungen zur Theorie des reflektorischen Muskeltonus, wie in dem Abschnitt Muskeltonus ausführlich auseinandergesetzt worden ist[1]).

## III. Pharmakologie der Arbeitsleistung des quergestreiften Muskels.

Von E. SIMONSON.

Das große Interesse, welches die Physiologie der Arbeit sowohl für biologische wie für praktisch wirtschaftliche Fragen bietet, hat bereits in der Mitte des vorigen Jahrhunderts Anlaß zu systematischen Untersuchungen über die Arbeit des quergestreiften Muskels und deren Beeinflussung durch Pharmaca gegeben.

Die Beeinflussung der Arbeitsfähigkeit durch Excitantien (Alkohol, Kaffee) galt ja allgemein als Erfahrungstatsache; es lag also sehr nahe, am Arbeitsorgan selbst, d. h. am isolierten Muskel, die Wirkung von verschiedenen Pharmaca zu prüfen. Der Wert solcher Versuche ist aber, falls man hieraus irgendwelche Schlüsse auf den Verlauf und die Beeinflussung der Arbeit ziehen wollte, nur ein sehr begrenzter. Nicht nur, daß Arbeit und Ermüdung aus einer Summe von Einzelleistungen der verschiedensten Organe, besonders auch des Zentralnervensystems, bestehen, ist es auch durchaus möglich, daß die Restitutionsprozesse, die ja für die Gesamtleistung einen entscheidenden Faktor darstellen, im isolierten Muskel, wenn nicht qualitativ, so doch quantitativ verschieden verlaufen wie beim Muskel im intakten Organismus.

Trotzdem erscheinen aber systematische Untersuchungen am isolierten Muskel gerechtfertigt; wir werden dann immerhin aussagen können, wieweit eine Beeinflussung der Arbeitsleistung des ganzen Organismus auf Grund direkter Muskelwirkung erklärt werden kann oder ob noch andere Prozesse dabei beteiligt sein müssen.

Im Vorliegenden haben wir uns allein mit den Untersuchungen am möglichst isolierten Organ zu beschäftigen; die Berücksichtigung allgemein arbeitsphysiologischer Fragen gehört in den Abschnitt: „Physiologie der körperlichen Leistung", der an anderer Stelle dieses Handbuchs abgehandelt wird. Es kommen demnach nur Untersuchungen in Frage, bei denen mindestens die Verbindung des Muskels mit dem Zentralnervensystem aufgehoben ist. Von diesen Untersuchungen sind viele wiederum nur bedingt verwertbar, weil die angewandte Untersuchungstechnik nicht exakt genug war. Tatsächlich ist das Innehalten exakter Versuchsbedingungen auch ziemlich schwierig. Einerseits soll der zur Untersuchung gelangende Muskel unter möglichst physiologischen Bedingungen stehen, andererseits soll die Funktion des Muskels nicht durch Reaktionen anderer Organe mit beeinträchtigt werden. Das Arbeiten am isolierten Muskel bietet nun sicher unphysiologische Verhältnisse dar. Die Diffusion der Ermüdungsstoffe, damit auch die Restitutionsbedingungen sind gestört; weiterhin ist auch die Art der Zufuhr der Pharmaca hinsichtlich ihres Wirkungsgrades durchaus nicht gleichgültig; jedenfalls ergibt die Zuführung von der Blutbahn aus die wertvolleren Resultate. Untersucht man aber einen im Körper befindlichen Muskel mit ungeschädigtem Kreislauf, so stellen wechselnde Kreislaufverhältnisse eine Fehlerquelle dar. Trotz gegenteiliger Angabe von SANTESSON[2]) müssen wir,

[1]) Vgl. auch RIESSER u. SIMONSON: Pflügers Arch. f. d. ges. Physiol. Bd. 203, S. 221. 1924.

[2]) SANTESSON: Arch. f. exp. Pathol. u. Pharmakol. Bd. 30, S. 411. 1892.

auf Grund sehr vieler Beobachtungen anderer Autoren, an der Möglichkeit dieser Fehlerquelle festhalten; schon Kobert[1]) hebt ausdrücklich hervor, daß kein Tropfen Blut verlorengehen darf, wenn die Leistung des Muskels sich nicht ändern soll.

Auch die richtige Auswahl der Vergleichsobjekte ist schwierig. Wenn z. B. die Leistungen zweier *verschiedener* Frösche verglichen werden sollen, so sind das Gewicht, Geschlecht, Spezies, Konstitution, Zeit des Einfangs der Tiere, Beschaffenheit des Wassers, in dem der Frosch saß, die Temperatur der Umgebung, endlich die Belichtung zu beachten.

Bei Versuchen am ausgeschnittenen Muskel ist das Zeitintervall zwischen Amputation und Versuchsbeginn, ferner das motorische Verhalten des Tieres kurz vor Versuchsbeginn sehr wesentlich für den Ausfall und die Beurteilung der erhaltenen Resultate [Kobert[1])].

Bei Vergleichsversuchen an Muskeln der *beiden* Seiten *desselben* Tieres muß die Wirkung des Pharmakons von dem einen Muskel durch Ausschaltung des Kreislaufs abgehalten werden; die damit geschaffenen ungleichen Zirkulationsverhältnisse beeinträchtigen aber den Wert der Versuchsergebnisse. Trotzdem werden hier Vergleichsschlüsse statthaft sein, wenn der vergiftete Muskel niedrigere Arbeitswerte zeigt als der abgeschnürte unvergiftete, da nach den Untersuchungen von Santesson[2]) eine Abschnürung nicht im Sinne einer Verstärkung der Arbeitsleistung wirkt. Andererseits ist bei verschiedenen Pharmaka unter den gleichen Versuchsbedingungen die Erhöhung der Arbeitswerte eine so auffallende, daß die Zahlen weit außerhalb der durch die Zirkulationsstörung bedingten Fehlerquelle liegen.

Soll die Arbeit *eines* Muskels vor und nach der Vergiftung verglichen werden, so ist zu beachten, daß das Arbeitsvermögen im Laufe eines Versuches auch normalerweise stets abnimmt; eine Erhöhung der Arbeitswerte ist demnach stets auf die Wirkung des Pharmakons zurückzuführen.

Die Arbeit des Muskels (= Belastung mal Hubhöhe) ist, isotonische Anordnung vorausgesetzt, weil Belastung die unabhängige, die Hubhöhe die abhängige Veränderliche ist, schlechthin eine Funktion der Hubhöhe; deshalb muß auf eine fehlerfreie Registrierung der Hubhöhen großer Wert gelegt werden. Es muß Sorge getragen werden, daß das Gewicht während der ganzen Zuckung als Last wirksam ist; bei gewöhnlicher Hebelbelastung ist das nicht der Fall, da dabei das Gewicht durch die Zuckung eine so große Beschleunigung erfährt, daß es während des größten Teils der Zuckung nicht als Last wirkt und sogar über die eigentliche Verkürzungsstrecke des Muskels hinausgeworfen werden kann. Dies ist vermieden bei der Überlastungsmethode in der Art, wie sie Dreser[3]) verwandt hat, der zwischen Last und Muskel einen Gummifaden einschaltete. Des weiteren können Schwankungen der Stromstärke des Reizelementes Fehlerquellen bedingen, namentlich bei längerer Versuchsdauer.

Unter den vielen Arbeiten, welche Angaben über Veränderungen der Arbeitswerte bei Vergiftungen enthalten, sind leider nur wenige, in denen die erörterten Fehlerquellen genügend berücksichtigt wurden; hinsichtlich der Methodik sind für uns die Arbeiten von Dreser und Santesson am wertvollsten, da bei diesen die Schleuderung der Last vermieden worden ist.

Wir haben bereits gesehen, daß die Zuckungshöhe im Verhältnis zur Belastung bei gleichbleibender Reizgröße der Maßstab der geleisteten Arbeit ist. Es werden daher alle Pharmaka, die die Zuckungshöhe beeinflussen, auch die Arbeitswerte

[1]) Kobert: Arch. f. exp. Pathol. u. Pharmakol. Bd. 15, S. 22. 1882.
[2]) Santesson: Zitiert auf S. 343.
[3]) Dreser: Arch. f. exp. Pathol. u. Pharmakol. Bd. 27, S. 50. 1890.

verändern. So existieren in der Literatur tatsächlich eine große Anzahl diesbezüglicher Angaben. Sie alle zu berücksichtigen, liegt außerhalb der Fragestellung dieses Abschnittes; es sollen nur die Pharmaka zur Besprechung gelangen, deren Einfluß auf die Arbeit physiologisches oder, wenn der Ausdruck hier gebraucht werden darf, ein gewisses praktisches Interesse hat. Weiterhin wäre der Stoff nur auf die Fälle zu beschränken, in denen eine direkte Muskelwirkung allein sicher anzunehmen ist. Der Zusammenhang von Muskel und Synapse ist aber ein so enger, daß beide zusammen eigentlich erst das Erfolgsorgan bilden. Deshalb sollen auch die Versuche mit berücksichtigt werden, bei denen eine Analyse der Giftwirkung mittels vorheriger Curarisierung oder Nervdegeneration nicht stattgefunden hat. Arbeitsphysiologisch ist ja der Angriffspunkt innerhalb des Erfolgsorgans selbst von untergeordnetem Interesse.

Im 2. Abschnitte (S. 337) ist bereits ausführlich besprochen, durch welche Faktoren eine Erhöhung der Muskelzuckung zustande kommen kann. Es soll daher dieses Problem hier nur so weit berücksichtigt werden, wie es zum Verständnis des Mechanismus der Arbeitsbeeinflussung notwendig erscheint. Eine Beeinflussung der Arbeitsgröße ist möglich durch Veränderung der Reizleitung, der Contractilität, der Größe und des Ablaufs der chemischen Prozesse.

Bei Veränderungen der Contractilität bleibt die Stoffwechselgröße unverändert, wir werden hierbei von *echter Arbeits*steigerung sprechen können. Denn hier tritt eine Steigerung der Erfolgsgröße ein, ohne daß die Ausnutzung des Vorratsmaterials eine andere wird. Dagegen findet bei Veränderungen der chemischen Umsetzung parallel der Veränderung der Arbeitsgröße eine Verschiebung der Stoffwechselgröße statt, der eine andersartige Verwertung des Vorratsmaterials (d. h. der potentiellen Energie) zugrunde liegt. Es muß also in diesem Falle bei entsprechender Dauer des Versuchs eine Erschöpfung der potentiellen Energie und damit einhergehend eine Anhäufung der Dissimilationsprodukte stattfinden, falls nicht durch dasselbe Pharmakon die assimilativen Prozesse in gleichem Maße gesteigert werden. Da hierzu das im Muskel vorhandene Vorratsmaterial auf die Dauer nicht ausreicht, müßte ein vermehrter Transport von Aufbaumaterial stattfinden. Am isolierten Muskel wird jedenfalls die potentielle Energie allmählich abnehmen. In diesem Falle werden wir von einer *scheinbaren Arbeitssteigerung* sprechen können.

Die Erörterung dieser Verhältnisse schließt bereits die Berücksichtigung des zeitlichen Faktors ein, berührt also die Frage der *Arbeitsleistung* (= Arbeit mal Zeit), denn die „Leistung" ist ja gegenüber der „Arbeit" durch das Hinzutreten des Zeitfaktors charakterisiert. Es handelt sich demnach um den Einfluß der Ermüdbarkeit auf das Arbeitsvermögen. Beide Fragen hängen meist eng zusammen, da in der Regel die Ermüdbarkeit parallel geht mit der Art der Materialausnutzung. In allen den Fällen, in denen der Stoffwechsel bei der veränderten Arbeit entsprechend gesteigert ist, wird die Verarmung an potentieller Energie wie die Beeinträchtigung der Contractilität durch die Anhäufung der Ermüdungsstoffe zu einer gesteigerten Ermüdbarkeit führen. Trotz der erhöhten Anfangsleistung wirkt die Verkürzung der Arbeitszeit stets im Sinne einer Verminderung der Gesamtleistung. Wir sehen hieraus, daß für die Gesamtleistungsgröße nicht die Menge der verfügbaren potentiellen Energie, sondern die Art ihrer Verwertung maßgebend ist. In den Fällen echter Arbeitssteigerung, in denen also die Größe des Arbeitsstoffwechsels unverändert bleibt, tritt keine Verminderung an potentieller Energie gegenüber einem normalen, unvergifteten Muskel ein; da hier die Ermüdung nicht beschleunigt wird, der zeitliche Faktor mithin unverändert bleibt, so wird die Erhöhung der Hubhöhen eine vermehrte Gesamtleistung bedingen. Auch eine isolierte Wirkung eines Pharmakons auf die

Ermüdbarkeit kann sehr wohl möglich sein; sie kann bestehen in einer Beschleunigung der Restitutionsprozesse wie in einer verbesserten Diffusion der Ermüdungsstoffe. In beiden Fällen wird eine Wirkung auf den normalen, unermüdeten Muskel wenig hervortreten, da hier ja die Restitution wie die Diffusion in durchaus genügendem Maße erfolgen. Die Gesamtleistung des Muskels wird aber eindeutig vergrößert, da der Zeitfaktor hier wächst, d. h. die Ermüdung herausgeschoben wird, ohne daß das Arbeitsvermögen vermindert wird.

Bevor auf die Wirkungen der einzelnen Substanzen eingegangen werden soll, erscheint eine kurze Darstellung des Verhaltens eines arbeitenden Muskels notwendig, allein schon zur Erläuterung der technischen Ausdrücke, die hier gewöhnlich gebraucht werden, und um umständliche, wiederholte Beschreibungen zu ersparen.

Es ist schon aus den Untersuchungen von HEIDENHAIN[1]) und von FICK[2]) bekannt, daß die Zuckungshöhen des Muskels bei von 0 an wachsender Belastung sich bis zu einem bestimmten Belastungswert steigern, um dann, bei weiter gesteigerter Belastung, wieder abzunehmen. [In den Versuchen von SANTESSON[3]) ist dies Phänomen allerdings nicht vorhanden.] Den Belastungswert, bei welchem das Maximum der Hubhöhe erreicht wird, bezeichnet DRESER[4]) als „optimale Spannung“. Dieses Spannungs- oder Belastungsoptimum ist nun eine allgemeine Eigenschaft des Muskels, es entspricht dem Zustand der optimalen Erregbarkeit und ist eine sehr konstante Größe, beim Frosch ca. 100 g. Von großem Interesse ist es, daß das Belastungsoptimum sich bei Einwirkung erregender wie lähmender Substanzen nicht ändert (DRESER). Wird der Muskel weiter, über das Optimum hinaus, belastet, so nehmen die Hubhöhen wieder ab; schließlich wird die Grenze erreicht, bei der der Muskel nicht mehr imstande ist, die Last zu heben, diesen Grenzwert nennen wir mit DRESER „absolute Kraft“. Während bei Belastung von 0 bis zum Spannungsoptimum die beiden Faktoren, die die Arbeitsgröße ergeben (Belastung und Hubhöhe), sich gleichsinnig ändern, ist dies jenseits des Spannungsoptimums nicht mehr der Fall, da dann die wachsenden Belastungen im Sinne einer Vermehrung, die abnehmenden Hubhöhen im Sinne einer Verminderung der Arbeitsgrößen wirken. Mit dem Spannungsoptimum ist durchaus nicht der Gipfelpunkt der Arbeitskurve erreicht, vielmehr überwiegt zuerst die Vergrößerung der Last über die Abnahme der Zuckungshöhe. Der Gipfelpunkt — das Arbeitsmaximum — liegt beim Froschgastrocnemius durchschnittlich bei einer Belastung von 300—400 g (DRESER). Der Grenzwert der Belastung, bei der der Muskel sich nicht mehr zu verkürzen vermag (absolute Kraft), liegt bei einer Belastung von ca. 500—700 g. Die Kurve der Arbeitsgrößen bei verschiedenen Belastungen würde, wenn als Abszissen die Belastungen, als Ordinaten die Arbeitswerte gewählt werden, zuerst bis zum Spannungsoptimum steil ansteigen, weiterhin langsamer bis zum Arbeitsmaximum, und von dort bis zum Wert 0 (absolute Kraft) ziemlich steil absinken (vgl. Abb. 65 u. 66). Während, wie bereits gesagt wurde, der Kurvenabschnitt bis zum Spannungsoptimum pharmakologisch kaum beeinflußt wird, ist der Kurvenverlauf jenseits des Spannungsoptimums weitgehend durch Pharmaka zu verändern.

Wir werden, entsprechend dem Hinweis aus der Einleitung dieses Beitrages (s. S. 345), nicht die Wirkung aller Pharmaka auf die Arbeitsleistung, soweit sie

---

[1]) HEIDENHAIN: Mechanische Leistung, Wärmeentwicklung und Stoffumsatz bei der Muskeltätigkeit. Leipzig 1864.

[2]) FICK: Untersuchungen über Muskelarbeit. Basel 1867.

[3]) SANTESSON: Zitiert auf S. 343.

[4]) DRESER: Zitiert auf S. 344.

überhaupt untersucht worden sind, besprechen, sondern uns auf die einzelnen Wirkungstypen an Hand geeigneter Beispiele beschränken. Wir werden bei den in folgendem zu erörternden Substanzen vor allem zu beachten haben, wieweit sich der Charakter der Arbeitskurve unter ihrer Wirkung ändert.

Als Beispiel der Beeinflussung der Arbeitswerte auf dem Wege der Nervendwirkung soll zuerst die Wirkung des *Alkohols* erwähnt werden. Die anfangs leistungssteigernde, im späteren Verlauf der Vergiftung leistungsvermindernde Wirkung wurde bereits von HUMBOLDT[1]) beobachtet. Wie VERZÁR[2]) feststellte, beruht aber die leistungssteigernde Wirkung auf Erhöhung der Leitfähigkeit und Erregbarkeit des Nerven; auch SCHEFFER[3]) vermißte nach Ausschaltung der motorischen Nervendigungen die vorher, am nicht curarisierten Muskel beobachtete Steigerung der geleisteten Arbeit. Auch FÜRTH und SCHWARZ[4]) erhielten, an curarisierten Warmblütern arbeitend, vorwiegend negative Resultate, desgleichen konnte schon DRESER[5]) keinen deutlichen Einfluß von Alkohol in kleinen Dosen (0,6 ccm 30 proz. Alkohol) feststellen; die Arbeitskurven des vergifteten und nicht vergifteten Muskels waren vielmehr fast kongruent. Obwohl neuerdings SCARBOROUGH[6]) nachweisen konnte, daß durch Alkohol die „absolute Kraft“ des Muskels gesteigert werden kann, muß es noch als fraglich erscheinen, ob eine Wirkung auf den unermüdeten Muskel vorhanden ist, aus den meisten der diesbezüglichen Untersuchungen ergibt sich jedenfalls kein Anhaltspunkt dafür.

Dagegen ist ein Einfluß des Alkohols auf die Ermüdbarkeit unverkennbar, und zwar erstreckt sich die Wirkung auf die Muskelsubstanz selbst, da Curarisierung das Resultat nicht beeinflußt [VERZÁR[2])]. Wir müssen also annehmen, daß der Alkohol ein Vertreter jener Gruppe Substanzen ist, deren Wirkung vorwiegend in einer Beschleunigung der Restitutionsvorgänge besteht. Wir haben bereits darauf hingewiesen, daß es für diesen Wirkungstyp charakteristisch ist, daß eine Wirkung auf den unermüdeten Muskel kaum nachweisbar ist, da hier ja die Restitutionsvorgänge in genügendem Maße erfolgen. Die Arbeitsleistung wird durch Verzögerung der Ermüdung eindeutig vermehrt, während das Arbeitsvermögen selbst, wie aus der bereits angeführten Literatur folgt, unverändert bleibt. So fanden LEE und SALANT[7]), LEE und LEVINE[8]) bei Injektion von 0,08 ccm 10 proz. Alkohols beim vergifteten Gastrocnemius eines Frosches eine bis 40% größere Arbeitsleistung als beim unvergifteten, dagegen beschleunigen 0,2 ccm 33 proz. Alkohols die Ermüdung. Nach SCARBOROUGH[6]) bewirkt bei Durchströmung der Beine mit Ringerlösung Umschaltung auf 10 proz. Alkohollösung sofortigen Anstieg der Leistungskurve. Der Mechanismus der Alkoholwirkung ist bisher noch ununtersucht; dies erscheint um so merkwürdiger, als ein Einfluß des Alkohols auf den Restitutionsvorgang von allgemeinem Interesse sein würde.

In *Adrenalin* haben wir einen weiteren Vertreter jener Substanzen, die vorwiegend den Restitutionsmechanismus beeinflussen. Daß die Ermüdung durch Injektion schwacher Adrenalinlösungen verzögert wird, wurde bereits von DESSY und GRANDIS[9]) beschrieben, besonders auffallend ist die starke Förderung

[1]) HUMBOLDT: Versuche über die gereizte Nerven- und Muskelfaser. Bd. II. 1797.
[2]) VERZÁR: Pflügers Arch. f. d. ges. Physiol. Bd. 128, S. 398. 1909.
[3]) SCHEFFER: Arch. f. exp. Pathol. u. Pharmakol. Bd. 44, S. 24. 1900.
[4]) FÜRTH u. SCHWARZ: Pflügers Arch. f. d. ges. Physiol. Bd. 129, S. 525. 1909.
[5]) DRESER: Zitiert auf S. 344.
[6]) SCARBOROUGH: Journ. of pharmacol. a. exp. therapeut. Bd. 17, S. 129. 1921.
[7]) LEE u. SALANT: Americ. journ. of physiol. Bd. 8, S. 61. 1902.
[8]) LEE u. LEVINE: Americ. journ. of physiol. Bd. 30, S. 389. 1912.
[9]) DESSY u. GRANDIS: Arch. ital. di biol. Bd. 41, S. 225. 1904.

der durch Ermüdung verminderten Zuckungshöhe, und zwar sowohl am Kalt- wie am Warmblüter [DESSY und GRANDIS[1]), PANELLA[2]), GUGLIELMETTI[3]), GRUBER[4]), LANGE[5])]. Am nicht ermüdeten Muskel ist zwar eine Wirkung des Adrenalins auch vorhanden, aber längst nicht derart ausgesprochen. Wahrscheinlich handelt es sich bei der Wirkung des Adrenalins nicht um eine Wirkung auf den Assimilationsprozeß selbst, sondern lediglich um die erleichterte Fortschaffung der Ermüdungsstoffe, infolge der besseren Durchblutung (GRUBER). Auch die Verzögerung der Ermüdung durch *Acetylcholin* [H. MARTI[6])] beruht wahrscheinlich auf der besseren Durchblutung und der hierdurch erleichterten Fortschaffung der Ermüdungsstoffe.

Auch durch Neutralisation der sauren Spaltprodukte kann eine Leistungssteigerung erzielt werden, so fand T. NEUGARTEN[7]), bei BETHE arbeitend, die Leistungsfähigkeit ausgeschnittener Froschmuskeln in *alkalischen Lösungen* bedeutend größer als in sauren Lösungen. NEUGARTEN fand auch bei *neutralen Phosphatgemischen* eine bedeutende Leistungssteigerung; in diesem Falle muß aber wohl auf eine spezifische Wirkung der Phosphorsäure geschlossen werden, und zwar erstreckt sich die Wirkung nicht allein auf die Verzögerung der Ermüdung, sondern auch auf die Größe der Hubhöhe. Der Mechanismus der Phosphatwirkung ist noch nicht näher untersucht; bei der wichtigen Rolle, die die Phosphorsäure im Stoffwechsel des Muskels zu spielen scheint, wäre eine Untersuchung der Stoffwechselgröße bei der Phosphatwirkung von Interesse.

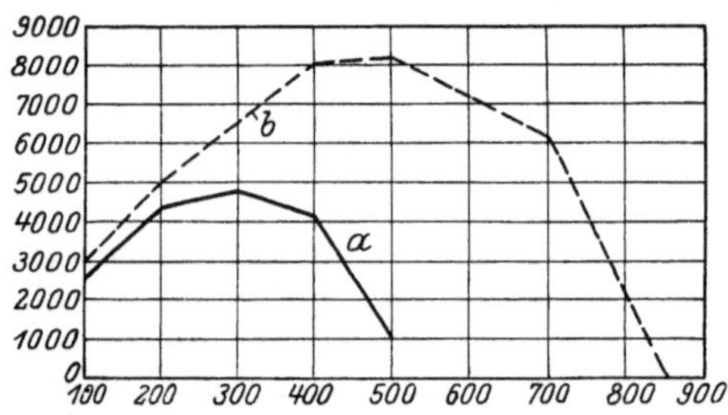


Abb. 65. Arbeitsversuch am Froschgastrocnemius, gezeichnet nach einem Versuch DRESERS. Abszisse: Gewichte in g; Ordinate: Arbeitsgrößen (Gewicht mal Hubhöhe). Kurve *a* (——): vor der Vergiftung; Kurve *b* (– – –): 2 Std. nach Injektion von 0,8 mg Coffein.

Von den Substanzen, die eine scheinbare Steigerung der Arbeitswerte verursachen, bei denen also gemäß unserer Definition sich die Stoffwechselgröße parallel mit der Wirkung ändert, sind am meisten untersucht und deshalb die charakteristischsten Vertreter dieser Gruppe *Coffein* und *Chinin*. Die Wirkung kleiner Dosen Coffeins (Injektion von 0,2 mg beim Frosch) ist aus Abb. 65 ersichtlich [nach Versuchen DRESERS[8]) gezeichnet]; das Arbeitsmaximum ist erhöht wie im positiven Sinne der X-Achse, d. h. nach einem größeren Belastungswert hin verschoben, dementsprechend liegt der Grenzwert der Belastung, die der Muskel gerade nicht mehr zu heben imstande ist (absolute Kraft), erheblich höher. Bei größeren Dosen Coffein tritt eine Umkehr der Wirkung ein; das Arbeitsmaximum ist herabgesetzt und nach einem kleineren Belastungswert hin verschoben, entsprechend ist auch die absolute Kraft bei einem niedrigeren Belastungswert erreicht (Abb. 66).

---

[1]) DESSY u. GRANDIS: zit. auf S. 347.
[2]) PANELLA: Arch. ital. di biol. Bd. 48, S. 430. 1907; Bd. 49, S. 321. 1909.
[3]) GUGLIELMETTI: Quart. journ. of exp. physiol. Bd. 12, S. 139. 1919.
[4]) GRUBER: Americ. journ. of physiol. Bd. 32, S. 221. 1913; Bd. 33, S. 35. 1914; Bd. 43, S. 530. 1917; Bd. 47, S. 178. 1918; Bd. 61, S. 475. 1922; Bd. 62, S. 438. 1922.
[5]) LANGE: Hoppe-Seylers Zeitschr. f. physiol. Chem. Bd. 120, S. 249. 1922.
[6]) MARTI, H.: Zeitschr. f. Biol. Bd. 77, S. 299. 1923.
[7]) NEUGARTEN, T.: Pflügers Arch. f. d. ges. Physiol. Bd. 175, S. 94. 1919.
[8]) DRESER: Arch. f. exp. Pathol. u. Pharmakol. Bd. 27, S. 50. 1890.

An Säugetieren scheint der Typus der Coffeinwirkung nach den Versuchen von FÜRTH und SCHWARZ[1]) insofern etwas anders zu sein, als hier die stets beobachtete Erhöhung des Arbeitsmaximums bei dem gleichen Belastungswert wie im Normalversuch liegt, während ja, wie wir gesehen haben, beim Frosch das Maximum sich nach einem größeren Belastungswert hin verschiebt; die Abszisse des Arbeitsmaximums bleibt demnach beim Warmblüter im Gegensatz zum Frosch auch bei Vergiftung unverändert, bisweilen ist sogar eine Verschiebung des Maximums nach einem kleineren Belastungswert hin, also im negativen Sinne, beobachtet. Die Steigerungen der Arbeitswerte sind beim Warmblüter jedoch meist geringer; wenn sie ähnliche Größenordnungen erreichen wie bei DRESERS Versuchen, findet auch hier bisweilen eine Verschiebung des Arbeitsmaximums nach der positiven Richtung statt. Da die Versuche von FÜRTH und SCHWARZ[1]) aber nicht mit der Überlastungsmethode ausgeführt sind, so sind die Resultate auch nicht ohne weiteres vergleichbar.

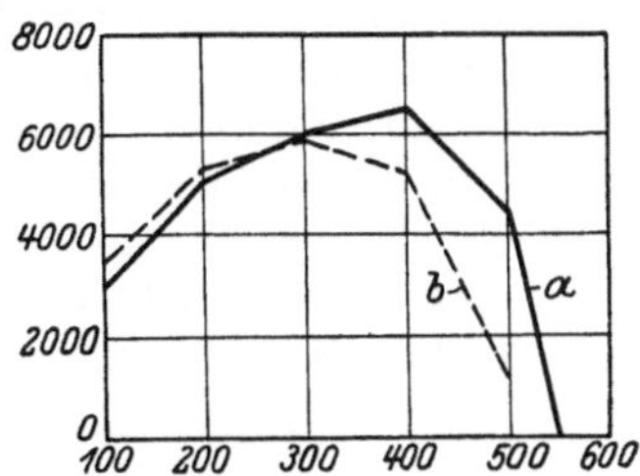


Abb. 66. Kurve *a* (——): vor der Vergiftung; Kurve *b* (– – –): 2 Std. nach Injektion von 4 mg Coffein.

Nach den Versuchen von SANTESSON[2]) ist die Wirkung des *Chinins* der Coffeinwirkung außerordentlich ähnlich; wir haben auch hier eine bedeutende Erhöhung des Arbeitsmaximums und eine Verschiebung desselben im positiven Sinne der X-Achse, dementsprechend auch meist eine Erhöhung der absoluten Kraft. Curarisierung beeinflußt die Resultate nicht, es handelt sich also um eine direkte Muskelwirkung. Bei Säugetieren (Katzen) wirkt Chinin sehr ähnlich, es tritt hier aber keine Verschiebung des Arbeitsmaximums in positiver Richtung ein (FÜRTH und SCHWARZ).

Wie wir aus den Untersuchungen von RIESSER und NEUSCHLOSZ[3]) wissen, geht die Coffein- und Chininwirkung mit einer Veränderung der Stoffwechselgröße einher. Infolge vermehrten Zerfalls von Lactacidogen und gehemmter Restitution tritt eine Anhäufung von Ermüdungsstoffen und dadurch bedingt eine Beeinträchtigung der Contractilität ein; bei längerer Dauer wird die andersartige Ausnutzung des Vorratsmaterials auch zu einer Verarmung an potentieller Energie führen. Demnach werden alle jene Substanzen, die eine scheinbare Arbeitssteigerung bedingen, bei fortgesetzter Tätigkeit des Muskels zu einer beschleunigten Ermüdung führen. Die ersten systematischen Untersuchungen über die Beeinflussung der Ermüdbarkeit finden wir bei KOBERT[4]), die gründlichsten Untersuchungen auf diesem Gebiete aber verdanken wir SANTESSON[5]). Aus diesen ergab sich ganz eindeutig, daß Chinin die Ermüdbarkeit stark steigert, so daß trotz erhöhter Anfangsleistung die Gesamtleistung erheblich geringer ist als beim unvergifteten Muskel. In Abb. 67 (nach SANTESSON) zeigt *a* den Verlauf der Arbeitsleistung vor der Vergiftung; als Abszisse ist die Zeit (Minuten), als Ordinate die innerhalb einer Minute geleistete Arbeit gewählt. *b* zeigt den Verlauf der Kurve eines chininvergifteten Muskels. Die anfängliche Erhöhung der Arbeitsmaxima bedingt eine größere Steigung wie eine absolut höhere Lage der Leistungskurve, da hier ja der Ermüdungsfaktor noch keine Rolle spielen kann; später bedingt die ausgesprochene Wirkung auf die Ermüdbarkeit einen um so

[1]) FÜRTH u. SCHWARZ: Zitiert auf S. 347.
[2]) SANTESSON: Arch. f. exp. Pathol. u. Pharmakol. Bd. 30, S. 411. 1892.
[3]) RIESSER u. NEUSCHLOSZ: Arch. f. exp. Pathol. u. Pharmakol. Bd. 93, S. 163. 1922.
[4]) KOBERT: Arch. f. exp. Pathol. u. Pharmakol. Bd. 15, S. 22. 1882.
[5]) SANTESSON: Zitiert auf S. 343.

steileren Abfall. Im weiteren Verlauf der Vergiftung ist das Mißverhältnis der Kurven noch auffallender (Kurve *c*).

Einen exakten Vergleichswert bieten die Kurven aber nicht, vielmehr sind die Werte zuungunsten der vergifteten Muskeln verschoben. Vergleichen darf man ja nur identische Abschnitte der Arbeitskurve; wenn die Höchstleitung eines Muskels verglichen werden soll, so kommt nur ein Vergleich der Arbeitsmaxima in Frage. Das Innehalten exakter experimenteller Grundlagen ist aber schwierig. Wenn wir am Beginn eines Versuches mit einer Belastung arbeiten lassen, welche dem Arbeitsmaximum entspricht, so verschiebt sich dasselbe im Verlaufe der Ermüdung sicherlich nach einem kleineren Belastungswerte, also in negativer Richtung. Wenn wir also mit gleichbleibender Belastung reizen, so steht der Muskel am Schluß des Versuchs nicht mehr unter optimalen Leistungsbedingungen, d. h. bei entsprechend verminderter Belastung würden wir am Schluß des Versuchs höhere Werte erhalten. Über die tatsächlich mögliche Maximalleistung erhalten wir also mit der bisher üblichen Methodik keinen Aufschluß. Beim vergifteten Muskel ist naturgemäß diese Fehlerquelle noch viel stärker, da hier ja die Ermüdung noch viel schneller erfolgt. Eine experimentelle Berücksichtigung dieser Fehlerquelle gestaltet sich deshalb so schwierig, weil wir ja im Verlaufe eines Ermüdungsversuches keinen Anhaltspunkt dafür besitzen, welcher Belastungswert dem Arbeitsmaximum bei dem augenblicklichen Zustand des Muskels entspricht. Es wird vielleicht deshalb vorteilhafter sein, andere Punkte der Arbeitskurve, z. B. das Spannungsoptimum oder die „absolute Kraft“ als Vergleichswert zu wählen.

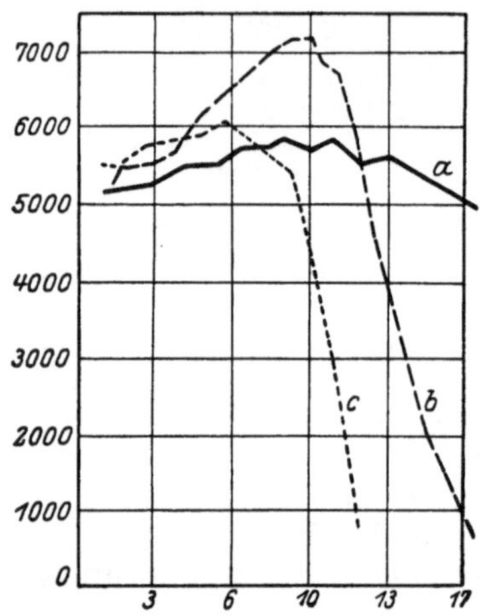


Abb. 67. Gesamtarbeitsleistung bei Chininvergiftung (Kopie nach Santesson). Abszisse: Zeit in Minuten; Ordinate: die in jeder Minute ausgeführte mechanische Arbeit. Belastung: 150 g: *a* vor der Vergiftung; *b* $2^1/_2$ Std. nach Injektion von 1,5 cg Chinin hydrochl.; *c* 5 Std. post injektionem.

Als eine Substanz, die muskelpharmakologisch von großem Interesse ist (vgl. S. 340 dieses Beitrages), sei noch kurz die Wirkung des *Veratrins* erwähnt: es bewirkt eine Steigerung der Arbeitsfähigkeit des Muskels, das Arbeitsmaximum wird dabei nach einem größeren Belastungswert hin verschoben unter entsprechender Erhöhung der absoluten Kraft [Dreser[1])]. Interessanterweise scheint die Wirkung auf den Säugetiermuskel stärker zu sein, wir finden hier Steigerungen der Arbeitswerte über 100%, und zwar ist die Wirkung auch am curarisierten Tier vorhanden [Fürth und Schwarz[2])]. Die auffallendste Steigerung des Arbeitsvermögens des Säugetiermuskels wird aber durch Injektion von *Rhodankalium* bewirkt (Fürth und Schwarz); die Steigerungsgrößen bewegen sich hier von 300—2000%! Trotz der starken Erhöhung des Arbeitsmaximums ändert sich die Abszisse desselben nicht, es liegt also bei demselben Belastungswert. Systematische Versuche am Kaltblüter sind scheinbar nicht gemacht worden. Dreser berichtet über einen Versuch, in dem Injektion von Rhodankalium die Arbeitsfähigkeit des Froschmuskels sogar herabsetzt. Die Rhodankaliumwirkung betrifft größtenteils die contractile Substanz, jedoch besteht auch ein Antagonismus zu Curare.

[1]) Dreser: Zitiert auf S. 348.
[2]) Fürth u. Schwarz: Zitiert auf S. 347.

Von den körpereigenen Substanzen ist die Wirkung des *Kreatins* die auffallendste. Schon KOBERT[1]) beobachtete beim Frosch nach Injektion von wenigen Milligramm Kreatin eine langanhaltende Steigerung des Arbeitsvermögens. DRESER[2]) findet, ebenfalls beim Frosch, Steigerung des Arbeitsmaximums um durchschnittlich 20%, eine Verschiebung desselben nach einem größeren Belastungswert, meist auch eine Erhöhung der absoluten Kraft. Bei Injektion größerer Mengen (cgr) ist die Wirkung umgekehrt (KOBERT).

Die Beeinflussung des Arbeitsvermögens durch *Kreatin* ist um so auffallender, als Kreatin allem Anschein nach bei anderen Organen in den fraglichen Konzentrationen völlig wirkungslos ist. Vielleicht handelt es sich auch hier, wenigstens teilweise, um eine Neutralisation der sauren Spaltprodukte, es würde dann Kreatin in seiner Eigenschaft als schwache Base wirken. Bis zu einem gewissen Grade würde die sehr deutliche Wirkung des Kreatins auf die Ermüdbarkeit, die schon von KOBERT beobachtet wurde, für eine derartige Wirkungsweise sprechen; so ist — nach KOBERT — für die Kreatinwirkung besonders typisch die raschere Erholung nach einer geleisteten Arbeit. Allerdings müßten dann auch andere schwache Basen das Arbeitsvermögen des unermüdeten Muskels, in analoger Weise wie Kreatin, steigern, was aber, nach den Versuchen von T. NEUGARTEN, nicht der Fall ist. Wir können deshalb nicht umhin, außer der Wirkung als schwache Base noch eine spezifische Wirkung des Kreatins anzunehmen, und zwar um so mehr, als Kreatin die Dehnbarkeit des Muskels verändert [DRESER[2])], also zweifellos einen Angriffspunkt in der contractilen Substanz selbst besitzt.

Die am Menschen in zahlreichen ergographischen Versuchen festgestellte Erhöhung der Arbeitsleistung bei Zuckergabe veranlaßten FÜRTH und SCHWARZ[3]) zu einer Nachprüfung an curarisierten Katzen. Es stellte sich dabei heraus, daß die leistungssteigernde Wirkung lediglich in einer antagonistischen Curarewirkung, also in einer Steigerung der Erregbarkeit der Nervenden, besteht, auf die Muskelsubstanz selbst ist Zucker (Dextrose) wirkungslos.

Im Gegensatz zu den bisher besprochenen Pharmaka steht eine Reihe von solchen, die primär eine starke *Herabsetzung der Arbeitsfähigkeit* bedingen; hierzu gehören vor allem die Schwermetallsalze, am ausgesprochensten finden wir aber diese Wirkung bei *Apomorphin*. Nach Injektion von Apomorphin beim Frosch findet DRESER das Arbeitsmaximum bedeutend herabgesetzt, wie nach einem kleineren Belastungswert hin verschoben, auch die absolute Kraft ist dementsprechend herabgesetzt (vgl. Abb. 68).

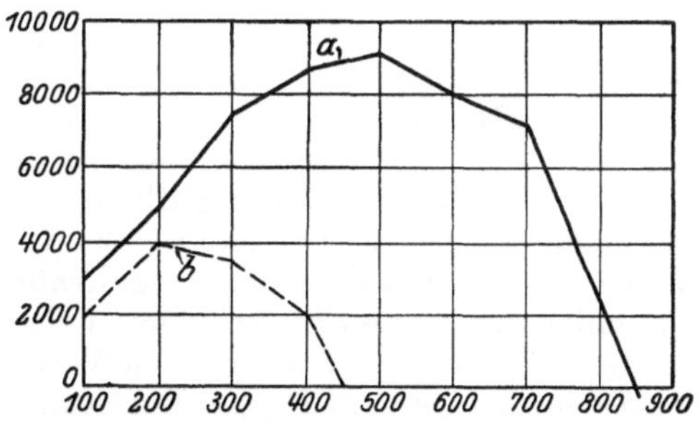

Abb. 68. Arbeitsversuch bei Apomorphinvergiftung (gezeichnet nach einem Versuch DRESERS). *a* (——): vor der Vergiftung; *b* (– – –): 3 Std. nach Injektion von 0,01 g Apomorph. mur.

Neuerdings hat PICCININI[4]) eine große Anzahl von Versuchen mitgeteilt, die etwas aus der Reihe der bisher beschriebenen Beobachtungen herausfallen. Er konnte, zuerst beim Chinin, nachweisen, daß die Frage der Steigerung der Gesamtleistung beim Chinin nur eine Frage der Dosierung ist; bei genügend kleinen Dosen (Injektion von $^1/_{1000}$ mg bei Fröschen) oder bei genügend geringen Kon-

[1]) KOBERT: Zitiert auf S. 344.
[2]) DRESER: Zitiert auf S. 348.
[3]) FÜRTH u. SCHWARZ: Zitiert auf S. 347.
[4]) PICCININI: Boll. d. scienze med., Bologna Bd. 8, S. 505. 1920; Bd. 10, S. 157. 1922.

zentrationen der Immersionsflüssigkeit bei Verwendung isolierter Muskeln ($^1/_{500\,000}$) findet eine dauernde Steigerung der Arbeitsgröße pro Gewichts- und Zeiteinheit statt. Diese absolut günstige Wirkung wird durch Curarisierung nicht beeinflußt, besteht also in einer direkten Muskelwirkung. Denselben günstigen Dauereffekt konnte PICCININI in der Folge dann auch bei den meisten Alkaloiden bei Verwendung geeigneter Konzentrationen feststellen (z. B. Cocain $^1/_{25\,000}$, Coffein $^1/_{25\,000}$, Atropin und Nicotin $^1/_{10000}$, Adrenalin $^1/_{50000}$, Veratrin, Papaverin und Digitalin $^1/_{100\,000}$), des weiteren auch bei Ba-, Mg- und K-Salzen; in größeren Konzentrationen tritt dann der beschriebene ungünstige Gesamteffekt ein. Zwischen beiden Extremen liegt eine indifferente Konzentration. Es ist klar, daß wir in all diesen Fällen eine unspezifische Leistungssteigerung vor uns haben, über deren Mechanismus noch nichts bekannt ist; sicherlich ist derselbe grundsätzlich verschieden von dem in höheren Konzentrationen vorhandenen Wirkungsmechanismus. Während wir es hier mit dem Typus einer scheinbaren Wirkungssteigerung, verbunden mit andersartigem Verlauf der chemischen Umsetzungen, zu tun haben, handelt es sich bei den Beobachtungen PICCININIS wahrscheinlich um den Typ einer echten Leistungssteigerung, vielleicht beruhend auf einer verbesserten Anspruchsfähigkeit der contractilen Elemente.

Es sind im vorhergehenden eine Reihe von Substanzen besprochen, die das Arbeitsvermögen des Muskels beeinflussen. Da das Arbeitsvermögen dargestellt wird durch das Verhältnis von Hubhöhe/Belastung, könnte man versucht sein, anzunehmen, daß der Verlauf der Arbeitskurve lediglich durch den Grad der Erregbarkeit bedingt sei, d. h. bei Erhöhung des Arbeitsmaximums ist der Muskel erregbarer, bei Verminderung desselben weniger erregbar als im Normalzustande. DRESER hat nachgewiesen, daß diese Anschauung für viele Fälle nicht zutrifft, denn er fand bei herabgesetztem Arbeitsvermögen, z. B. bei Rhodankalium, die Erregbarkeit beim Spannungsoptimum unverändert. Wir müssen vielmehr annehmen, daß der Belastungsreiz den Grad und den Verlauf der chemischen Umsetzungen wie den Grad der Contractilität mit bestimmt. Dieses normalerweise ziemlich konstante Verhältnis von Belastungsreiz zum Reaktionsverlauf ist es, welches durch die Einwirkung der Pharmaka vorzugsweise gestört wird. Natürlich wird eine Verminderung der Erregbarkeit das Arbeitsvermögen ebenfalls herabsetzen, auch in diesem Falle kann aber außerdem eine Änderung der Wirkung der Belastung eintreten. Beim Froschmuskel scheint nun die Gesetzmäßigkeit zu bestehen, daß eine Erhöhung des Arbeitsmaximums stets unter Verschiebung desselben wie des Grenzwertes (absolute Kraft) nach einem größeren Belastungswert hin, seine Verminderung unter Verschiebung der beiden Werte nach einem kleineren Belastungswert hin stattfindet. Bei dem ersten Fall verläuft meist der absteigende Teil der Arbeitskurve steiler, beim letzten Fall flacher als im Normalzustand. Es ist von Interesse, daß trotz des so verschiedenen Mechanismus der einzelnen Giftwirkungen solche Gesetzmäßigkeiten zustande kommen. Es scheint, daß lediglich das Verhältnis der pro Zuckungseinheit freiwerdenden potentiellen Energie zum Grad der Anspruchsfähigkeit der contractilen Elemente, d. h. die Menge der freiwerdenden Energie zum Grad ihrer Verwendbarkeit die Arbeitsreaktion des Muskels bestimmt, wobei es gleichgültig zu sein scheint, durch welchen Mechanismus der veränderte Energieumsatz bzw. die veränderte Anspruchsfähigkeit der contractilen Substanz bedingt ist.

In demselben Sinne gestaltet sich die Deutung bei den Pharmaka, welche von vornherein das Arbeitsvermögen herabsetzen. Entweder wird hier bei der elektrischen Reizung weniger Energie frei oder die Ausnutzung der in normalem Grade freigemachten Energie ist eine schlechtere. Beim Apomorphin, welches als der typischste Vertreter jener Substanzen gelten darf, scheint der letztere

Fall zuzutreffen; Apomorphin verändert, wie im Abschnitt IV beschrieben, auch die Elastizitätsgröße des Muskels, es ist sehr wahrscheinlich, daß eine Beeinflussung der Contractilität damit einhergeht. Ob außerdem noch eine Hemmung der Dissimilationsprozesse besteht, ist noch nicht untersucht worden.

Am Säugetiermuskel herrschen, wie wir aus den Untersuchungen von FÜRTH und SCHWARZ schließen müssen, andere Gesetzmäßigkeiten; hier tritt bei einer Veränderung des Arbeitsmaximums keine Verschiebung desselben nach einem anderen Belastungswert hin statt. Auch sonst herrschen Verschiedenheiten, besonders auffallend bei der Wirkung des Rhodankaliums. Alles dies spricht dafür, daß der Wirkungsreiz der Belastung auf die Erregungsvorgänge im Warmblütermuskel bei Vergiftung mit bestimmten Substanzen sich in anderer Weise ändert als beim Kaltblüter. Wie weit eine Verschiedenheit der chemischen Umsetzungen damit Hand in Hand geht, ist noch ununtersucht.

## IV. Die Beeinflussung des physikalischen Zustandes des Muskels.

Von E. SIMONSON.

Da die Funktion des Muskels, wie kaum eines anderen Organes, sich in physikalisch leicht meßbaren Größen äußert, war es beim Muskel von vornherein gegeben, die physikalische Betrachtungsweise und Methodik nicht nur auf die Gesamtfunktion des Organs, die Zuckung, sondern auch auf die Muskelsubstanz selbst auszudehnen. Die Hauptfragestellung: Gibt es physikalisch meßbare und leicht deutbare Zustandsänderungen der Materialeigenschaften der contractilen Substanz, durch die der Vorgang der Zuckung erklärt wird, ist immer noch ungelöst. Dieses Problem selbst direkt anzugehen, ist schwierig, weil es sich darum handelt, die Substanz des Muskels in den einzelnen Phasen der Zuckung mit exakten physikalischen Methoden zu untersuchen.

Es lag daher nahe, zuerst bei langsamer verlaufenden Vorgängen, wie sie z. B. chemische Contracturen darstellen, Veränderungen der physikalischen Eigenschaften nachzuweisen. Auf diese Weise, indem man solche Untersuchungen mit möglichst zahlreichen und verschiedenartig wirkenden Substanzen anstellte, mußte man eine Reihe möglicher Zustandsänderungen kennenlernen, um dann vielleicht die eine oder andere auch für den Vorgang der Zuckung als wahrscheinlich hinzustellen. Aber auch abgesehen vom Problem des Zuckungsmechanismus ist die Möglichkeit, die physikalischen Eigenschaften eines organisierten Substrates quantitativ zu verändern, von allgemein physiologischem Interesse; auch für das Tonusproblem können zur Klärung des zugrunde liegenden physikalischen Mechanismus vergleichende Untersuchungen der physikalischen Zustandsänderungen bei Einwirkung verschiedener Pharmaka wertvolle Aufschlüsse geben.

Wir werden hier demgemäß zu erörtern haben, was bisherige Untersuchungen über Veränderungen des physikalischen Zustandes des Muskels ergeben haben.

Die Methoden, die hier zur Anwendung gelangt sind, betreffen ausschließlich das Verhalten der elastischen Eigenschaften; dies ist auch ganz natürlich, denn von den Materialeigenschaften der Muskelsubstanz ist ja die Elastizität — vielleicht abgesehen von der Viscosität des Muskelplasmas — die einzige, die funktionell von Interesse ist. Bei genauer Analyse elastischer Vorgänge wäre man auch sehr wohl imstande, auf feinste Strukturverhältnisse des Materials Schlüsse zu ziehen; allerdings sind die bis heute vorliegenden Untersuchungsergebnisse hierzu noch durchaus unzureichend.

Die meisten Untersuchungen über Elastizitätsänderungen betreffen lediglich die statisch gemessene Elastizität, erst in letzter Zeit sind auch ballistische

Methoden angewandt worden [Gildemeister[1]), Bethe[2])]. Die vorliegenden Untersuchungen sind zudem meist noch in einer oder der anderen Hinsicht unvollständig, und zwar besteht die Unvollständigkeit der Untersuchungen darin, daß nicht alle Eigenschaften der Elastizität gemessen wurden, sondern meist nur die *Elastizitätsgröße*.

Als Maß dafür gilt der Elastizitätsmodul, er ist: $E$ = Kraft/Veränderung. Die meisten Untersuchungen beziehen sich auf Veränderungen der Dehnbarkeit, für diesen speziellen Fall ist der Dehnungsmodul $E_z$ = dem Verhältnis von Belastungszuwachs/Verlängerung. Eine Veränderung des Elastizitätsmoduls, der ja durch eine lineare Funktion dargestellt wird, kann sich demnach nur in einer anderen Steigung der Dehnungskurve äußern.

Die Größe der Elastizität ist aber nur ein Teil der meßbaren Eigenschaften eines elastischen Materials; erst dann kann eine Untersuchung als vollständig gelten, wenn sie sich auch auf die Veränderungen der elastischen *Vollkommenheit*, der *Elastizitätsgrenze*, endlich der *Kohäsionsgrenze* erstreckt.

Letztere ist durchaus nicht mit der Elastizitätsgrenze identisch, wenn auch die physikalischen Vorgänge dabei ähnliche sind. Die Elastizitätsgrenze ist erreicht, wenn unter Einwirkung einer äußeren Gewalt sich der Molekularzustand des Substrates ändert, die Kohäsionsgrenze dann, wenn durch äußere Gewalt die einzelnen Moleküle über den Bereich ihrer gegenseitigen Anziehung disloziert sind.

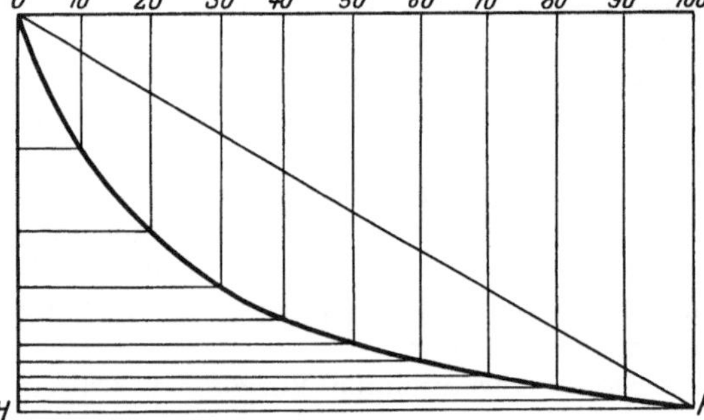

Abb. 69. Dehnungsversuch am Sartorius des Frosches. Kopie nach Dreser.

Trotzdem muß festgestellt werden, daß die systematischen Untersuchungen mit statischer Methodik, besonders die von Dreser[3]), obwohl nicht alle elastischen Eigenschaften berücksichtigt wurden, viele sehr interessante und wertvolle Resultate gezeitigt haben. Es sollen hier ausschließlich die Untersuchungen am *ruhenden* Muskel besprochen werden, denn da wir die physikalischen Veränderungen beim *tätigen* Muskel noch nicht einwandfrei kennen, ist es auch nicht möglich, aus den Veränderungen der Dehnbarkeit des tätigen Muskels irgend etwas über dessen elastische Eigenschaften auszusagen.

Dreser mißt die Verlängerungen des Muskels bei verschiedener Belastung und trägt die sich ergebenden Größen als negative Ordinaten in ein Koordinatensystem ein, dessen Abszissen durch die wachsenden Gewichte gebildet werden. Die sich hieraus ergebende Dehnungskurve (vgl. Abb. 69) hat beim Muskel eine ganz bestimmte Form, sie gleicht im Anfang einer Hyperbel, dann einer Parabel, schließlich einer Ellipse. Durch die Kurve wird das Areal $OPH$ abgeschnitten, welches man sich aus vielen Flächen zusammengesetzt denken kann, indem durch jede Ordinate eine Parallele zur $X$-Achse gelegt wird. Diese einzelnen Flächen betrachtet Dreser als Arbeitsgrößen; wenn der Muskel nämlich bei $P$ 100 g trägt und um 10 g entlastet wird, so verkürzt er sich mit dem Gewicht 90 g um eine bestimmte Strecke und leistet dabei eine entsprechende Arbeit. Verbindet man ferner $P$ mit $O$ durch eine Gerade und vergleicht den Inhalt des Dreiecks $OPH$ mit dem „Dehnungsareal", so erhält man einen Maßstab für die Krümmung der Kurve.

---

[1]) Gildemeister: Zeitschr. f. Biol. Bd. 63, S. 184. 1914.
[2]) Bethe: Pflügers Arch. f. d. ges. Physiol. Bd. 204, S. 63. 1924.
[3]) Dreser: Arch. f. Pathol. u. Pharmakol. Bd. 27, S. 50. 1890.

Mit Hilfe der Dreserschen Methodik werden wir über Veränderungen der Elastizitätsgröße nur dann genügenden Aufschluß erhalten, wenn die Resultate jedesmal einer genauen Analyse unterzogen werden, außerdem wird der Wert der Methodik durch die Nachdehnungserscheinungen herabgesetzt. Die Betrachtungsweise Dresers ist in dem einen Punkt etwas inkorrekt, daß sie die bei Verkürzung gedehnter Muskeln auftretende Arbeit der bei der Verlängerung aufgewandten anscheinend gleichsetzt. Tatsächlich ist beim Muskel der Grad der Rückverwandlung der bei der Dehnung erzeugten potentiellen Energie in kinetische verhältnismäßig gering, infolgedessen würde man mit der Dreserschen Methodik bezüglich der Größe der Elastizität zu ganz anderen Resultaten kommen, wenn man die Entlastungskurve betrachtet. Dreser hat es leider unterlassen, auch die Entlastungskurve aufzunehmen und zu vergleichen; auf diese Weise wäre es, sogar mit großer Genauigkeit, möglich, auch die Vollkommenheit der Elastizität zu messen.

Die dem Muskel eigentümliche Krümmung der Dehnungskurve führt Dreser sowohl auf die durch stärkere Gewichte erregte Kontraktionskraft wie besonders auf den für verschiedene Gewichte verschieden großen „wirksamen Querschnitt" zurück. Es ist klar, daß man unter diesen Umständen ohne genaue Analyse der Dehnungskurve die tatsächliche Größe des Elastizitätsmoduls nicht bestimmen kann, man müßte denn die absurde Annahme machen, daß der Elastizitätsmodul bei jeder Gewichtsveränderung ein anderer wird.

Bei Anwendung der Dreserschen Methodik können wir nur dann auf eine Veränderung des Elastizitätsmoduls schließen, wenn 1. die Krümmung der Dehnungskurve annähernd dieselbe bleibt, 2. der Muskel unter der Einwirkung der zu prüfenden Substanz seine Ursprungslänge nicht ändert und 3. falls eine Längenänderung erfolgt, die Veränderung der Dehnbarkeit in dem Sinne eintritt, daß eine ursächliche, die Längenänderung erklärende Veränderung des Elastizitätsmoduls nicht in Frage kommt; dieser Fall tritt z. B. dann ein, wenn bei einer Contractur die Dehnbarkeit erhöht ist; die durch eine Contractur bedingte Formänderung könnte als solche ja nur im Sinne einer Verminderung der Dehnbarkeit wirken.

Diese Beschränkungen der experimentellen Ergebnisse haften nicht nur der Dreserschen Methodik, sondern allen solchen an, die die elastischen Eigenschaften des Muskels in der Längsrichtung messen. Wir können hier also lediglich feststellen, wie es Dreser selbst auch stets tut, daß sich die Dehnbarkeit des Muskels ändert; worauf die Änderung der Dehnbarkeit aber zurückzuführen ist, sind wir mit Hilfe der Dreserschen Methodik nicht immer imstande, auszusagen.

Eine vollständige Aufzählung der Resultate Dresers liegt nicht im Sinne unserer Ausführungen, vielmehr sollen auch hier nur die Typen pharmakologischer Beeinflussung an Hand charakteristischer Beispiele erläutert werden. So wird nach *Apomorphin* die Dehnbarkeit des Muskels beträchtlich erhöht, während sich die Krümmung der Dehnungskurve nur sehr wenig ändert; in diesem Falle dürfen wir wohl eine Veränderung des Elastizitätsmoduls annehmen. Ein gleiches gilt für *Veratrin*, vorausgesetzt, daß es in Dosen verwandt wird, in denen es noch keine Contractur verursacht (0,1 mg subcutan), auch hier tritt eine erhöhte Dehnbarkeit bei gleichbleibender Krümmung der Dehnungskurve auf.

Bei den Substanzen, die die Dehnbarkeit ändern, ohne Contractur zu verursachen, aber bei veränderter Krümmung der Dehnungskurve, kann dies auch auf Veränderung der der Dehnung entgegenwirkenden Kontraktionskraft beruhen, denn eine Veränderung des „wirksamen Querschnitts" kommt hier ja nur sekundär in Frage. Daß jeder mechanische Reiz, wie ihn auch die Dehnung darstellt, im Muskel energetische Prozesse auslöst, ist bekannt; diese können sich nur äußern in Form einer entgegengerichteten Kraft. Das Verhältnis der Größe des Dehnungsreizes zur erregten Kontraktionskraft ist ein ganz gesetzmäßiges und bildet einen der Faktoren, die die eigenartige Krümmung der Dehnungskurve bedingen. Da es sich hier um einen fein regulierten biologischen Vorgang handelt, ist es durchaus wahrscheinlich, daß dieser Mechanismus bei der Einwirkung vieler Substanzen Störungen erfährt, die eben in einer veränderten Krümmung der Dehnungskurve zum Ausdruck kommen müssen. Natürlich ist auch hier sehr wohl außerdem eine Veränderung des Elastizitätsmoduls möglich; so werden wir beim *Kreatin* die verringerte Dehnbarkeit vielleicht vorzugsweise auf Veränderungen des Elastizitätsmoduls, beim *Physostigmin* auf Veränderungen der Kontraktionskraft zurückführen. Eine genaue Analyse des Wirkungsmechanismus dieses Typus der Veränderung der Dehnbarkeit ist schwierig und bisher nicht versucht worden, vielleicht gelingt es, unter Zuhilfenahme des Saitengalvanometers Klärung zu schaffen.

Bei allen contracturerzeugenden Substanzen (z. B. *Coffein*), bei denen die Contractur mit verminderter Dehnbarkeit einhergeht, kann letztere auf den vergrößerten Querschnitt zurückgeführt werden.

SCHLEIER[1]) hat die Methodik DRESERS insofern vervollkommnet, als er auch die Entlastungskurve aufnimmt; dies geschieht durch Füllung und Leerung eines am Muskel befestigten Gummigefäßes; zwischen Muskel und Belastungsgefäß ist ein Schreibhebel eingeschaltet, der die Längenänderungen des Muskels bei der stetig zunehmenden bzw. abnehmenden Belastung auf einem Kymographion registriert. Auf diese Weise ist es auch möglich, die Veränderungen der elastischen Vollkommenheit zu untersuchen. So findet SCHLEIER bei allen contracturerzeugenden Substanzen, die er untersucht hat (Milchsäure, Phosphorsäure, Oxalsäure, Coffein, Rhodankalium, Veratrin, Nicotin), die elastische Vollkommenheit vermindert. Im Gegensatz zu DRESER findet er bei Contracturen stets erhöhte Dehnbarkeit, was für eine Veränderung des Elastizitätsmoduls spricht, da der durch die Contractur als solche veränderte „wirksame Querschnitt" nur im Sinne einer Verminderung der Dehnbarkeit wirken könnte. Die Versuche SCHLEIERS erstrecken sich aber nur auf kurze Perioden; die wechselnden Zyklen von Be- und Entlastung verändern überdies die Plastizität des Muskels [nach LANGELAAN[2])], auch hierdurch wird der Wert seiner Resultate beeinträchtigt.

Beobachtungen über Veränderungen der elastischen Vollkommenheit finden wir auch bereits bei ROSSBACH und ANREP[3]), die Dehnungs- und Verkürzungskurven bei sprungweise variierter Belastung (im Prinzip die gleiche Methodik wie bei DRESER) aufnahmen; so finden wir hier die Angabe, daß bei *Veratrin* die Größe der Elastizität und ihre Vollkommenheit herabgesetzt ist.

Die Beobachtungen von ROSSBACH und ANREP und von SCHLEIER, zu denen allerdings die von DRESER, wenigstens teilweise, im Widerspruch stehen, sind insofern von Interesse, als hier gezeigt wird, daß es gewisse Typen von Verkürzungen des Muskels gibt, die ursächlich nicht durch eine Veränderung des Elastizitätsmoduls bedingt sind. Denn wenn eine Veränderung des Elastizitätsmoduls die Ursache einer Verkürzung bei gleichbleibendem Gewicht wäre, könnte die Veränderung ja nur in einer Erhöhung des Dehnungsmoduls, also in einer Verminderung der Dehnbarkeit bestehen, im Gegensatz finden aber die betreffenden Autoren die Dehnbarkeit sogar vergrößert. Dieser Befund ist um so

[1]) SCHLEIER, J.: Pflügers Arch. f. d. ges. Physiol. Bd. 197, S. 543. 1923.
[2]) LANGELAAN: Brain Bd. 38, S. 235. 1915.
[3]) ROSSBACH u. ANREP: Arch. f. Physiol. Bd. 21, S. 240. 1880.

auffälliger, als jede Verkürzung infolge der Zunahme des Querschnitts und der Abnahme der Länge im Sinne einer Verminderung der Dehnbarkeit wirken muß. Prinzipiell ist diese Feststellung insofern wichtig, als sich daraus ergibt, daß auch die natürliche Kontraktion nicht auf einer Veränderung des Elastizitätsmoduls zu beruhen braucht.

Auch VERZÁR[1]) findet bei Säurecontracturen, im Gegensatz zu den Contracturen, die durch eiweißfällende Substanzen hervorgerufen werden, vermehrte Dehnbarkeit. Seine Resultate interessieren hier nur insofern, als sich auch aus ihnen der Schluß ergibt, daß eine Verkürzung des Muskels nicht durch eine Veränderung der Elastizitätsgröße bedingt zu sein braucht. In diesem Zusammenhang sei auch auf die interessanten Versuche von STEINHAUSEN[2]) hingewiesen, der bei der tetanischen Verkürzung die Elastizität des Muskels unverändert fand.

Die bisher besprochenen Untersuchungen betrafen alle Methoden, die den Muskel in der Längsrichtung beanspruchen. Wie wir gesehen haben, spielt der wechselnde „wirksame Querschnitt" eine sehr störende Rolle; es sind deshalb die Methoden, die die elastischen Eigenschaften des Muskels in querer Richtung prüfen, den Dehnungsmethoden prinzipiell überlegen. Dies gilt trotz BETHES[3]) Einwand, daß die Beanspruchung des Muskels in seiner Längsrichtung zweifellos die physiologischeren Verhältnisse darbiete. Aus diesem Grunde ist auch das Gildemeistersche[4]) Elastometer dem Betheschen dann überlegen, wenn es sich um Prüfung der Materialeigenschaften eines so kompliziert gebauten Substrates, wie es der quergestreifte Muskel darstellt, handelt. Nur in den Fällen, in denen homogenes Material verwandt wird, sind die Methoden der Längs- und Querresistenzbestimmung einander gleichwertig.

Von den Methoden der Querresistenzbestimmung hat das Mangoldsche[5]) Sklerometer die meiste Anwendung hinsichtlich pharmakologischer Fragestellungen erfahren. Die Mangoldsche Methodik stellt ein statisches Verfahren dar; es wird das Einsinken einer Pelotte von bekanntem Querschnitt und bei bekannter Belastung in den Muskel mittels vergrößernder Hebelübertragung an einer Skala registriert. Der Hauptfehler der Methodik beruht darin, daß die Nachdehnungserscheinungen den Wert der Resultate beeinträchtigen; jedenfalls bedeutet sie, da sie erst nach den Darlegungen GILDEMEISTERS[4]) geschaffen wurde, einen methodischen Rückschritt. Doch sind die Veränderungen der Eindrückbarkeit, die mit ihrer Hilfe bei der Einwirkung verschiedener Substanzen auf den Muskel beobachtet wurden, so auffallend, daß sie außerhalb der Fehlergrenzen der Methodik liegen.

Die Resultate MANGOLDS[6]) sind in vieler Hinsicht bemerkenswert. Einmal zeigte es sich bei den verschiedenen contracturerzeugenden Substanzen, daß die Härtezunahme weitgehend unabhängig vom Grad der Verkürzung ist. So fand er z. B. bei der Einwirkung von *Ammoniak* 70% der Anfangshärte, und zwar ebenso bei Verkürzung um 5% wie bei Verlängerung um 13% der Ursprungslänge.

Wie MANGOLDS Untersuchungen weiterhin ergaben, kann die Härtezunahme auf einer Einlagerung von Wasser in die intramuskulären Zwischenräume wie auf einer Quellung der Muskelsubstanz selbst beruhen. Andererseits nimmt die Härte des Muskels auch in hypertonischen Lösungen bedeutend zu. Jedenfalls

---

1) VERZAR, BÖGEL u. SZANYI: Biochem. Zeitschr. Bd. 132, S. 64. 1922.
2) STEINHAUSEN: Pflügers Arch. f. d. ges. Physiol. Bd. 204, S. 76. 1924.
3) BETHE: Zitiert auf S. 354.
4) GILDEMEISTER: Zitiert auf S. 354.
5) MANGOLD: Pflügers Arch. f. d. ges. Physiol. Bd. 196, S. 200. 1922.
6) MANGOLD u. INACKA: Pflügers Arch. f. d. ges. Physiol. Bd. 198, S. 297. 1923.

läßt die Tatsache, daß bei den Säurecontracturen die Härtezunahme beträchtlich hinter der bei der Reizkontraktion beobachteten zurückbleibt, keinen Schluß zu, ob die gewöhnliche Kontraktion auf einer Säurewirkung beruht. Die Mangoldschen Resultate scheinen weiterhin mit Sicherheit zu ergeben, daß eine Härteänderung, d. h. eine Änderung der Elastizitätsgröße, nicht ursächlich mit der Verkürzung zusammenzuhängen braucht. Gegenüber den mit Dehnungsmethoden gewonnenen Resultaten von Schleier und Verzár stehen die Mangoldschen insofern im Widerspruch, als Mangold niemals Härteabnahme bei Contracturen findet. Eine vergleichende Nachprüfung mit moderneren, exakten Methoden wäre daher erwünscht.

Merkwürdigerweise sind bisher ballistische Methoden zur Prüfung dieser Fragen nicht herangezogen worden.

Von den bislang bekannten Apparaten kämen vor allem das Gildemeistersche[1]) und das Bethesche[2]) Elastometer in Betracht, von denen das erstere bereits für klinische Fragestellungen Verwendung gefunden hat. Beide Methoden beruhen, im Gegensatz zu den bisher besprochenen, auf einem ballistischen Vorgang, der elektrischen Registrierung der Stoßzeiten. Bei beiden Methoden fällt ein Hammer auf den Muskel (Gildemeister) bzw. auf einen mit dem Muskel verbundenen Winkelhebel (Bethe) und übt dabei einen Kompressionsstoß (Gildemeister) bzw. Dehnungsstoß (Bethe) aus. Hierbei wird ein elektrischer Kontakt geschlossen; bei der Rückschleuderung des Hammers durch die elastische Gegenkraft des Muskels wird der Kontakt wieder gelöst. Das elektrische Äquivalent der Berührungszeit zwischen Hammer und Muskel wird an einem ballistischen Galvanometer abgelesen. Die Berührungszeit zwischen Hammer und Muskel ist eine Funktion der Wellengeschwindigkeit im Muskel, mithin auch eine Funktion der Elastizitätsgröße. Über die absolute Elastizitätsgröße wird man mit beiden Methoden, so wie sie jetzt vorliegen, kaum etwas aussagen können. Tatsächlich sind die experimentellen Schwierigkeiten, die dem im Wege stehen, außerordentlich große. Relative Änderungen der Elastizitätsgröße, und hierauf kommt es ja vor allem an, können aber sehr genau festgestellt werden. Über die elastische Vollkommenheit können beide Methoden nichts aussagen, da sie ja den Vorgang nicht in seinen einzelnen Phasen registrieren, sondern nur über den Gesamtverlauf, d. h. die Summe aller Einzelvorgänge, Aufschluß geben. Bezüglich der Bestimmung der Elastizitäts- und Kohäsionsgrenze werden beide Methoden den statischen unterlegen sein. Aus oben besprochenen Gründen wäre bei etwaigen Untersuchungen dem Gildemeisterschen Elastometer vor dem Betheschen der Vorzug zu geben.

Das ebenfalls auf einem ballistischen Vorgang beruhende „ballistische Sklerometer“ von Noyons[3]) registriert nicht den zeitlichen Ablauf des Stoßvorganges, sondern die Dämpfung der elastischen Rückschwingungen. Ein Hammer wird aus bestimmter Höhe auf das zu prüfende Objekt fallen gelassen, die Zahl der einsetzenden Rückschwingungen des Hammers wird festgestellt, des weiteren die Summe aller Amplituden der einzelnen Rückschwingungen. Da die Dämpfung nicht allein eine Funktion der Elastizitätsgröße, sondern auch der inneren Reibung (auch die äußere Reibung wird eine Rolle dabei spielen können) ist, so kann man mit dieser Methode, wenigstens in der Weise, wie sie Noyons selbst verwandt hat, die Elastizitätsgröße nicht genau bestimmen. Beschränkte man sich aber auf die vergleichende Messung der ersten Stoßamplitude, so würde man ein zwar relatives, aber ziemlich genaues Maß für die

---

1) Gildemeister: Zeitschr. f. Biol. Bd. 63, S. 184. 1914.
2) Bethe: Pflügers Arch. f. d. ges. Physiol. Bd. 204, S. 63. 1924.
3) Noyons u. v. Uexküll: Zeitschr. f. Biol. Bd. 56, S. 139. 1911.

Härteänderungen des Objekts erhalten. Über die Änderungen der Elastizitätsgrenze wird das Noyonsche Sklerometer nur schlecht Aufschluß geben können. Komplizierter liegen die Verhältnisse bezüglich der elastischen Vollkommenheit, da unter Umständen eine Änderung derselben eine Veränderung der Elastizitätsgröße vortäuschen kann. Da wir mit dem Gildemeisterschen bzw. Betheschen Elastometer auch nur zu relativen Werten kommen, so wäre bei etwaigen Nachuntersuchungen eine Verwendung des Noyonsschen Sklerometers, welches sich durch größere Einfachheit auszeichnet, durchaus in Betracht zu ziehen; doch geben die mit der Gildemeisterschen Apparatur erhaltenen Resultate den sichereren Anhaltspunkt für eine Veränderung der Elastizitätsgröße.

Zu systematischen *pharmakologischen* Untersuchungen am quergestreiften Muskel ist das Noyonssche Sklerometer bisher nicht verwandt worden; die von Noyons selbst angestellten Versuche über Härteänderung von Muskelschläuchen niederer Organismen in Lösungen mit verschiedener K- und Na-Konzentration tragen mehr orientierenden Charakter in bezug auf die Zuverlässigkeit des ballistischen Sklerometers.

Bei Verwendung des Gildemeisterschen Elastometers wie des Noyonsschen Sklerometers muß natürlich Sorge getragen werden, daß die Spannung nicht geändert wird; diese Fehlerquelle ist z. B. auch in den Untersuchungen von Noyons und v. Uexküll nicht beachtet worden.

Eine systematische Nachuntersuchung mit Hilfe der ballistischen Methoden wäre jedenfalls sicher imstande, einen großen Teil der noch bestehenden Lücken über die Fragen des ursächlichen Zusammenhangs zwischen Veränderungen der Elastizität und den Veränderungen der Länge des Muskels auszufüllen wie zu einer Klärung der Widersprüche, die sich aus den entgegengesetzten Resultaten der einzelnen Autoren ergeben, beizutragen.

## V. Pharmakologie des Muskelstoffwechsels.

Die Veränderungen, welche die Zusammensetzung und die Stoffwechselvorgänge des Muskels unter dem Einfluß pharmakologischer Mittel erleiden, haben gerade in neuerer Zeit zum Ausbau der Theorie des Muskelstoffwechsels, insbesondere des Arbeitsstoffwechsels in mehrfacher Hinsicht beigetragen. Wenn wir das Thema in seinem vollen Umfang erfassen wollten, so müßten wir zweifellos die pharmakologische Beeinflussung der Muskelatmung, soweit darüber etwas bekannt ist, vollständig mit einbeziehen. Indessen können wir die Atmung der Muskelzellen, die ja so vielfach als ein Beispiel der Zellatmung überhaupt studiert wurde, nur insoweit hier behandeln, als sie für die spezielle Funktion des arbeitenden Muskels von Bedeutung ist, soweit sie also ein Glied ist in der Kette derjenigen chemischen Vorgänge, die den Mechanismus der Muskelaktion bedingen. Maßgebend in dieser Hinsicht sind uns Meyerhofs Befunde, durch welche die Verknüpfung auch der Milchsäurebildung, ebenso wie ihrer Beseitigung, mit der Atmung nachgewiesen wurde. In der Tat hat die Milchsäurebildung, wie Meyerhof[1]) sagt, die Führung für die Oxydationsgröße und es zeigt sich, daß die letztere in der Regel dann steigt, wenn die Menge der gebildeten Milchsäure wächst. Dabei ist, wie derselbe Autor nachweist, nicht so sehr die Menge der Milchsäure als vielmehr der Prozeß ihrer Bildung maßgebend.

Am deutlichsten zeigten sich diese Beziehungen bei der Einwirkung von Coffein sowie von Na-Arseniat auf zerschnittene Muskeln. Beide steigern sowohl die Milchsäurebildung wie die Atmung um 60—100%. Alle sonst von Meyerhof untersuchten muskelwirksamen Substanzen, wie insbesondere glykocholsaures

[1]) Meyerhof, O.: Pflügers Arch. f. d. ges. Physiol. Bd. 188, S. 114. 1921.

Natrium, Na-Rhodanid, Nicotin sowie Guanidin und Veratrin, hemmten die Atmung mehr oder weniger stark. In sehr geringer Konzentration, nämlich $^1/_{1000}$ m, erhielt man aber mit Veratrin gelegentlich eine eben deutliche Atmungsverstärkung.

Herabsetzung der Milchsäurebildung um 90% fand MEYERHOF[1]) unter der Wirkung von $^m/_{20}$-Na-Oxalat, und ihr entsprach eine annähernd ebenso große Hemmung der Atmung. Hier sei darauf hingewiesen, daß nach DEUTICKE[2]) (bei EMBDEN) Na-Oxalat die Lactacidogensynthese im Muskelpreßsaft stark begünstigt. Bemerkenswert ist das Verhalten des Alkohols. In 3,5—7 proz. Lösung steigert er zwar die Milchsäurebildung um 30—40%, zugleich aber wird die Atmung um 30—50% gehemmt. Hier wird also der Zusammenhang der beiden Prozesse zerrissen. Blausäure wiederum (KCN $^m/_{2000}$) hemmt zwar die Atmung um 75—80%, die Milchsäurebildung wird aber nicht eingeschränkt oder doch nur wenig im Laufe von Stunden.

Die Atmungshemmung unter der Einwirkung der *Narkotica* ist eine durch die Arbeiten von WARBURG sowie von LIPSCHITZ bekannte Tatsache, die wir bei der Besprechung der Muskelnarkose schon erörtert haben, ebenso wie die Atmungssteigerung, welche bei sehr geringen Narkoticumdosen auftritt. Es erübrigt sich, hier auf diese Fragen näher einzugehen, die mehr in das Gebiet der allgemeinen Zellatmung als in das der Muskelphysiologie gehören.

Wesentlich wichtiger sind uns hier die Untersuchungen über die *Beeinflussung* der *Milchsäurebildung* im Muskel *durch Pharmaka.* Ihre Vermehrung durch Coffein ist schon längere Zeit bekannt[3]), zum mindesten die Tatsache, daß der Muskel unter Coffein mehr Säure produziert. RIESSER und NEUSCHLOSZ[4]) stellten fest, daß das als Vorstufe der Milchsäure geltende Lactacidogen EMBDENS unter Coffeinwirkung stark vermindert ist, wobei neben Milchsäure Phosphorsäure in vermehrter Menge gebildet wird. Für die Frage nach der Natur der die Muskelkontraktion auslösenden Substanz ist es wichtig, daß nach MATSUOKA[5]) (bei MEYERHOF) die vom coffeinvergifteten sich kontrahierenden Muskel geleistete Spannung der Menge der gebildeten Milchsäure genau parallel geht.

Nach MEYERHOF ist unter den Contractursubstanzen, die alle mehr oder weniger die Milchsäurebildung verstärken, Coffein die einzige, welche die Atmung intakt läßt, so daß zugleich mit der Menge der Milchsäure auch die des Sauerstoffverbrauches anwächst. Er schließt hieraus, daß die Restitution der Milchsäure unter Coffein nicht gehemmt sei. Doch scheint dieser Schluß nicht zwingend, so lange er nicht durch quantitative Verfolgung des Glykogengehaltes gestützt ist. Denn es könnte natürlich auch Milchsäure verbrennen, ohne daß die Restitution erfolgt, wenn der normale Konnex dieser beiden Vorgänge durch das Gift gestört wäre. RIESSER und NEUSCHLOSZ schließen in der Tat aus ihren Versuchen auf eine Hemmung oder gar Aufhebung der Restitutionsvorgänge unter Coffeinwirkung. Sie wiesen nämlich nach, daß das Lactacidogen unter diesen Umständen, besonders bei gleichzeitiger Reizung, schnell und erheblich abnimmt, während sonst die Resynthese mit dem Abbau Schritt hält. Die Restitution bzw. die Synthese von Lactacidogen ist also unter Coffein gehemmt, während der Zerfall gesteigert ist. Da dies nur für das Lactacidogen festgestellt ist, so bliebe natürlich die Möglichkeit, daß die Synthese des Glykogens im Gegensatz

---

1) MEYERHOF, O.: Zitiert auf S. 359.

2) DEUTICKE: Hoppe-Seylers Zeitschr. f. physiol. Chem. Bd. 141, S. 196. 1924.

3) RANSOM: Journ. of physiol. Bd. 42, S. 144. 1911.

4) RIESSER u. NEUSCHLOSZ: Schmiedebergs Arch. f. exp. Pathol. u. Pharmakol. Bd. 93, S. 163. 1922.

5) MATSUOKA: Pflügers Arch. f. d. ges. Physiol. Bd. 204, S. 51. 1924.

zu der des Lactacidogens nicht gehemmt wird. Da wir über die etwaigen Beziehungen von Lactacidogen- und Glykogensynthese nichts wissen, ist die gestellte Frage vorläufig nicht zu lösen.

Wie es sich mit dem Lactacidogen bei der Einwirkung des Arseniats verhält das, nach MEYERHOF auch sowohl die Milchsäurebildung wie die Atmung verstärkt, wissen wir nicht. Es dürfte allerdings auch schwer festzustellen sein, da unsere Mikromethoden der Phosphorsäurebestimmung die Arsensäure mit erfassen würden.

Sicher sind Veränderungen des Kolloidzustandes der Muskeln die eigentliche Ursache der Stoffwechselstörung, die in einer vermehrten Bildung von Milchsäure und vor allem in Veränderungen der Restitutionsprozesse ihren Ausdruck finden. So wissen wir vom Coffein, daß es quellungsbegünstigend wirkt, und es ist mehr als wahrscheinlich, daß die hierdurch bedingte Vergrößerung der Oberflächen sowohl für die Mehrbildung an Milchsäure als für die verstärkte Atmung die Ursache ist. Daß die Quellungsbegünstigung hier indessen nicht allein maßgebend ist, scheint u. a. daraus hervorzugehen, daß das stark die Quellung fördernde Rhodanid zwar die Milchsäurebildung verstärkt (eigene unveröffentlichte Versuche), aber nicht die Atmung (MEYERHOF). Wieweit bei der Wirkung des Arseniats, das ja ganz ebenso wie Coffein Milchsäurebildung und Atmung verstärkt, kolloidchemische Prozesse beteiligt sind, darüber wissen wir nichts. Ist uns doch sogar die günstige Wirkung des dem Arseniat chemisch so nahe stehenden Phosphats auf die Atmung ihrer Ursache nach noch unbekannt.

Angesichts der engen Beziehungen zwischen Kolloidzustand und Chemismus des Muskels ist es verständlich, daß Substanzen verschiedenster Art den Milchsäureumsatz in gleichem Sinne beeinflussen. Beim Chinin haben wir einen ganz analogen Wirkungstypus wie beim Coffein. Die Milchsäuremenge nimmt zu, das Lactacidogen nimmt ab. Nach NEUSCHLOSZ wirkt $BaCl_2$ ebenso. Bei einer ganzen Reihe von Contractursubstanzen, wie z. B. der Bromessigsäure, dem Chloroform und anderen Narkotica, sind, genügend lange und intensive Einwirkung vorausgesetzt, die Milchsäurebildung und die Lactacidogenspaltung verstärkt als Folge kolloidchemischer Störungen der Muskelzelle.

Versuche mit verschiedenen Contractursubstanzen haben bestätigen können, daß der jeweilig bestimmte Lactacidogengehalt die Differenz aus Aufbau und Abbau darstellt. Es ist bemerkenswert, daß in manchen Fällen, so bei der Einwirkung von Ammoniak[1]), von Bromessigsäure[2]) und bei Narkose in den ersten Wirkungsstadien[3]) die Menge des Lactacidogens zunimmt, während zugleich auch die Milchsäure vermehrt ist. RIESSER hat besonders betont, daß sich daraus die Unabhängigkeit des Aufbaues und des Abbaues des Lactacidogens voneinander ergebe. In der Tat kann gleichzeitig Lactacidogen in verstärktem Maße zerfallen, während der Aufbau aus den Vorstufen daneben ungehindert oder gar in verstärktem Maße erfolgt und den Verlust an Lactacidogen ausgleichen oder gar weit übertreffen kann.

Nachdem EMBDEN und LANGE[4]) mit ihren Mitarbeitern in neuester Zeit gezeigt haben, daß Abbau und Aufbau des Lactacidogens im Muskelbrei und Muskelpreßsaft von der Art und der Verteilung der anorganischen Ionen in ganz ausschlaggebender Weise bestimmt werden, ist naturgemäß das Problem der

---

[1]) RIESSER u. HEIANZAN: Pflügers Arch. f. d. ges. Physiol. Bd. 207, S. 302. 1925.

[2]) ENGEL: Pflügers Arch. f. d. ges. Physiol. Bd. 207, S. 523. 1925.

[3]) LANGE u. MAYER: Hoppe-Seylers Zeitschr. f. physiol. Chem. Bd. 141, S. 233. 1924.

[4]) EMBDEN, LANGE u. Mitarbeiter: Hoppe-Seylers Zeitschr. f. physiol. Chem. Bd. 134, S. 243. 1923; Bd. 136, S. 308. 1924; Bd. 137, S. 105. 1924; Bd. 137, S. 154. 1924; Bd. 141, S. 161, S. 161, 181, 196, 241, 254. 1924.

pharmakologischen Beeinflussung des Muskelstoffwechsels noch dahin kompliziert worden, daß man auch an eine primäre Verschiebung der Ionen im Muskel durch Pharmaka und dadurch sekundär herbeigeführte Stoffwechselveränderungen denken muß. Wir erinnern an die Untersuchungen von Neuschlosz[1]), der unter dem Einfluß gewisser Contractursubstanzen vom Wirkungstypus des Acetylcholins eine Verschiebung der K-Ionen im Muskel feststellte, sowie an die Anschauungen von Zondek[2]) und Kraus, die ganz allgemein die Wirkungen der am vegetativen System angreifenden Pharmaka auf Ionenverschiebungen zurückführen.

Unter den zahlreichen sonstigen Stoffwechselprodukten des Muskels hat besonders das *Kreatin* zu mancherlei pharmakologischen Untersuchungen Anlaß gegeben, mit dem Ziel der Aufklärung seiner Entstehung und seiner funktionellen Bedeutung. Ob man überhaupt eine funktionelle Rolle des Kreatins annehmen muß, ist aber durchaus fraglich. Richtiger wäre es wohl, es als einen *Bestandteil* der Muskelfibrille zu betrachten. Sicher ist jedenfalls, daß die von Pekelharing[3]) zuerst aufgestellte Theorie von dem Zusammenhang zwischen Muskelkreatin und Tonus heute kaum noch als gesichert gelten kann. Näheres hierüber ist schon im Abschnitt Muskeltonus dieses Bandes S. 192 abgehandelt worden. Mit einiger Sicherheit darf lediglich gesagt werden, daß der Kreatinbestand des Muskels durch zentralsympathisch erregende Gifte gesteigert wird. Das hat zuerst Riesser[4]) gezeigt und es wird die Abhängigkeit des Muskelkreatins von Sympathicus auch von Kuré[5]) und seinen Mitarbeitern bestätigt. Merkwürdig wenig wissen wir über das Verhalten des Glykogens unter den Bedingungen des reinen pharmakologischen Experimentes. Wenn wir von der im Rahmen der Diabetesstudien viel erörterten Abnahme des Muskelglykogens bei der Phloridzinvergiftung absehen, sind in der Tat wenige Untersuchungen von pharmakologischen Gesichtspunkten aus durchgeführt. Es wäre indessen nicht uninteressant, wenn man auf Grund der Meyerhofschen Ergebnisse über den Zusammenhang von Glykogenbildung, Atmung und Milchsäurebildung die pharmakologischen Störungen dieser gekoppelten Vorgänge im Muskel etwas eingehender studieren würde. Da die normalen quantitativen Verhältnisse bekannt und die Methoden zur exakten Bestimmung aller notwendigen Größen aufs beste ausgearbeitet sind, wäre hier manch brauchbares Ergebnis zu erwarten.

## VI. Allgemeine Pharmakologie glatter Muskeln.

Zunächst gilt es wieder, das Thema abzugrenzen. Betrachtet man die überaus große Zahl bekannter Tatsachen bezüglich der Wirkungen verschiedenster Pharmaka auf glattmuskelige Organe, so ist es leicht ersichtlich, daß es wohl eine Pharmakologie der einzelnen Organe, wie etwa des Darmes, der Blase, des Uterus, der Gefäße gibt, wie sie in den einzelnen Abschnitten dieses Handbuches jeweils abgehandelt werden, daß es aber keineswegs ohne weiteres möglich ist, aus all diesen Beobachtungen das für alle glatten Muskeln und nur für diese Charakteristische abzuleiten. In erster Linie ist zu berücksichtigen, daß bei den beobachteten Wirkungen nur selten eine Trennung nach ihrem Angriffspunkt an den Muskeln selbst oder an den nervösen Elementen vorgenommen wurde und auch nur in wenigen Fällen vorgenommen werden kann, da die

[1]) Neuschlosz: Pflügers Arch. f. d. ges. Physiol. Bd. 207, S. 27. 1925.

[2]) Zondek: Klin. Wochenschr. 4. Jg., S. 809. 1925.

[3]) Pekelharing u. v. Hoogenhuyze: Hoppe-Seylers Zeitschr. f. physiol. Chem. Bd. 64, S. 262. 1910.

[4]) Riesser: Schmiedebergs Arch. f. exp. Pathol. u. Pharmakol. Bd. 80, S. 183. 1916.

[5]) Ken Kuré u. Mitarbeiter: Zeitschr. f. d. ges. exp. Med. Bd. 28, S. 244. 1912.

mehrfach nachgewiesene innige Verflechtung der Muskelfasern mit Nerven und ihre Durchsetzung mit Ganglienzellen ein praktisch unüberwindliches Hindernis für die exakte Analyse der Wirkung darstellen. Weiterhin muß betont werden, daß wir nicht berechtigt sind, von den Eigenschaften des glatten Muskels schlechthin als einer physiologischen Einheit zu sprechen, daß es vielmehr zweifellos viele verschiedene Arten glatter Muskeln gibt, die in ihren Eigenschaften und besonders hinsichtlich ihrer Reaktion auf Pharmaka oft gar nichts Gemeinsames mehr haben. Endlich tritt als ein großes Hindernis einer allgemein physiologischen Betrachtung der glatten Muskeln die Tatsache hinzu, daß wir überhaupt über die Physiologie der glatten Muskeln noch immer recht wenig wissen. Zwar verbinden wir mit dem Begriff des glatten Muskels bestimmte Vorstellungen vom histologischen Bau, der trägen Zuckungsform und der andauernden, der Halteleistung dienenden Kontraktion und Sperrung, endlich, bei den glatten Muskeln höherer Tiere, von der ausschließlich vegetativen Innervation. Aber ganz unbekannt sind uns die in diesen Muskeln sich abspielenden chemischen Vorgänge, von denen wir allein wissen, daß sie mit den Stoffwechselvorgängen im Skelettmuskel nichts gemein haben. Ja, wir sind nicht einmal sicher, was wir als adäquaten Reiz im Experiment am glatten Muskel betrachten dürfen. Wahrscheinlich ist es nicht der elektrische Reiz in dem Sinne, wie er es beim Skelettmuskel ist, wo er allemal die gleichen Erregungsvorgänge auslöst, wie der auf dem Wege des motorischen Nerven zugeleitete natürliche Kontraktionsreiz. In der Tat ist am glatten Muskel der elektrische Reiz weder sicher noch regelmäßig wirksam, und die Reaktion des Muskels ist nicht immer der auf nervösen Reiz folgenden gleich. Viel eher könnte man die Dehnung als einen adäquaten Reiz für den glatten Muskel bezeichnen.

Im Hinblick darauf, daß die glatten Muskeln höherer Tiere ihre Impulse auf dem Wege vegetativer Bahnen erhalten, hat man vielfach diejenigen Gifte als adäquate Reizmittel betrachtet, die allgemein an den Endigungen dieser Nerven angreifen bzw. so wirken wie Reizung dieser Nerven.

Nun kann die nervöse Erregung glatter Muskeln nicht allein als Kontraktion, sondern ebenso als Erschlaffung sich geltend machen, oder als Sperrung und Entsperrung. Ebenso können „erregende“ Pharmaka in dem einen oder dem anderen Sinne wirken. Jedenfalls ist es nicht gestattet, beim glatten Muskel Kontraktion und Erregung, Erschlaffung und Lähmung einfach gleich zu setzen, wie es dennoch in der Literatur immer wieder geschieht. Wir können nicht einmal sicher sagen, ob es Erregung durch Pharmaka am glatten Muskel überhaupt gibt in dem Sinne, wie wir diese Bezeichnung beim quergestreiften Muskel anwenden, wo wir sie auf diejenigen Fälle beschränken, in denen derselbe chemische Erregungsprozeß ausgelöst wird, wie durch elektrische oder nervöse Reizung.

Ein Vergleich der pharmakologischen Wirkungen bei glatten und quergestreiften Muskeln zeigt, wie zu erwarten, dieselben großen Verschiedenheiten, die sich auch aus ihrem funktionellen Verhalten ergeben. Um so wichtiger sind die Fälle gleicher Wirkung, weil sie uns auf Eigenschaften jener Muskelarten aufmerksam machen, die beiden gemeinsam sind, und weil die Erklärung der Wirkung sich dann auf solche Mechanismen begrenzen muß, die wir bei beiden Muskelarten finden.

Schon im Verhalten glatter Muskeln gegenüber Wechsel des *osmotischen Drucks* sowie gegen Veränderungen der Konzentration der umgebenden Lösungen an lebenswichtigen Ionen zeigen sich ganz erhebliche Verschiedenheiten gegenüber dem Skelettmuskel. Einiges sei auch an dieser Stelle erwähnt (vgl. sonst Abschnitt NEUSCHLOSZ dieses Bandes). Es reagieren nicht alle Arten glatter Muskeln in gleicher Weise auf osmotische Veränderungen. Muskeln höherer Tiere sind relativ empfindlich, solche niederer dagegen recht wenig. Nach DALE[1]) bedingt am überlebenden Uterus des Meerschweinchens geringe Steigerung des osmotischen Druckes eine Tonussenkung und zugleich eine Verminderung der Reaktionsfähigkeit gegenüber kontraktionerregenden Giften; Senkung des osmotischen Druckes wirkt umgekehrt. Überlebende Bronchialmuskeln des Rindes verkürzen sich nach TRENDELENBURG[2]) auf Zusatz von Wasser zur Ringerlösung. Bringt man sie aber in reines Wasser, so verkürzen sie sich zwar vorübergehend, gehen dann aber in äußerste Erschlaffung über. Man sieht den völligen Gegensatz zur Wasserstarre der Skelettmuskeln. Steigerung des osmotischen Druckes wirkt auf diese Muskeln recht wenig. Erst bei Anwendung stark hypertonischer Lösungen bekommt man eine Wirkung, nämlich Erschlaffung. Froschmagenpräparate und der Hautmuskelschlauch des Blutegels sind noch weniger empfindlich. TESCHENDORF[3]) gibt 3—4% NaCl als die Konzentration an, die am Blutegel wirksam ist, und zwar im Sinne einer Erschlaffung. Erniedrigung des Druckes bis auf 0,3% NaCl war wirkungslos. Auch STILES[4]) und LUSSANA[5]) haben diese geringe Empfindlichkeit glatter Muskeln gegen Veränderungen des osmotischen Druckes festgestellt. Auch eine Wasserstarre gibt es beim Blutegelmuskel nicht.

Die zahlreichen Beobachtungen über die Wirkungen von Ionen auf glatte Muskeln leiden unter den Schwierigkeiten, welche sich bei Untersuchungen an glattmuskeligen Objekten überhaupt aus der Inkonstanz der Befunde ergeben. Dazu kommen noch die Verschiedenheiten der Reaktion bei verschiedenen Arten glatter Muskeln. Es sei hier auf die Arbeiten von STILES[6]), PUGLIESE[7]), FIENGA[8]), MATHISON[9]), FRUBOESE[10]) und besonders von TESCHENDORF hingewiesen. Hervorgehoben sei hier nur, daß die Anionen J und SCN auch an glattmusekligen Präparaten Kontraktion verursachen wie am Skelettmuskel, daß das gleiche auch für das Kation K, wenigstens im allgemeinen, gilt, und daß Ba wie am Skelettmuskel auch am glatten Kontraktion hervorruft. Es ist hier sogar ganz erheblich viel wirksamer als am Skelettmuskel.

Über die Wirkung von *Alkalien* und *Säuren* an glatten Muskeln verdanken wir besonders der BETHEschen Schule viele Beobachtungen[11]). Während Erhöhung der OH-Ionenkonzentration regelmäßig, wie am Skelettmuskel, Contractur macht, bedingen Säuren merkwürdigerweise fast allemal eine Erschlaffung glatter Muskeln.

Diese an vielen glattmuskeligen Präparaten nunmehr nachgewiesene Tatsache hat mehr als manches andere dazu beigetragen, die Säuretheorie der Muskelkontraktion zu erschüttern. Indessen ist doch darauf hinzuweisen, daß dies Argument allein nicht genügen würde, da beim glatten Muskel sicher ganz andere Verkürzungssubstanzen wirksam sind als beim quergestreiften.

---

[1]) DALE: Journ. of physiol. Bd. 46, S. 19. 1913; Journ. of pharmacol. a. exp. therapeut. Bd. 4, S. 517.

[2]) TRENDELENBURG: Schmiedebergs Arch. f. exp. Pathol. u. Pharmakol. Bd. 69, S. 79. 1912.

[3]) TESCHENDORF: Pflügers Arch. f. d. ges. Physiol. Bd. 192, S. 135. 1921.

[4]) STILES: Americ. journ. of physiol. Bd. 5, S. 338. 1901.

[5]) LUSSANA: Arch. di fisiol. Bd. 7, S. 149. 1909.

[6]) STILES: Americ. journ. of physiol. Bd. 8, S. 269. 1903.

[7]) PUGLIESE: Arch. ital. di biol. Bd. 46, S. 371. 1906; Arch. di fisiol. Bd. 6, S. 85. 1909.

[8]) FIENGA: Zeitschr. f. Biol. Bd. 54, S. 230. 1910.

[9]) MATHISON: Journ. of physiol. Bd. 42, S. 471. 1911.

[10]) FRUBOESE: Zeitschr. f. Biol. Bd. 70, S. 433. 1920.

[11]) Literatur bei HEYMANN: Arch. f. exp. Pathol. u. Pharmakol. Bd. 90, S. 59. 1921; und bei OHNO: Pflügers Arch. f. d. ges. Physiol. Bd. 197, S. 383. 1922.

Bei der Wirkung der *Narkotica* an glatten Muskeln müssen wir die reversible Lähmung von den Veränderungen der Länge bzw. des Spannungszustandes durch die Substanzen dieser Reihe unterscheiden.

Die *Chloroform*contractur, die für den Skelettmuskel so charakteristisch ist, kehrt beim glatten Muskel wieder, wenn auch nicht in gleichem Grade und nicht so regelmäßig. Am Blutegelpräparat ist z. B. nach TESCHENDORF die Wirkung nur gering und vorübergehend, am Froschmagenring findet sie OHNO[1]) zwar stark ausgeprägt, aber auch bald wieder schwindend, und Ähnliches beobachten FRAENKEL und MORITA[2]) an Blase und Uterus. Merkwürdigerweise reagieren manche Uteruspräparate, ohne erkennbare Ursache, auf Chloroform sofort mit Erschlaffung oder überhaupt nicht.

*Äther*, am Skelettmuskel ein kräftiges Contracturmittel, erregt zwar den Blutegelmuskel zu spontanen Einzelkontraktionen, macht aber keine Tonusänderung, während am Bronchialmuskel des Rindes nach TRENDELENBURG durch Äther sogar Erschlaffung eintritt. Vorübergehende Kontraktion, dann aber Erschlaffung ist nach dem gleichen Autor auch die Wirkung anderer Narkotica an diesem Präparat, so des Alkohols und Chloralhydrats, während Äthylurethan überhaupt nur Erschlaffung macht.

Ob diese Erschlaffung mit reversibler Lähmung, also typischer Narkose, einhergeht, ist aber keineswegs ohne weiteres zu sagen. TESCHENDORF hat sogar zeigen können, daß der durch 10% Alkohol völlig schlaff gewordene Blutegelmuskel noch nach 4stündigem Aufenthalt in der alkoholischen Lösung auf elektrische Reizung in unverminderter Stärke reagierte.

Im übrigen gibt es über die eigentliche Narkose glatter Muskeln merkwürdig wenige systematische Beobachtungen. Einige exakte Angaben entnehmen wir der Arbeit von OHNO, der den Verlauf der elektrischen Erregbarkeit des Froschmagenrings unter der Einwirkung von Narkotica verfolgte. Grundsätzlich erwiesen sich alle untersuchten Narkotica wirksam. Aus den Tabellen OHNOS lassen sich einige Mittelzahlen berechnen für die Dauer bis zum Eintritt der elektrischen Unerregbarkeit. 6proz. Alkohol lähmt innerhalb von 113 Minuten, Benzamid in 57 Minuten, Salicylamid in 30 (Salicylamid und Benzamid werden in einer Lösung verwandt, die aus 1 Teil der in Ringer gesättigten Lösung und 1 Teil reiner Ringerlösung bestand), 7proz. Rohrzuckerlösung in 57 und isotonische KCl-Lösung in 130 Minuten. Wie wir aus dieser Zusammenstellung ersehen, lähmen außer den typischen Narkotica auch Rohrzucker und K-Salze ähnlich wie es beim Skelettmuskel der Fall ist.

*Cocain*, das wir beim Skelettmuskel als Narkoticum kennen lernten, wirkt, wie MAGNUS[3]) beobachtete, auch in gleichem Sinne auf glatte Muskeln. Allerdings hat dieser Forscher in seinen Versuchen am Sipunculus Lösungen von 2% des Chlorids angewandt. Demgegenüber stellt L. ADLER[4]) fest, daß Cocain 1 : 12500 die isolierte überlebende Froschblase errege und daß erst 1 : 100 hemmend wirken. Ob diese Hemmung auch eine Lähmung ist gegenüber dem elektrischen Reiz oder der Nicotinerregung, ist allerdings gar nicht untersucht. Auch *Atropin* lähmt glatte Muskeln, wenigstens in hohen Konzentrationen. MAGNUS[3]) zeigte es am Sipunculuspräparat. Wenn nach L. ADLER[4]) Atropin 1 : 250 bis 1 : 5000 an der überlebenden Froschblase Kontraktion auslöst, so ist darauf hinzuweisen, daß es sich hierbei aller Wahrscheinlichkeit um eine Wirkung auf Ganglienzellen

[1]) OHNO: Pflügers Arch. f. d. ges. Physiol. Bd. 197, S. 383. 1922.

[2]) FRAENKEL, MARTHA u. MORITA: Pflügers Arch. f. d. ges. Physiol. Bd. 207, S. 165. 1925.

[3]) MAGNUS: Schmiedebergs Arch. f. exp. Pathol. u. Pharmakol. Bd. 50, S. 86. 1903.

[4]) ADLER, L.: Schmiedebergs Arch. f. exp. Pathol. u. Pharmakol. Bd. 83, S. 248. 1918.

der Blase handelt. Die Angabe von Schultz[1]), daß Atropin in geeigneter Dosierung lediglich die Endigungen der Nerven lähme, kann nicht zutreffen oder ist zum mindesten nicht allgemein gültig. In der Tat hat man eine dem Curare vergleichbare Wirkung auf die motorischen Nerven glatter Muskeln bisher nicht beobachtet. *Curare* selbst ist an glatten Muskeln ganz unwirksam, wenn man es nicht geradezu in extremen Dosen anwendet. Es fehlt hier ja auch das Substrat der motorischen Nervendigung, mit dem es reagieren könnte.

Stellt man sich die Frage nach der pharmakologischen Steigerung der Erregbarkeit glatter Muskeln, so ist nochmals darauf hinzuweisen, daß als Erregungsäußerungen des glatten Muskels Kontraktion ebenso wie Erschlaffung auftreten können. Letzteres wird meist gar nicht berücksichtigt, obwohl es bekannt ist, daß auch elektrische Reizung unter Umständen eine Erschlaffung der glatten Muskeln erzeugt, und daß erschlaffend wirkende nervöse Erregungen eine große Rolle spielen. Dennoch spricht man in der Pharmakologie fast durchweg nur dann von einer Erregung glatter Muskeln durch Pharmaka, wenn es sich um Kontraktionswirkungen handelt. Berechtigt ist man zu dieser Bezeichnung selbstverständlich in allen den Fällen, wo die Wirkung sich in gesteigerten Spontankontraktionen äußert.

Als typisches Erregungsmittel glatter Muskeln gilt in erster Linie das Nicotin. Es schließen sich an: Cholin bzw. Acetylcholin, Pilocarpin und als erregbarkeitssteigernde Gifte Physostigmin und Guanidin. Dazu kommt aus der anorganischen Reihe vorzüglich das Bariumchlorid.

Die Tatsache, daß es sich bei den hier angeführten organischen Giften durchweg um solche handelt, die am vegetativen System angreifen, im Zusammenhang damit, daß selbst am weitgehend isolierten Präparat die Nervendigungen noch immer funktionsfähig sein können, schließt es aus, daß wir in einem gegebenen Falle jemals entscheiden können, ob ein Gift am Muskel oder am Nervende angreift. Die Eigenschaft, durch Atropin antagonistisch beeinflußt zu werden oder nicht, ist nach unserer Meinung zur Entscheidung dieser Frage nicht geeignet.

Am Blutegelpräparat ist *Nicotin* besonders gut wirksam, mindestens ebenso wie an Darmstücken von Warmblütern. Schon Verdünnungen von 1 : 1 Millionen machen nach Fühner[2]) starke Kontraktion. Dabei ist der Grad der jeweils ausgelösten Verkürzung der Giftkonzentration so weitgehend proportional, daß Fühner[3]) das Blutegelpräparat zur Auswertung von Nicotinlösungen empfehlen konnte. Am Froschmagenring ist die Wirkung längst nicht so gut. Der Uterus von Säugetieren reagiert überhaupt kaum. Hierbei ist immer zu berücksichtigen, daß Nicotin nicht nur auf parasympathische, sondern ebenso auf sympathische Apparate erregend zu wirken vermag, und daß daher eine gegenseitige Hemmung dieser Wirkungen am Uterus und auch an anderen Organen wirksam werden kann.

Es ist recht interessant, daß, wie wir im Abschnitt Contractur und Starre ausgeführt haben, auch am Skelettmuskel Nicotin Contractur hervorruft. Die Gleichheit der Wirkungen setzt eine Übereinstimmung des Substrats voraus, wobei wir entweder an das Sarkoplasma oder an die Endigungen vegetativer Nerven, auch im Skelettmuskel, zu denken haben.

Dasselbe gilt ja auch für *Cholin* und vor allem für das *Acetylcholin.* Dieses Gift beeinflußt allerdings den überlebenden Darm und das Herz des Warmblüters erheblich intensiver als das Blutegelpräparat oder den Froschmagenring.

---

[1]) Schultz, P.: Arch. f. Physiol. S. 313. 1897.

[2]) Fühner: Schmiedebergs Arch. f. exp. Pathol. u. Pharmakol. Bd. 82, S. 51. 1918.

[3]) Fühner: Abderhaldens Handb. d. biol. Arbeitsmeth. Abt. IV, Teil 7, 1. Hälfte, S. 466. 1923.

Dabei ist bemerkenswert, daß nach FÜHNER das Cholin auf den Blutegel viel stärker wirkt als das Acetylderivat, während dies sonst immer umgekehrt ist. Auch wird, wie wir noch sehen werden, zwar die Wirkung des Acetylcholins, nicht aber die an sich stärkere des Cholins am Blutegelpräparat durch Physostigmin gesteigert. Cholinmuscarin und Pilocarpin wirkten in FÜHNERS Versuchen am Blutegelpräparat und Froschmagen ähnlich wie das Cholin. Letzteres macht am überlebenden Bronchialmuskel nach TRENDELENBURG sehr intensive Contractur. Diese Wirkung ist, wie übrigens am gleichen Präparat auch diejenige der anderen Contractursubstanzen, durch Auswaschen nicht mehr reversibel, während dies am Blutegelpräparat und am Froschmagenring vollständig, wenn auch nicht immer gleich prompt gelingt. Außerordentlich stark ist die Wirkung des *Bariumchlorids* (die Bezeichnung „Baryt", die der Chemiker dem Hydroxyd vorbehalten hat, sollte auch in der Pharmakologie für das Chlorid besser nicht gebraucht werden). Schon 1 : 10 000 sind gut wirksam und machen starke Contractur. Die Tatsache, daß diese Wirkung durch Atropin nicht behoben wird, im Gegensatz zu derjenigen der typischen parasympathisch erregenden Gifte, ist wohl darauf zurückzuführen, daß zwar jene Alkaloide, nicht aber das Ba durch Atropin von den Oberflächen verdrängt werden können; ein grundsätzlicher Unterschied des Angriffspunktes ist unseres Erachtens aus dieser Tatsache nicht abzuleiten.

Sehr eigenartig sind die Wirkungen des *Physostigmins* und des *Guanidins* am glatten Muskel. Beide Gifte wirken am Skelettmuskel, wie wir in einem früheren Kapitel ausführten, erregbarkeitssteigernd. Bei glatten Muskeln verursachen sie nur in höheren Konzentrationen Contractur mäßigen Grades. Dafür haben sie aber die Eigenschaft, daß sie glatte Muskeln, die mit ihnen vorbehandelt werden, für andere Contracturgifte erheblich empfindlicher machen, so daß weit unterschwellige Dosen dieser Gifte maximale Contractur erzeugen. FÜHNER[1]) hat dies in sehr schönen Untersuchungen dargetan. Besonders eindringlich ist das Bild der Potenzierung des Acetylcholins durch Physostigmin am Blutegelpräparat. Behandelt man dies zunächst mit einer Physostigminlösung 1 : 100 Millionen, so wird eine sonst kaum wirksame nachfolgende Acetylcholinlösung 1 : 1 Million maximale Contractur herbeiführen. Mit Physostigmin 1 : 1 Million kann man sogar eine Acetylcholinlösung 1 : 10 Milliarden noch zu kräftiger Wirkung bringen (Abb. 70 und 71).

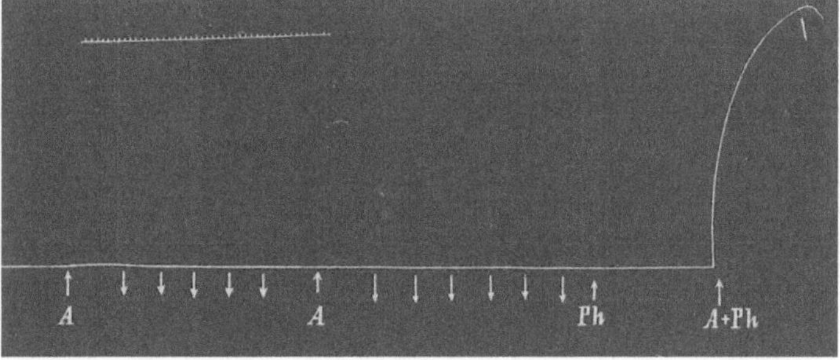


Abb. 70. Blutegel. 2 mal Acetylcholin 1:1 Million je 10 Minuten. Physostigmin 1:100 Millionen 20 Minuten. Mischung 10 Minuten. (Nach FÜHNER.)

Am Froschmagenring, an dem Physostigmin allein keine Wirkung hat, potenziert es dennoch die Acetylcholinwirkung sehr stark. Ähnliche Potenzierungen

[1]) FÜHNER: Schmiedebergs Arch. f. exp. Pathol. u. Pharmakol. Bd. 82, S. 51 u. 204. 1918.

bedingt es für Nicotin, Chinin und $BaCl_2$. Guanidin, das selbst keine oder doch nur minimale erkennbare Wirkungen an den genannten Präparaten hat, wirkt in ähnlicher aber nicht so ausgesprochener Weise steigernd auf die Contracturwirkung von Ba und Chinin. In den anderen Fällen steht es dem Physostigmin weit nach oder ist wirkungslos.

Man wäre angesichts dieser Ergebnisse versucht, die Erregbarkeitssteigerung des quergestreiften Muskels durch Physostigmin als eine Sensibilisierung des

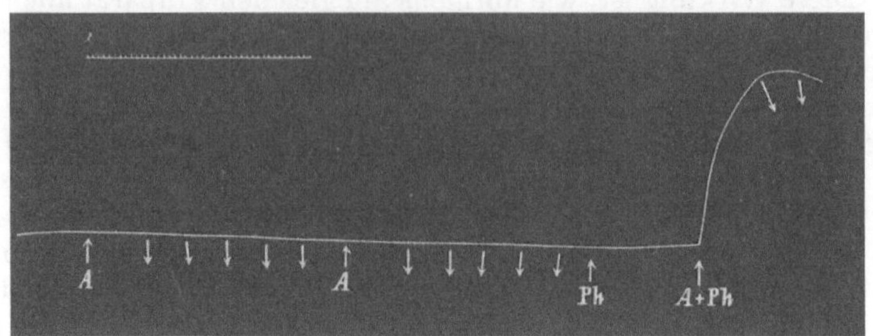


Abb. 71. Blutegel. 2mal Acetylcholin 1:10 Milliarden je 10 Minuten. Physostigmin 1:1 Million 20 Minuten. Mischung 10 Minuten. (Nach FÜHNER.)

Muskels für die Verkürzungssubstanzen zu deuten. Daß auch am Skelettmuskel die Ba-Wirkung durch Guanidin verstärkt wird, hat FÜHNER[1]) kürzlich nachgewiesen.

Wahrscheinlich sind diese sensibilisierenden Wirkungen kolloidchemisch zu deuten. FÜHNER selbst denkt an Permeabilitätssteigerungen. Es ist in dieser Hinsicht bemerkenswert, daß nach FÜHNER Säuren die Acetylcholinwirkung verstärken, besonders die Oxalsäure und mehr noch die Weinsäure.

Über pharmakologische Beeinflussung des Stoffwechsels glatter Muskeln ist nichts bekannt, was nicht verwunderlich ist, da der normale Stoffwechsel dieser Muskelgattung uns ja überhaupt noch unbekannt ist. Ebensowenig wissen wir über pharmakologisch bedingte Veränderung der Zusammensetzung glatter Muskeln, da die Chemie der glatten Muskulatur überhaupt noch ziemlich im Argen liegt.

Für die Frage nach der pharmakologischen Beeinflussung der physikalischen Eigenschaften glatter Muskeln fehlen uns hier mehr noch als beim Skelettmuskel die nötigen Grundlagen. MARCEAU[2]) hat allerdings mit subtiler Methodik die Elastizitätsverhältnisse beim Schließmuskel der Muscheln studiert und NOYONS und v. UEXKÜLL[3]) haben ihre Härtemessungen auch an glattmuskeligem Material ausgeführt. Für pharmakologische Zwecke sind diese Verfahren indessen noch nicht benutzt worden.

---

[1]) FÜHNER: Schmiedebergs Arch. f. exp. Pathol. u. Pharmakol. Bd. 88, S. 179. 1920.
[2]) MARCEAU: Bull. de la stat. biol. d'Arcachon. 1909.
[3]) NOYONS u. v. UEXKÜLL: Zeitschr. f. Biol. Bd. 56, S. 139. 1911.

# Chemismus der Muskelkontraktion und Chemie der Muskulatur.

Von

GUSTAV EMBDEN
Frankfurt a. M.

Mit 8 Abbildungen.

## Zusammenfassende Darstellungen.

VON FÜRTH: Über chemische Zustandsänderungen des Muskels. Ergebn. d. Physiol. Bd. 2, S. 594. 1902. — HILL, A. V.: Über die Beziehung zwischen Wärmebildung und den im Muskel stattfindenden chemischen Prozessen. Ebenda Bd. 15, S. 340. 1916. — VON FÜRTH: Die Kolloidchemie des Muskels und ihre Beziehungen zu den Problemen der Kontraktion und der Starre. Ebenda Bd. 17, S. 363. 1919. — HILL, A. V.: The mechanism of muscular contraction. Physiol. reviews Bd. 2, S. 310. 1923. — VON FÜRTH: Chemie des Muskelgewebes. Oppenheimers Handbuch der Biochemie des Menschen und der Tiere. Bd. IV, S. 297. 1923. — Derselbe: Stoffwechsel des Herzens und des Muskels. Ebenda Bd. VIII, S. 33. 1924. — HILL, A. V.: The mechanism of muscular contraction Les Prix Nobel en 1923. — MEYERHOF, O.: Nobelvortrag. Les prix Nobel en 1923. — HILL, A. V. u. O. MEYERHOF: Über die Vorgänge bei der Muskelkontraktion. Ergebn. d. Physiol. Bd. 22, S. 299. 1923. — EMBDEN, G. und H. LANGE: Untersuchungen über den Wechsel der Permeabilität von membranartigen Zellgrenzschichten und seine biologische Bedeutung. Klin. Wochenschr. Jg. 3, S. 129. 1924; Über Kohlenhydratstoffwechsel mit Berücksichtigung des Muskelstoffwechsels. — GEELMUYDEN: Die Neubildung von Kohlenhydrat im Tierkörper. Ergebn. d. Physiol. Bd. 21, I, S. 274 u. II, S. 1. 1923. — SHAFFER: Carbohydrate Metabolism. Physiol. reviews Bd. 3, S. 394. 1923.

## Umgrenzung der Aufgabe.

Die Unvollkommenheit unserer Kenntnisse von der physiologischen Bedeutung bestimmter chemischer Substanzen wird uns besonders stark bewußt, wenn wir die Muskelfunktion ins Auge fassen, bei der große Mengen von Energie frei werden, die fraglos ihren letzten Ursprung in exotherm verlaufenden chemischen Reaktionen haben.

Die immer wieder gestellte Frage, auf welche Weise sich der energieliefernde Prozeß bei der Kontraktion vollzieht und aus welchen Quellen im Kontraktionsaugenblick die Energie gewonnen wird, hat bis heute noch keine endgültige Beantwortung gefunden. Zwar wissen wir seit den grundlegenden thermodynamischen Untersuchungen v. WEIZSAECKERS und HILLS[1]) mit Bestimmtheit, daß im Augenblick der Muskelzuckung keine Steigerung der oxydativen Prozesse stattfindet, denn die Menge der während der Zuckung gebildeten Wärme ist

[1]) v. WEIZSAECKER: Journ. of physiol. Bd. 48, S. 396. 1914; Sitzungsber. d. Heidelberg. Akad. d. Wiss. Mathem.-naturw. Kl. Abtl. B 2. 1917.

unter anaeroben Verhältnissen ebenso groß wie in Sauerstoff, und die vermehrte Sauerstoffzehrung des tätigen Muskels muß in die Erholungsperiode verlegt werden.

Nach der endgültigen Feststellung von FLETCHER und HOPKINS[1]), daß während der Muskeltätigkeit Milchsäure in großen Mengen entsteht, was schon von früheren Autoren vielfach vermutet aber nie wirklich erwiesen worden war, hat man dem Vorgang der Milchsäurebildung erhöhte Aufmerksamkeit zugewandt, und man kann sagen, daß die neueren Untersuchungen über die Energiequelle der Muskeltätigkeit geradezu beherrscht sind von dem Gedanken, daß in der exotherm verlaufenden Umwandlung von Glykogen in Milchsäure die unmittelbare Quelle der im Augenblick der Muskelkontraktion frei werdenden mechanischen und thermischen Energie gelegen ist.

Inwieweit diese Anschauung berechtigt erscheint, wird im folgenden zu untersuchen sein, aber jedenfalls wird jede Schilderung der chemischen Vorgänge bei der Muskeltätigkeit sich in erster Linie mit der Säurebildung zu beschäftigen haben, wobei keineswegs nur die *Milchsäure*, sondern auch eine andere aus der gleichen Muttersubstanz entstehende Säure, die *Phosphorsäure*, Berücksichtigung finden muß.

Das Substrat, an dem sich der Kontraktionsvorgang unter Formänderung und Spannungssteigerung des Muskels vollzieht, ist fraglos in Eiweißsubstanzen der Muskulatur zu suchen, unabhängig davon, welcher Art die kolloiden Veränderungen sind, die an diesen Substanzen während der Kontraktion eintreten.

Eine möglichst genaue Kenntnis der chemischen und energetischen Vorgänge bei der intramuskulären Säurebildung einerseits und der Kolloidprozesse an den Eiweißkörpern der contractilen Substanz anderseits war das Ziel zahlreicher Untersuchungen während der letzten Jahrzehnte und wird es anscheinend auch fernerhin noch bleiben. Neben den Vorgängen der Säurebildung und der Säurebeseitigung, der hiermit verbundenen Atmungsprozesse, den bei all diesen Vorgängen tätigen Fermenten und ihren Aktivatoren, neben den verschiedenartigen während der Kontraktion und der Erholung sich abspielenden Kolloidzustandsänderungen kommt sicherlich noch eine große Reihe chemischer Geschehnisse innerhalb des Muskels vor, deren Natur uns einstweilen noch fast vollkommen verschlossen ist und die sich an den zahlreichen im Muskel nachweisbaren Substanzen abspielen dürften, über deren physiologische Bedeutung wir entweder noch ganz im unklaren sind oder doch nichts Sicheres wissen. Diese Substanzen sind dementsprechend einstweilen lediglich oder doch vorwiegend der Betrachtung vom Standpunkte der deskriptiven Biochemie, der chemischen Anatomie, zugänglich, und sie sollen hier daher nur kurz abgehandelt werden, wozu um so mehr Berechtigung vorliegt, als sie erst in jüngster Zeit durch v. FÜRTH[2]) eine eingehende Darstellung erfahren haben. Diesem chemisch-anatomischen Teil soll der chemisch-physiologische vorausgestellt werden, in dem die bei der Muskeltätigkeit sich abspielenden chemischen Prozesse behandelt werden, soweit das nicht in anderen Kapiteln dieses Handbuchs geschieht.

Bei der unauflöslichen Verbindung, die zwischen chemischen Prozessen im engeren Sinne und Zustandsänderungen an den Muskelkolloiden bestehen, sollen auch die letzteren mit berücksichtigt werden, jedoch nur insoweit, als sie sich mit chemischen Methoden nachweisen lassen.

---

[1]) FLETCHER, W. M. u. F. G. HOPKINS: Journ. of physiol. Bd. 35, S. 247. 1906/07.

[2]) FÜRTH, O. v.: Handbuch der Biochemie des Menschen und der Tiere. 2. Aufl. Bd. IV, S. 297. 1923.

# Chemismus der Muskelkontraktion.

## I. Chemische Vorgänge bei der Muskeltätigkeit.

### A. Chemismus der Bildung von Milchsäure und Phosphorsäure bei der Muskeltätigkeit.

#### 1. Die Milchsäurebildung im Muskel.

##### a) Der Milchsäuregehalt des ruhenden Muskels und die Milchsäurebildung bei der Muskeltätigkeit.

Die grundlegenden Untersuchungen über die Milchsäurebildung bei der Muskeltätigkeit stammen von FLETCHER und HOPKINS[1]). Ihnen gelang die Aufdeckung und Vermeidung der methodischen Fehler, die allen bis dahin vorgenommenen Versuchen, den Milchsäuregehalt des Muskels unter verschiedenen physiologischen Bedingungen zu bestimmen, angehaftet hatten.

Sie stellten fest, daß der lebensfrische, unter möglichster Vermeidung jeder Reizung präparierte Skelettmuskel des Frosches nur ganz geringe Milchsäuremengen enthält; die von ihnen gewonnenen Werte lagen zwischen 0,015% und 0,026% der Muskulatur[2]), und auch dieser geringe Milchsäuregehalt ist nach der Meinung der genannten Autoren möglicherweise auf unvermeidliche Schädigungen bei der Vorbereitung der Muskeln für die Milchsäurebestimmung zurückzuführen. Den von den englischen Autoren gefundenen ähnliche Milchsäurewerte für den ruhenden Froschmuskel fanden auch LAQUER[3]) und MEYERHOF[4]).

Bei ermüdender Muskeltätigkeit findet ein gewaltiger Milchsäureanstieg statt. FLETCHER und HOPKINS fanden nach tetanischer Reizung bis zur Erschöpfung 0,11%—0,21%; ähnliche Werte erhielten PETERS[5]) und LAQUER. FLETCHER und HOPKINS waren auf Grund ihrer Untersuchungen zu der Anschauung gekommen, daß das durch Tätigkeit erreichbare Milchsäuremaximum auch unter verschiedenen Versuchsbedingungen stets ein sehr ähnliches wäre[6]), doch konnte MEYERHOF zeigen, daß es für bestimmte Reizarten und Versuchsanordnungen unter anaeroben Bedingungen charakteristische Ermüdungsmaxima der Milchsäure gibt, die untereinander nicht gleich sind und nach seiner Meinung genau der unter anaeroben Verhältnissen erfolgenden Gesamtleistung des Muskels entsprechen[7]).

Bei tetanischer Reizung fand er etwa dieselben Werte wie FLETCHER und HOPKINS und LAQUER; hingegen erhielt er nach Reizung mit Einzelinduktionsschlägen beträchtlich höhere Ermüdungsmaxima. Am größten war der Unterschied zwischen beiden Reizarten bei frischen Herbstfröschen, wo die Steigerung des Milchsäuregehaltes nach Einzelreizen gegenüber der nach tetanischer Reizung erfolgenden gut 60% betrug, bei Hungerfröschen sank diese Differenz, betrug aber auch dann noch 25—40%. Das höchste von ihm bei Rana esculenta beobachtete Maximum nach erschöpfender Einzelreizung betrug 0,39%, bei Temporarien sogar 0,43%.

MEYERHOF bringt die Tatsache, daß das Ermüdungsmaximum der Milchsäure nach Einzelreizung höher liegt als nach tetanischer Reizung, damit in

---

1) FLETCHER, W. M. u. F. G. HOPKINS: Journ. of physiol. Bd. 35, S. 247. 1906/07. Hier finden sich auch sehr vollständige Angaben über die ältere Literatur.

2) Berechnet aus den auf Zinklactat bezüglichen Angaben von FLETCHER und HOPKINS.

3) LAQUER, F.: Hoppe-Seylers Zeitschr. f. physiol. Chem. Bd. 93, S. 60. 1914.

4) MEYERHOF, O.: Pflügers Arch. f. d. ges. Physiol. Bd. 182, S. 232. 1920.

5) PETERS: Journ. of physiol. Bd. 47, S. 267. 1913/14.

6) FLETCHER, W. M. u. F. G. HOPKINS: Journ. of physiol. Bd. 35, S. 281. 1906/07.

7) MEYERHOF, O.: Pflügers Arch. f. d. ges. Physiol. Bd. 182, S. 246. 1920.

Zusammenhang, daß tetanisch ermüdete Muskeln auf Einzelreize noch ansprechen und ihr Milchsäuregehalt dabei wesentlich zunehmen kann. Dem entspricht es, daß nach dem gleichen Autor ermüdende Einzelreizung mit oder ohne vorhergehende Tetanisierung zum gleichen Maximum führt. Noch höhere Milchsäuremaxima als MEYERHOF erhielt am isolierten Gastrocnemius von Temporarien H. HENTSCHEL[1]) (annähernd 0,50%). An Winterfröschen konnten von dem gleichen Autor in noch unveröffentlichten Versuchen sogar Werte von über 0,6% beobachtet werden, was auch bei ebenfalls noch nicht publizierten Untersuchungen H. J. DEUTICKES der Fall war. Ein entsprechender Einfluß der Jahreszeit auf das *Starre*maximum der Milchsäure wurde schon von FLETCHER und HOPKINS festgestellt und von LAQUER bestätigt. Hierbei fanden sich nach Eintritt der Wärmestarre bei Herbst- und Winterfröschen weitaus höhere Milchsäurewerte als bei Frühjahrsfröschen.

HENTSCHEL fand in der eben erwähnten Arbeit in Übereinstimmung mit MEYERHOF geringere Milchsäuremaxima nach ermüdender Einzelreizung an Muskeln von Esculenten — und übrigens auch von Kröten — als an solchen von Temporarien und stellte vor allem fest, daß das Maximum verschiedener Muskeln des gleichen Tieres unter möglichst gleichen Bedingungen sehr verschieden sein kann. So sah er regelmäßig bei Temporarien, Esculenten und Kröten am Gastrocnemius ein höheres Ermüdungsmaximum als am Semimembranosus, wobei die Differenzen zum Teil sehr beträchtliche waren. MEYERHOF[2]) hatte in einer früheren Arbeit Unterschiede im Milchsäuregehalt des Gastrocnemius und der übrigen Schenkelmuskulatur vermißt.

Bei verschieden starker Ermüdung zeigt der Milchsäuregehalt des Muskels eine deutliche Abhängigkeit vom Ermüdungsgrade. So fand MEYERHOF z. B. nach kurzen Tetani (von zweimal 20 Sekunden) einen Milchsäuregehalt von 0,139%, in einem anderen Versuch wurden nach ähnlich kurzer tetanischer Reizung 0,13% Milchsäure gefunden, nach erschöpfender Reizung der gleichen Muskulatur 0,23%[3]), in weniger als einer Minute war hierbei also mehr als die Hälfte des tetanischen Milchsäuremaximums erreicht.

Im Prinzip ähnlich lagen die Verhältnisse bei isometrischer Einzelreizung. In 7 Minuten (nach 320 Reizen) waren 0,226% Milchsäure gebildet, in 6 Minuten (nach 270 Reizen) 0,168%, in 2 Minuten (nach 90 Reizen) 0,118%[3]). Der Effekt der fortgesetzten isometrischen Reizung soll nach MEYERHOF diesem Verlauf der Milchsäurebildung annähernd entsprechen.

Auch von der Temperatur ist das Tätigkeitsmilchsäuremaximum in hohem Maße abhängig. So fand MEYERHOF in der eben erwähnten Arbeit, daß es bei niederen Temperaturen (0,5°—8,0°) wesentlich niedriger als bei höheren (bis 25°) liegt, einerlei, ob man die Reizung faradisch oder mit Einzelinduktionsschlägen vornimmt. Dem herabgesetzten Maximum in der Kälte entspricht verminderte Leistungsfähigkeit, und in der Kälte (bei 5°) isometrisch ermüdete Muskeln zeigen bei 20° noch eine ganze Reihe von Zuckungen, während umgekehrt bei 25° erschöpfte Muskeln auch bei 5° nicht mehr erregbar sind. Ähnliche Ergebnisse wurden schon früher bei isometrischer Einzelreizung von CAVALLO und WEISS erhalten[4]). Wie außerordentlich stark das Milchsäureermüdungsmaximum durch Kälte herabgesetzt wird, geht z. B. aus einem Versuch MEYERHOFS hervor, in dem es nach tetanischer Reizung bei 0,5° nur 0,031% betrug; auch bei 2°—3° lag der Wert noch sehr niedrig (0,042%). In einem anderen Versuch bei 2°—5°

[1]) HENTSCHEL, H.: Hoppe-Seylers Zeitschr. f. physiol. Chem. Bd. 141, S. 272. 1924.
[2]) MEYERHOF, O.: Pflügers Arch. f. d. ges. Physiol. Bd. 182, S. 291. 1920.
[3]) MEYERHOF, O.: Pflügers Arch. f. d. ges. Physiol. Bd. 182, S. 249. 1920.
[4]) CAVALLO u. WEISS: Journ. de physiol. et de pathol. gén. Bd. 1, S. 990. 1899.

betrug es 0,092% und lag damit auch hier wesentlich tiefer als in den entsprechenden Versuchen bei höherer Temperatur.

Auch längere Gefangenschaft wirkt deutlich herabsetzend auf das Tätigkeitsmilchsäuremaximum ein. So fand MEYERHOF bei Winterfröschen, die hungernd aufbewahrt wurden, ein allmähliches Absinken der bei ermüdender tetanischer und Einzelreizung erhaltenen Milchsäurewerte.

In sehr ausgesprochener Weise können auch Erkrankungen der Frösche das Tätigkeitsmilchsäuremaximum der Muskeln parallel mit der Minderung der Leistungsfähigkeit herabsetzen. Dies Verhalten wurde namentlich an Fröschen einige Tage nach der Pankreasexstirpation festgestellt[1]).

Auch bei annähernd isometrischer Reizung einerseits und isotonischer anderseits kommt es zu charakteristischen Unterschieden des Milchsäuremaximums. So stellte MEYERHOF fest, daß bei indirekter Reizung der Gastrocnemius, der sich im natürlichen Verbande befindet und daher infolge der gleichzeitigen Innervation der Antagonisten keine beträchtlichen Bewegungen ausführen kann, also annähernd isometrisch arbeitet, eine etwas höhere Milchsäurebildung zeigt als der Gastrocnemius der anderen Seite, der nach Durchschneidung der Achillessehne isotonisch (und unbelastet) arbeitet. Auch dieser Befund wurde sowohl bei Einzelreizen wie nach Tetanisierung erhoben[2]). MEYERHOF bringt ihn mit thermodynamischen Feststellungen HILLS[3]) in Zusammenhang [siehe jedoch auch FENN unter HILL[4])].

Ganz anders wie am isolierten Muskel verhält sich die Milchsäurebildung nach andauernder Tätigkeit des blutdurchströmten Muskels am lebenden Tiere. Schon JOHANNES RANKE fand, daß vorangehende Strychninkrämpfe vermindernd auf die bis zur Höhe der Totenstarre sich bildende Säuremenge einwirke, und sprach die Annahme aus, das der Tetanus des Muskels säurebildenden Stoff verbrauche[5]). ASTASCHEWSKI[6]) stellte in HOPPE-SEYLERS Laboratorium fest, daß die Menge der milchsauren Salze im Kaninchenmuskel, die während des Lebens tetanisiert wurden, geringer war als in den Ruhemuskeln. Zu ganz ähnlichen Ergebnissen gelangte WARREN[7]) in Untersuchungen aus dem Pflügerschen Institut. Auch er arbeitete am Kaninchen und verglich die Menge ätherlöslicher Säuren, die er aus Muskeln von Ruhetieren und tetanisierten Tieren gewann. Der Mehrgehalt an ätherlöslichen Säuren war bei den Ruhetieren nicht unerheblich.

Gewiß lassen sich gegen die eben erwähnten älteren Arbeiten namentlich der beiden letzten Autoren schwerste methodische Bedenken erheben. Insbesondere läßt es sich nicht ausschließen, daß es bei den Untersuchungen von ASTASCHEWSKI und WARREN zu einer Milchsäurebildung auch noch nach dem Tode der Versuchstiere kam, und daß bei der vorangegangenen Muskelarbeit milchsäurebildende Substanzen aufgebraucht waren, ganz wie es RANKE für seine vergleichenden Totenstarreversuche am Arbeits- und Ruhemuskel annimmt.

Sehr viel später konnten SCHMITZ, MEINCKE und der Verfasser[8]) in vergleichenden Milchsäurebestimmungen an der Muskulatur von Hunden und Kaninchen, die unter verschiedenen Ernährungsbedingungen geruht und ge-

---

[1]) HENTSCHEL, H.: Hoppe-Seylers Zeitschr. f. physiol. Chem. Bd. 141, S. 271. 1924.

[2]) MEYERHOF, O.: Pflügers Arch. f. d. ges. Physiol. Bd. 182, S. 254. 1920.

[3]) HILL, A. V.: Journ. of physiol. Bd. 47, S. 305. 1913/14.

[4]) FENN, W. O.: Journ. of physiol. Bd. 58, S. 175. 1923/24.

[5]) RANKE, J.: Der Tetanus. S. 149ff. Leipzig 1865.

[6]) ASTASCHEWSKI: Hoppe-Seylers Zeitschr. f. physiol. Chem. Bd. 4, S. 397. 1880.

[7]) WARREN, J. W., Pflügers Arch. f. d. ges. Physiol. Bd. 24, S. 391. 1881.

[8]) EMBDEN, G., E. SCHMITZ u. P. MEINCKE: Hoppe-Seylers Zeitschr. f. physiol. Chem. Bd. 113, S. 50ff. 1921.

arbeitet hatten, nicht regelmäßig einen Mehrgehalt von Milchsäure bei den Arbeitstieren feststellen. Bei Kaninchen wurden sogar die niedrigsten Milchsäurewerte (allerdings auch der höchste) in Arbeitsversuchen beobachtet. Die Erklärung für diese Versuchsergebnisse ist wohl sicher darin zu suchen, daß die im Muskel des Gesamtorganismus gebildete Milchsäure sehr rasch beseitigt wird. Freilich läßt sich auch gegen diese Versuche der Einwand erheben, daß in der mit größter Beschleunigung und unter starker Kühlung zerkleinerten Muskulatur noch nach dem Tode der Tiere eine Milchsäurebildung vor Abtötung der sie veranlassenden Fermente die Ergebnisse trübte, daß also die Milchsäureanhäufung im arbeitenden Muskel während des Lebens *noch* geringer war, als wir sie in unseren Versuchen fanden.

Der gleiche Einwand kann hingegen nicht erhoben werden gegen Ergebnisse neuerlich von JOST und dem Verfasser angestellter Untersuchungen[1]). In diesen Versuchen wurde das *eine* Bein lebender unversehrter Frösche vom Sulcus ischiadicus aus mit 60 Einzelinduktionsschlägen in der Minute während mehrerer Stunden ununterbrochen gereizt, wobei zwar deutliche Abnahme der Erregbarkeit und der Zuckungsstärke, aber niemals völlige Erschöpfung eintrat. Am Schlusse des Versuches wurden die beiden Gastrocnemien — nur diese Muskeln wurden verarbeitet, weil von den Muskeln der gereizten Seite der Gastrocnemius am stärksten gezuckt hatte — vorsichtig präpariert und in flüssige Luft geworfen. In mehreren Versuchen zeigten die Arbeitsmuskeln Milchsäurewerte, die zwischen 0,075% und 0,144% lagen. Der Milchsäuregehalt der „Ruhemuskeln", die freilich im Verlaufe des Versuches häufig bei Abwehrbewegungen in Tätigkeit gesetzt waren, war zum Teil etwas höher[2]).

Diese an den Arbeitsmuskeln lebender Frösche gewonnenen Werte sind namentlich niedrig im Vergleich zu den hohen Milchsäuremaxima, die bei erschöpfender Einzelreizung *isolierter* Gastrocnemien der gleichen Froschart (Temporarien) zur gleichen Zeit erhalten wurden (0,5%—0,6%; siehe oben S. 372).

### Die Milchsäurebildung des ruhenden Muskels bei Anaerobiose.

Wir haben oben gesehen, daß der frisch untersuchte, ungereizte Muskel nur einen sehr geringen Milchsäuregehalt zeigt. Schon FLETCHER und HOPKINS[3]) stellten fest, daß es auch am ruhenden Muskel zu einer zunächst allmählich und annähernd gleichmäßig fortschreitenden Milchsäurebildung kommt, wenn man ihn in einer sauerstofffreien Athmosphäre hält. Etwa zu der gleichen Zeit, zu der die Erregbarkeit des Muskels erlischt, wird der Anstieg der Milchsäure steiler und erreicht schließlich die bei der Wärmestarre und auch bei der Chloroformstarre von den genannten Autoren ermittelten Werte. Auffällig ist hierbei, wie MEYERHOF mit Recht hervorhebt[4]), daß die Unerregbarkeit am ruhenden anaerob gehaltenen Muskel in den Versuchen der englischen Autoren erst bei einem Milchsäuregehalt von 0,25%—0,30% eintrat, der nicht unwesentlich höher liegt als der von ihnen bei tetanischer Reizung gefundene (0,109%—0,207%, durchschnittlich 0,160% Milchsäure).

MEYERHOF stellte eigene Untersuchungen über anaerobiotische Milchsäurebildung an abgehäuteten Froschmuskeln an, die in natriumbicarbonathaltige

[1]) EMBDEN, G. u. HANS JOST: Dtsch. med. Wochenschr. 1925, Nr. 16, S. 636.

[2]) Worauf es beruht, daß im Gegensatz zu den eben geschilderten Befunden MEYERHOF und MEIER nach Reizung der Schenkelmuskulatur am lebenden Frosch sehr hohe Milchsäurewerte erhielten, entzieht sich einstweilen der Beurteilung. (MEYERHOF u. ROLF MEIER: Pflügers Arch. f. d. ges. Physiol. Bd. 204, S. 448. 1924.)

[3]) FLETCHER, W. M. u. F. G. HOPKINS: Journ. of physiol. Bd. 35, S. 270. 1906/07.

[4]) MEYERHOF, O.: Pflügers Arch. f. d. ges. Physiol. Bd. 182, S. 156. 1920.

Ringerlösung — meist unter Zusatz von Blausäure zur Verhinderung oxydativer Vorgänge — versenkt wurden. Hierbei treten erhebliche Milchsäuremengen in die Ringerlösung über, und darauf ist wohl sicher die unter diesen Umständen auftretende besonders hohe Milchsäurebildung zurückzuführen. In einem Falle wurde bei dieser Versuchsanordnung ein Endwert von 0,56% Milchsäure erreicht gegen 0,43% bei Chloroformstarre. Die anaerobiotische Milchsäurebildung pro Stunde lag unter diesen Umständen stets in der Nähe von 0,02% des Muskels[1]).

Wesentlich geringer war die stündliche Milchsäurebildung beim Aufenthalt isolierter ruhender Muskeln in einer Atmosphäre von gasförmigem Stickstoff. So betrug sie in drei neuerlich von O. Meyerhof und R. Meier angestellten vielstündigen Versuchen durchschnittlich etwa 0,01%[2]). Verbringt man dagegen lebende Frösche unter anaerobiotische Bedingungen, so ist nach den gleichen Autoren die stündliche Milchsäurebildung weitaus beträchtlicher. Sie lag in einer größeren Anzahl von Versuchen an Normaltieren zwischen 0,024% und 0,055%, durchschnittlich bei 0,037% und war auch bei großhirnlosen Tieren von ganz ähnlicher Größe[3]). Wurde der vom Zentralnervensystem ausgehende Tonus der Muskeln durch Curare, Novocain, Nervendurchschneidung oder Rückenmarkszerstörung aufgehoben, so sank die anaerobe Milchsäurebildung etwa auf den am ausgeschnittenen Muskel beobachteten Betrag. Schon vorher hatte E. J. Lesser[4]) zeigen können, daß sich der Milchsäuregehalt von ganzen Fröschen, die während etwa $2^1/_2$—4 Stunden der Anoxybiose ausgesetzt waren — auf die Stunde umgerechnet —, um ganz ähnliche Beträge vermehrt, wie nach den eben erwähnten Versuchen Meyerhofs und Meiers die Muskelmilchsäure derartiger Tiere.

### b) Die Milchsäurebildung bei der Totenstarre und der Wärmestarre.

Die in den letzten Jahrzehnten des öfteren ausgeführten Untersuchungen über die Milchsäurebildung bei den verschiedenen Formen der Muskelstarre können an dieser Stelle nicht ausführlich berücksichtigt werden. Nur einige Beobachtungen bei der Totenstarre und bei der Wärmestarre sollen Erwähnung finden.

Nach Fletcher und Hopkins nimmt der Milchsäuregehalt des überlebenden Froschmuskels unter anaeroben Bedingungen nur so lange zu, wie die Erregbarkeit des Muskels erhalten bleibt; nur der lebende Muskel oder der sterbende Muskel hat nach ihnen die Fähigkeit spontaner Säurebildung[5]), während der Milchsäuregehalt des toten Muskels, d. h. des Muskels, der endgültig seine Erregbarkeit verloren hat, fast konstant bleiben soll, ein Ergebnis, das einem Ausspruch Salkowskis, wonach „der Muskel nicht Milchsäure bildet, weil er abstirbt, sondern weil er lebt, und sie nur bildet, solange er lebt“[6]), recht zu geben schien. Freilich fanden Fletcher und Hopkins[7]) in einem Versuch bei einer Temperatur in der Nähe von 0°, daß die Erregbarkeit der in Wasserstoff gehaltenen Muskeln schon nach 48 Stunden erloschen war, trotzdem aber der Milchsäuregehalt weiter stark anstieg, derart, daß die Geschwindigkeit der Milchsäurebildung bis zur vollen Ausbildung der Totenstarre (nach 144 Stunden) keine erkennbare Verminderung zeigte, ein Befund, den die englischen Autoren mit der niedrigen Temperatur in Zusammenhang zu bringen suchen.

[1]) Meyerhof, O.: Pflügers Arch. f. d. ges. Physiol. Bd. 182, S. 256/57. 1920.
[2]) Meyerhof, O. u. R. Meier: Pflügers Arch. f. d. ges. Physiol. Bd. 204, S. 459. 1924.
[3]) Meyerhof, O. u. R. Meier: Pflügers Arch. f. d. ges. Physiol. Bd. 204, S. 453. 1924.
[4]) Lesser, E. J.: Biochem. Zeitschr. Bd. 140, S. 571. 1923.
[5]) Fletcher, W. M. u. F. G. Hopkins: Journ. of physiol. Bd. 35, S. 273. 1906/07.
[6]) Salkowski: Zeitschr. f. klin. Med. Bd. 17 (Supplement), S. 97. 1890.
[7]) Fletcher, W. M. u. F. G. Hopkins: Journ. of physiol. Bd. 35, S. 278. 1906/07.

So viel dürfte sicher sein, daß die Totenstarre nicht etwa bei einem bestimmten Milchsäuregehalt als dessen unmittelbare Folge eintritt. So sah DEUTICKE in noch unveröffentlichten Untersuchungen das nach erschöpfender Reizung erhaltene Milchsäuremaximum (von über 0,5%, Winterfrösche) unter anaeroben Bedingungen bis zur Totenstarre weiter ansteigen. Wurden hingegen (gleichfalls nach fast erschöpfender Einzelreizung) die Gastrocnemien der einen Seite sofort zur Bestimmung der Milchsäure verwendet, die der anderen Seite aber in Sauerstoff verbracht, so konnte an diesen erschöpften Muskeln der Aufenthalt in Sauerstoff zwar die Erregbarkeit nicht wiederherstellen und den Eintritt der Totenstarre nicht verhindern, trotzdem sank aber der Milchsäuregehalt in der Sauerstoffatmosphäre ganz erheblich ab. So wurde z. B. unmittelbar nach der stark ermüdenden Reizung in Luft ein Milchsäurewert von 0,561% beobachtet, 48 Stunden später, während die Muskeln schon ausgesprochen totenstarr waren, ein solcher von nur 0,400%.

*Milchsäurebildung bei der Wärmestarre.* Schon RANKE[1]) machte die Beobachtung, daß unter den Bedingungen der Wärmestarre (bei Temperaturen eben unter 40°), noch rascher bei 40° selbst und erheblich darüber, eine sehr rasch verlaufende Säurebildung eintritt, und spricht von einem hierbei auftretenden „Säurebildungsmaximum"

FLETCHER und HOPKINS, die ähnliche Versuche mit ihrer sehr viel vollkommeneren Methodik vornahmen, konnten die Ergebnisse RANKES durchaus bestätigen[2]). Sie fanden bei der Wärmestarre einen sehr starken Anstieg des Milchsäuregehaltes, der dem beim langsamem Absterben des Muskels in Alkohol und bei der Chloroformstarre beobachteten ähnlich und in deutlicher Weise von der Jahreszeit abhängig war, derart, daß Herbst- und Winterfrösche (Oktober bis Dezember) ein erheblich höheres Starremaximum als Frühjahrsfrösche (März bis Mai) aufwiesen. So wurden von den englischen Autoren in den drei genannten Frühjahrsmonaten Milchsäurewerte von 0,233%—0,311% gefunden, in den Herbstmonaten dagegen solche von 0,378%—0,400%. Ganz entsprechende Schwankungen beobachtete auch LAQUER[3]). Der Milchsäuregehalt wärmestarrer Muskeln betrug in seinen im April vorgenommenen Versuchen 0,370% und 0,420%, im Januar und Februar dagegen 0,545% und 0,507%.

Wenn die von LAQUER ermittelten absoluten Werte höher liegen als die von FLETCHER und HOPKINS erhaltenen, so liegt das zum Teil vielleicht an Unterschieden in der Beschaffenheit der Frösche, zum Teil aber sicher auch an der größeren Vollkommenheit der von LAQUER verwandten Milchsäureextraktionsmethode.

FLETCHER und HOPKINS stellten die auffällige Tatsache fest, daß die bei der Wärmestarre entwickelte Milchsäuremenge weitgehend unabhängig ist von der Vorbehandlung der Muskeln. Mögen sie in frischem Zustande in Wärmestarre versetzt werden oder erst nach längerer Ermüdung oder nach oft wiederholter Reizung unter Einschaltung längerer Ruhepausen in Sauerstoff, während welcher erhebliche Milchsäuremengen verschwinden, stets führt Wärmestarre an gleichartigen Muskeln zu einem sehr ähnlichen Starremaximum der Milchsäure[4]).

Schon JOHANNES RANKE hatte — freilich auf Grund methodisch sehr unvollkommener Versuche — die Anschauung ausgesprochen, „daß der Muskel

---

[1]) RANKE, JOH.: Der Tetanus. Leipzig 1865.
[2]) FLETCHER, W. M. u. F. G. HOPKINS: Journ. of physiol. Bd. 35, S. 266. 1906/07.
[3]) LAQUER, F.: Hoppe-Seylers Zeitschr. f. physiol. Chem. Bd. 93, S. 66. 1914.
[4]) FLETCHER, W. M. u. F. G. HOPKINS: Journ. of physiol. Bd. 35, S. 266 u. 291ff. 1906/07.

nach seiner Entfernung aus dem Blutkreislauf ein unveränderliches Säurebildungsmaximum besitzt"[1]). FLETCHER und HOPKINS erörtern die möglichen Ursachen der von ihnen in so viel einwandfreierer Weise gezeigten Konstanz des „Milchsäuremaximums" wärmestarrer Muskeln eingehend, wobei sie namentlich auch schon daran denken, daß es bei der Erholung in Sauerstoff zu einem Wiederaufbau der milchsäurebildenden Substanz des Muskels kommen könne, ohne daß die Milchsäure bei der oxydativen Erholung des Muskels vollkommen verbrennt[2]).

Trifft — für den Froschmuskel wenigstens — die Annahme, daß Milchsäure bei der oxydativen Erholung des isolierten Muskels wieder zu milchsäurebildender Substanz aufgebaut wird, auch sicher zu (freilich unter Verbrennung eines Teiles der Milchsäure selbst (s. weiter unten S. 396ff.), so liegt doch die wesentliche Ursache für die Konstanz des Milchsäuremaximums des ausgeschnittenen Muskels in einem anderen Umstande. Schon KURA KONDO hatte in einer unter Leitung des Verfassers ausgeführten Untersuchung[3]) zeigen können, daß die Milchsäurebildung im lebensfrischen Muskelpreßsaft durch Zusatz geringer Schwefelsäuremengen vollkommen gehemmt, durch Zusatz von Natriumbicarbonat aber in hohem Maße gesteigert wird, und diese Versuchsergebnisse mit der von FLETCHER und HOPKINS festgestellten Konstanz des Milchsäuremaximums des ausgeschnittenen Froschmuskels in Zusammenhang gebracht, indem er annahm, daß in den Versuchen der genannten Autoren an Froschmuskeln — geradeso wie in seinen eigenen am Preßsaft aus Säugetiermuskeln — die Milchsäurebildung sich beim Erreichen einer gewissen H-Ionenkonzentration gleichsam selber hemmte, während noch verfügbare Vorstufe vorhanden wäre[4]). Daß die Milchsäurebildung in der Muskulatur des Froschschenkels durch Eintauchen in Kochsalzlösung, die $^{n}/_{10}$-Salzsäure enthält, sehr wesentlich vermindert wird, konnte kurze Zeit danach von FLETCHER und BROWN gezeigt werden[5]). KURA KONDO sprach auch schon die Erwartung aus, „daß die bei der Wärmestarre erfolgende Milchsäurebildung durch eine Steigerung des Alkaligehaltes des Muskels vermehrt werden könne". Die Möglichkeit einer derartigen Selbsthemmung der Milchsäurebildung wurde übrigens schon von FLETCHER und HOPKINS, freilich nicht für das Starremaximum sondern für das Ermüdungsmaximum in Erwägung gezogen[6]). Daß die von KONDO ausgesprochene Vermutung tatsächlich zutrifft, zeigte LAQUER in an dessen Ergebnisse anschließenden Versuchen, in denen Froschmuskeln nach Zerkleinerung unter starker Kühlung entweder in Kochsalzlösung oder in Natriumbicarbonatlösung suspendiert und für 1—2 Stunden auf 45° erwärmt wurden. In Bicarbonatlösung trat eine weit stärkere Milchsäurebildung als in Kochsalzlösung auf, derart, daß an Junifröschen das Wärmestarremaximum der Milchsäure in Kochsalzlösung einen Höchstwert von 0,446%, in Natriumbicarbonatlösung einen solchen von 0,662% erreichte. Noch weit größere Steigerungen der Milchsäuremaxima wurden an Herbstfröschen durch Pufferung mit Bicarbonatlösung erzielt. Der höchste bei dieser Pufferung (Ende Oktober) beobachtete Milchsäurewert betrug über 0,9%, während in Kochsalzlösung an der gleichen Muskulatur nur ein solcher von 0,4% gefunden wurde[7]).

Neben den Milchsäurebestimmungen ausgeführte Glykogenbestimmungen ergaben zwar keinen strengen Parallelismus zwischen der Größe des Glykogen-

[1]) RANKE, J.: Der Tetanus, S. 146. Leipzig 1865.
[2]) FLETCHER, W. M. u. F. G. HOPKINS: Journ. of physiol. Bd. 35, S. 295 u. 296. 1906/07.
[3]) KONDO, KURA: Biochem. Zeitschr. Bd. 45, S. 69ff. 1912.
[4]) KONDO, KURA: Biochem. Zeitschr. Bd. 45, S. 78 u. 79. 1912.
[5]) FLETCHER, W. M. u. G. N. BROWN: Journ. of physiol. Bd. 48, S. 200. 1914.
[6]) FLETCHER, W. M. u. F. G. HOPKINS: Journ. of physiol. Bd. 35, S. 281. 1906/07.
[7]) LAQUER, F.: Hoppe-Seylers Zeitschr. f. physiol. Chem. Bd. 93, S. 68 u. 73. 1914.

verlustes und derjenigen der Milchsäurebildung, aber doch einen so unverkennbaren Zusammenhang, daß darin ein deutlicher Hinweis auf die Herkunft der gebildeten Milchsäure zu erblicken war (s. auch weiter unten S. 379—381).

**c) Der Ursprung der Milchsäure im Muskel (ihre Herkunft aus Kohlenhydrat).**

Hiermit kommen wir auf die Frage, aus welchen Substanzen die Milchsäurebildung im Muskel erfolgt. Diese Frage hängt aufs engste zusammen mit der Frage nach der Entstehung der Milchsäure im Tierkörper überhaupt. Trotz zahlreicher älterer Untersuchungen auf diesem Gebiete[1]) führten erst Durchströmungsversuche an der isolierten Leber, die von ALMAGIA und dem Verfasser ausgeführt wurden[2]), zu eindeutigen Ergebnissen. Es zeigte sich nämlich, daß bei der künstlichen Durchblutung der glykogenfreien Leber mit zuckerarmem Blute unter Einhaltung bestimmter Versuchsbedingungen keine Zunahme des Milchsäuregehaltes des Durchströmungsblutes erfolgt, sehr häufig sogar eine erhebliche Abnahme. Wurde statt der glykogen*freien* eine durch vorhergehende Zuckerfütterung mit Glykogen stark angereicherte Leber verwendet, so trat Vermehrung der Milchsäure — oft um ein Vielfaches ihres Anfangswertes — ein. Sehr deutlicher Anstieg der Milchsäure wurde auch beobachtet, wenn dem Durchströmungsblute bei der künstlichen Zirkulation Traubenzucker zugesetzt wurde. Neue Versuche mit verbesserter Methodik wurden von F. KRAUS und dem Verfasser ausgeführt, sie führten zu den gleichen Resultaten[3]). Im Anschluß daran wurde von SIEGFRIED OPPENHEIMER gezeigt[4]), daß in der künstlich durchströmten Leber Lävulose noch weitaus stärker Milchsäure bildet als Glucose. Von *Nicht*kohlenhydraten erwiesen sich als Milchsäurebildner das Alanin, das Glycerin und in etwas späteren Versuchen von MAX OPPENHEIMER und dem Verfasser die Brenztraubensäure[5]). In besonders hohem Maße bildeten schon beim einfachen Zusatz zum Blute sowie auch im Leberdurchblutungsversuche die beiden Dreikohlenstoffzucker *dl* — Glycerinaldehyd und Dioxyaceton Milchsäure[6]). Ganz in Übereinstimmung mit den eben genannten Befunden konnten später LEVENE und MEYER[7]) zeigen, daß Leukocyten Traubenzucker unter Milchsäurebildung abbauen. Auch SLOSSE[8]) erhob ganz ähnliche Befunde. Daß auch das als Glykolyse seit LÉPINE bekannte Verschwinden des Zuckers aus dem Blute im wesentlichen nichts anderes ist als eine Umwandlung von Zucker in Milchsäure durch die Erythrocyten, konnte von BRIGITTE KRASKE[9]) und K. v. NOORDEN jun.[10]) unter Leitung des Verfassers gezeigt werden. Auf Grund der sichergestellten Tatsache, daß der Kohlenhydratabbau in so verschiedenen Organen unter Milchsäurebildung erfolgt, versuchten KALBERLAH, ENGEL und der Verfasser fermentative Milchsäurebildung aus Kohlenhydrat im Muskelpreßsaft zu erzielen[11]), und im Anschluß daran auch KURA KONDO[12]). In der Tat beob-

---

[1]) Die Literatur hierüber siehe namentlich bei H. FRIES: Biochem. Zeitschr. Bd. 35, S. 368. 1911.

[2]) EMBDEN, G.: Vortrag auf dem 6. internat. Physiol. Kongreß in Brüssel 1904 und Zentralbl. f. Physiol. Bd. 18, S. 832. 1905.

[3]) EMBDEN, G. u. FRIEDR. KRAUS: 26. Kongreß f. inn. Med. S. 351. Wiesbaden 1909. Dieselben: Biochem. Zeitschr. Bd. 45, S. 1. 1912.

[4]) OPPENHEIMER, SIEG.: Biochem. Zeitschr. Bd. 45, S. 30. 1912.

[5]) EMBDEN, G. u. MAX OPPENHEIMER: Biochem. Zeitschr. Bd. 55, S. 335. 1913.

[6]) EMBDEN, G., KARL BALDES u. ERNST SCHMITZ: Biochem. Zeitschr. Bd. 45, S. 168. 1912.

[7]) LEVENE, P. A. u. G. M. MEYER: Journ. of biol. chem. Bd. 11, S. 362. 1912.

[8]) SLOSSE: Arch. internat. de physiol. Bd. 11, S. 149. 1911.

[9]) KRASKE, B.: Biochem. Zeitschr. Bd. 45, S. 81. 1912.

[10]) NOORDEN, K. v., jun.: Biochem. Zeitschr. Bd. 45, S. 94. 1912.

[11]) EMBDEN, G., KALBERLAH u. ENGEL: Biochem. Zeitschr. Bd. 45, S. 45. 1912.

[12]) KONDO, KURA: Biochem. Zeitschr. Bd. 45, S. 63. 1912.

achteten sie, daß frisch gewonnener Preßsaft aus Hundemuskulatur — unter Zusatz von etwas Natriumbicarbonat zur Pufferung — bei Körpertemperatur in kurzer Zeit sehr oft erhebliche Milchsäuremengen entstehen läßt, doch zeigte sich entgegen der gehegten Erwartung, daß Zusatz von Traubenzucker und Glykogen ohne jede Einwirkung auf den Umfang der Milchsäurebildung war. Zu ähnlichen negativen Ergebnissen bezüglich des Einflusses von zugesetztem Kohlenhydrat auf die Milchsäurebildung war schon vorher W. M. FLETCHER gelangt, der vorwiegend am lebensfrischen zerkleinerten Muskel von Kaninchen arbeitete, um weitere Aufschlüsse über die Quelle der von ihm gemeinschaftlich mit HOPKINS näher untersuchten Milchsäurebildung im überlebenden Froschmuskel zu gewinnen[1]). Die Beobachtung einer starken, durch Kohlenhydratzusatz (wenigstens unter den damals gewählten Bedingungen) unbeeinflußbaren Milchsäurebildung im Muskelpreßsaft führte KALBERLAH, ENGEL und den Verfasser zur Annahme einer besonderen, zunächst unbekannten Milchsäurevorstufe, die als „Lactacidogen" bezeichnet wurde.

Die weitere Entwicklung führte zu der Erkenntnis, daß der Muskel in der Tat eine besondere Substanz enthält, die auf rein fermentativem Wege Milchsäure abzuspalten vermag, daß es sich dabei aber um eine Verbindung handelt, die einen Kohlenhydratkomplex enthält und als intermediäres Produkt bei der Umwandlung des Glykogens und seiner hydrolytischen Abbauprodukte in Milchsäure betrachtet werden muß. Nicht nur für die Milchsäurebildung, sondern auch für die Phosphorsäurebildung bei der Muskelkontraktion ist das Lactacidogen bedeutungsvoll. Über seinen chemischen Aufbau und seine Schicksale bei der Muskeltätigkeit soll erst weiter unten (S. 384ff.) eingehender gesprochen werden.

Hier mögen zunächst jene Versuche Berücksichtigung finden, aus denen hervorgeht, daß auch Glykogen sowie niedere Kohlenhydrate durch die Muskulatur in Milchsäure umgewandelt werden können. Schon vor dem Erscheinen einer oben erwähnten Arbeit von LAQUER[2]) veröffentlichten PARNAS und WAGNER[3]) eine Untersuchung, in der sie zeigen konnten, daß bei Vorgängen, die zu einer langsamer verlaufenden Milchsäurebildung Veranlassung geben, „bei Ermüdung der isolierten Muskeln durch Reizung, Abtötung durch Wärme, Chloroform sowie beim Eintreten der natürlichen Starre" eine Abnahme der Kohlenhydrate des Muskels stattfindet, die von ähnlicher Größenordnung ist wie die gleichzeitige Milchsäurebildung, die sie freilich nicht experimentell feststellten, sondern nur auf Grund der Angaben von FLETCHER und HOPKINS in Rechnung setzten. Dieser Parallelismus zwischen Kohlenhydratschwund und Milchsäurebildung konnte von den genannten Autoren dagegen bei der rasch verlaufenden Milchsäurebildung im Anschluß an mechanische Verletzungen nicht festgestellt werden[4]). LAQUER fand unabhängig davon in einer kurze Zeit danach erschienenen Arbeit[2]), daß durch Pufferung mit Natriumbicarbonat nicht nur die Milchsäurebildung im zerkleinerten Froschmuskelbrei sondern auch der Glykogenverlust erheblich gesteigert werden kann, ohne daß unter den von ihm gewählten Versuchsbedingungen ein völliger Parallelismus beider Vorgänge bestand. Diesen Parallelismus konnte MEYERHOF[5]) unter günstigen Temperaturbedingungen und unter Pufferung mit Alkaliphosphat sowohl für die von vornherein im Muskel vorhandenen Kohlenhydrate wie auch für Glykogen, Hexose-

[1]) FLETCHER, W. M.: Journ. of physiol. Bd. 43. S. 286. 1911.

[2]) LAQUER, F.: Hoppe-Seylers Zeitschr. f. physiol. Chem. Bd. 93, S. 60. 1914.

[3]) PARNAS u. WAGNER: Biochem. Zeitschr. Bd. 61, S. 417. 1914.

[4]) Doch überschätzten PARNAS und WAGNER offenbar die Geschwindigkeit der Milchsäurebildung nach mechanischer Verletzung (s. MEYERHOF, O.: Pflügers Arch. f. d. ges. Physiol. Bd. 185, S. 14. 1920.

[5]) MEYERHOF, O.: Pflügers Arch. f. d. ges. Physiol. Bd. 188, S. 144. 1921.

diphosphorsäure und Traubenzucker, die kurz vor dem Verbrauch der ursprünglichen Kohlenhydrate des Muskels zugesetzt wurden, dartun.

Schon vorher hatte der gleiche Autor in wichtigen Versuchen zeigen können, daß die von vornherein im Muskel vorhandenen Kohlenhydrate bei Reizung des Muskels durch Einzelinduktionsschläge unter praktisch anaeroben Bedingungen in demselben Maße schwinden, wie Milchsäure gebildet wird[1]). So war in einem Versuche der zuletzt genannten Arbeit (Versuch 4, S. 17) in der Muskulatur des einen Beines bei sofortiger Verarbeitung pro Gramm der Muskulatur 12,65 mg Gesamtkohlenhydrat vorhanden, nach halbstündiger indirekter Reizung mit 60 Einzelinduktionsschlägen pro Minute nur noch 10,05 mg. Es waren also aus einem Gramm Muskulatur 2,6 mg (korrigiert 2,75 mg Zucker) verschwunden, während die gleichzeitige Bildung von Milchsäure (unter Annahme eines Anfangswertes von 0,02%) 3,15 mg pro Gramm Muskulatur betrug.

Ähnliche Versuchsergebnisse hatten schon vorher Parnas und Wagner, die die Muskulatur mehrere Stunden lang durch kurze Tetani reizten, erhalten. Sie fanden hierbei einen Kohlenhydratschwund von 0,13—0,27% der Muskulatur und verglichen die so gewonnenen Werte mit den von Fletcher und Hopkins nach ermüdender tetanischer Reizung gefundenen Werten für die Milchsäurebildung unter ähnlichen Versuchsbedingungen [0,109—0,207%[2])]. Sie glaubten damit eine weitgehende Übereinstimmung zwischen Kohlenhydratschwund und Milchsäurebildung feststellen zu können[3]). Freilich trifft ihre Annahme, daß man die bei der Ermüdung auftretende Milchsäuremenge als konstant ansehen könne, schon nach den eben erwähnten Versuchsergebnissen von Fletcher und Hopkins nicht zu, noch viel weniger aber nach anderen früher (S. 371ff.) erwähnten Beobachtungen.

Auch beim Aufenthalt des Muskels unter Abschluß von Sauerstoff (abgehäutete Froschschenkel in ausgekochter Ringerlösung) konnte Meyerhof[4]) einen Kohlenhydratschwund feststellen, der von ähnlicher Größe wie die in möglichst gleichartig angestellten Parallelversuchen gefundene Milchsäurebildung war. Das Verschwinden der Kohlenhydrate war in diesen Versuchen außerordentlich deutlich, und frühere entgegenstehende Ergebnisse von Parnas und Wagner[5]) werden von Parnas selbst neuerlich nicht mehr für richtig gehalten[6]).

Zu ähnlichen Ergebnissen kam Laquer[7]), der in unabhängig von Meyerhof begonnenen Untersuchungen die starke Begünstigung der Umwandlung von vornherein vorhandener und auch zugesetzter Kohlenhydrate in Milchsäure durch Phosphatzusatz feststellte. Seine Versuche wurden bei höheren Temperaturen als die Meyerhofs vorgenommen, und zwar zum Teil bei 45°, zum Teil bei 30°. In den bei 45° angestellten Versuchen erwiesen sich Glykogen, Stärke und hexosediphophorsaures Natrium als starke Milchsäurebildner, während aus d-Maltose, d-Glucose und d-Lävulose keine oder fast keine Milchsäure entstand. Anders verhielten sich die genannten niederen Zuckerarten bei 30°, wo ihre Umwandlung in Milchsäure ohne weiteres eintrat. Die leichtere Angreifbarkeit des Glykogens und der Hexosediphosphorsäure gegenüber dem Traubenzucker bei höheren Temperaturen führte Laquer zu der Annahme, daß der Trauben-

---

[1]) Meyerhof, O.: Pflügers Arch. f. d. ges. Physiol. Bd. 182, S. 284 u. Bd. 185, S. 10. 1920.

[2]) Fletcher, W. M. u. F. G. Hopkins: Journ. of physiol. Bd. 35, S. 280. 1906/07.

[3]) Parnas u. Wagner: Biochem. Zeitschr. Bd. 61, S. 387. 1914.

[4]) Meyerhof, O.: Pflügers Arch. f. d. ges. Physiol. Bd. 187, S. 19. 1920.

[5]) Parnas, J. u. R. Wagner: Biochem. Zeitschr. Bd. 61, S. 395—397. 1914.

[6]) Parnas, J.: Biochem. Zeitschr. Bd. 116, S. 71 (Fußnote). 1921.

[7]) Laquer, F.: Hoppe-Seylers Zeitschr. f. physiol. Chem. Bd. 116, S. 169. 1921.

zucker sowohl vor seinem Aufbau zu Glykogen wie vor seiner Umwandlung in Lactacidogen erst in eine besondere Reaktionsform übergeführt werden müsse, die er als „Zwischenkohlenhydrat" bezeichnet. Auch PARNAS[1]) stellte an der lebenden Muskulatur die Umwandlung von Kohlenhydrat in Milchsäure fest.

## 2. Der Chemismus der Phosphorsäurebildung im Muskel.

Schon vor langer Zeit war gelegentlich die Vermutung ausgesprochen worden, daß die saure Reaktion, die bei der Muskeltätigkeit auftritt, auch durch Phosphorsäure mitbedingt wäre. Eine Reihe älterer Forscher hat versucht, eine Vermehrung der anorganischen Phosphorsäure bei der Tätigkeit im Muskel selbst oder vermehrte Phosphorsäureausscheidung nach der Muskelarbeit nachzuweisen.

Die Steigerung der Phosphorsäureausscheidung durch den Harn wurde wohl zuerst durch GEO J. ENGELMANN unter HOPPE-SEYLERS Leitung festgestellt[2]), nachdem in weiter zurückliegenden Untersuchungen von PETTENKOFER und VOIT kein derartiger Einfluß der Arbeit sich hatte erkennen lassen[3]). In neuerer Zeit haben GRAFE und der Verfasser an zwei jungen Männern länger andauernde Untersuchungen über die Phosphorsäureausscheidung bei Arbeit und Ruhe unter Verabreichung einer möglichst gleichmäßig zusammengesetzten Kost von bekanntem Phosphorsäuregehalt angestellt. Die Phosphorsäurebestimmungen im Harn wurden während des Tages in Zwischenräumen von wenigen Stunden vorgenommen, und es ergab sich eine sehr ausgesprochene Vermehrung der Phosphorsäureabgabe unter der Einwirkung starker Muskelarbeit, während bei Bettruhe die Phosphorsäureausscheidung besonders gering wurde[4]).

WEYL und ZEITLER[5]) glaubten am Kaninchenmuskel eine Vermehrung der anorganischen Phosphorsäure nach der Arbeit feststellen zu können, wobei sie freilich streng genommen nur ein Ansteigen der wasserlöslichen Phosphorsäure erwiesen. Mit weit einwandfreierer Methodik arbeitete MACLEOD, der unter Leitung SIEGFRIEDS Hundeversuche vornahm[6]). Er stellte fest, daß starke Arbeit im Tretrade die Menge der anorganischen Phosphorsäure im Muskel auf Kosten des organischen wasserlöslichen Phosphors vermehrt. Eine Nachrechnung seiner Versuche, die von SCHMITZ, MEINCKE und dem Verfasser vorgenommen wurde[7]), ergab freilich, daß das relative Verhältnis der anorganischen und der organischen Phosphorsäure in seinen Ruhe- und Arbeitsversuchen nicht durchgehend verschieden ist, und zweifellos sind die Zahlen MACLEODS für anorganische Phosphorsäure zu hoch.

Die eben genannten Autoren konnten eine sehr beträchtliche Zunahme der anorganischen Phosphorsäure an der Muskulatur von Kaninchen, die starke Widerstandsbewegungen geleistet hatten und auch nach Strychninkrämpfen feststellen. Die Hundemuskulatur zeigte diese Zunahme nur nach schweren Strychninkrämpfen. Mit verbesserter Methodik wurden die am Kaninchen von den eben genannten Autoren gewonnenen Ergebnisse von FELIX COHN bestätigt und dahin ergänzt, daß die Phosphorsäurevermehrung nur an der weißen nicht aber an der roten Muskulatur sich nachweisen läßt[8]).

[1]) PARNAS, J.: Biochem. Zeitschr. Bd. 116, S. 102. 1921.
[2]) ENGELMANN, GEO J.: Arch. f. Anat. u. Physiol. 1871, S. 14.
[3]) PETTENKOFER u. VOIT: Zeitschr. f. Biol. Bd. 2, S. 544. 1866.
[4]) EMBDEN, G. u. EDUARD GRAFE: Hoppe-Seylers Zeitschr. f. physiol. Chem. Bd. 113, S. 108. 1921.
[5]) WEYL u. ZEITLER: Hoppe-Seylers Zeitschr. f. physiol. Chem. Bd. 6, S. 575. 1882.
[6]) MACLEOD, I. I. R.: Hoppe-Seylers Zeitschr. f. physiol. Chem. Bd. 28, S. 535. 1899.
[7]) EMBDEN, G., SCHMITZ u. MEINCKE: Hoppe-Seylers Zeitschr. f. physiol. Chem. Bd. 113, S. 60. 1921.
[8]) COHN, F.: Hoppe-Seylers Zeitschr. f. physiol. Chem. Bd. 113, S. 253. 1921.

Die weiter unten näher zu besprechende Erkenntnis, daß Milchsäure und Phosphorsäure in der Muskulatur aus der gleichen unmittelbaren Vorstufe entstehen, führte noch vor der Ausführung der letztgenannten Untersuchungen an der Muskulatur lebender Säugetiere zu Versuchen, durch Reizung isolierter Froschmuskeln eine Vermehrung der anorganischen Phosphorsäure zu erhalten. PARNAS und WAGNER[1]) sowie auch LAQUER[2]) beobachteten nach elektrischer Reizung isolierter Froschmuskeln keinerlei Vermehrung der anorganischen Phosphorsäure. Auf Grund dieses negativen Befundes wurde vom Verfasser und seinen Mitarbeitern angenommen, daß es zwar auch am isolierten Froschmuskel bei der Tätigkeit zum charakteristischen Zerfall des Lactacidogens in Milchsäure und Phosphorsäure käme, daß aber die anorganische Phosphorsäure in demselben Maße, in dem sie sich bildete, alsbald wieder durch Synthese zu Kohlenhydratphosphorsäure regeneriert würde[3]). Unter den Bedingungen der Wärmestarre, die zu starker Milchsäurebildung führt, kommt es an der Muskulatur und am Preßsaft aus frischer Muskulatur zu starker Phosphorsäureabspaltung aus Lactacidogen[4]). PARNAS und WAGNER konnten freilich bei der Wärmestarre von Froschmuskeln keine Phosphorsäurevermehrung beobachten, was aber wohl ohne Frage auf die von ihnen verwandte Methode der Phosphorsäurebestimmung zurückzuführen ist[5]).

Die Vermutung, daß im Kontraktionsaugenblick auch im Froschmuskel anorganische Phosphorsäure abgespalten wird, konnte von LAWACZECK und dem Verfasser[6]) unmittelbar erwiesen werden. Es ergab sich in ihren Untersuchungen, daß bei rascher Unterbrechung der chemischen Vorgänge durch Versenken in flüssige Luft der Muskel im Kontraktionsaugenblick einen höheren Phosphorsäuregehalt zeigt als nach dem Ablauf der Kontraktion. Doch soll des genaueren von den Ergebnissen dieser Untersuchung erst in einem späteren Abschnitt die Rede sein, in dem der zeitliche Verlauf der Phosphorsäurebildung und jener der Milchsäurebildung bei der Muskeltätigkeit besprochen werden.

Dagegen mögen an dieser Stelle Versuchsergebnisse mitgeteilt werden, die HENTSCHEL und der Verfasser[7]) sowie JOST und der Verfasser[8]) teils an isolierten Froschmuskeln und Froschschenkeln, teils an Muskeln lebender Frösche erhielten. Die mit HENTSCHEL angestellten Versuche an isolierten Gastrocnemien und Semimembranosi wurden in der Art ausgeführt, daß von den beiderseitigen Muskeln eines und desselben Tieres der eine teils mit Einzelinduktionsschlägen in regelmäßigem Rhythmus, teils tetanisch unter Einschaltung von Ruhepausen gereizt wurde, während der andere Muskel gleich lange und unter gleichen Bedingungen ruhte. Es ergab sich in zahlreichen, durchaus gleichsinnig verlaufenen Untersuchungen, daß jede längere Zeit fortgesetzte Arbeit des Muskels zu einer dauernden Abspaltung von Phosphorsäure führt. Bei Reizung mit 55 Öffnungsinduktionsschlägen in der Minute unter Belastung des Gastrocnemius mit 25 g, des Semimembranosus mit einem Drittel dieses Gewichtes, ist nach 5 Minuten,

---

[1]) PARNAS, J. u. R. WAGNER: Biochem. Zeitschr. Bd. 61, S. 387. 1914.

[2]) LAQUER, F.: Hoppe-Seylers Zeitschr. f. physiol. Chem. Bd. 93, S. 60. 1914.

[3]) LAQUER, F.: Hoppe-Seylers Zeitschr. f. physiol. Chem. Bd. 93, S. 60. 1914. — EMBDEN, G., MEINCKE u. SCHMITZ: Ebenda Bd. 113, S. 65. 1921.

[4]) EMBDEN, G., GRIESBACH u. SCHMITZ: Hoppe-Seylers Zeitschr. f. physiol. Chem. Bd. 93, S. 1. 1914. — LAQUER, F.: Ebenda Bd. 93, S. 60. — COHN, M.: Ebenda Bd. 93, S. 84 und zahlreiche andere vom Verfasser und seinen Mitarbeitern ausgeführte Untersuchungen.

[5]) PARNAS, J. u. R. WAGNER: Biochem. Zeitschr. Bd. 61, S. 387. 1914.

[6]) EMBDEN, G. u. H. LAWACZECK: Festschrift für Fr. Hofmeister: Biochem. Zeitschr. Bd. 127, S. 181. 1922.

[7]) EMBDEN, G. u. H. HENTSCHEL: Festschrift für M. CREMER: Biochem. Zeitschr. Bd. 156, S. 343. 1925.

[8]) EMBDEN, G. u. H. JOST: Dtsch. med. Wochenschr. 1925, Nr. 16, S. 636.

also 275 Zuckungen, die Phosphorsäureabspaltung noch nicht regelmäßig wahrnehmbar, dagegen immer nach 10 Minuten. Bei länger fortgesetzter Reizung tritt sie immer deutlicher in die Erscheinung — ohne daß ein strenger Parallelismus zwischen Phosphorsäureabspaltung und Reizdauer vorhanden wäre —, so daß schließlich ein erheblicher Teil der Lactacidogenphosphorsäure abgespalten sein kann. Die Abspaltung nimmt unter sonst gleichen Bedingungen mit steigender Belastung zu.

Das gleiche Verhalten zeigen auch *tetanisch* ermüdete Muskeln, wobei unter den gleichen Belastungsverhältnissen, wie sie bei Einzelreizung angewandt wurden, wenige (3—6) Tetani von einminutiger Dauer, die durch ebenso lange Pausen unterbrochen sind, genügen, um die Spaltung aufs deutlichste hervortreten zu lassen.

In der untenstehenden Tabelle 1 sind einige Versuche wiedergegeben, aus denen die Phosphorsäureabspaltung nach länger andauernder Arbeit von isolierten Froschmuskeln hervorgeht.

**Tabelle 1.**

| Versuch Nr. | Versuchsdatum 1924 | Reizdauer | Reizart | 1 Gastrocnemius Ruhewert | 2 Gastrocnemius Arbeitswert | 3 Semimembranosus Ruhewert | 4 Semimembranosus Arbeitswert | Versuchstemperatur °C |
|---|---|---|---|---|---|---|---|---|
| 1 | 1. VIII. | 5 Minuten | 275 Einzelinduktionsschläge | 0,345 | 0,343 | 0,386 | 0,394 | 15,0 |
| 2 | 12. V. | 10 Minuten | 550 Einzelinduktionsschläge | 0,325 | 0,352 | 0,344 | 0,372 | 15,0 |
| 3 | 6. V. | 50 Minuten | 2750 Einzelinduktionsschläge | 0,300 | 0,362 | 0,326 | 0,366 | 14,0 |
| 4 | 11. XI. | 8 Minuten einschließlich Pausen | 4 × 60 Sekunden tetanische Reizung | 0,259 | 0,289 | 0,267 | 0,306 | 15,5 |

Wie man sieht, ist in Versuch 1, in dem einer der Gastrocnemien (Vertikalreihe 2) und einer der Semimembranosi (Vertikalreihe 4) während 5 Minuten mit 275 Einzelinduktionsschlägen gereizt wurden, im Gastrocnemius noch keine Phosphorsäure abgespalten, während beim Semimembranosus eine zwar geringe, aber doch deutliche Phosphorsäureabspaltung eingetreten ist. In Versuch 2, in dem beide Muskeln 10 Minuten lang (550 Einzelinduktionsschläge) gereizt wurden, ist die Vermehrung der anorganischen Phosphorsäure bereits erheblich, noch stärker in Versuch 3, wo die Reizung 50 Minuten lang andauerte (2750 Reize). Daß auch tetanische Reizung den gleichen Effekt hat, geht aus Versuch 4 hervor, in dem Tetanisierung von 4 mal 60 Sekunden bei beiden Muskelarten einen starken Anstieg der Phosphorsäure herbeiführte.

Daß bei sehr kurz dauernden Tetani der umgekehrte Effekt eintreten kann, wird weiter unten (S. 424) näher besprochen werden.

Die bei der Reizung einzelner Muskeln gewonnenen Ergebnisse konnten auch an ganzen mit Einzelzuckungen oder tetanisch gereizten Froschschenkeln durchaus bestätigt werden[1]).

[1]) EMBDEN, G.: Klin. Wochenschr. Jg. 3, S. 1393. 1924. — EMBDEN, G. u. H. HENTSCHEL, Festschrift für MAX CREMER: Biochem. Zeitschr. Bd. 156, S. 343. 1925. Eine ausführliche Veröffentlichung dieser Untersuchungen wird in Hoppe-Seylers Zeitschrift für physiologische Chemie erfolgen.

Im Anschluß an die eben besprochenen Versuche stellte ALTMANN[1]) fest, daß bei gleicher Belastung der geringeren Arbeitsleistung bei niederer Temperatur (4,5—5°) eine geringere Phosphorsäureabspaltung entspricht als der größeren Arbeitsleistung bei höherer Temperatur (25—26°).

Die eben geschilderten Versuchsergebnisse stehen in Widerspruch zu den oben (S. 382) besprochenen Feststellungen von PARNAS und WAGNER sowie zu den von LAQUER erhaltenen Resultaten. Es erscheint kaum fraglich, daß der negative Ausfall dieser älteren Untersuchungen auf die damalige Unvollkommenheit der Methodik zurückzuführen ist.

Der Mehrgehalt an Phosphorsäure in dem durch Arbeit ermüdeten Muskel konnte übrigens neuerlich auch am lebenden Frosch, dessen einer Gastrocnemiums vom Ischiadicus aus durch die Haut gereizt wurde, festgestellt werden[2]). Daß dies bei Kaninchen und Hunden schon vor längerer Zeit nachgewiesen werden konnte, wurde bereits oben S. 381 erwähnt.

Das Verschwinden der bei der Arbeit gebildeten Milchsäure und Phosphorsäure und der Chemismus dieses Verschwindens werden erst weiter unten S. 392ff. besprochen.

### 3. Das Lactacidogen und die Restphosphorsäure.

#### a) Vorkommen des Lactacidogens in der Muskulatur.

Weiter oben (S. 379ff.) wurden die Beweise dafür angeführt, daß ebenso wie in anderen Organen auch im Muskel die Milchsäurebildung auf Kosten von Kohlenhydraten erfolgt, und daß unter geeigneten Versuchsbedingungen verschiedene der zerkleinerten Muskulatur zugesetzte Mono- und Polysaccharide zu Milchsäure abgebaut werden. In einer ebenfalls bereits erwähnten Arbeit von KALBERLAH, ENGEL und dem Verfasser[3]) sowie in einer darin anschließenden von KURA KONDO[4]) wurde versucht, im zellfreien Muskelpreßsaft, der aus lebensfrischer Hundemuskulatur gewonnen war, d. h. auf rein fermentativem Wege, Abbau von Kohlenhydrat zu Milchsäure zu erzielen. Die Versuche hatten insofern ein positives Ergebnis, als Aufbewahren des mit Natriumbicarbonat gepufferten Preßsaftes bei 40° in kürzester Zeit zum Auftreten erheblicher Milchsäuremengen führte. Dagegen konnte weder durch Zusatz von Traubenzucker noch von Glykogen eine Verstärkung der ohnehin erfolgenden Milchsäurebildung erzielt werden. Die genannten Autoren kamen daher, wie bereits oben S. 379 erwähnt, zu dem Ergebnis, daß im Muskelpreßsaft eine besondere Milchsäurevorstufe vorhanden sein müsse, die mit großer Leichtigkeit in Milchsäure übergehe. Für die chemische Struktur dieser Milchsäurevorstufe, die sie als „Lactacidogen" bezeichneten, konnten zunächst keine Anhaltspunkte gewonnen werden.

Auf Grund der von einigen älteren Autoren — freilich an der Hand meist unvollkommener Versuche — geäußerten Anschauung, daß es bei der Muskeltätigkeit zur Bildung anorganischer Phosphorsäure komme (s. oben S. 381) sowie auf Grund der von SIEGFRIED[5]) seiner „Phosphorfleischsäure" zugeschriebenen Eigenschaften haben GRIESBACH, SCHMITZ und der Verfasser untersucht, ob die bereits von EMBDEN, KALBERLAH und ENGEL beschriebene *Milchsäure*bildung im Muskelpreßsaft von einer *Phosphorsäure*bildung begleitet wäre[6]). Tatsächlich

[1]) ALTMANN, M.: Hoppe-Seylers Zeitschr. f. physiol. Chem. Wird im Laufe des Jahres 1925 erscheinen.

[2]) EMBDEN, G. u. H. JOST: Dtsch. med. Wochenschr. 1925, Nr. 16, S. 636.

[3]) EMBDEN, G., KALBERLAH u. ENGEL: Biochem. Zeitschr. Bd. 45, S. 45. 1912.

[4]) KONDO, KURA: Biochem. Zeitschr. Bd. 45, S. 63. 1912.

[5]) SIEGFRIED, M.: Arch. f. (Anat. u.) Physiol. 1894, S. 401. — Derselbe Hoppe-Seylers Zeitschr. f. physiol. Chem. Bd. 21, S. 360. 1895/96.

[6]) EMBDEN, G., GRIESBACH, W. u. E. SCHMITZ: Hoppe-Seylers Zeitschr. f. physiol. Chem. Bd. 93, S. 1. 1914/15.

konnten sie feststellen, daß bei kurz dauerndem Stehen von frisch gewonnenem Hundepreßsaft neben der Milchsäure auch regelmäßig anorganische Phosphorsäure entsteht. In ihren ersten Versuchen war die absolute Menge der gebildeten Milchsäure eine sehr wechselnde (sie lag zwischen 0,05 und 0,22% des verwandten Preßsaftes)[1]). Um so auffälliger war es, daß in den einzelnen Versuchen die Phosphorsäure zwar nicht in der der gebildeten Milchsäure völlig äquimolekularen Menge auftrat, aber doch ein weitgehender Parallelismus zwischen Milchsäure- und Phosphorsäurebildung bestand. In weiteren Versuchen, die mit besonderer Schonung der Muskulatur ausgeführt wurden, wurde stets überwiegend Milchsäure gebildet. Doch konnten die genannten Autoren schließlich Bedingungen finden, unter denen der Preßsaft fast regelmäßig annähernd äquimolekulare Mengen beider Säuren entstehen läßt, wobei die absoluten Mengen der Säuren sehr verschieden waren[2]). Dies Verhalten konnte nicht anders gedeutet werden als durch die Annahme, daß die Milchsäure und Phosphorsäure ein und derselben in der Muskulatur vorgebildeten Substanz entstammten, daß also das Lactacidogen nicht nur die Muttersubstanz der Milchsäure sondern auch die Quelle der Phosphorsäure wäre.

Keine der verschiedenen damals bekannten organischen Phosphorsäureverbindungen des Tierkörpers vermochte, dem Muskelpreßsaft zugesetzt, den Umfang der Milchsäure- und Phosphorsäurebildung zu steigern. Hingegen konnte ohne weiteres eine starke Zunahme der Milchsäurebildung und eine meist noch stärkere der Phosphorsäurebildung aus dem Preßsaft zugefügtem hexosediphosphorsaurem Natrium erzielt werden[3]).

Schon auf Grund der eben geschilderten Befunde am Muskelpreßsaft wurde die Vermutung ausgesprochen, daß das Lactacidogen nichts anderes wäre als eine Hexosephosphorsäure oder daß es jedenfalls einen Hexosephosphorsäurekomplex in seinem Molekül enthielte. Der Beweis für die Richtigkeit dieser Annahme konnte in weiteren von Laquer und dem Verfasser sowie von Margarete Zimmermann und dem Verfasser ausgeführten Arbeiten erbracht werden. Es gelang zunächst Laquer und dem Verfasser[4]), aus eiweißfreien Extrakten lebensfrischer Muskulatur durch Fällung mit Baryt, Zerlegung des Barytniederschlages mit Schwefelsäure und erneute Fällung mit Bleizucker eine Fraktion zu gewinnen, die neben anorganischer Phosphorsäure und einer unten S. 458 beschriebenen Nucleinsäure eine Kohlenhydratphosphorsäure enthielt. Diese Fraktion reduzierte Fehlingsche Flüssigkeit stark. Daß in ihr das Lactacidogen enthalten war, konnte dadurch bewiesen werden, daß ihre neutralisierten Lösungen die Milchsäurebildung und Phosphorsäurebildung im Muskelpreßsaft beträchtlich zu steigern vermochten. Die der Bleizuckerfällung entgangenen Reste der Substanz konnten mit Bleiessig und Ammoniak ausgefällt werden, und die aus dieser Fällung nach Entbleiung gewonnenen Lösungen, welche frei von anorganischer Phosphorsäure und auch von Nucleinsäure waren, hingegen organisch gebundene Phosphorsäure enthielten und reduzierende Eigenschaften zeigten, vermochten

---

[1]) Embden, G., W. Griesbach u. E. Schmitz: Hoppe-Seylers Zeitschr. f. physiol. Chem. Bd. 93, S. 10. 1914/15.

[2]) Embden, G., W. Griesbach u. E. Schmitz: Hoppe-Seylers Zeitschr. f. physiol. Chem. Bd. 93, S. 20ff. 1914/15.

[3]) Die Bildung von Hexosediphosphorsäure als Zwischenprodukt bei der alkoholischen Gärung von Hefepreßsaft, Trockenhefe usw. war durch Untersuchungen von Iwanoff, Harden und Young und v. Lebedew festgestellt worden. (Literatur siehe Embden, Griesbach und Schmitz: Hoppe-Seylers Zeitschr. f. physiol. Chem. Bd. 93, S. 36 [Fußnote]. 1914/15.)

[4]) Embden, G. u. F. Laquer: Hoppe-Seylers Zeitschr. f. physiol. Chem. Bd. 93, S. 94. 1914/15.

ebenfalls eine Steigerung der Milchsäure- und Phosphorsäurebildung im Muskelpreßsaft herbeizuführen.

Gerade aus der letztgenannten Fraktion, dann aber auch aus der Bleizuckerfällung konnte in weiteren Arbeiten mittels Phenylhydrazin eine schön krystallisierende Verbindung[1]) isoliert werden, die nach ihren Eigenschaften (Schmelzpunkt, optisches Verhalten und elementare Zusammensetzung) fraglos identisch war mit dem von v. LEBEDEW und von YOUNG isolierten Phenylhydrazinsalz des Phenylosazons der bei der Hefegärung auftretenden Hexosephosphorsäure[2]). Diese Osazonverbindung wurde außer aus Hundemuskulatur auch aus Kaninchenmuskeln und Froschmuskeln dargestellt[3]). In noch unveröffentlichten Versuchen von DEUTICKE, LEHNARTZ, PERGER und dem Verfasser konnte sie auch aus dem Muskelfleische verschiedener Fische (Scholle und Dorsch) gewonnen werden.

Wurde durch die Darstellung der eben erwähnten Osazonverbindung auch der Nachweis einer weitgehenden Ähnlichkeit im Bau des Lactacidogens und der Hexosediphosphorsäure erbracht, so war die völlige Identität beider Substanzen hiermit noch keineswegs erwiesen, schon deswegen nicht, weil bei der Bildung des Osazons aus Hexosediphosphorsäure das eine der beiden Phosphorsäuremoleküle abgespalten wird. (Auch abgesehen davon bilden bekanntlich gewisse isomere Zucker das gleiche Osazon.) Daß wirklich die Muskulatur, ja sogar der Muskelpreßsaft imstande ist, eine Hexosediphosphorsäure aufzubauen, die völlig mit der bei der Hefegärung entstehenden identisch ist, konnte erst in jüngster Zeit von MARGARETE ZIMMERMANN und dem Verfasser[4]) dargetan werden. Sie gingen dabei von der weiter unten S. 419ff. näher zu besprechenden Tatsache aus, daß unter Einwirkung bestimmter Ionen im Muskelpreßsaft aus anorganischer Phosphorsäure und ursprünglich vorhandenem oder auch in Form von Glykogen zugesetztem Kohlenhydrat eine Kohlenhydrat-Phosphorsäureverbindung aufgebaut wird. Das schön krystallisierte Brucinsalz dieser Substanz konnte völlig mit dem Brucinsalze der bei der Gärung entstehenden Hexosediphosphorsäure identifiziert werden. Das Brucinsalz enthält auf jedes Molekül Hexosediphosphorsäure 4 Moleküle Brucin (Formel s. S. 462).

Hiermit ist der Nachweis geführt, daß die Muskulatur die gleiche Hexosediphosphorsäure wie die Hefe aufzubauen vermag, und es darf als höchstwahrscheinlich betrachtet werden, daß auch das in der lebenden Muskulatur von vornherein enthaltene Lactacidogen entweder mit der bei der Gärung entstehenden Hexosediphosphorsäure identisch ist oder doch in seinem Molekül die gleiche Hexosediphosphorsäure enthält, die bei der Hefegärung gebildet wird. Endgültig kann diese Frage erst durch Reindarstellung krystallisierter Lactacidogenverbindungen aus der lebensfrischen Muskulatur ohne absichtlich hervorgerufene Synthese von Hexosediphosphorsäure entschieden werden.

Es erscheint übrigens von vornherein durchaus nicht als unmöglich, daß neben der Hexose*di*phosphorsäure auch Hexose*mono*phosphorsäure als Muttersubstanz der Milchsäure und Phosphorsäure in der Muskulatur in Frage kommt, was auch von den eben genannten Autoren hervorgehoben wird.

Solange die Reindarstellung des Lactacidogens aus der frischen Muskulatur und die Identifizierung der so gewonnenen Substanz mit dem entsprechenden

---

[1]) EMBDEN, G. u. F. LAQUER: Hoppe-Seylers Zeitschr. f. physiol. Chem. Bd. 98, S. 181. 1917.

[2]) v. LEBEDEW: Biochem. Zeitschr. Bd. 20, S. 114. 1909. — YOUNG: Ebenda Bd. 32, S. 177. 1911.

[3]) Aus letzteren beiden Tierarten von GINSBERG unter Leitung des Verfassers.

[4]) EMBDEN, G. u. M. ZIMMERMANN: Hoppe-Seylers Zeitschr. f. physiol. Chem. Bd. 141, S. 225. 1924.

Produkt aus Hexosediphosphorsäure nicht gelungen ist, erscheint es dem Verfasser nicht berechtigt (was vielfach geschieht), das Lactacidogen einfach mit Hexosediphosphorsäure oder gar Fructosediphosphorsäure zu identifizieren.

**b) Die Stellung des Lactacidogens im Kohlenhydratstoffwechsel des Muskels.**

Ehe wir die Verbreitung des Lactacidogens, den Gehalt verschiedener Muskelarten an dieser Substanz, die Schicksale des Lactacidogens bei der Muskeltätigkeit und beim Absterben des Muskels sowie auch andere Einflüsse auf den Lactacidogenwechsel besprechen, soll die Frage der Bedeutung des Lactacidogens im Kohlenhydratstoffwechsel des Muskels erörtert werden.

Sobald der hexosephosphorsäureartige Charakter des Lactacidogens erkannt war, d. h. schon gelegentlich der vom Verfasser und seinen Mitarbeitern im Jahre 1914 veröffentlichten Untersuchungen, wurde die Anschauung ausgesprochen, daß das Lactacidogen für den intramuskulären Kohlenhydratabbau eine ähnliche Rolle spielt wie die Hexosediphosphorsäure für die alkoholische Gärung, d. h. daß das Lactacidogen als ein synthetisches Zwischenprodukt beim Kohlenhydratabbau im Muskel zu betrachten ist[1]).

Das Lactacidogen wurde schon damals als Überträgersubstanz bezeichnet in dem Sinne, daß kleine Mengen von Phosphorsäure große Mengen von Kohlenhydrat unter intermediärer Bindung an das letztere in Milchsäure überführen können[2]). Mit dieser Auffassung, daß das Lactacidogen ein obligates Zwischenprodukt bei dem zu Milchsäure führenden Abbau der Kohlenhydrate bildet, stimmen sämtliche seit jener Zeit gemachten Erfahrungen durchaus überein. Wir haben oben gesehen, daß bei der Muskeltätigkeit Milchsäure und Phosphorsäure entstehen und daß — z. B. nach ermüdender Arbeit des Froschmuskels — die Menge der gebildeten Milchsäure weitaus jene der entstandenen anorganischen Phosphorsäure übertrifft. Ja, diese Milchsäuremenge kann, wie aus weiter unten gemachten Angaben über den Gehalt der Muskulatur an Lactacidogen hervorgeht, die theoretisch aus dem Lactacidogen ableitbare weit überschreiten. Diese Tatsache widerspricht aber in keiner Weise der Berechtigung der Vorstellung, daß der gesamte Abbau der Kohlenhydrate des Muskels zu Milchsäure unter intermediärer Anlagerung an Phosphorsäure, d. h. unter intermediärer Lactacidogenbildung, erfolgt.

Daß die Ablagerung einer so nahen Vorstufe der Phosphorsäure und Milchsäure, wie das Lactacidogen sie darstellt, gerade die *rasche* Bildung von Säure, der allem Anschein nach für den Vorgang der Muskelkontraktion große Bedeutung zukommt, erleichtert, liegt auf der Hand. Wir halten es für sicher, daß beide bei der Muskeltätigkeit entstehenden Säuren, die Phosphorsäure und auch die Milchsäure, stets aus ihrer gemeinsamen Muttersubstanz, dem Lactacidogen, gebildet werden, daß das Lactacidogen die nächste im Muskel gespeicherte Vorstufe der Milchsäure ist. Die Natur des Lactacidogens als Zwischenprodukt des Kohlenhydratabbaus, als Überträgersubstanz, ermöglicht es, daß beliebig große Kohlenhydratmengen unter intermediärer Bindung an Phosphorsäure in Milchsäure umgewandelt werden können, und einige weiter unten mitzuteilende Tatsachen sprechen dafür, daß mit dem Aufhören der Lactacidogensynthese auch die intramuskuläre Umwandlung von Kohlenhydrat in Milchsäure unmöglich wird.

[1]) Embden, G., W. Griesbach u. E. Schmitz: Hoppe-Seylers Zeitschr. f. physiol. Chem. Bd. 93, S. 54. 1914/15.

[2]) Laquer, F.: Hoppe-Seylers Zeitschr. f. physiol. Chem. Bd. 93, S. 78. 1914/15. — Es ist daher eine irrtümliche Auffassung Meyerhofs, wenn er noch neuerlich meint, daß Embden zunächst angenommen habe, daß das Lactacidogen der Speicher sei, aus dem der Muskel seine anaerobe Milchsäurebildung bestreitet (s. z. B. Meyerhof: Jahresber. üb. d. ges. Physiol. Bd. 3, S. 310. 1925).

### c) Der Lactacidogengehalt verschiedenartiger Muskeln.

Wir haben oben gesehen, daß das Lactacidogen unter der Einwirkung fermentativer Prozesse außerordentlich leicht zerfällt, derart, daß unter bestimmten Versuchsbedingungen in der Regel die gesamte Lactacidogenphosphorsäure als anorganische Phosphorsäure abgespalten wird. Das letztere ist namentlich der Fall, wenn man zerkleinerte Muskulatur oder Muskelpreßsaft unter Pufferung mit Natriumbicarbonat einer Temperatur von etwa 40—45° aussetzt. Schon nach 1—2 Stunden ist unter diesen Umständen die Phosphorsäurebildung aus Lactacidogen praktisch abgeschlossen. Daß hierbei gewöhnlich wirklich das gesamte Lactacidogen gespalten wird, kann man dadurch erweisen, daß aus dem so vorbehandelten Muskelmaterial sich keine Lactacidogenfraktion mehr gewinnen läßt, d. h. die Barytfällung des eiweißfreien Muskelextraktes zeigt nach ihrer Zersetzung mit Schwefelsäure keinerlei reduzierende Eigenschaften[1]). Man kann diese leichte und unter den meisten Bedingungen vollständige Spaltbarkeit des Lactacidogens unter Freiwerden von Phosphorsäure zur Bestimmung der Lactacidogenphosphorsäure benutzen, da die übrigen organischen Phosphorsäureverbindungen des Muskels kein ähnliches Verhalten zeigen[2]).

Derartige Bestimmungen sind an verschiedenem Muskelmaterial ausgeführt worden. Sie führten zur Aufdeckung gesetzmäßiger Beziehungen zwischen der Leistungsfähigkeit verschiedenartiger Muskeln und ihrem Lactacidogengehalt. Es ergab sich nämlich, daß unter sonst vergleichbaren Bedingungen ein Muskel einen um so höheren Lactacidogengehalt besitzt, zu je rascherer Kontraktion er befähigt ist. Dementsprechend zeigen die rasch zuckenden weißen Muskeln des Kaninchens einen weit höheren Lactacidogenphosphorsäuregehalt als die langsam arbeitenden roten[3]). So wurde in einem bestimmten weißen Beugemuskel des Kaninchens, dem Biceps femoris, ein Lactacidogenphosphorsäuregehalt von annähernd 0,3—0,4% der frischen Muskulatur gefunden, während in dem sehr viel träger sich kontrahierenden roten Semitendinosus die entsprechenden Werte zwischen 0,09 und 0,16% lagen. Der in seiner Farbe zwischen den beiden eben genannten Muskeln stehende Adductor longus zeigt einen höheren Lactacidogengehalt als der Semitendinosus, aber einen geringeren als der Biceps femoris. Weiterhin ergab sich, daß der rasch arbeitende weiße Brustmuskel des Hahns einen höheren Lactacidogengehalt als ein bestimmter roter Oberschenkelmuskel von langsamer Kontraktionsfähigkeit aufweist. Entsprechend den rasch flatternden Flugbewegungen des Hahns übertrifft der Lactacidogenphosphorsäuregehalt seines Brustmuskels auch denjenigen des Brustmuskels der Taube mit ihren großen, rudernden Flügelschlägen[4]).

Fast noch deutlicher als an Warmblütern treten die gesetzmäßigen Beziehungen zwischen Muskelfunktion und Lactacidogengehalt an Fröschen in die Erscheinung. Träge Winterfrösche haben in ihrer Schenkelmuskulatur einen weitaus geringeren Lactacidogengehalt als lebhafte Sommerfrösche, die in raschem Sprunge ihre Beute erhaschen. So wurde an frisch gefangenen Fröschen (Rana esculenta und temporaria) in den Wintermonaten ein Lactacidogenphosphorsäuregehalt ermittelt, der — auf die Muskulatur berechnet — unter 0,10% gelegen ist oder diesen Wert kaum überschreitet, während in den Sommer-

---

[1]) EMBDEN, G. u. F. LAQUER: Hoppe-Seylers Zeitschr. f. physiol. Chem. Bd. 93, S. 116ff. 1914/15.

[2]) EMBDEN, G., E. SCHMITZ u. P. MEINCKE: Hoppe-Seylers Zeitschr. f. physiol. Chem. Bd. 113, S. 15ff. 1921.

[3]) EMBDEN, G. u. E. ADLER: Hoppe-Seylers Zeitschr. f. physiol. Chem. Bd. 113, S. 201. 1921.

[4]) LYDING, G.: Hoppe-Seylers Zeitschr. f. physiol. Chem. Bd. 113, S. 223. 1921.

monaten wesentlich höhere Lactacidogenwerte, bisweilen solche von annähernd 0,2 und über 0,2% zur Beobachtung gelangten[1]). Versetzt man Winterfrösche mit einem niedrigen Lactacidogengehalt unter sommerliche Temperaturbedingungen (28—29°), so tritt nach einigen Tagen eine Steigerung des Lactacidogengehaltes ein, der hohe Sommerwerte erreichen kann[2]). Umgekehrt kann man den hohen Lactacidogengehalt der Schenkelmuskulatur von Spätsommerfröschen durch Verbringen der Tiere in die Kälte zu so starker Verminderung bringen, daß typische Winterwerte erreicht werden[3]).

Der Regulationsmechanismus bei der eben geschilderten gesetzmäßigen Abhängigkeit des Lactacidogengehaltes von Fröschen von der jeweiligen Außentemperatur ist noch nicht genügend geklärt, doch steht so viel fest, daß er auch nach dem Ausfall der zugehörigen Nervenbahnen nicht merklich gestört ist. Durchschneidet man den gesamten Plexus ischiadicus von kaltgehaltenen Winterfröschen mit niedrigem Lactacidogengehalt einseitig und bringt alsdann die Tiere in Temperaturen von 27—28°, so tritt sowohl auf der normalen wie auf der operierten Seite ein Anstieg des Lactacidogens ein, der nach 4 Tagen eben deutlich erkennbar ist und nach 8 Tagen hohe Sommerwerte erreichen kann. Bei noch erheblich längerem Aufenthalte der hungernden Tiere in der Wärme erfolgte zwar ein Wiederabsinken des Lactacidogengehaltes, der aber dauernd höher blieb als derjenige von Fröschen, die im Eisschrank gehalten waren[4]).

Auch Vergiftungen und Krankheitsprozesse können den Lactacidogengehalt beeinflussen. An Kaninchen tritt im Spätstadium der akuten Phosphorvergiftung an der weißen Muskulatur eine sehr beträchtliche Lactacidogenverminderung auf, die an der roten Muskulatur nicht zur Beobachtung gelangte[5]), und ebenso konnte bei der akuten Phosphorvergiftung von Sommerfröschen mit ursprünglich hohem Lactacidogengehalt ein Absinken der Lactacidogenphosphorsäure beobachtet werden, das mit der Dauer der Vergiftung immer ausgesprochener wurde[6]).

Daß es auch im Verlauf von fieberhaften Erkrankungen zu einem Absinken des Lactacidogengehaltes kommen kann, geht aus einer Untersuchung von Adam[7]) hervor, der an naganakranken Kaninchen, wenigstens bei Grünfütterung, bei der der Verlauf der Naganaerkrankung ein besonders schwerer ist, eine mit der Dauer der Erkrankung fortschreitende Verminderung des Lactacidogenphosphorsäuregehaltes des weißen M. Biceps femoris feststellte, während der rote M. semitendinosus ganz entsprechend seinem Verhalten bei der Phosphorvergiftung keine gesetzmäßige Abnahme des Lactacidogengehaltes erkennen ließ.

### d) Die organische „Restphosphorsäure" des Skelettmuskels (Parallelismus zwischen Sarkoplasma, Restphosphorsäure und Cholesteringehalt verschiedener Muskeln).

Wir haben im vorangehenden Abschnitte gesehen, daß verschiedene Muskeln ein und desselben Tieres einen um so höheren Gehalt an Lactacidogenphosphorsäure besitzen, zu je rascherer Kontraktion sie befähigt sind. Bestimmt man die

[1]) Adler, E.: Hoppe-Seylers Zeitschr. f. physiol. Chem. Bd. 113, S. 193. 1921.

[2]) Wechselmann, A. C.: Hoppe-Seylers Zeitschr. f. physiol. Chem. Bd. 113, S. 146. 1921. — Adler, E.: Ebenda Bd. 113, S. 174. 1921.

[3]) Adler, E. u. L. Guenzburg: Hoppe-Seylers Zeitschr. f. physiol. Chem. Bd. 113, S. 187. 1921.

[4]) Lawaczeck, H.: Hoppe-Seylers Zeitschr. f. physiol. Chem. Bd. 113, S. 301. 1921.

[5]) Embden, G. u. S. Isaac: Hoppe-Seylers Zeitschr. f. physiol. Chem. Bd. 113, S. 263. 1921.

[6]) Adler, E. u. S. Isaac: Hoppe-Seylers Zeitschr. f. physiol. Chem. Bd. 113, S. 271. 1921.

[7]) Adam, A.: Hoppe-Seylers Zeitschr. f. physiol. Chem. Bd. 113, S. 281. 1921.

Gesamtphosphorsäure im Muskel und zieht von ihr die Summe der anorganischen und der Lactacidogenphosphorsäure ab, so erhält man eine Phosphorsäurefraktion, die die gesamte organische Nicht-Lactacidogenphosphorsäure umfaßt und die als „organische Restphosphorsäure" oder auch einfach als „Restphosphorsäure" bezeichnet wurde[1]). Die organische Restphosphorsäure ist zum Teil in den sauren wässerigen Extrakten der Muskulatur, wie sie bei der Enteiweißung nach SCHENCK mit Salzsäure und Sublimat gewonnen werden, löslich; dieser Anteil, der sich als Differenz der gesamten löslichen Phosphorsäure und der nach völliger Spaltung des Lactacidogens vorhandenen anorganischen Phosphorsäure berechnet, ward als „lösliche Restphosphorsäure" bezeichnet, während der unter den eben genannten Bedingungen nicht lösliche Anteil der Phosphorsäure, der sich als Differenz des Gesamtphosphorsäuregehaltes des Muskels und der gesamten löslichen Phosphorsäure ergibt, als „unlösliche Restphosphorsäure" gekennzeichnet wurde.

Ebenso wie der Gehalt verschiedener Muskeln ein und derselben Tierart an Lactacidogenphosphorsäure um so größer ist, zu je rascherer Kontraktion sie befähigt sind, ebenso ist der Gehalt verschiedener Muskeln an Restphosphorsäure ein um so höherer, je größer die *Dauerleistungsfähigkeit* ist. Der leicht ermüdbare weiße Biceps femoris des Kaninchens enthält demgemäß eine weitaus geringere Menge Restphosphorsäure als der schwer ermüdbare rote Semitendinosus[2]). Der weiße Brustmuskel des Huhns, das ein sehr wenig dauerhafter Flieger ist, zeigt einen weit geringeren Restphosphorsäuregehalt als ein bestimmter roter Oberschenkelmuskel, der — der Eigenschaft des Huhns als Laufvogel entsprechend — durch größere Dauerleistungsfähigkeit ausgezeichnet ist. Einen ganz besonders hohen Restphosphorsäuregehalt besitzt der am Fluge wesentlich beteiligte große Brustmuskel der Taube, die bekanntlich ein ausgezeichneter Dauerflieger ist. Da außerdem in diesem Muskel der Betrag an Lactacidogenphosphorsäure ein recht erheblicher ist, besitzt die Brustmuskulatur der Taube einen ganz ungewöhnlich hohen Gesamtphosphorsäuregehalt[3]).

Hier mag auch erwähnt werden, daß das Herz nach älteren Untersuchungsergebnissen von ERLANDSEN[4]) durch einen außerordentlich hohen Gehalt an Phosphatidphosphorsäure, die der Restphosphorsäure zuzurechnen ist, ausgezeichnet ist. Einen hohen Gehalt an Restphosphorsäure im Herzen konnte auch H. KAHN in unveröffentlichten Untersuchungen feststellen.

Ganz entsprechend der größeren Dauerleistungsfähigkeit der Kröte, die in andauernder Bewegung ihre Nahrung sucht, besitzt ihre Schenkelmuskulatur einen erheblich höheren Restphosphorsäuregehalt als diejenige des Frosches, der in der Natur in raschem Sprunge seine Beute fängt, um sich dann längere Zeit ruhig zu verhalten[5]).

In einer unveröffentlichten Arbeit konnte M. BRANN feststellen, daß bei länger dauernder Gefangenschaft die Muskeln parallel mit der Abnahme ihrer Fähigkeit zu andauernder Arbeitsleistung eine erhebliche Verminderung ihres Restphosphorsäuregehaltes aufweisen, und ADAM[6]) sah bei mit Grünfutter ernährten, an Nagana erkrankten Kaninchen in der weißen Muskulatur eine

---

[1]) ADLER, E.: Hoppe-Seylers Zeitschr. f. physiol. Chem. Bd. 113, S. 174. 1921. — ADLER, E. u. L. GUENZBURG: Ebenda Bd. 113, S. 187. 1921. — ADLER, E.: Ebenda Bd. 113, S. 193. 1921. — EMBDEN, G. u. E. ADLER: Ebenda Bd. 113, S. 201. 1921.

[2]) EMBDEN, G. u. E. ADLER: Hoppe-Seylers Zeitschr. f. physiol. Chem. Bd. 113, S. 218. 1921.

[3]) LYDING, G.: Hoppe-Seylers Zeitschr. f. physiol. Chem. Bd. 113, S. 223. 1921. — LAWACZECK, H.: Ebenda Bd. 125, S. 212. 1923.

[4]) ERLANDSEN, A.: Hoppe-Seylers Zeitschr. f. physiol. Chem. Bd. 51, S. 71. 1907.

[5]) PANAJOTAKOS: Hoppe-Seylers Zeitschr. f. physiol. Chem. Bd. 113, S. 245. 1921.

[6]) ADAM, A.: Hoppe-Seylers Zeitschr. f. physiol. Chem. Bd. 113, S. 296. 1921.

Verschiebung der beiden Anteile der Restphosphorsäure zuungunsten der unlöslichen Fraktion eintreten. Ob es sich hierbei um einen Verlust an Phosphatiden oder anderen säureunlöslichen organischen Phosphorsäureverbindungen handelt, ist noch nicht festgestellt.

Hier mag noch auf die Beziehungen zwischen *Dauerleistungsfähigkeit, Sarkoplasmareichtum, Restphosphorsäure* und *Cholesteringehalt* verschiedener Muskeln eingegangen werden. Seit langem nimmt man an, daß verschiedene Muskeln ein und desselben Tieres umsomehr zu andauernder Arbeitsleistung befähigt sind, je größer ihr Sarkoplasmagehalt ist. Die leicht ermüdbare weiße Muskulatur des Kaninchens ist z. B. sarkoplasmaärmer als die schwer ermüdbare rote. Soeben sahen wir, daß der geringeren Dauerleistungsfähigkeit des weißen Muskels auch ein geringerer Gehalt an „Restphosphorsäure" entspricht. Ganz entsprechende Unterschiede wurden nun auch bezüglich des Cholesteringehaltes gefunden.

Der weiße Biceps femoris des Kaninchens enthält nämlich wesentlich weniger Cholesterin als der rote Semitendinosus, und dieser wiederum steht mit seinem Cholesteringehalt ganz beträchtlich hinter dem Herzen zurück[1]). Der leicht ermüdbare weiße Brustmuskel des Hahns ist cholesterinärmer als ein bestimmter roter, zu länger dauernder Arbeit befähigter Oberschenkelmuskel des gleichen Tieres; dieser letztere wird aber im Cholesteringehalt wieder vom Herzen übertroffen. Ganz entsprechend verhält sich die Restphosphorsäure[2]).

Auch am Frosch ist von den verschiedenen Muskeln das Herz am cholesterinreichsten (s. S. 468, Tab. 8); der Gastrocnemius mit seiner größeren Dauerleistungsfähigkeit enthält nicht nur etwas mehr Restphosphorsäure als der Semimembranosus[3]) sondern auch etwas mehr Cholesterin[4]). Die Schenkel- und Herzmuskulatur der ausdauernden Kröte ist wesentlich reicher an Restphosphorsäure (siehe die oben S. 390 erwähnten Untersuchungen von PANAJOKATOS) und an Cholesterin als die des Frosches[4]).

Der auffällige Parallelismus zwischen Sarkoplasmareichtum, Restphosphorsäure- und Cholesteringehalt eines Muskels führte LAWACZECK und den Verfasser zu der Annahme, daß das Sarkoplasma im wesentlichen der Träger der Restphosphorsäurefraktion und des Cholesterins ist, daß umgekehrt der Gehalt eines Muskels an Restphosphorsäure und Cholesterin geradezu als der chemische Ausdruck seines Sarkoplasmareichtums betrachtet werden darf[5]). An ein und demselben Tier entspricht hierbei allem Anschein nach der Sarkoplasmagehalt verschiedener Muskeln dem Grade ihrer Dauerleistungsfähigkeit, doch ist die letztere sicher auch von anderen Faktoren abhängig.

So darf zwar sehr wahrscheinlich die in einer an die eben besprochenen Arbeiten anschließenden Untersuchung von K. HOTTA festgestellte Tatsache, daß der Gehalt eines bestimmten Kalbsmuskels an Restphosphorsäure und an Cholesterin weitaus größer als der des gleichen Muskels vom ausgewachsenen Rinde ist, als der Ausdruck eines größeren Sarkoplasmareichtums des Kalbsmuskels angesehen werden; denn während der Entwicklung der Muskulatur erfolgt zunehmende Differenzierung von Fibrillen aus dem Sarkoplasma heraus. Dafür aber, daß

---

[1]) EMBDEN, G., u. H. LAWACZECK: Hoppe-Seylers Zeitschr. f. physiol. Chem. Bd. 125, S. 199. 1923.

[2]) LAWACZECK, H.: Hoppe-Seylers Zeitschr. f. physiol. Chem. Bd. 118, S. 210. 1923. Bezüglich des weißen Brustmuskels und des roten Oberschenkelmuskels des Hahns s. auch die oben S. 390 erwähnte Arbeit von LYDING.

[3]) BEHRENDT, H.: Hoppe-Seylers Zeitschr. f. physiol. Chem. Bd. 118, S. 123. 1923.

[4]) LAWACZECK, H.: Hoppe-Seylers Zeitschr. f. physiol. Chem. Bd. 118, S. 210. 1923.

[5]) EMBDEN, G. u. H. LAWACZECK: Hoppe-Seylers Zeitschr. f. physiol. Chem. Bd. 125, S. 209. 1923.

der in Frage kommende Kalbsmuskel zu andauernderer Arbeit als der gleiche Muskel des ausgewachsenen Rindes befähigt sei, liegen keinerlei Anhaltspunkte vor, viel eher darf das Gegenteil angenommen werden[1]). Möglicherweise hängt der hohe Restphosphorsäure- und Cholesteringehalt des Kalbsmuskels mit seinem raschen Wachstum zusammen, und jedenfalls zeigt sich die Unfertigkeit seiner Entwicklung ganz unmittelbar darin, daß er noch nicht rot gefärbt ist, d. h. das gerade für die Dauerleistungsfähigkeit wahrscheinlich bedeutungsvolle hämoglobinartige Myochrom entbehrt.

Im übrigen werden wir auf die physiologische Bedeutung des Sarkoplasmas, seine wahrscheinliche Funktion als membranartige Grenzschicht der Fibrillen und als Ort der Muskelatmung in späteren Abschnitten zurückkommen müssen.

## B. Das Verschwinden der bei der Muskeltätigkeit gebildeten Säuren.

Die vielfältig festgestellte Tatsache, daß bei der Tätigkeit des Muskels zwei bestimmte Säuren, Milchsäure und Phosphorsäure, *gebildet* werden, brachte uns zu der im vorangehenden Abschnitte behandelten Frage nach den Quellen dieser Säuren, und die nunmehr notwendige Erörterung ihres *Wiederverschwindens* wird uns zum Teil zu diesen Quellen zurückführen.

### 1. Das Verschwinden der bei der Muskeltätigkeit gebildeten Milchsäure.

Es unterliegt keinem Zweifel, daß im Gesamtorganismus bei normaler Blutdurchströmung des Muskels ein großer Teil der bei der Arbeit gebildeten Milchsäure den tätigen Muskel verlassen kann, so daß sich die weiteren Schicksale dieses Anteils der Säure außerhalb ihres Entstehungsortes abspielen.

Doch soll hier zunächst nur von jenen Vorgängen die Rede sein, die zur Wiederbeseitigung der bei der Tätigkeit des *isolierten* Muskels entstandenen Säure führen. Die für alle weiteren Fortschritte auf diesem Gebiete grundlegende Arbeit rührt von Fletcher und Hopkins her, die ihre Untersuchungen über die Milchsäure im Amphibienmuskel in erster Linie in der Hoffnung unternahmen, die Frage zu entscheiden, ob es ein intramuskuläres Verschwinden von Milchsäure gäbe oder nicht[2]).

Schon manche frühere Erfahrung machte es wahrscheinlich, daß beim Aufenthalt des Muskels in Sauerstoff Milchsäure verschwinden kann, so die Tatsache, daß Totenstarre und Ermüdung des isolierten Froschmuskels in Sauerstoffatmosphäre zurückgehen oder gar beseitigt werden können[3]) und daß auch die charakteristischen osmotischen Veränderungen des Froschmuskels bei der Ermüdung, die wohl unter Einwirkung von Stoffwechselprodukten sich ausbilden, beim Aufenthalt in Sauerstoff zurückgehen[4]). Fletcher und Hopkins konnten zunächst an der Hand einer empfindlichen Reaktion auf Milchsäure, dann auch durch quantitative Milchsäurebestimmung dartun, daß die bei der Ermüdung von Froschmuskeln gebildete Milchsäure durch längeren Aufenthalt in reinem Sauerstoff zum großen Teil beseitigt werden kann. Vollständiger als am ganzen Schenkel verschwindet die Säure aus einzelnen Gastrocnemien, in die der Sauerstoff besser hineindiffundiert. Doch ergaben auch an ganzen Schenkeln vorgenommene Versuche eine starke Verminderung der Milchsäure. So zeigten z. B. in einem Versuche Froschschenkel unmittelbar nach der Ermüdung einen

---

[1]) Hotta, K.: Hoppe-Seylers Zeitschr. f. physiol. Chem. Bd. 125, S. 220. 1923.
[2]) Fletcher, W. M. u. F. G. Hopkins: Journ. of physiol. Bd. 35, S. 282. 1906/07.
[3]) Fletcher, W. M.: Journ. of physiol. Bd. 28, S. 474. 1902.
[4]) Fletcher, W. M.: Journ. of physiol. Bd. 30, S. 414. 1904.

Milchsäuregehalt[1]) von annähernd 0,18%, in genau gleicher Weise ermüdete Schenkel nach 18stündigem Erholungsaufenthalt in Sauerstoff bei 22° nur einen solchen von etwas weniger als 0,08%, während in ebenso vorbehandelten, aber in Wasserstoff nachbehandelten Muskeln die Milchsäure auf fast 0,31% angestiegen war[2]).

Dieses Verhalten der Milchsäure in Sauerstoffatmosphäre wurde nur bei für den Frosch physiologischen Temperaturen beobachtet, während bei unphysiologisch hoher Temperatur (30°) Gleichbleiben des Milchsäuregehaltes für längere Zeit oder gar nach einigen Stunden starker Milchsäureanstieg gefunden wurde[3]). Wurde die ermüdete Muskulatur mit der Schere zerkleinert, so vermochte Sauerstoffatmosphäre keinerlei Milchsäure zum Verschwinden zu bringen, ja nicht einmal die Geschwindigkeit der unter diesen Umständen einsetzenden starken Milchsäurebildung merklich gegenüber der in Wasserstoffatmosphäre erfolgenden zu vermindern. Hiernach ist also das Verschwinden der Milchsäure in Sauerstoff an die Unversehrtheit der Muskelstruktur gebunden, was nach FLETCHER und HOPKINS durchaus dagegen spricht, daß es sich bei diesem Vorgang um eine einfach chemisch oder auch unter der Wirkung von Oxydasen bewirkte Oxydation der Säure handelt.

Über das Schicksal der in Sauerstoffatmosphäre aus dem ermüdeten Muskel verschwindenden Milchsäure konnten FLETCHER und HOPKINS auf Grund ihrer Versuche noch nicht zu eindeutigen Ergebnissen kommen. Sprach auch der starke Anstieg der Kohlensäureproduktion, der durch Sauerstoff im arbeitenden Muskel hervorgerufen wird[4]), für oxydative Beseitigung der Milchsäure, so standen nach der Meinung der englischen Autoren einer derartigen Auffassung doch starke Bedenken entgegen; einmal der eben erwähnte Umstand, daß schon nach mechanischer Schädigung des Muskels das Verschwinden der Milchsäure in Sauerstoff aufhört, dann vor allem die von ihnen festgestellte Tatsache der auffälligen Konstanz des Wärmestarremaximums der Milchsäure für bestimmte isolierte Muskeln. So fanden sie, daß in einem Falle die Milchsäure bei der Wärmestarre frischer Muskeln auf etwa 0,40% anstieg. Nach neun Perioden tetanischer Reizung, die mit langen, zu erheblichem Verschwinden von Milchsäure führenden Ruhepausen in Sauerstoff abwechselten, wurde wiederum das Starremaximum bestimmt und mit dem zu Anfang des Versuches festgestellten gleich gefunden. Trotzdem also reichlich Milchsäure verschwunden war, blieb das Starremaximum unverändert. Wenn FLETCHER und HOPKINS auf Grund dieser wichtigen Feststellung die Vermutung äußern, daß die Muttersubstanz der Milchsäure trotz Verschwindens beträchtlicher Milchsäuremengen in Sauerstoff in ihrer Menge unverändert blieb[5]), so haben spätere Forschungen zwar die Unrichtigkeit dieser Vermutung ergeben, aber ihre Anschauung, daß bei der oxydativen Erholung des Muskels die verschwindende Milchsäure nicht einfach vollständig unter $CO_2$-Bildung verbrennt, besteht durchaus zu Recht. Die Konstanz des Milchsäuremaximums hat durch oben (S. 377) bereits erwähnte Untersuchungen LAQUERS ihre Erklärung darin gefunden, daß die intramuskuläre Säurebildung bei der Starre sich selber hemmt.

Wir wollen auf die im Anschluß an ihre zuletzt besprochenen Befunde von FLETCHER und HOPKINS erörterten Möglichkeiten des Schicksals der Milchsäure

---

[1]) Berechnet aus dem von FLETCHER und HOPKINS angegebenen Werten für wasserfreies Zinklactat.

[2]) FLETCHER, W. M. u. F. G. HOPKINS: Journ. of physiol. Bd. 35, S. 283. 1906/07.

[3]) FLETCHER, W. M. u. F. G. HOPKINS: Journ. of physiol. Bd. 35, S. 286. 1906/07.

[4]) FLETCHER, W. M.: Journ. of physiol. Bd. 28, S. 497. 1902.

[5]) FLETCHER, W. M. u. F. G. HOPKINS: Journ. of physiol. Bd. 35, S. 294. 1906/07.

bei der oxydativen Erholung des Muskels nicht näher eingehen. Nur so viel sei erwähnt, daß sie bereits nicht nur die Rückumwandlung von Milchsäure in ihre intramuskuläre Vorstufe, sondern auch die Kohlenhydratnatur dieser Vorstufe in Erwägung ziehen.

Die weitere Entwicklung des Problems war naturgemäß an die Erkenntnisse gebunden, die bezüglich des Schicksals der Milchsäure im intermediären Stoffwechsel des Gesamtorganismus und in anderen Organen gewonnen wurden. Schon im Jahre 1904 stellten H. SALOMON und der Verfasser in Versuchen am pankreaslosen Hunde fest, daß Milchsäurezufuhr zu einer starken Vermehrung der Zuckerausscheidung führt[1]), ein Verhalten, das durch Untersuchungen von MANDEL und LUSK an phlorrhizindiabetischen Tieren Bestätigung fand[2]). Diese Autoren zeigten, daß der Übergang von Milchsäure in Zucker beim maximalen Phlorrhizindiabetes ein quantitativer ist, ein Befund, der durch DAKIN und DUDLEY erweitert und vertieft wurde[3]). Bereits auf Grund der eben erwähnten Untersuchungsergebnisse von EMBDEN und SALOMON am pankreaslosen Hunde sowie auf Grund der Beobachtungen ALMAGIAS und des Verfassers, daß in der künstlich durchströmten Leber Glykogen und Traubenzucker in Milchsäure umgewandelt werden[4]), haben vor langer Zeit der Verfasser sowie v. NOORDEN und der Verfasser[5]) die Vermutung ausgesprochen, daß die im Muskel aus Zucker gebildete Milchsäure, soweit sie ins Blut gelangt, anderswo im Tierkörper wieder zu Zucker regeneriert wird, „so daß man hiernach mit einer gewissen Berechtigung von einer Art chemischem Kreislauf der Kohlenhydrate im Organismus sprechen könnte". Die genannten Autoren meinten, daß die früher von MINKOWSKI beobachtete Tatsache, daß nach Exstirpation der Leber der Zucker aus dem Blute schwindet, hingegen reichlich Milchsäure auftritt, dafür spräche, daß als Ort der Zuckerregeneration aus Milchsäure die Leber anzusehen wäre. Daß die Leber tatsächlich imstande ist, Milchsäure zu Zucker aufzubauen, geht aus Versuchen hervor, die PARNAS und BAER an der künstlich durchströmten Schildkrötenleber[6]), BARRENSCHEEN[7]) sowie BALDES und SILBERSTEIN[8]) an der Säugetierleber vornahmen.

Schon in einer im Jahre 1914 veröffentlichten Arbeit wiesen GRIESBACH, LAQUER und der Verfasser darauf hin, daß die Vorstellung, wonach der Leber für die Rückverwandlung von Milchsäure zu Zucker eine besondere Rolle zukommt, natürlich nur für den Gesamtorganismus Geltung haben könne, und daß manche von englischen Autoren, namentlich von FLETCHER und HOPKINS[9]) und von HILL[10]), gemachte Beobachtungen, es sehr möglich erscheinen ließen, daß auch innerhalb der Muskulatur eine Regeneration der Milchsäure zur Milchsäurevorstufe erfolgen könne, daß die Muskulatur ganz ähnlich wie die Leber in der Lage wäre, Milchsäure in Kohlenhydrat zurückzuverwandeln. Die genannten Autoren hoben auch hervor, daß über die Natur der Substanzen, die die für die endotherme Umwandlung von Milchsäure in Kohlenhydrat notwendige Energie

1) EMBDEN, G. u. H. SALOMON: Hofmeisters Beitr. Bd. 6, S. 63. 1904.

2) MANDEL u. LUSK: Americ. journ. of physiol. Bd. 16, S. 139. 1906.

3) DAKIN u. DUDLEY: Journ. of biol. chem. Bd. 15, S. 143. 1913.

4) EMBDEN, G. u. M. ALMAGIA: Hofmeisters Beitr. Bd. 7, S. 298. 1905.

5) EMBDEN, G.: VI. Internat. Kongreß Brüssel 1904; Zentralbl. f. Physiol. Bd. 18, S. 832. 1905. — v. NOORDEN u. G. EMBDEN: Zentralbl. f. d. ges. Physiol. u. Pathol. d. Stoffwechsels. Neue Folge. 1906, Nr. 1, S. 1.

6) PARNAS, J. u. J. BAER: Biochem. Zeitschr. Bd. 41, S. 386. 1912.

7) BARRENSCHEEN: Biochem. Zeitschr. Bd. 58, S. 299. 1913.

8) BALDES, K. u. F. SILBERSTEIN: Hoppe-Seylers Zeitschr. f. physiol. Chem. Bd. 100, S. 34. 1917.

9) FLETCHER, W. M. u. F. G. HOPKINS: Journ. of physiol. Bd. 35, S. 292—296. 1906/07.

10) HILL, A. V.: Journ. of physiol. Bd. 48, S. 10. 1914.

lieferten, nichts bekannt wäre. Mancherlei spricht nach ihnen dafür, „daß ein Teil der Milchsäure unter aeroben Verhältnissen im Muskel verbrennen kann, aber an sich wäre es denkbar, daß jeder mit positiver Wärmetönung verbundene Prozeß die für die endotherme Umwandlung von Milchsäure in Traubenzucker notwendige chemische Energie auf dem Wege irgendwelcher gekoppelter Reaktionen liefert"[1]).

Der Weg, auf dem die Rückumwandlung von d-Milchsäure in d-Glucose erfolgt, ist noch keineswegs genau aufgeklärt, doch spricht vieles dafür, daß die Milchsäure zunächst unter starkem Energiehub in Triose umgewandelt wird, die dann ihrerseits in d-Glucose übergeht[2]). Die letztere Reaktion, also die Umwandlung von Triose in Sechskohlenstoffzucker, tritt mit größter Leichtigkeit in der künstlich durchströmten Leber ein[3]), wobei das Dioxyaceton $CH_2OH \cdot CO \cdot CH_2OH$ in d-Glucose umgewandelt wird, während bei der Verwendung von dl-Glycerinaldehyd $CH_2OH \cdot CHOH \cdot COH$ im Durchströmungsversuch ein Sechskohlenstoffzucker (d-Sorbose) gebildet wird, dessen Entstehung unter Beteiligung der im Organismus nicht vorkommenden optischen Form des Glycerinaldehyds ohne weiteres aus seiner sterischen Anordnung erkennbar ist.

Im Prinzip ganz ähnlich sind die von Dakin und Dudley geäußerten Anschauungen[4]), nur daß diese Autoren die intermediäre Bildung von Methylglyoxal ($CH_3 \cdot CO \cdot COH$) bei der Umwandlung der Milchsäure in Triose vermuten.

Einen ganz anderen Weg nahmen Parnas und Baer an[5]), die eine primäre Oxydation der Milchsäure zu Glycerinsäure für wahrscheinlich halten. Die Glycerinsäure soll alsdann auf hier nicht näher zu erörterndem Wege zu Glykolaldehyd — $CH_2OHCOH$ — abgebaut und drei Moleküle Glykolaldehyd durch Aldolkondensation zu Glucose synthetisiert werden. Gegen die Richtigkeit dieser Vorstellung spricht aber durchaus die von Baldes und Silberstein unter Leitung des Verfassers festgestellte Tatsache, daß in der künstlich durchströmten Hundeleber unter Versuchsbedingungen, unter denen Milchsäure ohne weiteres in Traubenzucker übergeht, weder Glycerinsäure noch Glykolaldehyd in Glucose umgewandelt werden. Im Gegensatz zum Verhalten der Diose Glykolaldehyd erweisen sich, wie bereits oben erwähnt, die beiden Triosen unter den gleichen Versuchsbedingungen als Zuckerbildner von ganz besonderer Stärke.

Dürfen wir sonach wohl mit großer Wahrscheinlichkeit annehmen, daß in der künstlich durchströmten Leber und wohl auch in derjenigen des lebenden Organismus die Rückumwandlung von Milchsäure in Zucker auf dem Wege über Triose erfolgt, so erscheint es doch von vornherein nicht als völlig ausgeschlossen, daß in anderen Organen die gleiche Rückverwandlung sich auf einem anderen Wege vollzieht und ebensowenig, daß bei dem in Frage kommenden Restitutionsprozeß mehrere Wege gleichzeitig beschritten werden. Dem hauptsächlichsten von Parnas und Baer für die Richtigkeit ihrer Anschauungen angeführten Argument, daß nämlich die von ihnen angenommenen intermediären Prozesse

[1]) Embden, G., W. Griesbach u. F. Laquer: Hoppe-Seylers Zeitschr. f. physiol. Chem. Bd. 93, S. 142. 1914. — Eine genauere Erörterung „über den chemischen Kreislauf der Kohlenhydrate und seine krankhaften Störungen", in der namentlich auch auf die energetische Bedeutung der Milchsäurebildung aus Kohlenhydrat und des daran sich anschließenden umgekehrten Vorganges hingewiesen wird, findet sich bei G. Embden: Therap. Monatshefte Jg. 32, S. 315. 1918 (s. auch G. Embden: Klin. Wochenschr. Jg. 1, S. 401. 1922).

[2]) Porges, O.: Ergebn. d. Physiol. Bd. 10, S. 46. 1910. — Embden, G. u. M. Oppenheimer: Biochem. Zeitschr. Bd. 45, S. 187. 1912.

[3]) Embden, G., E. Schmitz u. M. Wittenberg: Hoppe-Seylers Zeitschr. f. physiol. Chem. Bd. 88, S. 210. 1913.

[4]) Dakin u. Dudley: Journ. of biol. chem. Bd. 15, S. 127. 1913.

[5]) Parnas u. Baer: Biochem. Zeitschr. Bd. 41, S. 386. 1912.

bei der Verwandlung von Milchsäure in Zucker sämtlich unter positiver Wärmetönung verlaufen, kann allerdings keinerlei Beweiskraft zuerkannt werden, wissen wir doch mit Sicherheit, daß im normalen intermediären Stoffwechsel in großem Umfange endotherme Prozesse auftreten[1]).

PARNAS[2]) kam übrigens auf Grund von Versuchen, denen er freilich später selber keine Beweiskraft mehr zuerkannte[3]), zu der Anschauung, daß während der Erholung des Muskels in Sauerstoff eine der verschwindenden Milchsäure genau entsprechende Sauerstoffmenge verbraucht würde, auf 1 Mol. = 90 g Milchsäure, 3 Mol. = 96 g Sauerstoff, entsprechend der Gleichung $CH_3CHOH \cdot COOH + 3\,O_2 = 3\,CO_2 + 3\,H_2O$.

Auf die schweren energetischen Bedenken, die der Annahme einer vollständigen Verbrennung der bei der Tätigkeit gebildeten Milchsäure während der Erholungsphase entgegenstehen, machte MEYERHOF[4]) mit Recht aufmerksam. Während der Arbeit des Muskels treten nämlich, wie der zuletzt genannte Autor[5]) gefunden hatte, auf jedes Gramm gebildeter Milchsäure durchschnittlich etwa 400 cal auf (calorischer Quotient der Milchsäure) [nach neueren Angaben MEYERHOFS[6]) wird der durchschnittliche Wert des calorischen Quotienten zu 375 cal angenommen]. Würde diese während der Erholung in Sauerstoff wieder vollständig verschwindende Milchsäure ihrem ganzen Betrage nach verbrennen, so würden von der Verbrennungswärme des Zuckers (für 1 g mehr als 3700 cal) nur etwa $^1/_9$ während der Arbeitsphase frei werden, die übrigen $^8/_9$ während der Erholung, was angesichts des relativ hohen Wirkungsgrades des Muskels im Tierkörper (etwa 30%) nur unter von vornherein ganz unwahrscheinlichen Voraussetzungen möglich wäre und auch durchaus nicht zu der von HILL gemachten Beobachtung stimmen würde, daß die Kontraktionswärme und die auf sie folgende Erholungswärme in Sauerstoff annähernd gleich sind.

In der Tat konnte MEYERHOF nun dartun, daß von der bei der Erholung des Muskels in Sauerstoff verschwindenden Milchsäure nur der kleinere Teil wirklich verbrennt, der größere aber auf anaeroben Wege beseitigt wird.

In einer größeren Anzahl von Versuchen stellte MEYERHOF nämlich den Mehrverbrauch des Muskels an Sauerstoff gegenüber dem während der Ruhe erfolgenden fest und verglich diesen Mehrverbrauch mit der gleichzeitig verschwindenden Milchsäure. Es ergab sich die überaus wichtige Tatsache, daß bei vollständigem Verschwinden der während der Reizung angehäuften Milchsäure keineswegs die zu ihrer völligen Verbrennung notwendige Sauerstoffmenge (3 Mol. Sauerstoff auf 1 Mol. Milchsäure) extra verbraucht wird, sondern nur etwa $^1/_3$—$^1/_4$ dieser Menge. Das Vielfache des Milchsäureschwundes gegenüber dem Sauerstoffverbrauch lag in 10 von MEYERHOF zunächst vorgenommenen Versuchen mit isometrischer Ermüdung zwischen 2,9 und 4,0, im Durchschnitt bei 3,4, d. h. es verschwand durchschnittlich 3,4 mal soviel Milchsäure, als durch den gleichzeitig verbrauchten Sauerstoff vollkommen verbrannt werden konnte. Unveränderlich ist hierbei das Verhältnis Sauerstoff zu Milchsäure nicht; so war fast stets bei niedriger Temperatur (7,5°) die für die Beseitigung eines bestimmten Milchsäurequantums notwendige Sauerstoffmenge 10—20% geringer als bei höherer Temperatur (14°)[7]). Ganz ähnliche Ergebnisse wie nach isometrischer

---

[1]) Siehe hierüber auch FRANZ HOFMEISTER: Nothnagel-Vortrag Nr. 1, S. 19. Urban & Schwarzenberg 1913.

[2]) PARNAS, J.: Zentralbl. f. Physiol. Bd. 30, S. 1. 1915.

[3]) PARNAS, J.: Biochem. Zeitschr. Bd. 116, S. 71. 1921.

[4]) MEYERHOF, O.: Pflügers Arch. f. d. ges. Physiol. Bd. 182, S. 285ff. 1920.

[5]) MEYERHOF, O.: Pflügers Arch. f. d. ges. Physiol. Bd. 182, S. 266. 1920.

[6]) MEYERHOF, O.: Nobel-Vortrag. Naturwissenschaften 1924, S. 183.

[7]) MEYERHOF, O.: Pflügers Arch. f. d. ges. Physiol. Bd. 182, S. 295. 1920.

erhielt MEYERHOF auch nach isotonischer Ermüdung, und ebenso konnte er feststellen, daß die Milchsäure, die sich bei längerer *Anaerobiose* im ruhenden Muskel anhäuft und nachträglich in Sauerstoff wieder verschwindet, bei diesem Verschwinden nur $^1/_3$—$^1/_4$ des zu ihrer Oxydation notwendigen Sauerstoffs verbraucht. Später zeigte MEYERHOF, daß der Quotient $\frac{\text{insgesamt verschwindende Milchsäure}}{\text{verbrannte Milchsäure}}$ sehr wesentlichen Schwankungen unterlegen und bei ganz frischen Muskeln am größten ist. Hier kann er $\frac{5}{1}$, ja $\frac{6}{1}$ betragen[1]).

In gemeinsam von MEYERHOF und MEIER[2]) am lebenden Frosch angestellten Untersuchungen, in denen ebenfalls der Sauerstoffmehrverbrauch und das Verschwinden der Milchsäure miteinander verglichen werden, wurde dieses Verhältnis, das als „Oxydationsquotient" der Milchsäure bezeichnet wurde, zwischen $\frac{3}{1}$ und $\frac{6}{1}$ gefunden. Es erscheint freilich durchaus nicht als sicher, ja, wie der Verfasser glauben möchte, nicht einmal als wahrscheinlich, daß am lebenden Frosch die gesamte Regeneration der Milchsäure zu Zucker ausschließlich in der Muskulatur erfolgt[3]).

Auf andere Untersuchungen MEYERHOFS, aus denen hervorgeht, daß verschiedenartige Schädigungen, die dem Tier vor der Tötung beigebracht werden, den Oxydationsquotienten der Milchsäure sehr stark herabsetzen können, soll hier nicht eingegangen werden.

Wir wenden uns vielmehr jetzt der Frage zu, was aus demjenigen Anteil der Milchsäure wird, welcher verschwindet, ohne zu verbrennen. Es ist ein großes Verdienst MEYERHOFS[4]), den experimentellen Beweis erbracht zu haben, daß der anaerob verschwindende Anteil der Milchsäure in Kohlenhydrat zurückverwandelt wird. Ebenso wie im Gesamtorganismus und in der isolierten Leber Milchsäure zu Kohlenhydrat synthetisiert werden kann (s. darüber das oben S. 394ff. Gesagte), ebenso vollzieht sich dieser Prozeß auch in der Muskulatur, und der „chemische Kreislauf der Kohlenhydrate" im Sinne des Verfassers — d. h. ihr Abbau zu Milchsäure und ihr Wiederaufbau zu Kohlenhydrat —, der schon vor langer Zeit für den Gesamtorganismus erwiesen (s. oben S. 394) und später auch für die Muskulatur angenommen wurde, hat nach den grundlegenden Untersuchungsergebnissen MEYERHOFS die größte Bedeutung für die Muskeltätigkeit.

Auch die während der Ruheanaerobiose angehäufte Milchsäure verschwindet beim nachträglichen Verbringen des Muskels in eine Sauerstoffatmosphäre, indem sie zum kleineren Teil verbrennt, zum größeren in Kohlenhydrat zurückverwandelt wird. Der respiratorische Quotient des Muskels bei der Erholung nach der Tätigkeit liegt stets ganz in der Nähe von 1, was nach MEYERHOF beweist, daß ein Teil der Milchsäure (oder eine ihr äquivalente Kohlenhydratmenge) vollkommen verbrennt, während die Umwandlung des anaerob verschwindenden Milchsäureanteils in Kohlenhydrat quantitativ verläuft. So verschwanden in einem Versuch MEYERHOFS bei 23stündiger Erholung nach 20 Minuten langer Einzelreizung[4]) aus 1 g Muskel 2,36 mg Milchsäure; der Sauerstoffverbrauch auf 1 g Muskulatur betrug hierbei insgesamt 1,48 mg. Diese Sauerstoffmenge reicht dazu aus, um 1,39 mg Milchsäure völlig zu verbrennen. Von den verschwundenen 2,36 mg Milchsäure waren rechnerisch also 2,36 mg minus 1,39 mg gleich 0,97 mg zu Kohlenhydrat synthetisiert, und die tatsächlich

[1]) MEYERHOF, O.: Pfügers Arch. f. d. ges. Physiol. Bd. 182, S. 295. 1920.

[2]) MEYERHOF, O. u. R. MEIER: Pflügers Arch. f. d. ges. Physiol. Bd. 204, S. 448. 1924.

[3]) Siehe auch JANSSEN u. JOST: Vortrag auf der Naturforscherversammlung in Innsbruck 1924.

[4]) MEYERHOF, O.: Pflügers Arch. f. d. ges. Physiol. Bd. 185, S. 24. 1920 (Versuch 9). S. auch Pflügers Arch. f. d. ges. Physiol. Bd. 182, S. 312. 1920.

gefundene Kohlenhydratzunahme betrug in naher Übereinstimmung damit 0,92 mg.

Meyerhof hat sowohl die anaerobe Phase des Muskelstoffwechsels, die zu Milchsäurebildung unter Verschwinden von Kohlenhydrat führt, wie die oxydative mit dem Wiederaufbau von Kohlenhydrat verbundene, in verschiedenartiger Weise zu formulieren versucht. Hier sei nur diejenige Formulierung beider Phasen wiedergegeben, die er auch in seinem Nobel-Vortrag erörtert[1]). Meyerhof geht hierbei auf Grund der vom Verfasser und seinen Mitarbeitern gewonnenen Untersuchungsergebnisse (s. oben S. 384ff.) davon aus, daß sowohl beim Abbau des Glykogens zu Milchsäure, wie beim Wiederaufbau der Milchsäure zu Glykogen intermediär Hexosediphosphorsäure entsteht. Er berücksichtigt den Fall, daß von je 4 entstandenen Milchsäuremolekülen 3 in Kohlenhydrat zurückverwandelt werden, 1 dagegen verbrannt wird; jedoch läßt die gewählte Formulierung auch die Möglichkeit zu, daß nicht die Milchsäure, sondern eine ihr äquivalente Kohlenhydratmenge verbrennt, wobei dann die anaerob entstandene Milchsäure quantitativ in Zucker zurückverwandelt würde.

A. Anaerobe Phase.

$$\underset{\text{Glykogen}}{{}^5/_n (C_6H_{10}O_5)_n} + 5\,H_2O + 8\,H_3PO_4 \rightarrow$$

$$4\,C_6H_{10}O_4(H_2PO_4)_2 + C_6H_{12}O_6 + 8\,H_2O \rightarrow$$

$$8\,C_3H_6O_3 + 8\,H_3PO_4 + C_6H_{12}O_6\,.$$

B. Oxydative Phase.

$$8\,C_3H_6O_3 + 8\,H_3PO_4 + C_6H_{12}O_6 + 6\,O_2 \rightarrow$$

$$4\,C_6H_{10}O_4(H_2PO_4)2 + 6\,CO_2 + 14\,H_2O \rightarrow$$

$${}^4/_n (C_6H_{10}O_5)_n + 8\,H_3PO_4 + 6\,CO_2 + 10\,H_2O\,.$$

Die Formulierung der anaeroben Phase scheint hierbei wohl geeignet, die Geschehnisse im Kohlenhydratwechsel des Muskels während einer längeren anaerobiotischen Periode darzustellen. Sie kann freilich nicht die chemischen Prozesse im Kontraktionsaugenblick wiedergeben, bei denen es zur vorübergehenden Abspaltung sehr großer, die gebildete Milchsäure um ein Vielfaches übertreffenden Phosphorsäuremengen kommt. Ein derartiger Formulierungsversuch findet sich im letzten Abschnitt dieses Kapitels (S. 439). Naturgemäß kommt in den oben wiedergegebenen Formelbildern Meyerhofs auch nicht zum Ausdruck, daß bei jeder länger andauernden Muskeltätigkeit es zu einer den Kontraktionszustand überdauernden Abspaltung von Phosphorsäure aus Lactacidogen kommt, und daß diese Phosphorsäure während nachfolgender oxydativer Erholung wieder zu Lactacidogen zurückverwandelt werden kann.

Wir haben oben gesehen, daß in allen Versuchen an isolierten Muskeln während der oxydativen — zur Resynthese von Milchsäure und Kohlenhydrat führenden — Phase der respiratorische Quotient annähernd gleich 1 ist, was durchaus dafür spricht, daß im Muskel nur Kohlenhydrat verbrennt. Gegen die Auffassung, daß die Regeneration von Milchsäure zu Kohlenhydrat lediglich unter Verbrennung von Milchsäure oder Kohlenhydrat erfolgt, hat neuerlich

---

[1]) Meyerhof, O.: Naturwissenschaften 1924, S. 182. — Weitere Formulierungsversuche Meyerhofs s. auch Pflügers Arch. f. d. ges. Physiol. Bd. 182, S. 301. 1920 u. Bd. 185, S. 25. 1920.

Lusk[1]) gewichtige Bedenken geltend gemacht. Er weist nämlich darauf hin, daß im Gesamtorganismus bei der Muskeltätigkeit keineswegs immer der respiratorische Quotient 1 beobachtet wird, sondern oft weit niedrigere, z. B. solche, wie sie bei vorwiegender Fettverbrennung vorkommen. Die so entstehende Schwierigkeit wird, wie der Verfasser glauben möchte, und wie er bereits vor längeren Jahren ausgesprochen hat, beseitigt, wenn man annimmt, daß die Resynthese von Milchsäure zu Kohlenhydrat keineswegs auf die Muskulatur beschränkt ist, sondern sich auch — ja vielleicht vorwiegend — in anderen Organen, namentlich in der Leber abspielt. Bereits im Jahre 1906 wiesen v. Noorden und der Verfasser[2]) darauf hin, daß nach Untersuchungen Minkowskis Exstirpation der Leber zu einem Schwinden des Zuckers aus dem Blute führt, wogegen der Milchsäuregehalt des Blutes ansteigt, und sahen gerade darin einen gewichtigen Hinweis auf die Bedeutung der Leber für den Wiederaufbau des Zuckers aus Milchsäure.

Es erscheint als durchaus möglich, daß die Verschiedenheit des respiratorischen Quotienten bei der Muskeltätigkeit im lebenden Gesamtorganismus gerade darauf beruht, daß ein großer Teil des eben genannten Wiederaufbauprozesses sich in der Leber abspielt, und daß die Energie für diesen endotherm verlaufenden Vorgang unter Verbrennung verschiedenartigster Nahrungsstoffe gewonnen werden kann.

Ist sonach der von Lusk erhobene Einwand insoweit sicherlich berechtigt, als im Gesamtorganismus bei der Muskeltätigkeit bestimmt nicht ausschließlich Kohlenhydrat verbrennt, so erscheint es dennoch als möglich, daß die Verschiedenheit der respiratorischen Quotienten im isolierten Muskel und im Gesamtorganismus eben auf der hervorragenden Beteiligung der Leber an der oxydativen Resynthese von Milchsäure aus Kohlenhydrat beruht[3]).

Auch die von Mandel und Lusk[4]) schon vor längeren Jahren gemachte Beobachtung, daß Milchsäure beim maximalen Phlorrhizindiabetes quantitativ in Zucker umgewandelt wird, beweist, daß in diesem Falle der Übergang von Milchsäure in Zucker ohne Oxydation eines Teiles der Milchsäure erfolgen kann, und im gleichen Sinne sprechen auch Versuche von S. Isaac[5]), der in Fällen leichter Phosphorvergiftung bei der künstlichen Durchströmung der Leber eine genau der verschwindenden Milchsäuremenge entsprechende Zuckerbildung beobachtete.

## 2. Das Verschwinden der bei der Muskeltätigkeit gebildeten Phosphorsäure.

Ebenso wie die Milchsäure verschwindet auch die bei andauernder Muskeltätigkeit aus Lactacidogen abgespaltene Phosphorsäure bei der Erholung wieder. Namentlich liegen hierüber Beobachtungen am Froschmuskel vor.

Reizt man beide Gastrocnemien oder Semimembranosen eines Frosches während 10—15 Minuten mit Einzelinduktionsschlägen, so findet man, wie wir oben S. 382ff. sahen, regelmäßig eine erhebliche Vermehrung der anorganischen Phosphorsäure. Bestimmt man nunmehr in je einem der Muskeln die Phosphorsäure unmittelbar nach Abschluß der Reizung, in dem anderen nach 2stündiger

[1]) Lusk, G.: Festschrift für Max Cremer: Biochem. Zeitschr. Bd. 156, S. 334. 1925.

[2]) Noorden, K. v. u. G. Embden: Zentralbl. f. d. ges. Physiol. u. Pathol. d. Stoffwechsels. Neue Folge. 1906, Nr. 1, S. 1.

[3]) Siehe auch die oben S. 397 erwähnten Untersuchungsergebnisse von Janssen und Jost.

[4]) Mandel u. G. Lusk: Americ. journ. of physiol. Bd. 16, S. 139. 1906.

[5]) Isaac, S.: Hoppe-Seylers Zeitschr. f. physiol. Chem. Bd. 100, S. 1. 1917.

Erholung in Sauerstoff, so enthalten die erholten Muskeln weniger anorganische Phosphorsäure als die nicht erholten[1]). So wurde z. B. in einem Versuch im Mai im Gastrocnemius nach 15 minutiger Reizung mit im ganzen 825 Einzelinduktionsschlägen unter Belastung mit 25 g ein Phosphorsäurewert von 0,392% gefunden, nach 2stündiger Erholung in Sauerstoff aber nur ein solcher von 0,353%. Die entsprechenden Zahlen für die Semimembranosi, die in genau gleicher Weise, jedoch mit einer Belastung von nur $\frac{25}{3}$ g gereizt waren, betrugen 0,415% und 0,382%. Der Wiederaufbau des Lactacidogens kann bei Erholung des Muskels in Sauerstoff ein sehr vollständiger sein.

Es sei hier darauf hingewiesen, daß der Gastrocnemius von vornherein regelmäßig etwas weniger anorganische Phosphorsäure als der Semimembranosus enthält. Reizt man beide Gastrocnemien für nicht zu lange Zeit, wobei man — genau wie in dem eben geschilderten Versuch — den einen Gastrocnemius sofort nach dem Aufhören der Reizung, den anderen erst nach 2stündiger Erholung im Sauerstoff verarbeitet, so kann der in dem letzteren Muskel gefundene Phosphorsäurewert unter jenem des ungereizten Semimembranosus vom gleichen Tiere liegen. So wurde z. B. in einem während des Monats Juli ausgeführten Versuch im 15 Minuten lang gereizten Gastrocnemius ein Phosphorsäurewert von 0,311% gefunden gegenüber einem solchen von 0,300% bei einem Ruhesemimembranosus des gleichen Tieres. Nach 2stündigem Aufenthalt in Sauerstoff zeigte der zweite in gleicher Weise wie der erste gereizte Gastrocnemius ein Zurückgehen des Phosphorsäuregehaltes auf 0,288%, einen Wert, der etwa so weit unter dem des Ruhesemimembranosus gelegen ist, wie es häufig beim Vergleich der Ruhemuskeln beobachtet wird. Der zweite Semimembranosus wurde in diesem Falle gereizt und unmittelbar nach der Reizung verarbeitet, wobei 0,336% Phosphorsäure gegenüber seinem eben genannten Ruhewert von 0,300% gefunden wurden.

Übrigens ist der Wiederaufbau des Lactacidogens bei der Erholung auch nach kurz dauernder Reizung keineswegs immer so vollständig und bleibt überhaupt aus, wenn man so anhaltend reizt, daß stärkste Ermüdung, auf die auch beim Aufenthalt in Sauerstoff keine merkliche Erholung folgt, eingetreten ist.

Auch bei sehr langem Aufenthalt in Sauerstoff — z. B. 14 Stunden — ist unter Bedingungen, unter denen 2stündige Erholung im Sauerstoff zu meßbarer Resynthese von Lactacidogen führt, diese nicht nachweisbar, was mit der Erfahrung übereinstimmt, daß vielstündiges Aufbewahren von Ruhemuskeln zu Phosphorsäureabspaltung führen kann. Das Optimum für den Aufbau war in unseren Versuchen anscheinend nach 2 Stunden erreicht; denn ebenso wie wesentlich längere, führte auch wesentlich kürzere Erholung in Sauerstoff zu geringerem Verschwinden anorganischer Phosphorsäure.

Der Wiederaufbau der Phosphorsäure zu Lactacidogen vollzieht sich wohl sicher in der Art, daß sich die Phosphorsäure mit Hexose verbindet, die aus dem Glykogen abgespalten wird (s. unten S. 438). An sich handelt es sich also um einen der Veresterung nahestehenden Vorgang nicht oxydativer Natur. Trotzdem ist aber der Sauerstoff für die Lactacidogensynthese im lebenden Muskel von größter Bedeutung. Nur in ganz wenigen Versuchen haben wir trotz vielfach darauf gerichteter Bemühungen Resynthese von Lactacidogen nach Reizung bei nachherigem Aufenthalt des Muskels in Wasserstoffatmosphäre erzielt, und diese wenigen positiven Resultate wurden überdies sämtlich an Junifröschen des gleichen Fanges gewonnen. Wir werden auf diesen Befund in einem späteren Abschnitt nochmals zurückkommen müssen.

[1]) EMBDEN, G.: Klin. Wochenschr. Jg. 3, S. 1393. 1924. Ausführliche Veröffentlichung von EMBDEN u. HENTSCHEL: Hoppe-Seylers Zeitschr. f. physiol. Chem. Jg. 1925.

An dieser Stelle mögen nur noch zwei Versuchsbeispiele dafür gegeben werden, aus denen das verschiedene Verhalten gleichartig gereizter Muskeln nach anschließendem gleich langem Ruheaufenthalt in Wasserstoff und in Sauerstoff hervorgeht. An einem Julifrosch wurde im Gastrocnemius nach 10 Minuten langer Reizung mit 550 Einzelinduktionsschlägen ein Phosphorsäurewert von 0,363% beobachtet. Anschließender 2stündiger Aufenthalt im Wasserstoff ließ diesen Wert nahezu unverändert (0,365%). Der Semimembranosus des gleichen Tieres enthielt unmittelbar nach der Reizung 0,369% Phosphorsäure, nach 2 Stunden in Sauerstoff dagegen nur 0,359%. Ein an einem Frosch vom gleichen Fang angestellter Versuch wurde in der gleichen Weise ausgeführt, nur daß hier nach der Reizung der eine *Gastrocnemius* in Sauerstoff, der eine *Semimembranosus* aber in Wasserstoff kam. Der Phosphorsäuregehalt im Gastrocnemius sank hierbei von 0,374 auf 0,334% ab, derjenige des Semimembranosus blieb innerhalb der Fehlergrenzen der Bestimmung gleich (0,362 und 0,359%).

In jüngster Zeit konnte in von Jost und dem Verfasser vorgenommenen Untersuchungen gezeigt werden, daß die oben S. 382 u. 384 bereits erwähnte Phosphorsäureabspaltung, die nach länger andauernder indirekter Reizung von Gastrocnemien lebender Frösche eintritt, nach genügend langer (9—24stündiger) Erholungszeit wieder mehr oder weniger vollständig verschwindet, ja es scheint so, als ob zu einem Zeitpunkt, wo die Erholung eine weit fortgeschrittene ist, der Phosphorsäuregehalt des Gastrocnemius der ursprünglich gereizten Seite unter denjenigen des gleichen Muskels der Ruheseite heruntergehen kann[1]). Auch für dieses Zurückgehen der nach anhaltender Reizung am lebenden Tier auftretenden Phosphorsäurevermehrung sei ein Beispiel angeführt: In einem an 5 Fröschen im Februar vorgenommenen Versuche wurde (unter Berücksichtigung der Wasseraufnahme bei der Tätigkeit) unmittelbar nach Abschluß der Reizung in den Ruhegastrocnemien ein Phosphorsäurewert von 0,282%, in den Arbeitsgastrocnemien ein solcher von 0,332% gefunden. 16 Stunden später zeigten die Frösche keinerlei Ermüdungserscheinungen mehr, und jetzt betrug auf der Ruheseite der Phosphorsäuregehalt 0,304, auf der Arbeitsseite 0,308%.

An lebenden Säugetieren sind bisher derartige Erholungsversuche, die gewiß sehr erwünscht wären, noch nicht ausgeführt worden.

## C. Der zeitliche Verlauf der Bildung und des Verschwindens der bei der Muskeltätigkeit entstehenden Säuren.

Im Anschluß an die in vorangehenden Abschnitten behandelte Bildung von Milchsäure und Phosphorsäure bei der Muskeltätigkeit und an das ebenfalls bereits besprochene Wiederverschwinden der beiden Säuren soll nunmehr der zeitliche Verlauf ihres Entstehens und, soweit es nicht schon früher geschehen ist, auch ihres Wiederverschwindens näher erörtert werden.

Die Behandlung dieser Frage in einem besonderen Abschnitt rechtfertigt sich dadurch, daß ihr für die Beurteilung einiger Grundprobleme der Muskelphysiologie hervorragende Bedeutung zukommt.

### 1. Zeitlicher Verlauf der Milchsäurebildung bei der Muskeltätigkeit.

Dies gilt namentlich für die *Milchsäurebildung*; denn diese dürfte, die Richtigkeit der weit verbreiteten, bis vor kurzem auch vom Verfasser uneingeschränkt geteilten Anschauung vorausgesetzt, daß sie ihrem ganzen Betrage nach im

[1]) Embden, G. u. H. Jost: Dtsch. med. Wochenschr. 1925, Nr. 16, S. 636; Hoppe-Seylers Zeitschr. f. physiol. Chem. 1925.

Kontraktionsaugenblick oder unmittelbar vorher sich vollzieht, geradezu als die direkte Quelle der beim Kontraktionsvorgang zur Entladung kommenden Energie angesehen werden.

Die energetische Bedeutung der mit starker positiver Wärmetönung erfolgenden Umwandlung von Kohlenhydrat in Milchsäure mußte um so höher angeschlagen werden, als v. WEIZSÄCKER[1]) zeigen konnte, daß der Betrag der bei der Zuckung frei werdenden Energie, der in der „initialen Wärmebildung" zum Ausdruck kommt, von der Sauerstoffversorgung unabhängig, diese Energie also bestimmt nicht oxydativen Ursprunges ist. Ebenso natürlich, wie es vor den Feststellungen VON WEIZSÄCKERS erschienen war, daß der Kontraktionsvorgang selber mit gesteigertem Sauerstoffverbrauch einherginge, erschien nunmehr die Annahme, daß als energieliefernder chemischer Prozeß im Augenblick der Spannungs- oder Arbeitsentfaltung des Muskels eben die anaerob erfolgende Milchsäurebildung anzusehen wäre.

Der Nachweis, daß die gesteigerte Milchsäurebildung zeitlich ganz oder zum überwiegenden Teile während des Kontraktions*vorganges* sich abspielt und auch einen länger anhaltenden Kontraktions*zustand* nicht überdauert, ist niemals erbracht, ja bis vor kurzer Zeit nicht einmal versucht worden.

Die bei einer Einzelzuckung frei werdende Milchsäuremenge ist zu gering, um überhaupt nachweisbar zu sein. (Es handelt sich um Werte, die weniger als 1 mg in 100 g Muskulatur betragen.) Anders liegen die Verhältnisse bei tetanischer Reizung. Ein einziger Tetanus von 5—10 Sekunden Dauer führt zu einer Vermehrung des im Ruhezustande vorhandenen Milchsäuregehaltes, die ohne weiteres nachweisbar und ihrer Menge nach bestimmbar ist.

Von dieser Tatsache gingen nunmehr kurz zu besprechende Untersuchungen aus, die von LAQUER, HIRSCH-KAUFFMANN und dem Verfasser begonnen, von HIRSCH-KAUFFMANN, LEHNARTZ, DEUTICKE und dem Verfasser fortgeführt wurden[2]). Die Versuche wurden in folgender Weise angestellt: Die Gastrocnemii, meist auch die Semimembranosi, einer größeren Anzahl von Fröschen wurden an mit Schreibhebeln versehenen Elektroden befestigt und nach kurzem Ruheaufenthalt unter anaeroben oder aeroben Bedingungen während 5 bis 10 Sekunden maximal tetanisch gereizt. Nunmehr wurde der faradische Strom abgestellt und jeweils der Muskel der einen Seite eines bestimmten Tieres sofort in flüssige Luft versenkt, der der anderen erst einige — meist 10 — Sekunden später. In sämtlichen gleichartig behandelten Muskeln zusammen wurde die Milchsäure bestimmt. In der Mehrzahl der überaus zahlreichen Versuche, die zu den verschiedensten Jahreszeiten vorgenommen wurden, ergab sich ein geringerer Milchsäuregehalt in den unmittelbar nach der Reizung verarbeiteten Muskeln. Die Unterschiede waren oft sehr beträchtlich und traten mit der Verbesserung der Technik immer deutlicher in Erscheinung. Daß methodische Fehler hierbei keine Rolle spielen, geht schon daraus hervor, daß unter den einwandfrei durchgeführten Versuchen sich nur ein einziger findet, bei dem die später verarbeitete Muskulatur weniger Milchsäure enthielt. In der folgenden Tabelle 2 sind die 8 letzten im Verlaufe einer größeren Untersuchungsreihe vorgenommenen Versuche angeführt.

Man sieht, daß überall mit Ausnahme von Versuch 7 ein beträchtlicher Mehrgehalt an Milchsäure in den nach der Ruhepause verarbeiteten Muskeln

[1]) VON WEIZSÄCKER: Journ. of physiol. Bd. 48, S. 396. 1914. — Derselbe: Sitzungsber. d. Heidelberg. Akad. d. Wiss. Mathem.-naturw. Kl. 1917.

[2]) EMBDEN, G.: Klin. Wochenschr. Jg. 3, S. 1393. 1924. — Die ausführliche Veröffentlichung wird in Hoppe-Seylers Zeitschrift für physiologische Chemie erfolgen (s. auch G. EMBDEN, u. H. JOST: Dtsch. med. Wochenschr. 1925, Nr. 16, S. 636).

**Tabelle 2.**

| Versuch Nr. | Datum 1925 | Milchsäure 1: nach 10 Sek. langer Reizung | Milchsäure 2: nach 10 Sek. Reizung und nach folgender Ruhepause von | Zunahme der Milchsäure während der Ruhepause 3: in % der Muskulatur | Zunahme der Milchsäure während der Ruhepause 4: in % des unmittelbar nach der Reizung erhaltenen Wertes |
|---|---|---|---|---|---|
| 1 | 4. II. | 0,0280% | 10 Sek. 0,0370% | 0,0090 | 36 |
| 2 | 4. II. | 0,0475% | 20 Sek. 0,0634% | 0,0169 | 36 |
| 3 | 10. II. | 0,0321% | 10 Sek. 0,0414% | 0,0093 | 29 |
| 4 | 10. II. | 0,0548% | 20 Sek. 0,0604% | 0,0056 | 12 |
| 5 | 10. II. | 0,0597% | 30 Sek. 0,0834% | 0,0237 | 40 |
| 6 | 12. II. | 0,0709% | 10 Sek. 0,0771% | 0,0062 | 9 |
| 7 | 12. II. | 0,0713% | 10 Sek. 0,0713% | — | — |
| 8 | 12. II. | 0,0520% | 30 Sek. 0,0657% | 0,0137 | 26 |

vorhanden ist. Die nachträgliche Milchsäurebildung liegt zwischen 0,0056 und 0,0237% der Muskulatur und 8,7 und 36,4% des unmittelbar nach der Reizung erhaltenen Wertes. Versuch 8 wurde in etwas abweichender Art angestellt. Hier wurde die erste Muskelserie nicht unmittelbar nach Abschluß der Reizung, sondern erst nach 10 Sekunden Ruhe verarbeitet, während die zweite Serie erst 20 Sekunden später in flüssige Luft versenkt wurde. Man sieht aufs deutlichste, daß in diesem Falle die nachträgliche Milchsäurebildung nach 10 Sekunden noch längst nicht abgeschlossen war.

Gegenüber der Milchsäurebildung bei Ruheanaerobiose, die wir, sicherlich zu hoch, mit 0,02% des Muskels pro Stunde annehmen wollen, war in Versuch 1 die Milchsäurebildung während der 10 auf die Reizung folgenden Sekunden auf etwa das 160fache gesteigert. Nehmen wir aber als Wert für die in der Ruheanaerobiose auftretende Milchsäurebildung den neuerlich von Meyerhof und Meier[1]) ermittelten mit etwa 0,01% bei 15° an, so beträgt die Steigerung mehr als das 300fache. Meyerhof[2]) fand in längeren, auf die Reizung folgenden anaerobiotischen Ruheperioden eine Steigerung auf etwa das Doppelte der bei der Ruheanaerobiose beobachteten Werte.

Zieht man von den in der Vertikalreihe 1 der obenstehenden Tabelle angegebenen Milchsäurewerten einen Ruhewert von etwa 0,01 bis 0,02% ab, so sieht man, daß die in 10—30 Sekunden nach dem Tetanus gebildete Milchsäuremenge von sehr ähnlicher Größenordnung sein kann wie die während eines 10 Sekunden langen Tetanus entstehende. Wir sehen aber angesichts der Unsicherheit der Ruhemilchsäurewerte von einer Durchführung dieser Rechnung ab.

Wir haben uns davon überzeugt, daß bei der gewählten Art der Reizung die Muskeln nicht etwa dauernd schwer geschädigt werden, sondern sich beim Aufenthalt in Sauerstoff rasch weitgehend erholen. In einer Reihe der

[1]) Meyerhof, O. u. R. Meier: Pflügers Arch. f. d. ges. Physiol. Bd. 204, S. 453 u. 458. 1924.

[2]) Meyerhof, O.: Pflügers Arch. f. d. ges. Physiol. Bd. 204, S. 327. 1925.

in der Tabelle zusammengefaßten Versuche war überdies am Schlusse der Reizung die Höhe des Tetanus noch unvermindert.

*Die eben geschilderten Befunde verbieten es, wie wir glauben möchten, durchaus, ohne weiteres den Gesamtbetrag der bei der Kontraktion erfolgenden Milchsäurebildung in den Kontraktionsmoment selbst zu verlegen.*

Läßt sich bei dem jetzigen Stande der Milchsäurebestimmungstechnik auch nicht unmittelbar zeigen, daß ebenso wie nach einem Tetanus von 5—10 Sekunden so auch nach sehr viel kürzeren Tetani und nach Einzelzuckungen eine nachträgliche Milchsäurebildung erfolgt, so besteht doch nach den eben geschilderten Befunden unseres Erachtens die Möglichkeit, ja die Wahrscheinlichkeit, daß ein erheblicher Teil der Milchsäurebildung nicht während oder vor dem Zuckungsanstieg, sondern erst während der Erschlaffung und nach Abschluß der Zuckung sich vollzieht. Dies um so mehr, als nach neueren wichtigen Feststellungen von HARTREE und HILL[1]) nach Ablauf der Kontraktion auch unter anaeroben Bedingungen eine im Verhältnis zur *initialen* Wärmebildung oft sehr beträchtliche „*verzögerte*“ Wärmebildung erfolgt.

*Hiernach erscheint es,* wie Verfasser glauben möchte, *geradezu als unmöglich, die gesamte Energieproduktion während der Muskelkontraktion aus der gleichzeitig oder unmittelbar vorher sich abspielenden Milchsäurebildung herzuleiten.* Doch soll auf diese Frage erst in einem späteren Abschnitt näher eingegangen werden, in dem die Natur des energieliefernden Prozesses bei der Muskelkontraktion besser als bisher erörtert werden kann. Hier genüge die eben ausgesprochene negative Feststellung.

Ganz kurz sei hingewiesen auf das Ergebnis weiterer noch unveröffentlichter Versuche von LEHNARTZ, DEUTICKE und dem Verfasser, in denen wir Muskeln nach einem Ruheaufenthalt in Wasserstoff von 20—45 Minuten in verschiedenem Tempo mit 50—100 Einzelinduktionsschlägen reizten. In den Versuchen mit rascherem Tempo erfolgte ein Reiz pro Sekunde, während in jenen mit langsamerem Tempo nur alle 5—20 Sekunden gereizt wurde. Möglicherweise waren die Versuchsbedingungen angesichts der nicht sehr lange fortgesetzten Wasserstoffdurchleitung nicht ganz streng anaerob, so daß namentlich in den länger andauernden Versuchen — ihre Gesamtdauer betrug bis zu einer halben Stunde — Milchsäure unter Sauerstoffeinwirkung zum Verschwinden gebracht werden konnte. Vielleicht ist es hierauf zurückzuführen, daß in einem kleineren Teil der Versuche die in längeren Pausen gereizten Muskeln weniger Milchsäure als die in kürzeren Pausen gereizten enthielten, wobei die Unterschiede zum Teil weit außerhalb der Fehlergrenze der Methodik gelegen waren. Der Umstand freilich, daß dieses Verhalten in ausgesprochenster Weise bei Junifröschen eines bestimmten Fanges vorhanden war, könnte auch auf andere Ursachen für dieses Verschwinden hindeuten. In der Mehrzahl der Versuche war das Verhalten übrigens umgekehrt, wobei bei einer Gesamtreizdauer der schneller gereizten Muskeln von 50—70 Sekunden, der langsamer gereizten von 250—800 Sekunden der Mehrgehalt der langsamer gereizten Muskeln zum Teil ein überaus deutlicher war. So wurde z. B. in einem Falle nach 50 Reizen in 50 Sekunden ein Milchsäurewert von 0,076% gefunden, nach ebensoviel Reizen, die sich auf etwas mehr als 4 Minuten verteilten, aber 0,086%. In einem anderen Falle enthielten die Muskeln nach 70 Reizen in 70 Sekunden 0,074% Milchsäure, nach gleich großer Reizzahl bei einer Reizdauer von 12 Minuten 0,108%. Der hier gefundene Unterschied von 0,026% liegt nicht nur weit außerhalb der Fehlergrenze der Bestimmung, sondern übertrifft auch die während einfacher Ruheanaerobiose in

[1]) HARTREE, W. u. A. V. HILL: Journ. of physiol. Bd. 56, S. 367. 1922. — Dieselben: Ebenda Bd. 58, S. 127. 1923.

12 Minuten auftretende Milchsäuremenge um ein Vielfaches. Von einer eingehenderen Besprechung dieser Versuche soll vor ihrer weiteren Fortsetzung abgesehen werden.

## 2. Der zeitliche Verlauf des Verschwindens der Milchsäure bei der Erholung.

Bezüglich des Verschwindens der Milchsäure bei der Erholung von ermüdeten isolierten Muskeln in Sauerstoff kann auf die Erörterung im vorangehenden Abschnitt S. 393 verwiesen werden.

## 3. Der zeitliche Verlauf der Phosphorsäurebildung und ihres Verschwindens bei der Muskeltätigkeit.

Wir haben bereits früher Versuche geschildert, aus denen hervorgeht, daß nach länger andauernder Reizung isolierter Froschmuskeln und ebenso auch bei stärker ermüdender Muskeltätigkeit am lebenden Frosch sowie in der weißen Muskulatur lebender Kaninchen Phosphorsäure aus Lactacidogen abgespalten wird. Auch an Hunden konnte nach Strychninkrämpfen Vermehrung der anorganischen Phosphorsäure auf Kosten von Lactacidogen nachgewiesen werden.

Hier soll von dieser nach länger andauernder, bis zu mehr oder weniger ausgesprochener Ermüdung fortgesetzter Muskeltätigkeit auftretenden und wenigstens vorübergehend irreversibeln Phosphorsäureabspaltung nicht weiter die Rede sein. Ebensowenig soll das nachträgliche Verschwinden der bei länger andauernder Tätigkeit frei gewordenen Phosphorsäure während der Erholung erneut erörtert werden.

Dagegen erscheint es notwendig, an dieser Stelle die bei jeder Einzelzuckung momentan erfolgende und überaus rasch und vollständig reversible Phosphorsäurebildung näher ins Auge zu fassen. In Untersuchungen von Lawaczeck und dem Verfasser[1]) konnte gezeigt werden, daß im Augenblicke der Zuckung, möglicherweise auch unmittelbar vorher, eine starke Abspaltung von Phosphorsäure erfolgt. Die Versuche wurden in folgender Art vorgenommen: Zunächst stellten wir fest, daß beim Versenken der beiderseitigen gleichartigen ungereizten Muskeln in flüssige Luft stets sehr genau übereinstimmende Phosphorsäurewerte erhalten werden. Wird dagegen der eine der beiden Muskeln tetanisch gereizt und wenige Sekunden nach Beginn des Tetanus in flüssige Luft versenkt, so enthält er fast immer erheblich mehr anorganische Phosphorsäure als der Muskel der anderen Seite, der zur Erzielung von Ermüdung zunächst etwa eine halbe Minute weiter gereizt wurde, wobei er häufig schon vor Unterbrechung des Reizstromes erschlaffte. Erst einige Minuten nach der Reizunterbrechung wurde der ermüdete Muskel in flüssige Luft versenkt. Schon in diesen Versuchen ergab sich zum Teil eine recht beträchtliche Abspaltung von Phosphorsäure in dem zuerst in flüssige Luft versenkten Muskel. Noch weit deutlicher und fast ausnahmslos traten diese Unterschiede in die Erscheinung, als der zuerst verarbeitete Muskel so rasch wie möglich (etwa 0,2—0,8 Sek.) nach der Reizung in flüssige Luft versenkt wurde. Dieser Unterschied blieb auch erhalten, als der zweite, ermüdend gereizte Muskel unmittelbar nach dem Eintritt der Erschlaffung in flüssiger Luft zum Gefrieren gebracht wurde.

Wie außerordentlich rasch nach der Reizung die Phosphorsäureabspaltung auftritt, geht aber vor allem aus Versuchen hervor, in denen einerseits ungereizte, anderseits durch vorhergehende tetanische Reizung ermüdete Muskeln einfach in flüssiger Luft abgetötet wurden. Hierbei kommt es am frischen unermüdeten

---

[1]) Embden, G. u. H. Lawaczeck: Festschrift für Franz Hofmeister: Biochem. Zeitschr. Bd. 127, S. 181. 1922.

Muskel im Augenblick nach der Versenkung in flüssige Luft zu einer Kältekontraktion, die am ermüdeten ausbleibt. Dementsprechend zeigt der in frischem Zustand in flüssige Luft versenkte Muskel einen Mehrgehalt an Phosphorsäure, und diese Phosphorsäurezunahme ist im Durchschnitt aller Versuche bei den in dieser Art verarbeiteten Muskeln weitaus größer als bei jenen, die erst Bruchteile von Sekunden nach der Reizung in flüssige Luft kamen.

Daß die Zusammenziehung beim Versenken des Muskels in flüssige Luft eine wirkliche Kontraktion ist, geht schon daraus hervor, daß sie durch elektrische Reizung unmittelbar nach dem Versenken noch wesentlich verstärkt werden kann, beim Eintauchen des ermüdeten Muskels aber vollständig ausbleibt.

Schon die Tatsache, daß die Phosphorsäureabspaltung um so stärker ist, je rascher nach Beginn der Reizung die chemischen Vorgänge durch flüssige Luft unterbrochen werden, beweist, daß die Phosphorsäurebildung sehr rasch im Anschluß an die Reizung erfolgt und daß schon während des Bestehens eines tetanischen Kontraktionszustandes ihr Wiederaufbau zu Lactacidogen sich vollzieht. Dies spricht dafür, daß die Phosphorsäureabspaltung gerade zu einem Zeitpunkt, der dem mit Arbeitsleistung verbundenen Vorgange der Kontraktion zum mindesten sehr nahe liegt, vor sich geht, und es ist außerordentlich wahrscheinlich, daß der Phosphorsäurebildung gerade bei der Auslösung des Kontraktions*vorganges* entscheidende Bedeutung zukommt.

Wir wollen hier darauf hinweisen, daß die bei einer einzelnen Zuckung gebildete Milchsäuremenge, wenn man sie nach dem Vorgange MEYERHOFS aus einer größeren, zu bestimmbarer Milchsäurebildung führenden Zuckungsreihe errechnet, für die Einzelzuckung weniger als 1 mg pro 100 g Muskulatur beträgt. Demgegenüber führt das einfache Versenken des ungereizten Muskels in flüssige Luft, bei dem der Muskel sich kontrahiert und in kontrahiertem Zustand erstarrt, zu einer sehr beträchtlichen Bildung von Phosphorsäure.

Bei der zuletzt geschilderten Versuchsanordnung fanden wir in 9 Versuchen, bei denen der in flüssige Luft versenkte Muskel nachträglich noch elektrisch gereizt und sein Phosphorsäuregehalt mit dem ermüdeten Muskel der anderen Seite verglichen wurde (abgesehen von *einem* Versuch, in dem sich keine Veränderung ergab), Zunahmen der Phosphorsäure, die, bezogen auf die am ermüdeten Muskel gefundenen Werte, zwischen 6 und 22% lagen und, auf die Muskulatur bezogen, zwischen 0,021 und 0,050%. Dieser letztere Wert war übrigens durchaus noch nicht der höchste bei der Gesamtheit der Versuche beobachtete.

*Während also, wie wir schon sahen, bei einer einzelnen Zuckung höchstens 1 mg Milchsäure entstehen könnte, wurden in den eben beschriebenen Versuchen mindestens 21 mg Phosphorsäure tatsächlich gebildet.* Da das Molekulargewicht beider Säuren ein sehr ähnliches ist, entspricht diesem prozentischen annähernd auch das molekulare Verhältnis, d. h. *es wurden in der oben besprochenen Versuchsreihe mindestens 20 mal soviel Phosphorsäuremoleküle aus organischer Bindung in Freiheit gesetzt als Milchsäuremoleküle.*

Es seien nunmehr zunächst drei Versuchsbeispiele kurz in ihren Ergebnissen wiedergegeben. Der eine Gastrocnemius (A) einer R. temporaria wurde kurze Zeit nach der Präparation unter Befestigung an der mit Schreibhebel versehenen Elektrode in flüssige Luft versenkt und unmittelbar nach der Versenkung faradisch gereizt. Der Muskel erfror in stärkster Kontraktionsstellung. Der andere Muskel (B) wurde zunächst 13 Sekunden gereizt und nach Unterbrechung der Reizung in flüssige Luft versenkt, wobei kaum Kontraktionserscheinungen auftraten. Muskel A enthielt 0,2772% Phosphorsäure, Muskel B 0,2273%. Der Mehrgehalt des Muskels A an Phosphorsäure gegenüber dem Muskel B betrug

22%, und, auf die Muskulatur berechnet, waren 0,049% Phosphorsäure abgespalten. In einem ähnlich angestellten Versuche war der Phosphorsäurewert für den A-Muskel 0,3237%, jener für den B-Muskel 0,2832%, wobei also ein Anstieg der Phosphorsäure um etwa 0,040% eingetreten war. Bei einem dritten Versuche betrug der Phosphorsäurewert in A 0,3455%, derjenige in B 0,3249%, was einer Phosphorsäurebildung von nahezu 0,021% der Muskulatur entspricht.

Daß das Wiederverschwinden der beim Kontraktionsvorgang gebildeten Phosphorsäure außerordentlich rasch erfolgt, geht unmittelbar aus dem eben Besprochenen hervor. Es sei nochmals hervorgehoben, daß der Wiederaufbau der frei gewordenen Phosphorsäure zu Lactacidogen schon während des Fortbestehens eines Tetanus beginnen, ja allem Anschein nach zur vollständigen Restitution der ursprünglichen Lactacidogenmenge führen kann. Schon hier sei ferner darauf hingewiesen, daß während des Verschwindens der *Phosphorsäure* beim Tetanus die *Milchsäure*menge immer mehr ansteigt, ein Punkt, auf den in einem späteren Abschnitte nochmals zurückzukommen sein wird. Phosphorsäurebildung ist hiernach beim eigentlichen mit Arbeitsleistung verbundenen Kontraktions*vorgang*, Milchsäurebildung hingegen bei jedem länger andauernden Kontraktions*zustand* unmittelbar nachweisbar, und es liegt, wenn wir hier zunächst von allen energetischen Erwägungen absehen, daher gewiß nahe, die Phosphorsäurebildung als das auslösende Moment für eben diesen *Kontraktionsvorgang* verantwortlich zu machen, den Anstieg der Milchsäure dagegen mit dem *Kontraktionszustande* in Zusammenhang zu bringen.

Wie dem auch sein mag, jedenfalls steht die Tatsache fest, daß die bei der Kontraktion gebildete Phosphorsäure sehr rasch nach der Reizung auftritt und außerordentlich schnell, oft schon während des Fortbestehens eines Tetanus, wieder verschwindet, während für die Milchsäurebildung schon längst bekannt ist, daß sie mit der Dauer des Tetanus ansteigt und, wie in oben näher besprochenen Versuchen gezeigt werden konnte, durchaus nicht mit dem Ende des Tetanus aufhört.

### Änderungen des H-Ionengehaltes bei der Muskeltätigkeit.

Im Anschluß an den eben besprochenen zeitlichen Verlauf der Phosphorsäure- und der Milchsäurebildung sei auch die Frage erörtert, inwieweit infolge der Lactacidogenspaltung unter Freiwerden von anorganischer Phosphorsäure und von Milchsäure der H-Ionengehalt an den Kontraktionsorten ansteigt und welche der beiden Säuren in erster Linie für einen etwaigen Anstieg verantwortlich zu machen ist.

Von vornherein steht jedenfalls fest, daß beide Säuren in einem überaus stark gepufferten Milieu gebildet werden. Fassen wir zunächst nur das Lactacidogen selbst ins Auge und erkennen wir ihm (was freilich nicht streng zutreffen dürfte) die Struktur einer Hexosediphosphorsäure zu, so bildet sein Molekül selber bereits eine stark puffernde Substanz. MEYERHOF gibt in einer kürzlich veröffentlichten Arbeit[1]) an, daß, wenn man hexosediphosphorsaures Alkali von der Wasserstoffzahl, wie sie im Muskel vorliegt, vollständig in Hexose und Phosphat spaltet, die H-Ionenkonzentration von $10^{-7,0}$ auf $10^{-6,45}$ ansteigt.

In daraufhin vorgenommenen unveröffentlichten Untersuchungen J. WEBERS, in denen reinste Hexosediphosphorsäurelösungen von bekanntem, den natürlichen Verhältnissen annähernd entsprechendem Gehalt mit gemessenen Mengen titrierter Natronlauge so lange versetzt wurden, bis ein $p_H$ von annähernd 7,0 erreicht war, ergab sich ein derartiges Verhältnis zwischen Natronlauge und Phosphorsäure, daß bei Annahme totaler Spaltung in anorganische Phosphorsäure und

[1]) MEYERHOF, O.: Naturwissenschaften Bd. 12, S. 1137. 1924.

Hexose eine merklich stärkere Steigerung der H-Ionenkonzentration auftreten muß, als MEYERHOF sie fand. In einem Falle wurde eine Hexosediphosphorsäurelösung mit einem Gehalt von etwa 0,24% $H_3PO_4$ mit $^n/_{10}$-Natronlauge versetzt, so daß der $p_H$ 6,95 betrug. Der dabei verbrauchten Natronlaugemenge entsprach bei Annahme vollkommener Spaltung ein Absinken des $p_H$ auf 6,2. In einem anderen Falle erfolgte der Natronlaugezusatz nur bis zu einem $p_H$ von 7,1, und der verbrauchten Menge NaOH entsprach hierbei, wiederum unter Annahme vollständiger Spaltung, ein Absinken auf $p_H$ 6,3.

MEYERHOF hat auf Grund seiner Versuchsergebnisse die Anschauung ausgesprochen, daß auch bei vollkommener Spaltung von Hexosediphosphorsäurelösung von der Wasserstoffzahl, wie sie im Muskel vorliegt, die H-Ionenkonzentration sich kaum ändere; demgegenüber möchte der Verfasser glauben, daß der von MEYERHOF beobachtete Anstieg der Wasserstoffionenkonzentration von $10^{-7,0}$ auf $10^{-6,45}$ als ein sehr beträchtlicher angesehen werden muß und erst recht der von WEBER gefundene nicht unwesentlich stärkere. Es erscheint übrigens als höchst unwahrscheinlich, daß es jemals im Kontraktionsaugenblick zu einem so starken Anstieg der aktuellen Wasserstoffionenkonzentration kommt, schon darum, weil Anhaltspunkte dafür, daß das Lactacidogen im Kontraktionsmoment völlig gespalten wird, nicht vorhanden sind, vor allem aber deswegen, weil außer der Selbstpufferung des Lactacidogens noch diejenige durch anorganische Salze, vor allem Phosphate und Carbonate, und dazu noch die gewaltige Pufferung durch die Eiweißsubstanzen kommt.

Noch weit weniger als durch die Phosphorsäurebildung kann es aber durch eine etwa im Kontraktionsaugenblick erfolgende Milchsäurebildung zu einer merklichen Steigerung der H-Ionenkonzentration kommen. Es kann gar keinem Zweifel unterliegen, daß die im Kontraktionsaugenblick auftretende Phosphorsäure und Milchsäure durch Abbau ein und desselben Moleküls entstehen, daß also die Milchsäurebildung im gleichen Milieu wie die Phosphorsäurebildung erfolgt, und es geht daher nicht an, wie MEYERHOF es tut, der durch Spaltung von Hexosediphosphorsäurelösung annähernd neutraler Reaktion auftretenden H-Ionenkonzentration jene von völlig ungepufferten wäßrigen Lösungen freier Milchsäure gegenüberzustellen.

Fügt man zu einer Natriumphosphatmischung von der im Muskel vorhandenen Konzentration (oder zu einer Hexosediphosphatlösung von ebenfalls physiologischer Konzentration) bei einem $p_H$ von 7,0 so viel Milchsäure, daß der Gehalt an ihr etwa $^m/_{1000}$ (annähernd das 9—10fache derjenigen Menge, die nach den Berechnungen MEYERHOFS bei der Einzelkontraktion höchstenfalls entstehen könnte), so tritt überhaupt keine mit der Indicatorenmethode oder mit der Gaskette erkennbare Änderung des H-Ionengehaltes ein. Wenn MEYERHOF in der eben erwähnten Arbeit trotzdem zu der Ansicht gelangt, daß die Steigerung der H-Ionenkonzentration bei der Kontraktion durch die Milchsäurebildung und nicht durch die Phosphorsäurebildung zustande kommt, so muß er hierbei von vornherein die Annahme machen, daß das Phosphat von den Reaktionsorten, an denen die Milchsäure entsteht, ferngehalten wird. Eine derartige Annahme kann aber angesichts der eben erwähnten Tatsache des gleichzeitigen Entstehens beider Säuren aus dem gleichen Molekül ganz unmöglich zutreffen.

MEYERHOF hält die vom Verfasser geäußerte Anschauung[1]), daß die Phosphorsäurebildung für eine etwaige Steigerung der H-Ionenkonzentration weit bedeutungsvoller sei als die Milchsäurebildung, für zweifellos unzutreffend. Angesichts der eben erörterten Versuchsergebnisse möchte der Verfasser es im

[1]) EMBDEN, G.: Klin. Wochenschr. Jg. 3, S. 1392. 1924.

Gegensatze dazu für ganz unmöglich halten, daß die im Kontraktionsaugenblick durch Lactacidogenspaltung gebildete Milchsäuremenge überhaupt eine mit den augenblicklich zur Verfügung stehenden Methoden nachweisbare Steigerung der H-Ionenkonzentration hervorruft. Wenn im genannten Augenblick eine solche Steigerung der H-Ionenkonzentration an den Verkürzungsorten überhaupt eintritt, so ist sie vielmehr ausschließlich auf die Phosphorsäurebildung zurückzuführen. Keinesfalls dürfte sie freilich angesichts der gewaltigen Pufferwirkung des Milieus jemals die für reine Hexosediphosphorsäurelösungen errechneten Werte erreichen.

Gegen die physiologische Wirksamkeit der im Kontraktionsaugenblick erfolgenden Säurebildung spricht ein derartiges Verhalten allerdings durchaus nicht. So nimmt unter anderen Autoren auch ein Anhänger der Säurequellungstheorie der Muskelkontraktion wie von Fürth an, „daß die erheblichen Mengen Milchsäure, die bei der Tätigkeit in Muskeln auftreten, derart neutralisiert werden, daß die H-Ionenkonzentration der Gewebe nur eine geringfügige Veränderung erfährt, wie denn überhaupt der Organismus über ausreichende Mittel verfügt, um die annähernde Neutralität stets und unter allen Umständen zu wahren"[1]).

Während also, wie wir eben sahen, im Kontraktionsaugenblick die Phosphorsäurebildung sicherlich weitaus bedeutungsvoller für in diesem Augenblick etwa eintretende Änderungen der H-Ionenkonzentration ist als die Milchsäurebildung, dürften die Verhältnisse bei jener Säuerung der Muskeln, die im Anschluß an länger fortgesetzte ermüdende Tätigkeit eintritt[2]), umgekehrt liegen; denn mehr und mehr häuft sich — wenigstens im isolierten Muskel — die Milchsäure hierbei an, ohne daß unter anaeroben Bedingungen ein Wiederverschwinden dieser Säure in die Erscheinung tritt. Im Gegensatze dazu wird die Phosphorsäure unmittelbar im Anschluß an jeden Kontraktionsvorgang immer wieder zu Lactacidogen aufgebaut, und wenn auch, wie oben besprochen wurde, nach lange fortgesetzter Arbeit die Resynthese des Lactacidogens allmählich immer unvollkommener wird, so steht doch die bei ermüdender Muskeltätigkeit frei werdende Phosphorsäure ihrer Menge nach hinter der unter den gleichen Bedingungen gebildeten Milchsäure weit zurück.

Mit dem zeitlichen Verlauf der Phosphorsäurebildung und der Milchsäurebildung bei der Kontraktion hängt auch die Frage zusammen, in welcher Weise der Vorgang der Bildung beider Säuren formuliert werden muß. Doch soll eine — von der oben S. 398 besprochenen Meyerhofs abweichende — Formulierung erst im letzten Abschnitt dieses Kapitels (s. unten S. 438 u. 439) versucht werden.

## II. Kolloidchemische Vorgänge bei der Muskeltätigkeit, soweit sie mit chemischen Methoden nachweisbar sind.

Die bisher besprochenen, bei der Muskeltätigkeit sich abspielenden Vorgänge sind im engeren Sinne *chemischer* Natur. Es handelt sich im wesentlichen um das Auftreten und Verschwinden zweier Säuren, der Phosphorsäure und der Milchsäure, in den verschiedenen Phasen der Muskeltätigkeit. Wie nun im einzelnen der Zusammenhang zwischen den Vorgängen der Säurebildung und jenen der Muskelkontraktion sein mag, so viel ist sicher, daß die Verkürzung des Muskels verbunden ist mit physiko-chemischen Zustandsänderungen an den Kolloiden der contractilen Substanz, ja, daß die Kontraktion geradezu in — freilich noch unbekannten — Kolloidvorgängen an dieser contractilen Substanz besteht.

---

[1]) Fürth, O. v.: Handbuch der Biochemie Bd. IV, S. 317. 1924.

[2]) du Bois-Reymond, Emil: Gesammelte Abhandlungen zur Muskel- und Nervenphysik. Leipzig 1877. — Pechstein, H.: Biochem. Zeitschr. Bd. 68, S. 140. 1915. — Goldberger, J.: Ebenda Bd. 84, S. 201. 1917.

Es ist nicht die Aufgabe des Verfassers, die Natur dieser Kolloidzustandsänderungen, d. h. das Wesen der Muskelkontraktion, zu erörtern; das geschieht in anderen Kapiteln dieses Handbuchs (s. namentlich O. MEYERHOF, dieser Band). Hier sollen uns nur jene kolloidchemischen Vorgänge bei der Muskelkontraktion beschäftigen, die mit chemischen Methoden nachweisbar sind.

Der Grund dafür, daß diese Vorgänge gerade in dem Kapitel über den *Chemismus* der Muskelkontraktion behandelt werden, ist freilich nicht in der eben erwähnten, äußerlich methodischen Beziehung gelegen, sondern es wird in auf den vorliegenden folgenden Abschnitten gezeigt werden, wie eng, ja wie unauflöslich der Zusammenhang ist, der zwischen kolloidchemischen Prozessen einerseits und chemischem Geschehen anderseits besteht. Ebenso wie nach dem eben Gesagten die in der Muskelkontraktion zum Ausdruck kommende Kolloidzustandsänderung eine Folge chemischer Vorgänge ist, stehen, wie wir sehen werden, umgekehrt die chemischen Vorgänge im Muskel unter der Herrschaft des Kolloidzustandes, und sie sind daher von allen jenen Faktoren abhängig, die auf den Kolloidzustand einwirken.

Ehe wir jedoch auf diese verwickelten Wechselbeziehungen zwischen chemischem und kolloidchemischem Geschehen eingehen, müssen wir uns etwas näher mit einer Kolloidzustandsänderung beschäftigen, die bei der Muskeltätigkeit, ja schon bei der nicht zur Kontraktion führenden (unterschwelligen) Erregung des Muskels in die Erscheinung tritt.

## Die Permeabilitätsänderungen von Muskelfasergrenzschichten bei der Tätigkeit.

Aus mancherlei Umständen, so namentlich aus den elektrischen Vorgängen bei der Muskelerregung und bei der Kontraktion, hat man seit langer Zeit auf das Auftreten von funktionellen Durchlässigkeitsänderungen an Muskelfasergrenzschichten geschlossen. Hier wollen wir uns strenge auf die Besprechung jener Permeabilitätsschwankungen beschränken, die mit chemischen Methoden nachweisbar sind.

### Einfluß der Tätigkeit auf die Phosphorsäureausscheidung des Muskels.

Bringt man einen lebensfrischen Froschmuskel in eine gemessene Menge einer (am besten sauerstoffdurchperlten) Ringerlösung, z. B. einen Gastrocnemius von etwa 1 g Gewicht in 10 oder 15 ccm Flüssigkeit, und wechselt diese Flüssigkeit in gemessenen Zeitabständen, so bemerkt man, daß unmittelbar nach der Präparation der Muskel innerhalb ganz kurzer Zeitabschnitte relativ beträchtliche, absolut freilich nur nach wenigen Mikrogrammen sich beziffernde Phosphorsäuremengen ausscheidet. Läßt man den Muskel in ungereiztem Zustande, so sinkt die Phosphorsäureausscheidung mehr und mehr, um schließlich innerhalb bestimmter Perioden für die angewandte außerordentlich empfindliche Methode, die noch 0,3 Mikrogramm in den jeweils untersuchten 3 ccm Flüssigkeit nachzuweisen gestattet, überhaupt unbemerkbar zu werden. Wird nunmehr der Muskel eine Zeitlang durch elektrische Reizung zur Kontraktion gebracht, so kommt es alsbald zu einer Steigerung der Phosphorsäureausscheidung, die um so größer ist, je stärker der Muskel beansprucht wird. Wird der Muskel bei der Reizung nur wenig ermüdet, so verschwindet diese Steigerung sehr rasch wieder; je stärkere Ermüdung aber eingetreten ist, um so mehr Phosphorsäure tritt aus dem Muskel heraus. Hierbei ist der Parallelismus zwischen Ermüdungsgrad und Phosphorsäureausscheidung ein sehr weitgehender.

Dem verschiedenen Reizerfolg bei verschiedenen Temperaturen entsprechen gesetzmäßige Unterschiede in der Phosphorsäureausscheidung, wobei die stärkere Tätigkeit bei höherer Temperatur zu stärkerem Austritt von Phosphorsäure aus dem Muskel führt.

Verschiedene Belastung und der dadurch bedingte verschieden rasche Eintritt der Ermüdung führt beim Vergleich zweier Muskeln unter sonst gleichen Versuchsbedingungen zu größerer Phosphorsäureausscheidung des stärker belasteten Muskels.

Die schneller ablaufenden Einzelzuckungen des nicht curarisierten Muskels haben stärkere Phosphorsäureausscheidung im Gefolge als die langsameren des curarisierten. Erholt sich ein ermüdeter Muskel allmählich wieder, so sinkt parallel mit der Erholung die Phosphorsäureausscheidung ab, bei Wiederkehr der ursprünglichen Erregbarkeit auf die minimalen Ruhewerte[1]). Beläßt man zwei gleichartige Muskeln des gleichen Tieres, z. B. die beiden Gastrocnemii, nach der gleichen Vorbehandlung längere Zeit — etwa über Nacht — in gleichen Mengen sauerstoffdurchperlter Ringerlösung, so kann man aus der Stärke der Phosphorsäureausscheidung ohne weiteres auf die Kontraktionsfähigkeit der beiden Muskeln schließen, derart, daß jener Muskel, der die geringere Phosphorsäuremenge abgegeben hat, bei gleicher Reizung stärkere Zuckungen ausführt[2]).

Die bevorstehende Totenstarre und das Absterben des Muskels lassen sich frühzeitig durch die überaus starke Zunahme der Phosphorsäureausscheidung erkennen.

Die Lähmung, die sich nach dem Verbringen eines Muskels in isotonische Rohrzuckerlösung allmählich ausbildet, ist mit einem Anstieg der Phosphorsäureausscheidung verbunden, die um so stärker wird, je mehr die Erregbarkeit sinkt, um schließlich außerordentlich hohe Werte zu erreichen. Nach der Wiederherstellung der Erregbarkeit durch Zurückbringen des Muskels in Ringerlösung sinkt die Phosphorsäureausscheidung bald wieder auf ganz geringe Werte ab[3]), übrigens auch nach dem Zusatz kleiner Mengen solcher Salze zur Rohrzuckerlösung, die die Erregbarkeit des Muskels nicht restituieren[4]).

Verwendet man kaliumfreie Ringerlösung, so beobachtet man nach der Tätigkeit neben gesteigerter Phosphorsäureausscheidung auch vermehrten Austritt von Kalium aus dem Muskel[5]).

Aus ihren im vorstehenden kurz wiedergegebenen Untersuchungsergebnissen leiteten Adler und der Verfasser als wesentlichste etwa folgende Schlußfolgerungen ab: Die Tätigkeit des Muskels ist mit einer plötzlichen Steigerung der Permeabilität von im Ruhezustande nur beschränkt durchlässigen Grenzschichten verbunden, und diese Permeabilitätsvermehrung ist ein notwendiges Glied in der Kette der zur Muskelkontraktion führenden Vorgänge. Die parallel mit der Ermüdung auftretende und wieder verschwindende starke Permeabilitätssteigerung ist der Ausdruck einer Zustandsänderung von Muskelfasergrenzschichten, die zu den Hauptursachen der Ermüdung gehört, denn das Zustandekommen der Muskelkontraktion wird nach den genannten Autoren mitbedingt gleichsam durch das plötzliche Öffnen von Pforten, und Ermüdung tritt nach ihnen dadurch ein, daß diese Pforten mehr oder weniger geöffnet bleiben.

---

[1]) Embden, G.: Tagung d. dtsch. Physiol. Ges., Hamburg 1920 (s. Ber. üb. d. ges. Physiol. Bd. 2, S. 159. 1920. — Embden, G. u. E. Adler: Hoppe-Seylers Zeitschr. f. physiol. Chem. Bd. 118, S. 1. 1922.

[2]) Immer wieder vom Verfasser und seinen Mitarbeitern gemachte Erfahrungen.

[3]) Embden, G. u. E. Adler: Hoppe-Seylers Zeitschr. f. physiol. Chem. Bd. 118, S. 34. 1922.

[4]) Unveröffentlichte Versuche von Embden und Lange mit Kaliumsalzen.

[5]) Versuche von Lange, zit. nach G. Embden und H. Lange: Klin. Wochenschr. Jg. 3, S. 129. 1924.

ADLER und der Verfasser versuchten auch bereits eine Brücke zu schlagen zwischen ihren Untersuchungsergebnissen und den chemischen Vorgängen bei der Muskelkontraktion. Sie sahen hierbei die Permeabilitätssteigerung der Muskelfasergrenzschichten als den Ausdruck einer Säurequellung, die Säurebildung also als das ursächliche Moment der vermehrten Durchlässigkeit an. Wir werden in einem der nachfolgenden Abschnitte die Gründe dafür anführen, daß das Verhältnis von Ursache und Wirkung bei den Vorgängen der Permeabilitätssteigerung und der Säurebildung verwickelter ist, als es in dieser Annahme zum Ausdruck kommt, und der Verfasser hält es demnach für unwahrscheinlich, daß die ursprünglich ausgesprochene Anschauung noch als richtig angesehen werden darf, wonach die Permeabilitätssteigerung zeitlich zwischen den chemischen Vorgang der Säurebildung aus Lactacidogen und den physikalischen Prozeß der Verkürzung eingeschaltet ist.

Auch auf die energetische Bedeutung der in der Permeabilitätssteigerung zum Ausdruck kommenden quellungsartigen Veränderung wurde damals hingewiesen und die Annahme geäußert, daß die im Kontraktionsaugenblick auftretende Wärme zum Teil als Säurequellungswärme der Grenzschichten anzusehen wäre. Andererseits wurde dem Prozeß der *chemischen* Erholung ein solcher der *physiko-chemischen* (*kolloidchemischen*) Erholung gegenübergestellt, der als ein mit dem Verschwinden der Säure einsetzender, endotherm verlaufender Entquellungsprozeß der Grenzschichten aufgefaßt wurde, ja es wurde neben dem *chemischen* Akkumulator des Muskels ein *physiko-chemischer* angenommen. Die im Kontraktionsaugenblick erfolgende Säurebildung wurde hierbei als Entladung eines chemischen Akkumulators, die damit einhergehende exotherm verlaufende Veränderung der Grenzschichten als Entladung eines kolloidchemischen Akkumulators angesehen und der entsprechende rückläufige Vorgang als endotherme Wiederaufladung, so daß zum Zustandekommen der Muskelerholung zwei energieverbrauchende Prozesse notwendig wären, die Rückbildung der charakteristischen Kohlenhydratverbindungen und die Wiederherstellung der charakteristischen geringen Permeabilität des Muskels. Die Frage der Berechtigung dieser Anschauungen soll erst weiter unten zur Erörterung gelangen.

Die eben kurz geschilderten tatsächlichen Befunde und daraus gezogenen theoretischen Schlußfolgerungen wurden in einer Reihe weiterer Untersuchungen ergänzt.

So wurde auf Grund der Feststellung H. VOGELS[1]), daß unter sonst gleichen Bedingungen die Kalilähmung eines Muskels um so rascher eintritt, je größer die an der Hand der Phosphorsäureausscheidung beurteilte Permeabilität seiner Grenzschichten ist, neben dem chemisch bestimmten Austritt von Phosphorsäure auch der biologisch — an der Hand der Geschwindigkeit des Eintritts der Kalilähmung — verfolgte Eintritt von Kaliumionen in das Muskelinnere als Maß des Permeabilitätszustandes benutzt. Freilich ist dieser Parallelismus zwischen Phosphorsäureausscheidung und Geschwindigkeit der Ausbildung der Kalilähmung nicht unter allen Umständen ein ganz vollständiger.

Auch mittels chemischer Untersuchungsmethoden läßt sich übrigens der vermehrte Eintritt von Ionen unter Bedingungen, unter denen der Austritt von Phosphationen gesteigert ist, ohne weiteres zeigen. So fanden ABDERHALDEN und GELLHORN[2]), daß die Aufnahme von Calcium aus Calciumchloridlösungen durch den Muskel in Rohrzuckerlösung, die nach den oben erwähnten Versuchsergebnissen ADLERS und des Verfassers als Umgebungsflüssigkeit des Muskels

[1]) VOGEL, HANS: Hoppe-Seylers Zeitschr. f. physiol. Chem. Bd. 118, S. 50. 1921.

[2]) ABDERHALDEN, E. u. E. GELLHORN: Pflügers Arch. f. d. ges. Physiol. Bd. 196, S. 584. 1922.

zu einer stark vermehrten Phosphorsäureausscheidung führt, leichter erfolgt als in solchen Salzlösungen, in denen die an der Hand der Phosphorsäureausscheidung beurteilte Permeabilität nicht vermehrt ist.

Auch die Aufnahme von Chlorionen aus der Umgebungsflüssigkeit wurde dargetan[1]). Es konnte nämlich gezeigt werden, daß von zwei gleichartigen Muskeln, die in öfters gewechselter Ringerlösung in der Ruhe annähernd gleiche Phosphorsäuremengen abgegeben hatten und von denen der eine alsdann in gasförmigem Sauerstoff bis zur Ermüdung gereizt wurde, während der andere ungereizt in Sauerstoff blieb, der ermüdete Muskel nachträglich an öfters gewechselte isotonische Kaliumsulfatlösung regelmäßig weit mehr Chlorionen abgibt als der Ruhemuskel. Dieses Versuchsergebnis wurde so gedeutet, daß das bei der Arbeit aufgenommene Chlor nachträglich wieder abgegeben wird.

Verwendet man statt isotonischer Kaliumsulfatlösung, welche das Wiederverschwinden der bei der Arbeit gesteigerten Permeabilität unterstützt, isotonische Rohrzuckerlösung, die eine Verstärkung der Permeabilitätssteigerung herbeiführt, als Wachsflüssigkeit, so scheidet nunmehr umgekehrt der Arbeitsmuskel weit weniger Chlorionen als der Ruhemuskel aus, ein Befund, der dahin erklärt wurde, daß die Erleichterung des Eintritts von Chlorionen, die zunächst durch die Arbeit verursacht wurde, auch in Rohrzuckerlösung weiter fortbesteht. Ein ganz entsprechendes Verhalten konnte auch für die Jodionen gezeigt werden.

Im gleichen Sinne sind auch die Versuchsergebnisse von MITCHELL, WILSON und STANTON[2]) zu deuten, welche Froschschenkel mit Ringerlösung durchspülten, deren Kalium durch äquivalente Mengen von Rubidium oder Caesium ersetzt war und gleichzeitig den einen Schenkel reizten. Nach Abschluß der Reizung wurde so lange mit isotonischer Rohrzuckerlösung durchspült, bis die Durchströmungsflüssigkeit kein Rubidium oder Caesium mehr enthielt. Es ließ sich dann nur in der Asche der *gereizten* Muskulatur Rubidium oder Caesium nachweisen.

In diesen Versuchen wurde für das Caesium mit chemischer Methodik festgestellt, was VOGEL in den oben erwähnten Untersuchungen auf Grund biologischer Beobachtungen erschlossen hatte, daß nämlich der Eintritt von Ionen in das Muskelinnere bei der Tätigkeit erleichtert ist.

Permeabilitätssteigerungen, die mit den bei der Ermüdung beobachteten große Ähnlichkeit haben, wurden von M. SIMON bei der Erstickung festgestellt[3]). Er fand, daß ein ruhender, in Ringerlösung befindlicher Muskel, der zunächst mit Sauerstoff versorgt wurde, nach dem Ersatz der Sauerstoff- durch Wasserstoffdurchleitung gesteigerte Phosphorsäureausscheidung aufweist. Häufig kommt es zu dieser vermehrten Phosphorsäureabgabe, noch bevor eine Verringerung der elektrischen Erregbarkeit nachweisbar ist. Mit fortschreitender Erstickung des Muskels nimmt die an der Hand der Phosphorsäureausscheidung bestimmte Permeabilitätssteigerung mehr und mehr zu, um bei rechtzeitiger Wiederzufuhr von Sauerstoff parallel mit der Wiederkehr der normalen Erregbarkeit wieder abzusinken.

Schon aus den zuletzt geschilderten Befunden geht hervor, daß Permeabilitätsschwankungen der Muskelfasergrenzschichten keineswegs nur durch den verschiedenen Tätigkeitszustand des Muskels hervorgerufen werden, und es gibt anscheinend sehr verschiedenartige Faktoren, die auf diesen Permeabilitätszustand einwirken. Namentlich sei hier auf den durch LANGE

---

[1]) EMBDEN, G. u. H. LANGE: Festschrift für ALBRECHT KOSSEL. Hoppe-Seylers Zeitschr. f. physiol. Chem. Bd. 130, S. 350. 1923.

[2]) MITCHEL, WILSON u. STANTON: Journ. of gen. physiol. Bd. 4, S. 141. 1920.

[3]) SIMON, M.: Hoppe-Seylers Zeitschr. f. physiol. Chem. Bd. 118, S. 98. 1922.

geführten Nachweis hingewiesen, daß Adrenalin die Fähigkeit besitzt, die Durchlässigkeit der Grenzschichten des quergestreiften Froschmuskels herabzusetzen[1]). Hierbei war regelmäßig der Austritt von Phosphorsäure am Adrenalinmuskel gegenüber dem Kontrollmuskel vermindert und die Geschwindigkeit des Eintritts der Kalilähmung verzögert. Auch der Eintritt der Rohrzuckerlähmung, für deren Zustandekommen ein hoher Grad von Permeabilitätssteigerung Voraussetzung ist, wurde durch Adrenalinvorbehandlung verlangsamt. Die eben geschilderten Adrenalinwirkungen wurden noch in Verdünnungen von 1 : 10 Millionen beobachtet.

Skelettmuskeln desselben Tieres von verschiedenartigen funktionellen Eigenschaften unterscheiden sich durch das Verhalten ihrer Grenzschichten. So konnte in Untersuchungen von BEHRENDT[2]) wahrscheinlich gemacht werden, daß die starken Unterschiede in der Leistungsfähigkeit des Froschgastrocnemius einerseits und des Semimembranosus andererseits, die namentlich von K. BÜRKER[3]) festgestellt und näher untersucht waren, und die einmal in der langsameren Zuckung des Gastrocnemius, zweitens in seinem geringeren Wirkungsgrade und drittens in seiner größeren Befähigung zu andauernder Arbeitsleistung bestehen, zurückzuführen sind auf eine weniger zarte (dickere) Beschaffenheit seiner Muskelfasergrenzschichten. Es entspricht jedenfalls durchaus dieser Vorstellung, daß der Semimembranosus mit seinen zarteren Grenzschichten unmittelbar nach der Präparation größere Phosphorsäuremengen ausscheidet als der Gastrocnemius mit seinen dickeren und daß nach gleichartiger Reizung beider Muskeln der Semimembranosus regelmäßig während der Tätigkeit mehr Phosphorsäure ausscheidet. Entsprechend seiner leichteren Ermüdbarkeit dauert die gesteigerte Phosphorsäureausscheidung beim Semimembranosus auch länger an als beim Gastrocnemius.

Die zartere Beschaffenheit seiner Grenzschichten bedingt es offenbar auch, daß der Semimembranosus (unabhängig von seiner Größe) in der durch Einwirkung auf die Grenzschichten lähmenden isotonischen Rohrzuckerlösung immer rascher unerregbar wird als der Gastrocnemius. Auf weitere von BEHRENDT gemachte Beobachtungen, die ganz im gleichen Sinne sprechen, kann hier nicht eingegangen werden. Nur sei nochmals daran erinnert, daß der gleiche Autor auch einen Mindergehalt an Restphosphorsäure im Semimembranosus gegenüber dem Gastrocnemius fand, und daß von LAWACZECK auch ein geringerer Cholesteringehalt im Semimembranosus festgestellt wurde (s. oben S. 391).

Hier soll auch die Frage kurz erörtert werden, was man im anatomischen Sinne unter den „Muskelfasergrenzschichten" zu verstehen hat. Schon früher wurde darauf hingewiesen, daß unter sonst vergleichbaren Bedingungen die Befähigung eines Muskels zu andauernder Arbeit mit seinem Sarkoplasmareichtum wächst, und daß diesem Sarkoplasmareichtum zwei mit chemischer Methodik festzustellende Größen, der Restphosphorsäure- und der Cholesteringehalt, parallel gehen, derart, daß sie geradezu einen chemischen Maßstab für den Sarkoplasmareichtum eines Muskels bilden. Dies führte, wie bereits (S. 391) ausgeführt, LAWACZECK und den Verfasser zu der Annahme, daß das Sarkoplasma im wesentlichen der Träger der Restphosphorsäurefraktion und des Cholesterins ist. Diese Annahme erscheint deswegen um so berechtigter, weil ebenso wie großer Sarkoplasmareichtum auch ein hoher Gehalt an Restphosphorsäure und an Cholesterin gerade bei besonders ausdauernd arbeitenden Muskeln sich findet. Angesichts der

[1]) LANGE, H.: Hoppe-Seylers Zeitschr. f. physiol. Chem. Bd. 120, S. 249. 1922.

[2]) BEHRENDT, HANS: Hoppe-Seylers Zeitschr. f. physiol. Chem. Bd. 118, S. 123. 1922.

[3]) BÜRKER, K.: Pflügers Arch. f. d. ges. Physiol. Bd. 116, S. 77. 1907 u. Bd. 174, S. 182. 1919.

Tatsache, daß diese Dauerleistungsfähigkeit von Muskeln auch von der Ausbildung ihrer membranartig wirkenden Grenzschichten abhängig ist, haben LAWACZECK und der Verfasser die Anschauung ausgesprochen, *daß diese membranartigen Grenzschichten eben nichts anderes sind wie das Sarkoplasma*[1]). Trifft diese Anschauung zu, so ist es berechtigt, statt von Muskelfasergrenzschichten, wie es in diesem Abschnitt des öfteren geschah, von sarkoplasmatischen Grenzschichten zu sprechen.

Die oben (S. 410ff.) beschriebenen Permeabilitätsänderungen bei der Reizung gelangten sämtlich an solchen Muskeln zur Beobachtung, die wirklich gearbeitet hatten. Es war auf Grund dieser Versuche also denkbar, daß sie lediglich als Folge der eigentlichen Kontraktionstätigkeit anzusehen sind. Aus weiteren von WEISS[2]) unter gemeinsamer Leitung von BETHE und dem Verfasser vorgenommenen Untersuchungen geht aber hervor, daß auch elektrische Dauerdurchströmung von Froschmuskeln unter Vermeidung jeder sichtbaren Kontraktion zu vermehrter Phosphorsäureausscheidung, zu früherem Eintritt der Kalilähmung und verminderter Erregbarkeit in allen Teilen des Muskels, besonders aber an den Ein- und Austrittstellen des Stromes führt. Es treten hier also die charakteristischen Erscheinungen der mit verminderter Erregbarkeit verbundenen Permeabilitätssteigerung ein unter Umständen, unter denen keinerlei Kontraktionstätigkeit, sondern nur unterschwellige Erregung des Muskels in Frage kommt. Ganz entsprechende Befunde erhob der gleiche Autor[3]) auch bei durchaus unterschwelliger Reizung mit Einzelinduktionsschlägen. Die Veränderungen des Muskels, die bei der Dauerdurchströmung und der unterschwelligen Reizung mit Induktionsschlägen gefunden wurden, waren sämtlich nicht sehr hochgradig und in sehr vollkommener Weise reversibel.

Im Anschluß an das bisher Besprochene soll nunmehr eine weitere wichtige Funktion, die den sarkoplasmatischen Grenzschichten — allem Anschein nach in stärkster Abhängigkeit von ihrem an der Hand der Permeabilität beurteilten Kolloidzustande — zukommt, erörtert werden. Es ist längst bekannt, daß als Folge jeder Muskeltätigkeit gesteigerte Atmung des Muskels eintritt, und es lag nahe zu untersuchen, ob die Permeabilitätssteigerung und die Atmungssteigerung bei der Muskeltätigkeit ursächlich miteinander verbunden wären.

Daß dies tatsächlich der Fall ist, geht aus einer von LANGE und dem Verfasser ausgeführten Untersuchung hervor[4]), in der gezeigt werden konnte, daß nicht nur die durch *Arbeit* hervorgerufene Quellungssteigerung des Sarkosplasmas, sondern auch eine auf ganz anderem Wege erzielte Vermehrung des sarkoplasmatischen Quellungszustandes Anstieg der Atmung bedingt. Verbringt man nämlich Muskeln, deren Atmung nach längerem Aufenthalt in sauerstoffgesättigter Ringerlösung auf minimale Werte abgesunken ist, in sauerstoffgesättigte Rohrzuckerlösung — wir sahen oben, daß Aufenthalt von Muskeln in dieser Lösung zu stärkster Permeabilitätsvermehrung führt —, so kommt es zu einer derartig starken Atmungssteigerung, wie sie an anatomisch intakten Muskeln auf keine andere Weise erzielt werden kann. Nur die Muskelzerkleinerung führt nach Untersuchungen THUNBERGS[5]) und MEYERHOFS[6]) zu ähnlich starker Vermehrung des Sauerstoffverbrauchs. Während aber in der zerkleinerten Muskulatur dem

[1]) EMBDEN, G. u. H. LAWACZECK: Hoppe-Seylers Zeitschr. f. physiol. Chem. Bd. 125, S. 109. 1923.

[2]) WEISS, HERM.: Pflügers Arch. f. d. ges. Physiol. Bd. 194, S. 152. 1922.

[3]) WEISS, HERM.: Pflügers Arch. f. d. ges. Physiol. Bd. 196, S. 393. 1922.

[4]) EMBDEN, G. u. H. LANGE: Hoppe-Seylers Zeitschr. f. physiol. Chem. Bd. 125, S. 258. 1923.

[5]) THUNBERG, T.: Festschrift für OLOF HAMMARSTEN. XIX, S. 7ff. 1906. — Derselbe, Skand. Arch. für Physiol., Bd. 22, S. 407. 1909.

[6]) MEYERHOF, O.: Pflügers Arch. f. d. ges. Physiol. Bd. 175, S. 24ff. 1919.

Atmungsanstiege bald ein steiler und dauernder Abfall der Atmung als Ausdruck des Absterbens folgt, kann man den rohrzuckergelähmten Muskel durch Verbringen in Ringerlösung bekanntlich rasch wieder erregbar machen. Hierbei sinkt die Atmung allmählich wieder auf die geringe, ursprünglich beobachtete Größe ab, und erneuter Aufenthalt in Rohrzuckerlösung führt zu erneutem, gewaltigem Atmungsanstieg.

Das Maximum der Atmung in isotonischer Rohrzuckerlösung wird übrigens ziemlich bald erreicht, und bei weiterem Aufenthalt in dieser Flüssigkeit sinkt die Atmung wieder ab, während die Permeabilitätssteigerung fortschreitet. Allem Anschein nach gibt es also ein Optimum des Permeabilitätszustandes, ein Quellungsoptimum für die Atmung.

Der Parallelismus zwischen Muskelatmung und Kolloidzustandsänderungen an den sarkoplasmatischen Grenzschichten läßt sich übrigens auch beim einfachen Aufenthalt eines isolierten Muskels in sauerstoffgesättigter Ringerlösung sehr gut verfolgen. Kurze Zeit nach der Präparation scheidet der Muskel reichlich Phosphorsäure aus und hat einen starken Sauerstoffverbrauch. Läßt man ihn ungereizt, so sinkt seine Phosphorsäureausscheidung mehr und mehr ab und gleichzeitig auch die Atmung, wobei das Minimum der Ruhepermeabilität und das Minimum der Ruheatmung gleichzeitig auftreten. In diesem Stadium ist die Erregbarkeit des Muskels eine ausgezeichnete. Allmählich verringert sich bekanntlich diese Erregbarkeit auch in reichlich mit Sauerstoff versorgter Ringerlösung mehr und mehr, und dieser Erregbarkeitsminderung entspricht ein Anstieg der Permeabilität und ebenso eine Vermehrung der Atmung. Der weiter oben (S. 411) bereits erwähnten starken prämortalen Steigerung der Phosphorsäureausscheidung entspricht ein steiler Anstieg der Atmung, dem jäh ihr endgültiger Absturz folgt.

All diese Tatsachen sprechen durchaus in dem Sinne, daß die jeweilige Atmungsgröße des Muskels geradezu eine Funktion des Quellungszustandes der Grenzschichten ist. Dabei scheint die Beeinflußbarkeit der Atmung durch den quellungsbegünstigenden Aufenthalt in Rohrzuckerlösung eine charakteristische Eigenschaft gerade der Muskeln zu sein. Wenigstens zeigen Leber und Niere nach dem Verbringen in isotonische Rohrzuckerlösung keinerlei Vermehrung des Sauerstoffverbrauchs, was vielleicht in dem Sinne spricht, daß die atmenden Elemente, als welche wir nach früheren Untersuchungen O. Warburgs für die Leber granulaartige Gebilde ansehen dürfen, bei den letztgenannten Organen weiter nach innen als beim Muskel gelegen sind[1]).

Die Abhängigkeit der Atmung von dem Quellungszustand des Sarkoplasmas macht auch den Befund Langes verständlich, nach welchem die Atmung zerschnittener Froschmuskeln in entquellend wirkenden Calciumchloridlösungen gegenüber der in destilliertem Wasser erfolgenden stark vermindert ist, schwächer auch in Kaliumchloridlösung, während die Suspension des Breies in Magnesiumchloridlösung von gleicher molarer Konzentration keine Minderung des Sauerstoffverbrauchs herbeiführt[2]). Schon früher hatte O. Warburg übrigens ähnliche Ergebnisse bei seinen Versuchen über die Beeinflußbarkeit der Atmung von Vogelerythrocyten durch Salze erhalten[3]).

Nach einer Veröffentlichung Meyerhofs aus der jüngsten Zeit soll die Atmungssteigerung bei der Muskeltätigkeit nicht auf einer H-Ionenwirkung, sondern auf einer solchen des Milchsäureanions beruhen[4]).

---

[1]) Warburg, O.: Pflügers Arch. f. d. ges. Physiol. Bd. 154, S. 599. 1913.
[2]) Lange, H.: Hoppe-Seylers Zeitschr. f. physiol. Chem. Bd. 137, S. 147ff. 1924.
[3]) Warburg, O.: Hoppe-Seylers Zeitschr. f. physiol. Chem. Bd. 70, S. 424. 1911.
[4]) Meyerhof, O.: Klin. Wochenschr. Jg. 4, S. 341. 1925; Naturwissenschaften 1924, S. 1138.

Die bisher besprochenen, mit der Muskeltätigkeit verbundenen Kolloidvorgänge spielen sich anscheinend ausschließlich an den sarkoplasmatischen Grenzschichten ab. Daß aber auch an den innerhalb der Fibrillen gelegenen Verkürzungsorten selbst, am Orte des Lactacidogenwechsels, nach länger andauernder Muskeltätigkeit die Kontraktion überdauernde Kolloidveränderungen auftreten, wird durch weiter unten (S. 434ff.) mitzuteilende Untersuchungen wahrscheinlich gemacht.

## III. Zusammenhang zwischen den chemischen und den kolloidchemischen Vorgängen bei der Muskelkontraktion.

In den vorangehenden Abschnitten wurden einerseits die chemischen Prozesse bei der Muskelarbeit, d. h. im wesentlichen die Bildung und das Verschwinden von Milchsäure und Phosphorsäure besprochen, andererseits die kolloidchemischen Vorgänge, die in den mit der Muskeltätigkeit einhergehenden Permeabilitätsschwankungen der sarkoplasmatischen Muskelfasergrenzschichten sich äußern.

Die Tatsache, daß bei der Ermüdung des Muskels eine in Permeabilitätssteigerung zum Ausdruck kommende Änderung dieser sarkoplasmatischen Grenzschichten vorhanden ist, die parallel mit der allmählichen Erholung wieder verschwindet, und der auch sonst unverkennbare Zusammenhang zwischen Permeabilitätszustand und Erregbarkeit führte schon unmittelbar nach dem Auffinden der gesteigerten Phosphorsäureausscheidung bei der Ermüdung zu der Anschauung, daß die Permeabilitätsänderung keine gleichgültige Nebenerscheinung der Muskelarbeit wäre, sondern ein notwendiges Glied in der Kette der zur Kontraktion führenden Vorgänge[1]). Der nähere Zusammenhang zwischen der Säurebildung und der Permeabilitätssteigerung blieb zunächst ungeklärt, doch nahmen Adler und der Verfasser an, daß die Permeabilitätssteigerung als physikochemisches Geschehen zwischen den chemischen Prozeß der Säurebildung und den physikalischen der Kontraktion eingeschaltet, daß also die Permeabilitätssteigerung im wesentlichen eine Folge der im Kontraktionsmoment auftretenden Säuerung wäre.

Neuere Untersuchungen, die auf den bisher geschilderten aufbauen, machen es, wie wir sehen werden, wahrscheinlich, daß der Zusammenhang zwischen Säurebildung und Permeabilitätssteigerung ein verwickelterer ist.

### 1. Die ionale Beeinflussung des Lactacidogenwechsels und anderer chemischer Vorgänge im Muskel.

Den Ausgangspunkt dieser Untersuchungen bildete einmal eine schon längere Zeit zurückliegende Arbeit von Carl Schwarz, welcher zeigen konnte, daß die Wiederherstellung des durch längeren Aufenthalt in isotonischer Rohrzuckerlösung gelähmten Muskels durch Zusatz der Natriumsalze verschiedener Säuren in sehr verschiedenem Maße erfolgt, derart, daß Rhodannatrium und Jodnatrium die Restitution des Muskels — zunächst wenigstens — am vollkommensten bewerkstelligen. Ihnen folgen in ihrem Wiederherstellungsvermögen das Bromid, das Nitrat und das Chlorid, wohingegen die Natriumsalze der Essigsäure, Weinsäure, Schwefelsäure und Citronensäure den rohrzuckergelähmten Muskel überhaupt nicht oder doch nur ganz vorübergehend wieder arbeitsfähig machen[2]).

---

[1]) Embden, G. u. E. Adler: Hoppe-Seylers Zeitschr. f. physiol. Chem. Bd. 118, S. 42. 1922.

[2]) Schwarz, C.: Pflügers Arch. f. d. ges. Physiol. Bd. 117, S. 161. 1907.

Ferner zeigte sich, daß ein Muskel, der in der Lösung eines weniger gut restituierenden Salzes unerregbar geworden war, seine Erregbarkeit in der Lösung eines besser restituierenden wiedergewann, so daß z. B. ein in Na-Sulfat unerregbar gewordener Muskel in Na-Jodid und auch in Na-Chlorid wieder arbeitsfähig wurde. Wurden die schlecht restituierenden Salze der Rohrzuckerlösung, die als Umgebungsflüssigkeit des Muskels diente, zugesetzt, so konnte nach einiger Zeit zwar eine geringe Wiederkehr der Muskelerregbarkeit beobachtet werden, aber wenige Reize genügten, um diese Erregbarkeit endgültig zum Verschwinden zu bringen.

Ordnet man die sämtlichen untersuchten Salze nach dem Grade ihres Restitutionsvermögens, so erhält man eine mit dem Rhodanid beginnende, mit dem Citrat endende Anionenfolge, die im wesentlichen der HOFMEISTERschen Reihe entspricht.

Die zweite Arbeit, die für die nunmehr zu schildernden Untersuchungen leitend war, wurde bereits oben S. 413 in ihren Ergebnissen besprochen. LANGE und der Verfasser konnten nämlich zeigen, daß bei der Muskeltätigkeit nicht nur Phosphationen aus dem Muskel in die Umgebungsflüssigkeit austreten, sondern auch Chlorionen aus dieser Flüssigkeit in den Muskel eindringen, wobei es ungeklärt blieb, ob die eindringenden Ionen bereits in den sarkoplasmatischen Grenzschichten haltmachen oder bis in das Innere der Fibrille vordringen. Mit der letzteren Möglichkeit mußte um so mehr gerechnet werden, als die Ergebnisse einer Untersuchung über die Kalilähmung, die ebenfalls, soweit es notwendig erschien, bereits oben S. 412 zur Besprechung gelangten, die Möglichkeit eines solchen Eintrittes von Ionen in die innersten Schichten der Muskelfaser wahrscheinlich gemacht hatten.

Von vornherein erschien es nicht undenkbar, daß von außen in das Muskelinnere an den Ort des Lactacidogenwechsels vordringende Ionen eben diesen Lactacidogenwechsel beeinflußten. Von derartigen zunächst rein hypothetischen Vorstellungen gingen die Untersuchungen aus, die LEHNARTZ und der Verfasser am Muskelbrei unter Zusatz von verschiedenen Ionen ausführten[1]). Sie untersuchten hierbei, ob etwa Chlorionen eine Steigerung des Lactacidogenzerfalls unter Freiwerden anorganischer Phosphorsäure herbeiführen könnten, und dehnten dann ihre Versuche auf eine größere Anzahl anderer Anionen aus, teils solche, die nach den von C. SCHWARZ gewonnenen Ergebnissen die Wiederherstellung des rohrzuckergelähmten Muskels begünstigen, teils solche, die diese Wiederherstellung nicht oder nur ganz vorübergehend zulassen.

Es ergab sich hierbei — trotz mancherlei Abweichungen im einzelnen — im ganzen ein geradezu erstaunlicher Parallelismus zwischen der Fähigkeit der untersuchten Ionen, die Erregbarkeit des rohrzuckergelähmten Muskels wiederherzustellen, und ihrem Vermögen, den Lactacidogenwechsel im Sinne beschleunigter Abspaltung von anorganischer Phosphorsäure zu beeinflussen. Ebenso wie in den Versuchen von CARL SCHWARZ Rhodannatrium und Jodnatrium den rohrzuckergelähmten Muskel am besten wieder arbeitsfähig machten, ebenso riefen die genannten Salze nach Zusatz ihrer isotonischen oder anisotonischen Lösungen zu lebensfrischem Muskelbrei die stärkste Phosphorsäureabspaltung hervor, während das Sulfation, das nach SCHWARZ eine nur sehr unvollständige Wiederkehr der Kontraktionsfähigkeit nach der Rohrzuckerlähmung ermöglicht, diese spaltungsbegünstigende Wirkung im allge-

---

[1]) EMBDEN, G.: Vortrag auf dem XI. internat. Physiol. Kongreß Edinburgh. Abstracts of communications. July 1923. — Derselbe: Naturwissenschaften 1923, S. 985. — EMBDEN, G. u. E. LEHNARTZ: Hoppe-Seylers Zeitschr. f. physiol. Chem. Bd. 134, S. 243. 1924. — EMBDEN, G. u. H. LANGE: Klin. Wochenschr. Jg. 3, S 135. 1924.

meinen nicht ausübt. Das Citration, das nach SCHWARZ überhaupt kaum Restitutionswirkung besitzt, hemmt die Lactacidogenspaltung oder bewirkt gar statt Abspaltung von Phosphorsäure aus Lactacidogen Verschwinden anorganischer Phosphorsäure unter Lactacidogenaufbau. Noch viel stärker kommt diese synthesebegünstigende Wirkung dem Natriumfluorid zu, nach dessen Zusatz manchmal der größte Teil der von vornherein vorhandenen Phosphorsäure unter Aufbau von Lactacidogen oder einer dem Lactacidogen nahestehenden Substanz zum Verschwinden gebracht werden kann. Dem entspricht übrigens nach noch unveröffentlichten Untersuchungen von v. BEZNÁK, daß durch Na-Fluorid auch die Arbeitsfähigkeit des rohrzuckergelähmten Muskels nur in geringem Maße und nur ganz vorübergehend wiederherstellbar ist.

In untenstehender Abb. 72 ist das Ergebnis eines derartigen Versuches zum Teil dargestellt[1]). Hierbei wurden die unter Einwirkung einer wässerigen 0,4 proz. Glykogenlösung, die die in reinem Wasser häufig erfolgende starke Phosphorsäureabspaltung hintanzuhalten vermag, erhaltenen Werte mit den unter gleichartiger Einwirkung von Na-Rhodanid, Na-Chlorid und Na-Fluorid in $^m/_9$-Lösung (gleichfalls bei einem Gehalt von 0,4% Glykogen) gewonnenen Ergebnissen verglichen. In den genannten Flüssigkeiten blieb lebensfrischer Froschmuskelbrei eine Stunde bei 13° stehen. Links von den unter diesen Bedingungen gewonnenen Ergebnissen ist die von vornherein vorhandene Phosphorsäuremenge (*A*) schraffiert dargestellt, daneben auch jene Phosphorsäuremenge, die nach 2stündigem Stehen des Muskelbreis unter Zusatz von Natriumbicarbonat und bei einer Temperatur von 40° vorhanden war, unter Bedingungen also, die nach früher (S. 388) gemachten Ausführungen gewöhnlich zu einer vollständigen Abspaltung der Phosphorsäure aus Lactacidogen führen (*B*). Man sieht, daß die von vornherein vorhandene Phosphorsäuremenge nach 1stündigem Stehen mit Glykogenlösung kaum eine Veränderung erfährt. In $^m/_9$-Rhodannatriumlösung steigt die Phosphorsäure auf den Wert von 0,441% an, der nach den Ergebnissen des B-Versuches bei vollständiger Lactacidogenspaltung erreicht wird. In $^m/_9$-Kochsalzlösung ist die Spaltungsbeschleunigung eine wesentlich geringere (Anstieg auf 0,384% Phosphorsäure), während in einer gleich konzentrierten Na-Fluoridlösung die Phosphorsäuremenge auf 0,165% abgesunken, also die Hälfte der von vornherein vorhandenen Phosphorsäure durch Synthese mit Kohlenhydrat zum Verschwinden gebracht worden ist.

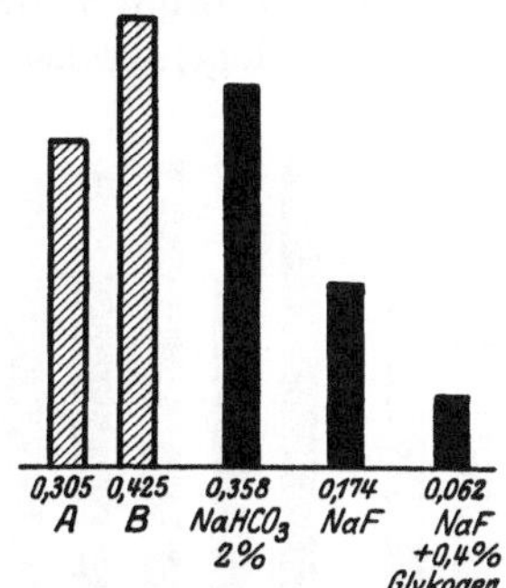

Abb. 72. Einwirkung von $^m/_9$-Natriumrhodanid, Natriumchlorid und Natriumfluorid auf den Lactacidogenwechsel im Muskelbrei.

In Abb. 73 ist ein ähnlicher Versuch[2]), in dem das Glykogen durch eine 0,4 proz. Lösung von Weizenstärke ersetzt ist, die ebenso wie Glykogenlösung die manchmal beim Zusatz von reinem Wasser erfolgende Spaltung hemmt, wiedergegeben. Links findet man den *A*- und den *B*-Wert, rechts die nach 2stündiger Einwirkung verschiedener Salzlösungen in einer Konzentration von $^m/_9$ erhaltenen Zahlen für die anorganische Phosphorsäure. Wie man sieht, ist die stärkste Spaltungsbeschleunigung in der Rhodanidlösung eingetreten, geordnet nach ihrer Wirkungsstärke folgen das Jodid, Nitrat, Bromid und das Chlorid. Hier tritt also die Bedeutung der Stellung der einzelnen Ionen in der

[1]) EMBDEN, G. u. E. LEHNARTZ: Hoppe-Seylers Zeitschr. f. physiol. Chem. Bd. 134, S. 264. 1924. (Vers. 14, Abb. 15.)

[2]) EMBDEN, G. u. E. LEHNARTZ: Hoppe-Seylers Zeitschr. f. physiol. Chem. Bd. 134, S. 261. 1924. (Vers. 12. Abb. 11.)

lyotropen Reihe für ihre Einwirkung auf den Lactacidogenwechsel aufs deutlichste in Erscheinung. Auch das Chlorid ruft übrigens noch eine deutliche Spaltungsbeschleunigung hervor.

Mit der Änderung der Salzkonzentration und, wie gezeigt werden konnte, auch der Versuchszeit und zum Teil auch mit von vornherein vorhandenen Unterschieden in der Beschaffenheit des Muskelmaterials können Abweichungen in der Wirkungsstärke der verschiedenen Ionen erfolgen, ja es können gelegentlich Versuchsergebnisse geradezu inverser Art gewonnen werden. Zum Teil lassen sich diese Ergebnisse auf das reichliche Vorhandensein eines bekannten Anions (s. weiter unten S. 423ff.) zurückführen, zum Teil sind die Ursachen für ihr Auftreten noch nicht aufgeklärt.

Das ändert aber nichts an der Tatsache, daß im großen und ganzen ein geradezu erstaunlicher Parallelismus zwischen der Wirkung der verschiedenen Anionen auf den Lactacidogenwechsel und ihrem Restitutionsvermögen für den rohrzuckergelähmten Muskel nachweisbar und daß vor allem für den Ablauf des Lactacidogenwechsels im Froschmuskelbrei die Natur der anwesenden Ionen von der größten Bedeutung ist. Im allgemeinen entspricht der Wirkungsgrad der einzelnen Anionen auf den rohrzuckergelähmten Muskel durchaus dem Grade ihrer Fähigkeit, den Lactacidogenwechsel im Sinne der Spaltung oder Synthese zu beeinflussen, d. h. diejenigen Anionen, die die größte Restitutionsfähigkeit für den gelähmten Muskel entfalten, wirken am stärksten *spaltungs*begünstigend, diejenigen, die die geringste Wiederherstellung des überlebenden Froschmuskels zulassen, am stärksten *synthese*begünstigend auf den Lactacidogenwechsel ein.

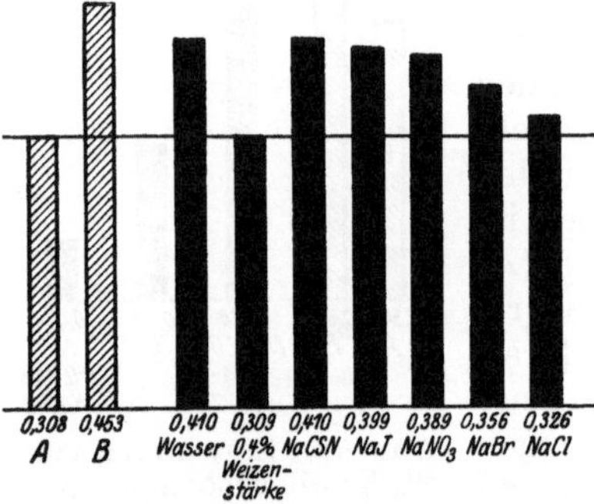


Abb. 73. Beeinflussung der Lactacidogenspaltung im Muskelbrei durch Natriumrhodanid, Natriumjodid, Natriumnitrat, Natriumbromid und Natriumchlorid in $^{m}/_{9}$-Lösungen.

Hierdurch gewinnt die Vorstellung, die die Untersuchung von EMBDEN und LEHNARTZ veranlaßte, daß nämlich bei der Erregung des Muskels infolge einer plötzlichen Permeabilitätssteigerung von im Ruhezustande nur wenig permeablen Grenzschichten Ionen an den innerhalb der Fibrillen gelegenen Ort des Lactacidogenwechsels vordringen und diesen Lactacidogenwechsel im Sinne der Spaltung beeinflussen, außerordentlich an Wahrscheinlichkeit. Unter Berücksichtigung der in einer oben erwähnten Arbeit von LANGE und dem Verfasser gemachten Feststellung, daß tatsächlich Chlorionen während der Muskeltätigkeit in das Muskelinnere eindringen, darf es insbesondere als höchstwahrscheinlich gelten, daß gerade diese Ionen es sind, die im Erregungsaugenblick eine Phosphorsäureabspaltung aus Lactacidogen herbeiführen.

Die hierbei auftretende Steigerung des H-Ionengehaltes, die nach früher (S. 407—409) besprochenen Versuchsergebnissen im wesentlichen auf eine Bildung von Phosphorsäure zurückzuführen ist, ruft möglicherweise ihrerseits eine Verstärkung der eben erwähnten Permeabilitätssteigerung hervor, die zu vermehrtem Eindringen von Ionen und damit wieder zu verstärkter Säurebildung führt. Ursache und Wirkung wechseln also dauernd, und der ganze Prozeß kann als autokatalytisch bezeichnet werden.

Wenn die Säurebildung die unmittelbare oder auch nur die mittelbare Ursache der Muskelkontraktion ist, so wird hiernach die Muskelkontraktion eingeleitet gleichsam durch ein Wechselspiel zwischen Permeabilitätssteigerung und Eintritt von solchen Ionen, welche durch Beeinflussung des Lactacidogenwechsels im Spaltungssinne zur Säurebildung führen.

Nach früher (S. 409ff.) besprochenen Untersuchungen wird, wenigstens im Froschmuskel, die im Kontraktionsaugenblick abgespaltene Phosphorsäure bei kurz dauerndem Tetanus schon vor dem Eintritt der Muskelerschlaffung wieder zu Lactacidogen aufgebaut, und LEHNARTZ und der Verfasser suchten auch diesen Prozeß mit der Wirkung bestimmter Ionen in Zusammenhang zu bringen.

Von jenen Anionen, die die genannten Autoren selbst in den Kreis ihrer Untersuchungen einbezogen, kam als solches synthesebegünstigendes Anion vor allem das Fluorion in Betracht, das nach den Feststellungen von ABRAHAM und KAHN[1]) noch in einer Konzentration von $^m/_{5000}$ am Muskelbrei unter Umständen Synthese herbeizuführen vermag, in einer Konzentration also, die nicht viel größer ist als die von GAUTIER und CLAUSSMANN[2]) in der Skelettmuskulatur gefundene von 0,16 mg in 100 g Muskulatur, entsprechend $^m/_{12000}$ Fluor.

Wir wollen nunmehr an der Hand weiterer, an die eben erwähnten sich anschließender Untersuchungen zunächst die Frage erörtern, welche Ionen, abgesehen von den eben genannten Fluorionen, die Resynthese des Lactacidogens bei der Muskeltätigkeit herbeizuführen vermögen.

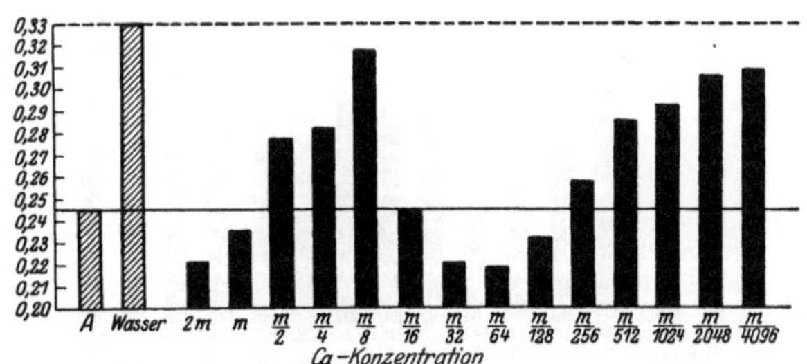


Abb. 74. Beeinflussung des Lactacidogenwechsels im Muskelbrei durch Calciumchloridlösungen fallender Konzentration.

Von H. LANGE, der den Einfluß verschiedener Kationen auf den Lactacidogenwechsel untersuchte, konnte festgestellt werden, daß Calciumchlorid eine überaus starke synthesebegünstigende Wirkung ausübt[3]). Hierbei zeigte sich unter ähnlichen Versuchsbedingungen, wie sie auch in der obenerwähnten Arbeit von LEHNARTZ und dem Verfasser gewählt waren, daß eine eigenartige Mehrphasigkeit der Calciumwirkung auftrat, derart, daß zwei Maxima der Synthese, eines bei hochkonzentrierten Lösungen (2 m bis $^m/_2$), ein zweites im Bereich von etwa $^m/_{30}$ bis $^m/_{60}$, beobachtet wurden. Die beiden Maxima sind durch eine steil aufsteigende Zone scheinbarer Wirkungslosigkeit getrennt. Das Ergebnis eines derartigen Versuches ist in Abb. 74 graphisch dargestellt[4]). Man sieht ein erstes Maximum der Synthese in 2 m-Calciumchloridlösung, ein zweites in $^m/_{64}$; zwischen diesen beiden Maxima zeigen die Konzentrationen $^m/_2$, $^m/_4$ und $^m/_8$ deutliche Abspaltung von Phosphorsäure, die in $^m/_8$-Lösung nahezu den Wert, der in reinem Wasser erzielt wird, erreicht. Von den geringeren Konzentrationen als $^m/_{64}$ zeigt nur $^m/_{128}$ deutliche Synthese, $^m/_{256}$ hingegen schon erhebliche Spaltung, die weiterhin mit abnehmender Konzentration bis herab zu $^m/_{4096}$, der geringsten untersuchten, mehr und mehr ansteigt; aber auch bei dieser minimalen Calciumkonzentration ist die Phosphorsäureabspaltung merklich geringer als die in reinem Wasser erfolgende.

---

1) ABRAHAM, A. u. P. KAHN: Hoppe-Seylers Zeitschr. f. physiol. Chem. Bd. 141, S. 173. 1924. (Vers. 5.)

2) GAUTIER u. CLAUSSMANN: Cpt. rend. hebdom. des séances de l'acad. des sciences Bd. 156, S. 1347 u. Bd. 157, S. 94. 1913.

3) LANGE, H.: Hoppe-Seylers Zeitschr. f. physiol. Chem. Bd. 137, S. 105. 1924.

4) LANGE, H.: Hoppe-Seylers Zeitschr. f. physiol. Chem. Bd. 137, S. 116. 1924. (Vers. 4.)

In noch unveröffentlichten Untersuchungen konnte neuerlich MARGARETE ZIMMERMANN außer den zwei bereits von LANGE aufgefundenen Maxima der Lactacidogensynthese in Lösungen von fallender Calciumkonzentration noch ein drittes nachweisen. In Abb. 75 ist ein Versuch dargestellt, in dem der stärkste Calciumchloridzusatz in einer $^{m}/_{3}$-Lösung besteht, so daß dieser Versuch das Maximum der ersten synthetischen Phase nicht mehr mit umfaßt. In dieser Lösung ist der Phosphorsäuregehalt nach 40 Minuten langer Einwirkung bei 10° von einem Anfangswert, der 0,321% betrug, auf 0,284% abgesunken. Die Synthese verstärkt sich in $^{m}/_{10}$- und $^{m}/_{50}$-Lösung, in der letzteren erreicht sie ihr zweites Maximum mit 0,172%, um von hier aus in $^{m}/_{150}$-, $^{m}/_{200}$- und $^{m}/_{300}$-Calciumchlorid immer schwächer zu werden. Statt nun aber von dem in der letztgenannten Konzentration erreichten Wert von 0,262% bei weiterer Verdünnung weiter abzusinken, erfolgt in $^{m}/_{600}$-Lösung und mehr noch in $^{m}/_{1200}$ eine neuerliche Verstärkung der Synthese. Erst in $^{m}/_{2400}$ wird der in $^{m}/_{300}$ gefundene Wert erreicht, und in den weiter folgenden Verdünnungen liegen die Phosphorsäurewerte zunächst nur wenig unter dem Ausgangswerte, um in der schwächsten untersuchten Konzentration von $^{m}/_{6000}$ einer Spaltung Platz zu machen, die etwas geringer als die in reinem Wasser erfolgende ist. Eine Reihe ähnlich angestellter Versuche ergab im Wesen stets das gleiche, wenn auch die Konzentration, bei der die dritte synthetische Phase der Calciumwirkung einsetzte, von Fall zu Fall etwas verschieden war.

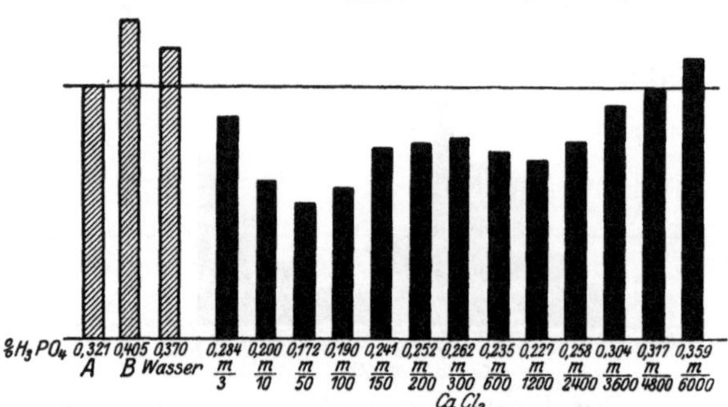

Abb. 75. Das zweite und das dritte Maximum der Lactacidogensynthese in Calciumchloridlösungen von fallender Konzentration.

Die theoretische Deutung dieser Versuche ist gewiß sehr schwierig, die Tatsache aber, daß so minimale Calciumkonzentrationen noch synthesebegünstigend wirken können, und daß geringste Verschiebungen in diesen Konzentrationen diese Wirkung aufs stärkste abzuändern vermögen, könnte von Bedeutung für die Rolle des Calciums beim Wiederaufbau des Lactacidogens im unmittelbaren Anschluß an die Phosphorsäureabspaltung im Kontraktionsmoment sein. Hierbei ist daran zu denken, daß es eben durch die Säurebildung zu einer Zunahme der intrafibrillären Calciumionen (etwa aus ungelöstem Calciumphosphat od. dgl.) kommen könnte.

Außer den Calciumionen und möglicherweise mehr noch als diesen dürfte den Anionen einer Säure, die bei der Muskeltätigkeit in größter Menge gebildet wird, für den Wiederaufbau des Lactacidogens Bedeutung zukommen. H. J. DEUTICKE[1]) konnte nämlich zeigen, daß Zusatz von Natriumlactatlösungen zum Muskelbrei das Gleichgewicht des Lactacidogenwechsels nach der Seite der Synthese verschiebt, wobei in stärkeren Konzentrationen erheblicher Lactacidogenaufbau, in schwächeren Hemmung der in reinem Wasser auftretenden Spaltung eintritt.

Wenn auch in diesen Versuchen DEUTICKES und ebenso in noch unveröffentlichten Untersuchungen MARGARETE ZIMMERMANNS die Lactatkonzentration, deren Zusatz Lactacidogensynthese im Muskelbrei herbeiführte, oberhalb der im Muskel nach längerer Tätigkeit vorkommenden oder an deren oberen Grenze

---

[1]) DEUTICKE, H. J.: Hoppe-Seylers Zeitschr. f. physiol. Chem. Bd. 141, S. 196. 1925.

gelegen sind (M. ZIMMERMANN fand z. B. beim Zusatz von Na-Lactatlösungen von 0,6% deutliche Synthese), so beweist doch die Tatsache, daß in den Versuchen DEUTICKES auch $^{m}/_{81}$-Lactatlösung, entsprechend 0,11% Milchsäure, noch beträchtliche Spaltungshemmung hervorruft, daß diese bei der Muskeltätigkeit gebildete Säure auch in physiologisch in Betracht kommenden Konzentrationen den Lactacidogenwechsel im Sinne des Aufbaus beeinflußt.

Es erscheint daher durchaus denkbar, daß die Milchsäure bei ihrer intrafibrillären Bildung in einer zur Synthese von Phosphorsäure mit Kohlenhydrat führenden Konzentration entsteht. Vieles spricht zudem dafür, daß die verschiedenen Ionen im lebenden Muskel ihre charakteristische Einwirkung auf den Lactacidogenwechsel — auch abgesehen von den eben erwähnten Konzentrationsverhältnissen — weitaus stärker entfalten können als in der zerkleinerten Muskulatur, deren Fähigkeit, auf synthesebegünstigende Ionen anzusprechen, mit beginnendem Absterben mehr und mehr absinkt (s. weiter unten). Diese synthesebegünstigende Milchsäurewirkung kann übrigens so stark sein, daß unter Bedingungen, unter denen für gewöhnlich vollständige Lactacidogenspaltung erfolgt, nämlich während kurzen Stehens des zerkleinerten Muskelbreis in Natriumbicarbonatlösung bei 40°, nicht nur die Lactacidogenspaltung gehemmt wird, sondern statt dessen sogar Lactacidogensynthese eintritt. Dies Verhalten konnte von DEUTICKE bei Zusatz von $^{m}/_{3}$-Lactatlösung festgestellt werden, wie aus dem in Abb. 76 wiedergegebenen Versuche hervorgeht[1]).

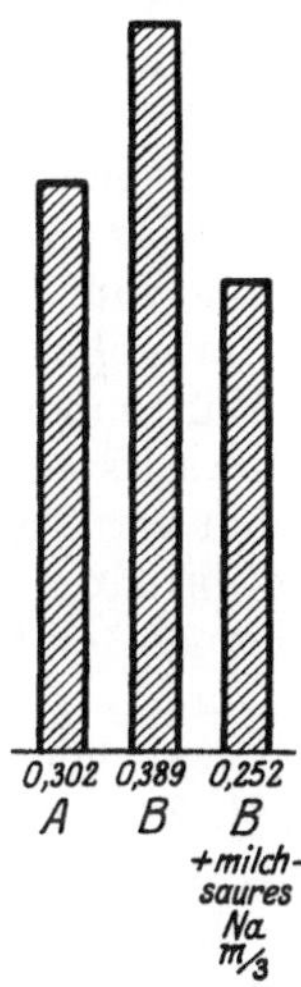


Abb. 76. Umwandlung der maximalen Lactacidogenspaltung bei 40° in Lactacidogensynthese durch Zusatz von Natriumlactat.

Ein ganz ähnliches Verhalten trat in weiteren unveröffentlichten Untersuchungen des gleichen Autors in die Erscheinung, in denen er die Muskeln in Chloroformdämpfen starr werden ließ, wobei bekanntlich überaus starke Milchsäurebildung erfolgt. Hier kam es beim Stehen der zerkleinerten Muskulatur unter den sonst zu völliger Lactacidogenspaltung führenden Bedingungen ohne jeden Milchsäurezusatz zu einer vollständigen Hemmung der Lactacidogenspaltung.

Werden frische Muskeln in flüssiger Luft zum Gefrieren gebracht, so tritt unmittelbar nach dem Auftauen bei Zimmertemperatur eine maximale Contractur und dabei innerhalb weniger Minuten, wie DEUTICKE in ebenfalls noch nicht publizierten Versuchen zeigen konnte, starke Milchsäurebildung ein. Gleichzeitig mit dieser am Orte des Lactacidogenwechsels erfolgenden Milchsäurebildung kommt es zum Verschwinden von anorganischer Phosphorsäure, d. h. zum Aufbau von Lactacidogen, und alles spricht dafür, daß dieser Lactacidogenaufbau eben durch diese synthesebegünstigende Wirkung der Milchsäure bedingt ist.

Die letztgenannte Versuchsanordnung ähnelt sehr den Verhältnissen, die bei tetanischer Reizung isolierter Muskeln zu beobachten sind. Hier kommt es, wie in bereits früher (S. 405ff.) besprochenen Untersuchungen von LAWACZECK und dem Verfasser festgestellt wurde, im ersten Augenblicke der Kontraktion oder vielleicht noch vorher zu einer starken Abspaltung von Phosphorsäure. Während des Bestehens des Tetanus tritt fortschreitende Milchsäurebildung ein, deren Betrag bereits nach wenigen Sekunden ein sehr erheblicher ist. Gleichzeitig hiermit wird die Phosphorsäure wieder in Lactacidogen übergeführt, und es ist nach den eben geschilderten Versuchsergebnissen gewiß naheliegend, das

[1]) DEUTICKE, H. J.: Hoppe-Seylers Zeitschr. f. physiol. Chem. Bd. 141, S. 214. 1925. (Vers. 15.)

Verschwinden der Phosphorsäure und die Bildung der Milchsäure miteinander in ursächliche Verbindung zu bringen, derart, daß die beim Tetanus auftretenden Lactationen eben die Lactacidogensynthese bewirken.

Am Semimembranosus (nicht am Gastrocnemius) kann es übrigens auch beim Tetanus vorübergehend zum Absinken der anorganischen Phosphorsäure unter den ursprünglich am ruhenden Muskel (unmittelbar nach der Zerkleinerung mit der Schere) gefundenen Wert kommen (unveröffentlichte Versuche von HENTSCHEL und dem Verfasser).

Es erscheint als durchaus möglich, ja geradezu als wahrscheinlich, daß ebenso wie beim Tetanus so auch bei der Zuckung die Milchsäure die Rückumwandlung der im Kontraktionsaugenblick gebildeten Phosphorsäure in Lactacidogen bewirkt, und daß gerade in dieser Begünstigung der synthetischen Phase des Lactacidogenwechsels ein wesentlicher Teil der physiologischen Bedeutung der Milchsäurebildung gelegen ist.

Unter diesem Gesichtspunkt wird es auch ohne weiteres verständlich, warum, wie in einem vorangehenden Abschnitt (s. oben S. 402ff. und S. 405ff.) ausgeführt wurde, das Auftreten der Milchsäure bei der Muskelkontraktion jenem der Phosphorsäure nachfolgt und die Milchsäurebildung den Kontraktionszustand sogar erheblich überdauern kann.

Wir haben oben gesehen, daß einerseits Lösungen von Calciumchlorid, andererseits solche von Natriumlactat im Muskelbrei Lactacidogensynthese hervorzurufen vermögen. Da es als sehr möglich angesehen werden muß, daß mit dem intrafibrillären Auftreten von Säure bei der Tätigkeit Vermehrung der Calciumionen eintritt, wie wir weiter oben ausführten, war es von Interesse, das Zusammenwirken von Calcium- und Lactationen auf den Lactacidogenwechsel zu untersuchen. Derartige, bisher noch unveröffentlichte Untersuchungen wurden von M. ZIMMERMANN ausgeführt. Es ergab sich, daß Zusatz einer stets gleichen Menge von Natriumlactat die unter Einwirkung von Calciumchlorid im Muskelbrei erfolgende Synthese in der Tat aufs stärkste beeinflußt, wobei in ganz starken und ganz schwachen Lösungen von Calciumchlorid der Lactatzusatz abschwächend, in mittleren Konzentrationen dagegen in hohem Maße verstärkend auf den Umfang der Lactacidogensynthese einwirkt. Das Ergebnis eines derartigen Versuches ist in Tabelle 3 dargestellt. In diesem Falle betrug der ursprüngliche Wert

**Tabelle 3.**

A 0,2920 Wasser: 0,3433 0,067 n-Na-Lactat 0,2660

| | $CaCl_2$ | | | | | | | | | | |
|---|---|---|---|---|---|---|---|---|---|---|---|
| | 2 m | m/1 | m/10 | m/50 | m/100 | m/150 | m/200 | m/300 | m/600 | m/1200 | m/2400 |
| Ohne Zusatz von 0,067 n. Na-Lactat | 0,2725 | 0,2714 | 0,2098 | 0,2056 | 0,2481 | 0,2616 | 0,2631 | 0,2630 | 0,2647 | 0,2543 | 0,2166 |
| Mit Zusatz von 0,067 n. Na-Lactat | 0,2851 | 0,2765 | 0,1815 | 0,1642 | 0,1801 | 0,2120 | 0,3185 | 0,3171 | 0,3290 | 0,3171 | 0,2547 |

Werte in % $H_3PO_4$.

der Phosphorsäure 0,292%; er stieg beim Aufenthalt der Muskulatur in Wasser von 10° während 40 Minuten auf 0,343% an und sank unter den gleichen Bedingungen in einer 0,067 n-Lösung von Na-Lactat auf 0,266% ab. In der oberen Horizontalreihe der Tabelle sind die unter den gleichen Bedingungen beim Aufenthalt in reinen Calciumchloridlösungen von fallender Konzentration gewonnenen Werte wiedergegeben, in der unteren jene Werte, in denen die Lösungen außer Calciumchlorid in den gleichen Konzentrationen wie in der oberen Reihe überall 0,067 n-Na-Lactat enthielten. Man sieht, daß in 2 m-Lösung die Synthese durch die Anwesenheit des Lactats deutlich, in $^{m}/_{1}$ eben erkennbar abgeschwächt wurde, daß dagegen in den folgenden vier Konzentrationen ($^{m}/_{10}$ bis $^{m}/_{50}$) sehr beträchtliche Synthesebegünstigung durch das Lactat eintrat, wobei die in dem Gemenge beider Salze erhaltenen Werte überall weit unter den in reinem milchsauren Natrium gewonnenen gelegen sind. Von $^{m}/_{200}$-Calciumchlorid ab tritt eine Umkehr der Wirkung ein, so daß nunmehr die Synthese in der reinen Calciumchloridlösung beträchtlicher ist als in der gleichzeitig Na-Lactat enthaltenden Lösung. Wir wollen auf den eben besprochenen Versuch, aus dem jedenfalls hervorgeht, daß Natriumlactat die unter Einwirkung von Calciumchlorid erfolgende Synthese aufs stärkste bald im Sinne des Synergismus, bald im Sinne des Antagonismus beeinflußt, an dieser Stelle nicht weiter eingehen.

Auch die unter Fluorideinwirkung eintretende Lactacidogensynthese wird in ihrem Umfange durch gleichzeitig zugesetztes Na-Lactat beeinflußt, wobei namentlich die syntheseverstärkende Wirkung des Lactats in schwachen Fluoridkonzentrationen eine sehr beträchtliche ist, während in starken Fluoridlösungen ($^{m}/_{2}$ und $^{m}/_{10}$) Lactatzusatz ohne wesentlichen Einfluß auf die Synthesebegünstigung durch Fluorid ist, wie M. Zimmermann in ebenfalls noch unveröffentlichten Versuchen zeigen konnte.

Wie die zuletzt geschilderten Ergebnisse zu erklären sind, soll an dieser Stelle nicht weiter erörtert werden. Nur auf einen Punkt sei noch hingewiesen. Die verschiedenen synthesebegünstigenden Ionen unterscheiden sich in ihrer Wirkung auf den Lactacidogenwechsel auch dadurch, daß das Maximum der synthetischen Wirkung zu sehr verschiedenen Zeiten erreicht wird. Bei manchen Ionen kommt es schon sehr bald wieder zu einer Aufspaltung des gebildeten Lactacidogens. Dies ist z. B. der Fall beim Calcium, bei dem nach den Feststellungen Langes[1]) unter Einhaltung einer Versuchstemperatur von 16° das Maximum der Synthese bereits nach 30 Minuten erreicht war. Nach 120 Minuten war schon eine deutliche Wiederabspaltung von Phosphorsäure vor sich gegangen, die nach 240 Minuten weiter fortgeschritten war, ohne daß freilich zu dieser Zeit die Lactacidogenmenge schon auf ihren ursprünglichen Wert wieder abgesunken wäre. Auch die durch Lactatzusatz erzielte Synthese erreichte bei einer Versuchstemperatur von 20° schon nach 30 Minuten ihr Maximum, nach 60 Minuten war ein sehr erheblicher Teil des Lactacidogens wieder gespalten, so daß zu dieser Zeit der Gehalt an anorganischer Phosphorsäure wesentlich höher war als 20 Minuten nach Versuchsbeginn, und nach 120 Minuten war der Phosphorsäuregehalt nicht viel geringer als zu Anfang des Versuches[2]).

Dagegen wurde für das Fluorid bereits in der oben besprochenen Arbeit von Lehnartz und dem Verfasser festgestellt, daß die unter seiner Einwirkung erfolgenden Synthese nach 4 Stunden stets erheblich größer ist als nach einer Stunde[3]), und in weiteren unveröffentlichten Versuchen von Lehnartz, Deuticke und dem Verfasser wurde das Maximum der Fluoridsynthese öfters nach noch längerer Zeit erreicht. Hierbei ist übrigens nicht nur die Geschwindigkeit der Lactacidogen*bildung*, sondern auch die seines Wieder*verschwindens* in hohem Maße von der Temperatur abhängig, was unter anderem aus noch unveröffentlichten Versuchen von Altmann hervorgeht.

Ähnlich wie das Fluorid verhält sich in bezug auf den zeitlichen Verlauf der Synthese nach Deuticke auch das stark synthesebegünstigende Oxalat[4]).

---

[1]) Lange, H.: Hoppe-Seylers Zeitschr. f. physiol. Chem. Bd. 137, S. 120. 1924.

[2]) Deuticke, H. J.: Hoppe-Seylers Zeitschr. f. physiol. Chem. Bd. 141, S. 205. 1924.

[3]) Embden, G. u. E. Lehnartz: Hoppe-Seylers Zeitschr. f. physiol. Chem. Bd. 134, S. 270. 1924.

[4]) Deuticke, H. J.: Hoppe-Seylers Zeitschr. f. physiol. Chem. Bd. 141, S. 209. 1924.

Schon aus den soeben besprochenen Versuchen über die Beeinflussung der unter der Einwirkung von Calciumchlorid erfolgenden Lactacidogensynthese durch Lactatzusatz geht hervor, wie sehr mehrere gleichzeitig vorhandene Ionen sich in ihrer Einwirkung auf den Lactacidogenwechsel gegenseitig beeinflussen können, wobei es entweder zu einer Verstärkung oder zu einer Abschwächung der Synthese kommen kann. Die antagonistische Einwirkung verschiedener Salze auf die durch Calciumchloridlösung von bestimmter Konzentration ($^{m}/_{50}$) bedingte Lactacidogensynthese im Muskelbrei wurde von EMMRICH und LANGE untersucht[1]). Es ergab sich hierbei, daß die durch Calcium hervorgerufene Lactacidogensynthese durch die Chloride des Natriums, Kaliums, Ammoniums und Magnesiums mehr oder weniger vollständig gehemmt werden kann, wobei sich das Magnesiumsalz als das weitaus wirksamste erwies. Noch in einer Konzentration von $^{m}/_{243}$ führte es deutliche Synthesehemmung herbei. Ihm folgte an Wirksamkeit das Kalium- und das Ammoniumchlorid, der Antagonismus des Natriumchlorids war am geringsten. Wurden statt der Chloride die Sulfate verwendet, deren Anion im Gegensatz zum Chlorion keine Spaltungsbegünstigung, sondern eher eine solche der Synthese bewirkt, so verschwand die antagonistische Wirkung des Natriums und des Ammoniums völlig oder nahezu völlig, während sie beim Kalium und in noch höherem Maße beim Magnesium erhalten blieb. Hieraus wurde geschlossen, daß an der Hemmung der unter Calciumeinwirkung auftretenden Lactacidogensynthese durch Natrium- und Ammoniumchlorid das Chlorion in hohem Maße mitbeteiligt ist, während die Anionenwirkung beim Kalium- und Magnesiumchlorid gegenüber jener der Kationen zurücktritt.

Auf die gegenseitige Beeinflussung verschiedener Ionen bei ihrer Einwirkung auf den Lactacidogenwechsel soll hier nicht näher eingegangen werden. Nur sei kurz auf die von MARGARETE KAHLERT, H. LANGE und dem Verfasser ausgeführte Untersuchung über die Wirkung von Natriumchlorid und Natriumbromid auf die Lactacidogensynthese durch Calciumionen hingewiesen[2]).

Aus der Gesamtheit aller soeben besprochenen Versuche geht jedenfalls hervor, daß der Lactacidogenwechsel in seiner Gleichgewichtslage durch Ionen geradezu beherrscht wird, und daß jede geringfügige Änderung der Ionenmischung in von vornherein ganz unübersehbarer Weise bald im Sinne der gesteigerten Synthese, bald im Sinne der vermehrten Spaltung auf den Lactacidogenwechsel einwirken kann, und wir dürfen schon auf Grund der bisherigen Ausführungen mit größter Wahrscheinlichkeit annehmen, daß auch im lebenden Organismus und insbesondere beim Kontraktionsvorgange die Phosphorsäureabspaltung aus Lactacidogen und ihr Wiederaufbau zu dieser Substanz vollkommen unter ionaler Herrschaft steht.

Die bisher geschilderten Untersuchungen wurden ausschließlich am Muskelbrei vorgenommen. Die bei dieser Versuchsanordnung beobachteten Einwirkungen von Ionen auf den Lactacidogenwechsel wurden so gedeutet, daß die verschiedenen Ionen das Ferment des Lactacidogenwechsels selbst oder gewisse Begleitkolloide des Fermentes veränderten[3]), und daß durch diese Veränderungen die Gleichgewichtslage des Lactacidogenwechsels bald nach der Richtung der Synthese, bald nach der Richtung der Spaltung verschoben würde.

Von vornherein war es freilich auch denkbar, daß die Ionen gar nicht am Fermente selbst oder auch nur am Orte der Fermenttätigkeit ihren Angriffspunkt

---

[1]) EMMRICH, C. u. H. LANGE: Hoppe-Seylers Zeitschr. f. physiol. Chem. Bd. 141, S. 242. 1924.

[2]) EMBDEN, G., M. KAHLERT u. H. LANGE: Hoppe-Seylers Zeitschr. f. physiol. Chem. Bd. 141, S. 254. 1924.

[3]) EMBDEN, G.: Naturwissenschaften 1923, S. 987. — EMBDEN, G. u. E. LEHNARTZ: Hoppe-Seylers Zeitschr. f. physiol. Chem. Bd. 134, S. 243. 1924.

haben, sondern daß sie ihre Wirkung auf irgendeine mehr indirekte Weise entfalteten. Diese Frage konnte entschieden werden durch Untersuchungen an einem Material, dessen Struktur im anatomischen Sinne vollkommen zerstört ist, nämlich am Preßsaft aus lebensfrischer Muskulatur vom Kaninchen oder vom Hunde. Hierbei ergab sich, daß beim einfachen Stehen des Muskelpreßsaftes unter Zusatz von Natriumbicarbonatlösung, mochte diese Kochsalz enthalten oder nicht, eine erhebliche Abspaltung von Phosphorsäure auftritt. Es gelingt ohne weiteres durch Hinzufügen von Natriumfluorid diese Spaltung des Lactacidogens in eine starke Synthese zu verwandeln, wobei weitaus der größte Teil der von vornherein vorhandenen Phosphorsäure während mehrstündigen Stehens bei der Temperatur der Wasserleitung verschwindet[1]). Ein derartiger Versuch ist in Abb. 77 dargestellt[2]). Man sieht, daß die Phosphorsäure von 0,305% (A) während 2stündigen Stehens des Preßsaftes unter Zusatz des gleichen Volumens 2proz. Natriumbicarbonatlösung bei etwa 40° auf 0,425% (B) angestiegen ist. Aber auch bei einer Temperatur von 11° erfolgt unter sonst gleichen Bedingungen eine erhebliche Vermehrung der Phosphorsäure (auf 0,358%). Zusatz von Natriumfluorid in einer Konzentration von 0,68% wandelt die Lactacidogen*spaltung* in eine starke *Synthese* von Hexosediphosphorsäure um, so daß der Phosphorsäurewert auf 0,174% absinkt. Die Synthese wird durch gleichzeitigen Zusatz von 0,4% Glykogen zu der Fluoridlösung noch sehr erheblich verstärkt (Absinken der Phosphorsäure auf 0,062%). In anderen Fällen verschwand die Phosphorsäure unter den gleichen Versuchsbedingungen fast vollständig. Daß es sich bei dem geschilderten Versuchsergebnis wirklich um eine Synthese von Phosphorsäure mit Kohlenhydrat handelt, wird nicht nur dadurch wahrscheinlich, daß Glykogenzusatz das Verschwinden der Phosphorsäure unter Einwirkung der Fluoridlösung erheblich verstärkt, sondern konnte auch unmittelbar durch die Darstellung einer charakteristischen phosphorsäurehaltigen Phenylosazonverbindung erwiesen werden, die vollkommen mit der früher erwähnten identisch war (s. S. 386). Unter den gleichen Bedingungen ließ sich diese Verbindung aus dem ursprünglichen Preßsaft, offenbar wegen ihrer weitaus geringeren Menge, nicht zur Abscheidung bringen. Im Gegensatze zum Glykogen waren übrigens Traubenzucker und Maltose ohne steigernden Einfluß auf die unter Fluorideinwirkung im Muskelpreßsaft eintretende Lactacidogensynthese, ein Befund, der mit früher besprochenen Versuchsergebnissen LAQUERS, wonach unter bestimmten Versuchsbedingungen Zusatz von Glykogen die Milchsäurebildung im Froschmuskelbrei steigert, während Zusatz von Traubenzucker unwirksam ist, übereinstimmt (s. oben S. 380).

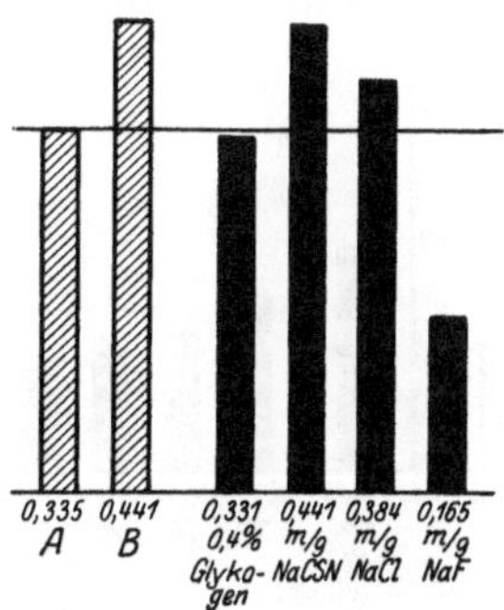

Abb. 77. Lactacidogenspaltung und Lactacidogensynthese im Muskelpreßsaft.

Der zeitliche Verlauf der Lactacidogensynthese im Muskelpreßsaft ist ein ähnlicher wie im Muskelbrei. In Abb. 78 ist ein derartiger Versuch graphisch dargestellt[3]), in welchem Muskelpreßsaft, der mit dem gleichen Volumen-$^{m}/_{5}$-Natriumfluoridlösung, die 2% Natriumbicarbonat und 0,4% Glykogen enthielt,

[1]) EMBDEN, G. u. K. HAYMANN: Hoppe-Seylers Zeitschr. f. physiol. Chem. Bd. 137, S. 154. 1924.

[2]) EMBDEN, G. u. K. HAYMANN: Hoppe-Seylers Zeitschr. f. physiol. Chem. Bd. 137, S. 162. 1924. (Vers. 5.)

[3]) EMBDEN, G. u. K. HAYMANN: Hoppe-Seylers Zeitschr. f. physiol. Chem. Bd. 137, S. 169. 1924. (Vers. 12.)

verdünnt war. Man sieht das allmähliche Absinken der Phosphorsäure, die von einem Anfangswert von 0,242% (A) nach 320 Minuten schließlich auf 0,057% vermindert ist. Die nächste Bestimmung wurde erst nach weiteren 320 Minuten vorgenommen, und zu dieser Zeit ist schon ein erheblicher Wiederanstieg der Phosphorsäure unter Lactacidogenspaltung erfolgt.

Aus den eben geschilderten Versuchen, in denen zum ersten Male der Nachweis geführt wurde, daß die Richtung einer fermentativen Reaktion aufs stärkste beeinflußt, ja geradezu beherrscht wird durch Zusatz geringfügiger Mengen [$^m/_{160}$-Natriumfluorid erwies sich in einem anderen Versuch als annähernd ebenso wirksam wie $^m/_5$-Natriumfluoridlösung[1])] bestimmter Ionen unter Wahrung einer annähernd gleichen H-Ionenkonzentration.

Hiernach ist also die Gleichgewichtslage der reversiblen Reaktion Kohlenhydratphosphorsäure $\rightleftarrows$ Kohlenhydrat + Phosphorsäure von ionalen Verhältnissen vollkommen abhängig, und die oben aufgeworfene Frage nach dem Angriffspunkte der Ionen bei ihrer Einwirkung auf den Lactacidogenwechsel muß dahin beantwortet werden, daß dieser Angriffspunkt der Ionen entweder in den Fermenten selbst oder in Begleitstoffen des Fermentes — wahrscheinlich kolloidaler Natur — zu suchen ist.

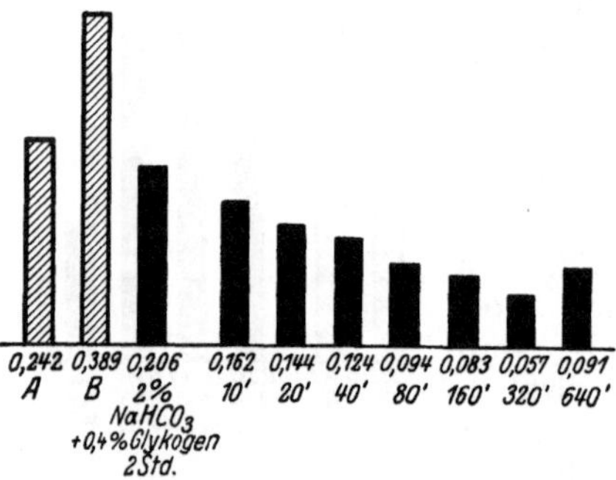

Abb. 78. Zeitlicher Verlauf der Lactacidogensynthese im Muskelpreßsaft.

Auch für andere synthesebegünstigende Ionen konnte übrigens in weiteren Untersuchungen ihre Wirksamkeit am Preßsaft dargetan werden; so für Calciumchlorid in unveröffentlichten Untersuchungen von HAYMANN, LANGE und ZIMMERMANN, wobei sich übrigens zugesetztes Magnesiumchlorid geradeso wie in einer oben S. 426 besprochenen Untersuchungsreihe von EMMRICH und LANGE als Antagonist des zugesetzten Calciumsalzes erwies. Für sich allein dem Preßsaft zugefügt, vermochte es eine Synthese geringeren Umfanges herbeizuführen.

Ebenso bewirkte auch Natriumoxalat in Versuchen von DEUTICKE[2]) im Kaninchenmuskelpreßsaft eine mindestens ebenso starke Synthese wie im Froschmuskelbrei.

Geht aus den zuletzt besprochenen Versuchen hervor, daß die Beeinflussung des Lactacidogenwechsels durch Ionen auch nach der Zerstörung der Muskelstruktur weitgehend erhalten bleibt, so folgt aus weiteren Arbeiten, daß auch beim Eintauchen lebensfrischer Froschmuskeln in verschiedenartige Salzlösungen deren charakteristische Wirkung auf den Abbau oder Aufbau des Lactacidogens im vollen Umfange eintritt. So konnte gezeigt werden, daß die quellungshemmenden Fluorid , Citrat- und Tartrationen in kürzester Zeit Verschwinden anorganischer Phosphorsäure fraglos unter Aufbau von Lactacidogen bewirkten[3]). Hierbei führten das Citrat und namentlich das Tartrat zu einer wesentlich stärkeren Lactacidogensynthese als in den von LEHNARTZ und dem Verfasser ausgeführten Versuchen am Muskelbrei, ein Befund, der darauf hinweist, daß die Abhängigkeit des Lactacidogenwechsels von der Ionenmischung am intakten Muskel noch größer als am zerkleinerten ist.

---

[1]) EMBDEN, G. u. K. HAYMANN: Hoppe-Seylers Zeitschr. f. physiol. Chem. Bd. 137, S. 167. 1924. (Vers. 10.)

[2]) DEUTICKE, H. J.: Hoppe-Seylers Zeitschr. f. physiol. Chem. Bd. 141, S. 220. 1924.

[3]) LANGE, H. u. M. E. MAYER: Hoppe-Seylers Zeitschr. f. physiol. Chem. Bd. 141, S. 181. 1924.

Rhodannatrium führte ganz entsprechend seiner Stellung in der lyotropen Reihe und den Ergebnissen der Versuche am Muskelbrei zu starker Phosphorsäureabspaltung. Nur die von LANGE und MAYER mit Natriumjodidlösung vorgenommenen Versuche hatten ein anderes Resultat wie die früher (S. 419—420) besprochenen am Muskelbrei; denn das Versenken der Muskeln in Natriumjodidlösung führte keineswegs regelmäßig zur Abspaltung von Phosphorsäure. Die von LANGE und MAYER ausgesprochene Vermutung, daß das Ausbleiben der Phosphorsäureabspaltung aus Lactacidogen durch die außerordentlich hohen, von ihnen verwandten Natriumjodidkonzentrationen bedingt war, konnte in noch unveröffentlichten Untersuchungen von J. WEBER als richtig erwiesen werden. WEBER fand nämlich, daß kurzer Aufenthalt isolierter Froschmuskeln in isotonischer Natriumjodidlösung zu erheblicher Phosphorsäureabspaltung führt.

Wir haben früher (S. 382 ff.) gesehen, daß jede längere Zeit fortgesetzte Arbeit des isolierten Froschmuskels dauernde Abspaltung von Phosphorsäure bewirkt. Diese Phosphorsäureabspaltung tritt nicht nur bei Reizung in Luft, sondern auch wenn der Muskel in isotonischer Kochsalzlösung oder in Ringerlösung arbeitet, ein[1]). Läßt man aber den Muskel statt in reiner isotonischer Kochsalzlösung in einer solchen arbeiten, welche Natriumfluorid in der Konzentration $^{m}/_{50}$ enthält und reizt den Muskel, der in dieser Flüssigkeit vorübergehend erhöhte Kontraktionsfähigkeit zeigt, mit Einzelinduktionsschlägen bis zur Erschöpfung, so sieht man ganz im Gegensatz zu dem eben erwähnten Verhalten, daß eine starke *Verminderung* der Phosphorsäure unter Lactacidogenaufbau erfolgt[2]). Bemerkenswert erscheint hierbei, daß die auch beim Ruheaufenthalt des Muskels in der gleichen Lösung erfolgende Lactacidogensynthese wesentlich schwächer ist als die bei ermüdender Muskelarbeit erzielte. Hierin darf geradezu ein Beweis dafür erblickt werden, daß es bei der Arbeit zu einer Durchlässigkeitssteigerung für die in der Außenflüssigkeit vorhandenen Fluorionen kommt, deren vermehrter Eintritt in das Muskelinnere eben den verstärkten Aufbau von Hexosediphosphorsäure bewirkt. Dieses Verhalten bildet eine starke Stütze für die Richtigkeit der früher entwickelten Anschauung, daß der unter normalen Bedingungen bei ermüdender Muskeltätigkeit schließlich überwiegende Lactacidogenabbau ebenfalls durch von außen bei der Tätigkeit eintretende Ionen, namentlich wohl durch Chlorionen, verursacht wird, deren Aufnahme bei der Muskeltätigkeit mit chemischen Methoden unmittelbar erwiesen werden konnte (S. oben S. 413).

In noch unveröffentlichten Versuchen von H. LANGE und M. E. MAYER führte übrigens auch die einfache Einspritzung von Calciumsalzlösungen in den Rückenlymphsack des Frosches eine deutliche Vermehrung des Lactacidogengehaltes der Schenkelmuskulatur herbei. Wenn wir diesen Befund als unmittelbare Einwirkung von resorbierten Calciumionen am Orte des Lactacidogenwechsels deuten, was einen hohen Grad von Berechtigung haben dürfte, so würde daraus jedenfalls hervorgehen, daß im lebenden Organismus die Ionenempfindlichkeit des Lactacidogenwechsels eine noch viel größere ist als an dem mehr oder weniger stark geschädigten Material, wie es im Muskelbrei und auch im isolierten, noch arbeitsfähigen Muskel vorliegt.

---

[1]) EMBDEN, G.: Klin. Wochenschr. Jg. 3, S. 1393. 1924. — EMBDEN, G. u. H. HENTSCHEL: Festschrift für MAX CREMER: Biochem. Zeitschr. Bd. 156, S. 343. 1925.

[2]) Der Ausdruck Lactacidogen wird hier der Kürze halber verwendet, trotzdem es nicht sicher ist, ob es sich in diesem Falle wirklich um die Synthese des ursprünglichen Lactacidogenmoleküls oder nur um eine solche von Hexosediphosphorsäure, die möglicherweise nicht vollkommen mit dem natürlich vorkommenden Muskellactacidogen identisch ist, handelt.

Bei der bisherigen Besprechung der Einwirkung verschiedenartiger Ionen auf den Lactacidogenwechsel wurde lediglich die Phosphorsäure, ihre Abspaltung unter Einwirkung spaltungsbegünstigender und ihr Verschwinden durch den Einfluß synthesebegünstigender Ionen, besprochen.

Doch wird auch die Milchsäurebildung durch verschiedenartige Salze in sehr charakteristischer Weise beeinflußt. Hier sei zunächst an die von O. MEYERHOF und unabhängig von ihm auch von F. LAQUER festgestellte und bereits früher (S. 379 u. 380) besprochene Tatsache erinnert, daß die Umwandlung von Kohlenhydrat in Milchsäure in der zerkleinerten Muskulatur durch Zusatz von Alkaliphosphat in hohem Maße begünstigt wird, ein Befund, der von den genannten Autoren wohl mit Recht in dem Sinne gedeutet wurde, daß durch den erhöhten Phosphatgehalt die für die Milchsäurebildung notwendige intermediäre Anlagerung des Kohlenhydrats an Phosphorsäure erleichtert würde.

Aber auch solche Salze, die nicht so unmittelbar wie die Phosphate am Kohlenhydratabbau beteiligt sind, vermögen in stärkstem Maße auf den Umfang der Milchsäurebildung im Muskelbrei einzuwirken. So wurde in zahlreichen Versuchen beobachtet, daß Natriumfluorid mit und ohne Pufferung mit Natriumbicarbonat in starken Konzentrationen mindestens eine völlige Hemmung der Milchsäurebildung herbeiführt[1]). In schwächeren Konzentrationen nimmt diese Hemmung allmählich ab und in ganz schwachen kann vielleicht eine geringfügige Begünstigung der Milchsäurebildung eintreten. Ein derartiger Versuch, der der Arbeit von EMBDEN, ABRAHAM und LANGE entnommen und der einzige von zahlreichen gleichartig verlaufenen bis jetzt mitgeteilte ist, ist in Tabelle 4 wieder-

**Tabelle 4.**

| | Versuchsanordnung | I. Phosphorsäure % | II. Milchsäure % | | Versuchsanordnung | I. Phosphorsäure % | II. Milchsäure % |
|---|---|---|---|---|---|---|---|
| 1 | A | 0,319 | 0,211 | 8 | $^m/_{10000}$ NaF | 0,382 | 0,594 |
| 2 | B | 0,389 | 1,066 | 9 | 2% $NaHCO_3$ | 0,329 | 0,938 |
| 3 | Wasser | 0,382 | 0,575 | 10 | 2% $NaHCO_3$ + $^m/_1$ NaF | 0,048 | 0,169 |
| 4 | $^m/_1$ NaF | 0,095 | 0,180 | 11 | 2% $NaHCO_3$ + $^m/_{10}$ NaF | 0.057 | 0,183 |
| 5 | $^m/_{10}$ NaF | 0,065 | — | 12 | 2% $NaHCO_3$ + $^m/_{100}$ NaF | 0,183 | 0,543 |
| 6 | $^m/_{100}$ NaF | 0,190 | 0,246 | 13 | 2% $NaHCO_3$ + $^m/_{1000}$ NaF | 0,318 | 0,867 |
| 7 | $^m/_{1000}$ NaF | 0,354 | 0,468 | 14 | 2% $NaHCO_3$ + $^m/_{10000}$ NaF | 0,310 | 0,957 |

gegeben. In der Vertikalreihe I sind die Phosphorsäurewerte, in der Reihe II die Milchsäurewerte angegeben. Nach 3stündigem Stehen bei 16° erfolgte, wie man sieht, in reinem Wasser ein Anstieg der Milchsäure von dem sofort beobachteten Wert von 0,211 auf 0,575%. In $^m/_{100}$-Fluoridlösung fand nur eine geringfügige Vermehrung (auf 0,246%) statt. Auch die in $^m/_{1000}$-Fluoridlösung erfolgende (0,468%) bleibt noch deutlich hinter dem in Wasser gewonnenen Wert zurück, während in $^m/_{10000}$-Lösung (0,594%) der Wasserwert etwas überschritten wird. Am auffälligsten ist aber, daß in $^m/_1$-Natriumfluoridlösung eine Verminderung der Milchsäure auf 0,180% eingetreten ist. Die unter Zusatz von Natriumbicarbonat erhaltenen Milchsäurewerte entsprechen dem eben geschilderten Befunde vollkommen. In reiner Natriumbicarbonatlösung ist wie immer der Endgehalt der Milchsäure ein sehr viel höherer als in Wasser (s. oben S. 377) (0,938%), während in der gleichen Natriumbicarbonatlösung mit einem Gehalt von $^m/_{100}$-Fluorid nur 0,543% Milchsäure gebildet wurden. Auch in $^m/_{1000}$-Fluorid

[1]) EMBDEN, G., A. ABRAHAM u. H. LANGE: Hoppe-Seylers Zeitschr. f. physiol. Chem. Bd. 136, S. 308. 1924.

ist der Mindergehalt ein ganz deutlicher, während in $^m/_{10\,000}$-bicarbonathaltiger Fluoridlösung wieder ein etwas höherer Wert als in reinem Bicarbonat gewonnen wurde. In der $^m/_1$-Lösung wurde ein Milchsäuregehalt von nur 0,169% beobachtet. Die Verminderung der Milchsäure nach dem Stehen in natriumbicarbonathaltiger Fluoridlösung ist also noch etwas größer als in wäßriger; auch in $^m/_{10}$-Fluoridlösung mit Bicarbonat ist die Verminderung des Milchsäuregehaltes noch ganz deutlich.

Man sieht übrigens aus diesem Versuch, daß eine starke Milchsäurebildung vorhanden sein kann, während gleichzeitig Phosphorsäure verschwindet. Namentlich ist dieses Verhalten ausgesprochen in der $^m/_{100}$-Natriumfluorid enthaltenden Bicarbonatlösung, in welcher die Phosphorsäure von annähernd 0,32 auf etwa 0,18% abgesunken, gleichzeitig aber die Milchsäure von etwa 0,21 auf 0,54% angestiegen ist. Das spricht jedenfalls dafür, daß trotz der in der Bilanz auftretenden Phosphorsäureverminderung während des Versuches neben der Synthese von Lactacidogen auch seine Spaltung sich vollzog.

Bei der Deutung des eben geschilderten Versuches kann man daran denken, daß die Verminderung der Milchsäure unter Mitwirkung von Sauerstoff stattfand, wobei ähnlich wie nach den Feststellungen Meyerhofs bei der oxydativen Erholung des Muskels ein Teil der verschwindenden Milchsäure verbrannt, ein anderer Teil zu Kohlenhydrat umgewandelt wurde. Freilich ist Natriumfluoridlösung in so starken Konzentrationen, wie sie hier in Betracht kommen, ein überaus kräftig wirkendes Atmungsgift, wenngleich nach unveröffentlichten Untersuchungen Pergers vorübergehend ein gewisser Sauerstoffverbrauch zerkleinerter Muskulatur (Perger verwandte Fischmuskeln) in Fluoridlösung von der angewandten Konzentration im Barcroft-Apparat nachweisbar ist.

Überaus zahlreiche, noch unveröffentlichte weitere Untersuchungen haben uns davon überzeugt, daß auch bei denkbar vollständiger Abwesenheit von Sauerstoff, d. h. in einer Atmosphäre von reinem Stickstoff oder Wasserstoff Muskelbrei unter der Einwirkung von Natriumfluorid in hoher Konzentration Milchsäure in zum Teil beträchtlicher Menge zum Verschwinden bringen kann.

Wir geben hierfür nur ein einziges Beispiel. Der Versuch wurde von Lehnartz ausgeführt. Die sofort vorhandene Milchsäuremenge betrug — das Ergebnis der Doppelbestimmungen jeweils eingeklammert — 0,244% (0,247%), nach 2stündigem Stehen in $^m/_1$-Natriumfluoridlösung, welche 2% Natriumbicarbonat enthielt (Versuchstemperatur 19—20°) war die Milchsäure auf 0,201% (0,196%) abgesunken. Nach $5^1/_2$stündigem Stehen betrug der Milchsäuregehalt 0,193% (0,197%), nach 10 Stunden 0,186% (0,191%), nach 15 Stunden 0,217% (0,213%). Wie man sieht, sinkt in diesem Versuche die Milchsäure von etwa 0,245% nach 10 Stunden auf etwa 0,190% ab. Es trat also eine Verminderung des Milchsäuregehaltes um mehr als 0,05%, berechnet auf die verwendete Muskelmenge und fast 23% der ursprünglich vorhandenen Milchsäuremenge ein[1]).

Der Wiederanstieg des Milchsäuregehaltes gegen Schluß des Versuches wurde übrigens des öfteren beobachtet, ja, es kommt zuweilen vor, daß während eines länger ausgedehnten derartigen Versuches Anstieg und Absinken der Milchsäure miteinander abwechseln. Schädigt man die Muskulatur vor Beginn des Versuches durch mehrstündiges Erwärmen auf 40°, so bleibt jede die Fehlergrenze der Bestimmung überschreitende Schwankung der Milchsäurewerte aus, worin ein

[1]) Es sei darauf aufmerksam gemacht, daß die Versuche mittels einer kürzlich beschriebenen Modifikation der von Fürth-Charnaßschen Milchsäurebestimmungsmethode ausgeführt wurden, bei welcher in geübten Händen keine größeren Bestimmungsfehler als etwa 4% zu erwarten sind. — Embden, G.: Hoppe-Seylers Zeitschr. f. physiol. Chem. Bd. 143, S. 297. 1925. S. auch H. Hirsch-Kauffmann: Ebenda Bd. 140, S. 25. 1924.

weiterer Beweis dafür gelegen ist, daß es sich bei dem eben geschilderten Verhalten der Milchsäure nicht um irgendwelche durch die chemische Methodik bedingte Versuchsfehler handelt.

Die Frage, welche Umwandlungsprodukte aus der anaerob verschwindenden Milchsäure entstehen, die den Gegenstand eingehender Untersuchungen bildet, ist zur Zeit noch nicht entschieden. Doch muß es als möglich erscheinen, daß es sich um einen Übergang in Kohlenhydrat handelt. Wie eine derartige endotherme Umwandlung ohne gleichzeitig verlaufende energieliefernde *chemische* Prozesse überhaupt denkbar ist, darauf wird in einem nachfolgenden Abschnitt zurückzukommen sein. Es sei übrigens ausdrücklich darauf hingewiesen, daß die eben geschilderten Versuchsergebnisse bei der bisher besprochenen Versuchsanordnung nicht in jedem Fall erhalten werden, d. h. häufig blieb der Milchsäuregehalt ohne Änderung der äußeren Versuchsbedingungen während der ganzen Versuchszeit gleich oder es kam zu geringem Milchsäureanstieg.

Ebenso wie das Natriumfluorid hemmt übrigens, wie von LANGE gezeigt wurde[1]), auch das Calciumchlorid in geeigneten Konzentrationen den Umfang der Milchsäurebildung in Natriumbicarbonatlösungen manchmal in sehr hohem Maße.

Daß auch andere Salzzusätze die Milchsäurebildung im Muskelbrei sehr stark beeinflussen, geht aus unveröffentlichten Untersuchungen von G. E. SELTER hervor, der z. B. feststellen konnte, daß Natriumsulfatlösung von $^m/_4$ einerseits Verminderung der Phosphorsäure und anderseits Vermehrung der Milchsäure bei Pufferung mit 2proz. Natriumbicarbouat herbeiführt.

Ganz ähnlich verhält sich auch das Natriumoxalat unter den gleichen Versuchsbedingungen; die starke, von DEUTICKE aufgefundene Begünstigung der Lactacidogensynthese wurde bereits oben (S. 425) erwähnt.

Schließlich sei noch darauf hingewiesen, daß nach Untersuchungen von H. LANGE sowie von J. WEBER auch der Abbau des *Glykogens* im Muskelbrei, der an der Hand von Glykogenbestimmungen verfolgt wurde, in hohem Maße durch Ionenzusatz beeinflußt werden kann[2]). Hier soll nur die Wirkung des Zusatzes jener Ionen kurz erwähnt werden, die im Muskel selber in größerer Menge vorkommen. LANGE fand, daß Calciumchlorid, das, wie wir früher sahen, den Lactacidogenaufbau begünstigt und in geeigneten Konzentrationen die Milchsäurebildung hemmt, die Spaltung des Glykogens beschleunigt. WEBER stellte eine gewisse Beschleunigung dieser Spaltung durch Lactat und eine sehr erhebliche durch Phosphat fest. Die Phosphatwirkung war hierbei sehr stark von dem H-Ionengehalt, der durch Anwendung verschiedener Mischungen von primärem und sekundärem Natriumphosphat modifiziert wurde, abhängig, derart, daß am meisten Glykogen bei einem $p_H$ von 8,6 verschwand, am wenigsten bei einem solchen von 4,5, doch war auch bei einer so hohen H-Ionenkonzentration, die ohne Phosphat unter den gewählten Versuchsbedingungen keine Glykogenspaltung bewirkte, der Glykogenabbau stärker als in reinem Wasser[3]). Auch Natriumchlorid wirkte (übrigens im Gegensatz zum Natriumbromid und Natriumnitrat) sehr deutlich auf die Glykogenspaltung ein, die in einem Teil der Versuche bei allen Kochsalzkonzentrationen gesteigert wurde, wobei bei Verwendung einer Reihe $^m/_1$-, $^m/_{10}$-, $^m/_{100}$- und $^m/_{1000}$-NaCl das Maximum der Spaltung bei $^m/_{100}$ gelegen war. Fluorid rief Spaltungshemmung hervor, die mit sinkender Konzentration abnahm.

---

[1]) LANGE, H.: Hoppe-Seylers Zeitschr. f. physiol. Chem. Bd. 137. S. 137ff. 1924.

[2]) LANGE, H.: Hoppe-Seylers Zeitschr. f. physiol. Chem. Bd. 137, S. 141. 1924. — WEBER, J.: Ebenda Bd. 145, S. 101. 1925.

[3]) H. LANGE erhielt übrigens bei einem $p_H$ von 6,2 im Gegensatz zu dem geschilderten Versuchsergebnisse eine Spaltungshemmung.

Von den eben erwähnten Versuchsergebnissen erscheint namentlich die Spaltungsbegünstigung durch Lactat und Phosphat von Interesse, denn es liegt gewiß nahe, daran zu denken, daß diese bei der Tätigkeit gebildeten Säuren dadurch, daß sie die Spaltung des Glykogens einleiten, gleichsam dafür sorgen, daß immer genügend Kohlenhydratmaterial für erneuten Lactacidogenaufbau und die daran sich anschließenden Prozesse vorhanden ist.

## Die leistungssteigernde Wirkung von Phosphationen.

Den Ionenwirkungen auf den Chemismus der Muskeltätigkeit muß auch die Steigerung der muskulären Leistungsfähigkeit zugerechnet werden, die sich durch Phosphatzufuhr am Menschen und auch an Tieren erzielen läßt. Die Anschauung, daß die Muskelkontraktion in engstem ursächlichen Zusammenhang steht mit der Spaltung des im Lactacidogenmolekül vorhandenen Kohlenhydratphosphorsäurekomplexes, daß demgemäß der Wiederaufbau des Lactacidogens aus Phosphorsäure und Kohlenhydrat ein wesentliches Moment der Muskelerholung ist, führte dazu, den Einfluß der Phosphatzufuhr auf die muskuläre Leistung zu untersuchen.

War wirklich die Muskelerholung eng mit dem Wiederaufbau des Lactacidogens verknüpft, so lag es nahe, solche Faktoren, die diesen Aufbau erleichtern, in ihrer Einwirkung auf die Muskelerholung und damit auch auf die Arbeitsfähigkeit der Muskulatur zu untersuchen.

Als den Wiederaufbau des Lactacidogens begünstigender Faktor kam von vornherein vor allem die Zufuhr seiner Bausteine, also von Zucker und Phosphorsäure, in Frage. Daß tatsächlich durch Zuckerzufuhr die Leistungsfähigkeit gesteigert werden kann, war schon früher von Schumburg in Versuchen, die er auf Veranlassung von Zuntz ausführte, festgestellt worden[1]), wobei die günstige Zuckerwirkung wohl wesentlich von calorischen Gesichtspunkten aus erklärt wurde, während es nach dem jetzigen Stande unserer Kenntnisse sicher nahe liegt, den Zucker als eigentliche Betriebssubstanz für den Muskel anzusehen.

Die Prüfung der Leistungsfähigkeit nach *Phosphatzufuhr* erfolgte in sehr verschiedener Weise[2]). In Versuchen am Ergostaten konnte dargetan werden, daß bei vielen Versuchspersonen Zufuhr von etwa 5—7 g primärem Natriumphosphat die bis zu stärkster Ermüdung geleistete Arbeit sehr beträchtlich zu steigern vermag, wobei von den sechs ersten Versuchspersonen, die untersucht wurden, nur eine ein negatives Ergebnis lieferte. An weitgehend trainierten jungen Männern, bei denen sich ein Maximum der Leistungsfähigkeit ausgebildet hatte, führte Phosphatzufuhr zu einer Steigerung der Drehungszahlen, die manchmal 25%, ja mehr als 30% betrug.

Auch in Marschversuchen beim Heere zeigte sich eine größere Leistungsfähigkeit von Truppenteilen, die vor und während des Marsches einen phosphathaltigen Trank zu sich nahmen, gegenüber solchen, die nur einen Scheintrank erhielten. Noch objektiver war die Feststellung, daß in einem bestimmten Kohlenbergwerk, in dem bei der schlechten Ernährung während des Weltkrieges die von dem einzelnen Bergarbeiter pro Schicht geförderte Kohlenmenge immer mehr abgesunken war, durch Phosphatzufuhr nicht nur das weitere Absinken der Förderleistung verhindert, sondern ein beträchtlicher Wiederanstieg erzielt werden konnte. Gelegentlich eines Ausbildungskurses an einer Schule für Leibesübungen wurde in einem größer angelegten Versuch die günstige Einwirkung auf

---

[1]) Schumburg: Zeitschr. f. diätet. Therapie Bd. 2, S. 186. 1899.

[2]) Embden, G., Ed. Grafe u. E. Schmitz: Hoppe-Seylers Zeitschr. f. physiol. Chem. Bd. 113, S. 67. 1921.

sportliche Leistungen beobachtet[1]). Auch bei Pferden, die schwere landwirtschaftliche Arbeit zu leisten hatten, wurde öfters eine auffallende Vermehrung der Arbeitsfähigkeit gefunden.

An der Leistungssteigerung des Phosphates ist zum Teil wohl auch seine erregende Wirkung auf das Nervensystem beteiligt, wenngleich auch in Versuchen am isolierten Froschmuskel durch Phosphationen Steigerung der Arbeitsleistung erzielt werden konnte[2]).

## 2. Veränderungen der ionalen Beeinflußbarkeit des Lactacidogenwechsels beim Altern der Muskulatur und bei der Muskeltätigkeit.

Die beherrschende Einwirkung, die den Ionen nach den im vorigen Abschnitt besprochenen Untersuchungen auf verschiedene Stoffwechselvorgänge innerhalb der Muskulatur, und in erster Linie auf den Lactacidogenwechsel, zukommt, wurde dadurch zu erklären versucht, daß die Ionen den Kolloidzustand der in Frage kommenden Fermente selbst oder ihrer kolloidalen Begleitstoffe verändern. Hierbei soll insbesondere für die Gleichgewichtslage des Lactacidogenwechsels der jeweilige Kolloidzustand von ausschlaggebender Bedeutung sein.

Die Einwirkung von Ionen auf diesen Kolloidzustand ist nun aber nicht nur von der Ionenmischung, sondern auch von der jeweiligen Beschaffenheit der Kolloide abhängig, wobei verschiedenartige Umstände die Empfindlichkeit der Kolloide, d. h. ihr Vermögen, auf Einflüsse ionaler Art mit Zustandsänderungen zu antworten, herabsetzen können.

Namentlich verlieren die Kolloide, wie es scheint, unter mannigfachen Bedingungen die Fähigkeit zu jener Zustandsänderung, durch die das Gleichgewicht des Lactacidogenwechsels nach der Seite der *Synthese* verschoben wird. In ausgesprochener Weise tritt die Verminderung der Synthesefähigkeit an sich synthesebegünstigender Ionen beim Absterben der Muskulatur in die Erscheinung, was zuerst in Versuchen festgestellt werden konnte, in denen zerkleinerte Muskulatur wenige Stunden bei Zimmertemperatur aufbewahrt wurde.

Vergleicht man z. B. die Einwirkung von Natriumfluoridlösung verschiedener Konzentration auf *frischen* Muskelbrei und auf solchen, der vor dem Versuch wenige Stunden stehenblieb, wobei man während des Fluoridversuchs für Aufrechterhaltung einer annähernd konstanten H-Ionenkonzentration durch Zusatz entsprechender Mengen Natriumbicarbonat und für Vorhandensein ausreichenden Baumaterials für das Lactacidogen durch Hinzufügen reichlicher Glykogenmengen sorgt, so sieht man regelmäßig, daß die Phosphorsäurewerte im Versuch am frischen Material sehr viel stärker als in jenem am gealterten absinken[3]). In Abb. 79 ist ein derartiger Versuch graphisch dargestellt[4]). Im linken Teil ist der am frischen Material, im rechten jener an dem wenige Stunden bei Zimmertemperatur aufbewahrten wiedergegeben. Man sieht, daß während des Aufbewahrens der Phosphorsäurewert erheblich angestiegen ist ([$A$]: von 0,249 auf 0,301%). Die bei 2stündigem Stehen der zerkleinerten Muskulatur in Bicarbonatlösung von 40° auftretende Spaltung des Lactacidogens ($B$) führt am frischen und gealterten Material zu sehr ähnlichen Endwerten. Blieb der Muskelbrei 3 Stunden bei Zimmertemperatur in einer Lösung, welche außer 2% Natriumbicarbonat noch 0,4% Glykogen ent-

[1]) Herxheimer, H.: Klin. Wochenschr. Jg. 1, S. 480. 1922.

[2]) Neugarten, G.: Pflügers Arch. f. d. ges. Physiol. Bd. 194, S. 94. 1919. (Unter Leitung von Bethe.)

[3]) Abraham, A. u. P. Kahn: Hoppe-Seylers Zeitschr. f. physiol. Chem. Bd. 141, S. 161. 1924.

[4]) Abraham, A. u. P. Kahn: Hoppe-Seylers Zeitschr. f. physiol. Chem. Bd. 141, S. 173. 1924. (Vers. 5.)

hielt, stehen, so fand sowohl am frischen wie am gealterten Material eine Abspaltung von Phosphorsäure statt. In der Höhe des in diesem Ansatz erreichten Wertes ist eine gestrichelte Horizontale eingezeichnet, in der Höhe des bei sofortiger Verarbeitung ermittelten Phosphorsäuregehaltes eine ausgezogene Horizontale. Man sieht, daß in den drei stärksten, verwandten Fluoridlösungen, welche überall 2% Natriumbicarbonat und 0,4% Glykogen enthielten, der Phosphorsäuregehalt in dem frischen Muskelbrei auf weitaus geringere Beträge abgesunken ist als im aufbewahrten Material. Wenn der erreichte Endwert in $^{m}/_{1000}$-Fluoridlösung am frischen Material nur unwesentlich niedriger als am gealterten ist und in $^{m}/_{5000}$-Fluoridlösung die Lactacidogensynthese am gealterten Brei eher stärker hervortritt als am möglichst frisch verarbeiteten, so ist das darauf zurückzuführen, daß schon beim einfachen Aufbewahren des Muskelbreis ohne Zusatz eine erhebliche Milchsäurebildung eintritt und Lactationen, wie aus früher (S. 424 u. 425) mitgeteilten Versuchen M. ZIMMERMANNS hervorgeht, die Lactacidogensynthese in schwachen Fluoridlösungen erheblich verstärken.

Die beim Aufbewahren zerkleinerter Muskulatur eintretende Verminderung der Fähigkeit zur Lactacidogensynthese tritt übrigens auch deutlich in Erscheinung, wenn man als synthesebegünstigendes Salz statt Natriumfluorid Calciumchlorid verwendet.

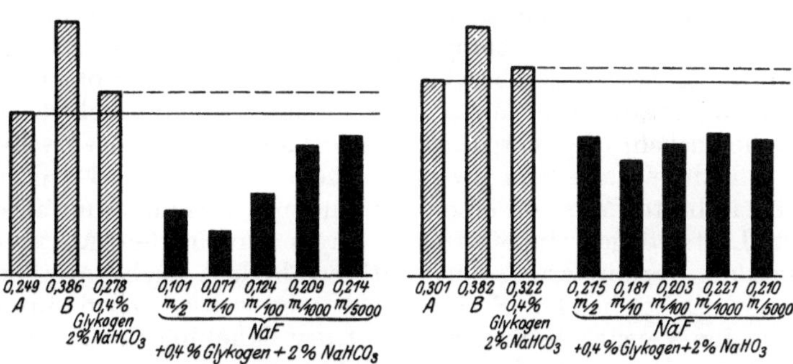


Abb. 79. Veränderung der Lactacidogensynthese durch Natriumfluorid nach „Alterung“ des Muskelbreis.

Ebenso wie beim allmählichen Absterben der Muskulatur in zerkleinertem Zustande tritt die Abschwächung ihrer Fähigkeit zur Lactacidogensynthese übrigens auch beim längeren Aufbewahren anatomisch unversehrter isolierter Froschmuskeln hervor[1]). Namentlich wird sie mit dem Eintritt der Totenstarre sehr deutlich und nimmt bei längerem Aufbewahren totenstarrer Muskeln immer mehr zu, so daß das Synthesevermögen in den späteren Stadien der Totenstarre und bei ihrer Wiederlösung nahezu vernichtet ist. Dagegen wird zugesetzte Hexosediphosphorsäure auch zu diesem Zeitpunkt noch erheblich gespalten. Auch in manchen der von ABRAHAM und KAHN vorgenommenen Versuche mit zerkleinerter Muskulatur blieb übrigens das Spaltungsvermögen für Lactacidogen im Gegensatz zum Synthesevermögen fast unverändert.

Ganz ähnlich wie die im zerkleinerten oder unzerkleinerten Zustand absterbende Muskulatur verhalten sich übrigens auch Muskeln, die bis zu stärkster Ermüdung gereizt wurden[2]). Auch hier ist eine weitgehende Verminderung der Fähigkeit zur fermentativen *Synthese* von Lactacidogen eingetreten, während die *Spaltung* von hexosediphosphorsaurem Natrium sich ganz ungestört, unter Umständen sogar in verstärktem Maße, vollziehen kann. In Tabelle 5 ist ein solcher Versuch, der an isolierten Muskeln vorgenommen wurde, wiedergegeben[3]). Zu diesem Versuch wurden 10 männliche Temporarien benutzt, von denen die

[1]) Unveröffentlichte Untersuchungen von H. J. DEUTICKE. (Erscheinen in Hoppe-Seylers Zeitschr. für physiol. Chem. 1925.)

[2]) EMBDEN, G. u. J. JOST: Dtsch. med. Wochenschr. Jg. 51, S. 636. 1925.

[3]) EMBDEN, G. u. J. JOST: Dtsch. med. Wochenschr. Jg. 51, S. 637. 1925.

**Tabelle 5.**

| Art der Muskeln | I<br>A | II<br>+<br>m/2-NaF | III<br>0,4% Glykogen + 2% $NaHCO_3$<br>+<br>m/10-NaF | IV<br>+<br>m/80-NaF |
|---|---|---|---|---|
| Arbeitsmuskeln | 0,378 | 0,225 | 0,174 | 0,224 |
| Ruhemuskeln | 0,340 | 0,116 | 0,105 | 0,196 |

Semimembranosi der einen Seite während $1^1/_2$ Stunden mit 60 Einzelinduktionsschlägen in der Minute gereizt wurden, während die gleichen Muskeln der anderen Seite ebenso lange in ungereiztem Zustande aufbewahrt wurden. In der Tabelle sind die beiden Gruppen von Muskeln als Arbeitsmuskeln und als Ruhemuskeln bezeichnet. Man sieht, daß die Arbeitsmuskeln von vornherein einen erheblich höheren Phosphorsäuregehalt als die Ruhemuskeln hatten (Reihe I A), was nach den früher (S. 382—383) mitgeteilten Untersuchungsergebnissen von vornherein zu erwarten war. Blieb der unmittelbar nach Abschluß der Reizung gewonnene Muskelbrei unter Zusatz von 2% Natriumbicarbonat und von 0,4% Glykogen als Material zur Lactacidogensynthese während 2 Stunden in drei verschiedenen aus der Tabelle 5 hervorgehenden Fluoridkonzentrationen stehen, so ergab sich, daß überall der Brei aus den Arbeitsmuskeln weit schwächer als jener aus den Ruhemuskeln die anorganische Phosphorsäure zum Verschwinden brachte.

Kann sonach kein Zweifel darüber bestehen, daß nach angestrengter Tätigkeit isolierter Muskeln eine ganz ähnliche Verminderung ihrer Synthesefähigkeit für Lactacidogen eintritt wie bei ihrem allmählichen Absterben, so unterscheidet sich die Verminderung der Synthesefähigkeit nach angestrengter Tätigkeit von jener des sterbenden Muskels doch sehr weitgehend dadurch, daß sie unter geeigneten Versuchsbedingungen mit der Erholung des Muskels wieder vollständig verschwindet, was als Beweis dafür angesehen werden darf, daß die bei der Tätigkeit auftretende Verminderung des Vermögens zur Lactacidogensynthese der unmittelbare Ausdruck der physiologischen Ermüdung ist. Hierfür sei ein Versuchsbeispiel in Tabelle 6 gegeben[1]). In diesem Falle wurde die Muskel-

**Tabelle 6.**

| Art und Zahl der Frösche | Verarbeitung | Art der Muskeln | | I<br>A | II<br>+<br>m/2-NaF | III<br>0,4% Glykogen + 2% $NaHCO_3$<br>+<br>m/10-NaF | IV<br>+<br>m/80-NaF | Gewichtszunahme des Arbeitsmuskels in % des Ruhemuskels |
|---|---|---|---|---|---|---|---|---|
| 2 R. temp., ♂ | sofort nach der Reizung | Arbeitsmuskeln | 1 | 0,393 | 0,247 | 0,190 | 0,258 | 24 |
| | | Ruhemuskeln | 2 | 0,346 | 0,120 | 0,108 | 0,164 | — |
| | | Am erholten Tier: | | | | | | |
| 3 R. temp., ♂ | nach 16 stündiger Erholung | Arbeitsmuskeln | 3 | 0,289 | 0,146 | 0,115 | 0,144 | 0 |
| | | Ruhemuskeln | 4 | 0,308 | 0,146 | 0,114 | 0,165 | — |

reizung nicht an isolierten Muskeln, sondern an lebenden unversehrten Fröschen vorgenommen, wobei jeweils die Gastrocnemien der einen Seite durch mehrstündige rhythmische Reizung vom Ischiadicus aus stark ermüdet wurden. Ein Teil der Tiere wurde unmittelbar im Anschluß an die Reizung getötet und nunmehr das Synthesevermögen des einerseits aus den Arbeitsmuskeln, anderseits aus den Ruhemuskeln gewonnenen Breis festgestellt. Der Rest der Tiere blieb 16 Stunden am Leben, wobei weitgehende Erholung der ursprünglich ermüdeten Muskeln eintrat. Aus der Tabelle 6 geht hervor, daß von der sofort nach Abschluß der Reizung verarbeiteten Muskulatur die Ruhemuskeln in weitaus stärkerem Maße

[1]) EMBDEN, G. u. J. JOST: Dtsch. med. Wochenschr. Jg. 51, S. 638. 1925. (Tabelle 2.)

als die Arbeitsmuskeln unter Einwirkung von Fluoridlösungen verschiedener Konzentration anorganische Phosphorsäure zum Verschwinden brachten, also Hexosediphosphorsäure aufbauten. An den erholten Tieren dagegen war dieser Unterschied im Synthesevermögen der beiderseitigen Gastrocnemien wieder vollkommen verschwunden, nur daß in der schwächsten angewandten Fluoridkonzentration von $^{m}/_{80}$ die Synthese an den erholten Arbeitsmuskeln etwas stärker in die Erscheinung trat als an den Ruhemuskeln.

Unmittelbar nach Abschluß der Arbeit (Vertikalreihe I) enthielten auch in diesen Versuchen am lebenden Frosch die Arbeitsmuskeln erheblich mehr anorganische Phosphorsäure als die Ruhemuskeln (s. oben S. 384), während das bei den erholten Tieren nicht mehr der Fall ist, im Gegenteil, hier zeigten die ursprünglichen Arbeitsmuskeln einen deutlichen Mindergehalt an Phosphorsäure gegenüber den Ruhemuskeln. Dies letztere Verhalten wurde übrigens nicht regelmäßig beobachtet.

Der starken Verminderung der Lactacidogensynthese nach andauernder Arbeit entsprach übrigens auch in diesen Versuchen keinerlei Abschwächung der Spaltung zugesetzter Hexosediphosphorsäure, diese Spaltung erfolgte vielmehr in zerkleinerter Arbeitsmuskulatur eher stärker als in den entsprechenden Ruhemuskeln.

Im vorigen Abschnitt wurde es als wahrscheinlich hingestellt, daß die beherrschende Einwirkung der Ionen auf den Lactacidogenwechsel dadurch zustande kommt, daß die Ionen den Kolloidzustand des in Frage kommenden Fermentes selbst oder jenen seiner kolloidalen Begleitstoffe abändern und daß das Gleichgewicht des Lactacidogenwechsels wiederum von dem ional bestimmten Kolloidzustand abhängt.

Wenn, wie aus den oben geschilderten Versuchen hervorgeht, an absterbenden Muskeln die Synthesefähigkeit erheblich vermindert ist, so wurde das im wesentlichen darauf zurückgeführt, daß die für die Gleichgewichtslage des Lactacidogenswechsels maßgebenden Kolloide in ihrer Empfindlichkeit gegen ionale Beeinflussung herabgemindert sind (s. oben S. 434), und wenn nach ermüdender Muskeltätigkeit ganz die gleiche Herabminderung der Synthesefähigkeit wie beim Absterben eintritt, so dürfte die hierin zutage tretende Ähnlichkeit mehr als eine äußerliche sein, d. h. die zuletzt mitgeteilten Versuchsergebnisse sprechen dafür, daß nach ermüdender Arbeit Kolloidzustandsänderungen am Orte des Lactacidogenwechsels, der höchstwahrscheinlich auch als der Ort der Kontraktion angesehen werden muß, zurückbleiben, die den beim Absterben des Muskels sich ausbildenden nahe verwandt sind, nur daß sie im Gegensatz zu diesen nicht irreversibel sind, sondern unter geeigneten Bedingungen parallel mit der Erholung des Muskels vollkommen wieder verschwinden können[1]).

Die physiologische Bedeutung dieser Kolloidzustandsänderungen soll erst in dem auf diesen folgenden, letzten Abschnitt erörtert werden.

## IV. Zusammenfassende Schlußbetrachtung.

Wir haben in den vorangehenden Abschnitten verschiedene Vorgänge teils chemischer, teils kolloidchemischer Art kennengelernt, die sich bei der Muskelkontraktion abspielen.

Nunmehr soll versucht werden, diese Einzelvorgänge, soweit das nicht bereits geschehen ist, derart miteinander in Beziehung zu bringen, daß ein gewisser

[1]) In jüngster Zeit konnte PERGER (Dtsch. med. Wochenschr. Jg. 51, Nr. 17. 1925) im Anschluß an die eben geschilderten Untersuchungen feststellen, daß ebenso wie das Absterben und die ermüdende Tätigkeit auch schwere, mit Muskelschwäche einhergehende Erkrankung Verminderung der Fähigkeit zur Lactacidogensynthese hervorrufen kann.

Überblick über den Chemismus der Muskelkontraktion als Ganzes gewonnen wird. Bei einem solchen Versuch, die chemischen und kolloidchemischen Einzelerscheinungen mehr synthetisch zu behandeln, tritt zwar besonders klar zutage, wie lückenhaft unsere Kenntnisse noch sind, aber auch gerade deswegen erscheint er als durchaus notwendig, wenngleich es unvermeidlich ist, daß er ein subjektives Gepräge trägt.

Bei der Reizung des Muskels — auch bei der unterschwelligen, zu keinerlei Kontraktionserscheinungen führenden — kommt es zur Steigerung der Permeabilität von im Ruhezustande nur sehr wenig durchlässigen Muskelfasergrenzschichten, die im wesentlichen mit dem Sarkoplasma identisch sein dürften. Infolge dieser Permeabilitätssteigerung dringen Ionen aus der interfibrillären Flüssigkeit durch die sarkoplasmatischen Grenzschichten hindurch in die Muskelfibrillen vor. Diese Ionen, von Anionen kommen vor allem die Chlorionen in Frage, beeinflussen den intrafibrillären fermentativen Lactacidogenwechsel im Sinne der Spaltung, wobei es bei jeder einzelnen Zuckung zu einer beträchtlichen, unmittelbar analytisch nachweisbaren Phosphorsäurebildung aus Lactacidogen kommt.

Zeitlich liegt diese Phosphorsäureabspaltung jedenfalls ganz in der Nähe des Kontraktionsvorganges; denn sie ist um so stärker, je rascher nach dem Eintritt der Kontraktion die chemischen Vorgänge unterbrochen werden. Noch während des Fortbestehens eines Tetanus wird die abgespaltene Phosphorsäure wieder zu Lactacidogen aufgebaut.

Ganz anders verläuft die Milchsäurebildung. Ihre bei der Einzelzuckung frei werdende Menge macht, wie wir sahen, nur einen kleinen Bruchteil der zu Beginn jeder Kontraktion frei werdenden Phosphorsäure aus, vor allem ist aber ihr Auftreten keineswegs in gleichem Maße wie dasjenige der Phosphorsäure zeitlich mit dem Vorgange der Muskelkontraktion verknüpft. Ihre Menge nimmt nicht nur während des Fortbestehens eines Tetanus andauernd zu, sondern eine auf weit mehr als das Hundertfache des Ruhewertes gesteigerte Milchsäurebildung kann auch nach dem Aufhören der tetanischen Kontraktion für eine größere Anzahl von Sekunden noch fortbestehen.

Wir sehen also, daß bei tetanischer Dauerkontraktion zur gleichen Zeit Phosphorsäure verschwindet und Milchsäure gebildet wird, und zwischen diesen beiden Vorgängen besteht anscheinend ein enger ursächlicher Zusammenhang, wobei die der rasch und im Kontraktionsaugenblick sich vollziehenden Phosphorsäureabspaltung langsam nachfolgende Milchsäurebildung das Wiederverschwinden der abgespaltenen Phosphorsäure dadurch hervorruft, daß die Anionen der Milchsäure — vielleicht im Verein mit Calciumionen — den Lactacidogenwechsel stark im Sinne der Synthese beeinflussen.

Als Kohlenhydratkomponente bei dieser Synthese dient die im Kontraktionsaugenblick frei gewordene Hexose und vielleicht auch Hexosemonophosphorsäure. Derjenige Anteil des Lactacidogenkohlenhydrates, der zu Milchsäure abgebaut wurde, kommt natürlich zunächst nicht als Kohlenhydratkomponente für den Wiederaufbau des Lactacidogens in Frage. Das in Verlust geratene Kohlenhydrat muß vielmehr aus der Kohlenhydratreserve, im wesentlichen wohl aus dem Glykogenvorrat, ersetzt werden.

Die Tatsache, daß im Kontraktionsaugenblick weit mehr Phosphorsäure als Milchsäure gebildet wird, beweist, daß es in eben diesem Augenblick zu einem starken Abbau von Lactacidogen kommt, und jeder Versuch der Formulierung der Phosphorsäurebildung und Milchsäurebildung beim Kontraktionsvorgang wird hiervon ausgehen müssen. Nehmen wir an, daß das von vornherein im Muskel vorhandene Lactacidogen mit jener Hexosediphosphorsäure identisch wäre, zu deren Aufbau aus frischer Muskulatur gewonnener Preßsaft unter bestimmten ionalen Bedingungen befähigt ist, so würden sich die bei der Kontraktion erfolgenden Säurebildungsvorgänge etwa folgendermaßen formulieren lassen:

$$\text{I.}\quad (C_6H_{10}O_4)(PO_4H_2)_2 + 2\,H_2O = C_6H_{12}O_6 + 2\,H_3PO_4,$$

doch könnte daneben auch noch der Zerfall nach dem Schema

$$\text{II.}\quad (C_6H_{10}O_4)(PO_4H_2)_2 + H_2O = C_6H_{11}O_5PO_4H_2 + H_3PO_4$$

in Betracht kommen.

Die nach der Gleichung I frei gewordene Hexose dürfte wohl im Augenblick ihres Entstehens in besonders reaktionsfähiger Form vorhanden sein, wenn wir auch über die chemische Natur dieser Reaktionsform noch keineswegs sicher unterrichtet sind. Ein Teil dieser Hexose, und zwar weitaus der geringere, zerfällt in 2 Mol. Milchsäure nach dem Schema

$$C_6H_{12}O_6 \rightarrow 2\,CH_3CHOHCOOH\,.$$

In dieser Formulierung kommen zwei der eben besprochenen Tatsachen zum Ausdruck, einmal das Überwiegen der Phosphorsäurebildung über die Milchsäurebildung und zweitens das zeitliche Verhältnis der Entstehung beider Säuren, d. h. das Nachfolgen der Milchsäurebildung. Absichtlich nicht berücksichtigt ist dabei das Glykogen; denn wenn es auch eine sichergestellte Tatsache ist, daß bei der Muskeltätigkeit Glykogen in größtem Umfange zu Milchsäure abgebaut wird, liegt bisher keinerlei Beweis dafür vor, daß dieser Abbau während der Zuckung erfolgt.

Die Berechtigung der von Meyerhof gewählten Formulierung (s. oben S. 398, Formel A) soll insoweit durchaus anerkannt werden, als sie zum Ausdruck bringt, daß bei länger fortgesetzter Muskeltätigkeit Glykogen in Milchsäure umgewandelt wird, ohne daß es deswegen notwendigerweise zu einem Verbrauch des hexosediphosphorsäureartigen Lactacidogens zu kommen braucht. Während aber die Spaltung des Lactacidogens im Kontraktionsmoment unter Freiwerden von anorganischer Phosphorsäure eine bewiesene Tatsache ist, sind irgendwelche Anhaltspunkte dafür, daß im gleichen Augenblick Glykogen zu Zucker gespalten, geschweige denn zu Milchsäure abgebaut wird, nicht vorhanden.

Das eben erwähnte Wiederverschwinden der beim Kontraktions*vorgang* gebildeten anorganischen Phosphorsäure noch während des Fortbestehens eines Tetanus beweist jedenfalls, daß für die Unterhaltung der tetanischen Dauerkontraktion ein gegenüber der Ruhe gesteigerter Phosphorsäuregehalt nicht notwendig ist, und wenn während des Tetanus die ursprünglich abgespaltene Phosphorsäure immer mehr durch Milchsäure ersetzt wird, so liegt es gewiß nahe, daran zu denken, daß die Phosphorsäurebildung in erster Linie für den *Vorgang* der raschen Kontraktion verantwortlich zu machen ist, die Milchsäurebildung hingegen für die *Unterhaltung* eines tetanischen Dauerkontraktionszustandes.

Für das Zustandekommen der Erschlaffung eines kontrahierten Muskels ist allem Anschein nach die Wiederbeseitigung der gebildeten Säuren von entscheidender Bedeutung. Die zu Beginn einer Zuckung gebildete Phosphorsäure wird unmittelbar nach ihrem Freiwerden durch den oben (S. 422 ff.) besprochenen ionalen Mechanismus unter Mitbeteiligung der Anionen der Milchsäure in Lactacidogen zurückverwandelt, und die Milchsäure wandert von den Verkürzungsorten an die — wohl mit dem Sarkoplasma identischen — Erholungsorte. Diese letzte, zuerst von Meyerhof geäußerte Anschauung bezüglich der Milchsäurebeseitigung erscheint uns durchaus einleuchtend.

Wenn nach Ablauf des *Vorganges* der Verkürzung, der nach den eben gemachten Ausführungen im wesentlichen durch die Phosphorsäure ausgelöst werden dürfte, der Kontraktions*zustand* unter Wiederaufbau der Phosphorsäure zu Lactacidogen durch gesteigerte Milchsäurebildung unterhalten wird, so muß in diesem Falle, wie wir sahen, die *Milchsäure als kontraktionsunterhaltende Substanz* angesehen werden. Dadurch aber, daß die gebildete Milchsäure am Wiederaufbau des Lactacidogens wesentlich mitbeteiligt ist, bereitet sie auch die Erschlaffung des Muskels vor. Hört die gesteigerte Milchsäurebildung auf oder wird das Tempo dieser Steigerung so weit verlangsamt, daß die Milchsäurebeseitigung durch Übertritt an die Erholungsorte die Milchsäurebildung überwiegt, so tritt Erschlaffung ein.

Bei der Muskel*zuckung*, bei der einer starken Phosphorsäurebildung eine geringfügige, aber möglicherweise doch zum Wiederaufbau des Lactacidogens ausreichende Milchsäurebildung folgt, kann vielleicht die *Milchsäure* geradezu die Bedeutung einer *Erschlaffungssubstanz* haben. Die kontraktionsunterhaltende Wirkung der Milchsäurebildung beim Tetanus ist hierbei wohl auf ihre Eigenschaft als Säure zurückzuführen, wenn auch diese Säurewirkung sicherlich nicht in einer wesentlichen Steigerung der H-Ionenkonzentration an den Verkürzungsorten zum Ausdruck kommen kann. Die durch die Milchsäurebildung hervorgerufene Lactacidogensynthese dürfte im Gegensatz dazu eine Wirkung der Milchsäureanionen sein, ebenso wie nach einer neueren Veröffentlichung MEYERHOFS[1]) auch die atmungssteigernde Wirkung der Milchsäure an den Erholungsorten anscheinend auf die Anionen dieser Säure zurückgeführt werden muß.

Nach früher gemachten Ausführungen wird jede Muskelkontraktion eingeleitet durch eine Permeabilitätssteigerung von während der Ruhe wenig durchlässigen Grenzschichten, und diese Durchlässigkeitssteigerung ermöglicht das Eindringen von solchen Ionen in das Innere der Muskelfasern, die die fermentative Spaltung des Lactacidogens beschleunigen und dadurch zur Säurebildung führen. Auch unter anaeroben Bedingungen sind diese chemischen und kolloidchemischen Vorgänge zunächst vollkommen reversibel; der Steigerung der Permeabilität folgt ihr Wiederabsinken, der Abspaltung der Phosphorsäure aus Lactacidogen ihr Wiederaufbau zu eben der gleichen Substanz. Nur die bei der Muskelarbeit in gesteigertem Maße gebildete Milchsäure häuft sich von vornherein, wenigstens im isolierten Muskel an.

Bei längere Zeit fortgesetzter, zu mehr oder weniger ausgeprägter Ermüdung führender Muskeltätigkeit werden aber auch die übrigen mit der Kontraktion verbundenen Vorgänge immer weniger vollständig reversibel. Die Permeabilitätssteigerung geht nicht mehr ohne weiteres vollkommen zurück, und ebenso wird auch ein mit zunehmender Ermüdung zunehmender Anteil der im Kontraktionsaugenblick abgespaltenen Phosphorsäure nicht mehr unmittelbar im Anschluß an die Kontraktion wieder zu Lactacidogen aufgebaut.

Wenn in der mit fortschreitender Ermüdung mehr und mehr sich verstärkenden Permeabilitätssteigerung der Ausdruck einer Kolloidzustandsänderung der sarkoplasmatischen Grenzschichten gesehen werden muß, von Schichten also, die als Ort des eigentlichen Kontraktionsvorganges kaum in Betracht kommen dürften, so läßt sich das Auftreten von vorübergehend irreversiblen Kolloidzustandsänderungen auch an den Verkürzungsorten selbst wahrscheinlich machen. Diese Kolloidzustandsänderungen an den Verkürzungsorten, an den Orten des Lactacidogenwechsels, kommen darin zum Ausdruck, daß die Fähigkeit stark ermüdeter Muskulatur, unter Einwirkung bestimmter Ionen aus überschüssig vorhandenem Kohlenhydrat und anorganischer Phosphorsäure Hexosediphosphorsäure aufzubauen, wesentlich geringer ist als diejenige von nicht ermüdeter

---

[1]) MEYERHOF, O.: Klin. Wochenschr. Jg. 4, S. 341. 1925.

Muskulatur. Ganz ähnliche Abschwächungen der Fähigkeit zur Lactacidogensynthese treten übrigens auch beim allmählichen Absterben der Muskulatur auf, und möglicherweise handelt es sich in beiden Fällen um mit Hysterese verbundene alterungsartige Vorgänge an ursprünglich hochionenempfindlichen Kolloiden.

Ebenso wie mit zunehmender Erholung in Sauerstoff die für die Ermüdung charakteristische Permeabilitätssteigerung mehr und mehr schwindet, die sarkoplasmatischen Grenzschichten also ihre ursprüngliche charakteristische Undurchlässigkeit wieder annehmen, werden auch die in verminderter Synthesefähigkeit sich äußernden intrafibrillären Kolloidzustandsänderungen unter geeigneten Versuchsbedingungen nach ausreichender Erholung wieder völlig rückgängig.

Bei der Erholung isolierter Muskeln in Sauerstoff werden auch die gebildeten Säuren wieder beseitigt, die Phosphorsäure unter Rückverwandlung in Lactacidogen, die Milchsäure dadurch, daß sie zum kleineren Teile verbrennt, zum größeren zu Kohlenhydrat regeneriert wird. Diese Rückumwandlung der Milchsäure in Kohlenhydrat dürfte ebenso wie die mit ihr eng verbundene Milchsäureverbrennung sich innerhalb der sarkoplasmatischen Grenzschichten abspielen.

In welcher Weise hängt die Bildung beider Säuren mit der Muskelkontraktion zusammen? Wenn die letztere wirklich ausgelöst wird durch eine plötzliche Steigerung des H-Ionengehaltes, so kommt jedenfalls für den Vorgang der raschen Kontraktion des Skelettmuskels der Phosphorsäure weitaus größere Bedeutung zu als der Milchsäure, nicht nur deswegen, weil die bei der starken Spaltung der Hexosediphosphorsäure auftretende Pufferbeanspruchung — daß es hierbei voraussichtlich zu keiner erheblichen Steigerung der H-Ionenkonzentration kommt, wurde früher ausgeführt — weitaus größer ist als die im gleichen Milieu durch die geringe Milchsäurebildung verursachte, sondern vor allem auch deswegen, weil zeitlich die Phosphorsäurebildung weit mehr an den Kontraktionsvorgang gebunden ist als die Milchsäurebildung.

Als energieliefernde Reaktion im Kontraktionsaugenblick kommt die Phosphorsäurebildung, abgesehen von der voraussichtlich sehr geringen Wärmetönung ihrer Abspaltung aus dem Lactacidogenkomplex, schon deswegen nicht in Frage, weil sie alsbald nach ihrem Auftreten wieder rückgängig gemacht wird, und die Milchsäurebildung aus Kohlenhydrat reicht auch unter Hinzurechnung der an sie sich anschließenden verschiedenartigen, mit der Neutralisation verbundenen exothermen Prozesse einfach deswegen als Energiequelle im Kontraktionsaugenblick nicht aus, weil sie sich zu einem sicherlich sehr beträchtlichen Teil überhaupt nicht während der Kontraktion abspielt.

Wir müssen also zugeben, daß ein im engeren Sinne *chemischer* Vorgang, der als Quelle der gesamten im Kontraktionsaugenblick erfolgenden Energieentladung in Frage kommt, zur Zeit nicht bekannt ist, und daher entweder einen noch unbekannten chemischen Vorgang als diese Energiequelle ansehen oder die Annahme machen, daß die Arbeitsleistung des Muskels bei der Kontraktion sich überhaupt nicht unmittelbar auf Kosten exotherm verlaufender *chemischer* Vorgänge vollzieht, sondern auf Kosten *physiko-chemischer* (*kolloidchemischer*) mit positiver Wärmetönung verbundener Prozesse[1]).

Der Nachweis für das letztere, also dafür, daß der Muskel ein kolloidchemischer Akkumulator ist, der sich im Kontraktionsaugenblick entlädt, oder, um einen Ausdruck BETHES zu gebrauchen, eine Uhr, deren Feder bei der Kontraktion abläuft, ist bisher noch nicht erbracht worden. Der Umstand aber, daß

---

[1]) Siehe auch C. OPPENHEIMER: Der Mensch als Kraftmaschine, S. 78—79. Leipzig 1921.

nach ermüdender Muskeltätigkeit am Orte der Kontraktion eine in verminderter Synthesefähigkeit für Lactacidogen zum Ausdruck kommende Zustandsänderung nachweisbar ist, die höchstwahrscheinlich die intrafibrillären Kolloide betrifft, gibt uns immerhin eine gewisse Berechtigung, in an sich exotherm verlaufenden Kolloidvorgängen die unmittelbare Quelle der mechanischen Arbeitsleistung des Muskels zu sehen. Hiernach hätten also die exotherm verlaufenden chemischen Prozesse, mögen sie oxydativer oder nichtoxydativer Natur sein, in energetischer Hinsicht vielleicht nur die Aufgabe, die bei der Kontraktion sich entladenden physiko-chemischen Akkumulatoren immer wieder aufzuladen, und ihre Bedeutung für die Muskeltätigkeit wäre sicherlich deswegen nicht geringer, weil sie auf einem weniger unmittelbaren Wege die Kontraktionsenergie lieferten, als man bisher vielfach glaubte.

Auf die Natur der in Frage kommenden energieliefernden Kolloidvorgänge, d. h. auf eine Erörterung der verschiedenen Kontraktionstheorien, soll hier nicht eingegangen werden.

# Chemie der Muskulatur

unter Mitwirkung von H. J. DEUTICKE, H. HENTSCHEL, H. JOST und E. LEHNARTZ.

## I. Eiweißkörper.

Weitaus die Hauptmenge der Muskeltrockensubstanz besteht aus Eiweißkörpern. An ihnen spielen sich offenbar die Kolloidzustandsänderungen ab, die ihren Ausdruck im Kontraktionsvorgang finden. In zahlreichen Untersuchungen aus älterer und neuerer Zeit [KÜHNE[1]), HALLIBURTON[2]) und v. FÜRTH[3])] hat man sich bemüht, die einzelnen Eiweißsubstanzen von einander zu trennen, und auf Grund verschiedener Löslichkeit, Aussalzbarkeit und Koagulierbarkeit kam man zu der Anschauung, daß eine größere Anzahl verschiedenartiger Protëine in der Muskulatur vorgebildet wäre. Die neuere Entwicklung aber führte immer mehr zu der Überzeugung, daß nur wenige Eiweißsubstanzen im Muskel präformiert sind und daß vielfach physikochemische Zustandsänderungen ein und desselben Körpers frühere Forscher zur Annahme chemisch verschiedenartiger Protëine veranlaßt hatten.

Wir folgen bei der Schilderung der Eiweißkörper im wesentlichen den Ausführungen OTTO v. FÜRTHS[4]), wohl des besten Kenners dieses Gebietes, von dem zahlreiche ältere und neuere Untersuchungen über Muskelprotëine vorliegen.

### Muskelplasma und Gerinnung.

Aus der Muskulatur läßt sich eine Flüssigkeit gewinnen, die, ähnlich dem Blut, spontane Gerinnungsfähigkeit zeigt und deshalb Muskelplasma genannt wurde. Dieses Muskelplasma erhielt KÜHNE[1]) zuerst aus Froschmuskeln, die er unter guter Kühlung zu Muskelschnee verrieb und auspreßte. Im Preßsaft trat bei Zimmertemperatur Gerinnung ein. Von HALLIBURTON[2]) wurden gleiche Untersuchungen an Säugetiermuskeln angestellt, jedoch gerinnt dieses Muskelplasma bei Zimmertemperatur nur langsam und spärlich, so daß v. FÜRTH eine

[1]) KÜHNE, W.: Untersuchungen über das Protoplasma. Leipzig 1864.

[2]) HALLIBURTON, W. D.: On Muscle Plasma. Journ. of physiol. Bd. 8, S. 133. 1888.

[3]) FÜRTH, O. v.: Arch. f. exp. Pathol. u. Pharmakol. Bd. 36, S. 231. 1895; Bd. 37, S. 389. 1896.

[4]) FÜRTH, O. v.: Handbuch der Biochemie von Oppenheimer, 2. Aufl., Bd. IV, S. 297. 1923; Ergebn. d. Physiol. Bd. 17, S. 363. 1919.

weitgehende Analogie zwischen Blutplasma- und Muskelplasmagerinnung, wie sie HALLIBURTON annimmt, leugnet.

Nach v. FÜRTH wird die Gerinnung des Muskelplasmas hervorgerufen durch zwei Eiweißkörper, das Myosin und das Myogen, die dabei in das entsprechende unlösliche Fibrin übergehen. Das durch die Gerinnung entstehende Koagulum ist demzufolge ein Gemenge von Myosinfibrin und Myogenfibrin. Bei der Myogengerinnung tritt intermediär ein lösliches Myogenfibrin auf, das unter Einwirkung verschiedener Einflüsse in die unlösliche Form übergeht. Das Schema nach v. FÜRTH ist demzufolge[1]):

| Myosin | Myogen |
|---|---|
| \| | \| |
| | lösliches Myogenfibrin |
| \| | \| |
| Myosinfibrin. | Myogenfibrin. |

## Myogen.

Das Myogen, von HALLIBURTON zuerst dargestellt und als Myosinogen bezeichnet, bildet die Hauptmasse, etwa drei Viertel der Eiweißsubstanzen des Muskelplasmas. Nach v. FÜRTH ist es kein Globulin, denn es ist löslich in reinem Wasser und durch Dialyse nicht fällbar. Nach genügend lange durchgeführter Dialyse brachte es jedoch BOTTAZZI[2]) zur Ausfällung. Beim schnellen Erhitzen gerinnt eine Myogenlösung bei einer Temperatur von 55—65°. Spontan erfolgt bei Zimmertemperatur der Übergang des Myogens in das *lösliche* Myogenfibrin, das sich seinerseits bei längerem Stehen in das *unlösliche* Myogenfibrin umwandelt. Zusatz von Salzen, wie Ammoniumchlorid, Calciumchlorid und anderen, wirkt beschleunigend auf diesen Vorgang[3]). Die Wirksamkeit eines Fermentes, wie es HALLIBURTON bei der Gerinnung seines Myosinogens glaubte beobachtet zu haben, wird von v. FÜRTH in Abrede gestellt. Durch Sättigung mit Ammonsulfat erhält man einen Myogenniederschlag, der beim Stehen nur geringe Tendenz zeigt, in die koagulierte Form überzugehen.

## Das lösliche Myogenfibrin.

Das lösliche Myogenfibrin findet sich nach v. FÜRTH nur bei Fischen und Amphibien präformiert, im Muskelplasma der Reptilien, Vögel und Säugetiere ist es als postmortales Umwandlungsprodukt aufzufassen. Es ist ein globulinartiger Eiweißkörper und kann dementsprechend durch Halbsättigung mit Ammonsulfat oder Dialyse zur Ausscheidung gebracht werden. Besonders auffallend ist der niedrige Koagulationspunkt. Nach v. FÜRTH[4]) „trübt sich eine Lösung von löslichem Myogenfibrin jenseits 30° und gibt meist zwischen 35° und 40° ein flockiges Koagulum“.

## Das Myosin.

Mit Myosin bezeichnet v. FÜRTH den Eiweißkörper, der von HALLIBURTON Paramyosinogen, von NASSE Muskulin genannt wurde. Ob die in bezug auf Gerinnungstemperatur und Fällbarkeit durch Neutralsalze beobachteten Unter-

[1]) FÜRTH, O. v.: Handbuch der Biochemie von Oppenheimer, 2. Aufl., Bd. IV, S. 298; Ergebn. d. Physiol. Bd. 17, S. 380. 1919; Arch. f. exp. Pathol. u. Pharmakol. Bd. 36, S. 274. 1895.

[2]) BOTTAZZI, F. u. G. QUAGLIARIELLO: Arch. intern. de physiol. Bd. 12, S. 234, 286. 1912.

[3]) FÜRTH, O. v.: Arch. f. exp. Pathol. u. Pharmakol. Bd. 37, S. 389. 1896.

[4]) FÜRTH, O. v.: Handbuch der Biochemie von Oppenheimer, 2. Aufl., Bd. IV, S. 299. 1923.

schiede zwischen Muskulin und Myosin nur physikalisch bedingt sind, ist noch nicht endgültig entschieden. Myosin ist eine globulinartige Substanz, deren Lösung sich nach v. FÜRTH bei schnellem Erhitzen zwischen 44—47° trübt und bei 48—51° zuerst feinflockig, später grobflockig gerinnt. „Spontane" Gerinnung des Myosins erfolgt, wenn auch langsam, bereits bei Zimmerwärme; Brutofentemperatur wirkt beschleunigend. Vollständige Ausfällung ist entsprechend der globulinartigen Beschaffenheit des Myosins bereits möglich durch Halbsättigung mit Ammonsulfat. Nach v. FÜRTH ist es nicht ausgeschlossen, daß das lösliche Myogenfibrin der Fische und Amphibien nichts anderes als Myosin ist, das bei den Kaltblütern vielleicht bereits bei 35° gerinnt. Beide Substanzen könnten trotz des verschiedenen Koagulationspunktes wesensgleich sein, da „der Koagulationspunkt eines in einem Organe enthaltenen Protëins sozusagen die Resultierende unzähliger, uns größtenteils unbekannter physikalisch-chemischer Faktoren" sei[1]).

Die Untersuchungen, die letzthin HOWE[2]) über die löslichen Protëine im Säugetiermuskel vornahm, erfolgten unter besonderer Schonung der Eiweißkörper. Um die bei der gewöhnlichen Darstellung durch fraktionierte Salzfällung etwa entstehenden sekundären Veränderungen zu vermeiden, erfolgte Extraktion der frischen Muskulatur durch verschieden konzentrierte Salzlösungen bei konstantem $p_H$. Die Protëine wurden durch ihren Koagulationspunkt identifiziert, und betreffs ihrer Eigenschaften ergab sich eine gewisse, wenn auch nicht vollständige Übereinstimmung mit den Angaben von v. FÜRTH und HALLIBURTON.

## Das Myoglobulin und das Myoalbumin.

Mit Myoglobulin und Myoalbumin hat HALLIBURTON zwei Eiweißkörper bezeichnet, von denen der letztere nur in Spuren vorkommt und wahrscheinlich Serumalbumin aus dem Blut und der Lymphe ist.

## Das Myoprotëid.

Myoprotëid ist eine von v. FÜRTH[3]) im Muskelplasma der Fische aufgefundene Eiweißsubstanz, die beim Sieden nicht gerinnt, aber bei stark essigsaurer Reaktion ausfällt. Ihr Vorkommen als genuiner Eiweißkörper wird vom Entdecker selbst in Zweifel gezogen.

## Das Kaliumalbuminat.

Der von L. WACKER[4]) mit Kaliumalbuminat bezeichnete Eiweißkörper fällt im Gegensatz zum Myoprotëid schon bei vorsichtigem Ansäuern der aus alkalischen Muskeln gewonnenen Kochextrakte aus. WACKER schreibt diesem Kaliumalbuminat eine wesentliche Bedeutung für die Muskelkontraktion und Muskelstarre zu. Nach v. FÜRTH[5]) handelt es sich aber um ein bei der Darstellung entstandenes Kunstprodukt.

## Das Mytolin.

Ein ebenfalls denaturierter Eiweißkörper, größtenteils aus Myosin bestehend, scheint das Mytolin HEUBNERS[6]) zu sein.

---

[1]) FÜRTH, O. v.: Handbuch der Biochemie von Oppenheimer, 2. Aufl., Bd. IV, S. 300. 1923; Ergebn. d. Physiol. Bd. 17, S. 382. 1919.

[2]) HOWE, P. E.: Journ. of biol. chem. Bd. 61, S. 493. 1924.

[3]) FÜRTH, O. v.: Arch. f. exp. Pathol. u. Pharmakol. Bd. 36, S. 259. 1895; Handbuch der Biochemie von Oppenheimer, 2. Aufl., Bd. IV, S. 299. 1923.

[4]) WACKER, L.: Biochem. Zeitschr. Bd. 107, S. 117. 1920.

[5]) FÜRTH, O. v.: Biochem. Zeitschr. Bd. 113, S. 42. 1921; Bd. 126, S. 55. 1921.

[6]) HEUBNER, W.: Arch. f. exp. Pathol. u. Pharmakol. Bd. 53, S. 302. 1905.

## Ultramikroskopische Beobachtungen.

Durch die Untersuchungen von BOTTAZZI und QUAGLIARIELLO[1]) ist ultramikroskopisch die Anwesenheit von zwei Eiweißkörpern im Muskelpreßsaft festgestellt worden. Der eine, Myosin genannt, ist in Form zahlreicher Granula vorhanden, die, dicht zusammengedrängt, die Doppelbrechung in der Fibrille hervorrufen sollen. Die Spontangerinnung einer Myosinlösung erfolgt durch eine Zusammenballung und Ausfällung dieser Elemente, wobei Säurezusatz und Wärmezufuhr beschleunigend wirken. Der zweite Eiweißkörper, von BOTTAZZI als Myoprotëin bezeichnet, ist im Plasma gelöst, erscheint bei ultramikroskopischer Betrachtung optisch homogen und ist höchstwahrscheinlich mit dem Myogen von v. FÜRTH identisch.

## Der isoelektrische Punkt der Muskelprotëine.

Untersuchungen über den isoelektrischen Punkt der Muskeleiweißkörper, die bedeutungsvoll wären im Hinblick auf die kolloidchemischen Vorgänge, die zur Muskelkontraktion führen, liegen bisher nur wenige vor. WOEHLISCH[2]) gibt für Kaninchen-, Frosch- und Fischmuskulatur den isoelektrischen Punkt des Myosins und Myogens zwischen $p_H$ 4,2—5,0 an, QUAGLIARIELLO[3]) fand für beide Eiweißkörper ähnliche Werte: $p_H$ 4,5—5,0. Nach GRANSTRÔEM[4]) soll das Fällungsoptimum des Myosins aus Kaninchen- und Katzenmuskulatur bei $p_H$ 3,9 liegen. COLLIP[5]) gibt den isoelektrischen Punkt des Froschmuskeleiweißes mit $p_H$ 6,3 an. VLÈS und COULON[6]) zerrieben gefrorene Säugetiermuskeln in einer Lösung, deren $p_H$ mit dem inneren $p_H$ der Muskeln (zwischen 5,5 und 6,5) übereinstimmte, und fanden bei der kataphoretischen Untersuchung in physiologischer Kochsalzlösung von verschiedenem $p_H$ meist drei isoelektrische Punkte (*A* zwischen $p_H$ 6—7; *B* bei $p_H > 5$; *C* bei $p_H < 10$). Diese sich teilweise widersprechenden Angaben sind wohl bedingt durch abweichende Methodik bei der Darstellung; denn, wie H. H. WEBER[7]) zeigen konnte, ist Ionisierung und Entionisierung auch bei den Muskeleiweißkörpern von Bedeutung für ihr physikochemisches Verhalten. Er fand auf Grund sehr eingehender Untersuchungen, daß der isoelektrische Punkt des Kaninchenmyogens bei $p_H$ 6,3 unabhängig von Art und Konzentration der Puffer liegt, der des Myogens von Rana esculenta bei $p_H$ 6,0. Für einen Eiweißkörper, der aus dem Preßrückstand von Kaninchenmuskeln gewonnen wurde und mit dem Myosin von v. FÜRTH wohl identisch ist, konnte er den Umladungspunkt bei $p_H$ 5,1—5,2 feststellen, dasselbe gilt für ein aus dem Preßsaft von Rana esculenta gewonnenes Protëin. Anhaltspunkte für das Vorkommen weiterer Eiweißkörper im Muskel ergaben sich nicht.

## Das Muskelstroma.

Der nach Extraktion der löslichen Eiweißkörper mittels Neutralsalzlösungen übrigbleibende Rest wird Muskelstroma genannt. Die Menge ist wechselnd und in hohem Grade abhängig von der Lebensfrische des verwendeten Materials.

---

[1]) BOTTAZZI, F. u. G. QUAGLIARIELLO: Arch. internat. de physiol. Bd. 12, S. 234, 289. 1912.

[2]) WOEHLISCH, E.: Verh. d. Phys.-Med. Gesellschaft zu Würzburg, N. F. Bd. 50, Heft 1. 1925.

[3]) QUAGLIARIELLO, G.: Arch. di science biol. Bd. 5, S. 443. 1924.

[4]) GRANSTRÔEM, K. O.: Bioch. Zeitschr. Bd. 134, S. 589. 1923.

[5]) COLLIP, J. B.: Journ. of biol. chem. Bd. 50; Proc. of the amer. soc. of biol. chem. Bd. 45. 1922.

[6]) VLÈS und COULON: Cpt. rend. hebdom. des séances de l'acad. des sciences Bd. 179, S. 82. 1924. Berichte 29, 26.

[7]) WEBER, H. H.: Biochem. Zeitschr. Bd. 158, S. 443. 1925; Bd. 158, S. 473. 1925.

Denn SAXL[1]) konnte im FÜRTHschen Laboratorium zeigen, daß im Gegensatz zu früheren Untersuchungen bei möglichst schnellem Extrahieren mit Ammoniumchloridlösung von 10% unter guter Eiskühlung nur ein geringer Teil des Muskels, etwa ein Achtel, als Stroma zurückbleibt. Beim Herzmuskel fand er allerdings zwei Drittel, in der glatten Muskulatur drei Viertel des Gesamteiweißes als Stromarückstand. Den von DANILEWSKY[2]) gefundenen Parallelismus zwischen Stromareichtum und Funktion konnte SAXL nicht bestätigen. Da im totenstarren Muskel nach SAXL[3]) die Menge des unlöslichen Eiweißes rasch auf Kosten des löslichen zunimmt und bei noch so beschleunigtem Arbeiten postmortale Veränderungen der Eiweißsubstanzen auftreten, wird man das Muskelstroma vorerst als ein Gemenge verschiedener Eiweißkörper aufzufassen haben. Dem entspricht auch, daß bisher die chemische Natur der Stromasubstanz nicht eindeutig festgestellt wurde. Sie ähnelt in ihrer Zusammensetzung am meisten den geronnenen Eiweißstoffen. Nach HOLMGREN[3]) handelt es sich um kein Nucleoprotëid und kein Nucleoalbumin.

Das von PEKELHARING[4]) nachgewiesene wasserunlösliche und nur spurenweise in der Muskulatur vorkommende Nucleoprotëid dürfte aus den Zellkernen stammen.

## Vorkommen und Mengenverhältnisse der Eiweißkörper.

Bei sämtlichen Wirbeltieren konnte H. PRZIBRAM[5]) Myosin und Myogen nachweisen. Der Gesamteiweißgehalt wird von JANNEY[6]) bei Warm- und Kaltblütern mit 16,3—17,8% des frischen Muskels angegeben. Die Verteilung auf die einzelnen Eiweißkörper in Prozent des Gesamteiweißes geht aus folgender Tabelle von SAXL[7]) hervor:

| | In Proz. des Gesamteiweißgehaltes | | | |
|---|---|---|---|---|
| | Myosin | Myogen | Muskelplasma | Muskelstroma |
| Kaninchen a | 13,5 | 76,0 | 89,5 | 10,5 |
| Kaninchen b | 12,0 | 74,5 | 86,5 | 13,5 |
| Kaninchen c | 15,1 | 63,3 | 78,4 | 21,6 |
| Taube, Brust | 15,6 | 75,5 | 91,1 | 8,9 |
| Taube, Schenkel | — | 80,0 | 80,0 | 20,0 |
| Herz vom Rinde | 5,8 | 26,5 | 32,3 | 63,7 |
| Herz vom Hunde | 6,6 | 31,7 | 38,3 | 61,7 |
| Herz vom Menschen | 5,2 | 31,4 | 31,6 | 63,4 |
| Magenmuskeln vom Schwein | 0,9 | 29,9 | 30,8 | 69,2 |

## Die Muskelfarbstoffe.

In den Muskeln der Wirbeltiere und auch vieler Wirbelloser findet sich nach vollständiger Ausspülung des Hämoglobins ein Farbstoff, das Myochrom, das mit dem Hämoglobin nahe verwandt, aber nicht identisch ist [K. A. H. MÖRNER[8])]. Myochrom und Hämoglobin liefern das gleiche Hämin. Einen dem Hämo-

[1]) SAXL, P.: Beitr. z. chem. Physiol. u. Pathol. Bd. 9, S. 1. 1907.
[2]) DANILEWSKY, A.: Hoppe-Seylers Zeitschr. f. physiol. Chem. Bd. 7, S. 124. 1882.
[3]) HOLMGREN, J.: Malys Jahresber. d. Tierchem. Bd. 23.
[4]) PEKELHARING, C. A.: Hoppe-Seilers Zeitschr. f. physiol. Chem. Bd. 22, S. 245. 1896/97.
[5]) PRZIBRAM, H.: Beitr. z. chem. Physiol. u. Pathol. Bd. 2, S. 143. 1902.
[6]) JANNEY, W.: Journ. of biol. chem. Bd. 25, S. 185. 1916.
[7]) SAXL, P.: Beitr. z. chem. Physiol. u. Pathol. Bd. 9, S. 20. 1907; s. auch O. v. FÜRTH: Handbuch der Biochemie von Oppenheimer, 2. Aufl., Bd. IV, S. 302. 1923.
[8]) MÖRNER, K. A. H.: Nordisk. Mediz. Arch. Festband 1907; Malys Jahresber. d. Tierchem. 1897, S. 456.

chromogen nahestehenden Farbstoff will MAC MUNN[1]) nachgewiesen haben. Dieser von ihm Myohämatin genannte Farbstoff soll auch im hämoglobinfreien Insektenmuskel vorkommen. LEVY und MÖRNER[2]) haben diese Angabe für die Muskeln höherer Tiere nicht bestätigen können.

Auf Grund neuerer Untersuchungen glaubt H. GÜNTHER[3]), daß ein vom Hämoglobin verschiedener Farbstoff, von ihm Myoglobin genannt, im Muskel vorhanden sei. Dieser Farbstoff hat fast alle Eigenschaften des Hämoglobins, nur sein spektrales Verhalten ist ein anderes. Er soll für die Respiration bedeutungsvoll sein.

Der Gehalt der Muskeln an Myochrom ist wechselnd; stark beanspruchte Muskeln, wie Herz und Zwerchfell, bei Nagetieren z. B. auch die Masseteren[3]), sind im allgemeinen reicher daran als die weniger beanspruchten. Dem entspricht wohl die bekannte größere Dauerleistungsfähigkeit der roten Muskeln gegenüber den weißen. In der glatten Muskulatur findet sich kein Myochrom.

Der in der Muskulatur des Lachses vorkommende Farbstoff ist ein ätherlösliches Lipochrom.

## II. Stickstoffhaltige Extraktivstoffe.

Nach v. FÜRTH und SCHWARZ[4]) verteilt sich der Extraktivstickstoff frischer Skelettmuskulatur, der im ganzen 0,327—0,382%[5]) (Pferd) beträgt, wie folgt:

Auf Kreatin und Kreatinin entfällt durchschnittlich ein Drittel; ein weiteres Drittel (30—36%) auf die Karnosinfraktion. Alle übrigen Extraktivstoffe zusammen — Basenrest, Purinkörper, Polypeptide, Aminosäuren, Harnstoff und Ammoniak — machen das letzte Drittel aus.

In frischer Herzmuskulatur ist der Extraktivstickstoff geringer, was besonders durch den minderen Gehalt an Kreatin und Kreatinin, aber auch durch eine geringere Karnosinfraktion verursacht wird. Auch bei weitgehender Ermüdung scheint die Verteilung des Extraktivstickstoffes nach v. FÜRTH und SCHWARZ fast konstant zu bleiben.

### Kreatin und Kreatinin.

$$NH = C\begin{matrix} \diagup NH_2 \\ \diagdown N(CH_3)CH_2COOH \end{matrix} \qquad NH = C\begin{matrix} \diagup NH — CO \\ \diagdown N(CH_3) — CH_2 \end{matrix}$$

Kreatin. Kreatinin.

Die Muttersubstanzen des Kreatins im Organismus sind noch nicht mit genügender Sicherheit bekannt, wenn sich auch mehrere Theorien mit diesen Stoffen und der Art der Entstehung des Kreatins aus ihnen beschäftigt haben. Es mögen uns hier einige kurze Hinweise genügen, da eine ausführliche Besprechung dieser Frage nicht in den Rahmen dieses Kapitels gehört. Eingehendere Darstellung haben diese Vorstellungen in letzter Zeit durch HUNTER[6]) und RIESSER[7]) gefunden.

---

[1]) MAC MUNN: Journ. of physiol. Bd. 5, S. 24. 1886; Hoppe-Seylers Zeitschr. f. physiol. Chem. Bd. 13, S. 497. 1888.

[2]) LEVY, L.: Hoppe-Seylers Zeitschr. f. physiol. Chem. Bd. 13, S. 309. 1888.

[3]) GÜNTHER, H.: Virchows Arch. f. pathol. Anat. u. Physiol. Bd. 230, S. 146. 1921.

[4]) FÜRTH, O. v. u. C. SCHWARZ: Biochem. Zeitschr. Bd. 30, S. 428. 1911.

[5]) Ausschließlich Albumosenstickstoff.

[6]) HUNTER, ANDREW: Physiol. review Bd. 2, S. 586. 1922; s. dort auch die entsprechenden Literaturangaben.

[7]) RIESSER, O.: Handbuch der biologischen Arbeitsmethoden, Abt. 1, T. 7, S. 877.

Nach der am meisten verbreiteten Anschauung leitet sich das Kreatin von dem Eiweißspaltprodukt Arginin ab, wobei gemäß den untenstehenden Formeln die $\gamma$-Guanidinbuttersäure und das Glykocyamin[1]) als intermediäre Produkte auftreten.

$$NH=C\begin{matrix}\diagup NH_2\\ \diagdown NH\end{matrix},\ |\ (CH_2)_3\ |\ CH-NH_2\ |\ COOH \ \text{(Arginin)} \rightarrow NH=C\begin{matrix}\diagup NH_2\\ \diagdown NH\end{matrix},\ |\ (CH_2)_3\ |\ COOH \ (\gamma\text{-Guanidinbuttersäure}) \rightarrow NH=C\begin{matrix}\diagup NH_2\\ \diagdown NH\end{matrix},\ |\ CH_2\ |\ COOH \ \text{(Guanidinessigsäure (Glykocyamin))} \rightarrow NH=C\begin{matrix}\diagup NH_2\\ \diagdown N(CH_3)\end{matrix},\ |\ CH_2\ |\ COOH \ \text{(Kreatin.)}$$

Doch ist ein eindeutiger experimenteller Beweis für die Richtigkeit dieser Anschauung bisher nicht gelungen. Zwar fand INOUYE[2]) Kreatininvermehrung bei Zusatz von Arginin zum Leberbrei und bei Durchströmung der überlebenden Leber mit Arginin: doch muß in seinen Versuchen durch die Arginase der Leber ein erheblicher Teil des Arginins unter Bildung von Harnstoff und Ornithin abgebaut worden sein, so daß seine Zahlen recht wenig beweisend erscheinen. THOMPSON[3]) sah nach intravenöser Injektion von größeren Mengen Arginin nur eine ganz geringfügige Zunahme des Kreatins im Muskel. Dagegen erhielten JAFFÉ[4]), BAUMANN und MARKER[5]) sowie BAUMANN und HINES[6]) bei Versuchen, Bildung von Kreatin aus zugeführtem Arginin zu erzielen, vollkommen negative Ergebnisse. Auch durch Einführung von höheren Homologen des Glykocyamins bzw. der betreffenden Guanidin- und Methylguanidinderivate haben THOMAS und seine Mitarbeiter keine Kreatinbildung hervorrufen können[7]).

Eine Kreatinbildung durch Methylierung des dem Organismus zugeführten Glykocyamins hatten JAFFÉ[8]) sowie PALLADIN und WALLENBURGER[9]) gefunden.

Einen anderen Entstehungsmechanismus hat RIESSER[10]) diskutiert, nämlich die Möglichkeit einer Kreatinbildung aus Cholin oder Betain. Er bringt damit die Kreatinbildung mit dem Abbau des Lecithins in Zusammenhang.

$$\begin{matrix}CH_2OH\\ |\\ CH_2N(CH_3)_3OH\end{matrix}\ \text{(Cholin)} + C\begin{matrix}\diagup NH_2\\ =O\\ \diagdown NH_2\end{matrix} + 2\,O = NH=C\begin{matrix}\diagup NH_2\\ \diagdown N\cdot CH_3\\ \quad |\\ \quad CH_2COOH\end{matrix} + 2\,CH_3OH + H_2O$$

$$\begin{matrix}COOH\\ |\\ CH_2\cdot N(CH_3)_3\cdot OH\end{matrix}\ \text{(Betain)} + C\begin{matrix}\diagup NH_2\\ =O\\ \diagdown NH_2\end{matrix} = NH=C\begin{matrix}\diagup NH_2\\ \diagdown N\cdot CH_3\\ \quad |\\ \quad CH_2\cdot COOH\end{matrix} + 2\,CH_3OH\,.$$

---

1) KNOOP, F.: Hoppe-Seylers Zeitschr. f. physiol. Chem. Bd. 67, S. 485. 1910. — NEUBAUER, O.: Handlexikon der Biochemie Bd. IV, S. 386. 1911.

2) INOUYÉ, K.: Hoppe-Seylers Zeitschr. f. physiol. Chem. Bd. 81, S. 71. 1912.

3) THOMPSON, H. W.: Journ. of biol. chem. Bd. 51, S. 2 u. 111. 1917.

4) JAFFÉ, M.: Hoppe-Seylers Zeitschr. f. physiol. Chem. Bd. 48, S. 430. 1906.

5) BAUMANN, L. u. J. MARKER: Journ. of biol. chem. Bd. 22, S. 49. 1915.

6) BAUMANN, L. u. H. M. HINES: Journ. of biol. chem. Bd. 35, S. 75. 1918.

7) THOMAS, K.: Hoppe-Seylers Zeitschr. f. physiol. Chem. Bd. 88, S. 465. 1913. — THOMAS, K. u. M. H. G. GROENE: Ebenda Bd. 92, S. 163. 1914; Bd. 104, S. 73. 1919.

8) JAFFÉ, M.: Hoppe-Seylers Zeitschr. f. physiol. Chem. Bd. 48, S. 430. 1906.

9) PALLADIN, A. u. L. WALLENBURGER: Cpt. rend. des séances de la soc. de biol. Bd. 128, S. 111. 1915.

10) RIESSER, O.: Hoppe-Seylers Zeitschr. f. physiol. Chem. Bd. 86, S. 485. 1913.

RIESSER selbst hält seine Versuche für nicht abschließend, und THOMPSON[1]) sowie BAUMANN und HINES[2]) haben die von ihm gewonnenen Ergebnisse nicht bestätigen können.

Der Gesamtkreatingehalt unterliegt, je nach der vorliegenden Muskelart, starken Schwankungen, macht aber, wie bereits oben erwähnt, etwa ein Drittel von dem Gesamtextraktivstickstoff der Skelettmuskeln aus, wobei der größte Teil auf das Kreatin entfällt, und das Kreatinin als solches im Muskel nach einzelnen Autoren überhaupt nicht oder nur in so geringer Menge vorkommt, daß es sich der Bestimmung entzieht[3]). Nach anderen Autoren soll freilich die Menge des ursprünglich im Muskel vorhandenen Kreatinins immerhin bestimmbar sein, wenn sie auch nur einen geringen Bruchteil von derjenigen des Kreatins ausmacht und recht schwankende Werte angegeben werden[4]).

Das Kreatin wurde bisher nur in der Muskulatur von Wirbeltieren gefunden, und die bei den einzelnen Tierarten ermittelten Werte liegen zwischen 0,2 und 0,5%. Wir wollen hierfür nur einige Beispiele anführen und verweisen im übrigen auf die ausführlichen Zusammenstellungen bei HUNTER und v. FÜRTH[4]).

Außerordentlich bemerkenswert ist bei allen bisher untersuchten Tieren die Konstanz des Kreatingehaltes in der Gesamtmuskulatur derselben Tierart. So fanden z. B. in der Mischmuskulatur vom Kaninchen die meisten Untersucher übereinstimmend einen Wert von 0,450% (als Kreatinin) oder davon nur wenig nach oben oder unten abweichende Zahlen[5]). Trotz dieser gleichbleibenden Werte in der gemischten Muskulatur sind aber doch erhebliche gesetzmäßige Unterschiede zwischen dem Kreatingehalt verschiedener Muskeln desselben Tieres vorhanden. So machten schon PEKELHARING und VAN HOOGENHUYZE[6]) darauf aufmerksam, daß die weiße Muskulatur des Kaninchens stets mehr Kreatin enthält als die rote. Und MARIO CABELLA[7]) fand in dem Brustmuskel der Ente und des Huhns stets mehr Kreatin als in der Schenkelmuskulatur. Befunde eines verschiedenen Kreatingehaltes in funktionell verschiedenen Muskeln desselben Tieres sind von verschiedenen Autoren späterhin immer wieder erhoben worden, insbesondere zeigte sich, daß der Herzmuskel und namentlich die glatte Muskulatur stets ganz erheblich weniger Kreatin enthalten als die Skelettmuskulatur[8]).

RIESSER[9]), der die Befunde der früheren Autoren bestätigte und ergänzte, stellte einen sehr bemerkenswerten Zusammenhang zwischen dem Kreatingehalt und dem Lactacidogengehalt der Muskeln fest. Dieser Parallelismus war in allen Fällen vorhanden, und zwar in der Art, daß dem weißen zur schnellen Kontraktion befähigten Muskel neben dem hohen Gehalt an Lactacidogenphosphorsäure (s. S. 388) auch ein solcher an Kreatin zukommt und ebenso der langsamer arbeitende rote Skelettmuskel entsprechend dem geringeren Lactacidogengehalt

---

[1]) THOMPSON, W. H.: Journ. of physiol. Bd. 51, S. 347. 1917.

[2]) BAUMANN, L. u. H. M. HINES: Journ. of biol. chem. Bd. 35, S. 75. 1918.

[3]) MELLANBY, E.: Journ. of physiol. Bd. 36, S. 457. 1907/08. — SCAFFIDI, V.: Biochem. Zeitschr. Bd. 51, S. 402. 1913.

[4]) Zusammenstellungen der Kreatin- und Kreatiningehalte der Muskel verschiedener Tierarten s. bei HUNTER, ANDREW: Physiol. reviews Bd. 2, S. 590. 1922 und O. v. FÜRTH: Handbuch der Biochemie Bd. IV, S. 322 u. 323. 1924.

[5]) RIESSER, O.: Hoppe-Seylers Zeitschr. f. physiol. Chem. Bd. 120, S. 180. 1922; s. dort auch die älteren diesbezüglichen Arbeiten.

[6]) PEKELHARING, C. A. E. u. C. I. C. VAN HOOGENHUYZE: Hoppe-Seylers Zeitschr. f. physiol. Chem. Bd. 64, S. 263. 1910.

[7]) CABELLA, MARIO: Hoppe-Seylers Zeitschr. f. physiol. Chem. Bd. 84, S. 29. 1913.

[8]) BUGLIA, G. u. A. COSTANTINO: Hoppe-Seylers Zeitschr. f. physiol. Chem. Bd. 81, S. 120. 1912. — BEKER, I. C.: Ebenda Bd. 87, S. 21. 1913.

[9]) RIESSER, O.: Hoppe-Seylers Zeitschr. f. physiol. Chem. Bd. 120, S. 189. 1922.

auch kleinere Kreatinwerte aufweist. An einigen Versuchsergebnissen RIESSERS sei dies Verhalten zahlenmäßig dargelegt[1]).

| | Kreatin (als Kreatinin) | Lactacidogen-phosphorsäure |
|---|---|---|
| *Kaninchen*: | | |
| Weiße Muskulatur | 0,454% | 0,3226% |
| Rote Muskulatur | 0,241% | 0,1318% |
| *Huhn*: | | |
| Gastrocnemius (weiß) | 0,362% | 0,3374% |
| Soleus (rot) | 0,225% | 0,1953% |
| Brustmuskel (weiß) | 0,341% | 0,3263% |
| *Frosch*: | | |
| Hinterschenkel | 0,342% | 0,094 % |
| Vorderarm | 0,253% | — |

Auch an der glatten Muskulatur ist dies Verhalten erkennbar. RIESSER fand im Kaninchenuterus einen Kreatingehalt von 0,077%, BEKER[2]) in der Darmmuskulatur derselben Tierart einen solchen von 0,023—0,032%. Lactacidogen ist in der glatten Muskulatur bisher noch nicht mit Sicherheit nachgewiesen worden (zum Teil unveröffentlichte Untersuchungen).

Derartige Befunde legen natürlich die Vermutung nahe, ob nicht solche Unterschiede in der prozentischen Zusammensetzung der Muskeln ihre Ursache haben in der verschiedenen Aufgabe, die der weißen und roten Muskulatur zukommt. Es sei außer an den besprochenen Parallelismus zwischen Kreatin und Lactacidogen an jenen zwischen organischer Restphosphorsäure, Cholesterin, Sarkoplasmagehalt und Dauerleistungsfähigkeit erinnert (s. oben S. 391). Während wir aber den Gehalt an Lactacidogen und Restphosphorsäure sowie den Sarkoplasma- und Cholesterinreichtum eines Muskels zu seiner Funktion in gesetzmäßige Beziehung setzen können, fehlt uns bis heute, wie sich aus dem folgenden ergeben wird, noch jede experimentell begründete Vorstellung über die Bedeutung des Kreatins im Muskel.

BURRIDGE[3]) hat einmal die Vermutung ausgesprochen, dem Kreatin komme vielleicht die Rolle einer Puffersubstanz in der Muskulatur zu, und der Gehalt eines Muskels an Kreatin sei ein Ausdruck seiner Pufferbreite und lediglich abhängig von der Säurenmenge, die bei der Kontraktion in dem betreffenden Muskel entstehe, in jenen Muskeln also am größten, die das höchste Säurebildungsmaximum aufweisen. Das Kreatin besitzt in der Tat bei seinem gleichzeitigen Gehalt an einer freien Säuregruppe und einer freien Aminogruppe in ausgesprochenem Maße die Struktur eines Ampholyten und damit einer Puffersubstanz. Bei starker Säurewirkung wird es dabei freilich, wie HAHN und BARKAN[4]) gezeigt haben, mehr und mehr in Kreatinin umgewandelt. Nach diesen Autoren ist der Übergang von Kreatin in Kreatinin in wäßrigen Lösungen nur von der H-Ionenkonzentration abhängig, so daß er bei saurer Reaktion leicht und quantitativ erfolgt. Bei neutraler und alkalischer Reaktion geht zwar auch eine Umwandlung vor sich, hier aber sehr viel langsamer und bis zu einem Gleichgewicht, das erheblich nach der Seite des Kreatins verschoben ist.

Auch am Muskelgewebe haben sich Anhaltspunkte für einen ähnlichen Mechanismus ergeben. So fanden MYERS und FINE[5]) im autolysierenden Muskel

[1]) RIESSER, O.: Hoppe-Seylers Zeitschr. f. physiol. Chem. Bd. 120, S. 196. 1922.
[2]) BEKER, T. C.: Hoppe-Seylers Zeitschr. f. physiol. Chem. Bd. 87, S. 21. 1913.
[3]) BURRIDGE, W.: Journ. of physiol. Bd. 41, S. 303 u. 304. 1910.
[4]) HAHN, A. u. G. BARKAN: Zeitschr. f. Biol. Bd. 72, S. 25 u. 305. 1920.
[5]) MYERS, V. C. u. M. S. FINE: Journ. of biol. chem. Bd. 21, S. 583. 1915.

eine Umwandlung von Kreatin in Kreatinin, die der in Kreatinlösungen erfolgenden an Geschwindigkeit sehr ähnlich war. Auch HAMMET[1]) konnte bei der Autolyse von mit Tyrodelösung verdünnten Muskelpreßsäften ähnliche Befunde erheben. Dagegen hatte MELLANBY[2]) unter allen Bedingungen bei der Autolyse von Muskeln und Leber eine Umwandlung von Kreatin in Kreatinin vermißt.

Wie wir sahen, besitzt der kreatinreichere Muskel die größere Menge Lactacidogenphosphorsäure, also wahrscheinlich das größere Säurebildungsvermögen bei der Tätigkeit, wodurch die Hypothese von BURRIDGE eine gewisse Stütze erhält.

Leider fehlen neuere Untersuchungen darüber, ob es bei zu starker Säurebildung führender Muskeltätigkeit zu einer Vermehrung des Kreatiningehaltes des Muskels auf Kosten des Kreatins kommt, und von der Wiedergabe der älteren Arbeiten auf diesem Gebiete wollen wir der großen Ungenauigkeit der früheren Bestimmungsmethoden wegen absehen[3]).

Ein gewisser Anhaltspunkt für eine vermehrte Kreatinbildung im Muskel könnte sich vielleicht in der Menge des im Harn ausgeschiedenen Kreatinins bieten, sehen doch neuerdings die meisten Forscher das Muskelkreatin als die Muttersubstanz des Harnkreatinins an und den Muskel als den Ort, an dem diese Umwandlung vonstatten geht. Untersuchungen SHAFFERS[4]), die erwiesen, daß der Muskel 5—10mal soviel Kreatinin wie das ihn durchspülende Blut enthält und sehr viel mehr als die Leber, sprechen durchaus in diesem Sinne. Überdies scheint ein gewisser Zusammenhang zu bestehen zwischen der Entwicklung der Muskulatur und der Größe der Kreatininausscheidung, so daß SHAFFER diese Beziehung in einem „Kreatininkoeffizienten" auszudrücken versucht hat[5]). Dieser Koeffizient gibt an, wieviel mg Kreatinin pro kg Körpergewicht in 24 Stunden ausgeschieden werden. Es zeigt sich nun, daß Frauen im allgemeinen einen niedrigeren Koeffizienten haben (9—26) als Männer (18 bis 32), ein Verhalten, das wohl nur der geringeren Muskelentwicklung der Frauen zuzuschreiben ist, da bei Frauen, die größere sportliche Leistungen aufzuweisen haben, der Koeffizient auf Werte steigt, die den bei Männern gefundenen gleich sind. Bei Kindern findet man noch sehr viel niedrigere Werte als bei Frauen, und zwar nimmt mit ihrem Alter der Kreatininkoeffizient zu. Wenn man sich an die Untersuchungen MELLANBYS über die Zunahme des Kreatingehaltes des Kaninchenmuskels im Laufe der Entwicklung des Tieres erinnert, so ist man geneigt, den geringeren Kreatininkoeffizienten auf den geringeren Kreatingehalt der Muskulatur zu beziehen und den höheren Koeffizienten auf eine kreatinreichere Muskulatur. Fand MELLANBY doch im fötalen Kaninchenmuskel nur Spuren von Kreatin, im Laufe der Entwicklung aber nach 7, 9, 19 und 39 Tagen die Werte 0,191, 0,228, 0,319 bzw. 0,390%, während er beim ausgewachsenen Tier einen Kreatingehalt von 0,430% erhielt[6]).

Die Kreatininmenge, die im Tagesharn ausgeschieden wird, ist bei jedem Individuum — ganz unabhängig von der Harnmenge — recht konstant[7]), doch lassen sich nach Untersuchungen von SCHULZ[8]) während einer 24stündigen

---

[1]) HAMMET, F. S.: Journ. of biol. chem. Bd. 48, S. 133. 1921.
[2]) MELLANBY, E.: Journ. of physiol. Bd. 36, S. 461. 1907/08.
[3]) Literatur s. bei O. v. FÜRTH: Ergebn. d. Physiol. Bd. 2, S. 603. 1902.
[4]) SHAFFER, P. A.: Journ. of biol. chem. Bd. 18, S. 536. 1914.
[5]) SHAFFER, P. A.: Americ. journ. of physiol. Bd. 23, S. 1. 1908/09.
[6]) MELLANBY, E.: Journ. of physiol. Bd. 36, S. 473. 1907/08.
[7]) Siehe u. a. O. FOLIN: Americ. journ. of physiol. Bd. 13, S. 66. 1905. — HOOGENHUYZE, C. I. C. VAN u. H. VERPLOEGH: Hoppe-Seylers Zeitschr. f. physiol. Chem. Bd. 46, S. 415. 1905. — KLERCKER, K. O. AF: Biochem. Zeitschr. Bd. 3, S. 45. 1907. — CLOSSON, O. E.: Americ. journ. of physiol. Bd. 16, S. 252. 1906. — SHAFFER, P. A.: Ebenda Bd. 22, S. 445. 1908.
[8]) SCHULZ, W.: Pflügers Arch. f. d. ges. Physiol. Bd. 186, S. 126. 1922.

Ausscheidungsperiode 3 Maxima feststellen, die von der Art der Ernährung unabhängig sind. An Tagen angestrengter Muskelarbeit fand SCHULZ entgegen anderen Autoren, aber in Bestätigung von Befunden SHAFFERS[1]), daß die Gesamtkreatininausscheidung zwar nicht über jene an Ruhetagen gesteigert war, daß aber in den auf die Arbeitsperiode folgenden Ruheperioden eine merkliche Mehrausscheidung von Kreatinin erfolgte.

Sind auch die angeführten Untersuchungsergebnisse nur lückenhaft und ist vor allem die Berechtigung des Rückschlusses vom Harnkreatinin auf den Kreatingehalt und die Kreatininbildung im Muskel keineswegs sicher, so darf doch wohl mit Bestimmtheit angenommen werden, daß das Harnkreatinin ein Derivat des Muskelkreatins ist.

Neben der Wirkung des Kreatins als Puffer ist ihm aber auch noch eine unmittelbare Bedeutung für die Muskelkontraktion zugeschrieben worden. Ehe wir auf die Untersuchungen eingehen, in denen eine solche Wirkung gefunden oder bestritten wurde, wollen wir uns kurz mit den Arbeiten beschäftigen, in denen unter anderen Bedingungen als jenen der tetanischen oder tonischen Kontraktion Kreatinvermehrung in der Muskulatur zu erzielen versucht wurde. Die Ansicht von GOTTLIEB und STANGASSINGER[2]), daß bei der Autolyse des Muskels aus einer unbekannten Vorstufe Kreatin gebildet wird, ist wohl heute nach den oben (S. 450—451) erwähnten Untersuchungen über das Verhalten des Kreatins bei der Autolyse der Muskulatur nicht mehr aufrechtzuerhalten. Auch unter Bedingungen, die zu einer starken Säurebildung führen, nämlich im wärmestarren Froschmuskel, bleibt die Gesamtkreatinmenge unverändert, und das gleiche ist bei der Totenstarre der Fall[3]). Die Zunahme des Kreatins bei verschiedenen chemischen Starreformen, wie Acetylcholin-, Coffein-, Veratrin-, Rhodan- und Calciumchloridcontracturen, die von PEKELHARING und VAN HOOGENHUYZE[4]) gefunden und von JANSMA[5]) bestätigt worden war, haben RIESSER und HAMMAN[6]) in einer kürzlich erschienenen Untersuchung nicht nachweisen können, und gegen die von UYENO und MITSUDA[7]) gefundene Kreatinvermehrung des Froschsartorius bei der Nicotincontractur macht RIESSER den Einwand geltend, daß die Versuche an zu kleinen Muskelmengen vorgenommen, also mit zu großen methodischen Fehlern behaftet sind.

Einige andere Befunde hingegen ergaben einwandfrei eine Vermehrung des Kreatins im Muskel, und zwar handelt es sich dabei in der Mehrzahl der Fälle um Einwirkungen auf den Gesamtorganismus, bei denen es zu einer zentralen sympathischen Erregung kommt. Wir wollen auf die Frage des Tonus, der ja von vielen Autoren mit einer gesteigerten sympathischen Erregung in Zusammenhang gebracht wird, hier nicht eingehen, da sie an anderer Stelle dieses Handbuches behandelt wird, doch muß darauf hingewiesen werden, daß es unter der Einwirkung zentral sympathisch angreifender Gifte wie Tetrahydro-$\beta$-naphthylamin und Coffein zu einer starken Vermehrung des Kreatins in der Muskulatur des Kaninchens kommt, und daß eine andere — allerdings meist peripher angreifende — sympathisch erregende Substanz, das Adrenalin, ebenfalls den

[1]) SHAFFER, P. A.: Americ. journ. of physiol. Bd. 23, S. 1. 1908.

[2]) GOTTLIEB u. STANGASSINGER: Hoppe-Seylers Zeitschr. f. physiol. Chem. Bd. 52, S. 1. 1907.

[3]) RIESSER, O.: Hoppe-Seylers Zeitschr. f. physiol. Chem. Bd. 120, S. 197. 1920.

[4]) PEKELHARING, C. A. E. u. C. I. C. VAN HOOGENHUYZE: Hoppe-Seylers Zeitschr. f. physiol. Chem. Bd. 64, S. 281 ff.. 1910.

[5]) JANSMA: Zeitschr. f. Biol. Bd. 65, S. 376. 1914.

[6]) RIESSER, O. u. F. HAMMAN: Hoppe-Seylers Zeitschr. f. physiol. Chem. Bd. 143, S. 59. 1925.

[7]) UYENO, K. u. F. MITSUDA: Journ. of physiol. Bd. 57, S. 280. 1923.

Kreatingehalt des Muskels steigert[1]). Ferner haben RIESSER[1]) und nach ihm PALLADIN und KUDRJAWZEFF[2]) bei allgemeiner Abkühlung von Kaninchen, die ja als Reizung des Wärmezentrums anzusehen ist, eine deutliche Vermehrung des Muskelkreatins beobachtet, die nach PALLADIN und KUDRJAWZEFF 12 Stunden nach der Abkühlung ihr Maximum erreicht und nach 48 Stunden wieder zur Norm zurückgekehrt ist.

Neben diesen anscheinend durch zentrale oder periphere sympathische Reizung bedingten Veränderungen des Kreatingehaltes haben PALLADIN und KUDRJAWZEWA[3]) bei der Phosphorvergiftung des Kaninchens unter Anwendung hoher Phosphordosen — bei kleineren Phosphorgaben fanden sie ebensowenig wie RIESSER[4]) eine Abweichung vom normalen Werte — eine sehr starke Vermehrung des Muskelkreatins bei gleichzeitig erheblich erhöhter Kreatininausscheidung im Harn — der Kreatininkoeffizient stieg von 12,0 auf 33,1 — gefunden.

Diese Autoren bringen den Kreatinanstieg mit dem Befunde von EMBDEN und ISAAC[5]) in Zusammenhang, daß bei der Phosphorvergiftung der Lactacidogengehalt des Muskels ganz erheblich abnimmt, daß also der Kohlenhydratstoffwechsel schwere Insuffizienzerscheinungen zeigt und daß nunmehr ein erhöhter Eiweißzerfall, der sich durch stark vermehrte Kreatinbildung äußert, als energieliefernde Reaktion in mit der Phosphorwirkung steigendem Maße in Anspruch genommen wird. Aus den Untersuchungen amerikanischer Autoren ist ja auch schon länger bekannt, daß der hungernde Organismus eine starke Kreatinin- und auch Kreatinausscheidung zeigt, die aber durch Kohlenhydratfütterung sofort aufgehoben werden kann[6]).

Fernerhin haben PALLADIN und KUDRJAWZEWA[7]) beim experimentellen Skorbut des Meerschweinchens, KUDRJAWZEWA[8]) bei der Avitaminose der Kaninchen und bei der Polyneuritis der Tauben[9]) eine starke Steigerung der Kreatininausscheidung oder eine erhebliche Kreatinvermehrung in der Muskulatur gefunden, die nach diesen Autoren auf den verstärkten Eiweißzerfall bei den betreffenden Erkrankungen zurückzuführen ist.

Die Befunde einer Kreatinzunahme im Muskel unter dem Einfluß sympathisch erregender Gifte leiten über zur Besprechung einer von PEKELHARING und VAN HOOGENHUYZE aufgestellten Theorie, nach der das Kreatin bei der tonischen Kontraktion der Skelettmuskeln eine hervorragende Bedeutung besitzen, insbesondere unter dem Einfluß derartiger Kontraktionen eine ganz erhebliche Zunahme im Muskel erfahren sollte. Von eigentlichen tonischen Kontraktionen zogen sie nur die Enthirnungsstarre nach SHERRINGTON in den Kreis ihrer Untersuchungen, daneben aber auch eine ganze Anzahl von Starreformen, die bereits oben (S. 452) erwähnt und wohl kaum als tonische Kontraktionen anzusehen sind. In einer späteren Arbeit wiesen PEKELHARING und HARKING[10]) beim Menschen nach mehrstündigem Verharren in strammer Haltung eine erhöhte Kreatininausscheidung im Harne nach, die sie ebenfalls auf den vermehrten Tonus der Muskulatur zurückführten.

---

[1]) RIESSER, O.: Schmiedebergs Arch. Bd. 80, S. 183. 1916.

[2]) PALLADIN, A. u. A. KUDRJAWZEFF: Biochem. Zeitschr. Bd. 133, S. 89. 1922.

[3]) PALLADIN, A. u. A. KUDRJAWZEWA: Hoppe-Seylers Zeitschr. f. physiol. Chem. Bd. 136, S. 45. 1924.

[4]) RIESSER, O.: Hoppe-Seylers Zeitschr. f. physiol. Chem. Bd. 120, S. 189. 1922.

[5]) EMBDEN, G. u. S. ISAAC: Hoppe-Seylers Zeitschr. f. physiol. Chem. Bd. 113, S. 263. 1921.

[6]) Literatur s. bei A. HUNTER: Physiol. Reviews Bd. 2, S. 604. 1922.

[7]) PALLADIN, A. u. A. KUDRJAWZEWA: Wratschebnoje djelo Jg. 6, S. 63. 1923.

[8]) KUDRJAWZEWA, A.: Biochem. Zeitschr. Bd. 154, S. 104. 1924.

[9]) KUDRJAWZEWA, A.: Hoppe-Seylers Zeitschr. f. physiol. Chem. Bd. 141, S. 105. 1924.

[10]) PEKELHARING, C. A. E. u. I. HARKING: Hoppe-Seylers Zeitschr. f. physiol. Chem. Bd. 75, S. 207. 1911.

Gegen die von PEKELHARING und VAN HOOGENHUYZE entwickelten Vorstellungen über die Bedeutung des Kreatins beim und für den Tonus macht RIESSER[1]) mit Recht schwere Bedenken geltend. Spricht doch die Tatsache, daß in Muskeln, die in erster Linie zu tonischer Kontraktion befähigt sind — vor allem gilt dies für die glatte und daneben in geringerem Grade auch für die quergestreifte rote Muskulatur — ganz erheblich weniger Kreatin gefunden wird als in den rasch arbeitenden weißen Skelettmuskeln, von vornherein gegen die Richtigkeit der von den holländischen Autoren geäußerten Vorstellungen. Die zahlreichen durch ihre Untersuchungen veranlaßten Arbeiten ergaben aber derartig widersprechende Resultate, daß es bis heute unmöglich ist, hier eine klare Entscheidung zu treffen: der Bestätigung der Befunde PEKELHARINGS und VAN HOOGENHUYZES durch UYENO und MITSUDA[2]) stehen entgegen die Ergebnisse von THOMPSON[3]). DUSSER DE BARENNE und COHEN TERVAERT[4]) konnten keinen Einfluß der Enthirnungsstarre auf den Kreatingehalt des Katzengastrocnemius feststellen, wenn nicht der bereits tonisch kontrahierte Muskel vom Nerven aus auch noch rhythmisch gereizt wurde. Bei der hypnotischen Starre des Frosches, die man als weiteres Beispiel einer tonischen Muskelkontraktion ansehen könnte, hat SCHÖNFELD[5]) in den Adductoren Kreatinvermehrung bis zu 21% gegenüber den normalen Werten gefunden. Der Befund KAHNS[6]) einer Verminderung des Kreatingehaltes in den Vorderarmmuskeln von umklammernden Fröschen wurde von RIESSER[7]) dahin aufgeklärt, daß normalerweise die Vorderarmmuskulatur beim Frosch erheblich weniger Kreatin enthält als die der Hinterschenkel. Eine Vermehrung der normalen Vorderarmwerte vermochten RIESSER und nach ihm KAHN in einer Wiederholung seiner Versuche[8]) bei umklammernden Tieren nicht zu erweisen, während eine solche Zunahme von UYENO und MITSUDA[2]) beobachtet wurde.

Die oben erwähnten Ergebnisse von DUSSER DE BARENNE und COHEN TERVAERT weisen darauf hin, daß auch bei der rhythmischen Kontraktion, die in ihren Versuchen allerdings ohne gleichzeitige tonische Kontraktion den Kreatingehalt des Muskels unbeeinflußt ließ, das Kreatin irgendwelche Veränderungen erfahren könne, und in der Tat ist eine solche Veränderung im Sinne einer Kreatinvermehrung bei der tetanischen oder der durch Einzelinduktionsschläge hervorgerufenen Muskelkontraktion oft behauptet, aber ebensooft bestritten worden. Die älteren Arbeiten seien der ihnen anhaftenden methodischen Mängel wegen nicht erwähnt, und die neueren Untersuchungen haben zu derartig widersprechenden Ergebnissen geführt, daß ebensowenig wie die Frage der Beteiligung des Kreatins bei der tonischen Kontraktion die nach seiner Bedeutung für die rhythmische Zuckung als beantwortet gelten kann. Eine kurze Aufzählung der vorliegenden Untersuchungen, die mit vielerlei Methoden, aber hauptsächlich am Frosch ausgeführt wurden, wird dies erweisen. So fanden PEKELHARING und VAN HOOGENHUYZE[9]) bei langen tetanischen Reizen oder längere Zeit fortgesetzten kurzen Einzelschlägen an isolierten Froschmuskeln oder Froschhinterschenkeln keine Kreatinzunahme, während BROWN und

[1]) RIESSER, O.: Hoppe-Seylers Zeitschr. f. physiol. Chem. Bd. 120, S. 193. 1920.
[2]) UYENO, K. u. F. MITSUDA: Journ. of physiol. Bd. 57, S. 313. 1923.
[3]) THOMPSON, W. H.: Journ. of physiol. Bd. 50, S. LIII—LVI. 1916.
[4]) DUSSER DE BARENNE, J. G. u. D. H. COHEN TERVAERT: Pflügers Arch. f. d. ges. Physiol. Bd. 195, S. 370. 1922.
[5]) SCHÖNFELD, H.: Pflügers Arch. f. d. ges. Physiol. Bd. 191, S. 211. 1921.
[6]) KAHN, R.: Pflügers Arch. f. d. ges. Physiol. Bd. 177, S. 204. 1919.
[7]) RIESSER, O.: Hoppe-Seylers Zeitschr. f. physiol. Chem. Bd. 120, S. 204. 1922.
[8]) KAHN, R.: Pflügers Arch. f. d. ges. Physiol. Bd. 205, S. 404. 1924.
[9]) PEKELHARING, A. u. C. I. C. VAN HOOGENHUYZE: Hoppe-Seylers Zeitschr. f. physiol. Chem. Bd. 64, S. 273. 1907.

CATHCART[1]) bei ähnlicher Reizart am Froschgastrocnemius z. T. recht erhebliche Vermehrung dieser Substanz feststellten, dagegen nach Reizung der Muskeln am lebenden Frosch bei erhaltener Zirkulation eine ebenso starke Kreatinverminderung erwiesen. SCAFFIDI[2]) erhielt jedoch weder bei rhythmischer Reizung an isolierten Muskeln noch an ganzen Fröschen irgendeine Veränderung des Kreatins. THOMPSON[3]) hingegen fand bei der Katze nach Unterbindung der Blutzufuhr zu den Hinterschenkeln in den letzteren auf eine Reizung mit Einzelinduktionsschlägen Kreatinverminderung. Einen Einfluß intermittierender tetanischer Reizung auf den Kreatingehalt des Froschmuskels vermißte MELLANBY[4]), und dasselbe berichten SPIEGEL und LÖW[5]) von der anoxybiotischen Reizung von Froschgastrocnemien, während SCHLOSSMANN[6]) bei der Durchströmung einer Froschpfote und gleichzeitiger Reizung mit Einzelschlägen an Winterfröschen — nicht an Sommerfröschen — eine Vermehrung des Kreatins gefunden hat.

Gegen die Mehrzahl dieser Arbeiten läßt sich von vornherein der Einwand erheben, daß nirgends die durch die gewählten Versuchsbedingungen etwa verursachten Verschiebungen im Wassergehalt der Gewebe berücksichtigt sind, daß also den Analysenzahlen wohl nur sehr begrenzte Bedeutung zukommen kann. Hat doch RIESSER, der bei allen seinen neueren Untersuchungen Trockensubstanzbestimmungen vornahm, genügend Beispiele dafür erbracht, daß hierdurch recht erhebliche Korrekturen an den ohne die Berücksichtigung des Wassergehaltes ermittelten Werten nötig sein können[7]).

In der sonst recht widerspruchsvollen Kreatinforschung herrscht allein darüber Einigkeit, daß nach der durch Ischiadicusdurchschneidung verursachten schlaffen Lähmung in der gelähmten Extremität ein niedrigerer Kreatingehalt gefunden wird als in der innervierten, aber dieser Befund wird wohl mit Recht so gedeutet, daß der Kreatingehalt des gelähmten Beines infolge der Degenerationserscheinungen der Muskulatur und nicht wegen der mangelnden Kontraktionsfähigkeit abgesunken ist[8]).

## Karnosin.

Karnosin ist zu 0,2—0,3% in frischer Muskulatur von v. FÜRTH und HRYNTSCHAK[9]) colorimetrisch bestimmt worden. Nach HUNTER[10]) ist der Karnosingehalt der weißen Muskulatur sehr schwankend und beträgt zwischen 0,007 und 0,433%; in der roten Muskulatur (Katzen) ist er viel konstanter, schwankend zwischen 0,048 und 0,09%. Siehe hierzu auch CLIFFORD[11]). Nach BUGLIA und COSTANTINO[12]) ist der Karnosingehalt des Herzens und der glatten Muskulatur wesentlich geringer als der der Skelettmuskeln.

---

[1]) BROWN, G. T. u. P. CATHCART: Journ. of physiol. Bd. 37, S. 14. 1908.
[2]) SCAFFIDI, V.: Biochem. Zeitschr. Bd. 50, S. 402. 1913.
[3]) THOMPSON, W. H.: Journ. of physiol. Bd. 50. S. LIII. 1916.
[4]) MELLANBY, E.: Journ. of physiol. Bd. 36, S. 458. 1907/08.
[5]) SPIEGEL, E. A. u. A. LÖW: Biochem. Zeitschr. Bd. 135, S. 122. 1923.
[6]) SCHLOSSMANN, H.: Hoppe-Seylers Zeitschr. f. physiol. Chem. Bd. 139, S. 89. 1924.
[7]) RIESSER u. HAMMAN: Hoppe-Seylers Zeitschr. f. physiol. Chem. Bd. 143, S. 59. 1925.
[8]) PEKELHARING u. VAN HOOGENHUYZE: Hoppe-Seylers Zeitschr. f. physiol. Chem. Bd. 64, S. 277. 1907. — CATHCART, HENDERSON u. NOEL-PATON: Journ. of physiol. Bd. 52, S. 70. 1918. — RIESSER u. HAMMAN: Hoppe-Seylers Zeitschr. f. physiol. Chem. Bd. 143, S. 59. 1925.
[9]) FÜRTH, O. v. u. HRYNTSCHACK: Biochem. Zeitschr. Bd. 64, S. 172. 1914.
[10]) HUNTER: Biochem. journ. Bd. 18, S. 408. 1924.
[11]) CLIFFORD: Biochem. journ. Bd. 15, S. 725. 1921.
[12]) BUGLIA u. COSTANTINO: Hoppe-Seylers Zeitschr. f. physiol. Chem. Bd. 81, S. 120. 1912.

Die Base wurde zuerst von GULEWITSCH[1]) aus Fleischextrakt isoliert. Er erhielt dabei das Nitrat in krystallinischer Form und stellte auch schon die Silber- und Kupferverbindung dar, wovon die letztere wegen ihrer guten Krystallisationsfähigkeit häufig zur Darstellung der freien Base benutzt wird.

Das freie Karnosin bildet mikroskopisch flache zugespitzte Nädelchen vom Schmelzpunkte 239° [2]) ist in Wasser leicht löslich, reagiert deutlich alkalisch und wird von Phosphorwolframsäure und Schwermetallsalzen gefällt. Die spezifische Drehung ist $+25{,}3^\circ$. [Darstellung siehe bei BAUMANN und INGVALDSEN[3]), Bestimmungsmethodik bei HUNTER[4]) und KOESSLER und HANKE[5]).]

Die chemische Konstitution des Karnosins ist neuerdings von BAUMANN und INGVALDSEN durch Synthese als die eines $\beta$-Alanylhistidins folgender Struktur (I) festgelegt worden:

$$\begin{array}{lcl} HC\!=\!=\!=\!CCH_2CHCOOH & & \\ \;|\qquad\quad | \qquad\qquad\quad \cdot & & \\ HN\quad\;\; N \qquad NHCOCH_2CH_2 & & \\ \quad\diagdown\;\;/\!/ \qquad\qquad\qquad \cdot & & \\ \quad\; CH \qquad\qquad\qquad\; NH_2 & & \end{array} \qquad (I)$$

$$\begin{array}{lcl} HC\!=\!=\!=\!CCH_2CHCOOH & & \\ \;|\qquad\quad | \qquad\qquad\quad \cdot & & \\ HN\quad\;\; N \qquad NHCOCH_2CH\,\vdots\, COO\,\vdots\, H & & \\ \quad\diagdown\;\;/\!/ \qquad\qquad\qquad \cdot & & \\ \quad\; CH \qquad\qquad\qquad\; NH_2 & & \end{array} \qquad (II)$$

Wir finden hier die einzige bekannte $\beta$-Aminosäure als Bestandteil einer Base. Die $\beta$-Stellung der Aminogruppe wird erklärlich, wenn man sich dieses Alanin aus Asparaginsäure entstanden denkt, dessen eine COOH-Gruppe im Dipeptidverbande durch Decarboxylierung entfernt ist (II).

Die Bedeutung des Karnosins für den Muskel ist wenig erforscht [s. hierzu KOMAROW[6])].

Neuerdings hat HUNTER[7]) gefunden, daß eine Abhängigkeit des Karnosingehaltes der quergestreiften Muskulatur vom Ernährungszustand besteht. Er fand bei Katzen, daß der Karnosingehalt im Hunger sinkt und durch Fleischkost rasch wieder gehoben werden kann. Wenn das Karnosin aus der Muskulatur verschwindet, kann eine vermehrte Ausscheidung von Imidazolkörpern im Urin nachgewiesen werden.

Über die Verbreitung der Base im Tierreiche stellte MARY CLIFFORD[8]) Untersuchungen an. Sie fand, daß Karnosin bei fast allen Wirbeltieren, nicht aber bei den Wirbellosen in der Muskulatur zu finden ist. Ausnahmen bilden jeweils nur ganz bestimmte, vereinzelte Familien von Fischen und Vögeln, ohne daß man das Fehlen des Karnosins im Muskel mit der Lebensweise (Pflanzenfresser, Fleischfresser) oder der Muskeltätigkeit der betreffenden Tierart in irgendeine Beziehung bringen könnte.

---

[1]) GULEWITSCH: Hoppe-Seylers Zeitschr. f. physiol. Chem. Bd. 30, S. 565. 1900; Bd. 73, S. 434. 1911; Bd. 87, S. 1. 1913. Über die Auseinandersetzung mit KUTSCHER betreffend des mit Karnosin identischen Ignotins s. Hoppe-Seylers Zeitschr. f. physiol. Chem. Bd. 50, 51 u. 52.

[2]) S. hierzu besonders die neuere Mitteilung von GULEWITSCH: Hoppe-Seylers Zeitschr. f. d. ges. Physiol. Bd. 87, S. 8. 1913.

[3]) BAUMANN u. INGVALDSEN: Journ. of biol. chem. Bd. 35, S. 263. 1918.

[4]) HUNTER: Biochem. journ. Bd. 15, S. 689. 1921; Bd. 16, S. 5, 640. 1922.

[5]) KOESSLER u. HANKE: Journ. of biol. chem. Bd. 39, S. 497. 1919.

[6]) KOMAROW: Ref. in Ber. f. d. ges. Physiol. Bd. 13, S. 231. 1921.

[7]) HUNTER: Biochem. journ. Bd. 19, S. 35. 1925.

[8]) CLIFFORD: Biochem. journ. Bd. 15, S. 725. 1921.

## Basenrest.

Von den übrigen basischen Extraktivstoffen ist das *Karnitin*, das nach KRIMBERG[1]) auch im frischen Muskel und nach SKWORZOW[2]) z. B. zu 0,19‰ im Kalbfleisch, nach SMORODINZEW zu 0,3‰ im Schweinefleisch vorkommen soll, seiner chemischen Konstitution wegen interessant. Es ist nach KRIMBERG ein γ-Trimethyl-β-oxybutyrobetain

$$\begin{matrix} CH_3 \\ CH_3 \\ CH_3 \end{matrix} \!\!>\! N \!<\! \begin{matrix} O\text{———}CO \\ \cdot \\ CH_2CHOHCH_2 . \end{matrix}$$

[Über die β-Stellung des Hydroxyls siehe ENGELAND[3]).] KRIMBERG vermutet gewisse Stoffwechselbeziehungen zwischen Karnitin einerseits und β-Oxybuttersäure und Cholin andererseits. Ein mit dem Karnitin identischer Körper, das Novain, wurde von KUTSCHER[4]) aus Fleischextrakt isoliert.

*Cholin*, $\begin{matrix} CH_3 \\ CH_3 \\ CH_3 \end{matrix} \!\!>\! N \!<\! \begin{matrix} OH \\ \\ CH_2CH_2OH \end{matrix}$ -Trimethyloxäthylammoniumhydroxyd ist im Muskel auch vorgebildet, d. h. im freien Zustande enthalten. Bei der Ermüdung scheint es nach den Untersuchungen von GEIGER und LOEWI[5]) vermehrt aufzutreten. Im Fleischextrakt wurden noch verschiedene andere basische Stoffe angetroffen, die wahrscheinlich nicht primär im Muskel vorkommen, so das Kreatosin [KRIMBERG[6])], das Vitiatin [KUTSCHER[7])] sowie einige Substanzen, die als künstliche Zersetzungsprodukte des Kreatins aufzufassen sind, z. B. eine Methylguanidinglyoxylsäure[8]).

Dagegen ist ein primäres Vorkommen von *Guanidin* und *Methylguanidin* wahrscheinlich [SMORODINZEW[9])]. Diese Stoffe werden in neuerer Zeit zur Tetania parathyreopriva in Beziehung gebracht[10]).

## Purinkörper.

Der Purinstickstoff der quergestreiften Muskulatur beträgt 0,02—0,03%. Die im Fleischextrakt[11]) reichlich vorhandenen freien Purinbasen finden sich im Muskel wohl größtenteils in gebundener Form. Eine besondere Rolle schreibt BURIAN[12]) dem *Hypoxanthin* zu, das ein regelmäßiges Muskelstoffwechselprodukt sein soll. Der normale ruhende Muskel gibt Harnsäure ans Blut ab, während der ermüdete die Purinkörper nur bis zum Hypoxanthin abbaut, das dann im Muskel vermehrt auftritt. Beim Menschen soll nach dem gleichen Autor die stündliche Purinkörperausscheidung nach starker Muskelanstrengung bis auf die Hälfte reduziert sein, vermutlich bei verminderter Hypoxanthinbildung im Muskel.

---

[1]) KRIMBERG: Hoppe-Seylers Zeitschr. f. physiol. Chem. Bd. 48, S. 412. 1906; Bd. 50, S. 361. 1907; Bd. 53, S. 514. 1907; Bd. 56, S. 417. 1908. — GULEWITSCH u. KRIMBERG: Ebenda Bd. 45, S. 326. 1905.

[2]) SKWORZOW: Hoppe-Seylers Zeitschr. f. physiol. Chem. Bd. 68, S. 26. 1910. — SMORODINZEW: Ebenda Bd. 87, S. 20. 1913.

[3]) ENGELAND: Ber. d. dtsch. chem. Ges. Bd. 42, Abt. 2, S. 2457. 1909.

[4]) KUTSCHER: Zeitschr. f. Untersuch. d. Nahrungs- u. Genußmittel Bd. 10, S. 528. 1905.

[5]) GEIGER u. LOEWI: Biochem. Zeitschr. Bd. 127, S. 174. 1922.

[6]) KRIMBERG: Hoppe-Seylers Zeitschr. f. physiol. Chem. Bd. 88, S. 319. 1913.

[7]) KUTSCHER: Zentralbl. f. Physiol. Bd. 21, S. 33 u. 586. 1907.

[8]) BAUMANN u. INGVALDSEN: Journ. of biol. chem. Bd. 35, S. 277. 1918.

[9]) SMORODINZEW: Hoppe-Seylers Zeitschr. f. physiol. Chem. Bd. 92, S. 221. 1914.

[10]) HENDERSON: Journ. of physiol. Bd. 52, S. 1. 1918.

[11]) MICKO: Zeitschr. f. Untersuch. d. Nahrungs- u. Genußmittel 1903, S. 781.

[12]) BURIAN: Hoppe-Seylers Zeitschr. f. physiol. Chem. Bd. 43, S. 532. 1905; s. dazu auch SCAFFIDI: Biochem. Zeitschr. Bd. 30, S. 473. 1910.

Hypoxanthin findet sich in gebundener Form als *Inosin* (Hypoxanthin + d-Ribose) und als Mononucleotid in Form der dem Muskel durch Wasserextraktion leicht zu entziehenden *Inosinsäure* (Phosphorsäure + Pentose + Hypoxanthin). Von den chemischen Eigenschaften dieser Substanz sind ihre Alkoholfällbarkeit und die gute Krystallisationsfähigkeit ihrer Ba- und Ca-Salze zur Isolierung und Reinigung wichtig.

Auch *Adenin* kommt in Form einer Nucleinsäure vor, die die Eigenschaft hat, selbst aus sehr verdünnten wässerigen sauren Muskelextrakten mit der anorganischen Phosphorsäure und dem Lactacidogen durch überschüssigen Barytzusatz auszufallen. Sie bildet ein unlösliches Bleisalz wie die genannten Substanzen und kann von den letzteren nach Entfernung des Bleis als freie Säure durch Ausfällen mit Aceton oder Methylalkohol getrennt werden. Bei der Säurespaltung wird mit großer Leichtigkeit Adenin gewonnen. Die Nucleinsäure gibt eine äußerst starke Pentosereaktion[1]). Ihre weitere Untersuchung, namentlich die Frage ihrer Identität mit der Adenosinsäure LEVENES erscheint notwendig. Sollte die Identität vorhanden sein, so müßte diese Nucleinsäure wohl als Muttersubstanz der Inosinsäure angesehen werden. *Adenin* und auch *Guanin* kommen nach BENNET ferner in Form einer *Thymonucleinsäure* vor.

Das von WEIDEL[2]) aus Fleischextrakt isolierte *Karnin*, das auch im Froschmuskel und Fischfleisch nachgewiesen wurde, soll nach HAISER und WENZEL[3]) nur ein Gemenge von Hypoxanthin und Karnosin sein.

## Peptide und Aminosäuren.

Albumosen sollen im Muskel vorgebildet nicht enthalten sein [WHITFIELD[4]); s. auch HALLIBURTON[5])].

In diesem Zusammenhange sei auf die Fleischsäure SIEGFRIEDS[6]) hingewiesen als Teil der *Phosphorfleischsäure*, die heute wohl nur mehr historisches Interesse beanspruchen kann. Jedenfalls ist es v. FÜRTH und SCHWARZ[7]) nicht gelungen, aus frischem Muskelfleisch nach den Angaben von BALKE und IDE[8]) eine der Phosphorfleischsäure entsprechende Fraktion zu erhalten; immerhin sei in Anbetracht des Lactacidogens hervorgehoben, daß SIEGFRIED schon in seiner Phosphorfleischsäure eine Betriebssubstanz des Muskels erblickte.

Von den im Muskel vorkommenden Dipeptiden ist das in neuerer Zeit von HOPKINS[9]) entdeckte Glutathion besonders interessant. Es ist eine Cystein-Glutaminsäure von Dipeptidbau, deren Konstitution[10]) wie folgt festgelegt wurde:

$$\begin{array}{l} CH_2 \cdot SH \qquad\qquad\qquad\qquad NH_2 \\ | \\ CH \cdot NH \cdot CO—CH_2—CH_2—CHCOOH\,. \\ | \\ COOH \end{array}$$

1) EMBDEN u. LAQUER: Hoppe-Seylers Zeitschr. f. physiol. Chem. Bd. 93, S. 106. 1914.
2) WEIDEL: Ann. d. Chem. u. Pharmazie Bd. 158.
3) HAISER u. WENTZEL: Monatshefte f. Chem. Bd. 29.
4) WHITFIELD: Journ. of physiol. Bd. 16, S. 487. 1894.
5) HALLIBURTON: Journ. of physiol. Bd. 8. 1887.
6) SIEGFRIED: Ber. d. dtsch. chem. Ges. Bd. 28; Hoppe-Seylers Zeitschr. f. physiol. Chem. Bd. 21 u. 28.
7) v. FÜRTH u. SCHWARZ: Biochem. Zeitschr. Bd. 30, S. 413. 1911.
8) BALKE u. IDE: Hoppe-Seylers Zeitschr. f. physiol. Chem. Bd. 21, S. 381. 1895.
9) HOPKINS u. DIXON: The biol. chem. Journ. Bd. 15, S. 286. 1921; Journ. of biol. Chem. Bd. 54, S. 527. 1922.
10) QUASTEL, JUDA HIRSCH, CORBET PAGE u. TUNICLIFFE: Biochem. journ. Bd. 17, S. 586. 1923.

Im Muskel kommt es zu 0,1—0,15$^0/_{00}$ vor und scheint hier, wie wohl in allen Geweben des Körpers, von größter Bedeutung für die Oxydations- und Reduktionsprozesse im intermediären Stoffwechsel zu sein. Glutathion kann nämlich einerseits Sauerstoffatmung vermitteln, andererseits aber auch unter anaeroben Bedingungen Wasserstoff auf geeignete Acceptoren übertragen. Nach Versuchen von Hopkins und Dixon erhält tierisches Gewebe, das bis zum Aufhören der Atmung ausgewaschen ist oder auf 100° erhitzt wurde, die Fähigkeit zur Sauerstoffaufnahme durch Glutathionzusatz in Pufferlösung wieder. Es gelang diesen Autoren ferner zu zeigen, daß Methylenblau unter anaeroben Bedingungen von ebenso behandeltem tierischen Gewebe reduziert wird, sofern Glutathion in der oxydierten Form (als Disulfid) zugegen ist. In diesem Falle wird das Disulfid vom Gewebe zunächst reduziert, und das so entstandene Glutathion ist in der Lage, Hydrierungsprozesse zu vermitteln.

Von den übrigen Dipeptiden sei noch das von Jona[1]) isolierte Anhydrid des d-Alanyl-d-Alanins erwähnt.

Aminosäuren, z. B. Arginin, Histidin und Lysin[2]) werden im Wirbeltiermuskel nur in kleinsten Mengen gefunden. Im Fleischextrakt sind sie reichlicher anzutreffen[3]), u. a. auch gewöhnliches α-Alanin und besonders Glutaminsäure. Hervorgehoben sei das reichliche Auftreten von Aminosäuren[4]) (u. a. Taurin) in den Muskeln von Wirbellosen. Der Aminosäurestickstoff der Muskulatur scheint nach Wishart[5]) von der Ernährung weitgehend unabhängig zu sein. Nach Versuchen von Matthews und Nelson[6]) kann der Muskel Aminosäuren leicht abbauen. Wenn nämlich Aminosäurengemenge in die Muskulatur injiziert werden, werden sie daselbst aufgespalten und rufen vermehrte Harnstoff- und Ammoniakausscheidung hervor. Daß im Muskel eine Desaminierung der Aminosäuren besonders bei der Arbeit stattfindet, ist auch nach Versuchen Lombrosos[7]) wahrscheinlich, der feststellen konnte, daß der Harnstoffgehalt des Blutes im arbeitenden Muskel ansteigt.

## Harnstoff und Ammoniak.

Der Harnstoffgehalt der Muskulatur wird sehr verschieden angegeben, und zwar zu 0,01—0,09%[8]). Diese schwankenden Angaben, ebenso wie die Behauptung, daß der Ammoniakgehalt des Muskels höher als der des Blutes sei, sind wohl auf den Umstand zurückzuführen, daß nach dem Tode der Harnstoff in der Muskulatur rasch aufgespalten wird[9]). Während des Lebens scheint diese der Harnstoffsynthese fähig zu sein. Jedenfalls wird dies wahrscheinlich gemacht durch Versuche Lombrosos[7]) und auch durch die von Matthews und Nelson[6]), bei denen die Leber möglichst ausgeschaltet war.

---

[1]) Jona: Hoppe-Seylers Zeitschr. f. physiol. Chem. Bd. 83, S. 458. 1913.

[2]) Soave: Atti d. Accad. Torino Bd. 40, S. 831. 1905.

[3]) Micko: Hoppe-Seylers Zeitschr. f. physiol. Chem. Bd. 56, S. 180. 1908.

[4]) Kelly: Beitr. z. chem. Physiol. u. Pathol. Bd. 5, S. 377. 1904. — Mendel u. Bradley: Americ. journ. of physiol. Bd. 17, S. 167. 1906. — Chittenden: Ann. d. Chem. u. Pharmazie Bd. 178, S. 266. 1875.

[5]) Wishart: Journ. of biol. chem. Bd. 20, S. 535. 1915.

[6]) Matthews u. Nelson: Journ. of biol. chem. Bd. 19, S. 229. 1914.

[7]) Lombroso: Zit. nach v. Fürth: Atti d. reale accad. dei Lincei Roma (5) Bd. 24, I, S. 57. 1917.

[8]) Haycraft: Journ. of the anat. a. physiol. Bd. 13, S. 129. 1884. — Brunton-Blaikie: Journ. of physiol. Bd. 23, Suppl., S. 44 u. 45. 1899. — Schoendorff: Pflügers Arch. f. d. ges. Physiol. Bd. 74, S. 307. 1899. — Grehant: Cpt. rend. des séances de la soc. de biol. Bd. 137, S. 558. 1903.

[9]) Gad Andersen: Journ. of biol. chem. Bd. 39, S. 267. 1919.

## Stickstoffverteilung[1]).

**Tabelle 7.**

Auf 100 g feuchter Muskulatur.

| | Beobachter | | | | | | |
|---|---|---|---|---|---|---|---|
| | v. FÜRTH u. SCHWARZ[2]) | | WINIWARTER[3]) | | BUGLIA u. COSTANTINO[4]) | | |
| | Skelettmuskel des Pferdes und Hundes | Herzmuskel des Pferdes | Menschlicher Uterus | | Muskulatur des Stieres | | |
| | | | nicht gravid | puerperal | Skelett | Herz | glatter Muskel Retractor penis |
| Ammoniak-N . . . . . . | 0,017–0,023 | 0,024–0,026 | 0,024 | 0,013 | | | |
| Purin-N . . . . . . . . | 0,023–0,036 | 0,031–0,035 | 0,015 | 0,012 | 0,061 | 0,070 | 0,034 |
| Kreatin- + Kreatinin-N . | 0,101–0,121 | 0,073–0,079 | 0,006 | 0,012 | 0,117 | 0,079 | 0,036 |
| Karnosinfraktion-N (auch Methylguanisin enthalten) | 0,105–0,117 | 0,086–0,109 | 0,026 | 0,045 | 0,105 | 0,044 | 0,036 |
| Basenrest-N . . . . . . | 0,027–0,058 | | | | | | |
| Harnstoff-N . . . . . . | 0,004–0,030 | | 0,051 | 0,048 | | | |
| Polypeptide- und Aminosäuren-N . . . . . . . | 0,016–0,035 | 0,004–0,010 | | | 0,058 | 0,036 | 0,045 |
| Albumosen[5])-N . . . . . | 0,044–0,069 | | | | | | |
| Gesamtextraktivstoff-N . . | 0,379–0,426 | 0,294 | 0,138 | 0,122 | 0,37 | | |

# III. Kohlenhydrate, Inosit und stickstofffreie Säuren.

## Das Glykogen.

Von den in der Muskulatur nachweisbaren Kohlenhydraten kommt dem Glykogen als energieliefernder Substanz große Bedeutung zu, zumal auch die Muskulatur nächst der Leber prozentual die größte Menge davon zu stapeln vermag.

Betreffs seiner Bedeutung als Quelle der bei der Muskeltätigkeit auftretenden Milchsäure sei auf S. 379 verwiesen.

Nachgewiesen ist Glykogen chemisch oder histochemisch in der quergestreiften Muskulatur von Wirbeltieren und deren Embryonen, in den Muskeln von Würmern, Mollusken und Arthropoden und auch in der glatten Muskulatur von Säugetieren [D. BARFURTH[6]), E. PFLÜGER[7])]. [Über Glykogenfärbungen s. die Zusammenstellung von GIERKE[8]).]

Der Gehalt der Muskulatur an Glykogen ist großen Schwankungen unterworfen, nicht nur bei verschiedenen Tierarten, sondern auch bei verschiedenen Muskeln desselben Tieres. Dieser oft bestätigte Befund [BÖHM[9]), CRAMER[10]) und ALDEHOFF[11])] ist bedingt einerseits durch die Ernährung des Tieres, andererseits durch die verschiedenen funktionellen Leistungen der einzelnen Muskeln[12]).

---

[1]) FÜRTH, O. v.: Handbuch der Biochemie von Oppenheimer, Bd. IV, S. 345. 1924.

[2]) FÜRTH, O. v. u. SCHWARZ: Biochem. Zeitschr. Bd. 30, S. 428. 1910.

[3]) WINIWARTER: Arch. f. Gynäkol. Bd. 100. 1913.

[4]) BUGLIA u. COSTANTINO: Hoppe-Seylers Zeitschr. f. physiol. Chem. Bd. 82, S. 243. 1913.

[5]) Nach v. FÜRTH u. SCHWARTZ stammt der Albumosen-N aus sekundären Spaltungsvorgängen bei der Extraktion.

[6]) BARFURTH, D.: Arch. f. mikr. Anat. Bd. 25, S. 259. 1885.

[7]) PFLÜGER, E.: Pflügers Arch. f. d. ges. Physiol. Bd. 96, S. 159. 1903.

[8]) GIERKE, E.: Lubarsch-Ostertags Ergebnisse Bd. IX, T. 2, S. 871. 1907.

[9]) BÖHM, R.: Pflügers Arch. f. d. ges. Physiol. Bd. 23, S. 44. 1880; s. daselbst die ältere Literatur.

[10]) CRAMER, A.: Zeitschr. f. Biol. Bd. 24, S. 67. 1888.

[11]) ALDEHOFF, G.: Zeitschr. f. Biol. Bd. 25, S. 137. 1889.

[12]) NASSE im Handbuch der Physiologie von Hermann, Bd. I, T. 1, S. 279. 1876.

Selbst in einzelnen Teilen ein und desselben Muskels fand KÜLZ[1]) verschiedenen Glykogengehalt.

Die vorwiegend älteren Angaben über den Glykogengehalt der *Säugetiermuskulatur* weisen infolge verschiedener Vorbehandlung der Tiere und infolge der zuweilen nicht einwandfreien Methodik der Bestimmung beträchtliche Schwankungen auf. Im folgenden seien einige Werte wiedergegeben: Kalbsmuskulatur enthält nach NERKING[2]) 0,53—0,71%, Ochsenmuskel 0,34—1,42% Glykogen. Für Pferdemuskulatur gibt ALDEHOFF[3]) Schwankungen von 0,68—2,44% an bei verschiedenen Muskeln und verschieden ernährten Tieren. Katzenmuskulatur enthält nach R. BÖHM[4]) auf Grund seiner sehr sorgfältig an der gesamten Muskulatur einer Körperhälfte ausgeführten Untersuchungen 0,1—0,4% bei nüchternen Tieren, 0,7—0,99% nach der Nahrungsaufnahme und 0,28% nach 36stündiger Hungerperiode. In der Muskulatur von Hund und Kaninchen fand CRAMER[5]) 0,1—0,5% Glykogen. Maximalwerte für Hundemuskulatur fand SCHÖNDORFF[6]) nach Kohlenhydrat- und Eiweißmästung mit 2—4% Glykogen. Für menschliche Muskulatur wird von MOSCATI[7]) auf Grund seiner Untersuchungen an Muskeln frisch amputierter Gliedmaßen ein Mittelwert von 0,5% angegeben mit Schwankungen zwischen 0,3—0,9%.

Ähnliche Werte wie in der Muskulatur von Säugetieren sind in jener von *Vögeln* (Huhn und Taube) mit 0,2—0,99% Glykogen [CRAMER[5])] gefunden worden.

*Kaltblüter*, vorwiegend Frösche, zeigen neben individuellen Schwankungen im Glykogengehalt der Muskulatur besonders auffällige periodische Schwankungen, abhängig von der Jahreszeit [ATHANASIU[8]), PFLÜGER[9]), LAQUER[10])]. Die geringe Glykogenmenge in der Muskulatur von Sommerfröschen (0,2—0,7%) steigt im Herbst stark an (bis 2% und darüber), um gegen Ende des Winterschlafes wieder abzunehmen. Ähnliche Beobachtungen über den Einfluß der Jahreszeit machte WACHHOLDER[11]) an Fischen, in deren Muskulatur er 0,0—0,68% Glykogen fand.

Auch experimentell erzeugte Temperaturänderungen sind von Einfluß auf den Glykogengehalt. Winterfrösche, bei 30° im Brutschrank aufbewahrt, zeigen nach einiger Zeit sommerliche Glykogenwerte in der Muskulatur [LAQUER[10])]; und starke Unterkühlung von Warmblütern führt, wie HOFFMANN und BÖHM[12]) zeigen konnten, zu einer Abnahme des Glykogens auch in den Muskeln.

Der Schließmuskel von Mytilus edulis enthält nach JANSEN[13]) 1,5% Glykogen.

In länger dauernden Hungerperioden verarmt die Muskulatur an Glykogen [ALDEHOFF[14])]. Bei Säugetieren, wie Hunden und Kaninchen, ist diese Abnahme bereits nach kurzer Zeit nachweisbar. Frösche hingegen vermögen lange Zeit zu hungern ohne Verminderung ihres prozentischen Glykogenvorrates im Muskel.

---

[1]) KÜLZ, E.: Festschrift für Ludwig. Marburg 1890.

[2]) NERKING, J.: Pflügers Arch. f. d. ges. Physiol. Bd. 81, S. 29. 1900; Bd. 85, S. 318. 1901.

[3]) ALDEHOFF, G.: Zeitschr. f. Biol. Bd. 25, S. 147. 1889.

[4]) BÖHM, R.: Pflügers Arch. f. d. ges. Physiol. Bd. 23, S. 44. 1880.

[5]) CRAMER, A.: Zeitschr. f. Biol. Bd. 24, S. 78. 1888.

[6]) SCHÖNDORFF, B.: Pflügers Arch. f. d. ges. Physiol. Bd. 99, S. 191. 1903.

[7]) MOSCATI, C.: Beintr. z. chem. Physiol. u. Pathol. Bd. 10, S. 337. 1907.

[8]) ATHANASIU, J.: Pflügers Arch. f. d. ges. Physiol. Bd. 74, S. 561. 1899.

[9]) PFLÜGER, E.: Pflügers Arch. f. d. ges. Physiol. Bd. 120, S. 253. 1907.

[10]) LAQUER, F.: Hoppe-Seylers Zeitschr. f. physiol. Chem. Bd. 116, S. 169. 1921.

[11]) WACHHOLDER, K.: Pflügers Arch. f. d. ges. Physiol. Bd. 199, S. 528. 1923. — SCHÖNDORFF, B. u. K. WACHHOLDER: Ebenda Bd. 157, S. 154. 1914.

[12]) HOFFMANN, H. u. R. BÖHM: Arch. f. exp. Pathol. u. Pharmakol. Bd. 8, S. 375. 1878.

[13]) JANSEN: Hoppe Seylers Zeitschr. f. physiol. Chem. Bd. 85, S. 232. 1913.

[14]) ALDEHOFF, G.: Zeitschr. f. Biol. Bd. 25, S. 137. 1889.

Der *Herzmuskel* enthält im allgemeinen ebensoviel Glykogen wie die Skelettmuskulatur; über gegenteilige Befunde älterer Autoren s. bei BORUTTAU[1]) sowie JENSEN[2]). In Hungerperioden behauptet der Herzmuskel am hartnäckigsten einen gewissen Glykogenvorrat [JENSEN[2])].

Bei der Arbeitsleistung verschwindet ein Teil des Muskelglykogens und wird, wie RANKE[3]) bereits beim Tetanus beobachtete, zu Zucker umgewandelt. Über den Verlauf des Glykogenabbaues und seine Beziehungen zur Milchsäurebildung im Muskel s. S. 380. Unter dem Einfluß schwerer Strychninkrämpfe tritt ein besonders hochgradiger Glykogenabbau ein, wobei neben der Arbeitsleistung vielleicht auch dem Strychnin direkt ein gewisser Einfluß zukommt [DEMANT[4]) und KÜLZ[5])]. Unter diesen Bedingungen soll nach JENSEN[2]) selbst der Herzmuskel sein Glykogen vollständig verlieren.

Da bereits in der Ruheanaerobiose ein Schwinden des Glykogenvorrates im Muskel eintritt, beim Kaltblüter langsam, im Warmblütermuskel dagegen außerordentlich schnell, und dieses Schwinden des Glykogens durch mechanische Schädigung und durch Wärme beschleunigt wird, bedarf die Glykogenbestimmung am frischen Muskel größter Beschleunigung bis zur Vernichtung des diastatischen Fermentes.

## Die Disaccharide und Monosaccharide des Muskels.

Als Zwischenprodukte des Kohlenhydratstoffwechsels sind in der Muskulatur Dextrine, Maltosen und Traubenzucker nachgewiesen [PANORMOFF[6]), OSBORNE und ZOBEL[7])]. Ihre Menge ist in der frischen Muskulatur außerordentlich gering und wahrscheinlich in hohem Grade abhängig von der Schnelligkeit, mit der der fermentative Abbau des Kohlenhydrats nach dem Tode des Tieres unterbrochen wird.

## Das Lactacidogen.

Das Lactacidogen wurde bereits in einem früheren Abschnitt dieses Kapitels eingehend besprochen. Hier seien nur die elementare Zusammensetzung und einige physikalische Konstanten der bisher gewonnenen Verbindungen mitgeteilt. Das oben erwähnte Phenylhydrazinsalz des Phenylosazons einer Hexosemonophosphorsäure hatte einen Schmelzpunkt von 148° (unkorr.), nach Umkrystallisieren 150° (unkorr.). Die elementare Zusammensetzung war[8]):

| | | | | |
|---|---|---|---|---|
| Ber. für $C_{24}H_{31}N_6PO_7$: | C: 52,71 | H: 5,72 | N: 15,39 | P: 5,68 |
| Gef.: | C: 52,32 | H: 5,83 | N: 15,30 | P: 5,78 |

Die Drehung einer 0,4 proz. methylalkoholischen Lösung betrug $-0{,}56°$ ($\pm 0{,}02°$) im 4-dm-Rohr. Das gleichfalls S. 386 schon genannte, von M. ZIMMERMANN und dem Verfasser beschriebene neutrale Brucinsalz der unter dem Einfluß von Ionen im Muskelpreßsaft gebildeten Hexosediphosphorsäure hatte eine elementare Zusammensetzung von

| | | | | |
|---|---|---|---|---|
| Ber. für $C_{98}H_{118}O_{28}N_8P_2$: | C: 61,35 | H: 6,20 | N: 5,85 | P: 3,24 |
| Gef.: | C: 61,13 | H: 6,61 | N: 5,78 | P: 3,17 |

---

1) BORUTTAU, H.: Hoppe-Seylers Zeitschr. f. physiol. Chem. Bd. 18, S. 513. 1894.
2) JENSEN, P.: Hoppe-Seylers Zeitschr. f. physiol. Chem. Bd. 35, S. 514. 1902.
3) RANKE, J.: Tetanus. S. 168. 1865.
4) DEMANT, P.: Hoppe-Seylers Zeitschr. f. physiol. Chem. Bd. 10, S. 441. 1886.
5) KÜLZ, E.: Festschrift für Ludwig. Marburg 1890.
6) PANORMOFF, A.: Hoppe-Seylers Zeitschr. f. physiol. Chem. Bd. 17, S. 596. 1893.
7) OSBORNE, W. A. u. S. ZOBEL: Journ. of physiol. Bd. 29, S. 1. 1903.
8) EMBDEN, G. und F. LAQUER: Hoppe-Seylers Zeitschr. f. physiol. Chem. Bd. 113, S. 7. 1921.

## Inosit.

Im Anschluß an die Zucker sei der Inosit besprochen. Inosit ist vorwiegend als inaktiver Mesoinosit in sehr geringen Mengen in der Muskulatur gefunden worden. Die noch nicht völlig geklärten Beziehungen des Inosits zu den Kohlenhydraten sind in einer Reihe von Arbeiten behandelt [P. MAYER[1]), C. NEUBERG[2]), s. daselbst auch die ältere Literatur]. Auch seine physiologische Bedeutung bedarf noch der Aufklärung. Im Gegensatz zu MEILLÈRE[3]), der dem Inosit eine gewisse Bedeutung bei der Zellentwicklung zuschreibt, hält E. STARKENSTEIN[4]) diese Substanz lediglich für ein wertloses Spaltungsprodukt des Phytins, einer Inositphosphorsäure, die von POSTERNAK[5]) aus Pflanzen isoliert und von E. WINTERSTEIN[6]) als solche erkannt ist. Hiermit würden die Ergebnisse ROSENBERGERS[7]) gut übereinstimmen, der im Muskelfleisch unmittelbar nach dem Tode des Tieres keinen freien Inosit vorfand, sondern eine Vorstufe, Inositogen, annahm, aus dem sich erst bei der Autolyse Inosit bilden soll.

Eine dem Inosit isomere Substanz [J. MÜLLER[8])] ist der von STÄDELER[9]) in den Organen von Knorpelfischen aufgefundene *Scyllit*.

*Mytilit* ist eine von B. C. P. JANSEN[10]) aus dem Schließmuskel von Mytilus edulis isolierte Substanz, der JANSEN die Formulierung $C_6H_{12}O_6 \cdot 2\,H_2O$ zuschreibt. ACKERMANN[11]) will Mytilit als ein am Kohlenstoff methyliertes Cyclohexanhexol aufgefaßt wissen.

CH · OH
HO · HC⁄ ＼CH · OH
HO · HC＼ ⁄CH · OH
C(OH)$CH_3$

## Bernsteinsäure, Fumarsäure und Äpfelsäure.

Bernsteinsäure konnte EINBECK[12]) aus frischer Muskulatur isolieren, ebenso die um 2 Wasserstoffatome ärmere Fumarsäure, nicht sicher die Äpfelsäure.

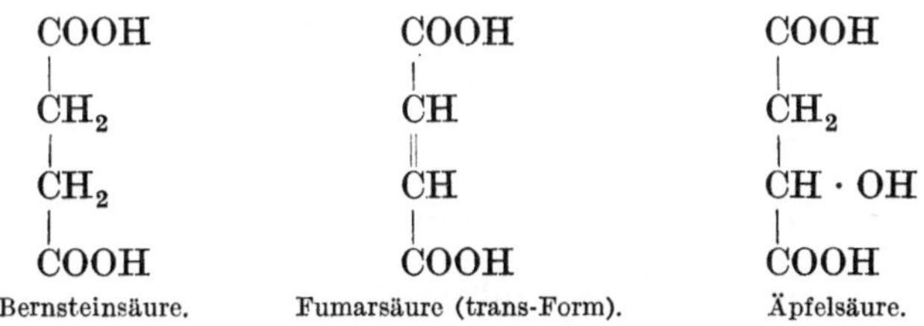

Bernsteinsäure. Fumarsäure (trans-Form). Äpfelsäure.

[1]) MAYER, P.: Biochem. Zeitschr. Bd. 2, S. 393. 1907; Bd. 9, S. 533. 1908.
[2]) NEUBERG, C.: Biochem. Zeitschr. Bd. 9, S. 551, 557. 1908.
[3]) MEILLÈRE: Cpt. rend. des séances de la soc. de biol. 1907, S. 286.
[4]) STARKENSTEIN, E.: Biochem. Zeitschr. Bd. 30, S. 56. 1911; Hoppe-Seilers Zeitschr. f. physiol. Chem. Bd. 58, S. 162. 1908/09.
[5]) POSTERNAK: Cpt. rend. des séances de la soc. de biol. Bd. 137, S. 202. 1903.
[6]) WINTERSTEIN, E.: Ber. d. dtsch. chem. Ges. Bd. 30, S. 2299. 1897; Hoppe-Seylers Zeitschr. f. physiol. Chem. Bd. 58, S. 118. 1908/09.
[7]) ROSENBERGER, F.: Hoppe-Seylers Zeitschr. f. physiol. Chem. Bd. 56, S. 373. 1908; Bd. 57, S. 464. 1908; Bd. 58, S. 369. 1908/09.
[8]) MÜLLER, J.: Ber. d. dtsch. chem. Ges. Bd. 40, S. 1821. 1907.
[9]) STÄDELER u. FRERICHS: Journ. f. prakt. Chem. Bd. 73, S. 48. 1858.
[10]) JANSEN, B. C. P.: Hoppe-Seylers Zeitschr. f. physiol. Chem. Bd. 85, S. 231. 1913.
[11]) ACKERMANN: Ber. d. dtsch. chem. Ges. Bd. 54, S. 1938. 1921.
[12]) EINBECK, H.: Hoppe-Seylers Zeitschr. f. physiol. Chem. Bd. 87, S. 145. 1913; Bd. 90, S. 301. 1914.

SIEGFRIED[1]) sah die Bernsteinsäure als Bestandteil seiner Phosphorfleischsäure an; doch ist, wie bereits S. 458 gesagt, die Phosphorfleischsäure sicher nicht als einheitliche chemische Substanz aufzufassen.

Diese Säuren spielen allem Anschein nach eine wichtige Rolle bei der Muskelatmung. THUNBERG[2]) konnte nämlich im Mikrorespirometer nach Zusatz von Bernsteinsäure zum frischen und wasserextrahierten phosphatgepufferten Muskelbrei eine beträchtliche Vermehrung der Sauerstoffaufnahme beobachten unter gleichzeitiger Zurückdrängung der Kohlensäureabgabe. Als Oxydationsprodukt der Bernsteinsäure glaubten BATELLI und STERN[3]) Äpfelsäure feststellen zu können, deren Zusatz zum Muskelbrei nach THUNBERG[2]) ebenso wie Zusatz von Citronensäure und Fumarsäure zu einer Sauerstoffaufnahme führt. Doch da EINBECK[4]) nicht sicher die Äpfelsäure, wohl aber die Fumarsäure isolieren konnte, ist letztere als Oxydationsprodukt der Bernsteinsäure aufzufassen nach der Formel:

$$COOH \cdot CH_2{-}CH_2 \cdot COOH + O = COOH \cdot CH = CH \cdot COOH + H_2O\,.$$

Diese Oxydation ist besonders eingehend von THUNBERG mittels der von ihm ausgearbeiteten Methylenblaumethode[5]) untersucht worden. Bei dieser unter anaeroben Bedingungen arbeitenden Methode tritt statt des Sauerstoffs das Methylenblau als Wasserstoffacceptor in Reaktion und es kommt zur Bildung der farblosen Leukoform des Methylenblaus. Der Bernsteinsäure als Wasserstoffdonator wird dabei mittels der Oxydationsenzyme, der Dehydrogenasen — in diesem Falle der Succinodehydrogenase —, Wasserstoff entzogen, sie wird also oxydiert. Die von dem gleichen Autor und seinen Schülern auf Grund umfangreicher weiterer Untersuchungen entwickelten Vorstellungen über die intermediären Geschehnisse beim Abbau der Kohlenhydrate bzw. der Milchsäure im Muskel können an dieser Stelle nicht näher besprochen werden. Nur sei erwähnt, daß nach ihnen die Bernsteinsäure durch oxydative Synthese aus 2 Molekülen der beim oxydativen Abbau der Milchsäure entstandenen Essigsäure gebildet werden soll. Im übrigen mag die Wiedergabe der von THUNBERG und AHLGREN[6]) angegebenen schematischen Darstellung genügen.

2 Mol. Essigsäure — 2 H
↓
1 „ Bernsteinsäure — 2 H
↓
1 „ Fumarsäure + $H_2O$
↓
1 „ Äpfelsäure — 2 H
↓
1 „ Oxalessigsäure — $CO_2$
↓
1 „ Brenztraubensäure — $CO_2$
↓
1 „ Acetaldehyd + $H_2O$—2 H
↓
1 „ Essigsäure usw.

Daß bei Sauerstoffanwesenheit Fumarsäure von sonst atmungsunfähiger Muskulatur völlig zu Kohlensäure und Wasser verbrannt werden kann, zeigte MEYERHOF[7]) am Steigen des respiratorischen Quotienten auf den theoretischen Wert von 1,33.

[1]) SIEGFRIED: Ber. d. dtsch. chem. Ges. Bd. 28; Hoppe-Seylers Zeitschr. f. physiol. Chem. Bd. 21, 28.

[2]) THUNBERG, TH.: Skandinav. Arch. f. Physiol. Bd. 25, S. 37. 1911.

[3]) BATELLI, F. u. L. STERN: Biochem. Zeitschr. Bd. 30, S. 172. 1911. — STERN, L.: Über den Mechanismus des Oxydationsvorgangs im Tierorgan. Jena: G. Fischer 1914.

[4]) EINBECK, H.: Zitiert auf S. 463.

[5]) THUNBERG, TH.: Skandinav. Arch. f. Physiol. Bd. 35, S. 163. 1917.

[6]) AHLGREN, G.: Skandinav. Arch. f. Physiol. Bd. 44, S. 169. 1923.

[7]) MEYERHOF, O.: Pflügers Arch. f. d. ges. Physiol. Bd. 175, S. 20. 1919.

# IV. Fette und Lipoide.

## Eigentliche Fette und Fettsäuren.

Außer den Glyceriden kommen als deren Spaltprodukte freie, höhere und niedere (meist flüchtige) Fettsäuren vor. Mehr als die chemische Natur dieser Substanzen hat die Physiologen von jeher das Problem des Fettumsatzes in der Muskulatur besonders bei der Arbeit interessiert. Immer wieder sind die Muskelfette unter diesen biologischen Gesichtspunkten betrachtet worden; und dennoch ist diese Frage bis heute ungelöst.

Daß Fett im Gesamtorganismus ebenso wie Eiweiß und Kohlenhydrat mit seinem ganzen Calorieninhalt zur Energiebestreitung bei der Muskelarbeit verwendet würde, ist besonders von ZUNTZ[1]) und seinen Schülern angenommen worden.

Nach anderer Auffassung, die auf SEEGEN[2]) und CHAUVEAU[3]) zurückgeht und in neuerer Zeit besonders durch BENEDICT und CATHCART[4]) vertreten wurde, soll Kohlenhydrat die einzige Quelle der Muskelkraft sein und das Fett als Energiestoff nur so weit in Betracht kommen, wie der Organismus daraus Zucker bilden kann. Nach ZUNTZ wäre ein solcher Übergang mit einem Calorienverlust von 30% verbunden und wurde daher von ihm auf Grund seiner Versuche abgelehnt.

Nach neueren Gesamtstoffwechselversuchen von KROGH und LINDHARD[5]) findet sich aber ein Energieverlust für den arbeitenden Menschen bei Fettkost gegenüber Kohlenhydraternährung von ca. 10%, so daß durch diese Befunde vielleicht doch ein teilweiser Übergang von Fett in Kohlenhydrat bei der Arbeit angezeigt wird [s. darüber auch ORR und KINLOCH[6])].

LUSK[7]) führt als gewichtiges Argument gegen diese Möglichkeit den Respirationsquotienten von fetternährten Arbeitstieren ins Feld, der mit 0,7 dem bei reiner Fettverbrennung beobachteten entspricht, aber viel niedriger sein müßte, wenn auch nur ein geringer Teil des aus Fett gebildeten Kohlenhydrats dem Organismus unverbrannt erhalten bliebe. Dabei macht allerdings LUSK die nicht ganz sicher bewiesene Annahme, daß bei derartig fetternährten Tieren jede Verbrennung von präformiertem Eiweiß oder Kohlenhydrat aufgehört hat.

Einen erhöhten Fettumsatz bei Muskelarbeit haben für den Gesamtorganismus schon VOIT und PETTENKOFER[8]) sowie FRENTZEL[9]) wahrscheinlich gemacht.

Sofern man nun aber die strittige Frage eines Überganges von Fett in Kohlenhydrat als noch nicht genügend experimentell belegt betrachten will und annimmt, daß der Energieinhalt des Fettes bei der Muskelarbeit nur zum Wiederaufbau von Kohlenhydrat aus Milchsäure (s. auch S. 399) verwendet wird, muß man

---

[1]) ZUNTZ u. LOEB: Arch. f. Anat. u. Physiol. 1894, S. 541. — HEINEMANN: Pflügers Arch. f. d. ges. Physiol. Bd. 83, S. 441. 1901. — FRENTZEL u. REACH: Ebenda Bd. 83, S. 477. 1901. — ATWATER: Ergebn. d. Physiol. Bd. 3. — FRIDERICIA: Biochem. Zeitschr. Bd. 42, S. 393. 1912; s. darüber auch ferner ATWATER u. BENEDICT: U. S. Dep. of Agricult. Off. of exp. Stat. Bull. 1903, Nr. 136. — BENEDICT u. MILNER: Ebenda 1907, Nr. 175.

[2]) SEEGEN: Die Zuckerbildung. Berlin 1890.

[3]) CHAUVEAU: Cpt. rend. hebdom. des séances de la soc. de biol. Bd. 125, S. 1070. 1897; Bd. 126, S. 795 u. 1072. 1898; frühere Arbeiten Cpt. rend. des séances de la soc. de biol. Bd. 121, 122, 123.

[4]) BENEDICT u. CATHCART: Carn. Inst. of Washington Publ. Nr. 187, S. 163. 1914.

[5]) KROGH u. LINDHARD: Biochem. journ. Bd. 14, S. 290. 1920.

[6]) ORR u. KINLOCH: Journ. of the royal army and navy korps Bd. 36, S. 81. 1921.

[7]) LUSK: Biochem. Zeitschr. Bd. 156, S. 334. 1925. — ANDERSON u. LUSK: Journ. of biol. chem. Bd. 32, S. 421. 1917.

[8]) PETTENKOFER u. VOIT: Zeitschr. f. Biol. Bd. 2, S. 538. 1866; s. ferner HERMANN: Handbuch Bd. VI.

[9]) FRENTZEL: Pflügers Arch. f. d. ges. Physiol. Bd. 68, S. 212. 1897.

entweder diese Resynthese vorwiegend in die Leber verlegen oder aber einen Fettumsatz im Muskel selbst annehmen.

Nach MEYERHOF und HIMWICH[1]) ist der Muskelstoffwechsel bei fetternährten Arbeitstieren (Ratten) ein reiner Kohlenhydratumsatz und trotzdem der Respirationsquotient von 0,7 des Gesamttieres eine ausschließliche Fettverbrennung anzeigt, war auch hier der Respirationsquotient im isolierten Muskel = 1.

Daß oxydativer Fettabbau im Muskel selbst erfolge, wurde durch ZUNTZ und seine Schüler verfochten.

ELLI BOGDANOW[2]), deren Ergebnisse aber aus rein methodischen Gründen keine unbedingte Beweiskraft haben, konnte durch mehr oder weniger intensive Ausätherung der getrockneten Muskelsubstanz verschiedene, jedesmal an sich konstant zusammengesetzte Fraktionen isolieren, die mit der Dauer der Extraktion immer reicher an freien Fettsäuren, zum Teil flüchtigen, wurden. Die leicht extrahierbaren Anteile sollten dem intramuskulären Gewebe angehören, die zuletzt gewonnenen Fraktionen dagegen unmittelbarer Vorrat des Sarkoplasmas sein, der bei der Arbeit aufgebraucht würde; wenigstens glaubte BOGDANOW einen geringeren Fettgehalt in ermüdeten Muskeln chemisch und mikroskopisch nachweisen zu können.

Nach PALAZZOLO[3]) kann man in isolierten Froschmuskeln einen direkten Fettverbrauch bei der Arbeit feststellen, während WIENFIELD[4]) betont, daß sich auch in völlig erschöpften Froschmuskeln keine Verminderung des anfänglichen Fettgehaltes findet. Nach SICCARD, FABRE und FORESTIER[5]) geht die Aufspaltung jodierter Fette in der Muskulatur im Gegensatz zu allen anderen Organen nur äußerst langsam vor sich.

KALBERLAH[6]) und der Verfasser hatten schon früher gezeigt, daß die überlebende Muskulatur bei Durchströmung mit arteigenem Blut kein Aceton bildet, auch nicht bei Zusatz von l-$\beta$-Oxybuttersäure [EMBDEN, SALOMON und SCHMIDT[7])]. Dies deutet darauf hin, daß der Fettsäureabbau, als deren Ausdruck am isolierten Organ die Acetonbildung besonders aus $\beta$-Oxybuttersäure angesehen wird, in der Muskulatur zum mindesten keine wesentliche Rolle spielt [s. hierzu aber auch BAER[8])].

Auf alle Fälle scheinen aber die Fette[9]) und besonders wohl die Lipoide für den Muskel von lebenswichtiger Bedeutung zu sein.

Der Fettgehalt des Muskelfleisches schwankt außerordentlich. So kann Ochsenfleisch z. B. 5—35% Fett enthalten. Bemerkenswert ist der reiche Fettgehalt mancher Fischarten; das Fleisch des Lachses enthält bis zu 10, das des Aales bis über 30%.

Beim Erwärmen auf 45° gehen die Fette und Lipoide zu 90% in die dabei ausfallende Myosinfraktion[10]).

## Phosphatide und Cholesterin.

Diese Substanzen scheinen in einem für die verschiedenen Muskelarten charakteristischen Mengenverhältnis zu den Fetten zu stehen.

---

1) MEYERHOF u. HIMWICH: Pflügers Arch. f. d. ges. Physiol. Bd. 205, S. 415. 1924.
2) BOGDANOW, E.: Pflügers Arch. f. d. ges. Physiol. Bd. 65, S. 81. 1896; Bd. 68, S. 408. 1897.
3) PALAZZOLO: Arch. di fisiol. Bd. 11, S. 558. 1913.
4) WIENFIELD: Journ. of physiol. Bd. 49, S. 171. 1915.
5) SICCARD, FABRE u. FORESTIER: Bull. de la soc. de chim. biol. Bd. 5, S. 413. 1923.
6) EMBDEN u. KALBERLAH: Beitr. z. chem. Physiol. u. Pathol. Bd. 8, S. 121. 1906.
7) EMBDEN, SALOMON u. SCHMIDT: Beitr. z. chem. Physiol. u. Pathol. Bd. 8, S. 129. 1906.
8) BAER, J.: Biochem. Zeitschr. Bd. 127, S. 275. 1922.
9) BORST: Zentralbl. f. allg. Pathol. u. pathol. Anat. Sonderband zu Bd. 33, S. 306. 1923.
10) QUAGLIARIELLO: Arch. internat. de physiol. Bd. 16, S. 239. 1921.

Zunächst ist der Phosphatidreichtum des Herzmuskels bemerkenswert. Er beträgt nach RUBOW[1]) beim Hunde 60—70% des Ätherextraktes, während er beim Skelettmuskel hinter dem Anteil des eigentlichen Fettes wesentlich zurücktritt und hier nur ca. 30—40% ausmacht. [Siehe hierzu auch ROSENBLOOM[2]).]

Bei Inanition und pathologischen Zuständen bleibt der Phosphatidreichtum des Herzens unverändert. „Fettig degenerierte Herzen haben" nach RUBOW „außer vermehrtem Fettgehalt einen normalen oder vermehrten Lecithingehalt". In unveröffentlichten Untersuchungen fand hingegen H. KAHN am menschlichen Herzen mit brauner Atrophie eine so starke Verminderung der Gesamtphosphorsäure, wie sie kaum ohne Beteiligung der Phosphatidphosphorsäure denkbar ist.

Nach COSTANTINO[3]) entfallen auf den Lipoidphosphor im Herzen 42% des Gesamt-P, im quergestreiften Muskel nur 16%, in glatter Muskulatur 18—19%.

Im Herzmuskel glaubte ERLANDSEN[4]) neben Lecithin ein Monamidodiphosphatid gefunden zu haben, das er „Cuorin" nannte. MAC LEAN[5]) stellte außerdem geringe Mengen eines Diaminomonophosphatides fest.

Demgegenüber hat LEVENE[6]) gezeigt, daß die Phosphatide des Herzens aus einem Gemisch von Lecithin und Kephalin bestehen, das noch mit Spaltprodukten der Phosphatide verunreinigt ist. LEVENE konnte aus der „Cuorin"-fraktion Anteile erhalten, deren Verhältnis $\frac{NH_2\text{-Stickstoff}}{\text{Gesamtstickstoff}}$ zwischen 0,45 und 0,7 schwankte. Von Kephalinspaltprodukten isolierte er z. B. ein solches, das nur noch *ein* Fettsäureradikal besaß. Aber auch Stearylglycerinphosphorsäure und Glycerinphosphorsäure soll nach LEVENE in den Kephalinen der früheren Autoren vorhanden sein. So würde sich auch der Phosphorreichtum des Cuorins erklären, das hiernach nicht als einheitliche Substanz anzusehen ist.

Jedenfalls hat dieser Autor mittels neuerer Trennungs- und Reinigungsmethoden im Herzmuskel nur Lecithin und Kephalin von der bekannten Struktur festgestellt:

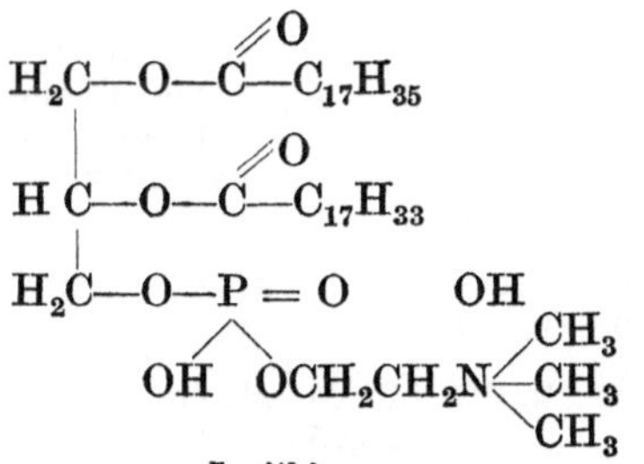

$$\begin{array}{l} H_2C-O-\overset{\overset{O}{\|}}{C}-C_{17}H_{35} \\ \;\;| \\ H\,C-O-\overset{\overset{O}{\|}}{C}-C_{17}H_{33} \\ \;\;| \\ H_2C-O-P=O \qquad OH \\ \qquad\quad OH \quad OCH_2CH_2N{<}(CH_3)_3 \end{array}$$

**Lecithin.**

$$\begin{array}{l} H_2C-O-\overset{\overset{O}{\|}}{C}-C_{17}H_{35} \\ \;\;| \\ H\,C-O-\overset{\overset{O}{\|}}{C}-C_{17}H_{33} \\ \;\;| \\ H_2C-O-P=O \\ \qquad\quad OH \quad OCH_2CH_2NH_2 \end{array}$$

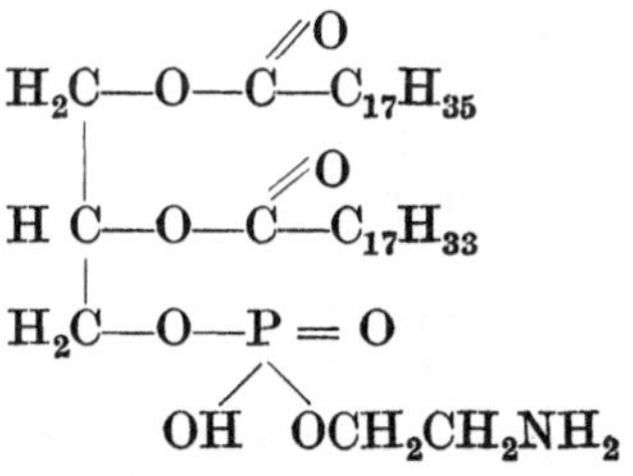

**Kephalin.**

Bezüglich der funktionellen Bedeutung der Phosphatide hat BONANI[7]) gefunden, daß die Arbeitsleistung des isolierten Froschmuskels in Lecithinlösung verringert ist, daß sie aber größer wird nach vorheriger Lecithininjektion in den Rückenlymphsack des Tieres.

---

1) RUBOW: Arch. f. exp. Physiol. u. Pathol. Bd. 52, S. 173. 1905.
2) ROSENBLOOM: Journ. of biol. chem. Bd. 14, S. 291. 1913.
3) COSTANTINO: Biochem. Zeitschr. Bd. 43, S. 165. 1912.
4) ERLANDSEN: Hoppe-Seylers Zeitschr. f. physiol. Chem. Bd. 51, S. 71. 1907.
5) MAC LEAN: Biochem. Zeitschr. Bd. 57, S. 132. 1913.
6) LEVENE u. KOMATSU: Journ. of biol. chem. Bd. 39, S. 83 u. 91. 1920.
7) BONANI: Arch. d. farmacol. sperim. e scienze aff. Bd. 32, S. 65. 1921.

Die Phosphatide und das Cholesterin scheinen größte Bedeutung für die Muskelfunktion zu haben. Sie sind allem Anschein nach in den sarkoplasmatischen Grenzschichten der Muskelfibrillen abgelagert. Auf die gesetzmäßigen Beziehungen zwischen Restphosphorsäure, in deren unlöslichem Anteil die Phosphatide enthalten sind, und Cholesterin einerseits und Sarkoplasmareichtum und Dauerleistungsfähigkeit der Muskeln andererseits wurde bereits S. 391 hingewiesen.

Hier seien nur Restphosphorsäuregehalt und Cholesterin bei Muskeln von verschiedener Dauerleistungsfähigkeit tabellarisch wiedergegeben:

**Tabelle 8.**

| Tierart | Muskel | Restphosphorsäure in % der Muskulatur | Cholesterin in % der Muskulatur | Trockensubstanz | |
|---|---|---|---|---|---|
| Kaninchen . | Musc. bic. fem. (weiß) | 0,1883 (0,145—0,320) | | 23,99 | durchschnittl. Ergebnis von 10 Versuchen Embden u. Adler[1]) |
| | | | 0,0508 (0,0355—0,0628) | | durchschnittl. Ergebnis Embden u. Lawaczeck[2]) |
| Kaninchen . | Musc. semitend. (rot) | 0,306 (0,2159—0,3477) | | 23,76 | durchschnittl. Ergebnis 8 Versuche Embden u. Adler[1]) |
| | | | 0,0799 (0,068—0,0997) | | durchschnittl. Ergebnis 6 Versuche Embden u. Lawaczeck[2]) |
| Kaninchen . | Herz | | 0,117—0,1616 | | 5 Versuche Embden u. Lawaczeck[2]) |
| Hahn . . . | Brust | 0,1554—0,1663 | 0,0596—0,0775 | | Lawaczeck[3]) |
| Hahn . . . | Schenkel | 0,2263—0,2712 | 0,1055—0,1085 | | |
| Hahn . . . | Herz | 0,4528 | 0,1750—0,2124 | | |
| Taube . . . | Brust | 0,4569—0,5251 | 0,068—0,119 | | Lawaczeck[4]) |
| Taube . . . | Schenkel | 0,3031—0,3497 | 0,065—0,110 | | |
| Taube . . . | Herz | 0,4475—0,4835 | 0,155—0,184 | | |
| Frosch. . . | Gastrocn. | 0,1841 | 0,0394—0,0611 | 19,60 | Behrendt[5]) |
| Frosch. . . | Adductor | 0,1605 | | 19,03 | Die Cholesterinwerte |
| Frosch. . . | Semimembr. | | 0,0360—0,0608 | | sind aus Lawaczeck[3]) entnommen. |
| Frosch. . . | Herz | | 0,1494—0,1512 | | |
| Kröte . . . | Schenkel | | 0,0655—0,111 | | Lawaczeck[6]) |
| Kröte . . . | Herz | | 0,2169—0,2361 | | |
| Rind . . . | Musc. bic. | 0,1328—0,177 | 0,0463—0,0520 | 21,28<br>23,25 | Hotta[7]) |
| Kalb . . . | Musc. bic. | 0,2311—0,2741 | 0,0824—0,0888 | 20,73<br>21,63 | |

Nach älteren Untersuchungen beträgt der Cholesteringehalt der Muskeltrockensubstanz des Rindes 0,23%[8]); die des feuchten Muskels 0,0765%[9]).

[1]) Embden u. Adler: Hoppe-Seylers Zeitschr. f. physiol. Chem. Bd. 113, S. 201. 1921.
[2]) Embden u. Lawaczeck: Hoppe-Seylers Zeitschr. f. physiol. Chem. Bd. 125, S. 207. 1923.
[3]) Lawaczeck: Hoppe-Seylers Zeitschr. f. physiol. Chem. Bd. 125, S. 213. 1923.
[4]) Lawaczeck: Hoppe-Seylers Zeitschr. f. physiol. Chem. Bd. 125, S. 235 u. 236. 1923.
[5]) Behrendt: Hoppe-Seylers Zeitschr. f. physiol. Chem. Bd. 118, S. 130. 1922.
[6]) Lawaczeck: Hoppe-Seylers Zeitschr. f. physiol. Chem. Bd. 125, S. 217. 1923.
[7]) Hotta: Hoppe-Seylers Zeitschr. f. physiol. Chem. Bd. 125, S. 220. 1923.
[8]) Dormeyer: Pflügers Arch. f. d. ges. Physiol. Bd. 65, S. 99. 1896.
[9]) Kusumoto: Biochem. Zeitschr. Bd. 14, S. 411. 1908.

# V. Anorganische Muskelbestandteile.

## Wassergehalt.

Im Wassergehalt der Muskulatur herrschen bei den Wirbeltieren und noch mehr bei den Warmblütern auffällig gleichartige Zustände. M. Rubner[1]) gibt für 100 Teile frischer fettfreier Muskelsubstanz folgende Werte an:

| | | |
|---|---|---|
| Rind . . . . . . | 21—22 | Teile Trockensubstanz |
| Schwein . . . . . | 21—23 | „ „ |
| Hammel . . . . . | 21 | „ „ |
| Kalb . . . . . . | 20—21 | „ „ |
| Pferd . . . . . . | 23—25 | „ „ |
| Hummer . . . . . | 21 | „ „ |
| Mondschnecke . . | 22 | „ „ |
| Miesmuschel . . . | 22 | „ „ |

Die Grenzen der Schwankungen im Wassergehalt sind nicht unbedingt unveränderlich, bei einer Minderung des Wasservorrates um 22% soll jedoch der Warmblüter eingehen[2]).

Nach Overton[3]) ist Wasser*aufnahme* für die Funktion des Muskels weniger gefährlich als Wasser*entziehung*.

Embryonale Muskeln sind außerordentlich wasserreich. Mit zunehmender Entwicklung nimmt der prozentische Wassergehalt ab[4]).

**Tabelle 9.**

| Veränderungen des Wassergehaltes in der Muskulatur bei der Entwicklung von Kalbsembryonen (nach Jakobowitsch) | | | | | | | Reifes totgeborenes Kind |
|---|---|---|---|---|---|---|---|
| Länge . . . . . | 10 cm | 20 cm | 30 cm | 40 cm | 50 cm | fast reif | |
| Wassergehalt % | 90,44 | 90,5 | 90,0 | 87,6 | 84,0 | 81,15 | 78,56 |

Die Muskeln menschlicher Neugeborener haben einen sehr niedrigen Wassergehalt, 76—77% und darunter[5]), der aber im Laufe der ersten Lebenswochen stetig zunimmt, um nach $2^1/_2$ Monaten ein Maximum von beinahe 84% aufzuweisen. Dann nimmt er bis zum kräftigen Mannesalter ab, gegen das Greisenalter aber wieder zu[6]).

Aus den Werten von Lederer und Stolte[7]) errechnet sich für das Hundeherz als mittlerer Wert ein Wassergehalt von 77,2%. Krehl[8]) gibt für das Menschenherz einen solchen von 78,6—80,3% an.

Nach Costantino[9]) sind die glatten Muskeln (79,5%) reicher an Wasser als die quergestreiften (75,1%) s. Tabelle 12, S. 472.

Die Art der Nahrung ist auf den Wassergehalt von großem Einfluß. Tsuboi[10]) sah beim Kaninchen bei ausschließlicher Ernährung mit Kartoffeln den Trockengehalt von 25,5 auf 22,5% sinken. Lederer[11]) fütterte wachsende Hunde über die Säugungsperiode hinaus nur mit Kuhmilch. Der Wassergehalt

---

1) Rubner, M.: Abh. d. preuß. Akad. d. Wissensch., Phys.-math. Kl., 1922, Nr. 1.
2) Nothwang: Arch. f. Hyg. Bd. 14, S. 273.
3) Overton: Pflügers Arch. f. d. ges. Physiol. Bd. 92, S. 139. 1902.
4) Jacobowitsch: Arch. f. Kinderheilk. Bd. 14, S. 355. 1892.
5) Lederer, R.: Verhandl. d. Ges. f. Kinderheilk. Bd. XXX, S. 11. 1913.
6) Fürth, O. v.: Oppenheimers Handbuch der Biochemie, Bd. IV, S. 335. 1924.
7) Lederer, R. u. K. Stolte: Biochem. Zeitschr. Bd. 35, S. 108. 1911.
8) Krehl, L.: Dtsch. Arch. f. klin. Med. Bd. 51.
9) Costantino, A.: Biochem. Zeitschr. Bd. 37, S. 52. 1912.
10) Tsuboi, J.: Zeitschr. f. Biol. Bd. 44, S. 376. 1903.
11) Lederer, R.: Zeitschr. f. Kinderheilk. Bd. 10, S. 365. 1915.

der Muskulatur war mit 76,4% höher als bei den normal ernährten Kontrolltieren mit 73,6 bis 74,2%.

Während der Arbeit nimmt der Muskel aus den ihn umgebenden Flüssigkeiten, wie seit RANKE oft gezeigt wurde, Wasser auf[1]). In noch unveröffentlichten Untersuchungen von JOST und dem Verfasser am Gastrocnemius des lebenden Frosches nahm das Muskelgewicht nach 4—6stündiger Arbeit um 10% bis 20% zu.

DUX und LOEW[2]) fanden im v. Fürthschen Laboratorium, daß subcutan injiziertes Glycerin dem Muskel bis zu 20% Wasser entzieht. Glycerinvergiftete Muskeln sind nach LANGENDORF und SANTESSON[3]) sehr viel leichter erregbar als normale.

Die Angaben dieser Beobachter, daß durch Wasserentziehung die Erregbarkeit des Muskels erhöht wird, konnte A. DURIG[4]) nicht bestätigen. Er ließ Frösche austrocknen, so daß sie bis zu 30% an Gewicht verloren. Bei einer der artigen Wasserentziehung sollen die Muskeln den größten Wasseranteil stellen. Diese Trockenfrösche machten langsame und ausfahrende Bewegungen. Im isolierten wasserarmen Muskel erfolgte die Verkürzung im Beginn der Kontraktion bedeutend langsamer als bei Normalmuskeln, die Latenzzeit erschien verlängert, wohl nur wegen der teigigen Beschaffenheit des Muskels, der gegen größere innere Widerstände arbeiten mußte.

OVERTON[5]) unterschied wohl zuerst das gebundene und nicht gebundene Wasser des Muskels und führte die Bindung auf Quellung des Muskels zurück. RUBNER[6]) konnte durch eine Methode, bei der er den Muskel gefrieren ließ und annahm, daß die Bindung des Quellungswassers fest genug sei, um dem Gefrieren bis zu —20° C Widerstand zu leisten, zeigen, daß die zum Schmelzen gefrorener Muskel verbrauchte Wärme kleiner ist, als wenn man dieselbe Menge Wasser schmilzt, die sich im Muskel befindet. Aus der Differenz errechnete er die Menge des festgebundenen Wassers. Es ergaben sich folgende Werte:

| | Fest gebunden | Ungebunden |
|---|---|---|
| Herzmuskel des Rindes . | 14,5% | 63,9% |
| Froschmuskel . . . . . | 18,1% | 61,7% |

Diese Befunde bestätigte THOENES[7]) und stellte fest, daß das Wachstum nicht nur mit einer Verminderung der Gesamtmenge des Gewebswassers einhergeht, sondern daß gleichzeitig eine Veränderung der kolloidchemischen Struktur im Sinne einer Verminderung des an die Protoplasmakolloide gebundenen Wassers statthat.

## Mineralbestandteile.

Der frische Muskel liefert bei der Verbrennung 10—15‰ Asche, die in größter Menge P und K enthält.

---

[1]) BUGLIA, G.: Biochem. Zeitschr. Bd. 6, S. 158. 1907. — SCHWARZ, C.: Ebenda Bd. 37, S. 34. 1911. — RANKE: Der Tetanus. Leipzig 1865; und Physiologie, S. 89. 1868; s. auch HOEBER: Physikalische Chemie der Zelle und der Gewebe. 1924.

[2]) DUX u. LOEW: Biochem. Zeitschr. Bd. 125, S. 222. 1921.

[3]) LANGENDORF, SANTESSON: zitiert nach O. v. FÜRTH: Oppenheimers Handbuch der Biochemie, Bd. IV, S. 336. 1924.

[4]) DURIG, A.: Pflügers Arch. f. d. ges. Physiol. Bd. 85, S. 401; Bd. 87, S. 42. 1901; Bd. 92, S. 293. 1902; Bd. 97, S. 457. 1903.

[5]) OVERTON: Pflügers Arch. f. d. ges. Physiol. Bd. 92, S. 139. 1902.

[6]) RUBNER, M.: Abhandl. d. preuß. Akad. d. Wissensch., Phys.-math. Kl., 1922, Nr. 1.

[7]) THOENES, F.: Biochem. Zeitschr. Bd. 157, S. 174. 1925.

Die ausführlichsten quantitativen Untersuchungen über die Mineralbestandteile stammen von KATZ[1]). Als Elemente berechnet fand er in 1000 Teilen frischer Muskulatur:

**Tabelle 10.**

| Muskulatur | K | Na | Fe | Ca | Mg | P | Cl | S |
|---|---|---|---|---|---|---|---|---|
| Mensch . . . | 3,2019 | 0,7993 | 0,1470 | 0,0748 | 0,2116 | 2,0342 | 0,7008 | 2,0757 |
| Schwein . . | 2,5385 | 1,5595 | 0,0590 | 0,0806 | 0,2823 | 2,1275 | 0,4844 | 2,0430 |
| Rind . . . . | 3,6617 | 0,6522 | 0,2466 | 0,0211 | 0,2434 | 1,7014 | 0,5666 | 1,8677 |
| Kalb . . . . | 3,8006 | 0,8594 | 0,0877 | 0,1444 | 0,3044 | 2,1970 | 0,6724 | 2,2586 |
| Hirsch . . . | 3,3595 | 0,7042 | 0,1045 | 0,0959 | 0,2906 | 2,4859 | 0,4048 | 2,1061 |
| Kaninchen . | 3,9811 | 0,4576 | 0,0537 | 0,1832 | 0,2869 | 2,5311 | 0,5111 | 1,9917 |
| Hund . . . | 3,2546 | 0,9431 | 0,0454 | 0,0685 | 0,2370 | 2,2346 | 0,8052 | 2,2735 |
| Katze . . . | 3,8283 | 0,7289 | 0,0925 | 0,0846 | 0,2863 | 2,0157 | 0,5662 | 2,1881 |
| Huhn . . . | 4,6487 | 0,9510 | 0,0933 | 0,1051 | 0,3713 | 2,5819 | 0,6021 | 2,9202 |
| Frosch . . . | 3,0797 | 0,5523 | 0,0623 | 0,1566 | 0,2353 | 1,8620 | 0,4025 | 1,6330 |
| Schellfisch . | 3,3448 | 0,9906 | 0,0579 | 0,2202 | 0,1670 | 1,3679 | 2,4093 | 2,2285 |
| Aal . . . . | 2,4052 | 0,3179 | 0,0544 | 0,3913 | 0,1782 | 1,7698 | 0,3448 | 1,3491 |
| Hecht . . . | 4,1600 | 0,2939 | 0,0431 | 0,3977 | 0,3102 | 2,1305 | 0,3191 | 2,1836 |

Der Gehalt an Mg ist immer größer als derjenige an Ca, eine Ausnahme hiervon bildet die Fischmuskulatur, wie aus der Tabelle ersichtlich ist. Auch MAGNUS-LEVY[2]) fand in der Muskulatur eines jungen Selbstmörders neben 0,61‰ Cl 0,65‰ Ca und 0,215‰ Mg. Die Werte für Fe schwanken bei den verschiedenen Autoren bedeutend. So fand SCHMEY[3]) im Muskel vom Menschen 0,0793‰, MAGNUS-LEVY[2]) dagegen 0,253‰.

In Prozenten des Gesamt-P ausgedrückt, ergibt sich nach COSTANTINO[4]) für die einzelnen Fraktionen die in der Tabelle 11 wiedergegebene Verteilung:

**Tabelle 11.**

| | | Anorgan. P | Organ. P | Phosphatid. P |
|---|---|---|---|---|
| | Rind, Skelettmuskeln . . . . . . . | 81,50 | 18,50 | 16,39 |
| | Rind, Herzmuskel . . . . . . . . | 37,88 | 62.12 | |
| | | 40,01 | 59,99 | 42,25 |
| Glatte Muskeln | Rind, Retractor penis . . . . | 40,79 | 59,21 | |
| | | 47,97 | 52,03 | 24,33 |
| | Rind, Magen . . . . . . . . | 52,38 | 47,62 | 25,25 |
| | Rind, Uterus . . . . . . . . | 29,22 | 70,78 | 28,39 |
| | | 39,68 | 60,32 | 19,46 |

In diesen wie in allen älteren Versuchen ist sicherlich das überaus leicht spaltbare Lactacidogen größtenteils als anorganische $H_3PO_4$ mitbestimmt. Untersuchungen mit Berücksichtigung des Lactacidogens wurden in neuerer Zeit vielfach ausgeführt, so bestimmte ADLER[5]) in den Schenkelmuskeln von Wasserfröschen z. B. bei einem Gesamtgehalt von annähernd 0,72% $H_3PO_4$ etwa 0,365% anorganische, annähernd 0,175% Lactacidogenphosphorsäure und 0,176% organische Nicht-Lactacidogenphosphorsäure.

In der weißen Muskulatur des Kaninchens kann die Menge der Lactacidogenphosphorsäure diejenige der anorganischen sehr erheblich übertreffen. So fanden sich z. B. in einer von ADLER und dem Verfasser[6]) am Biceps femoris durch-

[1]) KATZ, I.: Pflügers Arch. f. d. ges. Physiol. Bd. 63, S. 1. 1896.
[2]) MAGNUS-LEVY: Biochem. Zeitschr. Bd. 24, S. 363. 1910.
[3]) SCHMEY: Hoppe-Seylers Zeitschr. f. physiol. Chem. Bd. 39, S. 215. 1903.
[4]) COSTANTINO: Biochem. Zeitschr. Bd. 43, S. 165. 1912.
[5]) ADLER, E.: Hoppe-Seylers Zeitschr. f. physiol. Chem. Bd. 113, S. 198, Vers. 18. 1921.
[6]) EMBDEN, G. u. E. ADLER: Hoppe-Seylers Zeitschr. f. physiol. Chem. Bd. 113, S. 219. 1921.

**Tabelle 12.**
Auf 1000 Teile frische Muskulatur.

| Bestandteile | Stier | | | Kuh | | Büffel | | Pferd | | Schwein |
|---|---|---|---|---|---|---|---|---|---|---|
| | Muskeln | | | Muskeln | | Muskeln | | Muskeln | | Muskeln |
| | Glatte | | Quergestreifte | Glatte | Quergestreifte | Glatte | Quergestreifte | Glatte | Quergestreifte | Glatte |
| | Magen | Retractor penis | — | Uterus | — | Retractor penis | — | Retractor penis | — | Retractor penis |
| Feste Stoffe | 201,9 | 204,3 | 223,5 | 183,3 | 242,7 | 199,8 | 234,8 | 212,7 | 238,9 | 206,0 |
| $H_2O$ . . . . | 798,1 | 795,7 | 776,5 | 816,7 | 757,3 | 810,2 | 765,2 | 787,3 | 761,1 | 794,0 |
| K . . . . | 3,655 | 2,666 | — | 2,247 | — | 2,628 | — | — | — | — |
| Na . . . . | 0,8869 | 1,093 | — | 1,539 | — | 1,513 | — | — | — | — |
| Cl . . . . | 1,045 | 1,276 | 0,2472 | 1,107 | 0,3043 | 1,0028 | 0,4678 | 0,9764 | 0,3182 | 1,299 |

| Bestandteile | Kaninchen | | Hündin | Hahn | | | Truthahn | | |
|---|---|---|---|---|---|---|---|---|---|
| | Muskeln | | Muskeln | Muskeln | | | Muskeln | | |
| | Quergestreifte | | Quergestreifte | Glatte | Quergestreifte | | Glatte | Quergestreifte | |
| | rote | weiße | Schenkel | Magen | rote | weiße | Magen | rote | weiße |
| Feste Stoffe | 250,6 | 250,5 | 252,0 | 212,5 | 245,9 | 268,2 | 230,3 | 261,4 | 274,3 |
| $H_2O$ . . . . | 749,4 | 749,5 | 748,0 | 787,5 | 754,1 | 731,8 | 769,7 | 738,6 | 725,7 |
| K . . . . | 4,275 | 3,802 | 3,249 | 3,564 | 3,734 | 4,099 | 4,551 | 3,625 | 3,703 |
| Na . . . . | 0,5871 | 0,4407 | 0,485 | 0,715 | 0,7694 | 0,890 | 0,7301 | 0,5976 | 0,423 |
| Cl . . . . | 0,2884 | 0,2621 | 0,2779 | 0,8367 | 0,3283 | 0,2558 | 0,8856 | 0,2797 | 0,3344 |

geführten Analyse von 100 Teilen Gesamtphosphorsäure 26,6 Teile als anorganische, 54,3 Teile als Lactacidogenphosphorsäure und 19,1 Teile als organische Nicht-Lactacidogenphosphorsäure. Am roten Musculus semitendinosus überwog dagegen regelmäßig die Menge der anorganischen Phosphorsäure jene der Lactacidogenphosphorsäure. Sie wurde ihrerseits meist aber von der organischen Nicht-Lactacidogenphosphorsäure übertroffen.

Über die gesetzmäßigen Schwankungen im Gehalt des Muskels an den verschiedenen Phosphorsäurefraktionen s. übrigens oben S. 388ff.

Nach GAUTIER und CLAUSMANN[1]) enthält die quergestreifte Muskulatur des Menschen 0,16 mg Fluor in 100 g frischer Substanz. Mangan kommt nur in Spuren vor[2]).

Der Preßsaft aus der Schenkelmuskulatur des Frosches enthält, wie URANO[3]) dartun konnte, Sulfate, die also in Spuren im Muskel vorgebildet vorkommen, wenn auch der Sulfatgehalt der Asche in überwiegender Menge aus dem Muskeleiweiß stammt. Im Preßsaft von Muskeln, deren Zwischenflüssigkeit durch Eintauchen in eine 6proz. Zuckerlösung ausgewaschen wurde, ließen sich nur Spuren von Na und Cl nachweisen, so daß diese beiden Elemente überwiegend der Zwischenflüssigkeit angehören sollen.

Nach späteren Versuchen von URANO[4]) war die Möglichkeit einer Schädigung der osmotischen Eigenschaften des Muskels durch die Zuckerlösung nicht ganz auszuschließen. Nachprüfungen von FAHR[5]) machten jedoch die Abwesenheit von Na in der Muskelfaser sehr wahrscheinlich. Doch geht aus oben (S. 411 u. 412) mitgeteilten Untersuchungen hervor, daß der Ionengehalt des Muskelinnern sicherlich keine unter verschiedenen physiologischen Bedingungen konstante Größe ist, daß insbesondere der Muskel bei seiner Tätigkeit Cl-Ionen aufnimmt, dagegen Phosphorsäure sowie Kalium nach außen abgibt[6]).

---

[1]) GAUTIER u. CLAUSMANN: Cpt. rend. des séances de la soc. de biol. Bd. 157, S. 94. 1913.

[2]) BERTRAND, G. u. F. MEDIGRECEANO: Cpt. rend. des séances de la soc. de biol. Bd. 154, S. 1450. 1912.

[3]) URANO, F.: Zeitschr. f. Biol. Bd. 50, S. 212. 1908.

[4]) URANO, F.: Zeitschr. f. Biol. Bd. 51, S. 483. 1908.

[5]) FAHR, G.: Zeitschr. f. Biol. Bd. 52, S. 72. 1909.

[6]) EMBDEN, G. u. H. LANGE: Hoppe-Seylers Zeitschr. f. physiol. Chem. Bd. 130, S. 350. 1923; Klin. Wochenschr. Nr. 4, S. 129. 1924. — EMBDEN, G. u. E. ADLER: Hoppe-Seylers Zeitschr. f. physiol. Chem. Bd. 118, S. 1. 1922. — MITCHELL, WILSON u. STANTON: Journ. of gen. physiol. Bd. 4, S. 141. 1921.

Costantino[1]) bestimmte den Gehalt an anorganischen Bestandteilen in quergestreifter und glatter Muskulatur und erhielt die in der vorstehenden Tabelle 12 aufgeführten Werte.

Wie ersichtlich, bestehen Unterschiede im Na- und K-Gehalt zwischen glatter und quergestreifter, und auch hier zwischen roter und weißer Muskulatur. Der Cl-Gehalt der glatten Muskulatur ist größer als der der quergestreiften. Costantino[2]) glaubt wegen der hohen Na- und Cl-Werte in der glatten Muskulatur, daß diese beiden Elemente der glatten Muskelfaser selbst angehören.

Über die Mineralbestandteile des Herzmuskels orientiert Tabelle 13, welche die Angaben verschiedener Autoren wiedergibt:

**Tabelle 13.**
In 1000 g frischer Herzmuskulatur.

| | Beobachter | | | | |
|---|---|---|---|---|---|
| | v. Moraczewski[3]) Mensch | Lederer u. Stolte[4]) Mensch | Magnus-Lewy[5]) Mensch | Gley u. Richaud[6]) Hund | Lederer u. Stolte[4]) Hund |
| K | — | 2,64 | — | — | 3,45 |
| Na | — | 1,40 | — | — | 1,02 |
| Fe | — | — | 0,067 | — | — |
| Ca | 0,07 | — | 0,019 | 0,25—0,26 | — |
| Mg | — | — | 0,174 | — | — |
| P | 2,03 | 1,39 | — | — | 2,08 |
| Cl | 0,70 | 2,15 | 1,24 | — | 1,11 |
| S | — | 2,54 | — | — | 2,50 |

Im Herzmuskel des Kaninchens fanden Gley und Richaud[6]) 0,19‰ bis 0,25‰ Ca.

Die Zusammensetzung der Muskelasche zeigt unter dem „Einfluß der Ernährung und der Umwelt auf wachsende Tiere" bestimmbare Veränderungen, die von R. Degkwitz und Mitarbeitern[7]) beschrieben wurden.

Nach Neuschloss und Trelles[8]) befindet sich das K im Froschmuskel in drei verschiedenen Formen. Die erste Form diffundiert innerhalb 6 Stunden sehr leicht aus dem Muskelgewebe in eine isotonische Kochsalzlösung. Bleibt der Muskel in Verbindung mit seinem Nerven, so diffundiert die zweite Form ebenso leicht bei der Durchspülung von der Arterie aus in kaliumfreie Ringerlösung. Wird der Nerv durchschnitten, so bleibt nach den genannten Autoren dieser Anteil als dritte Form fest gebunden.

## VI. Quantitative Zusammensetzung des Muskels.

Für die Zusammensetzung der quergestreiften Muskulatur seien folgende, den Arbeiten verschiedener Forscher entlehnte Angaben wiedergegeben; die Milchsäure, deren wechselnde Mengen aus früheren Abschnitten hervorgehen, ist hierbei nicht berücksichtigt:

---

1) Costantino, A.: Biochem. Zeitschr. Bd. 37, S. 74. 1911; s. auch Meigs u. Ryan: Journ. of biol. chem. Bd. 11, S. 401. 1912.

2) Costantino, A.: Biochem. Zeitschr. Bd. 37, S. 74. 1911.

3) v. Moraczewski: Zeitschr. f. physiol. Chem. Bd. 23, S. 483. 1897.

4) Lederer u. Stolte: Biochem. Zeitschr. Bd. 35, S. 108. 1911.

5) Magnus-Lewy: Biochem. Zeitschr. Bd. 24, S. 363. 1910.

6) Gley u. Richaud: Journ. de physiol. et de pathol. gén. Bd. 12, S. 672. 1910.

7) Degkwitz, R. und Mitarbeiter: Zeitschr. f. Kinderheilk. Bd. 37, S. 80. 1924.

8) Neuschloss u. Trelles: Pflügers Arch. f. d. ges. Physiol. Bd. 204, S. 374. 1924.

| Muskeln von enthalten | Säugetieren[1])[2]) | Vögeln[2]) | Kaltblütern[2]) |
|---|---|---|---|
| | in 100 g frischer Substanz | | |
| Feste Stoffe | 20–28[3]) | 22,5–28,2 | 20 |
| Wasser | 72–80[3]) | 71,8–77,5 | 80 |
| Anorganische Stoffe | 1,0– 1,5 | 1,0– 1,9 | 1,0– 2,0 |
| Zusammensetzung der Asche s. oben S. 470. | | | |
| Organische Stoffe | 20,7 –26,3 | 21,7–26,3 | 18,0–19,0 |
| Eiweiß | 16,5 –20,9[4]) | 17,4–20,0 | 14,4–15,2 |
| Kreatin + Kreatinin | 0,27– 0,58 | 0,3– 0,5 | 0,23 |
| Karnosin | 0,2 – 0,3[5]) | | |
| Karnitin | 0,19– 0,3 | | |
| Purinkörper | 0,07– 0,23 | 0,07–0,13 | 0,053–0,088 |
| Harnstoff | 0,04– 0,14 | | |
| Aminosäuren | 0,1 – 0,7 | | |
| Glykogen | Spuren bis 7,7[6]) | 0,2–0,99[7]) | 0,2–2,0[6]) |

# Anhang.

## Glatte Muskeln.

Die Eiweißkörper der glatten Muskeln unterscheiden sich, soweit bis jetzt bekannt ist, nicht wesentlich von denen der quergestreiften. Von den Arbeiten über dieses Gebiet sei besonders auf die von MUNK und VELICHI[8]), BOTTAZZI[9]), VINCENT und LEWIS[10]), SWALE VINCENT[11]), v. FÜRTH[12]), QUAGLIARIELLO[13]) und SAXL[14]) hingewiesen. Letzterer hat das Verhältnis des Muskelplasmas zum Muskelstroma bei der glatten Muskulatur mit dem bei der quergestreiften verglichen und dabei gefunden, daß die erstere weniger Muskelplasma enthält als die quergestreifte.

Jedoch sind unsere Kenntnisse über dieses Gebiet noch recht lückenhaft und besonders die Ergebnisse der älteren Arbeiten bedürfen dringend einer Nachprüfung mit neueren Methoden.

Der Gehalt an stickstoffhaltigen Extraktivstoffen geht aus der Tabelle 7 (S. 460) hervor. Hier sei nur darauf hingewiesen, daß die Karnosinfraktion, ferner Kreatin und Kreatinin, aber auch die Purinkörper in wesentlich geringerer Menge vorhanden sind als in der Skelettmuskulatur.

Glykogen enthält die glatte Muskulatur nach SAIKI[15]) nur in Spuren, trotzdem histologische Arbeiten[16]) einen höheren Gehalt erwarten ließen. Lactacidogen konnte von EMBDEN[17]) und Mitarbeitern nicht nachgewiesen werden. Dennoch

[1]) FÜRTH, O. v.: Oppenheimers Handbuch der Biochemie, Bd. IV, S. 345. 1924. — FÜRTH, O. v. u. SCHWARTZ: Biochem. Zeitschr. Bd. 30, S. 413. 1911.
[2]) HAMMARSTEN, O.: Lehrbuch der physiologischen Chemie 1922.
[3]) COSTANTINO: Biochem. Zeitschr. Bd. 37, S. 74. 1911.
[4]) KOENIG, J.: Chemische Zusammensetzung der menschlichen Nahrungs- und Genußmittel, Bd. I, S. 2. 1903.
[5]) FÜRTH, O. v. u. HRYNTSCHAK: Biochem. Zeitschr. Bd. 64, S. 172. 1914.
[6]) NEUBERG u. REWALD in ABDERHALDEN: Biochem. Handlexikon, Bd. II, S. 255. 1911.
[7]) CRAMER: Zeitschr. f. Biol. Bd. 24, S. 78. 1888.
[8]) MUNK u. VELICHI: Zentralbl. f. Physiol. Bd. 12, 1.
[9]) BOTTAZZI: Zentralbl. f. Physiol. Bd. 15, S. 36. 1901.
[10]) VINCENT u. LEWIS: Journ. of physiol. Bd. 26, Proceedings XIX. 1901.
[11]) SWALE VINCENT: Hoppe-Seylers Zeitschr. f. physiol. Chem. Bd. 34, S. 417. 1901.
[12]) FÜRTH, O. v.: Hoppe-Seylers Zeitschr. f. physiol. Chem. Bd. 31, S. 338. 1900.
[13]) QUAGLIARIELLO: Arch. internat. de physiol. Bd. 16, S. 228. 1921.
[14]) SAXL: Beitr. z. chem. Physiol. u. Pathol. Bd. 9, S. 21. 1907.
[15]) SAIKI: Journ. of biol. chem. Bd. 4, S. 483. 1908.
[16]) BARFURT, P. H.: Arch. f. mikr. Anat. Bd. 25, S. 288. 1885. — ARNOLD: Ebenda Bd. 77, S. 346. 1911.
[17]) EMBDEN: Unveröffentlichte Versuche.

ist die glatte Muskulatur (Uterus) nach Befunden von HAGEMANN[1]) befähigt, Hexosediphosphorsäure zu spalten. Ohne Zusatz dieser Substanz bildet sie nur wenig Milchsäure, dagegen größere Mengen Phosphorsäure. Von COHN und MEYER[2]) wurde im Uteruspreßsaft 0,15—0,2%, im Muskelbrei des genannten Organs 0,13—0,15% Milchsäure gefunden. SAIKI[3]) hat die Milchsäure in der glatten Muskulatur der Blase und des Magens zu 0,05—0,07% bestimmt (ohne besondere Vorsichtsmaßnahmen).

Über den Fettgehalt liegen nur wenige Untersuchungen vor. HUGUENIN[4]) untersuchte den Fettgehalt des schwangeren und normalen Uterus und fand dabei, daß das immer in der Uterusmuskulatur nachweisbare Sarkoplasmafett im schwangeren Organ wesentlich vermehrt ist.

Der Wassergehalt der glatten Muskulatur ist größer als der der quergestreiften. Trockensubstanzgehalt der ersteren beträgt 20,51 gegenüber 24,93% bei der Skelettmuskulatur des Rindes[5]).

Bezüglich des Gehaltes an anorganischen Stoffen sei auf Tabelle 12 S. 472 hingewiesen.

Zum Schlusse mögen noch einige Zusammenstellungen von verschiedenen Bestandteilen der glatten Muskulatur angeführt werden.

Nach SAIKI[3]) enthält die glatte Muskulatur:

| | des Magens | der Blase |
|---|---|---|
| Wasser | 81,1% | 80,1% |
| Feste Stoffe | 18,9% | 19,9% |
| Ätherlösliche Stoffe | 1,2% | 3,5% |
| Stickstoff | 2,8% | 3,0% |
| Aschenbestandteile | 0,9% | 0,9% |

Vergleich der quergestreiften mit der glatten Muskulatur nach BOTTAZZI und QUAGLIARIELLO[6]):

| | Quergestreifter Muskel | Glatter Muskel |
|---|---|---|
| Feste Bestandteile | 7,43—8,91% | 5,87—6,81% |
| Eiweiß | 3,65—4,53% | 2,75—3,63% |
| Mineralstoffe | 1,739% | 1,15—1,32% |

[1]) HAGEMANN: Hoppe-Seylers Zeitschr. f. physiol. Chem. Bd. 93, S. 54. 1914.
[2]) COHN u. MEYER: Hoppe-Seylers Zeitschr. f. physiol. Chem. Bd. 93, S. 46. 1914.
[3]) SAIKI: Journ. of biol. chem. Bd. 4, S. 483. 1908.
[4]) HUGUENIN: Münch. med. Wochenschr. Bd. 59, S. 414. 1912.
[5]) COSTANTINO: Biochem. Zeitschr. Bd. 37, S. 52. 1915.
[6]) BOTTAZZI u. QUAGLIARIELLO: Arch. internat. de. physiol. Bd. 12, S. 234 u. 289 1912.

# Atmung und Anaerobiose des Muskels.

Von

**Otto Meyerhof**

Berlin-Dahlem.

Mit 6 Abbildungen.

## Zusammenfassende Darstellungen.

Verzár, Fritz: Der Gaswechsel des Muskels. Asher-Spiros Ergebn. d. Physiol. Bd. 15, S. 1. 1916. — v. Fürth, Otto: Die Kolloidchemie des Muskels und ihre Beziehungen zu den Problemen der Kontraktion und der Starre. Asher-Spiros Ergebn. d. Physiol. Bd. 17, S. 363. 1919. — v. Fürth: Stoffwechsel des Herzens und des Muskels. Oppenheimers Handbuch der Biochemie, 2. Aufl., Bd. 8, S. 31. 1923. — Hill, A. V., u. Otto Meyerhof: Über die Vorgänge bei der Muskelkontraktion. (2. Teil: Die chemischen und energetischen Verhältnisse bei der Muskelarbeit.) Asher-Spiros Ergebn. d. Physiol. Bd. 22, S. 328. 1923. — Meyerhof, Otto: Die Energetik des Muskels. Jahresber. üb. d. ges. Physiol. 1922. S. 309. — Meyerhof, Otto: Chemical dynamics of life phänomena. Chapter 3. London u. Philadelphia: Lippincott 1924. — Meyerhof, Otto: Über den Zusammenhang der Spaltungsvorgänge mit der Atmung in der Zelle. Ber. d. dtsch. chem. Ges. Bd. 58, S. 991. 1925.

Die Verknüpfung aller Erscheinungen in den Lebewesen, die ihnen die Bezeichnung des Mikrokosmos eingetragen hat, zeigt sich nirgends klarer als bei dem Versuche, die Atmung, Energetik und Thermodynamik des Muskels übersichtlich darzustellen. Diese Kapitel, obwohl im folgenden gesondert, bilden doch eine untrennbare Einheit, und auf der anderen Seite steht das Thema im engsten Zusammenhange einerseits mit der Zellatmung, andererseits aber mit dem Gesamtstoffwechsel der Lebewesen, sowie mit den intermediären Phasen des Kohlenhydratstoffwechsels, der, wie im folgenden näher erörtert wird, der Muskelatmung überwiegend zugrunde liegt. Es braucht nicht gesagt zu werden, daß der Muskel mit seinen mechanischen, thermischen und chemischen Äußerungen eine funktionelle Einheit ist und daß die ausschließliche Betrachtung des Muskels unter physikalischen Gesichtspunkten, wie sie bis zum Beginn des 20. Jahrhunderts üblich war, die Erkenntnis der Wirkungsweise der Muskelmaschine beträchtlich aufgehalten hat. Bei der Erforschung des Atmungsvorganges des Muskels muß man sich stets vor Augen halten, daß der Sauerstoffverbrauch und die Kohlensäurebildung nur *eine* Seite des Vorganges darstellen; die chemische Analyse hat zu zeigen, welche Stoffe oxydiert werden, auf welchem Wege und unter welchen Umständen. Weiterhin ist mit dem aeroben und anaeroben chemischen Geschehen eine bestimmte Wärmebildung verknüpft, deren Umfang und Ablauf zu den beobachteten chemischen Vorgängen in Beziehung gesetzt werden muß. Erst dadurch sind die nötigen Daten für die Muskelatmung gegeben; diese können einerseits für den Mechanismus der Zellatmung überhaupt verwertet werden, andererseits ist zu zeigen, welche Rolle sie in der Funktion des Muskels spielen. Die im folgenden mitgeteilten Tatsachen sind größtenteils neuen Datums. Man ersieht das vor allem aus dem Vergleich mit der bekannten Monographie von O. FRANK, „Thermodynamik des Muskels"[1]), vom Jahre 1904. In dieser mußte es z. B. noch unentschieden gelassen werden, ob der Muskel des Kaltblüters in der Ruhe überhaupt einen nachweislichen Stoffwechsel besitzt[2]).

Bei Übertragung der Ergebnisse vom isolierten überlebenden Organ auf die Vorgänge in situ müssen die quantitativen Änderungen berücksichtigt werden, die als Folge der Isolierung auftreten können. Beim Muskel ist das einmal die Abtrennung vom Zentralnervensystem, das, wie wir im folgenden sehen, einen Einfluß auf die Umsatzgröße ausüben kann, ferner besonders beim Warmblüter der Wegfall von Einflüssen hormonaler oder nervöser Natur, die im Dienste der Wärmeregulation stehen, und solcher, die im Zusammenhang der Organe in längerem Zeitraum eine Umbildung oder einen Ersatz von Nährstoffen veranlassen können. Noch viel weitgehender sind aber die Änderungen, wenn das überlebende Organ zerkleinert wird. In dem letzten Jahrzehnt sind zahlreiche Arbeiten über den Stoffwechsel des Muskelgewebes, d. h. der mechanisch zerkleinerten Muskulatur, angestellt, ohne daß immer beachtet worden ist, wie außerordentlich stark die chemischen Vorgänge dadurch in qualitativer und quantitativer Hinsicht beeinflußt werden. Aus diesem Grunde ist das Thema in folgende vier Abschnitte eingeteilt:

1. Gaswechsel des Muskels in situ.
2. Atmung und Anaerobiose des intakten isolierten Muskels bei Ruhe und Tätigkeit.
3. Atmung und Anaerobiose des Muskelgewebes.
4. Atmung des extrahierten Muskelgewebes.

# I. Atmung des Muskels in situ.

## 1. Durchströmungsversuche.

Die zahlreichen älteren Arbeiten über die Atmung des durchströmten Warmblütermuskels sind nach den Kritiken von VERZÁR[3]) und BARCROFT[4]) fast durchweg unbrauchbar, einmal weil die Durchströmung unzureichend war, und zweitens, weil eine quantitative Verwertung der Blutgasbestimmungen ohne Messung der Strömungsgeschwindigkeit des Blutes unmöglich ist. Vor dieser Kritik bestehen von älteren Arbeiten allein zwei Versuchsreihen von CHAUVEAU und KAUFFMANN[5]) am M. masseter und M. levator labii sup. des Pferdes. In einigen ihrer Versuche maßen CHAVEAU und KAUFFMANN Sauerstoff-, $CO_2$- und Glucosegehalt des arteriellen und venösen Blutes und ferner die Strömungsgeschwindigkeit am nichtnarkotisierten Tier. Sie fanden als Durchschnitt im ruhenden Muskel 0,00518 ccm $O_2$ pro g und Min., also 0,310 ccm $O_2$ pro Std. In mehreren Versuchen wurde der $O_2$- und Glucoseverbrauch bei Ruhe und Arbeit bestimmt. In der Ruhe betrug der Sauerstoffverbrauch 4,2 bis $11{,}67 \cdot 10^{-6}$ g pro g Muskel und Min. (= 0,0029 — 0,0082 ccm), der Glucoseverbrauch $6{,}98 \cdot 10^{-6}$ g bis

[1]) FRANK, O.: Thermodynamik des Muskels. Ergebn. d. Physiol. Bd. III, 2, S. 348. 1904.

[2]) FRANK, O.: Zitiert S. 387ff.

[3]) VERZÁR: Gaswechsel des Muskels. Asher-Spiros Ergebn. d. Physiol. Bd. 15, S. 1. 1916. Enthält die ältere Literatur mit 118 Literaturzitaten.

[4]) BARCROFT, J.: Respiratory function of the blood. Cambridge 1914 (University Press) Kap. VI, S. 73f.

[5]) CHAUVEAU u. KAUFFMANN: Cpt. rend. hebdom. des séances de l'acad. des sciences Bd. 103, S. 1063; Bd. 104, S. 1703; Bd. 105, S. 1765. 1887.

$63{,}58 \cdot 10^{-6}$ g. Bei der Arbeit stieg der Sauerstoffverbrauch auf 71,5 bis 201,9 mal $10^{-6}$ g $O_2$ pro g und Std., also aufs Zwanzigfache, der Glucoseverbrauch auf $70{,}26 \cdot 10^{-6}$ bis $223 \cdot 10^{-6}$. Während in der Ruhe keine Beziehung zwischen dem Glucoseverbrauch und der Sauerstoffaufnahme bestand (ersterer ist ums Mehrfache größer), stimmten in den verschiedenen Arbeitsversuchen die verbrauchten Gewichtsmengen Glucose und Sauerstoff auffällig genau überein. Da 1 g Sauerstoff 0,95 g Glucose verbrennt, könnte man diese Tatsache (ein Umstand, der Chaveau und Kauffmann selbst entgangen war und erst von Barcroft aus ihren Versuchen ausgerechnet wurde), als einen Hinweis darauf betrachten, daß der Muskel für die Arbeitsleistung ausschließlich Blutzucker verbrennt bzw. denselben unmittelbar zum Ersatz des verbrauchten Glykogens benutzt. In der Ruhe bestünde eine solche Beziehung nicht, sei es, daß Auffüllung und Entleerung der Glykogenspeicher hier nicht genau synchron sind, sei es, daß auch andere Substanzen oxydiert werden. Doch sind diese Ergebnisse von Chauveau und Kauffmann niemals mit modernen Methoden und umfassenden Kontrollen nachgeprüft und müssen daher als fraglich betrachtet werden.

Verzár maß mit den Methoden Barcrofts [1]) den Sauerstoffverbrauch des Musc. gastrocnemius der Katze in situ, bei der Ruhe und elektrischer Reizung. Bei Nervendurchschneidung und Urethannarkose ergab sich ein Ruheverbrauch zwischen 0,0083 und 0,0023 ccm $O_2$ pro 1 g und 1 Min., im Durchschnitt 0,00448 ccm, d. h. 0,270 ccm $O_2$ pro 1 g und 1 Std.; etwas weniger als bei Chauveau und Kauffmann am Pferd. Auffälligerweise sank der Verbrauch mit abnehmendem Sauerstoffdruck im Blut. Verzár schloß daraus, daß normaliter im ruhenden Muskel im Gegensatz zu anderen Organen der Sauerstoffdruck 0 herrscht. Eine gewisse Stütze erhielt diese Auffassung durch die Beobachtung Kroghs [2]), daß im ruhenden Muskel nur 1—5% der vorhandenen Capillaren offen ist, und die in Kroghs Laboratorium ausgeführten Versuche von Gaarder an Fischmuskeln [3]), die ein ähnliches Ergebnis wie Verzárs hatten. Andererseits konnten Freund und Janssen [4]) den Befund Verzárs nicht bestätigen, ebensowenig wie Nakamura [mit Barcrofts Methodik [5])]. Nur bei Durchströmungen unter 0,05 ccm Blut pro g und Min. und unter anderen ungünstigen Bedingungen machte sich in den Versuchen von Freund und Janssen eine solche Abhängigkeit geltend, die also nicht als normal betrachtet werden darf. Bei der elektrischen Reizung stieg in den Versuchen Verzárs der $O_2$-Verbrauch aufs mehrfache, wobei der Sauerstoffmehrverbrauch deutlich nach Ablauf der Kontraktion für einige Minuten anhielt. Dieser Befund ist, wenn auch die zeitlichen Verhältnisse nicht völlig normal sein sollten, zutreffend und von großer Wichtigkeit.

Barcroft und Kato [6]) und später Nakamura [7]) wiederholten im wesentlichen mit der gleichen Methodik Verzárs Versuche. Barcroft und Kato

---

[1]) Verzár: Gaseous metabolism of striated muscle in warmblooded animals. I. Journ. of physiol. Bd. 44, S. 243. 1912. — Influence of lack of oxygen on tissue respiration. Journ. of physiol. Bd. 45, S. 39. 1912.

[2]) Krogh: Number and distribution of capill. in muscle. Journ. of physiol. Bd. 52, S. 405. 1919. — Supply of oxygen to the tissues. Journ. of physiol. Bd. 52, S. 457. 1919. — Anatomie und Physiologie der Capillaren. Berlin: Julius Springer 1924.

[3]) Gaarder: Einfluß des Sauerstoffdrucks auf den Stoffwechsel. Biochem. Zeitschr. Bd. 89, S. 94. 1918.

[4]) Freund u. Janssen: Sauerstoffverbrauch des Skelettmuskels in Abhängigkeit von der Wärmeregulation. Pflügers Arch. f. d. ges. Physiol. Bd. 200, S. 96. 1923.

[5]) Nakamura: Journ. of physiol. Bd. 55, S. 100. 1921.

[6]) Barcroft u. Kato: Effects of functional activity in striated muscle and submax. gland. Philos. Trans. roy. soc. (B) Bd. 207, S. 149. 1915.

[7]) Nakamura: Oxygen use and muscle tone. Journ. of physiol. Bd. 55, S. 100. 1921.

fanden am Gastrocnemius vom Hunde nach Nervendurchschneidung einen $O_2$-Ruheverbrauch pro g und Min. von 0,017—0,005 ccm. Der Sauerstoffverbrauch schien um so mehr abzusinken, je längere Zeit seit der Nervendurchschneidung vergangen war, was auf abklingende Reizung bezogen werden kann. In einem längeren Experiment[1]) war der Verbrauch über 5 Std. lang ziemlich konstant 0,010—0,016 ccm $O_2$ pro g und Min., also etwa 0,760 ccm $O_2$ pro g und Std. Bei der Reizung stieg er aufs mehrfache. Auch hier hielt der erhöhte Sauerstoffverbrauch für längere Zeit, oft Stunden nach der Reizung an, doch ist diese persistierende Steigerung wohl auf eine Alteration des Muskels zu beziehen. Abb. 81 zeigt den Verlauf eines typischen Experiments. Nach 1 Std.

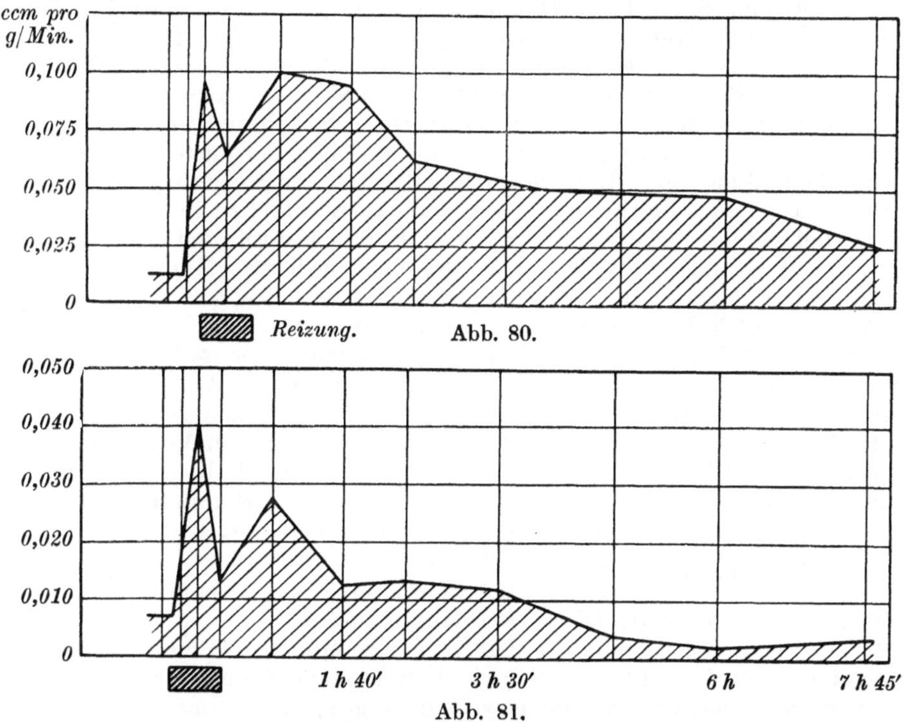


Abb. 80. Geschwindigkeit des Blutflusses. Abb. 81. Sauerstoffverbrauch. Ordinate in beiden Fällen: ccm pro g Muskel und Minute. Abzisse: Zeit vom Reizende an gemessen. Die Marke zeigt die Reizperiode an.

40 Min. ist der Verbrauch wieder auf dem durchschnittlichen Ruhewert. Die weiteren Schwankungen dürften nichts Direktes mit der Reizung zu tun haben. Die Zweigipfligkeit des Anstiegs ist wohl auch nur eine sekundäre Folge des entsprechenden ungleichmäßigen Blutabflusses (s. Abb. 80).

Nakamuras Resultate gestatten keine Berechnung in absolutem Maß. Doch fand er keine Abhängigkeit des Ruheverbrauches der Muskeln (Hinterschenkel der Katze) von der Sauerstoffzufuhr und keinen Einfluß der Durchschneidung der motorischen oder sympathischen Nerven auf dieselbe.

Freund und Janssen finden in der schon erwähnten Arbeit in den Hinterschenkeln der Katze einen Sauerstoffverbrauch in der Ruhe von 0,300—0,620 ccm $O_2$ pro g und Std., im Durchschnitt etwa 0,450 ccm, wobei, wie bei Nakamura,

[1]) Barcroft u. Kato: Zitiert auf S. 157.

Nervendurchschneidung und Curaresierung ohne Einfluß waren. Dabei schwankte die Muskeltemperatur zwischen 30,4 und 34,4°. Bei normaler Temperatur wäre also der Verbrauch noch 50% höher gewesen. Der Wert von Verzár, der noch geringer ist, dürfte wohl erheblich zu klein sein. Verzár hat den Gastrocnemius außer dem proximalen Ansatz aus dem Körper freigelegt und der Muskel hat sich vermutlich so stark unter Körpertemperatur abgekühlt.

## 2. Versuche am ganzen Organismus.

Die Arbeitsversuche am Menschen und Gesamttier, bei denen der Sauerstoffmehrverbrauch nahezu ganz auf die arbeitende Muskulatur bezogen werden kann, werden im Bd. 5 dieses Handbuches behandelt. Hier seien nur wenige erwähnt, die auf Grund der neuen Kenntnisse über den Stoffwechsel des isolierten Muskels angestellt sind. Von den Untersuchungen am Menschen seien in dieser Beziehung die von Hill, Lupton und Long[1]) hervorgehoben. Hill und Lupton maßen den Sauerstoffverbrauch während und nach starker körperlicher Arbeit. Es ergab sich bei athletischen Personen eine maximale Sauerstoffaufnahme von 5 Liter pro Min. Bei weiterer Steigerung der Leistung (Geschwindigkeit des Flachrennens) wird ein Sauerstoffdefizit im Körper hervorgerufen und entsprechend nach der Arbeit Extrasauerstoff aufgenommen, aus dem sich auf Grund der Gleichung S. 489 die angehäufte Milchsäure berechnen läßt. Das Sauerstoffdefizit betrug so maximal bei einem 72,5 kg wiegenden Athleten 13,25 Liter, entsprechend etwa 107 g Milchsäure (in schätzungsweise 25 kg Muskeln). Dieses Ermüdungsmaximum der Milchsäure (0,4%) stimmt ungefähr mit dem des isolierten Muskels überein. Weiter ließ sich auf indirektem Wege bestimmen, mit wieviel Sauerstoff die Milchsäure verschwand, 1. durch Messung der Kohlensäureretention, die durch das beim Verschwinden der Milchsäure freiwerdende Alkali veranlaßt wird, und 2. durch direkte Bestimmung der Milchsäure in Blutproben nach der Arbeit. In letzterem Falle wird der Milchsäuregehalt auf die Gesamtflüssigkeit des Körpers umgerechnet. Es ergibt sich so ein „Oxydationsquotient“ $\frac{\text{Milchsäure verschwunden}}{\text{Milchsäure äquivalente verbrannt}}$ von 4,2—9. Die Bedeutung wird später (Kap. II S. 489) erörtert.

In einer späteren Serie haben Hill und seine Mitarbeiter die mit der Milchsäurebildung und dem Milchsäureschwund zusammenhängenden Fragen bei der menschlichen Arbeitsleistung im einzelnen ausgearbeitet. Das wichtigste Ergebnis derselben neben den bisher aufgeführten ist, daß unabhängig von der Art der Ernährung der vollständige Zyklus einer kurzen und starken Muskelanstrengung, bestehend aus Arbeitsphase, Anfangs- und Endstadium der Erholung, den mittleren respiratorischen Quotienten von 1,0 hat, wobei Austreibung und Retention der Kohlensäure sich kompensieren, was der ausschließlichen Verbrennung von Kohlehydrat entspricht. Ein Herabgehen des r. Q. findet erst bei länger anhaltender Arbeit statt.

In den Versuchen von Barr und Himwich[2]) ist der Milchsäuregehalt des arteriellen und venösen Blutes menschlicher Muskeln während und nach der Arbeit verglichen. Es zeigt sich, daß die von den arbeitenden Muskeln während und kurz nach der Arbeit in das venöse Blut abgegebene Milchsäure bei dem erneuten Durchgang durch die ruhenden Muskeln teilweise verschwindet.

[1]) Hill, A. V., C. N. H. Long, H. Lupton u. K. Furusawa: Muscular exercise, lactic acid and the supply and utilisation of oxygen. Parts I—III, IV—VI, VII—VIII. Proceedings of the Royal Society, B, Vol. 96 und 97, 1924.

[2]) Barr u. Himwich: Physiology of muscular exercise. Comparison of arterial and venous blood following vigorous exercise. Journ. of biol. chem. Bd. 55, S. 525. 1923.

Dies könnte auf bloßer Verteilung der Milchsäure auf die Muskulatur beruhen, läßt aber die Möglichkeit zu, daß die ruhenden Muskeln mit an der Erholung der tätigen Muskeln beteiligt sind. Dies letztere aber folgt aus neuen Versuchen von O. MEYERHOF, ROLF MEIER und K. LOHMANN[1]) nach denen Froschmuskeln, die entweder mit milchsäurehaltiger, sauerstoffgesättigter Ringer-Lösung durchströmt oder in diese eingelegt werden, unter starker Atmungssteigerung an Glykogen zunehmen. Hierbei ist der Oxydationsquotient der Milchsäure 4 bis 5, genau wie bei der Erholung. Es folgt somit, daß in Gegenwart von Sauerstoff auch der ruhende Muskel zur Synthese der von außen zugesetzten Milchsäure zu Glykogen befähigt ist.

Am ganzen Kaltblüterorganismus ist der Sauerstoff- und Milchsäurestoffwechsel von O. MEYERHOF und R. MEIER[2]) in Hinblick auf den Chemismus der Muskulatur untersucht worden. Aus Messung der Atmung der isolierten Organe folgt, daß beim männlichen Frosch etwa 50% auf die Atmung der Muskeln entfallen, und zwar pro kg Frosch bei 15° durchschnittlich etwa 25 ccm $O_2$. Bei der gleichen Temperatur findet man während der Ruheanaerobiose in Stickstoff bei unbehandelten Fröschen 0,0375% Milchsäure pro Std. Hieraus berechnet sich ein Oxydationsquotient der Milchsäure von 4,6 (s. unten S. 489). Bei Durchschneidung der Nerven, Curaresierung oder Novocainlähmung usw. sinkt die Ruhemilchsäurebildung auf weniger als die Hälfte, nicht dagegen der Sauerstoffverbrauch. Ferner wurde direkt die Milchsäureanhäufung während der tetanischen Ermüdung des lebenden Frosches, sowie Sauerstoffverbrauch und Milchsäureschwund bei der Erholung bestimmt. Zur Messung der bei der Ermüdung anaerob angehäuften Milchsäure wurde ein Bein abgebunden und am Schluß des Versuches in diesem sowie in dem in der Zirkulation befindlichen Bein die Milchsäure bestimmt. In der Zwischenzeit wird die Erholungsatmung gemessen und in einer Vorperiode die Ruheatmung. Der Verlauf der Oxydationsgeschwindigkeit während einer unkomplizierten Erholung ist auf Abb. 82 abgebildet. Die bei der Ermüdung angehäufte Milchsäure betrug bei mittlerer Temperatur zwischen 0,26% und 0,45% (bezogen auf das Muskelgewicht), der Oxydationsquotient bei 15° im Durchschnitt 4,5. Die Geschwindigkeit der Erholungsoxydation zeigte zwischen 5° und 15° einen Temperaturkoeffizienten von etwa 4 pro 10°; zwischen 15° und 25° nur einen solchen von 1,23. Dementsprechend waren in 40 Min. bei 5° etwa 10%, bei 10° 28%, bei 15° 54%, bei 20° 60%, bei 24° 66% der vorhandenen Milchsäure geschwunden. Während der große Temperaturkoeffizient zwischen 5° und 15° zu beweisen scheint, daß hier die Geschwindigkeit der chemischen Erholungsreaktion im Muskel selbst gemessen wird, könnte bei höherer Temperatur ev. die Sauerstoffversorgung bei der unvollständigen Arterialisierung des Froschblutes der begrenzende Faktor sein. Andererseits berechnet sich aus den Versuchen von HILL und LUPTON am Menschen, daß hier $^2/_3$ des Er-

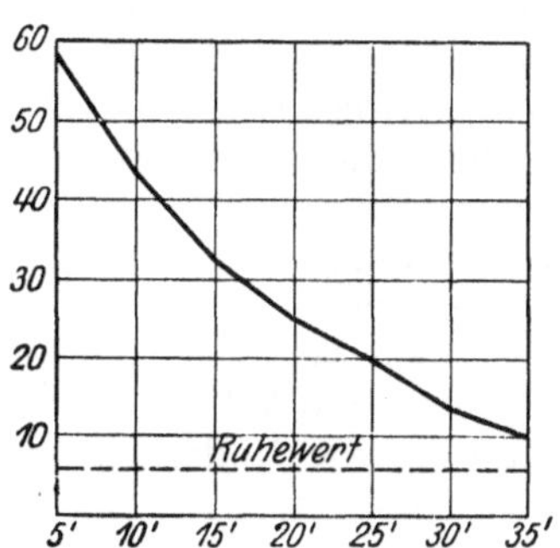

Abb. 82. Oxydationsgeschwindigkeit in der Erholungsperiode nach elektrischer Reizung. Ordinate: mm Druckabnahme pro 5 Min., ausgezogene Gerade: Erholungsatmung; gestrichelte Gerade: Ruheatmung.

[1]) MEYERHOF, O.: Klin. Wochenschr. Jg. 4, Nr. 8, S. 341. 1925. — MEYERHOF, O., K. LOHMANN u. R. MEIER: Synthese des Kohlenhydrats im Muskel. Biochem. Zeitschr. Bd. 157, S. 459. 1925.

[2]) MEYERHOF, O., u. R. MEIER: Milchsäurestoffwechsel im lebenden Tier. Pflügers Arch. f. d. ges. Physiol. Bd. 204, S. 448. 1924.

holungssauerstoffs bereits in $1^1/_2$ Min. verbraucht sind. Schließlich zeigt sich im Muskel des lebenden Frosches die Größe des Oxydationsquotienten der Milchsäure abhängig von der Temperatur; er betrug bei 5° 1,1, bei 10° 1,9, bei 15° 4,3, bei 20° 4,8. Er scheint danach um so größer zu sein, je rascher die Erholung von statten gehen kann.

## II. Atmung und Milchsäurebildung des intakten isolierten Muskels.

### 1. Ruheatmung.

#### a) Atmungsgröße.

Wenn die Größe der Ruheatmung des isolierten Muskels den Sinn eines reproduzierbaren Naturfaktors beansprucht, so müssen bei ihrer Messung eine Reihe von Bedingungen erfüllt sein. 1. Die Sauerstoffversorgung muß so ausreichend sein, daß in keinem Teil des Muskels der Sauerstoffdruck 0 herrscht, und daß die Atmung durch Erhöhung der Sauerstoffkonzentration nicht ansteigt. 2. Die Bedingungen, unter denen sich der Muskel befindet, müssen den normalen wenigstens soweit entsprechen, daß seine Atmung für mehrere Stunden konstant bleibt, und 3. darf durch die Vorbehandlung keinerlei „Erregung" hervorgerufen werden. Schließlich hängt die Atmung in bekannter Weise von der Temperatur ab. Beim Warmblütermuskel ist besonders Punkt 1 schwer zu erfüllen, beim Kaltblütermuskel spielen andererseits leichte Dauererregungen vor der Präparation eine Rolle in dem Sinn, daß die Atmung durch sie erhöht wird.

#### α) Säugetiermuskeln.

Unter Kontrolle der ersten Bedingung — zureichender Sauerstoffversorgung — ist am isolierten Säugetiermuskel, soviel mir bekannt, außer einer Angabe von WARBURG, NEGELEIN und POSENER[1]) nur eine Versuchsreihe von O. MEYERHOF und H. E. HIMWICH[2]) ausgeführt über Sauerstoffverbrauch und Kohlensäureproduktion am Zwerchfell von Ratte und Maus. Kennt man die Größenordnung der zu erwartenden Atmung, so kann man theoretisch das Zureichen der Sauerstoffversorgung berechnen auf Grund der Formel von O. WARBURG[3])

$$d' = \sqrt{8 c_0 \frac{D}{A}}\,.$$

Hier bedeutet $d'$ die Grenzschnittdicke, die noch eine ausreichende Sauerstoffversorgung der innersten Teile der Schicht oder des Gewebsschnittes garantiert, $c_0$ den äußeren Sauerstoffdruck in Atmosphären, $D$ den von KROGH bestimmten Diffusionskoeffizienten des Sauerstoffs in dem betreffenden Gewebe und $A$ die Atmung in ccm $O_2$ pro g und Min. $D$ ist von KROGH bei 20° für den Muskel zu $1{,}4 \cdot 10^{-5}$ bestimmt, wenn das Gefälle eine Atmosphäre pro cm beträgt. Dabei nimmt $D$ pro 1° um 1% zu. Setzen wir für $A$ die höchsten im vorstehenden Abschnitt angegebenen Werte über die Ruheatmung des durchströmten Warmblütermuskels ein, von 0,70 ccm $O_2$ pro g und Std., d. h. $A = 0{,}011$, so erhalten wir in reinem Sauerstoff ($c_0 = 1$) $d' = 0{,}10$ cm. Diese Bedingung ist bei dem

[1]) WARBURG, NEGELEIN u. POSENER: Klin. Wochenschr. Jg. 3, S. 1062. 1924.
[2]) MEYERHOF, O., u. H. E. HIMWICH: Kohlenhydratumsatz des Warmblütermuskels, speziell bei einseitiger Fetternährung. Pflügers Arch. f. d. ges. Physiol. Bd. 205, S. 415. 1924. siehe auch O. MEYERHOF, K. LOHMANN u. R. MEIER: Biochem. Zeitschr. Bd. 157, S. 459. 1925.
[3]) WARBURG, O.: Biochem. Zeitschr. Bd. 142, S. 317. 1923.

Zwerchfell kleinerer und mittlerer Ratten erfüllt, dessen Dicke im Hauptteil = 0,6 mm ist, sowie bei dem Zwerchfell von Mäusen, wo sich die Dicke zu 0,4 mm ergibt. Die von O. MEYERHOF und H. E. HIMWICH gefundenen Werte sind die folgenden:

ccm Sauerstoff pro g Feuchtgewicht und Stunde verbraucht vom Diaphragma (38°)

| von | in Ringer-Bicarbonat | | in Ringer-Phosphat | |
|---|---|---|---|---|
| | | Durchschnitt | | Durchschnitt |
| großen Ratten (130 bis 280 g) . . . . | 0,89 bis 1,10 | **1,00** | 0,82 bis 1,20 | **1,10** |
| kleinen (jungen) Ratten (50 bis 80 g) . | 1,36 „ 1,76 | **1,45** | 1,32 „ 2,30 | **1,88** |
| Mäusen (20 bis 25 g) . . . . . . . . | 1,83 „ 2,60 | **2,22** | 2,00 „ 2,63 | **2,25** |

Der Sauerstoffverbrauch ist also noch erheblich höher als sich aus den Versuchen BARCROFTS und seiner Mitarbeiter ergibt. Ferner sieht man, daß der Sauerstoffverbrauch im Muskelgewebe der kleineren Tiere größer ist, entsprechend dem größeren Gesamtumsatz des kleineren Säugers pro Gewichtseinheit, und ferner, daß er in Ringer-Phosphatlösung höher ist als in Ringer-Bicarbonat. Dies letztere hängt vielleicht mit der Verletzung der Muskulatur zusammen, indem das äußere Phosphat die Herausdiffusion des in den Fibrillen befindlichen Phosphates hemmt[1]). Übereinstimmend mit den Befunden am Kaltblütermuskel wird durch Zusatz von Milchsäure und ebenso von Brenztraubensäure die Atmung des Zwerchfells erhöht und bleibt unter diesen Umständen für viele Stunden vollständig konstant. Während im Froschmuskel der Glykogenschwund dem Sauerstoffverbrauch etwa entspricht (s. unten S. 485), ist dies im isolierten Zwerchfell nicht der Fall. Ein nicht unbeträchtlicher Teil der Atmung in zuckerfreier Lösung muß auf Eiweißoxydation bezogen werden (etwa 15%), ein weiterer auf Fettverbrennung, da unter diesen Bedingungen nur etwa die Hälfte des Sauerstoffverbrauchs durch Kohlenhydratschwund gedeckt ist. (S. die angeführte Arbeit von O. MEYERHOF, K. LOHMANN und R. MEIER.)

### β) Kaltblüter-Muskel.

Viel genauer sind die Atmungsvorgänge am Kaltblütermuskel untersucht worden, und an diesem sind neben dem Gaswechsel auch die chemischen, thermischen und mechanischen Vorgänge so vollständig studiert worden, daß die Untersuchungen an diesem Objekt die wesentliche Aufklärung über den Chemismus des Muskels geliefert haben. Es werden im folgenden zunächst die absolute Größe der Atmung, dann die chemischen Vorgänge in Abwesenheit und Anwesenheit von Sauerstoff und im folgenden Abschnitt die Vorgänge bei der Ermüdung und Erholung des Muskels behandelt.

Die ersten Atmungsversuche am überlebenden Kaltblütermuskel, in denen mit moderner Methodik Sauerstoff und Kohlensäure unter konstanten Bedingungen gemessen wurden, stammen von THUNBERG[2]), der darin bereits zeigte, daß der respiratorische Quotient fast genau 1 ist, ferner, daß die Atmung durch Gefrieren und Zerstampfen des Muskels stark absinkt. Bald darauf wies er nach[3]),

[1]) In noch nicht veröffentlichten Versuchen fand O. MEYERHOF, daß die Atmung des isolierten Säugetiermuskels in Serum nicht höher ist als in Ringer-Phosphatlösung, während die Atmung der Leber darin beträchtlich steigen kann.

[2]) THUNBERG: Mikrorespiratorische Untersuchungen über den Gasaustausch der Muskeln. Festschr. f. Hammarsten XIX, Upsala 1906.

[3]) THUNBERG: Studien über die Beeinflussung des Gasaustausches überlebender Froschmuskeln durch verschiedene Stoffe. I. Mitt. Skandinav. Arch. f. Physiol. Bd. 22, S. 406. 1909.

daß die Atmung der Muskulatur durch bloße Zerschneidung an Stelle feiner Zerreibung erhöht wird. (Die Versuche mit zerschnittener Muskulatur werden im Kapitel III genauer behandelt.) Schließlich fand er auch eine Erhöhung des Sauerstoffverbrauches durch elektrische Reizung der intakten Froschmuskeln, die längere Zeit über die Reizperiode hinaus anhielt. Diese Befunde haben sich als zutreffend bewährt. In quantitativer Beziehung sind allerdings die THUNBERGschen Angaben nicht genau, vor allem, weil in seiner Versuchsanordnung (ganze Froschschenkel!) die Sauerstoffversorgung vielfach nicht ausreichend war. — Dagegen ist dieser Bedingung sehr leicht zu genügen bei Benutzung isolierter Gastrocnemien und Sartorien. Mit der obigen Formel von WARBURG ist leicht zu berechnen, daß Sartorien bereits in Ringerlösung, die mit 60% Sauerstoff gesättigt ist, aber selbst kleinere Gastrocnemien in sauerstoffgesättigter Ringerlösung oder feuchter Sauerstoffatmosphäre im ganzen physiologischen Temperaturbereich (bis zu 22° C) für die Ruheatmung ausreichend mit Sauerstoff versorgt sind; anders für die Erholungsatmung, wie später erörtert wird.

PARNAS[1]) hat an isolierten Gastrocnemien in Sauerstoff zuerst Atmungsmessungen vorgenommen. Er fand, daß die Atmung bei Herausnahme aus dem Körper zuerst absinkt und dann für lange Zeit (1—2 Tage) konstant bleibt. Die anfängliche Steigerung bezieht er auf die Reizung bei der Präparation des Muskels.

Systematische Untersuchungen über die Atmungsgröße isolierter Froschgastrocnemien und Sartorien sind von O. MEYERHOF ausgeführt[2]), die in weiteren Arbeiten kontrolliert und vermehrt worden sind. Danach beträgt die Atmungsgröße unter Normalbedingungen bei 7° C zwischen 7 und 12 cmm $O_2$, bei 14° zwischen 14 und 28 cmm $O_2$, bei 22° zwischen 28 und 48 cmm $O_2$ pro 1 g und 1 Std. Die Atmung der verschiedenen Muskeln desselben Frosches ist bei vorsichtiger Präparation ungefähr gleich. Jedoch kann schon durch leichte Reizung oder Alteration die Atmung beträchtlich erhöht werden, so daß selbst die symmetrischen Gastrocnemien desselben Frosches oft nicht genau gleiche Atmungsgröße zeigen. Die niedrigsten und gleichmäßigsten Werte geben die Muskeln der Hungerfrösche im Winter, während andererseits im Sommer gelegentlich noch höhere Werte als die als obere Grenze angegebenen erreicht werden. In diesem Fall ist es aber unsicher, ob die Muskeln noch als normal betrachtet werden können. Von A. V. HILL ist gezeigt[3]), daß die Wärmebildung frisch gefangener Frösche pro kg und Std. in den ersten Wochen während des Hungerns dauernd absinkt, und zwar von 0,55 cal pro ccm Frosch und Std. bis 0,26 cal. Nach etwa 15 Tagen Hunger bleibt diese Größe konstant.

## b) Chemische Vorgänge.

Zum Verständnis der chemischen Vorgänge bei der Atmung seien zunächst die Erscheinungen der Anaerobiose betrachtet. Schon in älterer Zeit war hierbei das Auftreten von Kohlensäure und Milchsäure beobachtet. Hiervon haben die Beobachtungen über das Auftreten der Kohlensäure, denen ein großes Maß von

---

[1]) PARNAS, J.: Über das Wesen der Muskelerholung. Zentralbl. f. Physiol. Bd. 30, S. 1. 1915.

[2]) MEYERHOF, O.: Zur Atmung der Froschmuskulatur. Pflügers Arch. f. d. ges. Physiol. Bd. 175, S. 20. 1919. — Energieumwandlungen im Muskel. II. Pflügers Arch. f. d. ges. Physiol. Bd. 182, S. 284. 1920.

[3]) HILL, A. V.: Total energy exchanges of cold blooded animals during rest. Journ. of physiol. Bd. 43, S. 379. 1911.

Arbeit zugewandt wurde, nur noch ein historisches Interesse, nachdem bereits FLETCHER auf verschiedene Weise zeigen konnte, daß das Auftreten der Kohlensäure keinen Schluß auf eine *Produktion* von Kohlensäure zuläßt, sondern daß es sich dabei entweder um vor der Anaerobiose angehäufte Atmungskohlensäure oder andere präformierte Kohlensäure handeln dürfte, die durch Milchsäure ausgetrieben wird[1]).

Es ließ sich dann durch Vergleich des gesamten $CO_2$-Gehaltes des Muskels vor und nach der Anaerobiose und der während derselben in den Gasraum abgegebenen in bestimmter Weise zeigen, daß es keinerlei anaerobe $CO_2$-Produktion im Muskel gibt[2]).

Nachdem das Auftreten der Milchsäure im Muskel, besonders bei gewissen Zustandsänderungen, der Ermüdung und Starre, schon früher verschiedentlich beobachtet war, vor allem von DUBOIS-REYMOND im Jahre 1859 und RANKE 1865, haben zuerst systematisch FLETCHER und HOPKINS in ihrer bekannten Arbeit das Auftreten der Milchsäure unter den verschiedensten Umständen im Muskel verfolgt[3]). Der entscheidende Fortschritt in ihrer Arbeit, der sie über die Widersprüche, Unsicherheiten und Irrtümer ihrer Vorgänger weit hinaushob und ihr eine epochemachende Bedeutung verschaffte, war ein methodischer. Sie zeigten, daß bei dem bisherigen Verfahren, die Milchsäure aus dem Muskel zu gewinnen, eine mehr oder minder große Neubildung von Milchsäure stattfindet und gaben eine Methode an, bei der dieses vermieden wird. Dadurch wurde es möglich, quantitativ den Verlauf der Milchsäurebildung im Muskel zu verfolgen. Eins ihrer Resultate war, daß auch der intakte ruhende Muskel in Abwesenheit von Sauerstoff eine langsame konstante Milchsäurebildung zeigt. Dabei konnte bei nachherigem Zusatz von Sauerstoff die Milchsäure allmählich wieder verschwinden. Bei 12° betrug die Milchsäurebildung in 20 Std. etwa 0,09%, bei 18° C 0,20%, bei 21° 0,28% Milchsäure (bezogen auf das Muskelgewicht). In späteren Versuchen fand O. MEYERHOF, daß diese Werte gut 30% zu niedrig sind, da die Methode des Milchsäurenachweises der englischen Autoren Verluste von dieser Größe bedingt. Hiernach beträgt die anaerobe Milchsäurebildung in intakten unabgehäuteten Froschschenkeln pro Stunde bei 15° 0,007–0,010%, bei 20° 0,014–0,020%, bei 22° 0,024%. Unter gleichen Umständen ist sie bei Temporarien etwas größer als bei Esculenten. Bei ersteren ergab sich bei 20° 0,019–0,020%, bei letzteren 0,014–0,016% pro Std.

Kommen wir nunmehr auf die Vorgänge im Sauerstoff wieder zurück, so finden wir bei der Ruheatmung einen respiratorischen Quotienten von fast genau 1 und stellen in längerem Zeitraum ein Verschwinden von Kohlenhydrat, zur Hauptsache von Glykogen, fest, welches annähernd dem aufgenommenen Sauerstoff äquivalent ist.

Ein derartiges Experiment ergibt z. B. das folgende[4]): Muskeln $45^1/_2$ Std. bei 14° in Sauerstoff. Die symmetrischen Schenkel von 4 kleinen Fröschen vorher und nachher verarbeitet; ausgenommen die Gastrocnemien, in denen der Sauerstoffverbrauch gemessen wurde.

---

[1]) FLETCHER: The Survival Respiration of Muscle. Journ. of physiol. Bd. 23, S. 10. 1898. — The $O_2$ Discharge of excised Tissue. Journ. of physiol. Bd. 23, Suppl. S. 15–16. — Influence of oxygen upon the survival respiration of Muscle. Journ. of physiol. Bd. 28, S. 354 u. 474. 1902. — FLETCHER u. BROWN: $CO_2$-production of heat rigor in muscle. Journ. of physiol. Bd. 48, S. 177. 1914.

[2]) MEYERHOF, O.: Arch. f. d. ges. Physiol. Bd. 195, S. 64. 1922.

[3]) FLETCHER u. HOPKINS: Lactic acid in amphibian muscle. Journ. of physiol. Bd. 35, S. 247. 1906/07.

[4]) MEYERHOF, O.: Pflügers Arch. f. d. ges. Physiol. Bd. 185, S. 21. 1920.

mg Kohlenhydrat (als Glukose) in 1 g Muskel.

| | Vorher | Nachher | Differenz |
|---|---|---|---|
| Glykogen . . . . . . . | 9,62 | 8,93 | – 0,69 |
| Niedere Kohlenhydrate | 1,49 | 0,95 | – 0,54 |
| Summa | 11,11 | 9,88 | – 1,23 |

Sauerstoffverbrauch pro 1 g und 1 Std. 21,5 cmm $O_2$ oder in $45^1/_2$ Std. 980 cmm = 1,40 mg $O_2$.

1,40 mg $O_2$ oxydieren 1,31 mg Zucker. Dafür verschwinden 1,23 mg Zucker.

Vergleichen wir nunmehr die anaerobe Milchsäurebildung mit dem Sauerstoffverbrauch in gleichen Zeiten und bei gleicher Temperatur, so zeigt sich, daß sich im ersten Fall etwa dreimal soviel Milchsäure angehäuft hat als durch den gleichzeitig aerob aufgenommenen Sauerstoff hätte verbrannt werden können. Bringt man nach der Anaerobiose den Muskel in Sauerstoff, so wird eine bestimmte Menge Extrasauerstoff — Erholungssauerstoff — aufgenommen, wobei die Milchsäure schwindet.

Dieser Extrasauerstoff ist ebenfalls nur $^1/_3$—$^1/_4$ desjenigen, der zur Oxydation der Milchsäure ausgereicht haben würde, und ist daher annähernd gleich dem in der Anaerobiose in Wegfall gekommenen. Weitere Versuche, vor allem am tätigen Muskel (s. unten) zeigten dann, daß der nicht verbrannte Teil der verschwundenen Milchsäure in Kohlenhydrat, zum größten Teil in Glykogen, zurückverwandelt ist. Die Formulierung dieser Vorgänge wird im nächsten Abschnitt im Anschluß an den Tätigkeitsstoffwechsel gegeben, wo auch kurz die mutmaßliche Bedeutung der Ruheatmung erörtert wird. Indes zeigen schon die angeführten Tatsachen, daß wir den Stoffwechsel des Muskels als fakultativ anaerob bezeichnen können. Dies wird besonders klar unter Berücksichtigung der energetischen Verhältnisse, indem während der Zeit der Anaerobiose nahezu die Hälfte der Energie umgesetzt wird, wie in gleicher Zeit in der Oxybiose.

## 2. Die Vorgänge bei der Tätigkeit.

### a) Größe der Erholungsatmung.

Ehe wir uns dem Chemismus der Muskeltätigkeit zuwenden, seien kurz die quantitativen Verhältnisse der Sauerstoffaufnahme berührt. Wird der Muskel

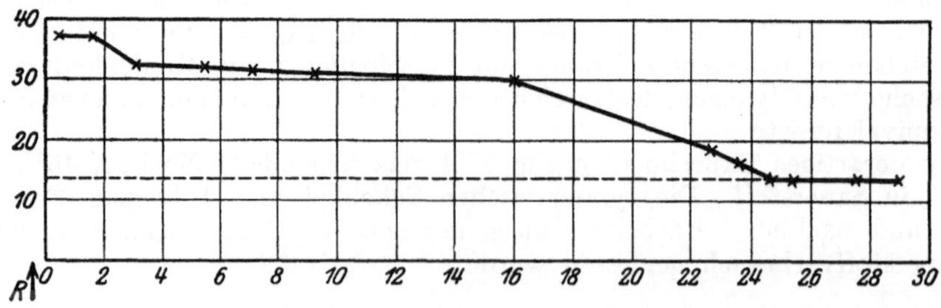


Abb. 83. Kurve der Atmungssteigerung nach erschöpfender Reizung mit Einzelreizen. Abszisse: Zeit in Stunden. Ordinate: cmm $O_2$ pro $1^h$ (Oxydationsgeschwindigkeit). Die gestrichelte Gerade zeigt den Ruheumsatz an. *R*: Reizende.

gereizt, so steigt sein Sauerstoffverbrauch. Diese Tatsache ist am isolierten Muskel, wie oben dargestellt, schon von Thunberg demonstriert worden[1]).

[1]) Thunberg: Festschr. f. Hammarsten S. 17.

In seinen Versuchen ist bereits gezeigt, ebenso wie in denen von VERZÁR und BARCROFT und KATO, daß die Erhöhung des Sauerstoffverbrauches der Muskelkontraktion nachfolgt. Allerdings muß die lange Dauer der Erholungsperiode nach der Kritik von HILL in den letztgenannten Versuchen auf den schlechten Zustand des Muskels bezogen werden. Andererseits ist sie in denen von THUNBERG zweifellos durch unzureichende Sauerstoffversorgung mit bedingt. Quantitativ wurde der Erholungssauerstoff zuerst von PARNAS gemessen, der zeigte, daß nach elektrischer Ermüdung des Muskels die Erhöhung des Sauerstoffverbrauches viele Stunden anhält, bis er wieder auf die Ruheatmung absinkt. Genauer wurden die Verhältnisse von O. MEYERHOF verfolgt, der die gesamte Menge aufgenommenen Erholungssauerstoffs mit dem Schwund der Milchsäure verglich[1]). Die beifolgenden Abb. 83 und 84 zeigen die Kurven der Atmungssteigerung nach erschöpfender Reizung. Gleichzeitig ließ sich aber berechnen, daß die lange Dauer der Erholungsperiode durch die langsame Sauerstoffdiffusion bedingt ist. Nur bei Temperaturen unter 5° ist der chemische Erholungsprozeß selbst so verlangsamt, daß er nach kompletter Ermüdung über 20 Stunden erfordert. Tatsächlich läßt sich die dem chemischen Prozeß selbst zukommende Reaktionsgeschwindigkeit am ausgeschnittenen Muskel nur dann messen, wenn bei der Tätigkeit nicht mehr Sauerstoff verbraucht wird als im Muskel gelöst ist. Dies ist nur bei der Reizung mit ganz kurzen Tetani in großen Intervallen möglich und läßt sich hier nicht mehr mittels Sauerstoffmessung, sondern nur noch auf myothermischem Wege bestimmen, wie es HARTREE und HILL getan haben. Die Versuche werden daher erst im nächsten Abschnitt des Buches besprochen. Dagegen ist die *Menge* aufgenommenen Erholungssauerstoffes in jedem Falle nahezu unabhängig von der Temperatur (s. Abb. 84) und hängt allein von der Art der Reizung, d. h. der bei der Ermüdung angehäuften Milchsäuremenge ab. Diese Vorgänge besprechen wir daher im nächsten Absatz.

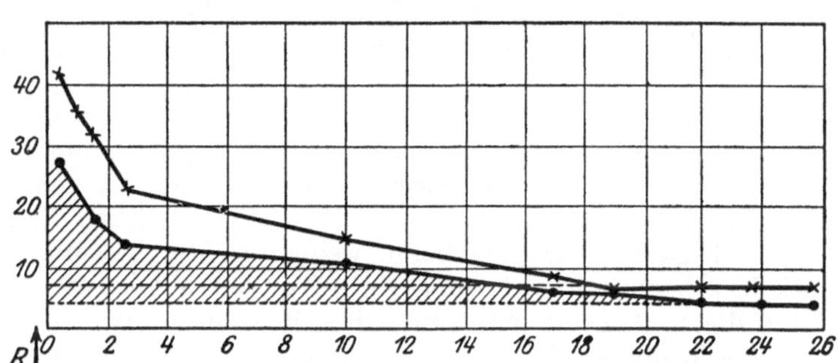


Abb. 84. Kurven der Atmungssteigerung nach tetanischer Ermüdung. Abszisse: Stunden. Ordinate: cmm $O_2$ pro $1^h$. Erholung bei 14° ✶—✶, bei 7,5° •—•. Die entsprechenden gestrichelten Geraden geben den Ruheumsatz an. Das schraffierte Feld zeigt den Erholungssauerstoff bei 7,5° an. *R*: Reizende.

## b) Chemische Vorgänge bei der Tätigkeit.

### α) Während der Ermüdungsphase.

Ermüdet man den Muskel bei zureichender Sauerstoffversorgung, so zeigt die chemische Analyse nur, daß eine bestimmte Menge Glykogen geschwunden, eine entsprechende Menge Sauerstoff verbraucht und Kohlensäure aufgetreten ist. Tatsächlich haben sich aber hier, wie sich nach dem myothermischen Verfahren von HILL und HARTREE ergibt, dieselben Vorgänge abgespielt, die sich mit chemischen Mitteln analysieren lassen, wenn wir den Muskel in Abwesenheit

[1]) MEYERHOF: O.: Pflügers Arch. f. d. ges. Physiol. Bd. 182, S. 284. 1920.

von Sauerstoff ermüden und ihn nachträglich in Sauerstoff zurückbringen, wobei er sich erholt. Wie Fletcher und Hopkins zuerst zeigten[1]), häuft sich bei der Ermüdung eine bestimmte Menge Milchsäure an, bis die Erregbarkeit des Muskels erlischt. Dieses Ermüdungsmaximum sollte nach den Autoren nahezu konstant sein und etwa bei 0,18% Milchsäure, bezogen auf das Frischgewicht des Muskels, gelegen sein. Wie O. Meyerhof zeigte, ist ein solches Ermüdungsmaximum der Milchsäure zweifellos vorhanden, jedoch ist seine Höhe unter verschiedenen Umständen variabel. Bei tetanischer Ermüdung liegt es bei 0,24%, bei Ermüdung mit Einzelreizen etwa bei 0,4% Milchsäure (15°). Ferner steigt es beträchtlich mit der Temperatur. An symmetrischen Muskeln desselben Frosches ergab sich z. B. (tetanische Reizung) bei 5° das Ermüdungsmaximum zu 0,15% und zu 0,24% bei 21°. Bei Temperaturen unter 3° liegt es bei etwa 0,04%. Weiter ist es abhängig von der Jahreszeit und sinkt bei Hungerfröschen im Winter dauernd ab. Schließlich ist es bei isometrischer Ermüdung höher, als wenn der Muskel sich unbelastet isotonisch verkürzen kann. Andererseits ist es nahezu gleich, ob der Muskel direkt oder durch den Nerven gereizt wird, es ist also eine ausschließliche Eigenschaft der Muskelsubstanz. Bei ganz frisch gefangenen Herbstfröschen kann man besonders durch Reizung in größeren Intervallen in Froschschenkeln in Stickstoff ein Ermüdungsmaximum bis 0,6% Milchsäure erzielen. Das Herabgehen des Maximums bei Hungerfröschen ist durch ein Sinken der Pufferkapazität der Muskeln bedingt, indem hier mit einer kleineren Milchsäurekonzentration die gleiche Wasserstoffzahl des Muskels erreicht wird wie bei Herbstfröschen mit hohem Maximum[2]).

Für die Bedeutung des Ermüdungsmaximums ist von besonderer Wichtigkeit, daß es, wie Meyerhof und unter seiner Leitung K. Matsuoka zeigte[3]), beträchtlich erhöht werden kann, wenn man durch Einbringen des Muskels in stark bicarbonathaltige Lösung einen Teil der Milchsäure dem Muskel entzieht. Unter diesen Umständen kann das Maximum über 0,5% Milchsäure (statt 0,3% der Kontrollen) liegen. Dabei findet entsprechend der Mehrbildung von Milchsäure eine erhöhte anaerobe Arbeitsleistung statt. Ein anderer Einfluß auf das Ermüdungsmaximum als die Entfernung der Milchsäure aus dem Innern des Muskels ließ sich nicht auffinden. Aus diesen Versuchen ergibt sich, daß nicht, wie es von Fletcher und Hopkins vermutet war, eine in beschränkter Menge vorhandene Milchsäurevorstufe, sondern die Anhäufung der Milchsäure selbst das Ermüdungsmaximum bedingt. Gleichzeitig mit dem Auftreten der Milchsäure schwindet das Glykogen, während die Menge niederer Kohlenhydrate sich nicht wesentlich ändert[5]). Auf die energetische Bedeutung dieses Prozesses kommen wir in dem nächsten Abschnitt zu sprechen (S. 516).

### β) Während der Erholungsperiode.

Wie sich zeigte[4]), ist in der Erholungsperiode Milchsäureschwund und Sauerstoffverbrauch fest gekoppelt, und zwar schwindet bei totaler Ermüdung die Milchsäure unter Aufwendung eines Quantums Sauerstoff, das nur hinreichen würde, um $^1/_4$ derselben zu verbrennen. Hierbei bildet sich Kohlensäure mit dem respiratorischen Quotienten 1. Der nicht verbrannte Anteil der Milchsäure

---

[1]) Fletcher u. Hopkins: Zitiert auf S. 485.

[2]) Meyerhof, O., u. K. Lohmann: Pflügers Arch. f. d. ges. Physiol. 1925.

[3]) Matsuoka, K.: Anaerobe Ermüdung des Muskels. Pflügers Arch. f. d. ges. Physiol. Bd. 202, S. 573. 1924.

[4]) Meyerhof, O.: Pflügers Arch. f. d. ges. Physiol. Bd. 182, S. 284. 1920; Bd. 185, S. 11. 1920.

[5]) Vorläufige Angaben hierüber bei Parnas und Wagner: Zitiert auf S. 493.

ist aber quantitativ wieder zu Kohlenhydrat, im wesentlichen zu Glykogen zurückverwandelt.

Zur Illustrierung dieser wichtigen Verhältnisse sei die Bilanz eines Versuches angeführt[1]). Reizung 15 Min. mit Einzelinduktionsschlägen, Erholung 23 Std. bei 14° in Sauerstoff.

mg pro 1 g Muskel.

| Substanz | Vor Erholung | Nach Erholung | Differenz |
|---|---|---|---|
| Glykogen als Glucose berechnet . . | 3,37 | 4,75 | + 1,38 |
| Niedrige Kohlenhydrate . . . . . . | 2,01 | 1,66 | − 0,35 |
| Zusammen | 5,38 | 6,41 | + 1,03 |
| Milchsäure . . . . . . . . . . . . | 2,56 | 0,44 | − 2,12 |

Sauerstoffverbrauch: Erholungssauerstoff in 23 Std. (über Ruheumsatz) 0,66 mg, dazu Ruheverbrauch 0,54 mg $O_2$, zusammen 1,20 mg Sauerstoff, welche 1,12 mg Kohlenhydrat verbrennen können. Von den 2,12 mg Milchsäure, die nach der Erholung verschwunden sind, sind mithin 1,12 mg durch Oxydation beseitigt, der Rest, 1,0 mg, ohne Oxydation. Dafür sind 1,03 mg Kohlenhydrat neu gebildet.

Sowohl bei Ermüdung wie Erholung zeigt der Gehalt der niederen Kohlenhydrate nur geringe Schwankungen in verschiedener Richtung, während die Speichersubstanz, aus der die Milchsäure stammt und in die sie sich wieder zurückverwandelt, das Glykogen selbst ist.

Die chemischen Vorgänge bei der Tätigkeit sind also mit denen bei der Ruhe identisch, nur erheblich gesteigert. Obendrein zeigt sich das Verhältnis: $\frac{\text{Milchsäure geschwunden}}{\text{Milchsäure-äquivalente oxydiert}}$, der „Oxydationsquotient der Milchsäure“, bei der Erholung nach der Tätigkeit in der Regel größer als in der Ruhe. Bei diesem Quotienten handelt es sich also nicht um eine stöchiometrische Beziehung. Seine Größe bestimmt vielmehr, wie im nächsten Kapitel näher dargelegt wird, den wechselnden Nutzeffekt des Erholungsvorganges. Es ist aber zweckmäßig, die sich hier bei der Ermüdung und Erholung abspielenden Vorgänge schematisch in stöchiometrischer Proportion zu formulieren. Nimmt man die Erfahrungen hinzu, die EMBDEN[2]) hinsichtlich der Hexosediphosphorsäure als Zwischensubstanz des Zuckerzerfalls („Lactacidogen“) gesammelt hat, und ferner die später angeführten über die Milchsäurebildung in der zerschnittenen Muskulatur, so gelangen wir zu der von O. MEYERHOF vorgeschlagenen Formulierung:

A. Anaerobe Phase

$$\begin{aligned} &5/n\,(C_6H_{10}O_5)_n(\text{Glykogen}) + 5\,H_2O + 8\,H_3PO_4 \\ &\rightarrow 4\,C_6H_{10}O_4(H_2PO_4)_2 + C_6H_{12}O_6 + 8\,H_2O \\ &\rightarrow 8\,C_3H_6O_3 + 8\,H_3PO_4 + C_6H_{12}O_6\,. \end{aligned}$$

B. Oxydative Phase

$$\begin{aligned} &8\,C_3H_6O_3 + 8\,H_3PO_4 + C_6H_{12}O_6 + 6\,O_2 \\ &\rightarrow 4\,C_6H_{10}O_4(H_2PO_4)_2 + 6\,CO_2 + 14\,H_2O \\ &\rightarrow 4/n\,(C_6H_{10}O_5)_n + 8\,H_3PO_4 + 6\,CO_2 + 10\,H_2O\,. \end{aligned}$$

Dazu ist zu bemerken, daß auch, wenn der Muskel in Sauerstoff arbeitet, stets Milchsäure auftritt, was durch die Wärmemessungen von HILL und HARTREE

[1]) MEYERHOF, O.: Pflügers Arch. f. d. ges. Physiol. Bd. 182, 313. 1920.
[2]) Siehe das vorhergehende Kapitel.

gesichert ist. Die Oxydation des Zuckers hat mithin immer eine anaerobe Phase. Es ist dabei ebenso möglich, ja wahrscheinlich, daß der Zucker als solcher verbrennt statt der ihm äquivalenten Milchsäure. Um diesen Punkt unbestimmt zu lassen, ist in der obigen Formulierung neben der entstehenden und rückverwandelten Milchsäure noch 1 Zuckermolekül mehr aufgeführt. Man kann sogar nach Versuchen am Modell vermuten, daß auch der der Oxydation unterliegende Zucker zuvor mit Phosphorsäure verestert wird und auf diese Weise aus der bei der Spaltung des Glykogens entstehenden Glucose Fructose wird[1]). Unabhängig von der quantitativen Formulierung können wir den sich abspielenden Vorgang durch das folgende Symbol ausdrücken:

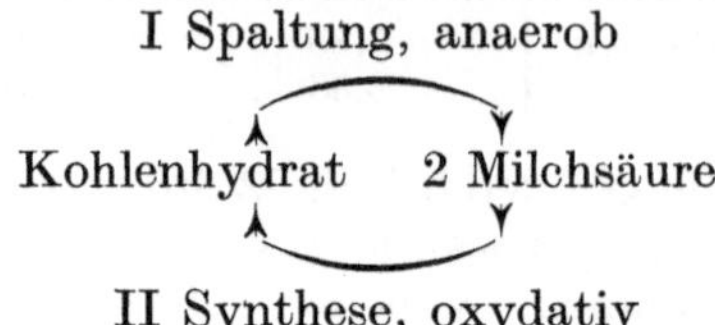


Es besteht ein Kreislauf des Kohlenhydrats, wobei in der ersten Phase Milchsäure freiwillig aus Kohlenhydrat entsteht, während in der zweiten Phase die Säure unter Aufwand von Oxydationsenergie wieder in die Ausgangsform zurückverwandelt wird.

Falls der Zucker selbst in Koppelung mit der Rückverwandlung der Milchsäure verbrennt[2]), könnte man annehmen, daß als gemeinsames Molekül der gekoppelten Reaktion, das nach der Theorie der gekoppelten Reaktionen von Ostwald erfordert wird, Methylglyoxal figuriert und dann sowohl bei der Rückverwandlung der Milchsäure in Kohlenhydrat wie bei der Oxydation des Kohlenhydrats auftreten könnte. Weiterhin ist durch die Versuche Neubergs und seiner Schüler wahrscheinlich gemacht, daß die Oxydation über Acetaldehyd verläuft[3]). Schließlich besteht die Möglichkeit, daß die Rückverwandlung der Milchsäure statt mit der Oxydation von Kohlenhydrat auch mit der anderer Verbindungen, z. B. mit einer von Fett, gekoppelt sein könnte. Dieser Fall muß ins Auge gefaßt werden, um die Verarbeitung des Fettes für die Arbeitsleistung ohne erhebliche Herabsetzung des Nutzeffektes verständlich zu machen, besonders, wenn der tierische Organismus Fett nicht in Kohlenhydrat umwandeln kann. Mit isolierten Muskeln haben sich allerdings bisher keine bestimmten Anhaltspunkte dafür finden lassen, daß in der Erholungsperiode etwas anderes als Kohlenhydrat im Muskel oxydiert wird[4]).

Die Erkenntnis, daß die chemischen Vorgänge bei der Arbeit und Ruhe übereinstimmen und im ersteren Fall nur gesteigert sind, führt zu der naheliegenden Hypothese, daß die Bedeutung der Ruheatmung des Muskels in der Aufrechterhaltung eines labilen Zustandes besteht, charakterisiert wahrscheinlich durch einen mittleren Grad von Permeabilität der Trennungsschichten von Enzym und Substrat, welche auf einen Reiz hin plötzlich gesteigert werden kann. Auf Grund der bestehenden geringen Permeabilität würde ein langsamer Zerfall des Zuckers zu Milchsäure dauernd stattfinden. Der Sauerstoff diente dann zu

---

[1]) Siehe O. Meyerhof u. K. Matsuoka: Über den Mechanismus der Fructoseoxydation in Phosphatlösungen. Biochem. Zeitschr. Bd. 150, S. 1. 1924.

[2]) Siehe hierzu auch Philip H. Shaffer: Intermediary metabolism of carbohydrate. Physiol. reviews. Bd. 3, S. 394. 1923.

[3]) Siehe Neuberg u. Gottschalk: Biochem. Zeitschr. Bd. 146, S. 164. 1924.

[4]) Siehe hierzu O. Meyerhof u. H. E. Himwich: Pflügers Arch. f. d. ges. Physiol. Bd. 205, S. 415. 1924. — Lusk, G.: Biochem. Zeitschr. Bd. 156, S. 334. 1925. — Meyerhof, O.: Biochem. Zeitschr. Bd. 158, S. 218. 1925.

fortwährender Beseitigung der spontan aufgetretenen Milchsäure. So stünde die Ruheatmung letzten Endes im Dienst der Arbeitsbereitschaft des Muskels.

Als historische Reminiscenz verdient es hervorgehoben zu werden, daß bereits HELMHOLTZ[1]) als 24jähriger Forscher fand, daß nach ermüdender Reizung ausgeschnittener Froschschenkel die alkohollöslichen Bestandteile derselben zunehmen, während die alkoholunlöslichen, aber wasserlöslichen, abnehmen. Diese Beobachtung, die damals nicht erklärbar war, ist zutreffend. Die abnehmende alkoholunlösliche aber wasserlösliche Substanz ist nämlich Glykogen, die entsprechend dafür aufgetretene alkohollösliche Substanz ist Milchsäure.

## 3. Einfluß äußerer Agentien auf Atmung und Milchsäurebildung des Muskels.

Die Atmungsbeeinflussung durch von außen zugesetzte chemische Stoffe wird dadurch kompliziert, daß die Atmungsgröße vor allem durch die Konzentration der Milchsäure im Muskel bestimmt wird. Daneben gibt es noch eine direkte Wirkung von Substanzen auf die Atmung. Die Art des Zusammenhanges zwischen Milchsäurebildung und Atmung wird beim Stoffwechsel des Muskelgewebes genauer besprochen, weil er hier besser studiert ist. Am durchsichtigsten ist die Wirkung der Blausäure. Diese beeinflußt die Milchsäurebildung gar nicht, während sie die Atmung des Muskels stark hemmt; nur höhere Cyanidkonzentrationen steigern die Milchsäurebildung etwas, wahrscheinlich wegen der Erhöhung der Alkalescenz. Die indifferenten Narkotica steigern die anaerobe Milchsäurebildung in ausgesprochenem Maße. Auf der anderen Seite hemmen sie die Oxydation in der Muskulatur wie in anderen Zellen. Da jedoch die Atmungsgröße durch die vorangehende Milchsäurebildung bestimmt wird, so ergibt sich das eigentümliche Resultat, daß im unermüdeten Muskel die Atmung durch Narkotica beschleunigt wird, weil die Steigerung der Milchsäurebildung nach obiger Gleichung A (s. S. 489) die direkte Hemmung der Oxydation überwiegt. Untersucht man jedoch die Wirkung der Narkotica bei dem ermüdeten Muskel, dessen Atmung schon an und für sich durch die Anwesenheit der Milchsäure gesteigert ist, so tritt jetzt die Atmungshemmung direkt in Erscheinung. Z. B. ergab sich die Oxydationsgröße im unermüdeten Muskel (Sartorius) pro g und Std. bei 14° zu 18,5 cmm $O_2$; mit 7% Äthylalkohol zu 25 cmm $O_2$. Dagegen nach 20 Min. langer tetanischer Ermüdung pro g und Std. direkt 57 cmm $O_2$, mit 7% Äthylalkohol 45 cmm $O_2$. Eine enorme, aber nicht ganz regelmäßige Steigerung der Atmung ruft Coffein hervor, und zwar ebenfalls auf dem Umweg über die Steigerung der Milchsäurebildung. Der Sauerstoffverbrauch pro g und Std. steigt hier z. B. von 27 cmm $O_2$ auf 260 cmm $O_2$. Ähnlich verhält sich die Steigerung der Milchsäurebildung (0,13% Coffein).

Nach EMBDEN und H. LANGE[2]) steigert Rohrzuckerlösung die Atmungsgröße mehrfach mit Ringerlösung ausgewaschener Sartorien unter Umständen beträchtlich, bei 18° bis auf 180 cmm $O_2$ pro g und Std.; allerdings nur in einzelnen Fällen, ohne daß die Ursache dieser Unterschiede klar ist. Die Autoren machen die Hypothese, daß diese Steigerung durch Quellung des Sarkoplasmas verursacht sei.

Der Zusammenhang von Atmungsgröße und Milchsäurekonzentration wird besonders klar erwiesen durch die Versuche von O. MEYERHOF und K. LOHMANN[3]), nach denen die Atmung des Muskels durch Einlagerung in milchsäurehaltige

---

[1]) HELMHOLTZ: Über den Stoffverbrauch bei der Muskelaktion. Müllers Archiv 1845.

[2]) EMBDEN, G. u. A. LANGE: Muskelatmung und Sarkoplasma. Zeitschr. f. physiol. Chem. Bd. 125, S. 258. 1923.

[3]) MEYERHOF, O., u. K. LOHMANN: Zitiert auf S. 482.

Ringerlösung um 100—150% steigt, wobei die Milchsäure zu Glykogen synthetisiert wird. Die Milchsäure ließ sich vollständig ersetzen durch Brenztraubensäure, die ebenfalls, und zwar unter Reduktion, zu Glykogen synthetisiert wird, wobei die Atmung um einen ähnlichen Betrag ansteigt. Auch in diesem Fall ergibt sich für das Verhältnis: $\frac{\text{synthetisiertes Kohlehydrat}}{\text{oxydiertes Kohlehydrat}}$, das dem Oxydationsquotienten entspricht, ein Wert von 4—5.

## III. Atmung und Anaerobiose des Muskelgewebes.

### 1. Atmungsgröße.

Wird der Muskel mechanisch zerkleinert, so steigt sein Sauerstoffverbrauch. Diese Tatsache ist zuerst von Thunberg beschrieben worden, doch handelte es sich in seinen Versuchen um eine sehr geringfügige Steigerung (20—30%), was jedenfalls zum Teil an unzureichender Sauerstoffversorgung lag. Parnas[1]) beschrieb später, daß die Atmung durch Zerschneidung bis aufs 5fache gesteigert wird. In weiteren Versuchen fand O. Meyerhof[2]), daß bei ausreichender Sauerstoffversorgung (reine $O_2$-Atmosphäre) und feiner Zerschneidung die Atmung in 1,5% $K_2HPO_4$-Lösung etwa bis aufs 8fache, in phosphathaltigem Muskelkochsaft (bei 22°) aufs 10—12fache gesteigert wird und darin für 6 bis 7 Std. vollständig konstant bleibt. Der Muskelkochsaft wird durch Kochen gleicher Teile zerschnittener Muskulatur und 1,5% Kaliumphosphatlösung, Filtration durch Glaswolle und Neutralisation gegen Phenolphthalein hergestellt. Bei der Wirkung der Zerkleinerung handelt es sich nicht etwa um Erleichterung der Sauerstoffdiffusion, welche, wie schon oben dargelegt ist, auch im intakten Muskel in reinem Sauerstoff zureichend ist. Vielmehr ergibt die nähere Analyse, daß die Gesamtheit der chemischen Vorgänge durch die Zerschneidung gesteigert wird, und zwar in ähnlichem Umfange wie bei der Reizung des intakten Muskels. Bei 22° erhält man im günstigsten Milieu 450—500 cmm $O_2$ pro g und Std. Bei 14°, wo die Atmung nur in reiner Phosphatlösung bestimmt wurde, ergab sich etwa 200 cmm $O_2$ pro g und Std. (Steigerung aufs Zehnfache).

### 2. Chemische Vorgänge.

Bereits Fletcher und Hopkins zeigten, daß durch mechanische Zerkleinerung die Milchsäurebildung des Muskels sehr gesteigert ist. Allerdings erschien es nach ihren Versuchen, als ob der Akt der Zerschneidung selbst hier wirksam ist, und daß *nach* der Zerschneidung die Milchsäure nur noch langsam zunimmt. O. Meyerhof wies jedoch nach, daß das Zerschneiden selbst nur eine ganz unbedeutende Milchsäurebildung auslöst, daß aber der zerschnittene Muskel etwa mit der 20—30fachen Geschwindigkeit Milchsäure bildet, wie der intakte ruhende Muskel. Wird die zerschnittene Muskulatur ohne weiteren Zusatz sich selbst überlassen, so kommt die Milchsäurebildung zum Stillstand, wenn der Gehalt etwa 0,5% Milchsäure beträgt, also dem von Fletcher und Hopkins gefundenen Starremaximum entspricht. Indes zeigte bereits Laquer[3]), daß das Starremaximum auf Selbsthemmung durch Säure zurückgeführt werden muß, und daß bei einem Zusatz von Natriumbicarbonat zur zerschnittenen Muskulatur statt

[1]) Parnas, J.: Zentralbl. f. Physiol. Bd. 30, S. 1. 1915.

[2]) Meyerhof, O.: Über die Atmung der Froschmuskulatur. Pflügers Arch. f. d. ges. Physiol. Bd. 175, S. 20. 1920.

[3]) Laquer, Fr.: Hoppe-Seylers Zeitschr. f. physiol. Chem. Bd. 93, S. 60. 1914/15.

0,5% bis zu 0,8% Milchsäure gebildet werden kann. Nach O. MEYERHOF[1]) ist auch das Bicarbonat noch keineswegs das geeignetste Milieu, sondern vielmehr sekundäre Phosphatlösung. In dieser werden die vorhandenen Kohlenhydrate anaerob nahezu restlos aufgespalten. Es gibt dann also überhaupt kein Starremaximum, sondern der Umfang der Milchsäurebildung wird nur durch den Gehalt an Kohlenhydrat bestimmt. Das Glykogen schwindet dabei total, während von den etwa 0,2% betragenden niederen Kohlenhydraten des Muskels ein gewisser Rest, etwa die Hälfte, zurückbleibt. Dieser Rest hat vielleicht mit dem Milchsäurestoffwechsel nichts zu tun. Das Phosphat läßt sich durch keine andere Puffersubstanz von der gleichen $p_H$ ersetzen. Dies ist ein starkes Argument zugunsten der Vorstellung, daß das Phosphat an der Milchsäurebildung beteiligt ist. Auch in diesen Versuchen ergab sich, daß die Äquivalenz von Kohlenhydratschwund und Milchsäurebildung vollkommen ist[2]), und daß die frühere Annahme von PARNAS und WAGNER[3]), nach der sich unbekannte Zwischenprodukte anhäufen sollten, den Tatsachen nicht entsprach.

Befindet sich die in Phosphatlösung suspendierte Muskulatur in Sauerstoff, so tritt auch hier Milchsäure auf, aber außerordentlich viel langsamer als anaerob. Ein genauer Vergleich der Milchsäurebildung in An- und Abwesenheit von Sauerstoff mit der gleichzeitigen Sauerstoffaufnahme und Kohlensäurebildung lehrt, daß auch hier der Sauerstoff das Mehrfache an Milchsäure zum Verschwinden bringt als durch ihn verbrannt wird; in der ersten Stunde etwa das 5fache. Ein derartiger Versuch ist auf Abb. 85 dargestellt. Auch hier ist der nichtverbrannte Teil der Milchsäure mindestens zum Teil in Kohlenhydrat zurückverwandelt, wenn auch die Äquivalenz weniger vollkommen ist als in anderen Fällen.

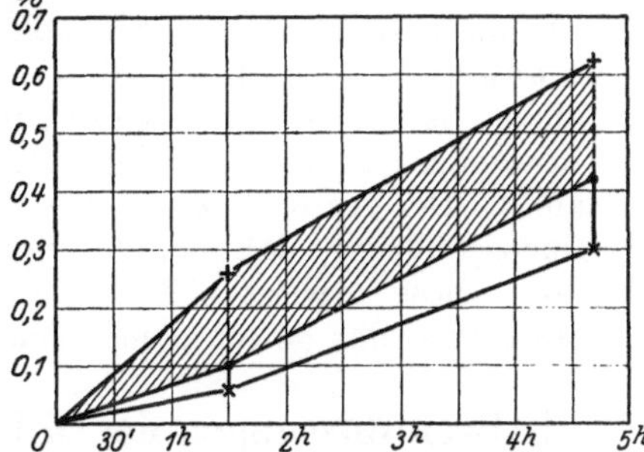


Abb. 85. Atmung und Milchsäureschwund in der zerschnittenen Muskulatur. + + Milchsäurebildung in $H_2$; × × Milchsäurebildung in $O_2$; ⫯ Verbrannte Milchsäure; ---- Anoxydativ verschwundene Milchsäure.

(FLETCHER und HOPKINS glaubten, daß der Sauerstoff ohne Einfluß auf die Milchsäurebildung des zerschnittenen Muskels sei. Dieser Irrtum rührt daher, daß in ihren Versuchen die zerschnittene Muskulatur nicht in Flüssigkeit suspendiert und erst zu einer Zeit untersucht wurde, wo die Atmung stark abgefallen sein mußte und das Milchsäuremaximum nahezu erreicht war. Da das Milchsäuremaximum aber durch die Säuerung des Muskels hervorgerufen wird, ist es natürlich in An- und Abwesenheit von Sauerstoff dasselbe.)

## 3. Zusatz von Zucker.

Ehe der Verlauf der Kohlenhydratspaltung im Muskelgewebe nicht aufgeklärt war, konnte es auch nicht gelingen, von außen zugesetzten Zucker durch Muskulatur zu spalten. Vielmehr beruhten, wie FLETCHER in einer berechtigten Kritik der früheren Angaben dieser Art hervorhebt[4]), die damaligen Befunde

[1]) MEYERHOF, O.: Pflügers Arch. f. d. ges. Physiol. Bd. 188, S. 119. 1921.

[2]) Diese Resultate, wie einige andere wurden bestätigt durch FOSTER und MOYLE (unter HOPKINS): Interconversion of carbohydrate and lactic acid. Biochem. journ. Bd. 15, S. 672. 1921.

[3]) PARNAS u. WAGNER: Kohlenhydratstoffwechsel der Amphibienmuskeln. Biochem. Zeitschr. Bd. 61, S. 387. 1914. Siehe auch Biochem. Zeitschr. Bd. 116, S. 71. 1921.

[4]) FLETCHER: Journ. of physiol. Bd. 43, S. 286. 1911.

auf Irrtum, meist durch bakterielle Infektion. In der Tat wird ja in dem sich selbst überlassenen zerschnittenen Muskelgewebe die Spaltung nicht begrenzt durch den Vorrat an Kohlenhydrat, sondern durch die Säurehemmung, und ebensowenig hängt die Geschwindigkeit des Prozesses von dem Gehalt an Glucose oder an Glykogen ab, sondern höchstens von der Konzentration eines unbekannten Zwischenproduktes. Läßt man dagegen die in Phosphatlösung suspendierte Muskulatur ihr präformiertes Glykogen vollständig spalten, so kann man jetzt, wie O. Meyerhof zeigte, durch Zuckerzusatz eine erhebliche Mehrbildung an Milchsäure erzielen, und zwar sowohl mit Glykogen, Hexosephosphorsäure als auch verschiedenen Hexosen. In den Versuchen betrug die Mehrbildung aus Glykogen bis zu 0,6% Milchsäure und aus Hexosen 0,1—0,4%. Laquer[1]), der unabhängig zu demselben Ergebnis kam, fand weiterhin, daß große jahreszeitliche Unterschiede bei den Fröschen bestehen, daß sowohl die Muskeln von Sommerfröschen als auch von Winterfröschen, die längere Zeit bei 24° gehalten sind, zur Umwandlung von zugesetztem Kohlenhydrat in Milchsäure sehr befähigt sind, die Muskulatur unbehandelter Winterfrösche dagegen nur sehr schwach. Ferner wies er nach, daß die verschiedenen Kohlenhydrate verschieden leicht in Milchsäure umgewandelt werden, besonders dann, wenn man statt der physiologischen Temperaturen von 14° oder 20° höhere anwendet. Bei 45° wird nur aus Glykogen und Hexosephosphorsäure, aber nicht aus Glucose Milchsäure gebildet. Bei 30° geschieht dies zwar auch, aber in weniger großem Umfang als aus Glykogen. Galactose ist nahezu unwirksam[2]). Der Autor bezieht das verschiedene Verhalten des Glykogens und der Glucose darauf, daß bei der Spaltung des Glykogens zunächst $\alpha$-Glucose entsteht. Diese erweist sich als viel wirksamer zur Milchsäurebildung wie $\beta$-Glucose, bzw. das gewöhnliche Gleichgewichtsgemisch aus $\alpha$- und $\beta$-Glucose[3]).

## 4. Beeinflussungen der Milchsäurebildung und Oxydation.

Es scheint nur wenig Substanzen zu geben, die die Milchsäurebildung herabsetzen. Als eine solche ergab sich oxalsaures Natrium, das in $^{n}/_{20}$-Lösung die Milchsäurebildung um 90% hemmt[4]). Dagegen wird durch Narkotica die Geschwindigkeit der Milchsäurebildung erhöht; in noch höherem Grade durch Coffein und Natriumarseniat. Durch 0,4% Natriumarseniat und durch 0,15% Coffein wird sie um annähernd 100% gesteigert. Die Steigerung durch Natriumarseniat ist besonders interessant, weil, wie Harden und Young zuerst zeigten[5]), Natriumarseniat auch die alkoholische Gärung steigert, und zwar durch Aktivierung des Hexosephosphorsäure-spaltenden Fermentes, der Hexosephosphatase.

Die Wirkungsweise des Coffeins ist hier die gleiche wie im intakten Muskel. Ein ähnliches Verhalten zeigen auch andere Contractursubstanzen, insbesondere die Narkotica. Äthylalkohol steigert z. B. in 3—7 proz. Lösung die Milchsäurebildung um 30%. Die Wirkung auf die Oxydationsgeschwindigkeit ist wieder in erster Linie bestimmt durch die Milchsäurebildung. So steigern Natriumarseniat und Coffein in der angegebenen Konzentration die Atmung um 80 und 150%. Andererseits hemmt Natriumoxalat die Atmung ähnlich wie die Milchsäure-

[1]) Laquer, Fr.: Hoppe-Seylers Zeitschr. f. physiol. Chem. Bd. 116, S. 196. 1921.

[2]) Laquer, Fr.: Hoppe-Seylers Zeitschr. f. physiol. Chem. Bd. 122, S. 26. 1922; Bd. 124, S. 211. 1923.

[3]) Laquer, Fr., u. K. Griebel: Hoppe-Seylers Zeitschr. f. physiol. Chem. Bd. 138, S. 148. 1924.

[4]) Meyerhof, O.: Pflügers Arch. f. d. ges. Physiol. Bd. 188, S. 114. 1921.

[5]) Harden u. Young: Effect of arsenates and arsenites on the fermentation of yeast juice. Proc. of the roy. soc. of London Bd. 53, S. 452. 1911. Siehe auch O. Meyerhof: Zur Kinetik der zellfreien Gärung. Hoppe-Seylers Zeitschr. f. physiol. Chem. Bd. 102, S. 185. 1918.

bildung. Dagegen wirken die Narkotica spezifisch hemmend auf den Oxydationsvorgang, und so hemmt 3—7proz. Äthylalkohol die Atmung um 30 bis 50%. — Blausäure hemmt in $^{n}/_{5000}$-Lösung die Atmung etwa 50%, in $^{n}/_{500}$ 95%, während die Milchsäurebildung nicht beeinflußt wird. Man kann die Wirkung der verschiedenen Substanzen auf Atmung und Milchsäurebildung so erklären, daß eine lose Koppelung zwischen der anaeroben und aeroben Phase der Atmung besteht. Dann muß jede Steigerung der Atmung durch Steigerung der Milchsäurebildung bedingt sein und umgekehrt jede Herabsetzung der Milchsäurebildung Herabsetzung der Atmung zur Folge haben, während jeweils das Umgekehrte nicht stattzufinden braucht. Diese Regel scheint ziemlich allgemein zuzutreffen.

Fortgelassen sind bei dieser Betrachtung solche Substanzen, die neben den Kohlenhydraten vom Muskelgewebe oxydiert werden können und dadurch die Oxydationsgeschwindigkeit steigern. Diese werden im nächsten Abschnitt betrachtet.

## IV. Atmung des extrahierten Muskelgewebes.

### 1. Wirkung des Muskelkochsaftes.

Daß durch die Extraktion des Muskelgewebes mit Wasser die Atmung herabgesetzt und durch Zusatz des wässerigen Auszuges wieder erhöht werden kann, ist zuerst von den Schweizer Autoren BATELLI und STERN beschrieben worden[1]). Allerdings haben ihre Feststellungen verschiedentlich starke Kritik erfahren. HARDEN und MACLEAN[2]) kamen sogar zu der Schlußfolgerung, daß die Ergebnisse auf Bakterienverunreinigung zurückzuführen seien. Das ist allerdings allgemein nicht der Fall. Vielmehr läßt sich die angegebene Beobachtung bestätigen. Darüber hinaus zeigte sich[3]), daß, wenn man statt des von BATELLI und STERN benutzten, durch seinen Ca-Gehalt schädigenden Leitungswassers destilliertes Wasser für die Extraktion braucht, viel günstigere Resultate erhalten werden. So sinkt durch 5—6 Extraktionen mit größeren Mengen destillierten Wassers die Atmung auf 0 herab. Fügt man jetzt statt des verdünnten wässerigen Auszuges von Muskeln einen konzentrierten Kochsaft derselben hinzu, so kann man leicht 50% der Atmung reaktivieren. Kohlensäureproduktion, Empfindlichkeit gegen Blausäure und Narkotica sind normal. Die Schweizer Autoren nannten die von ihnen gefundene atmungswirksame Substanz „Pnein“, sie sollte nur auf eine Teilphase der Atmung, die sogenannte Hauptatmung wirken, nicht auf die „Nebenatmung“. Jedoch handelt es sich bei diesen Vorstellungen um eine fehlerhafte Konstruktion, die durch die Versuchsbedingungen der Autoren, besonders den durch starkes Schütteln hervorgerufenen Gewebszerfall, hervorgerufen ist.

O. MEYERHOF bezeichnete die von ihm näher untersuchte Substanz, die in den Kochextrakt der Muskeln übergeht, als „Atmungskörper“. Allerdings darf man sich diesen nicht als eine einheitliche Verbindung vorstellen, sondern eher als ein Gemenge. Es ließen sich jedoch Anhaltspunkte dafür gewinnen, daß in demselben ein Koferment der Atmung enthalten ist. Ein solcher Muskelkochsaft war auch imstande, die Gärung eines ultrafiltrierten Heferückstandes zu aktivieren, dem das von HARDEN und YOUNG beschriebene Koferment der Gärung[4])

[1]) BATELLI und STERN: Zusammenfassung in Abderhaldens Handb. d. biochem. Arbeitsmethoden Bd. III, 1, S. 468. 1910: „Methoden zur Bestimmung des Gaswechsels tierischer Gewebe.“ Ferner LINA STERN: Mechanismus der Oxydationsvorgänge. Jena: G. Fischer 1914.

[2]) HARDEN u. MACLEAN: Journ. of physiol. Bd. 43, S. 34. 1911.

[3]) MEYERHOF, O.: Zur Atmung der Froschmuskulatur. Pflügers Arch. f. d. ges. Physiol. Bd. 175, S. 20. 1919.

[4]) HARDEN u. YOUNG: Proc. of the roy. soc. of London Bd. 77, S. 405. 1906.

vollständig entzogen war[1]). Das gleiche Verhalten in abgeschwächtem Maße zeigten auch andere Organkochsäfte. Das Koferment erwies sich nun in der Fähigkeit, die Atmung und Gärung zu reaktivieren, außerordentlich ähnlich, und die chemische Vorbehandlung ergab in beiden Fällen einen übereinstimmenden Effekt, so daß der Schluß erlaubt scheint, daß wir es hier mit einem gemeinsamen Koferment der Gärung und Atmung zu tun haben, welches möglicherweise in gleiche Teilphasen der beiden Stoffwechselprozesse eingreift. Bisher hat sich gegen diese Auffassung kein Widerspruch ergeben. Insbesondere zeigten EULER und seine Schüler[2]), daß zwar die meisten Gärung aktivierenden Stoffe des Tier- und Pflanzenreiches nur bei Gegenwart von Gärungskoferment wirksam sind, während allein der Muskelkochsaft dasselbe vollständig ersetzen kann. — In umgekehrter Weise gelang es auch, durch Zugabe von kofermenthaltigem Hefekochsaft die Atmung der extrahierten Muskulatur zu reaktivieren. Hier zeigt aber die nähere Analyse, daß dies zum großen Teil nicht auf den Kofermentgehalt, sondern auf die im Hefekochsaft vorhandene Bernsteinsäure zurückzuführen ist (s. nächsten Abschnitt). In Übereinstimmung mit dem oben Gesagten wird durch Extraktion des Muskelgewebes auch die Milchsäurebildung aufgehoben, durch Zufügung des Muskelkochsaftes wieder in Gang gesetzt[3]).

## 2. Aktivierende Substanzen.

THUNBERG[4]) hat zuerst verschiedene Substanzen gefunden, durch die der Oxydationsvorgang der extrahierten Muskulatur aktiviert werden kann, und zwar sind dies vor allem Bernsteinsäure, Fumarsäure, Citronensäure, Äpfelsäure, in schwächerem Maße Glutarsäure, Glutaminsäure und Milchsäure. BATELLI und STERN erkannten, daß es sich hier um eine Oxydation der zugesetzten Substanzen handelte und nahmen als Endprodukt der Bernsteinsäureoxydation Äpfelsäure an[5]). EINBECK[6]) wies jedoch nach, daß die Bernsteinsäure in Fumarsäure übergeht nach folgender Gleichung:

$$\begin{array}{l} COOH \\ | \\ CH_2 \\ | \\ CH_2 \\ | \\ COOH \end{array} + O = \begin{array}{l} COOH \\ | \\ CH \\ \| \\ CH \\ | \\ COOH \end{array} + H_2O,$$

aus der Fumarsäure kann dann zum Teil Äpfelsäure entstehen:

$$\begin{array}{l} COOH \\ | \\ CH \\ \| \\ CH \\ | \\ COOH \end{array} + H_2O \rightleftarrows \begin{array}{l} COOH \\ | \\ CHOH \\ | \\ CH_2 \\ | \\ COOH \end{array}.$$

---

[1]) MEYERHOF, O.: Über das Vorkommen des Koferments der alkoholischen Gärung im Muskelgewebe. Hoppe-Seylers Zeitschr. f. physiol. Chem. Bd. 101, S. 165. 1918. — Das Gärungskoferment im Tierkörper. Hoppe-Seylers Zeitschr. f. physiol. Chem. Bd. 102, S. 1. 1918.

[2]) EULER, HANS V. u. KARL MYRBÄCK: Svensk Shemisk Tidskrift. 1924. H. 11, S. 295.

[3]) MEYERHOF, O.: Pflügers Arch. f. d. ges. Physiol. Bd. 188, S. 184. 1921.

[4]) THUNBERG, Th.: Beeinflussung des Gasaustausches überlebender Froschmuskeln. 10. Mitt. Skandinav. Arch. f. Physiol. Bd. 25, S. 37. 1911.

[5]) BATELLI u. STERN: Biochem. Zeitschr. Bd. 30. 1910; Bd. 31. 1911.

[6]) EINBECK: Hoppe-Seylers Zeitschr. f. physiol. Chem. Bd. 90, S. 301. 1914.

O. MEYERHOF[1]) konnte im allgemeinen die Angaben der Autoren bestätigen und fand als eine weitere, äußerst wirksame Substanz die Glycerinphosphorsäure. Diese wird oxydiert unter gleichzeitiger Abspaltung von Phosphorsäure, wobei pro Mol aufgenommenen Sauerstoffs etwa ein Mol Phosphorsäure abgespalten und gleichzeitig $^1/_3$ Mol $CO_2$ gebildet wird. Blausäure und Narkotica wirken auf Abspaltung und Oxydation gleich, so daß diese beiden Vorgänge zusammenhängen müssen. Die nähere Analyse der Oxydation der oben angegebenen Säuren zeigte, daß dieselbe in verschiedenen Punkten von der durch Muskelkochsaft erregten Oxydation abweicht. Besonders unterschiedlich verhält sich die Bernsteinsäureoxydation. Dieselbe ist gegen Calcium nicht empfindlich und wird durch Extraktion der Muskulatur mit Leitungswasser nicht abgeschwächt, sie ist ferner unempfindlich gegen Hypotonie der Lösung und höhere Temperaturen. Insbesondere ist sie bei 38° für längere Zeit konstant, während die Atmung der Froschmuskulatur schon in kurzer Zeit hierbei auf kleine Werte absinkt. Schließlich ist sie in destilliertem Wasser größer als in Phosphatlösung. Dagegen verhält sich die Oxydation der Fumarsäure und Citronensäure ähnlicher wie die Atmung, sie ist Ca-empfindlich und wird durch Phosphatzusatz gesteigert. Bei der Fumarsäure erhält man den respiratorischen Quotienten 1,3, der der vollständigen Verbrennung zu Kohlensäure entspricht.

Unter geeigneten Umständen kann die Bernsteinsäure über die Stufe der Fumarsäure bis zu Kohlensäure oxydiert werden. Dies geschieht z. B. bei Gegenwart von Natriumfluorid, durch das die Oxydation der Bernsteinsäure stärker verlangsamt wird als die der Fumarsäure. Man erreicht so den respiratorischen Quotienten 0,8, der dem in Gegenwart von Muskelkochsaft ähnlich ist. Schließlich reaktivieren einige Säuren, zu denen auch die Milchsäure gehört, die Oxydation gewaschener Muskulatur nur bei unvollständiger Extraktion. Durch Milchsäurezusatz kann so die Oxydationsgröße um 100% erhöht werden. Die Erklärung dieses Befundes ist wohl die, daß durch leichte Extraktion zunächst nur die vorhandene Milchsäure, aber nicht das für ihre oxydative Entfernung unentbehrliche Koferment ausgewaschen wird.

Welche Bedeutung diesen aktivierenden Substanzen für die natürliche Atmung des Muskels zukommt, ist schwer zu sagen. THUNBERG hat die Annahme vertreten[2]), daß alle durch ausgewaschene Muskulatur oxydierbaren Substanzen Zwischenprodukte des normalen Stoffwechsels seien. Dies scheint jedoch willkürlich. Da es sich im Muskel zweifellos in erster Linie um die Oxydation von Kohlenhydrat handelt, ist es unwahrscheinlich, daß die genannten Verbindungen auf diese Weise gebildet werden sollten. Da andererseits Bernsteinsäure als Bestandteil des frischen Muskels gefunden ist[3]), so könnte man annehmen, daß irgendwelche neben der Kohlenhydratverbrennung einhergehende Stoffwechselprozesse mit diesen Oxydationen verknüpft sind.

## 3. Farbstoffreduktion im extrahierten Muskelgewebe.

Das Muskelgewebe ist besonders häufig auf sein Verhalten zu reduzierenden Farbstoffen untersucht worden. Es ist hier nicht der Ort, die Bedenken zu diskutieren, die gegen die von EHRLICH eingeführte Analogisierung der Farbstoffreduktion und Atmung vorzubringen sind. Jedenfalls besteht keine quantitative Übereinstimmung zwischen beiden,

[1]) MEYERHOF, O.: Zur Atmung der Froschmuskulatur. Pflügers Arch. f. d. ges. Physiol. Bd. 175, S. 20. 1919.

[2]) Vgl. z. B. THUNBERG, Th.: Zur Erkenntnis des intermediären Stoffwechsels. Skandinav. Arch. f. Physiol. Bd. 40, S. 1. 1920.

[3]) Siehe EINBECK: Vorkommen der Bernsteinsäure in Muskelfleisch. Hoppe-Seylers Zeitschr. f. physiol. Chem. Bd. 87. 1913.

und gegen Atmungsgifte, wie gegen Blausäure ist die Farbstoffreduktion viel weniger empfindlich (Näheres siehe dieses Handbuch Bd. 1). Nicht unerhebliche Bedenken gelten auch gegen die von LIPSCHITZ[1]) inaugurierte Methode, die Reduktion von m-Dinitrophenol zu Phenylhydroxylamin als Maß der Atmung zu gebrauchen. Im Sinne der obengenannten Ideen hat THUNBERG[2]) mit seinen Schülern eine Reihe von Untersuchungen ausgeführt, bei denen stark mit Wasser gewaschene Muskulatur, Methylenblau und bestimmte Zusätze, insbesondere von den aktivierenden Säuren, verwendet werden. Während die ausgewaschene Muskulatur Methylenblau nicht direkt reduziert, geschieht dieses bei Zusatz derselben Säuren, die die Atmung erregen, sowie noch bei einigen weiteren. Die Benutzung dieser Methode zur Analyse des intermediären Stoffwechsels erscheint dem Ref. jedoch hypothetisch.

## 4. Rolle der Sulfhydrilgruppe.

Der Gedanke, daß der SH-Gruppe des Gewebes im Cystein eine Bedeutung im Atmungsmechanismus zukommen könnte, stammt von HEFFTER[3]). THUNBERG hat ihn einer kritischen Würdigung unterzogen[4]). Tatsächlich zeigt sich[5]), daß mittels zugesetzter SH-Gruppen Sauerstoff auf Zellmaterial übertragen werden kann, und zwar, wie zunächst festgestellt wurde, auf extrahierte Hefepräparate. Das System erwies sich im Gegensatz zur Atmung als thermostabil. Es bestand aber ein weitgehender Parallelismus einmal zwischen dem Gehalt der Extrakte an „Atmungskörper" und an SH-Gruppen (nachweisbar durch die ARNOLDsche Reaktion mit Natriumnitroprussid und Ammoniak) und ferner zwischen Oxydationserregung durch zugesetzte SH-Gruppen und durch Hefekochsaft oder Muskelkochsaft, so daß die Hypothese nahelag, eine SH-haltige Gruppe sei im Sinn eines Koferments an der Wirkung des Atmungskörpers beteiligt. F. G. HOPKINS[6]) gelang es, die präformierte SH-Verbindung aus Hefe und Muskulatur zu isolieren und als Dipeptid, Cystein-Glutaminsäure zu erkennen (genannt Glutathion).

Schließlich zeigte sich[7]), daß bei der Sauerstoffübertragung auf gewaschene Muskulatur sowie auf mit Alkohol-Äther getrocknetes Muskelpulver mittels zugesetzter SH-Verbindungen (Thioglykolsäure und Cystein) die Linolensäurekomponente des Lecithins oxydiert wird. Jedoch wird augenscheinlich mehr Sauerstoff aufgenommen als für den Übergang der Doppelbindungen in Alkoholgruppen erforderlich ist.

$$\begin{array}{l} | \qquad\qquad\quad\; | \\ CH_2 \qquad\quad\; CHOH \\ \| \quad + O \quad\; | \\ CH_2 + H_2O = CHOH \\ | \qquad\qquad\quad\; | \end{array}$$

Dieser Prozeß ließ sich weitgehend in vitro nachahmen, indem Cystein und Thioglykolsäure Sauerstoff auf Lecithin oder Linolensäure in etwa der zehnfachen Menge übertragen, als der Übergang der SH-Gruppen in Disulfid erfordert. Eine

---

[1]) LIPSCHITZ, W.: Hoppe-Seylers Zeitschr. f. physiol. Chem. Bd. 109, S. 1. 1920; siehe auch A I 1. dieses Handbuch, ferner WINTERSTEIN: Pflügers Arch. f. d. ges. Physiol. Bd. 198, S. 504. 1923.

[2]) THUNBERG, TH.: Skandinav. Arch. f. Physiol. Bd. 40, S. 1. 1920.

[3]) HEFFTER: Med.-naturwiss. Arch. Urban & Schwarzenberg Bd. 1, S. 81. 1908.

[4]) THUNBERG: Biologische Bedeutung der Sulfhydrylgruppe. Asher-Spiros Ergebn. d. Physiol. Bd. 11, S. 328. 1911.

[5]) MEYERHOF, O.: Untersuchungen zur Atmung getöteter Zellen. 3. Mitt. Pflügers Arch. f. d. ges. Physiol. Bd. 170, S. 428. 1918.

[6]) HOPKINS, F. G.: Biochem. journ. Bd. 15, S. 286. 1921. — HOPKINS u. DIXON: Journ. of biol. chem. Bd. 54, S. 527. 1922.

[7]) MEYERHOF, O.: Ein neues autoxydables System der Zelle. Pflügers Arch. f. d. ges. Physiol. Bd. 199, S. 531. 1923. Siehe auch v. SZENT-GYÖRGI: Biochem. Zeitschr. Bd. 146, S. 245. 1924.

völlige Übereinstimmung zwischen der Reaktion in vitro und in der Muskulatur besteht jedoch nicht, insofern, als das Disulfid ebenfalls Sauerstoff auf die Muskulatur übertragen kann, indem es zur SH-Verbindung reduziert wird:

$$RS - SR + H_2O + M = 2\,RSH + MO$$

(M: Muskelsubstanz).

Dagegen ist das Lecithin oder die Linolensäure in vitro zu solcher Reduktion des Disulfids nicht befähigt. Schließlich ließen sich auch hier Anhaltspunkte finden, daß an dem autoxydablen System Metallspuren mitwirken[1]), die mit der SH-Gruppe vermutlich ein instabiles $O_2$ übertragendes Superoxyd bilden. Diese Befunde sind neuerdings von HOPKINS mit Glutathion bestätigt worden[2]). Welche Bedeutung diesem Mechanismus für die Muskelatmung zukommt, ist unbekannt. Jedenfalls ist auch hier eine Gleichsetzung mit dem Hauptoxydationsvorgang im lebenden Muskel nicht gestattet. Die Fähigkeit der Muskulatur, Sauerstoff in Gegenwart von SH-Gruppen aufzunehmen, wird durch Vorbehandlung mit Alkohol und Äther erhöht, offenbar, weil die Phosphatide dadurch leichter zugänglich werden. Gleichzeitig wird aber die Fähigkeit des Muskels, vom Atmungskörper aktiviert zu werden, aufgehoben. Ferner liegt das Optimum dieser Oxydation auf der sauren Seite (zwischen $p_H$ 3 und 5), das der Muskelatmung aber eher auf der alkalischen ($p_H$ 7—8).

Anhang.

## Modellversuche.

Auf Modellversuche der Zellatmung wird hier nur soweit kurz eingegangen, wie sie für die in der Muskulatur beobachteten Stoffwechselprozesse in Frage kommen. Auf die Isolierung des autoxydablen Systems Muskulatur + SH in vitro, bestehend aus Linolensäure + Cystein, ist bereits oben hingewiesen.

Für das Verständnis der Muskelatmung ist besonders die Oxydation der Kohlenhydrate von Interesse. Daß diese mit Alkali spontan vor sich geht, ist schon seit langem bekannt. Jedoch werden in neutraler Lösung die Zucker an der Oberfläche von Tierkohle, an der nach WARBURGS Entdeckung die Aminosäuren zu Kohlensäure verbrennen[3]), nur sehr langsam oxydiert, und zwar Glucose nicht nachweisbar, Fructose schwach, Hexosephosphorsäure etwas stärker[4]). Dagegen zeigten WARBURG und YABUSOE[5]), daß Fructose im Gegensatz zu Glucose in konzentrierter Phosphatlösung bei neutraler Reaktion und Körpertemperatur rasch oxydiert wird, wobei Kohlensäure zu $^1/_3$ des Sauerstoffs entsteht. O. MEYERHOF und K. MATSUOKA wiesen nach[6]), daß es sich hier ebenfalls um eine Metallkatalyse handelt, die durch Blausäure und Natriumpyrophosphat in kleinsten Konzentrationen gehemmt, durch Eisen-, Kupfer-, Mangansalz (zwischen 0,1—1,0 Millimol) mächtig gesteigert wird. Arseniat kann das Phosphat hierbei vollständig ersetzen. Diese Beobachtungen geben zu der Hypothese Veranlassung, daß auch im Muskel *Fructose* in Gegenwart von Phosphat oxydiert wird, und daß die Einschaltung der Hexosephosphorsäure (die selbst im Modellversuch in Gegenwart von Phosphat beständig ist), in den Oxydationsvorgang im Muskel die Bedeutung hat, die träge reagierende Glucose in die aktivere Fructose umzuwandeln. Diese Oxydation würde dann im Muskel die Energie liefern, um die damit gekoppelte Rückverwandlung der Milchsäure in Glykogen zu ermöglichen, wie es in den obigen Gleichungen S. 489 dargestellt worden ist.

---

[1]) MEYERHOF, O.: Über Blausäurehemmung in autoxydablen Sulfhydrylsystemen. Pflügers Arch. f. d. ges. Physiol. Bd. 200, S. 1. 1923.

[2]) HOPKINS, F. G.: Lancet Juni 1923. — TUNNICLIFFE: Biochem. journ. Bd. 19, S. 199. 1925.

[3]) WARBURG, O.: Biochem. Zeitschr. Bd. 113, S. 257. 1921.

[4]) MEYERHOF, O. u. H. WEBER: Über die Oxydationsvorgänge am Kohlenmodell. Biochem. Zeitschr. Bd. 133, S. 174. 1923.

[5]) WARBURG u. YABUSOE: Über die Oxydation von Fructose in Phosphat. Biochem. Zeitschr. Bd. 146, S. 380. 1924.

[6]) MEYERHOF, O. u. K. MATSUOKA: Über den Mechanismus der Fructoseoxydation in Phosphatlösung. Biochem. Zeitschr. Bd. 150, S. 1. 1924. Siehe auch WIND: Biochem. Zeitschr. Bd. 159, S. 58. 1925.

# Thermodynamik des Muskels.

Von

**Otto Meyerhof**
Berlin-Dahlem.

Mit 14 Abbildungen.

## Zusammenfassende Darstellungen.

*Ältere Arbeiten.* Heidenhain: Mechanische Leistung, Wärmeentwicklung und Stoffumsatz bei der Muskeltätigkeit. Leipzig 1864. — Fick, A.: Mechanische Arbeit und Wärmeentwicklung bei der Muskeltätigkeit. Leipzig 1882. — Fick, A.: Myothermische Untersuchungen. Wiesbaden 1889. — Blix, M.: Studien über Muskelwärme. Skandinav. Arch. f. Physiol. Bd. 12, S. 52. 1901. — Frank, O.: Thermodynamik des Muskels. Asher-Spiros Ergebn. d. Physiol. Bd. 3, 2, S. 348. 1902.

*Neuere Arbeiten.* Hill, A. V.: Die Beziehung zwischen der Wärmebildung und den im Muskel stattfindenden chemischen Prozessen. Asher-Spiros Ergebn. d. Physiol. Bd. 15, S. 340. 1916. — Hill, A. V. und O. Meyerhof: Über die Vorgänge bei der Muskelkontraktion. Asher-Spiros Ergebn. d. Physiol. Bd. 22, S. 301. 1923. — Hill, A. V.: The mechanism of muscular contraction. Physiol. reviews Bd. 2, S. 310. 1922. — Hill, A. V.: The mechanism of muscular contraction und Meyerhof, O.: Die Energieumwandlungen im Muskel. „Les Prix Nobel", Stockholm 1924. (Abgedruckt: Naturwissenschaften, Juni 1924.) — Meyerhof, O.: Chemical Dynamics of Life phaenomena. Lippincott, Philadelphia und London 1924. Kap. 4.

*Methodik.* Bürker, H.: Methoden zur Thermodynamik des Muskels. Tigerstedts Handbuch der physiologischen Methoden Bd. 2, 1. Hälfte, Abschnitt 3, S. 1. Leipzig 1911. — Weizsäcker, V. Freiherr v.: Untersuchung der Zuckungswärme mit thermoelektrischen Methoden. Abderhaldens Handb. d. biolog. Arbeitsmethoden Abt. V, A (Lieferung 63), S. 108. — Meyerhof, O.: Methoden der Mikrocalorimetrie. Abderhaldens Handb. d. biolog. Arbeitsmethoden Abt. IV, Teil 10, S. 755.

## Einleitung.

Der Zusammenhang zwischen der Wärmebildung und den chemischen und mechanischen Vorgängen im Muskel wird nach einer in der Physiologie eingebürgerten Bezeichnung, der wir hier folgen, Thermodynamik des Muskels genannt. Dieser Ausdruck deckt sich allerdings nicht ganz mit dem physikalischen Sprachgebrauch, da die Physik das System der Hauptsätze der Wärmelehre und das hierauf begründete Lehrgebäude als Thermodynamik bezeichnet, während in der Physiologie des Muskels im allgemeinen nur der erste Hauptsatz, das Gesetz der Erhaltung der Energie, Verwendung findet, und der zweite höchstens in speziellen Fällen (thermoelastischer Effekt, s. unten S. 505). Da man aber in weiterem Sinne alle Umwandlung der Energie als Thermodynamik bezeichnen kann, wird der Ausdruck hier beibehalten.

Der Einwand, daß der zweite Hauptsatz der Wärmelehre möglicherweise für den Muskel überhaupt nicht gilt, kann als eine willkürliche Spekulation außer Betracht bleiben. Dieser Einwand beruft sich auf Helmholtz, der in einer Anmerkung schrieb: „Ob eine solche Verwandlung (ungeordneter in geordnete Bewegung) den feinen Strukturen der lebenden organischen Gewebe gegenüber auch unmöglich sei, scheint mir immer noch eine offene Frage zu sein . . .“ [1]).

In der Tat ergibt sich in der kinetischen Gastheorie, daß in einem sehr kleinen Raum und einer sehr kurzen Zeit die Zahl und die Bewegungsgröße der Moleküle vom Mittelwert beliebig abweichen kann, daß z. B. die Zahl nicht allein von selbst abnehmen, sondern auch von selbst zunehmen kann usw. Indes ist von SMOLUCHOWSKI [2]) gezeigt worden, daß hierdurch bzw. durch die BROWNsche Molekularbewegung, die diese Vorgänge in der Lösung widerspiegelt, keinerlei maschinelle Vorrichtung betrieben werden kann, die als Arbeitssammler der Bewegung dienen könnte. Der Muskel könnte also auf diese Weise keine Arbeit leisten, falls er nicht eine grundsätzliche Verschiedenheit von jedem bekannten physikalischen System besitzt.

Noch ein zweiter Punkt sei hier einleitend hervorgehoben: Die Thermodynamik behandelt in der Regel idealisierte Systeme, deren Änderungen entweder streng adiabatisch oder isotherm stattfinden, und postuliert Vorgänge differentieller Natur, die unendlich langsam und reversibel verlaufen. In der Natur selbst verlaufen die Vorgänge stets irreversibel, und das gilt auch von der organischen Natur. Daher stellt z. B. die vom Muskel im Optimum geleistete Arbeit niemals auch nur angenähert die maximale Arbeit der chemischen und physikalischen Reaktionen dar, die ihr zugrunde liegen.

Auf dieser Verwechslung beruht es, wenn BERNSTEIN den für negativ angenommenen Temperaturkoeffizienten des thermischen Wirkungsgrades des Muskels als Ausdruck des negativen Temperaturkoeffizienten der freien Energie der Kontraktion annimmt und daraus auf die Oberflächenspannung als der Ursache der Verkürzung schließt [3]).

Im Unterschied von den Tatsachen des vorigen Abschnitts (Atmung und Anaerobiose des Muskels), die fast ganz neuen Datums sind und daher in älteren Handbüchern noch nicht behandelt sind, ist der Gegenstand des vorliegenden Kapitels seit der bekannten klassischen Untersuchung von HELMHOLTZ aus dem Jahre 1848 immer wieder mit zunehmender Genauigkeit bearbeitet worden, allerdings nur soweit der Zusammenhang der Wärmebildung mit den mechanischen Vorgängen in Frage kommt. Andererseits ist die Verknüpfung der chemischen Vorgänge mit der Wärmeentwicklung auch erst in allerjüngster Zeit näher studiert. Während daher die älteren Darstellungen nur den ersteren Gegenstand behandeln, wird im folgenden in zwei Hauptkapiteln:

1. der Zusammenhang der Wärmebildung mit den mechanischen Vorgängen,
2. mit den chemischen Vorgängen

zur Darstellung gebracht. Als 3. Kapitel wird auf Grund der Ergebnisse der beiden vorhergehenden der „Wirkungsgrad des Muskels“ behandelt. Da das erstere Problem vorwiegend mit Thermosäulen erforscht ist, dem „myothermischen Verfahren“ im engeren Sinne, das zweite dagegen mit der mikrocalorimetrischen Methodik, erscheint es zweckmäßig, in beiden Fällen eine kurze Erörterung der Methoden an die Spitze zu stellen.

---

[1]) HELMHOLTZ, H.: Thermodynamik chemischer Vorgänge. Sitzungsber. d. Akad. d. Wiss. Berlin 1882, 1. Halbband, S. 34. Ostwalds Klassiker Nr. 124, S. 30.

[2]) v. SMOLUCHOWSKI: Physikal. Zeitschr. Bd. 13, S. 1069. 1912.

[3]) BERNSTEIN, J.: Der Temperaturkoeffizient der Muskelenergie. Pflügers Arch. f. d. ges. Physiol. Bd. 122, S. 129. 1908.

# I. Der Zusammenhang der Wärmebildung mit den mechanischen Vorgängen.

## 1. Methoden.

Bei der Messung der rasch vorübergehenden Wärmebildung der einzelnen Muskelkontraktion, der „Zuckungswärme", bedarf es nicht nur einer sehr empfindlichen thermometrischen Anordnung, sondern auch solcher von sehr kleiner Wärmekapazität und großer Wärmeleitfähigkeit, um der plötzlichen Temperaturänderung möglichst rasch folgen zu können. Hierzu dient allgemein das von Helmholtz eingeführte Thermoelement, während sich weder das Quecksilberthermometer noch auch das Widerstandsthermometer hierbei bewährt haben[1]). Die Steigerung der Empfindlichkeit der thermoelektrischen Messungen wird 1. durch Vermehrung der Lötstellen der Thermosäule, 2. durch Erhöhung der Empfindlichkeit des Galvanometers, 3. durch Schutz gegen äußere Temperaturschwankungen erreicht. Helmholtz verwandte 3 Nadelpaare aus Neusilber-Eisen, Fick[2]) eine Säule von 6—12 Eisen-Neusilberelementen, Bürker[3]) konstruierte eine Reihe vielgliedriger den verschiedenen Muskeln eingepaßter Säulen mit etwa 20 warmen und kalten Lötstellen aus Konstantan-Eisen. Abweichend hiervon verfuhr Blix[4]), der nur eine Lötstelle verwandte und, um Fehler durch Temperaturänderungen äußerer beweglicher Teile zu vermeiden, die Thermosäule fest mit dem Galvanometer in demselben Gehäuse verband. Gleichzeitig benutzte er das astatische Brocasche Galvanometer. A. V. Hill[5]) arbeitete zunächst mit der Vorrichtung von Blix, ging aber dann zu den Thermosäulen von Bürker über, die er verschiedentlich umgestaltete, wobei er die Zahl der Lötstellen weiter vermehrte. In ihren letzten Arbeiten verwandten Hartree und Hill[6]) meist hufeisenförmige Säulen, die auf einem Abstand von 2,3 cm etwa 100 warme und 100 kalte Lötstellen haben, von Gold und Nickel oder Kupfer und Konstantan, und zwar je 50 auf den beiden Außenseiten des Hufeisens und je 50 vorn und hinten in der Mitte, die durch Schellack fixiert und damit unter sich und gegen den Muskel isoliert werden.

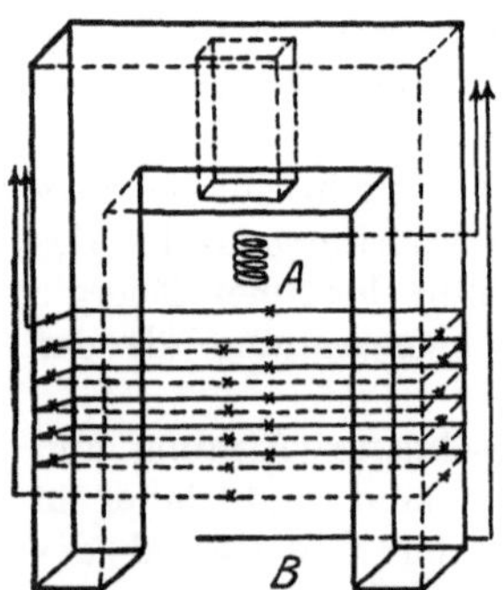

Abb. 86. Thermosäule nach A. V. Hill. (schematisch) × innere und äußere Lötstellen. $A$ und $B$ Reizelektroden.

Neuerdings verwendet Hills Schüler Fenn eine Thermosäule aus Konstantan mit elektroplatiertem Silberbelag nach dem Verfahren von W. H. Wilson[7]), die eine noch engere Lage der Kontaktstellen gestattet.

Die Empfindlichkeit der Galvanometer nahm mit den Fortschritten der Elektrotechnik dauernd zu. Es haben sich vor allem die Nadelgalvanometer wegen ihres geringen Widerstandes bewährt, da es ja auf die Voltempfindlichkeit ankommt. Hill und Hartree arbeiten fast ausschließlich mit den beiden Typen des Paschenschen Panzergalvanometers, dem kleinen nicht astatischen und dem größeren astatischen, mit einer Empfindlichkeit bis zu $10^{-11}$ Amp. bei aperiodischer Einstellung, die aber in der Regel noch herabgesetzt wird. Neuerdings verwenden sie auch das Brocasche Galvanometer. Bei Messung des Temperaturverlaufs über längere Zeiträume wird der Muskel in eine luftdichte Ebonitkammer verschlossen, die in ein wassergefülltes großes Dewargefäß versenkt wird.

Einen besonderen Fortschritt erzielte Hill durch die Methode der absoluten Eichung des Systems, die darin besteht, daß der Muskel (meist ein Sartoriuspaar vom Frosch) nach Ausführung der Versuche bei unveränderter Lage in der Kammer durch Chloroformdämpfe getötet wird und nunmehr durch einen Strom von bekannter Stärke und Dauer geheizt wird, wobei wieder die Ablenkung des Thermogalvanometers beobachtet wird. Dadurch wurde erst die Umrechnung der Galvanometerausschläge in Calorien möglich. Weiter entdeckte er mit dieser Methode die verzögerte Wärmebildung, worauf weiter unten eingegangen wird.

1) Hill, A. V.: Nobel-Vortrag, S. 3.

2) Fick, A., und Harteneck: Wärmeentwicklung bei der Muskelzuckung. Arch. f. d. ges. Physiol. Bd. 15, S. 59; ferner Myothermische Untersuchungen, S. 102.

3) Bürker: Tigerstedts Handb. d. physiol. Methodik Bd. 2, 3, S. 1.

4) Blix, M.: Skandinav. Arch. f. Physiol. Bd. 12, S. 76.

5) Hill, A. V.: Asher-Spiros Ergebn. d. Physiol. Bd. 15, S. 385. 1916.

6) Hartree und A. V. Hill: Journ. of physiol. Bd. 54, S. 90. 1920.

7) Wilson, W. H.: Proc. of the physiol. soc. of London Bd. 32, S. 326. 1920.

## 2. Ältere Arbeiten.

Trotz der reichen Arbeit der „klassischen Periode“ auf dem Gebiet der Myothermie erscheint es überflüssig, diese Untersuchungen von HELMHOLTZ, HEIDENHAIN, FICK abschließend mit BLIX ausführlich zu behandeln, einmal weil sie in der bekannten Monographie von O. FRANK, „Thermodynamik des Muskels“ (Asher-Spiros Ergebn. d. Physiol. Bd. 3, 2, S. 349. 1904), eine ebenso exakte wie vollständige Bearbeitung erfahren haben, und zweitens weil sie trotz allen historischen Wertes gegenwärtig als überholt gelten können. Unsere Darstellung dieses Gegenstandes fußt zum großen Teil auf den Ergebnissen HILLS und seiner Schüler, die dieser zuerst in einem Referat in Asher-Spiros Ergebnissen (Bd. 15, S. 243. 1916) und dann später in zwei Referaten, Physiological Reviews 1922 und Asher-Spiros Ergebnisse 1924, im Zusammenhang niedergelegt hat. Doch sei hervorgehoben, daß gerade wichtige Abweichungen der theoretischen Auffassung HILLS gegenüber den älteren von FICK und HEIDENHAIN in den letzten Veröffentlichungen HILLS und seiner Mitarbeiter wesentlich eingeschränkt sind. Das Verdienst dieser älteren Forscher, mit einer notwendigerweise mangelhaften Methodik, welche zahlreiche Fallstricke enthielt, zu Resultaten gelangt zu sein, die richtige Schlußfolgerungen gestatteten, erscheint danach um so größer, und die Kritik, die BLIX (s. oben) an der Arbeit seiner Vorgänger, speziell ihrer thermoelektrischen Methodik übte, in mancher Hinsicht übertrieben. Andererseits ist erst durch HILLS Einführung der absoluten Kalibrierung die noch 1902 von BLIX lebhaft beklagte Unsicherheit der thermoelektrischen Methode behoben und diese durch zahllose Verbesserungen, zuletzt die völlige Konstanz des Nullpunkts des Thermogalvanometers, zu einem zuverlässigen Verfahren ausgestaltet; schließlich sind durch seine Entdeckung des zeitlichen Verlaufs der Wärmebildung wesentliche Folgerungen der älteren Autoren verschoben. Es resultiert daher, daß sie stets nur die sog. „initiale Wärme“ gemessen haben (s. S. 506), während sie des Glaubens waren, die ganze Kontraktionswärme zu messen. Auch haben sie zur Hauptsache nur den sich frei verkürzenden Muskel studiert, dessen Verhalten besonders verwickelt ist.

### a) Einfluß der Kontraktionsform.

Während HELMHOLTZ' Versuche mehr qualitativer Art waren, unternahmen es zuerst FICK[1]) und HEIDENHAIN, später BLIX[2]), den Zusammenhang der Wärmebildung mit den mechanischen Erscheinungen quantitativ genauer zu erforschen. Die von den Autoren gezogenen Schlüsse wurden wiederholt durch von ihnen erreichte methodische Verbesserungen umgestaltet. Im allgemeinen kamen die beiden erstgenannten Autoren zu dem Resultat, daß bei einer isometrischen Kontraktion nach maximaler Reizung zwar mehr Wärme entwickelt wird als bei einer isotonischen ohne Belastung, daß aber die Wärme, falls die Verkürzung gegen eine erhebliche Spannung erfolgt, größer ist, als sie beim isometrischen Verfahren erhalten werden kann. FICK schloß insbesondere daraus, daß nicht der Reiz eindeutig die Spannungsentwicklung bestimmt, und daß durch diese dann die Verkürzung passiv veranlaßt wird, sondern daß die Größe der Energieproduktion selbst durch den Verlauf der Verkürzung und die Widerstände, die sich ihr entgegenstellen, bestimmt wird. Ja, auch wenn der Muskel bereits seine maximale Spannung erreicht hat und dann freigelassen wird (sog. Versuche mit Wurf), so entwickelt er mehr Wärme, als wenn er bei gleicher Spannung

[1]) FICK, A.: Siehe insbesondere: Mechanische Arbeit und Wärmeentwicklung, S. 184.
[2]) BLIX, M.: Zusammenfassung: Skandinav. Arch. f. Physiol. Bd. 12, S. 52. 1901.

völlig an der Verkürzung gehindert wird[1]). Er wies in seiner letzten Arbeit über diesen Gegenstand in Pflügers Archiv nach[2]), daß, wenn man einen tetanisch gereizten Muskel sich unter Arbeitsleistung verkürzen läßt, er mehr Wärme abgibt, als wenn man ihn im Verlauf der Reizung wieder auf seine ursprüngliche Länge dehnt. Die Verkürzung unter Spannung gab danach die größte Wärmeentwicklung. Blix widersprach dieser Ansicht und schloß aus seinen Versuchen, daß die Größe der Wärmeentwicklung durch die Länge des Muskels in dem betreffenden Moment bestimmt wird, so daß sie bei isometrischer Kontraktion stets am größten sei[3]). Frank schloß sich der Ansicht von Blix an, ebenso Hill in seinen ersten Arbeiten, doch zeigte neuerdings Fenn, daß Fick gegenüber Blix hier im Rechte war.

### b) Reizart und -folge.

Häufig untersucht wurde das Verhalten bei wachsender Reizstärke. Daß unterschwellige Reize, die keine Spannung oder Verkürzung hervorrufen, auch keine Wärme bilden, ein Befund, der von Lukjanow[4]), Kries und Metzner[5]), Blix[6]) erhoben wurde, hat sich auch neuerdings bestätigt. Daraus darf man jedoch nicht schließen, daß der Ruheumsatz des Muskels vom Tonuszustand unabhängig sei, weil die myothermische Methode zur Messung derartiger Unterschiede ungeeignet ist. Bei wachsender Zuckungshöhe wird die Wärmebildung vermehrt. Während man in letzter Zeit meistens angenommen hat, daß hierbei nur die Zahl der sich kontrahierenden Fasern variiert, indem die einzelne Faser dem „Alles-und Nichtsgesetz" gehorcht, haben Hill und seine Mitarbeiter entschiedene Argumente gegen diese Deutung vorgebracht[7]).

Nach Fick sollte die Wärmeproduktion bei einem glatten isotonischen Tetanus geringer sein, als wenn der Muskel in derselben Zeit infolge herabgesetzter Reizfrequenz einen unvollständigen Tetanus zeigt; ja bei weitgehender Erschlaffung in den Zwischenzeiten sollte die Wärmemenge verdoppelt werden. Beim isometrischen Tetanus war die Wärme jedoch stets größer, wenn die Reizfrequenz stieg[8]). Nach Hill ist aber das auffällige erstere Resultat unzutreffend[9]).

### c) Wirkungsgrad.

Während die relative Größe der Wärmebildung von den älteren Autoren schon vielfach zutreffend charakterisiert wurde, haben ihre Ergebnisse hinsichtlich der absoluten Größe und daher auch des mechanischen Wirkungsgrades nur historisches Interesse. Die von ihnen allein gemessene initiale Wärme macht nach Hill durchschnittlich 40% der Gesamtwärme aus. Man muß daher, wenn man im übrigen zu ihren Werten Vertrauen hätte, dieselben durch 2,5 dividieren;

---

[1]) Fick, A.: Verhandl. d. Physikal. Ges., Würzburg, N. F. Bd. 18. 1884; Ges. Schriften Bd. 2, S. 295.

[2]) Fick, A.: Pflügers Arch. f. d. ges. Physiol. Bd. 51, S. 541. 1892; Ges. Schriften, Bd. 2, S. 363.

[3]) Blix, M.: Skandinav. Arch. f. Physiol. Bd. 12, S. 52. 1902.

[4]) Lukjanow: Arch. f. Physiol. (Suppl.) 1886, S. 142.

[5]) Kries und Metzner: Zentralbl. f. Physiol. Bd. 6, S. 35. 1892; Arch. f. Physiol. 1893, S. 139.

[6]) Blix, M.: Skandinav. Arch. f. Physiol. Bd. 12, S. 108. 1901.

[7]) Siehe z. B. Fenn: Comparison between energy liberated and work performed. Journ. of physiol. Bd. 58, S. 175. 1923, insbesondere S. 199.

[8]) Fick, A.: Mechanische Arbeit und Wärmeentwicklung, 1882. Ges. Schriften Bd. 2, S. 259. Myothermische Untersuchungen S. 88. 1889.

[9]) Hill, A. V.: Asher-Spiros Ergebn. d. Physiol. 1916, S. 470.

und eine solche sogar noch in modernen Lehrbüchern als gültig angenommene Tabelle von FICK[1]), die Wirkungsgrade des Muskels von 6—27% enthält, muß danach auf solche von 2,5—11% reduziert werden. Ähnliches gilt für eihe auch sonst zu Bedenken Anlaß gebende Untersuchung von METZNER über den gleichen Gegenstand[2]). Ferner ist die Feststellung von HEIDENHAIN auffällig, daß der Wirkungsgrad des ermüdeten Muskels zunehmen sollte, da seine mechanische Leistungsfähigkeit weniger herabgesetzt würde als die Wärmebildung. Wenn auch die Versuche, die HEIDENHAIN zu diesem Schluß veranlaßten, nicht völlig aufgeklärt sind, so ist der Schluß selbst kaum zutreffend, indem jedenfalls der unter optimalen Umständen bestimmte mechanische Wirkungsgrad bei Ermüdung des Muskels abnimmt (s. S. 526f.).

## 3. Wärmebildung im ruhenden Muskel und thermoelastische Effekte.

Daß der im vorigen Abschnitt (D. 70) beschriebene Stoffwechsel des ruhenden Muskels eine Wärmebildung veranlaßt, ist selbstverständlich. Doch kann man andererseits sagen, daß die Angaben der älteren Autoren (z. B. BLIX) hierüber fehlerhaft sind, weil es nicht einmal mit der Anordnung von HARTREE und HILL bei vorzüglich konstantem Nullpunkt des Galvanometers gelingt, diese Wärme nachzuweisen; wohl aber ist dies auf calorimetrischem Wege möglich. Die Versuche hierüber werden daher erst im nächsten Kapitel behandelt.

Dagegen kann mittels der myothermischen Methode die Wärmetönung der passiven Dehnung und Entspannung des ruhenden Muskels gemessen werden. Die Ermittlung dieser Werte ist von großem Interesse, weil die thermoelastischen Effekte den thermischen Ausdehnungskoeffizienten des Muskels berechnen lassen. Gleichzeitig ist ihre Kenntnis für die Analyse des Wärmeverlaufs der Kontraktion nötig, weil auch dabei thermoelastische Wärmen eine Rolle spielen. Allerdings kann von dem thermoelastischen Verhalten des ruhenden Muskels nicht ohne weiteres auf das des gereizten geschlossen werden (s. unten S. 513).

Für den ruhenden Muskel sind die Verhältnisse durch HARTREE und HILL geklärt worden[3]). Wie W. THOMSON (Lord KELVIN) zeigte und thermodynamisch ableitete, kühlt sich ein vollkommen elastischer Körper, der einen positiven thermischen Ausdehnungskoeffizienten hat (z. B. Metalldraht), bei reversibler Dehnung ab, während ein solcher mit negativem Ausdehnungskoeffizienten sich bei reversibler Dehnung erwärmt. Dies letztere gilt z. B. für Kautschuk, soweit man denselben als vollkommen elastisch betrachtet, d. h. von der Nachdehnung absieht[4]). Die THOMSONsche Formel lautet:

$$\vartheta = -\alpha \cdot P \cdot \frac{T}{A \cdot m \cdot c}.$$

Hier bedeutet $\vartheta$ die Temperaturänderung bei adiabatischer Ausdehnung, $\alpha$ den thermischen Ausdehnungskoeffizienten, $P$ den Zug, der auf den elastischen Körper ausgeübt wird, $T$ die absolute Temperatur, $A$ das mechanische Wärmeäquivalent, $m$ die Masse der Längeneinheit, $c$ die spezifische Wärme. Eine andere Schreibweise dieser Formel, die speziell für die Versuche am Muskel brauchbar ist, lautet:

$$Q = {}^1/_2\, \alpha\, T\, (P_2 - P_1) \cdot (l_1 + l_2)\,.$$

---

[1]) FICK, A.: Arbeit und Wärmeentwicklung, S. 221.

[2]) METZNER: Arch. f. Physiol. 1893, S. 124.

[3]) HARTREE und HILL, A. V.: Thermoelastic properties of muscle. Philos. trans. Ser. B. Bd. 210, S. 153. 1920.

[4]) Ein negativer Ausdehnungskoeffizient ist allerdings für Kautschuk nicht sicher festgestellt, da die älteren Versuche von JOULE hierüber (Philosoph. mag. Bd. 14, S. 227. 1857) in Wirklichkeit durch das Verschwinden der Nachdehnung erklärt werden müssen (L. HOCK: Kolloid-Zeitschr. Bd. 35, S. 40. 1924).

Hier ist $Q$ die abgegebene Wärme bei der Dehnung des Muskels von der Länge $l_1$ auf die Länge $l_2$ unter einer Spannung, die von $P_1$ (Anfangsspannung) bis $P_2$ anwächst.

Hill und Hartree zeigten, daß ein toter oder lebender Muskel, wenn er passiv gedehnt wird, sich erwärmt; wenn man ihn dagegen nach vorheriger Dehnung entspannt, sich zuerst abkühlt, worauf eine Erwärmung folgt. Der gesamte Zyklus von Dehnung und Erschlaffung ist mit einer Wärmeproduktion verknüpft. Dieser Wärmeüberschuß resultiert aus der unvollkommenen Elastizität des Muskels und wird durch die innere Reibung bei der Formänderung hervorgerufen. Hieraus entspringt die der Abkühlung folgende Erwärmung bei der Entspannung. Je langsamer diese vorgenommen wird, um so geringer die nachfolgende Temperaturerhöhung. Völlige Reversibilität vorausgesetzt, würde die Dehnung des Muskels mit Erwärmung, die Entspannung mit gleichgroßer Abkühlung verknüpft sein (Abb. 87).

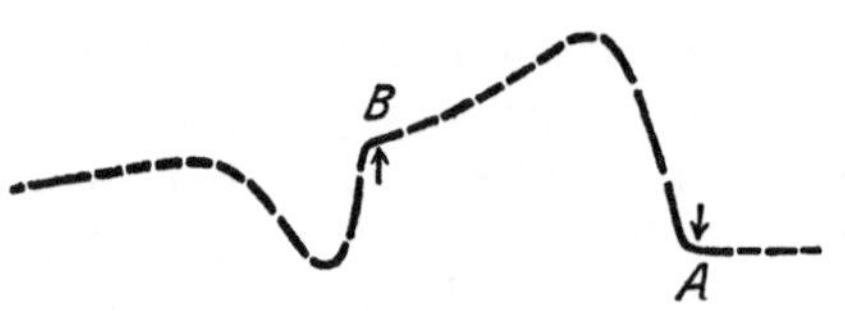


Abb. 87. Von rechts nach links zu lesen. Kurve des Galvanometerausschlags mit Sekundenmarken. Nach oben Temperaturzunahme, nach unten -abnahme. Bei $A$ wird der tote Muskel mit 200 g belastet, bei $B$ entlastet.

Die Größe der thermoelastischen Temperaturänderung unter starker Belastung entspricht etwa $^1/_2$—$^1/_5$ derjenigen maximaler Einzelzuckungen, kommt also für die Analyse derselben sehr in Betracht. In neueren Arbeiten vertritt Hill[1]) die Ansicht, daß im gereizten Muskel die gleichen Erscheinungen auftreten, wobei sich jedoch im Beginn der Verkürzung das Vorzeichen der thermoelastischen Wärme umkehrt. Aus dem initialen thermoelastischen Effekt im ruhenden Muskel berechnet sich ein negativer thermischer Ausdehnungskoeffizient von $10^{-4}$ bis $10^{-5}$, zu klein, um direkt gemessen werden zu können.

Auf diese thermoelastischen Effekte kann nur zum geringsten Teil die sog. „negative Wärmeschwankung" der älteren Autoren zurückgeführt werden, die wesentlich durch das Gleiten der kälteren Muskelpartien über die Lötstellen, also durch Versuchsfehler, bedingt ist.

## 4. Initiale Wärmebildung bei der Kontraktion.

### a) Isometrische Kontraktion.

Während das Verhalten der Wärmebildung bei der Verkürzung des Muskels komplex ist und noch nicht in allen Punkten geklärt, ist dies weitgehend bei der isometrischen Kontraktion der Fall. Rein technisch besteht hier der große Vorteil, daß der Muskel sich nicht an der Thermosäule verschiebt, weiterhin sind die thermoelastischen Effekte ausgeschaltet. Auch ist die absolute Eichung hier leichter, weil die Länge und Dicke des Muskels bei dem Versuch und der nachherigen elektrischen Heizung genau die gleichen sind.

Außerdem sind aber die Vorgänge auch theoretisch einfacher als bei der Verkürzung unter Belastung, weil bei gegebener Länge des Muskels die einzige Variable, die neben der Wärme zu berücksichtigen ist, die Spannung ist. Für genaue Messungen eignen sich nach den Erfahrungen Hills und seiner Mitarbeiter nur die Sartorien des Frosches, insbesondere ist der vielbenutzte Gastrocnemius, obwohl leichter zu handhaben, wegen seines schrägen Faserverlaufs und seiner ungleichmäßigen Dicke nach Hill überhaupt keiner streng isometrischen Kontraktion fähig; zudem ist die Methode der absoluten Eichung bei ihm nicht anwendbar.

[1]) Hill, A. V.: Thermodynamik in der Physiologie (Joule lecture). Naturwissenschaften Bd. 12, S. 517. 1924.

### α) Zeitlicher Verlauf der Wärmebildung.

Wie HILL entdeckte[1]), wird bei dem üblichen myothermischen Verfahren durch den maximalen Galvanometerausschlag nur ein Teil der Kontraktionswärme gemessen, die sog. „initiale Wärme". Beobachtet man auch die Rückschwingung des aperiodischen Ausschlages, so zeigt sich in Sauerstoff eine erhebliche Verzögerung gegenüber dem Rückschwung bei gleichstarker elektrischer Heizung desselben Muskels nach der Tötung. Hieraus läßt sich graphisch sowohl der Umfang wie der Zeitverlauf der der Kontraktion beträchtlich nachfolgenden „verzögerten Wärmebildung" berechnen. WEIZSÄCKER[2]) zeigte dann im Anschluß hieran unter HILLs Leitung, daß das Maximum des Galvanometerausschlags in Sauerstoff und Stickstoff genau gleich ist. Die initiale Wärme wird also durch die Gegenwart des Sauerstoffs nicht beeinflußt. Während HILL in seinen ersten Arbeiten ein verhältnismäßig rohes Verfahren anwandte, um den Verlauf des Galvanometerausschlags zu registrieren und den Umfang der verzögerten Wärme daraus nur schätzungsweise entnahm, ist die Methode in späteren Arbeiten von HARTREE und HILL durch genaue photographische Registrierung der Galvanometerkurven und exakte Auswertung außerordentlich verbessert. Während auf die Ergebnisse dieser Messungen und die Bedeutung der verzögerten Wärmebildung (delayed heat) erst in Kap. 5 eingegangen wird, sei schon hier bemerkt, daß die initiale Wärme durchschnittlich etwa 40% der gesamten in Sauerstoff auftretenden Kontraktionswärme ausmacht.

Eine noch genauere zeitliche Analyse nach dem zuletzt angegebenen Verfahren zeigt aber, daß auch die initiale Wärme nicht auf einmal bei Beginn der Kontraktion auftritt, sondern daß auch schon das Maximum des Galvanometerausschlags bei der Kontraktion gegenüber dem Maximum bei einer gleich starken elektrischen Erwärmung verzögert ist, die durch einen Wechselstrom von mit der Reizperiode übereinstimmender Dauer hervorgerufen ist[3]) (Abb. 88).

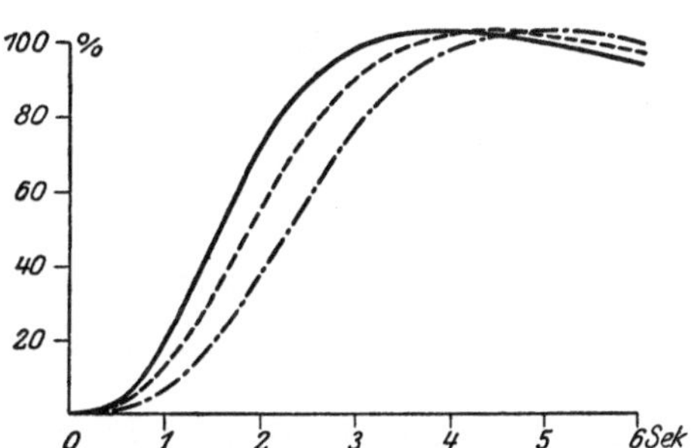

Abb. 88. Galvanometerkurve. — Kontrollheizung von 0,1 Sekunde. — — — Tetanus von 0,1 Sekunde. —·—·— Tetanus von 1,2 Sekunde. Ordinate prozentische Ablenkung.

Diese Kurven lassen sich nun auf einem einfachen graphischen Wege analysieren, dank des Umstandes, daß alle in Betracht kommenden Faktoren, wie Wärmeleitung, Beziehung zwischen elektromotorischer Kraft und Galvanometerausschlag, Dämpfung desselben usw., durch lineare Differentialgleichungen ausgedrückt werden können. Infolgedessen lassen sie sich in Teilkurven zerlegen, aus denen sie additiv aufgebaut gedacht werden. Es ergibt sich so für verschiedene Reizdauern ein Wärmeverlauf, wie er auf der Abbildung 89 zu sehen ist. Hier ist die Analyse pro 0,2 Sekunden durchgeführt.

Ein Teil der Wärme wird bei Beginn der Kontraktion, ein weiterer Teil während der Aufrechterhaltung der Spannung im isometrischen Tetanus frei — diese Wärme ist in der Zeiteinheit erheblich geringer —, und ein dritter Teil der Wärme tritt nach einem kurzen Intervall unmittelbar im Anschluß an die

---

[1]) HILL, A. V.: Journ. of physiol. Bd. 46, S. 31. 1913; Asher-Spiros Ergebn. d. Physiol. Bd. 15, S. 340. 1916.

[2]) WEIZSÄCKER, V. Freiherr v.: Journ. of physiol. Bd. 48, S. 396. 1914; Sitzungsber. d. Heidelberger Akad. d. Wiss. 1917.

[3]) Vgl. hierzu auch O. MEYERHOF: Thermodynamik der Muskelkontraktion. Naturwissenschaften Bd. 9, S. 194. 1921.

Erschlaffung auf. Es ist zu bemerken, daß die Aufnahmen bei tiefer Temperatur (0°) gemacht sind, wo die Kontraktion über das Reizende hinaus stark verlängert ist. Diese eigentümliche dritte Wärmephase, „Erschlaffungswärme", wird von Hartree und Hill so gedeutet, daß sie der bei der Erschlaffung zerstreuten potentiellen Energie entspricht. Während eine hypothetische Deutung der Form dieser Energie auf Grund der physikalisch-chemischen Vorgänge später vorgeschlagen wird (s. S. 522), kann man sich ihr Entstehen mit Hill durch einen physikalischen Vergleich klarmachen: Man denke sich einen aus einer Akkumulatorenbatterie gespeisten Elektromagneten, der ein Gewicht anzieht. Im Moment der Unterbrechung des den Strom liefernden chemischen Prozesses verwandelt sich das Magnetfeld durch die bei offenen Drahtenden auftretenden Induktionsströme in Wärme. Man kann vielleicht hierfür einen noch genaueren Vergleich vorschlagen[1]), nämlich das Verhalten einer lockeren, aber an beiden Enden festgehaltenen stromdurchflossenen Drahtspirale beim Öffnen des Stromes. Eine solche Drahtspirale sucht sich bei Stromdurchfluß zusammenzuziehen und entwickelt somit eine elastische Spannung, wenn sie hieran gehindert wird. Bei Unterbrechung des Stromes verschwindet in der Drahtspirale diese elastische Spannung gleichzeitig mit dem stromerzeugenden chemischen Prozeß der Batterie, aber die durch die Unterbrechung des Stromes hervorgerufene Selbstinduktion der Drahtwindungen (in der Stromrichtung) wandelt sich in Wärme um. Ein Teil der chemischen Energie der Batterie ist so in elastische Spannung verwandelt und diese nachträglich in Wärme. Die Größe der Erschlaffungswärme beträgt bis zu 30—40% der initialen Wärme der isometrischen Kontraktion.

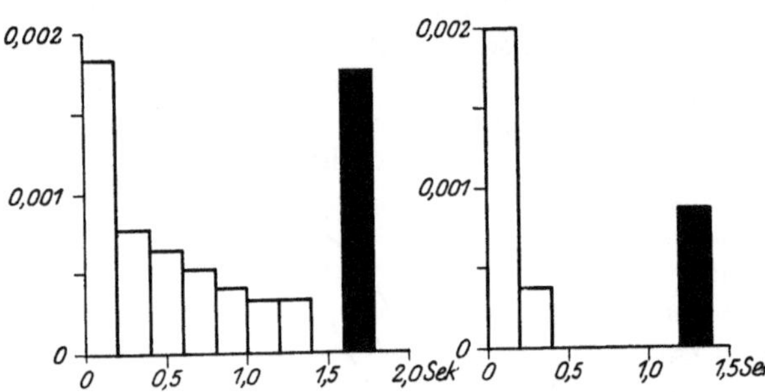


Abb. 89. Analyse der Kurve Abb. 88. a) Tetanus von 1,2 Sek. b) Tetanus von 0,1 Sek. Ordinate: cal pro 1 g Muskel in 0,2 Sek. Abszisse: Zeit in Sekunden.

## β) Verhältnis von Wärme und Spannung.

Die Dimension der Spannung für die Längeneinheit des Muskels ist $l \cdot m \cdot t^{-2}$. Multiplizieren wir sie mit der Länge des Muskels $l$, so erhalten wir $l^2 \cdot m \cdot t^{-2}$. Dieselbe Dimension besitzt aber auch die Wärmetönung im mechanischen Maß. Der Quotient von beiden, von Hill als $Tl/H$ bezeichnet (tension × length : heat) ist danach eine unbenannte Zahl. Dieser Zahl kommt unabhängig von aller Theorie eine große Bedeutung zu, weil sie unter verschiedenen Umständen bei demselben Muskel auffällig konstant ist und als einfachster Ausdruck für die Beziehungen der thermischen und mechanischen Äußerung der Muskelkontraktion angesehen werden kann. Ursprünglich war von Hill ganz ähnlich wie von Fick angenommen, daß sich hieraus auch der tatsächliche mechanische Wirkungsgrad des Muskels berechnen läßt, wenn man nämlich annimmt, daß der Muskel mit einer gegebenen isometrischen Spannung ohne weitere Energiezufuhr ein genau bestimmtes Maß von Arbeit leisten kann. Dieses Maß wurde durch die Aufnahme des Spannungslängendiagramms gefunden. Bestimmt man

[1]) Meyerhof, O.: Naturwissenschaften Bd. 9, S. 194. 1921.

nämlich die Spannung, die der Muskel auf einen einzelnen maximalen Reiz hin bei jeder Länge entwickelt, und trägt man diese Spannungen als Ordinaten, die zugehörigen Längen als Abszissen auf, so erhält man ein ungefähr dreieckiges Flächenstück, das einen bestimmten Bruchteil ($\mu$) des Rechtecks: maximale isometrische Spannung $\times$ Muskelanfangslänge ausmacht.

Hill[1]) hat auch den Teil der Fläche, in dem der *gedehnte* Muskel aktiv bei der Verkürzung Spannung entwickelt, hinzugerechnet, während O. Meyerhof[2]) vorgeschlagen hat, als Ausgangslänge des Diagramms die Muskellänge zu wählen, bei der die maximale Spannung entwickelt wird. Beim parallelfaserigen Sartorius ist das Flächenstück nach Hill $^1/_6$—$^1/_7$ der Gesamtfläche[3]), nach Meyerhof beim Gastrocnemius etwa $^1/_{12}$—$^1/_{14}$ [bei Einzelzuckungen]. Der Unterschied liegt an dem schrägen Faserverlauf des Gastrocnemius. Untersucht man nur ein parallelfaseriges Bündel desselben, so ist die Größe von $\mu$ für denselben nur wenig kleiner als für den Sartorius[4]).

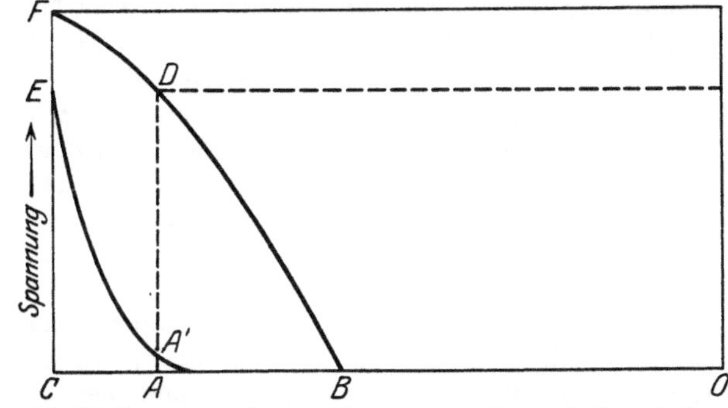


Abb. 90. Spannungslängendiagramm, schematisch (vgl. dazu A. V. Hill: Journ. of physiol. Bd. 46, S. 450). *OA* Ruhelänge des Muskels unter der ganz kleinen Anfangsspannung *AA'*, *OB* Länge bei maximaler Verkürzung ohne Belastung, *OC* Länge des gedehnten Muskels unter der Last *CE*. Der bei *A* festgehaltene Muskel entwickelt die Spannung *AD*, der bei *C* festgehaltene die Spannung *EF* (der isotonisch mit dem Gewicht *CE* belastete Muskel würde sich mit diesem Gewicht bis *A* verkürzen). *BA'D* Spannungslängendiagramm nach Berechnung Meyerhofs *BA'EFDB* nach der früheren Hillschen Berechnungsweise.

Der Inhalt des Flächenstücks sollte, wie gesagt, der mechanischen Arbeit gleichgesetzt werden können, die der Muskel bei gleicher Energieproduktion leisten würde, wenn man ihn, statt ihn festzuhalten, sich mit einer abnehmenden Last verkürzen läßt, deren Größe in jedem Moment durch das Spannungslängendiagramm gegeben sein würde. Gegen diese Betrachtung lassen sich jedoch verschiedene Einwände geltend machen. Fick[5]) selbst, ebenso Kries[6]), haben schon früher allgemein nachgewiesen, daß die Spannung des Muskels keine einfache Funktion weder der Länge noch der Länge und der Zeit nach der Reizung ist. Wie sich zeigte[7]), kann der Muskel nur bei lange fortgesetztem Tetanus ein dem Spannungslängendiagramm entsprechendes Maß an Arbeit leisten, niemals aber bei kurzen Tetani oder gar bei Einzelzuckungen. Es bedarf jeweils einer gewissen Zeit, damit sich der Muskel bei jeder Länge mit der äußeren Last ins Gleichgewicht setzt; in der Regel ist die Dauer der Spannungsentwicklung zu kurz, um dieser Bedingung zu genügen (Genaueres s. später Kap. 3). Hill sowohl wie Fenn haben sich neuerdings diesen Überlegungen angeschlossen und aus diesem Grunde die Berechnung der Arbeitsleistung aus der isometrischen Spannung verlassen. Damit fällt auch die Berechnung des mechanischen Nutz-

[1]) Journ. of physiol. Bd. 46, S. 450. 1913.
[2]) Energieumwandlungen 5. Pflügers Archiv f. d. ges. Physiol. Bd. 191, S. 145. 1921.
[3]) Hill, A. V.: Journ. of physiol. Bd. 46, S. 435. 1913. — Ferner Doi: Journ. of physiol. Bd. 54, S. 218, 335. 1921; Bd. 55, S. 38.
[4]) Moshimo (unter Hill): Journ. of physiol. Bd. 59, S. 37. 1924.
[5]) Fick, A.: Mechanische Arbeit und Wärmeentwicklung S. 120ff. 1882
[6]) Kries, V.: Anat. u. Physiol. S. 348. 1880.
[7]) Meyerhof, O.: Pflügers Arch. f. d. ges. Physiol. Bd. 191, S. 128. 1921.

effektes des Initialvorganges aus dem Verhältnis $Tl/H$, die zum Teil den hohen Wert von 80—100% ergeben hatte. Dieses Verhältnis interessiert uns daher nur um seiner selbst willen.

### $\beta_1$) *Einzelzuckungen.*

Die Größe des Quotienten $Tl/H$ hängt natürlich von der Reizart und -dauer ab. Bei Einzelzuckungen des Sartorius ist es nach Hill meist zwischen 4 und 7 gelegen. Beispielsweise zeigt ein Sartorius von etwa 0,2 g Gewicht bei einer maximalen Einzelreizung eine maximale isometrische Spannung von 60 g bei 33,5 mm Länge und produziert dabei $14 \cdot 10^{-6}$ Cal. Der Ausdruck $Tl/H$ ist dann 6,9 [1]). Nach Evans und Hill[2]) nimmt mit zunehmender Anfangsspannung Wärme und Spannungsentwicklung ungefähr parallel bis zu einem Maximum zu und fallen dann wieder ab. Das Maximum entspricht der natürlichen Länge des Muskels in situ. Nach Hartree und Hill[3]) nimmt bei steigender Temperatur sowohl Spannung wie Wärmebildung ab, das Verhältnis beider bleibt dagegen auffällig konstant. Dagegen nimmt $Tl/H$ mit wachsender Reizstärke ab. Andererseits ist dieser Wert in einer zweiten Zuckung, die kurz auf eine vorhergehende folgt und in die sog. supernormale Phase fällt[4]), vergrößert, d. h. der Nutzeffekt ist unter diesen Umständen erhöht, was für den Vergleich des Wirkungsgrades von Tetanus und Einzelzuckung von Bedeutung ist[5]). Weizsäcker[6]) hatte angegeben, daß durch geeignete Alkoholdosen (4—6%) die mechanische Reaktion des Muskels völlig beseitigt werden kann, während die Wärmeentwicklung noch fortbesteht, doch konnten Hartree und Gasser[7]) bei sorgfältiger Nachprüfung diesen Befund nicht bestätigen, vielmehr erlosch beides unter allen Umständen genau gleichzeitig. Nur ergaben sich Hinweise darauf, daß die Spannungsentwicklung bei hochgradiger Narkose stärker absinkt als die Wärmeentwicklung. In Übereinstimmung mit diesem letzteren steht der Befund[8]), daß unter diesen Umständen die Spannungsentwicklung pro Einheit Milchsäure (der „isometrische Koeffizient der Milchsäure") abnimmt.

### $\beta_2$) *Tetanische Kontraktion.*

Zu den Faktoren, die die Wärmebildung der Einzelzuckung beeinflussen, kommt bei der Dauerkontraktion vor allem die Häufigkeit der Reize hinzu. Da aber die Zahl der in der Zeiteinheit wirksamen Reize mit steigender Temperatur stark zunimmt, ist die Beeinflussung der Wärmebildung der tetanischen Kontraktion durch die Temperatur eine ganz andere als bei Einzelzuckungen.

Die Größe der Wärmebildung für verschiedene Reizdauern und verschiedene Temperaturen ist nach Hartree und Hill[9]) auf der Abbildung 91 dargestellt. Links oben sind die Anfangsstücke der gleichen Kurven in vergrößertem Maßstabe gezeichnet. Die Reizfrequenz ist in jedem Fall 180 pro Sekunde. Sie hat bei keiner

---

[1]) Zahlreiche Werte s. bei Hartree und A. V. Hill: Regulation of supply of energy in muscular contraction. Journ. of physiol. Bd. 55, S. 133. 1921. Der mittlere Wert ist hier für Einzelzuckungen = 5,5 (S. 144).

[2]) Journ. of physiol. Bd. 49, S. 10. 1914.

[3]) Hartree und A. V. Hill: Nature of isometric twitch. Journ. of physiol. Bd. 55, S. 396. 1921.

[4]) Adrian: Journ. of physiol. Bd. 54, S. 1. 1920.

[5]) Siehe Anmerkung zu 1.

[6]) Weizsäcker, Frhr. V. v.: Journ. of physiol. Bd. 48, S. 410. 1914; Ber. d. Heidelberger Akad. d. Wiss. 1917.

[7]) Gasser und Hartree: Inseperability of mechanical and thermal responses. Journ. of physiol. Bd. 58, S. 396. 1924.

[8]) Meyerhof, O.: Energieumwandlungen in Muskel. Pflügers Arch. f. d. ges. Physiol. Bd. 191, S. 128. 1921.

[9]) Hartree und Hill: Journ. of physiol. Bd. 55, S. 133. 1921.

Temperatur, wenn sie zu einer vollständigen Summation ausreicht, Einfluß auf die Wärmebildung. Bei einer bestimmten Zeit, nämlich 0,017 Sekunden, ist die Wärmeproduktion bei allen Temperaturen dieselbe. Unterhalb dieser Zeit ist sie wie bei der Einzelzuckung kleiner bei der höheren Temperatur, über diese Zeit hinaus aber größer. Mit zunehmender Reizdauer werden die Kurven der Wärmeproduktion gerade Linien, deren Ordinaten einen Temperaturkoeffizienten von 2,8 für 10° ergeben. Man kann nach HILL die Kurven ausdrücken durch die Formel $H = Tl\,a(1 + b\,x)$, wo $x$ die Reizdauer bedeutet, $H$, $T$, $l$ dieselben Bedeutungen haben wie oben und $a$ und $b$ Konstanten sind. Die Größe $a$, welche der Spannungs*entwicklung* entspricht, ist unabhängig von der Temperatur, dagegen die Größe $b$, die der Aufrechterhaltung der Spannung entspricht, hat einen großen Temperaturkoeffizienten.

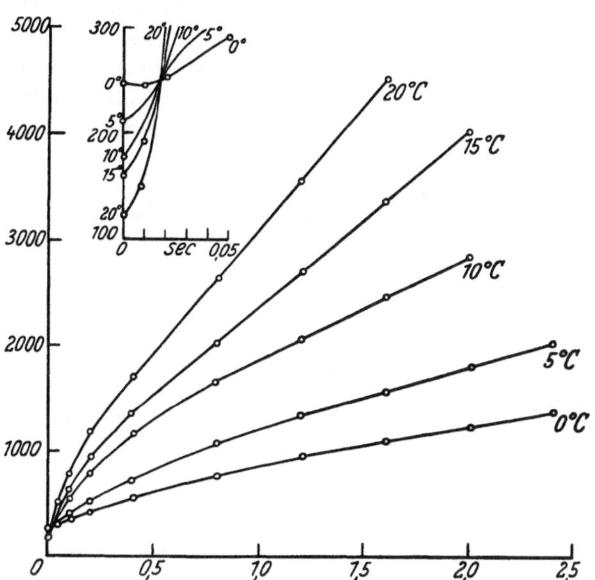

Abb. 91. Beziehung zwischen Wärmeproduktion, Reizdauer und Temperatur in einer isometrischen Kontraktion. Das große Diagramm zeigt die Kurven bis zu 2,0 Sekunden auf einer kleinen Skala; das kleine Diagramm zeigt die Anfangsform der Kurven bis zu 0,05 Sekunden auf einer Zehntel Skala. Die wirklichen Beobachtungen sind mit Punkten bezeichnet.

Es ist interessant, daß dasselbe Verhältnis $Tl/H$ noch für die abgeänderte Kontraktion unter Veratrinwirkung gilt. HARTREE und HILL[1]) wiesen nach, daß es sich auch hierbei nicht um irgendeine Änderung des Erschlaffungsmechanismus oder um eine besondere Verkürzungsform handelt, sondern nur um eine abnorme Art der Erregung. Ähnlich verhält sich auch die Coffeincontractur, indem Wärme und Spannungsentwicklung bzw. Verkürzung parallel gehen[2]). Denselben Befund erhoben MEYERHOF und MATSUOKA[3]) bei der Chloroform- und Coffeinstarre durch Vergleich von Spannungsentwicklung und Milchsäurebildung.

Dagegen wird bei der Ermüdung das Verhältnis $Tl/H$ kleiner, indem die Spannung stärker sinkt als die Wärmebildung.

## b) Isotonische Kontraktion.

Schon oben ist erwähnt, daß sich die älteren Autoren vorwiegend mit der Wärmebildung bei der *Verkürzung* des Muskels beschäftigt haben. Eine Fortsetzung dieser Versuche ist erst in jüngster Zeit durch HILL und seine Mitarbeiter vorgenommen, nachdem das myothermische Verfahren so vervollkommnet ist, um Unregelmäßigkeiten durch Verschiebung des Muskels an den Lötstellen usw.

---

[1]) HARTREE und A. V. HILL: Heat production of veratrine contraction. Journ. of physiol. Bd. 56, S. 294. 1922.

[2]) HARTREE und A. V. HILL: Heat production of muscle treated with coffein. Journ. of physiol. Bd. 58, S. 441. 1924.

[3]) MATSUOKA: Milchsäurebildung bei der chemischen Contractur. Pflügers Arch. f. d. ges. Physiol. Bd. 51, S. 51. 1924.

auszuschließen. Am Gastrocnemius und Semimembranosus fand HILL[1]), daß die Wärmebildung bei der isometrischen Kontraktion stets größer ist als bei unbelasteter isotonischer Verkürzung. Auf indirekte Weise erhielt O. MEYERHOF ein ähnliches Resultat, indem das Milchsäuremaximum bei erschöpfender Reizung des Gastrocnemius im ersten Fall höher gelegen war als im zweiten. Dieser Befund darf jedoch, wie es scheint, nicht verallgemeinert werden, da die sog. isometrische Kontraktion des Gastrocnemius in Wahrheit eine auxotonische unter großer Belastung ist. Gleiche Erscheinungen treten am Sartorius auf, wenn die Kontraktion nicht streng isometrisch erfolgt. Dagegen zeigten neuerdings die Versuche von FENN[2]) sowie von AZUMA[3]) (unter HILL) am Sartorius, daß die Wärmebildung bei der Verkürzung stets größer ist als bei streng isometrischer Kontraktion. Der von BLIX seinerzeit aufgestellte Satz, daß die Wärmebildung ceteris paribus der Muskellänge proportional sei, ist demnach unzutreffend. FENN findet, daß bei der Leistung von Arbeit eine Extrawärme gebildet wird, die ungefähr proportional der geleisteten Arbeit ist. Dies gilt sowohl für die echte isotonische Kontraktion wie für die Arbeit am HILLschen Trägheitshebel[4]), der ähnlich dem Schwunghebel von FICK konstruiert ist. Am isotonischen Hebel besteht die feste Beziehung, daß die Extrawärme (in erg) das 1,8fache der geleisteten Arbeit bei optimaler Belastung beträgt, dagegen am Trägheitshebel, ebenfalls bei optimaler Belastung, das 1,3fache. Diese Extrawärme im Verlauf der Verkürzung wird auch dann produziert, wenn der Reiz in dem Moment, wo der Muskel freigelassen wird, schon vorbei ist. Daraus folgt, daß nicht dieser oder die durch ihn bewirkte Spannung allein für den Umfang der Energieproduktion verantwortlich sind, sondern daß diese durch den ganzen Verlauf der Kontraktion reguliert wird. Bei noch feinerer Analyse des Vorgangs erhielt FENN Resultate, die die zum Teil widersprechenden Ergebnisse der älteren Autoren erklären: Die Extrawärme bei der Arbeitsleistung erscheint danach zusammengesetzt aus derjenigen, die direkt für die äußere Arbeit erfordert wird, und aus einem konstanten, auch am unbelasteten Muskel nachweisbaren Betrag, der durch die Formänderung des Muskels selbst, also die innere Reibung der Muskelsubstanz hierbei, veranlaßt wird. Entgegen früheren Annahmen ist also sogar die Verkürzung ohne Spannung mit mehr Wärme verknüpft als die Spannung ohne Verkürzung.

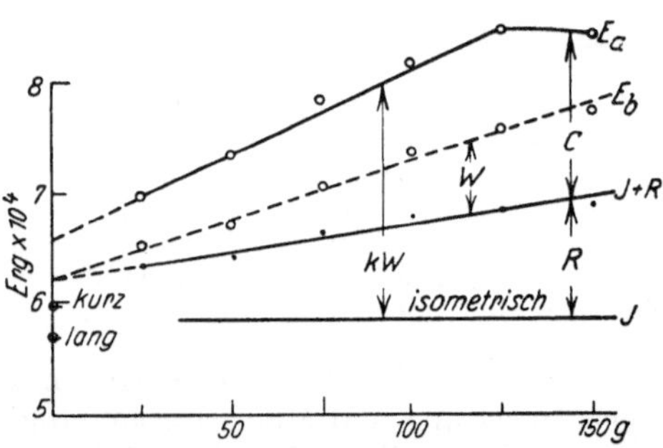


Abb. 92. $kW$: Überschußenergie für Heben und Senken der Last. $W$: Arbeit. $C$ und $R$ sind die Bruchteile von $kW$, die mit der Verkürzung bzw. Erschlaffung verbunden sind. $E_a$: Gesamtwärme bei Verkürzung und Erschlaffung unter Last. $E_b$: Gesamtwärme bei freier Verkürzung und Erschlaffung unter Last.

In Abbildung 92 gibt der Abstand $kW$ den Unterschied der Wärme bei isometrischer und isotonischer Kontraktion unter wachsender Last an. Im letzteren Falle verkürzt sich der Muskel (Froschsartorius von 0,32 g, Temperatur 0°) stets von der gleichen Ausgangslänge um 2,4 mm auf einen tetanischen Reiz von 0,2 Sekunden, während die isometrische Wärme einer maximalen isometrischen Kontraktion von gleicher Reizdauer entspricht. Man beachte, daß die Ordinate bei 5 beginnt

[1]) Journ. of physiol. Bd. 46, S. 435. 1913.

[2]) FENN: Quantitative comparison between work performed and energy liberated. Journ. of physiol. Bd. 58, S. 135. 1923; Forts. Bd. 58, S. 343. 1924.

[3]) AZUMA: Thermodynam. Phenomen. in a shortening and lengthening of muscle. Proc. of the roy. soc. of London Bd. 96, S. 338. 1924.

[4]) HILL, A. V.: Journ. of physiol. Bd. 53, Proc. S. 58. 1920.

und daher die Differenz der beiden Wärmen in der Zeichnung größer erscheint, als sie in Wirklichkeit ist. Ferner, daß die obere Kurve die Ordinatenachse über der isometrischen Kurve schneidet, entsprechend dem Anteil der Erschlaffungsphase an der Überschußwärme. Ferner bedeuten kurz und lang die etwas verschiedenen isometrischen Wärmen in der um 2,5 mm verkürzten Position des Muskels und in der Ausgangslänge. Als ausgezogene Linie der isometrischen Wärme wird das Mittel aus beiden genommen.

Findet die Verkürzung des Muskels erst nach einem gewissen Intervall nach beendeter Reizung statt, so ist die Extrawärmebildung geringer. Wird schließlich die Verkürzung erst auf der Höhe der Kontraktion oder zu Beginn der Erschlaffung ermöglicht, so ist die Wärme sogar noch geringer als bei der isometrischen Kontraktion. Umgekehrt verringert die Dehnung des Muskels im Verlauf der Verkürzungsphase die Wärmebildung, während Dehnung im Verlauf der Erschlaffungsphase sie steigert.

Die Abhängigkeit dieser Extrawärme von dem Moment nach beendigtem Reiz, wo dem Muskel die Verkürzung gestattet wird bzw. wo er passiv gedehnt wird, ist noch genauer von AZUMA[1]) unter HILL verfolgt worden. Die von ihm erhaltenen Kurven sind in der Abbildung 93 dargestellt.

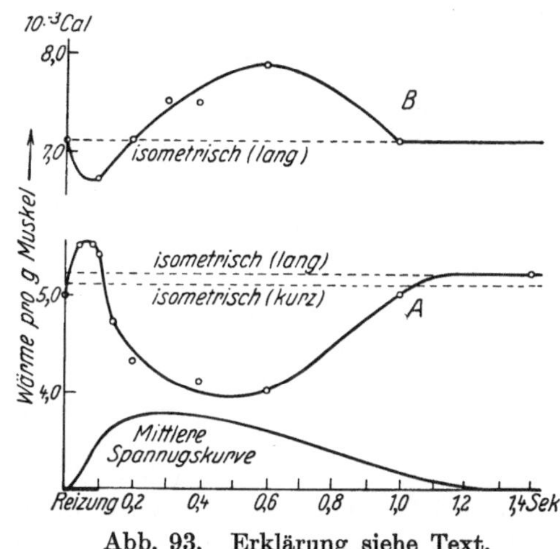


Abb. 93. Erklärung siehe Text.

Alle Versuchsresultate (als Kreise in der Abbildung eingezeichnet) entsprechen einer 0,1 Sekunden dauernden tetanischen Reizung bei 0°. Die Verkürzung geschieht um 2 mm, die Dehnung um 1 mm von der bestimmten Anfangslänge. Die Kurven *A* und *B* sind von verschiedenen Muskeln aufgenommen. Die unterste Kurve zeigt den isometrischen Spannungsverlauf bei gleicher Reizung. Die Kurve *A* stellt die Wärme dar, die der Muskel freimacht, wenn ihm gestattet wird, sich zu verschiedenen Zeiten nach der Reizung unbelastet um 2 mm zu verkürzen, während die gestrichelten Horizontalen die isometrische Wärme in der längeren (*l*) und kürzeren (*s*) Position darstellen. Genau das Umgekehrte zeigt *B*, die Kurve, die bei der Dehnung des Muskels um 1 mm zu verschiedener Zeit nach der Reizung erhalten wird. Man sieht, daß während der Spannungszunahme Verkürzung ein Plus, Dehnung ein Minus an Wärme ergibt; während der Aufrechterhaltung der Spannung ist das Verhalten umgekehrt.

Man kann den Überschuß dieser Wärme über die isometrische Wärme als eine Extraproduktion, das Darunterbleiben als eine Absorption von Wärme deuten. Da beide Effekte bei der Dehnung und Verkürzung auffällig genau reziprok sind, spricht dies für einen reversiblen thermodynamischen Prozeß und kann daher im speziellen mit HILL und AZUMA als thermoelastischer Effekt gedeutet werden. Allerdings setzt dies voraus, daß die thermoelastischen Eigenschaften zwar während des Anhaltens und Nachlassens der Kontraktion qualitativ mit den im ruhenden Muskel übereinstimmen, daß sie jedoch im Moment der Verkürzung oder Spannungszunahme ihr Vorzeichen umkehren, daß also der Muskel während der Spannungszunahme einen positiven thermischen Ausdehnungskoeffizienten besitzt. Vom Standpunkt der Ökonomie kann man das Verhalten des Muskels mit HILL dem eines Elektromotors gleichsetzen, der, wenn er belastet ist, selbsttätig mehr Antriebsenergie konsumiert, umgekehrt, wenn er passiv gedreht wird, selbsttätig weniger Energie aus dem Netz aufnimmt, als wenn er ohne Belastung läuft[2]).

[1]) A. a. O.: Proc. of the roy. soc. of London Bd. 96, S. 338. 1924.
[2]) HILL, A. V.: Nobel-Vortrag 1924.

## 5. Die verzögerte Wärme bei der Kontraktion.

### a) Anaerobe Restitutionswärme.

Wie schon oben erwähnt, wies Hill nach, daß ein beträchtlicher Teil der Wärme, der bei der Kontraktion des Muskels frei wird, nicht in die Zeit der Arbeitsleistung fällt, sondern dieser beträchtlich nachfolgt. Es handelt sich hier nicht um die „Erschlaffungswärme", sondern um eine Wärmebildung, die erst eine Reihe von Sekunden nach beendeter Kontraktion beginnt und etwa 1 bis 2 Minuten nach derselben ihr Maximum hat. Ursprünglich wurde von Hill eine solche Wärme nur in Sauerstoff gefunden und mit Recht mit dem von Fletcher und Hopkins entdeckten Schwund der Milchsäure in Sauerstoff, also mit der oxydativen Erholung des Muskels in Zusammenhang gebracht (s. vorigen Abschnitt S. 488). Die genaue Analyse der Wärmekurven durch Hartree und Hill[1]) zeigte jedoch, daß auch in Stickstoff und bei Blausäurevergiftung eine wenn auch erheblich schwächere verzögerte Wärme, eine „anaerobe Restitutionswärme" auftritt. Obwohl bisher nicht erwiesen ist, daß diese Wärme mit der teilweisen Restitution zusammenhängt, die der Muskel bekanntlich auch in Abwesenheit von Sauerstoff nach Ablauf der Kontraktion erfährt, kann man dies immerhin als wahrscheinlich annehmen. Diese anaerobe Restitutionswärme beträgt in den bestkontrollierten Versuchen 25—30% der initialen Wärme. Ihr Verlauf ist aus der folgenden Abbildung zu sehen[2]).

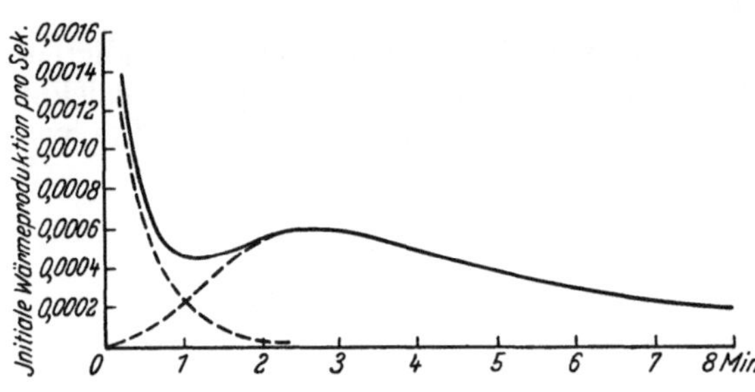


Abb. 94. Verlauf der anaeroben verzögerten Wärmebildung bei 12° bei einem Tetanus von 0,4 Sekunden (nach Hartree und Hill).

Die Größe dieser Wärme wird durch die Temperatur nicht beeinflußt, auch nicht deutlich die Geschwindigkeit. Die Wärme zerfällt in einen ersten schlechter analysierbaren und weniger gesicherten Teil von 5—10% der initialen Wärme, der sich unmittelbar an diese anschließt und steil auf einen ganz niedrigen Wert fällt, und einen zweiten Hauptteil = 25% der initialen Wärme, dessen Maximum $2^1/_2$ Minuten nach Ablauf der Reizung liegt und eine maximale Geschwindigkeit von 0,0006 derjenigen der initialen Wärme besitzt.

### b) Oxydative Restitutionswärme.

Während die anaerobe Restitutionswärme nur etwa 25—30% der initialen Wärme ausmacht, ist die verzögerte Wärme in Sauerstoff viel beträchtlicher und beträgt hier durchschnittlich das $1^1/_2$fache der initialen. Die Deutung dieser Wärme wird erst unten im Zusammenhang mit den calorimetrischen und chemischen Messungen gegeben. Der Verlauf der oxydativen Wärme ähnelt der anaeroben insofern, als sie zu einem Maximum ansteigt und dann absinkt. Ihre maximale Geschwindigkeit hängt von der Größe der initialen Wärme ab, und zwar steigt sie etwa proportional der zweiten Potenz derselben,

[1]) Hartree und A. V. Hill: Journ. of physiol. Bd. 56, S. 367. 1922.

[2]) Hartree und A. V. Hill: Anaerobic processes involved in muscular activity. Journ. of physiol. Bd. 58, S. 132. 1923.

d. h. bei verdoppelter initialer Wärme ist die maximale Geschwindigkeit das 4fache. S. Abb. 95.

Während der Umfang der oxydativen Wärme durch die Temperatur nicht beeinflußt wird, steigt die Geschwindigkeit mit wachsender Temperatur stark an. Es entspricht dies dem Temperaturkoeffizienten des oxydativen Milchsäureschwundes, der bereits im vorigen Abschnitt (S. 481) angegeben ist. Andererseits ist in Übereinstimmung mit den unten geschilderten chemischen Bestimmungen die gesamte oxydative Wärmebildung im Verhältnis zur initialen um so größer, in je schlechteren Bedingungen sich der Muskel befindet. Bei Muskeln in gutem Zustand ist das Verhältnis der oxydativen Wärme zur initialen zwischen 1,2 : 1 und 1,8 : 1 gelegen, im Durchschnitt 1,5 : 1. Bei stark ermüdeten und sich schlecht erholenden Muskeln ist das Verhältnis größer, ja in extremen Fällen bis zu 5 : 1. Es entspricht dies der Verkleinerung des oxydativen Wirkungsgrades des Muskels (s. darüber unten S. 525). Weiterhin fanden HARTREE und HILL[1]), daß die Erholungswärme durch wachsende Kohlensäurekonzentration verlangsamt wird, ohne daß ihre Gesamtgröße sich ändert. Ähnlich wirken auch andere Säuren. Vielleicht kann man dies mit dem Effekt der H-Ionenkonzentration auf die Geschwindigkeit der Fructoseoxydation in Gegenwart von Phosphat in Zusammenhang bringen (s. oben S. 499).

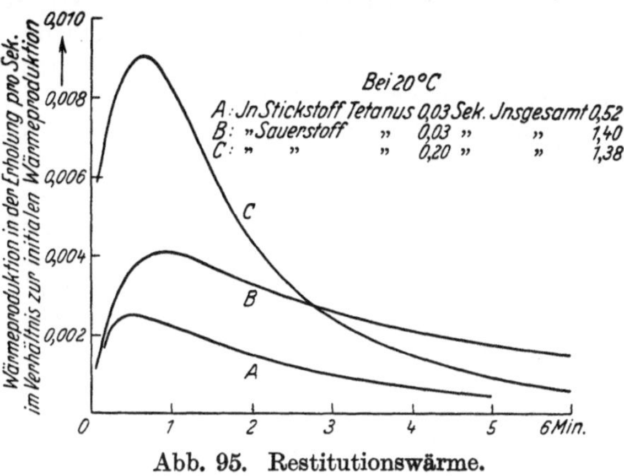


Abb. 95. Restitutionswärme.

# II. Wärmebildung im Zusammenhang mit den chemischen Vorgängen.

## Methodik.

Die Wärmemessungen für den Vergleich mit den chemischen Vorgängen werden nach dem calorimetrischen Verfahren vorgenommen. Als Calorimeter dienen käufliche Dewargefäße. HILL[2]) und sein Schüler PETERS[3]) benutzten auch hier die thermoelektrische Temperaturmessung. In zwei käufliche Thermosflaschen, deren Abkühlungskoeffizient durch geeignete Wasserfüllung genau gleichgemacht wird, wird ein bügelförmiges Element mit beiderseits einer Lötstelle versenkt. Das eine Gefäß enthält reine Ringerlösung, evtl. mit abgetöteten Muskeln, das andere wird mit den in Ringerlösung suspendierten Versuchsmuskeln beschickt. Aus dem gemessenen Gang der Temperaturdifferenz läßt sich die Wärmebildung in absoluten Einheiten berechnen. MEYERHOF[4]) verwendet nur ein Dewargefäß von besonders kleinem Abkühlungskoeffizienten (für kleine Volumina drei- oder vierwandig), das in einen elektrisch regulierten Thermostaten versenkt wird. Die Temperatur wird mit geprüften Beckmannthermometern gemessen und die Wärmebildung unter Berücksichtigung des Abkühlungskoeffizienten in absoluten Einheiten berechnet.

---

[1]) Effect of H-ion conc. on the recovery process. Journ of physiol. Bd. 58, S. 470. 1924.

[2]) HILL, A. V.: Heat production of surviving amphibian muscles. Journ. of physiol. Bd. 44, S. 466. 1912.

[3]) PETERS: Heat production of fatigue and its relation to the production of lactic acid. Journ. of physiol. Bd. 47, S. 243. 1913.

[4]) MEYERHOF, O.: Energieumwandlungen im Muskel. I. Pflügers Arch. f. d. ges. Physiol. Bd. 182, S. 232. 1920; vgl. auch Biochem. Zeitschr. Bd. 35, S. 246. 1911.

## 1. Anaerobe Phase.

Die Deutung der im vorigen Abschnitt auf myothermischem Wege gefundenen Wärmen ist nun durch Vergleich mit den chemischen Vorgängen möglich, die sich gleichzeitig im Muskel abspielen. Wie auch die Zuordnung der einzelnen Phasen der Zuckungswärme zu den wärmeliefernden Prozessen im einzelnen zu erfolgen hat, ist doch klar, daß die gesamte Wärmebildung rein chemischen Ursprungs ist, indem nach der Tätigkeit der wiedererschlaffte und in Sauerstoff erholte Muskel sich in genau dem gleichen physikalischen und chemischen Zustand befindet wie vor der Tätigkeit und sein einziger Unterschied darin besteht, daß das Nährmaterial abgenommen hat. Wie im vorigen Abschnitt (S. 488f.) bereits dargelegt, schwindet im ausgeschnittenen Kaltblütermuskel bei der Tätigkeit ebenso wie bei der Ruheatmung nahezu ausschließlich das Glykogen. Die gesamte Wärmebildung eines Muskels während Arbeit und Erholung muß dann also genau gleich der Verbrennungswärme der geschwundenen Menge Glykogen sein. Nun zerfällt der chemische Vorgang in zwei getrennte Phasen: in die anaerobe, die dem Übergang von Glykogen in Milchsäure entspricht, und in die oxydative, die in der Rückverwandlung der Milchsäure zu Glykogen und Verbrennung eines Zuckeräquivalents von ihr besteht, wobei durch die Verbrennung von 1 Mol. Zucker etwa 8 Mol. Milchsäure resynthetisiert werden. Es muß also festgestellt werden, ob die tatsächlich gemessene Wärme der beiden Phasen mit der nach den Gleichungen zu berechnenden übereinstimmt oder nicht. Die Gleichung der anaeroben Phase, die hier zuerst zu betrachten ist, lautet:

$$\underset{(162)}{{}^1\!/_n\,(C_6H_{10}O_5)_n} + \underset{(18)}{H_2O} = \underset{(2\times 90)}{2\,C_3H_6O_3}\,.$$

Hierbei darf die Abspaltung des Phosphats, das nach Embden und Lawaczek[1]) gleichzeitig mit der Milchsäure aus dem intermediären Hexosephosphat frei wird, nicht berücksichtigt werden, da es nach den übereinstimmenden Befunden von Embden und Mitarbeitern[2]) sowie von Parnas[3]) schon anaerob wieder verschwindet, d. h. offenbar mit neu gespaltenem Glykogen sich wieder zu Hexosephosphorsäure verestert. Die Phosphorsäure sowie Hexosephosphorsäure fallen also aus der Bilanz auch bei bloßer Betrachtung der anaeroben Phase heraus. Sollte aber unter bestimmten Umständen doch etwas anorganisches Phosphat dauernd freigesetzt werden, so dürfte in Analogie mit anderen Esterspaltungen die Wärmetönung der Hydrolyse nur einen verschwindend geringen Betrag ausmachen. Aus diesem Grunde wird diese Spaltung auch bei der Deutung der einzelnen Teilphasen der Kontraktionswärme im folgenden nicht herangezogen.

### a) Die thermochemischen Daten.

Erforderlich ist an erster Stelle eine genaue Kenntnis der thermochemischen Daten, vor allem der Verbrennungswärme des Glykogens und der Milchsäure als des Ausgangs- und Endproduktes der anaeroben Phase. Die Verbrennungswärme des Glykogens ist von Stohmann[4]) an Leberglykogen zu 4191 Cal. pro 1 g, d. h. 3772 Cal. pro 0,9 g, gefunden. Emery und Benedict[5]) fanden an

---

[1]) Embden und Lawaczek: Biochem. Zeitschr. Bd. 127, S. 181. 1922.

[2]) Embden und Mitarbeiter, s. z. B. Laquer: Zeitschr. f. physiol. Chem. Bd. 93, S. 84. 1914.

[3]) Parnas und Wagner: Biochem. Zeitschr. Bd. 61, S. 387. 1914.

[4]) Stohmann: Journ. f. prakt. Chem. (2), Bd. 50, S. 385. 1894.

[5]) Emery und Benedict: Americ. journ. of physiol. Bd. 28, S. 301. 1911.

2 Proben Leberglykogen 4212 und 4241 Cal., durchschnittlich 4227 Cal., d. i. 3804 pro 0,9 g. GINSBERG[1]) unter ROTH 4188 Cal. = 3769 Cal. pro 0,9 g. SLATER[2]) an Mytilusglykogen bestimmte dagegen für Glykogenhydrat ($C_6H_{10}O_5 \cdot H_2O$), entsprechend 0,9 g wasserfreies Glykogen 3845 Cal. (Der anfangs gegebene Wert 3884 Cal. ist später korrigiert worden.) Besonders wegen des stark abweichenden Wertes von SLATER nahmen R. MEIER und O. MEYERHOF[3]) die Frage dann noch einmal auf. Sie bestimmten für Mytilusglykogen als Hydrat pro 1 g 3800 Cal., für Froschmuskelglykogen als Hydrat pro 1 g 3786 Cal., für Froschmuskelglykogen als Anhydrid pro 0,9 g 3807 Cal., ferner als Hydratationswärme pro 1 g Hydrat 20,5 Cal., als Lösungswärme des Hydrats 10,5 Cal. pro Gramm. Bei einem ziemlich großen Aschegehalt der Präparate haben die Autoren nicht allein die Elementaranalyse und den Wassergehalt der Substanz bei der Berechnung zugrunde gelegt, sondern bei jeder Verbrennung die in der Bombe gebildete Kohlensäure gemessen. Da es naheliegt, die Abweichung der Werte für Mytilus- und Froschglykogen auf Verunreinigungen zu beziehen, schlagen R. MEIER und O. MEYERHOF vor, mit dem Mittelwert zu rechnen und für wasserfreies Glykogen pro Gramm 4238 Cal. oder pro 0,9 g 3814 Cal., für Glykogenhydrat pro Gramm 3793 Cal., für gelöstes Glykogen (0,9 g) 3782 Cal. anzunehmen.

Die Verbrennungswärme der Milchsäure ist von BERTHELOTS Schüler LOUGININE[4]) aus dem Äthylester zu 3661 Cal. berechnet worden. EMERY und BENEDICT[5]) fanden für konzentrierte Säure (90%) durch direkte Verbrennung 3615 Cal. MEYERHOF[6]) fand ohne Kenntnis der Versuche von EMERY und BENEDICT auf dem Umwege über milchsaures Zink 3601 Cal. für verdünnte Säure; 3615 Cal. für konzentrierte Säure. GINSBERG[7]) unter ROTH fand auf dem gleichen Wege 3603 Cal. für verdünnte und 3615 Cal. für konzentrierte Säure. Es besteht also, von dem falschen Wert LOUGININES abgesehen, eine vorzügliche Übereinstimmung.

Da das Glykogen im Muskel hydratisiert und gequollen ist, so ist die Verbrennungswärme der Ausgangssubstanz etwa 3785 Cal., da andererseits die Milchsäure nach beendigter Kontraktion im Muskel in verdünnter Form verteilt ist, ist die Verbrennungswärme des Endproduktes 3602 Cal. Die thermochemische Differenz ist demnach gut 180 Cal.

### b) Vergleich der anaeroben Wärme mit der Milchsäurebildung im Muskel (kalorischer Quotient der Milchsäure).

Ein Vergleich der anaeroben Wärme der Kontraktion mit der Milchsäurebildung wurde zuerst in einigen orientierenden Versuchen von HILL[8]) selbst und etwas genauer von seinem Schüler PETERS[9]) vorgenommen. HILL bestimmte calorimetrisch die gesamte Wärmebildung pro Gramm Muskel bei der Chloroformstarre und verglich sie mit der von FLETCHER und HOPKINS gefundenen Zahl für das Milchsäuremaximum. PETERS wiederholte die Messungen der Wärme-

---

[1]) GINSBERG: Diss. Braunschweig 1923.

[2]) SLATER, W. K.: Journ. of physiol. Bd. 53, S. 163. 1923; Biochem. journ. Bd. 18, S. 621. 1924.

[3]) MEIER, R. und O. MEYERHOF: Biochem. Zeitschr. Bd. 150, S. 233. 1924.

[4]) LOUGININE: Ann. de chim. et de phys. (6), Bd. 23, S. 179. 1891.

[5]) A. a. O.

[6]) MEYERHOF, O.: Biochem. Zeitschr. Bd. 129, S. 594. 1922.

[7]) GINSBERG: Diss. Braunschweig 1923.

[8]) HILL, A. V.: Journ. of. physiol. Bd. 44, S. 466. 1912.

[9]) PETERS: Journ. of physiol. Bd. 47, S. 243. 1913.

bildung der Chloroformstarre und maß auch die Wärme bei kompletter tetanischer Ermüdung. Im letzteren Falle bestimmte er zum Vergleiche unter ähnlichen Umständen die Milchsäure nach dem Verfahren von Fletcher und Hopkins. Die von Hill aus den Starreversuchen berechnete Zahl von 450 Cal. pro 1 g Milchsäure gibt die Größenordnung der Wärme richtig wieder. Einen Anspruch auf große Genauigkeit kann sie nicht machen, da die Milchsäureausbeuten nach dem Verfahren von Fletcher und Hopkins etwa 30% zu klein sind und Wärme und Milchsäurebildung auch von Peters nicht in den gleichen Experimenten bestimmt wurden. Aus diesem Grunde hat Meyerhof[1]) in seinen Versuchen stets gleichzeitig die Wärme und Milchsäurebildung an denselben Muskeln gemessen und die Korrekturwerte für beide Bestimmungen ermittelt, sowie jede Oxydation durch Zusatz von Blausäure und Vertreibung des Sauerstoffs aus den Versuchsgefäßen verhindert. Das Ergebnis der Versuche war, daß die Wärmebildung pro Einheit Milchsäure (der kalorische Quotient der Milchsäure) unabhängig davon war, auf welche Weise der Muskel zur Milchsäurebildung veranlaßt wurde, elektrische Reizung, chemische Starre, Ruheanaerobiose, daß dagegen von entscheidender Wichtigkeit ist, ob die gebildete Milchsäure noch während des Versuchs aus dem Muskel entweicht und in die Lösung übertritt oder im Gewebe zurückbleibt.

### α) Der kalorische Quotient ohne Übertritt der Milchsäure in die Lösung.

Der kalorische Quotient der anaeroben Kontraktion bei verschiedenen Temperaturen, 8, 14 und 22°, verschiedenen Reizarten und verschiedener Stärke der Ermüdung, einer Anhäufung zwischen 0,08 und 0,35% Milchsäure, bezogen auf das Muskelgewicht, zeigte keine deutlichen Unterschiede. Die anfangs gefundenen Differenzen mußten auf methodische Ungenauigkeiten bezogen werden. Es ergab sich nach Ausschaltung weniger zuverlässiger Bestimmungen im Mittel 370 Cal. pro 1 g Milchsäure. Die Messungen selbst schwankten zwischen 300 und 440 Cal. in 22 Versuchen. Die Ermüdung wurde teils an abgehäuteten, teils an nicht abgehäuteten Froschschenkeln vorgenommen, im ersteren Falle gingen etwa 5%, im zweiten etwa 10—20% in die Lösung über. Am genauesten ließ sich der kalorische Quotient der Ruheanaerobiose bestimmen, der sich an nicht abgehäuteten Schenkeln im Durchschnitt zu 385 Cal. ergab (erste Serie [1922] 378 Cal. und zweite Serie [1924] 389 Cal.), wobei etwa 15% der Milchsäure in die Lösung übertraten. Da die Milchsäure in den verschiedenen genannten Fällen stets aus dem Glykogen entsteht und stets in gleicher Weise am Schluß im Muskel verteilt ist, so muß aus theoretischen Gründen der kalorische Quotient unter diesen Bedingungen gleich sein. Aus diesem Grunde kann man 385 Cal. als genauesten Standardwert für den kalorischen Quotienten der Milchsäure annehmen.

### β) Kalorischer Quotient bei teilweisem Übergang der Milchsäure in die Lösung.

Hierzu gehört zuerst der kalorische Quotient bei der Starre. Er wurde mittels Zusatz von Chloroform und späterhin auch mit anderen neutralen Contracturgame substanzen bestimmt. Er ergab sich hier zu 325 Cal., wobei etwa die Hälfte der Milchsäure in die Lösung übertritt; gleichzeitig wird jedoch viel Eiweiß aus dem Muskel ausgelaugt, und dadurch wird die theoretische Deutung der Zahl erschwert.

[1]) Meyerhof, O.: Pflügers Arch. f. d. ges. Physiol. Bd. 182, S. 232. 1920; Bd. 195, S. 22. 1922; Bd. 204, S. 295. 1924.

Der Übertritt der Milchsäure in die Lösung läßt sich am besten bewerkstelligen durch anaerobe Suspendierung enthäuteter Froschschenkel für längere Zeit in Ringerlösung, insbesondere in einer Ringerlösung, die sehr reich an Bicarbonat ist.

1. Werden frisch entnommene Froschschenkel für 15—24 Stunden in eine derartige Lösung suspendiert, wobei etwa 50% der gebildeten Säure in die Lösung übertreten, so ergibt sich im Durchschnitt ein kalorischer Quotient von 280 Cal., und zwar sinkt er von etwa 375 Cal. zu Beginn auf etwa 230 Cal. am Schluß. Der Verlauf der Wärmebildung ist aus der Abb. 96 zu ersehen.

Die gestrichelte Gerade in der Abbildung ergibt den theoretischen Verlauf der Wärmebildung bei konstantem kalorischen Quotienten, die ausgezogene Linie den tatsächlichen Wärmeverlauf. Während dieser absinkt, bleibt die Geschwindigkeit der Milchsäurebildung während der Versuchszeit konstant.

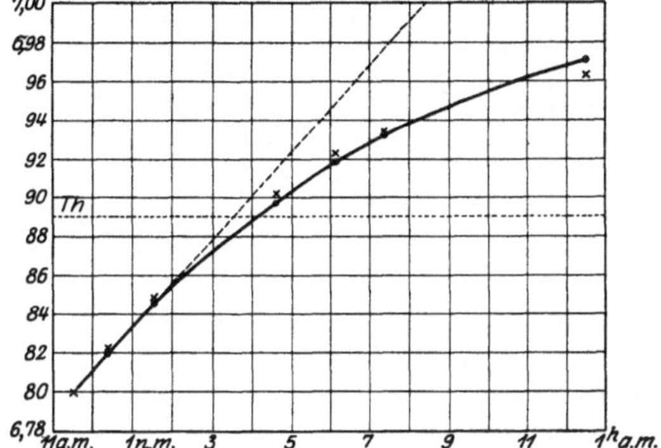

Abb. 96. Wärmebildung bei der Ruheanaerobiose enthäuteter Schenkel in alkalischer Ringerlösung. ×××× gemessener Temperaturanstieg, ·—·—·—· korrigierter Temperaturanstieg, - - - - - theoretischer Temperaturanstieg entsprechend der Wärmebildung der ersten 2 Stunden. Abszisse Tageszeit in Stunden, Ordinate Grad Beckmann-Thermometer. Temperatur 22°. *Th* ... Thermostatentemperatur.

2. Wenn man Froschschenkel, die bereits 18 Stunden bei 22° anaerob gehalten sind, in die Bicarbonat-Ringerlösung suspendiert, so kann man erreichen, daß nahezu die ganze neugebildete Milchsäure in die Lösung übertritt. Ein derartiger Versuch ist z. B. der folgende:

Milchsäuregehalt der Muskeln nach 18stündiger Anaerobiose bei 22°: 0,389%.

Am Schluß des Versuchs: 0,368% in den Muskeln, 0,307% in der Lösung = 0,672%.

Kalorischer Quotient der neuentstandenen Milchsäure 206 Cal.

In diesen Fällen ergibt sich im Durchschnitt 222 Cal. pro 1 g Milchsäure. Hierbei reagiert die Milchsäure mit dem Bicarbonat der Lösung nach der Gleichung

$$NaHCO_3 + HL = NaL + H_2CO_3 \text{ (L: Milchsäureanion)},$$

eine Reaktion, bei der etwa 20 Cal. frei werden.

Für den Übergang Glykogen : verdünnte Milchsäure bleiben somit 200 Cal. übrig, während die berechnete Differenz 185 Cal. beträgt. Diese Abweichung ist jedenfalls gering, und selbst wenn man sie auf unbekannt gebliebene Nebenreaktionen beziehen wollte, so würden diese energetisch nur wenig ins Gewicht fallen.

### γ) Der kalorische Quotient in der zerschnittenen Muskulatur.

Der kalorische Quotient läßt sich noch in einem dritten Falle bestimmen, nämlich bei der Milchsäurebildung der zerschnittenen, in Phosphatlösung suspendierten Muskulatur. Hier tritt die ganze gebildete Säure in die Phosphatlösung über und ist in diffusibler Form in ihr enthalten. Hierbei läßt sich nicht nur das präformierte Glykogen, sondern auch von außen zugesetztes in Milchsäure umwandeln. Es ergab sich in Versuchen, in denen teils der Umsatz des präformierten Glykogens allein, teils der von präformiertem und zugesetztem bestimmt wurde, durchschnittlich 201 Cal. (Werte zwischen 180 und 230). Hier entfallen 19 Cal. auf den Umsatz der Milchsäure mit Natriumbiphosphat. Es bleiben somit 182 Cal. für den Übergang des Glykogens in verdünnte Milchsäure. Die gemessene Größe stimmt mit der thermochemischen Differenz genau überein. Aus den gewonnenen Zahlen, insbesondere dem Vergleich des kalorischen Quotienten der Ruheanaerobiose von enthäuteten und nicht enthäuteten Froschschenkeln, wurde der Schluß gezogen, daß sich die Milchsäure mit der Substanz des intakten Muskels umsetzt in einer Reaktion von 180—200 Cal. pro Gramm, also mit einer molaren Reaktionswärme von etwa 17 000 Cal.

### c) Entionisierungswärme des Eiweißes im Muskel.

Diese Wärme ist, wie weiter gefunden wurde, mindestens zum überwiegenden Teil auf eine Reaktion des H-Ions der Milchsäure mit dem Alkaliprotein zu beziehen. Folgende Versuchsserien dienten zum Beweise: Läßt man eine permeierende Säure, als welche sich die Valeriansäure am geeignetsten erwies, in den intakten Muskel eindringen, so wird ohne gleichzeitige Milchsäurebildung eine Wärme frei, die pro 1 g Muskel der Größenordnung nach mit der gesuchten Reaktionswärme übereinstimmt und pro 1 Mol. vom Muskel aufgenommener Valeriansäure etwa 10 000 Cal. beträgt. Doch ist hier zu berücksichtigen, daß ein Überschuß von Valeriansäure verwandt werden muß, wodurch der Muskel meßbar sauer wird, was bei der natürlichen Milchsäurebildung nicht der Fall ist. Denn bei der Ermüdung verschiebt sich die Reaktion des Froschmuskels nach Pechstein[1]) nur von *pH* 7,5 bis 6,85, bei der Starre bis 6,5[2]).

Diese Wärme ist aber nichts anderes als eine Dissoziationswärme des Eiweiß. Zunächst läßt sich berechnen, daß der Bicarbonat- und Phosphatgehalt des Muskels für die Pufferung des *pH* beim Entstehen der Milchsäure unzureichend ist und nur etwa $^1/_3$ der beobachteten Pufferwirkung erklären kann. Der Rest der Pufferung muß also notwendig auf das Muskeleiweiß bezogen werden. In der Tat geben nun Aminosäuren und Eiweiß in wässeriger Lösung in dem in Frage kommenden Reaktionsgebiet beträchtliche Dissoziationswärmen von der gesuchten Größenordnung. Für die Säuredissoziation beträgt die Wärme bei den meisten Aminosäuren — 11 000 Cal. pro. Molekül, was 120 Cal. pro 1 g Milchsäure nach der Gleichung

$$Na^+A^- + H^+L^- = Na^+L^- + (HA) \quad (A\text{: Aminosäure-anion})$$

entspricht. Eiweißlösungen, die durch Dialyse von basischen Salzen völlig befreit sind, aber zweckmäßigerweise Ammonsulfat enthalten, zeigen noch höhere Dissoziationswärmen, und zwar Muskeleiweiß pro Äquivalent zugesetzter Säure — 12 650 Cal. oder 140 Cal. pro 1 g Milchsäure nach der Gleichung:

$$Na^+P^- + H^+L^- = Na^+L^- + (HP) \quad (P\text{: Protein-anion}).$$

Diese auffällig großen Dissoziationswärmen, die die aller anderen Säuredissoziationen übertreffen, kann man auf die Bildung eines inneren Ammonsalzes bei der Entionisierung der Aminosäuren beziehen, und entsprechend beim Eiweiß auf die Umwandlung von Enol- in Ketogruppen nach Dakin und Pauli

$$\begin{array}{c|c} R\cdot CH - NH_3 & {}_-C = N_- + H^+ \quad \rightarrow \quad {}_-C_-N + Na^+ \\ \quad | \;\diagup & | \qquad\qquad\qquad\quad \| \;\diagdown \\ COO & O - Na \qquad\qquad\quad O\cdots H \end{array}$$

---

[1]) Pechstein: Biochem. Zeitschr. Bd. 68, S. 151. 1914. S. auch Parnas, J.: Biochem. Zeitschr. Bd. 116, S. 59. 1921.

[2]) In neuen Versuchen fanden O. Meyerhof u. K. Lohmann (Pflügers Arch. f. d. ges. Physiol. 1925), daß diese Werte ungenau sind, und daß bei hochgradiger anaerober Ermüdung ein $p_H$ von 6,0 erreicht werden kann.

Die Wärmen lassen sich durch Formolzusatz zum Verschwinden bringen, wobei die Aminogruppe in eine $NCH_2$-Gruppe umgewandelt wird. Wenn, wie man annehmen kann, von diesen 140 Cal. pro 1 g Milchsäure etwa 110—120 Cal. im Muskel wirklich frei werden — der teilweise Umsatz mit Phosphat und Bicarbonat muß die Wärme verringern —, so bleiben noch 70—80 Cal. übrig, für die eine sichere Erklärung fehlt. Doch ließ sich kürzlich wahrscheinlich machen[1]), daß diese Wärme durch eine Änderung des Lösungszustandes des Muskeleiweißes bei der Entionisierung verursacht wird. Mißt man nämlich die Entionisierungswärme der Aminosäuren in wässerigem Alkohol, so ist dieselbe, falls die Lösung mit der Aminosäure nicht gesättigt ist, genau gleich wie im Wasser. Ist dagegen die Lösung gesättigt, so addiert sich zu der Entionisierungswärme eine Fällungswärme, indem der bei der Reaktion isoelektrisch gewordene Anteil der Aminosäure quantitativ ausfällt. Die hierdurch hervorgerufene Zusatzwärme beträgt etwa 6000 Cal. pro Äquivalent oder 70 Cal. pro 1 g Milchsäure. Diese Wärme würde den gesuchten Betrag genau decken. Im Muskel würde es sich entsprechend um eine Dehydrationswärme von Eiweiß handeln, das sich in nichtwässeriger Phase befindet.

Durch die Entionisierung des Eiweißes bei der Kontraktion wird eine Reihe weiterer Erscheinungen erklärbar. Zunächst wird dadurch verständlich, wie der Muskel überhaupt bei Anwesenheit der Milchsäure erschlaffen kann, wenn die Auslösung der Kontraktion auf diese bzw. auf das Entstehen freien H-Ions zu beziehen ist. Unmittelbar im Anschluß an die Kontraktion würde die Pufferung durch das Eiweiß erfolgen. Dem entspricht der von verschiedenen Autoren [Verzàr[2]), Ritchie[3]), Pechstein[4])] erhobene Befund, daß der Muskel durch eine einzelne Kontraktion keine nachweisbare Säuerung erfährt, und daß erst bei vorgeschrittener anaerober Ermüdung ein allmähliches Wachsen der H-Ionenkonzentration zu beobachten ist.

Zweitens wird auch die Höhe des Ermüdungsmaximums verständlich. Während nämlich das Starremaximum zum Teil auch auf den irreversiblen Zerfall der Milchsäurevorstufe bezogen werden kann, ist das Ermüdungsmaximum nach Meyerhof und Matsuoka[5]) nur durch die Menge der im Muskel befindlichen Milchsäure hervorgerufen. Es würde durch den Vorrat des vorhandenen Alkaliproteins bedingt sein, indem bei weitgehendem Zerfall desselben die H-Ionenkonzentration soweit steigt, daß die Erregbarkeit aufgehoben wird. Die Schwankungen des Ermüdungsmaximums (s. oben S. 488) wären teils auf Änderung der Menge des Alkaliproteins selbst zu beziehen [z. B. Verringerung bei Hungerperioden des Frosches[6])], teils auf Änderung der Empfindlichkeit des Erregungsprozesses gegenüber zunehmender H-Ionenkonzentration (z. B. Erhöhung des Ermüdungsmaximums mit zunehmender Temperatur).

Zusammengefaßt würde sich die gesamte anaerobe Kontraktionswärme von 385 Cal. pro 1 g Milchsäure erklären aus:

1. dem Übergang von gequollenem Glykogen in konzentrierte Milchsäure (170 Cal.);

2. Verdünnungswärme der Milchsäure (14 Cal.);

---

[1]) Meyerhof, O.: Pflügers Arch. f. d. ges. Physiol. Bd. 204, S. 295. 1924.

[2]) Verzàr: Arch. Néerland. de physiol. de l'homme et des anim. Bd. 7, S. 68. 1922.

[3]) Ritchie: Journ. of physiol. Bd. 56, S. 53. 1922.

[4]) Pechstein: a. a. O.

[5]) Meyerhof, O.: Pflügers Arch. f. d. ges. Physiol. Bd. 191, S. 134. 1921. — Matsuoka, K.: Pflügers Arch. f. d. ges. Physiol. Bd. 202, S. 573. 1924.

[6]) S. hierzu Meyerhof, O. u. K. Lohmann: Pflügers Arch. f. d. ges. Physiol. 1925.

3. Reaktion der Milchsäure mit Muskelsubstanz, wobei etwa $^3/_4$ desselben sich mit dem Alkaliprotein (105 Cal.) und $^1/_4$ mit Biphosphat und Bicarbonat umsetzen (5 Cal.);

4. wahrscheinlich: Änderung des Lösungszustandes des im Muskel in nichtwässeriger Phase befindlichen Eiweißes bei der Entionisierung (80—90 Cal.).

### d) Beziehungen zu den myothermischen Wärmen von Hartree und Hill.

Fragen wir, ob aus dieser chemischen und physikalisch-chemischen Aufklärung ein Licht auf die von Hartree und Hill gesonderten Wärmephasen der isometrischen Kontraktion fällt, so haben wir es in diesem ersten Kapitel nur mit der anaeroben Wärme zu tun. Diese zerfällt nach Hartree und Hill in die aus 3 Phasen bestehende initiale Wärme und in die anaerobe Restitutionswärme. Letztere macht $^1/_4$—$^1/_5$ des Ganzen aus, also von 385 Cal. etwa 80 Cal. Da die oben unter 4 genannte Wärme der Lösungsänderung vielleicht das Schlußglied der Reaktionsfolge bildet, so könnte man diese mit der anaeroben verzögerten Wärme identifizieren. Wenn es weiterhin richtig sein sollte, daß die Entionisierung des Proteins die Erschlaffung herbeiführt, so wird man die Erschlaffungswärme von Hartree und Hill, die gegen 30% der initialen Wärme ausmacht, auf diese beziehen. Für die Phasen 1 und 2, Spannungszunahme und Aufrechterhaltung der Spannung, bliebe dann nur die chemische Spaltung des Glykogens in Milchsäure und die Verdünnungswärme der letzteren übrig. Allerdings ist diese Verteilung hypothetisch und wird z. B. im folgenden Abschnitt (S. 536) versuchsweise modifiziert. Auch müssen diese Wärmen durch die gleichzeitigen physikalischen Zustandsänderungen des Muskels beeinflußt werden, und ihre Deutung hängt ferner davon ab, ob man den Spannungszustand des Muskels zur Hauptsache auf eine im Beginn erzeugte potentielle Energie nach Art elastischer Energie oder, wie es Fenn neuerlich bevorzugt, allein auf den in jedem Moment stattfindenden chemischen Umsatz beziehen will. Die bloße Tatsache der Erschlaffungswärme spricht aber zugunsten der ersteren Deutung.

Man kann sich die Erschlaffungswärme beim Aufhören der isometrischen Kontraktion in dieser Weise klarmachen[1]): Wird durch das Auftreten der Milchsäure im Muskel ein neuer physikalischer Zustand der Muskelelemente herbeigeführt, der dieselben evtl. unter Überwindung erheblicher Gegenkräfte zu einer Formänderung veranlaßt, so kann dieser Zustand nur rückgängig gemacht werden durch einen zweiten Prozeß von mindestens der gleichen freien Energie, der die Milchsäure aus dem System wieder herauszieht. Da die Milchsäure aber nicht aus dem Muskel verschwindet, muß man einen Ortswechsel der Milchsäure annehmen, sie wird von den „Verkürzungsorten" zu den „Ermüdungsorten" herübergezogen. Bei unbehindertem Ablauf der Kontraktion würde auf die Formänderung des Muskels der Übergang der formändernden Energie (z. B. Oberflächenspannungszunahme, anisodiametrische Wasserverschiebung u. dgl.) in Wärme erfolgen. Die Rückgängigmachung dieses Zustandes, die unfreiwillig und gleichzeitig endotherm verliefe, bedürfte der Zufuhr von Energie. Diese würde durch die Entionisierung des Proteins verschafft, wodurch die capillaren Affinitäten der Milchsäure, die auf das freie H-Ion zurückzuführen sind, verschwinden. Diese letztere Wärme müßte aber dann voll in Erscheinung treten können, wenn, bei isometrischer Kontraktion, die Formänderung des Muskels und die damit zusammenhängenden Wärmen nicht auftreten würden.

---

[1]) Meyerhof, O.: Zur Thermodynamik der Muskelkontraktion. Naturwissenschaften Bd. 12, S. 193. 1921. Vgl. auch Kries, I. v.: Theorie der Muskeltätigkeit. Pflügers Arch. f. d. ges. Physiol. Bd. 190, S. 66. 1921.

## 2. Oxydative Erholungsperiode.

### a) Calorimetrische und chemische Messungen.

Während die anaerobe Kontraktionswärme in absoluten Einheiten verhältnismäßig genau bestimmt werden kann, ist dies weniger leicht bei der oxydativen Erholung. Dies liegt vor allem daran, daß ihre Geschwindigkeit, wie oben dargelegt, durch die Diffusion des Sauerstoffs verzögert wird. Der Umfang dieser Verzögerung hängt natürlich vom äußeren Sauerstoffdruck und der Größe des Muskels ab. I. PARNAS[1]) hat zuerst dieser Schwierigkeit gegenüber den Muskel in einer verschraubbaren Messinghülse unter erhöhten Sauerstoffdruck gesetzt und dann die Hülse unter Wasser in das Calorimeter versenkt. Doch ergaben seine Versuche keine zuverlässigen Resultate. O. MEYERHOF[2]) hat in der gleichen Anordnung gearbeitet, aber den Sauerstoffdruck auf 1—2 Atm. beschränkt und die auf diese Weise in kleinen Froschschenkeln gemessene Wärme mit dem Sauerstoffverbrauch von Muskeln desselben Frosches verglichen. Diese Anordnung ergab für die Ruheatmung, wo die Wärmebildung der für Zuckerverbrennung entsprechen mußte, zwar keine genauen aber doch der Größenordnung nach zutreffenden Resultate, indem pro 1 ccm Sauerstoff statt 5 Cal. (für Verbrennung von Glykogen) zwischen 4,1 und 7,5, durchschnittlich 6,1 Cal. gefunden wurde. Auch die Versuche, in denen die Erholungswärme von bis zur Ermüdung gereizten Froschschenkeln mit dem Sauerstoffverbrauch verglichen wurde, können nach dem vorhergehenden nur als der Größenordnung nach genau angesehen werden. Da sich aber das Resultat auf andere Weise bestätigen ließ, sei das Ergebnis hier angeführt. Während bei der Verbrennung von Kohlenhydrat pro 1 ccm Sauerstoff 5 Cal. wie bei der Ruheatmung auftreten müssen, traten in der Erholungsperiode durchschnittlich nur 3,5 Cal. auf. In Summa ergaben sich bei Extrapolation über die ganze Erholungsperiode pro 1 g Muskel eine Bildung von 0,4—1,1 Cal. über den Ruheumsatz hinaus bei einem Verbrauch von Erholungssauerstoff von 260—350 cmm $O_2$ pro 1 g Muskel, der 1,3—1,8 Cal. erfordern sollte. Es fehlen somit bei alleiniger Berücksichtigung des „Extrasauerstoffs der Erholung" etwa 0,8 Cal. pro Gramm Muskel.

Im ganzen ergab sich das zufriedenstellende Resultat, daß die Wärme entspricht der aus dem Sauerstoffverbrauch berechneten Verbrennung von Zucker minus der in der anaeroben Phase aufgetretenen Wärme für die gleiche Menge zersetzten Kohlenhydrats. Andererseits ist die in der Erholung gemessene Wärme (nach Abrechnung der auf den Ruheumsatz zu beziehenden) ungefähr gleich der Wärme der anaeroben Phase, ganz entsprechend dem Befund von HARTREE und HILL.

Zur Veranschaulichung sei eine solche Wärmebilanz angeführt, die nicht einem bestimmten Versuch entnommen ist, sondern aus dem Mittel mehrerer Versuche kombiniert wurde.

Bei 14° pro 1 g Muskel bei tetanischer Ermüdung:

a) Ermüdungsphase: Aufgetreten 1,8 mg Milchsäure und *0,72* Cal.; pro 1 g Milchsäure also 400 Cal.

b) Erholungsphase: Verschwunden 1,8 mg Milchsäure und 0,35 ccm = 0,50 mg Erholungssauerstoff. Für Kohlenhydrat berechnet bei 0,35 ccm Sauerstoff 1,75 Cal. Gefundene Erholungswärme: 1,0 Cal. Es fehlen *0,75* Cal.

Wärmebildung der Ermüdungsphase *0,72* Cal., der oxydativen Erholungsphase *1,0* Cal.

Da die direkte Calorimetrie jedoch nur ein ziemlich ungenaues Resultat liefern kann, ist es zweckmäßiger, mittels der chemischen Daten, die in der

[1]) PARNAS, I.: Zentralbl. f. Physiol. Bd. 30, S. 1. 1915.
[2]) MEYERHOF, O.: Pflügers Arch. f. d. ges. Physiol. Bd. 182, S. 284. 1920.

Erholungsperiode zu erwartende Wärme zu berechnen und mit Hills myothermischen Bestimmungen zu vergleichen. Hierzu berücksichtigen wir, daß, wenn auf 8 verschwindende Moleküle Milchsäure 1 Mol. Zucker verbrennt (Oxydationsquotient der Milchsäure = 4), pro 1 g in Reaktion tretenden Zuckers = 0,9 g Glykogen $\frac{3785}{4} = 946$ Cal. auftreten. Hiervon entfallen 385 Cal. auf die anaerobe Arbeitsphase, also 561 Cal. auf die oxydative Erholungsphase; mithin fallen etwa 40% in die anaerobe und 60% in die Erholungsperiode. Entsprechend ist im Fall eines Oxydationsquotienten von 5 die gesamte Calorienzahl pro Umsatz von 1 g Zucker = 757, davon 385 anaerob, 372 oxydativ. Das Verhältnis ist dann 51 : 49%. Ebenso ist beim Oxydationsquotienten 6 der Gesamtenergieumsatz 631 Cal., wovon 385 in die Kontraktionsphase, 246 in die oxydative Erholungsphase fallen. Das Verhältnis ist 60% anaerob zu 40% oxydativ. Eine Übersicht ist in der folgenden Tabelle gegeben.

| Oxydationsquotient der Milchsäure | $\frac{4}{1}$ | $\frac{5}{1}$ | $\frac{6}{1}$ |
|---|---|---|---|
| Wärmebildung pro Umsatz von 1 g Zucker | 946 | 757 | 631 |
| Anaerobe Wärme pro 1 g | 385 | 385 | 385 |
| Oxydative Erholungswärme pro 1 g | 561 | 373 | 246 |
| Oxydative Wärme dividiert durch anaerobe Wärme | 1,45 : 1 | 0,97 : 1 | 0,64 : 1 |

Der Oxydationsquotient der Milchsäure bestimmt also den Nutzeffekt des Erholungsvorgangs, indem er besagt, wieviel von der Oxydationsenergie zu endothermen Prozessen, der Resynthese des Glykogens und erneuter Dissoziation des Alkaliproteins verwandt wird.

### b) Vergleich mit den myothermischen Wärmen.

Nach den Daten von Hartree und Hill (s. oben S. 515) ist bei ganz frischen Muskeln das Verhältnis der oxydativen Restitutionswärme zur initialen Wärme 1,5 : 1,0. Nun ist aber in ersterer die anaerobe Restitutionswärme mitenthalten, die mindestens das 0,25fache der initialen Wärme beträgt. Die durch die Oxydation hervorgerufene Wärme ist danach 1,5 — 0,25 = 1,25. Die totale anaerobe Wärme ist 1,0 + 0,25 = 1,25. Es fallen somit 50% der Wärme in die anaerobe und 50% in die oxydative Phase, und daraus berechnet sich ein Oxydationsquotient von 5,0.

Eine Übersicht über die absoluten Wärmebeträge der einzelnen Phasen pro 1 g Milchsäure, die man durch Kombination der Werte von Hartree und Hill[1]) und von Meyerhof erhält, ist in der folgenden Tabelle gegeben:

**Wärmeproduktion bei dem Entstehen und Verschwinden von 1 g Milchsäure.**

| Phase | Relativer Wert | Absoluter Wert |
|---|---|---|
| Initiale anaerobe Wärme | 1,0 | 308 |
| Anspannungsphase | 0,6 | 185 |
| Erschlaffungsphase | 0,4 | 123 |
| Verzögerte anaerobe Wärme | 0,25 | 77 |
| Totale anaerobe Wärme | 1,25 | 385 |
| Totale verzögerte Wärme im Sauerstoff | 1,5 | 462 |
| Verzögerte anaerobe Wärme | 0,25 | 77 |
| Verzögerte oxydative Wärme abzüglich anaerober verzögerter | 1,25 | 385 |
| Totale oxydative Wärme | | 770 |

[1]) Hartree und A. V. Hill: Anaerobic processes involved in muscular activity. Journ. of physiol. Bd. 58, S. 135. 1923.

Es besteht kein Zweifel, daß der Oxydationsquotient und damit der Nutzeffekt des Erholungsvorgangs mit dem Zustand des Muskels variiert. Beide sind um so größer, je frischer und weniger ermüdet der Muskel ist. Wahrscheinlich steigt er auch mit der Geschwindigkeit der Erholung (s. oben S. 482). Doch ist ein Quotient über 6 nicht mit Sicherheit beobachtet. Immerhin erscheint es möglich, daß der Oxydationsquotient beim Menschen noch größer ist als beim isolierten Skelettmuskel des Kaltblüters, und der besonders hohe oxydative Wirkungsgrad des menschlichen Muskels in situ und vielleicht auch des Herzmuskels könnte so erklärt werden.

Weiterhin haben HARTREE und HILL ihr schon oben erwähntes Meßresultat, daß das Maximum der Wärmebildung in der Erholung ungefähr proportional dem Quadrat der initialen Wärmeproduktion steigt, dahin gedeutet, daß die Milchsäure in einer bimolekularen Reaktion verschwindet, wobei sie die Gültigkeit des Massenwirkungsgesetzes voraussetzen[1]). Der komplizierte Wärmeverlauf des Erholungsvorgangs, so der Anstieg zum Maximum überhaupt, der für ein allmähliches Heraufdrosseln der Ruheatmung auf die Höhe der Erholungsoxydation spricht, erscheint aber gegenwärtig wohl noch zu undurchsichtig, um unmittelbar auf einfache physikalisch-chemische Gesetzmäßigkeiten bezogen werden zu können.

Überblicken wir hier noch einmal den Zusammenhang zwischen der Oxydation und der Arbeitsleistung des Muskels, so hat HILL zum Vergleich dafür die Funktion eines Akkumulators herangezogen. Die Oxydation entspricht dem Laden des Akkumulators aus einer Batterie, wo mittels des Aufwandes chemischer Reaktionen potentielle Energie aufgespeichert wird. Der Vorgang bei der Kontraktion aber entspricht der Tätigkeit des geladenen Akkumulators beim Schließen des Stromes. Die Energie, die er jetzt abgibt, und die in mechanische Arbeit umgewandelt werden kann, stammt aus der bei der Ladung aufgewandten chemischen Energie. Wir können nun genau die Prozesse bezeichnen, die im Muskel dem Laden des Akkumulators entsprechen. Es ist dies die Entfernung der Milchsäure durch den Aufwand der Oxydationsenergie, wobei sowohl die endotherme Rückverwandlung der Milchsäure in Glykogen wie die endotherme unfreiwillige Dissoziation der Muskelproteine herbeigeführt wird vermittels des bei Entfernung der Milchsäure freiwerdenden Alkalis. Vorhandensein von Glykogen und Alkaliprotein an den „Ermüdungsorten" des Muskels ist aber die Vorbedingung für die Funktion der Muskelmaschine, und diese Vorbedingung wird nach Ablauf der Kontraktion durch die Oxydation wieder geschaffen. Bei jeder Maschine, die keine Wärmemaschine ist, muß das energieliefernde Material mit der Struktur der Maschine in unmittelbare Verbindung treten, um die Energie auf diese zu übertragen. Für die Eiweißdissoziation ist diese Bedingung ohne weiteres erfüllt, da das Eiweiß die Bausubstanz der Muskelmaschine ist. So greift vermittels der Ionisation des Proteins die Oxydationsenergie direkt in den Maschinenmechanismus ein. Hinsichtlich des Energieaufwandes für die Rückverwandlung der Milchsäure in Glykogen ist dieser Zusammenhang weniger klar, weil wir nicht wissen, wie die bei der Spaltung des Glykogens in Milchsäure frei werdende Energie für die Arbeitsleistung des Muskels benutzt wird.

Schließlich sei noch erwähnt, daß die Arbeitsfähigkeit der in Rede stehenden Reaktionen den gemessenen Wärmetönungen ungefähr gleichgesetzt werden kann. Für die Verbrennung von Zucker haben BARON und POLANYI[2]) berechnet, daß (bei Ausgang von Traubenzucker fest) die freie Energie bei Körpertemperatur

---

[1]) HILL, A. V.: Asher-Spiros Ergebn. d. Physiol. Bd. 22, S. 323. 1923.
[2]) BARON und POLANYI: Biochem. Zeitschr. Bd. 53, S. 1. 1913.

etwa 10% größer ist als die Verbrennungswärme, für den Übergang von Traubenzucker (fest) in Milchsäure (fest) muß die Gleichheit beider Größen nach dem Nernstschen Theorem ohne weiteres zutreffen, weil keine Gasmoleküle entstehen oder verschwinden. Schließlich übertrifft für den Dissoziationsvorgang, zumal bei kleiner Dissoziationskonstante und weitgehender Ionisation, die frei werdende Energie oft nicht unerheblich die Reaktionswärme.

## III. Mechanischer Wirkungsgrad des Muskels.

Der Ausdruck mechanischer Wirkungsgrad wird hier wie bei einer Maschine synonym mit ökonomischem Koeffizienten oder Nutzeffekten verwandt. Die Bezeichnung „thermischer Wirkungsgrad" wird besser vermieden, da er nur für Wärmemaschinen zutreffend ist. Jedoch wird bei Bestimmung des Nutzeffektes des Muskels die Arbeitsleistung stets mit der Wärmebildung oder solchen Größen, aus denen sich die Wärme berechnen läßt, wie Sauerstoffverbrauch, Milchsäurebildung usw., verglichen. Eigentlich sollte die realisierbare Arbeit mit der maximalen Arbeit, also der freien Energie der zugrunde liegenden Vorgänge, verglichen werden. Doch ist diese erstens im einzelnen nicht genau bekannt, und kann zweitens, wie oben bemerkt, wenigstens angenähert der Gesamtenergie gleich angenommen werden.

Daß die älteren Bestimmungen des Wirkungsgrades des Muskels auf Grund myothermischer Experimente nur historisches Interesse haben, zumal sie sich unter Unkenntnis des Wärmeverlaufs auf die initiale Phase beschränken, ist schon oben hervorgehoben. Der höchste Wirkungsgrad der Skelettmuskulatur hat sich bisher am ganzen menschlichen Organismus ergeben. Diese Versuche sind in Abschnitt B V 9, Bd. 5 des Handbuchs, geschildert. Dagegen können die Versuche am ausgeschnittenen Muskel dazu dienen, die Faktoren zu studieren, die die Größe des Wirkungsgrades bestimmen. Diese ist bedingt einmal durch den anaeroben Wirkungsgrad und zweitens den Nutzeffekt des Erholungsvorgangs. Der anaerobe Wirkungsgrad wurde, wie oben erwähnt, in Hills früheren Arbeiten aus dem „isometrischen Wirkungsgrad" $Tl/H$ und aus dem Spannungslängendiagramm berechnet. Dies erscheint aus den früher angeführten Gründen unzulässig. Bei direkten Messungen findet man an Froschmuskeln den anoxydativen Wirkungsgrad sehr klein. Doi[1]) erhielt am Trägheitshebel von Hill mit dem Sartorius Werte von $^1/_{20}$—$^1/_{25}$ $Tl$ bei 0° für die realisierbare Arbeit, was im Vergleich mit Hills Wärmemessungen einem Wirkungsgrad von 20—25% entspricht. Fenn[2]) erhielt beim Sartoriuspaar vom Frosch mit einem isotonischen Hebel direkt einen anaeroben Wirkungsgrad von 25—30%, bei dem langsamer sich kontrahierenden Kröten-Muskel Werte bis zu 40%. Zwischen 0 und 15° ergab sich dabei kein deutlicher Unterschied. Dies bedeutet einen oxydativen Wirkungsgrad von 12 bis höchstens 15%. Meyerhof[3]) bestimmte den anaeroben Wirkungsgrad des Gastrocnemius indirekt, vermittels Versuchen am Winkelhebel, der nach dem Vorbild von Fick konstruiert war.

Bei diesem verringert sich die Last entsprechend der Verkürzung, fast genau dem Spannungslängendiagramm des Muskels folgend. (S. Abb. 97.) Hier ergab sich, wie schon oben erwähnt, daß die tatsächliche Arbeitsleistung bei einer Einzelzuckung stets erheblich hinter der aus dem Spannungslängendiagramm berechneten zurückbleibt, und zwar um so mehr, je stärker sich der betreffende Muskel

[1]) Doi: Journ. of physiol. Bd. 54, S. 335. 1921.
[2]) Fenn, W. O.: Journ. of physiol. Bd. 58, S. 175. 1923, besonders S. 193.
[3]) Meyerhof, O.: Pflügers Arch. f. d. ges. Physiol. Bd. 191, S. 128. 1921.

bei einer bestimmten Spannung verkürzt, daher bei Adductoren und bei Sartorien viel mehr als bei Gastrocnemien und ferner je höher die Temperatur und daher auch die Geschwindigkeit der Kontraktion ist. Am geringsten ist der Unterschied an Gastrocnemien bei 2—5°, wo sich das Spannungslängendiagramm zu $^1/_{11}$—$^1/_{14}$ von $Tl$ ergibt, die Arbeit zu $^1/_{15}$—$^1/_{20}$ von $Tl$.

Bei Tetani bis zu 0,2 Sekunde Dauer erhält man dasselbe Resultat. Die Arbeit wächst etwa proportional zum Spannungslängendiagramm, das ja beim Tetanus von wachsender Dauer infolge zunehmender Spannung und Verkürzung steigt. Dagegen nimmt bei Reizung über 0,2 Sekunde (19° C) das Spannungslängendiagramm nur noch langsam zu, die Arbeit aber steigt weiter an, so daß bei einem Tetanus von 0,5—1 Sekunde die realisierbare Arbeit der aus dem Spannungslängendiagramm berechneten gleich wird. Das Verhältnis von Spannung, Verkürzung und Arbeit bei wachsender Reizdauer ist aus der folgenden Abbildung zu ersehen. (Abb. 98.)

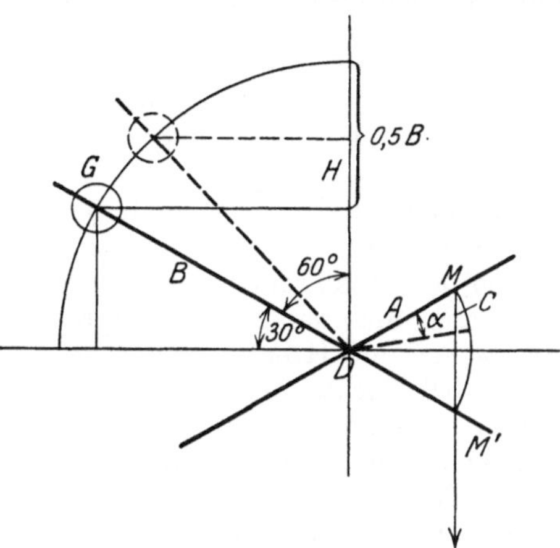


Abb. 97. Schema des Winkelhebels. $A = DM$ Abstand des Muskelansatzes vom Drehpunkt, $B = GD$ Abstand des Schwerpunktes des Gewichts vom Drehpunkt, $C$ Verkürzungsstrecke des Muskels, $\alpha$ Drehungswinkel des Kreuzes bei dieser Verkürzung; $M'$ Lage des Muskelansatzes bei voller Aufrichtung des Hebels, $H$ in diesem Fall $= 0,5\,B$, $\alpha = 60°$.

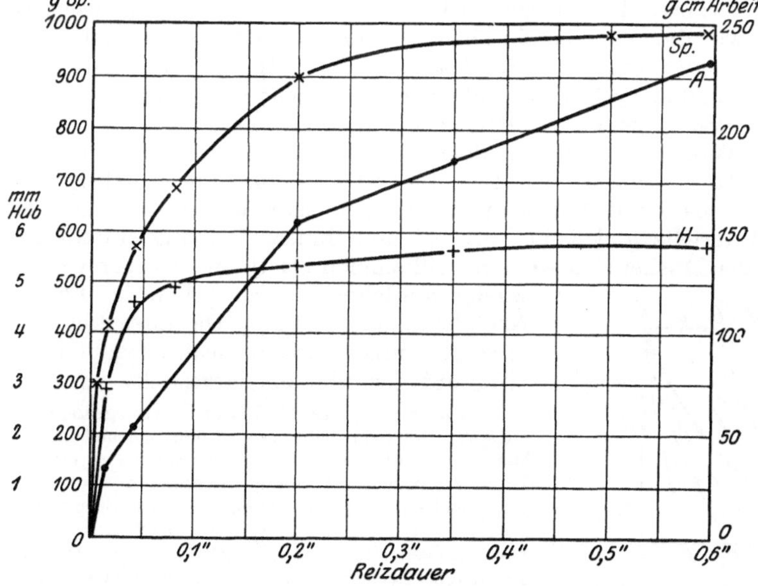


Abb. 98. Hubhöhe $H$, Spannung $Sp$ und Arbeit $A$ des Gastrocnemius bei wachsender Reizdauer.

Bei einer derartigen andauernden Kontraktion setzt sich also schließlich der Muskel bei jeder Länge mit der Last ins Gleichgewicht, wie es Hill auch beim menschlichen Muskel unter ähnlichen Umständen findet.

In der gleichen Anordnung wurde die realisierbare Arbeit bestimmt, die der Muskel in einer Serie von Einzelhüben in Summa leistet, und mit der gebildeten Milchsäure verglichen. Unter Zugrundelegung von 385 Cal. pro Bildung von 1 g Milchsäure kann man so den mechanischen Wirkungsgrad berechnen. Bei schwacher Ermüdung, d. h. Bildung von weniger als 0,2% Milchsäure, ergibt sich ein anaerober Wirkungsgrad zwischen 44 und 26%, durchschnittlich 38%. Bei stärkerer oder vollständiger Ermüdung (0,2—0,36% Milchsäure) ein kleinerer von 18—30%. (Temperatur 5—6°.) Am Trägheitshebel war der Wirkungsgrad geringer und betrug auch bei schwacher Ermüdung nur etwa 24%.

Einen tieferen Einblick in die Ursachen, aus denen die tatsächliche Arbeitsleistung, außer bei sehr langsamer Kontraktion und lange fortgesetztem Tetanus, hinter dem Spannungslängendiagramm zurückbleibt, gewährt eine neue Arbeit von Gasser und Hill[1]). Danach verliert ein gereizter, in Spannung befindlicher Muskel bei Verkürzung über eine gewisse Strecke seine Spannung mehr oder weniger vollständig und gewinnt sie erst wieder, wenn er im Verlauf der Verkürzung längere Zeit gehemmt wird. Je kleiner die Last und je rascher daher die Verkürzung, um so vollständiger ist der Spannungsverlust. Es rührt dies daher, daß der viscöse Widerstand im Muskel die elastische Spannung gleichsam auffängt und zum Verschwinden bringt, bis die Neuverteilung der viscösen Massen entsprechend dem neuen Gleichgewicht, stattgefunden hat. Nur wenn die Verkürzung so langsam erfolgt, daß diese Neuverteilung mit ihr Schritt halten kann, würde die Arbeit dem Spannungslängendiagramm folgen. Trotz dieser sehr wichtigen Resultate darf aber nicht übersehen werden, daß in der Mehrzahl der Fälle, wo langsame und rasche Arbeitsleistungen verglichen werden, so in den beschriebenen Versuchen am Winkelhebel und dem erwähnten von Hill am Menschen, auch die Reizdauer und damit die frei gemachte Energie erheblich variiert. In geringerem Grade ist dies sogar bei gleicher Reizdauer der Fall, wie die oben beschriebenen Versuche von Fenn ergeben. Es steht dann also bei langsamerer Kontraktion mehr Energie zur Umwandlung zur Verfügung, und der Wirkungsgrad wird dabei nicht vergrößert, wie es nach der Erklärung von Gasser und Hill der Fall sein würde.

Den Wert, den man aus dem Spannungslängendiagramm berechnet, bezeichnet Hill[2]) neuerdings als „theoretische maximale Arbeit", d. h. die theoretische maximale Arbeit, die der Muskel leisten würde, wenn die Verkürzung reversibel verliefe und kein Verlust durch innere Reibung stattfinden würde, vielmehr der Muskel sich wie ein vollkommen elastischer Körper verkürzen und wieder ausdehnen würde, ohne das Phänomen der Nachdehnung zu zeigen. Die tatsächlichen Verhältnisse gegenüber diesem idealisierten Fall sind nach Hill auf der Abb. 99 dargestellt.

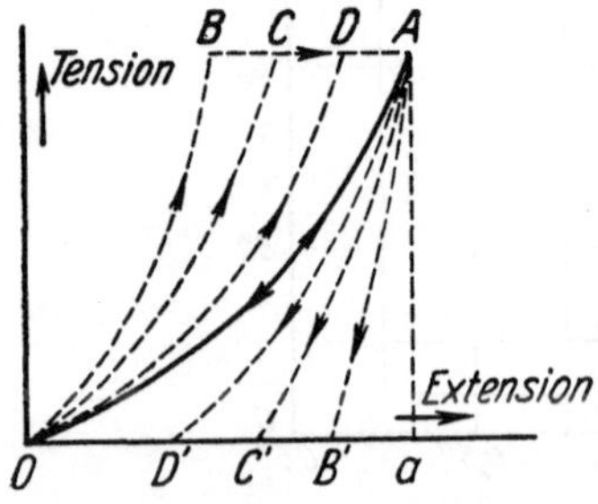

Abb. 99. Beziehung zwischen Dehnung und Spannung im Muskel.

*Beschreibung der Abbildung:* Die ausgezogene Kurve *OA* entspricht einem sehr langsamen Entlastungs- oder Belastungsprozeß des Muskels von oder bis zu einer gegebenen Dehnung und stellt einen „reversiblen" Vorgang dar. Die gestrichelten Kurven stellen die „irreversiblen Prozesse" dar, welche mehr oder weniger rasch ausgeführt werden. Die Kurven *OBA*, *OCA*, *ODA* entsprechen rasch ausgeführten Belastungen, die rascheste ist *OBA* und die wenigst rasche *ODA*. Die Kurven *AB'O*, *AC'O*, *AD'O* entsprechen rasch ausgeführten Entlastungen, wovon die erste die rascheste und die letzte die am wenigsten rasche ist.

[1]) Gasser, H. I. und A. V. Hill: Dynamics of muscular contraction. Proc. of the roy. soc. of London (B) Bd. 96, S. 398. 1924.

[2]) Hill, A. V.: Asher-Spiros Ergebn. d. Physiol. Bd. 22, S. 301. 1923.

Die potentielle Energie, welche der gestreckte Muskel besitzt, entspricht dem Flächeninhalt $OAa$; die Arbeit, die bei rascher Ausdehnung z. B. längs der Kurve $OCA$ geleistet wird, entspricht der Fläche $OCAa$, die bei der raschen Entlastung wiedergewonnene Arbeit entspricht z. B. der Fläche $ACa$, die verlorene und zu Wärme entwertete Arbeit entspricht dabei der Fläche $OCAC'$. (Die Kurven sind nur schematisch und stellen keine tatsächliche Beobachtung dar.)

Allerdings erscheint es fraglich, ob dieser Begriff der theoretischen maximalen Arbeit beim Muskel angesichts der eigentümlichen Art, wie die Arbeitsleistung mit der Energieproduktion zusammenhängt, einen bestimmten physikalischen Sinn hat, und es ist vielleicht besser, statt dessen die Arbeit mit dem „inneren mechanischen Fundamentalvorgang" zu vergleichen, wie es Gasser und Hill[1]) in ihrer neuesten Arbeit tun.

Wegen der oben geschilderten Verhältnisse ist der Wirkungsgrad der faktischen Arbeitsleistung bei nicht zu langen Tetani mindestens ebenso günstig wie bei der Einzelzuckung. Die tetanischen Willkürbewegungen des Organismus stellen also keine verschwenderische Form der Arbeitsleistung dar als Einzelzuckungen, was fälschlicherweise oft angenommen wird, was aber auch mit dem hohen Wirkungsgrad des menschlichen Organismus als Arbeitsmaschine unvereinbar sein würde.

Das Verhältnis $Tl/H$ wird, wie Hill fand, bei der Ermüdung verkleinert, der isometrische Nutzeffekt also verringert. Entsprechend fand Meyerhof, daß der isometrische Koeffizient der Milchsäure, d. h. das Verhältnis Spannung $\times$ Länge dividiert durch Milligramm Milchsäure, sich verkleinert, und zwar ist es in der zweiten Hälfte der totalen Ermüdung etwa $^1/_3$ geringer als in der ersten. Andererseits verringert sich mit fortschreitender Ermüdung die Kontraktionsgeschwindigkeit, und die Extrawärme der Verkürzung nach Fenn kommt dabei in Wegfall. Es ist danach nicht ohne weiteres klar, wie die zunehmende Ermüdung den anaeroben Wirkungsgrad der faktischen Arbeitsleistung beeinflußt, doch ergeben sich hierbei meist auffällig niedrige Zahlen.

Der oxydative Wirkungsgrad hängt daneben noch von dem Verhältnis der Restitutionswärme zur initialen Wärme ab. Dieses steigt, wie oben dargelegt, mit zunehmender Ermüdung, und dadurch muß der oxydative Wirkungsgrad absinken. Einen verhältnismäßig sehr hohen oxydativen Wirkungsgrad zeigt nach den Versuchen von Weizsäcker[2]) und den noch genaueren von Lüscher[3]) das blutversorgte Froschherz, nämlich einen solchen bis 30% (s. Abschnitt I. 2. D. 14, Weizsäcker). Fernerhin ergeben die genauesten Messungen von Benedict und Cathcart am trainierten Menschen Wirkungsgrade von 25—28%, die ebenfalls höher sind, als sie sich für den Froschmuskel berechnen lassen[4]). In einzelnen Versuchen finden Benedict und Cathcart sogar über 30%, doch haben sie hier den Leerlauf des Muskels in Abzug gebracht, wodurch man einen falschen Basiswert erhält. Bei der Berechnung aus dem Totalumsatz darf füglich nur der Basalstoffwechsel der Ruhe abgezogen werden. [Wenn gelegentlich von Ingenieuren und anderen Außenstehenden beanstandet wird, daß bei der Berechnung des Wirkungsgrades des Muskels nach Versuchen am Gesamtorganismus überhaupt ein Basalwert abgezogen wird, so beruht dieser Einwand auf einem gänzlichen Mißverständnis der diesen Versuchen zugrunde liegenden Absicht und des Wesens des tierischen Stoffwechsels überhaupt. Denn eine Maschine besitzt keinen „Ruheumsatz"[5]).]

[1]) Gasser, H. I. und A.V. Hill: Proc. of the roy. soc. of London (B) Bd. 96, S. 398. 1924.

[2]) Weizsäcker, W. v.: Arbeit und Gaswechsel an Froschherzen. Pflügers Arch. f. d. ges. Physiol. Bd. 141, S. 452. 1911.

[3]) Lüscher: Zeitschr. f. Biol. Bd. 73, S. 67. 1921.

[4]) Benedict und Cathcart: Carnegie Institution Public. 1913, Nr. 187.

[5]) S. hierzu auch C. Oppenheimer: Der Mensch als Kraftmaschine. Kap. III. Leipzig: Thieme 1921.

# Theorie der Muskelarbeit.

Von

**Otto Meyerhof**
Berlin-Dahlem.

Mit 1 Abbildung.

### Zusammenfassende Darstellungen.

Bernstein, J.: Theorie der Muskelkontraktion. Pflügers Arch. f. d. ges. Physiol. Bd. 109, S. 323. 1905; Bd. 128, S. 136. 1909; Bd. 162, S. 1. 1915. — Biedermann, W.: Vergleichende Physiologie der irritablen Substanzen. Abschnitt 4: „Kontraktionstheorien". Asher-Spiros Ergebn. d. Physiol. Bd. 8, S. 147. 1909. — Fuerth, A. v.: Die Kolloidchemie des Muskels im Zusammenhang mit der Kontraktion und der Starre. Asher-Spiros Ergebn. d. Physiol. Bd. 15, S. 1. 1916.

## I. Rolle der Milchsäure.

Die Aufgabe dieses Kapitels ist zum großen Teil negativer Natur. Im Gegensatz zur Physik, wo eine Theorie den Schlußstein eines auf gesicherte Tatbestände gegründeten Gebäudes bildet, pflegen in der Physiologie gerade dort die Theorien üppig zu gedeihen, wo gesicherte Tatsachen mangeln. Besonders reich an Theorien über die Funktion des Muskels, die zum Teil von den hervorragendsten Fachgenossen stammten, war die zweite Hälfte des vorigen Jahrhunderts, als man nur die mechanischen und elektrischen Erscheinungen im Muskel studiert hatte, dagegen die thermischen nur unvollkommen und die chemischen fast gar nicht bekannt waren. Die erheblichen Fortschritte, die die Muskelphysiologie in der letzten Zeit gemacht hat, sind ohne Zusammenhang mit diesen Theorien erhalten, und wenn das Zeichen einer guten Theorie — ob wahr oder falsch — ihre Fruchtbarkeit ist, so wird dadurch über die Gesamtheit all dieser Theorien ein recht hartes Urteil gefällt. Dies mag der Gegenwart zur Warnung dienen, denn auch der heutige Stand unserer Kenntnisse erscheint für eine vollständige Theorie nicht reif.

Die Thermodynamik, auch in dem besonderen Sinne, wie die Muskelphysiologie von diesem Begriff Gebrauch macht, gibt nur die Richtung und den formalen Zusammenhang der Energiegrößen an und ist daher für jede spezielle Theorie der Energietransformation nur eine einschränkende Maxime. Schon Fick benutzte, zwar auf Grund unrichtiger Daten (s. o. S. 505), aber gleichwohl zutreffend, das Carnotsche Prinzip zum Beweise, daß der Muskel keine Wärmemaschine sei[1]). Bei unseren heutigen Kenntnissen von der Unabhängigkeit des Kontraktionsvorgangs von Oxydationen erscheint eine solche Annahme noch

[1]) Fick, A.: Mechanische Arbeit und Wärmeentwicklung. Pflügers Arch. f. d. ges. Physiol. Bd. 53, S. 606. 1893; Bd. 54, S. 313. 1893.

absurder und bedarf keiner Erörterung. Eine eigentliche Theorie der Muskelkontraktion hätte ein Modell zu konstruieren, das die mechanischen, thermischen und physikalisch-chemischen Vorgänge in der Weise verknüpft, wie wir es im Muskel finden. An dieser Stelle können nur die Elemente aus älteren und neueren Ergebnissen herausgeschält werden, die als Bruchstücke einer solchen Theorie in Betracht kommen. Dabei müssen neben den Daten des vorigen Kapitels vor allem die Strukturverhältnisse und die optischen Eigenschaften des Muskels berücksichtigt werden, die von Hürthle und Wachholder in diesem Bande (S. 108) geschildert sind.

Eine gewisse Deutung, wie die chemischen Vorgänge mit der mechanischen Arbeit des Muskels zusammenhängen, ist schon im vorigen Kapitel versucht. Nimmt man die dort gegebene Erklärung der anaeroben Kontraktionswärme an, so müssen die hierbei beteiligten Vorgänge mit dem Kontraktionsvorgang zusammenhängen. Unter diesen Umständen ist es sehr wahrscheinlich, daß die Milchsäure, und zwar das $H^+$-Ion die Kontraktion herbeiführt, besonders deshalb, weil erstens das $H^+$-Ion zahlreiche physikalisch-chemische Vorgänge hervorrufen kann, die zu mechanischen Zustandsänderungen führen, und zweitens weil es sonst nicht verständlich wäre, warum der Kohlenhydratumsatz bei der Kontraktion gerade an einer Stelle unterbrochen wird, wo eine maximale Menge $H^+$-Ion zur Verfügung steht. Es ist hierbei zu berücksichtigen, daß, wie aus Hartree und Hills Messungen des Wärmeverlaufs hervorgeht, die Milchsäure *unter allen Umständen* bei der Kontraktion auftritt, auch in Gegenwart ausreichender Mengen Sauerstoff, und hier stets erst nach Ablauf der Zuckung verschwindet. Die oxydative Resynthese der Milchsäure zu Glykogen hat die Bedeutung, daß damit ein relativ großer Teil der Gesamtenergie, etwa 50%, schon anaerob frei werden kann, während die Milchsäure nur 4% weniger Oxydationsenergie besitzt als der Traubenzucker. Da die Oxydation bzw. die Sauerstoffdiffusion aus den Capillaren zu den Verbrennungsorten im Muskel zu langsam verläuft, um in ihrer Geschwindigkeit mit dem Energiebedarf einer kräftigen und andauernden Arbeitsleistung Schritt halten zu können, wie sie den tetanischen Spontanbewegungen der Tiere entspricht, mußte die *Arbeitsphase* des Stoffwechsels anaerob gestaltet werden. Der in dieser Phase ablaufende Prozeß macht nun pro Mol oxydierten Zuckers etwa das Zwölffache an Energie frei, als der Differenz der Verbrennungswärmen von Glykogen und Milchsäure entspricht.

Gleichwohl sind diese Überlegungen nur Wahrscheinlichkeitsargumente zugunsten der Milchsäure als Verkürzungssubstanz, und der Einwand, der verschiedentlich, in letzter Zeit vor allem von Bethe[1]) vertreten wird, daß nicht die Milchsäure, sondern ein Zwischenprodukt zwischen Kohlenhydrat und Milchsäure die Kontraktion auslöst, ist nicht geradezu widerlegbar. Das wahrscheinlichste Zwischenprodukt zwischen den beiden Verbindungen ist das Methylglyoxal $CH_3 - CO - CHO$, da dieses allein in den verschiedensten Organen ebenso leicht Milchsäure bilden kann wie der Traubenzucker[2]). Doch ist von einer spezifischen Wirkung desselben nichts bekannt, und da es sich bei ihm um einen neutralen Körper handelt, würde nur die Differenz der Verbrennungswärmen, aber z. B. nicht die Entionisierungswärme des Eiweiß als arbeitliefernder Prozeß in Betracht kommen. Auch stützen sich die Argumente Bethes auf Beobachtungen an Muskelcontracturen, deren Deutung selbst

---

[1]) Bethe, A.: Pflügers Arch. f. d. ges. Physiol. Bd. 199, S. 491. 1923.

[2]) Dakin: Journ. of biol. chem. Bd. 14, S. 321; Bd. 15, S. 463; Bd. 16, S. 505. 1913. — Neuberg: Biochem. Zeitschr. Bd. 51, S. 128. 1913.

zum Teil umstritten ist[1]), und die nicht ohne weiteres auf die normale Kontraktion übertragen werden dürfen (siehe hierzu den Abschnitt Riesser; dieser Band S. 218).

Wenn wir daher zwar nicht als gesichert, aber als wahrscheinlich die Annahme vertreten können, daß die Milchsäure, die Kontraktion herbeiführt, so kommt, da das Molekül oder Anion keine spezifische Wirkung besitzt, nur das Wasserstoffion als kontraktionauslösend in Betracht. Der Einwand, daß die Milchsäure eine zu schwache Säure sei, erscheint dafür nicht durchschlagend, da durch den Einfluß von Oberflächen oder Membranen jede beliebige Änderung der Konzentration freier H-Ionen an den Verkürzungsorten des Muskels herbeigeführt werden kann. Von den Wirkungen der Säuren sind am bekanntesten diejenigen auf die Quellung und auf die Oberflächenspannung, und so sind die am häufigsten vertretenen Annahmen die, daß die gebildete Säure die Kontraktion durch Quellung herbeiführt oder durch Erhöhung der Oberflächenspannung der sich verkürzenden Fibrillenabschnitte. Als dritte Hypothese kommt noch die osmotische Theorie hinzu, nach der die bei der Spaltung des Glykogens entstehenden neuen Moleküle unabhängig von ihrer Natur die Verkürzung durch osmotischen Druck herbeiführen.

Schwieriger unter diesem Gesichtspunkt der Säurewirkung ist die gleichzeitige Abspaltung von anorganischem Phosphat aus dem Hexosephosphat des Muskels bei der Milchsäurebildung zu verstehen, eine Abspaltung, die nach Embden und seinen Mitarbeitern in gleichem oder sogar höherem Betrag erfolgen soll als die Produktion der Milchsäure[2]). Wie O. Meyerhof fand[3]), wird bei totaler Spaltung von Alkalihexosephosphat bei der Wasserstoffzahl des Muskels in die Komponenten Alkaliphosphat und Hexose, selbst in beliebig hoher Konzentration das $p_H$ nur ganz minimal nach der sauren Seite verschoben, nämlich von 7,05 bis 6,4, was noch nicht einmal der Acidität des ermüdeten Muskels entspricht, während beispielsweise schon die Bildung von m/1000-Milchsäure aus reiner Hexose ein $p_H$ von etwa 3,5, also die Entstehung der 1000fachen Menge H-Ion bewirkt. Man muß mithin schließen, daß, wenn die H-Ionenkonzentration für die Kontraktion entscheidend ist, das organische und anorganische Phosphat außerhalb der Reaktionsorte der Milchsäure bleiben muß, weil sonst der Anstieg der H-Ionenkonzentration verhindert werden würde.

## II. Übersicht über die heutigen Theorien.

### 1. Osmotische Theorie.

Die osmotische Theorie widerspricht sowohl den mikroskopisch beobachtbaren Vorgängen bei der Kontraktion — da die aktiv contractilen Elemente ihr Volumen kaum verändern[4]) —, als ist sie auch dadurch zu widerlegen, daß sich die Zunahme der osmotisch wirksamen Teile auf Grund von Milchsäurebestimmungen überschlagsweise berechnen läßt und ihre Arbeitsfähigkeit unter

[1]) Matsuoka, K.: Pflügers Arch. f. d. ges. Physiol. Bd. 204, S. 51. 1924.

[2]) Embden, H., und Lawaczek: Biochem. Zeitschr. Bd. 127, S. 181. 1922. — Embden, G.: Klin. Wochenschr. Jg. 3, S. 1393. 1924. In dieser Arbeit teilt Embden Versuche mit, nach denen die Milchsäure zum größten Teil erst *nach* der Kontraktion entstehen sollte. Diese Beobachtung konnte von O. Meyerhof u. K. Lohmann (in noch unveröffentlichten Versuchen) nicht bestätigt werden. Vielmehr koinzidierte das Auftreten der Milchsäure stets genau mit der Arbeitsleistung, und falls der Muskel nicht durch zu starke Reizung irreversibel geschädigt wurde, wurde keine meßbare Menge Milchsäure *nach* der Kontraktion frei.

[3]) Meyerhof, O.: Naturwissenschaften, Dez. 1924 und unveröffentlichte Versuche.

[4]) Siehe Hürthle und Wachholder: dieses Handb. Bd. VIII, S. 108.

extremen aber noch experimentell möglichen Annahmen mit der Arbeit vergleichen läßt, die der Muskel bei dieser Milchsäurebildung im optimalen Falle leistet. Wie gezeigt [1]) wird von einem 1 g schweren Gastrocnemius von 30 mm Länge bei einer maximalen Einzelzuckung und einer Spannungsentwicklung von 300 g etwa 0,007 mg Milchsäure gebildet, ferner wird im Optimum von einem 1,2 g wiegenden Muskel bei 4900 gcm effektiver Arbeitsleistung am Winkelhebel 0,615 mg Milchsäure produziert[2]). Nun ist die maximale Arbeit, die durch osmotische Verdünnung gegen einen semipermeabeln Stempel geleistet werden kann, bekanntlich gegeben durch die Formel $A = nRT\,2{,}3 \cdot \log \frac{c_1}{c_2}$. Wo $n$ die Zahl der Moleküle, $c_1$ die Konzentration in Mol zu Beginn, $c_2$ zum Schluß bedeutet, $R$ die Gaskonstante, $T$ die absolute Temperatur. Diese Gleichung gilt, genau genommen, nur für verdünnte Lösungen, während bei konzentrierten noch die van der Waalsschen Kräfte hinzutreten. Man kann daher streng für die im folgenden gewählte extrem hohe Anfangskonzentration nicht mehr von einer „osmotischen Theorie" sprechen, während andererseits innerhalb der Gültigkeitsgrenzen der letzteren die zu gewinnende Arbeit natürlich erheblich kleiner wäre, als oben berechnet. Zu Beginn sei, wie wir annehmen wollen, Hexosephosphat vorhanden, aus dem Milchsäure und nach Embden ebenfalls Phosphat frei wird. Da aber dies letztere nach den Angaben des Autors schon anaerob wieder in seine organische Ausgangsform zurückverwandelt wird[3]), also offenbar ohne besonderen Energieaufwand, kann es auch keine osmotische Verdünnungsarbeit leisten. Hierfür kommt vielmehr allein die Milchsäure in Betracht. Diese soll in der höchst möglichen Konzentration in gewissen Räumen der Fibrillen entstehen und sich dann auf die geringst mögliche Konzentration verdünnen. Die niedrigste Endkonzentration, die möglich ist, ist der Milchsäuregehalt, den der Muskel bei maximaler anaerober Ermüdung erreichen kann, weil gegen diesen Milchsäuregehalt noch Arbeit geleistet werden kann. Dies ist etwa 0,50% Milchsäure = 0,055 m. Die höchst mögliche Anfangskonzentration kennen wir nicht, aber sicher kann sie nicht höher liegen als konzentrierte hydratisierte Säure, entsprechend 90% oder 10fach molar. $\frac{c_1}{c_2}$ ist danach 180. Führen wir die Rechnung aus, so erhalten wir $A = 0{,}0218$ cal oder 930 gcm, während 4900 gcm gemessen sind. Dabei ist von der bei Verdünnung steigendem Dissoziation der Milchsäure, die die osmotische Arbeit verringert, abgesehen und ebenfalls von den Reibungsverlusten bei der Kontraktion, die man etwa zu 50% annehmen kann.

Die osmotische Theorie ist also abzulehnen. Doch könnte die Verdünnung der Milchsäure osmotisch irgendeinen anderen Prozeß unterstützen, z. B. dem hydratisierten Eiweiß Wasser entziehen. (In einer älteren Arbeit berechnet Bernstein[4]), daß der osmotische Druck der bei einer Zuckung möglicherweise erzeugten Moleküle unter gewissen willkürlichen Annahmen der *Muskelkraft* gleich sein könnte. Dies ist verständlich. Denn der osmotische Druck kann bei geeigneter Wahl der Größe und Anordnung der Räume, in denen die Moleküle frei werden, sehr hohe Werte erreichen, nicht aber die osmotische Arbeit.)

---

[1]) Meyerhof, O.: Energieumwandlungen. V. Pflügers Arch. f. d. ges. Physiol. Bd. 191, S. 143. 1921.

[2]) A. a. O. Tabelle S. 168.

[3]) Embden und Lawaczek: siehe oben S. 532.

[4]) Bernstein: Pflügers Arch. f. d. ges. Physiol. Bd. 109, S. 323. 1905.

## 2. Quellungstheorie.

So wenig eine modifizierte Quellungstheorie direkt ausgeschlossen werden kann, ist doch zu bemerken, daß die hauptsächlichsten Argumente, mit der ihre Verteidiger operieren, nicht zutreffend sind. Eine unkomplizierte Quellung führt stets eine Volumenvergrößerung nach beiden Richtungen herbei, auch dann, wenn diese Teile beliebig unterteilt und geformt sind, wie z. B. bei der Annahme v. Fürths[1]), der hierfür Doppelkegel vorschlägt, welche die anisotropen Fibrillenabschnitte erfüllen sollen. Der von diesem Forscher postulierte Übergang der Doppelkegel in Kugelform mit Verkürzung der Längsachse kann bei unkomplizierter Quellung nur zustande kommen, wenn die Teile in einer nicht dehnbaren Haut stecken, oder in anderer Weise Oberflächenkräfte der allseitigen Volumenzunahme entgegenwirken. Es wird infolgedessen statt einer einfachen, eine sog. anisodiametrische Quellung in der Querrichtung angenommen, wie sie z. B. tierische Sehnen zeigen. Diese führt wohl zu geringen Verkürzungen in der Längsrichtung, die aber nur unbedeutend und bei weitem nicht so groß sind, wie man sie für den Muskel ansetzen müßte. Eine weitergehende Verkürzung, wie sie von Engelmann[2]) an Darmsaiten beobachtet worden ist, kommt, wie Bernstein[3]) nachwies, nur dadurch zustande, daß die Darmsaiten torquiert sind.

Zweitens wird eine Quellung von Proteinsubstanzen, die ja im Muskel wesentlich in Frage kommen, nur dann durch Säure herbeigeführt, wenn der isoelektrische Punkt des Eiweiß nach der sauren Seite überschritten wird. Das geschieht zwar in den Modellversuchen, in denen Eiweißgele in verdünnte Milchsäure eingelegt werden. Es geschieht jedoch nicht bei der Milchsäurebildung während der Ermüdung des Muskels. Das Auftreten der Entionisierungswärme als Teil der Kontraktionswärme beweist vielmehr ebenso wie das $p_H$, das der Muskel selbst nach weitgehender Ermüdung aufweist, daß der isoelektrische Punkt der Proteine noch nicht erreicht ist. Es liegt dann also noch im Muskel ein Gemisch von Alkaliprotein und ungeladenem Protein vor und eine Säurequellung des Muskels ist schon aus theoretischen Gründen unmöglich[4]). Die Wasseraufnahme eines solchen ermüdeten Muskels ist jedenfalls rein osmotischer Natur. Andererseits trifft diese Argumentation den Kernpunkt deshalb nicht, weil es ja nicht auf die Wirkung der im Muskel verteilten Milchsäure, sondern auf ihre Wirkung an den Verkürzungsorten „in statu nascendi" ankommt. Hier kann nun zwar momentan der isoelektrische Punkt der Proteine sehr wohl überschritten werden. Doch erhebt sich dann eine andere Schwierigkeit. Es kommt nämlich in diesem Fall nur ein so kleiner Teil des Muskelproteins für eine Umladung in Frage, daß dieser kaum der Träger der erheblichen Energieäußerungen, wie sie bei der Muskelkontraktion auftreten, sein kann. Man kann berechnen, das bei einer maximalen Einzelzuckung, die etwa 0,01 mg Milchsäure pro 1 g Muskel freimacht, noch nicht ein Tausendstel des im Muskel vorhandenen Proteins umgeladen werden könnte. Denn die in maximo bei der Starre auftretende Milchsäure beträgt 6—7 mg pro g Muskel, wobei das $p_H$ des Muskels von 7,5 bis auf 6,0 oder höchstens bis auf 5,8 fällt[5]). Da nun der isoelektrische

[1]) v. Fürth: Asher-Spiros Ergebn. d. Physiol. Bd. 15, S. 1. 1916.

[2]) Engelmann: Sitzungsber. der preuß. Akad. d. Wiss. Bd. 39. 1906. — „Über den Ursprung der Muskelkraft." 2. Aufl. Leipzig 1893.

[3]) Bernstein, D.: Pflügers Arch. f. d. ges. Physiol. Bd. 162, S. 1. 1915; Bd. 163, S. 594 1916.

[4]) Auch läßt sich direkt zeigen, daß das Eiweiß des ermüdeten Muskels weniger quellbar ist, als das des unermüdeten. (Unveröffentlichte Versuche von O. Meyerhof.)

[5]) Nicht veröffentlichte Versuche von O. Meyerhof.

Punkt der Hauptmasse der Muskelproteine wie beim Albumin ungefähr bei 4,7 liegt, kann man folgern, daß mindestens noch einmal so viel Milchsäure nötig wäre, um das ganze Protein umzuladen. Das sind also dann 1500 mal soviel Milchsäure als bei einer einzigen maximalen Zuckung freigemacht wird. Wenn man die nicht unwahrscheinliche Annahme macht, daß die Proteine im Muskel verschiedene isoelektrische Punkte haben, so kann man diese Schwierigkeit wohl einschränken, aber doch nicht ganz beseitigen.

### 3. Theorie der Oberflächenspannung.

Von diesen Schwierigkeiten ist die Theorie frei, die Oberflächenkräfte als Ursache der Kontraktion betrachtet, und derselben ist daher der Vorzug zu geben. Dazu kommt, daß sie mit den mikroskopisch beobachtbaren Vorgängen am besten vereinbar ist. Nach HÜRTHLE (dieser Band S. 108) ändern nur die doppeltbrechenden Fibrillenabschnitte bei der Kontraktion aktiv ihre Form, indem sie kürzer und dicker werden. Das Volumen ändert sich dabei nur unbedeutend. Ein solcher Vorgang ist am besten durch Erhöhung der Oberflächenspannung erklärbar. Allerdings kann nicht die sichtbare Oberfläche der Fibrillenabschnitte die allein wirksame sein, weil, wie schon BERNSTEIN[1]) berechnet hat, in diesem Falle die Capillarkonstante ($\alpha$) der Grenzfläche sich so stark ändern müßte, wie der Gesamtbetrag der Capillarkonstanten des Quecksilbers beträgt ($\alpha = 50$ mg Gew./mm bei 18°), um die beobachtbare mechanische Arbeit zu leisten. Daß indes auch submikroskopische Oberflächen wirksam sind, dafür spricht die Änderung der Doppelbrechung bei der Kontraktion[2]). Diese Doppelbrechung setzt sich nach den Befunden STÜBELS[3]) aus Stäbchendoppelbrechung und einer zwiefachen Eigendoppelbrechung (von krystallinen Lipoid- und Eiweißteilchen) zusammen. Da die Doppelbrechung bei der isotonischen Kontraktion abnimmt, so beweist das, daß innerhalb der doppeltbrechenden Fibrillenabschnitte physikalische Vorgänge stattfinden, wenn man auch nicht weiß, ob diese die Eigendoppelbrechung oder Stäbchendoppelbrechung tangieren und in letzterem Fall, ob etwa die Stäbchenelemente sich abrunden, ob ihr eigener Brechungsindex oder der des einbettenden Mediums sich so ändern, daß eine gegenseitige Annäherung erfolgt, ob das Volumen der Stäbchen und des umgebenden Mediums sich verschiebt oder ähnliches. In jedem Fall aber kann die Oberfläche der Stäbchenelemente mit in Betracht gezogen werden. In der Tat ergeben neue Befunde von TIEGS[4]), daß die hypertrophischen Muskelfibrillen von Insektenlarven (bei 3400facher Vergrößerung) nicht nur in den doppelbrechenden Abschnitten eine feine Körnelung, sondern auch in den einfach brechenden eine färbbare Längsstreifung aufweisen, die der Autor für feine Kanälchen hält — allerdings nur an fixierten Präparaten. Daß die von BOTTAZZI und QUAGLIARIELLO[5]) im Muskelpreßsaft aufgefundenen ultramikroskopischen Myosingranula diese Stäbchenelemente darstellen, wie die Autoren annehmen, erscheint allerdings ziemlich willkürlich zu sein. In jedem Fall

[1]) BERNSTEIN: Pflügers Arch. f. d. ges. Physiol. Bd. 85, S. 271. 1901; Bd. 162, S. 1. 1916.

[2]) v. EBNER: Untersuchungen über die Ursache der Anisotropie organischer Substanzen. Leipzig 1882.

[3]) STÜBEL: Pflügers Arch. f. d. ges. Physiol. Bd. 180, S. 209. 1920; Bd. 201, S. 629. 1923.

[4]) TIEGS, O. W.: Australian journ. of exp. biol. a. med. science Bd. 1, S. 11. 1924; Trans. roy. soc. of australia Bd. 47, S. 142. 1923.

[5]) BOTTAZZI und QUAGLIARIELLO: Arch. intern. de physiol. Bd. 12, S. 234, 289, 409. 1912. — BOTTAZZI, D'AGOSTINO und QUAGLIARIELLO: Atti d. Reale Accad. dei Lincei, rendiconto Bd. 21, 2. Semest., S. 8. 1912 und Bd. 22, 2. Semest., S. 52 u. 307.

dürfen die Oberflächenschichten, an denen die Oberflächenspannung angreifen soll, nicht beliebig dünn gewählt werden, weil eine meßbare Kraft erst bei einer gewissen Schichtdicke, die mehrere Moleküldurchmesser umfassen dürfte, sich geltend machen kann. Eine unmittelbare Wirkung der Säure auf die Oberflächenspannung wäre denkbar nach den Versuchen von Hartridge und Peters[1]), daß im Bereich des Neutralpunkts die Oberflächenspannung an der Grenze Öl : Wasser mit wachsender H-Ionenkonzentration steigt und denen v. Brinkmann und Szent Györgyi[2]), daß Ähnliches für die Grenze: wäßrige Lösung — Petroläther gilt.

## 4. Gelatinierungstheorie.

Die mit erheblicher Energieäußerung verlaufende Änderung der Oberflächenspannung des Quecksilbers bei Zu- und Abnahme seiner elektrischen Ladung (Lippmann, Helmholtz) hat wiederholt zu dem Gedanken Anlaß gegeben, elektrische Kräfte zwischen den chemischen Umsatz und die mechanischen Vorgänge einzuschalten, um durch sie die Änderung der Oberflächenspannung herbeizuführen[3]). Ein kürzlich von Hill[4]) gemachter Vorschlag greift diese Idee auf und sucht sie mit den neu gefundenen Tatsachen über den Ursprung der Kontraktionswärme zu vereinigen. Hill nimmt an, daß die Entionisierung des Alkaliproteins durch die Milchsäure nicht erst bei der Erschlaffung wirksam wird, sondern daß das Alkaliprotein der Verkürzungsorte schon bei der Kontraktion gerade isoelektrisch gemacht wird. Bei dieser Entladung soll die Oberflächenspannung der proteinhaltigen Strukturen in ähnlicher Weise zunehmen wie die Oberflächenspannung des Quecksilbers bei Entziehung der elektrischen Ladung. Unmittelbar nachher stellt sich dann das Alkaliprotein wieder her und der Muskel erschlafft. Dieser Vorschlag läßt sich, wie mir scheint, nur dann gut durchführen und kann dem obengenannten Einwand entgehen, daß ein zu geringer Teil des Muskelproteins hierfür in Betracht käme, wenn man annimmt, daß der isoelektrische Punkt des Proteins der Verkürzungsorte dem Neutralpunkt viel näher liegt, als der des übrigen Muskelproteins. Wir wollen ihn beispielsweise bei $p_H$ 6,2 annehmen[5]), denn er kann für die Durchführung der Theorie dem Neutralpunkt nicht nähergerückt werden, als bis zu einem Wert, den der Muskel bei maximaler Milchsäurebildung erreichen kann, ohne starr zu werden. Es würde dann bei einer maximalen Kontraktion durch die freiwerdende Milchsäure eine verhältnismäßig große Menge Verkürzungsprotein isoelektrisch gemacht und gleichzeitig die Milchsäure in Lactat übergeführt. Im Anschluß hieran würde das übrige Protein, das den isoelektrischen Punkt von etwa $p_H$ 4,7 besitzt, einen Teil seines Alkalis an das Verkürzungsprotein abtreten; der ganze Muskel wird dadurch wieder angenähert auf die Wasserstoffzahl des ruhenden Muskels gebracht, das Verkürzungsprotein neu ionisiert und das Spiel kann wieder beginnen. Eine solche Vorstellung ist natürlich zunächst ganz hypothetisch, da an Eiweißoberflächen bei einer Entladung Änderungen der Oberflächenspannung bisher nicht in meßbarer Weise beobachtet sind. Doch man kann den Gedanken leicht weiterführen, indem man noch die weitere Annahme hinzunimmt, daß die Entionisierung des Eiweiß von einer Dehydratation unter erheb-

[1]) Hartridge und Peters: Journ. of physiol. Bd. 54, Proc. S. 41. 1920.
[2]) Brinkmann und Szent-Györgyi: Journ. of physiol. Bd. 57, Proc. 1923.
[3]) Zuerst bei d'Arsonval: Arch. de physiol. Bd. 5. 1889.
[4]) Hill, A. V.: Nature, 14. Juli 1923.
[5]) Collip, J.: Journ. of biol. chem. Bd. 50, S. 45. 1922, fand ein Protein mit einem isoelektrischen Punkt zwischen 6,0 und 6,7 im Muskel. S. auch H. H. Weber, Biochem. Zeitschr. 1925.

licher Energieänderung begleitet wird. Es würden dann im Moment der Kontraktion die isoelektrisch gemachten „Verkürzungsproteine" eine Art Fällung oder richtiger Gelatinierung erleiden. Das so gebildete Eiweißgel würde das elastische Netzwerk im viscösen Medium darstellen, dessen momentanes Entstehen bei der Kontraktion durch die Befunde von GASSER und HILL[1]) wahrscheinlich gemacht ist (s. u.). Bei der Erschlaffung würde dieser Vorgang an den Verkürzungsorten rückgängig gemacht, um sich dann in den übrigen Muskelproteinen gleichsam in starker Verdünnung noch einmal abzuspielen. Da hier ein Überschuß von Alkaliprotein vorhanden ist, entsprechend dem stärker sauren isoelektrischen Punkt dieser Proteine, würde bei dieser Reversion die Konsistenz und Struktur des Gesamtmuskels nicht deutlich geändert. Dies würde erst bei weitergehendem Verbrauch von Alkaliproteinen durch hochgradige Milchsäureanhäufung geschehen und würde dann den einer Kontraktion verwandten, aber keineswegs damit identischen Zustand des Verkürzungsrückstandes oder auch der Contractur auslösen. Ob nun solche Gelatinierung überhaupt auf Änderung der Oberflächenspannung beruht und man diese Vorstellung zu den hierher gehörigen Theorien rechnen will, jedenfalls spricht für sie weiter, daß nach LEO LOEB[2]) die amöboide Bewegung der Blutzellen auch auf einer sichtbaren Gelatinierung von Fasern beruht, die sich dann retrahieren, und es liegt nahe, für die Muskelbewegung, die sich wohl genetisch aus der amöboiden Bewegung entwickelt hat, den gleichen Wirkungsmechanismus anzunehmen. Mit solcher Vorstellung einer Sol-Gelumwandlung sind auch ältere Beobachtungen an den sich langsam kontrahierenden Tonusmuskeln durchsichtiger Würmer und Mollusken (z. B. Retractor von Sipunculus nudus, Fußmuskeln der Schnecken) gut in Einklang zu bringen, die nach BIEDERMANN[3]) während der Kontraktion weißlich getrübt erscheinen und bei der Erschlaffung wieder aufhellen. Schließlich wird auch der Sinn der Querstreifung bei den sich rasch kontrahierenden Muskeln so verständlich, weil ohne Unterteilung eine viscöse Flüssigkeitssäule bei rascher Dehnung bzw. Erstarrung in Klumpen zerfallen würde, wie es GASSER und HILL an ihrem unten erwähnten Modell gefunden haben.

## III. Die viscös-elastische Veränderung bei der Kontraktion.

Welcher Art die mechanische potentielle Energie ist, die sich unmittelbar in Bewegung umsetzt, kann ebenfalls nach den neuen Ergebnissen von HILL und GASSER klarer als bisher beantwortet werden. Die Spannung, die der Muskel auf den Reiz hin entwickelt, ist zweifellos einer elastischen Spannung nahe verwandt, doch kann sie nicht allein auf die Erhöhung des Elastitätsmoduls bezogen werden, wie es seinerzeit von WEBER[4]) angenommen wurde. Bereits FICK[5]), der einer solchen rein physikalischen Theorie zugeneigt war, fand Schwierigkeiten, sie durchzuführen, weil zwischen Spannung und Verkürzung des Muskels keine eindeutige Beziehung bestand. Diese Vorstellung wurde dann mehr und mehr verdrängt und von KRIES[6]) und anderen durch eine physiologische Auf-

[1]) GASSER und A. V. HILL: Proc. of the roy. soc. of London (B) Bd. 96, S. 398. 1924.

[2]) LOEB, LEO: Washington University studies Bd. 8, S. 3. 1920.

[3]) BIEDERMANN: Asher-Spiros Ergebn. d. Physiol. a. a. O. S. 151f.

[4]) WEBER, E.: Wagners Handwörterb. d. Physiol. Bd. 3, Teil 2, S. 110. 1846.

[5]) FICK: Pflügers Arch. f. d. ges. Physiol. Bd. 4, S. 301. 1871.

[6]) v. KRIES: Arch. f. Anat. u. Physiol., Physiol. Abt., S. 348. 1888; Pflügers Arch. f. d. ges. Physiol. Bd. 190, S. 66. 1921.

fassung ersetzt, nach der Verkürzung und Erschlaffung zwei verschiedenartige, voneinander unabhängige physiologische Prozesse sein sollten, deren Verlauf durch äußere Einwirkung weitgehend modifizierbar ist. Es scheint aber, daß sich durch die neuen Befunde von Gasser und Hill diese Schwierigkeiten großenteils beheben lassen und zahlreiche Erscheinungen bei der Kontraktion verständlich werden durch die Feststellung der Autoren, daß der Muskel bei der Kontraktion gleichzeitig eine Erhöhung der Elastizität und Viscosität erfährt.

Wird ein Muskel, der an einem Ende festgehalten ist, mit seinem anderen an einer vibrierenden Stahlfeder befestigt und dann gereizt, so zeigt die Feder ein Verhalten, das auf der Abb. 100 dargestellt ist. Während des Tetanus werden die Schwingungen enorm gedämpft und gleichzeitig ihre Periode kürzer. Nach der Erschlaffung kehrt sowohl die Schwingungsperiode wie der Dämpfungsabfall wieder auf den Anfangszustand zurück. Die Verkürzung der Periode entspricht der Zunahme des Elastizitätsmoduls, die Zunahme der Dämpfung der Zunahme der Viscosität. Aus den Versuchen der Autoren folgt, daß der Elastizitätskoeffizient etwa aufs 11 fache, der Viscositätsfaktor aufs 16 fache steigt.

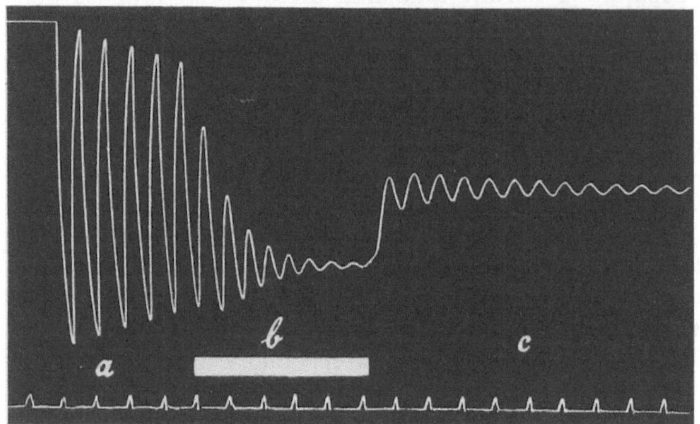


Abb. 100. Dämpfung der Oszillationen einer Stahlfeder, die an einem Muskel befestigt ist, der bei *a* ungereizt ist, bei *b* gereizt wird und bei *c* wieder ungereizt ist.

Die verwickelten Zusammenhänge zwischen Spannung und Verkürzung je nach Art, Zeit und Umfang des Freilassens oder der Dehnung des Muskels während und nach der Reizung werden nun überraschend gut durch diese viscös-elastische Veränderung erklärt und von Gasser und Hill an einem viscös-elastischen Modell imitiert. Besonders zwei Befunde verdienen Erwähnung: Wird ein Muskel während der isometrischen Anspannung freigelassen oder plötzlich gedehnt, so sinkt die Spannung in beiden Fällen stark ab, unter Umständen auf Null und stellt sich dann erst langsam auf die neue Gleichgewichtslage ein. Dabei ist die Geschwindigkeit der Wiederherstellung des Gleichgewichts bei tiefer Temperatur stark verzögert, und die Kurven bei verschiedenen Temperaturen stimmen genau überein mit den Kurven der Entwicklung der Spannung zu Beginn der Reizung. Daraus schließen die Autoren, daß in beiden Fällen dieselbe Ursache, und zwar die Viscosität, die Geschwindigkeit der Spannungszunahme bedingt. Der hohe Temperaturkoeffizient von 2 pro 10° für die Spannungsentwicklung steht mit dieser Annahme nicht im Widerspruch, da stark viscöse Flüssigkeiten (Nelkenöl und Glycerin) einen Temperaturkoeffizienten der inneren Reibung von dieser Größe besitzen. Zweitens ergibt sich aus Dehnungs- und Entspannungsversuchen bei einzelnen Zuckungen, daß der innere mechanische Vorgang, die viscös-elastische Veränderung, unmittelbar nach der Reizung am Ende der Latenzperiode sein Maximum hat, lange ehe die Spannungskurve ihr Maximum erreicht, und zur Zeit, wo diese maximal ist, schon weit abgefallen ist. Die Verzögerung ist aber das Resultat der Überdämpfung der elastischen Schwingung durch die hohe Viscosität. Das plötzliche Entstehen eines elastischen Gels oder Gerinnsels nach Art der Fibringerinnung mit Netzstruktur würde nach den Autoren die beste Vorstellung für diesen inneren mechanischen Vorgang im Moment des Reizes abgeben. Von dieser Vorstellung haben wir in der oben skizzierten Theorie Gebrauch gemacht. Es muß aber hinzugefügt werden, daß eine wirkliche Änderung des Elastizitätsmoduls während der isometrischen Kontraktion in einer fast gleichzeitig erschienenen Arbeit von Bethe und Steinhausen[1]) vermißt wird. Sie finden nur eine scheinbare Änderung durch den Spannungsvorgang, die bei Zusatz einer kompensierenden Gegenspannung verschwindet.

---

1) Bethe, A. und W. Steinhausen: Pflügers Arch. f. d. ges. Physiol. Bd. 205, S. 63, 76. 1924.

# Degeneration und Regeneration. Transplantation. Hypertrophie und Atrophie. Myositis.

Von

FRIEDRICH JAMIN
Erlangen.

Mit 9 Abbildungen.

## Zusammenfassende Darstellungen.

BORST, M.: Das pathologische Wachstum. Aschoffs Pathol. Anatomie, 6. Aufl., Bd. I, S. 582 ff. Jena: G. Fischer 1923. — BORST, M.: Über Veränderungen der Knochen, Muskeln und inneren Organe bei fettarmer Ernährung. Zentralbl. f. allg. Pathol. u. pathol. Anat. Bd. 33, S. 306. 1923. — BÜRGER, M.: Pathologisch-physiologische Propädeutik. S. 292 ff. Berlin: Julius Springer 1924. — CASSIRER, R.: Die trophischen Störungen. Handb. d. Neurol. Bd. I, S. 1135. Berlin: Julius Springer 1910. — EDEN, R.: Transplantation der quergestreiften Muskulatur, in LEXER: Die freien Transplantationen. Neue Deutsche Chirurgie Bd. 26, S. 548. Stuttgart: F. Enke 1919. — ERNST, P.: Die Pathologie der Zelle. Handb. d. allg. Pathol. S. 1 ff. Leipzig: S. Hirzel 1915. — GIERKE, E. v.: Störungen des Stoffwechsels, in Aschoffs Pathol. Anatomie, 6. Aufl., Bd. I, S. 379 ff. Jena: G. Fischer 1923. — GRUBER, B. G.: Cirkumscripte Muskelverknöcherung. Jena: G. Fischer 1913. — JAMIN, F.: Experimentelle Untersuchungen zur Lehre von der Atrophie gelähmter Muskeln. Jena: G. Fischer 1904. — KÜTTNER, H. u. F. LANDOIS: Die Chirurgie der quergestreiften Muskulatur. Stuttgart: F. Enke 1913. — LORENZ, H.: Die Muskelerkrankungen, in Nothnagels Spezieller Pathol. u. Therapie Bd. 11, Teil 3, I. Abt. 1898, II. Abt. 1904. Wien: A. Hölder. — MEYER, A. W.: Theorie der Muskelatrophie. Mitt. a. d. Grenzgeb. d. Med. u. Chirurg. Bd. 35, S. 651. 1922. — MÖNCKEBERG, J. G.: Atrophie und Aplasie. Handb. d. allg. Pathol. S. 409 ff. Leipzig: S. Hirzel 1915. — MÜLLER, L. R.: Die Lebensnerven. 2. Aufl. Berlin: Julius Springer 1924. — REISS, E.: Die elektrische Entartungsreaktion. Berlin: Julius Springer 1911. — ROST, F.: Pathologische Physiologie des Chirurgen. Leipzig: F. C. W. Vogel 1920. — SCHADE, H.: Die physikalische Chemie in der inneren Medizin. 2. Aufl. Dresden u. Leipzig: Th. Steinkopf 1923. — SCHIEFFERDECKER, P.: Muskeln und Muskelkerne. Leipzig: J. A. Barth 1909. — SCHMIDT, M. B.: Der Bewegungsapparat, Krankheiten der Muskeln in Aschoffs Pathol. Anatomie Bd. II, S. 241 ff., 6. Aufl. Jena: G. Fischer 1923. — SCHMINCKE, A.: Die Kriegserkrankungen der quergestreiften Muskulatur. Volkmanns Sammlung klin. Vortr. Bd. 13, Nr. 758/59, S. 675. 1918. — SPIEGEL, E. A.: Zur Physiologie und Pathologie des Skelettmuskeltonus. Berlin: Julius Springer 1923.

## Degeneration.

### Vorbemerkung.

Die krankhaften Rückbildungs- und Umbildungsvorgänge der Muskulatur sind bis vor kurzem vorwiegend vom pathologisch-histologischen Standpunkt aus betrachtet worden. Daraus ergaben sich verschiedene durch die Struktur der Gewebsveränderungen gekennzeichnete Degenerationsformen, wie die wachsartige, die körnige, die vakuoläre Degeneration. Diese Einteilung nach mikroskopisch-anatomischen Unterscheidungsmerkmalen muß auch jetzt noch beibehalten werden. Denn nur im histologischen Sinne sind bisher die Veränderungen der Muskulatur unter den verschiedenen krankhaften Bedingungen systematisch untersucht worden. Über das Wesen und die Ursachen der regressiven Ernährungsstörungen geben uns die makroskopisch und mikroskopisch nachweisbaren Strukturveränderungen freilich nur wenig Aufschluß. Hier gilt noch heute, was KÜTTNER und LANDOIS (S. 46) über die degenerativen Erkrankungen der quergestreiften Muskulatur schrieben: „Wir kennen die anatomischen Formen; es sind uns die feinen histologischen Details in zeitlicher Reihenfolge geläufig; es fehlt uns aber die Kenntnis von den biochemischen Vorgängen, die die Veranlassung sind, daß das Muskelprimitivbündel z. B. das eine Mal der wachsartigen Degeneration, das andere Mal der Fettmetamorphose oder der Vakuolendegeneration zum Opfer fällt, ja daß unter Umständen alle drei Arten nebeneinander existieren können.“ Es wird den physikalisch-chemischen Untersuchungsmethoden und den Forschungen der Kolloidchemie vorbehalten bleiben, in dieser Hinsicht Gesetzmäßigkeiten klarzustellen.

Regressive bzw. degenerative Ernährungsstörungen stellen sich in der Muskulatur nach jeder Art chemischer und physikalischer Schädigung ein. Dabei hängt der Grad der Rück- und Umbildung der contractilen Substanz von der Intensität und der Dauer der erlittenen Schädigung ab. So werden bei infektiösen, toxischen oder traumatischen Schädigungen der Muskulatur alle Übergänge von der Nekrose der Muskelfaser über nekrobiotische die Leistungsfähigkeit teilweise noch bewahrende Umbildungen bis zu ganz geringfügigen Strukturveränderungen gefunden. Nur vermutungsweise läßt sich aus dem histologischen Bilde schließen, wo die Grenze für die Erholungsfähigkeit der Muskelfaser liegt. Das wird nicht nur von den Schädigungen bestimmt, die eine Muskelfaser direkt erlitten hat, sondern insbesondere von den *Ernährungsbedingungen*, unter denen sie sich nach der Schädigung befindet. In dieser Hinsicht sind die Beschaffenheit und der Umlauf der Körperflüssigkeiten von größter Bedeutung für die Ausgestaltung der Muskeldegeneration: Blut, Lymphe, Zustand und Innervation der Gefäße.

Die contractile Substanz hat in dieser Beziehung eine Sonderstellung insofern, als ihre *Eigenfunktion* in unmittelbarster Wechselbeziehung zu den Ernährungsverhältnissen steht. Jeder Reiz und insbesondere der funktionelle Anreiz zur Kontraktion erzeugt eine so erhebliche chemische Umsetzung in der Muskelfaser, daß unbedingt darauf alsbald eine weitere Umsetzung folgen muß, soll nicht durch die Anhäufung der gebildeten Milchsäure eine degenerative Rückbildung (Starre, Quellung) die Folge sein. Bleibt die Beseitigung der bei der Tätigkeit der Muskelfaser gebildeten Milchsäure aus, so gewinnt sie selbst die Bedeutung eines schädigenden Faktors. Bei ungestörtem Stoffwechsel und regelrechten Kreislaufverhältnissen wird diese schädliche Übersäuerung durch chemische Umsetzungen und Abtransport der Milchsäure verhütet. Ist das aus irgendeinem Grunde nicht möglich, wie z. B. bei behinderter Durchblutung, so kommt es ähnlich wie bei der Totenstarre [VON FÜRTH und LENK[1])] durch die Anhäufung von Säuren zu einer Quellung der Muskelkolloide, die histologisch als degenerative Strukturveränderung erscheinen kann.

So liegt es gleichsam an der außerordentlich feinen Funktionsbereitschaft der Muskelfaser, insbesondere der quergestreiften, daß diese auf Reize jeder Art sehr leicht mit Strukturveränderungen reagieren kann. Da nur selten ein

---

[1]) VON FÜRTH u. LENK: Biochem. Zeitschr. Bd. 33, S. 341. 1911.

großer Teil der contractilen Masse gleichzeitig so eingreifend geschädigt wird, daß es am lebenden Menschen zu derartigen Umbildungsvorgängen kommt, so gibt die Funktionsprüfung der Muskeln am Kranken nur selten ein brauchbares Maß für Grad und Art der degenerativen Veränderungen. Jedenfalls ist in dieser Richtung bisher noch wenig Zuverlässiges über die Leistungsänderungen bei Infektionskrankheiten und Vergiftungen usw. ermittelt worden. Bei Schwerkranken mit degenerativen Muskelveränderungen werden meist nur die Erscheinungen von allgemeiner Muskelschwäche und Muskelschmerzen, auch Muskelabmagerung festgestellt, ohne daß sich ein im einzelnen meßbarer Funktionsausfall feststellen ließe. Auch der Nachweis von degenerativer Vernichtung und regenerativer Neubildung der contractilen Fasern läßt sich bisher nur durch die histologisch-anatomische Untersuchung führen.

Soll das Material für solche Untersuchungen durch Probeexcision von Muskelsubstanz aus dem lebenden Körper beim Menschen oder Wirbeltier gewonnen werden, so verursacht dieser Eingriff selbst besondere Schwierigkeiten für die Beurteilung der Ergebnisse. Denn durch den Reiz der Verwundung werden am lebenden oder überlebenden quergestreiften Muskel nur allzu leicht eben jene Veränderungen der Muskelfasern erzeugt, die auch bei Ernährungsstörungen an der Muskelfaser im Gewebsverband eintreten. Dadurch sind viele Mißverständnisse und Meinungsverschiedenheiten entstanden. Häufig hat man mit krankhaften Lebenseinflüssen oder Funktionsstörungen solche Strukturveränderungen in Beziehung gesetzt, die nur durch das Trauma der Herausnahme des Untersuchungsmaterials an den noch reaktionsfähigen, aber nicht mehr im Ernährungsausgleich befindlichen Muskelfasern hervorgerufen werden.

Auch die Prüfung der mechanischen und der elektrischen Erregbarkeit der Muskeln am Lebenden hat sich nicht als eine zuverlässige Methode zur Beurteilung der Muskeldegeneration erwiesen. Bei den Erscheinungen der „Entartungsreaktionen“ sind die eine Entartung kennzeichnenden Strukturveränderungen an den Muskelfasern histologisch in der Regel nicht nachzuweisen, und bei den schwersten Formen der Muskeldegeneration fehlen häufig die Veränderungen der mechanischen und elektrischen Muskelerregbarkeit, soweit diese nicht bereits vollkommen erloschen ist. Die Vermengung des funktionellen Begriffs der „Entartungsreaktion“ mit dem bis dahin rein anatomischen Begriff der „degenerativen Atrophie“ beruhte auf einer Mißdeutung traumatischer Untersuchungserzeugnisse und hat einige Verwirrung geschaffen. Solange die physikalisch-chemischen und die kolloidchemischen Umwandlungen der Muskelfasern bei all den verschiedenen neurogenen und autochthonen Funktionsstörungen noch nicht restlos in allen Einzelheiten klargelegt sind und solange wir für die Beurteilung der degenerativen Zustände noch vorwiegend auf die anatomischen Befunde angewiesen sind, erscheint eine Trennung der auf verschiedenen Wegen gewonnenen Erkenntnisse angezeigt. Daher soll auch im folgenden der Begriff der Degeneration für jene Zustände der contractilen Substanz vorbehalten bleiben, bei denen im mikroskopischen Bilde der Muskelfaser Strukturveränderungen nachweisbar sind, die nicht nur auf quantitative Unterschiede beschränkt sind, sondern durch die histologischen Reaktionen auch auf qualitativ-chemische Abweichungen von dem regelrechten Verhalten schließen lassen.

## Die wachsartige oder hyaline Degeneration.

Die wachsartige (ZENKER) oder hyaline (v. RECKLINGHAUSEN) Degeneration der quergestreiften Muskeln ist gekennzeichnet durch die Umwandlung des Sarkolemminhalts der Muskelfaser in eine homogene Masse von wachsartigem Glanz, mit Verschwinden der Querstreifung, aber häufig mit Erhaltung der Doppelbrechung des durchfallenden Lichts. Diese Umwandlung ist selten gleichmäßig über den ganzen Muskel ausgedehnt, vielmehr werden häufig neben den veränderten noch unverändert erhaltene Muskelfasern gefunden. Die Umwandlung befällt aber auch meist nicht gleichmäßig die Muskelfaser in ihrer ganzen Länge. Die Anordnung ist eine verschiedenartige: in manchen Fällen bleibt die Faserstruktur erhalten und die Muskelfasern zeigen in annähernd, aber doch nicht ganz, gleichen Abständen mehr oder minder breite homogene Querbänder. In den meisten Fällen tritt eine Zerklüftung der Muskelfasern auf, die in hyaline Scheiben (BOWMANNsche Discs) oder in annähernd gleich große Schollen (Wachsklumpen) mit einer Diastase der Fragmente (ZENKER) zerfallen. Da die wachsartigen Schollen in der Regel durch Aufquellung verbreitert erscheinen, der meist erhaltene Sarkolemmschlauch an den leergewordenen Stellen sich verjüngt, so bekommen derart veränderte Fasern ein rosenkranzartiges Aussehen (s. Abb. 101).

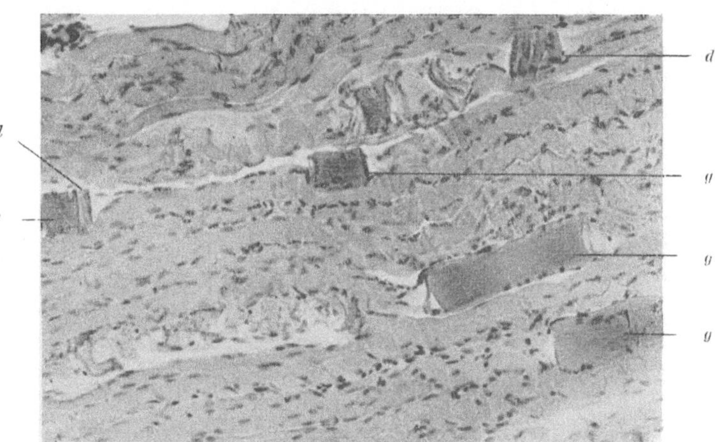


Abb. 101. Wachsartige Umwandlung der Muskelfasern (postmortal). Gequollene Faserstücke: *g*. Discoider Zerfall: *d*. M. Gastrocnemius vom Hund, 129 Tage nach hoher (supranucleärer) Rückenmarksdurchschneidung. Längsschnitt. VAN GIESON-Färbung. Vergr. 155×. (Eigenpräparat. Mikrophotogramm von Herrn Geh. Med.-Rat HEIM.)

Bei ausgedehnter wachsartiger Umwandlung der Muskelfasern ist diese an den Muskeln auch makroskopisch erkennbar. Die degenerierten Muskeln sind blasser, je nach dem Grade der Veränderung rötlichgrau bis gelblichgrau oder weißgrau und haben ein fischfleischähnliches Aussehen. Sie nehmen an Umfang zu. Auf dem Längsschnitt z. B. durch Bauchmuskeln (ZENKER) zeigen die entarteten Partien doppelte Ausdehnung. Dabei ist die Muskulatur zwar straff gespannt, ziemlich hart, aber trocken, mürbe, brüchig und leicht verreibbar. In späteren Stadien der Entartung nimmt der Umfang der Muskeln wieder ab, sie werden schlaff und schwinden allmählich, soweit nicht eine Neubildung die Wiederherstellung anbahnt.

Diese Umwandlung der quergestreiften Muskelfasern ist immer nachzuweisen, wenn die contractile Substanz von einer ihre Reaktions- und Restitutionsfähigkeit noch im Zustande der Reizbarkeit beeinträchtigenden Schädigung getroffen wird. Zuerst beim Abdominaltyphus von ZENKER[1]) eingehender beschrieben und untersucht, konnte sie von diesem und zahlreichen späteren Forschern bei allen schweren Erschöpfungszuständen infolge von Infektionskrankheiten wieder gefunden werden. Ferner bei Ernährungsstörungen infolge von Hunger, Stoffwechselstörungen, Avitaminosen und Kachexie, bei vielen schweren Vergiftungen und bei örtlich toxischen

[1]) ZENKER, F. A.: Über die Veränderungen der willkürl. Muskeln im Typhus abdomin. Leipzig: F. C. W. Vogel 1864.

Schädigungen der Muskulatur, wie nach intramuskulären Injektionen z. B. von Salvarsan [ORTH[1])], F. LANDOIS[2]) und bei Muskelparasiten, insbesondere bei Trichinose [FLURY[3])]. Bei all diesen Schädigungen ist die wachsartige Degeneration der Muskeln um so stärker ausgeprägt, je mehr die Muskulatur selbst an dem Krankheitsprozeß durch Entzündung oder Reizzustände beteiligt ist, wie beim Tetanus, bei Polymyositis [v. STRÜMPELL[4])], bei mit Krämpfen verbundenen Nervenkrankheiten. Als besondere Beispiele für das Vorkommen wachsartiger Degeneration bei örtlicher Schädigung der Muskeln können die einschlägigen Veränderungen der Muskelfasern in der Umgebung von Geschwülsten, bei Verbrennungen, Erfrierungen, bei Verwundung mit und ohne Allgemeininfektion, bei Verschüttung [FRANKENTHAL[5]), SCHMINCKE], bei starker elektrischer Reizung [Starkstromverletzungen, M. B. SCHMIDT[6])] gelten.

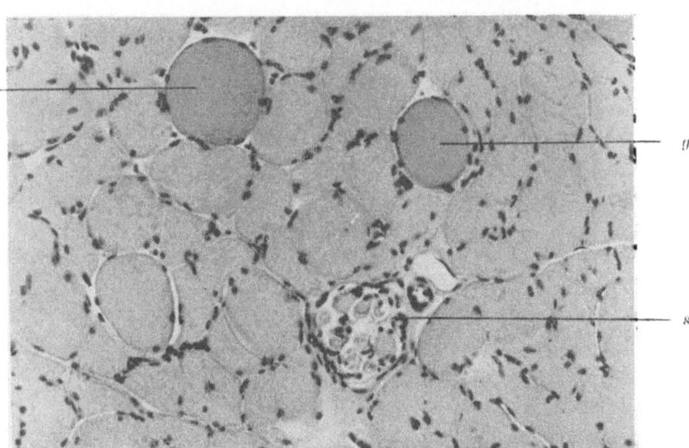


Abb. 102. Gequollene Muskelfasern, postmortale wachsartige Umwandlung im Querschnitt. M. flexor digitorum vom Hund, 43 Tage nach hoher (supranucleärer) Rückenmarksdurchschneidung. *g*: gequollene Form. *s*: Muskelspindel. Hämatoxylin-Eosinfärbung. Vergr. 155×. (Eigenpräparat. Mikrophotogramm von Herrn Geh. Med.-Rat HEIM.)

Diesen klinischen und anatomischen Beobachtungen schließen sich die experimentellen Forschungen an, die gezeigt haben, daß jeder gesunde Muskel auf Verletzung im Verbande des lebenden Tierkörpers an der Verletzungsstelle mit wachsartiger Umwandlung reagiert und daß diese Erscheinung am Muskel auch außerhalb des Körpers und noch nach dem Allgemeintod eintritt, wenn die Verletzung oder Schädigung die Muskelfasern vor dem Eintritt der Totenstarre trifft, also in einer Zeit, in der die Reizbarkeit der contractilen Substanz noch erhalten ist. Diese wachsartigen Veränderungen an vorher unveränderten und noch reizbaren Muskeln, die aus dem Körperverband entnommen werden, sind von Bedeutung für die Kritik der Befunde an Muskelstückchen, die aus dem Lebenden operativ gewonnen werden. Sie haben dazu geführt, daß man eine Zeitlang im Zweifel darüber war, ob die wachsartige Degeneration der Muskeln nicht überhaupt nur als eine postmortale Veränderung aufzufassen sei. Dagegen spricht schon der Nachweis von Regenerationserscheinungen in

[1]) ORTH: Naturforscherversammlung Königsberg 1910.

[2]) LANDOIS, F. in KÜTTNER u. LANDOIS, Chirurgie der quergestreiften Muskeln. S. 54.

[3]) FLURY, F.: Beiträge zur Chemie und Toxikologie der Trichinen. Arch. f. exp. Pathol. u. Pharmakol. Bd. 73, S. 164. 1913.

[4]) STRÜMPELL, A.: Zur Kenntnis der primären akuten Polymyositis. Dtsch. Zeitschr. f. Nervenheilk. Bd. 1, S. 479. 1891.

[5]) FRANKENTHAL, L.: Über Verschüttungen. Virchows Arch. f. pathol. Anat. u. Physiol. Bd. 122, S. 332. 1916 u. Bruns' Beitr. z. klin. Chirurg. Bd. 109, S. 572. 1918.

[6]) SCHMIDT, M. B.: Über Starkstromverletzungen. Verhandl. d. dtsch. pathol. Ges. 1910, S. 218.

späteren Stadien der wachsartigen Degeneration beim Typhuskranken, wenn dieser sich in der Erholung befindet. Aber auch die experimentellen Untersuchungen haben die rein traumatischen hyalinen Veränderungen am lebenden oder überlebenden vorher gesunden Muskel von den Erscheinungen irreparabler wachsartiger Degeneration an dem schon im Leben in seiner Ernährung gestörten Muskel zu unterscheiden gelehrt. Insbesondere den Arbeiten von THOMA[1]) ist es zu verdanken, daß in die schwierige und vielfach verwirrende Lage angesichts der Vermengung von festgehaltenen Kontraktionserscheinungen mit regressiven Metamorphosen bei der wachsartigen Degeneration einiges Licht gekommen ist. Er hat das Auftreten der hyalinen Veränderungen der Muskelfasern nach Verletzung an der aufgespannten Zunge des lebenden Frosches studiert und die dabei beobachteten Veränderungen mit jenen nach Zirkulationsstörungen und allgemeinen Ernährungsstörungen in Vergleich gesetzt. Zugleich hat er durch die Beobachtungen der Regenerationserscheinungen wertvolle Aufschlüsse über das weitere Verhalten der experimentell verursachten wachsartigen Degenerationen der Muskeln beim Frosch gewonnen, die in den Grundzügen mit den klinisch und anatomisch erzielten Anschauungen gut übereinstimmen.

Nach THOMA ist zu unterscheiden zwischen der einfachen traumatischen Form der wachsartigen Degeneration, die nach Verletzung oder Durchschneidung in jedem lebenden Muskel erzeugt werden kann, von ihm als *isotonische* Umwandlung bezeichnet, und der nur in einem in seiner Ernährung gestörten oder längere Zeit aus dem Körperverband isolierten Muskel auftretenden von einer Querschnittsläsion sich weiterhin verbreitenden, als *anisotonisch* bezeichneten *Zerklüftung*. In beiden Fällen handelt es sich um die Folge von Kontraktionserscheinungen, die durch den schädigenden Reiz (Querschnittsläsion durch Verletzung oder Spontanzerreißung, chemische oder physikalische Noxe) ausgelöst werden. Im einen Fall bleibt sie auf die unmittelbare Nachbarschaft der Läsionsstelle der geschädigten Fasern beschränkt (isotonische Umwandlung), im anderen Falle breitet sie sich über die in ihrer Ernährung durch Kreislaufstörung oder sonstwie beeinträchtigte Muskulatur aus und es kommt zur Umwandlung ganzer Muskelfasern oder Gruppen von solchen (anisotonische Zerklüftung). In beiden Fällen wird das Bestehenbleiben der Kontraktionserscheinung, der „maximal kontrahierten Wülste" durch Veränderungen der normalen Funktionsbeziehngen der Muskelfasern bedingt: bei der isotonischen Umwandlung außer den auf die Läsionsstelle beschränkten Schädigungen durch die mit der Durchtrennung der contractilen Faser verbundene Spannungsänderung, bei der anisotonischen Zerklüftung durch die allgemeine Ernährungs- bzw. Durchblutungsstörung des Muskels im ganzen. Prinzipielle Verschiedenheiten bestehen daher auch nach THOMAS (III, S. 54) Auffassung zwischen den isotonischen und den anisotonischen wachsartigen Umwandlungen der Muskelfasern nicht, wenn auch die „maßgebenden und wichtigen Differenzen des Ernährungszustandes des Sarkolemminhalts in der äußeren Gestalt der isotonischen und anisotonischen maximal kontrahierten Wülste einen deutlichen und leicht erkennbaren Ausdruck finden".

Außer diesen *primären* auf der abklingenden Reizbarkeit geschädigter und absterbender Muskulatur beruhenden Kontraktionserscheinungen kommen für die Entstehung der wachsartigen Degeneration quergestreifter Muskeln in Krankheitsfällen noch *sekundäre* regressive Metamorphosen in Betracht, die bei Fortbestehen der wahrscheinlich vorwiegend zirkulatorischen Ernährungs-

[1]) THOMA, R.: Untersuchungen über die wachsartige Umwandlung der Muskelfasern. Virchows Arch. f. pathol. Anat. u. Physiol. Bd. 186, S. 64. 1906; Bd. 195, S. 93. 1909; Bd. 200, S. 22. 1910.

störungen weitere Umwandlungen der in maximal kontrahierte Segmente zerklüfteten Muskelfasern herbeiführen. Aus den Wechselbeziehungen der Muskelfasern mit den umgebenden Säften erfolgt eine Vermehrung bzw. Verflüssigung des Sarkoplasmas, die zu Kernverschiebungen Anlaß gibt; die Muskelschollen verlieren die Doppelbrechung und den letzten Rest der Querstreifung und quellen auf, um einer Verflüssigung und allmählich der Aufsaugung entgegen zu gehen; teilweise kommt es auch zur Verkalkung. In dem Sarkolemminhalt werden eingewanderte phagocytäre Leukocyten neben den Muskelkörperchen bemerkbar. Mit der Resorption der Muskelschollen entstehen dann Muskelzellschläuche [WALDEYER[1]) und GUSSENBAUER[2])]. Während die Leukocyten mit dem Übergang in Heilung wieder verschwinden, erweisen sich die Muskelkörperchen häufig als widerstandsfähiger und beteiligen sich mit den verbliebenen intakten Resten der contractilen Fasern an der Regeneration.

So lassen sich drei verschiedene Formen der wachsartigen Umwandlung der quergestreiften Muskulatur unterscheiden je nach dem Grade, der Ausdehnung und der Dauer der erlittenen Schädigung und der begleitenden Ernährungsstörung:

### 1. Die einfache terminale traumatische wachsartige Umwandlung.

[Maximal kontrahierte Wülste (THOMA), Dauerkontraktionen (EXNER), Schrumpfkontraktionen (ROLLETT), Verdichtungsknoten (SCHAFFER), erstarrte Kontraktionen (JAMIN), zylindrische Fasern und hyaline Scheiben (RICKER)].

Nach einem glatten Schnitt in lebende Muskulatur zeigen die Muskelfasern an den Wundrändern angeschwollene Enden und unregelmäßige Verdickung. Die Faserenden verlieren die Querstreifung, sind infolge der Verdickung dicht aneinandergedrängt und quellen pilzförmig hervor. Im weiteren Verlauf lockert sich der Zusammenhang mit den noch erhaltenen Teilen der Muskelfasern, die Sarkolemmschläuche kollabieren, indem sich die noch lebenden Teile zurückziehen. Die Veränderungen, an denen die Muskelkerne meist nicht teilnehmen, beschränken sich auf die an die Durchschneidungsstelle angrenzenden Faserstrecken [MARCHAND[3])]. Die gequollenen Teile zeigen eine abnorm starke Färbbarkeit, insbesondere auch mit Kernfarbstoffen.

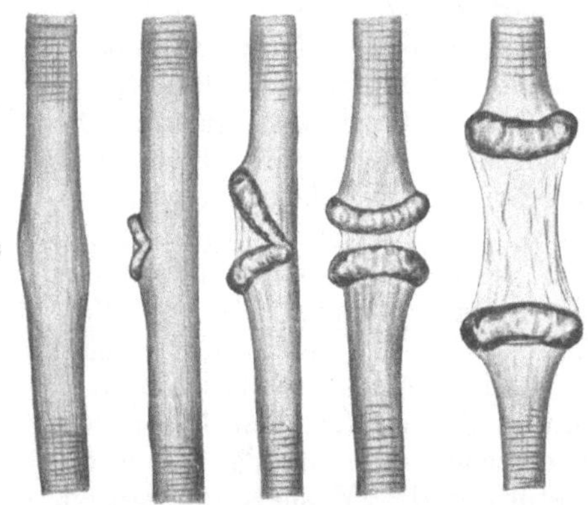


Abb. 103. Wachsartige Degeneration der Muskulatur der Froschzunge 1—5 Sek. nach der Berührung mit einer Nadelspitze an der Stelle *a*. (Nach THOMA.)

Die Entstehung dieser terminalen Wülste oder Menisken zeigen besonders schön die Untersuchungen an der aufgespannten Zunge des lebenden Frosches (THOMA) (vgl. Abb. 103): auf die Verletzung einer Muskelfaser an umschriebener Stelle tritt zunächst eine *initiale idiomuskuläre Kontraktion* in Form einer umschriebenen bauchförmigen Verdickung ein. Dieser folgt entweder durch direkte traumatische Kontinuitätstrennung oder durch idiomuskuläre Selbstzerreißung ein Auseinanderweichen des contractilen Inhalts des oft erhaltenen Sarkolemms.

[1]) WALDEYER: Über die Veränderungen der quergestreiften Muskeln bei der Entzündung und dem Typhusprozeß. Virchows Arch. f. pathol. Anat. u. Physiol. Bd. 34, S. 473.

[2]) GUSSENBAUER: Über die Veränderung des quergestreiften Muskelgewebes bei der traumatischen Entzündung. Langenbecks Arch. Bd. 12, S. 1029. 1871.

[3]) MARCHAND, F.: Der Prozeß der Wundheilung. Stuttgart 1901.

An den Trennungsstellen bilden sich innerhalb weniger Sekunden zwei wachsartig glänzende Wülste, die sich rasch über den ganzen Querschnitt verbreiten. Diese Wülste verlieren die Querstreifung; wie THOMA annimmt infolge der Entspannung und maximaler Kontraktion, da hierbei die Querstreifen so dicht aneinander rücken, daß sie nicht mehr erkennbar sind. Wahrscheinlich kommen dabei aber noch Umwandlungen des Sarkoplasmas in Frage, Quellungs- und Gerinnungserscheinungen [ERB[1])], die durch die Anhäufung der Kontraktionsprodukte und die Einwirkung der Untersuchungsflüssigkeit (sog. physiologische Kochsalzlösung, Fixierflüssigkeit) verursacht sind. In nächster Umgebung der Verletzungsstelle zeigen sich weitere Umwandlungen: hinter den terminalen Wülsten treten glänzende Körner in der Muskelfaser auf, es entstehen Längs und Querspalten, eine Anordnung des körnig veränderten Sarkolemminhalts in Scheiben (discoide Zerklüftung, ZENKER) (vgl. Abb. 104). Hinter der discoiden Zerklüftung treten dann noch kleinere sekundäre und in ähnlichem Abstand noch tertiäre „maximal kontrahierte“, somit wachsartig hyaline Wülste auf (vgl. Abb. 105). Im weiteren Verlauf behält aber die Muskelfaser ihr normales Aussehen. Diese auf die nächste Umgebung der Verletzung beschränkte Umwandlung der contractilen Fasern nennt THOMA die *isotonische.* Sie ist der Ausdruck einer auf die Stelle der Läsion beschränkten und nur durch die Verletzung der Muskelfaser selbst verursachten Kontraktion und chemischen Umwandlung. Letztere führt nicht unbedingt zu einem Absterben der Faser, denn bei ungestörtem Verweilen im Körperverbande können sich aus den maximal kontrahierten Wülsten durch Auswachsen von Muskelsprossen die den Substanzverlust überbrückenden Regenerationsbildungen entwickeln.

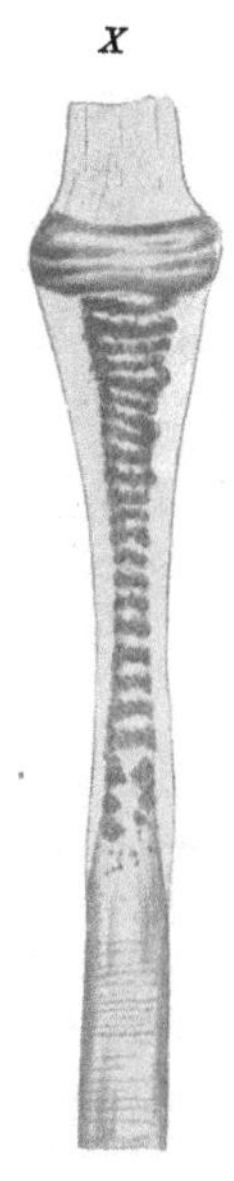


Abb. 104. Wachsartige Degeneration (Wulstbildung) und discoider Zerfall in den quergestreiften Muskelfasern der Zunge des lebenden Frosches. Verletzungsstelle bei $X$. (Nach THOMA.)

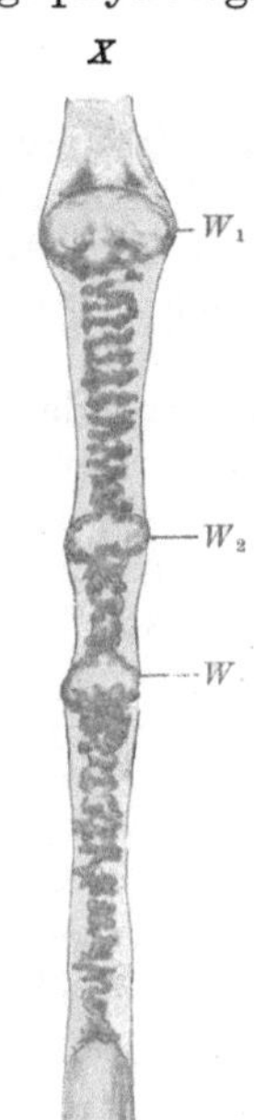


Abb. 105. Wachsartige Degeneration und discoider Zerfall. Maximal kontrahierte Wülste verschiedener Ordnung. $W_1$ primärer, $W_2$ sekundärer, $W_3$ tertiärer Wulst. Dazwischen discoide Zerklüftung. (Nach THOMA.)

Solche „erstarrte Kontraktionen“ sind immer nachzuweisen, wenn quergestreifte Muskeln vor der Untersuchung im Leben oder postmortal vor Eintritt der Totenstarre Verletzungen ausgesetzt waren, zu denen auch die Selbstzerreißungen durch starke elektrische Reize oder Muskelkrämpfe zu rechnen sind. Sie sind also mehr als Reizerscheinungen denn als Degenerationen zu betrachten. Von ihnen gilt besonders, was SCHAFFER[2]) schreibt: „Eine lange

[1]) ERB, W.: Zur Pathologie und pathologischen Anatomie peripherischer Paralysen. Dtsch. Arch. f. klin. Med. Bd. 4, S. 535 u. Bd. 5, S. 42. 1868.

[2]) SCHAFFER, J.: Beiträge zur Histologie und Histogenese der quergestreiften Muskelfasern usw. Sitzungsber. d. Akad. Wien Bd. 102, Abt. III, S. 7. 1893.

Reihe von Irrtümern in der Muskelhistologie zeugt dafür, wie schwer es ist, beim Studium normaler Skelettmuskeln normale Strukturen von scheinbaren auseinanderzuhalten. Um so vorsichtiger muß man in der Annahme pathologischer Veränderungen sein, besonders wenn man auf Grund lebend fixierter Muskelfasern urteilt."

## 2. Die primäre allgemeine (traumatische?) wachsartige Umwandlung im ernährungsgestörten Muskel.

(Anisotonische Zerklüftung Thomas.)

Im Froschversuch unterscheidet sich diese Form von der vorgenannten dadurch, daß von einer Querschnittsläsion aus die Veränderung sich über weite Strecken der Muskelfasern hin erstreckt. Von der Reizstelle aus verbreitet sich nach Thoma eine Kontraktion und Zerklüftung des Sarkolemminhalts derart über die Muskelfasern, daß diese in Ketten annähernd gleich großer wachsglänzender Wülste oder Segmente verwandelt werden, zwischen denen sich meist nur geringere Mengen diskoid zerfallenen Sarkolemminhalts finden.

Diese Form der wachsartigen Umwandlung entsteht nur dann, wenn größere Muskelgebiete sich in veränderten Ernährungs- bzw. Durchströmungsverhältnissen befinden und so von einem Reiz betroffen werden, also an überlebenden Muskeln, die aus dem Tierkörper entnommen wurden und im Leben bei Ischämie und anderen Ernährungsstörungen.

Diese Form der Umwandlung ist gleichartig mit der beim Typhus und anderen Infektionskrankheiten von Zenker u. a. gefundenen wachsartigen Degeneration. Als der die Kontraktionserscheinungen auslösende *Reiz* ist von Thoma die traumatische Schädigung bzw. die Selbstzerreißung einzelner Fasern angesehen worden. Die Beobachtung von M. B. Schmidt von wachsartiger Muskeldegeneration nach Starkstromverletzung zeigt aber, daß das Auftreten von hyalinen Querbändern in einigermaßen regelmäßigen Abständen über große Muskelgebiete auch ohne jede Kontinuitätstrennung vorkommt. Er fand als Nachwirkung einer einmaligen Starkstromschädigung, die nach 5 Stunden anhaltender Muskelstarre zum Tode geführt hatte, daß in allen untersuchten Muskeln die quergestreiften Fasern in kurzen Abständen Querbänder von homogenem Aussehen oder mit äußerst feiner Querstreifung in extremer Kontraktion zeigten. Nur an der Stelle einer Verletzung durch Kontakt mit der Stromquelle fand sich in der Umgebung der hämorrhagischen Zertrümmerung an vielen Fasern das volle Bild der wachsartigen Degeneration mit leeren und kollabierten Sarkolemmschläuchen zwischen den hyalinen Blöcken, das also auch hier in der kurzen Zeit von 4 bis 5 Stunden an vorher gesunden Muskeln entstanden war. Der Reiz war hier durch die Starkstromwirkung gegeben. Die Ursache für die Nachdauer der so eigenartig lokalisierten Kontraktionserscheinungen ist für die unverletzten Muskeln nicht aufgeklärt. Es ist auch hier an die Einwirkung der gleichen Schädigung auf die Zirkulation durch Vermittlung der Gefäßnerven oder direkte Gefäßschädigung zu denken.

Eine derartige Ursache nekrotischer und degenerativer Veränderungen der Muskelfasern hat Schmincke für die von ihm, von Frankenthal, Orth, Borst und Wieting beschriebenen Veränderungen der Muskeln nach Verschüttungen angenommen. Auch da wurde häufig das Bild der wachsartigen Degeneration gefunden. Nach Schminke sind „die in Rede stehenden Veränderungen nicht Folge der traumatischen Insultierung und des Druckes auf die Substanz der Fasern selbst, sondern sie sind ursächlich durch traumatische Beeinflussung der Gefäßnerven, durch spastische Gefäßkontraktionen,

Dilatationen und Stasen bedingt. Die vasomotorische Störung kann auch über den Bereich der traumatischen Schädigung fortgeleitet sein".

Für die wachsartige Degeneration bei Infektionskrankheiten, bei Vergiftungen und bei Avitaminosen ergibt sich die Ernährungsstörung der Muskelfasern aus der toxischen Einwirkung auf diese selbst und auf die Gefäße. Fraglich ist mehr die Herkunft des Reizes, der die eigenartigen Kontraktionserscheinungen in den geschädigten Muskeln hervorruft. THOMA glaubte ihn allein in mechanisch bedingten Spontanzerreißungen der Muskelfasern suchen zu müssen, da er im Versuch besonders durch Verletzungen ischämischer oder sonst geschädigter Muskeln das Bild der anisotonischen Zerklüftung erzielen konnte. BENEKE[1]) lenkte die Aufmerksamkeit auf die direkte Wirkung der Gifte auf die Muskelfaser. STEMMLER[2]) hat nach seinen Untersuchungen bei verschiedenen Infektionskrankheiten den fördernden Einfluß der *Muskelspannung* auf das Zustandekommen der wachsartigen Degeneration festgestellt, die besonders stark und häufig im Zwerchfell zustandekommt. Dabei kann die Spannung direkt als Reiz wirken und zudem noch durch die Dehnung eine Steigerung der Kreislaufstörung herbeiführen.

Er konnte nachweisen, daß die Homogenisierung der Muskelfasern sich immer auf die quergestreiften Fibrillen beschränkt, also auf die contractile Substanz. Er nimmt an, daß die Schollen bildenden Kontraktionen durch eine unregelmäßig über den Muskel verbreitete herdartige, nahezu explosive Säurebildung zustandekommen im Gegensatz zu der allgemeinen Säurebildung bei der den ganzen Muskel gleichmäßig treffenden Erregung durch einen vom Nerven ausgehenden Reiz. Die enge und feine Querstreifung der Schollen ist danach ein Ausdruck für die lokale Konzentration bestimmter Säureansammlungen. Die Entstehung der Säureanhäufungen läßt sich durch außergewöhnliche Reize erklären: Trauma, Spannung, Giftwirkung. Die Dauerwirkung wird bedingt durch die Behinderung eines raschen Ausgleichs; bzw. der rechtzeitigen Wegschaffung der Säuren: Ischämie, Gefäßschädigung, Stase. Die eigenartige Gliederung der hyalinen Umwandlung, die oft so regelmäßige Segmentierung, das Auftreten von Querbändern inmitten der unveränderten Fasern in gleichförmigem Abstand hat bisher noch keine befriedigende Erklärung gefunden, während die Zerreißung der gequollenen Fasern in Bruchstücke durch die maximale Kontraktion einzelner Teile in den gespannten Muskeln verständlich wird.

Der Einfluß der Spannung gibt einen Hinweis für die Erklärung der Prädisposition bestimmter Muskeln, wie des Rectus abdominis und des Zwerchfells für die wachsartige Degeneration der Muskeln beim Typhus, bei welcher Krankheit der Meteorismus die passive Spannung gerade dieser Muskeln beträchtlich steigert. Der Einfluß der aktiven und reflektorisch ausgelösten Kontraktionen tritt dagegen selbst beim Tetanus zurück. Die infolge der toxischen Schädigung der Gewebsernährung häufigen Zerreißungen (Muskelhämatome) steigern noch den Grad der anisotonischen Zerklüftung.

### 3. Die sekundären regressiven Metamorphosen der wachsartigen Umwandlung.

Die Bildung der hyalinen Querbänder und Segmente ist an sich als eine Erscheinung lokaler maximaler und persistierender Kontraktion der Primitivfibrillen nur eine Vorstufe und Vorbedingung der Degeneration. Erst bei

---

[1]) BENEKE: Verhandl. d. dtsch. pathol. Ges. 1913.

[2]) STEMMLER: Die wachsartige Degeneration der Muskulatur bei Infektionskrankheiten. Virchows Arch. f. pathol. Anat. u. Physiol. Bd. 216, S. 57. 1914.

längerer Dauer und höherem Grade der Ernährungsstörung (Giftwirkung und Ischämie) kommt es zur irreparablen Vernichtung der veränderten contractilen Substanz, die durch die diskoide Zerklüftung und die Fragmentierung der Muskelfasern eingeleitet wird. Das Absterben der Segmente macht sich durch Verlust der Doppelbrechung, das Auftreten von Quellung und Abrundung der einzelnen Schollen bemerkbar, es kommt zur Leukocyteneinwanderung und der Abbau wird durch Phagocytose und Verflüssigung der Faserklumpen eingeleitet. Je nach dem Grade der Schädigung sind an der Rückbildung auch die Muskelkerne und das Sarkolemm beteiligt, auch im Sarkoplasma können sich degenerative Erscheinungen zeigen (körnige Umwandlung, Fettinfiltration). In den abgestorbenen Muskelschollen treten Verkalkungen auf. So entstehen die verschiedenen Bilder der eigentlichen wachsartigen Degeneration. Von den frischen Reizerscheinungen nutritiv geschädigter Muskeln sind sie besonders durch den Nachweis von Leukocytenansammlungen zu unterscheiden. (STEMMLER).

Führt die Ischämie oder Ernährungsstörung zur *Nekrose* der Muskeln, so zeigen sich mit der Koagulationsnekrose [OBERNDÖRFFER[1])] der Muskelfasern bzw. ihrer Segmente auch nekrotische Veränderungen an den Kernen, deren Chromatingehalt verflüssigt wird, so daß es zur Diffusion des Chromatins in die Muskelfibrillen kommt, das schließlich unter Zurücklassen von Vakuolen verschwindet. MOUCHET[2]) hat solche Veränderungen an den infolge von Neurofibromatose atrophisch gewordenen Muskeln einer an geschwürig zerfallenem Scheidenkrebs verstorbenen Frau nachgewiesen.

Das Sarkolemm bleibt bei der wachsartigen Degeneration meist sehr lange Zeit erhalten. Da diese Umwandlung am Herzmuskel nicht vorkommt, weist BORST darauf hin, daß das den Herzmuskelfasern fehlende Sarkolemm möglicherweise für die Ausbildung dieser besonderen Form des Absterbens der Körpermuskeln verantwortlich gemacht werden kann. Es wäre daran zu denken, daß das Sarkolemm als undurchlässige Membran der gleichmäßigen Verteilung und Abführung der auf den Reiz hin gebildeten Kontraktionsprodukte oder Säuren im Wege ist und darum am absterbenden Sarkolemminhalt die Entstehung und Segmentierung der Quellungserscheinungen begünstigt. Auch am glatten Muskel sieht man keine der wachsartigen Degeneration vollkommen entsprechende Erscheinung.

Eine Abhängigkeit von der vitalen Innervation ist für die wachsartige Degeneration nicht nachzuweisen. Wo sie bei Lähmungen und Muskelatrophien nachgewiesen wurde, war sie wie auch sonst von toxischen, traumatischen und ischämischen Schädigungen abhängig. Letztere können sich ebenso wie bei den Verschüttungen natürlich auch mit nervösen Störungen, besonders solchen von seiten des Zentralnervensystems, verbinden.

## Die körnige albuminöse und fettige Degeneration.

Während die Bilder der wachsartigen Degeneration vorwiegend und primär durch Veränderungen an den contractilen quergestreiften Primitivfibrillen erzeugt werden, führt die Einlagerung von Körnchen bzw. die körnige Umwandlung im Sarkoplasma zu einer meist diffus verbreiteten Veränderung des histologischen Bildes der Muskelfasern, das in gleicher Weise bei quergestreiften

---

[1]) OBERNDÖRFFER, E.: Experimentelle Untersuchungen über Koagulationsnekrose des quergestreiften Muskelgewebes. Inaug.-Dissert. München 1901.

[2]) MOUCHET, R.: Ein Fall von Diffusion des Chromatins in das Sarkoplasma. Beitr. z. pathol. Anat. u. allg. Pathol. Bd. 45, S. 154. 1909.

Körpermuskeln, im Herzmuskel und an glatten Muskeln vorkommt. Diese Umwandlung ist das Zeichen einer Ernährungsstörung des Muskels, die am häufigsten bei Infektionskrankheiten, bei Vergiftungen (Phosphorvergiftung und Knollenblätterschwammvergiftung) bei Kachexien und Hungerzuständen auftritt. Die Beziehungen zwischen den anatomisch nachweisbaren Veränderungen und den damit verbundenen funktionellen Störungen sind noch wenig geklärt.

Auch die Deutung der mikroskopischen Bilder macht Schwierigkeiten, da körnige Einlagerungen auch an gesunden Muskeln nach der Entnahme aus dem Körper sichtbar werden. Je nach dem Ernährungszustande werden dabei Einlagerungen von Glykogen bemerkbar [NEUKIRCH[1])] oder von Fett und Lipoiden (Fettphanerose). Denn auch der Fettgehalt der Muskeln kann nach dem Ernährungszustande ein sehr verschiedenartiger sein. ROSENFELD[2]) fand bei Hundemuskeln einen Fettgehalt zwischen 7,8 und 21 Proz. In gelähmten Muskeln kann der Fettgehalt infolge der Anhäufung von Reservestoffen bei verlangsamtem Stoffwechsel ein erhöhter sein, ohne daß durch diese Fettinfiltration der Bestand der contractilen Fasern ein wesentlich gestörter zu sein braucht [ZIPKIN[3])]. Die albuminöse Trübung verschwindet bei Zusatz von Essigsäure, die Einlagerung von Fetttropfen bleibt dabei bestehen. Diese sind ferner durch die Einwirkung von Osmiumsäure (*Marchi*färbung) und von Sudan und Fettponceau in Gefrierschnitten nachweisbar. Bei stärkerer Fettinfiltration verschwindet unter den Fettkörnchen die Querstreifung. Mit fortschreitender Fettinfiltration treten größere konfluierende Fetttropfen an Stelle der verdrängten und unter der toxischen Schädigung aufgelösten Fibrillen. Wird dann das Fett wieder resorbiert oder phagocytär weggeschafft, so bleiben nur die Muskelkernschläuche übrig.

Eine degenerative Umwandlung der Muskelfasern kann nur bei reichlicher Einlagerung von Fettkörnchen angenommen werden. Ist der Fettgehalt des Muskelgewebes chemisch nachweisbar erhöht, so spricht das nach ROSENFELD für Fetteinwanderung in den geschädigten Muskel. Ist ohne Vermehrung des Fettgehalts nur mikroskopisch eine Ablagerung von Fettkörnchen nachweisbar, so ist anzunehmen, daß nur das vorhandene Fett durch autolytische Spaltungen sichtbar und nachweisbar geworden ist. Die Schwankungen des Fettgehalts mahnen zur Vorsicht bei Deutung der histologischen Befunde. Jedenfalls kann festgehalten werden, daß eine zur Fettinfiltration der contractilen Fasern Anlaß gebende Herabsetzung des Umsatzes in diesen nur bei schweren allgemeinen oder örtlichen Ernährungsstörungen, insbesondere bei Vergiftungen, vorkommt.

Die interstitielle Lipomatose ist von der Verfettung der Muskelfasern zu unterscheiden. Die Anhäufung von Fettmassen in den Zwischenräumen zwischen den Muskelbündeln und Muskelfasern außerhalb des Sarkolemms kommt sehr häufig zur Beobachtung, wenn bei gutem allgemeinem Ernährungszustande die Arbeitsleistung des Muskels vermindert ist, also gerade in gelähmten und geschwächten Muskeln, bei Muskelatrophie und Muskeldystrophie.

## Die vakuoläre und hydropische Degeneration.

Sie ist häufig eine Begleit- oder Folgeerscheinung der wachsartigen Degeneration, in Verbindung mit Koagulationsnekrosen. In den gequollenen hyalinen Muskelfasern treten Spalt- und Hohlräume verschiedener Größe auf, die wahr-

[1]) NEUKIRCH, P.: Über morphologische Untersuchungen des Muskelglykogens. Virchows Arch. f. pathol. Anat. u. Physiol. Bd. 200, S. 73. 1910.

[2]) ROSENFELD, G.: Fettbildung. Ergebn. d. Physiol. Bd. 2, S. 50. 1903.

[3]) ZIPKIN, R.: Auftreten von Fett in der Körpermuskulatur. Virchows Arch. f. pathol. Anat. u. Physiol. Bd. 185, S. 478. 1906.

scheinlich durch die Erscheinungen der Verflüssigung (Autolyse) und Resorption zu erklären sind. Beginnt die Resorption im Zentrum der gequollenen Muskelfasern, so kann sich die „röhrenförmige" Degeneration [Litten[1])] entwickeln. Das Vorkommen von Kernen und Leukocyten im Innern der Vakuolen unterscheidet die degenerativen Vakuolen von Artefakten. Ödem der Muskeln ist nicht unerläßliche Vorbedingung der vakuolären Degeneration (Lorenz). Bei reinem Ödem kommt es vielmehr durch Auseinanderdrängung der Primitivfibrillen zu dem Bilde der „fibrillären Zerklüftung", einer Auflösung der Muskelfasern in Längsfibrillen. Dieses stärkere Hervortreten der Längsfaserung ist häufig auch an gelähmten Muskeln zu sehen und wahrscheinlich durch das neuroparalytische Ödem zu erklären [Ricker und Ellenbeck[2])]. Die vakuoläre Degeneration dagegen wurde nur bei schwerer Schädigung der Muskeln durch toxische oder konsumierende Krankheiten gefunden, bei Inanition, Tumoren, Trichinose, Entzündungen. Die Quellung in hypotonischen Untersuchungsmedien scheint ähnliche Bilder hervorzurufen, so daß auch da die histologischen Befunde mit Vorsicht zu verwerten sind.

Ein anschauliches Bild von den degenerativen Erscheinungen der quergestreiften Muskulatur bei Verletzungen und Infektionskrankheiten haben die Kriegserfahrungen gegeben (Schmincke). Bei diesen akuten Schädigungen zeigte sich verhältnismäßig selten Fettinfiltration, die mehr ein Zeichen langsam einsetzender oder den Stoffwechsel wie bei Vergiftungen in bestimmter Richtung verändernder Lebensstörung zu sein scheint. Dagegen wurde häufig wachsartige Degeneration, scholliger Zerfall der Muskelfasern beobachtet, Nekrose und vakuoläre, hydropische Degeneration mit fibrillärer Zerklüftung, z. B. bei Gasödem. Ferner hämorrhagische und entzündliche Veränderungen der verletzten und infizierten Muskeln, Verkalkungen in den verletzten Muskeln und in den Muskelnarben, die schon bei der wachsartigen Degeneration nach Salvarsaninjektionen erwähnt wurde.

Bei chronischen Eiterungen, Kachexien und Infektionskrankheiten kommt auch in den glatten, den quergestreiften und den Herzmuskeln die Amyloidentartung vor, die von Gefäßen und Bindegewebe ausgehend in der Muskulatur des Zungengrundes und der Augenmuskeln zur Bildung umschriebener knolliger Amyloidtumoren führen kann. Die contractilen Fasern werden dabei sekundär durch den Druck der amyloiden Massen zum Schwinden gebracht. (Küttner und Landois).

## Regeneration.

Die quergestreifte Muskulatur des Menschen hat ein weitgehendes Regenerationsvermögen. Dadurch können beträchtliche degenerative Verluste, auch größere durch Verletzung entstandene Lücken wieder gedeckt und die regelrechte Leistungsfähigkeit des Muskels wieder hergestellt werden. Voraussetzung ist dabei, daß die Ernährung und der Stoffwechsel der vorher geschädigten Muskeln mit Einschluß der funktionellen Bedingungen der Spannung und der Innervation wieder hergestellt wird. Eine solche Wiederherstellung ungestörter Lebensbedingungen ist in der einfachsten Weise nach der vollkommenen Heilung einer Infektionskrankheit gegeben. So hat schon Zenker auf die weitgehende Regeneration der Muskeln nach Typhus hingewiesen, die

[1]) Litten: Über embolische Muskelveränderungen und die Resorption toter Muskelfasern. Virchows Arch. f. pathol. Anat. u. Physiol. Bd. 80, S. 281. 1880.

[2]) Ricker u. Ellenbeck: Beiträge zur Kenntnis der Veränderungen des Muskels nach der Durchschneidung seiner Nerven. Virchows Arch. f. pathol. Anat. u. Physiol. Bd. 158. S. 199. 1899.

daraus erschlossen werden kann, daß nach den Sektionsbefunden die typhösen Muskelzerstörungen auch in den meistbefallenen Gebieten nach dem Überstehen der Krankheit keine narbigen Veränderungen hinterlassen. An Stelle der schollig zerklüfteten wachsartig degenerierten Muskeln tritt wieder leistungsfähiges Muskelgewebe. Auch die Erfahrungen der Chirurgen lehren, daß selbst nach schweren Schädigungen der Muskeln ein ausgiebiger funktionell vollwertiger Ersatz eintreten kann (ROST, KÜTTNER-LANDOIS).

Im Gegensatz dazu zeigte sich bei den Tierversuchen nach traumatischer Schädigung der Muskeln eine verhältnismäßig bescheidene Neubildung der contractilen Substanz im Verhältnis zu der bindegewebigen Narbenbildung. Auch ein starker Anlauf zur Produktion von jungen Muskelelementen kann wieder der Rückbildung verfallen und der Bindegewebswucherung weichen. Der Unterschied erklärt sich zum Teil aus den kürzeren Beobachtungszeiträumen bei den Versuchen, zum Teil aus den ungünstigeren örtlichen und allgemeinen Ernährungsbedingungen für die Muskulatur der Versuchstiere. Die große Bedeutung eines in jeder Hinsicht ungestörten Stoffwechsels und vollwertiger Stoffzufuhr mit Einschluß der Vitamine für alle Wachstumsvorgänge und die der Muskulatur im besonderen ist namentlich bei den Heilungsvorgängen an künstlich gesetzten Schädigungen nicht außer acht zu lassen.

Für den Ablauf der Regeneration im Muskel und für den Umfang und die Zeitdauer der funktionellen Wiederherstellung sind von maßgebendem Einfluß:

1. der Grad und die Ausdehnung der degenerativen Veränderungen,
2. die Beteiligung des Sarkolemms und der bindewebigen Scheiden an der Schädigung,
3. die nutritiven und funktionellen Bedingungen während der Wiederherstellung.

Nach den experimentellen Erfahrungen gibt es 2 Wege für die Regeneration der quergestreiften Muskeln: 1. von den erhaltenen Muskelfasern aus durch die Bildung *terminaler Muskelknospen* [E. NEUMANN[1])] und 2. von den erhaltenen Muskelzellen oder Muskelkörperchen aus nach dem *embryonalen Typus* der Muskelentwicklung.

In beiden Fällen ist also die Erhaltung eines Teils des Muskelgewebes vorauszusetzen. Ist dieses vollkommen der Nekrose verfallen, so ist eine Neubildung contractiler Substanz aus den nekrotischen Teilen nicht möglich. Sie werden durch bindegewebige Narben ersetzt und an deren Stelle kann auch unter den günstigsten Bedingungen ein Ersatz durch Muskulatur nur dann treten, wenn von benachbarten Muskeln her eine Neubildung von Muskelfasern in die bindegewebige Schwiele hinein erfolgen kann. Dazu ist aber wohl ein spezifischer Wachstumsreiz erforderlich, der je nach den örtlichen Bedingungen durch traumatische, funktionelle oder entzündliche Veränderungen gegeben einer Muskelneubildung das Übergewicht über das bindegewebige Füllmaterial verleiht. Die früher angenommene Neubildung von Muskelfasern aus Bindegewebszellen oder aus Leukocyten hat wenig Wahrscheinlichkeit für sich.

Die Regeneration der quergestreiften Muskelfasern in der Kontinuität mit den alten Fasern hat SCHMINCKE[2]) einheitlich für die ganze Reihe der Wirbeltiere nach umschriebenen, verhältnismäßig leichten glatten Verletzungen nachweisen können. Diese terminale Knospenbildung erfolgt durch protoplasmatische Auswüchse der gelegentlich sich spaltenden Faserenden mit

[1]) NEUMANN, E.: Über den Heilungsprozeß nach Muskelverletzungen. Arch. f. mikroskop. Anat. Bd. 4, S. 323. 1868.

[2]) SCHMINCKE, A.: Regeneration der quergestreiften Muskelfasern. Beitr. z. pathol. Anat. u. allg. Pathol. Bd. 45, S. 424. 1909.

starker amitotischer Kernwucherung. Bei Fischen wachsen Fibrillenzüge aus. Nur zweimal fand er die Regel der kontinuierlichen Regeneration durchbrochen: bei Tritonen erfolgt die Neubildung diskontinuierlich durch Muskelzellen (Sarkoblasten) und bei der Blindschleiche wurde neben der kontinuierlichen durch Knospenbildung erfolgenden Neubildung eine diskontinuierliche durch Sarkoblasten beobachtet. Letztere jedoch nur da, wo die Masse der von der Verletzung getroffenen Fasern vollständig zerstört war und bei Einleitung der Regeneration nur noch kernhaltige Bruchstücke contractiler Substanz vorhanden waren. Diese formten sich zu spindelförmigen Sarkoblasten um, die sich zu syncytialen Bändern zusammenlegend neue Fasern bildeten. Somit fand sich die diskontinuierliche Regeneration nach Schmincke da, „wo ein Notstand für die Faserregeneration vorhanden war; in diesem Fall wurde auf das Schema der embryonalen Entwicklung der Muskelfasern bei der regeneratorischen Neubildung zurückgegriffen". Die Neubildung des Sarkolemms geht vom Bindegewebe aus.

Thoma beobachtete bei seinen Quetschversuchen an der aufgespannten lebenden Froschzunge gleichfalls die Bildung von kontinuierlich mit Spaltungen und Verzweigungen auswachsenden Muskelknospen als Fortsetzung der mit den erhaltenen Fasern in Verbindung bleibenden maximal kontrahierten terminalen Wülste. Dabei betrachtet er die terminale Kernanhäufung als eine durch die Spannungsänderungen im Sarkoplasma bedingte Kernverschiebung. Die Neubildung gewinnt keine große Ausdehnung, kann aber bei umschriebener Durchtrennung zu einer glatten brückenförmigen Vereinigung der Bruchstücke führen. Bei starker diskoider Zerklüftung, die auch eine stärkere Ernährungsstörung anzeigt, kommt es aber auch zur Häufung von Muskelkörperchen, Sarkoblasten, mit Auftreten von seltenen Mitosen in den späteren Stadien der Schädigung, die eine Neubildung von embryonalem Typus einleiten können.

In beiden Fällen, bei der kontinuierlichen und der diskontinuierlichen Neubildung geben die Muskelkerne mit ihrem Protoplasmahof den Anstoß zu der protoplasmatischen Neubildung, mag diese nun in der Form von auswachsenden Muskelknospen oder in der zu Syncytienbändern sich vereinigender spindelzelliger Elemente vor sich gehen. Den Reiz zur Stoffwechselanregung und damit zur Entwicklung liefern die Zerfallsprodukte der degenerierten Muskelfasern. Die Resistenz der Muskelkörperchen und des Sarkolemms gegen die Ernährungsschädigung wurde bei der Erörterung der Degeneration betont. So ist es verständlich, daß sie teils als Zerfallsprodukte oder Abbaufaktoren betrachtet und Sarkolyten benannt wurden [S. Mayer[1])], teils wohl mit größerem Recht als Regenerationserscheinungen und Aufbaufaktoren mit der Bezeichnung Sarkoblasten (E. Neumann) versehen.

Bei der wachsartigen, körnigen und vakuolären Degeneration der quergestreiften Muskulatur des Menschen, wie z. B. beim Typhus, folgt nach Volkmann[2]) zunächst der Schädigung der contractilen Faser eine amitotische Kernvermehrung, dann mit dem fortschreitenden Zerfall der Schollen und ihrer Auflösung innerhalb des erhaltenen Sarkolemms eine Zellwucherung mit Mitosen, die zur Bildung von Muskelzellschläuchen führt. Ein Teil dieser Zellen bildet kernreiche Bänder, an denen in der Folge Querstreifung auftritt. Der vollkommene Zerfall der Fasern bedingt also auch hier die embryonale Form der Neubildung. Nach Borst darf man freilich nicht alle Zellen in den Muskelzellschläuchen als Sarkoblasten betrachten. Es kommen auch die kernhaltigen

---

[1]) Mayer, S.: Die sogenannten Sarkoblasten. Anat. Anz. Bd. 1. 1886.

[2]) Volkmann, R.: Regeneration des quergestreiften Muskelgewebes. Beitr. z. pathol. Anat. u. z. allg. Pathol. Bd. 12, S. 233. 1893.

Zerfallsprodukte der alten Fasern in Betracht und die eingewanderten phagocytären Zellen. Nur an Stellen von Blutungen oder größeren Zerreißungen bilden sich auch beim Typhusmuskel bindegewebige Narben. Sonst stellen gerade die Folgeerscheinungen dieser und verwandter Degenerationsformen die vollkommenste Form der Wiederherstellung dar.

Auch bei Verletzungen ist in frühen Stadien von NEUMANN und NAUWERCK[1]) die Entstehung von Muskelzellschläuchen beobachtet worden. Doch ist sie keine Vorbedingung für die Regeneration und die initiale Muskelzellbildung ist vergänglich. Dagegen entwickeln sich durch Auswachsen und Spaltung der alten Stümpfe die terminalen Knospen, die teils mit mitotischer teils mit amitotischer Kernwucherung zunächst ohne Sarkolemm in die von Bindegewebsneubildung hergestellte Narbe einwachsen. Allmählich stellt sich die anfangs wirr durchflochtene Faserrichtung nach den funktionellen Bedürfnissen ein und die von den Faserstümpfen her fortschreitend [ASKANAZY[2])] die Querstreifung zeigenden jungen Fasern werden von Sarkolemm umkleidet. Ist mit der Erhaltung des Sarkolemms und der Muskelscheiden vom Beginn der Schädigung die Wachstumsrichtung gewährleistet, so sind auch die Aussichten für eine vollkommene Regeneration der Muskulatur günstig, sowohl für die kontinuierliche wie für die diskontinuierliche, durch die tiefergreifende Ernährungsstörung der contractilen Substanz bedingte Neubildung. Dies ist der Fall bei den häufigsten Formen der toxischen Degenerationen, bei Längsspaltung der Muskulatur [v. MUTACH[3])] und bei oberflächlichen Verletzungen. Bei Querdurchtrennung eines Muskels in größerem Umfang dagegen erfolgt durch die Schädigung und Reizung der bindegewebigen Teile und durch das Zurückweichen der Muskelstümpfe infolge ihrer natürlichen und der tonischen Spannung die Bildung der Narbe durch Fibroblasten in solcher Ausdehnung und Wachstumskraft, daß sie durch Umklammerung die jungen Muskelknospen am Weiterwachsen hindert. Schon bei Substanzverlusten von über 1 cm Dicke erfolgt ein solcher Narbenersatz (VOLKMANN). Ausgedehntere Zerstörung, besonders in Verbindung mit infektiös toxischen Schäden, führt natürlich erst recht, wenigstens zunächst in dem empfindlichen und hinfälligen Muskelgewebe trotz aller Ansätze zur spezifischen Neubildung zu einer solchen *Schwiele*. Daher ist es verständlich, daß vor Erkenntnis der histologischen Bilder die Praktiker die regenerative Muskelheilung überhaupt anzweifelten. Im Laufe der Jahre kann freilich, wie eingangs erwähnt, durch einen funktionell beförderten inneren Umbau bei gutem d. h. jugendlichem Wachstumsantrieb und ungestörten Stoffwechselbeziehungen die Bindegewebsnarbe noch zurückgebildet werden, so daß es auf ihre Kosten zu einer Annäherung der Muskelstümpfe kommt.

## Transplantation.

Das häufig an Chirurgen und Orthopäden herantretende praktische Bedürfnis, geschwundene oder zerstörte Muskeln durch funktionstüchtige zu ersetzen, hat zahlreiche Forscher zu Versuchen über den Erfolg der freien Transplantation quergestreifter Muskeln angeregt. Ein für die Praxis brauchbares Ergebnis ist diesen Versuchen versagt geblieben. Nach EDEN ist „bisher kein beweisender erfolgreicher Fall der freien Muskelverpflanzung bekannt

[1]) NAUWERCK, C.: Über Muskelregeneration nach Verletzungen. Jena: G. Fischer 1890.

[2]) ASKANAZY, M.: Zur Regeneration der quergestreiften Muskelfasern. Virchows Arch. f. pathol. Anat. u. Physiol. Bd. 125, S. 520. 1891.

[3]) v. MUTACH: Experimentelle Beiträge über das Verhalten quergestreifter Muskeln nach myoplastischen Operationen. Langenbecks Arch. Bd. 93, S. 42. 1910.

geworden, weder im Experiment noch am Menschen. Ein Erfolg ist nach unseren Erfahrungen auch nicht zu erwarten".

Die Gründe für diesen Mißerfolg in praktischer Hinsicht liegen in der Eigenart des Muskelgewebes, das mit seinen funktionell hochdifferenzierten contractilen Fasern gegen jede mechanische Schädigung und gegen jede Änderung seiner Ernährungsverhältnisse außerordentlich empfindlich ist und nur dann seine Leistungsfähigkeit wieder gewinnen kann, wenn die Einwirkung funktioneller Reize mit der Herstellung ungestörter Stoffwechselvorgänge zusammentrifft, ehe die contractilen Fasern und ihre Neubildungszellen vollkommen vernichtet sind. Das ist bei der freien Überpflanzung größerer Muskelstücke nicht möglich, selbst bei kleineren Muskelteilchen nur unvollkommen erreichbar. Funktioneller Reiz und ausreichende Ernährung sind für die leistungsfähige Erhaltung jener Gewebe nach ROUX erforderlich, die wie Muskeln, Drüsen, Gefäße, Nerven „ein funktionelles Reizleben führen" (EDEN). Der Muskel reagiert auf Störungen des Blutumlaufs mit Degeneration und bei Wegfall seiner Nervenversorgung erlischt seine Funktion.

Darum hat sich als praktisch brauchbar nur die autoplastische Überpflanzung gestielter Muskellappen mit Erhaltung der zugehörigen Nerven und Gefäße erwiesen, die nach den Studien von RYDIGIER[1]), MOTAIS und CAPURRO[2]) allgemeine Anerkennung und Verwendung gefunden hat.

Die freie heteroplastische Transplantation quergestreifter Muskeln hat in allen sorgfältig d. h. mit mikroskopischer Kontrolle nachuntersuchten Fällen vollkommen versagt [SHINYA[3])]: das eingepflanzte Muskelgewebe geht unter lebhaften Entzündungserscheinungen ohne Ansatz zur Neubildung durch Auflösung und Resorption verloren.

Bei der homoplastischen und autoplastischen Transplantation haben im Gegensatz zu den früheren scheinbar günstigen Erfolgen von GLUCK[4]), HELFERICH[5]) und SALVIA eine Reihe von Forschern gleichfalls Nekrose, Resorption und Ersatz des eingepflanzten Muskelgewebes durch eine bindegewebige *Narbe* beobachtet [MAGNUS[6]), R. VOLKMANN, CAPURRO, CAMINITI[7]), v. MUTACH]. Bei der Transplantation auf Muskeln kann der durch Resorption des Transplantats entstehende Defekt zwar durch neugebildete Muskelfasern ersetzt werden (MAGNUS), die aber nicht aus dem eingepflanzten Muskelstück sondern aus den Wundrändern des durch die Transplantation verletzten und gereizten Muskellagers stammen.

Aber auch im Transplantat sind bei freier Überpflanzung quergestreifter Muskeln in muskelfreie Gewebe [RIBBERT[8]), ASKANAZY, ROJDESTVENSKY[9])]

---

1) RYDYGIER: Über Transplantation der gestielten Muskellappen. Dtsch. Zeitschr. f. Chirurg. Bd. 47, S. 314. 1898.

2) CAPURRO: Über den Wert der Plastik mittels quergestreiften Muskelgewebes. Arch. f. klin. Chirurg. Bd. 61, S. 26. 1900.

3) SHINYA: Experimentalversuche über Muskeltransplantation usw. Beitr. z. pathol. Anat. u. z. allg. Pathol. Bd. 59, S. 132. 1914.

4) GLUCK, R.: Über Muskel- und Sehnenplastik. Arch. f. klin. Chirurg. Bd. 26, S. 61. 1881.

5) HELFERICH, H.: Muskeltransplantation beim Menschen. Arch. f. klin. Chirurg. Bd. 28, S. 562. 1883.

6) MAGNUS, R.: Über Muskeltransplantation. Münch. med. Wochenschr. 1890, S. 514.

7) CAMINITI: Untersuchungen und Experimente über Muskelüberpflanzung. Münch. med. Wochenschr. 1908, S. 1756.

8) RIBBERT: Über Veränderungen transplantierter Gewebe. Arch. f. Entwicklungsmech. d. Organismen Bd. 6, S. 131. 1898.

9) ROJDESTVENSKY, E.: Etude expérimentale sur la transplantation des muscles striés dans le cerveau. Thèse Nr. 301, Genf 1910.

oder ohne Muskelverletzung unter die Haut [SALTYKOW[1])] *Regenerationserscheinungen* einwandfrei festgestellt worden: nach den zunächst regelmäßig auftretenden Anzeichen der Degeneration und Nekrose der Muskelfasern zeigten sich Kernwucherungen, Bildung von Kernschläuchen und in der Folge Neubildung von Muskelknospen und jungen quergestreiften Muskelfasern. Auch SHINYA konnte bei autoplastischer und homoplastischer Transplantation besonders in der Peripherie der Transplantate diese teils diskontinuierliche teils kontinuierliche Regeneration von Muskelfasern nachweisen. Stets aber gingen diese Neubildungen wieder zugrunde, bei homoplastischer Transplantation schneller als bei autoplastischer. Für diesen Ansatz zur Regeneration im Transplantat, der nach RIBBERT infolge der Entspannung des Gewebes, der veränderten Ernährungsverhältnisse, der Beseitigung des Nerveneinflusses und der Funktion zum Teil nach Art früherer embryonaler Entwicklungsformen vorwiegend einem endogenen Wachstumsantrieb folgend vor sich geht, genügt anscheinend die Ernährung durch osmotische Säfteaufnahme aus der Umgebung.

Wenn diese Regeneration im Transplantat der quergestreiften Muskeln in der Regel nur eine vorübergehende Erscheinung ist und die neugebildeten Muskelfasern aufs neue der Atrophie, ja der Degeneration und Resorption verfallen, so ist dafür neben dem Fehlen der Innervation bzw. des funktionellen Reizes vor allem die mangelhafte Wiederherstellung regelrechter Stoffwechselbedingungen anzuschuldigen.

Den funktionellen Reiz suchten JORES[2]) und SCHMID[3]) durch Faradisation des Muskelimplantats zu ersetzen, die damit einen günstigen Einfluß auf die Erhaltung der transplantierten Muskeln und ihre Regeneration ausüben zu können glaubten. Doch konnten WREDE, KROH[4]), LANDOIS und EDEN einen fördernden Einfluß der elektrischen Reizung auf frei überpflanzte Muskeln nicht bestätigen. Es ist auch nicht wahrscheinlich, daß durch Faradisieren auf die degenerierten und die in Neubildung begriffenen Muskelfasern des Transplantats ein adäquater Funktionsreiz ausgeübt werden kann. Denn KROH fand schon nach 2 Stunden die faradische Erregbarkeit des überpflanzten Muskels erloschen.

Aber auch die Erhaltung des motorischen Nerven allein ohne Gefäßzufuhr genügt nach den Untersuchungen von HILDEBRANDT[5]), HABERLAND[6]) und LANDOIS[7]) nicht, um das Transplantat funktionsfähig zu erhalten, wenn sie auch die Regeneration in diesem zu begünstigen scheint. Ebensowenig ermöglicht die Verbindung des Transplantats mit den nervösen Zentren durch Nervennaht oder Nervenpfropfung eine funktionelle Einheilung. Nur ERLACHER[8]) konnte bei freier Transplantation kleinerer Stücke von Muskel auf

---

[1]) SALTYKOW: Über Transplantate zusammengesetzter Teile. Arch. f. Entwicklungsmech. d. Organismen Bd. 9, S. 329. 1900.

[2]) JORES: Über den Einfluß funktionellen Reizes auf die Transplantation von Muskelgewebe. Verhandl. d. dtsch. pathol. Ges. 1909, S. 103.

[3]) SCHMID, A.: Hat der Funktionsreiz einen Einfluß auf das Wachstum des transplantierten Muskelgewebes? Inaug.-Dissert. Zürich 1909.

[4]) KROH: Experimentelle Untersuchungen über freie Muskeltransplantation. Zentralbl. f. Chirurg. 1916, S. 52.

[5]) HILDEBRANDT: Über eine neue Methode der Muskeltransplantation. Arch. f. klin. Chirurg. Bd. 78, S. 75. 1906.

[6]) HABERLAND: Über Muskeltransplantation und das Verhältnis des Muskels zum Nerven. Inaug.-Dissert. Leipzig 1913.

[7]) LANDOIS, F.: Experimentelle Untersuchungen über die Verwendung von Muskelgewebe zur Deckung von Defekten in der Muskulatur. Habilitationsschr. Breslau 1913.

[8]) ERLACHER: Hyperneurotisation, muskuläre Neurotisation, freie Muskeltransplantation. Zentralbl. f. Chirurg. 1914, S. 625.

Muskel dank der rasch einsetzenden Neurotisation durch Nervenregeneration eine vollwertige Regeneration der überpflanzten Teile zu funktionsfähigem Muskelgewebe erzielen. Doch bezweifelt Eden, ob in diesen Versuchen die vorgefundenen neuen Muskelfasern aus dem Transplantat stammten, da sie wie in vielen anderen ähnlichen Beobachtungen ebenso wie die eingewachsenen jungen Nerven auch aus der Umgebung bzw. dem Muskellager regeneriert sein könnten. In seinen Versuchen am Menschen hat Eden mit und ohne Nerveneinpflanzung niemals eine funktionelle Erhaltung des übertragenen Muskelgewebes beobachten können. Nach seinen Beobachtungen gehen die Muskelfasern zugrunde und werden durch Bindegewebe ersetzt. „Erhaltene oder gewucherte Muskelfasern sind zwar am Rande des Transplantates vorhanden, sie können aber aus dem Muttergewebe stammen und in keiner Weise die Funktion des verlorengegangenen Muskelgewebes ersetzen."

Die Herstellung der nervösen Verbindungen kann wie bei gelähmten Muskeln so auch im Muskeltransplantat eine funktionelle Wiederherstellung nur dann erreichen, wenn ausreichende Ernährungsbedingungen vorhanden sind. Dazu gehört die genügende Blutversorgung, richtiger Blutdurchströmung, die wiederum von Nerven beeinflußt wird (Haberland). In dieser Hinsicht lassen sich bei der freien Muskeltransplantation befriedigende Verhältnisse an größeren Muskelstücken offenbar nicht erzielen. Die zentralen Abschnitte des Transplantats zerfallen schneller vollständig, als die Gefäß- und Nervenneubildung den vollen funktionellen Anschluß erreicht. Die Ausbildung der bindegewebigen Narben behindert diesen Anschluß und vernichtet so ihrerseits den Anlauf zur Muskelregeneration im Transplantat. Diese schwieligen Narben stehen auch der Muskelregeneration aus dem Mutterboden im Wege, die erst sehr langsam den funktionellen Wert des Ersatzstücks verbessern kann. Darum ist die freie Muskeltransplantation auch als Defektersatz nicht besonders brauchbar und wird als solche besser durch Einpflanzung von weniger anspruchsvollen Fascien oder Hautbrücken ersetzt. Denn nach Eden ist zu bezweifeln, ob die Anschauung Goebells[1]) zutrifft, daß das degenerierende Muskeltransplantat Anlaß zu einer besonders lebhaften Regeneration im übrigen Muskelgewebe gibt, und nach Landois ist die freie Muskeltransplantation wegen der unvermeidlichen Nekrose des überpflanzten Muskels nicht nur zwecklos, sondern auch gefährlich, weil der Abbau des Gewebes bei größeren Stücken giftig auf den Gesamtorganismus wirken kann.

## Hypertrophie und Atrophie.

### Vorbemerkungen.

Der Ernährungszustand der Muskeln ist am Kranken und am Versuchstier sehr schwer zuverlässig zu beurteilen. Makroskopisch erlaubt der Vergleich entsprechender größerer Muskelpartien an bilateral symmetrischen Körperteilen eine Abschätzung, die durch Gegenüberstellung der Muskelgewichte zahlenmäßig unterstützt werden kann. Doch ist dabei der Wassergehalt zu berücksichtigen. Auch der Vergleich der Gewichte der Muskeltrockensubstanz gibt kein ganz zuverlässiges Maß, weil dabei der Quellung der Muskeln durch Aufnahme von Körperflüssigkeiten mit den darin gelösten und suspendierten Bestandteilen nicht Rechnung getragen werden kann. Das gleiche gilt für den Vergleich der Aschenbestandteile. Also nur die eingehende chemische Unter-

[1]) Goebell: Zur Beseitigung der ischämischen Muskelkontraktion durch freie Muskeltransplantation. Dtsch. Zeitschr. f. Chirurg. Bd. 122, S. 318. 1913.

suchung der Muskelbestandteile erlaubt Vergleiche über die Zu- und Abnahme der contractilen Substanz und kann die Quellung und Durchtränkung der Muskeln einrechnen. Doch ist in dieser Hinsicht noch wenig Vergleichsmaterial gewonnen worden.

Die mikroskopische Untersuchung gibt Aufschluß über Bau und Form der contractilen Fasern, gestattet aber auch nur eine annähernde Beurteilung der Größenverhältnisse. Vieles, was über Hypertrophie und Atrophie der Muskeln gelehrt worden ist, stützt sich auf den Vergleich der Durchmesser oder Querschnitte der Muskelfasern. Dabei hat aber nicht immer mit ausreichender Sicherheit eine Veränderung des Muskelfaserquerschnitts durch Quellung und postmortale Kontraktionserscheinungen von dem unveränderten Verhalten der ungereizten oder der lebenden Muskelfaser unterschieden werden können. Je nach den allgemeinen Umständen hat man gleichwertige histologische Bilder als Begleiterschienungen der Degeneration, der Hypertrophie oder der Atrophie beschrieben. Dadurch erscheinen viele ältere Befunde schwer verwertbar und bis in die neueste Zeit ist eine ganz einwandfreie Methode zur Darstellung der verschiedenen Ernährungszustände der Muskeln und zu ihrer Unterscheidung noch nicht gefunden.

Als hochdifferenziertes Fasergewebe hat die Muskulatur nur ein beschränktes Neubildungsvermögen. Der Wachstumsantrieb zur Neubildung von Fasern aus den vorhandenen Fasern oder durch Vermehrung des vorhandenen Zellmaterials kommt nur auf besonders starke Reize hin nach Degeneration oder Verletzung zur Geltung. Für gewöhnlich vollziehen sich die Veränderungen in der Muskelmasse durch Vergrößerung oder Verkleinerung der vorhandenen Muskelfasern. Für den Zustand der Muskelmasse ist also vorwiegend die vererbte Muskelanlage maßgebend [GRUNEWALD[1])].

Der Ernährungszustand der einzelnen Muskelfasern aber und damit ihre Größe und ihr Bestand an Zellmaterial ist abhängig von den Stoffwechselvorgängen im Muskel, von dem Gleichgewicht zwischen Aufbau und Abbau. Hier machen sich die verschiedenartigsten Bedingungen geltend. Grundlegend ist die lebendige Reaktionsfähigkeit des Protoplasmas und seiner Produkte, die Fähigkeit, Stoffe aufzunehmen und abzugeben, die Durchlässigkeit der Grenzschichten und Membranen. Zur Geltung kommt diese Fähigkeit unter der Einwirkung bestimmter Kräfte und Reize, als deren wichtigster der *funktionelle Reiz* gilt [ROUX[2])]. Er ruft die Umsetzungen in der Muskelfaser hervor, die Zusammenziehung oder Spannung, Erschlaffung oder Entspannung erzeugen. Dieser Reiz wird in der Regel durch die *Nervenverbindungen* vermittelt und kann nur unvollkommen durch mechaniche oder chemische Reize ersetzt werden. Als funktionelle Reize kommen die kinetischen und die tonischen Innervationsreize in Betracht.

Zur Erhaltung des Stoffwechselgleichgewichts ist aber außer den ungestörten Umsetzungen in der Muskelfaser die Zufuhr der Aufbau- und Verbrauchsstoffe und die Wegschaffung der Umsetzungsprodukte nicht minder wichtig. Dazu ist ein geregelter Säftestrom erforderlich, der durch die Leistung des Kreislaufsystems unter dem Einfluß der vegetativen Nerven gewährleistet und durch die Kontraktionsleistungen der Muskeln selbst unterstützt wird. Endlich kommen noch die Einflüsse der endokrinen Drüsen in Frage, die durch Vermittlung der vegetativen Nerven den Wasserhaushalt (Schilddrüse), den

[1]) GRUNEWALD, J.: Über die spezifische Labilität der Streckmuskeln usw. Zeitschr. f. orthopäd. Chirurg. Bd. 30, S. 9. 1912.

[2]) ROUX, W.: Gesammelte Abhandlungen über Entwicklungsmechanik der Organismen. Leipzig 1895.

Kohlenhydratumsatz (Pankreas, Nebenniere), die nervösen Impulse (Epithelkörperchen) für die Muskulatur ebenso wie für andere Organe beherrschen.

Außer diesen inneren Bedingungen sind noch die äußeren des Angebots von Nährstoffen mit der Nahrungszufuhr und ihrer Verwertung bei der Verdauung und im gesamten Körperhaushalt in Betracht zu ziehen. Hier spielen eine Rolle die Teilfunktionen der Vitamine und andere quantitative und qualitative Mängel der Körperernährung, die bei den früheren Versuchen über die trophische Beeinflussung der Muskeln kaum beachtet worden sind. Der Einfluß toxischer, infektiöser, thermischer oder mechanischer Schädigung auf den Ernährungszustand und die Ernährungsfähigkeit der Muskeln ist besonders zu betrachten.

Sonach sind für die Beurteilung der trophischen Zustände der Muskeln folgende Faktoren von Bedeutung:

Muskelanlage, Wachstumsstörungen, Alter.

Zustand der Muskelfasern, der Muskelzellen und Muskelkerne.

Zustand des Zwischengewebes, des Bindegewebes, der Fascien, der Nachbargewebe.

Muskelfunktion, Muskelspannung, Muskellage.

Zustand und Leistung der Muskelnerven und der Verbindungen zu den nervösen Zentren.

Zustand und Leistung der Muskelgefäße und ihrer Innervation.

Kreislauf und Lymphstrom.

Innere Sekretion.

Körperhaushalt, Stoffwechsel, Verdauung.

Nahrungszufuhr, quantitativ und qualitativ, Vitamine.

Örtliche und allgemeine Schädigung durch Infektion, Parasiten, chemische und physikalische Einflüsse.

## Hypertrophie.

Schon Zenker hat darauf hingewiesen, daß die echte Hypertrophie des quergestreiften Muskelgewebes überaus häufig in den allerverschiedensten Muskeln vorkommt, und zwar viel häufiger in den Muskeln der Extremitäten als im Herzen, den Atmungsmuskeln und in der Zunge. Vorwiegend in den letzteren erlangt sie pathologische Bedeutung. In den Extremitätenmuskeln tritt die Hypertrophie dann ein, wenn gesteigerte Leistung verlangt wird, als *Arbeits*hypertrophie. Entweder gibt gesteigerte Muskelarbeit des Organismus im ganzen dazu die Vorbedingungen (Athletenmuskeln), oder es werden an einzelne Muskeln oder Muskelgruppen infolge eines Ausfalls der Muskelleistung in anderen Gebieten bei Muskelatrophie und Lähmungen gesteigerte Ansprüche gestellt, so daß es sich um eine kompensatorische Hypertrophie handelt. Dabei bedingt die begleitende Vergrößerung der Blutzufuhr günstigere Ernährungsverhältnisse. Hier gilt das morphologische Grundgesetz der funktionellen Anpassung nach Roux, daß die stärkere Funktion das Organ nur in denjenigen Dimensionen vergrößert, welche die stärkere Funktion leisten. An den Muskelfasern macht sich auch direkt die trophische Wirkung der funktionellen *Reize* geltend. Der hypertrophische Muskel wird immer dicker, nicht oder nur in sehr geringem Grade länger, da die Zunahme der contractilen Substanz allein seine Leistungsfähigkeit den Ansprüchen entsprechend erhöhen kann. „Die stärkere Funktion ändert die qualitative Beschaffenheit der Organe, indem sie die spezifische Leistungsfähigkeit erhöht.“ (Roux.)

Darüber, wie sich im einzelnen diese Vermehrung der contractilen Substanz ausgestaltet, sind verschiedene Anschauungen vertreten worden. Früher neigte man zu der Anschauung, daß eine Neubildung von Muskelelementen stattfinde. ZENKER und ROKITANSKI hielten daran fest, daß bei der Muskelhypertrophie neben der Verdickung der präexistierenden Primitivbündel auch eine Vermehrung ihrer Zahl durch Neubildung sehr wahrscheinlich sei (numerische Hypertrophie). Später bestätigten jedoch zahlreiche Untersuchungen am Menschen und im Tierversuch die Annahme KÖLLICKERS, daß nur eine Dickenzunahme der vorhandenen Bündel bzw. Muskelfasern in Betracht komme. Diese von KLEBS, SCHWALBE und MAYEDA[1]) vertretene Ansicht wurde besonders schön von MORPURGO[2]) durch Untersuchungen am Hunde-Sartorius nach einer durch Tretrad-Laufen erzeugten Arbeitshypertrophie dargelegt. Dabei zeigte sich, daß das Sarkoplasma den Hauptanteil an der Verdickung der Muskelfasern hat. Die Verdickung der nicht vermehrten Muskelfasern erfolgt ohne Vermehrung der Primitivfibrillen und auch in der Dicke der Fibrillen läßt sich kein Unterschied nachweisen. Die Anzahl der Kerne bleibt unverändert; es treten keine Kernteilungsfiguren und keine Kernschnürungen, keine Kernschläuche auf. Der hypertrophische Muskel zeigt eine größere Gleichartigkeit der Fasern, die dünnsten Fasern nehmen am meisten zu [MAYEDA[3])]. In diesen dünnsten Fasern mit großem Wachstumsantrieb ist eine Reserve von jugendlicher Wachstumsenergie aufgespeichert, die bei gewöhnlichen funktionellen Leistungen latent bleibt, bei der Arbeitshypertrophie aber zur Geltung kommt. Die Vergrößerung des stärker geübten Muskels kann auch nicht zum Teil durch Hyperplasie der contractilen Elemente erklärt werden. Die wahre Hypertrophie der einzelnen contractilen Elemente ist imstande, die ganze Dicke des hypertrophischen Muskels zu erklären. Die Querstreifung verändert sich dabei nicht.

SCHIEFFERDECKER fand dagegen bei der Arbeitshypertrophie eine Vermehrung der Fibrillenzahl, wenn auch nicht im gleichen Verhältnis wie die Zunahme der Faserdicke; die Fibrillendicke bleibt unverändert. Danach nimmt sowohl das Sarkoplasma zu wie die Fibrillen, letztere aber in geringerem Grade wie erstere. Dabei ist wohl auch die Art der Übung von Einfluß, je nachdem Kraft-, Dauer- oder Schnelligkeitsleistungen in Frage kommen.

Nach HASEBROEK[4]) wird durch andauernde Übung eines Muskels weniger dessen Einzelleistung als die Ausdauer gesteigert. Die Ausbildung und die Anpassung an neue Funktionsbedingungen nach einer irgendwie entstandenen Verlagerung der Fixationspunkte des Muskels ist um so vollständiger, je besser die unbewußte, mechanische, d. h. reflektorisch ablaufende Muskelleistung zustandekommt. Hier gewinnt der Muskeltonus Bedeutung, nach SPIEGEL der ohne willkürliche Innervation entstehende Dauer-Spannungszustand der Muskeln, der nur die gegenseitige Lage, die Haltung der Skeletteile aufrechterhält, solange dieselben unbewegt bleiben, nur unter der Zugwirkung von Schwerkraft, Bändern und Antagonisten stehen. Wenn nun BOTTAZI und JOTEYKO annehmen, daß die schnelle Muskelzuckung von den Fibrillen, die tonische Kontraktion vom Sarkoplasma besorgt wird, so würde die vorwiegende Verbesserung der tonischen, ausdauernden d. h. durch Haltungsbegünstigung erleichterten Leistungen bei der Arbeitshypertrophie und das Vorwiegen der

[1]) SCHWALBE, G. u. R. MAYEDA: Über die Kaliberverhältnisse der quergestreiften Muskelfasern des Menschen. Zeitschr. f. Biol. Bd. 27, S. 482. 1890.

[2]) MORPURGO, B.: Über die Aktivitätshypertrophie der willkürlichen Muskeln. Virchows Arch. f. pathol. Anat. u. Physiol. Bd. 150, S. 522. 1897.

[3]) MAYEDA, R.: Über die Kaliberverhältnisse der quergestreiften Muskelfasern. Inaug.-Dissert. Straßburg 1890.

[4]) HASEBROEK, K.: Über Muskelarbeit und Muskelermüdung. Mitt. a. d. medikomechan. Zanderinstit. Heft 1, zit. in Münch. med. Wochenschr. 1903, Nr. 15, S. 638.

Sarkoplasmavermehrung bei dieser gut damit übereinstimmen. Von SPIEGEL und anderen wird freilich für beide Zuckungsformen die Fibrille verantwortlich gemacht, die verschiedenen Reaktionen, wie sie sich bei den weißen und den sarkoplasmareichen roten Muskeln geltend machen, beruhen auf den vermehrten inneren Reibungswiderständen im vermehrten Sarkoplasma, auf den Verschiedenheiten der Säurebindung und den damit verbundenen Entquellungsvorgängen und auf der Verschiedenheit der Durchlässigkeit der Grenzflächen. SPIEGEL betrachtet die statisch-tonische Innervation als nur dem *Grade* nach verschieden von der kinetisch-dynamischen.

Immerhin ist es beachtenswert, daß allein diejenige krankhafte Veränderung der Muskelfunktion regelmäßig eine wahre Hypertrophie der Muskelfasern zeigt, wenn auch oft verbunden mit atrophischen Vorgängen, bei der gerade die tonischen Leistungen gesteigert, die Erschlaffung der Muskeln erschwert ist, die THOMSENsche *Myotonie.* Hier haben ERB und andere die beträchtliche Verdickung der Muskelfasern einwandfrei nachgewiesen, die über das Maß der gewöhnlichen Arbeitshypertrophie hinausgeht, und die herkulische Ausbildung der Muskelbäuche hinreichend erklärt. SCHIEFFERDECKER konnte auch hier die Vermehrung des Sarkoplasmas nachweisen, allerdings mit Einlagerungen, die man aber wohl als ungewöhnliche Fällungen bzw. körnige Veränderungen betrachten darf.

Wenn sonst vielfach bei allen möglichen Veränderungen der Muskeln, bei atrophischen und dystrophischen Zuständen und bei Entzündungen auch Hypertrophie einzelner Fasern nach dem mikroskopischen Aussehen der Faserquerschnitte beschrieben wurde, so ist dagegen der Einwand zu erheben, daß es sich um Mißdeutung von Quellungserscheinungen gehandelt hat, wie wir sie bei der Erörterung der degenerativen Veränderungen erwähnt haben. Bei sorgfältiger Beachtung der Sarkoplasmastruktur, der Fibrillenzeichnung und des färberischen Verhaltens solcher oft mächtig vergrößerter Faserquerschnittsscheiben wird man die Verschiedenheiten gegenüber unveränderten Faserquerschnitten leicht erkennen können. Insbesondere zeigen diese „gequollenen Faserabschnitte“ oft durch das zähe Festhalten von Farbstoffen ihre chemischen Umsetzungen an (vgl. Abb. 101, 102 und 106).

MEYER[1]) und FROBOESE[2]) konnten bei Untersuchungen über die Inaktivitätsatrophie der Muskeln durch Eingipsen der Extremitäten von Kaninchen und Katzen in Beugestellung neben der Atrophie der entspannt fixierten Beuger in den *gespannt* festgehaltenen Streckmuskeln nicht nur ein Ausbleiben des Muskelschwundes, sondern sogar eine echte Hypertrophie nachweisen. Die Hypertrophie, bestätigt durch die Vermehrung des Trockengewichts außer der Gesamtgewichtsvermehrung und durch die Vergrößerung der ziemlich gleichheitlichen Muskelfaserquerschnitte, war schon nach einer Woche unverkennbar, wurde am stärksten nach 14 Tagen bis 3 Wochen, bestand noch nach 7 Wochen, um in späteren Stadien wieder zu verschwinden. Bei Eingipsen in Streckstellung nahmen die gespannten Beuger an Volumen und Gewicht zu, während die entspannten Strecker deutlich schwanden. MEYER erwähnt selbst (S. 658), daß bei starker Anspannung von Muskeln durch Dehnung schon nach ganz kurzer Zeit hochgradige Muskelatrophie eintritt mit schon makroskopisch sichtbaren Nekrosen, daß dagegen in mittleren Graden von Spannung, wie sie durch Eingipsen in verschiedenen Stellungen der Extremitäten leicht hervor-

[1]) MEYER, A. W.: Theorie der Muskelatrophie. Mitt. a. d. Grenzgeb. d. Med. u. Chirurg. Bd. 35, S. 651. 1922.

[2]) FROBOESE, C.: Histologische Befunde zur Theorie der Muskelatrophie. Mitt. a. d. Grenzgeb. d. Med. u. Chirurg. Bd. 35, S. 683. 1922.

gerufen werden kann, keine Atrophie eintritt, sondern im Gegenteil im Vergleich zu den an der gleichen Extremität entspannt fixierten Muskeln die Atrophie ausbleibt und sogar eine Hypertrophie auftreten kann. Da Gewicht darauf gelegt wurde, daß die Tiere in ihren Verbänden herumlaufen konnten, so möchte ich nach der Art der dargestellten Extremitätenhaltungen in den Verbänden annehmen, daß es sich bei dieser Hypertrophie der gespannten Muskeln um eine Arbeitshypertrophie handelte. Die Muskeln mit einander genäherten Ansatzpunkten konnten sich an der Leistung jedoch nicht beteiligen und mußten daher rascher schwinden. Aber auch bei den gespannten Muskeln scheint es später zu einer Ausschaltung von der Funktion und damit zu einem Schwund gekommen zu sein.

# Atrophie.

## Inaktivitätsatrophie.

Die Muskeln schwinden, werden atrophisch, wenn die contractile Substanz aus irgendeinem Grunde die für ihre Erhaltung und ihren Wiederaufbau nach Verlust durch Arbeitsleistung erforderlichen Stoffwechselvorgänge nicht mehr leisten kann. Dazu gehört nicht nur die Aufnahme unentbehrlicher Stoffe und die Abgabe entbehrlicher oder schädlicher Umsatzprodukte, sondern auch die *Aneignung* der aufgenommenen Stoffe, deren Umwandlung in die spezifischen Stoffe des contractilen Gewebes und ihre Festhaltung (VIRCHOW). Eine Beeinträchtigung dieser Vorgänge der Assimilation und Dissimilation kann erfolgen durch eine Schädigung des Muskelgewebes infolge von Trauma, Intoxikation und Infektion mit den entsprechenden degenerativen und nekrobiotischen Gewebsveränderungen (*degenerative* Atrophie). Eine ähnliche Störung der Muskelernährung kann durch ein Nachlassen oder Erlöschen der bioplastischen Energie im Alter oder bei mangelhafter Anlage zustande kommen (Wachstumsstörung, Altersatrophie) oder auch durch mangelhaftes Angebot von Arbeits- und Aufbaustoffen (*Inanitions*atrophie). Endlich aber kann der Muskelstoffwechsel auch dadurch eine Einbuße erleiden, daß bei sonst ungestörter Lebenstätigkeit dem contractilen Gewebe die funktionellen *Reize* fehlen, die gerade dadurch, daß sie den Stoffverbrauch, die Dissimilation bewirken, auch die Assimilation, die Anbildung anregen und für diese unerläßlich nötig sind (ROUX). In diesem Falle kann man von *Inaktivitätsatrophie* sprechen. Der Muskelschwund erfolgt bei unkomplizierter Ruhigstellung der Muskeln in der Form der *einfachen Atrophie,* in einer mehr oder weniger schnell vor sich gehenden Verminderung der contractilen Substanz ohne wesentliche Strukturveränderungen.

Die Ausschaltung oder Einschränkung der funktionellen Reize kann in sehr verschiedener Weise vor sich gehen. Die Folgen der mechanischen Ruhigstellung lassen sich in dieser Hinsicht von den Folgen der Ausschaltung der nervösen Reizzuleitungen nicht scharf trennen (vgl. neurotische Atrophie). Bei der Beurteilung darüber, ob ein Muskel in regelrechter Weise beansprucht wird oder beansprucht werden kann, ist zu beachten, daß die Muskelfunktion mit der Möglichkeit der Kontraktion bzw. Quellung nicht erschöpft ist. Zum vollkommenen Spiel der funktionellen Reize gehört auch die Möglichkeit zur Erschlaffung und Entquellung, zur Rückkehr in die Ausgangslage, von der aus allein eine neue Zusammenziehung des Muskels möglich werden kann. Darum ist auch die natürliche Lage und Spannung des Muskels für das unbeschränkte Wirken der Muskeltätigkeit erforderlich. Wird ein Muskel von seinen Ansatzpunkten oder nur von *einem* Ansatzpunkt gelöst, oder werden die Ansatzpunkte dauernd einander so weit genähert, daß eine Dehnung des Muskels auf die ursprüngliche Länge nicht mehr möglich ist, so ergibt sich daraus auch eine dauernde Verminderung der contractilen Leistung. Die Folge ist das Eintreten von Inaktivitätsatrophie, deren Grad von dem Grade der Leistungsbeschränkung abhängig ist. Die Krankenbeobachtung zeigt, daß nicht nur die vollkommen von der Funktion ausgeschalteten Muskeln atrophisch werden, z. B. bei Amputationen, sondern auch alle Muskeln eine Massenverminderung erfahren, deren Leistung durch ebendiese Ausschaltung nur vermindert ist. Das Alter der Geschädigten ist insofern dabei von Bedeutung, als die Umstellung auf veränderte mechanische Funktionsbedingungen bei der in der Jugend vorhandenen lebhafteren Regenerationsfähigkeit und dem jugendlichen Wachstumsantrieb zwar leichter vor sich geht, andererseits Wachstumsdifferenzen bestehende Atrophien im Gegensatz zu den rascher wachsenden funktionell normal beanspruchten Muskeln stärker hervortreten lassen.

Die Atrophie bei der Inaktivität der Körpermuskeln wird nach Lorenz aber auch dadurch befördert, daß außer dem Wegfall des spezifischen Reizes für die contractilen Fasern auch noch regelmäßig eine Einschränkung der für die Ernährung des Muskels wichtigen *Zirkulationsverhältnisse* eintritt. Die Muskelkontraktionen selbst bewirken durch mechanische Einflüsse auf die Blutgefäße und wohl auch auf die Vasomotoren eine periodische Verstärkung des Blutzuflusses und Blutabflusses, also der Blutdurchströmung und damit auch der Zufuhr von Nährmaterial und der Abräumung von Stoffwechselprodukten sowie eine Regelung des Wasserhaushalts der Gewebe.

Die Verschmälerung der Muskelfasern ist bei der einfachen Inaktivitätsatrophie verbunden mit einer Vermehrung der Muskelkerne. Sie wuchern in dem Maße, wie sich die Muskelfaser verkleinert und bilden schließlich in den leergewordenen Sarkolemmschläuchen lange dichtgedrängte Reihen, sogen. „Muskelkernschläuche" (M. B. Schmidt). Auch auf den erhaltenen, aber verdünnten Fasern sieht man sie als chromatinarme Kernbänder aufgereiht, so daß nicht nur an ein Übrigbleiben der vorgebildeten Kerne im atrophischen Muskel zu denken ist, sondern eine aktive, wenn auch unterwertige Kernvermehrung angenommen werden muß. Eine Regenerationstendenz ist dabei unverkennbar, die angeregt durch die Veränderungen des Gewebes infolge Wegfalls der funktionellen Reize nicht zum Ziele, nicht einmal zur Neubildung von Muskelfasern führen kann. Mitosen werden nicht beobachtet. In späteren Stadien der Atrophie zeigt sich die atypische Kernwucherung durch Zusammenfließen der Kerne und Diffusion des Chromatins gegenüber den Auflösungswirkungen der Umgebung als besonders wenig widerstandsfähig [Mouchet[1])].

Die atrophisch geschwundenen Muskelfasern werden zum Teil ersetzt durch Wucherung des lockeren Bindegewebes, in das sich bei gutem allgemeinem Ernährungszustande reichlich Fett einlagert, zwischen den einzelnen Muskelfasern und zwischen den Muskelbündeln in der Umgebung der interstitiell gelagerten Gefäße, Nerven und der intakt bleibenden Muskelspindeln. Die Bindegewebsvermehrung bleibt jedoch gering; das Gesamtvolumen der Muskeln wird in der Regel trotz der Fetteinlagerungen, die dem Muskel eine hellere gelbliche Färbung geben, bedeutend vermindert. Auch innerhalb der Muskelfasern werden Fett und fettähnliche Substanzen abgelagert zwischen den Fibrillen im Sarkoplasma, wo sie bei geeigneter Behandlung im mikroskopischen Bilde trotz unveränderter Faserstruktur sichtbar werden. Gerade diese Fettanhäufung

---

[1]) Mouchet, R.: Beitr. z. pathol. Anat. u. z. allg. Pathol. Bd. 45, S. 154. 1909.

zeigt, daß nicht oder doch nicht immer die mangelnde Zufuhr an Nährmaterial das Wesen der Inaktivitätsatrophie ausmacht, sondern daß das Hauptgewicht auf die infolge des Ausfalls spezifischer Reize fehlende Aneignung und spezifische Umbildung des zugeführten Nährmaterials zu legen ist.

## Neurotische Atrophie.

Bei Schädigungen des Zentralnervensystems und der peripherischen Nerven stellt sich Muskelatrophie besonders dann rasch und in hohem Grade ein, wenn die motorische Innervation der Muskeln direkt gestört ist. Hier sind zunächst zwei Arten neurogener Muskelatrophie zu unterscheiden: 1. die Atrophie solcher Muskeln, die durch den Ausfall der spinalen motorischen Zentren im Grau der Vordersäulen oder der peripherischen motorischen Nerven (II. Neuron) schlaff gelähmt sind (spinale und peripherische neurotische Muskelatrophie) und 2. die Atrophie solcher Muskeln, die durch den Ausfall der cerebralen motorischen Zentren und Bahnen (I. Neuron) spastisch gelähmt bzw. paretisch geworden sind (cerebrale Muskelatrophie). Die Unterscheidung deutet schon insofern eine wesentliche Verschiedenheit der beiden Formen von Muskelatrophie an, als der funktionelle Ausfall in beiden Fällen ein wesentlich verschiedener ist. Bei den spinalen und peripherischen Lähmungen ist der Funktionsausfall in den betroffenen Muskelgebieten ein vollkommener, die Muskelfasern sind von jeder Zuleitung funktioneller Kontraktionsreize auf dem nervösen Wege vollkommen abgeschnitten, sie sind von der spezifischen Funktion ausgeschaltet. Bei cerebralen Lähmungen dagegen fallen für die Muskeln je nach dem Sitze der Gehirnläsion zwar psychomotorische oder auch tonuserregende Reize mannigfacher Art aus, solange aber nur ein Teil der spinalen Reflexbögen erhalten ist, kann auf diesen Wegen den Muskelfasern noch eine funktionelle Anregung auf nervösem Wege zugeleitet werden.

Die Beobachtungen an Nervenkranken und die durch Tierversuche gewonnenen Erfahrungen zeigen nun einen wesentlichen Unterschied in der Ausbildung der Muskelatrophie in diesen beiden Fällen, der in der Hauptsache ohne Schwierigkeit durch den verschiedenen Grad der erzeugten Inaktivität erklärt werden kann. Die Atrophie der spinal und peripherisch gelähmten Muskeln entsteht rasch und wird hochgradig, die der cerebral gelähmten Muskeln bildet sich langsam aus und hält sich in bescheidenen Grenzen (M. B. SCHMIDT).

In beiden Fällen zeigt sich histologisch das Bild *einfacher* Muskelatrophie [LÖWENTHAL[1]), HAUCK[2]), STIER[3]), JAMIN]: Verdünnung der Muskelfasern mit lange *erhaltener* Querstreifung, Kernwucherung, Vermehrung des interstitiellen Binde- und Fettgewebes (vgl. Abb. 106 und 108). Wesentlich verschieden ist nur der *Grad* der Veränderungen. Bei der *cerebralen* Atrophie kommt es bei unkompliziertem Verlauf nicht zu einer vollkommenen Auflösung der contractilen Substanz, nur zu einer Verminderung, während im ganzen die Struktur des Muskels kaum verändert wird (DARKSCHEWITSCH[4]). Degenerative Veränderungen, die von

[1]) LÖWENTHAL, W.: Untersuchungen über das Verhalten der quergestreiften Muskulatur bei atrophischen Zuständen. Dtsch. Zeitschr. f. Nervenheilk. Bd. 13, S. 106. 1898.

[2]) HAUCK, L.: Untersuchungen zur normalen und pathologischen Histologie der quergestreiften Muskulatur. Dtsch. Zeitschr. f. Nervenheilk. Bd. 17, S. 56. 1900.

[3]) STIER, S.: Experimentelle Untersuchungen über das Verhalten der quergestreiften Muskeln nach Läsionen des Nervensystems. Arch. f. Psychiatrie u. Nervenkrankh. Bd. 29, S. 249. 1896.

[4]) DARKSCHEWITSCH, L.: Die pathologische Anatomie der Muskeln. Handb. d. pathol. Anat. d. Nervensystems Bd. II, S. 1228. Berlin: Karger 1904.

einigen Autoren angegeben wurden [EISENLOHR[1]), STEINERT[2])] sind entweder auf postmortale Umbildungen oder auf sekundär durch anderweitige Schädigungen entstandene Zerstörungen zu beziehen. Bei der Atrophie *spinal* oder *peripherisch* gelähmter Muskeln dagegen tritt im weiteren Verlauf, wenn auch oft erst sehr spät, eine vollkommene Auflösung der kontraktilen Fasern ein, von denen nach vorübergehender zuweilen hochgradiger bis zu Riesenzellenartigen Bildungen führender Kernwucherung (s. Abb. 107) nur noch die leeren Sarkolemmschläuche übrig bleiben, so daß nur die streifige Zeichnung der kernreichen Bindegewebszüge mit mehr oder minder üppiger Fetteinlagerung außer den zugehörigen Gefäßen, Nerven und den sehr lange unverändert verharrenden Muskelspindeln noch an den Bau der Muskeln erinnert. Aber selbst in solchen fast rein bindegewebigen Muskeln im Zustande der stärksten Atrophie kann man bei geeigneter Färbung (z. B. Elastinfärbung) und guter Fixierung noch nach vielen Monaten dünne, gelegentlich aufgespaltene [PAPPENHEIMER[3])] quergestreifte Muskelfasern vorfinden.

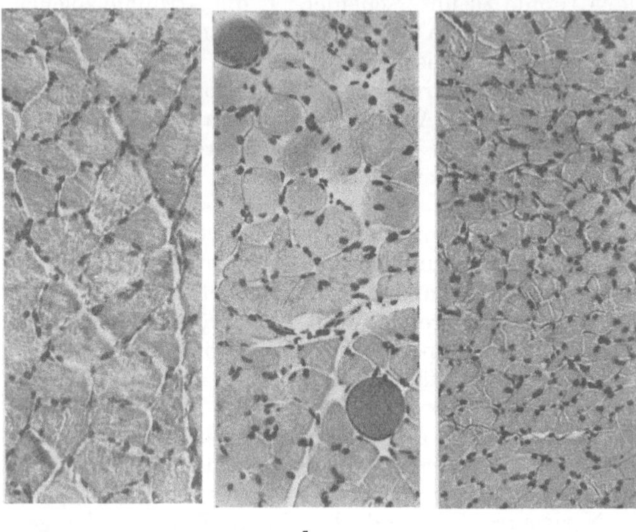

a b c

Abb. 106. Muskelquerschnitte von *einem* Hunde. 129 Tage nach Durchschneidung des Rückenmarks am 10. Dorsalsegment und Resektion des linken Hüftnerven. a) M. biceps bracchii, normal; b) M. gastrocnemius rechts, supranucleäre Rückenmarksdurchschneidung; c) M. gastrocnemius links, Nervenresektion. Gleichmäßig fixiert in MÜLLER-Formol, gefärbt mit Hämatoxylin-Eosin. Vergr. 150×. (Eigenpräparate. Mikrophotogramme von Herrn Geh. Med.-Rat HEIM.)

Zwei Umstände haben lange Zeit die Forscher veranlaßt, der spinalen und peripherischen Lähmungs-Muskelatrophie eine Sonderstellung einzuräumen und sie als *degenerative* Atrophie der *einfachen* Muskelatrophie gegenüberzustellen. Der eine ist der häufig in späten Stadien der Lähmung beim Menschen und im Tierversuch seit ERBS Untersuchungen festgestellte Befund von *degenerativen* Veränderungen an den Muskelfasern: wachsartige Degeneration, sowie körnige und fettige Umwandlung. Bei den Befunden am Menschen sind diese jedoch teils auf die Einwirkung der Vorbehandlung der aus dem lebenden Körper herausgenommenen überlebenden Muskeln teils auf die Folgeerscheinungen komplizierender Erkrankungen mit infektiös-toxischen Schädigungen der Muskeln zurückzuführen. Bei den Tierversuchen haben zum Teil die gleichen Faktoren die mikroskopischen Befunde beeinflußt, teils handelt

[1]) EISENLOHR: Muskelatrophie und elektrische Erregbarkeitsveränderungen bei Hirnherden. Neurol. Zentralbl. 1890, Nr. 1, S. 1. – Beiträge zur Hirnlokalisation. Dtsch. Zeitschr. f. Nervenheilk. Bd. 3, S. 260. 1893.

[2]) STEINERT, H.: Cerebrale Muskelatrophie. Dtsch. Zeitschr. f. Nervenheilk. Bd. 24, S. 1. 1903; Dtsch. Arch. f. klin. Med. Bd. 85, S. 445. 1906.

[3]) PAPPENHEIMER, A. M.: Beitr. z. pathol. Anat. u. z. allg. Pathol. Bd. 44. 1908.

es sich um die Folgen allgemeiner Ernährungsstörungen bei den Versuchstieren, die wie z. B. die Avitaminosen bis in die jüngste Zeit nicht genügend Beachtung gefunden haben und finden konnten. In zweiter Linie haben die auf Grund solcher anatomischer Befunde von ERB als *Entartungsreaktion* bezeichneten Veränderungen der elektrischen Erregbarkeit spinal und peripherisch gelähmter Muskeln Anlaß gegeben, in solchen Muskeln eine degenerative Atrophie vorauszusetzen, da die sonst irgendwie paretisch und atrophisch gewordenen Muskeln, insbesondere die cerebral gelähmten, keine Veränderung der elektrischen Erregbarkeit aufweisen. Dieser Schluß beruht aber auf unzureichend begründeten Voraussetzungen. Die physikalisch-chemischen Voraussetzungen der elektrischen sogenannten Entartungsreaktion sind noch keineswegs genügend geklärt, um aus ihr allein eine morphologische Zustandsänderung der Muskulatur voraussetzen zu können. Die Tatsache allein, daß die Abkühlung der Muskeln schon eine der Entartungsreaktion im wesentlichen sehr ähnliche Veränderung der elektrischen Erregbarkeit vorübergehend erzeugen kann [GRUND[1])], beweist, daß es sich hier im Muskel nur um Zustandsänderungen handeln kann, die mit den nekrobiotischen Umwandlungen in degenerierten Muskeln nichts gemein haben. Selbst wenn man annehmen will, daß die Entartungsreaktion nicht *allein* durch den Ausfall der erregbaren motorischen Nervenendigungen zu erklären ist (REISS), so kann doch nicht übersehen werden, daß die Erscheinungen der elektrischen Entartungsreaktion innig mit den Veränderungen der elektrischen Erregbarkeit der motorischen Nerven verbunden sind: Entartungsreaktion ist bei schlaff atrophischer Lähmung schon zu einer Zeit nachweisbar, in der zwar an den Nerven, aber noch keineswegs an den Muskeln deutliche morphologische Veränderungen in jedem Falle nachweisbar sind, und andererseits können schwere degenerative Veränderungen in

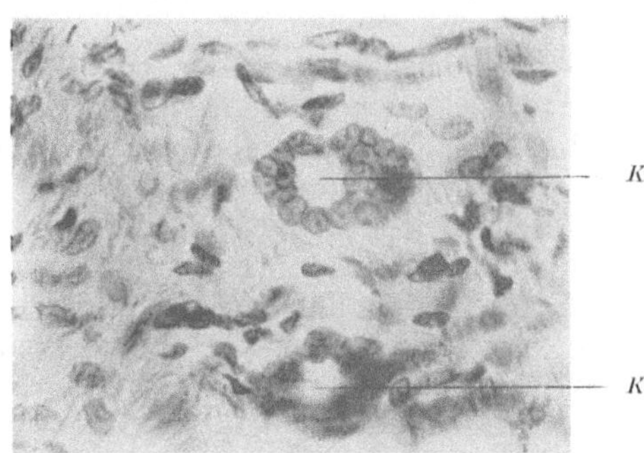


Abb. 107. Riesenzellenartige Kernringe ($K$) bei neurotischer Muskelatrophie. Rückenmuskel vom Hund, 111 Tage nach Durchschneidung der Nerven in der Cauda. Hämatoxylin-Eosinfärbung. Vergr. 350×. (Eigenpräparat. Mikrophotogramm von Herrn Geh. Med.-Rat HEIM.)

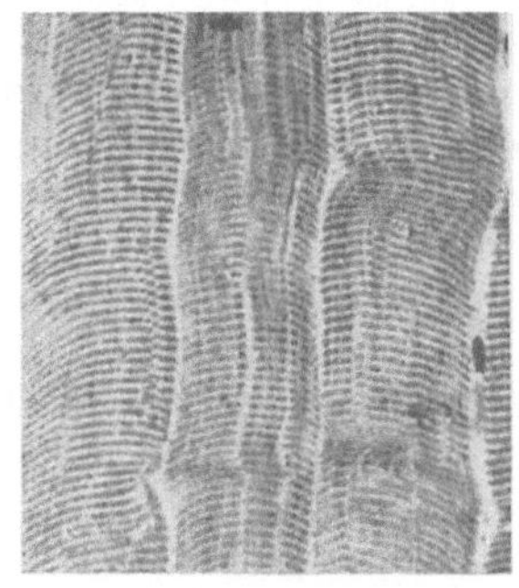

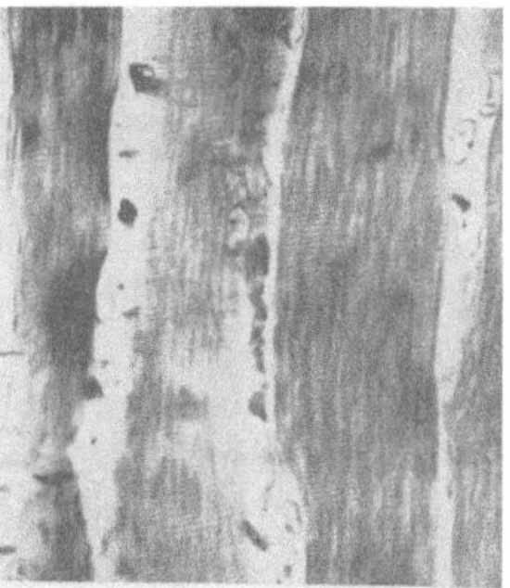

a b

Abb. 108. *Erhaltene Querstreifung im atrophisch schlaff gelähmten Muskel.* Muskellängsschnitte von *einem* Hunde, 43 Tage nach Durchschneidung des Rückenmarks am 9. Dorsalsegment und Resektion des linken Hüftnerven. a) M. supraspinatus links, normal; b) M. gastrocnemius links, Nervenresektion. Gleichmäßig fixiert in Sublimat, gefärbt mit Eisenhämatoxylin. Vergr. 450×. (Eigenpräparate. Mikrophotogramme von Herrn Geh. Med.-Rat HEIM.)

[1]) GRUND, G.: Die Abkühlungsreaktion des Warmblütermuskels und ihre klinische Ähnlichkeit mit der Entartungsreaktion. Dtsch. Zeitschr. f. Nervenheilk. Bd. 35, S. 169. 1908.

den Muskeln bei Kachexien und Infektionskrankheiten ohne wesentliche Veränderung der elektrischen Erregbarkeit einhergehen.

Im Zusammenhalt mit den Erscheinungen der Wallerschen Degeneration der peripherischen Nerven, die eine weitgehende trophische Abhängigkeit der Nervenfortsätze von der zugehörigen Nervenzelle erkennen ließen, hat man in diese einem gemeinsamen Zelleben ähnliche trophische Abhängigkeit auch die Muskelfasern einbezogen. Danach würde sich die Dreizahl: Muskelfaser, peripherischer motorischer Nerv und motorische Rückenmarks-Ganglienzelle als ein gleichsam unter gemeinsamem Ernährungshaushalt stehendes Synzytium darstellen. Immer wieder wurde zur Erklärung der neurotischen Muskelatrophie auf die Vorstellung zurückgegriffen, daß „die Vorderhornzellen auf die Muskulatur eine nutritive von den übrigen funktionellen Einflüssen getrennte Wirkung ausüben.“ (Cassirer). Dagegen spricht aber doch, daß der Muskel bei aller Abhängigkeit vom Nerveneinfluß in besonderen Fällen in seiner Ernährungs- und Erhaltungsfähigkeit auch wieder eine große Selbständigkeit aufweist. Ein entnervter Muskel kann ebenso wie ein gesunder neues Muskelgewebe regenerativ hervorbringen [Neumann und Kirby[1])], und die Erfahrungen beim Menschen mit der Nervenüberpflanzung besonders bei der Behandlung der peripherischen Facialislähmung haben gezeigt, daß der Muskel nach Verlust des zugehörigen Nerven jahrelang erhalten bleibt und sich nach leitender Verbindung mit einem neuen motorischen Nervenzentrum (des Hypoglossus z. B.) wieder erholen kann zu regelrechter Leistungsfähigkeit und damit auch wieder zu besseren Ernährungsverhältnissen. Es ist also auch hier nicht so sehr der celluläre Zusammenhang als vielmehr der funktionelle Innervationseinfluß maßgebend. Unter der Herrschaft der didaktisch so wertvollen Neuronenlehre hat man gelegentlich außer acht gelassen, daß der Zusammenhang zwischen Ganglienzelle, Nervenfaser und Muskel doch mehr ein theoretisch konstruierter als tatsächlich in allen Einzelbeziehungen erwiesener ist, und daß die Nervenverbindung mit dem Rückenmark den Muskel dort nicht nur mit den großen Ganglienzellen in den Vordersäulen in Beziehung setzt, sondern mit einem Zentrum im Grau von kompliziertem Bau und noch komplizierteren funktionellen Aufgaben, zu denen nicht nur die Wechselbeziehungen mit anderen motorischen und sensiblen Nervenapparaten, sondern auch die zu den zentralen und den peripherischen *vegetativen*, für die Ernährung der Gewebe noch wichtigeren Zentren und Nerven gehören.

Diesen vegetativen, sympathischen und parasympathischen Nervensystemen ist für die Innervation der Muskeln besondere Bedeutung beizumessen, seit von Boecke[2]) in der Muskelfaser *akzessorische Nervenfasern* nachgewiesen worden sind, die als marklose Fasern von den peripherischen motorischen Nervenfasern und ihren Endplatten unabhängig sind und von deren und der sensiblen Fasern-Durchschneidungsdegeneration nicht betroffen werden. Diese Befunde haben verschiedene Forscher veranlaßt, den Tonus der Muskeln mit der sympathischen [de Boer[3]), Kure[4]) und Mitarbeiter] oder der parasympathischen [Frank[5])] Innervation in Beziehung zu setzen (vgl. Abb. 109). Spiegel dagegen kommt nach seinen eingehenden kritischen und experimentellen

[1]) Kirby: Experimentelle Untersuchungen über die Regeneration des quergestreiften Muskelgewebes. Beitr. z. pathol. Anat. u. z. allg. Pathol. Bd. 11, S. 302. 1892.

[2]) Boeke, I.: Internat. Monatsschr. f. Anat. u. Physiol. Bd. 28, S. 377. 1911; Anat. Anz. Bd. 35, S. 193. 1910; Bd. 44, S. 343. 1913.

[3]) de Boer: Pflügers Arch. f. d. ges. Physiol. Bd. 190, S. 41. 1921.

[4]) Kure, K., T. Hiramatsu u. S. Sakai: Pflügers Arch. f. d. ges. Physiol. Bd. 194, S. 481. 1922.

[5]) Frank, E.: Berlin. klin. Wochenschr. 1919, S. 1057; 1920, S. 725.

Untersuchungen zu dem Schluß, daß die Hypothese von der doppelten Innervation, die Annahme einer besonderen statischen von den motorischen Endigungen unabhängigen Innervation der Muskeln nicht haltbar sei. Nach seiner Ansicht ist weder die Annahme, daß der Tonus der Skelettmuskeln durch über den Grenzstrang laufende sympathische Fasern vermittelt werde, noch die Annahme, daß efferente Hinterwurzelfasern den Weg der statischen Innervation darstellen, bisher einwandfrei bewiesen. Vielmehr werden statische und kinetische Innervation durch dieselben Fasern, nämlich die Axone der Vorderhornzellen besorgt. An diesen greifen ebenso die der Fortbewegung dienenden, wie die die Haltung der Skelettmuskeln beherrschenden Mechanismen an. Die

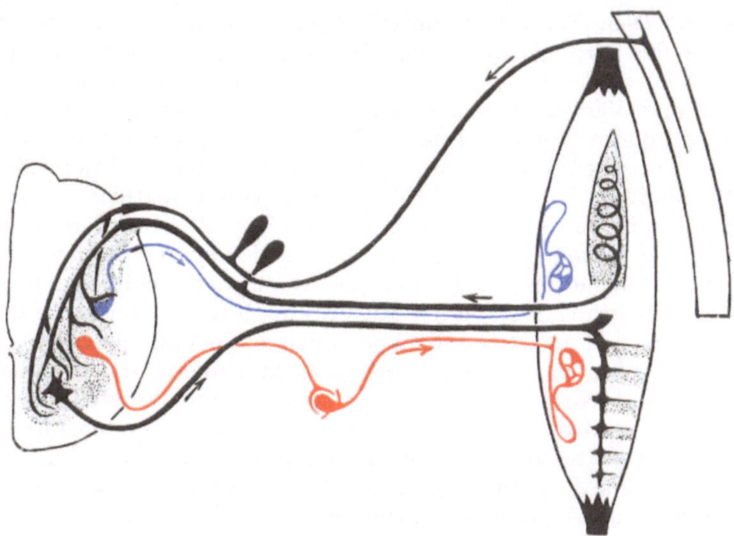

Abb. 109. *Schematische Darstellung der Innervation des quergestreiften Skelettmuskels* nach LANGELAAN und REGELSBERGER. Aus der Vorderhornganglienzelle entspringt der zentrifugale motorische Nerv (schwarz). Aus der Seitenhornganglienzelle geht der Ramus communicans albus zum *sympathischen* Ganglion des Grenzstranges; von hier gelangen Fasern des Ramus communicans griseus zum quergestreiften Muskel (rot). Durch die hinteren Wurzeln wird zentripetal die Sensibilität der Haut und der Muskeln über das Spinalganglion zum Rückenmark geleitet (schwarz). *Blau* ist die Bahn gezeichnet, die vom *parasympathischen* System kommt und über die hinteren Wurzeln zu den Muskeln ziehen soll, um dort den Muskeltonus zu beeinflussen.

Dauerverkürzung der Muskeln wird teils durch im Muskel selbst der Erschlaffung entgegenwirkende Widerstände (z. B. Quellung des Sarkoplasmas, veränderte Säurebildung und damit veränderte Entquellungsbedingungen), teils durch Bremsungsreflexe bewirkt, die sich dem physikalischen Dehnungswiderstand des Muskels hinzugesellen. Diese „Bremsung“ wird durch Erregung der Propriozeptoren ausgelöst und durch einen Reflex bedingt, der zum Teil über das Kleinhirn, zum Teil über andere Zentren des Hirnstamms caudal vom Thalamus opticus verläuft und schließlich extrapyramidal die Vorderhornzelle erreicht. Die Axone der Vorderhornzellen stellen die „gemeinsame Strecke“ für die statische und kinetische Innervation dar.

Wenn diese Vorstellungen richtig sind, dann kann auch bei der Betrachtung der Muskelatrophie den tonischen Erregungen kein anderer Weg als den kinetischen zugewiesen werden. Es ist daher aus den Folgen der peripherischen Nervendurchschneidung zu schließen, daß der Ausfall der vom Zentralnervensystem vermittelten tonischen oder statischen Innervation für den Ernährungszustand der Muskeln den gleichen Erfolg herbeiführt wie der der kinetischen Innervation, nämlich den Ausfall funktioneller Reize und damit die Inaktivitätsatrophie. Wenn A. W. Meyer (S. 678), der einer abbauenden Wirkung des Tonus großes Gewicht beilegt, nach völliger Rückenmarksdurchtrennung im Tierexperiment rapide Muskelatrophie beobachtete und darauf hinweist, daß gerade der Wegfall von tonushemmenden Fasern durch den Rückenmarkschnitt von Bedeutung für diese rapide Atrophie sein kann, so ist dem entgegenzuhalten, daß ich in eigenen und von Sherrington mir gütigst überlassenen Muskelpräparaten nach hoher Rückenmarksdurchschneidung bei Hunden auch nach längerer Versuchsdauer gerade keine besonders hochgradige Atrophie nachweisen konnte. Dem zentral vermittelten Muskeltonus kann also eher das Gegenteil einer die Atrophie fördernden Wirkung zugesprochen werden.

Anders ist es wohl mit den im Muskel selbst durch physikalisch-chemische Umsetzungen und Veränderungen eintretenden Schwankungen von Spannung und Elastizität: dem *myogenen Tonus.* Für diesen ist außer dem Einfluß der peripherisch-motorischen Innervation zweifellos auch die Funktion der Durchblutung und damit auch die sympathische und parasympathische Innervation maßgebend. Da nun die akzessorischen Fasern Boeckes mit den Gefäßplexus in Zusammenhang stehen, läßt sich ein Einfluß der sympathischen und parasympathischen Systeme innerhalb und außerhalb des Gehirns und Rückenmarks auf den Ernährungszustand der Muskeln unabhängig von den rein motorischen Funktionen und Systemen denken, auch ohne daß man das Bestehen besonderer trophischer Fasern und Zentren anzunehmen braucht, über deren Funktionsweise man sich zur Zeit noch keine klaren Vorstellungen bilden könnte. Durch eine Beteiligung des vegetativen Nervensystems lassen sich drei Sonderfälle von neurotischer Muskelatrophie verständlich machen, die durch den motorischen Funktionsausfall nicht ohne weiteres erklärt sind: 1. Die häufig bei zerebralen Läsionen auffallend rasch und in einem gewissen Gegensatz zu dem motorischen Funktionsausfall auftretende starke Muskelatrophie an den Extremitäten. Sie gewinnt an Bedeutung, wenn wir an eine Mitbeteiligung der vegetativen Zentren im Zwischenhirn und der Medulla oblongata denken (L. R. Müller) und deren Einfluß auf Zirkulation, Wasserhaushalt und Stoffwechsel der Organe. 2. Die auffallend stark und rasch einsetzende Muskelatrophie bei allen akuten und chronischen Erkrankungen im Grau der Rückenmarksäulen, die neben den motorischen auch die vegetativen insbesondere die vasomotorischen Zentren für die hemmenden und fördernden sympathischen und parasympathischen Fasern enthalten. 3. Die Muskelatrophien bei vasomotorischen Neurosen (Akroparästhesien, symmetrischer Gangrän, Sklerodermie), bei denen die motorischen Funktionen meist nicht direkt geschädigt sind, wohl aber Störungen in den sympathischen Gefäßgeflechten oder in den vasomotorischen Zentren des Rückenmarksgrau vorausgesetzt werden können.

Hinsichtlich der chemischen Veränderungen, die der von seinem Nerven abgetrennte Muskel erleidet, fand Grund[1]), daß der Eiweißphosphor in dem so gelähmt atrophischen Muskel im Verhältnis zum Eiweißstickstoff sehr erheblich zunimmt. Die Ursache dafür findet er in einer elektiven Einschmelzung der für den Muskel kennzeichnenden und für seine kontraktile Funktion am notwendigsten phosphorfreien Eiweißkörper. Darin zeigte sich ein grundlegender

---

[1]) Grund, G.: Zur chemischen Pathologie des Muskels. Arch. f. exp. Pathol. u. Pharmakol. Bd. 67, S. 293. Bd. 71, S. 129. 1913.

Unterschied gegenüber der *alle* Eiweißkörper des Muskels gleichmäßig betreffenden Abnahme beim Hunger. Diese Befunde stehen mit dem histologischen Befund der relativen Kernvermehrung beim Faserschwund der Muskelatrophie in Übereinstimmung. Bei der zum Vergleich angestellten Untersuchung der reinen Inaktivitätsatrophie des durch Amputation von seiner Funktion ausgeschalteten Muskels fand GRUND in etwas geringerem Grade die gleichen chemischen Veränderungen wie beim schlaff atrophisch gelähmten Muskel: Zunahme des Wassergehalts bei relativer Abnahme der fettfreien Trockensubstanz und hochgradigen Fettgehalt, relatives Ansteigen des an Eiweiß gebundenen Phosphors: bei der Lähmungsatrophie Zunahme um 63,5 %, bei der reinen Inaktivitätsatrophie Zunahme um 42,7 %. Nur der Reststickstoff nahm bei der Nervendurchtrennung auf der atrophischen Seite etwas ab, bei der Amputation blieb er auf der atrophischen Seite konstant. Es ist also in beiden Fällen, bei der Atrophie infolge Lostrennung vom Nerven wie bei der Atrophie nach Amputation chemisch wie histologisch der gleiche Vorgang: Schwund der Muskelfaser und Abnahme der in ihr enthaltenen Eiweißkörper; bei der Durchtrennung des Nerven rascher, bei der einfachen Inaktivität etwas langsamer. Ferner relative Kernvermehrung und Zunahme der in den Kernen enthaltenen phosphorhaltigen Eiweißkörper (Nucleine). Die hochgradigen Verschiebungen in der chemischen Struktur des schlaff gelähmten, atrophischen und Entartungsreaktion gebenden Muskels sind durch den in beiden Fällen gleich wirkenden Faktor zu erklären: *die Aufhebung der Funktion.* Bei früheren Untersuchungen über die Atrophie der Organe unter der Einwirkung des Hungers konnte der Verfasser niemals eine wesentliche Veränderung der relativen chemischen Zusammensetzung in bezug auf Stickstoff und Phosphor nachweisen. Beim Hunger sind die Leistungen des Gesamtorganismus herabgesetzt, aber kein Organ stellt deshalb isoliert seine Tätigkeit ein. Darum werden zwar die Reservestoffe verbraucht, aber die chemische Struktur der wesentlichen Organbestandteile bleibt unverändert. Erst mit Aufhebung der Funktion setzen die schweren chemischen Veränderungen ein, „die das ausgeschaltete Organ gerade in denjenigen Teilen erleidet, die für seine Funktion am wichtigsten sind; gerade diese Teile scheinen auch ihrerseits wieder die Funktion notwendig zu brauchen, um sich erhalten zu können.“ Diese Ausführungen geben eine Bestätigung für die Annahme, daß bei der Inaktivitätsatrophie das Hauptgewicht in der mangelnden Aneignung des angebotenen Nährmaterials liegt und daß der mangelnde funktionelle Reiz auch bei der neurotischen Atrophie jeder Art auf der gleichen Grundlage wie bei der einfachen Inaktivitätsatrophie das Wesen der Ernährungsstörung ausmacht. Alle anderen Einflüsse, auch die der Zirkulation können nur den Grad und das Zeitmaß der Ernährungsstörung verschiedenartig gestalten, ebenso wie es die verschiedenen Formen des funktionellen Ausfalls je nach dem Sitz der Läsion im peripherischen Nerven oder in einem Teil des Zentralnervensystems und seiner Zu- und Ableitungen tun.

Von den auf einer mangelhaften vererbten Anlage beruhenden und daher oft familiär auftretenden Formen der progressiven Muskelatrophien läßt sich ein Teil durch den Nachweis unverkennbarer Veränderungen im zentralen und peripherischen Nervensystem als den neurotischen Muskelatrophien zugehörig erkennen. Dies gilt für die *progressive spinale Muskelatrophie* (ARAN-DUCHENNE) mit atrophisch-degenerativen Veränderungen in den spinalen motorischen Zentren und für die infantilen und juvenilen *neuralen Muskelatrophien* in den distalen Extremitätenabschnitten (HOFFMANN) mit Degenerationserscheinungen und Schwund in den peripherischen motorischen Nerven (bes. im Peroneusgebiet). Dagegen ist eine funktionelle und ausschlaggebende morphologische Schädigung der Innervation noch nicht sicher erwiesen für die familiär und hereditär auftretenden Formen der juvenilen und infantilen Formen der progressiven *Muskeldystrophie* (Erb), bei denen der Muskelschwund die proximalen Muskelmassen in eigenartiger Lagerung, beginnend in der Muskulatur des Beckens und des Rückens befällt. Hier handelt es sich um eine primär myopathische Aufbrauchsveränderung, deren Vorgang in seinen pathogenetischen Grundlagen noch nicht hinreichend aufgeklärt ist. Möglicherweise werden sie durch Anlagemängel im endokrinen und vegetativen System vermittelt. Der Muskelschwund ist dabei ausgezeichnet durch die Ungleichförmigkeit in dem Verhalten der Muskelfasern der befallenen Gebiete, in denen sich neben stark atrophischen Fasern häufig noch hypertrophische eingelagert finden und durch die besonders in früher Kindheit oft übermäßig starke lipomatöse Einlagerung von Fettgewebe (Pseudohypertrophie). Stellenweise tritt aber auch kompensatorisch zum Ausgleich der durch Atrophie geschwächten Muskelpartien in anderen Gebieten echte Muskelhypertrophie, wenigstens vorübergehend, auf. Daneben werden gelegentlich auch in anderen Organen trophische Störungen als Anzeichen der Bildungs- und Wachstumsstörungen beobachtet, wie das auch bei den ebenfalls auf einer vererbbaren Keimplasmaveränderung beruhenden Formen der *myotonischen Muskelatrophie* vorkommt.

## Arthrogene Muskelatrophie.

Muskeln und Knochen bilden eine funktionelle Einheit. Die Festigkeit der Knochen gibt den Muskeln die Haltepunkte für ihre Wirksamkeit, bei der sie durch Spannung eine Belastung tragen oder durch Verkürzung eine Bewegung ermöglichen. Dabei wird durch die Tätigkeit der Muskeln die Lage der Knochen und durch diese wieder die Dehnung der Muskeln und damit eine der Grundbedingungen für ihre Funktionsfähigkeit verändert. Einen wichtigen Faktor in diesen Wechselbeziehungen stellt der Zustand der Gelenke und die Beweglichkeit der Knochen in diesen dar. Es ist daher ohne weiteres verständlich, daß Erkrankungen der Knochen und der Gelenke die Leistungsfähigkeit der Muskeln beeinträchtigen und darum auch zur Muskelatrophie führen können. Wenn die Muskelatrophie bei Erkrankungen der Gelenke eine gewisse Sonderstellung einnimmt, so liegt das zum Teil wohl an der großen praktischen Bedeutung, besonders für die Chirurgie und Orthopädie, weil der begleitende Muskelschwund bei einer Gelenkstörung mehr und länger als diese allein den Gebrauch einer Extremität ungünstig beeinflußt. Vor allem aber hat die Eigenart der arthrogenen Muskelatrophie die Aufmerksamkeit der Forscher erregt: sie unterscheidet sich zwar nicht morphologisch von den anderen Formen der Muskelatrophie, aber sie wird dadurch auffällig, daß sie im allgemeinen *rascher und stärker* einsetzt, als es den durch das Gelenkleiden bedingten Bewegungsbeschränkungen nach den üblichen Vorstellungen von dem Muskelschwund in untätigen Gliedern entsprechen würde.

Obwohl es sich bei den verschiedenen Gelenkleiden um sehr verschiedenartige natürlich auch für die Muskeln nicht indifferente schädigende Einflüsse handelt, wie Infektionen, Stoffwechselkrankheiten, Ernährungsstörungen, Zirkulationsveränderungen, Traumen und neuropathische Erscheinungen, so hat man doch immer wieder nach einer für alle Fälle von arthrogener Muskelatrophie einheitlich geltenden Erklärung gesucht und so eine Reihe von Theorien aufgestellt, die man aus klinischen und zum Teil einander recht widersprechenden experimentellen Beobachtungen zu stützen suchte.

## 1. Die Entzündungstheorie (Strümpell).

Sie erklärt die Muskelatrophie bei akuten und chronischen entzündlichen und eiterigen Gelenkerkrankungen durch ein Übergreifen des Entzündungsvorgangs auf die benachbarte Muskulatur infolge einer Fortleitung auf den Lymphwegen. Dabei kann es sich um eine Übertragung der Krankheitserreger selbst oder auch nur um eine Weiterleitung von Toxinen auf die Muskeln handeln, als deren Folge eine Myositis und Muskeldegeneration die Atrophie einleitet. Auch die Muskelnerven können an dem Entzündungsvorgang beteiligt sein (Sabourin[1]) und dadurch das Entstehen der Atrophie begünstigen. In vielen Fällen wird bei Gelenkleiden, wie beim Gelenkrheumatismus, der übrigens bei kurzer Dauer nicht häufig zu einer ausgesprochenen arthrogenen Muskelatrophie führt, die Wiederstandsfähigkeit der Muskeln auch durch die septische und toxische Allgemeinschädigung des Organismus herabgesetzt, so daß dann degenerative Veränderungen die in der Umgebung der erkrankten Gelenke ruhig gestellten Muskeln mit Vorliebe befallen, deren Zirkulationsverhältnisse besonders ungünstig sein müssen.

## 2. Die Dehnungstheorie (Tilmann).

Bei Gelenkergüssen erleiden die Streckmuskeln eine Dehnung und gerade diese werden vorwiegend von der arthrogenen Atrophie befallen. Grunewald[2]) erklärt diese größere Labilität der Strecker damit, daß sie in phylogenetisch jüngerer Zeit der Menschwerdung wichtige Massen- und Funktionsveränderungen erfahren haben im Gegensatz zu den seit uralten Zeiten wenig veränderten Beugern. Zutreffender ist wohl die Erklärung von A. W. Meyer, daß die *Beuger* an Knie- und Ellbogengelenk deshalb weniger leicht funktionsuntüchtig werden, weil sie vorwiegend Zweigelenker sind und daher trotz Ellbogen- und Kniegelenksversteifung durch Schulter bzw. Becken in lebhafter Funktion gehalten werden, während Trizeps und Quadrizeps vorwiegend Eingelenker sind. Auf die stärkere Atrophie der monoartikulären Muskeln hat Jansen[3]) hingewiesen.

Nun konnten Tilmann[4]) und Kremer[5]) zeigen, daß experimentell durch Dehnung eines Muskels (vermittels eingelagerter und aufgeblasener Gummiballons) binnen weniger Tage eine Muskelatrophie erzeugt werden kann. Demgegenüber hat A. W. Meyer nachgewiesen, daß bei abgestufter Muskeldehnung durch Entfernung der Ansatzpunkte im fixierenden Verband der Erfolg der Dehnung je nach ihrem Grade ein verschiedenartiger ist. Bei starker Anspannung der Muskeln tritt schon nach kurzer Zeit hochgradige Atrophie mit Nekrosen auf. Bei mittleren Graden der Anspannung dagegen bleibt die Atrophie aus und es kann sich Hypertrophie entwickeln. Es ist daher nicht sehr wahrscheinlich, daß die Überdehnung allein bei der Entstehung der arthrogenen Atrophie häufig maßgebend ist, dagegen mag sie durch die Behinderung der aktiven Muskelspannung und Muskelverkürzung an der Ruhigstellung des Muskels wesentlich beteiligt sein.

---

[1]) Sabourin: De l'atrophie musculaire rhumatismale. These de Paris 1873.

[2]) Grunewald, J.: Zeitschr. f. orthopäd. Chirurg. Bd. 30, S. 9. 1912.

[3]) Jansen, M.: Die polyartikulären Muskeln als Ursache der arthrogenen Contracturen. Arch. f. klin. Chirurg. Bd. 96, S. 616. 1911.

[4]) Tilmann: Die Elastizität der Muskeln und ihre chirurgische Bedeutung. Arch. f. klin. Chirurg. Bd. 69, S. 410. 1903.

[5]) Kremer: Pathogenese der arthritischen Amyotrophien. Inaug.-Dissert. Greifswald 1902.

### 3. Die Reflextheorie (Vulpian-Charcot).

Sie nimmt an, daß vom geschädigten Gelenk aus auf dem Wege der sensiblen Bahnen reflektorisch durch Erregungszustände in den grauen Vordersäulen des Rückenmarks funktionell dynamische Störungen der motorischen Ganglienzellen hervorgerufen werden, die durch Reizerscheinungen die Atrophie, durch Erschöpfung die Parese der Gelenkmuskeln erzeugen. Eine große Zahl von Forschern haben diese reflektorische Beeinflussung einer trophischen Funktion der motorischen Rückenmarksganglien experimentell zu stützen gesucht. Bei Durchschneidung der zugehörigen hinteren Wurzeln, also bei Unterbrechung des Reflexbogens blieb die Atrophie bei einer durch Injektion von Reizstoffen gesetzten Gelenkentzündung aus (Raymond[1]), Hoffa[2]). Dieses Versuchsergebnis läßt sich jedoch auch so deuten, daß durch die Hinterwurzeldurchschneidung die reflektorische Ruhigstellung des Gelenks verloren geht und zugleich die vom Gelenk ausgehende die Schonung und Entspannung der Extremität bedingende Schmerzempfindung (Sulzer[3]). Der Gebrauch der Extremität wird also dabei nicht im gleichen Maße behindert, wie bei schmerzhafter Gelenkentzündung mit erhaltenem Reflexbogen. Auch klinisch wird die arthrogene Muskelatrophie gerade bei jenen Arthropathien häufig vermißt, die bei fehlender Sensibilität hochgradige Gelenkzerstörungen ohne starke Gebrauchsbehinderung verursachen wie bei tabischer und syringomyelischer Arthropathie. Schiff und Zack[4]) haben gezeigt, daß nach Rückenmarksdurchschneidung mit erhaltenem Reflexbogen für die unteren Extremitäten die Erzeugung einer Gelenkentzündung durch Reizeinspritzung ins Kniegelenk auf der injizierten Seite *keine* Muskelatrophie sondern Hypertrophie zur Folge hat. Hier hat also die Gelenkeinspritzung nicht hemmend sondern reizend auf den trophischen Einfluß der motorischen Rückenmarkszentren eingewirkt. Die Muskelatrophie nach Gelenkinjektion beim normalen Tier ist so zu erklären, daß der Schmerz von höheren Zentren aus die Muskeltätigkeit hemmt und so Inaktivitätsatrophie bewirkt. A. W. Meyer konnte diese Ergebnisse nicht bestätigen und glaubt das Mehrgewicht der Muskeln auf der Seite der Gelenkinjektion nach hoher Rückenmarksdurchschneidung auf höheren Wassergehalt der Muskeln beziehen zu müssen, da die Prüfung des Trockengewichts des ganzen Muskels entweder gleiches Gewicht auf beiden Seiten oder eine Abnahme auf der Seite der Gelenkinjektion ergab. Er fand in seinen Versuchen von allerdings kurzer Dauer auf der Seite der Gelenkinjektion bei hoher Rückenmarksdurchschneidung Muskelatrophie, wenn auch nur geringen Grades. Tatsächlich geht der Muskelatrophie bei Lähmungen im Experiment fast regelmäßig in den ersten Stadien eine ödematöse Quellung der Muskeln voran, die bei der Beurteilung des Muskelzustandes durch Wägung leicht zu Irrtümern Anlaß geben kann.

### 4. Die Vasomotorentheorie (Brown-Séquard).

Brown-Séquard hat angenommen, daß die Muskelatrophie durch eine reflektorische Reizung der vasomotorischen Nerven ausgelöst werde. Bei den

---

[1]) Raymond, F.: Rev. de méd. 1890, S. 374; Gaz. de Paris 1891, Nr. 1.

[2]) Hoffa, A.: Zur Pathogenese der arthritischen Muskelatrophie. Volkmanns Samml. klin. Vortr. N. F. Nr. 50. 1892.

[3]) Sulzer: Anatomische Untersuchungen über Muskelatrophie artikulären Ursprungs. Leipzig u. Basel: C. Sallmann S. 135. 1897.

[4]) Schiff, A. u. E. Zack: Experimentelle Untersuchungen zur Pathogenese der arthritischen Muskelatrophien. Wien. klin. Wochenschr. Nr. 18, S. 651. 1912.

engen Beziehungen der vasomotorischen Zentren zu den spinalen motorischen Ganglien einerseits und der Muskeltätigkeit zur Muskeldurchblutung andererseits ist dieser Annahme kein geringes Gewicht beizumessen. [SCHUBERT[1]).]

## 5. Die Tonustheorie (A. W. MEYER).

A. W. MEYER bestätigte das Ausbleiben der Muskelatrophie nach Gelenkreizinjektion bei Durchschneidung der hinteren Wurzeln. Die Atrophie blieb dabei auch dann aus, wenn die betreffende Extremität durch Fixation immobilisiert war. Er fand ferner, daß die durch Immobilisieren in verkürzter Stellung zu erzeugende Muskelatrophie nach Hinterwurzeldurchschneidung ebenfalls ausbleibt oder nur sehr gering ist. Da nun die Durchschneidung der hinteren Wurzeln in den Muskeln den Tonus aufhebt (BRONDGEEST[2]), so schloß er daraus, daß das Fehlen des Tonus für das Ausbleiben der Atrophie verantwortlich zu machen sei. Umgekehrt würde dann ein verstärkter Tonus zu schnellerer Atrophie führen. In seinen Versuchen wurde die Muskelatrophie durch Gelenkinjektion schneller herbeigeführt als durch Immobilisierung. Eine Tonussteigerung darf aber auch bei akuten schmerzhaften Gelenkschädigungen vorausgesetzt werden. Er nimmt an, daß der Tonus, der vom Zentralnervensystem abhängige unwillkürliche Spannungszustand des Muskels, in diesem einen Abbau bedingt. Geht er *mit* Durchblutung vermehrter Art, hervorgerufen durch Bewegungsimpulse vom Zentrum aus, einher, dann erzeugt er Bestand oder sogar Hypertrophie des Muskels. Ist er aber in einem inaktiven Muskel ohne jene zur Durchblutung führenden Impulse wirksam, dann hat er Atrophie zur Folge. In allen Versuchen, mit Hinterwurzeldurchschneidung, ohne oder mit Rückenmarksdurchschneidung, in denen mit Gelenkinjektionen bei Hinterwurzeldurchschneidung oder Rückenmarkdurchschneidung, zeigte sich, daß die tonuslosen Muskeln viel weniger atrophieren als die Tonus zeigenden und daß die Atrophie umso stärker ist, je stärker der Tonus ist. A. W. MEYER faßt den Muskeltonus als einen Erregungszustand im Muskel auf, der dauernd Abbau von Muskelsubstanz bewirkt und für die Muskelatrophie verantwortlich zu machen ist, doch nur dann, wenn die zur Hyperämie führende Bewegung oder Bewegungsimpulse wie bei künstlicher Inaktivierung fehlen. Geeignete Spannung oder Dehnung des Muskels ist ein Gegengewicht gegen den abbauenden Tonus. Der gespannte Muskel sowie auch der, dessen hintere Wurzeln durchschnitten sind, verliert seinen Tonus, was von SULGER[3]) durch Nachweis einer Verminderung der Kreatinmenge bestätigt wurde. Derartige Muskeln atrophieren nicht oder nur gering, was histologisch von FROBOESE[4]) erwiesen wurde.

Jedenfalls zeigen diese Versuchsergebnisse die große Bedeutung der den Muskeln dauernd zuströmenden Innervationsimpulse, der tonischen und der kinetischen, in ihrer engen Abhängigkeit von dem Ernährungszustrom. Die Versuche MEYERS erstreckten sich fast durchwegs auf kurze Zeit, also auf jenes erste Stadium, in dem gerade die rasche Atrophie der Muskeln bei Gelenkleiden auffällig ist. Wenn daher seine Tonustheorie bei der arthrogenen Muskelatrophie manche Unstimmigkeiten der Reflextheorie aufzuklären vermag, so ist

[1]) SCHUBERT, A.: Wachstumsunterschiede und atrophische Vorgänge am Skelettsystem. Dtsch. Zeitschr. f. Chirurg. S. 80. 1921.

[2]) BRONDGEEST: Arch. f. Anat., Physiol. u. wiss. Med. S. 703. 1860.

[3]) SULGER, E.: Über Tonus und Kreatingehalt der quergestreiften Muskulatur unter verschiedenen Dehnungs- und Innervationsbedingungen. Mitt. a. d. Grenzgeb. d. Med. u. Chirurg. Bd. 35, S. 691. 1922.

[4]) FROBOESE, C.: Mitt. a. d. Grenzgeb. d. Med. u. Chirurg. Bd. 35, S. 683. 1922.

sie doch nicht ohne weiteres auf die Verhältnisse bei anderen Muskelatrophien übertragbar, bei denen wie bei der neurotischen Atrophie wesentlich längere Zeiträume in frage kommen, in denen die aufbauende Wirkung der reflektorischen den Muskeln dauernd zuströmenden Impulse die abbauende Wirkung des Tonus häufig übertreffen dürfte.

### 6. Die Inaktivitätstheorie (SCHIFF und ZACK).

Von keiner Seite wird bestritten, daß die Ruhigstellung der Glieder nach Traumen und bei Entzündungen der Gelenke, die Fixation in Verbänden, die Versteifung der Gelenke durch Schrumpfung der Bänder und sekundäre Muskelverkürzung eine Inaktivitätsatrophie der Muskeln herbeiführt. Die Bewegungsbeschränkung ist dabei teils eine willkürliche zur Vermeidung der Schmerzen, teils eine reflektorisch ausgelöste, die das betreffende Glied mit der Zeit in eine durch das Muskelgleichgewicht bedingte Ruhelage zwingt. Ist die Bewegungsmöglichkeit im Gelenk auf lange Dauer hochgradig herabgesetzt, kommt es zur Ankylose (SULZER, STRASSER[1]), so werden die zugehörigen Muskeln von der Funktion ausgeschaltet und zwar die nächstliegenden in jeder Hinsicht. Für die übrigen Muskeln des betreffenden Gliedes hängt die funktionelle Beanspruchung von der verbliebenen sonstigen Leistungsfähigkeit und Bewegungsneigung des Organismus ab. So wird in vielen Fällen die arthrogene Muskelatrophie zum großen Teil auf den Ausfall der funktionellen Reize und die damit verbundenen Zirkulationsstörungen zu beziehen sein, und sich als echte Inaktivitätsatrophie darstellen. Die Eigenart der arthrogenen Atrophie, ihre in auffälligem Gegensatz zur einfachen Inaktivitätsatrophie oft so rapide Entwicklung und die Lokalisation in bestimmten Muskelgebieten findet allein durch die funktionelle Behinderung keine ausreichende Erklärung. Hier spielen zweifellos die vom erkrankten Gelenk ausgehenden Fernwirkungen eine bedeutsame Rolle. Daher haben KÜTTNER-LANDOIS Recht, wenn sie in ihrer Kritik der Theorien betonen, daß man nicht alle Muskelatrophien bei Gelenkleiden in *ein* bestimmtes Schema hineinzwängen soll. Außer der Inaktivierung sind für die Ernährung der Muskeln zwei Faktoren von besonderer Bedeutung: Die vom erkrankten Gelenk direkt auf dem Lymphwege oder durch Vermittlung der Blutbahn ausgehenden infektiös-toxischen, die Lebensfähigkeit der Muskelfasern schädigenden Einflüsse und dann die durch die zentripetalen Nerven vom Gelenk her vermittelten reflektorischen Einwirkungen im Zentralnervensystem, wobei mehr noch als an die tonischen und trophischen Innervationen der motorischen Rückenmarksganglien, auch an die höheren den Tonus regulierenden subcorticalen Zentren und insbesondere an das gerade in seinen trophischen Funktionen noch wenig durchleuchtete vegetative Nervensystem zu denken ist.

## Myositis.

So empfindlich das Muskelgewebe gegen Kreislaufstörungen, Funktionsstörungen, Stoffwechselstörungen, Intoxikationen und physikalische Einflüsse ist, die es mit atrophischen und degenerativen Vorgängen oder kolloidalen Zustandsänderungen beantwortet, so widerstandsfähig erweist es sich infolge seines Blutreichtums und seiner günstigen Gefäßversorgung gegen entzündungserregende Faktoren insbesondere gegen das Eindringen von Krankheitserregern.

[1]) STRASSER, H.: Zur Kenntnis der funktionellen Anpassung der quergestreiften Muskeln. Stuttgart: Enke 1883.

Die echten Muskelentzündungen gehören daher zu den verhältnismäßig seltenen Erscheinungen.

Sie werden hervorgerufen entweder durch eine von einem Krankheitsherd unmittelbar fortgeleitete bzw. durch eine metastatisch verschleppte Invasion von *Krankheitserregern*, wie bei der eiterigen, der tuberkulösen und syphilitischen Myositis oder durch die Einwirkung der anderweitig im Körper von Keimen erzeugten *Toxine*, wie bei der Mehrzahl der nicht eiterigen Muskelentzündungen. Auch durch *Parasiten* (Trichinose, Finnen) kann im Muskel eine entzündliche Reaktion hervorgerufen werden.

Kennzeichnend für die echten Entzündungen ist das Auftreten von meist interstitiellen Entzündungsherden in den Muskeln mit hyperämischen und hämorrhagischen Veränderungen, mit Leukocytenanhäufung und Proliferation von Bindegewebszellen, mit entzündlichem Ödem und Vermehrung der Sarkolemm- bzw. Muskelfaserkerne, die von körniger, hyaliner, fettiger oder nekrotischer Degeneration der Muskelfasern begleitet ist. Bei eitrigen Entzündungen kommt es zur Einschmelzung großer Partien der Muskeln. Bei den nicht eiterigen Entzündungen wird je nach der Dauer und dem Grade der toxischen Schädigung der degenerierte Muskel durch Muskelfaserregeneration oder schwielig durch bindegewebige Umwandlung des aus dem Perimysium hervorgegangenen Granulationsgewebes ersetzt.

Als klinische Erscheinungen der Muskelentzündung sind bemerkenswert: der nur bei den chronischen Formen häufiger fehlende *Schmerz*, der schon in der Ruhe vorhanden ist und durch Bewegungsversuche gesteigert wird. Ferner der örtliche *Druckschmerz* am Sitz der Erkrankung und die palpable *Schwellung* und *Härte* des erkrankten Muskels, der sich verkürzt wie ein in Dauerkontraktion befindlicher Muskel unter der Haut abzeichnen kann. Die Schwellung, Spannung und Schmerzhaftigkeit bedingt eine erhebliche *Einschränkung der Funktionsfähigkeit*, eine entzündliche Kontraktur, die teils auf den örtlichen Veränderungen im Muskel selbst beruht, teils von seinen in den Entzündungsherden gereizten sensiblen Nerven aus reflektorisch über das Zentralnervensystem unterhalten wird. In späteren Stadien der Heilung mit Defekt kann anstelle dieser aktiven Kontraktur die passive Kontraktur durch Verkürzung des narbig geschrumpften Muskels treten.

Während der unberührte Muskel den Infektionen das Angehen bzw. die Keimvermehrung offenbar sehr erschwert, es sei denn, daß der Muskel schon vorher durch Allgemeinerkrankung oder Ernährungsstörung eine Schädigung erlitten hat, bietet der *verletzte*, abgestorbene, nicht mehr oder schlecht durchblutete Muskel den Eiterkokken und insbesondere den anaëroben Infektionen (Gasödem, Tetanus) einen besonders günstigen Nährboden. Dabei tritt dann unter Umständen ein rasches Fortschreiten der Eiterung im Muskel entlang den intermuskulären Scheiden auf und es kann zur Abstoßung von nekrotisierten Sequestern kommen, die teils auf die traumatische Muskelschädigung teils auf die Gefäßschädigung mit sekundärer Thrombenbildung zurückzuführen ist (SCHMINCKE).

Die letzten Kriegserfahrungen haben vielleicht wegen der Ernährungsmängel häufiger als früher bei zahlreichen *Infektionskrankheiten* eine entzündliche Beteiligung der Muskeln mit Schmerzen, Schwellungen und Blutungen zur Kenntnis gebracht (SCHMINCKE). So bei Typhus, Paratyphus, Ruhr, Icterus infectiosus, Influenza, Meningokokkensepsis, Rotz. Beim Skorbut treten häufig die hämorrhagisch-nekrotischen Veränderungen an der Bildung von Hämatomen erkennbar in den Muskeln, besonders in den Waden, auf, doch handelt es sich hier wohl mehr um eine reine Ernährungsstörung, als um eine entzündliche Veränderung.

Von den nicht eiterigen Muskelentzündungen hat die *akute Polymyositis* (Wagner) den Charakter einer selbständigen Infektionskrankheit, wenn es auch nicht gelang, die Erreger nachzuweisen. Sie hat wegen der auffälligen begleitenden Hauterscheinungen in Form starken Oedems und urtikarieller oder fleckig hyperämischer Exantheme den Namen *Dermatomyositis* erhalten und zeigt manche Ähnlichkeit mit der durch die Toxinwirkung der einwandernden Parasiten erzeugten Trichinenmyositis. Bei der Polymyositis treten die entzündlich ödematös und hämorrhagisch-infiltrierend die Muskeln schmerzhaft inaktivierenden Entzündungsherde unter schweren Allgemeinerscheinungen multipel mit wechselnder Lokalisation auf. Sie führen durch Beteiligung der Atmungs- und Schlundmuskeln nicht selten zum Tode, in anderen Fällen nach Abklingen der Entzündungen durch Regeneration zur Heilung mit oder ohne zurückbleibenden atrophischen Defekt.

Tritt zu der Polymyositis noch eine entzündlich-degenerative Beteiligung der Muskelnerven, so kann das Krankheitsbild und der Funktionsausfall durch die Erscheinungen der Lähmung, der neurotischen Atrophie und der Entartungsreaktion kompliziert werden (Senator[1]).

Die tuberkulösen und syphilitischen Muskelentzündungen führen seltener zu diffusen entzündlichen Muskelveränderungen als zu umschriebenen Entzündungsherden mit degenerativen Veränderungen des Muskels in ihrer Umgebung. Bei der Tuberkulose wird häufiger die fortschreitende Verbreitung von einem Herd, z. B. im Knochen, auf die benachbarte Muskulatur, selten aber auch eine hämatogene Aussaat tuberkulöser Knoten im Muskel beobachtet, die nicht geringe Neigung zur Begrenzung ja zur Heilung haben. Dabei kann die sonstige tuberkulöse Ansiedelung im Körper noch verhältnismäßig gering, vielleicht auf einen schwer nachweisbaren Primärherd in der Lunge beschränkt sein. Bei fortgeschrittenen Lungentuberkulosen verhindern wahrscheinlich die allgemeinen Immunitäts- bzw. Widerstandsveränderungen das häufigere Auftreten einer miliaren Aussaat in der Muskulatur.

Von den chronischen Muskelentzündungen ist die zu einer schwieligen Umwandlung der Muskeln führende *Myositis fibrosa* [Hackenbruch[2]) u. A.] ihrem Wesen nach noch wenig bekannt. Mikroskopisch liegt eine zellreiche bindegewebige Infiltration vor, in der die atrophischen Muskelfasern zum Teil schollig zerfallen sind. In einer Eigenbeobachtung konnte ich bei einem allgemein dystrophischen 11 jährigen Mädchen nach jahrelanger Krankheit neben Leber- und Milzschwellung und Hautatrophie mit Pigmentanomalien an allen Extremitäten eine schmerzlose atrophische Verhärtung und Verkürzung fast aller Muskeln bei freien Gelenkflächen und ohne Nerven-Funktionsausfall nachweisen, die nicht anders als durch eine chronisch fortschreitende bindegewebige Umwandlung der Muskeln zu erklären ist. Ähnliche fibröse Muskelschrumpfung findet man häufig bei ausgesprochenen Fällen von Sklerodermie. Man muß sie wohl mehr zu den trophischen Anlage- und Entwicklungsstörungen rechnen. Die sekundäre Muskelschwiele als Folgezustand eines überwundenen Reiz- bzw. Entzündungsvorgangs, nach Muskelverletzungen, nach intramuskulären Injektionen, nach ischämischen Muskeldegenerationen und nach Muskelabscessen, sowie als Ausgangsform der oben erwähnten akuten Myositisformen gehören zu den entzündlichen chronisch produktiven Erscheinungen.

---

[1]) Senator: Über akute Polymyositis und Neuromyositis. Dtsch. med. Wochenschr. S. 933, 1893.

[2]) Hackenbruch: Über interstitielle Myositis und deren Folgezustände, die sog. rheumatische Muskelschwiele. Beitr. z. klin. Chirurg. S. 73. 1893.

Eine besondere Bedeutung kommt hierbei der *Knochen*bildung in *Muskelnarben* zu. Dabei erfolgt die Knochenbildung in einem Teil der Fälle im Anschluß an Verletzungen, die den Muskel und den Knochen betroffen haben und so Knochen- und Periostteile in den Muskel hinein versprengen konnten. Die in den Muskel verlagerten Knochenhautstückchen mit knochenbildender Fähigkeit haben in diesen Fällen das Ausgangsmaterial für die Bildung des Muskelknochens gegeben (SCHMINCKE).

In anderen Fällen ist diese Möglichkeit auszuschließen und man muß annehmen, daß die Knochenbildung im Muskel *metaplastisch* aus den zu Granulations- bzw. Bindegewebsmassen gewucherten Muskelinterstitien nach degenerativer Beseitigung der kontraktilen Fasern hervorgegangen ist [G. B. GRUBER[1])]. Eine solche Umbildungs-Verknöcherung als die Folge von häufigen Quetschungen und Reizungen des Muskels ist als *Myositis ossificans circumscripta* bekannt in der Form des „*Exerzierknochens*" im Musc. Deltoideus an der Stelle des Gewehranschlags, als „*Reitknochen*" in den Adductoren der Oberschenkel, als „*Luxationsknochen*" in der Umgebung luxiert gewesener Gelenke (M. B. SCHMIDT, LORENZ). Außer den Reizen, die an der Verletzungsstelle sich geltend machen können (Blutung, degenerierte Muskelreste, gegebenenfalls noch Bakterien und Toxine, Zerfallsprodukte) kommen bei der Seltenheit der knöchernen Umwandlung von Muskelnarben wohl noch individuelle Faktoren in Frage. Diese „knochenbildende Diathese" kann in Eigentümlichkeiten des Mineralstoffwechsels liegen, sie kann aber auch in einer ererbten Anlage des Bindegewebes zur metaplastischen Knochenbildung ihren Grund haben, die dann latent vorhanden durch das Trauma nur aktiv geworden ist. Zeigt doch auch das Periost bei manchen Individuen eine abnorme vererbbare über das erforderliche Maß hinausgehende Neigung zur Knochenproduktion, die oft der Myositis ossificans sehr ähnliche Knochenspangen den Muskeln entgegenschickt (multiple Exostosenbildung).

Eine solche abnorme Veranlagung ist vorauszusetzen bei der *Myositis ossificans progressiva multiplex*, bei der von früher Kindheit ab sich in den Muskeln oft schubweise besonders im Nacken, in den Masseteren und am Rücken Knochenspangen vom interstitiellen Muskelbindegewebe aus entwickeln, die dann auch mit den präformierten Knochen in Beziehung treten und diese untereinander verbinden können. Auch hier ist eine Umwandlung des Muskelbindegewebes festzustellen, zu der Verletzungen vielfach zwar nicht die letzte Grundbedingung aber doch den Anstoß geben. Daher kann man die Erkrankung unter Berücksichtigung der konstitutionellen Faktoren doch mit einiger Berechtigung den entzündlichen Muskelreaktionen zurechnen.

Von einer anderen Form der vitalen Reaktion des quergestreiften Muskels auf äußere und innere Reize, der *Muskelhärte*, kann es fraglich erscheinen, ob man sie den Muskelentzündungen anreihen soll. Da bei dieser Erscheinung die histologischen Kriterien, der mikroskopische Nachweis von Veränderungen in der Muskelstruktur, Faserdegenerationen, Kernwucherung, Zellauswanderung, Gefäßveränderungen regelmäßig fehlen, ist ihre pathologische Bedeutung ja ihre Existenz früher oft bestritten worden und ihre Vermengung mit Kontrakturen einzelner Muskelfasern und mit bindegewebigen Muskelschwielen war der Aufklärung der Erscheinung nicht förderlich.

SCHADE[2]) hat durch sorgfältige Untersuchungen an einem großen Material aus den Kriegsjahren den Nachweis geführt, daß bei den Beschwerden des

[1]) GRUBER, G. B.: Zirkumskripte Muskelverknöcherung. Jena: G. Fischer 1913. — Bruns' Beitr. z. klin. Chirurg. Bd. 106. 1917.

[2]) SCHADE, H.: Untersuchungen in der Erkältungsfrage. III. Münch. med. Wochenschr. Nr. 4, S. 95. 1921.

sogen. Muskelrheumatismus häufig *Härten* im Muskel vorhanden sind. Sie entsprechen nicht reflektorischen Muskelfaserkontrakturen, sondern bleiben auch in tiefer Narkose, selbst nach dem Tode bis zum Eintritt der Totenstarre bestehen. Die Härte beruht in wechselndem Grade auf einer Änderung der Zusammenlagerung der feinsten ultramikroskopischen Teile (Moleküle, Molekülaggregate und Kolloide) und ist daher mikroskopisch nicht nachweisbar. Da es sich um eine Erstarrung der Muskelkolloide (zu *Gelen*) ähnlich der Totenstarre handelt, hat SCHADE den Vorgang als *Myogelose* bezeichnet. Da ihm die Gelose als eine für die direkte Kältewirkung typische Schädigungsart des Gewebes gilt, hat er die Myogelose beim Muskelrheumatismus als die Folge einer direkten lokalen Kälteschädigung des Muskels betrachtet. Dafür spricht u. a. das bevorzugte Ergriffensein der oberflächlichen Muskeln, die Übereinstimmung der Lokalisation hinsichtlich des Auftretens der Muskelhärten und der Kälteeinwirkung, die Bevorzugung der ruhenden, d. h. der in der Blutversorgung und daher im Wärmeschutz schlechter gestellten Muskeln.

Diese Muskelhärten — Myogelosen — sind als Knoten von 1, 2 bis 5 cm Durchmesser bei geeigneter Befühlung unscharf begrenzt zu tasten, sind spontan meist, nicht immer schmerzhaft und druckempfindlich. Sie sind bei verschiedenen Untersuchungsterminen ziemlich konstant und können durch angemessene Behandlung — Wärmeapplikation und Massage — beseitigt werden.

LANGE und EVERSBUSCH[1]) haben diese Befunde bestätigt und sie durch weitere Angaben über die auch von SCHADE erwähnten durch Überanstrengung, durch Zirkulationsstörungen und durch Stoffwechselstörungen erzeugten Muskelhärten ergänzt. Sie weisen darauf hin, daß es sich im wesentlichen wahrscheinlich um eine Überladung des Muskels mit Ermüdungsstoffen (Milchsäure usw.) handelt, sei es, daß sie im Übermaß erzeugt oder daß sie in ungenügender Weise abgeführt werden, oder daß beide Momente zusammenwirken. Alle diese Muskelhärten lassen sich durch massage-ähnliche Eingriffe (*Gelotripsie*) beseitigen. Eine weitere Bestätigung dieser Auffassung der rheumatischen Muskelbeschwerden gab GAUGELE[2]).

Die kolloidchemische Betrachtung SCHADES hat für das Verständnis mancher krankhafter Veränderungen im Muskel im Sinne der örtlichen aber auch der allgemeinen Erstarrung neue Ausblicke eröffnet, die weit über den Bereich der mikroskopisch-anatomischen Untersuchung hinausführen werden. Veränderungen des Stoffwechsels der Muskelfaser werden sich in deren kolloidalen Zuständen viel früher und unmittelbarer bemerkbar machen, als in der mikroskopisch sichtbar zu machenden Struktur. So sind die Veränderungen in der Muskelhärte bei Fehlnahrung kleiner Kinder (Hypertonie des Mehlnährschadens, Hypotonie der Dystrophiker und der Rachitischen (HAGENBACH-BURCKHARDT[3]) im Gegensatz zu A. MÜLLER[4]) leichter durch kolloidchemische Zustandsänderungen als durch echt trophische oder tonische Veränderungen vorstellbar. Auch für die so außerordentlich schmerzhafte Krampferstarrung bzw. Verhärtung der Muskeln beim Wadenkrampf kann man sich den ungünstigen Einfluß einer geringen Kreislaufstörung und den günstigen Einfluß der Massage leichter vorstellen, wenn man an eine vorübergehende

[1]) LANGE, F. u. G. EVERSBUSCH: Die Bedeutung der Muskelhärten für die allgemeine Praxis. Münch. med. Wochenschr. Nr. 14, S. 418. 1921.

[2]) GAUGELE: Muskelrheumatismus, Muskelneuralgie, Muskelhärten. Münch. med. Wochenschr. Nr. 32, S. 1189. 1922.

[3]) HAGENBACH-BURCKHARDT: Klinische Beobachtungen über die Muskulatur der Rachitischen. Jahrb. f. Kinderheilk. Bd. 60, S. 471.

[4]) MÜLLER, A.: Die rachitische Muskelerkrankung usw. Münch. med. Wochenschr. Nr. 44, S. 1409. 1921-

Anhäufung von (saueren?) Umsetzungsprodukten und dadurch ausgeloste Myogelose denkt, als wenn man nur die vom Nervensystem zu erzielenden reflektorischen und zentrifugalen Kontraktionsimpulse ins Auge faßt. Wichtiger für alle diese Vorgänge ist die Regulierung des Säftestroms im Muskel selbst und dessen chemische und nervöse vegetative Beeinflussung. Als reversible Reizerscheinung ist die Muskelhärte der Muskelentzündung nahe verwandt. Denn wenn sie, wie z. B. bei starker dauernder Ischämie des Muskels längere Zeit bestehen bleibt, dann wird sie häufig Anlaß zur Entwicklung weiterer Entzündungsvorgänge durch die Einleitung der Muskellösung geben. Bei den traumatischen Muskelhärten (LANGE-EVERSBUSCH) ist ohnehin eine strenge Trennung von traumatisch-hämorrhagischer Myositis und reiner Myogelose nach den mikroskopischen Befunden sorgfältig untersuchter Muskeln kaum durchzuführen.

# Elektrodiagnostik und Elektrotherapie der Muskeln.

Von

F. KRAMER

Berlin.

Mit 7 Abbildungen.

## Zusammenfassende Darstellungen.

DUCHENNE (DE BOULOGNE): De l'électrisation localisée. Paris 1861. — REMAK, R.: Galvanotherapie der Nerven- und Muskelkrankheiten. Berlin 1858. — WATTEWILLE: Grundriß der Elektrotherapie, deutsch von WEISS. Leipzig 1886. — ERB: Handbuch der Elektrotherapie. Leipzig 1880. — REMAK, E.: Grundriß der Elektrodiagnostik und Elektrotherapie. Wien und Leipzig 1895 und 1909. — MANN: Grundriß der Elektrodiagnostik und Elektrotherapie. Wien und Leipzig 1904. — KRAMER: Abschnitt Elektrodiagnostik in Lewandowskys Handbuch der Neurologie. — COHN, TOBY: Abschnitt Elektrotherapie in Lewandowskys Handbuch der Neurologie. — Derselbe: Leitfaden der Elektrodiagnostik und Elektrotherapie. Berlin 1924. — Handbuch der ges. med. Anwendungen d. Elektrizität. Herausgegeben von BORUTTAU und MANN. Leipzig 1909. Insbesondere die Abschnitte: BORUTTAU: Elektro physiologie und Elektropathologie; ZANIETOWSKI: Allgemeine Elektrodiagnostik; WERTHEIM-SALOMONSOHN: Allgemeine Elektrotherapie; MAURICE MENDELSSOHN: Spezielle Diagnostik der Muskelkrankheiten; MAURICE MENDELSSOHN: Spezielle Elektrotherapie der Muskelkrankheiten. — Handbuch der Therapie der Nervenkrankheiten. Herausgegeben von H. VOGT. Abschnitt: F. KRAMER: Elektrotherapie.

## Allgemeines über die in der Elektrodiagnostik angewandten Untersuchungsmethoden.

Die elektrodiagnostische Untersuchung der Muskeln unterscheidet sich von den elektrophysiologischen Experimenten dadurch, daß sie nicht am isolierten Organ, sondern am unversehrten Körper durch die Haut hindurch erfolgt. Infolgedessen kann der angewandte Reiz nicht streng auf das Organ, das geprüft werden soll, lokalisiert werden; auch wenn die Reizelektrode möglichst genau aufgesetzt wird, trifft nur ein gewisser, in seiner Größe nicht genau bestimmbarer Teil des elektrischen Stromes den Muskel. Die Größe dieses Anteils ist von den Widerstandsverhältnissen der Haut, von der Dicke der Gewebsschicht, welche die Elektrode vom Muskel trennt, ferner auch von der Lage der beiden Elektroden zueinander abhängig. Die Art, wie die Stromschleifen zwischen den Elektroden verlaufen, ist durchaus nicht regelmäßig und hängt insbesondere von den Widerstandsverhältnissen der verschiedenen Gewebe ab, die auch in dem gleichen Gewebe in der einen Richtung anders sein können als in der anderen. Für die Reizwirkung maßgebend ist nur der Teil des Stromes, der das Organ durchfließt. Der menschliche Körper stellt keinen einheitlichen Halbleiter dar;

er ist von semipermeablen Membranen unterbrochen, an denen beim Stromdurchgang Konzentrationsverschiebungen eintreten. Es bilden sich an diesen Stellen sekundäre Elektroden. Beim Durchgang des Partialstromes durch den Muskel entsteht daher an der Eintrittsstelle des Stromes in ihn eine sekundäre (auch physiologische oder virtuelle genannte) Anode, an der Austrittsstelle eine sekundäre Kathode. Das geschieht in der gleichen Weise, ob die Reizung bipolar oder unipolar erfolgt. Von bipolarer Reizung reden wir, wenn die beiden Elektroden an zwei verschiedenen Stellen des Längsverlaufes des Muskels appliziert werden, von einer unipolaren, wenn nur eine Elektrode von kleinem Querschnitt auf ihn aufgesetzt wird (Reizelektrode), während eine andere Elektrode von großem Querschnitt (indifferente Elektrode) an einer beliebigen Stelle des Körpers, am besten in der Mittellinie, angebracht wird. Die beiden Methoden unterscheiden sich dadurch, daß bei bipolarer Reizung die beiden physiologischen Elektroden annähernd von gleicher Dichte sind; bei unipolarer Reizung ist dagegen nur die dem Reizpol entsprechende physiologische Elektrode dicht, während die dem anderen entsprechende einen diffusen Charakter trägt. Infolgedessen übt in der Regel die der Reizelektrode entsprechende sekundäre Elektrode die intensivere Wirkung aus.

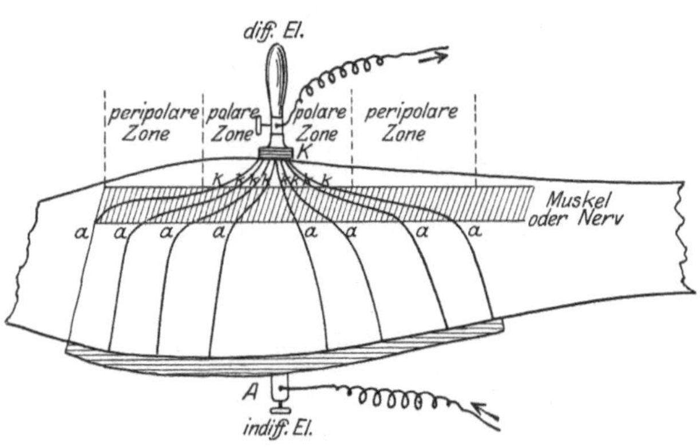


Abb. 110. Stromverteilung bei unipolarer Reizung. (Aus Handbuch der ges. med. Anwendungen der Elektrizität. Abschnitt BORUTTAU.)

An den einzelnen Muskeln finden sich bestimmt umschriebene Stellen, die für die Reizung vorzugsweise geeignet sind. An diesen Stellen kann der Reizeffekt mit einer erheblich geringeren Stromstärke erzielt werden als an irgendeinem anderen Punkte des Muskels. Eine geringe Verschiebung der Reizelektrode genügt schon, um den Erfolg der Erregung in hohem Maße herabzusetzen. Übersteigt die Stromstärke nicht wesentlich die Reizschwelle, so ist eine Wirkung überhaupt nur dann zu erzielen, wenn die Elektrode genau auf den Reizpunkt aufgesetzt ist.

Die Lage der Muskelreizpunkte ist nicht durch Besonderheiten in ihrem Verhältnis zur Hautoberfläche ausgezeichnet. Auch bei Muskeln, die mit ihrer ganzen Oberfläche gleichmäßig unter der Haut liegen, und bei denen die Zwischenschicht ihrer Dicke nach nicht merklich variiert, hebt sich der Reizpunkt mit voller Schärfe ab. Es handelt sich danach um Punkte, die physiologisch ihrer Umgebung gegenüber eine Sonderstellung einnehmen. Die Frage nach dem Wesen der Reizpunkte ist von Bedeutung für die Entscheidung des Problems, ob bei der sog. direkten Reizung der Muskeln eine unmittelbare Wirkung auf die Muskelfasern stattfindet oder eine indirekte Erregung mittels Reizung der intramuskulären Nerven vorliegt. Während DUCHENNE[1]) den erstgenannten Standpunkt vertrat, wurde von R. REMAK[2]) schon frühzeitig die andere Meinung ausgesprochen. Er betonte, daß der Reizpunkt die Stelle ist, an der der ver-

[1]) DUCHENNE, (DE BOULOGNE): De l'électrisation localisée. Paris 1861.
[2]) REMAK R.: Galvanotherapie der Nerven- und Muskelkrankheiten. Berlin 1858.

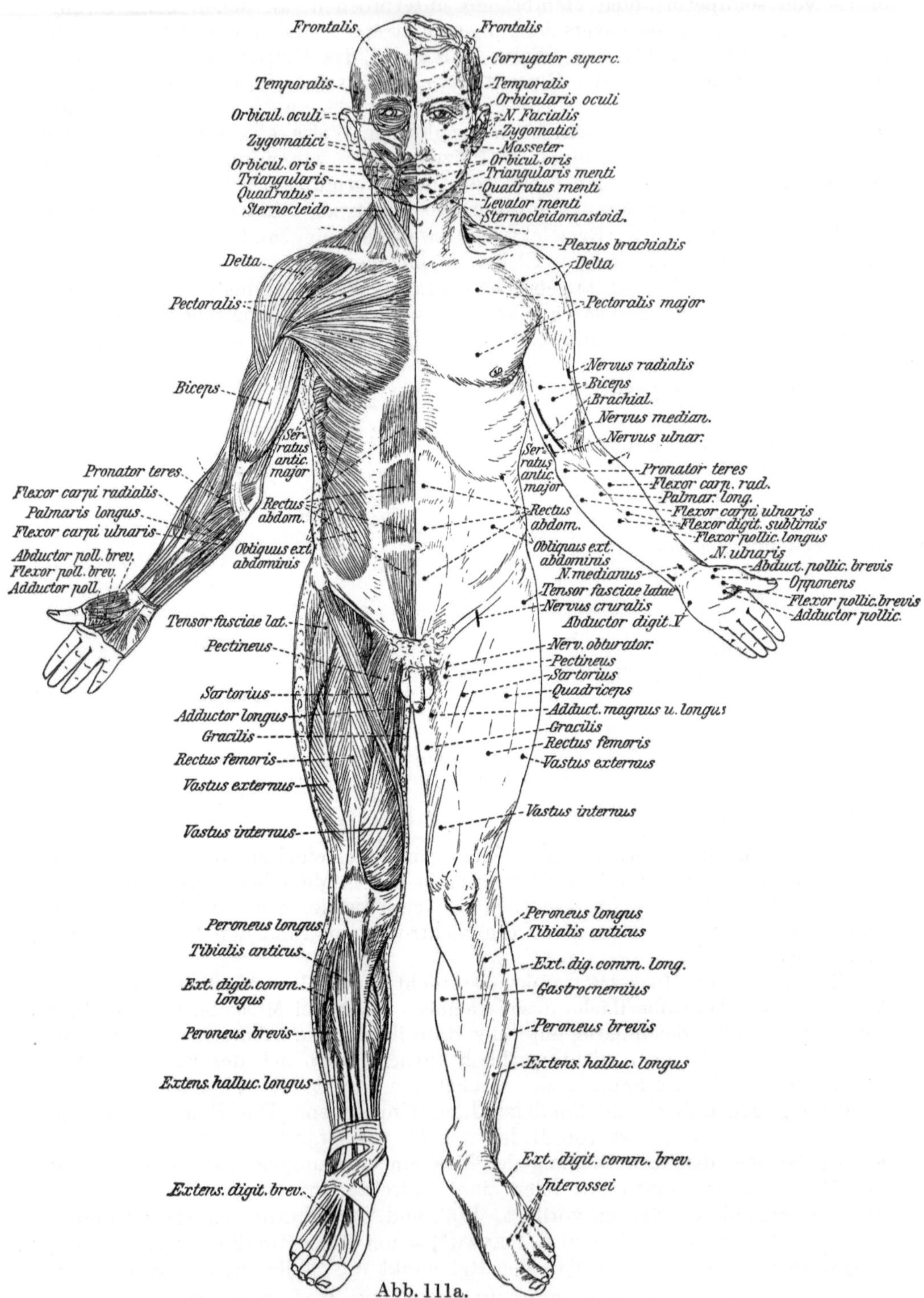


Abb. 111a.

Abb. 111a—c. Reizpunkte der Nerven und Muskeln. (Aus Lewandowskys Handbuch der Neurologie. Abschnitt KRAMER.)

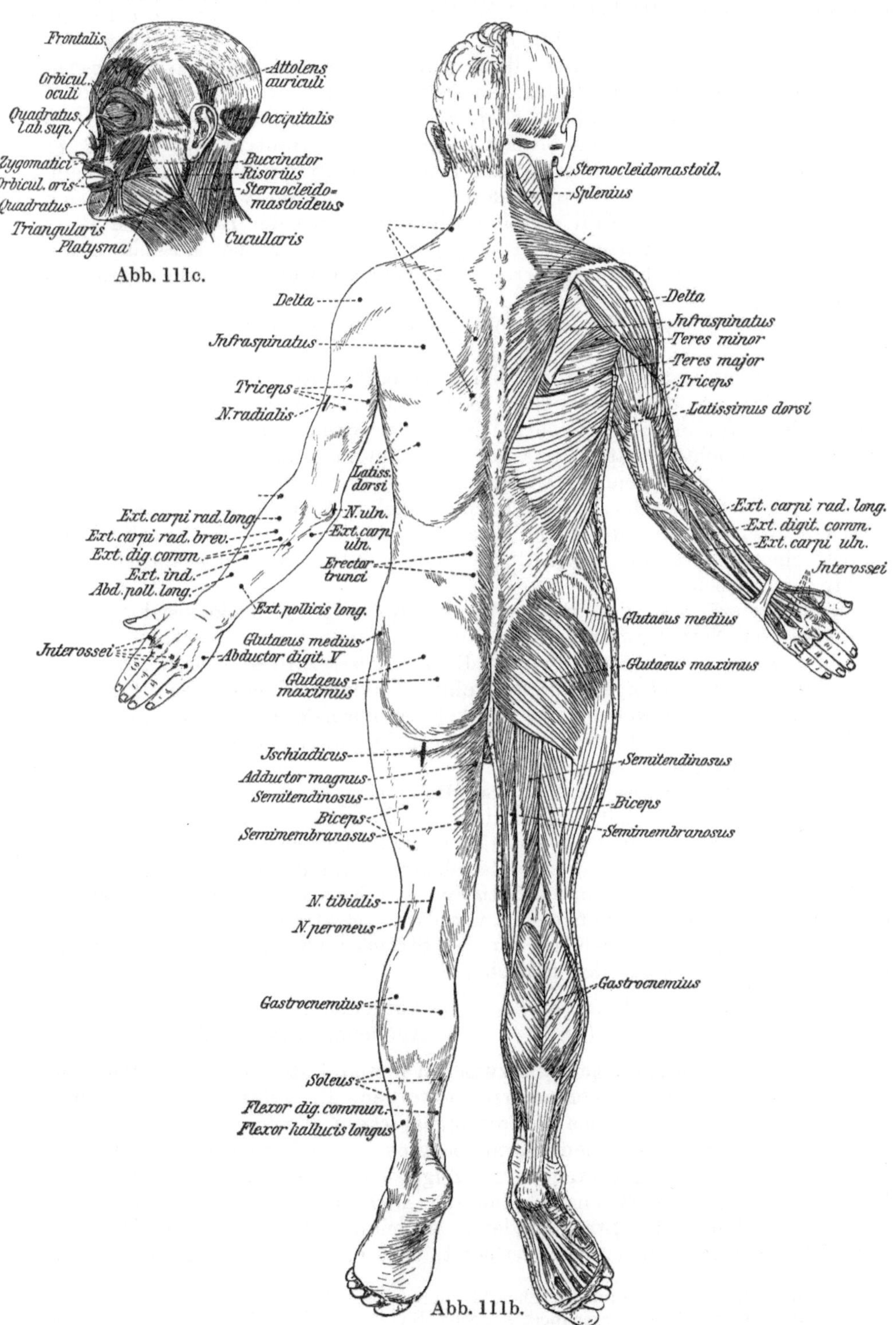

Abb. 111c.

Abb. 111b.

sorgende Nerv in den Muskel eintritt, und daß darum von hier aus die Erregung der intramuskulären Nerven am besten erzielt wird. In dieser Differenz der Meinungen hat im Laufe der Zeit die Remaksche Anschauung immer mehr Anhänger gewonnen. Folgende Tatsachen sprechen dafür: 1. hebt sich der Reizpunkt des Muskels, wie erwähnt, scharf aus seiner Umgebung heraus; er ist in gleicher Weise am entblößten Muskel wie durch die Haut nachweisbar; 2. er entspricht der Eintrittsstelle des motorischen Nerven in den Muskel; an Muskeln, deren einzelne Portionen von gesonderten Ästen versorgt werden, findet sich auch eine entsprechende Zahl von Reizpunkten; 3. bei der Reizung am Reizpunkt gerät stets der ganze Muskel in Kontraktion, jedoch bei Muskeln, deren einzelne Teile von verschiedenen Nervenästen versorgt werden, nur die zugehörige Portion.

Die Übereinstimmung der Reizpunkte mit den Eintrittsstellen der motorischen Nerven in den Muskel, ist in neuerer Zeit von BOURGUIGNON und LAUGIER[1]) in sorgfältiger Weise nachgeprüft worden. Sie bestimmten beim Kaninchen an der Haut die Lage der Reizpunkte, sodann am entblößten Muskel nach Entfernung der Haut und schließlich bei freipräpariertem Nerven. Sie fanden die Remaksche Ansicht bestätigt, nur mit dem Unterschiede, daß der Reizpunkt strenggenommen nicht dem Eintrittspunkte des Nerven in den Muskel entspricht, sondern der Stelle, wo der Nerv sich im Muskel zu teilen beginnt; dies erfolgt meist erst nach kurzem intramuskulären Verlaufe. Wenn der Nerv nach seinem Eintritt einen 2. Ast mit gesonderter Teilung abgibt, lassen sich auch 2 Reizpunkte nachweisen.

Es ergibt sich also, daß die sog. direkte Reizung des Muskels sich von der indirekten vom Nervenstamm aus nur durch die Stelle unterscheidet, an welcher der Nerv erregt wird. In der Art der Reaktion lassen diese beiden Arten der Erregung *unter normalen Umständen* keinen Unterschied erkennen. Eine unmittelbare elektrische Reizung des Muskels ist normalerweise anscheinend unmöglich. Das gilt jedoch nicht für den pathologisch veränderten Muskel, wie später näher ausgeführt wird.

Da die Erregung des Muskels vom Reizpunkt ausgeht, so ist es für den Reizerfolg maßgebend, daß sich an dieser Stelle eine physiologische Kathode beim Stromschluß oder eine physiologische Anode bei der Stromöffnung bildet.

Bei unipolarer Reizung (kleine Reizelektrode am Reizpunkte des Muskels, große indifferente Elektrode in der Mittellinie des Körpers) haben wir 4 Möglichkeiten der Reizanordnung, je nachdem wir als Reizelektrode die Kathode oder die Anode benutzen, und je nachdem wir den Stromschluß oder die Stromöffnung anwenden. Wir unterscheiden danach:

| Kathodenschluß (KS) | Kathodenöffnung (KÖ) |
|---|---|
| Anodenschluß (AnS) | Anodenöffnung (AnÖ) |

Die quantitativen Beziehungen, die zwischen diesen 4 Reizarten bestehen, sind zuerst von BRENNER[2]) genauer untersucht worden. Er stellte die Gesetzmäßigkeit fest, die seitdem als das *elektrodiagnostische Zuckungsgesetz* bekannt ist.

Wenn man mit schwachem Strom beginnt, so stellt sich zuerst beim KS eine Zuckung ein. Bei mittlerem Strom zeigt sich die AnS und die AnÖ, meist die AnS bei geringerer Stromstärke als die AnÖ; doch kommt auch das Umgekehrte vor. Bei starken Strömen, deren Anwendung sich wegen ihrer Schmerzhaftigkeit beim Menschen meist verbietet, tritt erst die KÖ auf. Bei diesen

[1]) BOURGUIGNON: La Chronaxie chez l'homme. Paris 1923.

[2]) BRENNER: St. Petersburger med. Zeitschr. Bd. 2 u. 3. 1862/63; Untersuchungen auf dem Gebiete der Elektrotherapie. Leipzig 1868/69.

Stromintensitäten zeigt sich beim KS meist keine Einzelzuckung, sondern ein während des ganzen Stromdurchganges andauernder Tetanus (KSTe). Das Zuckungsgesetz stellt sich danach folgendermaßen dar:

| | | | | |
|---|---|---|---|---|
| Schwache Ströme: | KSZ. | | | |
| Mittlere Ströme: | KSZ, | AnSZ, | AnÖZ. | |
| Starke Ströme: | KSTe, | AnSZ, | AnÖZ, | KÖZ. |

Das Gesetz gilt in gleicher Weise für Reizung vom Nerven wie von den Muskelreizpunkten aus.

Das elektrodiagnostische Zuckungsgesetz läßt sich ohne Schwierigkeiten auf bekannte physiologische Tatsachen zurückführen. Wir müssen dabei berücksichtigen: die Muskelreizung geht von einem circumscripten Punkte aus, dem Eintrittspunkt des Nerven in den Muskel. Beim Stromschluß geht der Reiz von der Kathode aus, bei der Stromöffnung von der Anode. Der Schließungsreiz ist wirksamer als der Öffnungsreiz. Ferner ist zu beachten, daß bei unipolarer Reizung die physiologische Elektrode, die der Reizelektrode entspricht, konzentriert, diejenige, die der indifferenten Elektrode entspricht, diffus ist. Daraus ergibt sich, daß der günstigste Fall der Kathodenschluß ist. Hier ist der Vorteil der dichten physiologischen Kathode am Nerven vereinigt mit der stärkeren Wirksamkeit des Schließungsreizes. Am ungünstigsten ist die Kathodenöffnung; denn hier ist die physiologische Reizelektrode (die Anode) diffus und damit der Nachteil des Öffnungsreizes verbunden. Beim Anodenschluß steht dem Vorteil des Schließungsreizes der Nachteil der diffusen physiologischen Reizelektrode (Kathode) gegenüber, während bei der AnÖ das Umgekehrte (dichte Reizelektrode und Öffnungsreiz) der Fall ist. Daher stehen diese beiden Fälle in der Mitte zwischen der KS und KÖ. Ihr gegenseitiges Verhältnis ist nicht ganz regelmäßig, da es offenbar wechselnd ist, inwieweit der Vorteil des einen Faktors den Nachteil des anderen übertrifft. Meist ist erfahrungsgemäß die AnSZ stärker als die AnÖZ.

Bei Reizung mit dem Induktionsstrom erhalten wir eine tetanische Kontraktion des Muskels, die während der ganzen Dauer des Stromdurchganges anhält. Die Unterbrechungsfrequenz des Stromes muß mindestens etwa 12—20 in der Sekunde betragen, damit ein gleichmäßiger Tetanus eintritt. Bei unipolarer Reizung läßt sich ein, wenn auch nicht erheblicher, Unterschied zwischen beiden Elektroden nachweisen. Die Kontraktion ist stärker, wenn die Reizelektrode der Öffnungskathode entspricht.

Für die exakte Feststellung *quantitativer* Veränderungen der elektrischen Erregbarkeit wäre erforderlich: 1. eine Methode, die Reizgröße in einem absoluten oder zum mindesten reproduzierbaren Maße zu bestimmen; 2. die Kenntnis der Normalwerte, die zur Erzielung eines bestimmten Reizeffektes bei jedem Muskel erforderlich sind. Die Erfüllung der ersten Forderung ist naturgemäß die Voraussetzung der zweiten. Bisher verfügen wir noch nicht über eine Methode, welche diesen Ansprüchen in ausreichendem Maße genügt.

Von den beiden Stromarten, die wir in der Elektrodiagnostik vorwiegend verwenden, würde sich der Induktionsstrom (faradischer Strom) am besten für die Feststellung quantitativer Veränderungen eignen. Die Gründe hierfür, die aus dem weiterhin Ausgeführten näher hervorgehen werden, liegen insbesondere in der kurzen Zeitdauer des Einzelreizes und der im Zusammenhang damit stehenden Geringfügigkeit der Polarisationswirkungen und der durch den Strom bedingten Widerstandsänderungen. Die Verwendbarkeit des Induktionsstromes wird jedoch dadurch beeinträchtigt, daß wir über keine Methode verfügen, die Intensität in exakter und für klinische Zwecke genügend einfacher Weise zu messen.

Zur Abstufung der Stromstärke benutzen wir die Änderung der Entfernung der primären und sekundären Rolle voneinander. Die Größe dieses Rollenabstandes ist jedoch nur ein unzuverlässiger Indikator der Stromstärke, der kein reproduzierbares Maß darstellt. Gleichheit des Rollenabstandes könnte natürlich nur dann eine Gleichheit der Stromstärke gewährleisten, wenn die Apparate in der Zahl und Dicke der Windungen, in der Bauart des Unterbrechers völlig übereinstimmten, wenn ferner die Spannung des speisenden Stromes genau gleich ist. Aber auch dann würde jede Abweichung im Zustande des Unterbrechers, in der Stellung der Schrauben, in der Spannung der Federn eine Änderung in der Kurvenform des Stromes und damit in der Reizgröße bedingen. Aber auch bei Vermeidung dieser Fehlerquellen würde der Rollenabstand zwar einen reproduzierbaren Indikator, aber kein absolutes Maß des Reizes darstellen. Eine Messung der Stärke des Induktionsstroms in einem Maße, daß der Reizgröße proportional geht, wäre damit noch nicht gegeben. Es ist bisher nicht gelungen, alle die erwähnten Schwierigkeiten in einer praktisch brauchbaren Weise zu überwinden; und wir können infolgedessen den Induktionsstrom zu *exakten* Bestimmungen quantitativer Veränderungen nicht benutzen.

Indessen kann der faradische Strom unter gewissen Voraussetzungen zur Feststellung quantitativer Veränderungen dienen, indem er uns für praktische Zwecke ein relatives Maß von ausreichender Genauigkeit gibt. Dies gilt vor allem bei abnormen Befunden, die nur *eine* Körperhälfte betreffen. Unter normalen Umständen ist die Erregbarkeit derselben Muskeln an beiden Körperhälften praktisch gleich. Wir können auch annehmen, daß während der Untersuchung auf beiden Seiten sich der Zustand des Apparates nicht ändert, insbesondere wenn wir wiederholt beiderseitig abwechselnd prüfen. Wir werden dann auch geringfügige Unterschiede als Anhalt für eine Herabsetzung bzw. Erhöhung der Erregbarkeit benutzen können. Voraussetzung ist nur, daß die Elektrode genau auf den Punkt optimaler Erregbarkeit aufgesetzt wird; dieser wird am besten vor dem Vergleich genau festgestellt und angezeichnet. Auch dürfen naturgemäß keine anatomischen Verschiedenheiten auf beiden Seiten bestehen.

Zum Vergleich bestimmen wir auf jeder Seite die Stromstärke (Rollenabstand), die zur Minimalerregung erforderlich ist (Reizschwelle); oder wir reizen auf beiden Seiten mit der gleichen Stromstärke, und zwar von derartiger Intensität, daß sie auf der gesunden Seite bereits eine deutliche Kontraktion ergibt, und beobachten dann, ob Unterschiede im Ausmaß der Kontraktion bestehen. Auch die maximale Kontraktion kann herangezogen werden, da sie bei einer Herabsetzung der Erregbarkeit oft geringer als normalerweise ist. Bei allen einseitigen Affektionen erfüllt die Untersuchung mit dem Induktionsstrom im wesentlichen die Anforderungen, die praktisch an die quantitative Prüfung zu stellen sind.

Erheblich ungünstiger liegen die Verhältnisse bei doppelseitiger Erkrankung. Hier macht sich der Mangel eines guten, reproduzierbaren Maßes in stärkerer Weise geltend. Wir müssen dann zu unzuverlässigeren Hilfsmitteln greifen.

Wir können den Reizerfolg bei dem Patienten mit den an gesunden Menschen an den gleichen Muskeln festgestellten Werten vergleichen. Wenn wir beide Untersuchungen so schnell hintereinander ausführen, daß wir einen unveränderten Zustand des Apparates voraussetzen können und zur Sicherung mehrmals hin und her vergleichen, so können uns die Unterschiede einen Anhaltspunkt geben. Störende Fehlerquellen sind hier nur Differenzen im Widerstande bei beiden Menschen (wenn diese auch für den Induktionsstrom lange nicht so erheblich sind wie für den konstanten Strom), ferner Unterschiede der über den Nerven liegenden Schichten (Fett), so daß wir nur erheblichere Ausschläge verwerten können und geringfügige Veränderungen sich der Feststellung entziehen.

Der konstante Strom bietet für die quantitative Untersuchung insofern günstigere Vorbedingungen, als wir bei ihm über ein absolutes Maß verfügen. Wir können die Stromstärke mit Genauigkeit am Amperemeter bestimmen. Wir erhalten Werte, die von den Variationen des Widerstandes bei dem gleichen Menschen zu verschiedener Zeit und bei verschiedenen Menschen unabhängig sind. Wenn wir voraussetzen, daß die beim Stromschluß erreichte Intensität der für den Reizeffekt maßgebende Faktor ist, so können wir die während des konstanten Stromdurchgangs gemessene Stromstärke als Reizmaß verwenden. Wir gehen dann so vor, daß wir, mit schwachen Intensitäten beginnend, wiederholt Stromschlüsse ausführen, den Strom allmählich verstärken (mittels Erhöhung der angelegten Spannung am Elementenzähler bzw. Voltregulator oder durch Verminderung des Widerstandes am Rheostaten), so lange, bis eine Minimalzuckung eintritt. Nunmehr lassen wir den Strom so lange unverändert geschlossen, bis wir am Galvanometer die Stromstärke abgelesen haben. Dieses Verfahren wird mehrfach wiederholt, indem man bald von unterschwelligen, bald von überschwelligen Reizen ausgeht, bis zur Erzielung eines regelmäßigen Wertes. Vorbedingung für die Vergleichsbarkeit der erhaltenen Werte ist, daß die Reizelektrode immer dieselbe Größe hat, damit die Stromdichte stets übereinstimmend ist. STINTZING benutzte für seine Untersuchungen eine kreisförmige Elektrode von 3 qcm Flächeninhalt, die seitdem in der Regel verwendet wird.

Die Normalzahlen, die auf diese Weise festgestellt wurden, ergeben sich aus der Tabelle von STINTZING[1]):

**Erregbarkeitswerte einzelner Muskeln.**

| Muskel | Galvanisch in M A. | Größe der Elektrode in qcm. | Muskel | Galvanisch in M A. | Größe der Elektrode in qcm. |
|---|---|---|---|---|---|
| M. cucullaris . . . . . | 1,6 | 12 | M. extensor poll. brevis | 1,5—3,5 | 3 |
| M. deltoideus . . . . | 1,2—2,0 | 12 | M. pronator teres . . | 2,5—2,8 | 3 |
| M. pectoralis maior . . | 0,4 | 6 | M. flexor digitor subl. . | 0,3—1,5 | 3 |
| M. pectoralis minor . . | 0,1—2,5 | 6 | M. flexor carpi. ulnaris | 0,9—2,9 | 3 |
| M. serratus anterior . | 1,0—8,5 | 12 | M. abductor digiti quinti | 2,5 | 3 |
| M. brachioradialis . . | 1,1—1,7 | 3 | M. rectus femoris . . | 1,6—6,0 | 20 |
| M. extensor digit. comm | 0,6—3,0 | 3 | M. vastus medialis . . | 0,3—1,3 | 20 |
| M. extensor carpi. rad. | 0,8 | 3 | M. tibialis anterior . . | 1,8—5,0 | 12 |

Wir sehen aus der Tabelle, daß die Werte für die einzelnen Muskeln stark voneinander abweichen, daß aber auch der gleiche Muskel bei verschiedenen Menschen erhebliche Differenzen zeigt. Wir erhalten daher keine einigermaßen eng umgrenzte Normalwerte, sondern nur einen verhältnismäßig weiten Bereich, innerhalb dessen die Erregbarkeit variiert. Es ist durchaus unwahrscheinlich, daß dies auf eine tatsächlich bestehende Schwankungsbreite in der physiologischen Erregbarkeit bei verschiedenen Menschen zu beziehen ist. Es ist auch nicht anzunehmen, daß die Muskeln sich untereinander so stark in ihren Erregbarkeitswerten unterscheiden. Hiergegen sprechen auch die Resultate, die man bei der Untersuchung mit dem Induktionsstrom und mit der noch zu erwähnenden Kondensatormethode erhält, die eine viel geringere Variationsbreite ergeben. Erheblich wahrscheinlicher ist es, daß dies auf Mängeln der Methode beruht. Man hat sich vielfach bemüht, die Fehlerquellen zu beseitigen und damit die Resultate zu verbessern.

Die exakte Bestimmung der für die Minimalerregung erforderlichen Stromstärke wird dadurch erschwert, daß während des Stromdurchganges infolge Absinkens des Widerstandes die Intensität steigt, so daß wir am Galvanometer einen zu hohen Wert ablesen. Tatsächlich kann man beobachten, daß, wenn

[1]) STINTZING: Dtsch. Arch. f. klin. Med. Bd. 39.

man nach erfolgter Ablesung von neuem einen Stromschluß ausführt, jetzt keine Minimalzuckung, sondern ein stärkerer Reizeffekt eintritt und die Stromstärke noch weiter herabgesetzt werden kann, ehe die Zuckung verschwindet.

Man hat dieser Fehlerquelle auf verschiedene Weise abzuhelfen gesucht. So empfahl E. REMAK[1]), die Stromstärke in abgemessenen Stufen, etwa zu $^1/_2$ Milliampere, allmählich zu erhöhen und erst nach der Ablesung des Stromes die Reizung auszuführen. Oder man ging so vor, daß man den Strom nur eine abgemessene kurze Zeit zur Reizung schloß mit Apparaten, wie dem Gaertnerschen Pendel[2]) oder der Wippe von ZANIETOWSKI[3]). Diese Apparate sollten besonders auch dafür sorgen, daß der Stromschluß stets mit der gleichen Schnelligkeit erfolgt, damit Differenzen in der Anstiegskurve und daraus folgend im Reizeffekt vermieden werden. Alle diese Verbesserungen der Methodik führten wohl dazu, die Schwankungsbreite etwas geringer zu machen. Es gelang aber auch nicht, zu einigermaßen engumgrenzten Werten zu kommen, jedenfalls nicht in einem Maße, das die Komplizierung der Untersuchungsmethode für praktische Zwecke genügend rechtfertigen könnte.

Die Mängel der Untersuchungsmethodik mit dem konstanten Strom sind mit großer Wahrscheinlichkeit in erster Linie darauf zurückzuführen, daß wir die Messung des Stromes zu einem anderen Zeitpunkte ausführen als die Reizung erfolgt, ein Umstand, auf den wohl zuerst DUBOIS (Bern)[4]) hingewiesen hat. Wie alle Untersuchungen gezeigt haben, ist der Widerstand des menschlichen Körpers für den konstanten Strom erheblich größer als für einzelne Stromstöße also für den Induktionsstrom, für Kondensatorentladungen u. ä. Auch zeigt der Widerstand bei kurzen Stromschlüssen viel geringere Variationen und Schwankungen als beim konstanten Strom. Es ist danach anzunehmen, daß im ersten Moment nach dem Stromschluß der Widerstand einen anderen und zwar viel geringeren Wert zeigt, als er während des konstanten Stromdurchganges beträgt; die Stromstärke müßte also im Anfange des Stromdurchganges höher sein als im weiteren Verlaufe, währenddessen sie gemessen wird. Wie von GAERTNER[5]), GARTEN[6]), PIPER[7]) u. a. gezeigt worden ist, ist auch tatsächlich eine Anfangszacke in der Kurve des konstanten Stromes nachweisbar. DUBOIS wies bereits darauf hin, daß der Körper sich einem Stromstoße gegenüber nicht wie ein Ohmscher Widerstand verhält, sondern wie eine Kapazität. Aus den Untersuchungen von GILDEMEISTER[8]) geht hervor, daß es sich hier nicht um Wirkungen einer elektrostatischen Kapazität, sondern um Folgen von Polarisationserscheinungen handelt, die in erster Linie in der Haut stattfinden. Wenn wir also den Strom in der konstanten Periode messen, stellen wir nicht die Stromstärke fest, welche für die Reizung, die ja in der variablen Periode erfolgt, maßgebend ist. Die Fehlerquelle ist um so größer, weil die Höhe der Anfangszacke nicht der angewandten Stromstärke proportional und auch nicht bei gleicher Stromstärke konstant ist, sondern von verschiedenen variablen Faktoren abhängt. DUBOIS[9]) meinte, daß man den in der variablen Periode herrschenden Widerstand als einigermaßen konstant annehmen könne, und daß darum die angelegte Spannung ein viel besseres Reizmaß darstelle als die Stromintensität in der

[1]) REMAK, E.: Grundriß der Elektrotherapie und Elektrodiagnose. 2. Aufl. Wien u. Leipzig 1909.

[2]) GAERTNER: Wiener med. Jahrb. 1889.

[3]) ZANIETOWSKI: Allgem. Elektrodiagnostik. Handb. d. ges. med. Anwendung d. Elektrizität. Leipzig 1911.

[4]) DUBOIS: Zeitschr. f. Elektrotherapie 1899. [5]) GAERTNER: Wiener med. Jahrb. 1886.

[6]) GARTEN: Zitiert nach GILDEMEISTER. [7]) PIPER: Zitiert nach GILDEMEISTER.

[8]) GILDEMEISTER: Elektr. Widerstand, Kapazität und Polarisation der Haut. Pflügers Arch. f. d. ges. Physiol. 1919.

[9]) DUBOIS: Résistance du corps humaine dans la période d'état variable du courant galvan. Arch. de physiol. Bd. 10.

konstanten Periode. Doch haben seine und seiner Schüler Versuche, in der praktischen Elektrodiagnostik die Messung der Stromintensität durch die des Potentials zu ersetzen, zu keinen befriedigenden Resultaten geführt. Wir können die Höhe der Anfangszacke wohl am besten damit herabsetzen, daß wir in dem Stromkreis einen möglichst hohen Widerstand vorschalten.

Die Schwierigkeiten, die sich aus der Anwendung des konstanten Stromes für die quantitative Untersuchung ergeben, hat man noch dadurch zu vermeiden gesucht, daß man überhaupt nur kurze Stromstöße anwandte. Hierdurch vermeiden wir die Veränderungen des Widerstandes (und evtl. auch solche der Erregbarkeit, die durch den Durchgang des konstanten Stromes hervorgerufen werden), und wir umgehen auch die zuletzt erwähnte Fehlerquelle. Am besten eignen sich praktisch hierzu die Kondensatorentladungen, deren Anwendung relativ einfach ist. Es liegen in dieser Beziehung Untersuchungen von Zanietowski[1]), Mann[2]), Kramer[3]) u. a. vor. Wir bestimmen bei konstanter Kapazität das zur Erzeugung der Minimalzuckung erforderliche Ladungspotential. Es haben sich bei diesen Untersuchungen Werte ergeben, die eine erheblich geringere Schwankungsbreite zeigen, als es bei der Messung mit dem konstanten Strom der Fall ist.

Als Nachteile der Kondensatormethode sind zu erwähnen, daß wir hier nicht in der Lage sind, Variationen des Widerstandes zu berücksichtigen und nur dann zuverlässige Werte erhalten, wenn wir den Widerstand als konstant annehmen. Ferner kommt noch der Umstand störend in Betracht, daß wir nicht genügend kleine Kapazitäten benutzen können. Nur bei diesen fällt die Wirkung der Polarisation usw. in ausreichender Weise weg. Ihre Anwendung verbietet sich jedoch, da wir dann zu hohe Spannungswerte heranziehen müßten. Trotz ihrer erheblichen Vorteile hat sich die Kondensatormethode wegen der dadurch bedingten Komplizierung der Untersuchungsmethodik nicht genügend in die Praxis eingeführt, so daß wir auch hier über ausreichende Erfahrungen nicht verfügen.

Die Versuche, unsere quantitative Untersuchungsmethodik grundlegend zu bessern, müssen wohl vor allem davon ausgehen, die physiologischen Kenntnisse über die Erregungsgesetze noch mehr heranzuziehen. Versuche in dieser Hinsicht sind seit längerer Zeit vielfach gemacht worden, ohne daß es jedoch bisher gelungen ist, eine für klinische Zwecke genügend einfache und theoretisch sicher begründete Methodik zu finden. Auf die Bedeutung der Erregungsgesetze für die Elektrodiagnostik wird in dem Kapitel über die Nerven[4]) noch näher eingegangen.

Es seien hier noch die Feststellungen erwähnt, die Bourguignon[5]) über die Chronaxie des normalen Muskels gemacht hat. Er fand, daß die verschiedenen Muskeln in ihren Chronaxiegrößen nicht übereinstimmen. Der für den einzelnen Muskel geltende Wert ist davon unabhängig, ob man ihn vom Nervenstamm oder vom Reizpunkt aus reizt, eine Beobachtung, die wiederum die Identität beider Erregungsarten zeigt. Wenn ein Nervenstamm gereizt wird, so erhält man keinen einheitlichen Chronaxiewert für ihn, sondern dieser hängt davon ab, welcher der versorgten Muskeln als Indikator des Reizerfolges benutzt wird, und man erhält dann den für diesen Muskel charakteristischen Betrag.

Die Chronaxiewerte desselben Muskels ergeben bei verschiedenen Menschen nur Schwankungen in einem relativ geringen, durch die Versuchsfehler bedingten

---

[1]) Zanietowski: Allgem. Elektrodiagnostik. Handb. d. ges. Anwendungen d. Elektrizität in d. Med. Bd. II, S. 63. Leipzig 1911.

[2]) Mann: Elektrodiagnostische Untersuchungen mit Kondensatorentladungen. Berlin. klin. Wochenschr. 1904.

[3]) Kramer: Elektr. Sensibilitätsprüfungen mittels Kondensatorentladungen. Zeitschr. f. med. Elektrologie u. Röntgenkunde 1907.

[4]) Dieses Handbuch Bd. 9.

[5]) Bourguignon: Zitiert auf S. 586.

Umfange. Zwischen den verschiedenen Muskeln finden sich erhebliche Unterschiede. Bourguignon zeigte, daß hierbei keine kontinuierlichen Übergänge bestehen, sondern daß die Muskeln sich in Gruppen teilen, bei denen sich die Werte in bestimmten, für sie charakteristischen Grenzen halten. Die Muskeln mit kleineren Werten sind als die schneller, die mit größeren als die träger reagierenden anzusehen. Bourguignon meint, daß diese Gruppen von funktionell zusammengehörigen Muskeln gebildet werden. In jedem Gliedabschnitt haben Muskeln, die der gleichen Funktion dienen, auch die gleiche Chronaxie; die Beuger haben eine kleinere, ungefähr halb so große Chronaxie als die Strecker. Die Werte nehmen von proximal nach distal zu, so daß sie bei Muskeln gleicher Funktion größer sind, wenn diese an dem peripher gelegenen Gliedabschnitt sich befinden. Von dieser Regel gibt es jedoch einige Ausnahmen, die Bourguignon nur als scheinbar betrachtet. Wenn z. B. das Caput internum des Triceps einen Wert zeigt, der nicht mit den anderen Teilen dieses Muskels, sondern mit den Beugern übereinstimmt, so ist dies seiner Ansicht nach damit zu erklären, daß dieser Muskel ein Synergist der Beuger ist. In gleicher Weise betrachtet er auch die beiden radialen Extensoren der Hand als Synergisten der Flexoren, mit denen sie in der Chronaxie übereinstimmen. Bei den anderen Streckern des Vorderarmes findet er doppelte Reizpunkte mit verschiedener Chronaxie. Der Wert an dem distalen Reizpunkt entspricht dem der Beuger, während der an dem proximal gelegenen mit dem größeren Werte der Strecker übereinstimmt. Bourguignon meint, daß nur die von dem weiter unten gelegenen Reizpunkt aus innervierten Fasern der eigentlichen Streckfunktion dienen, die anderen ebenfalls Synergisten der Flexoren sind. Es muß zunächst noch dahingestellt bleiben, ob diese Annahmen sämtlich zutreffen.

Die folgende der Arbeit Bourguignons entnommene Tabelle gibt eine Übersicht über die Chronaxiewerte und die danach vorgenommene Gruppierung der Muskeln.

**Muskeln der oberen Extremität.**

| Muskeln | Chronaxie. Gruppen | Funktionen |
|---|---|---|
| Deltoideus<br>Biceps<br>Brachialis<br>Brachioradialis<br>Caput int. des Triceps | 0,08 bis 0,16 σ — Nr. 1 | Beugung des Vorderarmes und des Armes. +1 Synergist (Cap. int. d. Triceps). |
| Caput ext. des Triceps<br>Caput longum des Triceps | 0,16 bis 0,32 σ — Nr. 2 | Streckung des Vorderarmes. |
| Extensores carp. rad.<br>Flexor carp. rad. und Palmar long.<br>Flexor carpi uln.<br>Flexor digit. subl. und profund.<br>Flexor pollic. long.<br>Pronator teres und quadratus<br>Daumenballen<br>Adductor pollicis<br>Kleinfingerballen<br>Lumbricales und Interossei<br>Fasern, die von den unteren Reizpunkten innerviert werden: Extensor carp. uln., Finger- und Daumenstrecker, Abductor poll. long. | 0,20 bis 0,36 σ — Nr. 3 | Beugung der Hand und der Finger und Pronation. +Synergisten der Beugung. (Ext. carp. rad. long. und brev.) + Hälfte der Fasern der Strecker. |
| Fasern, die von den oberen Reizpunkten innerviert werden: Extensor carpi. uln., Finger- und Daumenstrecker, Abductor poll. long. | 0,44 bis 0,72 σ — Nr. 4 | Streckung der Hand und der Finger und Supination. |

**Muskeln der unteren Extremität.**

| Muskeln | Funktionen | Gruppen. Chronaxie |
|---|---|---|
| Gluteus maximus<br>Rectus femoris<br>Vastus internus<br>Vastus externus<br>Sartorius<br>Adductor magnus<br>Adductor longus<br>Gracilis<br>Tibialis ant. { unterer Reizpunkt / oberer Reizpunkt | Bewegungen des Oberschenkels, des Unterschenkels und des Fußes von hinten nach vorn (Teil des Tibialis ant.) +1 Synergist (Gluteus maximus) | Nr. 1 { 0,10 bis 0,16 σ |
| Extensor digitorum comm. long.<br>Extensor hallucis longus<br>Peronaeus long. und brevis<br>Extensor digitorum brevis<br>Soleus | Bewegungen des Unterschenkels, des Fußes und der Zehen von hinten nach vorn +1 Synergist (Soleus) | Nr. 2 { 0,24 bis 0,36 σ |
| Gastrocnemius (innere Portion)<br>Gastrocnemius (äußere Portion)<br>Zehenbeuger<br>Muskeln der Fußsohle | Bewegungen des Unterschenkels, des Fußes und der Zehen von vorn nach hinten | Nr. 3 { 0,44 bis 0,72 σ |
| Biceps femoris<br>Semimembranosus<br>Semitendinosus | Bewegungen des Oberschenkels von vorn nach hinten | |

**Muskeln des Rumpfes.**

| Muskeln | Funktionen | Gruppen. Chronaxie |
|---|---|---|
| Rectus abdominis<br>Obliquus externus<br>Transversus abdominis | Beuger des Rumpfes + Synergistische Bündel { Senker der Rippen und Exspiratoren | Nr. 1 { 0,08 σ bis 0,16 σ |
| Longisimus dorsi { paare Bündel / unpaare Bündel<br>Sacrolumbalis<br>Diaphragma | Strecker des Rumpfes { Heber der Rippen und Inspiratoren | Nr. 2 { 0,20 σ bis 0,36 σ |

**Muskeln des Gesichts.**

| Nerv | Muskeln | Gruppe Chronaxie | Funktionen |
|---|---|---|---|
| Oberer Ast des Nervus facialis | Orbicularis des Oberlides<br>Orbicularis des Unterlides<br>Zygomaticus longus<br>Levator al. nas.<br>Orbicularis der Oberlippe<br>Frontalis<br>Corrugator supercilii | Nr. 1 { 0,48 σ bis 0,72 σ | Heber der Gesichtszüge |
| Unterer Ast des Nervus facialis | Orbicularis d. Unterlippe<br>Quadratus menti<br>Mentalis | Nr. 2 { 0,24 σ bis 0,36 σ | Senker der Gesichtszüge |

Unter den pathologischen Veränderungen der elektrischen Erregbarkeit der Muskeln unterscheiden wir die quantitativen und die qualitativen. Die quantitativen sind dadurch charakterisiert, daß nur die zur Erzielung eines bestimmten Reizeffektes erforderliche Reizgröße verändert ist, während sich im übrigen an der Art der Reaktion nichts ändert. Unter den qualitativen finden wir eine Reihe von Symptomenkomplexen mannigfacher Art. Es zeigen sich

Abnormitäten im Verlaufe der Zuckung, Abweichungen des Zuckungsgesetzes usw. Einige dieser Symptomenkomplexe (Entartungsreaktion, myotonische Reaktion) zeichnen sich dadurch aus, daß eine wirkliche, direkte Muskelerregbarkeit zutage tritt.

Bei den quantitativen Abweichungen der Erregbarkeit der Muskeln ist es oft nicht sicher, zu entscheiden, ob wir den Grund der Veränderung im Muskel, im Nerv oder in beiden gleichzeitig zu suchen haben, da wir sie nicht unabhängig voneinander prüfen können.

BOURGUIGNON empfiehlt als Charakteristicum der normalen und pathologischen Erregbarkeit die Chronaxie zu benutzen und die sonst hierzu verwandte Rheobase dadurch zu ersetzen. Er meint, daß wir in ihr eine Konstante besitzen, die von den zufälligen Bedingungen des Einzelfalles, insbesondere den Variationen des Widerstandes im wesentlichen unabhängig ist. In der Tat ergeben seine Untersuchungen, daß die Chronaxiewerte derselben Muskeln bei verschiedenen Menschen innerhalb geringer Grenzen schwanken. Ferner auch, daß, wie noch zu erwähnen sein wird, bei krankhaften Veränderungen sich charakteristische Abweichungen zeigen. Zweifellos ist auch, daß wir in der Feststellung der Chronaxie sowie in der Bestimmung anderer physiologischer, aus den Reizgesetzen abgeleiteter Faktoren, wie der GILDEMEISTERschen „Nutzzeit", der CREMERschen Konstante, wertvolle Hilfsmittel besitzen, um in das Wesen der pathologischen Störungen näher einzudringen. Bisher ist hiervon nur vereinzelt Gebrauch gemacht worden, und es stellen in dieser Beziehung die umfassenden Untersuchungen von BOURGUIGNON und seiner Schule einen bemerkenswerten Fortschritt dar. Von wesentlicher Bedeutung ist, daß mit der Feststellung der Chronaxie einem in der Elektrodiagnostik meist wenig berücksichtigten Gesichtspunkte Rechnung getragen wird, nämlich dem Einflusse des zeitlichen Verlaufes des Reizes auf den Erregungseffekt. Dieser ist gerade bei den qualitativen Veränderungen, wie wir bei der Entartungsreaktion sehen werden, von erheblicher Bedeutung. Das gleiche gilt auch für die Feststellung der Nutzzeit, die den Vorteil bietet, daß sie einen rein empirischen Wert darstellt und weniger mit theoretischen Voraussetzungen belastet ist als die Chronaxie. Wahrscheinlich ist, daß wir zur Charakterisierung der Erregbarkeit der Nerven und der Muskeln nicht mit *einer* physiologischen Konstanten auskommen, sondern mindestens 2 Parameter brauchen, und es scheint mir ein Mangel der BOURGUIGNONschen Untersuchungen zu sein, daß sie diesem Umstande nicht genügend Rechnung tragen, sondern sich mit der Feststellung der Chronaxie begnügen. Aus dem Vergleiche der quantitativen mit den qualitativen Änderungen der Erregbarkeit geht wohl hervor, daß die Erregbarkeit sich nach zwei Richtungen verschieben kann: einmal, daß sich lediglich der quantitative Grad der Erregbarkeit ändert, während in dem anderen Falle das Verhältnis des zeitlichen Verlaufes des Reizes zum Reizeffekt außerdem variiert (vgl. auch das Kapitel über elektrische Sensibilitätsprüfung).

## Die quantitativen Veränderungen der Erregbarkeit.

Die quantitativen Veränderungen der Erregbarkeit der Muskeln sind wie erwähnt dadurch charakterisiert, daß zur Erzielung des gleichen Reizeffektes eine höhere Reizgröße erforderlich ist als unter normalen Umständen. An der Form der Zuckung, am Verhältnis der Wirkung der verschiedenen Reizarten zueinander, an der Zuckungsformel ändert sich nichts.

Erhöhung der Erregbarkeit der Muskeln finden wir nur ausnahmsweise im ersten Stadium von Nervenschädigungen, so bei Verletzungen und bei Neuritiden. Auf diese und die Erhöhung der Erregbarkeit bei der Tetanie wird in dem Kapitel über Elektrodiagnostik der Nerven näher eingegangen.

Herabsetzung der Erregbarkeit finden wir bei leichten Schädigungen im Bereiche des peripheren motorischen Neuron, bei schweren vor Eintritt und nach Ablauf der Entartungsreaktion (siehe unten). Ferner beobachten wir sie bei primären Muskelerkrankungen, so vor allem bei Dystrophia musculorum progressiva und bei Inaktivitätsatrophien, bei Atrophien als Begleiterscheinungen von Gelenkerkrankungen. Auch bei Narbenbildungen in den Muskeln nach Verletzungen, bei Myositis mit ihren Folgeerscheinungen kann eine Herabsetzung der elektrischen Erregbarkeit bestehen.

# Die qualitativen Veränderungen der Erregbarkeit.

## Entartungsreaktion.

Die Entartungsreaktion (EaR) tritt auf bei allen Läsionen des peripheren motorischen Neuron, also bei Erkrankungen der Vorderhörner bzw. der motorischen Hirnnervenkerne, bei Erkrankungen der vorderen Wurzeln sowie der entsprechenden Hirnnervenwurzeln, ferner bei Affektionen der peripheren Nerven. Wir beobachten sie bei allen Erkrankungen dieser Gebiete, welcher Art sie auch seien, bei traumatischen, entzündlichen, bei akuten und chronischen Affektionen, sowie bei Degenerationsprozessen. Nachdem bereits DUCHENNE und R. REMAK sowie BAIERLACHER[1]) in dieses Gebiet gehörige Beobachtungen gemacht hatten, wurde das Symptomenbild der EaR in klassischer Form von ERB[2]), sowie von ZIEMSSEN und WEISS[3]) aufgestellt. Von ERB rührt auch die Bezeichnung „Entartungsreaktion" her; er wollte mit diesem Namen zum Ausdruck bringen, daß die Veränderungen der elektrischen Erregbarkeit auf Entartungsvorgänge im Muskel zurückzuführen sind. In späterer Zeit sind unsere Kenntnisse auf diesem Gebiete vor allem durch die Untersuchungen von LEEGARD[4]), WIENER[5]), REISS[6]), BOURGUIGNON[7]) u. a. bereichert worden.

Die EaR tritt in ihrer charakteristischen Form nur bei den erwähnten Affektionen des peripheren Neuron auf, dagegen nicht bei anders lokalisierten Prozessen im Nervensystem oder den Muskeln. Symptombilder ähnlicher aber wohl unterscheidbarer Art, die wir sonst finden, dürfen nicht mit ihr verwechselt werden. Die komplette Form der EaR beobachten wir bei allen schweren Affektionen der erwähnten Gebiete; bei Läsionen mittlerer Schwere finden wir sie nur in ihrer partiellen Form, während bei leichten Schädigungen nur eine mehr oder minder schwere Herabsetzung ohne qualitative Änderungen besteht.

Die EaR setzt sich zusammen aus Symptomen zweierlei Art: 1. aus der quantitativen Veränderung der Erregbarkeit des Nerven, die bei den schweren Formen aufgehoben, bei den leichten Formen herabgesetzt ist; 2. aus den qualitativen Änderungen in der Erregbarkeit des Muskels, die als Ausdruck der infolge der Nervenläsion eintretenden degenerativen Prozesse in den Muskeln anzusehen sind.

Die EaR besteht in ihrer kompletten Form aus folgenden Hauptsymptomen, die hier zunächst kurz zusammengefaßt werden sollen:

1. Die Erregbarkeit des Muskels vom Nerven aus ist aufgehoben, und zwar sowohl für die Reizung mit dem Induktionsstrom als auch für die mit dem konstanten Strom.

2. Die direkte Erregbarkeit des Muskels selbst ist für den Induktionsstrom aufgehoben (zum mindesten für praktisch anwendbare Stromstärken).

3. Die Erregbarkeit des Muskels durch den konstanten Strom ist erhalten und zwar je nach dem Verlaufsstadium gesteigert oder herabgesetzt.

4. Bei der Reizung mit dem konstanten Strom findet sich am Muskel kein circumscripter Reizpunkt mehr, von dem aus eine Zuckung im ganzen Muskel erzielt werden kann. Es kontrahieren sich vorwiegend die Muskelbündel, die jeweils

---

[1]) BAIERLACHER: Ärztl. Intelligenzblatt 1859, zitiert nach REISS.

[2]) ERB: Handbuch der Elektrotherapie. Leipzig 1882.

[3]) ZIEMSSEN u. WEISS: Die Veränderungen der elektrischen Erregbarkeit bei traumatischen Lähmungen. Dtsch. Arch. f. klin. Med. 1868.

[4]) LEEGARD: Über die Entartungsreaktion. Dtsch. Arch. f. klin. Med. Bd. 26. 1880.

[5]) WIENER: Erklärung der Umkehr des Muskelzuckungsgesetzes bei der Entartungsreaktion auf experimenteller und klinischer Basis. Dtsch. Arch. f. klin. Med. Bd. 60, S. 264.

[6]) REISS: Die elektrische Entartungsreaktion. Berlin 1911.

[7]) BOURGUIGNON: Zitiert auf S. 586.

unter der Reizelektrode liegen. Bei genügend schwachem Strom werden nur diese erregt. Bei stärkerem Strom greift die Kontraktion auch auf die Muskelbündel der Umgebung über. Der Reizerfolg ist in der Regel am stärksten, wenn wir die Elektrode am distalen Ende des Muskels aufsetzen („Verrückung des Reizpunktes").

5. Die Zuckung ist träge, die Latentzeit ist verlängert, die Kontraktionskurve zeigt keine Spitze mehr, sondern eine Kuppe; sie ist in ihrem aufsteigenden und besonders in ihrem absteigenden Aste erheblich verlängert.

6. Das normale Zuckungsgesetz ist verändert, häufig ist die AnSZ stärker als die KSZ (Näheres hierüber, ferner auch über das Verhalten der Öffnungszuckungen und andere Einzelheiten in der Symptomatologie der EaR siehe unten).

Von dieser kompletten EaR unterscheiden wir die partielle EaR. Diese ist dadurch charakterisiert, daß die direkte Erregbarkeit vom Nerven aus für den faradischen und galvanischen Strom nicht aufgehoben, sondern nur mehr oder minder stark herabgesetzt ist. Häufig ist dann auch die faradische Erregbarkeit des Muskels selbst erhalten. Bei galvanischer Reizung des Muskels erhalten wir alle oben angeführten Symtome der EaR. Die Reizung vom Nerven aus ergibt, abgesehen von den quantitativen Änderungen, normalen Zuckungsverlauf. Die faradisch ausgelöste Kontraktion unterscheidet sich qualitativ nicht von der beim Gesunden. Dasselbe gilt auch für die faradische Reizung des Muskels. Die galvanisch vom Nerven ausgelöste Zuckung verläuft schnell, blitzartig, die Zuckungsformel ist unverändert. Vielfach findet man bei galvanischer Reizung des Muskels an seinem Reizpunkt eine normale schnelle Zuckung mit regulärer Zuckungsformel, während bei Reizung außerhalb des Reizpunktes, insbesondere am distalen Ende des Muskels, sich träge Zuckung mit allen Kennzeichen der EaR ergibt.

Die Einteilung der EaR in die komplette und partielle Form genügt allen praktischen und theoretischen Anforderungen; weitere Unterteilungen erscheinen überflüssig.

Mehrfach ist eine indirekte galvanische Zuckungsträgheit beschrieben worden, es ist jedoch wahrscheinlich, daß es sich hierbei um Täuschungen handelt. Zu solchen kann die galvanische Übererregbarkeit des Muskels führen. Wenn der Reizpunkt des Nerven von dem Muskel nicht allzuweit entfernt ist, so bringen nicht selten die Stromschleifen, die in die Muskeln geleitet werden, diese zu träger Kontraktion. Man kann dies besonders am Facialis beobachten. In anderen Fällen liegen wohl auch Täuschungen durch superponierte Kältereaktion (s. unten) vor. Das gleiche gilt auch für die mehrfach beschriebene faradische Zuckungsträgheit. Bei der EaR ist die Kontraktion auf den Reiz des Induktionsstromes, wenn sie vorhanden ist, immer normal, wenigstens soweit es mit dem Auge erkennbar ist. In den beschriebenen Fällen von faradischer Zuckungsträgheit handelt es sich wohl ebenfalls um Kältewirkungen oder um andere Momente, die imstande sind, die Kontraktion des Muskels für alle Reize träge zu machen.

**Verlauf der EaR.** Wir müssen hierbei unterscheiden: Affektionen, die eine akute Schädigung im Bereich des peripheren Neuron setzen, von solchen chronisch progredienter Art. Die erste Gruppe ist noch einzuteilen in heilende und nicht heilende Schädigungen.

Bei akuten Affektionen ist zunächst die Erregbarkeit unverändert trotz aufgehobener willkürlicher Beweglichkeit. Gelegentlich ist in diesem Stadium eine leichte Erhöhung der Erregbarkeit nachweisbar.

Bei örtlich umgrenzten Verletzungen peripherer Nerven kann man bereits unmittelbar nach dem Trauma nachweisen, daß die Läsionsstelle für den Reiz undurchgängig ist. Wird die Reizelektrode proximal von der Verletzungsstelle aufgesetzt, so ist keine Kontraktion zu erzielen. Distal davon ist dagegen die Erregbarkeit normal. Dies gilt nicht nur für Durchtrennungen oder andere schwere Schädigungen, sondern kommt auch bei leichten Drucklāsionen vor.

Gegen Ende der ersten Woche beginnt dann die Erregbarkeit zu sinken, und zwar ziemlich gleichmäßig für die faradische und für die indirekte galvanische

Erregbarkeit. Bei direkter Reizung mit dem konstanten Strom stellt sich allmählich eine Erhöhung der Erregbarkeit ein, und es zeigen sich alle oben geschilderten Symptome (träge Zuckung, Verrückung des Reizpunktes, Änderung der Zuckungsformel usw.). Dieses Symptomenbild bleibt längere Zeit unverändert bestehen.

Der weitere Verlauf hängt dann davon ab, ob Restitution erfolgt oder nicht. Tritt keine Wiederherstellung ein, so macht nach etwa 2—3 Monaten die Erhöhung der galvanischen Erregbarkeit allmählich einer Herabsetzung Platz. Die Zuckung wird immer träger, schließlich bekommt man nur noch mit stärksten Strömen ganz langsam verlaufende wurmförmige Zuckungen, oft nur, wenn man bipolar mit nahe aneinander stehenden Elektroden reizt. Schließlich ist überhaupt keine Kontraktion mehr zu erzielen. Dieses Stadium tritt gewöhnlich erst nach 2—3 Jahren ein, wahrscheinlich dann, wenn keine contractile Substanz mehr im Muskel vorhanden ist. Auch hier wie überall ist der Begriff der Aufhebung der Erregbarkeit relativ und abhängig von der erträglichen Stromstärke.

Ist die Läsion reparabel, so kann in jedem der erwähnten Verlaufsstadien die Restitution einsetzen. Wann sie erfolgt, hängt ab von dem Zeitpunkt, in welchem die Krankheitsursache verschwunden, also etwa die Poliomyelitis abgeklungen ist, die neuritische Noxe infektiöser oder toxischer Natur beseitigt, ein komprimierender Knochencallus entfernt oder die Nervennaht ausgeführt ist. Ferner wird die Zeitdauer des Verlaufs beeinflußt von der Schwere der Läsion; in leichten Fällen setzt die Wiederherstellung früher ein als in schweren. Außerdem ist die Länge des Weges vom Zentrum bzw. von der Läsionsstelle bis zum Muskel von Bedeutung. In der Regel erfolgt unter sonst gleichen Umständen die Wiederherstellung der Muskeln in der Reihenfolge, in welcher die Äste, die sie versorgen, vom Stamme des Nerven abgehen (Kutner, O. Foerster, Kramer). Doch kann dieses Gesetz durchbrochen werden, wenn die Schädigung auf dem Querschnitt des Nerven nicht gleichmäßig ist, wenn also Bündel, die zu distal versorgten Muskeln laufen, geringer geschädigt sind, als die zu den proximaler gelegenen. Auch bei verschieden langen Nerven ist die Abhängigkeit der Restitution von der Länge des Weges, die der Heilungsvorgang zurückzulegen hat, deutlich erkennbar. Die Restitution kann entsprechend den jeweiligen Umständen von dem Stadium der erhöhten, wieder herabgesetzten (auch aus dem einer scheinbar erloschenen) Erregbarkeit erfolgen. Es kehrt die indirekte Erregbarkeit (für den faradischen und konstanten Strom) wieder, ebenso die direkte faradische Erregbarkeit und die schnelle galvanische Zuckung vom Reizpunkt aus, während gleichzeitig die träge Zuckung mit den anderen Zeichen der EaR verschwindet. Wenn die faradische und die indirekte galvanische Erregbarkeit zurückgekehrt ist, zeigt sie von vornherein, abgesehen von einer starken quantitativen Herabsetzung, normales Verhalten. Nicht selten ist die indirekte und die direkte faradische Erregbarkeit wiedergekehrt, ehe die träge Zuckung bei direkter galvanischer Reizung verschwunden ist. Es wird also während der Restitution das Stadium der partiellen EaR durchlaufen. Man erhält dann oft nur bei Reizung außerhalb des Reizpunktes träge Zuckung, während an diesem selbst schon wieder schnelle Zuckung zu erzielen ist.

Es kann vorkommen, daß die Zeichen der EaR bei direkter galvanischer Reizung bereits verschwunden sind, ehe die normalen Reaktionsarten wieder nachweisbar sind, weil eine starke Herabsetzung ihre Erzielung praktisch verhindert. Es ist ein Stadium eingetreten, in welchem eine scheinbare Aufhebung der Erregbarkeit für alle Reizarten vorgetäuscht wird.

In Fällen leichterer Schädigung kommt die komplette EaR nicht zur Ausbildung. Der Krankheitsprozeß bleibt in seiner Entwicklung auf dem Stadium der partiellen EaR stehen, verharrt dann in diesem, bis die Restitution erfolgt.

Nachdem die Zeichen der EaR verschwunden sind, ist noch eine mehr oder minder starke Herabsetzung für alle Reizarten nachweisbar. Diese ist um so stärker, je schwerer die Schädigung war, und je länger der Prozeß gedauert hat. Sie gleicht sich nur ganz allmählich aus. Oft lassen sich nach Jahren noch an einer leichten Herabsetzung die Reste des Krankheitsprozesses erkennen.

Die Willkürbewegung kehrt in der Regel etwas früher wieder als die elektrische Nervenerregbarkeit. Doch ist dieses Verhalten nicht ganz regelmäßig. Die Willkürbewegungen können auch mehr oder minder lange Zeit nachhinken; dies ist besonders dann der Fall, wenn, wie bei Läsionen von längerer Dauer oder bei solchen in früher Kindheit, Gewohnheitslähmungen eintreten. Die Herabsetzung der Erregbarkeit ist meist noch nachzuweisen, wenn die Willkürbewegungen wieder vollkommen normal geworden sind.

Daß bei leichten Läsionen des peripheren Neuron eine einfache Herabsetzung besteht, und es zu keiner EaR kommt, wurde schon oben hervorgehoben. Bei ganz leichten akuten Läsionen können elektrische Veränderungen trotz bestehender Lähmung auch ganz fehlen. Andererseits kommt es z. B. bei Polyneuritis vor, daß Herabsetzung der Erregbarkeit oder partielle EaR nachweisbar ist in Muskelgebieten, die keinerlei Parese erkennen lassen.

Bei chronisch progredienten Erkrankungen des peripheren Neuron, also etwa bei Syringomyelie, amyotrophischer Lateralsklerose, allmählich fortschreitender Kompression eines peripheren Nerven, stellt sich zuerst mit dem Einsetzen der Paresen und Atrophien eine einfache Herabsetzung der elektrischen Erregbarkeit ein. Diese nimmt allmählich zu, geht in partielle und komplette EaR über. Schließlich kommt es mit dem gänzlichen Schwunde der Muskeln zu völliger Aufhebung der Erregbarkeit.

Im folgenden sollen die einzelnen Symptome der EaR noch einer näheren Besprechung und theoretischen Betrachtung unterzogen werden.

*Die quantitativen Veränderungen der galvanischen und faradischen Erregbarkeit* des Nerven sind in ihrer Deutung einfach. Sie sind der Ausdruck des Zugrundegehens des Nerven und äußern sich je nach der Schwere der Läsion in Herabsetzung oder völliger Aufhebung. Das wesentliche Problem ist der Unterschied, der zwischen der elektrischen Reaktion des normalen und entarteten Muskels selbst besteht. Während, wie früher hervorgehoben wurde, normalerweise die Reizung des Muskels immer vom Nerven aus erfolgt, auch dann, wenn die Elektrode auf den Muskel aufgesetzt ist, ist es durchaus wahrscheinlich, daß die EaR eine tatsächliche direkte Erregung der Muskelfasern darstellt. Hierfür spricht die Beobachtung, daß wir jetzt den Muskel nicht vom Reizpunkt in ganzem Umfange reizen können, sondern daß nur die Muskelfasern, die unter der Elektrode liegen, in Kontraktion geraten. Ebenso wie unter normalen Umständen die Erregung vom Reizpunkt mit der vom Nervenstamm identisch ist, geht sie ihr auch bei der EaR im wesentlichen parallel, nimmt mit ihr ab und steigt wieder an und zeigt stets dieselbe Reaktionsart. Dagegen zeigt sich die pathologische Reizform der EaR, wenn wir den elektrischen Reiz unmittelbar auf die Muskelfasern ausüben. Zu betonen ist auch, daß wir keine Übergänge zwischen normaler Reaktion und EaR sehen, so daß die EaR entweder da ist oder nicht. Die partielle EaR stellt keine Zwischenstufe dar, sondern ist, wie aus dem oben Geschilderten hervorgeht, eine Kombination beider Reaktionsformen, die nebeneinander bestehen. Wir werden darum den Tatsachen am besten gerecht, wenn wir annehmen: bei der EaR verschwindet die normale Erregbarkeit des Nerven, sei es, daß man den Nervenstamm oder den intramuskulären Nerven am Reizpunkt reizt. Es kommt gleichzeitig eine direkte Reaktion der Muskelfasern zum Vorschein. Besteht nur die Letzterwähnte bei völliger Aufhebung der

Erstgenannten, so handelt es sich um eine komplette EaR; ist jedoch die normale Erregbarkeit nicht aufgehoben, nur herabgesetzt, so bestehen beide nebeneinander, und es handelt sich um partielle EaR, die wir bei leichten Affektionen im Anfangsstadium und in der Restitution beobachten können[1]). Wie sich die Muskelreaktion bei der EaR zu der normalen Reaktion des Muskels selbst verhält, können wir nicht beurteilen, da wir über die Reaktion der Muskelfasern unter normalen Umständen beim Menschen nichts wissen.

Von den einzelnen Symptomen der Muskelreaktion bei der EaR wenden wir uns zunächst der *Unerregbarkeit für den faradischen, Übererregbarkeit für den galvanischen Strom* zu.

In dieser Frage verdanken wir vor allem Reiss[2]) wertvolle Untersuchungen. Der Unterschied in der Reaktion auf den Induktions- und den galvanischen Strom kann nur auf dem verschiedenen zeitlichen Verlaufe beruhen, vor allem darauf, daß es sich in dem einen Fall um kurze Stromstöße, in dem anderen um Ströme von langem Verlauf handelt. Wir müssen annehmen, daß bei der EaR das Verhältnis des Reizeffektes zum zeitlichen Verlauf des Reizes grundlegend anders ist als unter normalen Umständen. Normalerweise wirkt der elektrische Strom nur im ersten Moment. Wir können von dem konstanten Strom beliebige Teile seines Verlaufes abschneiden, ohne daß sich in seiner Wirkung etwas ändert. Erst wenn die Verkürzung so weit geht, daß die Dauer des Stromes nur noch in die Größenordnung von ungefähr $^1/_{1000}$ Sekunde fällt, ist eine Abnahme der Wirkung zu konstatieren. Diese Zeitdauer ist von Gildemeister[3]) mit dem zweckmäßigen Namen der „Nutzzeit" bezeichnet worden. Alles was über diese Zeit hinaus noch an Strom durchgeht, ist überflüssig. Wir können uns diese Tatsache wohl am besten mit der Annahme von Nernst[4]) erklären, daß nach kurzer Durchgangszeit des Stromes eine Adaptation eintritt, die den Reiz unwirksam macht. Diese Annahme erklärt auch gleichzeitig die Öffnungszuckung. Ist der Nerv an den durchfließenden Strom angepaßt, so bedeutet der stromlose Zustand, an den er nicht adaptiert ist, einen Reiz, auf den er mit einer Zuckung reagiert, und an den er sich erst wiederum anpassen muß. Bei der EaR ist die Fähigkeit, an den Reiz sich zu adaptieren, herabgesetzt oder aufgehoben (Reiss). Die Nutzzeit ist außerordentlich verlängert. Hierfür sprechen eine Reihe von Beobachtungen. Von Reiss wurde gezeigt, daß man bei dem entarteten Muskel mit dem Strom nicht einschleichen kann. Normalerweise ist zur Erzielung einer Zuckung erforderlich, daß der Stromschluß mit einer gewissen Geschwindigkeit erfolgt. Vollzieht sich der Anstieg des Stromes zu seiner vollen Höhe mit ausreichender Langsamkeit, so kann jede Reizwirkung vermieden werden, wenn nicht Stromstärken erreicht werden, bei denen ein Dauertetanus hervorgerufen wird. Wir können diese Erscheinung am besten durch die erwähnte Adaptation erklären. Wenn das Anwachsen des Stromes so langsam geschieht, daß die Adaptation nachfolgen kann, wird eben jede Reizwirkung vermieden. Wie Reiss zuerst gezeigt hat, ist bei dem entarteten Muskel das „Einschleichen" nicht möglich. Die Kontraktion tritt bei einer bestimmten Stärke des Stromes ein, gleichgültig, ob er schnell geschlossen oder langsam verstärkt wird.

Ferner läßt sich die Verlängerung der Nutzzeit unmittelbar nachweisen. Gildemeister und Achelis[5]) erhielten bei Versuchen mit dem Gildemeisterschen

---

[1]) Bezüglich der analogen Verhältnisse bei der myotonischen Reaktion vgl. unten.
[2]) Reiss: Zitiert auf S. 595.
[3]) Gildemeister: Münch. med. Wochenschr. 1911. Nr. 38.
[4]) Nernst: Zur Theorie des elektr. Reizes. Pflügers Arch. f. d. ges. Physiol. 1908.
[5]) Gildemeister u. Achelis: Über die Nutzzeit degenerierter Muskel, ein Beitrag zur Erklärung der Entartungsreaktion. Dtsch. Arch. f. klin. Med. Bd. 117, S. 586. 1915.

Fallrheotom bei der Entartungsreaktion Werte, die die normalen um das 50- oder 100fache übertrafen. Auch eigene Untersuchungen mit dem Gildemeisterschen Hammerrheotom ergaben mir bei der EaR Werte entsprechender Größe. Ist die Adaptation herabgesetzt, so ist der Strom länger wirksam als normalerweise, und eine Verkürzung des Stromverlaufes muß sich schon bei einer viel längeren Zeitdauer in einer Abnahme des Effektes geltend machen. Aus denselben Gründen muß sich auch eine Vergrößerung der Chronaxie ergeben. Hier gilt das gleiche für die doppelte Rheobase wie bei der Nutzzeit für die einfache Rheobase. Auch hier muß eine viel längere Zeitdauer des Reizes sich ergeben, bei der ein Strom von der doppelten Rheobase unwirksam wird, als unter normalen Bedingungen. Tatsächlich haben auch die eingehenden Untersuchungen von BOURGUIGNON eine erhebliche Vergrößerung der Chronaxie bei der EaR ergeben.

So fand er in einem Falle von Radialislähmung im Extensor digitorum communis einen Chronaxiewert von 26 gegenüber einem Normalwert von 0,58, in einem Fall von Medianuslähmung im Flexor pol. brev. einen Wert von 70 gegenüber einem Normalwert von 0,30[1]).

Wir können auf Grund dieser Feststellungen annehmen, daß die Zeit der Wirksamkeit des konstanten Stromes bei der EaR erheblich länger ist als unter normalen Umständen, daß die Fähigkeit der Adaptation an den elektrischen Reiz verringert bzw. aufgehoben ist. Unter diesen Umständen muß ein länger dauernder Reiz relativ wirksamer sein als ein kurzer. Ist die Zeitdauer der Stromwirkung verlängert, so kommt bei gleicher Stromstärke eben eine erheblich größere Elektrizitätsmenge bzw. Energiemenge zur Geltung, als es sonst der Fall ist. Oder man kann es mit REISS so ausdrücken: der Reizeffekt ist immer die Resultante aus der Stromstärke einerseits und der abschwächenden Wirkung der Adaptation andererseits. Der Einfluß der Adaptation kommt aber um so weniger zur Wirkung, je kürzer der Reiz ist. Ist die Adaptation vermindert, so muß sich dies in einer Verstärkung der Reizwirkung geltend machen, und zwar um so mehr, je länger die Stromdauer ist. Wir müssen eine scheinbare Erhöhung der Erregbarkeit finden, die gering ist bei kurzen Reizen, um so größer, je länger der Strom andauert. Wir können die Erscheinungen bei der EaR erklären, wenn wir annehmen, daß einerseits die Erregbarkeit stark herabgesetzt ist, andererseits die Adaptation vermindert oder aufgehoben ist. Solange wir Reize anwenden, die so kurz sind, daß der Einfluß des Adaptationsverlustes sich nicht geltend machen kann, kommt die Herabsetzung der Erregbarkeit rein zum Ausdruck. Ist die Stromdauer wie beim konstanten Strom dagegen ausreichend lang, so wird durch die günstige Wirkung des Adaptationsverlustes die Herabsetzung der Erregbarkeit überkompensiert. Wenn dann im Verlaufe des Prozesses die Erregbarkeit so stark sinkt, daß diese Kompensation nicht mehr möglich ist, so finden wir auch beim konstanten Strom eine Herabsetzung. Der Gegensatz zwischen der günstigeren Wirkung längerer Stromschlüsse und der ungünstigeren kürzerer Stromstöße bleibt dann immer noch bestehen.

Da nach dem Ausgeführten der Unterschied zwischen kurzen und langen Stromstößen nur ein quantitativer ist, so ist es wahrscheinlich, daß ein mit dem konstanten Strom noch erregbarer Muskel für den Induktionsstrom nicht völlig unerregbar ist. Wir würden ihn wahrscheinlich auch mit diesem immer zur Kontraktion bringen können, wenn wir in der Lage wären, Stromintensitäten von genügender Stärke anzuwenden.

---

[1]) BOURGUIGNON: La Chronaxie chez l'homme. S. 260, 252 u. 253. Paris 1923.

**Verrückung des Reizpunktes.** Es ist von REMAK[1]), WERTHEIM-SALOMONSOHN[2]) und BERNHARD[3]) darauf hingewiesen worden, daß bei der EaR der Reizpunkt verschoben ist, und zwar in der Regel nach dem distalen Ende des Muskels. Während der normale Reizpunkt meist in der Mitte des Muskelbauches gelegen ist, erhalten wir jetzt die stärkste Zuckung, wenn wir die Reizelektrode unmittelbar über dem Beginn der Sehne am distalen Ende aufsetzen. Die genaue Untersuchung zeigt jedoch, daß es sich wohl nicht um eine eigentliche Verschiebung handelt, sondern daß der Reizpunkt überhaupt aufgehoben ist. Die Reizpunktverschiebung läßt sich am deutlichsten an den langen Extremitätenmuskeln nachweisen. Wenn wir jetzt die indifferente Elektrode nicht wie gewöhlich am Rumpf in der Mittellinie befestigen, sondern sie distalwärts an der Hand oder am Fuß anbringen, so zeigt sich, daß die beste Kontraktion zu erzielen ist, wenn die Reizelektrode am proximalen Ende des Muskels aufgesetzt wird. Wir erkennen hieraus, daß es sich nicht um einen an anderer Stelle befindlichen Reizpunkt handelt, sondern daß der Muskel am stärksten reagiert, wenn er möglichst in seiner gesamten Längsausdehnung vom Strom durchflossen wird. Da bei der EaR diejenigen Muskelbündel vorwiegend oder ausschließlich in Kontraktion geraten, welche unter der Reizelektrode liegen, so ergibt sich, daß wir die günstigsten Bedingungen haben, wenn die indifferente Elektrode am Rumpf, die Reizelektrode am Ursprung der Sehne liegt, wo die Enden der Muskelbündel am allerleichtesten in ihrer Gesamtheit unter die Einwirkung der Reizelektrode gelangen können.

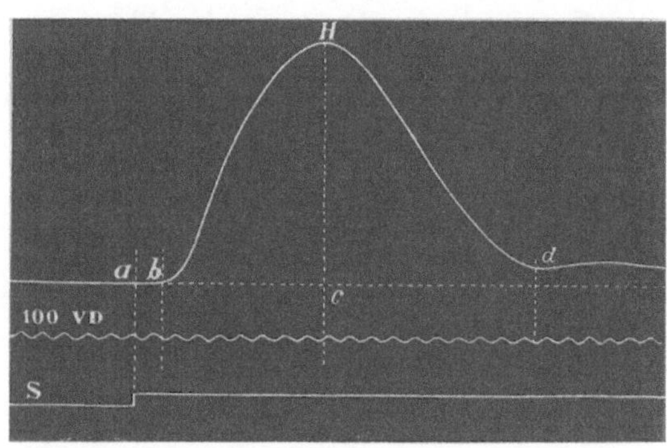


Abb. 112. Normale Zuckungskurve des M. biceps brachii beim Menschen. *ab* latente Reizung; *bH* Anstieg; *dH* Abstieg; *Hc* Zuckungshöhe; *bc* Dauer des Anstieges; *cd* Dauer des Abstieges; *bcd* Dauer der ganzen Zuckung. Dieses Myogramm wurde auf schnell rotierender Trommel aufgenommen. (Aus Handb. d. ges. med. Anwendungen der Elektrizität. Abschnitt MAURICE MENDELSSOHN.)

**Zuckungsträgheit.** Wie schon erwähnt, ist bei der EaR die Zuckung in dem Verlaufe ganz außerordentlich verlängert. Schon bei der Betrachtung der Zuckung fallen auf die Verlängerung der Latenzzeit, die langsame Kontraktion und der langsame Abstieg. In den Abbildungen ist der Unterschied zwischen dem Verlaufe der normalen Zuckung und der trägen Zuckung der EaR deutlich erkennbar. Bei mäßiger Kymographiongeschwindigkeit hat die Zuckung nicht eine Spitze, sondern eine ausgezogene Kuppe. Besonders verlängert ist der absteigende Schenkel der Kurve. REISS fand im entarteten Gastrocnemius eine Gesamtlänge der Zuckung im Mittel von 25,4 mm gegenüber 11,3 beim normalen. Im Gegensatz zum normalen Muskel zucken die verschiedenen Fasern nicht gleichzeitig, sondern die Kontraktion schreitet langsam von einer Faser zur anderen fort, so daß die Bewegung einen wurmförmigen Charakter annimmt.

Wir sehen auch in der Regel bei der EaR, daß die Kontraktion nicht mit dem Stromschluß aufhört, daß sie vielmehr, wenn der Strom geschlossen bleibt,

[1]) REMAK: Arch. f. Psychiatrie u. Nervenkrankh. Bd. 6, S. 23.

[2]) WERTHEIM-SALOMONSOHN: Weekblad van het Nederlandsch tijdsch. v. geneesk. 1895, Nr. 6.

[3]) BERNHARD: Berlin. klin. Wochenschr. 1896, Nr. 4.

noch anhält und erst ganz allmählich absinkt. In späteren Stadien der EaR bleibt sie meist während der ganzen Dauer des Stromschlusses bestehen und hört erst mit der Stromöffnung auf. REISS nimmt an, daß die Trägheit der Zuckung der Ausdruck einer chemischen Veränderung des Muskels sei. Er knüpft dabei an die Erfahrung an, daß unter dem Einfluß chemischer (Veratrin) und toxischer Einflüsse eine Verlängerung der Zuckungskurve beobachtet wird.

**Die Umkehr der Zuckungsformel.** Die Zuckungsformel ist so verändert, daß die Anodenschlußzuckung stärker ist und bei geringerer Stromstärke eintritt als die Kathodenschlußzuckung. Zu bemerken ist jedoch, daß dies kein konstantes Phänomen ist. Man kann nicht selten beobachten, daß die beiden Schließungszuckungen annähernd gleich sind, ebenso auch, daß die KSZ die AnSZ an Stärke übertrifft. In diesem Falle ist jedoch der Unterschied zwischen beiden fast immer geringer, als es normalerweise der Fall ist. Auch bei dem gleichen Muskel, wie wir noch sehen werden, kann das Verhältnis der beiden Schließungszuckungen je nach der Art der Untersuchungsmethode verschieden sein. Bezüglich der Deutung des Phänomens stehen zwei Ansichten einander gegenüber. Die eine nimmt an, daß es sich um eine tatsächliche Umkehr des Pflügerschen Zuckungsgesetzes handelt, während die andere die Umkehr nur als scheinbar betrachtet und sie auf eine Veränderung in den Beziehungen zwischen physiologischer Elektrode und den Stellen größter Reizbarkeit zurückführt. Die erstgenannte Anschauung ist insbesondere von REISS[1]) vertreten und experimentell zu begründen versucht worden. REISS zeigte, daß es gelingt, durch Einlegen eines Nervenmuskelpräparates vom Frosch in gewisse Salzlösungen die Wirkung der Pole des konstanten Stromes umzukehren. Kalium- und Ammoniumsalze bewirkten Polumkehr, während Lithium-, Natrium- und Calciumsalze wieder das normale Verhalten herstellten. Er zeigte auch durch seine Versuche, daß diese experimentell bewirkte Polumkehr vom Einflusse des Nerven unabhängig ist, so daß ihre Ursache in der Muskelsubstanz selbst liegen muß. REISS schließt aus seinen Versuchen, daß das Pflügersche Zuckungsgesetz nicht allgemeingültig ist, daß auf Grund einer Änderung im Chemismus des Muskels die Reizwirkung beim Stromschluß von der Anode und nicht von der Kathode ausgeht. Die andere Ansicht, daß die Polumkehr nur scheinbar sei, ist bereits von WALLER und DE WATTEVILLE[2]) ausgesprochen, später insbesondere von WIENER[3]) vertreten und experimentell begründet worden. In neuerer Zeit haben sich BORUTTAU[4]) und KRAMER[5]) auch für diese Anschauung eingesetzt. Nach dieser Theorie geht auch bei der EaR die Reizwirkung beim Stromschlusse von der Kathode aus; die Erregbarkeitsverhältnisse des Muskels aber haben sich so geändert, daß die physiologischen Kathoden oft für die Reizung günstiger liegen, wenn die Reizelektrode nicht Kathode, sondern Anode ist. Wir können hier auf die früheren Ausführungen über die physiologische Begründung des normalen Zuckungsgesetzes verweisen. Danach ist die Überlegenheit der KSZ

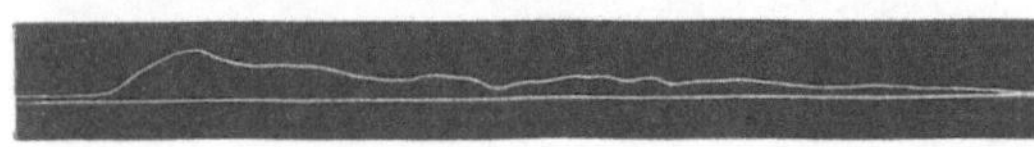

Abb. 113. Degenerative Kurve. Zuckungskurve bei EaR. (Aus Handb. d. ges. med. Anwendungen der Elektrizität. Abschnitt MAURICE MENDELSSOHN.)

[1]) REISS: Die elektr. Entartungsreaktion. S. 19. Berlin 1911.

[2]) WALLER u. DE WATTEVILLE: Thèse von de Watteville. London 1883; zit. nach BORUTTAU.

[3]) WIENER: Dtsch. Arch. f. klin. Med. Bd. 60. 1898.

[4]) BORUTTAU: Handb. d. ges. Anwend. d. Elektrizität Bd. I, S. 424.

[5]) KRAMER: Die Umkehr der Zuckungsformel bei der Entartungsreaktion. Monatsschr. f. Psychiatrie u. Neurol. Bd. 54 (Festschr. f. Liepmann).

darauf zurückzuführen, daß beim Aufsetzen der Kathode auf den Reizpunkt die physiologische Kathode mit möglichster Dichte auf die Stelle, von welcher der Reiz ausgeht, konzentriert ist. Wenn sich bei der EaR die Stelle größter Erregbarkeit verschiebt, so ist damit die Überlegenheit der KSZ in Frage gestellt. Nach Wieners Versuchen verliert bei der EaR die Nerveneintrittsstelle des Muskels am frühesten ihre Erregbarkeit; er ist an den Enden besser erregbar. Infolgedessen liegen die Verhältnisse für den AnS günstiger, da sich dann die physiologische Kathode in der peripolaren Zone an den Muskelenden, also an den Stellen besserer Erregbarkeit befindet. Wiener hat Versuche am geschädigten und absterbenden Muskel angestellt und gezeigt, daß die Nervenerregbarkeit von der Nerveneintrittsstelle nach den Muskelenden abwandert. Auch am degenerierten Muskel, nach Nervendurchschneidung, konnte er das Gleiche nachweisen, ebenso an entarteten menschlichen Muskeln. Er konnte in diesen Fällen die Umkehr der Polwirkung erzielen, wenn er die Reizelektrode an die jetzt schwerer erregbare Nerveneintrittsstelle ansetzte, während an den leicht erregbaren Muskelenden das normale Zuckungsgesetz erhalten wurde.

Gegenüber der Theorie von Reiss ist folgendes zu bemerken: seine Versuche zeigen zwar, daß es möglich ist, durch Änderung des Chemismus des Muskels eine echte Umkehr der Zuckungsformel hervorzurufen; es wird jedoch damit nicht der Nachweis geführt, daß dies bei der EaR auch tatsächlich der Fall ist. Wäre die Reissche Ansicht richtig, so wäre es nicht verständlich, daß wir bei der EaR die Umkehr nicht regelmäßig finden, sondern wie erwähnt, bald Gleichheit der beiden Schließungszuckungen, bald auch Überlegenheit der KSZ. Da es sich bei dem Pflügerschen Zuckungsgesetz nicht um einen graduellen Unterschied zwischen der Kathode und Anode, sondern um einen polaren Gegensatz handelt, so wäre es ohne Zuhilfenahme anderer Hilfshypothesen nicht möglich, daß AnSZ gleich KSZ sein könnte. Es ist auch zu beachten, daß es für die diagnostische Bedeutung der EaR keine Rolle spielt, ob die Umkehr der Zuckungsformel besteht oder nicht; es besagt dies nichts für die Schwere der Veränderung. Auch zeigen sich die anderen Symptome der EaR in beiden Fällen in gleicher Weise. Da nach der Reissschen Annahme die Umkehr durch eingreifende Veränderungen in dem Chemismus bedingt sein soll, so wäre es schwer verständlich, daß für die übrigen Erscheinungen der EaR und die Art und Schwere der Schädigung es belanglos ist, ob diese chemische Umstellung vorhanden ist oder nicht.

Kramer, der ebenfalls die Meinung vertritt, daß die Polumkehr nur scheinbar ist, hebt hervor, daß man durch Variationen in der Anordnung der Elektroden an demselben Muskel bald ein Überwiegen der KSZ, bald ein solches der AnSZ hervorrufen kann, und zwar sowohl durch Veränderungen in der Lage der Reizelektrode als auch der indifferenten Elektrode. So kann man z. B. folgendes beobachten: Reizung am Reizpunkt ergibt AnSZ stärker als KSZ. Reizelektrode am distalen Ende des Muskels KSZ stärker als AnSZ. Setzt man nun die indifferente Elektrode nicht am Rumpf, sondern etwa an der Handfläche auf, so ergibt jetzt umgekehrt Reizung am proximalen Muskelende normale Zuckungsformel, Reizung am distalen Umkehr. Es wurde oben darauf hingewiesen, daß beim entarteten Muskel nicht mehr die Reizung am Reizpunkt den besten Effekt gibt, sondern daß dieser dann zu erzielen ist, wenn der Muskel möglichst in seiner ganzen Länge vom Strom durchflossen wird. Es ergibt sich, daß dann meist die KSZ der AnSZ überlegen ist; daß sich die Umkehr dagegen findet, wenn die Reizungsverhältnisse ungünstiger sind, wenn also bei proximaler Lage die indifferente Elektrode am proximalen Ende des Muskels liegt oder bei distaler Lage der indifferenten Elektrode auch die Reizelektrode distal sich befindet.

So verhält es sich in der Mehrzahl der Fälle, wenn auch nicht ganz regelmäßig. Jedoch läßt sich in der Regel ein Einfluß der Lage der Elektroden auf das Verhältnis der beiden Schließungszuckungen zueinander nachweisen. Hieraus geht hervor, daß die Umkehr der Zuckungsformel keine konstante Erscheinung ist, sondern davon abhängig ist, in welcher Weise der Muskel vom Strom durchflossen wird[1]. Die erwähnten Versuche KRAMERS sprechen bis zu einem gewissen Grade gegen die Wienersche Theorie, da nach dieser die Lage der Reizelektrode für die Zuckungsformel entscheidend sein müßte und die Änderung in der Lage der indifferenten Elektrode keinen Einfluß ausüben könnte. KRAMER schließt aus seinen Versuchen, daß es sich bei der EaR nicht um eine wirkliche Umkehr der Zuckungsformel, sondern um eine Aufhebung der Zuckungsformel handelt, daß es von den jeweiligen Verhältnissen der Durchströmung abhängt, welche Schließungszuckung überwiegt, und daß nur unter bestimmten Reizungsbedingungen ein Überwiegen der AnSZ zu erzielen ist. Für die Erklärung dieses Verhaltens ist die Tatsache ausreichend, daß der Muskel seinen Reizpunkt verloren hat. Es müssen damit alle diejenigen Vorteile fortfallen, die sich beim normalen Muskel durch die Konzentration einer möglichst dichten Kathode auf den Reizpunkt ergeben. Da aber die normale Zuckungsformel in erster Linie hierauf basiert, so werden wir hierin einen ausreichenden Grund für ihre Modifikation erblicken. Bei der EaR wird es oft von größerem Nutzen sein, wenn eine größere Zahl physiologischer Kathoden von geringerer Dichte über die verschiedenen Muskelbündel verteilt ist und diese alle zur Kontraktion bringt. Wenn wir eine circumscripte Kathode auf die Stelle des früheren Reizpunktes setzen, so werden wir intensive aber doch auf wenige Muskelfasern beschränkte Kontraktionen hervorbringen können. Wenn wir dagegen die Anode aufsetzen, so werden sich an vielen Stellen des Muskels physiologische Kathoden bilden, die eine große Zahl von Bündeln zu einer, wenn auch geringen Kontraktion veranlassen. Hierzu kommt noch, daß die Lage der Elektrode an der Stelle des früheren Reizpunktes auf dem Muskelbauch relativ ungünstig ist; denn es liegt hier nur eine beschränkte Zahl von Muskelbündeln unter der Elektrode. Ferner wird der Muskel nur zum Teil vom Strom durchflossen. Darum finden wir an dieser Stelle meist die AnSZ stärker als die KSZ. Liegt dagegen die Reizelektrode am distalen Ende des Muskels, am Sehnenansatz, so wird hier unter der Reizelektrode der größte Teil der Muskelbündel zusammengefaßt. Es bilden sich an allen diesen günstig gelegene physiologische Kathoden, und darum ist in dieser Stellung meist die KSZ stärker als die AnSZ, worauf auch WIENER hingewiesen hat.

Die Beobachtung zeigt auch, daß häufig beim KS andere Muskelfasern in Kontraktion geraten als beim AnS. Wir können dann unmittelbar sehen, daß bei der KS eine geringe Zahl der unter der Elektrode liegender Bündel in starke Kontraktion gerät, während bei der AnS diese in Ruhe bleiben, dafür aber eine große Zahl entfernter gelegener Bündel zucken, die durch ihre Kontraktion einen stärkeren Gesamteffekt hervorrufen.

Zu erwähnen ist noch, daß das Verhalten der *Öffnungszuckungen* nicht ganz konstant ist. Wir sehen nicht selten, insbesondere in der ersten Zeit der EaR eine auffällige Verstärkung der Öffnungszuckungen; insbesondere wird die Kathodenöffnungszuckung deutlich. Sie ist oft nur wenig schwächer als die AnÖZ, manchmal stärker als diese. Im weiteren Verlaufe der EaR verschwinden die Öffnungszuckungen oft ganz, meist dann, wenn sich während der gesamten Stromdauer eine Dauerkontraktion einstellt. Man sieht dann bei der Stromöffnung nur ein

[1] Es ist übrigens auch, wie bereits REISS und neuerdings auch BOURGUIGNON gezeigt hat, beim normalen Muskel möglich, durch besondere Gestaltung der Durchströmungsverhältnisse eine Umkehr der Zuckungsformel künstlich zu erzeugen.

Verschwinden dieser tonischen Kontraktion ohne das Eintreten von Öffnungszuckungen. Das Heranrücken der Kathodenöffnungszuckung an die Anodenöffnungszuckung ist verständlich aus demselben Grunde, wie die Veränderung des Verhaltens der Schließungszuckungen zueinander. Das spätere Verschwinden der Öffnungszuckungen hat REISS in wohl zutreffender Weise erklärt. Die Öffnungszuckungen sind, wie schon oben erwähnt, darauf zurückzuführen, daß der an den Stromdurchgang adaptierte Muskel dem stromlosen Zustand nicht mehr angepaßt ist, so daß dieser zunächst als Reiz wirkt. Wenn der Strom während seiner gesamten Durchgangsdauer eine Kontraktion erzeugt, so zeigt dies an, daß eine Adaptationsfähigkeit des Muskels nicht mehr besteht. Es kann dann das Eintreten des stromlosen Zustandes keinen Reiz für ihn darstellen.

Zum Schluß sind noch die *Ermüdungserscheinungen* bei der EaR zu erwähnen. Wir sehen nicht selten, daß ähnlich wie bei der myasthenischen Reaktion — jedoch im Gegensatz zu dieser bei Anwendung des galvanischen Stromes — nach mehreren Reizungen die Kontraktion an Stärke abnimmt, um schließlich zu verschwinden. Bei Stromwendung beobachtet man dann mitunter, daß die Kontraktion in voller Stärke auftritt, um nach einigen Reizungen wieder aufzuhören. Dieses Phänomen läßt sich in beliebiger Häufigkeit durch Polumkehr hervorrufen. Es ist nicht anzunehmen, daß es sich hierbei um eine polare Ermüdung handelt, sondern vielmehr wahrscheinlich, daß beim KS andere Fasern sich kontrahieren als beim AnS, und daß diese sich in der Zwischenzeit immer wechselweise erholen.

Wenn wir die *Gesamtheit des Symptomenkomplexes* der Entartungsreaktion überblicken, so ergibt sich aus den bisherigen theoretischen Betrachtungen, daß es sich bei der Entartungsreaktion mit großer Wahrscheinlichkeit um eine elektrische Erregung der Muskelfasern selbst handelt. Diese muskuläre Reaktion kommt zum Vorschein, wenn die normale indirekte Erregbarkeit des Muskels vom Nerven aus infolge der Schädigung des Nerven aufgehoben wird. Wir können jedoch bei der partiellen EaR sowie während des Beginnes und des Verschwindens der EaR auch beide Reaktionsformen nebeneinander beobachten. STRÜMPELL[1]) und im Anschluß an ihn JAMIN[2]) kamen zu der Meinung, daß es sich um die spezifische Reaktionsform des entnervten Muskels handelt. Sie stützten sich dabei auch auf die anatomischen Befunde.

Die *histologischen* Untersuchungen, wie sie von ERB[3]), JAMIN[2]), LÖWENTHAL[4]) u. a. ausgeführt wurden, haben ergeben, daß sich die Befunde bei der EaR von denen bei einfacher Atrophie nicht neurogenen Ursprungs nicht prinzipiell unterscheiden. Wie schon ERB gezeigt hat, werden die Muskelfasern allmählich schmäler, die Querstreifung wird undeutlicher, ohne jedoch zu schwinden, bis schließlich im Endstadium die Fasern ganz zugrunde gehen. Gleichzeitig tritt eine erhebliche Vermehrung der Muskelkerne ein. Es wuchert das interstitielle Fett- und Bindegewebe. Die von ERB als charakteristisch angesehene wachsartige Degeneration der Muskelfasern ist später von JAMIN als nicht spezifisch und wahrscheinlich als Kunstprodukt nachgewiesen worden. Auch die neueren Untersuchungen von ROSIN[5]) und SLAUCK[6]) haben keine scharfe Abgrenzung

---

[1]) STRÜMPELL: Lehrbuch d. spez. Pathologie u. Therapie Bd. 3. Leipzig.

[2]) JAMIN: Experimentelle Untersuchungen zur Lehre von der Atrophie gelähmter Muskeln. Jena 1904.

[3]) ERB: Zur Pathologie und pathologischen Anatomie peripherischer Paralysen. Dtsch. Arch. f. klin. Med. Bd. 4/5. 1868.

[4]) LÖWENTHAL: Untersuchungen über das Verhalten der quergestreiften Muskulatur bei atrophischen Zuständen. Dtsch. Zeitschr.. f. Nervenheilk. 1913.

[5]) ROSIN: Beitrag zur Lehre von der Muskelatrophie. Zieglers Beiträge Bd. 65. 1919.

[6]) SLAUCK: Zeitschr. f. d. ges. Neurol. u. Psychiatrie Bd. 71 u. 80.

zwischen degenerativer und einfacher Atrophie der Muskelfasern ergeben. SLAUCK betrachtet als charakteristisch für die neurogene Atrophie, daß die Binnenkerne sich nicht wie bei der einfachen Atrophie vermehren, ferner daß der Schwund der Muskelfasern feldartig auftritt entsprechend den Bündeln, die von je einer Nervenfaser versorgt werden.

Der nichtspezifische Charakter der pathologisch-anatomischen Veränderungen veranlaßte, wie erwähnt, STRÜMPELL und JAMIN anzunehmen, daß die EaR nicht der Ausdruck einer besonderen Veränderung der Muskelsubstanz ist, sondern die Reaktionsform des entnervten Muskels überhaupt. Die Tatsache, daß diese Reaktionsform beim normalen, nervenversorgten Muskel nicht nachweisbar ist, konnte nur durch die Hilfshypothese erklärt werden, daß die Nervenfasern auf sie einen hemmenden Einfluß ausüben. Eine zweite Schwierigkeit der Strümpellschen Theorie ist, wie REISS hervorhebt, die Erklärung der partiellen EaR, wo wir trotz erhaltener Nervenerregbarkeit die Anzeichen der EaR finden. Die Hilfsannahme, daß es verschiedene Muskelfasern sind, welche die beiden Reaktionsformen nebeneinander zeigen, ist wenig befriedigend, sie wird auch unwahrscheinlich gemacht durch die unten näher zu erwähnenden Beobachtungen bei der myotonischen Reaktion.

Wahrscheinlicher ist es wohl, daß wir es bei der EaR mit einer pathologisch veränderten muskulären Reaktion zu tun haben. Auch wenn sich histologisch nichts Charakteristisches findet, so besteht, wie REISS hervorhebt, durchaus die Möglichkeit, daß physikalisch-chemische Veränderungen an den Membranen, insbesondere Abweichungen in ihrer Ionendurchlässigkeit, geeignet sind, die Symptome zu erklären. REISS stützt sich bei seiner physikalisch-chemischen Theorie vor allem auf seine oben erwähnten und kritisierten Versuche einer chemischen Erklärung der Umkehr der Zuckungsformel, ferner auch darauf, daß man die Zuckungsträgheit ebenfalls durch chemische Einwirkung, wie z. B. Veratrin erzeugen kann. JOTEYKO[1]) betrachtet die EaR als die spezifische Reaktion des Sarkoplasma, das tatsächlich eine Vermehrung zeigt. Gegen diese Theorie ist von vielen Seiten eingewandt worden, daß wir bisher nichts von einer Contractilität des Sarkoplasma wissen, sondern daß wir die Fibrillen als den einzigen sicheren contractilen Teil des Muskels kennen. Die Sarkoplasmatheorie der EaR wird in neuerer Zeit von neuen Gesichtspunkten aus von FRANK[2]) vertreten, er knüpft dabei an einen alten Versuch von HEIDENHAIN an. Wenn man beim Tiere den Nervus hypoglossus durchschneidet, so kann man durch Reizung des Nervus lingualis eine langsame wurmförmige Kontraktion der Zunge erzielen. FRANK bestätigte diesen Versuch und zeigte auch, daß man Muskeln, die ihrer Nervenversorgung beraubt sind, durch Einspritzung von Nicotin oder Cholin in eine träge Kontraktion versetzen kann. Beim unversehrten Nerven gelingt dies nicht. Er baute auf diese Versuche seine Theorie von der parasympathischen Innervation des Muskels auf. Denn es sind gerade diejenigen Stoffe, von denen wir wissen, daß sie den Parasympathicus reizen, im Stande, die erwähnte Kontraktion des seines cerebrospinalen Nerven beraubten Muskels hervorzurufen. Wir müßten dann annehmen, daß bei der Läsion des Nerven der parasympathisch innervierte Teil des Muskels, wahrscheinlich das Sarkoplasma, erhalten bleibt und erregbarer wird, als es normalerweise der Fall ist.

Mehrfach wird auch, wie von REISS, auf die Ähnlichkeit der EaR mit der Reaktionsart der glatten Muskeln hingewiesen. Auch diese zeigen träge, wurm-

[1]) JOTEYKO: Der physiologische Mechanismus der EaR der Muskeln. Zeitschr. f. Elektrotherapie 1906.

[2]) FRANK: Berlin. klin. Wochenschr. Bd. 56. 1919; Bd. 57. 1920.

förmige Kontraktion, größere Empfindlichkeit für lange als für kurzdauernde Reize, Unmöglichkeit des Einschleichens und unter Umständen auch Umkehr der Polwirkung. Ferner wurde auf den größeren Sarkoplasmareichtum der glatten Muskeln hingewiesen.

## Die myotonische Reaktion.

Die myotonische Reaktion (MyoR) wird beobachtet bei der Myotonia congenita (Thomsensche Krankheit) und bei der Myotonia atrophicans. Die erstgenannte Krankheit ist angeboren und tritt familiär auf; sie ist nicht progredient und meist von Hypertrophie der Muskeln begleitet. Die Myotonia atrophicans ist dagegen erworben, tritt meist im erwachsenen Alter auf und ist mit fortschreitender Muskelatrophie verbunden, die sich vorwiegend in der Gesichtsmuskulatur, im Sternocleido und in den distalen Extremitätenmuskeln zeigt. Außerdem wurden myotonische Erscheinungen auch bei der sog. Paramyotonie beobachtet, wo sie nur vorübergehend, meist im Anschluß an Infektionskrankheiten, toxische Wirkungen, Kälteeinflüsse auftreten. Allen gemeinsam ist die charakteristische myotonische Bewegungsstörung. Wenn der Patient einen Muskel willkürlich innerviert hat, so ist er nicht imstande, ihn plötzlich zu entspannen, sondern es bleibt noch einige Zeit, einige Sekunden bis etwa $^1/_2$ Minute eine tonische Kontraktion bestehen, die sich erst allmählich löst. Die Nachdauer ist im allgemeinen um so ausgesprochener und länger dauernd, je stärker die Innervation war. Bei Wiederholung der gleichen Bewegung wird die Nachdauer immer geringer und hört schließlich ganz auf. Die Bewegungsstörung besteht bei der Thomsenschen Krankheit in der Regel in der gesamten Muskulatur; bei der atrophischen Myotonie kann sie sich auf einzelne Muskeln beschränken, um sich im Laufe der Entwicklung der Krankheit immer weiter zu verbreiten. Nimmt die Atrophie und die Parese der Muskeln erheblich zu, so wird häufig die Nachdauer immer undeutlicher. Die mechanische Erregbarkeit der Muskeln ist meist gesteigert; die dabei auftretende Kontraktion dauert auch oft abnorm lange und löst sich nur ganz allmählich unter unregelmäßigem Wogen.

Bei der elektrischen Untersuchung findet sich die MyoR. Diese besteht in folgenden Symptomen: Bei der faradischen Reizung sowohl indirekt wie direkt vollzieht sich die tetanische Kontraktion wie beim Normalen; wird der Strom unterbrochen, so erschlafft der Muskel nicht sofort, sondern die Kontraktion bleibt noch etwa 5—10 Sekunden bestehen und löst sich dann erst allmählich (vgl. Abbildung). Bei mehrfacher Reizung nimmt die Nachdauer deutlich ab und verschwindet ganz; nach kurzer Pause ist sie jedoch wieder von neuem nachweisbar. Zu erwähnen ist noch, daß der Tetanus bei etwas geringeren Unterbrechungsfrequenzen auftritt als beim Normalen.

Bei galvanischer indirekter Reizung vom Nerven aus zeigen sich gegenüber der Norm keine merkliche Abweichungen. Beim Stromschluß erfolgt eine schnelle blitzartige Zuckung ohne Nachdauer. Die Zuckungsformel ist normal, nur läßt sich (Erb) der Kathodenschlußtetanus schwerer erzielen als beim Normalen. Eine Nachdauer tritt hier nicht auf. Auch die Öffnungszuckungen sind der Norm entsprechend vorhanden. Die Reizung des Muskels an seinem Reizpunkte ergibt das gleiche Resultat wie bei der Erregung vom Nerven aus, abgesehen davon, daß meist gleichzeitig die in der Nähe befindlichen Muskelfasern in der gleich zu schildernden pathologischen Weise in Kontraktion geraten. Die quantitative Bestimmung der Erregbarkeitswerte ergibt meist eine leichte Herabsetzung.

Die wesentlichsten Differenzen gegenüber dem normalen Muskel sind bei direkter galvanischer Reizung zu beobachten. Diese Besonderheiten treten in klarer Form nur dann hervor, wenn man den Muskel nicht an seinem Reizpunkt, sondern an anderen Stellen reizt. Es fällt auf, daß der Muskel an allen Stellen abnorm leicht erregbar ist, daß man überall eine Kontraktion erzielen kann, die sich jedoch nur auf die der Elektrode zunächst gelegenen Bündel erstreckt. In den langen Muskeln erzielt man am besten einen Erfolg, wenn die Elektrode nahe dem distalen Ende aufgesetzt wird. Dieses Verhalten erinnert durchaus an die Verrückung des Reizpunktes bei der EaR. Auch die Zuckungsformel zeigt die gleichen Abweichungen wie bei der EaR. Die AnSZ ist der KSZ angenähert, ihr gleich oder übertrifft sie auch. Die Öffnungszuckungen fehlen gänzlich. Es entspricht ferner ebenfalls dem Verhalten bei der EaR, daß man mit dem galvanischen Strom nicht einschleichen kann. Die Kontraktion

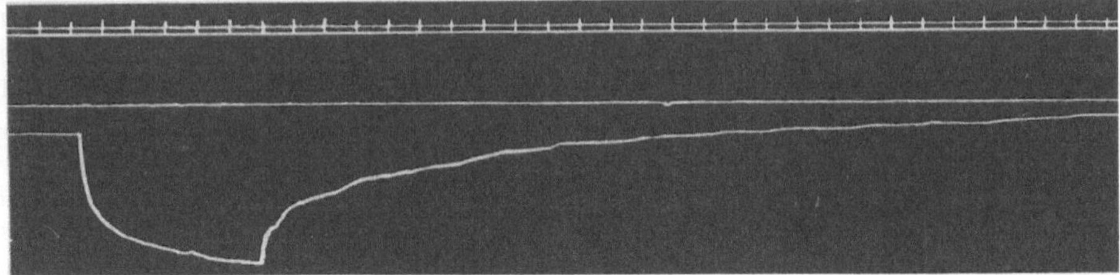

Abb. 114.

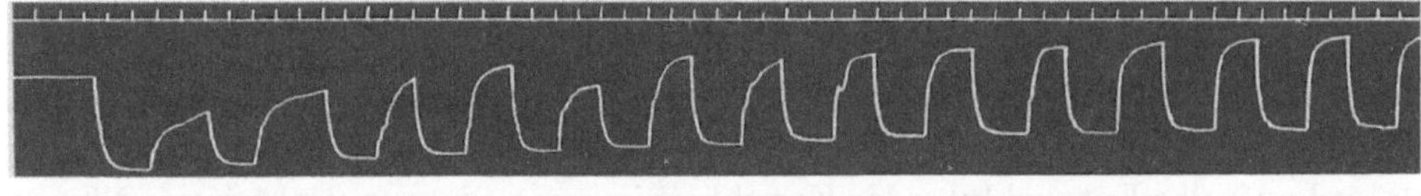

Abb. 115.

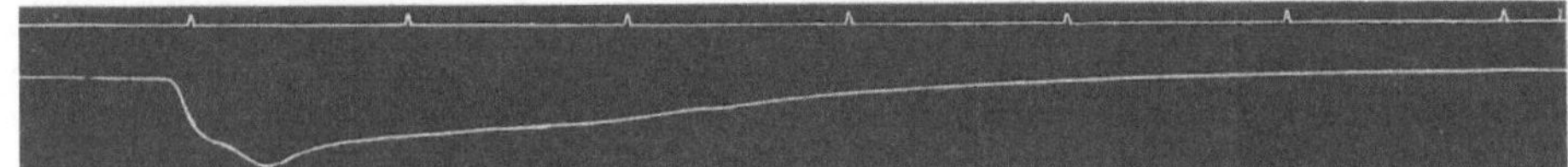

Abb. 116.

Abb. 114—116. Myotonische Reaktion. (Nach KRAMER und SELLING.) Abb. 114. Dauerkontraktion mit langsamer Erschlaffung bei direkter Muskelreizung mit galvanischem Strom. Abb. 115. Kurzdauernde faradische Reizungen, rhythmisch wiederholt: Nachdauer der Kontraktion allmählich abnehmend. Abb. 116. Kurzdauernder faradischer Einzelreiz. Nachdauer der Kontraktion; allmählich Erschlaffung. Zeitmarke = 1 Sek.

tritt bei derselben Stromstärke ein, gleichgültig, ob man den Strom schnell schließt oder ihn ganz allmählich anwachsen läßt [PÄSZLER[1]), KRAMER und SELLING[2])]. Die Kontraktion des Muskels verläuft träge, sie bleibt während der ganzen Andauer des Stromes bestehen. Bei der Stromöffnung hört sie nicht plötzlich auf, sondern zeigt in gleicher Weise wie bei der Reizung mit dem Induktionsstrom eine ausgesprochene Nachdauer. Auch hier ist die Länge der Nachdauer von der Stromstärke abhängig; sie läßt bei mehrfach wiederholter Reizung nach. Aus der Tatsache, daß die Kontraktion während der Stromdauer besteht, und daß ein Einschleichen nicht möglich ist, ergibt sich, daß sie einigermaßen genau den Schwankungen des Stromes folgt. Wird der Strom allmählich verstärkt, so wächst auch die Kontraktion allmählich an, bei schnellerer Stromverstärkung ist der Anstieg entsprechend schnell. Bei gleichbleibender

[1]) PÄSZLER: Neurol. Zentralbl. Bd. 25; Arch. f. Psychiatrie u. Nervenkrankh. Bd. 42.
[2]) KRAMER u. SELLING: Monatsschr. f. Psychiatrie u. Neurol. Bd. 32, H. 4. 1912.

Stromstärke bleibt die Kontraktion auf derselben Höhe, solange nicht die noch zu erwähnenden Ermüdungserscheinungen eintreten. Der Stromöffnung hinkt jedoch infolge der Nachdauer die Erschlaffung nach.

Wird der Muskel am Reizpunkt gereizt, so kann man wie erwähnt, die träge Muskelkontraktion gleichzeitig mit der schnellen indirekten beobachten. Man sieht dann im Anschluß an die schnelle Zuckung eine träge andauernde Kontraktion sich einstellen. Es erscheint dann auf den ersten Blick, als ob die träge Zuckung einen schnellen Vorschlag hätte. Hierauf ist von BERNHARDT[1]) und HOFFMANN[2]) aufmerksam gemacht worden. Bereits ERB[3]) und dann später KRAMER und SELLING[4]) haben gezeigt, daß es sich um die Kombination der beiden Zuckungsformen handelt.

Bei ganz kurz dauernden Stromschlüssen, wie einzelnen Induktionsschlägen und Kondensatorentladungen, läßt sich bei der Reizung vom Nerven und vom Reizpunkt aus kein Unterschied gegenüber dem Normalen erkennen. Bei direkter Muskelreizung findet sich jedoch eine Verlängerung der Kurve sowohl bei Induktionsschlägen [JENSEN[5])] als auch bei Kondensatorentladungen [ZANIETOWSKI[6]), KRAMER und SELLING], und zwar betrifft die Verlängerung vorwiegend den Erschlaffungsteil der Kurve. Die Nutzzeit und die Chronaxie zeigen bei Reizung vom Nerven und vom Reizpunkt aus normale oder nur wenig vergrößerte Werte, während bei direkter Reizung der Muskelfasern sich erheblich vergrößerte Zahlen ergeben. Verfasser fand bei Messungen mit dem Gildemeisterschen Hammerrheotom am Reizpunkt eine annähernd normale Nutzzeit, bei direkter Muskelreizung Werte, die etwa um das 50fache vergrößert waren. Bezüglich der Chronaxie seien folgende Werte von BOURGUIGNON angeführt:

| | | |
|---|---|---|
| Biceps . . . . . . . . . . . . . . | 28 | [normal 0,12], |
| Flexor carp. rad. . . . . . . . . . | 60 | [normal 0,30], |
| Gastrocnemius . . . . . . . . . . . | 13 | [normal 0,88]. |

Häufig lassen sich Ermüdungserscheinungen nachweisen, und zwar sowohl bei der Thomsenschen Krankheit (KRAMER und SELLING) wie bei der atrophischen Myotonie (SIEMERLING, PELZ, KLEIST u. a.), und zwar sowohl bei faradischer, als auch bei galvanischer direkter Muskelreizung. Läßt man einen gleichbleibenden faradischen oder galvanischen Strom durch den Muskel gehen, so nimmt die Kontraktion schon nach kurzer Zeit ab, bis eine völlige Erschlaffung eintritt. Die darauf erfolgende Stromöffnung ist wirkungslos, erneuter Stromschluß ruft nur eine ganz geringe Kontraktion hervor. Die Erholung tritt jedoch ziemlich schnell ein. Bei Reizung mit einzelnen faradischen und galvanischen Stromzuflüssen erfolgt ebenfalls eine Ermüdung, wenn auch langsamer. Sie läßt sich auch bei faradischer Reizung vom Nerven aus nachweisen. Desgleichen läßt der vom Nerven aus durch starke Ströme hervorgerufene Kathodenschlußtetanus sehr schnell nach.

Beim gleichmäßigen Durchströmen der Muskeln mittels starker galvanischer Ströme tritt wie ERB gezeigt hat, oft ein unregelmäßiges Wogen in den Muskeln auf, bei faradischer Reizung zeigt sich häufig ein ähnliches Muskelwogen. Ein lokomotorischer Effekt wird dabei nicht erzeugt. Gelegentlich sind auch beim Durchgang des faradischen Stromes regelmäßig verlaufende rhythmische Kontraktionen beobachtet worden, die mit einem Bewegungseffekt verbunden sind.

[1]) BERNHARDT: Zentralbl. f. Nervenheilk. Bd. 10.
[2]) HOFFMANN: Dtsch. Zeitschr. f. Nervenheilk. Bd. 9. 1896.
[3]) ERB: Dtsch. Arch. f. klin. Med. Bd. 45.
[4]) KRAMER u. SELLING: Zitiert auf S. 608.
[5]) JENSEN: Dtsch. Arch. f. klin. Med. Bd. 77. 1903.
[6]) ZANIETOWSKI: Zeitschr. f. Elektrotherapie Bd. 4. 1906.

Wenn wir die Gesamtheit des Symptomenkomplexes der myotonischen Reaktion übersehen, so fallen zunächst die engen Beziehungen zur EaR auf. Wir haben in gleicher Weise den trägen Zuckungsverlauf, die Unmöglichkeit des Einschleichens, die Aufhebung der Zuckungsformel, das Fehlen der Öffnungszuckungen, ferner auch die Ermüdungserscheinungen. Alle diese Phänomene sehen wir ebenso wie bei der EaR auch hier nur bei direkter Reizung der Muskelfasern, nicht bei Reizung vom Nerven oder vom Reizpunkt aus. Der Unterschied gegenüber der EaR besteht einerseits in dem normalen Erhaltensein der Erregbarkeit des Nerven und des Reizpunktes, andererseits in der Nachdauer der Kontraktion. Es liegt der Gedanke nahe, daß es sich um einander nahestehende Phänomene handelt, daß in beiden Fällen das gleiche contractile System elektrisch erregbar wird. Bei der EaR geschieht dies unter dem Einfluß des Zugrundegehens des Nerven, während bei der myotonischen Reaktion es ohne Veränderung der Nervenerregbarkeit in Erscheinung tritt. In gleicher Weise, wie für die EaR, hat man auch für die MyoR angenommen, daß es sich um die Reaktion des Sarkoplasma handelt. L. LEVY[1]) sowie PÄSZLER[2]) nahmen an, daß der MyoR eine gesteigerte Erregbarkeit des Sarkoplasma zugrunde liegt, und daß daher die typische Sarkoplasmareaktion zum Vorschein kommt. In neuerer Zeit hat besonders H. SCHÄFFER[3]) diesen Standpunkt vertreten und entsprechend der Theorie FRANKS angenommen, daß der parasympathisch innervierte Teil des Muskels eine gesteigerte Reizbarkeit zeigt.

Bezüglich der Nachdauer der Kontraktion, des bei den Untersuchungen vorwiegend berücksichtigten Symptoms, sind verschiedene Theorien aufgestellt worden. JENSEN[4]) nimmt an, daß eine Verlangsamung des Assimilationsprozesses eine erschwerte Abfuhr der Dissimilationsprodukte statthat. Bei der Kontraktion gehen Dissimilationsprozesse vor sich, deren Produkte bei der Erschlaffung fortgeschafft werden, wobei gleichzeitig Assimilationsprozesse stattfinden. Durch die Verlangsamung der beiden letztgenannten Vorgänge wird die Nachdauer der Kontraktion und die Verlängerung der Erschlaffungskurve erklärt. JENSEN nimmt auch an, daß die Abnahme der Nachdauer bei wiederholter Kontraktion auf die Erwärmung des Muskels zurückzuführen sei, entsprechend der Beobachtung, daß auch sonst die myotonischen Erscheinungen bei niedriger Temperatur stärker hervortreten als bei Wärme.

GREGOR und SCHILDER[5]) haben die Aktionsströme während der Nachdauer der Kontraktion untersucht. Sie fanden, daß der normale 50er Rhythmus auch während der Nachdauer nachweisbar ist. Dieser Feststellung ist H. SCHÄFFER[3]) entgegengetreten. Er zeigt in seinen Versuchen, daß die Aktionsströme während der Nachdauer nicht den gleichen Typus zeigen wie während der Willkürkontraktion, sondern daß die Saite nur äußerst schwache Oszillationen von hoher Frequenz ausführt, die nichts vom 50er Rhythmus erkennen lassen. GREGOR und SCHILDER hatten aus ihren Versuchen geschlossen, daß die Nachdauer keine rein muskuläre Erscheinung ist, sondern daß sie durch eine fortdauernde Innervation vom Nerven aus bewirkt wird. Sie vermuten, daß es sich um einen von den Muskelnspindeln ausgehenden Reflex handelt. H. SCHÄFFER widerlegte diese Annahme, indem er zeigte, daß Novokaininjektionen in den Muskel an den myotonischen Erscheinungen nichts ändern. Er weist

---

[1]) LEVY, L.: Maladie de Thomsen et Sarcoplasma. Rev. neurol. 1905.

[2]) PÄSZLER: Zitiert auf S. 608.

[3]) SCHÄFFER, H.: Zur Analyse der myoton. Bewegungsstörungen. Dtsch. Zeitschr. f. Nervenheilk. Bd. 67. 1921.

[4]) JENSEN: Zitiert auf S. 609.

[5]) GREGOR u. SCHILDER: Zeitschr. f. d. ges. Neurol. u. Psychiatrie Bd. 17. 1913.

gleichzeitig darauf hin, daß nach den Beobachtungen von GRUND[1]) die MyoR der durch Lumbalanästhesie gelähmten Muskeln völlig unverändert bleibt.

Der Gesamtkomplex der Erscheinungen bei der MyoR macht es wahrscheinlich, daß es sich um eine muskuläre Veränderung, nicht um eine vom Nervensystem ausgehende Erscheinung handelt. Hierfür spricht vor allem die erwähnte Beobachtung, daß die elektrische Nervenerregbarkeit in ihren wesentlichen Zügen normal bleibt, und daß die pathologischen Erscheinungen dann hervortreten, wenn man den Reiz direkt auf den Muskel richtet. H. SCHÄFFER nimmt auf Grund seiner Versuche an, daß es sich bei der Nachdauer nicht um die normale Kontraktion der Muskelfibrillen handelt, die den 50er Rhythmus zeigt, sondern um eine tonische Kontraktion des Sarkoplasma. Bei der willkürlichen Kontraktion und bei der faradischen Reizung werden zunächst die Fibrillen in Funktion gesetzt, die ihrerseits wieder das träger reagierende Sarkoplasma zur Kontraktion veranlassen, und diese bleibt allein während der Nachdauer bestehen. Die Abnahme der Nachdauer bei mehrfach wiederholter Bewegung oder Reizung ist durch die stärkere Ermüdbarkeit der Sarkoplasmareaktion zu erklären, so daß dann allein die Fibrillenkontraktion ohne Nachdauer bestehen bleibt.

Für die muskuläre Theorie der MyoR spricht auch die Tatsache, daß anatomische Veränderungen an den Muskeln beobachtet worden sind [ERB[2]), SCHIEFERDECKER[3]), M. HEIDENHAIN[4]), SLAUCK[5]) u. a.]. Es ist Vermehrung der Muskelkerne, Verbreiterung der Fasern, Vermehrung des Sarkoplasma beschrieben worden.

Einen eigenartigen Befund erhob HEIDENHAIN; er fand in Fällen von atrophischer Myotonie, aber auch bei der Thomsenschen Krankheit, spiralförmig gewundene Muskelfibrillen, die an der Oberfläche der Fasern liegen und diese umschlingen. Da diese Befunde in älteren Fällen von atrophischer Myotonie viel ausgesprochener waren als in beginnenden, schließt HEIDENHAIN, daß sie sich erst während des Verlaufes der Krankheit bilden. SLAUCK weist darauf hin, daß dieser Befund nicht zur Erklärung der MyoR herangezogen werden könne, da er nicht regelmäßig sei und sich auch sonst, so z. B. beim Myxödemmuskel, nachweisen lasse.

Eine abnorme Nachdauer der Kontraktion bei elektrischer Reizung findet sich gelegentlich bei spinalen Muskelatrophien, so bei amyotrophischer Lateralsklerose, sowohl bei galvanischer wie bei faradischer Reizung, direkt und vom Nerven aus. Von E. REMAK[6]) wurde in einem Falle von Syringomyelie die Nachdauer nur bei Reizung vom Nerven aus gefunden. Er bezeichnete diese Erscheinung als neurotonische Reaktion.

## Die Myasthenische Reaktion.

Die myasthenische Reaktion (MyaR) findet sich als Hauptsymptom bei der Myasthenia gravis oder pseudoparalytica. Diese Krankheit charakterisiert sich durch die abnorme Ermüdbarkeit der Muskeln. Schon nach wenigen Bewegungen nimmt die Muskelkraft erheblich ab, bis schließlich die Bewegung ganz unmöglich wird. Nach relativ kurzer Zeit tritt wieder Erholung ein. Die Ermüdbarkeit kann so stark sein, daß sie eine Lähmung vortäuscht; doch ist bei genauerer Beobachtung immer der Wechsel der Lähmungen und ihr Nachlassen nach völliger Ruhe als charakteristisches Merkmal zu konstatieren. Die Myasthenie

[1]) GRUND: Dtsch. Zeitschr. f. Nervenheilk. Bd. 64. 1919.
[2]) ERB: Die Thomsensche Krankheit. Leipzig 1886.
[3]) SCHIEFERDECKER: Dtsch. Zeitschr. f. Nervenheilk. Bd. 25. 1903.
[4]) HEIDENHAIN, M.: Zieglers Beiträge Bd. 64. 1918.
[5]) SLAUCK: Zeitschr. f. d. ges. Neurol. u. Psychiatrie Bd. 67 u. 80.
[6]) REMAK, E.: Neurol. Zentralbl. 1896.

kann sich auf einzelne Muskelgruppen beschränken, so auf die Augenmuskeln, die Mund-, Zungen-, Kau- und Schluckbewegungen. Auch die Sprechbewegungen sind nicht selten betroffen. Sie kann sich aber auch auf die Extremitätenmuskeln und die gesamte Körpermuskulatur erstrecken. Bei der elektrischen Untersuchung der Muskeln ergibt sich eine charakteristische Reaktionsform, die myasthenische Reaktion. Diese wurde zuerst von JOLLY[1]), später eingehend von OPPENHEIM[2]) beschrieben. Während normalerweise ein Muskel längere Zeit hindurch ununterbrochen gereizt werden kann, ohne daß die Kontraktionsgröße merklich abnimmt, tritt bei der myasthenischen Reaktion verhältnismäßig schnell ein Nachlassen der Kontraktion ein. Man kann das Phänomen hervorrufen, entweder indem man den Induktionsstrom abwechselnd öffnet und schließt, oder indem man mit gleichmäßig hindurchfließendem Strom einen Dauertetanus erzeugt. In manchen Fällen sieht man schon nach wenigen Schließungen und Öffnungen eine deutliche Abnahme der Kontraktion, in anderen Fällen dauert es 1—2 Minuten, bis Ermüdungserscheinungen auftreten. Es kommt, jedoch nicht immer, zum völligen Aufhören der Erregung. Wird der Strom unterbrochen, so tritt nach verhältnismäßig kurzer Zeit, oft schon nach wenigen Sekunden, Erholung ein; der Muskel ist wieder erregbar entweder in normaler Weise oder herabgesetzt. Wiederholt man die Reizung, tritt die Ermüdung schneller ein, und die Erholung nimmt längere Zeit in Anspruch als es zuerst der Fall war. Wenn man mit dem Induktionsstrom ununterbrochen reizt, so äußert sich die Ermüdung darin, daß der Tetanus nachzulassen beginnt, der glatte Tetanus hört auf. Er wird unregelmäßig, bis er sich schließlich ganz in Einzelzuckungen auflöst, endlich hört auch hier die Kontraktion ganz auf. Während des Nachlassens der Kontraktion kann man beobachten, daß beim Stromschluß nur eine Einzelkontraktion auftritt, bei längerem Stromdurchgang jedoch Ruhe oder nur eine geringfügige Dauerkontraktion zu finden ist.

Wie STEINERT[3]) gezeigt hat, tritt bei rhythmisch wiederholter Reizung neben dem Nachlassen der Kontraktionshöhe auch eine Störung in der Promptheit des Tetanuseintritts auf. Man muß den Strom längere Zeit geschlossen halten, um die Kontraktionshöhe zu erreichen. Schließlich kommt es vielfach nicht mehr zu einer tonischen Spannung, sondern zu einer Reihe von zitternden Kontraktionen des mittelstark gespannten Muskels. Dann ist auch zu bemerken, daß der Tetanus verspätet eintritt. Wenn die Kontraktion zum Verschwinden gebracht ist, während die Reizung ununterbrochen weitergeht, treten von Zeit zu Zeit immer wieder kleine Vibrationen auf, schließlich mit mehreren Minuten langen Zwischenpausen, dann auch wieder vereinzelt höhere Tetani, die rasch ansteigen und wieder abfallen. KOLLARITS[4]) fand, daß die während der Applikation des faradischen Stromes sinkende Kurve erneut stieg. Das verspätete Eintreten des Tetanus ist auch von RAUTENBERG[5]) konstatiert worden, der ein langsames treppenförmiges Ansteigen der Kontraktion während der Ermüdung beobachtete. Das Auftreten kurzdauernder Tetani beim Stromschlusse ist besonders von HOFMANN und DEDEKIND[6]) beschrieben worden.

---

[1]) JOLLY: Berlin. klin. Wochenschr. 1891, Nr. 26.

[2]) OPPENHEIM: Die myasthenische Paralyse. 1901.

[3]) STEINERT: Über Myasthenie und myasthenische Reaktion. Dtsch. Arch. f. klin. Med. Bd. 78, S. 346. 1903.

[4]) KOLLARITS: Der myasthenische Symptomenkomplex. Dtsch. Arch. f. klin. Med. Bd. 72, S. 161. 1902.

[5]) RAUTENBERG: Pathologische Physiologie menschlicher Skelettmuskeln. Dtsch. Arch. f. klin. Med. Bd. 93, S. 388. 1908.

[6]) HOFMANN, F. B. u. DEDEKIND: Untersuchung eines Falles von Myasthenia gravis. Zeitschr. f. d. ges. Neurol. u. Psychiatrie Bd. 6.

Die MyaR läßt sich in gleicher Weise hervorrufen bei direkter Muskelreizung und bei indirekter vom Nerven aus. Sie ist jedoch nur mittels des tetanisierenden Induktionsstromes zu erzielen. Einzelreizungen durch Öffnen und Schließen des konstanten Stromes, auch wenn sie schnell hintereinander erfolgen, lassen keine Abnahme der Zuckungsgröße erkennen. Das gleiche gilt für einzelne Induktionsschläge wie für Kondensatorentladungen. Der durch den Induktionsstrom ermüdete Muskel ist für die Erregung durch den konstanten Strom nicht ermüdet. Wenn man zur Reizung einen kombinierten faradischen und galvanischen Strom benutzt, so ist zunächst nur der vom Induktionsstrom erzeugte Tetanus zu beobachten; hört dieser infolge der Ermüdung auf, so sind die durch den konstanten Strom hervorgerufenen Schließungs- und Öffnungszuckungen erkennbar, und zwar in gleicher Stärke, wie wenn er allein wirksam wäre.

Die MyaR läßt sich in schweren Fällen von Myasthenie in der gesamten Körpermuskulatur nachweisen, oft aber nur in einzelnen Muskelgruppen, besonders häufig im Facialis, in der oberen Trapeziusportion, im Daumenballen. Zu verschiedenen Zeiten ist sie auch sehr verschieden ausgeprägt. Man kann sie bei demselben Kranken in denselben Muskelgruppen an manchen Tagen sehr deutlich, an anderen kaum angedeutet finden. Willkürlich leicht ermüdbare Muskeln zeigen manchmal die MyaR nicht ausgeprägt, während sie an willkürlich nicht ermüdbaren Muskeln nachweisbar sein kann.

Inwieweit der durch willkürliche Aktion ermüdete Muskel durch den elektrischen Reiz zur Kontraktion gebracht werden kann und umgekehrt, darüber herrscht keine völlige Einigkeit. Murri und Kalischer verneinen eine derartige Übereinstimmung, sie fanden, daß der willkürlich ermüdete Muskel durch den faradischen Reiz noch erregt werden kann. Demgegenüber stellen Curschmann und Hedinger[1]) eine Proportionalität zwischen funktioneller Ermüdbarkeit und elektrischer Erregbarkeit fest. F. B. Hofmann[2]) stellte Untersuchungen über die Beziehungen zwischen MyaR und der Frequenz des Reizstromes an. Er fand, daß die Ermüdbarkeit nur ausgesprochen ist bei hohen Frequenzen (75 pro Sekunde), dagegen nicht bei Verwendung eines Induktionsapparates mit seltenen Unterbrechungen des primären Stromes (15—20 pro Sekunde). Dieser Unterschied ist, wie Hofmann ausführt, charakteristisch für die Ermüdungserscheinungen im Tierexperiment, und zwar sowohl bei Reizung des Nervenendorgans als auch des Muskels selbst. Eine Unterscheidung zwischen beiden Möglichkeiten läßt sich dadurch herbeiführen, daß man starke und schwache Ströme hoher Frequenz anwendet. Bei Reizung des Nerven wirken schwache Reize höherer Frequenz ähnlich wie solche niederer Frequenz, wahrscheinlich weil nur ein Teil der Erregungen vom Nervenendorgan durchgelassen wird. Beim myasthenischen Muskel konnte Hofmann diesen Unterschied nicht nachweisen. Dieses Ergebnis spricht dafür, daß es sich bei der MyaR nicht um eine abnorme Ermüdbarkeit des Nerven, sondern des Muskels selbst handelt.

Es ist auch im übrigen wahrscheinlich, daß die Myasthenie auf einem muskulären Prozeß beruht. In diesem Sinne sprechen ebenfalls die anatomischen Befunde. Am Nervensystem hatten die Untersuchungen regelmäßig ein negatives Ergebnis. Dagegen sind in den Muskeln vielfach Veränderungen festgestellt worden, vor allem Zellinfiltrationen in den Muskelfasern.

---

[1]) Curschmann, A. u. Hedinger: Die Myasthenie bei sexuellem Infantilismus nebst Untersuchungen über die MyaR. Dtsch. Arch. f. klin. Med. Bd. 35, S. 578. 1906.

[2]) Hofmann, F. B. u. Dedekind: Zitiert auf S. 612. — Hofmann, F. B.: Über Ermüdungsreaktionen. 31. Kongreß f. inn. Med. 1904. Ref. Neurol. Zentralbl. Bd. 33. 1914.

Untersuchungen über die Aktionsströme bei der MyaR sind von Herzog[1]) ausgeführt worden. Er fand, daß die Aktionsströme nicht die für die Ermüdung beim gesunden Menschen charakteristischen Veränderungen zeigen. Die diphasischen Schwankungen werden nicht seltener, sondern nur die Höhe der Schwankungen wird bei der Ermüdung kleiner. Dies entspricht den Veränderungen, die sich beim Gesunden zeigen, wenn er seine Muskeln schwächer innerviert. Zu dem gleichen Ergebnisse führten auch die Untersuchungen von Schäffer und Brieger[2]). Aus diesen Befunden ergibt sich, daß das Absinken der Kontraktion bei der Myasthenie nicht aufzufassen ist als eine Steigerung der normalen Ermüdbarkeit, sondern daß eine besondere pathologische Veränderung des Muskels vorliegt.

Die MyaR ist nicht ganz selten bei anderen Erkrankungen zu konstatieren. So wurde sie beobachtet bei Muskeldystrophie, Friedreichscher Krankheit (Kramer), bei Polyneuritis (Oppenheim). Besonders häufig ist sie bei postdiphtherischer Polyneuritis (Kramer), bei der man sie in Muskeln finden kann, die keine Lähmungserscheinungen zeigen.

Daß eine abnorme Ermüdbarkeit für elektrische Reize auch bei der EaR und MyoR vorkommt, wurde in den entsprechenden Abschnitten hervorgehoben.

## Veränderungen der Zuckungsform unter sonstigen Bedingungen.

Außer den bisher beschriebenen charakteristischen Symptomenkomplexen können wir unter verschiedenen Umständen noch Veränderungen in der Form der Kontraktion nachweisen, die zum Teil bei Betrachtung mit dem Auge deutlich erkennbar sind, zum Teil erst bei der graphischen Aufzeichnung deutlich werden. Es handelt sich vor allem um Verlängerungen der Zuckungskurve. Ist diese ausgesprochen, so erscheint die Kontraktion auch dem Auge deutlich als träge. So ist darauf hinzuweisen, daß bei der Ermüdung des normalen Muskels die Zuckungskurve verlängert ist. Insbesondere toxische Einflüsse und Stoffwechselstörungen kommen als Ursache in Betracht. Ein charakteristisches Beispiel ist die experimentell herbeigeführte Zuckungsträgheit durch Veratrinvergiftung. Edinger[3]) fand eine Verlängerung der Zuckungskurve bei verschiedenen Stoffwechselerkrankungen, so bei Lebercirrhose, bei Diabetes mellitus. In diesen Fällen war die Latenzzeit nicht verändert, die Höhe der Zuckung wurde später als normal erreicht, die gesamte Kontraktionsdauer war um das Doppelte verlängert. Ähnliches fand Reiss bei schwerer Lungenphthise mit starker Abmagerung, ferner bei Carcinomkachexie. Kramer[4]) stellte Veränderungen der Muskelkontraktion in mehreren Fällen von Myxödem fest. Hier waren die willkürlichen Bewegungen verlangsamt, auch bei den Sehnenreflexen und bei direkter mechanischer Muskelreizung waren die Kontraktionen merklich träge. Bei elektrischer Reizung, und zwar sowohl bei faradischer und galvanischer, direkter und indirekter ergaben sich, sowohl dem Auge deutlich sichtbar als auch in der aufgezeichneten Kurve erkennbar, eine erhebliche Verlängerung der Zuckungskurve, und zwar des Anstieges wie des Abstieges. In einem Falle fand sich auch bei faradischer Reizung ein langsames Ansteigen des Tetanus bis zum Maximum bei unveränderter Stromstärke. In dem gleichen Falle war auch eine abnorme

---

[1]) Herzog: Dtsch. Arch. f. klin. Med. Bd. 123.

[2]) Schäffer u. Brieger: Über Muskelaktionsströme bei Myasthenie gravis. Dtsch. Arch. f. klin. Med. Bd. 138. 1921.

[3]) Edinger: Untersuchungen über die Zuckungskurve des Muskels usw. Zeitschr. f. klin. Med. Bd. 6. 1883.

[4]) Kramer: Zeitschr. f. d. ges. Neurol. u. Psychiatrie, Ref.-Bd. 15, S. 38 u. 299. 1918; Bd. 16, S 402. 1918.

Ermüdbarkeit bei Reizung mit dem Induktionsstrom nachweisbar. Analoge Beobachtungen hat auch SLAUCK[1]) gemacht.

Alle diese Befunde zeigen, daß die Zuckungsträgheit nicht nur bei der EaR auftritt, sondern daß sie eine Reaktionsform des Muskels ist, die unter verschiedensten Bedingungen entstehen kann. Mit der Beobachtung, daß sie vor allem bei toxischen Einflüssen auftritt, hat REISS seine chemische Theorie der EaR gestützt. Zu beachten ist, daß die hier erwähnten Reaktionsformen sich von der EaR dadurch unterscheiden, daß die quantitativen Verhältnisse der Erregbarkeit meist gar nicht oder nicht erheblich verändert sind, daß ferner die Zuckungsträgheit in der Regel bei jeder Reizart direkt oder indirekt, faradisch oder galvanisch, nachweisbar ist, während sie bei der EaR und bei der MyoR nur bei galvanischer Reizung des Muskels selbst sich zeigt. Auch zeichnet sie sich dadurch aus, daß die Veränderung der elektrischen Erregbarkeit beim Aufhören der pathologischen Ursache sehr schnell verschwindet, so z. B. beim Myxödem nach Zuführung von Thyreoidin.

Diese eben ausgeführten Erwägungen gelten auch für die jetzt noch näher zu schildernde Abkühlungsreaktion. Diese ist kein eigentlich pathologisches Phänomen; sie verdient aber Beachtung, weil sie leicht zu Verwechslungen mit krankhaften Veränderungen der Erregbarkeit, insbesondere der EaR, Veranlassung geben kann.

## Die Abkühlungsreaktion.

Daß bei Herabsetzung der Temperatur die Kontraktion des Muskels verlangsamt wird, ist schon von HELMHOLTZ festgestellt worden. Später wurde dieses Phänomen vielfach, und zwar vorwiegend am isolierten Kaltblütermuskel untersucht. Auch am Menschen ist es gelegentlich festgestellt worden; doch haben erst die genauen Untersuchungen von GRUND[2]) gezeigt, daß man beim Menschen ohne Schwierigkeiten die Verlangsamung der Zuckung unter Kälteeinfluß nachweisen kann und daß diese Erscheinung als Fehlerquelle für die Diagnostik nicht belanglos ist. GRUND wies nach, daß bei Abkühlung unter 30° die Zuckung deutlich träge zu werden beginnt, und daß die Verlängerung der Kurve immer mehr zunimmt, je niedriger die Temperatur sinkt. Die Länge der Zuckung wächst unter Umständen auf das Vielfache ihrer ursprünglichen Größe. Die Zuckungskurve ist in allen ihren Teilen verlängert, jedoch ist besonders charakteristisch die Zunahme des Anstiegwertes. Die Form des Zuckungsverlaufes gleicht fast ganz derjenigen bei der EaR. Die Trägheit der Zuckung ist in gleicher Weise vorhanden bei faradischer und galvanischer, bei direkter und indirekter Reizung. Die quantitativen Werte der Erregbarkeit sind nicht wesentlich verändert. Die KSZ ist im allgemeinen stärker als die AnSZ, doch kommt es insbesondere an den Handmuskeln vor, daß die AnSZ der KSZ angenähert ist; sie kann sie auch übertreffen. Man kann die Abkühlungsreaktion hervorrufen durch Eintauchen in kaltes Wasser; sie tritt aber auch spontan auf unter normalen Bedingungen, so beim längeren Aufenthalt in einem kühleren Raume u. ä. An den Extremitäten entsteht sie leichter als an der sonstigen Muskulatur. Auch bei kachektischen Menschen mit starker Untertemperatur kann man die Abkühlungsreaktion gelegentlich nachweisen. In gelähmten Muskelgebieten, vor allem an den Extremitätenenden, tritt die Kältereaktion besonders leicht ein, da diese sich unter den erwähnten Umständen eher abkühlen, als es bei normal funktionierenden Muskeln der Fall ist. Bei der Ähnlichkeit mit der EaR

[1]) SLAUCK: Zeitschr. f. d. ges. Neurol. u. Psychiatrie, Orig.-Bd. 67.

[2]) GRUND: Die Abkühlungsreaktion des Warmblütermuskels und ihre klinische Ähnlichkeit mit der Entartungsreaktion. Dtsch. Zeitschr. f. Nervenheilk. Bd. 35. 1908.

liegt dann die Gefahr sehr nahe, daß sie mit dieser verwechselt wird. Es ist nicht unwahrscheinlich, daß bei früheren Angaben in der Literatur über die EaR bei cerebralen Lähmungen, bei Muskeldystrophien u. a. es sich um Verwechslung mit der Abkühlungsreaktion handelte. Die direkte galvanische Muskelreizung bietet keine Möglichkeit der Unterscheidung zwischen beiden Reaktionsformen, da der Zuckungsverlauf, wie erwähnt, in beiden Fällen ähnlich ist. Einen wichtigen Anhalt für die Unterscheidung bietet die Trägheit bei faradischer und indirekter galvanischer Reizung bei der Abkühlungsreaktion, während bei der EaR dies nicht vorkommt. Im Zweifelsfall gibt das Verschwinden der Zuckungsträgheit bei Erwärmung des Gliedes die sichere Differentialdiagnose. Nach den Versuchen Bourguignons[1]) tritt bei der Abkühlung gleichzeitig mit der Verlängerung der Zuckungskurve ein erhebliches Anwachsen der Chronaxie ein. Diese erreicht ihr Maximum erst einige Minuten, nachdem die Extremität aus dem kalten Bade herausgenommen worden ist, um dann allmählich wieder abzusinken. Grund zeigte auch, daß Abkühlung des Nerven die Reaktion nicht ändert. Die Ursache des Phänomens muß also auf der Abkühlung des Muskels selbst beruhen. Grund untersuchte das Verhalten der Zuckungsform bei Störung der Zirkulation durch Abschnüren des Gliedes. Er fand jedoch dabei nur gelegentlich eine geringe Verlangsamung der Zuckung, die auf Erwärmung wieder verschwand. Er schließt daraus, daß die Zirkulationsverhältnisse keine Bedeutung für die Entstehung der Abkühlungsreaktion haben. Bourguignon hat das Verhalten der Chronaxie bei Zirkulationsstörungen untersucht. Er fand im wesentlichen die gleichen Ergebnisse bei venöser Stase wie bei Anämie. Er beobachtete dabei eine leichte Verlangsamung der Zuckung. Bald nach der Abschnürung steigt die Chronaxie in mäßigem Grade an, etwa 25 Minuten nach Beginn des Versuches fängt sie an abzunehmen zu der gleichen Zeit, zu der der Nerv unerregbar wird. Nach Aufhebung der Kompression steigt die Chronaxie zum Vielfachen des normalen Wertes an, um nach einigen Minuten wieder zur Norm zurückzukehren.

## Elektrotherapie.

Die Elektrotherapie der Muskeln ist im wesentlichen auf klinisch-empirische Erfahrungen aufgebaut; die physiologischen Grundlagen sind verhältnismäßig dürftig. In erster Linie kommen die atrophischen Prozesse in den Muskeln für die Elektrotherapie in Frage, und zwar sowohl die primären Muskelatrophien wie die degenerativen durch Erkrankungen des Nervensystems bedingten. Bei den sonstigen Affektionen der Muskeln spielt die Elektrotherapie keine wesentliche Rolle.

Auf den günstigen Einfluß des elektrischen Stromes auf die Trophik der Muskeln ist zuerst von R. Remack und Duchenne hingewiesen worden.

Von den physiologischen Wirkungen des elektrischen Stromes kommen die Veränderungen der Erregbarkeit, die bei dem Durchfließen des konstanten Stromes entstehen, im wesentlichen nur für den Nerven, nicht für den Muskel in Frage; sie werden in dem entsprechenden Kapitel erörtert werden.

Es ist durchaus unwahrscheinlich, daß wir durch die Elektrotherapie auf den Krankheitsprozeß selbst einwirken. Wir können damit nur erreichen, daß bei einem an sich heilbaren Prozeß die Muskelatrophie aufgehalten wird, so daß er bei einsetzender Restitution sich in einem besseren Zustande befindet, als es sonst der Fall wäre. Infolgedessen ist ein wesentlicher Erfolg bei fortschreitenden Prozessen nicht zu erwarten. Dies gilt für die progressiven Muskel-

[1]) Bourguignon: Zitiert auf S. 586.

dystrophien wie für die spinalen progressiven Muskelatrophien. Die Möglichkeit, daß wir hierbei durch elektrische Behandlung den Prozeß etwas aufhalten, das Fortschreiten der Atrophie etwas verlangsamen können, ist wohl gegeben, jedoch durchaus nicht sichergestellt. Auch in denjenigen Fällen, wo durch eine akute Erkrankung, wie z. B. eine Nervenverletzung oder eine Poliomyelitis, die Muskeln in irreparabler Weise gelähmt sind, ist die elektrische Behandlung selbstverständlich erfolglos. Eine Bedeutung besitzt sie bei denjenigen muskelatrophischen Prozessen, bei denen der Krankheitsprozeß als solcher eine Restitution erwarten läßt, so bei peripheren Lähmungen, die reparabel sind, z. B. Neuritiden und Polyneuritiden, Verletzungen, die nicht zu einer völligen Unterbrechung des Nervenstammes geführt haben, oder bei denen Nervennaht erfolgt ist. In gleicher Weise gilt dies auch bei der Poliomyelitis anterior für diejenigen Muskelgruppen, bei denen die leichtere Schädigung der Vorderhornzellen eine Wiederherstellung erlaubt. Ein weiteres Feld für die Behandlung bieten ferner die Muskelatrophien, die durch Inaktivität bedingt sind, diejenigen, die bei Gelenkprozessen in den benachbarten Muskeln sich einstellen, ebenso auch die Atrophien nach traumatischen Schädigungen der Muskeln und nach entzündlichen Prozessen in ihnen.

Wir wenden in der Regel elektrische Reize an, mit denen wir Kontraktionen in den Muskeln hervorrufen können, also vor allem den Induktionsstrom. In gleicher Weise können auch Sinusströme oder in kurzen Zwischenräumen erfolgende Kondensatorentladungen benutzt werden. In Muskeln, die Entartungsreaktion zeigen, müssen wir, um sie zur Kontraktion zu bringen, Einzelreize mit Schließung und Öffnung des galvanischen Stromes anwenden. Die klinische Erfahrung zeigt, daß wir durch die erwähnten Maßnahmen, die durch Inaktivität oder arthrogen bedingten Atrophien aufhalten und bessern. Ebenso können wir bei neurogen bedingten Lähmungen, die nicht mit Entartungsreaktion verbunden sind, den Wiederherstellungsprozeß mit großer Wahrscheinlichkeit beschleunigen. Zweifelhafter ist es, ob wir bei degenerativen Lähmungen mit kompletter Entartungsreaktion mittels der erwähnten Behandlung mit dem konstanten Strom etwas wesentliches erreichen. Doch ist es nicht unwahrscheinlich, daß wir auch hier den Ernährungszustand der Muskeln in besserem Zustande erhalten können, so daß die eintretende Regeneration des Nerven einen funktionstüchtigeren Muskel antrifft als es sonst der Fall wäre. Für die Bedeutung der Elektrotherapie in solchen Fällen spricht auch folgende Erfahrung: bei Lähmungen, deren Resitutionsprozeß sich sehr lange hinzieht, beobachten wir, wenn keine elektrische Behandlung stattfindet, nicht ganz selten, daß im Verlaufe der Restitution die elektrische Erregbarkeit des Muskels sich wieder herstellt, die Lähmung und Atrophie aber bestehen bleibt. In gut behandelten Fällen (Elektrotherapie, Massage) finden wir dies jedoch in der Regel nicht. Man kann in solchen Fällen auch durch spät einsetzende Elektrotherapie noch erheblichen Erfolg erzielen. Diesen Gegensatz zwischen Wiederherstellung der elektrischen Erregbarkeit und funktioneller Restitution sehen wir insbesondere auch bei Lähmungen, die in früher Jugend auftreten, vor allem bei Facialislähmungen. Es ist wahrscheinlich, daß hier der Verlust der Bewegungsvorstellungen, das Vergessen der Innervation eine wesentliche Rolle spielen. Hier kommt der elektrischen Behandlung die Rolle zu, wie zuerst Wernicke betont hat, die Bewegungsvorstellungen wieder wachzurufen und dadurch die Willkürinnervation in Gang zu bringen. Auch bei den erwähnten Lähmungen Erwachsener mit langdauernder Restitution ist dieses Moment wahrscheinlich von Bedeutung.

Gegenüber diesen klinischen Erfahrungen sind die Ergebnisse experimenteller Untersuchungen verhältnismäßig gering.

MANN[1]) und in Übereinstimmung mit ihm R. LEVI[2]) haben experimentell gezeigt, daß durch Faradisation die Erregbarkeit des Muskels sich beeinflussen läßt. Sie fanden, daß nach Einwirkung des faradischen Stromes eine vorübergehende Herabsetzung der Erregbarkeit eintritt, die wohl auf Ermüdung zurückzuführen ist. Nach regelmäßig wiederholter Behandlung mit dem Induktionsstrome läßt sich dann eine Steigerung der Erregbarkeit nachweisen.

Die „erfrischende" Wirkung des elektrischen Stromes auf die Muskeln ist von verschiedenen Seiten betont worden. So fand HEIDENHAIN[3]), daß der ermüdete Muskel im Tierexperiment unter der Einwirkung des ihn durchfließenden Stromes sich schneller erholt. M. MENDELSOHN[4]) wies darauf hin, daß die gleiche Wirkung sich auch durch faradische Reizung erzielen lasse, FRIEDLÄNDER[5]) und ebenso GÖTZE[6]) fanden im Tierexperiment, daß die nach Nervenschädigungen eintretenden Lähmungen und Muskelatrophien sich unter elektrischer Behandlung schneller besserten als es im Parallelversuche an der unbehandelten Extremität der Fall war.

Bei der elektrischen Behandlung ist auf die gesteigerte Ermüdbarkeit geschädigter Muskeln Rücksicht zu nehmen; die Anwendung zu starker und zu lang dauernder Ströme muß vermieden werden. Dies gilt auch für die Anwendung des galvanischen Stromes bei bestehender Entartungsreaktion, bei der ebenfalls, wie erwähnt, abnorme Ermüdungserscheinungen nicht selten sind. Kontraindiziert ist die elektrische Behandlung bei Myasthenie; hier kann die Anwendung faradischer Ströme zu bedrohlichen Lähmungen führen.

---

[1]) MANN: Über Veränderungen der Erregbarkeit durch den faradischen Strom. Dtsch. Arch. f. klin. Med. Bd. 51, S. 127. 1893.

[2]) LEVI: Über die Beeinflussung der physiologischen Erregbarkeit. Neurol. Zentralbl. 1903, Nr. 9.

[3]) HEIDENHAIN: zit. nach M. MENDELSOHN.

[4]) MENDELSOHN, M.: Spezielle Therapie der Muskelkrankheiten. Handb. d. ges. med. Anwend. d. Elektrizität, Leipzig 1912.

[5]) FRIEDLÄNDER: Inaug.-Dissert. Jena 1900.

[6]) GÖTZE: Dtsch. med. Wochenschr. Bd. 22, Nr. 26. 1896.

# Allgemeine Physiologie der Wirkung der Muskeln im Körper.

Von

**Ernst Fischer** und **Wilhelm Steinhausen**

Frankfurt a. M.

Mit 20 Abbildungen.

### Zusammenfassende Darstellungen.

Duchenne, G. B.: Physiologie des Mouvements. Paris 1867. Deutsch von C. Wernicke. Kassel u. Berlin 1885. — Marey, E. J.: La Machine animale. Paris 1873. — Kollmann, J.: Mechanik des menschlichen Körpers. Naturkräfte. Bd. XIII. München 1874. — Fick, A.: Spezielle Bewegungslehre. Hermanns Handb. d. Physiol. Bd. I, 2, S. 239. Leipzig 1879. — Marey, E. J.: Le Mouvement. Paris 1894. — Weiss, G.: Traité de Physique biologique Bd. I. Paris 1901. — du Bois-Reymond, R.: Spezielle Muskelphysiologie oder Bewegungslehre. Berlin 1903. — Boruttau, H.: Lehrbuch der medizinischen Physik. Leipzig 1908. — Strasser, H.: Lehrbuch der Muskel- und Gelenkmechanik. Bd. I. Berlin 1908. — du Bois-Reymond, R.: Spezielle Bewegungslehre mit Überblick über die Physiologie der Gelenke. Nagels Handb. d. Physiol. Bd. IV, S. 564. Braunschweig 1909. — Fischer, O.: Methodik der speziellen Bewegungslehre. Tigerstedts Handb. d. physiol. Methodik. Bd. II, 1, Abtlg. 3, S. 120. Leipzig 1911. Enthält vollständige Literaturangabe bis 1909. — Fischer, O.: Medizinische Physik. Leipzig 1913. — du Bois-Reymond, R.: Physiologie der Bewegung. Wintersteins Handb. d. vergl. Physiol. Bd. III, 1, S. 1. Jena 1914. — Recklinghausen, H. v.: Gliedermechanik und Lähmungsprothesen. Bd. I. Berlin 1920.

Die augenfälligste, aber nicht ausschließliche Wirkung, die die tätigen Muskeln im Körper entfalten, ist die Beschleunigungserteilung. Sei es, daß das Individuum als Ganzes eine Ortsveränderung vornimmt, oder sei es, daß nur einzelne Teile des Individuums ihre gegenseitige Lagebeziehung ändern, immer muß, um einen solchen Effekt zu erzielen, durch Einwirkung von Kräften Massen eine Beschleunigung erteilt worden sein. Entstehungsort dieser Kräfte im Tierkörper sind die Muskeln. Die Vorgänge, die sich dabei im Muskel abspielen, sind in anderen Abschnitten dieses Handbuches eingehend behandelt[1]).

Hier interessieren uns nur die mechanischen Wirkungen, die die im Muskel entstandenen Kräfte außerhalb desselben hervorrufen.

Die Wirkung irgendwelcher Kräfte, die an einem als starr gedachten Körper angreifen, wird im allgemeinen eine Beschleunigung sein, wenn die Kräfte nicht gerade im Gleichgewicht sind[2]).

---

[1]) Fenn: Diesen Band. S. 146.

[2]) Ausführlich werden die physikalisch-mechanischen Bedingungen behandelt bei R. Grammel: Theoretische Grundlagen der Gelenkmechanik. Abderhaldens Handb. d. biol. Arbeitsmethoden. Abt. V, Teil 5, A., H. 2, S. 245. 1924. (Vgl. die Lehrbücher der theoretischen Physik, z. B. Cl. Schäfer: Einführung in die theoretische Physik. Bd. I. Leipzig 1914.)

Stellen wir uns den starren Körper als einen Massenpunkt vor, so können wir die auf ihn wirkenden Kräfte $P$ in drei aufeinander senkrechte Komponenten $X$, $Y$, $Z$ parallel zu einem Koordinatensystem zerlegen und erhalten als Ausdruck für die Beziehung zwischen Beschleunigung und Kraft:

$$m\frac{d^2x}{dt^2} = X, \qquad m\frac{d^2y}{dt^2} = Y, \qquad m\frac{d^2z}{dt^2} = Z. \tag{1}$$

Man kann dann bekanntlich mit Berücksichtigung des d'Alembertschen Prinzips, wenn die auf einen Punkt wirkenden Kräfte nicht im Gleichgewicht sind, immer eine Kraft hinzufügen, welche ihnen das Gleichgewicht hält. Die Komponenten der zugefügten Kraft müssen der Größe nach gleich, der Richtung nach entgegengesetzt den Komponenten der übrigen Kräfte sein. Waren diese $X$, $Y$ und $Z$, so müssen jene $-X$, $-Y$ und $-Z$ sein. Es ist also auch

$$\left(X - m\frac{d^2x}{dt^2}\right)\delta x + \left(Y - m\frac{d^2y}{dt^2}\right)\delta y + \left(Z - m\frac{d^2z}{dt^2}\right)\delta z = 0\,, \tag{2}$$

da

$$X - m\frac{d^2x}{dt^2} = Y - m\frac{d^2y}{dt^2} = Z - m\frac{d^2z}{dt^2} = 0 \tag{3}$$

ist. Es ist somit das Lagrange-Prinzip erfüllt, daß bei einer unendlich kleinen Verschiebung $\delta x$, $\delta y$, $\delta z$ des Massenpunktes keine Arbeit geleistet wird.

Indem wir also den auftretenden Muskelkräften entsprechende Scheinkräfte, die d'Alembertschen Trägheitskräfte, entgegenstellen, kann eine statische Betrachtung der Muskelmechanik durchgeführt werden.

## Kompensation von Kräften (statisches Gleichgewicht).

Damit ein Körper im statischen Gleichgewicht bleibt, muß stets die Summe aller auf ihn einwirkenden Kräfte gleich Null sein. Wichtige Beispiele solcher Kompensationen sind:

a) Zwei Kräfte von gleicher Größe, die in gleicher Linie, aber im entgegengesetzten Sinne einwirken, heben sich auf.

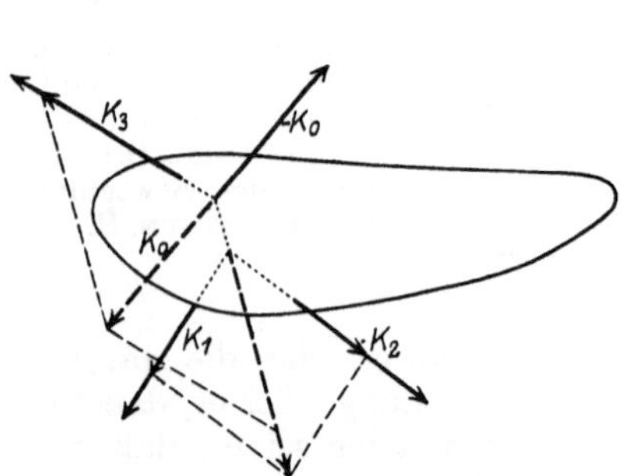

Abb. 117. Kompensation von Kräften.

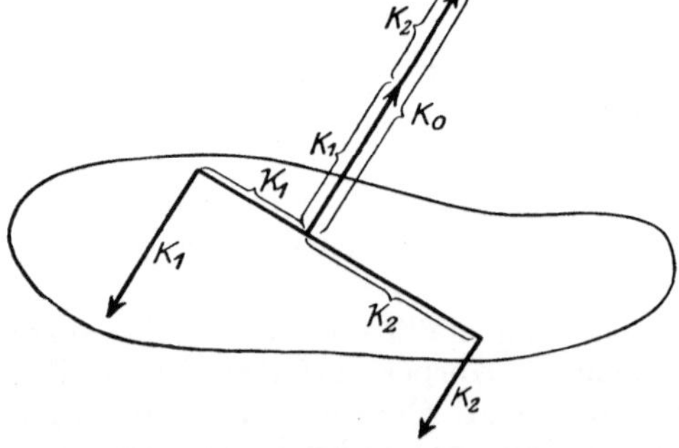

Abb. 118. Kompensation von parallelen entgegengesetzt gerichteten Kräften.

b) *Beliebig viele Kräfte*, die in gleicher Ebene, aber in verschiedener Richtung an einem starren Körper angreifen, werden durch *eine Kraft*, deren Richtung und Größe sich nach dem Parallelogramm der Kräfte bestimmt, kompensiert (Abb. 117).

c) Als einzige Ausnahme von b) können *gleich große* (oder fast gleich große) parallele, aber *entgegengesetzte* Kräfte *nicht* durch *eine einzige* Kraft im Gleichgewicht gehalten werden, sondern es bedarf jede der Kräfte ihrer entsprechenden Gegenkraft.

Zwei ungleich große, entgegengesetzt gerichtete Parallelkräfte $K_0$, $K_1$ lassen sich noch durch *eine* Gegenkraft $K_2$ im Gleichgewicht halten (Abb. 118). Diese

Gegenkraft ist gleich der Differenz der beiden Einzelkräfte, und ihre Kraftlinie schneidet die kürzeste Verbindungslinie zwischen den beiden Kräften außerhalb derselben, auf der Seite der größeren Kraft. Es müssen die Bedingungen erfüllt sein:

$$[K_0] + [K_1] + [K_2]\,^{1)} = 0\,.$$

Daraus folgt:

$$|K_2| = |K_0| - |K_1|\,^{2)}$$

und

$$K_1 k_1 = -K_2 k_2\,^{3)}\,.$$

Hieraus folgt aber, daß, wenn der Unterschied der ungleichen Kräfte immer kleiner wird, die Gegenkraft ebenfalls kleiner wird, und sich ihre Kraftlinie immer mehr von den Linien der beiden Einzelkräfte entfernt. Die Gegenkraft kommt aber so über den Bereich des starren Körpers hinaus, und rückt bei Gleichheit der Kräfte schließlich ins Unendliche. Es kann daher den beiden Kräften nicht mehr durch eine Kraft das Gleichgewicht gehalten werden, es bedarf, um das Gleichgewicht herzustellen, zweier Kräfte, eines Kräftepaares.

## Feste Achsen (schematisches Gelenk).

Bei den Bewegungen im Tierkörper handelt es sich zumeist nicht um völlig frei bewegliche Körper im physikalischen Sinne (wie bisher betrachtet), sondern um Körper, die sich nur um bestimmte Achsen drehen können.

Greift an einem Körper (Abb. 119), der um eine feste Achse (0) drehbar angeordnet ist, senkrecht zur Drehachse ein Kräftepaar ($K$, $-K$) an, so wird dem Körper eine Drehbewegung erteilt. Führt der Körper eine unendlich kleine Drehung um den Winkel $\delta\varphi$ aus, dann leisten die Kräfte $K$ die Arbeit:

$$K \cdot a \cdot \delta\varphi \cdot \cos\alpha = K \cdot k_1 \cdot \delta\varphi\,,$$
$$K \cdot b \cdot \delta\varphi \cdot \cos\beta = K \cdot k_2 \delta\varphi$$

und somit die Gesamtarbeit

$$K \cdot (k_1 + k_2) \cdot \delta\varphi = K \cdot k\,\delta\varphi\,. \qquad (4)$$

Bei dieser Drehung erleidet ein Massenpunkt von der Masse $m$ im Abstand $r$ von der Drehachse die Verschiebung $s = r \cdot \delta\varphi$, und die Kraft, die auf ihn einwirkt, ist $m \cdot \frac{d^2 s}{dt^2} = m \cdot r \cdot \frac{d^2\varphi}{dt^2}$, die geleistete Arbeit aber für die Summe aller Massenpunkte:

$$\sum m \cdot r^2 \cdot \frac{d^2\varphi}{dt^2}\delta\varphi = K \cdot k \cdot \delta\varphi\,,$$

$$\frac{d^2\varphi}{dt^2} \cdot \sum m \cdot r^2 = K \cdot k\,. \qquad (5)$$

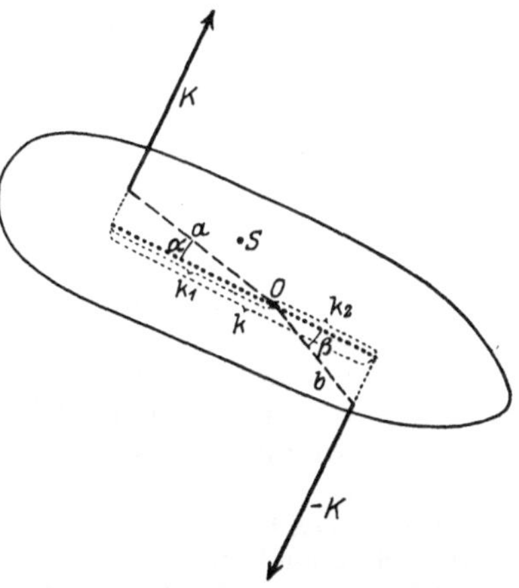


Abb. 119. Gleich große parallel und entgegengesetzt gerichtete Kräfte an einem um eine feste Achse beweglichen starren Körper. $K$ und $-K$ Kräftepaar, *0* feste Achse, $S$ Schwerpunkt des Körpers.

Das Produkt $K \cdot k$ wird als Drehmoment, kurz auch als Moment des Kräftepaares bezeichnet. Aus der Ableitung ist ohne weiteres ersichtlich, daß das *Drehmoment* eines Kräftepaares *unabhängig* ist von der *Lage der Achse.* Von der

[1]) Eckige Einklammerung der Summanden besagt, daß es sich um geometrische Addition handelt.

[2]) Gerade Striche an den Summanden bedeuten, daß die absoluten Werte, abgesehen vom Vorzeichen, gemeint sind.

[3]) Das Minuszeichen bedeutet, daß der Drehsinn der Drehmomente entgegengesetzt ist.

*Lage der Achse* (dem Durchstoßungspunkt) ist *allein abhängig* die dem Körper erteilte *Beschleunigung*. Je näher der Durchstoßungspunkt dem Schwerpunkt liegt, um so größer wird die erteilte Beschleunigung, da $\sum m \cdot r^2$, wenn Durchstoßungspunkt und Schwerpunkt zusammenfallen, ein Minimum erreicht.

Wir können die Gleichung (5) auch vereinfacht schreiben, wenn wir für $\frac{d^2\varphi}{dt^2} = \frac{d\omega}{dt}$ einsetzen, wobei $\omega$ die Winkelgeschwindigkeit ausdrückt, während wir für $\sum m \cdot r^2 = D$ (Trägheitsmoment in bezug auf den Durchstoßungspunkt) einsetzen:

$$K \cdot k = D \cdot \frac{d\omega}{dt}. \tag{6}$$

Greift an dem Körper nur *eine* Kraft $K$ an mit dem Hebelarm $k$ in bezug auf den festen Durchstoßungspunkt 0 (Abb. 120), so besitzt das Moment der Kraft als Vektor in der Schwerpunktsebene den Betrag $K \cdot k$, und die dem Körper erteilte Beschleunigung ergibt sich ebenfalls aus obiger Gleichung (6), die uns alle Fragen bezüglich der Bewegung und der Kraft beantwortet. Wirken auf den Körper mehrere Kräfte ein, so muß nur der Vektor $K \cdot k$ durch die Summe der Vektoren $\sum K \cdot k$ ersetzt werden:

$$\sum K \cdot k = D \frac{d\omega}{dt}. \tag{6a}$$

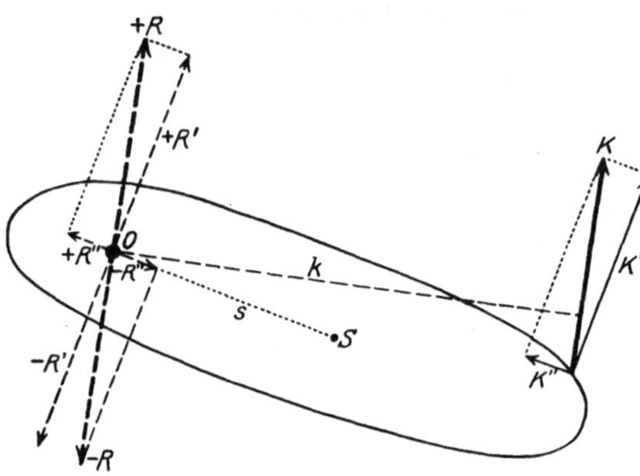

Abb. 120. Die eingliedrig ebene Kette.

Es bleibt nur noch die Frage offen, wie groß die Kraft ist, die (Abb. 120) auf die Achse einwirkt, mit anderen Worten, wie groß der Achsendruck, d. h. die Reaktionskraft des Körpers auf die Achse, ist. Diese Kraft ist in Abb. 120 durch $R$ wiedergegeben, ihr entspricht die nach dem Wechselwirkungsgesetz in der Achse 0 entstandenen Reaktionskraft der Achse auf den Körper $-R$. Diese Kraft kommt aber in der Gleichung (6) nicht vor, da ihr Hebelarm bezüglich des Durchstoßungspunktes gleich 0 ist. Wir können sie aber auf folgende Weise bestimmen:

Wir zerlegen $R$ in die Komponenten $+R'$ senkrecht zur Verbindungslinie: Durchstoßungspunkt—Schwerpunkt und in $+R''$ in Richtung dieser Verbindungslinie, und in gleicher Weise die Kraft $K$ (resp. die Kräfte $\sum K$) in Komponenten derselben Richtungen.

Bei Einwirkung einer Kraft $K$, wenn der Durchstoßungspunkt angehalten wird, beschreibt der Schwerpunkt $S$ eine Kreislinie mit dem Radius $s$, d. h. er erhält sowohl eine Tangentialbeschleunigung als auch eine Zentripetalbeschleunigung.

Da aber nun nach bekannten mechanischen Gesetzen die Tangentialbeschleunigung gleich $s \cdot \frac{d\omega}{dt}$ und die Zentripetalbeschleunigung gleich $s \cdot \omega^2$ ist, sind uns durch folgende Gleichungen, die aus dem Schwerpunktssatz hervorgehen, die beiden Resultanten der Reaktionskraft bekannt und somit diese selbst:

$$K' - R' = m \cdot s \cdot \frac{d\omega}{dt}, \tag{7}$$

$$K'' - R'' = m \cdot s \cdot \omega^2. \tag{8}$$

Handelt es sich um mehrere Kräfte $\sum K$, so ist in gleicher Weise, wie oben für $K \cdot k$ nur $\sum K \cdot k$ eingesetzt wurde, auch in Gleichung (7) und (8) $K'$ und $K''$ nur durch $\sum K'$ und $\sum K''$ zu ersetzen. Die Gleichungen (6)—(8) setzen uns so in den Stand, alle auf die Kräfte und die Bewegung bezüglichen Fragen zu beantworten. Selbstverständlich ist auch der Fall des statischen Gleichgewichts mit $\omega \equiv 0$ in der Lösung enthalten. $\omega$ bleibt 0, wenn wir außer der Kraft $K$ ein zum Durchstoßungspunkt symmetrisches Kräftepaar ansetzen, dessen Drehmoment den gleichen Betrag, aber mit dem umgekehrten Vorzeichen, wie das Drehmoment der Kraft $K$ aufweist (Abb. 121a), und wir ersehen so leicht die Berechtigung einer häufig angewandten statischen Darstellung in der Gelenkmechanik[1]) (Abb. 121a).

Unter der Voraussetzung, daß $K \cdot k = m \cdot a_m + n \cdot a_n$ und $n + m = 0$ sowie $a_m - a_n = 0$, ergibt sich aus Gleichung (6a):

$$K \cdot k - m \cdot a_m - n \cdot a_n = D \cdot \frac{d\omega}{dt},$$

$$0 = D \cdot \frac{d\omega}{dt},$$

$$\omega = 0.$$

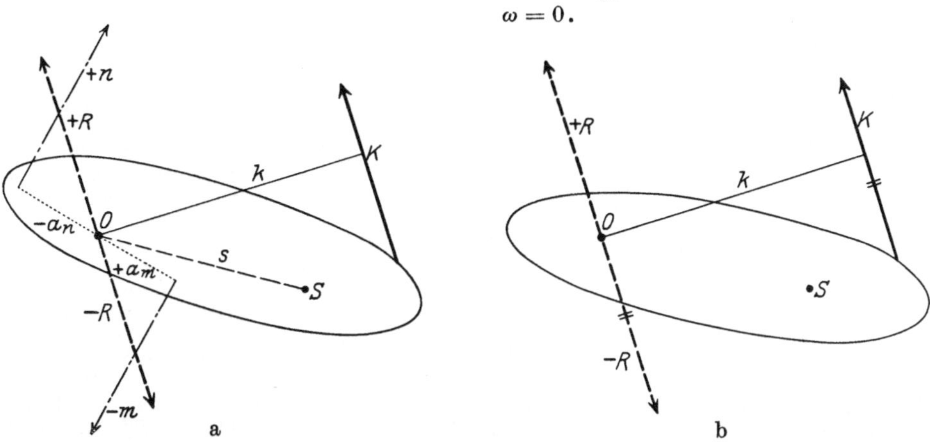


Abb. 121. Kompensation einer an der eingliedrigen Kette angreifenden Kraft durch ein senkrecht zur Längsachse wirkendes Kräftepaar und eine dem Achsendruck entgegengesetzt gerichtete Kraft.

Dadurch aber, daß $\omega \equiv 0$ ist, ist keineswegs gesagt, daß die Resultante aller auf den Durchstoßungspunkt wirkenden Kräfte gleich 0 ist, vielmehr folgt aus Gleichung (7) und (8):

$$K' - m' + n' - R' = m \cdot s \cdot \frac{d\omega}{dt} = 0,$$

$$K' - R' = 0,$$

$$K' = R',$$

$$K'' - m'' + n'' - R'' = m \cdot s \cdot \omega^2 = 0,$$

$$K'' - R'' = 0,$$

$$K'' = R'',$$

und somit ist die Reaktionskraft, d. h. der Druck auf die Achse $R$, unter den oben vorausgesetzten Bedingungen von gleicher Größe und gleicher Richtung wie die Kraft $K$.

Man kann deshalb in einfacher Weise eine statische Betrachtung der Einwirkung einer Kraft $K$ auf einen um eine feste Achse drehbaren Körper durchführen, wenn man in dem Durchstoßungspunkt zwei entgegengesetzte Kräfte von der Größe $K$ annimmt, deren Kraftrichtung parallel zu $K$ verläuft ($+R$ und $-R$ in Abb. 121b). Dem Kräftepaar ($-R$ und $K$) kommt ein Drehmoment von dem Betrage $K \cdot k$ zu (s. S. 621), und es verbleibt im Durchstoßungspunkt der Achsendruck $+R$. Wirken mehrere Kräfte auf den Körper ein, so nimmt das Drehmoment den Wert $\sum K \cdot k$ an, während dem Achsendruck die Kraft $\sum K$ entspricht.

[1]) Zum Beispiel O. Fischer: Die Arbeit der Muskeln und die lebendige Kraft des menschlichen Körpers. Abhandl. d. math.-physik. Kl. d. Sächs. Akad. d. Wiss. Bd. 20, S. 40ff. 1893. — Fischer, O.: Über die Wirkung der Schwere und beliebiger Muskeln auf das zweigliedrige System. Ebenda Bd. 23, S. 514ff. 1897. — Fick, A.: Mechanik der Erhebung auf die Zehen. Pflügers Arch. f. d. ges. Physiol. Bd. 75, S. 341. 1899. — Strasser: Lehrbuch der Muskel- und Gelenkmechanik, S. 165. — du Bois-Reymond, R.: Spezielle Bewegungslehre, S. 583.

## Die zweigliedrige (ebene) Kette.

Wird an den bisher allein betrachteten Körper ein zweites (Ketten-)Glied angehängt, das sich um eine im ersten Körper feste Achse $O_2$ drehen kann (Drehachse senkrecht zur Schwerpunktsebene), so entsteht ein zweigliedriges System, auch zweigliedrige Kette genannt.

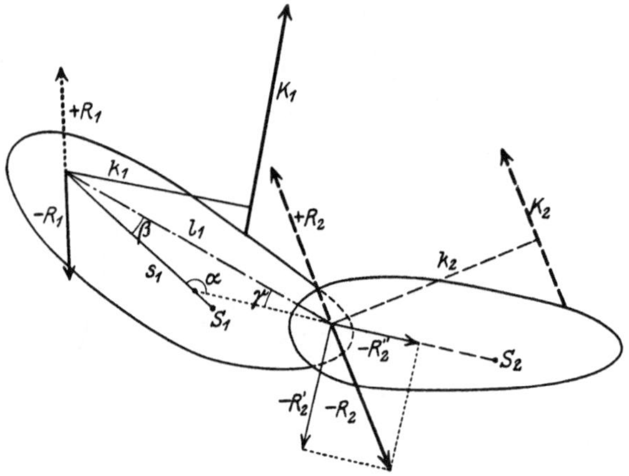

Abb. 122. Die zweigliedrige ebene Kette.

Die Verbindungslinie der beiden Durchstoßungspunkte $O_1$ mit $O_2$ sei $l_1$ und bilde mit den Durchstoßungs-Schwerpunktslinien $s_1$ und $s_2$ die Winkel $\beta$ und $\gamma$, die die Lage der beiden Körper zueinander eindeutig bestimmen (Abb. 122).

Da der erste Körper bis auf die Kraft $R_2$ unabhängig vom zweiten Körper ist, können wir für den ersteren unter Berücksichtigung der vorläufig noch unbekannten Kraft $R_2$ die Schwunggleichung (6a) und die Schwerpunktsgleichungen (7) und (8) aufstellen. Hierzu zerlegen wir die Kraft $R_2$ in ihre Komponenten $R_2'$ und $R_2''$ (s. S. 622). Dann hat $R_2'$ bezüglich $O_1$ den Hebelarm $+l_1 \cos\gamma$ und $R_2''$ den Hebelarm $-l_1 \sin\gamma$. Ferner besitzt $R_2'$ in der Richtung der Achse $\overline{O_1 S_1}$ die Komponente $-R_2' \cdot \sin(\alpha+\beta)$ und senkrecht hierzu die Komponente $-R_2' \cdot \cos(\alpha+\beta)$, während der Kraft $R_2''$ die Komponenten $-R_2'' \cos(\alpha+\beta)$ und $+R_2'' \sin(\alpha+\beta)$ zukommen. Es ergibt sich demnach für den ersten Körper aus Gleichung (6a)

$$K_1 \cdot k_1 - R_2' \cdot l_1 \cos\gamma + R_2'' l_1 \sin\gamma = D_1 \cdot \frac{d\omega_1}{dt}, \tag{9}$$

aus Gleichung (7) und (8)

$$K_1' - R_2' \cdot \cos(\alpha+\beta) + R_2'' \cdot \sin(\alpha+\beta) - R_1 = m_1 \cdot s_1 \cdot \frac{d\omega_1}{dt}, \tag{10}$$

$$K_1'' - R_2' \cdot \sin(\alpha+\beta) - R_2'' \cdot \cos(\alpha+\beta) - R_1'' = m_1 \cdot s_1 \cdot \omega_1^2. \tag{11}$$

Entsprechend folgt nun für den zweiten Körper, wenn man den ersten Körper durch seine Reaktionskraft $-R_2$ ersetzt, aus (6):

$$K_2 \cdot k_2 = D_2 \cdot \frac{d\omega_2}{dt},$$

und aus (7) und (8) unter der Berücksichtigung, daß der Schwerpunkt $S_2$ nicht wie vorhin nur im Sinne einer Kreisbewegung beschleunigt wird, sondern außerdem die Beschleunigungen $l_1 \cdot \frac{d\omega_1}{dt}$ senkrecht zur Verbindungslinie $\overline{O_2 O_1}$ und $l_1 \omega_1^2$ in Richtung $\overline{O_2 O_1}$ (mit den entsprechenden Komponenten senkrecht zur Achse $\overline{O_2 S_2}$: $l_1 \cdot \cos\gamma \cdot \frac{d\omega_1}{dt}$ und $l_1 \cdot \sin\gamma \cdot \omega_1^2$ und in der Achse $\overline{O_2 S_2}$: $-l_1 \cdot \sin\gamma \cdot \frac{d\omega_1}{dt}$ und $l_1 \cdot \cos\gamma \cdot \omega_1^2$) erhält, wird:

$$K_2' - R_2' = m_2 \cdot \left(s_2 \cdot \frac{d\omega_1}{dt} + l_1 \cdot \cos\gamma \cdot \frac{d\omega_1}{dt} + l_1 \cdot \sin\gamma \cdot \omega_1^2\right), \tag{13}$$

$$K_2'' - R_2'' = m_2 \cdot \left(s_2 \cdot \omega_2^2 - l_1 \cdot \sin\gamma \cdot \frac{d\omega_1}{dt} + l_1 \cdot \cos\gamma \cdot \omega_1^2\right). \tag{14}$$

Durch die Gleichungen (9)—(12) ist die Statik wie auch die Dynamik des zweigliedrigen ebenen Systems eindeutig bestimmt. Sinngemäß lassen sich auch die Gleichungen für $n$-gliedrige Ketten entwickeln (und auch in entsprechender Weise für räumliche Systeme), indem man die einzelnen Glieder voneinander frei macht durch Einsetzung der gegenseitigen Reaktionskräfte, und indem man für jedes Glied gesondert die entsprechenden drei Gleichungen (6)—(8) ansetzt.

## Die O. Fischersche Ableitung der Bewegungsgleichung. Hauptpunkte und reduzierte Systeme.

Obiger Ableitung der Bewegungsgleichungen, die sich engst an die vektorielle Betrachtungsweise von R. GRAMMEL[1]) anschließt, steht gegenüber die Ableitung der Bewegungsgleichungen mit Hilfe der reduzierten Systeme, wie sie durch O. FISCHER[2]) in die Gelenkmechanik eingeführt wurde. Wenn auch die Fischersche Ableitung gegenüber der modernen vektoriellen Darstellungsweise komplizierte und langwierige Rechnungen bedingen, so ist es aber allein dem unermüdlichen Arbeiten O. FISCHERS zu verdanken, daß es gelungen ist, eine große Anzahl der Spezialprobleme der Gelenkmechanik exakt zu formulieren. Vor ihm versuchte man in der Gelenkmechanik nur mit Hilfe der einfachsten Sätze, wie dem vom Parallelogramm der Kräfte, vom Gleichgewicht der Kräfte am Hebel und den Bewegungsgesetzen eines materiellen Punktes, den Problemen näherzutreten, was nur im geringen Ausmaß gelang[3]).

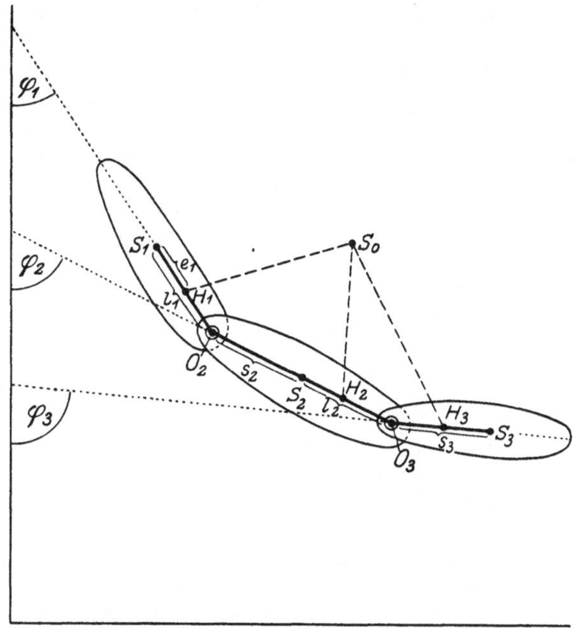

Abb. 123. Gesamtschwerpunkt $S_0$, Einzelschwerpunkt $S_1$, $S_2$ und $S_3$, und Hauptpunkte $H_1$, $H_2$ und $H_3$ (nach O. FISCHER).

O. FISCHER geht von dem völlig frei beweglichen mehrgliedrigen System aus und behandelt das Vorhandensein einer festen Achse als Unterfall, der zu gewissen Vereinfachungen führen kann. Haben wir eine dreigliedrige freie Kette (Abb. 123), deren Glieder die Massen $m_1$, $m_2$ und $m_3$ und die Schwerpunkte $S_1$, $S_2$ und $S_3$ besitzen, und kommt dem System der gemeinsame Schwerpunkt $S_3$ zu, so ist in jedem beliebigen Moment die gesamte lebendige Kraft des Systems

$$\left.\begin{aligned} T_0 = \frac{m_0 v_0^2}{2} + \left(\frac{m_1 v_1^2}{2} + \frac{m_1 \cdot r_1 \cdot w_1^2}{2}\right) + \left(\frac{m_2 \cdot v_2^2}{2} + \frac{m_2 r_2 w_2^2}{2}\right) \\ + \left(\frac{m_3 \cdot v_3^2}{2} + \frac{m_3 r_3 w_3^2}{2}\right). \end{aligned}\right\} \quad (15)$$

Hierbei ist $m_0 = m_1 + m_2 + m_3$; $v_0$ die Geschwindigkeit des Gesamtschwerpunktes; $v_1$, $v_2$, $v_3$ die relativen Geschwindigkeiten der einzelnen Schwer-

[1]) GRAMMEL, R.: Theoretische Grundlagen der Gelenkmechanik.

[2]) FISCHER, O.: Die Arbeit der Muskeln. Abhandl. d. Mathem.-physik. Kl. d. sächs. Akad. d. Wiss. Bd. 20, S. 1. 1893. — FISCHER, O.: Reduzierte Systeme und Hauptpunkte. Zeitschr. f. Math. und Physik Bd. 47, S. 429. 1902. — FISCHER, O.: Physiol. Mechanik. Encykl. d. Math. Wiss. Bd. IV, 8, S. 62. Leipzig 1904.

[3]) Vgl. den Streit um die Frage, ob der Fuß ein ein- oder zweiarmiger Hebel ist. S. 41.

punkte auf den Gesamtschwerpunkt bezogen; und $w_1$, $w_2$, $w_3$ die Winkelgeschwindigkeit der einzelnen Körper, während $r_1$, $r_2$ und $r_3$ die entsprechenden Trägheitsradien bezeichnen.

Eine unendlich kleine Verschiebung dieses Systems kann durch die Koordinaten des Schwerpunktes und die unendliche kleine Änderung $\delta\varphi_1$, $\delta\varphi_2$, $\delta\varphi_3$ der Winkel $\varphi_1$, $\varphi_2$, $\varphi_3$ (Abb. 123) charakterisiert werden. Zerlegt man diese Verrückung in drei Schritte, bei denen immer nur ein Winkel $\varphi$ geändert wird, während die anderen Körper nur Translationen erleiden (die der Bewegung des mit ihnen mittelbar oder unmittelbar verbundenen Gelenkpunktes $O$ des rotierenden Körpers entspricht), so entsteht die Frage, um welchen Punkt muß der betreffende Körper sich drehen, damit als Endeffekt der bedingten Verrückung der Gesamtschwerpunkt $S_0$ seine Lage beibehält. Es läßt sich zeigen[1]), daß diese Drehung um den Punkt $H_1$ erfolgen muß, der stets auf der Verbindungslinie $S_1 O_2$ gelegen ist und dessen Entfernung von $S_1$ durch folgende Beziehung *unabhängig* von der *gegenseitigen Lage* der Körper zueinander, sowie unabhängig von der *absoluten Größe* ihrer Massen ist, sondern nur durch das Verhältnis der Massen zueinander bestimmt wird.

$$e_1 = \frac{m_2 + m_3}{m_0} \cdot l_1 . \tag{16}$$

Den Punkt $H_1$ bezeichnet FISCHER als „*den Hauptpunkt des ersten Körpers*“ und definiert ihn „als den Schwerpunkt eines Massensystems“, welches man erhält, wenn man in $O_1$ die Massen $m_2$ und $m_3$ und in $S_1$ die Masse $m_1$ vereinigt annimmt. Dieses Massensystem bezeichnet er als „erstes *reduziertes System*“, die Entfernung $\overline{H_1 O_2}$ als „*Hauptstrecke* des ersten Körpers“. In entsprechender Weise lassen sich die Hauptpunkte, Hauptstrecken und reduzierten Systeme für die übrigen Körper der Kette entwickeln. Es lassen sich dann mit Hilfe der Hauptpunkte und der zugehörigen reduzierten Systeme die Trägheitsmomente und die Trägheitsradien errechnen. Hiermit ist die Möglichkeit gegeben, die gesamte lebendige Kraft unter Benutzung der Gleichung (15) auszudrücken. Die Fischerschen Formeln werden aber, obwohl im weitesten Maße in die Endformeln zwecks Vereinfachungen der Ausdrücke Hilfsgrößen eingeführt werden, derartig kompliziert lang, daß hier auf ihre Wiedergabe verzichtet und auf die Originalarbeiten verwiesen werden muß[2]).

## Die Beziehung der Hauptpunkte und der reduzierten Systeme zum Gesamtschwerpunkt.

Die Einführung der Hauptpunkte und der reduzierten Systeme ist heute keineswegs nur von historischem Interesse, sondern hat weitgehendste praktische Bedeutung für die Bestimmung des Gesamtschwerpunktes eines Körpersystems, die so gegenüber der älteren Methode[3]) sehr vereinfacht wurde. Man gelangt stets zu dem Gesamtschwerpunkt eines Systems, wenn man von dem Hauptpunkt irgendeines Körpers aus die geometrische Summe der zu den anderen

[1]) FISCHER, O.: Arbeit der Muskeln. S. 18ff.

[2]) FISCHER, O.: Arbeit der Muskeln. — FISCHER, O.: Reduzierte Systeme. — FISCHER, O.: Physiolog. Mechanik. S. 103ff. Räumliche Gelenkssysteme. Bd. XXIX. Abhandl. Math.-physiol. Kl. d. sächs. Akad. Bd. 269. 1905.

[3]) BRAUNE, W. u. O. FISCHER: Über den Schwerpunkt des menschlichen Körpers. Abhandl. d. Math.-physik. Kl. d. sächs. Akad. d. Wiss. Bd. 15, S. 603ff. 1889.

Körpern gehörenden Hauptstrecken bildet. Es ist also im Falle des vorhin behandelten dreigliedrigen Systems[1]) (Abb. 123)

$$[H_1 S_0] = [O_2 H_2] + [O_3 H_3],$$
$$[H_2 S_0] = [O_2 H_1] + [O_3 H_3],$$
$$[H_3 S_0] = [O_3 H_2] + [O_2 H_1],$$

und es ist demnach für jede gegenseitige Lage der drei Körper, wenn ihre Massen und ihre Schwerpunkte bekannt sind, die Lage der Gesamtschwerpunktes auf einfachste Weise zu finden. In sinngemäßer Weise hat auch O. FISCHER die Bestimmung des Gesamtschwerpunktes mehrgliedriger Systeme durchgeführt, die keine einfachen Ketten darstellen, insbesondere für den Schwerpunkt des menschlichen Körpers bei beliebiger Lage seiner einzelnen Körperteile[2]). Bei dieser Bestimmung wurde um eine zu große Kompliziertheit der Endformeln vorzubeugen, der Gesamtkörper als nur aus 12 Teilen[3]) bestehend angesehen (Kopf, Rumpf, Oberarm, Unterarm [Hand], Oberschenkel, Unterschenkel, Fuß). Es läßt sich mit den so gewonnenen Formeln aus den Bewegungskurven der einzelnen Körperabschnitte ohne Schwierigkeit die Bewegungskurve des Gesamtschwerpunktes konstruieren[4]).

## Die Einwirkung der Schwerkraft auf das Gelenksystem.

In unserer bisherigen Betrachtung der mechanischen Vorgänge am Gelenksystem war ganz allgemein die Einwirkung von Kräften auf die Körperteile (Kettenglieder) angenommen worden, ohne näher zu untersuchen, ob diese Kräfte nur ausschließlich Muskelkräfte sind. Es liegt auf der Hand, daß für jede Kette, deren Glieder nicht nur in horizontalen Ebenen beweglich angeordnet sind, sich die Schwerkraft geltend macht als eine im Schwerpunkt jedes einzelnen Körpers angreifende, vertikal nach unten gerichtete Kraft von der Größe des Gewichts des betreffenden Körpers. Nachdem, was auf Seite 623ff. über die Wirkung von Kräften auf mehrgliedrige Ketten ausgeführt wurde, ist es selbstverständlich, daß bei einer mehrgliedrigen Kette, bei der an *ein horizontal bewegliches* Glied ein *weiteres Glied* angehängt ist, dessen Gelenkebene *nicht horizontal* verläuft, die Schwerkraft auf das erste Glied nicht direkt einwirken kann, sie sich aber durch ihre Einwirkung auf das angehängte Glied über die Reaktionskraft $R$ (mit einer horizontal gerichteten Komponente) indirekt auf das horizontale Glied geltend macht.

In den nach GRAMMEL aufgestellten Bewegungsgleichungen (6—14) läßt sich leicht die Einwirkung der Schwere berücksichtigen. Würde der Körper in Abb. 120 eine vertikale Gelenkebene besitzen, so greift im Punkt $S$ die Schwerkraft $G$ an, die in bezug auf den Durchstoßungspunkt $O$ den Hebelarm $s \cdot \sin\varphi$ ($\varphi$ ist der Winkel, der durch die Längsachse $OS$ mit der Lotlinie gebildet wird) besitzt und der demnach ein Moment von der Größe $-G \cdot s \cdot \sin\varphi$ zukommt. Dieser Wert ist nur in die Gleichung (6a) unter $\sum K \cdot k$ mit einzusetzen, während bei den Gleichungen (7) und (8) die unter $\sum K'$ resp. $\sum K''$ einzusetzenden Komponenten $-G \cdot \sin\varphi$ resp. $-G \cdot \cos\varphi$ betragen. Bildet hingegen die Gelenkebene mit der durch den Gelenkmittelpunkt $O$ und den Schwerpunkt $S$ gehenden

[1]) FISCHER, O.: Arbeit der Muskeln. S. 33ff. — STÜBLER, E.: Der Schwerpunkt des dreigliedrigen Gelenkssystems. Zeitschr. f. Math. u. Physik Bd. 54. 1906.

[2]) FISCHER, O.: Gang des Menschen. Bd. II. Abhandl. Math.-physik. Kl. d. sächs. Akad. d. Wiss. Bd. 25, S. 27. 1899. — FISCHER, O.: Spezielle Bewegungslehre. Tigerstedts Handb. S. 182ff.

[3]) BRAUNE, W. u. O. FISCHER: Gang des Menschen. Bd. I. Abhandl. Math.-physik. Kl. d. sächs. Akad. d. Wiss. Bd. 21, S. 153. 1895.

[4]) FISCHER, O.: Gang des Menschen. Bd. II. Tafel V.

Vertikalebene den Winkel $\psi$, so sind die entsprechend einzusetzenden Werte $-G \cdot s \cdot \sin\varphi \cos\psi$, $-G \cdot \sin\varphi \cdot \cos\psi$, $-G \cdot \cos\varphi \cos\psi$.

Eine genaue Bestimmung der Wirkung der Schwerkraft auf jedes einzelne Glied läßt sich aber ebensogut mit Hilfe der Hauptpunkte durchführen, und diese Methode verdient den Vorzug, wenn es sich darum handelt, unabhängig von anderen Kräften die isolierte Wirkung der Schwerkraft zu bestimmen. Die Gesamteinwirkung der Schwerkraft eines Systems auf das einzelne Glied, wenn dieses einen Widerstand bietet, und das Glied isoliert betrachtet wird, ist nämlich genau die gleiche wie bei Einwirkung einer einzigen, *im Hauptpunkte* (*nicht Schwerpunkte*) des betreffenden Gliedes einwirkenden vertikalen Kraft von der Größe des Gesamtgewichts des Systems. Die dem betreffenden Glied durch diese Kraft erteilte Rotation wird um so größer, je mehr Widerstand eine der Achsen dieses Gliedes der Vertikalverschiebung bietet, und erreicht ihr Maximum, wenn eine der Achsen fest im Raum ist, da jetzt nur eine Rotationsbewegung des

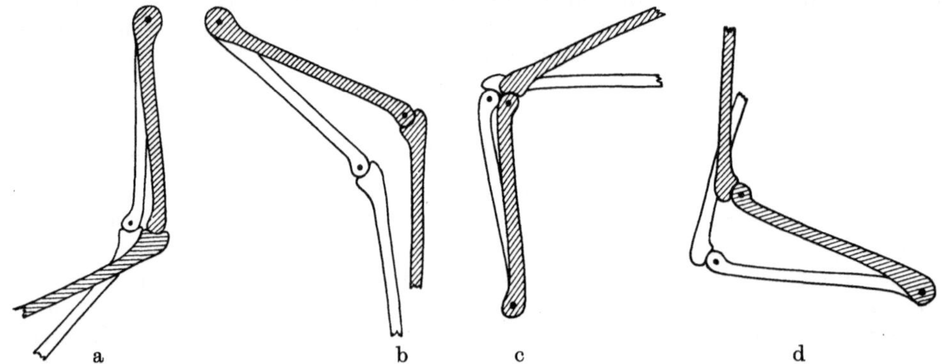


Abb. 124 a—d. Anfang der durch die Schwere hervorgebrachten Gelenkbewegung bei einem Beugewinkel im Ellbogengelenk von 60° (nach O. Fischer). Anfangsstellungen jeweils schraffiert gezeichnet.

Gliedes eintreten kann. Um eine feste Achse handelt es sich z. B. auch dann, wenn die Fußspitze gegen den Fußboden drückt, und es ruft jetzt die Reaktion des letzteren an dem Berührungspunkte eine Druckkraft hervor, welche gleich dem Gewicht des ganzen Körpers, aber von entgegengesetzter Richtung ist, und die mit der im Hauptpunkt des Fußes angreifenden Gewichtskraft des Gesamtkörpers ein Kräftepaar bildet. Dabei ist der Fuß als isolierter starrer Körper betrachtet. Entsprechend macht sich die Reaktionskraft der Berührungsfläche an dem der Druckstelle zugekehrten Gelenk eines jeden Körpergliedes geltend. Berührt aber ein mehrgliedriges System mit verschiedenen Gliedern zugleich die Außenwelt, so verteilen sich die Reaktionskräfte auf alle Gelenke des betreffenden Körperteils, die einer Berührungsstelle zugekehrt sind. Die Resultante aller dieser Reaktionskräfte, die so auf ein Glied einwirken, ist wieder dem Gesamtgewicht des ganzen Körpers entgegengesetzt gleich groß[1]).

Insbesondere für das zweigliedrige, um eine feste Achse bewegliche System als Schema des Armes (Oberarm, Unterarm + Hand als Einheit) hat O. Fischer den Anfang der durch die Schwere hervorgebrachten Gelenkbewegung studiert und rechnerisch für jede beliebige Stellung des Systems festgelegt. In Abb. 124 sind nach O. Fischer Anfangsbewegungen zusammengestellt, die sich bei gleichbleibender Beugung von 60° im Ellbogengelenk, aber bei verschiedener Stellung

[1]) Fischer, O.: Gang des Menschen Bd. III. Abhandl. Math.-physik. Kl. d. sächs. Akad. d. Wiss. Bd. 26, S. 112ff. 1909.

des Schultergelenks ergeben[1]). Die Abbildungen zeigen deutlich, wie je nach der Ausgangsstellung in ein und demselben Gelenk die Schwere einmal im Sinne einer Beugung, ein anderes Mal im Sinne einer Streckung wirksam wird. Dieses Resultat erscheint anfänglich nicht verwunderlich, deshalb muß besonders darauf hingewiesen werden, daß es Gelenkstellungen gibt (Abb. 124d), in denen die Schwere anders wirkt, wie man ursprünglich erwarten sollte. Es erfolgt im Falle der Abb. 124d nicht, wie erwartet, eine Streckung des Ellbogengelenks, sondern eine Beugung. Diese Erscheinung ist durch die indirekte Wirkung, die die durch die Schwerkraft dem Unterarm erteilte Bewegung ausübt, bedingt[2]).

## Wirkung eingelenkiger Muskeln.

Je nachdem, ob ein Muskel zwischen seiner Ursprungsstelle und Insertionsstelle ein oder mehr Gelenke überbrückt, unterscheidet man ein- oder mehrgelenkige Muskeln. Es ist wiederum das Verdienst O. Fischers, als erster darauf hingewiesen zu haben, daß nicht nur eine Bewegung in den übersprungenen Gelenken, sondern auch Bewegung in den nicht überbrückten Gelenken auftreten muß[3]). Es gelang ihm auch speziell für die eingelenkigen Muskeln die auftretenden Bewegungen im Modellversuch aufs genaueste zu analysieren. Er fand sie im vollen Einklang mit seinen theoretischen Erwartungen[4]). Am Lebenden ist die Wirkung der eingelenkigen Muskeln nicht gut zu demonstrieren, da hier einmal das Ausschalten der Einwirkung der Schwerkraft auf das Gelenksystem (z. B. Oberarm und Unterarm [+ Hand]) auf große Schwierigkeiten stößt, dann aber auch, weil eine alleinige Kontraktion eines Muskels, sei sie willkürlich oder unwillkürlich hervorgerufen, nie mit Sicherheit erzielt werden kann, wie Duchenne schon bei seinen Untersuchungen erkennen mußte[5]). Fischer verwandte deshalb ein Modellsystem aus zwei Gliedern bestehend, mit einer festen Achse[6]). Das System konnte sich mit einer praktisch wohl zu vernachlässigenden Reibung auf einer horizontalen Glasplatte bewegen, die einzelnen Körper waren ihrer Länge nach mit intermittierend aufleuchtenden Geißlerschen Röhren versehen und gestatteten so genaue photographische Registrierung der eingetretenen Bewegungen; als Modellmuskel diente ein gespannter Gummizug.

Es gelingt aber schon mit einfacheren Mitteln, zwar unter Verzicht auf Registrierung, sich von den bei der Aktion eingelenkiger Muskeln auftretenden Bewegungsgesetzen zu überzeugen.

Man präpariert von einem großen Frosch ein Muskelnervpräparat (am besten Sartorius um einen Muskel mit großer Hubhöhe zu erhalten), exartikuliert dann ein Bein, schneidet die Pfote ab und entfernt dann alle Muskeln, so daß man ein zweigliedriges Knochensystem erhält. Durchbohrt man nun den Femurkopf senkrecht zur Gelenkebene des Kniegelenks, so daß sich der Femur leicht um eine durch den Femurkopf hindurchgeführte Insektennadel drehen kann, und befestigt man den präparierten Muskel zwischen den beiden Knochen[7]),

---

[1]) Fischer, O.: Muskeldynamik Bd. II, Tafel I. Abhandl. Math.-physik. Kl. d. sächs. Akad. d. Wiss. Bd. 23, S. 467. 1897.

[2]) Fischer, O.: Muskeldynamik. Bd. II. Abhandl. Math.-physik. Kl. d. sächs. Akad. d. Wiss. Bd. 23, S. 520. 1897.

[3]) Fischer, O.: Über die Drehungsmomente ein- und mehrgelenkiger Muskeln. Arch. f. Anat. (u. Physiol.) 1894, S. 105.

[4]) Fischer, O.: Muskeldynamik Bd. I.

[5]) Duchenne: Physiologie des Mouvements S. 818.

[6]) Fischer, O.: Muskeldynamik Bd. I, S. 74ff.

[7]) Die Befestigung soll derart erfolgen, daß Ursprungs- wie Insertionsstelle an den Knochen leicht verändert werden kann, und daß bei gleichbleibenden Angriffsstellen des Muskels verschiedene Ausgangswinkel des Kniegelenks gestattet werden, ohne daß sich der Muskel erst ohne Arbeitsleistung zusammenziehen müßte. Ferner sollen kleine Bleireiter vorhanden sein, die man auf die Knochen aufsetzen kann, um die Massen und die Massenverteilung zu ändern.

dann hat man ein Präparat, an dem man die Wirkung ein und derselben Muskelkraft unter verschiedenen Bedingungen studieren kann. Um horizontal und mit möglichst wenig Reibung zu arbeiten, läßt man Gelenksystem und Muskel auf einer reinen Quecksilberoberfläche schwimmen, fixiert die Insektennadel und läßt den Nerv derart auf den Reizelektroden ruhen, daß der Nerv die Bewegungsfreiheit des Systems nicht einschränkt und reizt mit maximalen Einzelinduktionsschlägen.

Mit diesem Modell kann man sich unter Übertragung auf die Verhältnisse am Arm überzeugen, daß, gleichbleibende Kraft vorausgesetzt,

1. die Drehung im Unterarm bei frei beweglichem Oberarm größer ist als bei fest gestelltem Oberarm;

2. das Verhältnis der im Oberarm und Unterarm eintretenden Bewegungen bei gleicher Ausgangsbewegung im Ellbogengelenk von der Massenverteilung abhängt;

3. bei gleicher Massenverteilung und gleicher Gelenkstellung die eintretende Bewegung weitgehendst unabhängig von der Lage des Ursprungs- und Insertionspunkt des Muskels ist;

4. bei gleicher Massenverteilung und unverändertem Ursprungs- und Insertionspunkt des Muskels das Verhältnis der dem Oberarm und dem Unterarm erteilten Bewegung nur von dem Ausgangsbeugungswinkel des Ellbogengelenks abhängig ist.

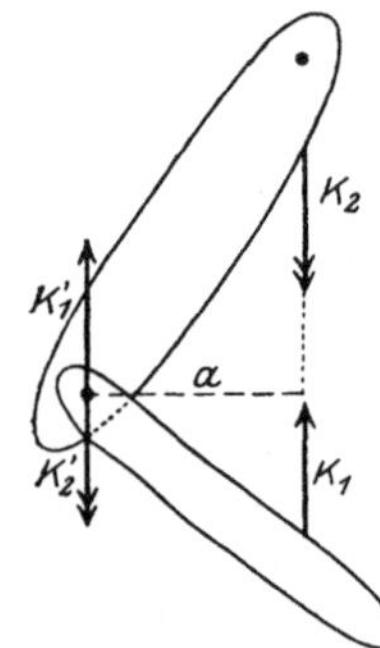

Abb. 125. Drehmomente des eingelenkigen Muskels.

Es läßt sich zeigen, daß, so aufallend die Resultate auch im ersten Augenblick sind, theoretisch wohl nichts anderes erwartet werden konnte. Die Bewegung des Unterarms muß bei beweglichem Oberarm gegenüber fest gestelltem Oberarm, obwohl hierdurch das Drehmoment, das der Muskel auf den Unterarm ausübt, unverändert bleibt, deshalb größer werden, weil, wie O. FISCHER ableitet[1]), der Oberarm durch seine eigene Bewegung mit einer Reaktionskraft auf den Unterarm einwirkt. Diese Reaktionskraft bedingt nach O. FISCHER, wenn der Ausgangsbeugewinkel im Ellbogengelenk größer als 90° ist, ein Drehmoment im gleichen Sinne wie der Muskelzug auf den Unterarm; falls er kleiner ist als 90°, ein Drehmoment im entgegengesetzten Sinne. Es wird also bei beweglichem Oberarm die Drehung im Unterarm vermehrt bei Beugung des Ellbogengelenks über 90°, vermindert bei Beugung unter 90°.

Für den eingelenkigen Muskel sind, wie aus Abb. 125 sofort ersichtlich, die auf beide Knochen ausgeübte Drehmomente gleich groß:

$$D_1 + D_2 = 0,$$

hieraus folgt aber, daß

$$\frac{D_1}{D_2} = -1,$$

also, daß das Verhältnis der den beiden Gliedern erteilten Drehmomente konstant gleich $-1$ ist und, da die Lage der Kraftrichtung nicht in der Gleichung vorkommt, unabhängig von derselben sein muß[2]). Nun sagt zwar das Verhältnis der Drehmomente noch nichts über die Größe der eintretenden Winkelbeschleunigungen aus, da diese von der Massenverteilung abhängen. Bei gleichbleibender Massenverteilung verändern sich aber die Beschleunigungen nur in Abhängigkeit von den Drehmomenten so, daß, wenn das Verhältnis der Drehmomente wie im Falle des eingelenkigen Muskels konstant bleibt, auch das Verhältnis der eintretenden Beschleunigungen ein konstantes sein muß.

---

[1]) FISCHER, O.: Muskeldynamik Bd. I, S. 56.
[2]) FISCHER, O.: Muskeldynamik Bd. I, S. 138ff.

Untersucht man die Einwirkung auf ein zweigliedriges System, die ein Muskelzug ausübt, der einmal am zweiten Glied angreift und dessen zweiter Angriffspunkt außerhalb des Systems, aber starr gegenüber der Achse des ersten Glieds ist, so ergibt sich aus den Bewegungsgleichungen für das Verhältnis der den beiden Gliedern erteilten Winkelbeschleunigungen nach O. FISCHER[1]) die Beziehung:

$$\frac{\varphi_1''}{\psi''} = \frac{\frac{D_1}{D_2} \cdot r_2^2 + l_1 \cdot c_2 \cdot \cos\psi}{r_1^2 + l_1 \cdot c_2 \cdot \cos\psi - \frac{D_1}{D_2}(r_2^2 + l_1 \cdot c_2 \cdot \cos\psi)} . \tag{16}$$

Aus dieser Gleichung folgt, daß nicht die absoluten Massen der beiden Glieder für das Verhältnis der Winkelbeschleunigungen in beiden Gelenken, sondern nur die Massenverteilung maßgebend ist; denn nur von der Massenverteilung sind die Größen $r_1$, $r_2$, $l_1$ und $c_2$ abhängig. Ferner ist ersichtlich, daß das Verhältnis der Winkelbeschleunigungen unabhängig ist von dem absoluten Wert der Muskelspannung, denn die Drehmomente $D_1$ und $D_2$ sind stets proportional der Muskelspannung. Hingegen ist das Verhältnis $\frac{D_1}{D_2}$ abhängig von der Lage der Kraftlinie. Da dies aber, wie oben gezeigt, nicht für eingelenkige Muskeln zutrifft, sondern bei diesen das Drehmomentverhältnis konstant $-1$ ist, so geht für diese die Gleichung über in

$$\frac{\varphi_1''}{\psi''} = - \frac{r_2^2 + l_1 \cdot c_2 \cdot \cos\psi}{r_1^2 + r_2^2 + 2\,l_1 \cdot c_2 \cdot \cos\psi} . \tag{17}$$

Letztere Beziehung zeigt deutlich, daß bei gleichbleibender Massenverteilung nur durch Veränderung des Ausgangsbeugewinkels, bei gleichem Ausgangsbeugewinkel nur durch Veränderung der Massenverteilung eine Veränderung des Verhältnisses der Winkelbeschleunigungen erzielt werden kann.

## Wirkung mehrgelenkiger Muskeln.

Die Wirkungsweise mehrgelenkiger Muskeln läßt sich leicht untersuchen, indem man sie auf die Wirkungsweise eingelenkiger Muskeln zurückführt[2]). Man bestimmt in der Gelenkstellung, die man untersuchen will, erst die Drehmomente des mehrgelenkigen Muskels, indem man der Reihe nach sich alle Gelenke bis auf eines festgestellt denkt und dann für diesen als Wirkung eines eingelenkigen Muskels angesehenen Fall das Drehmoment bestimmt. Es lassen sich dann aus den so gefundenen einzelnen Werten der Drehmomente und der Massenverteilung in entsprechender Weise, wie es durch Gleichung (16) und (17) für die eingelenkigen Muskeln geschah, die Verhältnisse der Winkelbeschleunigungen ermitteln.

Es zeigt sich hierbei auch, daß die mehrgelenkigen Muskeln ebenfalls auf die nicht überbrückten Gelenke einwirken müssen[3]). Sehr schön kann man dies

[1]) FISCHER, O.: Muskeldynamik Bd. I, S. 163. Es bedeuten $\varphi_1''$ die Winkelbeschleunigung des Oberarms, $\psi''$ die des Unterarms; $r_1$ und $r_2$ die Trägheitsmomente des Ober- resp. des Unterarms, $l_1$ Entfernung Oberarmschwerpunkt-Ellbogengelenkmittelpunkt, $c_2$ die Hauptstrecke des Unterarms.

[2]) FISCHER, O.: Drehungsmomente ein- und mehrgelenkiger Muskeln. Arch. f. Anat. (u. Physiol.) 1894, S. 133. — FISCHER, O.: Grundlagen der Muskelmechanik. Arch. f. Anat. (u. Physiol.) 1896, S. 371.

[3]) FISCHER, O.: Muskelstatik Bd. I und Muskeldynamik Bd. II. — LOMBARD, W. P.: The tendion action and leverage of twojoint muscles. Festschr. f. V. Cl. Vaughan S. 280. Michigan 1903.

durch einen von H. E. Hering angegebenen Versuch demonstrieren[1]). Bei isolierter Reizung des Gastrocnemius eines auf einer reichlich befeuchteten horizontalen Glasplatte befindlichen Frosches tritt außer Streckung des Fußes und Flexion des Knies auch Beugung in der Hüfte auf. Reizung des Tibialis bedingt gerade das Gegenteil. Auch hier ist wie beim eingelenkigen Muskel die Drehung im nichtübersprungenen Gelenk den Drehungen in den übersprungenen Gelenken entgegengesetzt. An diesem Modell läßt sich auch gut der Einfluß der Schwere auf die infolge der Muskelaktion eintretende Bewegung demonstrieren, wenn man erst den Versuch horizontal wie Hering anstellt und ihn dann vertikal, wie von Tigerstedt[2]) angegeben, wiederholt. Um sicher eine isolierte Muskelwirkung zu erhalten, ist es ratsam, alle übrigen Muskeln des Beines zu entfernen oder wenigstens zu durchtrennen.

Bei den mehrgelenkigen Muskeln kann nun in den einzelnen Gelenken, je nach ihrer gegenseitigen Stellung, ganz verschiedene Wirkung eintreten[3]). Die unmittelbare Anschauung kann hier zu groben Täuschungen Anlaß geben. Es bedarf daher immer einer genauen Analyse der erwarteten Bewegung. So ist z. B. für die meisten Gelenkstellungen des Ellbogengelenks der lange Kopf des M. biceps brachii, obwohl er auf der Beugeseite des Humerus hinzieht, Strecker des Schultergelenks[4]).

## Aktive und passive Insuffizienz mehrgelenkiger Muskeln.

Durch die große Beweglichkeit, die bei mehrgelenkigen Muskeln der Insertionspunkt infolge der vielen zwischengeschalteten Gelenke besitzt, ist er gegenüber seiner Ursprungsstelle so beweglich, daß häufig die Erscheinungen der *aktiven* und *passiven Insuffizienz*[5]) auftreten. Aktive Insuffizienz liegt vor, wenn Ansatz und Ursprung näher beieinanderliegen, als dem größten Verkürzungsgrade dieses Muskels entspricht[6]). So kann z. B. bei spitzwinkliger Kniestellung der M. gastrocnemius (zweigelenkig) eine Plantarflexion des Fußes überhaupt nicht mehr vollführen; eine dennoch eintretende Plantarflexion erfolgt durch Zug des M. soleus (eingelenkig). Hingegen spricht man von passiver Insuffizienz, wenn ein Muskel bei gewissen Gelenkstellungen bereits so sehr gedehnt und gespannt ist, daß er von dieser Stellung aus die Bewegung gewisser anderer Muskeln wie ein Zügel hemmt, obwohl in den einzelnen Gelenken noch eine weitere Drehung erfolgen könnte. Der M. gastrocnemius ist zu kurz, um bei Streckung im Knie die größte Dorsalflexion des Fußes zu gestatten. Die Strecksehnen der Finger sind zu kurz, um bei stärkster Beugung im Handgelenk noch dazu stärkste Beugung der Fingerglieder zu gestatten.

Aus der aktiven und passiven Insuffizienz sowie aus den oben geschilderten Tatsachen, daß der Drehsinn mit der Gelenkstellung wechseln kann, und daß nichtüberbrückte Gelenke mitbeeinflußt werden, geht hervor, daß die synergetischen und antagonistischen Beziehungen zwischen den Muskeln keineswegs

---

[1]) Hering, H. E.: Wirkung zweigelenkiger Muskeln auf drei Gelenke. Pflügers Arch. f. d. ges. Physiol. Bd. 65, S. 627. 1896.

[2]) Tigerstedt: Physiol. Übungen und Demonstrationen S. 273. Leipzig 1913.

[3]) v. Baeyer: Zur Frage der mehrgelenkigen Muskeln. Anat. Anz. Bd. 54, S. 289. 1921. — v. Baeyer: Modell der Wirkung mehrgelenkiger Muskeln. Zeitschr. f. d. ges. Anat. Bd. 64, S. 289. 1922.

[4]) Fischer, O.: Muskeldynamik Bd. II, S. 536.

[5]) Henke, W.: Wirkung von Muskeln auf das Hüftgelenk. Zeitschr. f. rat. Med. Bd. 33, S. 141. 1868. — Hüter, C.: Längeninsuffizienz der bi- und polyarthrod. Gelenke. Virchows Arch. f. pathol. Anat. u. Physiol. Bd. 46, S. 37. 1869.

[6]) v. Recklinghausen: Gliedermechanik S. 137ff. — Fick, R.: Über die Fleischfaserlänge beim Hunde. Sitzungsber. d. preuß. Akad. d. Wiss. Bd. 54, S. 1030. 1921.

so feststehende sind, wie sie noch heute in einigen sehr gebräuchlichen anatomischen Lehrbüchern dargestellt werden, und daß auch Muskeln, die ganz verschiedene Gelenke überspringen, Synergisten und Antagonisten sein können[1]).

## Muskuläre Koordination und geführte Wirkung der Muskeln.

Aktive und passive Insuffizienz können zur muskulären Koordination führen, wie v. BAEYER[2]) das Zusammenspiel verschiedener Gelenke einer Gliedmaße durch das Übereinandergreifen von Gruppen mehrgelenkiger Muskeln nennt. Ein Beispiel ist die zwangsweise Beugung der Finger bei Dorsalflexion der Hand. Nach v. BAEYER handelt es sich keineswegs um einen Reflex, denn an einem entsprechenden Modell treten genau dieselben Bewegungen auf[3]).

Wird die Einwirkung eines Muskels auf eine Gliederkette durch Feststellung eines zweiten Punktes dieser Kette durch äußere Kräfte verändert, so wird dies als geführte Wirkung der Muskeln (Allergismus) bezeichnet[4]). So ist z. B. die Wirkung des M. soleus eine ganz verschiedene, ob er sich bei leicht gebeugtem Knie, fixiertem Becken und gerade so aufgesetztem Fuß, daß noch Hebung der Ferse erfolgen kann, sich kontrahiert; oder ob die Kontraktion ebenfalls bei leicht gebeugtem Knie, aber völlig fixiertem Fuß und Hebung des Beckens erfolgt. Im ersten Fall tritt Beugung im Kniegelenk ein, im zweiten Fall Streckung. In ähnlicher Weise zeigt es sich, daß der M. adductor magnus bei fixiertem Becken und aufgesetzter Fußspitze, je nachdem, ob das Knie gestreckt (Stehen, Abb. 126a) oder gebeugt (Reiten, Abb. 126b) ist, Innenrotation oder Außenrotation des Beines bewirkt. Alle diese Erscheinungen lassen sich unter Berücksichtigung der vorhandenen mechanischen Bedingungen leicht erklären. So ist z. B. im Falle des M. adductor magnus aus Abb. 126 sofort ersichtlich, daß je nach Stellung des Beines und der so bedingten Achse des ganzen Systems

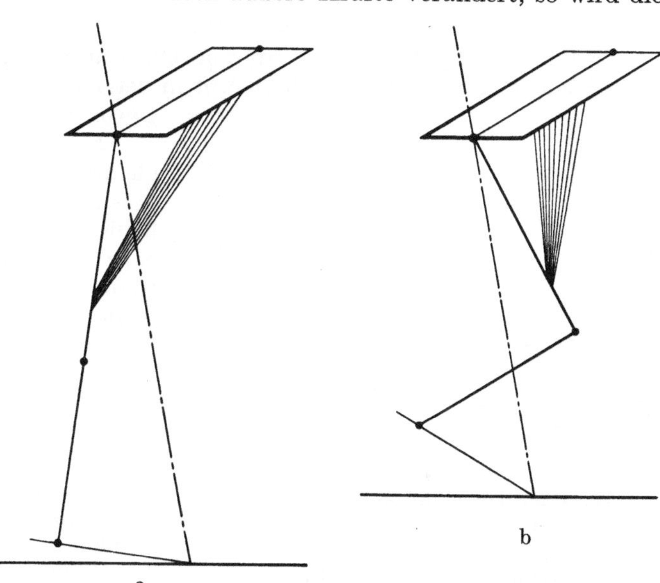


Abb. 126a und b. Wirkung des M. adductor magnus (nach VON BAEYER).

[1]) HERING: Wirkung zweigelenkiger Muskeln und pseudoantagonistische Synergie. Pflügers Arch. f. d. ges. Physiol. Bd. 65, S. 636. 1897. — HERING: Experimentelle Analyse koordinierter Bewegungen. Pflügers Arch. f. d. ges. Physiol. Bd. 70, S. 559. 1898.

[2]) v. BAEYER: Muskuläre Koordination. Münch. med. Wochenschr. 1920, S. 973. — v. BAEYER: Wirkung der Muskeln an menschlichen Gliederketten. Zeitschr. f. orthop. Chirurg. Bd. 46, H. 2. 1924.

[3]) v. BAEYER: Modell zur Demonstration muskulärer Koordination. Verhandl. anat. Ges. Anat. Anz. Bd. 57, Erghft., S. 133. 1923.

[4]) v. BAEYER: Wirkung der Muskeln. 1924. — v. BAEYER: Geführte Wirkung der Muskeln. Verhandl. d. anat. Ges. Anat. Anz. Bd. 57, Erghft., S. 129. 1923.

(Hüftgelenk — Fußspitze), da einmal die Kraft vor der Achse (Reiten) und einmal hinter der Achse (Stehen) ansetzt, Drehmomente im entgegengesetzten Sinne erzeugt werden müssen.

## Gleichgewicht zwischen Schwere und Muskelwirkung.

Eine besondere Beachtung verdient nun noch in der Gelenkmechanik die Frage nach dem Gleichgewicht zwischen der Einwirkung der Schwere und der Einwirkung bestimmter Muskeln. Diese Verhältnisse liegen sehr einfach, wenn es sich um die Wirkung auf ein einziges um eine feste Achse drehbares Glied handelt (z. B. Unterarm bei fest gestelltem Oberarm). Es liegt in diesem Fall immer dann Gleichgewicht vor, wenn die Bedingung erfüllt ist, daß das durch die Schwere erzeugte Drehmoment entgegengesetzt und gleich groß dem durch die Muskelkraft erzeugten Drehmoment ist:

$$D_s + D_m = 0 .$$

Diese Bedingung kann jeder an dem Glied angreifende Muskel erfüllen bei entsprechender Kraft, wenn er überhaupt in der Lage ist, Drehmomente in dem gewünschten Sinne hervorzurufen.

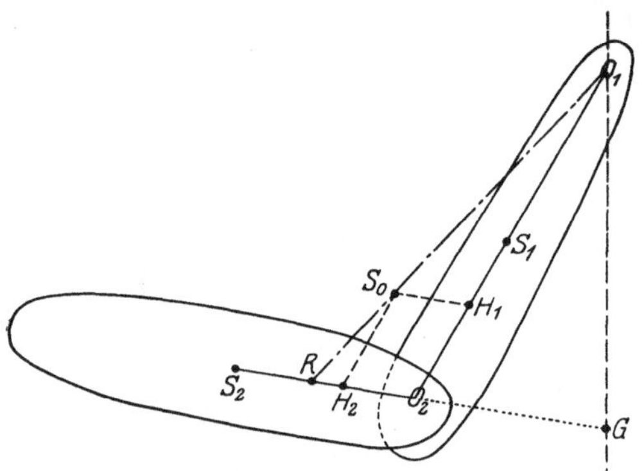

Abb. 127. Richtpunkt ($R$) und Gleichgewichtspunkt ($G$) (nach O. FISCHER).

Hingegen vermag beim zweigliedrigen System ein eingelenkiger Muskel, selbst wenn wir jede beliebige Zugkraft einsetzen, nur in ganz bestimmten Stellungen des Systems den Einwirkungen der Schwere das Gleichgewicht zu halten; denn es müssen jetzt bei beiden Gliedern die erzeugten Drehmomente sich aufheben, was bei der Verschiedenheit der Wirkung der Schwere und des eingelenkigen Muskels auf das zweigliedrige System nur in wenigen Stellungen der Fall sein kann. Diese Stellungen erweisen sich als unabhängig von der Richtungslinie der Muskelkraft und bleiben daher für alle eingelenkigen Muskeln des Systems die gleichen, wie es sich schon aus dem auf S. 630 Gesagten ergibt. Es lassen sich aber nun aus den ausgeführten Bedingungen der Schwerewirkung und der Wirkung eingelenkiger Muskeln leicht jene Stellungen geometrisch festlegen, bei denen Gleichgewicht eintreten kann. O. FISCHER[1]) hat zur leichteren Bestimmung dieser Lagen einen neuen Hilfspunkt ($R$ in Abb. 127) eingeführt, den „Richtpunkt" (des Unterarms), der durch den Schnittpunkt der Verbindungsgeraden Schultergelenkmittelpunkt-Gesamtschwerpunkt und der Längsachse des Unterarms gebildet wird. Nur bei solchen Stellungen des Armes kann ein zwischen Ober- und Unterarm ausgespannter Muskel der Schwere das Gleichgewicht halten, bei denen der Richtpunkt in einer Vertikalen durch den Schultergelenkmittelpunkt liegt. Bei den Beugern des Ellbogengelenks liegt dieser Punkt unter, bei den Streckern über dem Schultergelenk. Im letzteren Fall ist der Arm über das Schultergelenk erhoben.

Muskeln, die von außerhalb des Systems zum proximalen Glied (Oberarm) führen, können, entsprechende Kraft vorausgesetzt, nur dann der Schwere das Gleichgewicht halten, wenn die Längsachse des zweiten Gliedes (Unterarm) vertikal steht.

[1]) FISCHER, O.: Muskelstatik Bd. I. — FISCHER, O.: Muskeldynamik Bd. II.

Hingegen kann bei mehrgelenkigen Muskeln, die am zweiten Glied angreifen, wieder in nur ganz bestimmten gegenseitigen Lagen der beiden Glieder zueinander, die abhängig sind von den Drehmomenten, die der Muskel auf die beiden Glieder ausübt, Gleichgewicht eintreten. Bezeichnet man den Schnittpunkt der Längsachse des zweiten Gliedes mit der Lotlinie durch das feste Gelenk als Gleichgewichtspunkt (*G* in Abb. 127), so tritt Gleichgewicht am System ein, wenn die Entfernung des Gleichgewichtspunktes und die des beweglichen Gelenks vom Richtpunkt sich wie die Drehungsmomente verhalten, mit denen der Muskel auf das System einwirken würde, wenn einmal nur das erste Gelenk beweglich und das zweite fest angenommen würde, und das andere Mal das Umgekehrte der Fall wäre:

$$\frac{\overline{O_2 G}}{\overline{R G}} = \frac{D_1}{D_2}.$$

Da nur in einem Bruchteil aller möglichen Stellungen, die ein zweigliedriges vertikales System einnehmen kann, die Wirkung der Schwere durch nur *einen* Muskel aufgehoben werden kann, müssen meistens, um das Glied der Schwere gegenüber im Gleichgewicht zu halten, *mehrere* Muskeln in Aktion treten.

## Die Aufgaben der speziellen Muskel- und Gelenkmechanik.

Durch die verschiedenen Bewegungsgleichungen werden die eintretende Bewegung (Beschleunigung), die wirksamen Massen und ihre Verteilung sowie die anatomische Lage und die Kraft der Muskeln (die beiden letzteren durch die Größe der Drehmomente ausgedrückt) miteinander in Beziehung gesetzt. Praktische Aufgabe der Gelenkmechanik ist es (außer den schon ausgeführten Feststellungen bestimmter Bewegungsgesetze), nun eine dieser Größen, deren Maß nicht direkt oder nur durch umständliche Verfahren gewonnen werden kann, mit Hilfe der anderen zu errechnen. Um zwei Fragestellungen kann es sich hierbei vornehmlich handeln. Einmal kann bei gegebener Kraft und anatomischen Verhältnissen sowie bekannten Massen und Massenverteilung nach der eintretenden Bewegung gefragt werden, oder es wird von der bekannten Bewegung aus die Frage nach den Muskeln, welche diese Bewegung gemeinsam mit äußeren Kräften erzeugen, und nach der Spannung derselben gestellt. Erstere Fragestellung war bislang nur von rein theoretischem Interesse, da es nicht möglich ist, die Spannung des normal tätigen Muskels *direkt* zu messen, noch etwa einen bestimmten Muskel durch willkürliche Innervation oder elektrische Reizung in eine bestimmte Spannung zu versetzen. Dieser Fragestellung könnte vielleicht eine praktische Bedeutung zukommen für den Prothesenbau für solche Amputierte, bei denen mobilisierte Muskelstümpfe [Kraftwülste nach SAUERBRUCH[1])], deren Kraftablauf genau feststellbar ist[2]), zur Verwendung kommen. Es könnte sich hier darum handeln, festzustellen, was für eine Bewegung eine bestimmte Prothese in Verbindung mit bestimmten Kraftwülsten[3]) ausführt oder wie der Bauplan einer Prothese sein muß, um mit bestimmten vorhandenen Kraftwülsten bestimmte Bewegungen zu erzielen. Aber auch bei diesen Fragen wird man meist auf umständliche Berechnungen verzichten und vorziehen, auf Grund von Erfahrungen und praktischen Versuchen zum gewünschten Ziele zu gelangen.

---

1) SAUERBRUCH, F. u. C. TEN HORN: Die willkürlich bewegbare künstliche Hand. 2 Bde. Berlin 1916 u. 1923.

2) BETHE, A.: Willkürlich bewegliche Prothesen. Münch. med. Wochenschr. 1916, S. 1577; 1919, S. 201.

3) Dies läßt sich aber auch empirisch feststellen. Vgl. R. DU BOIS-REYMOND: Gang mit künstlichen Beinen. Arch. f. (Anat. u.) Physiol. 1917, S. 37 u. 222; 1918, S. 143.

Die zweite Aufgabe der Muskel- und Gelenkmechanik hat für die Physiologie größere Bedeutung. Man stellt hier den ganzen Verlauf einer bestimmten Bewegung fest und fragt nach den Muskeln und ihren Spannungen, die im Verein mit äußeren Kräften diese Bewegung erzeugen. Aus den Geschwindigkeiten und Beschleunigungen der verschiedenen Schwerpunkte sowie aus den Winkelgeschwindigkeiten und Beschleunigungen der einzelnen Körperteile läßt sich mit Hilfe der bekannten Drehmomente der äußeren Kräfte das resultierende Drehmoment sämtlicher einwirkenden Muskeln für jeden einzelnen Körperteil feststellen. Es ist dann nur noch eine statische Untersuchung, dieses resultierende Drehmoment auf die einzelnen Muskeln zu verteilen. Um aber diese ganze Untersuchung durchführen zu können, müssen wir die Bewegung registrieren sowie uns Kenntnis von den Massen und der Massenverteilung verschaffen.

## Registrierung von Bewegungen.

Schon die Gebr. WEBER[1]) stellten durch Zeichnen der einzelnen Haltungen während bestimmter Tätigkeiten (Gehen, Laufen, Springen) und durch Zusammenstellung aller aufeinanderfolgenden Phasen den Bewegungsablauf einigermaßen genau dar und führten auch als erste eine mechanische Behandlung der Probleme durch. Eine wesentliche Verbesserung der Methode brachte die Einführung der Photographie zum Festhalten der einzelnen Phasen des Bewegungsablaufes durch MAREY[2]). Er photographierte die sich bewegenden Objekte in kurzen Zeitabständen nacheinander auf mehrere Platten, oder er kennzeichnete die für die Bewegung maßgebendsten Stellen der Körper und zeichnete eine beträchtliche Anzahl von Bewegungsphasen des Objektes auf ein und derselben Platte auf[3]).

Einen großen Fortschritt bedeutete es, als W. BRAUNE und O. FISCHER[4]) durch gleichzeitige Photographie im rechten Winkel (die zweiseitige Chronophotographie) die Bewegung im Raume nach jeder beliebigen Richtung bestimmen konnten. Um die Schwierigkeit der genau gleichzeitigen Öffnung und Schließung beider Apparate zu vermeiden, photographierten sie im Dunkeln und machten bestimmte Punkte des Objekts intermittierend durch überspringende elektrische Funken selbstleuchtend. Eine weitere Verbesserung bedeutete die Ersetzung der Funkenstrecke durch Geißlersche Röhren[5]). Für komplizierte Körper empfiehlt es sich, um nicht durch Überdecken von Körperabschnitten einen Ausfall an Bewegungsbildern zu erhalten, mehr als zwei Apparate zu verwenden. Aus den so gewonnenen Serienbildern lassen sich leicht die räumlich senkrechten Ordinaten für jeden beliebigen Punkt ableiten, und es wird so die Methode eine allgemein verwendbare[6]), die heute noch durch Benutzung der Kinematographie vereinfacht werden kann[7]).

---

[1]) WEBER, W. u. E.: Mechanik der menschlichen Gehwerkzeuge. Göttingen 1836.

[2]) MAREY, E. J.: Le mouvement. Paris 1884. — MAREY, E. J.: Reproduction d. div. phases d. vol. d. oiseaux. Cpt. rend. hebdom. des séances de l'acad. des sciences Bd. 94, S. 683. 1882. — MAREY, E. J.: Analyse d. mécanisme d. l. locomotion. Ebenda Bd. 95, S. 14. 1882.

[3]) MAREY, E. J.: Photographie part. p. étudier la locomotion. Cpt. rend. hebdom. des séances de l'acad. des sciences Bd. 96, S. 1827. 1883.

[4]) BRAUNE, W. u. O. FISCHER: Bewegungen des Kniegelenkes. Abhandl. d. Math.-physik. Kl. d. sächs. Akad. d. Wiss. Bd. 17, S. 70. 1891.

[5]) BRAUNE, W. u. O. FISCHER: Gang des Menschen Bd. I, S. 153.

[6]) Vgl. R. DU BOIS-REYMOND: Gang mit künstlichen Beinen. Arch. f. (Anat. u.) Physiol. S. 37 u. 222. 1917.

[7]) FRÄNKEL, J.: Kinematographische Untersuchungen. Zeitschr. f. orthop. Chirurg. Bd. 20. 1908.

## Massen- und Schwerpunktsbestimmung[1]).

Die Bestimmung der Massen der einzelnen Körperteile läßt sich nur an der Leiche durchführen[2]), und zwar am besten an Gefrierleichen[3]), da bei diesen nach der Zerteilung des ganzen Körpers sich die einzelnen Abschnitte nicht deformieren können, und so nach der Gewichtsbestimmung eine exakte Lagebestimmung der Partialschwerpunkte durchgeführt werden kann. Als beste Methode für letztere Bestimmung hat es sich erwiesen, die einzelnen Körperabschnitte an drei verschiedenen horizontalen Achsen aufzuhängen. Es werden so drei Ebenen bestimmt, an deren gemeinsamen Schnittpunkt der Schwerpunkt des betreffenden Körperteils liegt. Die Lage des Schwerpunktes setzt man dann in räumlichen Ordinaten in Beziehung zu den Mitten der das Glied begrenzenden Gelenkflächen. Beinahe ohne Ausnahme zeigt es sich dann, daß der Schwerpunkt in der Verbindungslinie dieser Gelenkmittelpunkte liegt und dieselbe in distaler Richtung mit ziemlicher Annäherung im konstanten Verhältnis 4 : 5 teilt[4]). Mit Hilfe der für den einzelnen Schwerpunkt gefundenen Ordinatenwerte läßt sich nun für jede nach Zahl und Stellung beliebige Kombination von Gliedern der Gesamtschwerpunkt bestimmen. Diese Bestimmung läßt sich durch Benutzung der Hauptpunkte (s. S. 626) wesentlich vereinfachen.

Bei den Bestimmungen der Massen und Schwerpunkte verschiedener Leichen zeigte es sich, daß die Lage der Schwerpunkte der einzelnen Glieder bei normal gebauten Individuen stets an identischen Stellen liegen, und daß ferner mit genügender Annäherung die Verhältnisse der Massen der einzelnen Körperteile miteinander übereinstimmen. Um also am Lebenden genau die Schwerpunkte bestimmen zu können, genügt es, das Gesamtgewicht und die Lage der Gelenkmittelpunkte festzustellen, da man dann mit Hilfe von Tabellen, die das Verhältnis der Massen einzelner Abschnitte des menschlichen Körpers zur Gesamtmasse desselben enthalten, jede gewünschte Bestimmung ausführen kann. Diesen Tabellen[5]) kommt insofern eine besondere Bedeutung zu, da, wie auf S. 626 gezeigt, es für die Bestimmung der Hauptpunkte gar nicht auf die absoluten Werte der Massen, sondern nur auf ihr Verhältnis zueinander ankommt.

## Bestimmung der Trägheitsmomente einzelner Körperteile.

Die wechselnde Dichte und die nicht exakt zu definierende Form der einzelnen Abschnitte des menschlichen Körpers lassen es nicht zu, durch Integration die Trägheitsmomente annähernd genau zu errechnen. Man ist daher in gleicher Weise wie bei der Schwerpunktsbestimmung auf empirische Wege angewiesen. Braune und Fischer[6]) haben dies so ausgeführt, daß sie die einzelnen Körperteile nacheinander an zwei verschiedenen parallelen horizontalen Achsen, die

[1]) Eine Zusammenstellung der Gewichte, Schwerpunkte und Trägheitsmomente der Körperteile findet sich in den während der Drucklegung dieses Artikels erschienenen Tabulae biologicae von W. Junk. I, 71—95, 1925. Darin sind auch Angaben über den Bewegungsumfang der Gelenke, über Gelenk- und Bewegungsformen, Ursprünge und Ansätze der Muskeln enthalten. (Bearbeitet von R. du Bois-Reymond).

[2]) Harless: Statische Momente der menschlichen Gliedmaßen. Abhandl. d. Math.-physik. Kl. d. bayr. Akad. d. Wiss. Bd. 8, Abtlg. 1, S. 71 u. 257. 1857.

[3]) Braune, W. u. O. Fischer: Schwerpunkt des menschlichen Körpers. Abhandl. d. Math.-physik. Kl. d. sächs. Akad. d. Wiss. 1889, S. 561. — Fischer, O.: Methodik d. spez. Bewegungslehre, S. 189ff.

[4]) Braune, W. u. O. Fischer: Schwerpunkt des menschlichen Körpers, S. 623.

[5]) Fischer, O.: Methodik d. spez. Bewegungslehre, S. 186.

[6]) Braune, W. u. O. Fischer: Trägheitsmomente menschlicher Körper. Abhandl. d. Math.-physik. Kl. d. sächs. Akad. d. Wiss. Bd. 18, S. 409. 1892.

beide mit dem Körperschwerpunkt in der gleichen Ebene lagen, aufhängten und die Schwingungsdauer für jede Achse maßen. Es besteht dann nach bekannten physikalischen Gesetzen die Beziehung

$$\tau_1 = \pi \sqrt{\frac{x_0^2 + \varepsilon_1^2}{g \cdot \varepsilon_1}}, \tag{18}$$

$$\tau_2 = \pi \sqrt{\frac{x_0^2 + \varepsilon_2^2}{g \cdot \varepsilon_2}}, \tag{19}$$

wobei $\tau_1$ und $\tau_2$ die Schwingungsdauer für die Achsen $A_1$ und $A_2$ sind, $x_0$ der Trägheitsradius des Gliedes bezogen auf eine durch seinen Schwerpunkt zu $A_1$ und $A_2$ parallele Achse, $g$ die Beschleunigung der Schwere, $\varepsilon_1$ und $\varepsilon_2$ der senkrechte Abstand der Achsen $A_1$ und $A_2$ vom Schwerpunkt. Die Summe dieser beiden Abstände ist gleich der Entfernung beider Achsen

$$\varepsilon_1 + \varepsilon_2 = e.$$

Aus den drei Gleichungen (18)—(20) lassen sich die drei unbekannten Größen $\varepsilon_1$, $\varepsilon_2$ und $x_0$ leicht errechnen, da alle anderen Größen bekannt sind oder durch Versuch gemessen werden können[1]).

Bei Ausführung solcher Bestimmungen ergab es sich, daß bei den größeren Extremitätenabschnitten die Trägheitsmomente für alle zur Längsachse des Gliedes senkrechten Schwerpunktsachsen annähernd gleich sind, und daß die Trägheitsradien in konstanten Beziehungen zu den Dimensionen des Körperteils stehen. Es lassen sich dann die so gefundenen Resultate entsprechend den Schwerpunktsbestimmungen auf einen normal gebauten lebenden Menschen mit bekannten Dimensionen übertragen.

## Feststellung des wirksamen Hebelarms.

Um das für jedes einzelne Glied gefundene resultierende Gesamtdrehmoment auf die einzelnen an diesem Glied angreifenden Muskeln zu verteilen, bedarf es erst der Lösung der Frage nach dem „wirksamen Hebelarm", mit dem ein Muskel bei der fraglichen Gelenkstellung an dem Glied angreift. Als wirksamer Hebelarm wird der senkrechte Abstand der einwirkenden Kraftrichtung von dem Gelenkmittelpunkt verstanden, der, wie es in Abb. 128 für einen Beugemuskel gezeigt ist, sehr wechselnde Werte annehmen kann. Das Produkt aus wirksamem Hebel und angreifender Kraft wird auch als Rotationsmoment bezeichnet, und zwar im Gegensatz zum Drehmoment als einen Ausdruck von der gleichen Dimension wie die Kraft, nämlich als die Kraft, die senkrecht am Hebelarm eins ansetzend das gleiche Drehmoment erzeugt, wie der Muskelzug an seinem Angriffspunkt[2]). Konstante wirksame Hebelarme treten nur in

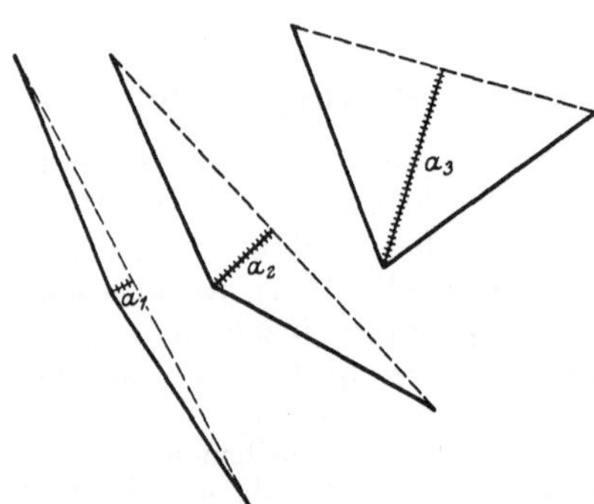

Abb. 128. Wechselnder wirksamer Hebelarm eines Beugemuskels.

[1]) Bei genauester Bestimmung ist Berücksichtigung der Dimensionen und Massen der verwandten Achsen notwendig, jedoch wird hierdurch nichts Wesentliches geändert.

[2]) FICK, A.: Statische Betrachtung der Muskulatur. Zeitschr. f. rat. Med. Bd. 9, S. 94. 1850. — FICK, A.: Spez. Bewegungslehre, S. 296. — BRAUNE, W. u. O. FISCHER: Trägheitsmomente, S. 411.

den wenigen Fällen am menschlichen Körper auf, bei denen die Muskelsehne über eine Walze hinweggezogen an derselben angreift und nun wie ein Seil, das eine Trommel dreht, indem es sich von derselben abwickelt, wirkt. Beispiele mit annähernder Konstanz der Hebelarme bieten die Gelenke der Finger und des Handgelenks[1]).

Bei wechselndem wirksamen Hebelarm lassen sich die Werte für bestimmte Beugestellungen aus der Entfernung des Ursprungspunktes vom Ansatz des Muskels und aus dem Beugewinkel leicht errechnen. Für viele Fälle ist die Bestimmung der Lage der Ursprungs- und Ansatzstelle durch direkte röntgenologische Bestimmungen dem Vergleich mit den an Leichen gefundenen Verhältnissen vorzuziehen[2]). Für Fälle, bei denen es sich wie beim Zug des M. triceps brachii, um Abwickeln der Sehne von einer *ungleichmäßig* gestalteten Rolle, die dazu noch große individuelle Schwankungen zeigen kann, handelt, ist die röntgenologische Feststellung der in Frage kommenden Angriffspunkte unerläßlich. Abb. 129 läßt deutlich erkennen, daß der M. triceps mit seinem Sehnenansatz bei verschiedenen Winkelstellungen vier verschiedene Auflagerungspunkte nacheinander benutzt: nämlich zuerst den Radius der äußeren Gelenkrolle ($r_1$), dann die Strecken $\overline{OA}$, $\overline{OB}$ und $\overline{OC}$ am Olecranon, die der Einfachheit halber nur mit $a$, $b$, $c$ bezeichnet werden. Diese drei Strecken bilden mit der Unterarmachse die Winkel $\gamma_1$, $\gamma_2$, $\gamma_3$, während $\alpha$ den jeweiligen Winkel zwischen Oberarm- und Unterarmachse bezeichnen möge. Dann ergibt sich der wirksame Hebelarm, wenn bei der fraglichen Stellung z. B. der Auflagerungspunkt $A$ (Abb. 130) benutzt wird, mit

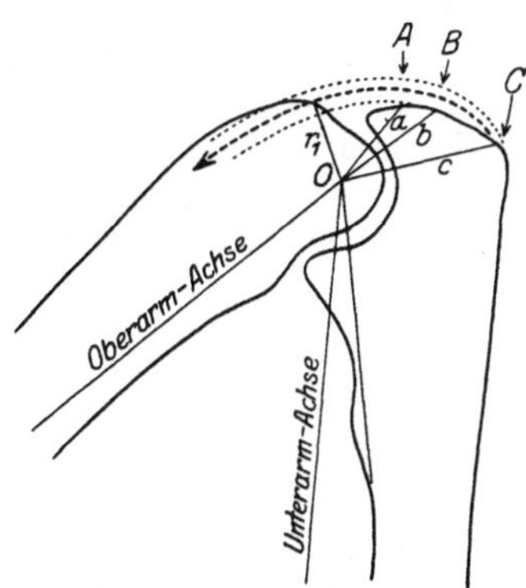

Abb. 129. Wechselnde Angriffspunkte der Tricepssehne (nach FRANKE).

$$h = a \cdot \sin(\gamma_1 - \alpha)\,.$$

Unter Berücksichtigung der Tatsache, daß im Augenblick des Wechsels der Auflagerungspunkte der bisher benutzte wirksame Hebelarm gleich dem wirksamen Hebel des nächstfolgenden wird, läßt sich leicht die Größe des Beugewinkels bestimmen, unter dem jedesmal ein Wechsel des Angriffspunktes der Sehne stattfinden muß. Der gesuchte Beugewinkel $\alpha_{A,B}$ ergibt sich dann z. B. für den Wechsel vom Ansatzpunkt $A$ auf $B$ durch folgende Beziehungen[3]):

$$\alpha_{A,B} = \gamma_1 - \varepsilon = \gamma_1 + \delta - 180\,,$$

dabei ist

$$\operatorname{tg}\delta = \frac{b \cdot \sin(\gamma_1 - \gamma_2)}{- b \cdot a \cos(\gamma_1 - \gamma_2)}\,.$$

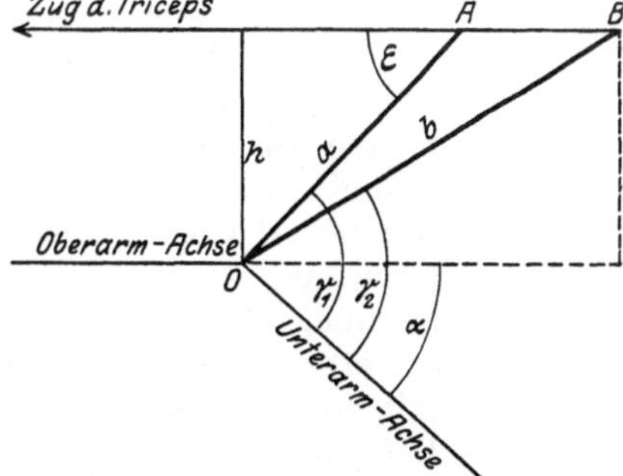

Abb. 130. Schema zur Berechnung des Hebelarmwechsels des M. triceps.

Sind so für die Ablösung der einzelnen Auflagerungspunkte die Beugewinkel ermittelt, dann läßt sich für jede beliebige Beugestellung der wirksame Hebelarm errechnen.

---

1) v. RECKLINGHAUSEN: Gliedermechanik, S. 22.

2) FRANKE, F.: Kraftkurve menschlicher Muskeln. Pflügers Arch. f. d. ges. Physiol. Bd. 184, S. 300. 1920.

3) FRANKE, F.: Kraftkurve, S. 309.

Nach BRAUNE und FISCHER läßt sich auch aus der Verkürzung, die ein Muskel für bestimmte Beugestellungen erleiden muß, der wirksame Hebelarm bestimmen[1]). Man kann die notwendige Verkürzung leicht feststellen, indem man am Knochenmodell mit einem Faden die Entfernung der Ursprungs- und Ansatzstelle für jeden beliebigen Beugungsgrad mißt. Konstruiert man dann die Verkürzungkurve in der Weise, daß als Abszissen die Beugegrade angenommen werden und als Ordinaten die Größe der eingetretenen Verkürzung, so ist der wirksame Hebelarm zu jedem Punkt dieser Kurve proportional der trigonometrischen Tangente des Winkels, den die durch diesen Punkt gezogene Tangente mit der Abszissenachse bildet[2]).

## Die relativen Drehmomente der einzelnen Muskeln.

Sind uns die wirksamen Hebelarme aller an einem Gliede angreifenden Muskeln für eine bestimmte Beugestellung bekannt, so läßt sich unter der Annahme, daß gleiche Flächen des „natürlichen Querschnitts" verschiedener Muskeln gleiche Kräfte liefern, der Anteil des Drehmoments eines Muskels am Gesamtdrehmoment eines Gliedes bestimmen. Unter „natürlichem Querschnitt" wird der größte Querschnitt eines Muskels senkrecht zu seiner Kraftrichtung verstanden, den man leicht am Leichenarm bestimmen kann[3]). Diese relativen Drehmomente, die auch als Rotationsmomente bezeichnet werden, sind für die verschiedensten Muskeln bestimmt worden[3]). Mit ihrer Hilfe läßt sich das aus der Bewegungsgleichung gefundene resultierende Gesamtdrehmoment des Gliedes auf die beteiligten Muskeln verteilen, und unsere anfangs gestellte Aufgabe, aus der Analyse einer ablaufenden Bewegung die sie hervorrufenden Muskelkräfte zu bestimmen, erweist sich somit als restlos lösbar. Der Bestimmung der Rotationsmomente kommt aber schon für rein statische Aufgaben eine große Bedeutung zu, da mit ihrer Hilfe die Bestimmung der absoluten Muskelkraft am Lebenden ausführbar ist.

## Absolute Muskelkraft.

Von jeher hat schon die Frage das Interesse der Physiologen beansprucht, welche Kraft die Muskelsubstanz im Maximalfalle entwickeln kann. Die ersten Angaben über die Größe dieser Kraft gehen sehr auseinander, was einmal an den fehlerhaften Methoden der älteren Untersucher, dann aber auch an dem etwas schwankenden Begriff der absoluten Kraft des Muskels bezüglich der Länge desselben, bei der die Kraftmessung erfolgen muß, zurückzuführen ist. Wir wollen uns deshalb hier im folgenden stets an die von F. FRANKE[4]) gegebene Definition halten: Absolute Muskelkraft ist die maximale Kraft (Spannung) pro Quadratzentimeter der physiologischen Querschnittsfläche, welche der Muskel bei maximaler Innervation und günstigster Länge auszuüben imstande ist.

Zur Durchführung der Bestimmung der absoluten Muskelkraft muß man feststellen, mit welcher Kraft sich der maximal innervierte Muskel bei verschiedenen Längen ins Gleichgewicht setzt. Dies kann geschehen, indem man

---

[1]) BRAUNE, W. u. O. FISCHER: Rotationsmomente. Abhandl. d. Math.-physik. Kl. d. sächs. Akad. d. Wiss. Bd. 15, S. 245. 1889.

[2]) Mathematischer Beweis hierfür ebenda S. 248ff.

[3]) FICK, A.: Statische Betrachtung der Muskulatur. — FICK, E. u. E. WEBER: Anatomisch-mechanische Studien. Verhandl. d. physik.-med. Ges. Würzburg N. F., Bd. 9. — FICK, A.: Spez. Bewegungslehre. — BRAUNE, W. u. O. FISCHER: Rotationsmomente. — FISCHER, O.: Stat. u. kinet. Masse d. Muskeln. Abhandl. d. Math.-physik. Kl. d. sächs. Akad. d. Wiss. Bd. 27, S. 485. 1902. — RORCHEDESTWENSKI, J. u. A. FICK: Bewegungen im Hüftgelenk. Arch. f. Anat. (u. Physiol.) 1913, S. 365.

[4]) FRANKE, F.: Kraftkurven. S. 303.

probiert, was für ein Gewicht ein Muskel bei einer bestimmten Gelenkstellung gerade noch heben kann[1]), oder indem man mit Hilfe einer Feder (Dynamometer) die Spannung mißt, die ein Muskel bei verschiedenen Gelenkstellungen gerade noch ausüben kann[2])[3]).

Als Maß dieser absoluten Kraft menschlicher Muskeln pro Quadratzentimeter Querschnittfläche sind z. B. angegeben worden von

| | | |
|---|---|---|
| Weber[1]) | 0,831 kg | Gastrocnemius + Soleus (vgl. S. 642) |
| Henke[4]) u. Knorz[1]) | 5,9 „ | Gastrocnemius + Soleus |
| | 8,12 „ | Armbeuger |
| Hermann[5]) | 6,24 „ | Gastrocnemius + Soleus |
| Koster[6]) | 9,00 „ | Kopfstrecker |
| Rosenthal[7]) | 10,00 „ | Kaumuskeln |
| Franke[8]) | 11,4 „ | Biceps |
| | 12,1 „ | Brachialis |
| | 16,8 „ | Triceps |

Hingegen wurden an Tieren Werte gefunden wie 1,83[9]) bis 2,8[10]) für den Frosch; 1,8—3,2 für Crustaceen[11]); 3,4—6,9 für Käfer[12]) und 12,4 kg für Muscheln[13]), Werte, die erkennen lassen, daß die Muskeln der niederen Tiere relativ hohe absolute Muskelkräfte besitzen.

Ein Vergleich der verschiedenen für den Menschen festgestellten Werte läßt eine große Differenz der einzelnen Beobachtungen erkennen. Franke fand andrerseits für Biceps und Brachialis Werte, die man als praktisch gleich annehmen darf, wenn man berücksichtigt, daß die für beide Muskeln gefundene resultierende Kraft nach Rotationsmomenten, die zum Teil auf Grund von Leichenuntersuchungen bestimmt waren, auf die beiden Muskeln verteilt wurde. Dem Satz, daß bei verschiedenen Individuen die Muskeln immer im gleichen Verhältnis zueinander ausgebildet sind, kommt sicher nur eine beschränkte Gültigkeit zu. Rasse, Anlage und auch Beruf werden nie eine genau gleich mächtige Ausbildung der Muskeln bei verschiedenen Menschen hervorrufen. Der höhere Wert, den Franke für den Triceps fand, erklärt sich vielleicht daraus, daß wegen der Unmöglichkeit, den physiologischen Querschnitt[14]) zu ermitteln, nur der natürliche Querschnitt in Rechnung gestellt wurde.

Ob tatsächlich ein Unterschied zwischen der Muskelkraft der oberen und der unteren Extremität besteht, wie es nach obenstehender Tabelle den Anschein

---

[1]) Z. B. Weber, E.: Bestimmung der Muskelkraft. Wagners Handb. d. Physiol. Bd. III, 2, S. 84. 1848. — Knorz, F.: Bestimmung der absoluten Muskelkraft. Diss. Marburg 1865.

[2]) Bethe, A. u. F. Franke: Kraftkurven. Münch. med. Wochenschr. 1919, S. 201.

[3]) Franke, F.: Kraftkurven, S. 303.

[4]) Henke: Größe der absoluten Muskelkraft. Zeitschr. f. rat. Med. (3), Bd. 24, S. 247. 1865; Bd. 32, S. 148. 1868.

[5]) Hermann: Muskelkraft am Menschen. Pflügers Arch. f. d. ges. Physiol. Bd. 73, S. 429. 1898.

[6]) Koster: Nederlandsch Arch. v. genees- en naturk. Bd. 3, S. 31. 1867.

[7]) Rosenthal: Kraft der Kaumuskeln. Physiol.-med. Ges. Erlangen Bd. 81, S. 85. 1895.

[8]) Franke, F.: Kraftkurven.

[9]) Beck, O.: Gesamtkraftkurve. Pflügers Arch. f. d. ges. Physiol. Bd. 193, S. 497. 1922.

[10]) Rosenthal: La force absolue. Compt. rend. hebdom. des séances de l'acad. des sciences Bd. 64, S. 1143. 1867.

[11]) Camarero: La force absolue des crustacées décapodes. Arch. ital. di scienze biol. Bd. 17, S. 212. 1892.

[12]) Camarero: La force absolue d. insectes. Arch. ital. di scienze biol. Bd. 18, S. 149. 1893.

[13]) Camarero: Forza absoluta degli invertebrati. Atti d. R. accad. di scienze d. Torino Bd. 82, S. 205. 1893.

[14]) Convallo u. G. Weiss: Excurs dans l'évolution de la surface de la section transversale. Arch. de physiol. et de pathol. génér. 1899, S. 217.

hat, muß vorläufig dahingestellt bleiben. Ist schon aus den bisher angeführten Gründen ein genauer Vergleich nicht zulässig, so scheidet dann eine Anzahl der Werte deshalb aus, weil bei vielen der Untersuchungen die Feststellung der statischen Verhältnisse, insbesondere der fraglichen Hebellängen, von denen ja die Werte für die absolute Kraft abhängen, eine so unsichere war, besonders bei den älteren Untersuchern, daß sie zu falschen Resultaten gelangen mußten.

## Der Fuß ein ein- oder zweiarmiger Hebel?

Gerade der auffallend niedrige Wert, den Weber[1]) bei seinen Untersuchungen fand, zeigt, wie durch eine falsche Auffassung der statischen Verhältnisse die gröbsten Irrtümer entstehen können. Er nahm an, daß es sich beim freien Stand auf den Zehen um einen einarmigen Hebel handle, dessen Hypomochlion das Capitulum metatarsi ($A$ in Abb. 131) ist, während das Gewicht des Körpers in der Bodenprojektion des Fußgelenkes ($B$) und die Zugkraft des Gastrocnemius in der Bodenprojektion des Tuber calcanei ($C$) angreift. Es sollte sich dann im Falle des Gleichgewichts das Gewicht des Körpers zur Muskelkraft umgekehrt wie die zugehörigen Hebelarme verhalten; also wie $AC : AB$, d. h. ungefähr wie 4 : 3. Es ist das Verdienst von Henke[2]) und Knorz[3]), nachgewiesen zu haben, daß sich in Wirklichkeit die Kräfte verhalten müssen wie die Hebelarme $BC : AB$, d. h. ungefähr wie 1 : 3. Sie gelangten bei diesem Kräfteverhältnis unter Benutzung der Versuchszahlen von Weber schon auf eine absolute Muskelkraft von ca. 4 kg anstatt 0,831 kg. Die Gleichgewichtsbedingung läßt sich sehr leicht ableiten, wenn man den Fuß als isolierten starren Körper betrachtet und alle Kräfte, die auf ihn einwirken, berücksichtigt. Webers Irrtum kam daher, daß er übersehen hatte, daß an seinem Ursprung der Gastrocnemius mit der gleichen, aber entgegengesetzten Kraft wirkt als am Tuber calcanei. Es wirkt demnach im Fußgelenk nicht nur die Gewichtskraft $P$, sondern auch die Muskelkraft $G_1$ (Abb. 131). Diese bildet mit der Muskelkraft $G$ am Tuber calcanei ein Kräftepaar mit dem Abstand $BC$, während die Schwerkraft $P$ mit der Bodenreaktionskraft $P_1$ am Capitulum metatarsi ein zweites Kräftepaar mit dem Abstand $AB$ bildet. Es muß, falls der Fuß im Gleichgewicht sein soll, die Summe der durch beide Kräftepaare erzeugten Drehmomente gleich 0 sein:

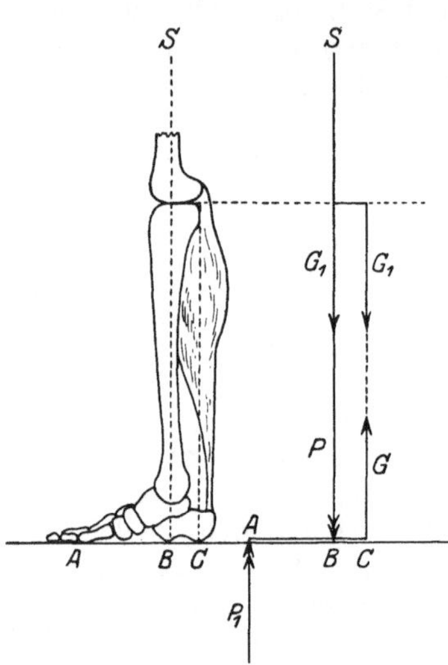

Abb. 131. Hebelarme bei Erhebung auf die Zehen.

$$P \cdot \overline{AB} - G \cdot \overline{BC} = 0,$$

woraus folgt, daß

$$P : G = \overline{BC} : \overline{AB}$$

sein muß.

Dieses Resultat, zu dem Henke und Knorz auf einem etwas umständlicheren und weniger augenfälligen Weg gelangt waren, hatte Ewald[4]) dazu geführt, den Fuß bei der Erhebung auf die Zehen als zweiarmigen Hebel anzusprechen,

[1]) Weber, E.: Bestimmung der Muskelkraft.

[2]) Henke: Größe der absoluten Muskelkraft. Zeitschr. f. rat. Med. (3) Bd. 24, S. 247. 1865.

[3]) Knorz: Absolute Muskelkraft. Diss. Marburg 1865.

[4]) Ewald, J. R.: Hebelwirkung des Fußes. Pflügers Arch. f. d. ges. Physiol. Bd. 59, S. 251. 1894.

und er zog weitreichende Schlüsse daraus, die er durch Modellversuche stützen zu können glaubte. Spätere Untersuchungen zeigten aber, daß die Frage, ob ein einarmiger oder zweiarmiger Hebel vorliegt, im Grunde belanglos ist (in Wirklichkeit liegt ein Doppelhebel vor), daß aber der Bewegungsvorgang außerhalb der statischen Fragestellung fällt, da er durch die Schleuderung des Schwerpunkts des Körpers weitgehend beeinflußt wird, was in gleichem Maße für die Ewaldschen Modellversuche gilt. Eine rein statische Betrachtung kann nur dann als einigermaßen zulässig bezeichnet werden, wenn es sich um eine ganz langsame Erhebung handelt[1]).

## Physiologischer Querschnitt und Fiederung des Muskels.

Wie oben gezeigt, war ein anderer Grund für die Schwierigkeit der exakten Bestimmung der absoluten Muskelkraft der, daß es für die gefiederten Muskeln unmöglich ist, den physiologischen Querschnitt auch nur annähernd festzustellen. Ist der natürliche (oder anatomische) Querschnitt der größte Schnitt senkrecht zur Kraftrichtung des Gesamtmuskels, so ist der physiologische Querschnitt der größte Schnitt senkrecht zur Faserrichtung.

Die Anatomen unterscheiden bei den gefiederten Muskeln, je nachdem ob die Muskelfasern in einer am Rand des Muskels liegenden oder in einer mitten durch den Muskel gehenden Sehne gesammelt werden, Mm. unipennati und bipennati. Es stände, wenn diese Fiederung bei allen Muskeln streng nach dem Schema durchgeführt wäre, und die Muskelform einigermaßen zylinderförmig ist, der Bestimmung des physiologischen Querschnitts keine unüberwindbaren Schwierigkeiten entgegen[2]). Bei den menschlichen Muskeln wissen wir bis heute über die genauen Verhältnisse der Fiederung sehr wenig[3]). Man hat sich daher, soweit man sich beim menschlichen Muskel auf die Bestimmung des physiologischen Querschnitts überhaupt eingelassen hat, mit einer Hilfsgröße begnügt, die man durch Division des Muskelvolumens durch die mittlere Faserlänge erhielt. Abgesehen von den prinzipiellen Bedenken, die gegen diese Methode zu erheben sind, stößt schon die praktische Bestimmung der mittleren Faserlänge auf Schwierigkeiten[4]). Aber gerade andererseits bestätigten diese Messungen der Muskelfaserlängen sowohl in erschlafftem als kontrahiertem Zustand das schon von E. Weber aufgestellte Gesetz von der spezifischen Verkürzung der Muskelfaser, d. h., daß jede Muskelfaser sich relativ um den gleichen Betrag ihrer Länge bei maximaler Kontraktion verkürzt.

---

[1]) Fischer, O.: Hebelwirkung des Fußes. Arch. f. Anat. (u. Physiol.) 1895, S. 101. — Du Bois-Reymond, R.: Hebelwirkung des Fußes. Arch. f. Anat. (u. Physiol.) 1895, S. 277. — Hermann, L.: Fersenablösung. Pflügers Arch. f. d. ges. Physiol. Bd. 62, S. 603. 1896; Bd. 81, S. 416. 1901. — Grützner, R.: Zehenstand. Pflügers Arch. f. d. ges. Physiol. Bd. 73, S. 607. 1898.

[2]) v. Frey: Bemerkung über den physiologischen Querschnitt. Sitzungsber. phys.-med. Ges. Würzburg 1905.

[3]) Anmerkung während der Korrektur: Betreffs der Fiederung der Frosch- und Katzenmuskulatur sei auf zwei Abhandlungen von Beritoff bzw. Zchakaia hingewiesen, die demnächst in Bd. 209 von Pflügers Archiv erscheinen werden. Daß bis jetzt so wenig über die Fiederung der Muskulatur gearbeitet wurde, ist um so auffallender, als die Fiederung nicht nur bei mechanischen, sondern auch bei elektrischen Problemen eine Rolle spielt. Vgl. dazu Steinhausen: Über die scheinbare Umkehr des Verletzungsstromes des Gastrocnemius. Biochem. Zeitschr. Cremer-Festschrift 1925.

[4]) Weber, E. F.: Längenverhältnisse der Fleischfasern. Ber. d. Verhandl. d. sächs. Akad. d. Wiss. Math.-physik. Kl. 1851, S. 64. — Fick, A.: Längenverhältnis der Skelettmuskelfaser. Mol. Unt. Bd. 7, S. 253. 1860. — Gubler, J.: Längenverhältnis der Fleischfasern. Diss. Zürich 1860. — Fick, R.: Längenverhältnis der Fleischfasern beim Hund. Sitzungsber. d. preuß. Akad. d. Wiss. Bd. 54, S. 1018. 1921.

Diese Beziehung ist eine so feste, daß die Faserlänge sich ändert[1]), wenn aus irgendwelchen äußeren Gründen die Verkürzungsmöglichkeit des Muskels zu- oder abnimmt. Besteht aber das Gesetz von der spezifischen Verkürzung zu Recht, so muß natürlich bei einem gefiederten Muskel, wie z. B. beim M. temporalis des Menschen, bei dem Fasern von ganz verschiedener Länge vorkommen, diese Länge abhängig sein von dem Winkel, den die Richtung der einzelnen Faser mit der Richtung der Hauptsehne bildet. Untersuchungen größeren Stils fehlen vorläufig hierüber. Messungen, die wir an Muskeln von Crustaceen ausführten, die eine reich und regelmäßig gefiederte Anordnung zeigen, bestätigten obige Annahme. So werden z. B. beim Schließmuskel der Krebsschere mit zunehmender Entfernung vom Insertionspunkt der Hauptsehne die einzelnen Fasern länger, während der Winkel, den sie mit der Richtung der Hauptsehne bilden, immer spitzer wird. Dies steht im Einklang mit der Deduktion von STRASSER, daß eine schräge Faser einer geraden Faser mit geringerem Querschnitt, aber größerer Länge gleich zu achten ist[2]). STRASSER und mit ihm v. RECKLINGHAUSEN[3]) betrachten den gefiederten Muskel hauptsächlich bezüglich seiner Arbeitsleistung. Für das gleiche Muskelvolumen kann durch Fiederung an Arbeitsleistung weder gewonnen noch verloren werden, immer bleibt das Produkt aus Kraft der Hauptsehne und Hubhöhe gleich.

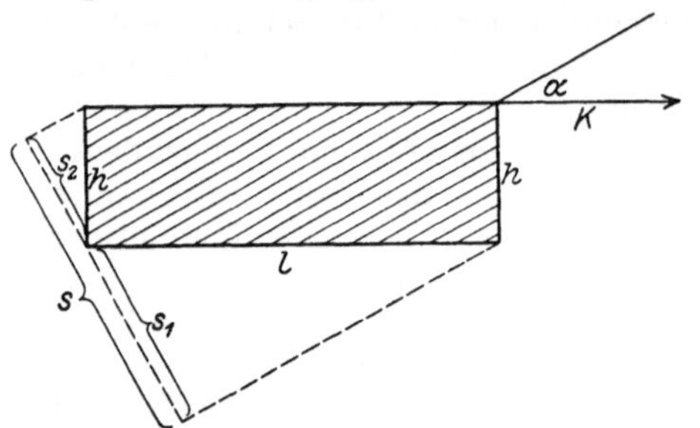

Abb. 132. Einfach gefiederte Muskel.

Die ganzen Betrachtungen über die Übertragung der Zugkraft der einzelnen Faser auf die Gesamtsehne gelten nur unter der Voraussetzung, daß die Muskelfasern mit der Hauptsehne wirklich eine mechanische Einheit bilden, und daß bei der Verkürzung nicht eine wesentliche Umlagerung des Lageverhältnis zwischen Fasern und Hauptsehne stattfindet[4]).

Fragt man sich, welche mutmaßliche Bedeutung der Muskelfiederung zukommt, so kann sie einmal rein durch anatomische Verhältnisse bedingt sein (z. B. M. deltoideus, M. supraspinatus und infraspinatus), die nicht die Ausbildung eines parallelfasrigen Muskels von zylindrischer resp. spindelförmiger Gestalt zulassen, oder es handelt sich darum, bei gegebenem Raum eine größere Kraft mit Verzicht auf Hubhöhe hervorzubringen, als bei Anlage eines parallelfasrigen Muskels von gleichem Volumen und äußerer Gestalt (M. masseter, M. gastrocnemius) möglich wäre. Wie groß der Fiederungswinkel sein muß, damit bei einer gegebenen Form des Muskels eine möglichst große Kraftentfaltung erzielt wird, läßt sich leicht bestimmen. Abb. 132 zeigt den als rechteckig angenommenen Längsschnitt eines einfach gefiederten Muskels, dessen Gesamtsehne mit der Größe und Richtung der Kraft $K$ angreift. Ist $l$ die Länge, $h$ die Breite des Muskels und $\alpha$ der Fiederungswinkel, während $M$ die absolute Muskelkraft bezeichnet, so ergibt sich der physiologische Querschnitt zu $s = s_1 + s_2$. Es besteht dann, wenn Gleichgewicht herrscht, die Beziehung

$$K = M \cdot s \cdot \cos\alpha = M \cdot h \cdot \cos^2\alpha + M \cdot l \cdot \sin\alpha \cdot \cos\alpha .$$

[1]) ROUX, W.: Funktionelle Anpassung. Jenaische Zeitschr. f. Naturwiss. Bd. 16, S. 358. 1883. — STRASSER, H.: Funktionelle Anpassung der quergestreiften Muskeln. Stuttgart 1883.

[2]) STRASSER, H.: Lehrbuch des Gelenkmechanismus. Bd. III, S. 46. 1927. Berlin.

[3]) v. RECKLINGHAUSEN: Gliedermechanik, S. 62.

[4]) FICK, A.: Anheftung der Muskelfasern an die Sehne. Müllers Arch. f. Anat., Physiol. u. wiss. Med. 1856. — HÄGGUIST, G.: Übertragung der Zugkraft auf die Sehne. Anat. Anz. Bd. 53, S. 273. 1920.

Auf Grund einer Maxima- und Minimarechnung zeigt sich dann, daß $K$ ein Maximum erreicht, wenn

$$\operatorname{tg} 2\alpha = \frac{l}{h} \text{ ist.}$$

Es ist also die Größe des günstigsten Fiederungswinkels von dem Verhältnis der Breite zur Länge des Muskels abhängig. Je schmäler der Muskel, um so größer sein günstigster Fiederungswinkel, der bei einem unendlich schmalen Muskel mit 45° den größten Wert erreicht.

## Kraftkurven menschlicher Muskeln.

Im engsten Zusammenhang mit der Faserungsstruktur der Muskeln dürfte die Kraftkurve der Muskeln stehen, d. h. jene Kurve, die man erhält, wenn man die für jede Länge des Muskels (resp. für jede Gelenkstellung unter Berücksichtigung des Hebelarms) bei maximaler Innervation gefundenen Kraftwerte zusammenstellt. Leider sind unsere Kenntnisse über den Verlauf dieser Kraftkurven[1]) noch zu mangelhaft und sie erstrecken sich über zu wenige Muskeln, um sie in eine feste Beziehung zu dem Faserverlauf des betreffenden Muskels zu setzen. Auch von den Kraftkurven tierischer Muskeln haben wir nur eine sehr lückenhafte Kenntnis[2]). Am besten kennen wir von den tierischen Muskeln die Kraftkurve des Froschgastrocnemius, bei der BECK[2]) fand, daß von dem größtmöglichen Verkürzungsgrad ausgehend, der erregte Muskel sich mit zunehmender Länge mit einer größeren Kraft ins Gleichgewicht setzen kann, und daß diese Zunahme erst ein relatives Maximum erreicht, um dann nach einem kurzen Abfall bis zur größtmöglichen Belastung des Muskels zu steigen. BECK konnte dann weiterhin zeigen, daß das relative Maximum der Kraft außerhalb der größten physiologischen Länge liegt, die der Muskel innerhalb des Tierkörpers einnehmen kann. FRANKE[3]) fand hingegen bei den menschlichen Kraftkurven dieses Maximum noch innerhalb der physiologischen Länge liegend (Abb. 133).

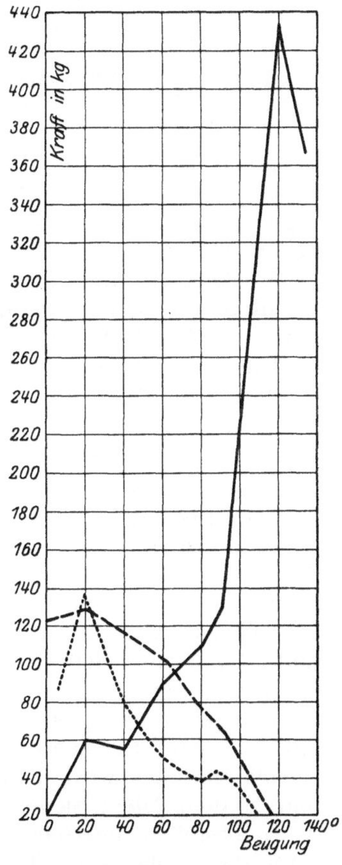


Abb. 133. Kurve der wirklichen Muskelkraft an ein und derselben Versuchsperson für Triceps ——, Brachialis - - - - und Biceps .... (nach FRANKE).

Wenn auch unsere Kenntnis über den genauen Ablauf der Kraftkurve erst jüngeren Datums ist, so ist doch die Tatsache, daß mit zunehmender Verkürzung die Kraft auch des willkürlich innervierten Muskels stetig abnimmt, schon lange

[1]) HERZ: Lehrbuch der Heilgymnastik, S. 40. Berlin 1903. — BETHE u. FRANKE: Willkürlich bewegliche Prothesen. Münch. med. Wochenschr. Bd. 4, S. 201. 1919. — FRANKE, F.: Kraftkurven. Pflügers Arch. f. d. ges. Physiol. Bd. 184, S. 303. 1920. — RECKLINGHAUSEN, v.: Gliedermechanik, Bd. I, S. 102.

[2]) FEUERSTEIN, F. A.: Änderung der Elastizität. Pflügers Arch. f. d. ges. Physiol. Bd. 4, S. 355. 1871. — Mechanische Arbeit und Wärmeentwicklung. Leipzig 1882. — HERMANN, L.: Abnahme der Muskelkraft. Pflügers Arch. f. d. ges. Physiol. Bd. 4, S. 195. 1871. — BECK, O.: Gesamtkraftkurve. Pflügers Arch. f. d. ges. Physiol. Bd. 193, S. 497. 1922.

[3]) FRANKE, F.: Muskelkraft. Pflügers Arch. f. d. ges. Physiol. Bd. 184, S. 303.

bekannt[1]). O. Fischer[2]) glaubte, aus den Hermannschen Versuchsresultaten[3]) als allgemein gültiges Gesetz ableiten zu können, daß die Muskelkraft proportional dem Quadrate der Muskellänge abnimmt. Da bei den Beugemuskeln des Armes mit zunehmender Verkürzung die Länge des wirksamen Hebelarms schnell wächst, vermutete er, daß die Abnahme der Muskelkraft und die Zunahme der Hebellänge derartig Hand in Hand gehen, daß ein voller Ausgleich

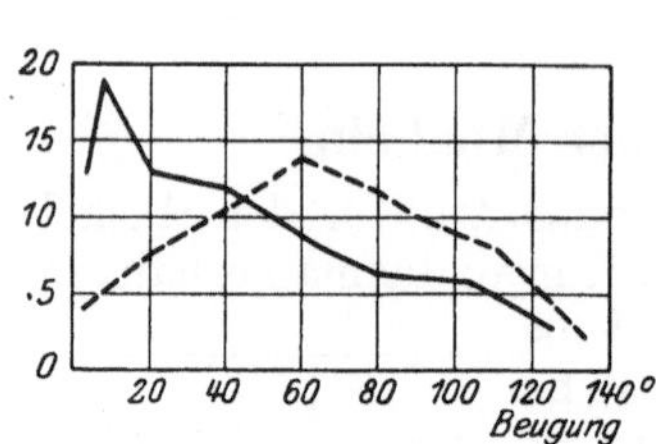


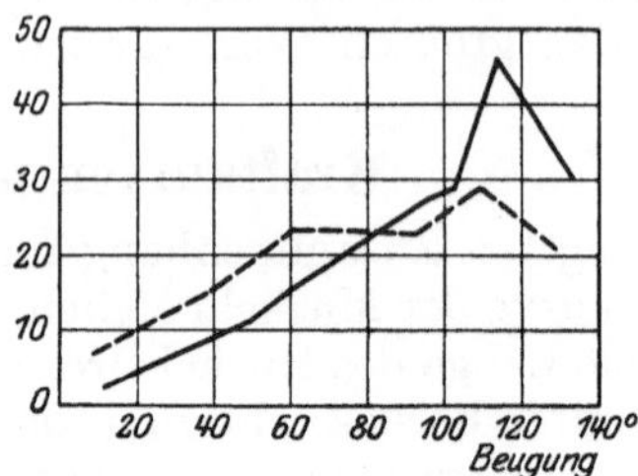


Abb. 134a und b. Wirkliche Kraftkurve der Muskeln (———) und Kurve der erteilten Drehmomente (- - - -), a) Biceps, b) Triceps (nach Franke).

erfolgt, d. h. daß das dem Unterarm erteilte Drehmoment für jede Beugestellung des Ellbogengelenks einen annähernd konstanten Wert aufweist. Franke zeigte (Abb. 134), daß diese Deduktion Fischers, der sie zu prüfen unterließ, nur bis zu einem gewissen Grade richtig ist. Es wird nicht ein voller Ausgleich der Muskelkraft erzielt, aber die dem Unterarm erteilten Drehmomente werden bedeutend gleichmäßiger, als wenn der Muskel mit gleichbleibendem Hebelarm, z. B. durch Abrollen seiner Endsehne von einer Rolle mit gleichbleibendem Radius, am Unterarm angreifen würde.

## Die organischen Gelenke und ihre Freiheitsgrade.

Eine Durchführung der ganzen Muskel- und Gelenkmechanik auf mathematisch-physikalischer Grundlage erscheint überhaupt nur dann möglich, wenn man die organischen Gelenke als mechanische Gelenke mit mathematisch definierten Formen auffaßt. In Wirklichkeit weichen aber die organischen Gelenke häufig bedeutend von der theoretischen Form ab, derart, daß nach den anatomischen Präparaten für viele Gelenkstellungen gar kein ausgedehnter Flächenkontakt zwischen den Gelenkenden mehr zu bestehen scheint. Nun sind aber die Knochenenden mit einer, gerade bei den den mathematischen Ansprüchen am wenigsten genügenden Gelenken besonders starken Knorpelschicht (bis zu 7 mm) bedeckt, die sich unter dem Druck, der stets während des Lebens auf das Gelenk ausgeübt wird (s. S. 648), deformiert und nun ausreichenden Flächenkontakt dem Gelenk sichert[4]). Sehen wir von der eben erwähnten Unstimmigkeit ab, so bestehen die Gelenkenden der organischen Gelenke, wie bei jedem mechanischen Gelenk mit Flächenkontakt, aus Rotationsflächen. Je nach dem

[1]) Schwann: in Müllers Physiol. Bd. 2, S. 59. 1837. — Weber, E.: Muskelkraft. Wagners Handb. d. Physiol. Bd. 3, S. 84. 1848.

[2]) Braune, W. u. O. Fischer: Rotationsmomente. S. 302.

[3]) Hermann, L.: Über die Abnahme der Muskelkraft während der Kontraktion. Pflügers Arch. f. d. ges. Physiol. Bd. 4, S. 195. 1871.

[4]) König, F.: Zur Pathologie der Knochen und Gelenke. Dtsch. Zeitschr. f. Chirurg. Bd. 3, S. 256. 1873. — Braune, W., u. O. Fischer: Die Bewegung des Kniegelenks. Abhandl. d. Math.-physik. Kl. d. sächs. Akad. d. Wiss. Bd. 17, S. 93. 1891. — Werner, H.: Die Dicke der menschlichen Gelenkknorpel. Diss. Berlin 1897.

Bewegungsmodus, den diese Gelenkflächen dem eingelenkten Knochenende gestatten, unterscheidet man Gelenke mit 1, 2 oder 3 Freiheitsgraden.

Die größtmögliche Bewegungsfreiheit, die ein Körper überhaupt haben kann, kommt dem vollkommen freien Körper zu. Er besitzt 6 Freiheitsgrade, d. h. der Körper kann sich 1. um eine beliebige Achse, 2. um eine zweite Achse, die senkrecht auf der ersten steht, 3. um eine dritte Achse, die auf den beiden ersten wiederum senkrecht steht, drehen, 4. unabhängig von der Rotation sich in einer Richtung geradlinig bewegen, 5. in einer Richtung, die senkrecht zur letzteren ist und 6. kann sich der Körper noch in einer Richtung senkrecht zu den beiden anderen fortbewegen.

Bei den Gelenken werden zur Bestimmung der Freiheitsgrade die möglichen Bewegungen des Gelenkmittelpunktes betrachtet, unter der Annahme, daß er mit dem beweglichen Knochen in starrer Verbindung stände. Es ist dann ohne weiteres ersichtlich, daß normale Gelenke im Höchstfalle drei Grade der Freiheit besitzen können. Nur wenn pathologische Veränderungen vorliegen, so daß nur eine sehr beschränkte punktförmige Berührung der beiden Gelenkflächen vorliegt, können einem organischen Gelenk bis zu 5 Freiheitsgrade zukommen. Dies ist z. B. der Fall bei der Luxatio coxae congenita, wenn der Gelenkkopf des Femur nicht zu weitgehende Deformationen aufweist. Es kann nämlich dann das Femur so bewegt werden, daß der Mittelpunkt des Gelenkkopfes sich nicht nur um drei aufeinander senkrechte Achsen drehen, sondern sich noch in zwei senkrechten Richtungen parallel zur Darmbeinschaufel bewegen kann.

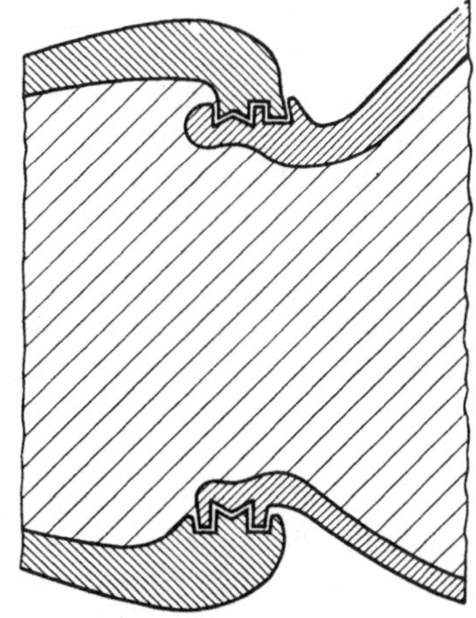

Abb. 135. Schematischer Schnitt durch das Gelenk zwischen letztem Glied des ersten Beines und großer Scherenbranche eines Hummers.

Bei der Einteilung der Gelenke nach Freiheitsgraden sind nur die mathematischen Formen der Gelenkflächen maßgebend. In welchem Ausmaße diese Bewegungen durch Bänder, Knochenvorsprünge und passive Insuffizienzen der Muskeln gehindert werden, spielt für die Beurteilung der Freiheitsgrade keine Rolle.

Als Prototyp eines Gelenkes mit 3 Freiheitsgraden gilt das Schulter- und das Hüftgelenk, eines Gelenkes mit nur 2 Freiheiten das Metacarpophalangealgelenk des Daumens und eines Gelenkes mit nur einem Freiheitsgrad das Ellbogengelenk. Der Bau der meisten organischen Gelenke ist ein derartiger, daß eine Bewegung außerhalb der normalen Freiheitsgrade nur bei weitgehendsten pathologischen Veränderungen der Gelenkflächen oder des Bandapparates eintreten kann.

Die größte Gewähr gegen nicht vorgesehene Bewegungen bieten die Anlagen der Gelenke bei Tieren mit Außenskelett. Bei diesen pflegen die Gelenkflächen derartig komplizierte Gebilde zu sein, daß sie durch zwei- oder gar dreifache Führung stets nur eine exakte einachsige Bewegung zulassen. Abb. 135 zeigt schematisch den Durchschnitt des Gelenkes zwischen dem letzten Glied des ersten Beines (Scherenbein) und der großen Scherenbranche eines Hummers. Man sieht, daß eine zwangsweise Bewegung außerhalb des vorgeschriebenen Freiheitsgrades nur bei völliger Zerstörung der Gelenkflächen, die von außerordentlicher Härte sind, eintreten kann.

Es ist Aufgabe der speziellen Gelenkmechanik, die Art der Bewegungen, die ein Gelenk dem Bau seiner Gelenkflächen nach unter Berücksichtigung der durch seinen äußeren anatomischen Bau (Knochengestaltung und Bandapparat) gesetzten Beschränkungen ausführen kann, festzustellen. Da diese Aufgabe mehr eine anatomische als eine physiologische ist, sei hier nur auf die hauptsächlichste einschlägige Literatur verwiesen[1]).

## Gelenkschluß.

Der Zusammenhalt der beiden Knochenenden, die das Gelenk bilden, kann einmal dadurch zustande kommen, daß sich die beiden Gelenkhälften zwangsläufig umhüllen oder aber dadurch, daß Kräfte im Sinne eines Zusammendrückens der beiden Gelenkenden wirken. Das erstere trifft beinahe ausnahmslos für die Gelenke der Tiere mit Außenskelett zu (Abb. 135), während bei den Wirbeltieren die Gelenkflächen allein nie den Gelenkschluß garantieren. Die Kräfte, die beim Menschen nun dennoch den Zusammenhalt der Gelenkenden gewährleisten, sind einmal die Bänder (z. B. Ellbogengelenk), dann der durch den Muskelzug auf die Gelenke ausgeübte Druck[2]), der auch beim Lebenden mit erschlafften Muskeln [tiefe Narkose[3])] noch wirksam ist, da nie bei einem Gelenk alle Muskeln gleichzeitig so weit erschlaffen können, daß der Dehnung derselben kein Widerstand geleistet würde. Als dritte Ursache des Gelenkschlusses tritt bei den Gelenken mit 3 Freiheitsgraden der Luftdruck hinzu, der z. B. an der Leiche verhindert, daß nach Zertrennung aller Muskeln und Bänder auch bei frei herabhängendem Bein das Femur die Gelenkpfanne verläßt[4]). Die Bedeutung aber, die dem Luftdruck für den Kraftschluß der Gelenke zukommt, ist ursprünglich bedeutend überschätzt worden, und es ist das Verdienst von Du Bois-Reymond, gezeigt zu haben, daß der Luftdruck erst eine Rolle spielt, wenn alle anderen Ursachen des Kraftschlusses beseitigt sind, und daß, falls die Wirkung des Luftdruckes fehlt, wie es der Fall ist, wenn der Gelenkspalt durch einen Kanal im Femurkopf mit der Außenluft in Verbindung steht, keinerlei Funktionsstörungen an den Bewegungen bemerkbar werden[5]).

## Listingsches Gesetz.

Beim Vergleich der Bewegungsfreiheiten ein und desselben Gelenks einmal bei willkürlichen Bewegungen, dann bei passiven Bewegungen stößt man auf die überraschende Erscheinung, daß einige Gelenke, die bei passiver Bewegung

---

[1]) Außer in den zusammenfassenden Arbeiten von A. Fick, O. Fischer und R. du Bois-Reymond in den meisten größeren anatomischen Lehrbüchern. — Henke: Handbuch der Anatomie und Mechanik der Gelenke. 1863. — Sappey: Traité d'anat. descr. Paris 1876. — Aeby, Chr.: Kenntnis der Gelenke. Dtsch. Zeitschr. f. Chirurg. 1876, S. 359. — Pütz, H.: Sprunggelenk. Diss. Bern 1876. — Mayer, H.: Statik und Mechanik des menschlichen Knochengerüstes. Leipzig 1873. — Braune u. Kyrhlund: Ellbogengelenk. Arch. f. Anat. u. Entwicklungsgesch. 1879, S. 332. — Braune, W. u. O. Fischer: Untersuchung von Gelenkbewegung. Abhandl. d. Math.-physik. Kl. d. sächs. Akad. d. Wiss. Bd. 13, S. 315. 1887. — Braune, W. u. O. Fischer: Ellbogengelenk. Ebenda Bd. 14, S. 82. 1887. — Braune, W. u. O. Fischer: Handgelenk. Ebenda Bd. 14, S. 107. 1887. — Braune, W. u. O. Fischer: Kniegelenk. Ebenda Bd. 17, S. 70. 1891. — Du Bois-Reymond, R.: Sattelgelenk. Arch. f. (Anat. u.) Physiol. 1895, S. 433. — Du Bois-Reymond, R.: Rotation des Unterschenkels. Ebenda 1896, S. 544. — Fischer, O.: Gelenke von zwei Freiheitsgraden. Arch. f. Anat. (u. Physiol.) 1897. S. 242. — Virchow, H.: Handgelenk des Menschen. Sitzungsber. d. Ges. naturforsch. Freunde, Berlin. S. 57. 1921.

[2]) Reuleaux, F.: Theoretische Kinematik. S. 161. Braunschweig 1875. — Braune, W., u. O. Fischer: Bewegung des Kniegelenks. — Worthmann, F.: Mechanik des Kiefergelenks. Anat. Anz. Bd. 55, S. 305. 1922.

[3]) Buchner, H.: Zusammenhalt des Hüftgelenks. Arch. f. Anat. (u. Physiol.) 1877, S. 22.

[4]) Weber, W. u. E.: Mechanik der menschlichen Gehwerkzeuge. S. 147. Göttingen 1836.

[5]) Du Bois-Reymond, R.: Wirkung des Luftdruckes. Arch. f. (Anat. u.) Physiol. 1906, S. 397.

3 Freiheitsgrade aufweisen, sich bei aktiver Bewegung wie ein Gelenk mit nur 2 Graden der Freiheit verhalten. Diese Beobachtung wurde zuerst am Auge gemacht und ist an diesem auch am deutlichsten demonstrierbar und führt nach ihrem Entdecker den Namen „Listingsches Bewegungsgesetz"[1]).

Macht das Auge aus einer horizontal und geradeaus gerichteten Blickstellung (Primärstellung) eine Bewegung horizontal seitwärts oder eine Bewegung vertikal auf- oder abwärts, so nimmt das Auge diese Sekundärstellung ein, in dem einen Fall durch eine Drehung um eine vertikale Achse, im anderen Fall durch eine Drehung um eine horizontale Achse. Eine Drehung um eine auf diese beiden Achsen senkrechte dritte Achse (Blicklinie) findet nicht statt, d. h. der Raddrehungswinkel der Sekundärstellung bleibt gegenüber der Primärstellung gleich 0. Geht aber das Auge nun aus der Sekundärstellung in eine Tertiärstellung über, d. h. wird das Auge gehoben resp. gesenkt, nachdem vorher eine Seitwärtsbewegung aus der Primärstellung stattgefunden hatte, oder wird das Auge seitwärts bewegt nach einer Hebung oder Senkung aus der Primärstellung, so tritt nicht nur eine Drehung um die horizontale resp. vertikale Achse ein, sondern es erfolgt zwangsläufig und gleichzeitig eine Rollung um die dritte Achse, um die Blicklinie. Die Größe des auftretenden Raddrehungswinkels ist genau bestimmt. Er ist nämlich gerade so groß, daß das Auge, wenn es nun aus der Tertiärstellung zur Primärstellung direkt durch Drehung um nur eine Achse zurückgeht, dann sofort in der Primärstellung wiederum den Raddrehungswinkel 0 hat, ohne daß erst Rollung um die Blicklinie eintreten muß. Bei Bewegung in umgekehrter Reihenfolge geht das Auge ebenfalls ohne Rollung aus der Primärstellung in die Tertiärstellung und aus der Sekundärstellung in die Primärstellung über. Rollung erfolgt auch hier nur beim Übergang aus der Tertiärstellung zur Sekundärstellung.

Die Befolgung des Listingschen Gesetzes ist am Auge, wie man sich sowohl durch Versuche am Lebenden als an der Leiche überzeugen kann, einzig und allein durch koordinierte, von höheren Zentren geregelte Bewegungsimpulse erzwungen. Das gleiche gilt wohl auch für diejenigen menschlichen Gelenke, deren willkürliche Bewegungen im Gegensatz zu den passiven unter dem Listingschen Gesetz stehen [z. B. Handgelenk, mittlere Metacarpophalangealgelenke[2])]. Bei einigen anderen Gelenken scheint die Form der Gelenkflächen, vorwiegend Oval- und Sattelgelenke, die Befolgung des Listingschen Gesetzes zu begünstigen[3]). Bei allen hier in Frage stehenden Gelenken besitzen wir sehr wohl Muskeln, die imstande wären, die durch das Listingsche Gesetz nicht zugelassenen Bewegungen hervorzurufen, doch können wir in der Regel[4]) nicht die für diese Kombination erforderliche Innervation aufbringen.

Gerade das Listingsche Gesetz zeigt, daß der Verlauf unserer willkürlichen Bewegungen nicht rein von den mechanischen Bedingungen abhängt. Die zentrale Koordination, die zwischen synergetischen und antagonistischen Muskeln herrscht, wird erst allmählich unserer Kenntnis nähergebracht. Es scheint aber wenigstens das eine festzustehen: wenn in einem Muskel eine Spannungsänderung aktiv

---

[1]) LISTING in RUETE: Lehrbuch der Ophthalmologie. 2. Aufl. S. 37. Leipzig 1854. — Ferner: Dieses Handbuch Bd. 12.

[2]) BRAUNE, W. u. O. FISCHER: Gesetz der Bewegung der Gelenke an der Basis der mittleren Finger und im Handgelenk. Abhandl. d. Math.-physik. Kl. d. sächs. Akad. d. Wiss. Bd. 13, S. 225. 1887.

[3]) FISCHER, O.: Gelenke von zwei Freiheitsgraden. Arch. f. Anat. (u. Physiol.) Suppl. 242. 1897. — FISCHER, O.: Kinematik des Listingschen Gesetzes. Abhandl. d. Math.-physik. Kl. d. sächs. Akad. d. Wiss. Bd. 31, S. 1. 1909. — STRASSER, H., Lehrbuch der Gelenkmechanik. Bd. 3, S. 184. Berlin 1917.

[4]) v. RECKLINGHAUSEN: Gelenkmechanik. Bd. 1, S. 180. 1920.

stattfindet, ändert der Antagonist ebenfalls aktiv seinen Tonus, einmal im Sinne einer Zunahme, dann wieder im Sinne einer Tonusabnahme[1]). Eine weitere Klärung des Verlaufs der willkürlichen Bewegungen am menschlichen Körper wird erst dann eintreten, wenn wir auch die Innervationsverhältnisse besser überblicken.

## Die Deformation des Muskels infolge seiner eigenen Kontraktion.

Die Kraft, die im Muskel entsteht, äußert sich nicht nur in der Einwirkung, die er auf andere Körper ausübt, sondern er selbst erleidet eine kleinere oder größere Gestaltveränderung. Diese Gestaltveränderung spielt bei den meisten Muskeln in mechanischer Hinsicht keine große Rolle, nur bei solchen Muskeln, deren Funktion gerade in dieser Gestaltveränderung beruht, verdient sie besondere Beachtung. Unsere Zunge ist ein solcher Muskel, denn die Zungenbewegungen stellen, wenn wir von den durch die Bewegung des Unterkiefers und des Zungenbeins bedingten Lageveränderungen der Zunge absehen, nichts anderes dar als die Gestaltveränderung und Lageverschiebung eines Muskels durch Kontraktion aller seiner Fasern oder eines Teiles derselben. Obwohl wir heute die Gesamtbewegung der Zunge einigermaßen genau kennen, fehlt jede exakte mechanische Analyse derselben. Die Verhältnisse liegen relativ einfach, wenn es sich um mehr oder weniger isolierte Kontraktionen derjenigen Muskelbündel handelt, die wir als M. genioglossi, hyoglossi und styloglossi und glossopalatini zu bezeichnen pflegen. Es tritt dann eine Bewegung in Richtung der Ursprungsstelle eines dieser Muskeln ein, resp. bei gleichzeitiger Aktion mehrerer Muskeln in Richtung der Kraftresultante. Die bei den verschiedenen Individuen in sehr wechselndem Grade möglichen Gestaltveränderungen der Zungenspitze müssen wir auf isolierte Kontraktion gewisser die Zunge durchflechtender Muskelbündel zurückführen, während andere Bündel erschlafft bleiben.

Bei den bei niederen Tieren vorkommenden Muskeln, deren Funktion ebenfalls durch ihre Gestaltveränderung dargestellt wird, beschränkt sich unsere Kenntnis meist auf die morphologische Beschreibung des Vorgangs. Es kommt hier vor allem der Fuß der Muscheln und Schnecken in Frage. So soll bei Muscheln die Bewegung des Fußes derart erfolgen, daß der Fuß zuerst nach vorn verlängert, die so vorgeschobene Spitze in den Sand gedrückt, und dann durch Zusammenziehen des bisher lang gebliebenen Fußes, das ganze Tier der Fußspitze genähert wird. Alsdann wird die Fußspitze vom Sandboden zurückgezogen und wieder lang nach vorn ausgestreckt[2]).

Noch kompliziertere Bewegungen führt aber die Sohle des Schneckenfußes aus[3]). Es laufen an ihr dicht hintereinander langsame Kontraktionswellen von

[1]) Richer, P.: Action d. muscl. antag. Cpt. rend. des séances de la soc. de biol. 1895, S. 171. — Athanasiu, J.: Le fonctionnement d. muscl. antag. Cpt. rend. hebdom. des séances de l'acad. des sciences Bd. 131, S. 311. 1902. — Sherrington: Ergebn. d. Physiol. Bd. 4, S. 797. 1905; Science progress 1911, S. 184. — Brown, Gr.: Ergebn. d. Physiol. Bd. 13, S. 279. 1913; Bd. 15, S. 480. 1916. — Bethe, A.: Reziproke Innervation. Münch. med. Wochenschr. 1916, S. 1577. — Bethe, A., u. H. Kast: Reziproke Innervation. Pflügers Arch. f. d. ges. Physiol. Bd. 194, S. 77. 1922. — Pfahl: Reziproke Innervation. Pflügers Arch. f. d. ges. Physiol. Bd. 188, S. 298. 1921. — Wachholder, K.: Beteiligung des Antagonisten an der Willkürbewegung. Klin. Wochenschr. 1922, S. 2414. — Braus, H.: Gewollte und ungewollte Bewegungen. Pflügers Arch. f. d. ges. Physiol. Bd. 205, S. 155. 1924.

[2]) Fleischmann: Bewegung des Fußes der Lamellibranchiaten. Zeitschr. f. wiss. Zool. Bd. 42, S. 367. 1885. — Frenzel: Zur Biologie von Dreissensia polymorpha. Pflügers Arch. f. d. ges. Physiol. Bd. 67, S. 163. 1897.

[3]) Car, L.: Mechanik der Lokomotion bei den Pulmonaten. Biol. Zentralbl. Bd. 17, S. 426. 1897. — Künkel, K.: Lokomotion unserer Nacktschnecken. Zool. Anz. Bd. 20, S. 560. 1913. — v. Rynbeck: Fortbewegung von Helix aspersa. Akad. Wet. Amsterdam Bd. 27, S. 849. 1918.

hinten nach vorn infolge abwechselnder Kontraktion und Erschlaffung von Fasern. Die Fußsohle soll durch diese Bewegungen an den Wellentälern von der Unterlage gelüftet sein, so daß diese Stellen ihr gegenüber geringere Reibung zeigen als die anderen. Es sollen dann durch Längskontraktion in den vorderen Teilen der gelüfteten Partien die hinteren Teile an die vorderen herangezogen werden. Irgendwelche exakte mechanische Vorstellungen können wir vorläufig mit diesem merkwürdigen Bewegungsmodus noch nicht verbinden, solange wir nicht außer dem groben Verlauf der Fasern in der Schneckensohle nicht auch die exakte Koordination der Verkürzung der einzelnen Faserbündel kennen.

## Mechanik der Hohlmuskeln.

Unter Hohlmuskeln verstehen wir solche Muskeln, bei denen ein Faserbündelgeflecht einen Hohlraum umgrenzt. Bei den höheren Tieren bestehen diese Hohlmuskeln mit Ausnahme des Herzens ausschließlich aus glatten Muskelfasern, wenn wir von dem Zwerchfell absehen, das man seiner Funktion nach als einen Ausschnitt aus einem großen Hohlmuskel ansehen könnte. Hauptfunktion aller Hohlmuskeln (Herz, Magen, Harnblase, Gallenblase, Uterus usw.) ist es, durch die mit der Kontraktion der Fasern einhergehende Verkleinerung der Hülle, den Inhalt unter Druck zu setzen und ihn dann unter Einfluß dieses Druckes durch die Stelle minoris resistentiae aus dem Hohlmuskel auszustoßen[1]). Im einzelnen gestaltet sich der Ablauf dieser Vorgänge, auf die hier nicht näher eingegangen werden kann, je nach der übrigen Funktion des betreffenden Organs sowie nach den anatomischen und innervatorischen Verhältnissen verschieden (vgl. die speziellen Abschnitte dieses Handbuchs). Gemeinsam ist ihnen eben nur die oben gekennzeichnete Funktion des Transportes, zu der sich noch andere motorische Aufgaben, wie z. B. das Durchmischen des Inhaltes (Magen) gesellen können. Früher glaubte man, in der Schwimmblase der Fische einen Hohlmuskel erkannt zu haben, dem nur die Aufgabe zufiele, ohne einen Transport zu bewirken, seinen Inhalt unter Druck zu setzen. Neuere Untersuchungen zeigten aber, daß die Verkleinerung der Schwimmblase nicht aktiv durch dieselbe selbst, sondern passiv durch die Kontraktion der der Schwimmblase benachbart liegenden Bauchmuskulatur bewirkt wird.

Der in den Hohlmuskeln auftretende Druck hängt nicht nur von den bei der Ausstoßung des Inhaltes normalerweise zu überwindenden Widerständen ab, sondern es kann dem Druck eine selbständige Funktion zukommen, wie z. B. im Muskelmagen der Vögel zur Zerkleinerung der Nahrung[3]); es ist selbstverständlich, daß dann der im Organ auftretende Druck größer werden kann als notwendig, um bei geöffneten Ausführwegen den Inhalt auszustoßen. So kann der Magen einer Gans seinen Inhalt unter einen Druck von mehr als 250 mm Hg setzen[4]), während zur Ausstoßung des Magenbreies bei geöffnetem Pylorus ein viel geringerer Druck hinreichend ist.

Bei anderen Hohlmuskeln (Blase, Gallenblase) tritt die Aufgabe der Aufspeicherung des Inhaltes mehr in den Vordergrund, und daher müssen diese Hohlorgane eine sehr weitgehende Tonusregulation haben, wenn nicht mit zunehmendem Inhalt der ausgeübte Druck anwachsen soll.

---

[1]) Bocci: Harnblase als Expulsivorgan. Pflügers Arch. f. d. ges. Physiol. Bd. 155, S. 168. 1914.

[2]) Baglioni: Physiologie der Schwimmblase. Zeitschr. f. allg. Physiol. Bd. 8, S. 1. 1908.

[3]) Mangold, E.: Muskelmagen der Vögel. Pflügers Arch. f. d. ges. Physiol. Bd. 111, S. 163. 1906.

[4]) Kato: Druckmessung im Muskelmagen. Pflügers Arch. f. d. ges. Physiol. Bd. 159, S. 6. 1914.

Für alle diese Hohlorgane, welche Funktion sie auch sonst im einzelnen zu erfüllen haben, ist, eine gleichmäßige Innervation des ganzen Muskels vorausgesetzt, die Beziehung zwischen erzeugtem Druck und vorhandener Wandspannung die gleiche.

Diese Beziehung läßt sich leicht für auf einfache mathematische Formen gebrachte Hohlmuskeln ableiten[1]). Abb. 136 stellt den Durchschnitt eines kugelförmigen Hohlmuskels vom mittleren Radius $r$ dar, dessen Inhalt unter dem Druck $p$ stehe. Teilen wir diese Kugel durch die Ebene $AB$ in zwei gleiche Teile, so übt die obere Hälfte auf die untere den Flüssigkeitsdruck $P$ aus, der gleich der Spannung $S$ aller durch die Ebene $AB$ durchtrennten Fasern sein muß.

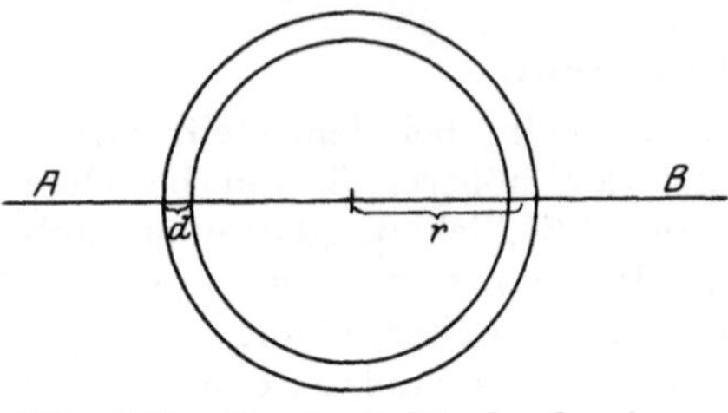

Abb. 136. Durchschnitt durch einen kugelförmigen Hohlmuskel.

$$S = P = p \cdot r^2 \cdot \pi .$$

Nun interessiert uns aber weniger die Gesamtspannung $S$ als die Spannung $\sigma$, die die Einheit (qcm) der Faserquerschnitte ausübt. Für eine Hohlkugel von der Wandstärke $d$ gilt die Beziehung

$$S = 2 \cdot r \cdot \pi \cdot d \cdot \sigma ,$$

woraus folgt, daß

$$\sigma = \frac{p \cdot r}{2d}$$

In entsprechender Weise ist von Bethe[2]) die Gesamtspannung für einen rotationsellipsoiden Hohlmuskel mit den Halbmessern $a$ und $b$ (Hautmuskelschlauch von Aplysia, unter der Annahme, daß er eine ausgesprochene zirkuläre und eine ebenso ausgesprochene longitudinale Faserschicht besitzt) berechnet worden. Es ergaben sich für die Gesamtspannung der zirkulären ($S_z$) und für die mittlere Spannung der meridionalen Faserschicht ($m S_m$) die Werte:

$$S_z = a \cdot b \cdot \pi \cdot p ,$$

$$m S_m = 2 \cdot b^2 \cdot p .$$

Gleiche Betrachtungen hat O. Frank[3]) für die Blutgefäßmuskulatur angestellt, die zwar nicht im engeren Sinn einen Hohlmuskel darstellt. Da wir aber wissen, daß die Wand der Blutgefäße durch die glatten Muskeln und nicht durch die elastischen Fasern dem Blutdruck das Gleichgewicht hält, können wir bezüglich des Verhältnisses zwischen Innendruck und Faserspannung auch die Gefäße als zylindrische Hohlmuskeln auffassen. Es ergibt sich dann, getrennt für die longitudinalen und die zirkulären Fasern, für ein Gefäß von der Länge $h$ und dem Halbmesser $r$:

$$S_l = p \cdot r^2 \cdot \pi \quad \text{und} \quad S_c = p \cdot 2 \cdot r \cdot h ,$$

da aber nun

$$S_l = 2 \cdot r \cdot \pi \cdot d \cdot \sigma_l \quad \text{und} \quad S_c = 2 \cdot h \cdot d \cdot \sigma_c ,$$

so wird

$$\sigma_l = \frac{p \cdot r}{2d} \quad \text{und} \quad \sigma_c = \frac{p \cdot r}{d} .$$

---

[1]) Du Bois-Reymond, R.: Wandspannung und Binnendruck. Biol. Zentralbl. Bd. 26, S. 806. 1906.

[2]) Bethe, A.: Dauerverk. der Muskeln. Pflügers Arch. f. d. ges. Physiol. Bd. 142, S. 318. 1911.

[3]) Frank, O.: Analyse endlicher Dehnungen. Ann. d. Physik (4) Bd. 21, S. 602. 1906. — Frank, O.: Elastizität der Blutgefäße. Zeitschr. f. Biol. Bd. 71, S. 255. 1920.

Das Verhältnis der Spannung der zirkulären Faserzüge zu der der longitudinalen Fasern erweist sich somit als konstant von dem Werte 2. O. FRANK[1]) konnte als Bestätigung dieser theoretischen Überlegung experimentell nachweisen, daß die Längsdehnbarkeit (Elastizitätsmodul) der Arterien stets doppelt so groß ist als die Querdehnbarkeit. Weitere experimentelle und theoretische Untersuchungen ergaben, daß elastisches, lebloses Material in entsprechender Weise diese verschiedene Längs- und Querelastizität zeigt[2]).

Überträgt man Modellversuche[3]) auf blasenförmige Hohlmuskeln unter der Annahme, daß dem Muskel im untersuchten Bereich ein konstanter Elastizitätsmodul ($E$) zukommt[4]), so wird mit Berücksichtigung endlicher Dehnung[5]) die Spannung für einen Hohlmuskel (mit der ursprünglichen Wandstärke $d$), der bei einem Radius $r_0$ die Spannung 0 besitzt, wenn der Radius auf $r$ vergrößert wird, nach FRANK[3]):

$$S = 2 \cdot E \cdot d \cdot \left(\frac{r \cdot r_0 - r_0^2}{r^2}\right).$$

Da aber der Druck für einen kugelförmigen Hohlmuskel $p = \frac{2S}{r}$ ist, so ergibt sich:

$$p = 4 \cdot E \cdot d \left(\frac{r r_0 - r_0^2}{r^3}\right).$$

Es kommt also überraschenderweise dem Druck $p$ ein Maximalwert zu bei einem bestimmten Radius $r$, den die Rechnung mit dem Wert

$$r = \frac{3}{2} r_0$$

ergibt.

Die mechanischen Vorgänge bei den als Peristaltik beschriebenen Bewegungen langgestreckter Hohlmuskeln (Darm, Ureter usw.) sind äußerst verschiedenartig und daher keiner allgemeinen Betrachtungsweise zugänglich. Man kann nur sagen, daß es sich im Prinzip auch hier, soweit ein flüssiger oder halbflüssiger Inhalt vorliegt, um ein Ausweichen nach dem Orte des kleinsten Widerstandes unter dem zunehmenden Wanddruck handelt. Liegt fester Inhalt vor, so entsteht durch einen zur Fortbewegungsrichtung seitlichen Druck, den die Wände direkt auf den Körper ausüben, eine Kraftkomponente, die im Sinne einer Dislokation des Körpers wirkt. CARREY hat versucht[6]), unsere bisherigen Anschauungen von dem Mechanismus der Darmbewegungen auf einer ganz neuen Basis auf Grund der von ihm erhobenen anatomischen Befunde[7]) gänzlich neu zu gestalten. Er nahm an, daß die äußere und innere Muskelschicht sich nicht wie nach den bisherigen Anschauungen in ihrem Faserverlauf rechtwinklig überkreuzt,

---

[1]) FRANK, O.: Elastizität der Blutgefäße. S. 268.

[2]) FRANK, O.: Dehnung einer Membran in zwei Richtungen. Zeitschr. f. Biol. Bd. 82, S. 66. 1924.

[3]) FRANK, O.: Dehnung einer kugelförmigen Blase. Zeitschr. f. Biol. Bd. 54, S. 531. 1910.

[4]) Eine Annahme, die nur selten zutrifft. Vgl. KESSON: Elasticity o. t. hollow viscera. Quart. journ. of exp. physiol. Bd. 6, S. 355. 1913.

[5]) FRANK, O.: Analyse endlicher Dehnungen.

[6]) CARREY, E. J.: Structure a. function o. t. small intestine. The anatomical record Bd. 21, S. 189. 1921.

[7]) CARREY, E. J.: Journ. of gen. physiol. Bd. 2, S. 357. 1919; Bd. 3, S. 61. 1920; Anat. record Bd. 19, S. 199. 1920.

sondern daß die Fasern beider Schichten in einer linksgewundenen Spirale den Darm umlaufen, und zwar derart, daß die Fasern der inneren Schicht eine sehr flache Spirale beschreiben, während den Fasern der äußeren Schicht ein ungefähr 200—500mal (je nach Tierart) so großer Spiralabstand zukommt. Es sollten durch diese veränderten anatomischen Verhältnisse ganz andere mechanische Bedingungen, wie bisher angenommen, entstehen. Nachuntersucher konnten aber die der Carreyschen Hypothese zugrunde liegenden Voraussetzungen nur zum kleinsten Teile bestätigen[1]).

---

[1]) BRANDT, W.: Muskulatur des menschlichen Dünndarms. Verhandl. anat. Ges. Heidelberg. Erghft. Bd. 57; Anat. Anz. 1923, S. 261.